建筑施工现场管理人员一本通系列丛书

施工员一本通

（第 2 版）

本书编委会 编

中国建材工业出版社

图书在版编目(CIP)数据

施工员一本通/《施工员一本通》编委会编. —2版. —北京：中国建材工业出版社，2013.9(2021.10重印)
(建筑施工现场管理人员一本通系列丛书)
ISBN 978-7-5160-0521-7

Ⅰ.①施… Ⅱ.①施… Ⅲ.①建筑工程－工程施工－基本知识 Ⅳ.①TU74

中国版本图书馆 CIP 数据核字(2013)第 174095 号

施工员一本通(第 2 版)
本书编委会　编

出版发行：**中国建材工业出版社**
地　　址：北京市海淀区三里河路 1 号
邮　　编：100044
经　　销：全国各地新华书店
印　　刷：北京紫瑞利印刷有限公司
开　　本：850mm×1168mm　1/32
印　　张：24
字　　数：940 千字
版　　次：2013 年 9 月第 2 版
印　　次：2021 年 10 月第 13 次
定　　价：65.00 元

本社网址：www.jccbs.com.cn　　微信公众号：zgjcgycbs
本书如出现印装质量问题，由我社营销部负责调换。电话：(010)88386906
对本书内容有任何疑问及建议，请与本书责编联系。邮箱：dayi51@sina.com

内 容 提 要

《施工员一本通》(第 2 版)根据建筑工程最新施工规范及质量验收规范进行编写,全面系统阐述了建筑工程施工员工作必备的基础理论和专业知识。全书主要内容包括概述、建筑工程施工图绘制与识读、常用建筑材料、建筑构造、建筑结构、建筑施工测量、地基基础工程施工技术、砌体工程施工技术、混凝土结构工程施工技术、预应力混凝土工程施工技术、防水工程施工技术、装饰装修工程施工技术、建筑工程施工组织设计、建筑工程施工现场管理等。

本书内容丰富,实用性强,既可作为建筑工程施工员上岗培训教材,也可供建筑施工企业各级管理人员参考使用。

施工员一本通
编 委 会

主　编： 蒋林君
副主编： 汪永涛　侯卓然
编　委： 孙敬宇　赵艳娥　张　娜　张广钱
　　　　　　陆海军　孙世兵　高会芳　徐海清
　　　　　　张　超　梁金钊　秦礼光

第 2 版出版说明

《建筑施工现场管理人员一本通系列丛书》自 2006 年陆续出版发行以来,受到广大读者的关注和喜爱,本系列丛书各分册已多次重印,累计已达数万册。在本系列丛书的使用过程中,丛书编者陆续收到了不少读者及专家学者对丛书内容、深浅程度及编排等方面的反馈意见,对此,丛书编者向广大读者及有关专家学者表示衷心感谢。

随着近年来我国国民经济的快速发展和科学技术水平的不断提高,建筑工程施工技术也得到了迅速发展。在科技快速发展的时代,建筑工程建设标准、功能设备、施工技术等在理论与实践方面也有了长足的发展,并日趋全面、丰富,各种建筑工程新材料、新设备、新工艺、新技术也得到了广泛的应用。为使本系列丛书更好地符合时代发展的要求,更好地满足新的需要,能够跟上工程建设飞速发展的步伐,丛书编者在保持编写风格及特点不变的基础上对本系列丛书进行了修订。本系列丛书修订后的各分册书名为:

1.《标准员一本通》 2.《劳务员一本通》
3.《施工员一本通》(第 2 版) 4.《质量员一本通》(第 2 版)
5.《机械员一本通》(第 2 版) 6.《监理员一本通》(第 2 版)
7.《资料员一本通》(第 2 版) 8.《材料员一本通》(第 2 版)
9.《合同员一本通》(第 2 版) 10.《安全员一本通》(第 2 版)
11.《测量员一本通》(第 2 版) 12.《项目经理一本通》(第 2 版)
13.《现场电工一本通》(第 2 版) 14.《甲方代表一本通》(第 2 版)
15.《造价员一本通(建筑工程)》(第 2 版)
16.《造价员一本通(安装工程)》(第 2 版)

本系列丛书的修订主要遵循以下原则进行:

(1)遵循最新标准规范对内容进行修订。本系列丛书出版发行期间,建筑工程领域颁布实施了众多标准规范,丛书修订工作严格依据最新标准规范进行。

(2)使用更方便。本套丛书资料丰富,内容翔实,图文并茂,编撰体例新颖,注重对建筑工程施工现场管理人员管理能力和专业技术能力的培养,力求做到文字通俗易懂,叙述内容一目了然,特别适合现场管理人员随查随用。

(3)依据广大读者及相关专家学者在丛书使用过程中提出的意见或建议,对丛书中的错误及不当之处进行了修订。

本套丛书在修订过程中,尽管编者已尽最大努力,但限于编者的水平,丛书在修订过程中难免会存在错误及疏漏,敬请广大读者及业内专家批评指正。

编 者

第 1 版出版说明

目前,我国建筑业发展迅速,城镇建设规模日益扩大,建筑施工队伍不断增加,建筑工地(施工现场)到处都是。工地施工现场的施工员、质量员、安全员、造价员(过去称为预算员)、资料员等是建设工程施工必需的管理人员,肩负着重要的职责。他们既是工程项目经理进行工程项目管理的执行者,也是广大建筑施工工人的领导者。他们的管理能力、技术水平的高低,直接关系到千千万万个建设项目能否有序、高效率、高质量地完成,关系到建筑施工企业的信誉、前途和发展,甚至是整个建筑业的发展。

近些年来,为了适应建筑业的发展需要,国家对建筑设计、建筑结构、施工质量验收等一系列标准规范进行了大规模的修订。同时,各种建筑施工新技术、新材料、新设备、新工艺已得到广泛的应用。在这种形势下,如何提高施工现场管理人员的管理能力和技术水平,已经成为建筑施工企业持续发展的一个重要课题。同时,这些管理人员自己也十分渴望参加培训、学习,迫切需要一些可供工作时参考用的知识性、资料性读物。

为满足施工现场管理人员对技术和管理知识的需求,我们组织有关方面的专家,在深入调查的基础上,以建筑施工现场管理人员为对象,编写了这套《建筑施工现场管理人员一本通系列丛书》。

本套丛书主要包括以下分册:

1.《标准员一本通》 2.《劳务员一本通》
3.《施工员一本通》 4.《质量员一本通》
5.《机械员一本通》 6.《监理员一本通》
7.《资料员一本通》 8.《材料员一本通》
9.《合同员一本通》 10.《安全员一本通》
11.《测量员一本通》 12.《造价员一本通(建筑工程)》
13.《现场电工一本通》 14.《造价员一本通(安装工程)》
15.《项目经理一本通》 16.《甲方代表一本通》

与市面上已经出版的同类图书相比,本套丛书具有如下特点:

1. 紧扣一本通。何谓"一本通",就是通过一本书能够解决施工现场管理人员所有的问题。本丛书将施工现场管理人员工作中涉及的的工作职责、专业技术知识、业务管理和质量管理实施细则以及有关的专业法规、标准和规范等知识全部融为一体,内容更加翔实,解决了管理人员工作时需要到处查阅资料的问题。

2. 应用新规范。本套丛书各分册均围绕现行《建筑工程施工质量验收统一标准》(GB 50300—2001)和与其配套使用的 14 项工程质量验收规范、《建设工程工程量清单计价规范》以及现行建筑安装工程预算定额、现行与安全生产有关的标准规范和最新的工程材料标准等进行编写,切实做到应用新规范、贯彻新规范。

3. 体现先进性。本套丛书充分吸收了在当前建筑业中广泛应用的新材料、新技术、新工艺,是一套拿来就能学、就能用的实用工具书。

4. 使用更方便。本套丛书资料丰富,内容翔实,图文并茂,编撰体例新颖,注重对建筑工程施工现场管理人员管理能力和专业技术能力的培养,力求做到文字通俗易懂,叙述内容一目了然,特别适合现场管理人员随查随用。

由于编写时间仓促,加之编者经验水平有限,丛书中错误及不当之处,敬请广大读者批评指正。

编 者

目 录

第一章 概述 ……………………………………………………… (1)
  第一节 施工员的地位及特征 ………………………………… (1)
    一、施工员的地位 …………………………………………… (1)
    二、施工员的特征 …………………………………………… (2)
  第二节 施工员应具备的条件 ………………………………… (2)
    一、施工员应具备的职业道德 ……………………………… (2)
    二、施工员应具备的专业知识 ……………………………… (3)
    三、施工员应具备的工作能力 ……………………………… (3)
    四、施工员应具备的身体素质 ……………………………… (3)
  第三节 施工员的主要任务 …………………………………… (4)
    一、做好施工准备工作 ……………………………………… (4)
    二、进行工程施工技术交底 ………………………………… (4)
    三、进行有目标的组织协调控制 …………………………… (5)
    四、技术资料的记录和积累 ………………………………… (5)
  第四节 施工员的职责、权利与义务 ………………………… (5)
    一、施工员的职责 …………………………………………… (5)
    二、施工员的权利 …………………………………………… (6)
    三、施工员的义务 …………………………………………… (6)

第二章 建筑工程施工图绘制与识读 ………………………… (8)
  第一节 建筑工程施工图绘制规定 …………………………… (8)
    一、图纸幅面规格 …………………………………………… (8)
    二、比例 ……………………………………………………… (11)
    三、字体 ……………………………………………………… (13)
    四、图线 ……………………………………………………… (15)
    五、尺寸标注 ………………………………………………… (19)
    六、符号 ……………………………………………………… (21)
  第二节 建筑工程施工图识读 ………………………………… (25)
    一、建筑工程施工图分类与编排顺序 ……………………… (25)

二、建筑施工图识读 ……………………………………… (26)
　　三、结构施工图的识读 …………………………………… (49)
　第三节　钢筋混凝土结构平法施工图识读 ………………… (53)
　　一、一般规定 ……………………………………………… (53)
　　二、梁平法施工图 ………………………………………… (54)
　　三、柱平法施工图 ………………………………………… (63)
　　四、剪力墙平法施工图 …………………………………… (66)
　第四节　计算机制图简介 …………………………………… (71)
　　一、计算机制图文件 ……………………………………… (71)
　　二、计算机制图文件图层 ………………………………… (75)
　　三、计算机制图规则 ……………………………………… (76)

第三章　常用建筑材料 …………………………………… (78)
　第一节　概述 ………………………………………………… (78)
　　一、建筑材料分类 ………………………………………… (78)
　　二、建筑材料技术标准 …………………………………… (78)
　　三、常用无机非金属材料 ………………………………… (79)
　　四、常用无机金属材料 …………………………………… (80)
　　五、常用有机材料 ………………………………………… (81)
　第二节　水泥 ………………………………………………… (81)
　　一、水泥主要性能指标 …………………………………… (81)
　　二、通用水泥技术质量要求 ……………………………… (82)
　　三、通用水泥主要特征和适用范围 ……………………… (85)
　第三节　混凝土 ……………………………………………… (88)
　　一、混凝土品种 …………………………………………… (88)
　　二、混凝土用料技术要求 ………………………………… (89)
　　三、普通混凝土配合比设计 ……………………………… (96)
　第四节　建筑砂浆 …………………………………………… (103)
　　一、建筑砂浆的种类 ……………………………………… (103)
　　二、砌筑砂浆配合比设计 ………………………………… (104)
　第五节　建筑钢材 …………………………………………… (108)
　　一、热轧光圆钢筋 ………………………………………… (108)
　　二、热轧带肋钢筋 ………………………………………… (109)
　　三、余热处理钢筋 ………………………………………… (111)

目 录

　　四、冷轧带肋钢筋 ………………………………………… (112)
　　五、冷轧扭钢筋 …………………………………………… (113)
　　六、预应力混凝土用钢丝 ………………………………… (114)
　　七、预应力混凝土用钢绞线 ……………………………… (116)

第四章　建筑构造 ……………………………………………… (121)
第一节　民用建筑构造 ……………………………………… (121)
　　一、概述 …………………………………………………… (121)
　　二、基础 …………………………………………………… (123)
　　三、墙体 …………………………………………………… (125)
　　四、楼板与楼地面 ………………………………………… (128)
　　五、楼梯 …………………………………………………… (131)
　　六、屋顶 …………………………………………………… (134)
　　七、门窗 …………………………………………………… (136)
第二节　工业建筑构造 ……………………………………… (138)
　　一、工业厂房的分类 ……………………………………… (138)
　　二、单层工业厂房构造组成 ……………………………… (139)

第五章　建筑结构 ……………………………………………… (146)
第一节　概述 ………………………………………………… (146)
　　一、建筑结构的概念及分类 ……………………………… (146)
　　二、建筑结构的功能要求 ………………………………… (146)
　　三、建筑结构的安全等级 ………………………………… (147)
　　四、建筑结构的荷载 ……………………………………… (147)
第二节　建筑结构构件 ……………………………………… (148)
　　一、建筑结构基本构件 …………………………………… (148)
　　二、建筑结构构件配筋构造 ……………………………… (149)
第三节　建筑结构体系 ……………………………………… (178)
　　一、建筑结构体系的类型 ………………………………… (178)
　　二、各类建筑结构体系的受力特点 ……………………… (183)

第六章　建筑施工测量 ………………………………………… (187)
第一节　常用测量仪器 ……………………………………… (187)
　　一、GPS接收机 …………………………………………… (187)
　　二、经纬仪和全站仪 ……………………………………… (188)
　　三、水准仪 ………………………………………………… (191)

四、激光垂准仪 …………………………………………… (194)
　第二节　测量仪器检验与校正 ………………………………… (195)
　　一、全站仪(经纬仪)检验与校正 ………………………… (195)
　　二、水准仪检验与校正 …………………………………… (198)
　　三、精密水准仪检验与校正 ……………………………… (200)
　第三节　建筑物定位与放线 …………………………………… (201)
　　一、建筑物定位 …………………………………………… (201)
　　二、建筑物放线 …………………………………………… (203)
　第四节　建筑基础施工测量 …………………………………… (205)
　　一、条形基础施工测量 …………………………………… (205)
　　二、独立基础施工测量 …………………………………… (207)
　　三、桩基工程施工测量 …………………………………… (207)
　　四、基础细部控制线放线 ………………………………… (208)
　第五节　主体施工测量 ………………………………………… (208)
　　一、楼层轴线投测 ………………………………………… (208)
　　二、墙体标高传递 ………………………………………… (209)
　第六节　高层建筑施工测量 …………………………………… (210)
　　一、高层建筑施工测量概述 ……………………………… (210)
　　二、高层建筑定位测量 …………………………………… (210)
　　三、高层建筑基础施工测量 ……………………………… (212)
　　四、高层建筑的轴线投测 ………………………………… (212)
　　五、高层建筑的高程传递 ………………………………… (214)
　　六、高层建筑中的竖向测量 ……………………………… (215)
　　七、滑模施工测量 ………………………………………… (216)
　第七节　工业厂房施工测量 …………………………………… (217)
　　一、工业厂房控制网建立 ………………………………… (217)
　　二、厂房柱列轴线与桩基测设 …………………………… (219)
　　三、厂房预制构件安装测量 ……………………………… (220)
第七章　地基基础工程施工技术 ………………………………… (224)
　第一节　土方工程 ……………………………………………… (224)
　　一、土的工程分类及性质 ………………………………… (224)
　　二、土方开挖 ……………………………………………… (232)
　　三、土方回填与压实 ……………………………………… (260)

目 录

四、土方的季节性施工 …………………………………………… (265)
第二节 地基处理 ……………………………………………………… (266)
  一、换填地基 ………………………………………………………… (266)
  二、强夯地基 ………………………………………………………… (273)
  三、注浆地基 ………………………………………………………… (276)
  四、土和灰土挤密桩复合地基 ……………………………………… (280)
第三节 桩基工程 ……………………………………………………… (281)
  一、混凝土预制桩施工 ……………………………………………… (282)
  二、混凝土灌注桩施工 ……………………………………………… (289)

第八章 砌体工程施工技术 …………………………………… (305)

第一节 概述 …………………………………………………………… (305)
  一、砌体结构类型 …………………………………………………… (305)
  二、砌体施工基本规定 ……………………………………………… (307)
第二节 砌筑砂浆 ……………………………………………………… (309)
  一、材料要求 ………………………………………………………… (309)
  二、砂浆的配制与使用 ……………………………………………… (311)
第三节 砖砌体工程施工 ……………………………………………… (312)
  一、基本规定 ………………………………………………………… (312)
  二、普通砖基础施工 ………………………………………………… (314)
  三、普通砖墙施工 …………………………………………………… (319)
  四、普通砖柱施工 …………………………………………………… (322)
  五、普通砖空斗墙施工 ……………………………………………… (324)
第四节 混凝土小型空心砌块砌体施工 ……………………………… (326)
  一、施工准备 ………………………………………………………… (326)
  二、砂浆制备 ………………………………………………………… (326)
  三、芯柱设置 ………………………………………………………… (327)
  四、小砌块施工 ……………………………………………………… (329)
  五、芯柱施工 ………………………………………………………… (331)
第五节 石砌体工程施工 ……………………………………………… (332)
  一、毛石砌体施工 …………………………………………………… (332)
  二、料石砌体施工 …………………………………………………… (336)
第六节 配筋砌体工程施工 …………………………………………… (338)
  一、网状配筋砌体施工 ……………………………………………… (338)

二、组合砌体施工 …………………………………………(339)
　　三、配筋砌块砌体施工 ……………………………………(340)
　　四、钢筋混凝土构造柱砌筑 ………………………………(342)
　第七节　砌体结构季节性施工 …………………………………(343)
　　一、砌体结构冬期施工 ……………………………………(343)
　　二、砌体结构雨期施工 ……………………………………(344)

第九章　混凝土结构工程施工技术 ……………………………(346)
　第一节　模板工程 ………………………………………………(346)
　　一、模板的分类 ……………………………………………(346)
　　二、模板的技术要求 ………………………………………(348)
　　三、模板安装 ………………………………………………(348)
　　四、模板拆除 ………………………………………………(355)
　第二节　钢筋工程 ………………………………………………(359)
　　一、钢筋进场检验 …………………………………………(359)
　　二、钢筋冷加工 ……………………………………………(359)
　　三、钢筋连接 ………………………………………………(365)
　　四、钢筋配料与加工 ………………………………………(394)
　　五、钢筋安装 ………………………………………………(400)
　第三节　混凝土工程 ……………………………………………(404)
　　一、混凝土配料与搅拌 ……………………………………(405)
　　二、混凝土运输 ……………………………………………(408)
　　三、混凝土浇筑 ……………………………………………(411)
　　四、混凝土振捣 ……………………………………………(422)
　　五、混凝土养护 ……………………………………………(423)

第十章　预应力混凝土工程施工技术 …………………………(430)
　第一节　预应力混凝土的分类及特点 …………………………(430)
　　一、预应力混凝土的分类 …………………………………(430)
　　二、预应力混凝土的特点 …………………………………(430)
　第二节　先张法预应力施工 ……………………………………(431)
　　一、先张法概述 ……………………………………………(431)
　　二、预应力筋铺设 …………………………………………(432)
　　三、预应力筋张拉 …………………………………………(432)
　　四、混凝土的浇筑和养护 …………………………………(437)

五、预应力筋放张 .... (437)
　第三节　后张法预应力施工 .... (439)
　　一、后张法概述 .... (439)
　　二、预留孔道 .... (441)
　　三、预应力筋张拉 .... (444)
　　四、孔道灌浆 .... (446)
第十一章　防水工程施工技术 .... (448)
　第一节　卷材防水屋面工程 .... (448)
　　一、沥青防水卷材施工 .... (448)
　　二、高聚物改性沥青防水卷材施工 .... (450)
　　三、合成高分子防水卷材施工 .... (453)
　第二节　涂膜防水屋面工程 .... (458)
　　一、薄质防水涂料施工 .... (458)
　　二、厚质防水涂料施工 .... (461)
　　三、涂膜防水冬期施工要求 .... (463)
　第三节　刚性防水屋面工程 .... (464)
　　一、结构层施工 .... (464)
　　二、刚性防水层施工 .... (464)
　　三、冬期施工要求 .... (468)
　第四节　地下防水工程 .... (469)
　　一、混凝土结构主体防水 .... (469)
　　二、混凝土结构细部构造防水 .... (483)
　　三、注浆防水 .... (492)
第十二章　装饰装修工程施工技术 .... (495)
　第一节　抹灰工程 .... (495)
　　一、内墙抹灰 .... (495)
　　二、外墙抹灰 .... (501)
　　三、顶棚抹灰 .... (504)
　　四、机械喷灰 .... (506)
　　五、施工允许偏差 .... (509)
　　六、冬雨期抹灰 .... (509)
　第二节　门窗工程 .... (510)
　　一、钢门窗安装 .... (510)

二、铝合金门窗安装 (516)
三、塑料门窗安装 (521)
第三节 吊顶工程 (526)
一、吊顶的分类与构造 (526)
二、暗龙骨吊顶施工 (527)
三、明龙骨吊顶施工 (531)
第四节 隔墙工程 (533)
一、骨架隔墙施工 (533)
二、石膏空心板隔墙安装 (535)
第五节 饰面工程 (537)
一、饰面板安装 (537)
二、饰面砖粘贴 (538)
第六节 楼地面工程 (542)
一、地面基层施工 (542)
二、地面垫层施工 (544)
三、找平层施工 (555)
四、常见面层施工 (559)
第七节 涂饰与裱糊工程 (574)
一、水性涂料涂饰工程 (574)
二、溶剂型涂料涂饰工程 (579)
三、美术涂饰工程 (582)
四、裱糊工程 (586)

第十三章 建筑工程施工组织设计 (596)
第一节 概述 (596)
一、施工组织设计的概念和任务 (596)
二、施工组织设计的作用 (596)
三、施工组织设计的分类 (597)
四、施工组织设计基本内容 (599)
五、施工组织设计的编制 (600)
六、施工组织设计的检查与调整 (603)
第二节 单位工程施工组织设计编制依据、原则和程序 (604)
一、单位工程施工组织设计编制依据 (604)
二、单位工程施工组织设计编制原则 (605)

目 录

三、单位工程施工组织设计编制程序 ………………………… (606)
第三节 单位工程施工组织设计编制方法 ……………………… (607)
　一、工程概况 ……………………………………………………… (607)
　二、施工目标 ……………………………………………………… (611)
　三、施工方案 ……………………………………………………… (611)
　四、施工进度计划 ………………………………………………… (618)
　五、施工准备工作计划 …………………………………………… (626)
　六、施工质量计划 ………………………………………………… (627)
　七、施工成本计划 ………………………………………………… (628)
　八、施工安全计划 ………………………………………………… (628)
　九、施工资源计划 ………………………………………………… (629)
　十、施工平面图设计 ……………………………………………… (630)
　十一、主要技术经济指标 ………………………………………… (635)
第四节 单位工程施工组织设计实例 …………………………… (636)
　一、某小区1号住宅楼施工组织设计实例 ……………………… (636)
　二、某公寓装饰装修工程施工组织设计实例 …………………… (677)

第十四章 建筑工程施工现场管理 ……………………………… (702)
第一节 概述 ……………………………………………………… (702)
　一、建筑施工现场管理的概念 …………………………………… (702)
　二、建筑施工现场管理的意义 …………………………………… (702)
　三、建筑施工现场管理的任务 …………………………………… (703)
　四、建筑施工现场管理的内容 …………………………………… (703)
第二节 施工现场平面布置 ……………………………………… (704)
　一、施工平面图设计要求 ………………………………………… (704)
　二、临时建筑布置 ………………………………………………… (709)
　三、施工机械、材料、构件的堆放与布置 ……………………… (717)
　四、运输道路的布置 ……………………………………………… (722)
　五、施工现场布置示例 …………………………………………… (723)
第三节 施工现场材料管理 ……………………………………… (726)
　一、施工准备阶段的材料管理 …………………………………… (726)
　二、施工阶段的现场材料管理 …………………………………… (727)
　三、竣工收尾阶段的现场材料管理 ……………………………… (728)
第四节 施工现场合同管理 ……………………………………… (729)

一、合同分析 ··· (729)
　　二、建立合同实施保证体系 ·· (730)
　　三、合同实施的控制 ··· (732)
第五节　施工现场质量管理 ·· (733)
　　一、施工前的质量管理 ··· (733)
　　二、施工过程中的质量管理 ·· (733)
　　三、施工结束后的质量管理 ·· (736)
第六节　施工现场安全管理与文明施工 ·· (736)
　　一、施工安全检查与验收 ·· (736)
　　二、施工现场文明施工 ··· (740)
　　三、安全事故的处理与调查 ·· (744)
参考文献 ·· (747)

第一章 概 述

第一节 施工员的地位及特征

一、施工员的地位

施工员是建筑施工企业各项组织管理工作在基层的具体实践者,是完成建筑安装施工任务的最基层的技术和组织管理人员。

施工员是施工现场生产一线的组织者和管理者,在建筑施工过程中具有极其重要的地位,具体表现在以下几个方面:

(1)施工员是单位工程施工现场的管理中心,是施工现场动态管理的体现者,是单位工程生产要素合理投入和优化组合的组织者,对单位工程项目的施工负有直接责任。

(2)施工员是协调施工现场基层专业管理人员、劳务人员等各方面关系的纽带,需要指挥和协调好预算员、质量检查员、安全员、材料员等基层专业管理人员相互之间的关系。

(3)施工员是其分管工程施工现场对外联系的枢纽。

(4)施工员对分管工程施工生产和进度等进行控制,是单位施工现场的信息集散中心。

施工员的独特地位决定了他与相关部门之间存在着密切的关系,主要表现在以下几个方面:

(1)施工员与工程建设监理。监理单位与施工单位存在着监理与被监理的关系,所以施工员应积极配合现场监理人员在施工质量控制、施工进度控制、工程投资控制三方面所做的各种工作和检查,全面履行工程承包合同。

(2)施工员与设计单位。施工单位与设计单位之间存在着工作关系,设计单位应积极配合施工,负责交代设计意图,解释设计文件,及时解决施工中设计文件出现的问题,负责设计变更和修改预算,并参加工程竣工验收。同时,施工员在施工过程中发现了没有预料到的新情况,使工程或其中的任何部位在数量、质量和形式上发生了变化,应及时向上反映,由建设单位、设计单位和施工单位三方协商解决,办理设计变更与洽商。

(3)施工员与劳务关系。施工员是施工现场劳动力动态管理的直接责任者,负责按计划要求向项目经理或劳务管理部门申请派遣劳务人员,并签订劳务合同;按计划分配劳务人员,并下达施工任务单或承包任务书;在施工中不断进行劳动力平衡、调整,并按合同支付劳务报酬。

二、施工员的特征

建筑施工的特性决定了施工员具有以下特征：

(1) 施工员的工作场所在工地，施工员工作的对象是单位工程或分部分项工程。

(2) 施工员从事的是基层专业管理工作，是技术管理和施工组织与管理工作。工作有很强的专业性和技术性。

(3) 施工员的工作繁杂，在基层中需要管理的工作很多，项目经理和项目经理部以及有关方面的组织管理意图都要通过基层施工员来实现。

(4) 施工员的工作任务具有明确的期限和目标。

(5) 施工员的工作负担沉重，条件艰苦，生活紧张。

第二节　施工员应具备的条件

一、施工员应具备的职业道德

加强建筑行业职工道德建设，对于提高行业的质量和效益，树立行业新风，培养"有理想、有道德、有文化、有纪律"的建筑队伍，建设社会主义精神文明具有重要意义。

施工员作为建筑施工现场管理人员，应具备的职业道德可归纳为以下几点：

(1) 施工员应以高度的责任感，对工程建设的各个环节根据技术人员的交底，做出周密、细致的安排，并合理组织好劳动力，精心实施作业程序，使施工有条不紊地进行，防止盲目施工和窝工。

(2) 以对人民生命安全和国家财产极端负责的态度，时刻不忘安全和质量，严格检查和监督，把好关口。

(3) 不违章指挥，不玩忽职守，施工做到安全、优质、低耗，对已竣工的工程要主动回访保修，坚持良好的施工后服务，信守合同，维护企业的信誉。

(4) 施工员应严格按图施工，规范作业。不使用无合格证的产品和未经抽样检验的产品，不偷工减料，不在钢材用量、混凝土配合比、结构尺寸等方面做手脚来谋取非法利益。

(5) 在施工过程中，时时处处要精打细算，降低能源和原材料的消耗，合理调度材料和劳动力，准确申报建筑材料的使用时间、型号、规格、数量，既保证供料及时，又不浪费材料。

(6) 施工员应以实事求是、认真负责的态度准确签证，不多签或少签工程量和材料数量，不虚报冒领，不拖拖拉拉，完工即签证，并做好资料的收集和整理归档工作。

(7) 做到施工不扰民，严格控制粉尘、施工垃圾和噪声对环境的污染，做到文明施工。

二、施工员应具备的专业知识

施工员应具备的专业知识具体应包括以下几个方面：

(1) 掌握建筑制图原理、识图方法以及常用的建设工程测量方法。

(2) 掌握常用建筑材料（包括水泥、钢材、木材、砂石等）的性能和质量标准。

(3) 掌握一般建筑结构的基本构造、建筑力学和简单施工计算方法。

(4) 掌握一般工业与民用建筑施工的标准、规范和施工技术。

(5) 掌握地基处理、基础施工的一般原理和方法。

(6) 了解一般房屋中水、暖、电、卫设备和设施的基本知识。

(7) 了解一定的建筑机械知识和电工知识。

(8) 掌握一定的质量管理知识。

(9) 掌握一定的经济与经营管理知识，能编制施工预算，能进行工程统计和现场经济活动分析。

(10) 掌握一定的施工组织和科学的施工现场管理方法。

三、施工员应具备的工作能力

在实际工作中，施工员应具备的工作能力如下：

(1) 能有效地组织人力、物力和财力进行科学施工，取得最佳的经济效益。

(2) 能够对施工中的稳定性问题（包括缆风绳设置、脚手架架设、吊点设计等）进行鉴别，对安全质量事故进行初步的分析。

(3) 能比较熟练地承担施工现场的测量、图纸会审和向工人交底的工作。

(4) 能在不同地质条件下正确确定土方开挖、回填夯实、降水、排水等措施。

(5) 能正确地按照国家施工规范进行施工，掌握施工计划的关键线路，保证施工进度。

(6) 能根据施工要求，合理选用和管理建筑机具，具有一定的电工知识，能科学管理施工用电。

(7) 能运用质量管理方法指导施工，控制施工质量。

(8) 能根据工程的需要，协调各工种、人员、上下级之间的关系，正确处理施工现场的各种社会关系，保证施工能按计划高效、有序地进行。

(9) 能编制施工预算、进行工程统计、劳务管理、现场经济活动分析，对施工现场进行有效管理。

四、施工员应具备的身体素质

施工员长期工作在施工现场第一线，工作强度相当繁重，而且工作条件与生活条件也相对艰苦，因此，施工员必须具有强健的体格，充沛的精力，才能胜任其工作。

第三节 施工员的主要任务

在施工全过程中,施工员的主要任务是:结合多变的现场施工条件,将参与施工的劳动力、机具、材料、构配件和采用的施工方法等,科学地、有序地协调组织起来,在时间和空间上取得最佳组合,取得最好的经济效果,保质保量保工期地完成任务。

一、做好施工准备工作

施工员在施工现场应做好的施工准备工作主要包括如下内容:

1. 技术准备

(1)熟悉审查施工图纸、有关技术规范和操作规程,了解设计要求及细部、节点做法,并放必要的大样,做配料单,弄清有关技术资料对工程质量的要求。

(2)调查搜集必要的原始资料。

(3)熟悉或制订施工组织设计及有关技术经济文件对施工顺序、施工方法、技术措施、施工进度及现场施工总平面布置的要求;并清楚完成施工任务时的薄弱环节和关键工序。

(4)熟悉有关合同、招标资料及有关现行消耗定额等,计算工程量,弄清人、财、物在施工中的需求消耗情况,了解和制定现场工资分配和奖励制度,签发工程任务单、限额领料单等。

2. 现场准备

(1)现场"四通一平"(即水、电、道路、通信通畅,场地平整)的检验和试用。

(2)进行现场抄平、测量放线工作并进行检验。

(3)根据进度要求组织现场临时设施的搭建施工;安排好职工的住、食、行等后勤保障工作。

(4)根据进行计划和施工平面图,合理组织材料、构件、半成品、机具进场,进行检验和试运转。

(5)安排做好施工现场的安全、防汛、防火措施。

3. 组织准备

(1)根据施工进度计划和劳力需要量计划安排,分期分批组织劳动力的进场教育和各工种技术工人的配备等。

(2)确定各工种工序在各施工段的搭接,流水、交叉作业的开工、完工时间。

(3)全面安排好施工现场的一、二线,前、后台,施工生产和辅助作业,现场施工和场外协作之间的协调配合。

二、进行工程施工技术交底

(1)施工任务交底。向工人班组重点交代清楚任务大小、工期要求、关键工序、交叉配合关系等。

(2)施工技术措施和操作要领交底。交代清楚与工程有关的技术规范、操作规程和重点施工部位、细部、节点的做法以及质量和技术措施。

(3)施工消耗定额和经济分配方式的交底。交代清楚各施工项目劳动工日、材料消耗、机械台班数量、经济分配和奖罚制度等。

(4)安全和文明施工交底。提出有关的防护措施和要求,明确责任。

三、进行有目标的组织协调控制

在施工过程中,依照施工组织设计和有关技术、经济文件以及当地的实际情况,围绕着质量、工期、成本等既定施工目标,在每一阶段、每一工序实施综合平衡、协调控制,使施工中的各项资源和各种关系能够配合最佳,以确保工程的顺利进行。为此,要抓好以下几个环节:

(1)检查班组作业前的各项准备工作。

(2)检查外部供应、专业施工等协作条件是否满足需要,检查进场材料和构件质量。

(3)检查工人班组的施工方法、施工操作、施工质量、施工进度以及节约、安全情况,发现问题,应立即纠正或采取补救措施解决。

(4)做好现场施工调度,解决现场劳动力、原材料、半成品、周转材料、工具、机械设备、运输车辆、安全设施、施工水电、季节施工、施工工艺技术及现场生活设施等出现的供需矛盾。

(5)监督施工中的自检、互检、交接检制度和工程隐检、预检的执行情况,督促做好分部分项工程的质量评定工作。

四、技术资料的记录和积累

在施工过程中,施工员应做好每项技术的记录和积累,主要包括如下:

(1)做好施工日志,隐蔽工程记录,填报工程完成量,办理预算外工料的签订。

(2)做好质量事故处理记录。

(3)混凝土砂浆试块试验结果,质量"三检"情况记录的积累工作,以便工程交工验收,决算和质量评定的进行。

第四节 施工员的职责、权利与义务

一、施工员的职责

在工程施工阶段,施工员代表施工单位与业主、分包单位联系、协商问题,协调施工现场的施工、设计、材料供应、工程预算等各方面的工作。施工员对项目经理负责,负责对工程项目的全面管理,保证工程的顺利完成。施工员的主要职责如下:

(1)在项目经理领导下,深入施工现场,协助搞好施工监理,与施工班组一起复核工程量,提高工程量正确性。

(2)负责本工程项目的施工质量,对工程技术质量、安全工作负责。

(3)熟悉施工图纸,了解工程概况,绘制现场平面布置图,搞好现场布局。对设计要求、质量要求、具体作法要有清楚的了解和熟记,组织班组认真按图施工。

(4)全面负责本工程施工项目的施工现场勘察、测量、施工组织和现场交通安全防护设置等具体工作,组织班组努力完成开路口、路面破复、临时道路修筑等工程任务,对施工中的有关问题及时解决,向上报告并保证施工进度。

(5)参加图纸会审,审理和解决图纸中的疑难问题,碰到大的技术问题负责与业主和设计部门联系,妥善解决。坚持按图施工,分项工程施工前,应写出书面技术交底。

(6)参与班组技术交底、工程质量、安全生产交底、操作方法交底。严守施工操作规程,严抓质量,确保安全,负责对新工人上岗前培训,教育督促工人不违章作业。

(7)编制单位工程生产计划。填写施工日志和隐蔽工程的验收记录,配合质检员整理技术资料和施工质量管理,按时下达各部位混凝土配合比。

(8)对原材料、设备、成品或半成品、安全防护用品等质量低劣或不符合施工规范规定和设计要求的,有权禁止使用。

(9)按照安全操作规程规定和质量验收标准要求,组织班组开展质量、安全自检互检,努力提高工人技术素质和自我防护能力。对施工现场设置的交通安全设施和机械设备等安全防护装置经组织验收合格后方可进行工程项目的施工。

(10)认真做好隐蔽工程分部、分项及单位工程竣工验收签证工作,收集整理、保存技术的原始资料,办理工程变更手续。负责工程竣工后的决算上报。

(11)协助项目经理做好工程资料的收集、保管和归档。

二、施工员的权利

(1)在分部分项、单位工程施工中,在行政管理上(如对劳动人员组合、人员调动、规章制度等)有权处理和决定,发现问题,应及时请示和报告有关部门。

(2)根据施工要求,对劳动力、施工机具和材料等,有权合理使用和调配。

(3)对上级已批准的施工组织设计、施工方案和技术安全措施等文件,要求施工班组认真贯彻执行,未经有关人员同意,不得随意变动。

(4)对不服从领导和指挥,违反劳动纪律和违反操作规程人员,经多次说服教育不改者,有权停止其工作,并作出严肃处理。

(5)发现不按施工程序施工,不能保证工程质量和安全生产的现象,有权加以制止,并提出改进意见和措施。

(6)督促检查施工班组做好考勤日报,检查验收施工班组的施工任务书,发现问题进行处理。

三、施工员的义务

(1)努力学习和认真贯彻建筑施工方针政策和有关部门规定,学习好国家和建设部等有关部门的技术标准、施工规范、操作规程和先进单位的施工经验,不断提高施工技术和施工管理水平。

(2)牢固树立"百年大计,质量第一"的思想,以为用户服务和对国家、对人民负责的态度,坚持工程回访和质量回访,虚心听取用户的意见和建议。

(3)对上级下达的各项经济技术指标,应积极、主动地组织施工人员完成任务。

(4)正确树立经济效益和社会效益、环境效益统一的观点。

(5)信守合同、协议,做到文明施工,保证工期,信誉第一,不留尾巴,工完场清。

(6)主动、积极做好施工班组的思想政治工作,关心职工生活。

第二章 建筑工程施工图绘制与识读

第一节 建筑工程施工图绘制规定

一、图纸幅面规格

1. 图纸幅面

(1)为合理使用图纸和便于图纸的管理,所有设计的图纸幅面及图框尺寸,均应符合表 2-1 的规定和图 2-1~图 2-4 的格式。

表 2-1 幅面及图框尺寸 (mm)

尺寸代号 \ 幅面代号	A0	A1	A2	A3	A4
$b×l$	841×1189	594×841	420×594	297×420	210×297
c			10		5
a			25		

注:表中 b 为幅面短边尺寸,l 为幅面长边尺寸,c 为图框线与幅面线间宽度,a 为图框线与装订边间宽度。

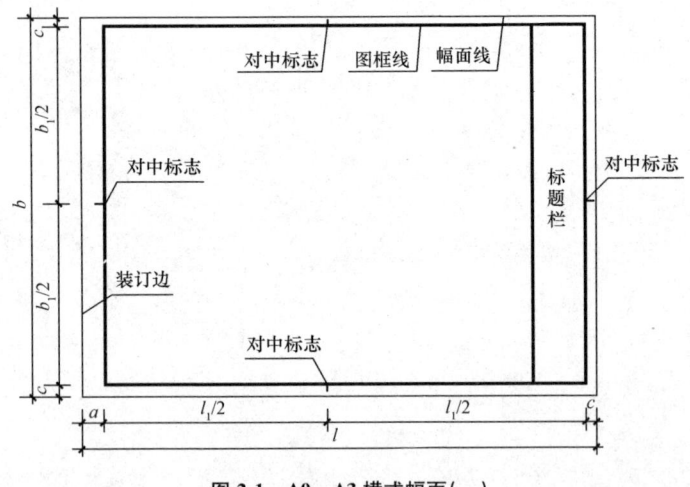

图 2-1 A0~A3 横式幅面(一)

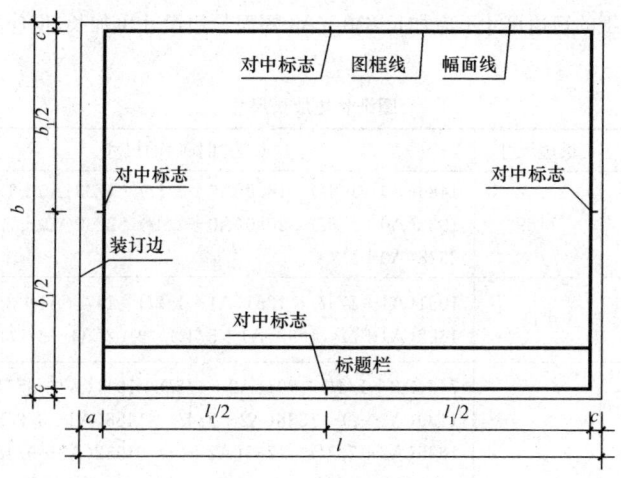

图 2-2　A0~A3 横式幅面(二)

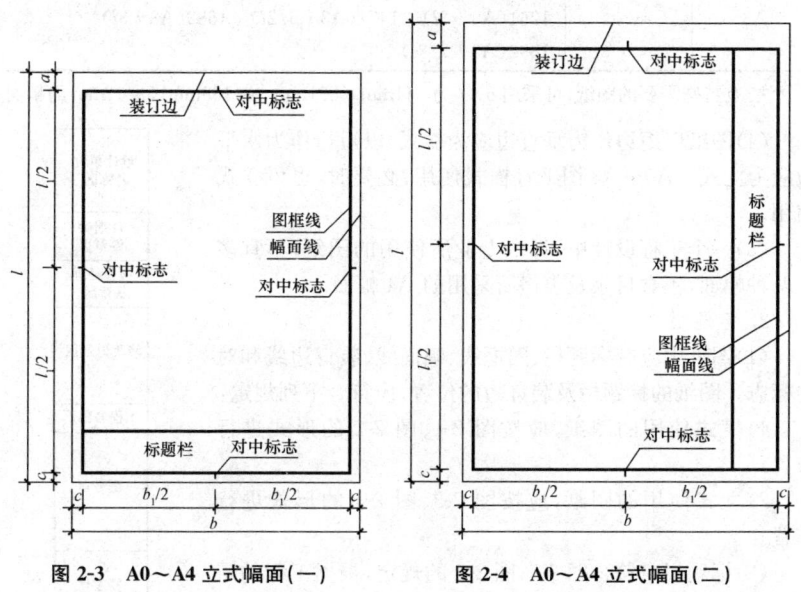

图 2-3　A0~A4 立式幅面(一)　　　图 2-4　A0~A4 立式幅面(二)

(2)需要微缩复制的图纸,其一个边上应附有一段准确米制尺度,四个边上均附有对中标志,米制尺度的总长应为 100mm,分格应为 10mm。对中标志应画在图纸内框各边长中点处,线宽 0.35mm,并应伸入内框边,在框外为 5mm。对中标志的线段,于 l_1 和 b_1 范围取中。

(3)图纸的短边尺寸不应加长,A0~A3 幅面长边尺寸可加长,但应符合表2-2的规定。

表 2-2　　　　　　　　图纸长边加长尺寸　　　　　　　　　(mm)

幅面代号	长边尺寸	长边加长后的尺寸
A0	1189	1486(A0+1/4*l*)　1635(A0+3/8*l*)　1783(A0+1/2*l*) 1932(A0+5/8*l*)　2080(A0+3/4*l*)　2230(A0+7/8*l*) 2378(A0+*l*)
A1	841	1051(A1+1/4*l*)　1261(A1+1/2*l*)　1471(A1+3/4*l*) 1682(A1+*l*)　1892(A1+5/4*l*)　2102(A1+3/2*l*)
A2	594	743(A2+1/4*l*)　891(A2+1/2*l*)　1041(A2+3/4*l*) 1189(A2+*l*)　1338(A2+5/4*l*)　1486(A2+3/2*l*) 1635(A2+7/4*l*)　1783(A2+2*l*)　1932(A2+9/4*l*) 2080(A2+5/2*l*)
A3	420	630(A3+1/2*l*)　841(A3+*l*)　1051(A3+3/2*l*) 1261(A3+2*l*)　1471(A3+5/2*l*)　1682(A3+3*l*) 1892(A3+7/2*l*)

注:有特殊需要的图纸,可采用 $b×l$ 为 841mm×891mm 与 1189mm×1261mm 的幅面。

(4)图纸以短边作为垂直边应为横式,以短边作为水平边应为立式。A0~A3 图纸宜横式使用;必要时,也可立式使用。

(5)一个工程设计中,每个专业所使用的图纸,不宜多于两种幅面,不含目录及表格所采用的 A4 幅面。

2. 标题栏

(1)图纸中应有标题栏、图框线、幅面线、装订边线和对中标志。图纸的标题栏及装订边的位置,应符合下列规定:

1)横式使用的图纸,应按图 2-1、图 2-2 的形式进行布置。

2)立式使用的图纸,应按图 2-3、图 2-4 的形式进行布置。

(2)标题栏应符合图 2-5、图 2-6 的规定,根据工程的需要选择确定其尺寸、格式及分区。签字栏应包括实名列和签名列,并应符合下列规定:

1)涉外工程的标题栏内,各项主要内容的中文下方应附有译文,设计单位的上方或左方,应加"中华人民共和国"字样。

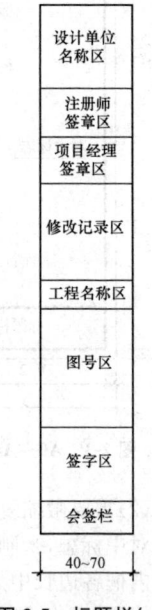

图 2-5　标题栏(一)

2)在计算机制图文件中当使用电子签名与认证时,应符合国家有关电子签名法的规定。

设计单位名称区	注册师签章区	项目经理签章区	修改记录区	工程名称区	图号区	签字区	会签栏

图 2-6　标题栏(二)

二、比例

图样的比例,应为图形与实物相对应的线性尺寸之比。例如 1∶100 就是用图上 1m 的长度表示房屋实际长度 100m。比例的大小是指比值的大小,如 1∶50 大于 1∶100。建筑工程中大都用缩小比例。

比例的符号为"∶",比例应以阿拉伯数字表示,如 1∶1、1∶2、1∶100 等。比例宜注写在图名的右侧,字的基准线应取平;比例的字高宜比图名的字高小一号或二号,如图 2-7 所示。

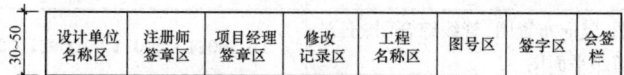

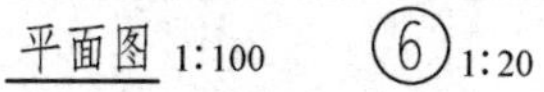

图 2-7　比例的注写

1. 常用绘图比例

绘图所用的比例,应根据图样的用途与被绘对象的复杂程度选用,常用绘图比例见表 2-3,并应优先用表中常用比例。

表 2-3　　　　　　　　　绘图常用的比例

常用比例	1∶1、1∶2、1∶5、1∶10、1∶20、1∶30、1∶50、1∶100、1∶150、1∶200、1∶500、1∶1000、1∶2000
可用比例	1∶3、1∶4、1∶6、1∶15、1∶25、1∶40、1∶60、1∶80、1∶250、1∶300、1∶400、1∶600、1∶5000、1∶10000、1∶20000、1∶50000、1∶100000、1∶200000

2. 总图制图比例

总图制图采用的比例,宜符合表 2-4 的规定。

表 2-4　　　　　　　　　总图制图比例

图　名	比　例
现状图	1∶500、1∶1000、1∶2000
地理交通位置图	1∶25000～1∶200000
总体规划、总体布置、区域位置图	1∶2000、1∶5000、1∶10000、1∶25000、1∶50000

续表

图　名	比　例
总平面图、竖向布置图、管线综合图、土方图、铁路、道路平面图	1∶300、1∶500、1∶1000、1∶2000
场地园林景观总平面图、场地园林景观竖向布置图、种植总平面图	1∶300、1∶500、1∶1000
铁路、道路纵断面图	垂直：1∶100、1∶200、1∶500 水平：1∶1000、1∶2000、1∶5000
铁路、道路横断面图	1∶20、1∶50、1∶100、1∶200
场地断面图	1∶100、1∶200、1∶500、1∶1000
详图	1∶1、1∶2、1∶5、1∶10、1∶20、1∶50、1∶100、1∶200

3. 建筑制图比例

建筑专业、室内设计专业制图选用的比例，宜符合表2-5的规定。

表2-5　　　　　　　　建筑制图比例

图　名	比　例
建筑物或构筑物的平面图、立面图、剖面图	1∶50、1∶100、1∶150、1∶200、1∶300
建筑物或构筑物的局部放大图	1∶10、1∶20、1∶25、1∶30、1∶50
配件及构造详图	1∶1、1∶2、1∶5、1∶10、1∶15、1∶20、1∶25、1∶30、1∶50

4. 建筑结构制图比例

绘图时根据图样的用途，被绘物体的复杂程度，应选用表2-6中的常用比例，特殊情况下也可选用可用比例。

表2-6　　　　　　　　建筑结构制图比例

图　名	常用比例	可用比例
结构平面图 基础平面图	1∶50、1∶100、1∶150	1∶60、1∶200
圈梁平面图，总图中管沟、地下设施等	1∶200、1∶500	1∶300
详图	1∶10、1∶20、1∶50	1∶5、1∶30、1∶25

5. 其他规定

(1)一般情况下,一个图样应选用一种比例。根据专业制图需要,同一图样可选用两种比例。

(2)特殊情况下也可自选比例,这时除应注出绘图比例外,还必须在适当位置绘制出相应的比例尺。

1)在建筑制图中,铁路、道路、土方等的纵断面图,可在水平方向和垂直方向选用不同比例。

2)在建筑结构制图中,当构件的纵、横向断面尺寸相差悬殊时,可在同一详图中的纵、横向选用不同的比例绘制。轴线尺寸与构件尺寸也可选用不同的比例绘制。

(3)在同一张图纸中,相同比例的各图样,应选用相同的线宽组。

三、字体

(1)图纸上所需书写的文字、数字或符号等,均应笔画清晰、字体端正、排列整齐;标点符号应清楚正确。

(2)文字的字高应从表 2-7 中选用。字高大于 10mm 的文字宜采用 True type 字体,当需书写更大的字时,其高度应按 $\sqrt{2}$ 的倍数递增。

表 2-7　　　　　　　　　　文字的字高　　　　　　　　　　(mm)

字体种类	中文矢量字体	True type 字体及非中文矢量字体
字高	3.5、5、7、10、14、20	3、4、6、8、10、14、20

(3)图样及说明中的汉字,宜采用长仿宋体或黑体,同一图纸字体种类不应超过两种。长仿宋体的高宽关系应符合表 2-8 的规定,黑体字的宽度与高度应相同。大标题、图册封面、地形图等的汉字,也可书写成其他字体,但应易于辨认。

表 2-8　　　　　　　　　　长仿宋字高宽关系　　　　　　　　　　(mm)

字高	20	14	10	7	5	3.5
字宽	14	10	7	5	3.5	2.5

(4)汉字的简化字书写应符合国家有关汉字简化方案的规定。

(5)图样及说明中的拉丁字母、阿拉伯数字与罗马数字,宜采用单线简体或 ROMAN 字体。拉丁字母、阿拉伯数字与罗马数字的书写规则,应符合表 2-9 的规定。

表 2-9 拉丁字母、阿拉伯数字与罗马数字的书写规则

书写格式	字 体	窄字体
大写字母高度	h	h
小写字母高度(上下均无延伸)7/10h		10/14h
小写字母伸出的头部或尾部	3/10h	4/14h
笔画宽度	1/10h	1/14h
字母间距	2/10h	2/14h
上下行基准线的最小间距	15/10h	21/14h
词间距	6/10h	6/14h

(6)拉丁字母、阿拉伯数字与罗马数字,当需写成斜体字时,其斜度应是从字的底线逆时针向上倾斜 75°。斜体字的高度和宽度应与相应的直体字相等。拉丁字母、阿拉伯数字与罗马数字的字高,不应小于 2.5mm。斜体的阿拉伯数字及大小写字母的示例,如图 2-8 所示。

图 2-8 斜体的阿拉伯数字及大小写字母示例

(7)数量的数值注写,应采用正体阿拉伯数字。各种计量单位凡前面有量值的,均应采用国家颁布的单位符号注写。单位符号应采用正体字母。

第二章 建筑工程施工图绘制与识读

(8)分数、百分数和比例数的注写,应采用阿拉伯数字和数学符号。

(9)当注写的数字小于1时,应写出各位的"0",小数点应采用圆点,齐基准线书写。

四、图线

图样上的线条以不同的形式、不同的宽度来区分。

1. 图线宽度选取

图线的宽度 b,宜从下列线宽系列中选取:1.4、1.0、0.7、0.5、0.35、0.25、0.18、0.13(mm)。图线宽度不应小于0.1mm。每个图样,应根据复杂程度与比例大小,先选定基本线宽 b,再选用表2-10中相应的线宽组。

表2-10　　　　　　　　　　线宽组　　　　　　　　　　(mm)

线宽比	线宽组			
b	1.4	1.0	0.7	0.5
$0.7b$	1.0	0.7	0.5	0.35
$0.5b$	0.7	0.5	0.35	0.25
$0.25b$	0.35	0.25	0.18	0.13

注:1. 需要缩微的图纸,不宜采用0.18mm及更细的线宽。

2. 同一张图纸内,各不同线宽中的细线,可统一采用较细的线宽组的细线。

2. 总图制图图线

总图制图应根据图纸功能,按表2-11规定的线型选用。

表2-11　　　　　　　　　总图制图图线

名称		线型	线宽	用途
实线	粗	———	b	1. 新建建筑物±0.00高度可见轮廓线 2. 新建铁路、管线
	中	———	$0.7b$ $0.5b$	1. 新建构筑物、道路、桥涵、边坡、围墙、运输设施的可见轮廓线 2. 原有标准轨距铁路
	细	———	$0.25b$	1. 新建建筑物±0.00高度以上的可见建筑物、构筑物轮廓线 2. 原有建筑物、构筑物、原有窄轨、铁路、道路、桥涵、围墙的可见轮廓线 3. 新建人行道、排水沟、坐标线、尺寸线、等高线

续表

名称		线型	线宽	用途
虚线	粗	-------	b	新建建筑物、构筑物地下轮廓线
	中	- - - - -	$0.5b$	计划预留扩建的建筑物、构筑物、铁路、道路、运输设施、管线、建筑红线及预留用地各线
	细	- - - - - - -	$0.25b$	原有建筑物、构筑物、管线的地下轮廓线
单点长画线	粗	—·—·—	b	露天矿开采界限
	中	—·—·—	$0.5b$	土方填挖区的零点线
	细	—·—·—	$0.25b$	分水线、中心线、对称线、定位轴线
双点长画线		—··—··—	b	用地红线
		—··—··—	$0.7b$	地下开采区塌落界限
		—··—··—	$0.5b$	建筑红线
折断线		─╱╲─	$0.5b$	断线
不规则曲线		∽	$0.5b$	新建人工水体轮廓线

注：根据各类图纸所表示的不同重点确定使用不同粗细线型。

3. 建筑制图图线

建筑专业、室内设计专业制图采用的各种图线，应符合表2-12的规定。

表2-12　　　　　　　　　　建筑制图图线

名称		线型	线宽	用途
实线	粗	————	b	1. 平、剖面图中被剖切的主要建筑构造（包括构配件）的轮廓线 2. 建筑立面图或室内立面图的外轮廓线 3. 建筑构造详图中被剖切的主要部分的轮廓线 4. 建筑构配件详图中的外轮廓线 5. 平、立、剖面的剖切符号
	中粗	————	$0.7b$	1. 平、剖面图中被剖切的次要建筑构造（包括构配件）的轮廓线 2. 建筑平、立、剖面图中建筑构配件的轮廓线 3. 建筑构造详图及建筑构配件详图中的一般轮廓线
	中	————	$0.5b$	小于 $0.7b$ 的图形线、尺寸线、尺寸界限、索引符号、标高符号、详图材料做法引出线、粉刷线、保温层线、地面、墙面的高差分界线等
	细	————	$0.25b$	图例填充线、家具线、纹样线等

第二章 建筑工程施工图绘制与识读

续表

名称		线 型	线宽	用 途
虚线	中粗	-----	$0.7b$	1. 建筑构造详图及建筑构配件不可见的轮廓线 2. 平面图中的起重机(吊车)轮廓线 3. 拟建、扩建建筑物轮廓线
	中	-----	$0.5b$	投影线、小于 $0.5b$ 的不可见轮廓线
	细	-----	$0.25b$	图例填充线、家具线等
单点长画线	粗	—·—·—	b	起重机(吊车)轨道线
	细	—·—·—	$0.25b$	中心线、对称线、定位轴线
折断线	细	—/\—	$0.25b$	部分省略表示时的断开界线
波浪线	细	～～～	$0.25b$	部分省略表示时的断开界线,曲线形构间断开界限 构造层次的断开界限

注:地平线宽可用 $1.4b$。

4. 建筑结构制图图线

建筑结构专业制图,应选用表2-13所示的图线。

表2-13 建筑结构制图图线

名 称		线 型	线宽	一般用途
实线	粗	———	b	螺栓、钢筋线、结构平面图中的单线结构构件线,钢木支撑及系杆线,图名下横线、剖切线
	中粗	———	$0.7b$	结构平面图及详图中剖到或可见的墙身轮廓线、基础轮廓线、钢、木结构轮廓线、钢筋线
	中	———	$0.5b$	结构平面图及详图中剖到或可见的墙身轮廓线、基础轮廓线、可见的钢筋混凝土构件轮廓线、钢筋线
	细	———	$0.25b$	标注引出线、标高符号线、索引符号线、尺寸线

续表

名称		线型	线宽	一般用途
虚线	粗	— — — — —	b	不可见的钢筋线、螺栓线、结构平面图中不可见的单线结构构件线及钢、木支撑线
	中粗	— — — — —	$0.7b$	结构平面图中的不可见构件、墙身轮廓线及不可见钢、木结构构件线、不可见的钢筋线
	中	— — — — —	$0.5b$	结构平面图中的不可见构件、墙身轮廓线及不可见钢、木结构构件线、不可见的钢筋线
	细	— — — — —	$0.25b$	基础平面图中的管沟轮廓线、不可见的钢筋混凝土构件轮廓线
单点长画线	粗	—·—·—·—	b	柱间支撑、垂直支撑、设备基础轴线图中的中心线
	细	—·—·—·—	$0.25b$	定位轴线、对称线、中心线、重心线
双点长画线	粗	—··—··—	b	预应力钢筋线
	细	—··—··—	$0.25b$	原有结构轮廓线
折断线		——∿——	$0.25b$	断开界线
波浪线		∼∼∼∼	$0.25b$	断开界线

5. 其他规定

(1) 同一张图纸内,相同比例的各图样应选用相同的线宽组。

(2) 图纸的图框和标题栏可采用表 2-14 的线宽。

表 2-14　　　图框和标题栏线的宽度　　　(mm)

幅面代号	图框线	标题栏外框线	标题栏分格线
A0、A1	b	$0.5b$	$0.25b$
A2、A3、A4	b	$0.7b$	$0.35b$

(3)相互平行的图例线,其净间隙或线中间隙不宜小于 0.2mm。

(4)虚线、单点长画线或双点长画线的线段长度和间隔,宜各自相等。

(5)单点长画线或双点长画线,当在较小图形中绘制有困难时,可用实线代替。

(6)单点长画线或双点长画线的两端,不应是点。点画线与点画线交接点或点画线与其他图线交接时,应是线段交接。

(7)虚线与虚线交接或虚线与其他图线交接时,应是线段交接。虚线为实线的延长线时,不得与实线连接。

(8)图线不得与文字、数字或符号重叠、混淆,不可避免时,应首先保证文字的清晰。

五、尺寸标注

(1)图样上的尺寸,包括尺寸界线、尺寸线、尺寸起止符号和尺寸数字,如图 2-9 所示。

(2)尺寸界线应用细实线绘制,应与被注长度垂直,其一端应离开图样轮廓线不应小于 2mm,另一端宜超出尺寸线 2~3mm。图样轮廓线可用作尺寸界线(图 2-10)。

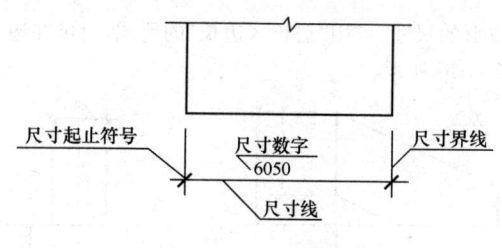

图 2-9　尺寸的组成

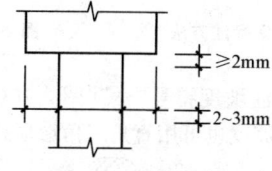

图 2-10　尺寸界线

(3)尺寸线应用细实线绘制,应与被注长度平行。图样本身的任何图线均不得用作尺寸线。

(4)尺寸起止符号用中粗斜短线绘制,其倾斜方向应与尺寸界线成顺时针 45°角,长度宜为 2~3mm。半径、直径、角度与弧长的尺寸起止符号,宜用箭头表示。

(5)图样上的尺寸,应以尺寸数字为准,不得从图上直接量取。图样上的尺寸单位,除标高及总平面以米为单位外,其他必须以毫米为单位。

(6)角度的尺寸线应以圆弧表示。该圆弧的圆心应是该角的顶点,角的两条边为尺寸界线。起止符号应以箭头表示,如没有足够位置画箭头,可用圆点代替,角度数字应按水平方向注写,如图2-11所示。

(7)标注圆弧的弧长时,尺寸线应以与该圆弧同心的圆弧线表示,尺寸界线应垂直于该圆弧的弦,起止符号用箭头表示,弧长数字上方应加注圆弧符号"⌒",如图2-12所示;弦长标注方法,如图2-13所示。

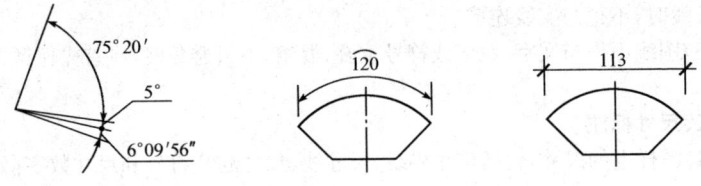

图 2-11 角度标注方法　　图 2-12 弧长标注方法　　图 2-13 弦长标注方法

(8)在薄板板面标注板厚尺寸时,应在厚度数字前加厚度符号"t",如图2-14所示。

(9)标注正方形的尺寸,可用"边长×边长"的形式,也可在边长数字前加正方形符号"□",如图2-15所示。

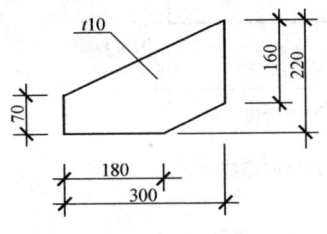 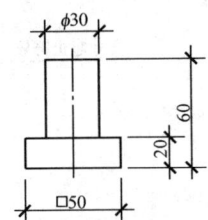

图 2-14 薄板厚度标注方法　　　图 2-15 标注正方形尺寸

(10)标注坡度时,应加注坡度符号"←"[图2-16(a)、(b)],该符号为单面箭头,箭头应指向下坡方向。坡度也可用直角三角形形式标注[图2-16(c)]。

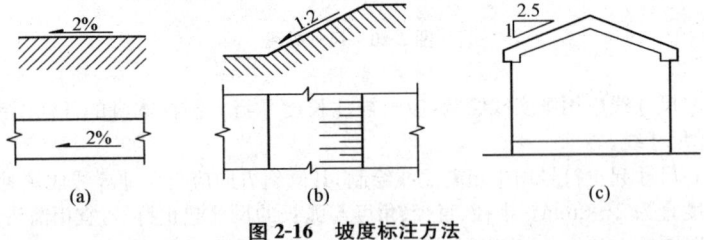

图 2-16 坡度标注方法

第二章　建筑工程施工图绘制与识读

六、符号

1. 剖切符号

(1)剖视的剖切符号应符合下列规定：

1)剖视的剖切符号应由剖切位置线及剖视方向线组成，均应以粗实线绘制。剖切位置线的长度宜为6～10mm；剖视方向线应垂直于剖切位置线，长度应短于剖切位置线，宜为4～6mm(图2-17)，也可采用国际统一和常用的剖视方法(图2-18)。绘制时，剖视剖切符号不应与其他图线相接触。

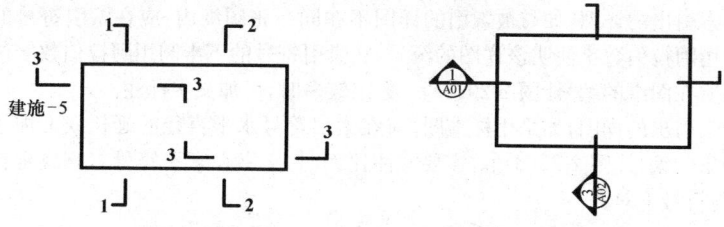

图2-17　剖视的剖切符号(一)　　　图2-18　剖视的剖切符号(二)

2)剖视剖切符号的编号宜采用粗阿拉伯数字，按剖切顺序由左至右、由下至上连续编排，并应注写在剖视方向线的端部。

3)需要转折的剖切位置线，应在转角的外侧加注与该符号相同的编号。

4)建(构)筑物剖面图的剖切符号宜注在±0.000标高的平面图或首层平面图上。

5)局部剖面图(不含首层)的剖切符号应注在包括剖切部位的最下面一层的平面图上。

(2)断面的剖切符号应符合下列规定：

1)断面的剖切符号应只用剖切位置线表示，并应以粗实线绘制，长度宜为6～10mm。

2)断面剖切符号的编号宜采用阿拉伯数字，按顺序连续编排，并应注写在剖切位置线的一侧；编号所在的一侧应为该断面的剖视方向(图2-19)。

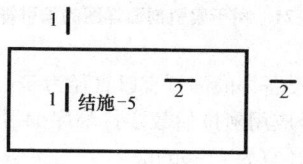

图2-19　断面的剖切符号

(3)剖面图或断面图，如与被剖切图样不在同一张图内，应在剖切位置线的另一侧注明其所在图纸的编号，也可以在图上集中说明。

2. 索引符号与详图符号

(1)图样中的某一局部或构件,如需另见详图,应以索引符号索引[图 2-20(a)]。索引符号是由直径为 8~10mm 的圆和水平直径组成,圆及水平直径应以细实线绘制。索引符号应按下列规定编写:

1)索引出的详图,如与被索引的详图同在一张图纸内,应在索引符号的上半圆中用阿拉伯数字注明该详图的编号,并在下半圆中间画一段水平细实线[图 2-20(b)]。

2)索引出的详图,如与被索引的详图不在同一张图纸内,应在索引符号的上半圆中用阿拉伯数字注明该详图的编号,在索引符号的下半圆用阿拉伯数字注明该详图所在图纸的编号[图 2-20(c)]。数字较多时,可加文字标注。

3)索引出的详图,如采用标准图,应在索引符号水平直径的延长线上加注该标准图集的编号[图 2-20(d)]。需要标注比例时,文字在索引符号右侧或延长线下方,与符号下对齐。

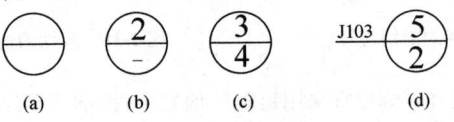

图 2-20 索引符号

(2)索引符号当用于索引剖视详图时,应在被剖切的部位绘制剖切位置线,并以引出线引出索引符号,引出线所在的一侧应为剖视方向(图 2-21)。

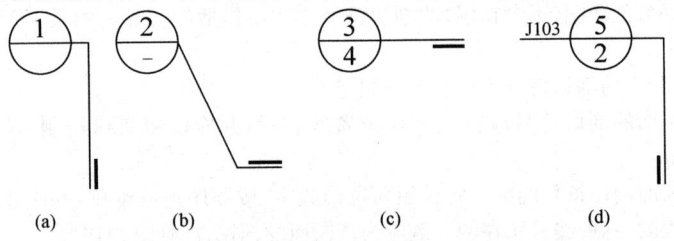

图 2-21 用于索引剖面详图的索引符号

(3)零件、钢筋、杆件、设备等的编号宜以直径为 5~6mm 的细实线圆表示,同一图样应保持一致,其编号应用阿拉伯数字按顺序编写(图 2-22)。消火栓、配电箱、管井等的索引符号,直径宜为 4~6mm。

图 2-22 零件、钢筋等的编号

(4)详图的位置和编号应以详图符号表示。详图符号的圆应以直径为14mm粗实线绘制。详图编号应符合下列规定:

1)详图与被索引的图样同在一张图纸内时,应在详图符号内用阿拉伯数字注明详图的编号(图 2-23)。

2)详图与被索引的图样不在同一张图纸内时,应用细实线在详图符号内画一水平直径,在上半圆中注明详图编号,在下半圆中注明被索引的图纸的编号(图 2-24)。

图 2-23　与被索引的图样在同一张图纸的详图符号

图 2-24　与被索引的图样不在同一张图的详图符号

3. 引出线

(1)引出线应以细实线绘制,宜采用水平方向的直线,与水平方向成30°、45°、60°、90°的直线,或经上述角度再折为水平线。文字说明宜注写在水平线的上方[图 2-25(a)],也可注写在水平线的端部[图 2-25(b)]。索引详图的引出线,应与水平直径线相连接[图 2-25(c)]。

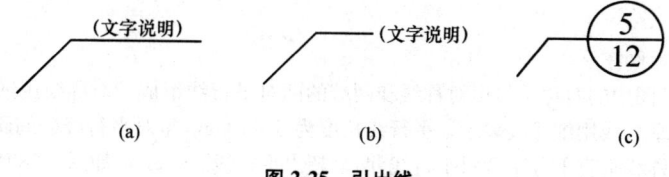

图 2-25　引出线

(2)同时引出的几个相同部分的引出线,宜互相平行[图 2-26(a)],也可画成集中于一点的放射线[图 2-26(b)]。

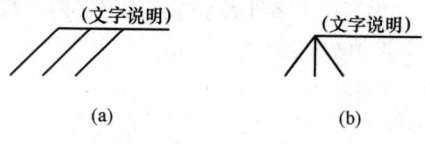

图 2-26　共用引出线

(3)多层构造或多层管道共用引出线,应通过被引出的各层,并用圆点示意对应各层次。文字说明宜注写在水平线的上方,或注写在水平线的端部,说明的顺序应由上至下,并应与被说明的层次对应一致;如层次为横向排序,则由上至下的说明顺序应与由左至右的层次对应一致(图 2-27)。

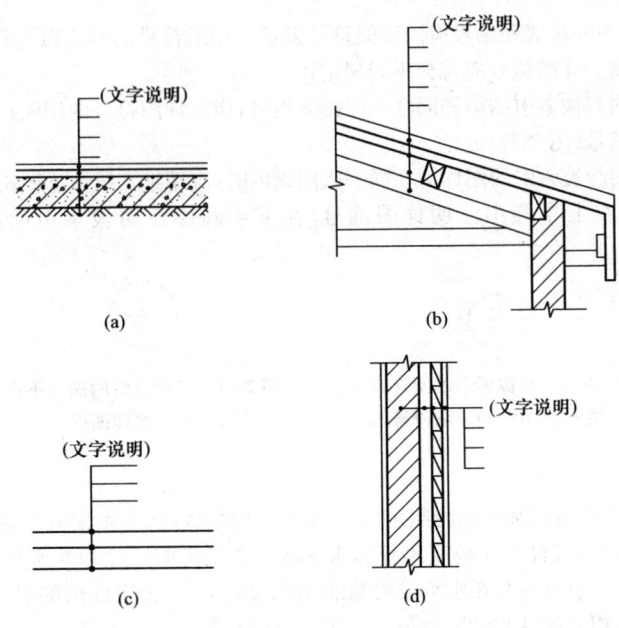

图 2-27 多层共用引出线

4. 对称符号

施工图中的对称符号由对称线和两端的两对平行线组成。对称线用细单点画线表示,平行线用细实线表示。平行线长度为 6~10mm,每对平行线的间距为 2~3mm,对称线垂直平分于两对平行线,两端超出平行线 2~3mm,如图 2-28 所示。

5. 连接符号

施工图中,当构件详图的纵向较长、重复较多时,可省略重复部分,用连接符号相连。连接符号用折断线表示所需连接的部位,当两部位相距过远时,折断线两端靠图样一侧要标注大写拉丁字母表示连接编号。两个被连接的图样要用相同的字母编号,如图 2-29 所示。

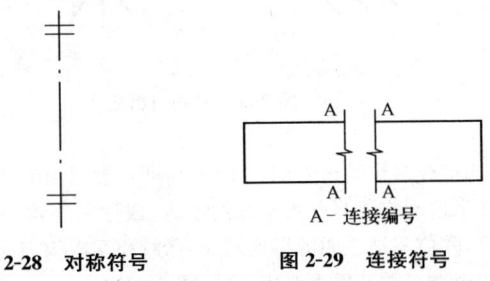

图 2-28 对称符号   图 2-29 连接符号

6. 指北针

在总平面图中应画有指北针,以表示建筑物的方向。指北针的形状宜如图 2-30 所示,其圆的直径宜为 24mm,用细实线绘制;指针尾部的宽度宜为 3mm,指针头部应注"北"或"N"字。需用较大直径绘制指北针时,指针尾部宽度宜为直径的 1/8。

7. 风向频率玫瑰图

为表示某一地区常年的风向情况,在总平面图中要画上风向频率玫瑰图(简称风玫瑰图),如图 2-31 所示。图中把东南西北划分为 16 个方位,各方位上的长度,就是把多年来各方位平均刮风的次数占刮风总次数的百分数值,按一定的比例定出的。图中所示的风向是指从外面刮向地区中心的方向。实线指全年的风向,虚线指夏季的风向。

8. 变更云线

对图纸中局部变更部分宜采用云线,并宜注明修改版次(图 2-32)。

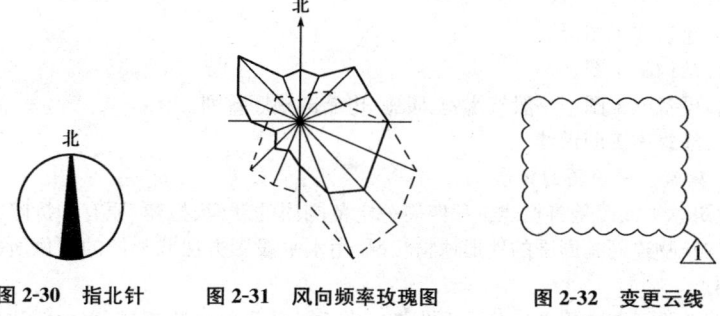

图 2-30 指北针　　图 2-31 风向频率玫瑰图　　图 2-32 变更云线

第二节　建筑工程施工图识读

一、建筑工程施工图分类与编排顺序

1. 施工图分类

一套完整的施工图,按其内容和作用的不同,可分为三大类:

(1)建筑施工图,简称建施。其基本图纸包括:建筑总平面图、平面图、立面图和详图等;其建筑详图包括墙身剖面图、楼梯详图、浴厕详图、门窗详图及门窗表,以及各种装修、构造做法、说明等。在建筑施工图的标题栏内均注写建施××号,以供查阅。

(2)结构施工图,简称结施。其基本图纸包括:基础平面图、楼层结构平面图、屋顶结构平面图、楼梯结构图等;其结构详图有:基础详图、梁、板、柱等构件详图及节点详图等。在结构施工图的标题内均注写结施××号,以供查阅。

(3)设备施工图,简称设施。设施包括以下三部分专业图纸:
1)给水排水施工图。
2)采暖通风施工图。
3)电气施工图。

设备施工图由平面布置图、管线走向系统图(如轴测图)和设备详图等组成。在这些图纸的标题栏内分别注写水施××号,暖施××号,电施××号,以便查阅。

2. 施工图的编排顺序

工程施工图的编排顺序一般是代表全局性的图纸在前,表示局部的图纸在后;先施工的图纸在前,后施工的图纸在后;重要的图纸在前,次要的图纸在后;基本图纸在前,详图在后。整套图纸的编排顺序如下:

(1)图纸目录。
(2)总说明。说明工程概况和总的要求,对于中小型工程,总说明可编在建筑施工图内。
(3)建筑施工图。
(4)结构施工图。
(5)设备施工图。一般按水施、暖施、电施的顺序排列。

二、建筑施工图识读

1. 建筑总平面图的识读

建筑总平面图是将拟建工程四周一定范围内的新建、拟建、原有和拆除的建筑物、构筑物连同其周围的地形地物状况,用水平投影方法和相应的图例所画出的图样。

(1)总平面图的用途。总平面图是一个建设项目的总体布局,表示新建房屋所在基地范围内的平面布置、具体位置以及周围情况,总平面图通常画在具有等高线的地形图上。

总平面图的主要用途如下:
1)工程施工的依据(如施工定位、施工放线和土方工程)。
2)室外管线布置的依据。
3)工程预算的重要依据(如土石方工程量、室外管线工程量的计算)。

(2)总平面图的基本内容。
1)表明新建区域的地形、地貌、平面布置,包括红线位置,各建(构)筑物、道路、河流、绿化等的位置及其相互间的位置关系。
2)确定新建房屋的平面位置。一般根据原有建筑物或道路定位,标注定位尺寸;修建成片住宅、较大的公共建筑物、工厂或地形复杂时,用坐标确定房屋及道路转折点的位置。
3)表明建筑物首层地面的绝对标高,室外地坪、道路的绝对标高;说明土方填

第二章　建筑工程施工图绘制与识读

挖情况、地面坡度及雨水排除方向。

4)用指北针和风向频率玫瑰图来表示建筑物的朝向。

(3)总平面图识读要点。

1)熟悉总平面图的图例(表2-15),查阅图标及文字说明,了解工程性质、位置、规模及图纸比例。

2)查看建设基地的地形、地貌、用地范围及周围环境等,了解新建房屋和道路、绿化布置情况。

3)了解新建房屋的具体位置和定位依据。

4)了解新建房屋的室内、外高差,道路标高,坡度以及地表水排流情况。

表 2-15　　　　　　　　　　　总平面图例

序号	名称	图例	备注
1	新建建筑物	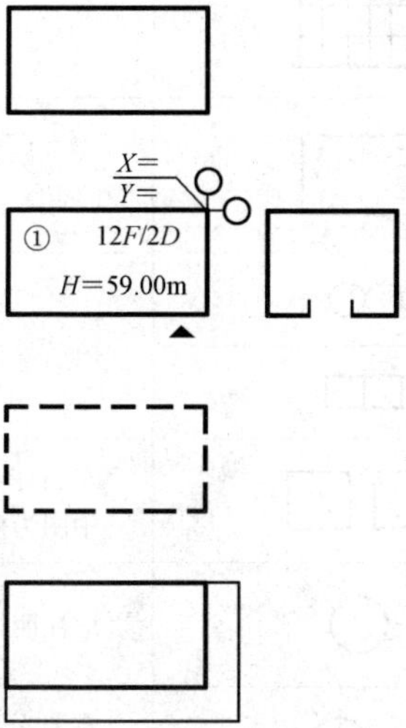 ① 12F/2D H=59.00m X=／Y=	新建建筑物以粗实线表示与室外地坪相接处±0.00外墙定位轮廓线 建筑物一般以±0.00高度处的外墙定位轴线交叉点坐标定位。轴线用细实线表示,并标明轴线号 根据不同设计阶段标注建筑编号,地上、地下层数,建筑高度,建筑出入口位置(两种表示方法均可,但同一图纸采用一种表示方法) 地下建筑物以粗虚线表示其轮廓 建筑上部(±0.00以上)外挑建筑用细实线表示 建筑物上部连廊用细虚线表示并标注位置
2	原有建筑物	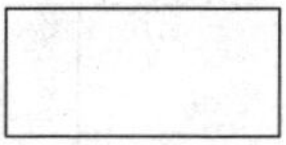	用细实线表示
3	计划扩建的预留地或建筑物		用中粗虚线表示
4	拆除的建筑物	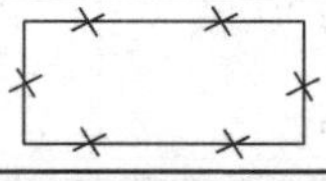	用细实线表示

续一

序号	名称	图例	备注
5	建筑物下面的通道	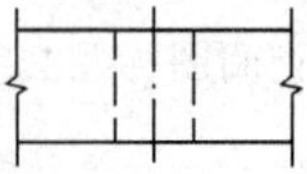	—
6	散状材料露天堆场	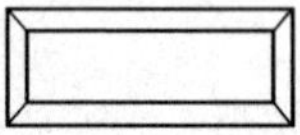	需要时可注明材料名称
7	其他材料露天堆场或露天作业场	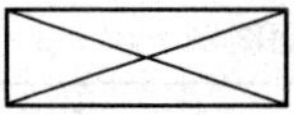	需要时可注明材料名称
8	铺砌场地	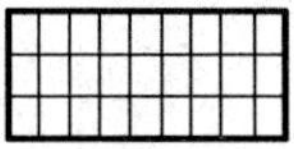	—
9	敞棚或敞廊	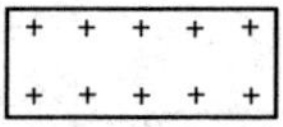	—
10	高架式料仓	 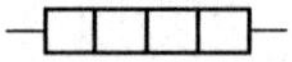	—
11	漏斗式贮仓		左、右图为底卸式 中图为侧卸式
12	冷却塔(池)		应注明冷却塔或冷却池
13	水塔、贮罐	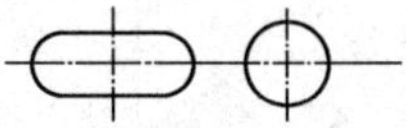	左图为卧式贮罐 右图为水塔或立式贮罐
14	水池、坑槽		也可以不涂黑
15	明溜矿槽(井)	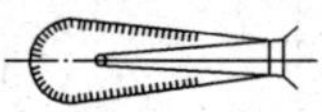	—
16	斜井或平硐	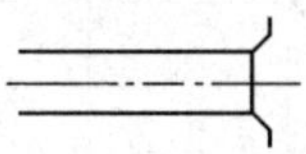	—

续二

序号	名称	图例	备注
17	烟囱	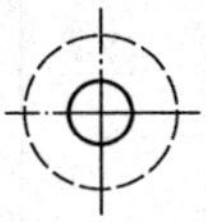	实线为烟囱下部直径,虚线为基础,必要时可注写烟囱高度和上、下口直径
18	围墙及大门	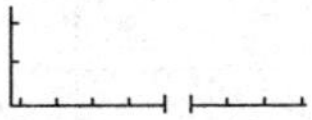	—
19	挡土墙	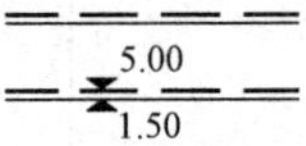 5.00 / 1.50	挡土墙根据不同设计阶段的需要标注 墙顶标高 墙底标高
20	挡土墙上设围墙		
21	台阶及无障碍坡道	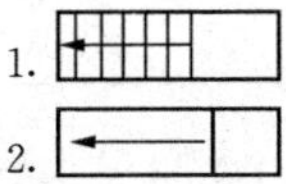 1. 2.	1. 表示台阶(级数仅为示意) 2. 表示无障碍坡道
22	露天桥式起重机	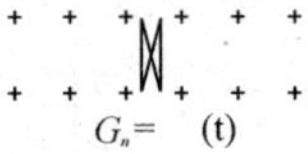 $G_n=$ (t)	起重机起重量 G_n,以吨计算 "+"为柱子位置
23	露天电动葫芦	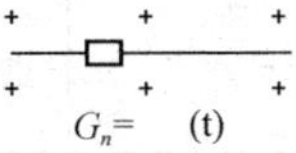 $G_n=$ (t)	起重机起重量 G_n,以吨计算 "+"为支架位置
24	门式起重机	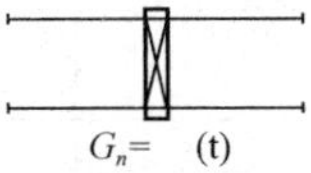 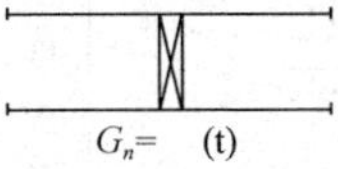 $G_n=$ (t) $G_n=$ (t)	起重机起重量 G_n,以吨计算 上图表示有外伸臂 下图表示无外伸臂
25	架空索道		"I"为支架位置
26	斜坡卷扬机道	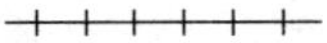	—
27	斜坡栈桥(皮带廊等)	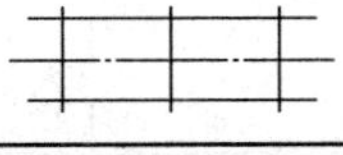	细实线表示支架中心线位置

续三

序号	名称	图例	备注
28	坐标	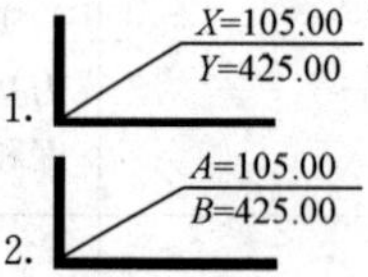 1. $X=105.00$ $Y=425.00$ 2. $A=105.00$ $B=425.00$	1. 表示地形测量坐标系 2. 表示自设坐标系 坐标数字平行于建筑标注
29	方格网交叉点标高	-0.50 | 77.85 78.35	"78.35"为原地面标高 "77.85"为设计标高 "−0.50"为施工高度 "−"表示挖方("+"表示填方)
30	填方区、挖方区、未整平区及零线	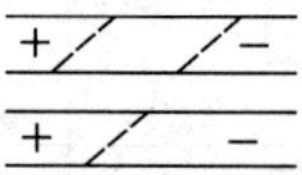 + / − + / −	"+"表示填方区 "−"表示挖方区 中间为未整平区 点画线为零点线
31	填挖边坡		
32	分水脊线与谷线	 	上图表示脊线 下图表示谷线
33	洪水淹没线		洪水最高水位以文字标注
34	地表排水方向		
35	截水沟	 40.00	"1"表示1%的沟底纵向坡度,"40.00"表示变坡点间距离,箭头表示水流方向
36	排水明沟	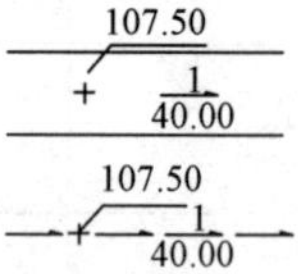 107.50 + 1/40.00 107.50 1/40.00	上图用于比例较大的图面 下图用于比例较小的图面 "1"表示1%的沟底纵向坡度,"40.00"表示变坡点间距离,箭头表示水流方向 "107.50"表示沟底变坡点标高(变坡点以"+"表示)

续四

序号	名称	图例	备注
37	有盖板的排水沟	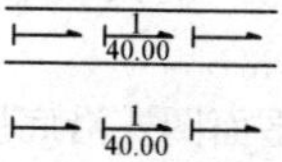	—
38	雨水口	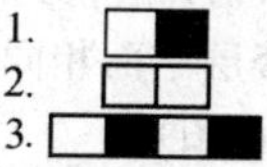 1. 2. 3.	1. 雨水口 2. 原有雨水口 3. 双落式雨水口
39	消火栓井	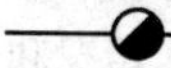	—
40	急流槽		箭头表示水流方向
41	跌水	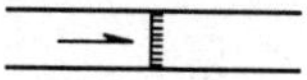	
42	拦水(闸)坝	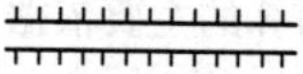	—
43	透水路堤		边坡较长时,可在一端或两端局部表示
44	过水路面		—
45	室内地坪标高	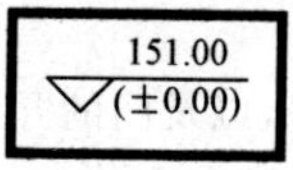 151.00 ▽(±0.00)	数字平行于建筑物书写
46	室外地坪标高	 ▼ 143.00	室外标高也可采用等高线
47	盲道	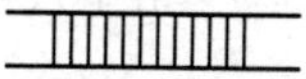	
48	地下车库入口	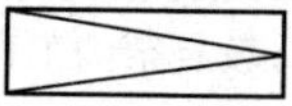	机动车停车场
49	地面露天停车场	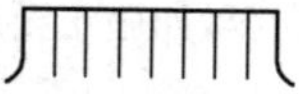	
50	露天机械停车场	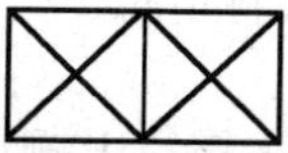	露天机械停车场

2. 建筑平面图的识读

建筑平面图,简称平面图,实际上是一幢房屋的水平剖面图,是假想用一水平剖面将房屋沿门窗洞口剖开,移去上部分,剖面以下部分的水平投影图就是平面图。

一般地说,多层房屋就应画出各层平面图。沿底层门窗洞口切开后得到的平面图,称为底层平面图。沿二层门窗洞口切开后得到的平面图,称为二层平面图。依次可得到三层、四层平面图。当某些楼层平面相同时,可以只画出其中一个平面图,称其为标准层平面图(或中间层平面图)。

为了表明屋面构造,一般还要画出屋顶平面图。它不是剖面图,其俯视屋顶时的水平投影图,主要表示屋面的形状及排水情况和突出屋面的构造位置。

(1)建筑平面图的用途。建筑平面图主要表示建筑物的平面形状、水平方向各部分(出入口、走廊、楼梯、房间、阳台等)的布置和组合关系,墙、柱及其他建筑物的位置和大小。其主要用途如下:

1)建筑平面图是施工放线,砌墙、柱,安装门窗框、设备的依据。

2)建筑平面图是编制和审查工程预算的主要依据。

(2)建筑平面图的基本内容。

1)表明建筑物的平面形状,内部各房间包括走廊、楼梯、出入口的布置及朝向。

2)表明建筑物及其各部分的平面尺寸。在建筑平面图中,必须详细标注尺寸。平面图中的尺寸分为外部尺寸和内部尺寸。外部尺寸有三道,一般沿横向、竖向分别标注在图形的下方和左方。

3)表明地面及各层楼面标高。

4)表明各种门、窗位置,代号和编号,以及门的开启方向。门的代号用 M 表示,窗的代号用 C 表示,编号数用阿拉伯数字表示。

5)表示剖面图剖切符号、详图索引符号的位置及编号。

6)综合反映其他各工种(工艺、水、暖、电)对土建的要求:各工程要求的坑、台、水池、地沟、电闸箱、消火栓、雨水管等及其在墙或楼板上的预留洞,应在图中标明其位置及尺寸。

7)表明室内装修做法:包括室内地面、墙面及顶棚等处的材料及做法。一般简单的装修在平面图内直接用文字说明;较复杂的工程则另列房间明细表和材料做法表,或另画建筑装修图。

8)文字说明:平面图中不易表明的内容,如施工要求、砖及灰浆的强度等级等需用文字说明。

以上所述内容,可根据具体项目的实际情况取舍。

(3)平面图识读要点。

1)熟悉建筑配件图例(表 2-16)、图名、图号、比例及文字说明。

第二章 建筑工程施工图绘制与识读

2) 定位轴线。所谓定位轴线是表示建筑物主要结构或构件位置的点画线。凡是承重墙、柱、梁、屋架等主要承重构件都应画上轴线,并编上轴线号,以确定其位置;对于次要的墙、柱等承重构件,则编附加轴线号确定其位置。

3) 房屋平面布置,包括平面形状、朝向、出入口、房间、走廊、门厅、楼梯间等的布置组合情况。

4) 阅读各类尺寸。图中标注房屋总长及总宽尺寸,各房间开间、进深、细部尺寸和室内外地面标高。阅读时,应依次查阅总长和总宽尺寸,轴线间尺寸,门窗洞口和窗间墙尺寸,外部及内部局(细)部尺寸和高度尺寸(标高)。

5) 门窗的类型、数量、位置及开启方向。

6) 墙体、(构造)柱的材料、尺寸。涂黑的小方块表示构造柱的位置。

7) 阅读剖切符号和索引符号的位置和数量。

表 2-16　　　　　　　　构造及配件图例

序号	名称	图例	备注
1	墙体	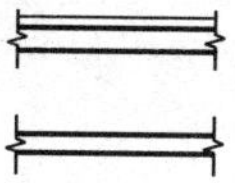	1. 上图为外墙,下图为内墙 2. 外墙粗线表示有保温层或有幕墙 3. 应加注文字或涂色或图案填充表示各种材料的墙体 4. 在各层平面图中防火墙宜着重以特殊图案填充表示
2	隔断		1. 加注文字或涂色或图案填充表示各种材料的轻质隔断 2. 适用于到顶与不到顶隔断
3	玻璃幕墙		幕墙龙骨是否表示由项目设计决定
4	栏杆		—
5	楼梯	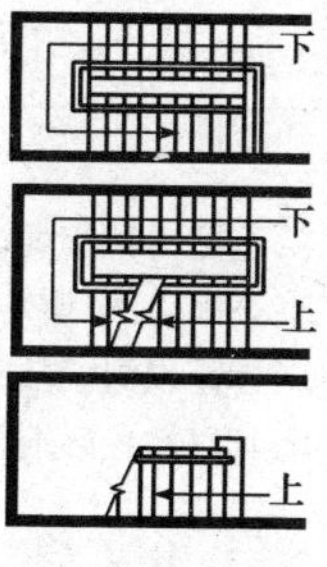	1. 上图为顶层楼梯平面,中图为中间层楼梯平面,下图为底层楼梯平面 2. 需设置靠墙扶手或中间扶手时,应在图中表示

续一

序号	名称	图例	备注
6	坡道	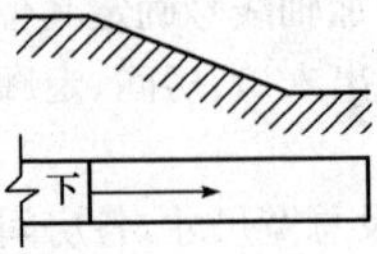	长坡道
		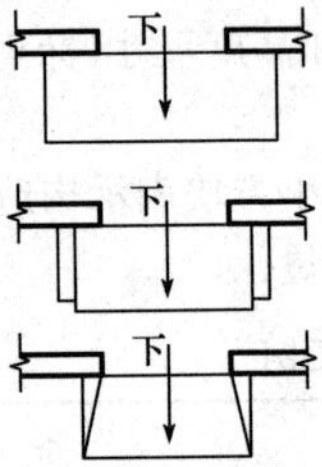	上图为两侧垂直的门口坡道,中图为有挡墙的门口坡道,下图为两侧找坡的门口坡道
7	台阶	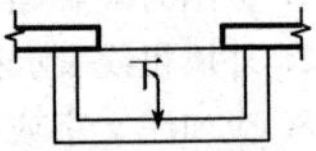	—
8	平面高差	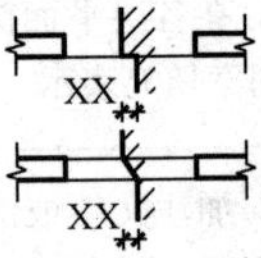	用于高差小的地面或楼面交接处,并应与门的开启方向协调
9	检查口		左图为可见检查口,右图为不可见检查口
10	孔洞	 	阴影部分亦可填充灰度或涂色代替
11	坑槽		—
12	墙预留洞、槽	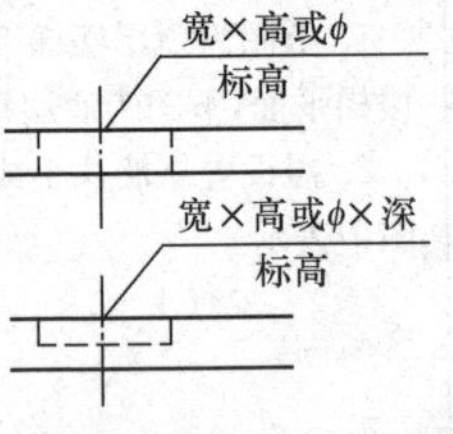 宽×高或φ / 标高 宽×高或φ×深 / 标高	1. 上图为预留洞,下图为预留槽 2. 平面以洞(槽)中心定位 3. 标高以洞(槽)底或中心定位 4. 宜以涂色区别墙体和预留洞(槽)

续二

序号	名称	图例	备注
13	地沟	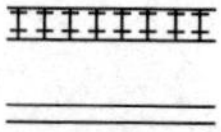	上图为有盖板地沟,下图为无盖板明沟
14	烟道	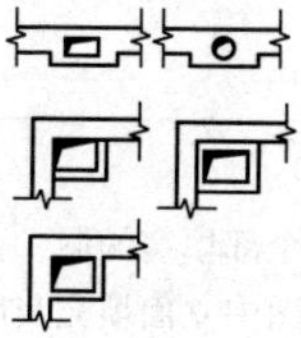	1. 阴影部分亦可填充灰度或涂色代替 2. 烟道、风道与墙体为相同材料,其相接处墙身线应连通 3. 烟道、风道根据需要增加不同材料的内衬
15	风道	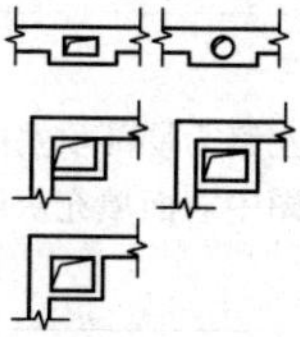	
16	新建的墙和窗	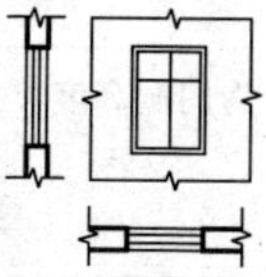	
17	改建时保留的墙和窗	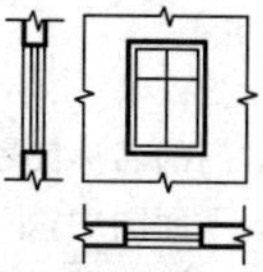	只更换窗,应加粗窗的轮廓线
18	拆除的墙	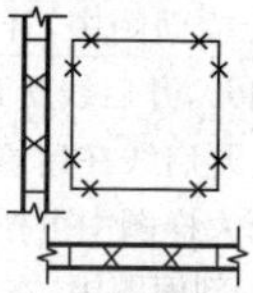	—
19	改建时在原有墙或楼板新开的洞	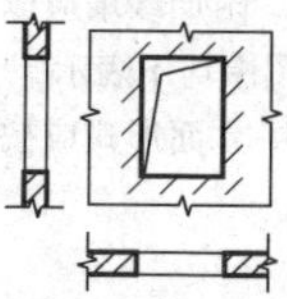	—

续三

序号	名称	图例	备注
20	在原有墙或楼板洞旁扩大的洞	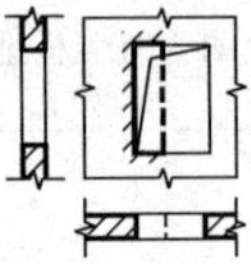	图示为洞口向左边扩大
21	在原有墙或楼板上全部填塞的洞	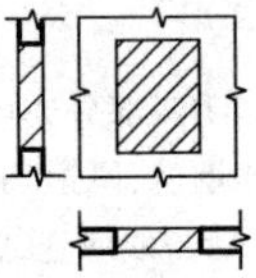	全部填塞的洞 图中立面填充灰度或涂色
22	在原有墙或楼板上局部填塞的洞	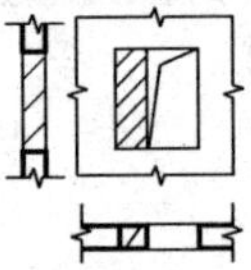	左侧为局部填塞的洞 图中立面填充灰度或涂色
23	空门洞	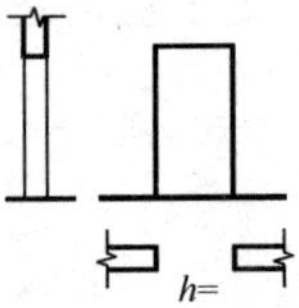	h 为门洞高度
24	单面开启单扇门(包括平开或单面弹簧)	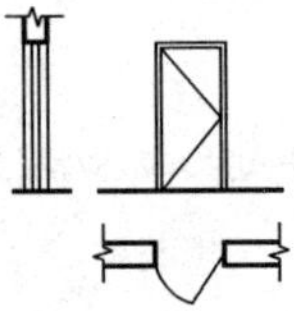	1. 门的名称代号用 M 表示 2. 平面图中,下为外,上为内。门开启线为 90°、60°或 45°,开启弧线宜绘出 3. 立面图中,开启线实线为外开,虚线为内开,开启线交角的一侧为安装合页一侧。开启线在建筑立面图中可不表示,在立面大样图中可根据需要绘出 4. 剖面图中,左为外,右为内 5. 附加纱扇应以文字说明,在平、立、剖面图中均不表示 6. 立面形式应按实际情况绘制
	双面开启单扇门(包括双面平开或双面弹簧)	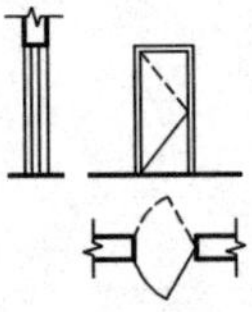	
	双层单扇平开门	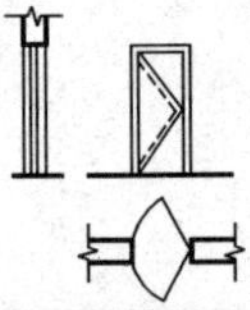	

续四

序号	名称	图例	备注
25	单面开启双扇门(包括平开或单面弹簧)	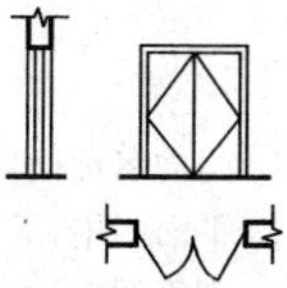	1. 门的名称代号用 M 表示 2. 平面图中,下为外,上为内。门开启线为 90°、60°或 45°,开启弧线宜绘出 3. 立面图中,开启线实线为外开,虚线为内开。开启线交角的一侧为安装合页一侧。开启线在建筑立面图中可不表示,在立面大样图中可根据需要绘出 4. 剖面图中,左为外,右为内 5. 附加纱扇应以文字说明,在平、立、剖面图中均不表示 6. 立面形式应按实际情况绘制
	双面开启双扇门(包括双面平开或双面弹簧)		
	双层双扇平开门		
26	折叠门	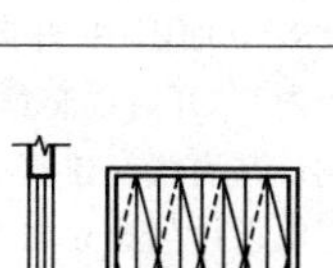	1. 门的名称代号用 M 表示 2. 平面图中,下为外,上为内 3. 立面图中,开启线实线为外开,虚线为内开,开启线交角的一侧为安装合页一侧 4. 剖面图中,左为外,右为内 5. 立面形式应按实际情况绘制
	推拉折叠门		

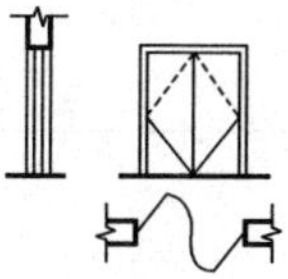

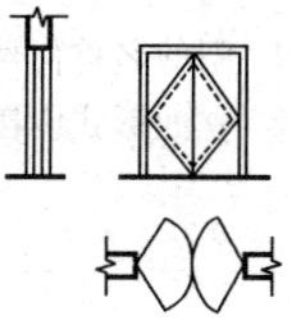

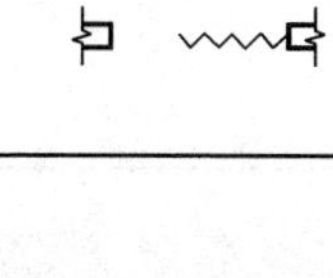

续五

序号	名称	图 例	备 注
27	墙洞外单扇推拉门	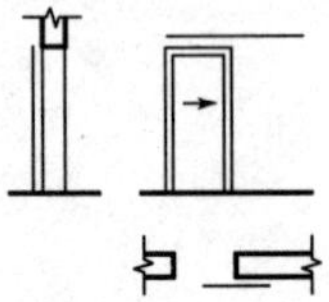	1. 门的名称代号用 M 表示 2. 平面图中,下为外,上为内 3. 剖面图中,左为外,右为内 4. 立面形式应按实际情况绘制
	墙洞外双扇推拉门	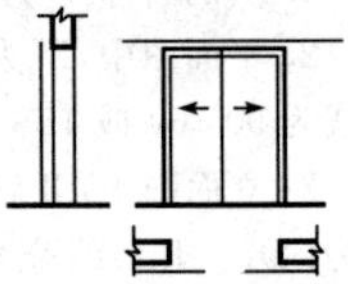	
	墙中单扇推拉门	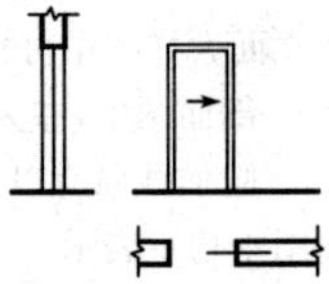	1. 门的名称代号用 M 表示 2. 立面形式应按实际情况绘制
	墙中双扇推拉门	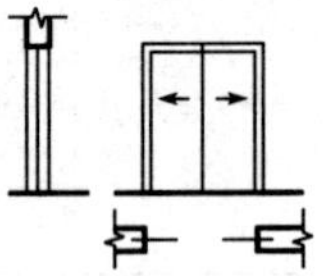	
28	推杠门	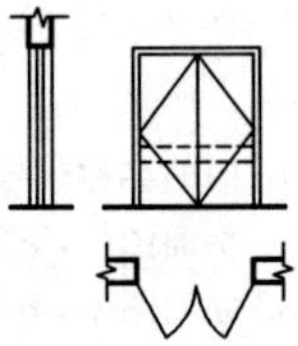	1. 门的名称代号用 M 表示 2. 平面图中,下为外,上为内。门开启线为 90°、60°或 45° 3. 立面图中,开启线实线为外开,虚线为内开,开启线交角的一侧为安装合页一侧。开启线在建筑立面图中可不表示,在室内设计门窗立面大样图中需绘出 4. 剖面图中,左为外,右为内 5. 立面形式应按实际情况绘制
29	门连窗	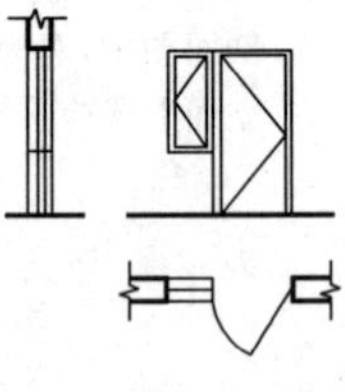	

续六

序号	名称	图例	备注
30	旋转门	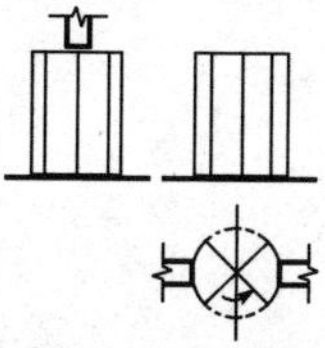	1. 门的名称代号用 M 表示 2. 立面形式应按实际情况绘制
	两翼智能旋转门	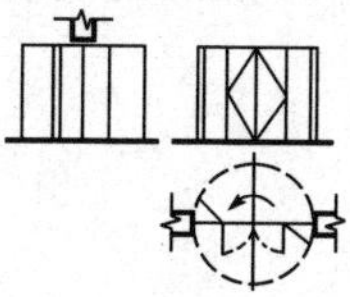	
31	自动门	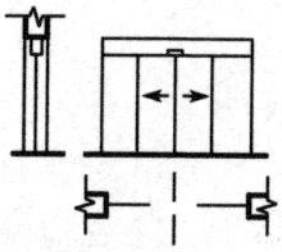	1. 门的名称代号用 M 表示 2. 立面形式应按实际情况绘制
32	折叠上翻门	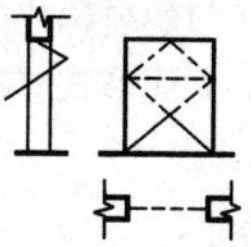	1. 门的名称代号用 M 表示 2. 平面图中,下为外,上为内 3. 剖面图中,左为外,右为内 4. 立面形式应按实际情况绘制
33	提升门	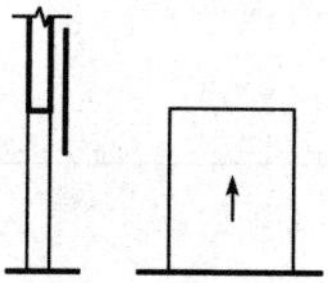	1. 门的名称代号用 M 表示 2. 立面形式应按实际情况绘制
34	分节提升门	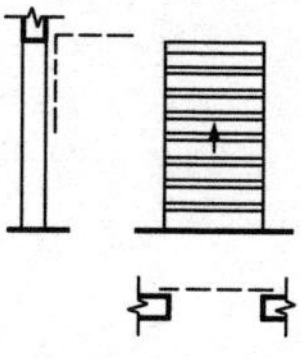	

续七

序号	名称	图例	备注
35	人防单扇防护密闭门	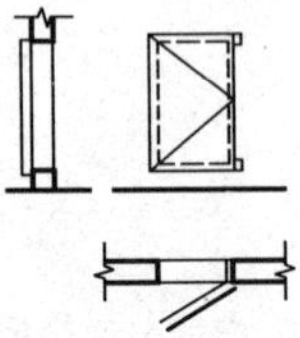	1. 门的名称代号按人防要求表示 2. 立面形式应按实际情况绘制
	人防单扇密闭门	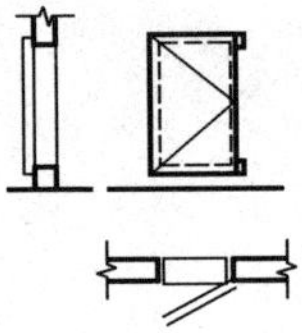	
36	人防双扇防护密闭门	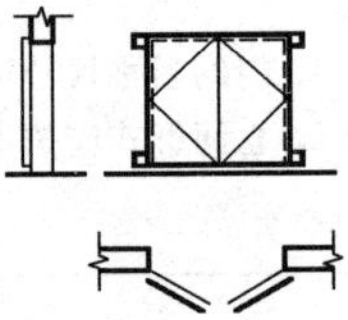	1. 门的名称代号按人防要求表示 2. 立面形式应按实际情况绘制
	人防双扇密闭门	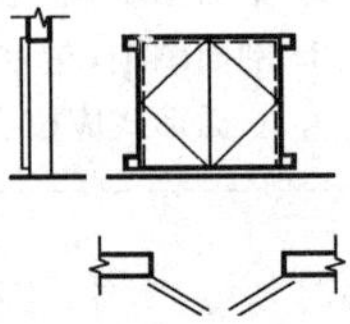	
37	横向卷帘门	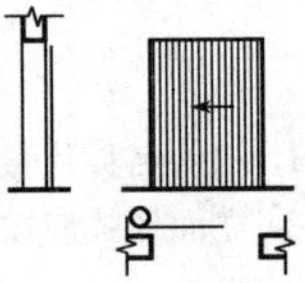	
	竖向卷帘门	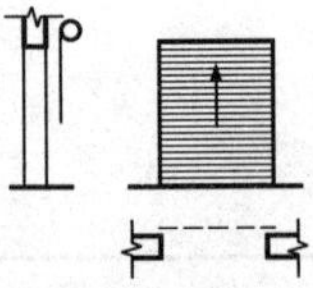	

续八

序号	名称	图例	备注
37	单侧双层卷帘门	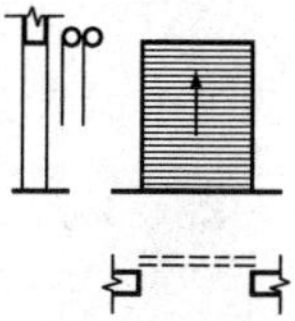	
	双侧单层卷帘门	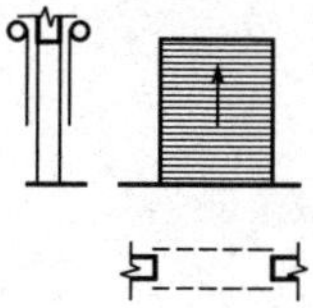	
38	固定窗	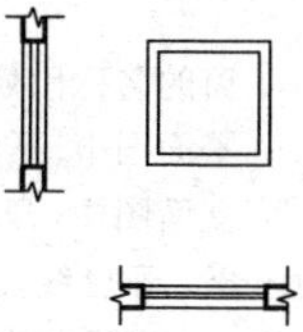	
39	上悬窗	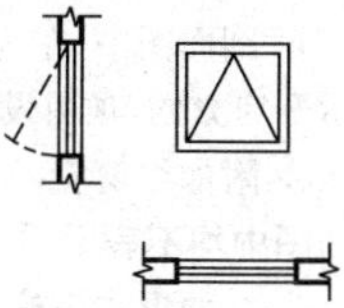	1. 窗的名称代号用 C 表示 2. 平面图中,下为外,上为内 3. 立面图中,开启线实线为外开,虚线为内开,开启线交角的一侧为安装合页一侧。开启线在建筑立面图中可不表示,在门窗立面大样图中需绘出 4. 剖面图中,左为外,右为内,虚线仅表示开启方向,项目设计不表示 5. 附加纱窗应以文字说明,在平、立、剖面图中均不表示 6. 立面形式应按实际情况绘制
	中悬窗	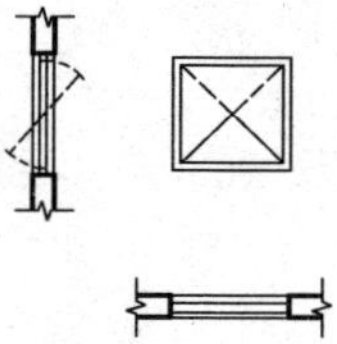	
40	下悬窗	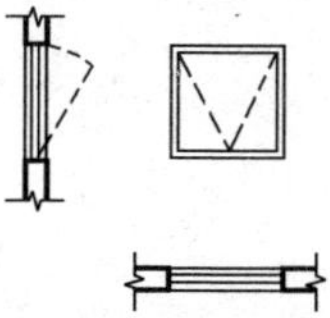	

续九

序号	名称	图例	备注
41	立转窗	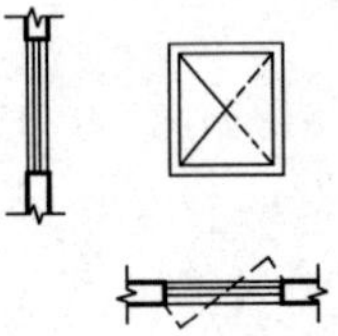	
42	内开平开内倾窗	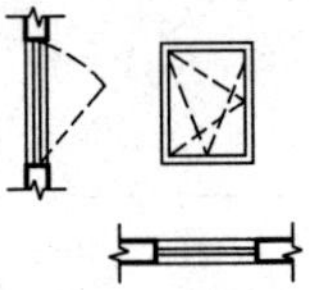	
43	单层外开平开窗	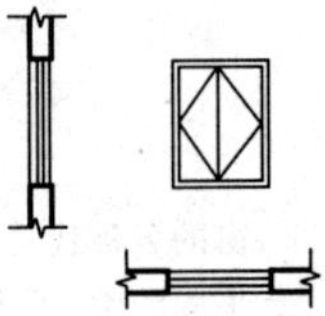	1. 窗的名称代号用 C 表示 2. 平面图中,下为外,上为内 3. 立面图中,开启线实线为外开,虚线为内开。开启线交角的一侧为安装合页一侧。开启线在建筑立面图中可不表示,在门窗立面大样图中需绘出 4. 剖面图中,左为外,右为内,虚线仅表示开启方向,项目设计不表示 5. 附加纱窗应以文字说明,在平、立、剖面图中均不表示 6. 立面形式应按实际情况绘制
	单层内开平开窗	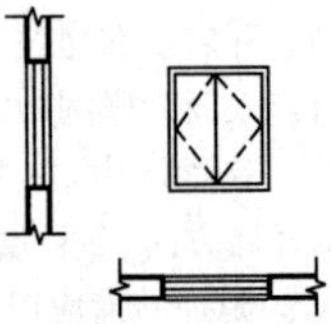	
	双层内外开平开窗	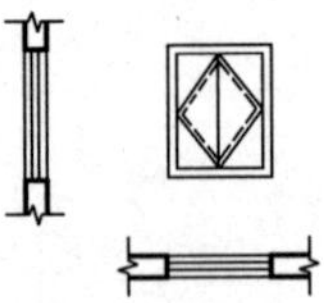	

第二章　建筑工程施工图绘制与识读

续十

序号	名称	图例	备注
44	单层推拉窗	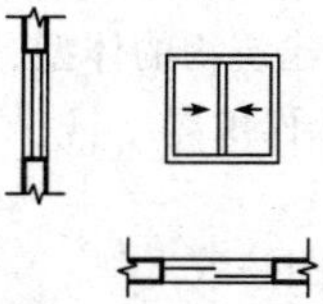	
	双层推拉窗	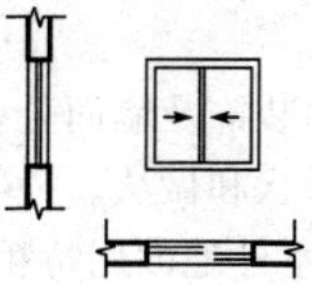	
45	上推窗	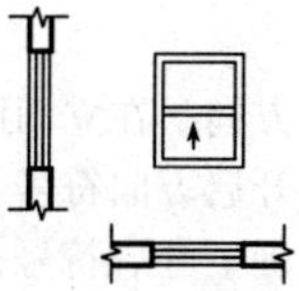	1. 窗的名称代号用C表示 2. 立面形式应按实际情况绘制
46	百叶窗	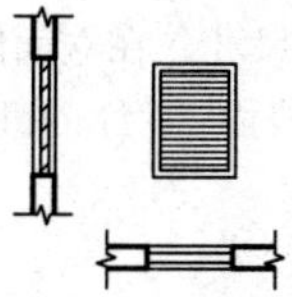	
47	高窗	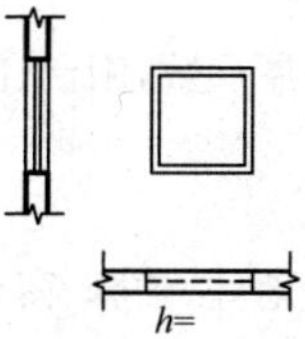 $h=$	1. 窗的名称代号用C表示 2. 立面图中，开启线实线为外开，虚线为内开。开启线交角的一侧为安装合页一侧。开启线在建筑立面图中可不表示，在门窗立面大样图中需绘出 3. 剖面图中，左为外，右为内 4. 立面形式应按实际情况绘制 5. h 表示高窗底距本层地面高度 6. 高窗开启方式参考其他窗型
48	平推窗	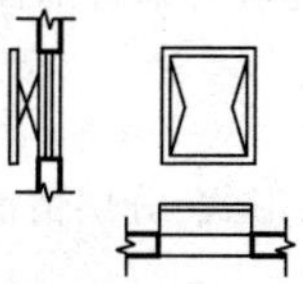	1. 窗的名称代号用C表示 2. 立面形式应按实际情况绘制

3. 建筑立面图的识读

建筑立面图,简称立面图,就是对房屋的前后左右各个方向所作的正投影图。对于简单的对称式房屋,立面图可只绘一半,但应画出对称轴线和对称符号。

(1)建筑立面图的用途。立面图是表示建筑物的体型、外貌和室外装修要求的图样。主要用于外墙的装修施工和编制工程预算。

(2)建筑立面图的主要图示内容。

1)图名,比例。立面图的比例常与平面图一致。

2)标注建筑物两端的定位轴线及其编号。在立面图中一般只画出两端的定位轴线及其编号,以便与平面图对照。

3)画出室内外地面线,房屋的勒脚,外部装饰及墙面分格线。表示出屋顶、雨篷、阳台、台阶、雨水管、水斗等细部结构的形状和做法。为了使立面图外形清晰,通常把房屋立面的最外轮廓线画成粗实线,室外地面用特粗线表示,门窗洞口、檐口、阳台、雨篷、台阶等用中实线表示;其余的,如墙面分隔线、门窗格子、雨水管以及引出线等均用细实线表示。

4)表示门窗在外立面的分布、外形、开启方向。在立面图上,门窗应按标准规定的图例画出。门、窗立面图中的斜细线,是开启方向符号。细实线表示向外开,细虚线表示向内开。一般无需把所有的窗都画上开启符号。凡是窗型号相同的,只画出其中一、二个即可。

5)标注各部位的标高及必须标注的局部尺寸。在立面图上,高度尺寸主要用标高表示。一般要注出室内外地坪,一层楼地面,窗台、窗顶、阳台面、檐口、女儿墙压顶面,进口平台面及雨篷底面等的标高。

6)标注出详图索引符号。

7)文字说明外墙装修做法。根据设计要求外墙面可选用不同的材料及做法。在立面图上一般用文字说明。

(3)立面图识读要点。

1)了解立面图的朝向及外貌特征。如房屋层数,阳台、门窗的位置和形式,雨水管、水箱的位置以及屋顶隔热层的形式等。

2)外墙面装饰做法。

3)各部位标高尺寸。找出图中标示室外地坪、勒脚、窗台、门窗顶及檐口等处的标高。

4. 建筑剖面图的识读

建筑剖面图简称剖面图,一般是指建筑物的垂直剖面图,且多为横向剖切形式。

(1)剖面图的用途。

1)主要表示建筑物内部垂直方向的结构形式、分层情况,内部构造及各部位的高度等,用于指导施工。

2)编制工程预算时,与平、立面图配合计算墙体、内部装修等的工程量。

(2)建筑剖面图的主要内容。

1)图名、比例及定位轴线。剖面图的图名与底层平面图所标注的剖切位置符号的编号一致。

在剖面图中,应标出被剖切的各承重墙的定位轴线及与平面图一致的轴线编号。

2)表示出室内底层地面到屋顶的结构形式、分层情况。在剖面图中,断面的表示方法与平面图相同。断面轮廓线用粗实线表示,钢筋混凝土构件的断面可涂黑表示。其他没被剖切到的可见轮廓线用中实线表示。

3)标注各部分结构的标高和高度方向尺寸。剖面图中应标注出室内外地面、各层楼面、楼梯平台、檐口、女儿墙顶面等处的标高。其他结构则应标注高度尺寸。

4)文字说明某些用料及楼、地面的做法等。

5)详图索引符号。

(3)剖面图识读要点。

1)熟悉建筑材料图例,见表 2-17。

2)了解剖切位置、投影方向和比例。注意图名及轴线编号应与底层平面图相对应。

3)分层、楼梯分段与分级情况。

4)标高及竖向尺寸。图中的主要标高有:室内外地坪、入口处、各楼层、楼梯休息平台、窗台、檐口、雨篷底等;主要尺寸有:房屋进深、窗高度,上下窗间墙高度,阳台高度等。

5)主要构件间的关系,图中各楼板、屋面板及平台板均搁置在砖墙上,并设有圈梁和过梁。

6)屋顶、楼面、地面的构造层次和做法。

表 2-17　　　　　　　　　　常用建筑材料图例

序号	名称	图　例	备　注
1	自然土壤		包括各种自然土壤
2	夯实土壤		—
3	砂、灰土		—
4	砂砾石、碎砖三合土		

续一

序号	名称	图例	备注
5	石材	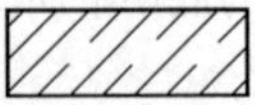	—
6	毛石		—
7	普通砖	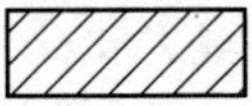	包括实心砖、多孔砖、砌块等砌体。断面较窄不易绘出图例线时,可涂红,并在图纸备注中加注说明,画出该材料图例
8	耐火砖	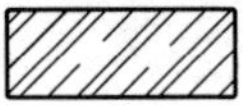	包括耐酸砖等砌体
9	空心砖		指非承重砖砌体
10	饰面砖		包括铺地砖、马赛克、陶瓷锦砖、人造大理石等
11	焦渣、矿渣	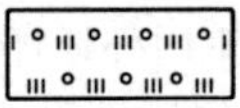	包括与水泥、石灰等混合而成的材料
12	混凝土	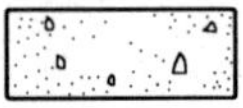	1 本图例指能承重的混凝土及钢筋混凝土 2 包括各种强度等级、骨料、添加剂的混凝土 3 在剖面图上画出钢筋时,不画图例线 4 断面图形小,不易画出图例线时,可涂黑
13	钢筋混凝土		
14	多孔材料	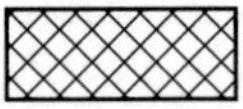	包括水泥珍珠岩、沥青珍珠岩、泡沫混凝土、非承重加气混凝土、软木、蛭石制品等
15	纤维材料	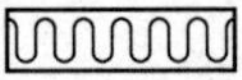	包括矿棉、岩棉、玻璃棉、麻丝、木丝板、纤维板等

续二

序号	名称	图例	备注
16	泡沫塑料材料	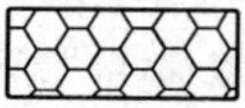	包括聚苯乙烯、聚乙烯、聚氨酯等多孔聚合物类材料
17	木材		1 上图为横断面,左上图为垫木、木砖或木龙骨 2 下图为纵断面
18	胶合板	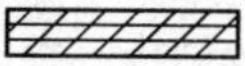	应注明为×层胶合板
19	石膏板	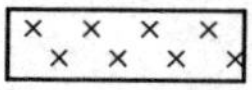	包括圆孔、方孔石膏板、防水石膏板、硅钙板、防火板等
20	金属		1 包括各种金属 2 图形小时,可涂黑
21	网状材料		1 包括金属、塑料网状材料 2 应注明具体材料名称
22	液体	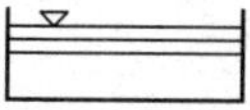	应注明具体液体名称
23	玻璃		包括平板玻璃、磨砂玻璃、夹丝玻璃、钢化玻璃、中空玻璃、夹层玻璃、镀膜玻璃等
24	橡胶		—
25	塑料		包括各种软、硬塑料及有机玻璃等
26	防水材料		构造层次多或比例大时,采用上图例
27	粉刷		本图例采用较稀的点

注:序号 1、2、5、7、8、13、14、16、17、18 图例中的斜线、短斜线、交叉斜线等均为 45°。

5. 建筑详图的识读

建筑详图是把房屋的某些细部构造及构配件用较大的比例(如 1：20，1：10，1：5 等)将其形状、大小、材料和做法详细表达出来的图样，简称详图或大样图、节点图。常用的详图一般有：墙身详图、楼梯详图、门窗详图、厨房、卫生间、浴室、壁橱及装修详图(吊顶、墙裙、贴面)等。

(1)建筑详图的分类及特点。建筑详图分为局部构造详图和构配件详图。局部构造详图主要表示房屋某一局部构造做法和材料的组成，如墙身详图、楼梯详图等。构配件详图主要表示构配件本身的构造，如门、窗、花格等详图。

建筑详图具有以下特点：

1)图形详：图形采用较大比例绘制，各部分结构应表达详细，层次清楚，但又要详而不繁。

2)数据详：各结构的尺寸要标注完整齐全。

3)文字详：无法用图形表达的内容采用文字说明，要详尽清楚。

详图的表达方法和数量，可根据房屋构造的复杂程度而定。有的只用一个剖面详图就能表达清楚(如墙身详图)，有的需加平面详图(如楼梯间、卫生间)，或用立面详图(如门窗详图)。

(2)外墙身详图识读。外墙身详图实际上是建筑剖面图的局部放大图。它主要表示房屋的屋顶、檐口、楼层、地面、窗台、门窗顶、勒脚、散水等处的构造；楼板与墙的连接关系。

外墙身详图的主要内容包括以下几项：

1)标注墙身轴线编号和详图符号。

2)采用分层文字说明的方法表示屋面、楼面、地面的构造。

3)表示各层梁、楼板的位置及与墙身的关系。

4)表示檐口部分如女儿墙的构造、防水及排水构造。

5)表示窗台、窗过梁(或圈梁)的构造情况。

6)表示勒脚部分如房屋外墙的防潮、防水和排水的做法。外墙身的防潮层，一般在室内底层地面下 60mm 左右处。外墙面下部有 30mm 厚 1：3 水泥砂浆，面层为褐色水刷石的勒脚。墙根处有坡度 5% 的散水。

7)标注各部位的标高及高度方向和墙身细部的大小尺寸。

8)文字说明各装饰内、外表面的厚度及所用的材料。

外墙身详图阅读时应注意以下问题：

1)±0.000 或防潮层以下的砖墙以结构基础图为施工依据，看墙身剖面图时，必须与基础图配合，并注意±0.000 处的搭接关系及防潮层的做法。

2)屋面、地面、散水、勒脚等的做法、尺寸应和材料做法对照。

3)要注意建筑标高和结构标高的关系。建筑标高一般是指地面或楼面装修完成后上表面的标高，结构标高主要指结构构件的下皮或上皮标高。在预制楼板结构楼层剖面图中,一般只注明楼板的下皮标高。在建筑墙身剖面图中只注明建筑标高。

(3)楼梯详图识读。楼梯是房屋中比较复杂的构造,目前多采用预制或现浇钢筋混凝土结构。楼梯由楼梯段、休息平台和栏板(或栏杆)等组成。

楼梯详图一般包括平面图、剖面图及踏步栏杆详图等。它们表示出楼梯的形式、踏步、平台、栏杆的构造、尺寸、材料和做法。楼梯详图分为建筑详图与结构详图,并分别绘制。对于比较简单的楼梯,建筑详图和结构详图可以合并绘制,编入建筑施工图和结构施工图。

1)楼梯平面图。一般每一层楼都要画一张楼梯平面图。三层以上的房屋,若中间各层的楼梯位置及其梯段数,踏步数和大小相同时,通常只画底层、中间层和顶层三个平面图。

楼梯平面图实际是各层楼梯的水平剖面图,水平剖切位置应在每层上行第一梯段及门窗洞口的任一位置处。各层(除顶层外)被剖到的梯段,按"国标"规定,均在平面图中以一根 45°折断线表示。

在各层楼梯平面图中应标注该楼梯间的轴线及编号,以确定其在建筑平面图中的位置。底层楼梯平面图还应注明楼梯剖面图的剖切符号。

平面图中要注出楼梯间的开间和进深尺寸、楼地面和平台面的标高及各细部的详细尺寸。通常把梯段长度尺寸与踏面数、踏面宽的尺寸合写在一起。

2)楼梯剖面图。假想用一铅垂平面通过各层的一个梯段和门窗洞将楼梯剖开,向另一未剖到的梯段方向投影,所得到的剖面图,即为楼梯剖面图。

楼梯剖面图表达出房屋的层数,楼梯梯段数,步级数以及楼梯形式,楼地面、平台的构造及与墙身的连接等。

若楼梯间的屋面没有特殊之处,一般可不画。

楼梯剖面图中还应标注地面、平台面、楼面等处的标高和梯段、楼层、门窗洞口的高度尺寸。楼梯高度尺寸注法与平面图梯段长度注法相同。如 $10 \times 150 = 1500$,10 为步级数,表示该梯段为 10 级,150 为踏步高度。

楼梯剖面图中也应标注承重结构的定位轴线及编号。对需画详图的部位注出详图索引符号。

3)节点详图。楼梯节点详图主要表示栏杆、扶手和踏步的细部构造。

三、结构施工图的识读

结构施工图是表示建筑物的承重构件(如基础、承重墙、梁、板、柱等)的布置、形状大小、内部构造和材料做法等的图纸。

结构施工图的主要用途如下:

(1)施工放线,构件定位,支模板,绑扎钢筋,浇筑混凝土,安装梁、板、柱等构件以及编制施工组织设计的依据。

(2)编制工程预算和工料分析的依据。

常用构件代号见表 2-18。

表 2-18　　　　　常用构件代号

序号	名称	代号	序号	名称	代号	序号	名称	代号
1	板	B	19	圈梁	QL	37	承台	CT
2	屋面板	WB	20	过梁	GL	38	设备基础	SJ
3	空心板	KB	21	连系梁	LL	39	桩	ZH
4	槽形板	CB	22	基础梁	JL	40	挡土墙	DQ
5	折板	ZB	23	楼梯梁	TL	41	地沟	DG
6	密肋板	MB	24	框架梁	KL	42	柱间支撑	ZC
7	楼梯板	TB	25	框支梁	KZL	43	垂直支撑	CC
8	盖板或沟盖板	GB	26	屋面框架梁	WKL	44	水平支撑	SC
9	挡雨板或檐口板	YB	27	檩条	LT	45	梯	T
10	吊车安全走道板	DB	28	屋架	WJ	46	雨篷	YP
11	墙板	QB	29	托架	TJ	47	阳台	YT
12	天沟板	TGB	30	天窗架	CJ	48	梁垫	LD
13	梁	L	31	框架	KJ	49	预埋件	M—
14	屋面梁	WL	32	刚架	GJ	50	天窗端壁	TD
15	吊车梁	DL	33	支架	ZJ	51	钢筋网	W
16	单轨吊车梁	DDL	34	柱	Z	52	钢筋骨架	G
17	轨道连接	DGL	35	框架柱	KZ	53	基础	J
18	车挡	CD	36	构造柱	GZ	54	暗柱	AZ

注：1. 预制钢筋混凝土构件、现浇钢筋混凝土构件、钢构件和木构件，一般可直接采用以上构件代号。当需要区别上述构件的材料种类时，可在构件代号前加注材料代号，并附说明。

2. 预应力钢筋混凝土构件的代号，应在构件代号前加注"Y—"，如 Y—DL 表示预应力钢筋混凝土吊车梁。

1. 基础结构图的识读

基础结构图或称基础图，是表示建筑物室内地面（±0.000）以下基础部分的平面布置和构造的图样，包括基础平面图、基础详图和文字说明等。

(1)基础平面图。

1)基础平面图的形成。基础平面图是假想用一个水平剖切面在地面附近将整幢房屋剖切后，向下投影所得到的剖面图（不考虑覆盖在基础上的泥土）。

基础平面图主要表示基础的平面位置，以及基础与墙、柱轴线的相对关系。

第二章　建筑工程施工图绘制与识读

在基础平面图中,被剖切到的基础墙轮廓要画成粗实线。基础底部的轮廓线画成细实线。基础的细部构造不必画出。它们将详尽地表达在基础详图上。图中的材料图例可与建筑平面图画法一致。

在基础平面图中,必须注出与建筑平面图一致的轴间尺寸。此外,还应注出基础的宽度尺寸和定位尺寸。宽度尺寸包括基础墙宽和大放脚宽;定位尺寸包括基础墙、大放脚与轴线的联系尺寸。

2)基础平面图的内容。基础平面图主要包括以下几项:
①图名、比例。
②纵横定位线及其编号(必须与建筑平面图中的轴线一致)。
③基础的平面布置,即基础墙、柱及基础底面的形状、大小及其与轴线的关系。
④断面图的剖切符号。
⑤轴线尺寸、基础大小尺寸和定位尺寸。
⑥施工说明。

(2)基础详图。基础详图是用放大的比例画出的基础局部构造图,它表示基础不同断面处的构造做法,详细尺寸和材料。基础详图的主要内容如下:
1)轴线及编号。
2)基础的断面形状,基础形式,材料及配筋情况。
3)基础详细尺寸:表示基础的各部分长宽高,基础埋深,垫层宽度和厚度等尺寸;主要部位标高,如室内外地坪及基础底面标高等。
4)防潮层的位置及做法。

2. 楼层(屋顶)结构平面布置图的识读

楼层结构平面布置图也叫梁板平面结构布置图,内容包括定位轴线网、墙、楼板、框架、梁、柱及过梁、挑梁、圈梁的位置,墙身厚度等尺寸,要与建筑施工图一致(交圈)。

(1)梁。梁用点画线表示其位置,旁边注以代号和编号。L 表示一般梁(XL 表示现浇梁);TL 表示挑梁;QL 表示圈梁;GL 表示过梁;LL 表示连系梁;KJ 表示框架。梁、柱的轮廓线,一般画成细虚线或细实线。圈梁一般加画单线条布置示意图。

(2)墙。楼板下墙的轮廓线,一般画成细或中粗的虚线或实线。

(3)柱。截面涂黑表示钢筋混凝土柱,截面画斜线表示砖柱。

(4)楼板。
1)现浇楼板。在现浇板范围内划一对角线,线旁注明代号 XB 或 B、编号、厚度。如 XB_1 或 B_1、$XB-1$ 等。

现浇板的配筋有时另用剖面详图表示,有时直接在平面图上画出受力钢筋形状,每类钢筋只画一根,注明其编号、直径、间距。如①$\phi 6@200$,②$\phi 8/\phi 6@200$

等,前者表示 1 号钢筋,HPB235 级钢筋,直径 6mm,间距为 200mm,后者表示直径为 8mm 及 6mm 钢筋交替放置,间距为 200mm。分布配筋一般不画,另以文字说明。

有时采用折断断面(图中涂黑部分)表示梁板布置支承情况,并注出板面标高和板厚。

2)预制楼板。常在对角线旁注明预制板的块数和型号,如 4YKB339A2 则表示 4 块预应力空心板,标志尺寸为 3.3m 长,900mm 宽,A 表示 120mm 厚(若为 B,则表示 180mm 厚),荷载等级为 2 级。

为表明房间内不同预制板的排列次序,可直接按比例分块画出。

当板布置相同的房间,可只标出一间板布置并编上甲、乙或 B_1、B_2(现浇板有时编 XB_1、XB_2),其余只写编号表示类同。

(5)楼梯的平面位置。楼梯的平面位置常用对角线表示,其上标注"详见结施××"字样。

(6)剖面图的剖切位置。一般在平面图上标有剖切位置符号,剖面图常附在本张图纸上,有时也附在其他图纸上。

(7)构件表和钢筋表。一般编有预制构件表,统计梁板的型号、尺寸、数目等。钢筋表常标明其形状尺寸、直径、间距或根数、单根长、总长、总重等。

(8)文字说明。用图线难以表达或对图纸有进一步的说明,如说明施工要求、混凝土强度等级、分布筋情况、受力钢筋净保护层厚度及其他等。

3. 钢筋混凝土构件详图的识读

钢筋混凝土构件有现浇、预制两种。预制构件因有图集,可不必画出构件的安装位置及其与周围构件的关系。现浇构件要在现场支模板、绑钢筋、浇混凝土,需画出梁的位置、支座情况。

(1)现浇钢筋混凝土梁、柱结构详图。梁、柱的结构详图一般包括梁的立面图和截面图。

1)立面图(纵剖面)。立面图表示梁、柱的轮廓与配筋情况,因是现浇,一般画出支承情况、轴线编号。梁、柱的立面图纵横比例可以不一样,以尺寸数字为准。图上还有剖切线符号,表示剖切位置。

2)截面图。可以了解到沿梁、柱长、高方向钢筋的所在位置、箍筋的肢数。

3)钢筋表。钢筋表包括构件编号、形状尺寸直径、单根长、根数、总长、总重等。

(2)预制构件详图。为加快设计速度,对通用、常用构件常选用标准图集。标准图集有国标、省标及各院自设的标准。一般施工图上只注明标准图集的代号及详图的编号,不绘出详图。查找标准图时,先要弄清是哪个设计单位编的图集,看总说明,了解编号方法,再按目录页次查阅。

第三节 钢筋混凝土结构平法施工图识读

建筑结构施工图平面整体设计方法(平法),对我国传统混凝土结构施工图的设计表示方法作了重大改革,既简化了施工图,又统一了表示方法,确保设计与施工质量。

本节是根据国家建筑标准设计图集(11G101)编写的。

一、一般规定

(1)按平法设计绘制的施工图,一般是由各类结构构件的平法施工图和标准构造详图两大部分构成,但对于复杂的工业与民用建筑,尚需增加模板、开洞和预埋件等平面图。只有在特殊情况下才需增加剖面配筋图。

(2)按平法设计绘制结构施工图时,必须根据具体工程设计,按照各类构件的平法制图规则,在按结构(标准)层绘制的平面布置图上直接表示各构件的尺寸、配筋。出图时,宜按基础、柱、剪力墙、梁、板、楼梯及其他构件的顺序排列。

(3)在平面布置图上表示各构件尺寸和配筋的方式,分平面注写方式、列表注写方式和截面注写方式三种。

(4)按平法设计绘制结构施工图时,应将所有柱、墙、梁构件进行编号,编号中含有类型代号和序号等,其中,类型代号的主要作用是指明所选用的标准构造详图;在标准构造详图上,已经按其所属构件类型注明代号,以明确该详图与平法施工图中相同构件的互补关系,使两者结合构成完整的结构设计图。

(5)按平法设计绘制结构施工图时,应当用表格或其他方式注明包括地下和地上各层的结构层楼(地)面标高、结构层高及相应的结构层号。

其结构层楼面标高和结构层高在单项工程中必须统一,以保证基础、柱与墙、梁、板、楼梯等用同一标准竖向定位。为施工方便,应将统一的结构层楼面标高和结构层高分别放在柱、墙、梁等各类构件的平法施工图中。

注:结构层楼面标高系指将建筑图中的各层地面和楼面标高值扣除建筑面层及垫层做法厚度后的标高,结构层号应与建筑楼层号对应一致。

(6)为了确保施工人员准确无误地按平法施工图进行施工,在具体工程施工图中必须写明以下与平法施工图密切相关的内容:

1)注明所选用平法标准图的图集号,以免图集升版后在施工中用错版本。

2)写明混凝土结构的设计使用年限。

3)当抗震设计时,应写明抗震设防烈度及结构抗震等级,以明确选用相应抗震等级的标准构造详图;当非抗震设计时,也应写明,以明确选用非抗震的标准构造详图。

4)写明各类构件在不同部位所选用的混凝土的强度等级和钢筋级别,以确定相应纵向受拉钢筋的最小锚固长度及最小搭接长度等。

当采用机械锚固形式时,设计者应指定机械锚固的具体形式、必要的构件尺寸以及质量要求。

5)当标准构造详图有多种可选择的构造做法时写明在何部位选用何种构造做法。当未写明时,则为设计人员自动授权施工人员可以任选一种构造做法进行施工。

6)写明柱(包括墙柱)纵筋、墙身分布筋、梁上部贯通筋等在具体工程中需接长时所采用的接头形式及有关要求。必要时,尚应注明对接头的性能要求。

轴心受拉及小偏心受拉构件的纵向受力钢筋不得采用绑扎搭接,设计者应在平法施工图中注明其平面位置及层数。

7)写明结构不同部位所处的环境类别。

8)注明上部结构的嵌固部位位置。

9)设置后浇带时,注明后浇带的位置、浇筑时间和后浇混凝土的强度等级以及其他特殊要求。

10)当柱、墙或梁与填充墙需要拉结时,其构造详图应由设计者根据墙体材料和规范要求选用相关国家建筑标准设计图集或自行绘制。

11)当具体工程需要对图集的标准构造详图作局部变更时,应写明变更的具体内容。

12)当具体工程中有特殊要求时,应在施工图中另加说明。

二、梁平法施工图

1. 梁平法施工图的表示方法

(1)梁平法施工图系在梁平面布置图上采用平面注写方式或截面注写方式表达。

(2)梁平面布置图,应分别按梁的不同结构层(标准层),将全部梁和与其相关联的柱、墙、板一起采用适当比例绘制。

(3)在梁平法施工图中,尚应按规定注明各结构层的顶面标高及相应的结构层号。

(4)对于轴线未居中的梁,应标注其偏心定位尺寸(贴柱边的梁可不注)。

2. 梁平法施工图平面注写方式

(1)平面注写方式,系在梁平面布置图上,分别在不同编号的梁中各选一根梁,在其上注写截面尺寸和配筋具体数值的方式来表达梁平法施工图。

平面注写包括集中标注与原位标注,集中标注表达梁的通用数值,原位标注表达梁的特殊数值。当集中标注中的某项数值不适用于梁的某部位时,则将该项数值原位标注,施工时,原位标注取值优先(图2-33)。

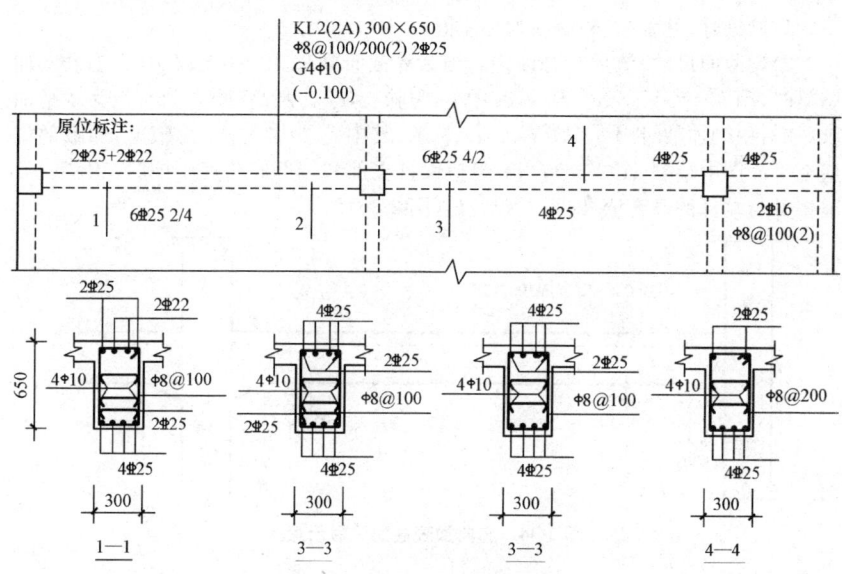

图 2-33 平面注写方式示例

注：本图四个梁截面系采用传统表示方法绘制，用于对比按平面注写方式表达的同样内容。实际采用平面注写方式表达时，不需绘制梁截面配筋和图 2-33 中的相应截面号。

(2) 梁编号由梁类型代号、序号、跨数及有无悬挑代号几项组成，并应符合表 2-19 的规定。

表 2-19　　　　　　　　　　　梁编号

梁类型	代号	序号	跨数及是否带有悬挑
楼层框架梁	KL	××	(××)、(××A)或(××B)
屋面框架梁	WKL	××	(××)、(××A)或(××B)
框支梁	KZL	××	(××)、(××A)或(××B)
非框架梁	L	××	(××)、(××A)或(××B)
悬挑梁	XL	××	
井字梁	JZL	××	(××)、(××A)或(××B)

注：(××A) 为一端有悬挑，(××B) 为两端有悬挑，悬挑不计入跨数。

【例】　KL5(5A) 表示第 7 号框架梁，5 跨，一端有悬挑；
　　　　L9(7B) 表示第 9 号非框架梁，7 跨，两端有悬挑。

(3) 梁集中标注的内容，有五项必注值及一项选注值（集中标注可以从梁的任意一跨引出），规定如下：

1) 梁编号,见表 2-16,该项为必注值。

2) 梁截面尺寸,该项为必注值。当为等截面梁时,用 $b×h$ 表示;当为竖向加腋梁时,用 $b×hGYc_1×c_2$ 表示,其中 c_1 为腋长,c_2 为腋高(图 2-34);当为水平加腋梁时,一侧加腋时用 $b×hPYc_1×c_2$ 表示,其中 c_1 为腋长,c_2 为腋宽,加腋部位应在平面图中绘制(图 2-35);当有悬挑梁且根部和端部的高度不同时,用斜线分隔根部与端部的高度值,即为 $b×h_1/h_2$(图 2-36)。

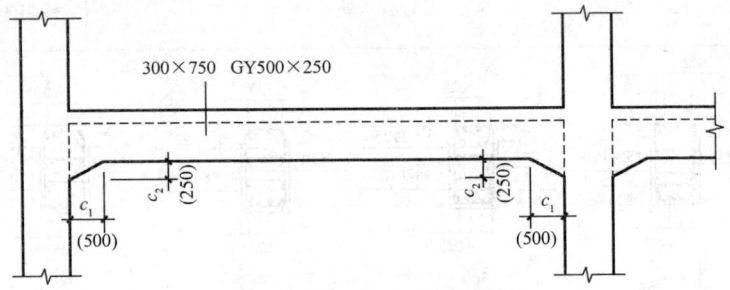

图 2-34　竖向加腋截面注写示意图

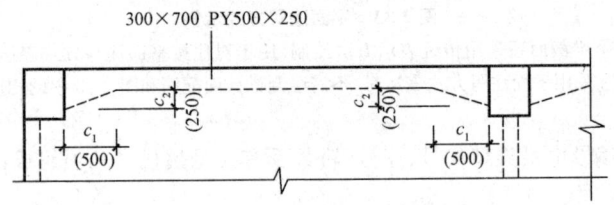

图 2-35　水平加腋截面注写示意图

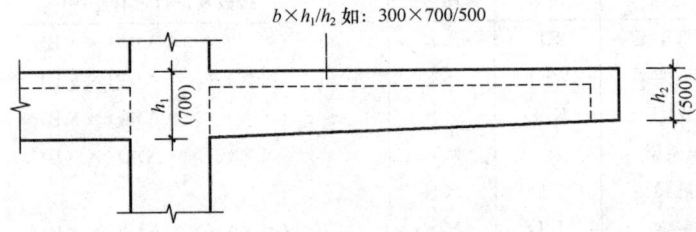

图 2-36　悬挑梁不等高截面注写示意图

3) 梁箍筋,包括钢筋级别、直径、加密区与非加密区间距及肢数,该项为必注值。箍筋加密区与非加密区的不同间距及肢数需用斜线"/"分隔;当梁箍筋为同一种间距及肢数时,则不需用斜线;当加密区与非加密区的箍筋肢数相同时,则将肢数注写一次;箍筋肢数应写在括号内。加密区范围见相应抗震等级的标准构造

第二章 建筑工程施工图绘制与识读

详图。

【例】 $\phi10@100/200(4)$，表示箍筋为 HPB300 钢筋，直径 $\phi10$，加密区间距为 100，非加密区间距为 200，均为四肢箍。

$\phi8@100(4)/150(2)$，表示箍筋为 HPB300 钢筋，直径 $\phi8$，加密区间距为 100，四肢箍；非加密区间距为 150，两肢箍。

当抗震设计中的非框架梁、悬挑梁、井字梁，及非抗震设计中的各类梁采用不同的箍筋间距及肢数时，也用斜线"/"将其分隔开来。注写时，先注写梁支座端部的箍筋（包括箍筋的箍数、钢筋级别、直径、间距与肢数），在斜线后注写梁跨中部分的箍筋间距及肢数。

【例】 $13\phi10@150/200(4)$，表示箍筋为 HPB300 钢筋，直径 $\phi10$；梁的两端各有 13 个四肢箍，间距为 150；梁跨中部分间距为 200，四肢箍。

$18\phi12@150(4)/200(2)$，表示箍筋为 HPB300 钢筋，直径 $\phi12$；梁的两端各有 18 个四肢箍，间距为 150；梁跨中部分，间距为 200，双肢箍。

4）梁上部通长筋或架立筋配置（通长筋可为相同或不同直径采用搭接连接、机械连接或焊接的钢筋），该项为必注值。所注规格与根数应根据结构受力要求及箍筋肢数等构造要求而定。当同排纵筋中既有通长筋又有架立筋时，应用加号"+"将通长筋和架立筋相联。注写时需将角部纵筋写在加号的前面，架立筋写在加号后面的括号内，以示不同直径及与通长筋的区别。当全部采用架立筋时，则将其写入括号内。

【例】 2$\oplus$22 用于双肢箍；2$\oplus$22+(4ϕ12)用于六肢箍，其中 2$\oplus$22 为通长筋，4ϕ12 为架立筋。

当梁的上部纵筋和下部纵筋为全跨相同，且多数跨配筋相同时，此项可加注下部纵筋的配筋值，用分号"；"将上部与下部纵筋的配筋值分隔开来，少数跨不同者，按第(1)条的规定处理。

【例】 3$\oplus$22；3$\oplus$22 表示梁的上部配置 3$\oplus$22 的通长筋，梁的下部配置 3$\oplus$20 的通长筋。

5）梁侧面纵向构造钢筋或受扭钢筋配置，该项为必注值。

当梁腹板高度 $h_w \geqslant 450mm$ 时，需配置纵向构造钢筋，所注规格与根数应符合规范规定。此项注写值以大写字母 G 打头，接续注写设置在梁两个侧面的总配筋值，且对称配置。

【例】 G4ϕ12，表示梁的两个侧面共配置 4ϕ12 的纵向构造钢筋，每侧各配置 2ϕ12。

当梁侧面需配置受扭纵向钢筋时，此项注写值以大写字母 N 打头，接续注写配置在梁两个侧面的总配筋值，且对称配置。受扭纵向钢筋应满足梁侧面纵向构造钢筋的间距要求且不再重复配置纵向构造钢筋。

【例】 N6$\oplus$22，表示梁的两个侧面共配置 6$\oplus$2 的受扭纵向钢筋，每侧各配置 3⊕22。

注：1. 当为梁侧面构造钢筋时，其搭接与锚固长度可取为 $15d$。

2. 当为梁侧面受扭纵向钢筋时，其搭接长度为 l_l 或 l_{lE}(抗震)，锚固长度为 l_a 或 l_{aE}(抗震)；其锚固方式同框架梁下部纵筋。

6) 梁顶面标高高差，该项为选注值。

梁顶面标高高差，是指相对于结构层楼面标高的高差值，对于位于结构夹层的梁，则指相对于结构夹层楼面标高的高差。有高差时，需将其写入括号内，无高差时不注。

注：当某梁的顶面高于所在结构层的楼面标高时，其标高高差为正值，反之为负值。如某结构标准层的楼面标高为 44.950m 和 48.250m，当某梁的梁顶面标高高差注写为（-0.050）时，即表明该梁顶面标高分别相对于 44.950m 和 48.250m 低 0.05m。

(4) 梁原位标注的内容规定如下：

1) 梁支座上部纵筋，该部位含通长筋在内的所有纵筋。

①当上部纵筋多于一排时，用斜线"/"将各排纵筋自上而下分开。

【例】 梁支座上部纵筋注写为 6⊕25 4/2，则表示上一排纵筋为 4⊕25，下一排纵筋为 2⊕25。

②当同排纵筋有两种直径时，用加号"＋"将两种直径的纵筋相联，注写时将角部纵筋写在前面。

【例】 梁支座上部有四根纵筋，2⊕25 放在角部，2⊕22 放在中部，在梁支座上部应注写为 2⊕25＋2⊕22。

③当梁中间支座两边的上部纵筋不同时，须在支座两边分别标注；当梁中间支座两边的上部纵筋相同时，可仅在支座的一边标注配筋值，另一边省去不注（图 2-37）。

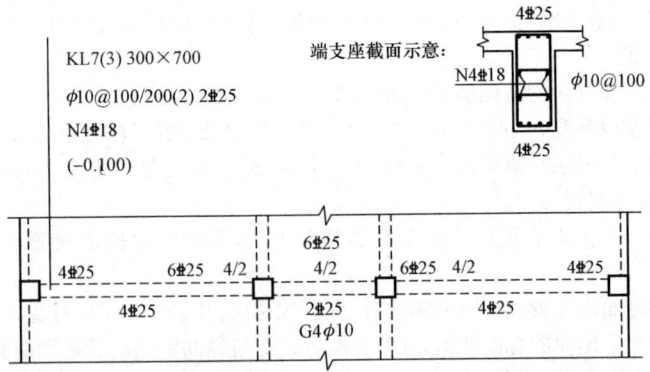

图 2-37 大小跨梁的注写示意图

此处应注意：

a. 对于支座两边不同配筋值的上部纵筋，宜尽可能选用相同直径（不同根数），使其贯穿支座，避免支座两边不同直径的上部纵筋均在支座内锚固。

b. 对于以柱、角柱为端支座的屋面框架梁，当能够满足配筋截面面积要求时，其梁的上部钢筋应尽可能只配置一层，以避免梁柱纵筋在柱顶处因层数过多、密度过大导致不方便施工和影响混凝土浇筑质量。

2）梁下部纵筋。

①当下部纵筋多于一排时，用斜线"/"将各排纵筋自上而下分开。

【例】 梁下部纵筋注写为 6⊕25 2/4，则表示上一排纵筋为 2⊕25，下一排纵筋为 4⊕25，全部伸入支座。

②当同排纵筋有两种直径时，用加号"+"将两种直径的纵筋相联，注写时角筋写在前面。

③当梁下部纵筋不全部伸入支座时，将梁支座下部纵筋减少的数量写在括号内。

【例】 梁下部纵筋注写为 6⊕25 2(—2)/4，则表示上排纵筋为 2⊕25，且不伸入支座；下一排纵筋为 4⊕25，全部伸入支座。

梁下部纵筋注写为 2⊕25+3⊕22 (—3)/5⊕25，表示上排纵筋为 2⊕25 和 3⊕22，其中 3⊕22 不伸入支座；下一排纵筋为 5⊕25，全部伸入支座。

④当梁的集中标注中已按规定分别注写了梁上部和下部均为通长的纵筋值时，则不需在梁下部重复做原位标注。

⑤当梁设置竖向加腋时，加腋部位下部斜纵筋应在支座下部以 Y 打头注写在括号内（图 2-38）。当梁设置水平加腋时，水平加腋内上、下部斜纵筋应在加腋支座上部以 Y 打头注写在括号内，上下部斜纵筋之间用"/"分隔（图 2-39）。

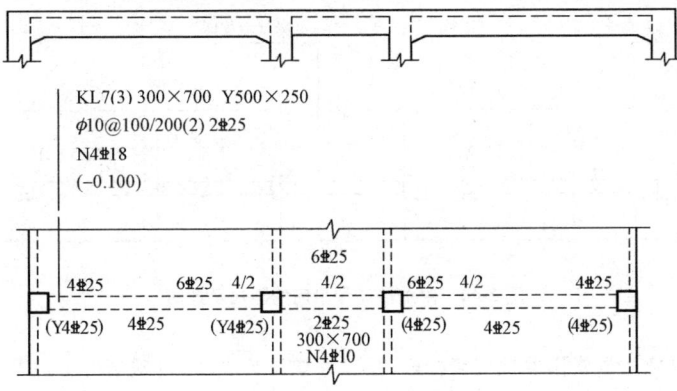

图 2-38 梁加腋平面注写方式表达示例

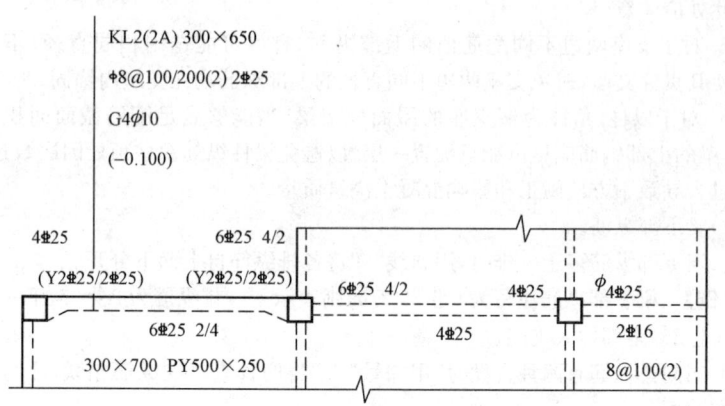

图 2-39 梁水平加腋平面注写方式表达示例

3)当在梁上集中标注的内容(即梁截面尺寸、箍筋、上部通长筋或架立筋,梁侧面纵向构造钢筋或受扭纵向钢筋,以及梁顶面标高高差中的某一项或几项数值)不适用于某跨或某悬挑部分时,则将其不同数值原位标注在该跨或该悬挑部位,施工时应按原位标注数值取用。

当在多跨梁的集中标注中已注明加腋,而该梁某跨的根部却不需要加腋时,则应在该跨原位标注等截面的 $b×h$,以修正集中标注中的加腋信息(图 2-38)。

4)附加箍筋或吊筋,将其直接画在平面图中的主梁上,用线引注总配筋值(附加箍筋的肢数注在括号内)(图 2-40)。当多数附加箍筋或吊筋相同时,可在梁平法施工图上统一注明,少数与统一注明值不同时,再原位引注。

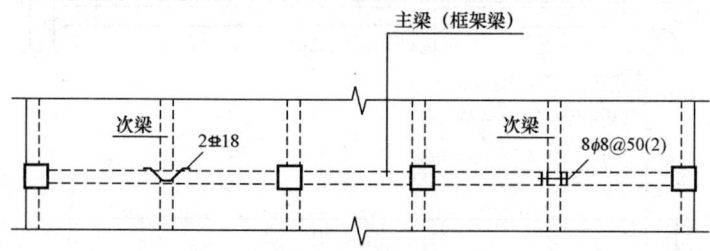

图 2-40 附加箍筋和吊筋的画法示意图

5)井字梁通常由非框架梁构成,并以框架梁为支座(特殊情况下以专门设置的非框架大梁为支座)。在此情况下,为明确区分井字梁与作为井字梁支座的梁,井字梁用单粗虚线表示(当井字梁顶面高出板面时可用单粗实线表示),作为井字梁支座的梁用双细虚线表示(当梁顶面高出板面时可用双细实线表示)。

本书中的井字梁系指在同一矩形平面内相互正交所组成的结构构件,井字梁所分布范围称为"矩形平面网格区域"(简称"网格区域")。当在结构平面布置中仅有由四根框架梁框起的一片网格区域时,所有在该区域相互正交的井字梁均为单跨;当有多片网格区域相连时,贯通多片网格区域的井字梁为多跨,且相邻两片网格区域分界处即为该井字梁的中间支座。对某根井字梁编号时,其跨数为其总支座数减1;在该梁的任意两个支座之间,无论有几根同类梁与其相交,均不作为支座(图2-41)。

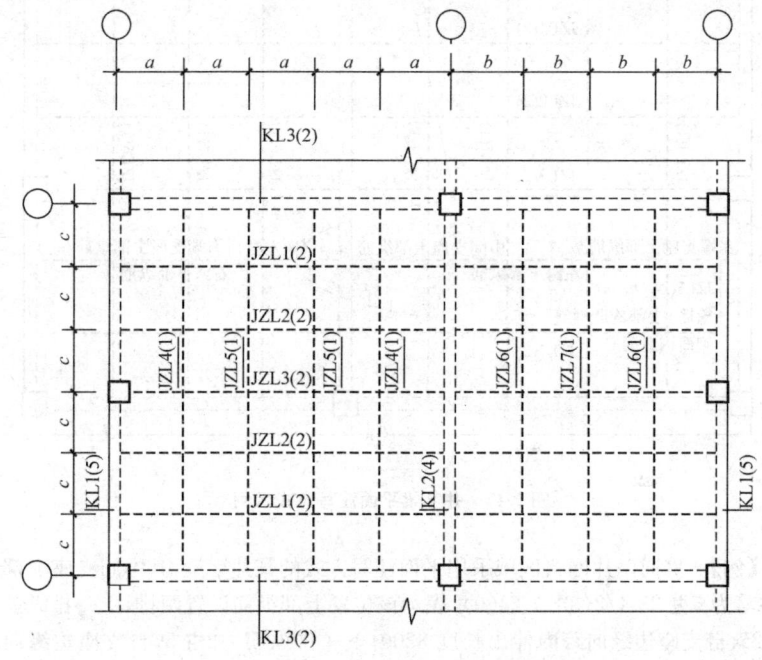

图 2-41 井字梁矩形平面网格区域示意图

6)井字梁的端部支座和中间支座上部纵筋的伸出长度 a_0 值,应由设计者在原位加注具体数值予以注明。

当采用平面注写方式时,则在原位标注的支座上部纵筋后面括号内加注具体伸出长度值(图2-42)。

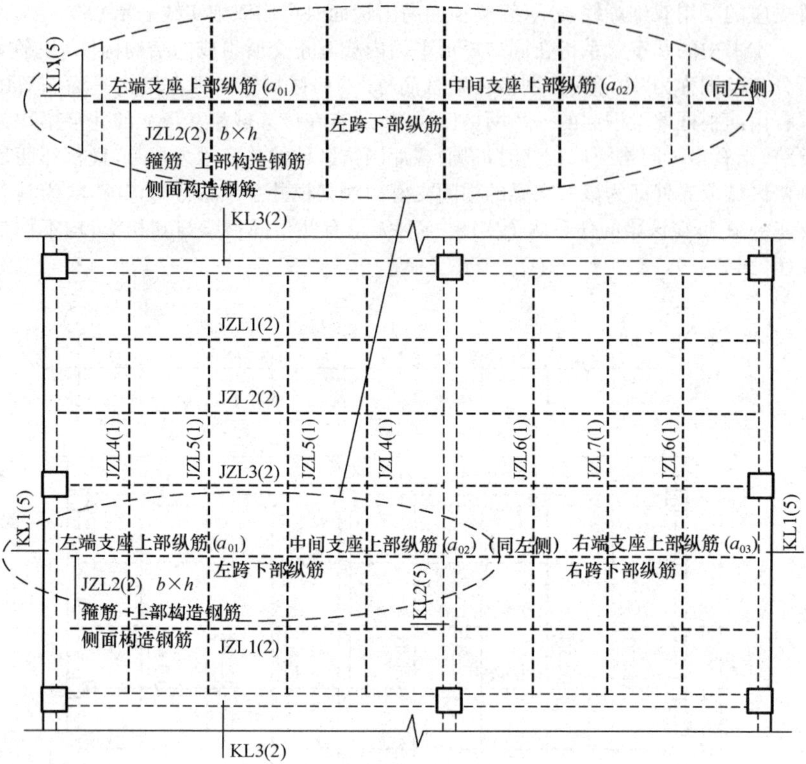

图 2-42 井字梁平面注写方式示例

【例】 贯通两片网格区域采用平面注写方式的某井字梁,其中间支座上部纵筋注写为 6⊈25 4/2(3200/2400),表示该位置上部纵筋设置两排,上一排纵筋为 4⊈25,自支座边缘向跨内伸出长度 3200;下一排纵筋为 2⊈5,自支座边缘向跨内伸出长度为 2400。

当为截面注写方式时,则在梁端截面配筋图上注写的上部纵筋后面括号内加注具体伸出长度值(图 2-43)。

7)在梁平法施工图中,当局部梁的布置过密时,可将过密区用虚线框出,适当放大比例后再用平面注写方式表示。

3. 截面注写方式

(1)截面注写方式,系在分标准层绘制

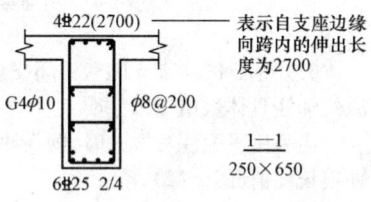

图 2-43 井字梁截面注写方式示例

的梁平面布置图上,分别在不同编号的梁中各选择一根梁用剖面号引出配筋图,并在其上注写截面尺寸和配筋具体数值的方式来表达梁平法施工图。

(2)对所有梁按表 2-16 的规定进行编号,从相同编号的梁中选择一根梁,先将"单边截面号"画在该梁上,再将截面配筋详图画在本图或其他图上。当某梁的顶面标高与结构层的楼面标高不同时,尚应继其梁编号后注写梁顶面标高高差(注写规定与平面注写方式相同)。

(3)在截面配筋详图上注写截面尺寸 $b×h$、上部筋、下部筋、侧面构造筋或受扭筋以及箍筋的具体数值时,其表达形式与平面注写方式相同。

(4)截面注写方式既可以单独使用,也可与平面注写方式结合使用。

注:在梁平法施工图的平面图中,当局部区域的梁布置过密时,除了采用截面注写方式表达外,也可将过密区用虚线框出,适当放大比例后再用平面注定方式表示。当表达异形截面梁的尺寸与配筋时,用截面注写方式相对比较方便。

4. 梁支座上部纵筋的长度规定

(1)为方便施工,凡框架梁的所有支座和非框架梁(不包括井字梁)的中间支座上部纵筋的伸出长度 a_0 值在标准构造详图中统一取值为:第一排非通长筋及与跨中直径不同的通长筋从柱(梁)边起伸出至 $l_n/3$ 位置;第二排非通长筋伸出至 $l_n/4$ 位置。l_n 的取值规定为:对于端支座,l_n 为本跨的净跨值;对于中间支座,l_n 为支座两边较大一跨的净跨值。

(2)悬挑梁(包括其他类型梁的悬挑部分)上部第一排纵筋伸出至梁端头并下弯,第二排伸出至 $3l/4$ 位置,为自柱(梁)边算起的悬挑净长。当具体工程需要将悬挑梁中的部分上部钢筋从悬挑梁根部开始斜向弯下时,应由设计者另加注明。

(3)设计者在执行(1)、(2)关于梁支座端上部纵筋伸出长度的统一取值规定时,特别是在大小跨相邻和端跨外为长悬臂的情况下,还应注意按《混凝土结构设计规范》(GB 50010—2010)的相关规定进行校核,若不满足时应根据规范规定进行变更。

5. 不伸入支座的梁下部纵筋长度规定

(1)当梁(不包括框支梁)下部纵筋不全部伸入支座时,不伸入支座的梁下部纵筋截断点距支座边的距离,在标准构造详图中统一取为 $0.1l_{ni}$(l_{ni} 为本跨梁的净跨值)。

(2)当按第(1)条规定确定不伸入支座的梁下部纵筋的数量时,应符合《混凝土结构设计规范》(GB 50010—2010)的有关规定。

三、柱平法施工图

1. 柱平法施工图的表示方法

(1)柱平法施工图系在柱平面布置图上采用列表注写方式或截面注写方式表达。

(2)柱平面布置图,可采用适当比例单独绘制,也可与剪力墙平面布置图合并绘制。

(3)在柱平法施工图中,应按规定注明各结构层的楼面标高、结构层高及相应的结构层号,尚应注明上部结构嵌固部位位置。

2. 列表注写方式

(1)列表注写方式,系在柱平面布置图上(一般只需采用适当比例绘制一张柱平面布置图,包括框架柱、框支柱、梁上柱和剪力墙上柱),分别在同一编号的柱中选择一个(有时需要选择几个)截面标注几何参数代号;在柱表中注写柱编号、柱段起止标高、几何尺寸(含柱截面对轴线的偏心情况)与配筋的具体数值,并配以各种柱截面形状及其箍筋类型图的方式,来表达柱平法施工图。

(2)柱表注写内容规定如下:

1)注写柱编号,柱编号由类型代号和序号组成,应符合表2-20的规定。

表2-20　　　　　　　　　　　　柱编号

柱类型	代　号	序　号
框架柱	KZ	××
框支柱	KZZ	××
芯柱	XZ	××
梁上柱	LZ	××
剪力墙上柱	QZ	××

注:编号时,当柱的总高、分段截面尺寸和配筋均对应相同,仅截面与轴线的关系不同时,仍可将其编为同一柱号,但应在图中注明截面与轴线的关系。

2)注写各段柱的起止标高,自柱根部往上以变截面位置或截面未变但配筋改变处为界分段注写。框架柱和框支柱的根部标高系指基础顶面标高;芯柱的根部标高系指根据结构实际需要而定的起始位置标高;梁上柱的根部标高系指梁顶面标高;剪力墙上柱的根部标高为墙顶面标高。

3)对于矩形柱,注写柱截面尺寸 $b×h$ 及与轴线关系的几何参数代号 b_1、b_2 和 h_1、h_2 的具体数值,需对应于各段柱分别注写。其中 $b=b_1+b_2$,$h=h_1+h_2$。当截面的某一边收缩变化至与轴线重合或偏到轴线的另一侧时,b_1、b_2、h_1、h_2 中的某项为零或为负值。

对于圆柱,表中 $b×h$ 一栏改用在圆柱直径数字前加 d 表示。为表达简单,圆柱截面与轴线的关系也用 b_1、b_2 和 h_1、h_2 表示,并使 $d=b_1+b_2=h_1+h_2$。

对于芯柱,根据结构需要,可以在某些框架柱的一定高度范围内,在其内部的中心位置设置(分别引注其柱编号)。芯柱截面尺寸按构造确定,并按图集标准构造详图施工,设计不需注写;当设计者采用与构造详图不同的做法时,应另行注明。芯柱定位随框架柱,不需要注写其与轴线的几何关系。

4)注写柱纵筋。当柱纵筋直径相同,各边根数也相同时(包括矩形柱、圆柱和芯柱),将纵筋注写在"全部纵筋"一栏中;除此之外,柱纵筋分角筋、截面 b 边中部筋和 h 边中部筋三项分别注写(对于采用对称配筋的矩形截面柱,可仅注写一侧中部筋,对称边省略不注)。

5)注写箍筋类型号及箍筋肢数,在箍筋类型栏内注写按下述第(3)条所规定的箍筋类型号与肢数。

6)注写柱箍筋,包括钢筋级别、直径与间距。当为抗震设计时,用斜线"/"区分柱端箍筋加密区与柱身非加密区长度范围内箍筋的不同间距。施工人员需根据标准构造详图的规定,在规定的几种长度值中取其最大者作为加密区长度。当框架节点核芯区内箍筋与柱端箍筋设置不同时,应在括号中注明核芯区箍筋直径及间距。

【例】 $\phi 10@100/250$,表示箍筋为 HPB300 级钢筋,直径 $\phi 10$,加密区间距为 100,非加密区间距为 250。

$\phi 10@100/250(\phi 12@100)$,表示柱中箍筋为 HPB300 级钢筋,直径 $\phi 10$,加密区间距为 100,非加密区间距为 250。框架节点核芯区箍筋为 HPB300 级钢筋,直径 $\phi 12$,间距为 100。

当箍筋沿柱全高为一种间距时,则不使用"/"线。

【例】 $\phi 10@100$,表示沿柱全高范围内箍筋均为 HPB300 级钢筋,直径 $\phi 10$,间距为 100。

当圆柱采用螺旋箍筋时,需在箍筋前加"L"。

【例】 $L\phi 10@100/200$,表示采用螺旋箍筋,HPB300 级钢筋,直径 $\phi 10$,加密区间距为 100,非加密区间距为 200。

(3)具体工程所设计的各种箍筋类型图以及箍筋复合的具体方式,需画在表的上部或图中的适当位置,并在其上标注与表中相对应的 b、h 和类型号。

注:当为抗震设计时,确定箍筋肢数时要满足对柱纵筋"隔一拉一"以及箍筋肢距的要求。

3. 截面注写方式

(1)截面注写方式,系在柱平面布置图的柱截面上,分别在同一编号的柱中选择一个截面,以直接注写截面尺寸和配筋具体数值的方式来表达柱平法施工图。

(2)对除芯柱之外的所有柱截面按上述"2."中的规定进行编号,从相同编号的柱中选择一个截面,按另一种比例原位放大绘制柱截面配筋图,并在各配筋图上继其编号后再注写截面尺寸 $b\times h$、角筋或全部纵筋(当纵筋采用一种直径且能够图示清楚时)、箍筋的具体数值,以及在柱截面配筋图上标注柱截面与轴线关系 b_1、b_2、h_1、h_2 的具体数值。

当纵筋采用两种直径时,需再注写截面各边中部筋的具体数值(对于采用对称配筋的矩形截面柱,可仅在一侧注写中部筋,对称边省略不注)。

当在某些框架柱的一定高度范围内,在其内部的中心位设置芯柱时,首先按照上述"2."的规定进行编号,继其编号之后注写芯柱的起止标高、全部纵筋及箍筋的具体数值,芯柱截面尺寸按构造确定,并按标准构造详图施工,设计不注;当设计者采用与构造详图不同的做法时,应另行注明。芯柱定位随框架柱,不需要注写其与轴线的几何关系。

(3)在截面注写方式中,如柱的分段截面尺寸和配筋均相同,仅截面与轴线的关系不同时,可将其编为同一柱号。但此时应在未画配筋的柱截面上注写该柱截面与轴线关系的具体尺寸。

四、剪力墙平法施工图

1. 剪力墙平法施工图的表示方法

(1)剪力墙平法施工图系在剪力墙平面布置图上采用列表注写方式或截面注写方式表达。

(2)剪力墙平面布置图可采用适当比例单独绘制,也可与柱或梁平面布置图合并绘制。当剪力墙较复杂或采用截面注写方式时,应按标准层分别绘制剪力墙平面布置图。

(3)在剪力墙平法施工图中,应按规定注明各结构层的楼面标高、结构层高及相应的结构层号,尚应注明上部结构嵌固部位位置。

(4)对于轴线未居中的剪力墙(包括端柱),应标注其偏心定位尺寸。

2. 列表注写方式

(1)为表达清楚、简便,剪力墙可视为由剪力墙柱、剪力墙身和剪力墙梁三类构件构成。

列表注写方式,系分别在剪力墙柱表、剪力墙身表和剪力墙梁表中,对应于剪力墙平面布置图上的编号,用绘制截面配筋图并注写几何尺寸与配筋具体数值的方式,来表达剪力墙平法施工图。

(2)编号规定:将剪力墙按剪力墙柱、剪力墙身、剪力墙梁(简称为墙柱、墙身、墙梁)三类构件分别编号。

1)墙柱编号,由墙柱类型代号和序号组成,表达形式应符合表 2-21 的规定。

表 2-21　　　　　　　　　　墙柱编号

墙柱类型	代　号	序　号
约束边缘构件	YBZ	××
构造边缘构件	GBZ	××
非边缘暗柱	AZ	××
扶壁柱	FBZ	××

注:约束边缘构件包括约束边缘暗柱、约束边缘端柱、约束边缘翼墙、约束边缘转角墙四种(图 2-44)。构造边缘构件包括构造边缘暗柱、构造边缘端柱、构造边缘翼墙、构造边缘转角墙四种(图 2-45)。

2)墙身编号,由墙身代号、序号以及墙身所配置的水平与竖向分布钢筋的排数组成,其中,排数注写在括号内。表达形式为:

$$Q\times\times(\times)排$$

注:1. 在编号中:如若干墙柱的截面尺寸与配筋均相同,仅截面与轴线的关系不同时,可将其编为同一墙柱号;又如若干墙身的厚度尺寸和配筋均相同,仅墙厚与轴线的关系不同或墙身长度不同时,也可将其编为同一墙身号,但应在图中注明与轴线的几何关系。

2. 当墙身所设置的水平与竖向分布钢筋的排数为2时可不注。

3. 对于分布钢筋网的排数规定:非抗震:当剪力墙厚度大于160时,应配置双排;当其厚度不大于160时,宜配置双排。抗震:当剪力墙厚度不大于400时,应配置双排;当剪力墙厚度大于400,但不大于700时,宜配置三排;当剪力墙厚度大于700时,宜配置四排。各排水平分布钢筋和竖向分布钢筋的直径与间距宜保持一致。当剪力墙配置的分布钢筋多于两排时,剪力墙拉筋两端应同时勾住外排水平纵筋和竖向纵筋,还应与剪力墙内排水平纵筋和竖向纵筋绑扎在一起。

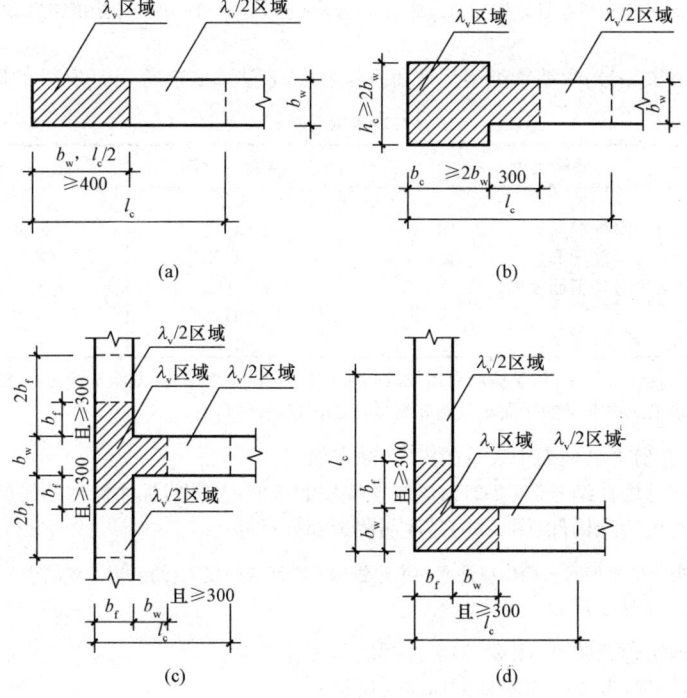

图 2-44 约束边缘构件
(a)约束边缘暗柱;(b)约束边缘端柱;(c)约束边缘翼墙;(d)约束边缘转角墙

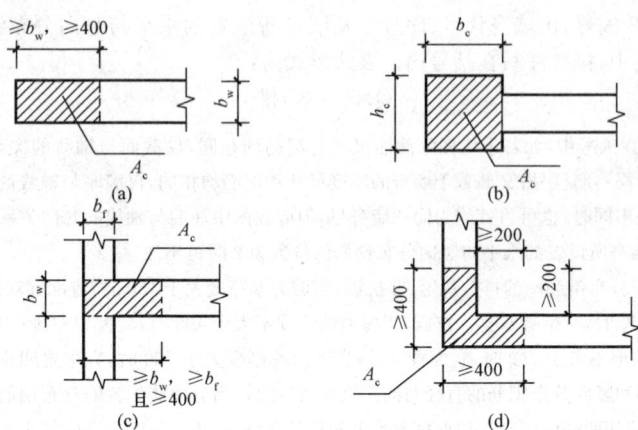

图 2-45 构造边缘构件

(a)构造边缘暗柱;(b)构造边缘端柱;(c)构造边缘翼墙;(d)构造边缘转角墙

3)墙梁编号,由墙梁类型代号和序号组成,表达形式应符合表 2-22 的规定。

表 2-22 墙梁编号

墙梁类型	代 号	序 号
连梁	LL	××
连梁(对角暗撑配筋)	LL(JC)	××
连梁(交叉斜筋配筋)	LL(JX)	××
连梁(集中对角斜筋配筋)	LL(DX)	××
暗梁	AL	××
边框梁	BKL	××

注:在具体工程中,当某些墙身需设置暗梁或边框梁时,宜在剪力墙平法施工图中绘制暗梁或边框梁的平面布置图并编号,以明确其具体位置。

(3)在剪力墙柱表中表达的内容,规定如下:

1)注写墙柱编号(表 2-21),绘制该墙柱的截面配筋图,标注墙柱几何尺寸。

①约束边缘构件(图 2-46)需注明阴影部分尺寸。

注:剪力墙平面布置图中应注明约束边缘构件沿墙肢长度 l_c(约束边缘翼墙中沿墙肢长度尺寸为 $2b_f$ 时可不注)。

②构造边缘构件(图 2-45)需注明阴影部分尺寸。

③扶壁柱及非边缘暗柱需标注几何尺寸。

2)注写各段墙柱的起止标高,自墙柱根部往上以变截面位置或截面未变但配筋改变处为界分段注写。墙柱根部标高一般指基础顶面标高(部分框支剪力墙结构则为框支梁顶面标高)。

3)注写各段墙柱的纵向钢筋和箍筋,注写值应与在表中绘制的截面配筋图对应一致。纵向钢筋注总配筋值;墙柱箍筋的注写方式与柱箍筋相同。约束边缘构件除注写阴影部位的箍筋外,尚需在剪力墙平面布置图中注写非阴影区内布置的拉筋(或箍筋)。

(4)在剪力墙身表中表达的内容,规定如下:

1)注写墙身编号(含水平与竖向分布钢筋的排数),见上述"(2)2)"条。

2)注写各段墙身起止标高,自墙身根部往上以变截面位置或截面未变但配筋改变处为界分段注写。墙身根部标高一般指基础顶面标高(部分框支剪力墙结构则为框支梁的顶面标高)。

3)注写水平分布钢筋、竖向分布钢筋和拉筋的具体数值。注写数值为一排水平分布钢筋和竖向分布钢筋的规格与间距,具体设置几排已经在墙身编号后面表达。

(5)在剪力墙梁表中表达的内容,规定如下:

1)注写墙梁编号,见表 2-22。

2)注写墙梁所在楼层号。

3)注写墙梁顶面标高高差,系指相对于墙梁所在结构层楼面标高的高差值。高于者为正值,低于者为负值,当无高差时不注。

4)注写墙梁截面尺寸 $b×h$、上部纵筋、下部纵筋和箍筋的具体数值。

5)当连梁设有对角暗撑时[代号为 LL(LC)××],注写暗撑的截面尺寸(箍筋外皮尺寸);注写一根暗撑的全部纵筋,并标注×2 表明有两根暗撑相互交叉;注写暗撑箍筋的具体数值。

6)当连梁设有交叉斜筋时[代号为 LL(JX)××],注写连梁一侧对角斜筋的配筋值,并标注×2 表明对称设置;注写对角斜筋在连梁端部设置的拉筋根数、规格及直径,并标注×4 表示四个角都设置;注写连梁一侧折线筋配筋值,并标注×2 表明对称设置。

7)当连梁设有集中对角斜筋时[代号为 LL(DX)××],注写一条对角线上的对角斜筋,并标注×2 表明对称设置。

墙梁侧面纵筋的配置,当墙身水平分布钢筋满足连梁、暗梁及边框梁的梁侧面纵向构造钢筋的要求时,该筋配置同墙身水平分布钢筋,表中不注,施工按标准构造详图的要求即可;当不满足时,应在表中补充注明梁侧面纵筋的具体数值(其在支座内的锚固要求同连梁中受力钢筋)。

3. 截面注写方式

(1)截面注写方式,系在分标准层绘制的剪力墙平面布置图上,以直接在墙柱、墙身、墙梁上注写截面尺寸和配筋具体数值的方式来表达剪力墙平法施工图。

(2)选用适当比例原位放大绘制剪力墙平面布置图,其中对墙柱绘制配筋截面图;对所有墙柱、墙身、墙梁分别按上述"2.(2)"中 1)、2)、3)的规定进行编号,

并分别在相同编号的墙柱、墙身、墙梁中选择一根墙柱、一道墙身、一根墙梁进行注写,其注写方式按以下规定进行:

1)从相同编号的墙柱中选择一个截面,注明几何尺寸,标注全部纵筋及箍筋的具体数值。

2)从相同编号的墙身中选择一道墙身,按顺序引注的内容为:墙身编号(应包括注写在括号内墙身所配置的水平与竖向分布钢筋的排数)、墙厚尺寸,水平分布钢筋、竖向分布钢筋和拉筋的具体数值。

3)从相同编号的墙梁中选择一根墙梁,按顺序引注的内容为:

①注写墙梁编号、墙梁截面尺寸 $b×h$、墙梁箍筋、上部纵筋、下部纵筋和墙梁顶面标高高差的具体数值。其中,墙梁顶面标高高层的注写规定同上述"2.(5)"中3)的要求。

②当连梁设有对角暗撑时[代号为 LL(JC)××],注写规定同上述"2.(5)"中5)的要求。

③当连梁设有交叉斜筋时[代号为 LL(DX)××],注写规定同上述"2.(5)"中6)的要求。

④当连梁设有集中对角斜筋时[代号为 LL(DX)××],注写规定同上述"2.(5)"中7)的要求。

当墙身水平分布钢筋不能满足连梁、暗梁及边框梁的梁侧面纵向构造钢筋的要求时,应补充注明梁侧面纵筋的具体数值;注写时,以大写字母 N 打头,接续注写直径与间距。其在支座内的锚固要求同连梁中受力钢筋。

【例】 N⊈10@150,表示墙梁两个侧面纵筋对称配置为:HRB400 级钢筋,直径 $\phi 10$,间距为 150。

4. 剪力墙洞口的表示方法

(1)无论采用列表注写方式还是截面注写方式,剪力墙上的洞口均可在剪力墙平面布置图上原位表达。

(2)洞口的具体表示方法:

1)在剪力墙平面布置图上绘制洞口示意,并标注洞口中心的平面定位尺寸。

2)在洞口中心位置引注:①洞口编号;②洞口几何尺寸;③洞口中心相对标高;④洞口每边补强钢筋,共四项内容。具体规定如下:

①洞口编号:矩形洞口为 JD××(××为序号),圆形洞口为 YD××(××为序号)。

②洞口几何尺寸:矩形洞口为洞宽×洞高($b×h$),圆形洞口为洞口直径 D。

③洞口中心相对标高,系相对于结构层楼(地)面标高的洞口中心高度。当其高于结构层楼面时为正值,低于结构层楼面时为负值。

④洞口每边补强钢筋,分以下几种不同情况:

a. 当矩形洞口的洞宽、洞高均不大于 800 时,此项注写为洞口每边补强钢筋的具体数值(如果按标准构造详图设置补强钢筋时可不注)。当洞宽、洞高方向补强钢筋不一致时,分别注写洞宽方向、洞高方向补强钢筋,以"/"分隔。

【例】 JD2—400×300+3.100 3⊕14,表示 2 号矩形洞口,洞宽 400,洞高 300,洞口中心距本结构层楼面 3100,洞口每边补强钢筋为 3⊕14。

【例】 JD3—400×300+3.100,表示 3 号矩形洞口,洞宽 400,洞高 300,洞口中心距本结构层楼面 3100,洞口每边补强钢筋按构造配置。

【例】 JD4—800×300+3.100 3⊕18/3⊕14,表示 4 号矩形洞口,洞宽 800、洞高 300,洞口中心距本结构层楼面 3100,洞宽方向补强钢筋为 3⊕18,洞高方向补强钢筋为 3⊕14。

b. 当矩形或圆形洞口的洞宽或直径大于 800 时,在洞口的上、下需设置补强暗梁,此项注写为洞口上、下每边暗梁的纵筋与箍筋的具体数值(在标准构造详图中,补强暗梁梁高一律定为 400,施工时按标准构造详图取值,设计不注。当设计者采用与该构造详图不同的做法时,应另行注明),圆形洞口时尚需注明环向加强钢筋的具体数值;当洞口上、下边为剪力墙连梁时,此项免注;洞口竖向两侧设置边缘构件时,亦不在此项表达(当洞口两侧不设置边缘构件时,设计者应给出具体做法)。

【例】 JD5—1800×2100+1.800 6⊕20 ϕ8@150,表示 5 号矩形洞口,洞宽 1800、洞高 2100,洞口中心距本结构层楼面 1800,洞口上下设补强暗梁,每边暗梁纵筋为 6⊕20,箍筋为中 8@150。

【例】 YD5—1000+1.800 6⊕20 ϕ8@150 2⊕16,表示 5 号圆形洞口,直径 1000,洞口中心距本结构层楼面 1800,洞口上下设补强暗梁,每边暗梁纵筋为 6⊕20,箍筋为由 8@150,环向加强钢筋 2⊕16。

c. 当圆形洞口设置在连梁中部 1/3 范围(且圆洞直径不应大于 1/3 梁高)时,需注写在圆洞上下水平设置的每边补强纵筋与箍筋。

d. 当圆形洞口设置在墙身或暗梁、边框梁位置,且洞口直径不大于 300 时,此项注写为洞口上下左右每边布置的补强纵筋的具体数值。

f. 当圆形洞口直径大于 300,但不大于 800 时,其加强钢筋在标准构造详图中系按照圆外切正六边形的边长方向布置,设计仅需注写六边形中一边补强钢筋的具体数值。

第四节 计算机制图简介

一、计算机制图文件

(一)一般规定

(1)计算机制图文件可分为工程图库文件和工程图纸文件。工程图库文件可在一个以上的工程中重复使用;工程图纸文件只能在一个工程中使用。

(2)建立合理的文件目录结构,可对计算机制图文件进行有效的管理和利用。

(二)工程图纸编号

(1)工程图纸编号应符合下列规定:

1)工程图纸根据不同的子项(区段)、专业、阶段等进行编排,宜按照设计总说明、平面图、立面图、剖面图、详图、清单、简图等的顺序编号。

2)工程图纸编号应使用汉字、数字和连字符"-"的组合。

3)在同一工程中,应使用统一的工程图纸编号格式,工程图纸编号应自始至终保持不变。

(2)工程图纸编号格式应符合下列规定:

1)工程图纸编号可由区段代码、专业缩写代码、阶段代码、类型代码、序列号、更改代码和更改版本序列号等组成(图2-46)。

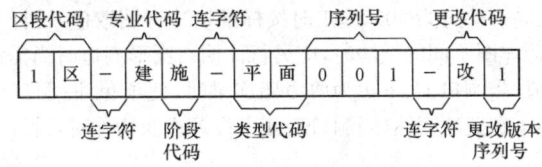

图 2-46 工程图纸编号格式

其中区段代码、类型代码、更改代码和更改版本序列号可根据需要设置。区段代码与专业缩写代码、阶段代码与类型代码、序列号与更改代码之间用连字符"-"分隔开。

2)区段代码用于工程规模较大,需要划分子项或分区段时,区别不同的子项或分区,由2~4个汉字和数字组成。

3)专业缩写代码用于说明专业类别,由1个汉字组成;宜选用表2-23所列出的常用专业缩写代码。

表 2-23 常用专业代码列表

专业	专业代码名称	英文专业代码名称	备 注
总图	总	G	含总图、景观、测量/地图、土建
建筑	建	A	含建筑、室内设计
结构	结	S	含结构
给水排水	水	P	含给水、排水、管道、消防
暖通空调	暖	M	含采暖、通风、空调、机械
电气	电	E	含电气(强电)、通信(弱电)、消防

4)阶段代码用于区别不同的设计阶段,由1个汉字组成;宜选用表2-24所列

出的常用阶段代码。

表 2-24　　　　　　　　常用阶段代码列表

设计阶段	阶段代码名称	英文阶段代码名称	备注
可行性研究	可	S	含预可行性研究阶段
方案设计	方	C	—
初步设计	初	P	含扩大初步设计阶段
施工图设计	施	W	—

5)类型代码用于说明工程图纸的类型,由2个字符组成;宜选用表2-25所列出的常用类型代码。

表 2-25　　　　　　　　常用类型代码列表

工程图纸文件类型	类型代码名称	英文类型代码名称
图纸目录	目录	CL
设计总说明	说明	NT
楼层平面图	平面	FP
场区平面图	场区	SP
拆除平面图	拆除	DP
设备平面图	设备	QP
现有平面图	现有	XP
立面图	立面	EL
剖面图	剖面	SC
大样图(大比例视图)	大样	LS
详图	详图	DT
三维视图	三维	3D
清单	清单	SH
简图	简图	DG

6)序列号用于标识同一类图纸的顺序,由001~999之间的任意3位数字组成。

7)更改代码用于标识某张图纸的变更图,用汉字"改"表示。

8)更改版本序列号用于标识变更图的版次,由1~9之间的任意1位数字组成。

(三)计算机制图文件命名

(1)工程图纸文件命名应符合下列规定：

1)工程图纸文件可根据不同的工程、子项或分区、专业、图纸类型等进行组织，命名规则应具有一定的逻辑关系，便于识别、记忆、操作和检索。

2)工程图纸文件名称应使用拉丁字母、数字、连字符"-"和井字符"#"的组合。

3)在同一工程中，应使用统一的工程图纸文件名称格式，工程图纸文件名称应自始至终保持不变。

(2)工程图纸文件命名格式应符合下列规定：

1)工程图纸文件名称可由工程代码、专业代码、类型代码、用户定义代码和文件扩展名组成(图2-47)，其中工程代码和用户定义代码可根据需要设置。专业代码与类型代码之间用连字符"-"分隔开；用户定义代码与文件扩展名之间用小数点"."分隔开。

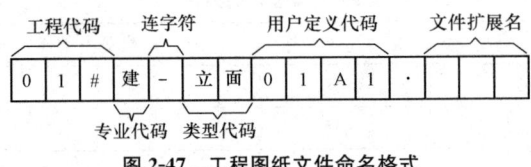

图 2-47 工程图纸文件命名格式

2)工程代码用于说明工程、子项或区段，可由2～5个字符和数字组成。

3)专业代码用于说明专业类别，由1个字符组成；宜选用表2-30所列出的常用专业代码。

4)类型代码用于说明工程图纸文件的类型，由2个字符组成；宜选用2-22所列出的常用类型代码。

5)用户定义代码用于说明工程图纸文件的类型，宜由2～5个字符和数字组成，其中前两个字符为标识同一类图纸文件的序列号，后两位字符表示工程图纸文件变更的范围与版次(图2-48)。

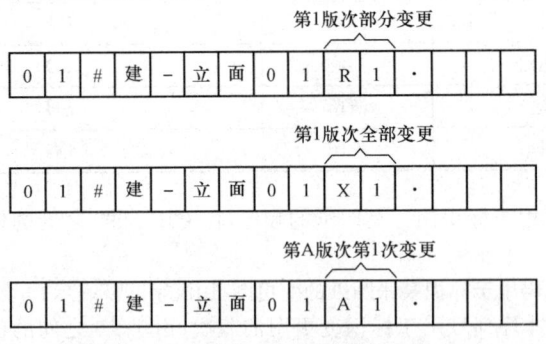

图 2-48 工程图纸文件变更范围与版次表示

第二章　建筑工程施工图绘制与识读

6)小数点后的文件扩展名由创建工程图纸文件的计算机制图软件定义,由3个字符组成。

(3)工程图库文件命名应符合下列规定:

1)工程图库文件应根据建筑体系、组装需要或用法等进行分类,并应便于识别、记忆、操作和检索。

2)工程图库文件名称应使用拉丁字母和数字的组合。

3)在特定工程中使用工程图库文件,应将该工程图库文件复制到特定工程的文件夹中,并应更名为与特定工程相适合的工程图纸文件名。

(四)计算机制图文件夹

(1)计算机制图文件夹宜根据工程、设计阶段、专业、使用人和文件类型等进行组织。计算机制图文件夹的名称可由用户或计算机制图软件定义,并应在工程上具有明确的逻辑关系,便于识别、记忆、管理和检索。

(2)计算机制图文件夹名称可使用汉字、拉丁字母、数字和连字符"-"的组合,但汉字与拉丁字母不得混用。

(3)在同一工程中,应使用统一的计算机制图文件夹命名格式,计算机制图文件夹名称应自始至终保持不变,且不得同时使用中文和英文的命名格式。

(4)为满足协同设计的需要,可分别创建工程、专业内部的共享与交换文件夹。

二、计算机制图文件图层

(1)图层命名应符合下列规定:

1)图层可根据不同用途、设计阶段、属性和使用对象等进行组织,在工程上应具有明确的逻辑关系,便于识别、记忆、软件操作和检索。

2)图层名称可使用汉字、拉丁字母、数字和连字符"-"的组合,但汉字与拉丁字母不得混用。

3)在同一工程中,应使用统一的图层命名格式,图层名称应自始至终保持不变,且不得同时使用中文和英文的命名格式。

(2)图层命名格式应符合下列规定:

1)图层命名应采用分级形式,每个图层名称由2~5个数据字段(代码)组成,第一级为专业代码,第二级为主代码,第三、四级分别为次代码1和次代码2,第五级为状态代码;其中第三级~第五级可根据需要设置;每个相邻的数据字段用连字符"-"分隔开。

2)专业代码用于说明专业类别,宜选用表2-20所列出的常用专业代码。

3)主代码用于详细说明专业特征,主代码可以和任意的专业代码组合。

4)次代码1和次代码2用于进一步区分主代码的数据特征,次代码可以和任意的主代码组合。

5)状态代码用于区分图层中所包含的工程性质或阶段;状态代码不能同时表

素工程状态和阶段，宜选用《房屋建筑制图统一标准》(GB/T 50001—2010)附录B所列出的常用状态代码。

6) 中文图层名称宜采用图2-49的格式，每个图层名称由2～5个数据字段组成，每个数据字段为1～3个汉字，每个相邻的数据字段用连字符"-"分隔开。

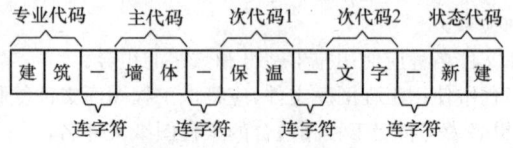

图2-49　中文图层命名格式

7) 英文图层名称宜采用图2-50的格式，每个图层名称由2～5个数据字段组成，每个数据字段为1～4个字符，每个相邻的数据字段用连字符"-"分隔开；其中专业代码为1个字符，主代码、次代码1和次代码2为4个字符，状态代码为1个字符。

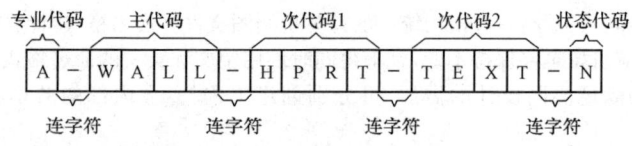

图2-50　英文图层命名格式

三、计算机制图规则

(1) 计算机制图的方向与指北针应符合下列规定：

1) 平面图与总平面图的方向宜保持一致。

2) 绘制正交平面图时，宜使定位轴线与图框边线平行(图2-51)。

3) 绘制由几个局部正交区域组成且各区域相互斜交的平面图时，可选择其中任意一个正交区域的定位轴线与图框边线平行(图2-52)。

4) 指北针应指向绘图区的顶部(图2-51)，并在整套图纸中保持一致。

(2) 计算机制图的坐标系与原点应符合下列规定：

1) 计算机制图时，可选择世界坐标系或用户定义坐标系。

2) 绘制总平面图工程中有特殊要求的图样时，也可使用大地坐标系。

3) 坐标原点的选择，宜使绘制的图样位于横向坐标轴的上方和纵向坐标轴的右侧并紧邻坐标原点(图2-51、图2-52)。

4) 在同一工程中，各专业应采用相同的坐标系与坐标原点。

(3) 计算机制图的布局应符合下列规定：

1) 计算机制图时，宜按照自下而上、自左至右的顺序排列图样；宜布置主要图样，再布置次要图样。

2) 表格、图纸说明宜布置在绘图区的右侧。

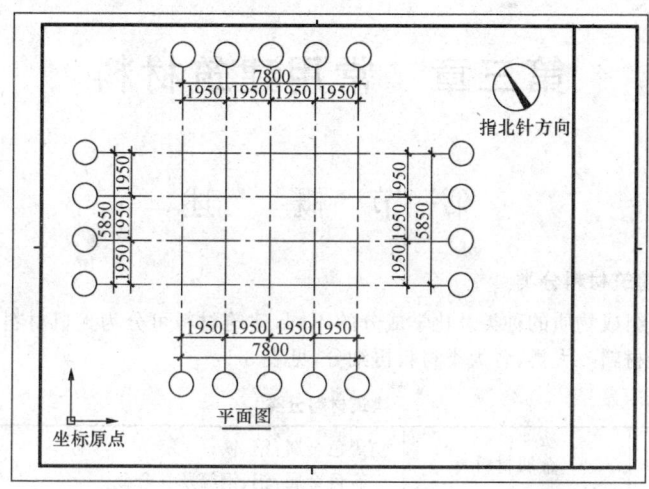

图 2-51 正交平面图制图方向与指北针方向示意图

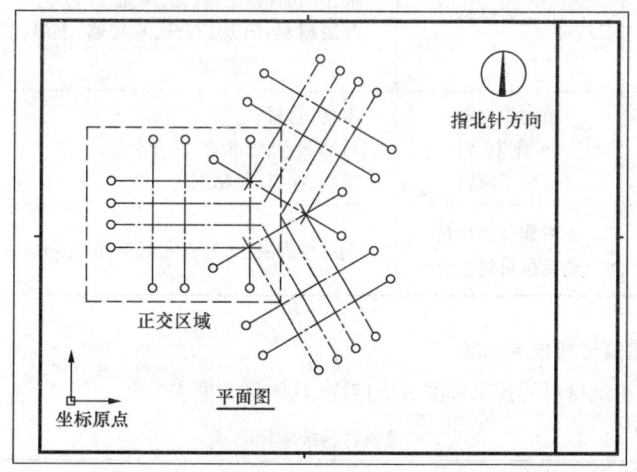

图 2-52 正交区域相互斜交的平面图制图方向与指北针方向示意图

(4)计算机制图的比例应符合下列规定:

1)计算机制图时,采用1∶1的比例绘制图样时,应按照图中标注的比例打印成图;采用图中标注的比例绘制图样,应按照1∶1的比例打印成图。

2)计算机制图时,可采用适当的比例书写图样及说明中文字,但打印成图时应符合《房屋建筑制图统一标准》(GB/T 50001—2010)的相关规定。

第三章 常用建筑材料

第一节 概　　述

一、建筑材料分类

根据组成物质的种类及化学成分的不同,建筑材料可分为无机材料、有机材料和复合材料三大类,各大类材料再细分,见表3-1。

表 3-1　　　　　　　　　　建筑材料分类

无机材料	金属材料	黑色金属:钢、铁; 有色金属:铝、铜等及其合金
	非金属材料	天然石材:砂、石、各种岩石制成的材料; 烧土制品:黏土砖、瓦、陶瓷、玻璃等; 胶凝材料:石灰、石膏、水玻璃、水泥、混凝土、硅酸盐制品
有机材料	植物质材料 沥青材料 高分子材料	木材、竹材; 石油沥青、煤沥青、沥青制品; 塑料、涂料、胶粘剂
复合材料	无机非金属材料 与有机材料复合	钢纤维混凝土、沥青混凝土、聚合物混凝土

二、建筑材料技术标准

我国建筑材料的技术标准分为四级,具体分类见表3-2。

表 3-2　　　　　　　　　　建筑材料技术标准

名　称	代　号	备　　注
国家标准	GB	由国家标准局发布的全国性指导技术文件
部颁标准	JC	由主管生产部(或总局)发布,代号按部名定
地方标准	DB	由地方主管部门发布的地方性指导技术文件
企业标准	QB	企业标准仅仅适用本企业,凡没有制定国家标准、部颁标准的产品,都要制定企业标准

第三章 常用建筑材料

三、常用无机非金属材料

建筑工程常用无机非金属材料类别、特性和应用见表3-3。

表 3-3 　　　　常用无机非金属材料类别特性和应用

类别	说明	特性	应用
石灰	主要成分是碳酸钙,在900～1100℃温度下会煅烧成以氧化钙为主要成分的生石灰	使用时将生石灰加水消解为熟石灰,熟化过程为放热反应	可用于制作石灰砂浆、三合灰、加气混凝土制品、碳化石灰板等
石膏	主要成分为硫酸钙	建筑石膏使用起来凝结硬化快,硬化后抗拉和抗压强度较高,防火性好	制成石膏抹灰材料、纸面石膏板、石膏空心条板等各种墙体材料
硅酸盐水泥	由硅酸盐水泥熟料、0～5%石灰石或粒化高炉矿渣、适量石膏磨细制成	主要技术性质包括细度、凝结时间、标准稠度用水量、体积安定性、强度、水化热	适用于一般建筑工程配制高强度等级混凝土,不适用于大体积、耐高温和海工结构
建筑砂浆	主要由胶凝材料(水泥、石灰、石膏)、细骨料(砂子)、外加剂和水拌合而成	主要技术性质包括和易性、强度和粘结力	可以用来砌筑砖、石砌体,室内、外抹灰,镶贴大理石、水磨石,粘贴面砖等
普通混凝土	主要由水泥、粗骨料、细骨料、外加剂和水拌合而成	主要技术性质包括混凝土拌合物的和易性、混凝土的强度和耐久性	各种工程
普通黏土砖	主要是以黏土为原料,经配料、制坯、干燥、焙烧、冷却而成	普通黏土砖外形为矩形体,标准尺寸为240mm×115mm×53mm,主要技术性质还包括强度等级和抗风化性能	主要用于建筑物的承重墙体的砌筑,也用于砌筑柱、拱、烟囱、沟道、窑身及建筑物的基础
建筑砌块	主要是以天然材料、工业废料或混凝土为主要原料制造生产	主要技术性质包括产品质量等级和强度等级	主要用于一般建筑物墙体的砌筑,也可用来砌筑框架、框—剪结构的填充墙

四、常用无机金属材料

建筑钢材可分为钢结构用型钢和钢筋混凝土结构用钢筋两类,各种型钢和钢筋的性能主要取决于所用钢种及其加工方式。品种分类及说明见表 3-4。

表 3-4　　　　　　　　　　常用无机金属材料

类别	说　　明	应　　用
热轧钢筋	主要分为热轧光圆钢筋和热轧带肋钢筋。热轧带肋钢筋的牌号由 HRB 和牌号的屈服点最小值构成,如 HRB335	主要用于钢筋混凝土结构和预应力钢筋混凝土结构的配筋。盘圆钢筋还是冷拔钢丝的原材料
冷拉钢筋	是将热轧钢筋在常温下实行强力拉伸,以提高屈服极限强度	盘圆钢筋冷拉后可用于钢筋混凝土结构中的受拉筋;热轧带肋钢筋冷拉后可作为预应力混凝土结构中的预应力钢筋
冷轧带肋钢筋	是热轧圆盘条经冷轧或冷拔减径后在其表面冷轧成有肋的钢筋,钢筋代号用 LL 表示	主要用于普通混凝土结构件和中小型预应力混凝土结构件的配筋
热处理钢筋	是指用热轧中碳低合金钢筋经淬火、回火调质处理的钢筋,代号为 RB150	主要用于预应力混凝土
预应力钢丝	是以优质高碳钢圆盘条经等温淬火并拔制而成	适用于大荷载、大跨度及曲线配筋的预应力混凝土结构
热轧型钢	常用的热轧型钢有角钢(等边和不等边),工字钢,槽钢,T 型钢,H 型钢,L 型钢等	主要用于钢结构
冷弯薄壁型钢	通常是用 2~6mm 薄钢板冷弯或模压而成,有角钢、槽钢等开口薄壁型钢和方形、矩形等空心薄壁型钢	
钢管	常用的有热轧无缝钢管和焊接钢管	
钢板	用光面轧辊轧制而成的扁平钢材,根据轧制温度不同,可分为热轧和冷轧两种。热轧钢板分为厚板(厚度大于 4mm)和薄板(厚度为 0.35~4mm)两种,冷轧钢板只有薄板(厚度为 0.2~4mm)一种	主要用于钢结构,厚板可用于焊接结构,薄板可用作屋面或墙面等围护结构,或作为涂层钢板的原料,如制作压型钢板,用于楼板、屋面等

第三章 常用建筑材料

五、常用有机材料

建筑工程常用的有机材料分类及品种见表 3-5。

表 3-5　　　　　　　　　常用有机材料

类　别	品　　　种
防水材料	沥青、石油沥青、沥青防水卷材、高聚物改性沥青防水卷材、合成高分子防水卷材、防水涂料
防腐材料	过氯乙烯漆、环氧树脂漆、酚醛漆、沥青漆、聚氯酯漆、树脂类耐腐蚀胶泥、玻璃钢防腐材料、防腐塑料板材
保温材料	聚氯乙烯泡沫塑料、硬质聚氨酯泡沫塑料、软木及软木板、木丝板

第二节　水　　泥

一、水泥主要性能指标

1. 体积安定性

水泥体积安定性是指水泥在凝结硬化过程中体积变化的均匀性。如果水泥硬化后产生不均匀的体积变化，会使水泥制品、混凝土构件产生膨胀性裂缝，降低工程质量，甚至引起严重事故，此即体积安定性不良。

引起水泥体积安定性不良的原因是由于其熟料矿物组成中含有过多的游离氧化钙（f-CaO）和游离氧化镁（f-MgO），以及粉磨水泥时掺入的石膏超量所致。熟料中所含的 f-CaO 和 f-MgO 处于过烧状态，水化很慢，它在水泥凝结硬化后才慢慢开始水化，水化时体积膨胀，引起水泥石不均匀体积变化而开裂，石膏（SO_3）过量时，多余的石膏与固态水化铝酸钙反应生成钙矾石，产生体积膨胀 1.5 倍，从而造成硬化水泥石开裂破坏。

由 f-CaO 引起的水泥安定性不良用沸煮法检验，沸煮的目的是加速 f-CaO 的水化。沸煮法包括试饼法和雷氏法。试饼法是将标准稠度水泥净浆做成试饼，连同玻璃在标准条件下[（20±2）℃，相对湿度大于 90%]养护 24h 后，取下试饼放入沸煮箱蒸煮 3h 后，用肉眼观察未发现裂纹、崩溃，用直尺检查没有弯曲现象，则为安定性合格，反之，为不合格；雷氏法是测定水泥浆在雷氏夹中硬化沸煮后的膨胀值，当两个试件沸煮后的膨胀值的平均值不大于 5.0mm 时，即判为该水泥安定性合格，反之为不合格；当试饼法和雷氏法两者结论相矛盾时，以雷氏法为准。

由 f-MgO 和 SO_3 引起的体积安定性不良不便快速检验，f-MgO 的危害必须用压蒸法才能检验，SO_3 的危害需经长期在常温水中才能发现。这两种成分的危害，常用在水泥生产时严格限制含量的方法来消除。

2. 凝结时间

水泥的凝结时间有初凝和终凝之分。自加水起至水泥浆开始失去塑性、流动性减小所需的时间,称为初凝时间;自加水起至水泥浆完全失去塑性、开始有一定结构强度所需的时间,称为终凝时间。

水泥凝结时间与水泥的单位加水量有关,单位加水量越大,凝结时间越长,反之越短。国家标准规定,凝结时间的测定是以标准稠度的水泥净浆,在规定温度和湿度下,用凝结时间测定仪来测定。所谓标准稠度是指水泥净浆达到规定稠度时所需的拌合水量,以占水泥重量的百分比表示。通用水泥的标准稠度一般在23%～28%之间,水泥磨得越细,标准稠度越大,标准稠度与水泥品种亦有较大关系。

水泥凝结时间在施工中具有重要意义。为了保证有足够的时间在初凝之前完成混凝土成型等各种工序,初凝时间不宜过快;为了使混凝土在浇筑完毕后能尽早完成凝结硬化,产生强度,终凝时间不宜过长。

3. 细度

细度是指水泥颗粒的粗细程度,它对水泥的凝结时间、强度、需水量和安定性有较大影响,是鉴定水泥品质的主要项目之一。

水泥颗粒越细,总表面积越大,与水的接触面积也大,因此,水化迅速、凝结硬化也相应增快,早期强度也高。但水泥颗粒过细,会增加磨细的能耗和提高成本,且不宜久存,过细水泥硬化时还会产生较大收缩。一般认为,水泥颗粒小于 $40\mu m$ 时就具有较高的活性,大于 $100\mu m$ 时活性较小。通常,水泥颗粒的粒径在 $7\sim 200\mu m$ 范围内。

硅酸盐水泥的细度用透气式比表面仪测定,其他五类水泥的细度用筛分析法测定。

4. 强度等级

水泥的强度是评定其质量的重要指标,也是划分水泥强度等级的依据。

国家标准规定,采用水泥胶砂法测定水泥强度。该法是将水泥和标准砂按1:3混合,水灰比为 0.5,按规定方法制成 $40mm\times 40mm\times 160mm$ 的试件,带模在标准条件下[(20 ± 3)℃,相对湿度大于 90%]养护 24h 后,再脱模放在标准温度[(20 ± 2)℃]的水中养护,分别测定其 3d 和 28d 的抗压强度和抗折强度。根据测定结果,可确定该水泥的强度等级,其中有代号 R 者为早强型水泥。

5. 碱含量

国家标准规定,水泥中的碱含量按 $Na_2O+0.658K_2O$ 计算值来表示。

二、通用水泥技术质量要求

(一)定义与分类

1. 定义

通用硅酸盐水泥是以硅酸盐水泥熟料和适量的石膏及规定的混合材料制成的水硬性胶凝材料。

第三章 常用建筑材料

2. 分类

通用硅酸盐水泥按混合材料的品种和掺量分为硅酸盐水泥、普通硅酸盐水泥、矿渣硅酸盐水泥、火山灰质硅酸盐水泥、粉煤灰硅酸盐水泥和复合硅酸盐水泥。

(二)组分与材料

1. 组分

通用硅酸盐水泥的组分应符合表 3-6 的规定。

表3-6　　　　　　　通用硅酸盐水泥的组分　　　　　　　(%)

品种	代号	组分				
		熟料＋石膏	粒化高炉矿渣	火山灰质混合材料	粉煤灰	石灰石
硅酸盐水泥	P·Ⅰ	100	—	—	—	—
	P·Ⅱ	≥95	≤5	—	—	—
		≥95	—	—	—	≤5
普通硅酸盐水泥	P·O	≥80且<95	>5且≤20			—
矿渣硅酸盐水泥	P·S·A	≥50且<80	>20且≤50	—	—	—
	P·S·B	≥30且<50	>50且≤70	—	—	—
火山灰质硅酸盐水泥	P·P	≥60且<80	—	>20且≤40	—	—
粉煤灰硅酸盐水泥	P·F	≥60且<80	—	—	>20且≤40	—
复合硅酸盐水泥	P·C	≥50且<80	>20且≤50			—

2. 材料

(1)硅酸盐水泥熟料。由主要含 CaO、SiO_2、Al_2O_3、Fe_2O_3 的原料,按适当比例磨成细粉烧至部分熔融所得以硅酸钙为主要矿物成分的水硬性胶凝物质。其中硅酸钙矿物不小于 66%,氧化钙和氧化硅质量比不小于 2.0。

(2)石膏。

1)天然石膏。应符合《天然石膏》(GB/T 5483—2008)中规定的 G 类或 M 类二级(含)以上的石膏或混合石膏。

2)工业副产石膏。以硫酸钙为主要成分的工业副产物。采用前应经过试验证明对水泥性能无害。

(3)活性混合材料。应符合《用于水泥中的粒化高炉矿渣》(GB/T 203—

2008)、《用于水泥和混凝土中的粒化高炉矿渣粉》(GB/T 18046－2008)、《用于水泥和混凝土中的粉煤灰》(GB/T 1596－2005)、《用于水泥中的火山灰质混合材料》(GB/T 2847－2005)标准要求的粒化高炉矿渣、粒化高炉矿渣粉、粉煤灰、火山灰质混合材料。

(4)非活性混合材料。活性指标分别低于《用于水泥中的粒化高炉矿渣》(GB/T 203－2008)、《用于水泥和混凝土中的粒化高炉矿渣粉》(GB/T 18046－2008)、《用于水泥和混凝土中的粉煤灰》(GB/T 1596－2005)、《用于水泥中的火山灰质混合材料》(GB/T 2847－2005)标准要求的粒化高炉矿渣、粒化高炉矿渣粉、粉煤灰、火山灰质混合材料、石灰石和砂岩,其中,石灰石中的三氧化二铝含量应不大于2.5%。

(5)窑灰。应符合《掺入水泥中的回转窑窑灰》(JC/T 742－2009)的规定。

(6)助磨剂。水泥粉磨时允许加入助磨剂,其加入量应不大于水泥质量的0.5%,助磨剂应符合《水泥助磨剂》(JC/T 667－2004)的规定。

(三)强度等级

(1)硅酸盐水泥的强度等级分为 42.5、42.5R、52.5、52.5R、62.5、62.5R 六个等级。

(2)普通硅酸盐水泥的强度等级分为 42.5、42.5R、52.5、52.5R 四个等级。

(3)矿渣硅酸盐水泥、火山灰质硅酸盐水泥、粉煤灰硅酸盐水泥、复合硅酸盐水泥的强度等级分为 32.5、32.5R、42.5、42.5R、52.5、52.5R 六个等级。

(四)技术要求

1. 化学指标

通用硅酸盐水泥的化学指标应符合表 3-7 的规定。

表 3-7　　通用硅酸盐水泥的化学指标　　(%)

品种	代号	不溶物(质量分数)	烧失量(质量分数)	三氧化硫(质量分数)	氧化镁(质量分数)	氯离子(质量分数)
硅酸盐水泥	P·Ⅰ	≤0.75	≤3.0	≤3.5	≤5.0	≤0.06
	P·Ⅱ	≤1.50	≤3.5			
普通硅酸盐水泥	P·O	—	≤5.0			
矿渣硅酸盐水泥	P·S·A	—	—	≤4.0	≤6.0	
	P·S·B	—	—		—	
火山灰质硅酸盐水泥	P·P			≤3.5	≤6.0	
粉煤灰硅酸盐水泥	P·F					
复合硅酸盐水泥	P·C					

2. 碱含量(选择性指标)

水泥中碱含量按 $Na_2O+0.658K_2O$ 计算值表示。若使用活性骨料,用户要

第三章 常用建筑材料

求提供低碱水泥时,水泥中的碱含量应不大于0.60%或由买卖双方协商确定。

3. 物理指标

(1)凝结时间。硅酸盐水泥初凝不小于45min,终凝不大于390min;普通硅酸盐水泥、矿渣硅酸盐水泥、火山灰质硅酸盐水泥、粉煤灰硅酸盐水泥和复合硅酸水泥初凝不小于45min,终凝不大于600min。

(2)安定性。用沸煮法检验,必须合格。

(3)强度。不同品种不同强度等级的通用硅酸盐水泥,其不同龄期的强度应符合表3-8的规定。

表3-8 通用硅酸盐水泥不同龄期的强度等级 (MPa)

品 种	强度等级	抗压强度		抗折强度	
		3d	28d	3d	28d
硅酸盐水泥	42.5	≥17.0	≥42.5	≥3.5	≥6.5
	42.5R	≥22.0		≥4.0	
	52.5	≥23.0	≥52.5	≥4.0	≥7.0
	52.5R	≥27.0		≥5.0	
	62.5	≥28.0	≥62.5	≥5.0	≥8.0
	62.5R	≥32.0		≥5.5	
普通硅酸盐水泥	42.5	≥17.0	≥42.5	≥3.5	≥6.5
	42.5R	≥22.0		≥4.0	
	52.5	≥23.0	≥52.5	≥4.0	≥7.0
	52.5R	≥27.0		≥5.0	
矿渣硅酸盐水泥 火山灰硅酸盐水泥 粉煤灰硅酸盐水泥 复合硅酸盐水泥	32.5	≥10.0	≥32.5	≥2.5	≥5.5
	32.5R	≥15.0		≥3.5	
	42.5	≥15.0	≥42.5	≥3.5	≥6.5
	42.5R	≥19.0		≥4.0	
	52.5	≥21.0	≥52.5	≥4.0	≥7.0
	52.5R	≥23.0		≥4.5	

(4)细度(选择性指标)。硅酸盐水泥和普通硅酸盐水泥以比表面积表示,不小于$300m^2/kg$;矿渣硅酸盐水泥、火山灰质硅酸盐水泥、粉煤灰硅酸盐水泥和复合硅酸盐水泥以筛余表示,$80\mu m$方孔筛筛余不大于10%或$45\mu m$方孔筛筛余不大于30%。

三、通用水泥主要特征和适用范围

通用水泥的主要特征和适用范围见表3-9。

表 3-9 通用水泥主要特征和适用范围

品种	硅酸盐水泥	普通硅酸盐水泥	矿渣硅酸盐水泥	火山灰质硅酸盐水泥	粉煤灰硅酸盐水泥
性能 优点	(1)早期强度高。 (2)凝结硬化快。 (3)抗冻性好	(1)早期强度高。 (2)凝结硬化快。 (3)抗冻性好	(1)对硫酸盐类侵蚀性的抵抗能力及抗水性好。 (2)耐热性好。 (3)水化热低。 (4)在蒸汽养护中强度发展较快。 (5)在潮湿环境中后期强度增长率大	(1)对硫酸盐类侵蚀性抵抗能力及抗水性较好。 (2)水化热较低。 (3)在潮湿环境中后期强度增长率大。 (4)在蒸汽养护中强度发展较快	(1)水化热较低。 (2)对硫酸盐侵蚀的抵抗能力和抗水性好。 (3)干缩性小。 (4)耐磨性好。 (5)后期强度增长率大
性能 缺点	(1)水化热较高。 (2)耐热性较差。 (3)耐酸碱和硫酸盐类的化学侵蚀差	(1)水化热较高。 (2)耐热性较高。 (3)抗冻性差。 (4)耐酸碱和硫酸盐类化学侵蚀性差	(1)早期强度较低,凝结较慢,在低温环境中尤甚。 (2)抗冻性较差。 (3)干缩性大、有泌水现象	(1)早期强度低,凝结较慢,在低温环境中尤甚。 (2)抗冻性较差。 (3)吸水性大。 (4)干缩性较大	(1)早期强度低。 (2)耐热性较差,抗冻性较差。 (3)抗碳化能力较差

第三章 常用建筑材料

续表

品种	硅酸盐水泥	普通硅酸盐水泥	矿渣硅酸盐水泥	火山灰质硅酸盐水泥	粉煤灰硅酸盐水泥
注意事项	(1)加强洒水养护。 (2)冬期施工注意保温				
适用范围	(1)快硬早强的工程。 (2)配制高强度等级混凝土。 (3)抗冻、耐磨和抗渗的工程	(1)一般地上工程和不受侵蚀性作用的地下工程以及不受水压作用的工程。 (2)早期强度要求较高的工程。 (3)无腐蚀性的水中工程。 (4)在低温条件下需要早期强度发展较快的工程,但月平均气温在5℃以下到最低气温为-5℃时应按冬期施工规定办理	(1)地下、水中工程及经常受较高水压作用的工程。 (2)大体积混凝土工程。 (3)受海水及硫酸盐类溶液侵蚀的工程。 (4)蒸热混凝土工程	(1)地下水中及经常受高水压的工程。 (2)受海水及含硫酸盐类溶液侵蚀的工程。 (3)大体积混凝土工程。 (4)蒸汽养护的工程。 (5)远距离运输的混凝土	(1)地上、地下及水中大体积混凝土工程。 (2)蒸汽养护的工程。 (3)一般混凝土工程

第三节 混 凝 土

由胶凝材料、粗细骨料、水及其他外加材料按适当比例配合,再经搅拌、成型和硬化而成的人造石材称为混凝土。混凝土是当代最重要的建筑材料之一,也是世界上用量最大的人工建筑材料。

一、混凝土品种

常用混凝土品种见表 3-10。

表 3-10　　　　　　　　常用混凝土品种

序号	品种	说明
1	普通混凝土	普通混凝土(亦称水泥混凝土)是以普通水泥为胶结材料,普通的天然砂石为骨料,加水或再加少量外加剂,按专门设计的配合比配制,经搅拌、成型、养护而得到的混凝土。 普通混凝土是建筑工程中最常用的结构材料,表观密度 2400kg/m³ 左右。目前混凝土的强度等级有 C15、C20、C25、C30、C35、C40、C45、C50、C55、C60、C65、C70、C75 和 C80 十四级
2	轻混凝土	轻混凝土是指表观密度小于 1900kg/m³ 的混凝土。按组成和结构状态不同,又分轻骨料混凝土、加气混凝土和无砂大孔混凝土。 (1)轻骨料混凝土。用轻质的粗细骨料(或普通砂)、水泥和水配制成的表观密度较小的混凝土。与普通混凝土相比,虽强度有不同程度的降低,但保温性能好,抗震能力强。按立方体抗压强度标准值划分为 LC5.0、LC7.5、LC10、LC15、LC20、……LC50、LC60 等强度等级。 (2)加气混凝土。用含钙材料(水泥、石灰)、含硅材料(石英砂、粉煤灰、矿渣)和加气剂为原料,经磨细、配料、浇筑、切割和压蒸养护等制成。由于不用粗骨科,也称无骨料混凝土,其质量轻、保温隔热性好并能耐火。多制成墙体砌块、隔墙板等 (3)无砂大孔混凝土。无砂大孔混凝土是指在混凝土组成中不加或少加细骨料制成的混凝土

续表

序号	品种	说明
3	聚合物混凝土	聚合物混凝土是一种将有机聚合物用于混凝土中制成的新型混凝土。按制作方法不同,分为聚合物浸渍混凝土、聚合物混凝土和聚合物水泥混凝土。 (1)聚合物浸渍混凝土。它是将已硬化的普通混凝土放在单体中浸渍,然后用加热或辐射的方法使混凝土孔隙内的单体产生聚合作用,使混凝土和聚合物结合成一体的新型混凝土。它具有高强、耐腐蚀、耐久性好的特点,可做耐腐蚀材料、耐压材料及水下和海洋开发结构方面的材料。 (2)聚合物混凝土(树脂或单体)代替水泥作为胶凝材料与骨料结合,浇筑后经养护和聚合而成的混凝土。它的特点是强度高、抗渗、耐腐蚀性好,多用于要求耐腐蚀的化工结构和高强度的接头。 (3)聚合物水泥混凝土。它是在水泥混凝土搅拌阶段掺入单体或聚合物,浇筑后经养护和聚合而成的混凝土。由于其制作简单,成本较低,实际应用也比较多。它比普通混凝土粘结性强、耐久性、耐磨性好,有较高的抗渗、耐腐蚀、抗冲击和抗弯能力,但强度提高较少。主要用于路面、桥面,有耐腐蚀要求的楼地面
4	高强、超高强混凝土	一般把 C15~C50 强度等级的混凝土称普通强度等级混凝土,C60~C80 强度等级为高强混凝土,C100 以上称超高强混凝土。 如用高强和超高强混凝土代替普通强度混凝土可以大幅度减少混凝土结构体积和钢筋量。而且高强混凝土的抗渗、抗冻性能均优于普通强度混凝土
5	粉煤灰混凝土	凡是掺有粉煤灰的混凝土,均称粉煤灰混凝土。粉煤灰是指从烧煤粉的锅炉烟气中收集的粉状灰粒。

二、混凝土用料技术要求

(一)粗骨料(石子)

1. 石子的分类

石子分为卵石和碎石。碎石比卵石干净,而且表面粗糙,颗粒富有棱角,与水泥石粘结较牢。

天然卵石又分为河卵石、海卵石和山卵石等。河卵石表面光滑、少棱角,较洁净,有的具有天然级配。而山卵石含杂物较多,使用前必须加以冲洗,故河卵石为最常用。

2. 石子的质量要求

(1)碎石或卵石的颗粒级配,应符合表3-11的要求。混凝上用石应采用连续粒级。

单粒级宜用于组合成满足要求的连续粒级;也可与连续粒级混合使用,以改善其级配或配成较大粒度的连续粒级。

当卵石的颗粒级配不符合表3-11要求时,应采取措施并经试验证实能确保工程质量后,方允许使用。

表3-11　　　　　　碎石或卵石的颗粒级配范围

级配情况	公称粒级/mm	累计筛余,按质量/(%)									
		方孔筛筛孔边长尺寸/mm									
		2.36	4.75	9.5	16.0	19.0	26.5	31.5	37.5	53	63	75	90
连续粒级	5～10	95～100	80～100	0～15	0	—	—	—	—	—	—	—	—
	5～16	95～100	85～100	30～60	0～10	0	—	—	—	—	—	—	—
	5～20	95～100	90～100	40～80	—	0～10	0	—	—	—	—	—	—
	5～25	95～100	90～100	—	30～70	—	0～5	0	—	—	—	—	—
	5～31.5	95～100	90～100	70～90	—	15～45	—	0～5	0	—	—	—	—
	5～40	—	95～100	70～90	—	30～65	—	—	0～5	0	—	—	—
单粒级	10～20	—	95～100	85～100	—	0～15	0	—	—	—	—	—	—
	16～31.5	—	95～100	—	85～100	—	—	0～10	0	—	—	—	—
	20～40	—	—	95～100	—	80～100	—	—	0～10	0	—	—	—
	31.5～63	—	—	—	95～100	—	—	75～100	45～75	—	0～10	0	—
	40～80	—	—	—	—	95～100	—	—	70～100	—	30～60	0～10	0

(2)碎石或卵石中针、片状颗粒含量应符合表3-12的规定。

(3)碎石或卵石中含泥量应符合表 3-13 的规定。

表 3-12　　　　　　　　　　针、片状颗粒含量

混凝土强度等级	≥C60	C55～C30	≤C25
针、片状颗粒含量(按质量计,%)	≤8	≤15	≤25

表 3-13　　　　　　　　　　碎石或卵石中含泥量

混凝土强度等级	≥C60	C55～C30	≤C25
含泥量(按质量计,%)	≤0.5	≤1.0	≤2.0

对于有抗冻、抗渗或其他特殊要求的混凝土,其所用碎石或卵石中含泥量不应大于 1.0%。当碎石或卵石的含泥是非粘土质的石粉时,其含泥量可由表 3-13 的 0.5%、1.0%、2.0%,分别提高到 1.0%、1.5%、3.0%。

(4)碎石或卵石中泥块含量应符合表 3-14 的规定。

表 3-14　　　　　　　　　　碎石或卵石中泥块含量

混凝土强度等级	≥C60	C55～C30	≤C25
泥块含量(按质量计,%)	≤0.2	≤0.5	≤0.7

对于有抗冻、抗渗或其他特殊要求的强度等级小于 C30 的混凝土,其所用碎石或卵石中泥块含量不应大于 0.5%。

(5)碎石的强度可用岩石的抗压强度和压碎值指标表示。岩石的抗压强度应比所配制的混凝土强度至少高 20%。当混凝土强度等级大于或等于 C60 时,应进行岩石抗压强度检验。岩石强度首先应由生产单位提供,工程中可采用压碎值指标进行质量控制。碎石的压碎值指标应符合表 3-15 的规定。

表 3-15　　　　　　　　　　碎石的压碎值指标

岩石品种	混凝土强度等级	碎石压碎值指标/(%)
沉积岩	C60～C40	≤10
	≤C35	≤16
变质岩或深层的火成岩	C60～C40	≤12
	≤C35	≤20
喷出的火成岩	C60～C40	≤13
	≤C35	≤30

注:沉积岩包括石灰岩、砂岩等;变质岩包括片麻岩、石英岩等;深层的火成岩包括花岗岩、正长岩、闪长岩和橄榄岩等;喷出的火成岩包括玄武岩和辉绿岩等。

卵石的强度可用压碎值指标表示。其压碎值指标应符合表 3-16 的规定。

表 3-16　　　　　　　　　卵石的压碎值指标

混凝土强度等级	C60～C40	≤C35
压碎值指标/(%)	≤12	≤16

(6)碎石或卵石的坚固性应用硫酸钠溶液法检验,试样经 5 次循环后,其质量损失应符合表 3-17 的规定。

表 3-17　　　　　　　　碎石或卵石的坚固性指标

混凝土所处的环境条件及其性能要求	5 次循环后的质量损失/(%)
在严寒及寒冷地区室外使用,并经常处于潮湿或干湿交替状态下的混凝土;有腐蚀性介质作用或经常处于水位变化区的地下结构或有抗疲劳、耐磨、抗冲击等要求的混凝土	≤8
在其他条件下使用的混凝土	≤12

(7)碎石或卵石中的硫化物和硫酸盐含量以及卵石中有机物等有害物质含量应符合表 3-18 的规定。

表 3-18　　　　　　　　碎石或卵石中有害物质含量

项　　目	质量指标
硫化物及硫酸盐含量(折算成 SO_3,按质量计,%)	≤1.0
卵石中有机物含量(用比色法试验)	颜色应不深于标准色,当颜色深于标准色时,应配制成混凝土进行强度对比试验,抗压强度比应不低于 0.95

当碎石或卵石中含有颗粒状硫酸盐或硫化物杂质时,应进行专门检验,确认能满足混凝土耐久性要求后,方可采用。

(8)对于长期处于潮湿环境的重要结构混凝土,其所使用的碎石或卵石应进行碱活性检验。

进行碱活性检验时,首先应采用岩相法检验碱活性骨料的品种、类型和数量。当检验出骨料中含有活性二氧化硅时,应采用快速砂浆棒法和砂浆长度法进行碱活性检验;当检验出骨料中含有活性碳酸盐时,应采用岩石柱法进行碱活性检验。

经上述检验,当判定骨料存在潜在碱-碳酸盐反应危害时,不宜用作混凝土骨料;否则,应通过专门的混凝土试验,做最后评定。

当判定骨料存在潜在碱-硅反应危害时,应控制混凝土中的碱含量不超过 $3kg/m^3$,或采用能抑制碱-骨料反应的有效措施。

(二)细骨料(砂)

1. 砂的分类

砂的粗细程度按细度模数 μ_f 分为粗、中、细、特细四级。

(1)粗砂: $\mu_f=3.7\sim3.1$。

(2)中砂: $\mu_f=3.0\sim2.3$。

(3)细砂: $\mu_f=2.2\sim1.6$。

(4)特细砂: $\mu_f=1.5\sim0.7$。

2. 砂的质量要求

(1)颗粒级配。除特细砂外,按公称直径 $630\mu m$ 筛孔的累计筛余量,砂的颗粒级配可分成三个级配区,见表 3-19。砂的颗粒级配应处于表 3-19 中的某一区以内,实际颗粒级配与表 3-19 中所列的累计筛余相比,除 5.00mm 和 $630\mu m$ 外,其余公称粒径的累计筛余可稍超出分界线,但总超出量不应大于5%。

表 3-19　　　　　　　　　　　砂颗粒级配区

公称粒径	累计筛余/(%) 级配区 Ⅰ区	Ⅱ区	Ⅲ区
5.00mm	10～0	10～0	10～0
2.50mm	35～5	25～0	15～0
1.25mm	65～35	50～10	25～0
630μm	85～71	70～41	40～16
315μm	95～80	92～70	85～55
160μm	100～90	100～90	100～90

配制混凝土宜优先选用Ⅱ区砂。当采用Ⅰ区砂时,应提高砂率,并保持足够的水泥用量,以保证混凝土的和易性;当采用Ⅲ区砂时,宜适当降低砂率;当采用特细砂时,应符合相应的规定。配制泵送混凝土,宜选用中砂。

当天然砂的实际颗粒级配不符合要求时,宜采取相应措施并经试验证明能确保工程质量,方允许使用。

(2)天然砂中的含泥量应符合表 3-20 的规定。有抗冻、抗渗或其他特殊要求的不大于 C25 的混凝土用砂,其含泥量不应大于 3.0%。

表 3-20　天然砂中含泥量

混凝土强度等级	≥C60	C55~C30	≤C25
含泥量(按质量计,%)	≤2.0	≤3.0	≤5.0

(3)砂中泥块含量应符合表 3-21 的规定。有抗冻、抗渗或其他特殊要求的不大于 C25 的混凝土用砂,其泥块含量不应大于 1.0%。

表 3-21　砂中泥块含量

混凝土强度等级	≥C60	C55~C30	≤C25
泥块含量(按质量计,%)	≤0.5	≤1.0	≤2.0

(4)人工砂或混合砂中石粉含量应符合表 3-22 的规定。

表 3-22　人工砂或混合砂中石粉含量

	混凝土强度等级	≥C60	C55~C30	≤C25
石粉含量 /(%)	MB<1.4(合格)	≤5.0	≤7.0	≤10.0
	MB≥1.4(不合格)	≤2.0	≤3.0	≤5.0

注:MB 为人工砂中亚甲蓝测试值

(5)砂中有害物质的含量应符合表 3-23 的规定。有抗冻、抗渗要求的混凝土用砂,云母含量不应大于 1.0%。当砂中含有颗粒状的硫酸盐或硫化物杂质时,应进行专门检验确定能满足混凝土耐久性要求后,方可采用。

表 3-23　砂中有害物质含量

项目	质量指标
云母含量(按质量计,%)	≤2.0
轻物质含量(按质量计,%)	≤1.0
硫化物及硫酸盐含量(折算成 SO_3,按质量计,%)	≤1.0
有机物含量(用比色法试验)	颜色不应深于标准色,当颜色深于标准色时,应按水泥胶砂强度试验方法进行强度对比试验,抗压强度比不应低于 0.95

(6)砂中氯离子的含量应符合表 3-24 的规定。

第三章 常用建筑材料

表 3-24　　砂中氯离子的含量

用　　途	氯离子含量(以干砂的质量百分率计)
钢筋混凝土用砂	≤0.06%
预应力混凝土用砂	≤0.02%

(7)砂的坚固性应采用硫酸钠溶液检验,试样经 5 次循环后,质量损失应符合表 3-25 的规定。

表 3-25　　砂的坚固性指标

混凝土所处的环境条件及其性能要求	5 次循环后的质量损失/(%)
在严寒及寒冷地区室外使用并经常处于潮湿或干湿交替状态下的混凝土 对于有抗疲劳、耐磨、抗冲击要求的混凝土 有腐蚀介质作用或经常处于水位变化区的地下结构混凝土	≤8
其他条件下使用的混凝土	≤10

(8)人工砂的总压碎值指标应小于 30%。

(9)海砂中贝壳含量应符合表 3-26 的规定。对有抗冻、抗渗或其他特殊要求的小于或等于 C25 混凝土用砂,其贝壳含量不应大于 5%。

表 3-26　　海砂中贝壳含量

混凝土强度等级	≥C40	C35～C30	C25～C15
贝壳含量(按质量计,%)	≤3	≤5	≤8

(三)混凝土用水

水是混凝土的主要组成材料之一,混凝土用水分为混凝土拌合用水和混凝土养护用水,包括饮用水、地表水、地下水、再生水、混凝土企业设备洗刷水和海水等。

1. 混凝土拌合用水

(1)混凝土拌合用水水质要求应符合表 3-27 的规定。对于设计使用年限为 100 年的结构混凝土,氯离子含量不得超过 500mg/L;对使用钢丝或经热处理钢筋的预应力混凝土,氯离子含量不得超过 350mg/L。

表 3-27　　　　　　　混凝土拌合用水水质要求

项　目	预应力混凝土	钢筋混凝土	素混凝土
pH 值	$\geqslant 5.0$	$\geqslant 4.5$	$\geqslant 4.5$
不溶物/(mg/L)	$\leqslant 2000$	$\leqslant 2000$	$\leqslant 5000$
可溶物/(mg/L)	$\leqslant 2000$	$\leqslant 5000$	$\leqslant 10000$
Cl^-/(mg/L)	$\leqslant 500$	$\leqslant 1000$	$\leqslant 3500$
SO_4^{2-}/(mg/L)	$\leqslant 600$	$\leqslant 2000$	$\leqslant 2700$
碱含量/(rag/L)	$\leqslant 1500$	$\leqslant 1500$	$\leqslant 1500$

注：碱含量用 $Na_2O+0.658K_2O$ 计算值来表示。采用非碱活性集料时，可不检验碱含量。

(2)混凝土拌合用水不应有漂浮明显的油脂和泡沫，不应有明显的颜色和异味。

(3)采用待检验水配制混凝土，被检验水样应符合下列规定：

1)被检验水样应与饮用水样进行水泥凝结时间对比试验。对比试验的水泥初凝时间差及终凝时间差均不应大于 30min；同时，初凝和终凝时间应符合《通用硅酸盐水泥》(GB 175)的规定。

2)被检验水样应与饮用水样进行水泥胶砂强度对比试验，被检验水样配制的水泥胶砂 3d 和 28d 强度不应低于用水配制的水泥胶砂 3d 和 28d 强度的 90%。

2. 混凝土养护用水

(1)混凝土养护用水可不检验不溶物和可溶物，其他应符合表 6-27 的要求。

(2)混凝土养护用水可不检验水泥凝结时间和水泥胶砂强度。

(3)地表水、地下水、再生水的放射性应符合《生活饮用水卫生标准》(GB 5749—2006)的规定。

三、普通混凝土配合比设计

混凝土配合比是指混凝土中各组成材料用量之间的比例关系。确定这种数量关系的工作，就称为混凝土配合比设计。混凝土配合比设计包括配合比的计算、试配和调整。

(一)混凝土配合比设计的基本要求

(1)满足结构物设计强度的要求。为保证结构物的可靠性，采用比设计强度高的试配强度。

(2)满足施工和易性的要求。按照结构物断面尺寸和形状、配筋疏密以及施工方法和设备来确定和易性。

(3)满足环境耐久性的要求。设计配合比时，根据结构物所处环境条件，考虑最大水灰比、最小水泥用量。

(4)满足经济性的要求。在满足工程质量的前提下,尽量节约水泥,合理使用材料,以降低成本。

(二)混凝土配合比的表示方法

混凝土配合比一般有两种表示法:一种是用 $1m^3$ 混凝土中胶凝材料、水、砂、石的实际用量表示,例如胶凝材料300kg,水180kg,砂660kg,石子1200kg;另一种是以各组成材料相互间的质量比来表示(以胶凝材料质量为1),将上例的质量换算成质量比为:胶凝材料:砂:石:水=1:2.20:4.00:0.60。

(三)配合比设计的方法与步骤

混凝土配合比设计的方法:首先,根据配合比设计的基本要求和原材料技术条件,利用混凝土强度经验公式和图表进行计算,得出"计算配合比";其次,通过试拌、检测,进行和易性调整,得出满足施工要求的"试拌配合比";再次,通过对水胶比微量调整,得出既满足设计强度又比较经济合理的"设计配合比";最后,根据现场砂、石的实际含水率,对试验室配合比进行修正,得出"施工配合比"。

1. 计算配合比的确定

(1)混凝土配制强度($f_{cu,0}$)的确定。为了使混凝土的强度保证率达到95%的要求,在进行配合比设计时,必须使混凝土的配制强度($f_{cu,0}$)高于设计强度($f_{cu,k}$)。《普通混凝土配合比设计规程》(JGJ 55—2011)要求,混凝土配制强度($f_{cu,0}$)按下列规定确定:

1)当混凝土的设计强度等级小于C60时,混凝土配制强度按下式计算:

$$f_{cu,0} \geqslant f_{cu,k} + 1.645\sigma \tag{3-1}$$

式中 $f_{cu,0}$——混凝土配制强度(MPa);

$f_{cu,k}$——混凝土设计强度等级值(MPa);

σ——混凝土强度标准差(MPa)。

2)当混凝土的设计强度等级不小于C60时,混凝土配制强度按下式计算:

$$f_{cu,0} \geqslant 1.15 f_{cu,k} \tag{3-2}$$

3)混凝土强度标准差(σ)的确定方法如下:

①当具有近1~3个月的同一品种、同一强度等级混凝土的强度资料时,σ按下式计算:

$$\sigma = \sqrt{\frac{\sum_{i=0}^{n} f_{cu,i}^2 - n\overline{f}_{cu}^2}{n-1}} \tag{3-3}$$

式中 n——试件组数($\geqslant 30$);

$f_{cu,i}^2$——第i组试件的抗压强度(MPa);

$\overline{f}_{cu}$——n组试件抗压强度的算术平均值(MPa)。

对于强度等级不大于C30的混凝土:当σ计算值不小于3.0MPa时,应按计算结果取值,当σ计算值小于3.0MPa时,σ应取3.0MPa;对于强度等级大于C30

且小于 C60 的混凝土：当 σ 计算值不小于 4.0MPa 时，应按计算结果取值，当 σ 计算值小于 4.0MPa 时，σ 应取 4.0MPa。

②当没有近期的同一品种、同一强度等级混凝土的强度资料时，σ 按表 3-28 取用。

表 3-28　　　　　　　　　混凝土 σ 取值

混凝土强度等级	≤C20	C25～C45	C50～C55
σ/MPa	4.0	5.0	6.0

(2) 水胶比的确定。

1) 当混凝土强度等级小于 C60 时，混凝土水胶比宜按下式计算：

$$W/B = \frac{\alpha_a f_b}{f_{cu,0} + \alpha_a \alpha_b f_b} \tag{3-4}$$

式中　α_a、α_b——回归系数，应根据工程所使用的水泥、骨料，通过试验建立的水胶比与混凝土强度关系式确定。当不具备试验统计资料时，回归系数可取：碎石，$\alpha_a=0.53$，$\alpha_b=0.20$；卵石，$\alpha_a=0.49$，$\alpha_b=0.13$；

　　　　$f_{cu,0}$——混凝土的试配强度(MPa)；

　　　　f_b——胶凝材料 28d 胶砂抗压强度实测值(MPa)；当无实测值时，f_b 可按下式确定：

$$f_b = \gamma_f \gamma_s f_{ce} \tag{3-5}$$

式中　γ_f、γ_s——粉煤灰影响系数和粒化高炉矿渣影响系数，按照表 3-29 选用；

表 3-29　　粉煤灰影响系数(γ_f)和粒化高炉矿渣粉影响系数(γ_s)

掺量/(%)	种类	粉煤灰影响系数 γ_f	粒化高炉矿渣粉影响系数 γ_s
0		1.00	1.00
10		0.85～0.95	1.00
20		0.75～0.85	0.95～1.00
30		0.65～0.75	0.90～1.00
40		0.55～0.65	0.80～0.90
50		—	0.70～0.85

注：1. 采用 Ⅰ 级、Ⅱ 级粉煤灰宜取上限值。
　　2. 采用 S75 级粒化高炉矿渣粉宜取下限值，采用 S95 级粒化高炉矿渣粉宜取上限值，采用 S105 级粒化高炉矿渣粉可取上限值加 0.05。
　　3. 当超出表中的掺量时，粉煤灰和粒化高炉矿渣粉影响系数应经试验确定。

第三章 常用建筑材料

f_{ce}——水泥 28d 胶砂抗压强度,无实测值时,可按下式计算:

$$f_{ce}=\gamma_c f_{ce,g} \qquad (3-6)$$

式中 $f_{ce,g}$——水泥强度等级值(MPa);

γ_c——水泥强度等级值的富余系数,按表 3-30 选取。

表 3-30　　　　　　　水泥强度等级值的富余系数

水泥强度等级值/MPa	32.5	42.5	52.5
富余系数/γ_c	1.12	1.16	1.10

(3)用水量和外加剂用量的确定。

1)每立方米塑性或干硬性混凝土的用水量(m_{w0})应符合下列规定:

①混凝土水胶比在 0.40~0.80 时,可按表 3-31 选取。

表 3-31　　　　　　　塑性和干硬性混凝土的单位用水量

拌合物稠度		卵石最大粒径/mm				碎石最大粒径/mm			
项目	指标	10	20	31.5	40	16	20	31.5	40
坍落度/mm	10~30	190	170	160	150	200	185	175	165
	35~50	200	180	170	160	210	195	185	175
	55~70	210	190	180	170	220	205	195	185
	75~90	215	195	185	175	230	215	205	195
维勃稠度/s	16~20	175	160	—	145	180	170	—	155
	11~15	180	165	—	150	185	175	—	160
	5~10	185	170	—	155	190	180	—	165

注:1. 本表用水量采用中砂的平均取值。采用细砂时,每立方米混凝土用水量可增加 5~10kg;采用粗砂时,则可减少 5~10kg。

2. 掺用矿物掺合料和外加剂时,用水量应相应调整。

②混凝土水胶比小于 0.40 时,应通过试验确定。

2)掺外加剂时,每立方米流动性或大流动性混凝土的用水量(m_{w0})可按下列公式确定:

$$m_{w0}=m'_{w0}(1-\beta) \qquad (3-7)$$

式中 m_{w0}——计算配合比每立方米混凝土的用水量(kg/m³);

m'_{w0}——未掺外加剂时推定的满足实际坍落度要求的每立方米混凝土的用水量(kg/m³),以表 3-31 中 90mm 坍落度的用水量为基础,按每增大 20mm 坍落度相应增加 5kg/m³ 用水量来计算,当坍落度增大到 180mm 以上时,随坍落度相应增加的用水量可减少;

β——外加剂的减水率(%),经混凝土试验确定。

3)每立方米混凝土中外加剂用量(m_{a0})应按下式计算:

$$m_{a0} = m_{b0}\beta_a \tag{3-8}$$

式中 m_{a0}——计算配合比每立方米混凝土中外加剂用量(kg/m^3);

m_{b0}——计算配合比每立方米混凝土中胶凝材料用量(kg/m^3);

β_a——外加剂掺量(%),经凝土试验确定。

(4)胶凝材料、矿物掺合料和水泥用量的确定。

1)每立方米混凝土的胶凝材料用量(m_{b0})按式(3-9)计算,并进行试拌调整,在拌合物性能满足的情况下,取经济合理有胶凝材料用量。

$$m_{b0} = \frac{m_{w0}}{W/B} \tag{3-9}$$

式中 m_{b0}——计算配合比每立方米混凝土中胶凝材料用量(kg/m^3);

m_{w0}——计算配合比每立方米混凝土的用水量(kg/m^3);

W/B——混凝土水胶比。

2)每立方米混凝土的矿物掺料用量(m_{f0})按下式计算:

$$m_{f0} = m_{b0}\beta_f \tag{3-10}$$

式中 m_{f0}——计算配合比每立方米混凝土中矿物掺合料用量(kg/m^3);

β_f——矿物掺合料掺量(%)。

3)每立方米混凝土的水泥用量(m_{c0})按下式计算:

$$m_{c0} = m_{b0} - m_{f0} \tag{3-11}$$

式中 m_{c0}——计算配合比每立方米混凝土中水泥用量(kg/m^3)。

(5)砂率的确定。砂率(β_s)应根据骨料的技术指标、混凝土拌合物性能和施工要求,参考既有历史资料确定。当缺乏砂率的历史资料时,混凝土砂率的确定应符合下列规定:

1)坍落度小于10mm的混凝土砂率,应经试验确定。

2)坍落度为10~60mm的混凝土砂率,可根据粗骨料种类、最大公称粒径及水胶比按表3-32选取。

3)坍落度大于60mm的混凝土砂率,可经试验确定,也可在表3-32的基础上,按坍落度每增大20mm,砂率增大1%的幅度予以调整。

表3-32   混凝土的砂率   (%)

水胶比(W/B)	卵石最大粒径/mm			碎石最大粒径/mm		
	10	20	40	10	20	40
0.40	26~32	25~31	24~30	30~35	29~34	27~32
0.50	30~35	29~34	28~33	33~38	32~37	30~35

第三章 常用建筑材料

续表

水胶比(W/B)	卵石最大粒径/mm			碎石最大粒径/mm		
	10	20	40	10	20	40
0.60	33～38	32～37	31～36	36～41	35～40	33～38
0.70	36～41	35～40	34～39	39～44	38～43	36～41

注：1. 本表数值是中砂的选用砂率，对细砂或粗砂，可相应地减少或增加砂率。
2. 采用人工砂配制混凝土时，砂率可适当增大。
3. 只用一个单粒粒级粗集料配制混凝土时，砂率应适当增大。

(6)粗、细骨料用量的确定。计算粗、细骨料用量有质量法和体积法两种方法。

1)质量法。即当采用质量法计算混凝土配合比时，粗、细骨料用量应按式(3-12)计算，砂率应按式(3-13)计算。

$$m_{f0}+m_{c0}+m_{g0}+m_{s0}+m_{w0}=m_{cp} \quad (3\text{-}12)$$

$$\beta_s=\frac{m_{s0}}{m_{g0}+m_{s0}}\times 100\% \quad (3\text{-}13)$$

式中 m_{g0}——计算配合比每立方米混凝土的粗骨料用量(kg/m³)；

m_{s0}——计算配合比每立方米混凝土的细骨料用量(kg/m³)；

β_s——砂率(%)；

m_{cp}——每立方米混凝土拌合物的假定质量(kg)，可取 2350～2450kg/m³。

2)当采用体积法计算混凝土配合比时，砂率应按公式(3-13)计算，粗、细骨料用量应按公式(3-14)计算：

$$\frac{m_{c0}}{\rho_c}+\frac{m_{f0}}{\rho_f}+\frac{m_{g0}}{\rho_g}+\frac{m_{s0}}{\rho_s}+\frac{m_{w0}}{\rho_w}+0.01\alpha=1 \quad (3\text{-}14)$$

式中 ρ_c——水泥密度(kg/m³)，可按现行国家标准《水泥密度测定方法》(GB/T 208—1994)测定，也可取 2900～3100kg/m³；

ρ_f——矿物掺合料密度(kg/m³)，可按现行国家标准《水泥密度测定方法》(GB/T 208—1994)测定；

ρ_g——粗骨料的表观密度(kg/m³)，应按现行行业标准《普通混凝土用砂、石质量及检验方法标准》(JGJ 52—2006)测定；

ρ_s——细骨料的表观密度(kg/m³)，应按现行行业标准《普通混凝土用砂、石质量及检验方法标准》(JGJ 52—2006)测定；

ρ_w——水的密度(kg/m³)，可取 1000kg/m³；

α——混凝土的含气量百分数，在不使用引气剂或引气型外加剂时，α 可取 1。

2. 检测和易性，确定试拌配合比

计算配合比是借助经验公式和数据计算或查阅经验资料得到的，不一定满足设计要求,必须进行试配和调整。通过试配和调整,达到施工和易性要求的配合比,即试拌配合比。

(1)试配拌合量。试配时,应称取实际工程中使用的材料,搅拌方法宜与施工采用的方法相同。每盘混凝土的最小搅拌量应符合表3-33的规定,并不应小于搅拌机公称容量的1/4且不应大于搅拌机公称容量。

表 3-33　　　　　　　　混凝土试配时的最小搅拌量

粗集料最大公称粒径/mm	≤31.5	40
拌合物数量/L	20	25

(2)调整和易性。根据试配拌合量,按计算配合比称取各组成材料进行试拌,搅拌均匀后测定其坍落度,并观察黏聚性和保水性。如果坍落度比设计值小,应保持水胶比不变,适当增加灰浆用量,对于普通混凝土每增加或减小10mm坍落度,约需增加或减少2%~5%的水泥浆;如果坍落度比设计值大,应保持砂率不变,调整砂石用量。随后再拌合均匀,重新测试,直至符合要求为止。根据调整后拌合物中的胶凝材料、粗骨料、细骨料、水的用量,提出试拌配合比。

3. 检验强度,确定设计配合比

经过和易性调整得出的试拌配合比,不一定满足强度要求,应进行强度检验。既满足设计强度又比较经济合理的配合比就称为设计配合比(试验室配合比)。

混凝土强度检验时,应至少采用三个不同的配合比:一个为试拌配合比,另外两个配合比的水胶比,较试拌配合比的水胶比分别增加和减少0.05,用水量与试拌配合比相同,砂率可分别增加或减少1%。

每个配合比至少应制作一组(3块)试件,标准养护28d,测其立方体抗压强度值。制作混凝土试件时,应检验拌合物的和易性与实测体积密度($\rho_{c,t}$),并以此结果代表这一配合比的混凝土拌合物的性能值。

根据测出的混凝土强度与相应的胶水比(B/W)关系,用作图法或计算法求出与混凝土配制强度($f_{cu,0}$)相对应的胶水比(m_B/m_w)。

(1)设计配合比的确定。按下列原则来确定$1m^3$混凝土的材料用量,即为设计配合比:

1)用水量(m_w)。取试拌配合比用水量,应在试拌配合比用水量的基础上,根据m_B/m_w进行调整确定。

2)胶凝材料用量(m_b)。以用水量乘以通过试验确定的、与配制强度相对应的胶水比得出。

3)粗、细骨料用量(m_g、m_s):根据用水量(m_w)和胶凝材料用量(m_b)进行调整确定。

(2)设计配合比的校正。当混凝土体积密度实测值($\rho_{c,t}$)与计算值($\rho_{c,c}$)之差

第三章 常用建筑材料

的绝对值不超过计算值的 2% 时，以上定出的配合比即为确定的设计配合比。当两者之差超过计算值的 2% 时，应将配合比中的各项材料用量均乘以校正系数（δ）后，才为确定的混凝土设计配合比。校正系数 δ 为：

$$\delta = \frac{\rho_{c,t}}{\rho_{c,c}} = \frac{\rho_{c,t}}{m_b + m_g + m_s + m_w} \tag{3-15}$$

4. 根据含水率，换算施工配合比

施工配合比是指根据施工现场骨料含水情况，对以干燥骨料为基准的"设计配合比"进行修正后得出的配合比。

假定工地上测出砂的含水率为 $a\%$、石子含水率为 $b\%$，则施工配合比（单位 kg）为：

胶凝材料（m'_b）：$m'_b = m_b$；

粗骨料（m'_g）：$m'_g = m_g(1 + b\%)$；

细骨料（m'_s）：$m'_s = m_s(1 + a\%)$；

水（m'_w）：$m'_w = m_w - m_g b\% - m_s a\%$。

第四节 建 筑 砂 浆

建筑砂浆是由胶结材料、细骨料和水经拌合而成。建筑砂浆常用的胶结材料是通用水泥、石灰、石膏等。在选用时，应根据使用环境、条件、用途等合理选择。细骨料经常采用干净的天然砂、石屑和矿渣屑等。为改善砂浆的和易性，还常在水泥砂浆中加入适量无机微细颗粒的掺和料，如石灰膏、磨细生石灰、消石灰粉、磨细粉煤灰等，或加少量有机塑化剂如泡沫剂。建筑砂浆用水与混凝土拌合水要求基本相同。

一、建筑砂浆的种类

常用建筑砂浆的品种见表 3-34。

表 3-34　　　　　　　　　常用建筑砂浆品种

序 号	品 种	说 明
1	砌筑砂浆	砌筑砂浆是指将砖、石、砌块等粘结成整个砌体的砂浆。砌筑砂浆应根据工程类别及砌体部位的设计要求选择砂浆的强度等级。一般建筑工程中办公楼、教学楼及多层商店等宜用 M2.5～M15 级砂浆，平房宿舍等多用 M2.5～M5 级砂浆，食堂、仓库、地下室及工业厂房等多用 M2.5～M15 级，检查井、雨水井、化粪池可用 M5 级砂浆。根据所需要的强度等级即可进行配合比设计，经过试配、调整、确定施工用的配合比。为保证砂浆的和易性和强度，砂浆中胶凝材料的总量一般为 350～420kg/m³

续表

序号	品种	说明
2	抹面砂浆	抹面砂浆是指用以涂在基层材料表面兼有保护基层和增加美观作用的砂浆。抹面砂浆用于砖墙的抹面，由于砖吸水性强，砂浆与基层和空气接触面大，水分失去快，宜使用石灰砂浆，石灰砂浆和易性和保水性良好，易于施工。有防水、防潮要求时，应用水泥砂浆
3	粉煤灰砂浆	粉煤灰砂浆是指掺入一定量粉煤灰的砂浆。粉煤灰砂浆按其组成可分为： (1)粉煤灰水泥砂浆：适用于内外墙抹面、踢脚、窗口、勒脚、磨石地面底层、墙体勾缝装修工程和各种墙体砌体工程。 (2)粉煤灰石砂浆：地面以上内墙的抹灰工程。 (3)粉煤灰水泥石灰砂浆：地面以上墙体的砌筑和抹灰工程
4	防水砂浆	防水砂浆是在普通砂浆中掺入一定量的防水剂，常用的防水剂有氯化物金属盐类防水剂和金属皂类防水剂等。 (1)氯化物金属盐类防水剂又称防水浆。主要有氯化钙、氯化铝和水配制而成的一种淡黄色液体。掺入量一般为水泥质量的3%～5%。可用于水池及其他建筑物。 (2)金属皂类防水剂又称避水浆，是用碳酸钠(或氢氧化钾)等碱金属化合物掺入氨水、硬脂酸和水配制而成的一种乳白色浆状液体。具有塑化作用，可降低水灰比，并能生成不溶性物质阻塞毛细管通道，掺量为水泥质量的3%左右

二、砌筑砂浆配合比设计

(一)现场配制砌筑砂浆配合比试配要求

现场配制砌筑砂浆是指由水泥、细骨料和水及根据需要加入的石灰、活性掺合料或外加剂在现场配制成的砂浆，分为水泥混合砂浆和水泥砂浆。

1. 砌筑砂浆配合比设计的基本要求

(1)砂浆的稠度和保水率应符合施工要求。

(2)砂浆拌合物的表观密度：水泥砂浆应不小于$1900kg/m^3$，水泥混合砂浆和预拌砌筑砂浆应不小于$1800kg/m^3$。

(3)砂浆的强度、耐久性应满足设计要求。

(4)在保证质量的前提下，应尽量节省水泥和掺合料，降低成本。

2. 现场配制水泥混合砂浆的配合比设计

(1)确定砂浆的试配强度($f_{m,0}$)。砂浆的试配强度$f_{m,0}$应按下式计算：

$$f_{m,0} = k f_2 \tag{3-16}$$

式中　$f_{m,0}$——砂浆试配强度，应精确至 0.1MPa；
　　　f_2——砂浆的强度等级，应精确至 0.1MPa；
　　　k——系数，按表 3-35 取值。

表 3-35　　　　　　砂浆强度标准差 σ 及 k 值

施工水平\强度等级	强度标准差 σ/MPa							系数 k
	M5	M7.5	M10	M15	M20	M25	M30	
优良	1.00	1.50	2.00	3.00	4.00	5.00	6.00	1.15
一般	1.25	1.88	2.50	3.75	5.00	6.25	7.50	1.20
较差	1.50	2.25	3.00	4.50	6.00	7.50	9.00	1.25

(2)标准差 σ 的确定应符合下列规定：

1)当有统计资料时，砂浆强度标准差应按下式计算：

$$\sigma = \sqrt{\frac{\sum_{i=1}^{n} f_{m,i}^2 - n\mu_{fm}^2}{n-1}} \tag{3-17}$$

式中　$f_{m,i}$——统计周期内同一品种砂浆第 i 组试件的强度(MPa)；
　　　μ_{fm}^2——统计周期内同一品种砂浆狀组试件强度的平均值(MPa)；
　　　n——统计周期内同一品种砂浆试件的总组数，$n \geqslant 25$。

2)当无统计资料时，砂浆强度标准差 σ 可按表 3-35 取值。

(3)确定砂浆的水泥用量(Q_c)。每立方米砂浆中的水泥用量按下式计算：

$$Q_c = 1000(f_{m,0} - \beta)/(\alpha \cdot f_{ce}) \tag{3-18}$$

式中　Q_c——每立方米砂浆的水泥用量，精确至 1kg；
　　　$\alpha、\beta$——砂浆的特征系数，取 $\alpha = 3.03$，$\beta = -15.09$；
　　　f_{ce}——水泥的实测强度，应精确至 0.1MPa。

在无法取得水泥实测强度值时，可按下式计算：

$$f_{ce} = \gamma_c \cdot f_{ce,k} \tag{3-19}$$

式中　$f_{ce,k}$——水泥强度等级值(MPa)；
　　　γ_c——水泥强度等级值的富余系数，宜按实际统计资料确定，无统计资料时可取 1.00。

(4)确定砂浆的石灰膏用量(Q_d)。每立方米砂浆中石灰膏用量按下式计算：

$$Q_d = Q_a - Q_c \qquad (3\text{-}20)$$

式中　Q_d——每立方米砂浆中石灰膏用量,应精确至 1kg,石灰膏使用时的稠度宜为 120mm±5mm;

　　　Q_a——每立方米砂浆中水泥和石灰膏总量,应精确至 1kg,可为 350kg/m³;

　　　Q_c——每立方米砂浆中水泥用量,应精确至 1kg。

(5)确定砂浆的砂子用量(Q_s)。每立方米砂浆中的砂用量,应按干燥状态砂(含水率小于 0.5%)的堆积密度值作为计算值(kg)。

(6)确定砂浆的用水量(Q_w)。每立方米砂浆中的用水量,可根据砂浆稠度等要求选用 210~310kg。混合砂浆中的用水量,不包括石灰膏中的水;当采用细砂或粗砂时,用水量分别取上限或下限;稠度小于 70mm 时,用水量可小于下限;施工现场气候炎热或干燥季节,可酌量增加用水量。

通过上述 6 个步骤,可获取水泥、石灰膏、砂和水的用量,得到初步配合比:

$$\text{水泥：石灰膏：砂：水} = Q_c : Q_d : Q_s : Q_w = 1 : \frac{Q_d}{Q_c} : \frac{Q_s}{Q_c} : \frac{Q_w}{Q_c}$$

3. 现场配制水泥砂浆的试配

现场配制水泥砂浆的试配应符合下列规定:

(1)水泥砂浆的材料用量可按表 3-36 选用。

表 3-36　　　　　每立方米水泥砂浆材料用量　　　　　(kg/m³)

强度等级	水泥	砂	用水量
M5	200~230	砂的堆积密度值	270~330
M7.5	230~260		
M10	260~290		
M15	290~330		
M20	340~400		
M25	360~410		
M30	430~480		

注:1. M15 及 M15 以下强度等级水泥砂浆,水泥强度等级为 32.5 级;M15 以上强度等级水泥砂浆,水泥强度等级为 42.5 级。

　　2. 当采用细砂或粗砂时,用水量分别取上限或下限。

　　3. 稠度小于 70mm 时,用水量可小于下限。

　　4. 施工现场气候火热或干燥自取季节,可酌量增加用水量。

(2)水泥粉煤灰砂浆材料用量可按表 3-37 选用。

第三章 常用建筑材料

表 3-37　　每立方米水泥粉煤灰砂浆材料用量　　(kg/m³)

强度等级	水泥和粉煤灰总量	粉煤灰	砂	用水量
M5	210~240	粉煤灰掺量可占胶凝材料总量的 15%~25%	砂的堆积密度值	270~330
M7.5	240~270			
M10	270~300			
M15	300~330			

注：1. 表中水泥强度等级为 32.5 级。
　　2. 当采用细砂或粗砂时,用水量分别取上限或下限。
　　3. 稠度小于 70mm 时,用水量可小于下限。
　　4. 施工现场气候火热或干燥季节,可酌量增加用水量。

(二)预拌砌筑砂浆的试配要求
(1)预拌砌筑砂浆应符合下列规定：
1)在确定湿拌砌筑砂浆稠度时应考虑砂浆在运输和储存过程中的稠度损失。
2)湿拌砌筑砂浆应根据凝结时间要求确定外加剂掺量。
3)干混砌筑砂浆应明确拌制时的加水范围。
4)预拌砌筑砂浆的搅拌、运输、储存等应符合现行行业标准《预拌砂浆》(JG/T 230—2007)的规定。
(2)预拌砌筑砂浆的试配应符合下列规定：
1)预拌砌筑砂浆生产前应进行试配,试配强度应按式(3-16)计算确定,试配时稠度取 70~80mm。
2)预拌砌筑砂浆中可掺入保水增稠材料、外加剂等,掺量应经试配后确定。
(三)砌筑砂浆配合比的试配、调整与确定
(1)试配拌合。试验所用原材料应与现场使用材料一致。按计算或查表所得配合比进行试拌,采用机械搅拌,搅拌的用量宜为搅拌机容量的 30%~70%,搅拌时间自开始加水算起,对于水泥砂浆和水泥混合砂浆不得少于 120s,对于预拌砌筑砂浆和掺有粉煤灰、外加剂、保水增稠材料等的砂浆不得少于 180s。
(2)检测和易性,确定基准配合比。按《建筑砂浆基本性能试验方法标准》(JGJ/T 70—2009)测定砂浆拌合物的稠度和保水率。当稠度和保水率不能满足要求时,应调整材料用量,直到符合要求为止,然后确定为试配时的砂浆基准配合比。
(3)复核强度,确定试配配合比。试配时至少采用三个不同的配合比,其中一个配合比采用试配基准配合比,其余两个配合比的水泥用量应按试配基准配合比分别增加及减少 10%。按《建筑砂浆基本性能试验方法标准》(JGJ/T 70—2009)分别测定不同配合比砂浆的表观密度(ρ_c)及强度;选定符合强度及和易性要求、水泥用量最低的配合比作为砂浆的试配配合比。

(4)数据校正,确定设计配合比。当砂浆的表观密度实测值(ρ_c)与理论(ρ_t)值之差的绝对值不超过理论值的2%时可将试配配合比确定为砂浆设计配合比;当超过2%时,应将试配配合比中每项材料用量乘以校正系数δ后,才为确定的砂浆设计配合比。校正系数δ为:

$$\delta = \frac{\rho_c}{\rho_t} = \frac{\rho_c}{Q_c + Q_d + Q_s + Q_w} \tag{3-21}$$

第五节 建筑钢材

一、热轧光圆钢筋

热轧光圆钢筋是指经热轧成型,横截面通常为圆形,表面光滑的成品钢筋。热轧光圆钢筋屈服强度特征值为300级。

热轧光圆钢筋牌号由HPB+屈服强度特征值组成,即:HPB300。HPB为热轧光圆钢筋的英文(Hot rolled Plain Bars)缩写。

1. 公称直径范围、横截面面积与理论重量

热轧光圆钢筋的公称直径范围为6~22mm,推荐的钢筋公称直径为6mm、8mm、10mm、12mm、16mm、20mm。热轧光圆钢筋的公称横截面面积与理论重量,见表3-38。

表3-38　　热轧光圆钢筋公称横截面面积与理论重量

公称直径/mm	公称横截面面积/mm²	理论重量/(kg/m)
6(6.5)	28.27(33.18)	0.222(0.260)
8	50.27	0.395
10	78.54	0.617
12	113.1	0.888
14	153.9	1.21
16	201.1	1.58
18	254.5	2.00
20	314.2	2.47
22	380.1	2.98

注:表中理论重量按密度为7.85g/cm²计算。公称直径6.5mm的产品为过渡性产品。

2. 力学性能

(1)热轧光圆钢筋的屈服强度R_{eL}、抗拉强度R_m、断后伸长率A,最大力总伸长率A_{gt}等力学性能特征值应符合表3-39的规定。表3-39所列各力学性能特征值,可作为交货检验的最小保证值。

第三章 常用建筑材料

表 3-39　　　　　　　　　钢筋的力学性能

牌号	R_{eL}	R_m	R_m	A_{gt}	冷弯试验180° d—弯芯直径 a—钢筋公称直径
	不小于				
HPB300	300	420	25.0	10.0	$d = a$

3. 表面质量

(1)钢筋应无有害的表面缺陷,按盘卷交货的钢筋应将头尾有害缺陷部分切除。

(2)试样可使用钢丝刷清理,清理后的重量、尺寸、横截面面积和拉伸性能满足本部分的要求,锈皮、表面不平整或氧化铁皮不作为拒收的理由。

(3)当带有上述"(2)"规定的缺陷以外的表面缺陷的试样不符合拉伸性能或弯曲性能要求时,则认为这些缺陷是有害的。

二、热轧带肋钢筋

热轧带肋钢筋是经热轧成型,横截面通常为圆形,且表面通常有两条纵肋和沿长度方向均匀分布横肋的钢筋,包括普通热轧钢筋和细晶粒热轧钢筋。普通热轧钢筋是指按热轧状态交货的钢筋,其金相组织主要是铁素体加珠光体,不得有影响使用性能的其他组织(如基圆上出现的回火马氏体组织)存在;细晶粒热轧钢筋是指在热轧过程中,通过控轧和控冷工艺形成的细晶粒钢筋,其金相组织主要是铁素体加珠光体,不得有影响使用性能的其他组织(如基圆上出现的回火马氏体组织)存在。热轧带肋钢筋按屈服强度特征值分为335、400、500级。

1. 钢筋牌号构成及含义

热轧带肋钢筋牌号构成及含义,见表 3-40。

表 3-40　　　　　　　　钢筋牌号构成及含义

类别	牌号	牌号构成	英文字母含义
普通热 轧钢筋	HRB335	由 HRB+屈服强度 特征值构成	HRB—热轧带肋钢筋的英文(Hot rolled Ribbed Bars)缩写
	HRB400		
	HRB500		
细晶粒热 轧钢筋	HRBF335	由 HRBF+屈服强度特征值构成	HRBF—在热轧带肋钢筋的英文缩写后加"细"的英文(Fine)首位字母
	HRBF400		
	HRBF500		

2. 公称直径范围、横截面面积与理论重量

热轧带肋钢筋的公称直径范围为 6~50mm,推荐的钢筋公称直径为 6mm、

8mm、10mm、12mm、16mm、20mm、25mm、32mm、40mm、50mm。热轧带肋钢筋的公称横截面面积与理论重量见表3-41。

表3-41　　　　热轧带肋钢筋公称横截面面积与理论重量

公称直径/mm	公称横截面面积/mm²	理论重量/(kg/m)
6	28.27	0.222
8	50.27	0.395
10	78.54	0.617
12	113.1	0.888
14	153.9	1.21
16	201.1	1.58
18	254.5	2.00
20	314.2	2.47
22	380.1	2.98
25	490.9	3.85
28	615.8	4.83
32	804.2	6.31
36	1018	7.99
40	1257	9.87
50	1964	15.42

3. 力学性能

热轧带肋钢筋的技术性能要求见表3-42。

表3-42　　　　热轧带肋钢筋的技术性能指标

牌号	化学成分/(%)≤						公称直径/mm	屈服强度 R_{eL}/MPa	抗拉强度 R_m/MPa	断后伸长率 A/(%)	最大力伸长率 A_{gt}	弯芯直径 d
	C	Si	Mn	Ceq	P	S						
	不大于							不小于				
HRB335 HRBF335	0.25	0.80	1.60	0.52	0.045	0.045	6~25	335	455	17	7.5	3d
							28~40					4d
							>40~50					5d
HRB400 HRBF400	0.25	0.80	1.60	0.54	0.045	0.045	6~25	400	540	16	7.5	4d
							28~40					5d
							>40~50					6d
HRB500 HRBF500	0.25	0.80	1.60	0.55	0.045	0.045	6~25	500	630	15	7.5	6d
							28~40					7d
							>40~50					8d

第三章 常用建筑材料

4. 表面质量

(1)钢筋应无有害的表面缺陷。

(2)只要经钢丝刷刷过的试样的重量、尺寸、横截面面积和拉伸性能不低于规定的要求,锈皮、表面不平整或氧化铁皮不作为拒收的理由。

(3)当带有上述"(2)"规定的缺陷以外的表面缺陷的试样不符合拉伸性能或弯曲性能要求时,则认为这些缺陷是有害的。

三、余热处理钢筋

余热处理钢筋是热轧后立即穿水,进行表面控制冷却,然后芯部余热自身完成回火处理所得的成品钢筋。余热处理钢筋的性能均匀,晶粒细小,在保证良好塑性、焊接性能的条件下,屈服点约提高10%,用作钢筋混凝土结构的非预应力钢筋、箍筋、构造钢筋,可节约材料并提高构件的安全可靠性。余热处理带肋钢筋的强度等级代号为KL400(其中"K"表示"控制")。

1. 公称直径范围、横截面面积与理论重量

余热处理钢筋的公称直径范围为8~40mm,推荐的钢筋公称直径为8mm、10mm、12mm、16mm、20mm、25mm、32mm和40mm。余热处理钢筋的公称横截面面积与公称重量见表3-43。

表3-43 余热处理钢筋的公称横截面面积与公称重量

公称直径/mm	公称横截面面积/mm²	公称重量/(kg/m)
8	50.27	0.395
10	78.54	0.617
12	113.1	0.888
14	153.9	1.21
16	201.1	1.58
18	254.5	2.00
20	314.2	2.47
22	380.1	2.98
25	490.9	3.85
26	615.8	4.83
32	804.2	6.31
36	1018	7.99
40	1257	9.87

2. 力学性能及工艺性能

余热处理钢筋的力学性能工艺性能应符合表3-44的规定。当冷弯试验时,受弯曲部位外表面不得产生裂纹。

表 3-44　　　　　　余热处理钢筋力学性能和工艺性能

表面形状	强度等级代号	公称直径 /mm	屈服点 σ_s/MPa	抗拉强度 σ_b/MPa	伸长率 δ_5/(%)	冷弯 d—弯芯直径 a—钢筋公称直径
			不小于			
月牙肋	KL400	8～25 28～40	440	600	14	90° $d=3a$ 90° $d=4a$

3. 表面质量

根据规定应按批检查余热处理钢筋的外观质量。钢筋表面不得有裂纹、结疤和折叠。钢筋表面允许有凸块,但不得超过横肋的高度,钢筋表面上其他缺陷的深度和高度不得大于所在部位尺寸的允许偏差。

四、冷轧带肋钢筋

冷轧带肋钢筋是指热轧圆盘条经冷轧后,在其表面带有沿长度方向均匀分布的三面或两面横肋的钢筋。冷轧带肋钢筋的牌号由 CRB 和钢筋的抗拉强度最小值构成。C、R、B 分别为冷轧(Cold Rolled)、带肋(Ribbed)、钢筋(Bar)三个词的英文首位字母。冷轧带肋钢筋分为 CRB550、CRB650、CRB800、CRB970 四个牌号。CRB550 为普通钢筋混凝土用钢筋,其他牌号为预应力混凝土用钢筋。CRB550 钢筋的公称直径范围为 4～12mm。CRB650 及以上牌号钢筋的公称直径为 4mm、5mm、6mm。

1. 力学性能和工艺性能

(1)钢筋的力学性能和工艺性能应符合表 3-45 的规定。当进行弯曲试验时,受弯曲部位表面不得产生裂纹。反复弯曲试验的弯曲半径应符合表 3-46 的规定。

表 3-45　　　　　　冷轧带肋钢筋力学性能和工艺性能

牌号	$R_{p0.2}$/MPa $\geq$	R_m/MPa $\geq$	伸长率/(%) $\geq$		弯曲试验 180°	反复弯曲次数	应力松弛初始应力应相当于公称抗拉强度的70% 1000h 松弛率 /(%) $\leq$
			$A_{11.3}$	A_{100}			
CRB550	500	550	8.0	—	$D=3d$	—	—
CRB650	585	650	—	4.0		3	8
CRB800	720	800	—	4.0		3	8
CRB970	875	970	—	4.0		3	8

表 3-46　　　　冷轧带肋钢筋反复弯曲试验的弯曲半径　　　　（mm）

钢筋公称直径	4	5	6
弯曲半径	10	15	15

(2) 钢筋的强屈比 $R_m/R_{0.2}$ 比值应不小于 1.03，经供需双方协议可用 $A_g \geqslant 2.0\%$ 代替 A。

(3) 供方在保证 1000h 松弛率合格基础上，允许使用推算法确定 1000h 松弛。

2. 表面质量

(1) 钢筋表面不得有裂纹、折叠、结疤、油污及其他影响使用的缺陷。

(2) 钢筋表面可有浮锈，但不得有锈皮及目视可见的麻坑等腐蚀现象。

五、冷轧扭钢筋

冷轧扭钢筋是低碳钢热轧圆盘条经专用钢筋冷轧扭机调直、冷轧并冷扭（或冷滚）一次成型具有规定截面形式和相应节距的连续螺旋状钢筋。冷轧扭钢筋按其截面形状不同分为三种类型：近似矩截面为Ⅰ型，近似正方形截面为Ⅱ型，近似圆形截面为Ⅲ型。冷轧扭钢筋按其强度级别不同分为两级：550 级、650 级。

冷轧扭钢筋的标记由产品名称代号（CTB）、强度级别代号（550、650）、标志代号（ϕ^t）、主参数代号以及类型代号组成。如冷轧扭钢筋 550 级Ⅱ型，标志直径 10mm，标记为：CTB550ϕ^t10—Ⅱ。

1. 公称横截面面积和理论质量

冷轧扭钢筋的公称横截面面积和理论质量见表 3-47。

表 3-47　　　　冷轧扭钢筋公称横截面面积和理论质量

强度级别	型号	标志直径 d/mm	公称横截面面积 A_s/mm²	理论质量 /(kg/m)
CTB550		6.5	29.50	0.232
		8	45.30	0.356
		10	68.30	0.536
		12	96.14	0.755
		6.5	29.20	0.229
		8	42.30	0.332
		10	66.10	0.519
		12	92.74	0.728
		6.5	29.86	0.234
		8	45.24	0.355
		10	70.69	0.555
CTB650		6.5	28.20	0.221
		8	42.73	0.335
		10	66.76	0.524

2. 力学性能与工艺性能

冷轧扭钢筋力学性能和工艺性能应符合表 3-48 的规定。

表 3-48　　　　　冷轧扭钢筋力学性能和工艺性能指标

强度级别	型号	抗拉强度 σ_b /(N/mm²),$\geqslant$	伸长率 A /(%)	180°弯曲试验 (弯心直径=3d)	应力松弛率/(%) (当 $\sigma_{con}=0.7f_{ptk}$)	
					10h	1000h
CTB550		550	$A_{11.3}\geqslant 4.5$	受弯曲部位钢筋表面不得产生裂纹	—	—
		550	$A\geqslant 10$		—	—
		550	$A\geqslant 12$		—	—
CTB650		$\geqslant 650$	$A_{100}\geqslant 4$		$\leqslant 5$	$\leqslant 8$

注:1. d 为冷轧扭钢筋标志直径。

2. A、$A_{11.3}$ 分别表示以标距 $5.65\sqrt{S_0}$ 或 $11.3\sqrt{S_0}$（S_0 为试样原始截面面积）的试样拉断伸长率，A_{100} 表示标距为 100mm 的试样拉断伸长率。

3. σ_{con} 为预应力钢筋张拉控制应力；f_{ptk} 为预应力冷轧扭钢筋抗拉强度标准值。

3. 外观

冷轧扭钢筋表面不应有影响钢筋力学性能的裂纹、折叠、结疤、机械损伤或其他影响使用的缺陷。

六、预应力混凝土用钢丝

1. 分类

预应力混凝土用钢丝的分类见表 3-49。

表 3-49　　　　　预应力混凝土用钢丝分类

分类方法	名　　称	
加工状态	冷拉钢丝(WCD)	
	消除应力钢丝	低松弛级钢丝(WLR)
		普通松弛级钢丝(WNR)
外形	光圆钢丝(P)	
	螺旋肋钢丝(H)	
	刻痕钢丝(I)	

2. 力学性能

冷拉钢丝、消除应力光圆及螺旋肋钢丝、消除应力刻痕钢丝的力学性能见表 3-50～表 3-52。

表 3-50　　　　　　　　　　冷拉钢丝的力学性能

公称直径 d_n /mm	抗拉强度 σ_b/MPa 不小于	规定非比例伸长应力 $\sigma_{P0.2}$/MPa 不小于	最大力下总伸长率(L_0=200mm) δ_{gt}/(%) 不小于	弯曲次数 (次/180°) 不小于	弯曲半径 R/mm	断面收缩率 ψ /(%) 不小于	每210mm扭矩的扭转次数 n 不小于	初始应力相当于70%公称抗拉强度时，1000h后应力松弛率 r/(%)不大于
3.00	1470	1100	1.5	4	7.5	—	—	8
4.00	1570	1180		4	10	35	8	
	1670	1250		4	15		8	
5.00	1770	1330		5	15		7	
6.00	1470	1100		5	20	30	6	
7.00	1570	1180		5	20		5	
	1670	1250						
8.00	1770	1330						

表 3-51　　　消除应力光圆及螺旋肋钢丝的力学性能

公称直径 d_n /mm	抗拉强度 σ_b/MPa 不小于	规定非比例伸长应力 $\sigma_{P0.2}$/MPa 不小于		最大力下总伸长率 (L_0=200mm) δ_{gt}/(%) 不小于	弯曲次数 (次/180°) 不小于	弯曲半径 R/mm	应力松弛性能		
							初始应力相当于公称抗拉强度的百分数/(%)	1000h后应力松弛率 r/(%)不大于	
		WLR	WNR				对所有规格	WLR	WNR
4.00	1470	1290	1250	3.5	3	10	60	1.0	4.5
	1570	1380	1330						
4.80	1670	1470	1410		4	15			
5.00	1770	1560	1500						
	1860	1640	1580						
6.00	1470	1290	1250		4	15	70	2.0	8
6.25	1570	1380	1330		4	20			
	1670	1470	1410		4	20			
7.00	1770	1560	1500		4	20			
8.00	1470	1290	1250		4	25	80	4.5	12
9.00	1570	1380	1330		4	25			
10.00	1470	1290	1250		4	30			
12.00									

表 3-52　　　　　　消除应力的刻痕钢丝的力学性能

公称直径 d_n /mm	抗拉强度 σ_b/MPa 不小于	规定非比例伸长应力 $\sigma_{P0.2}$/MPa 不小于		最大力下总伸长率 (L_0=200mm) δ_{gt}/% 不小于	弯曲次数 (次/180°) 不小于	弯曲半径 R/mm	应力松弛性能		
							初始应力相当于公称抗拉强度的百分数/(%)	1000h 后应力松弛率 r/(%)不大于	
		WLR	WNR					WLR	WNR
							对所有规格		
≤5.0	1470	1290	1250	3.5	3	15	60	1.5	4.5
	1570	1380	1330						
	1670	1470	1410						
	1770	1560	1500						
	1860	1640	1580				70	2.5	8
>5.0	1470	1290	1250			20	80	4.5	12
	1570	1380	1330						
	1670	1470	1410						
	1770	1560	1500						

3. 表面质量

(1)钢丝表面不得有裂纹和油污,也不允许有影响使用的拉痕、机械损伤等。

(2)除非供需双方另有协议,否则钢丝表面只要没有目视可见的锈蚀麻点,表面浮锈不应作为拒收的理由。

(3)消除应力的钢丝表面允许存在回火颜色。

七、预应力混凝土用钢绞线

预应力混凝土用钢绞线一般是用 2 根、3 根或 7 根 2.5~5.0mm 的冷拉碳素钢丝在绞线机上绞捻后经一定热处理而制成。

工程中用得最多的是由 6 根钢丝围绕着一根芯丝顺一个方向扭结而成的 7 股钢绞线。芯丝直径常比外围钢丝直径大 5%~7%,使各根钢丝紧密接触,钢丝的扭矩一般为(12~16)d。

7 股钢绞线由于面积较大,比较柔软,操作方便,既适用于先张法又适用于后张法施工,目前已成为应用最广的一种预应力钢材。它既可以在先张法预应力混凝土中使用,也可用于后张法有粘结和无粘结工艺。

1. 力学性能

预应力混凝土用钢绞线力学性能见表 3-53~表 3-55。

表 3-53　　1×2 结构钢绞线力学性能

钢绞线结构	钢绞线公称直径 D_n/mm	抗拉强度 R_m/MPa 不小于	整根钢绞线的最大力 F_m/kN 不小于	规定非比例延伸力 $F_{p0.2}$/kN 不小于	最大力总伸长率($L_0 \geq$ 400mm) A_{gt}/(%) 不小于	应力松弛性能	
						初始负荷相当于公称最大力的百分数/(%)	1000h 后应力松弛率 r/(%) 不大于
1×2	5.00	1570	15.4	13.9	对所有规格	对所有规格	对所有规格
		1720	16.9	15.2			
		1860	18.3	16.5			
		1960	19.2	17.3			
	5.80	1570	20.7	18.6			
		1720	22.7	20.4			
		1860	24.6	22.1			
		1960	25.9	23.3			
	8.00	1470	36.9	33.2			
		1570	39.4	35.5			
		1720	43.2	38.9			
		1860	46.7	42.0			
		1960	49.2	44.3			
	10.00	1470	57.8	52.0	3.5	60	1.0
		1570	61.7	55.5		70	2.5
		1720	67.6	60.8			
		1860	73.1	65.8		80	4.5
		1960	77.0	69.3			
	12.00	1470	83.1	74.8			
		1570	88.7	79.8			
		1720	97.2	87.5			
		1860	105	94.5			

注：规定非比例延伸力 $F_{p0.2}$ 值不小于整根钢绞线公称最大力 F_m 的 90%。

表 3-54　　　　　　　　1×3 结构钢绞线力学性能

钢绞线结构	钢绞线公称直径 D_n /mm	抗拉强度 R_m /MPa 不小于	整根钢绞线的最大力 F_m/kN 不小于	规定非比例延伸力 $F_{p0.2}$/kN 不小于	最大力总伸长率 ($L_0 \geq$ 400mm) A_{gt}/(%) 不小于	应力松弛性能 初始负荷相当于公称最大力的百分数/(%)	应力松弛性能 1000h 后应力松弛率 r/(%) 不大于
1×3	6.20	1570	31.1	28.0	对所有规格	对所有规格	对所有规格
		1720	34.1	30.7			
		1860	36.8	33.1			
		1960	38.8	34.9			
	6.50	1570	33.3	30.0			
		1720	36.5	32.9			
		1860	39.4	35.5			
		1960	41.6	37.4			
	8.60	1470	55.4	49.9			
		1570	59.2	53.3			
		1720	64.8	58.3			
		1860	70.1	63.1		60	1.0
		1960	73.9	66.5			
	8.74	1570	60.6	54.5			
		1670	64.5	58.1			
		1860	71.8	64.6			
	10.80	1470	86.6	77.9	3.5	70	2.5
		1570	92.5	83.3			
		1720	101	90.9			
		1860	110	99.0			
		1960	115	104			
	12.90	1470	125	113			
		1570	133	120			
		1720	146	131			
		1860	158	142		80	4.5
		1960	166	149			
1×3I	8.74	1570	60.6	54.5			
		1670	64.5	58.1			
		1860	71.8	64.6			

注：规定非比例延伸力 $F_{p0.2}$ 值不小于整根钢绞线公称最大力 F_m 的 90%。

表 3-55　　1×7 结构钢绞线力学性能

钢绞线结构	钢绞线公称直径 D_n /mm	抗拉强度 R_m /MPa 不小于	整根钢绞线的最大力 F_m /kN 不小于	规定非比例延伸力 $F_{p0.2}$ /kN 不小于	最大力总伸长率 ($L_0 \geq$ 400mm) A_{gt}/(%) 不小于	应力松弛性能 初始负荷相当于公称最大力的百分数/(%)	应力松弛性能 1000h 后应力松弛率 r/(%) 不大于
1×7	9.50	1720	94.3	84.9	对所有规格	对所有规格	对所有规格
	9.50	1860	102	91.8			
	9.50	1960	107	96.3			
	11.10	1720	128	115		60	1.0
	11.10	1860	138	124			
	11.10	1960	145	131			
	12.70	1720	170	153			
	12.70	1860	184	166	3.5	70	2.5
	12.70	1960	193	174			
	15.20	1470	206	185			
	15.20	1570	220	198			
	15.20	1670	234	211			
	15.20	1720	241	217			
	15.20	1860	260	234		80	4.5
	15.20	1960	274	247			
	15.70	1770	266	239			
	15.70	1860	279	251			
	17.80	1720	327	294			
	17.80	1860	353	318			
	21.60	1770	504	454			
	21.60	1860	530	477			
1×7C	12.70	1860	208	187			
	15.20	1820	300	270			
	18.00	1720	384	346			

注：规定非比例延伸力 $F_{p0.2}$ 值不小于整根钢绞线公称最大力 F_m 的 90%。

2. 表面质量

(1)除非需方有特殊要求,钢绞线表面不得有油、润滑脂等物质。钢绞线允许有轻微的浮锈,但不得有目视可见的锈蚀麻坑。

(2)钢绞线表面允许存在回火颜色。

第四章 建筑构造

第一节 民用建筑构造

一、概述

1. 建筑物的分类

(1)按建筑物的使用性质分。

1)民用建筑。供人们居住、生活、工作和从事文化、商业、医疗、交通等公共活动的房屋。包括居住建筑和公共建筑。

2)工业建筑。供人们从事各类生产的房屋。包括生产用房屋和辅助用房屋。

3)农用建筑。供人们从事农牧业的种植、养殖、畜牧、贮存等用途的房屋。

(2)按建筑物的结构类型分。结构类型是根据承重构件所用材料与制作方式、传力方法的不同而划分的,一般分为以下几种:

1)砌体结构。这种结构的竖向承重构件是采用黏土多孔砖或承重钢筋混凝土小砌块等砌筑的墙体,水平承重构件为钢筋混凝土楼板及屋顶板。这种结构一般用于多层建筑中。

2)框架结构。这种结构的承重部分是由钢筋混凝土或钢材制作的梁、板、柱形成骨架,墙体只起围护和分隔作用。这种结构可以用于多层和高层建筑中。

3)钢筋混凝土板墙结构。这种结构的竖向承重构件和水平承重构件均采用钢筋混凝土制作,施工时可以在现场浇注或在加工厂预制,现场吊装。这种结构可以用于多层和高层建筑中。

4)特种结构。这种结构又称为空间结构。它包括悬索、网架、拱、壳体等结构形式。这种结构多用于大跨度的公共建筑中。

(3)按建筑物的施工方法分。施工方法是指建筑房屋所采用的方法,它分为以下几种:

1)现浇、现砌式。这种施工方法是指主要构件均在施工现场砌筑(如砖墙等)或浇注(如钢筋混凝土构件等)。

2)预制、装配式。这种施工方法是指主要构件在加工厂预制,施工现场进行装配。

3)部分现浇现砌、部分装配式。这种施工方法是一部分构件在现场浇注或砌筑(大多为竖向构件),一部分构件为预制吊装(大多为水平构件)。

2. 影响房屋构造的主要因素

(1)外力作用的影响。房屋结构上的作用,是指使结构产生效应(结构或构件的内力、位移、应变、裂缝等)的各种原因的总称,包括直接作用和间接作用。

(2)各种人为因素的影响。人们所从事的生产、工作、学习与生活活动,也将产生对房屋的影响。如机械振动、化学腐蚀、噪声、爆炸和火灾等,就是人为因素的影响。为了防止这些影响造成危害,房屋的相应部位要采取防震、耐腐蚀、隔声、防爆、防火等构造措施。

(3)自然界的其他影响。房屋在自然界中要经受日晒、雨淋、冰冻、地下水的侵蚀等影响,因而房屋的相关部位要采取保温、隔热、防水等构造措施。

3. 民用建筑物构造组成

一栋民用建筑,一般是由基础、墙或柱、楼地层(楼板与楼地面)、楼梯、屋顶和门窗等六大部分组成,如图 4-1 所示。它们各自在不同的部位,发挥着各自的作用。

在这些建筑物的基本组成中,基础、墙和柱、楼板、屋顶等是建筑物的主要组成部分,门窗、楼梯、地面等是建筑物的附属部分。

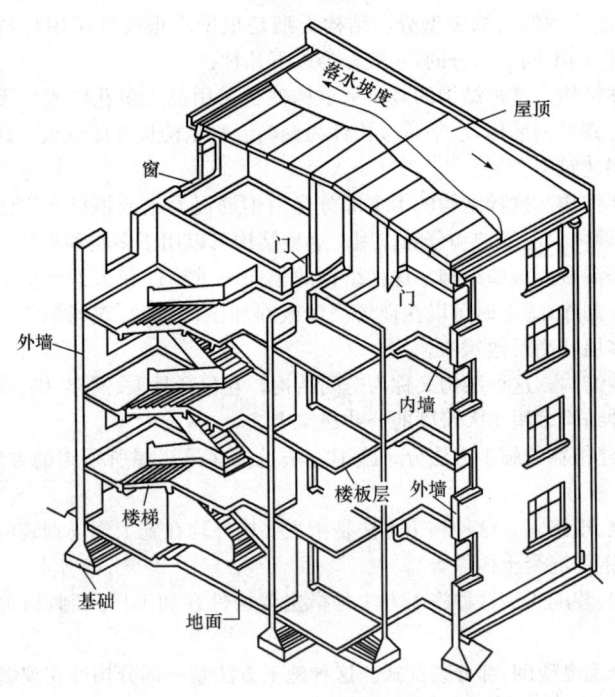

图 4-1 建筑物的组成

二、基础

1. 地基种类

建筑物埋置在土层中的那部分承重结构称为基础,而支承基础传来荷载的土(岩)层称为地基。工程中用做地基的土壤有:砂土、黏土、碎石土、杂填土及岩石。土壤分为四类,其中一、二类土合并为普通土;岩石分为两类:普通岩和坚硬岩。

地基分为天然地基和人工地基两大类。应用自然土层做地基的称天然地基;经过人工加固处理的地基称人工地基,常用的人工地基有:压实地基、换土地基和桩基。

2. 基础构造

如图 4-2 所示为是砖基础的构造,它由下列五部分组成:

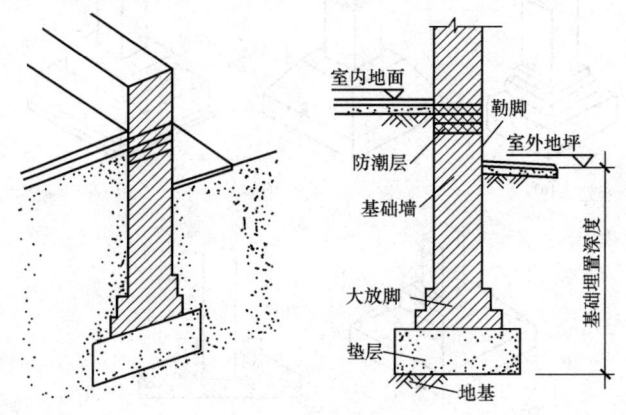

图 4-2　砖基础的构造

(1)垫层。垫层在基础的最下部,直接与地基接触。常见的垫层有灰土(二八灰土或三七灰土),碎砖三合土及素混凝土。

(2)大放脚。大放脚是指基础下部逐级放大的台阶部分。大放脚分为等高式大放脚和间隔式大放脚两种。前者的砌法为二皮一收;后者为二一间收即二皮一收与一皮一收相间隔。每次收进宽度均为 1/4 砖长。

(3)防潮层。为防止地下水或室外地面水对墙及室内的浸入而设置的一道防水处理层。防潮层的位置一般设在室内地面以下一皮砖处(并在地面层厚度之内,室外地坪以上)。

(4)基础墙。从构造上讲,大放脚顶面至防潮层为基础墙;在预算定额中的工程量计算上,一般以室内地坪±0.000 为上界,上界以下为基础。

(5)勒脚。勒脚是外墙接近室外地面部位的加固构造层。常用做法有:贴面类、铺砌类及抹灰类三种。

3. 常用基础种类

(1)按基础的材料可分为砖基础、灰土基础、三合土基础、混凝土基础及钢筋混凝土基础。

(2)按其构造特点可分为条形基础、独立基础、整片基础和桩基础。

1)条形基础。条形基础呈连续的带状,所以也称带形基础。多边形基础一般用于砖混结构的承重墙下,通常用砖、毛石、混凝土或钢筋混凝土砌筑,如图4-2所示。

2)独立基础。独立基础也称单独基础或点式基础,这是柱下基础的主要形式,基础呈台阶形或台锥形或杯形,底面可为方形、矩形或圆形,图4-3所示是常见的几种独立基础。

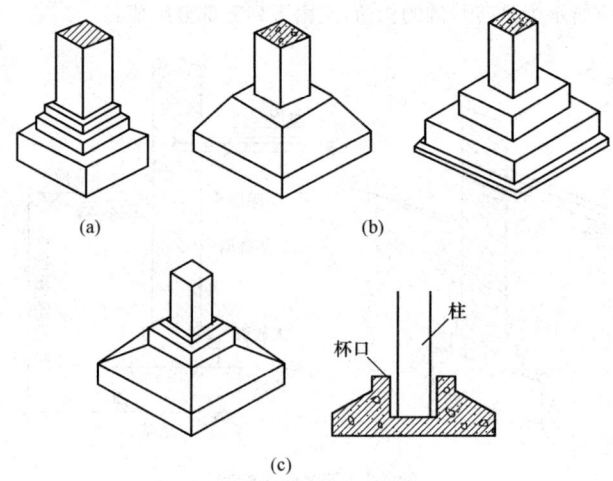

图 4-3 独立基础
(a)砖柱;(b)现浇钢筋混凝土柱基础;(c)杯形基础

3)整片基础。整片基础包括筏形基础和箱形基础。

①筏形基础。筏形基础又称满堂式基础或板式基础,适用于上部结构荷载较大、地基承载力差的情况,如图4-4所示。筏形基础一般分柱下筏基(框架结构下的筏基)和墙下筏基(承重墙结构下的筏基)两类。

②箱形基础。箱形基础是由顶板、底板和纵横隔墙所组成的连续整体式基础,用于高层或超高层建筑,其内部空间可用作地下室、仓库或车库等,构造形式如图4-5所示。

4)桩基础。当建筑物荷载很大,地基的软弱土层又较厚时,常用桩基础。桩基础由若干根桩和承台组成。按桩的受力状态可分为端承桩和摩擦桩两类,如图4-6所示。

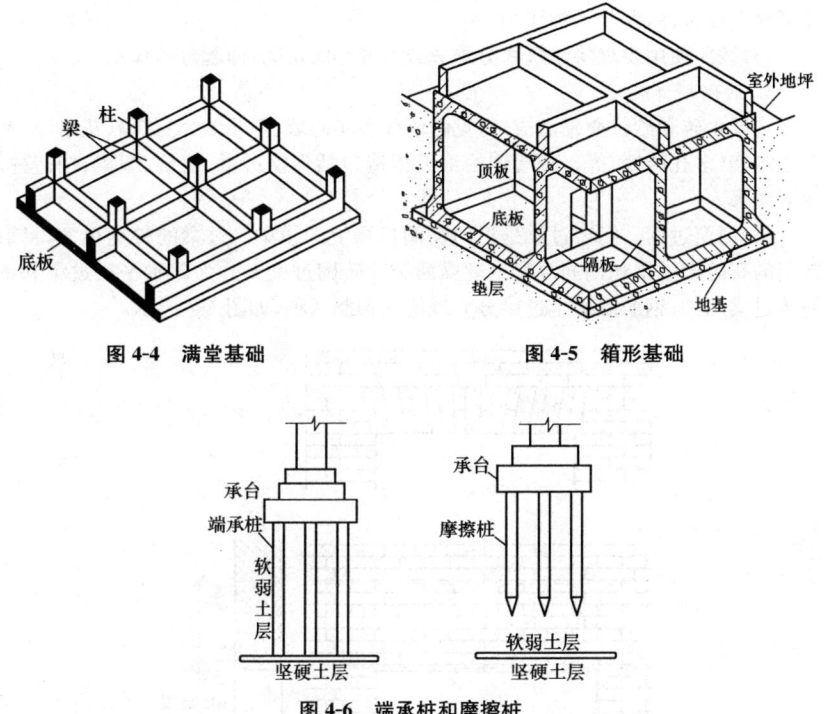

图 4-4 满堂基础   图 4-5 箱形基础

图 4-6 端承桩和摩擦桩

三、墙体

1. 墙体种类

墙是建筑物的重要组成部分,其种类很多。按其位置不同,有外墙和内墙之分,凡位于房屋四周的墙称为外墙,其中在房屋两端的墙称山墙,与屋檐平行的墙称檐墙。凡位于房屋内部的墙称内墙。另外,与房屋长轴方向一致的墙称纵墙,与房屋短轴方向一致的墙称横墙。

(1)按其受力情况,墙可分为承重墙和非承重墙,非承重墙不承受上部传来的荷载,包括自承重墙、框架墙和隔墙。

(2)按墙体所用材料可分为砖墙、石墙、砌块墙、混凝土墙及板材墙等。

(3)按墙体的厚度分,常用的有 490(二砖)墙,370(一砖半)墙,240(一砖)墙,180(一平一立)墙,120(半砖)墙和 60(1/4 砖)墙。

2. 墙体作用

民用建筑中墙体作用一般有以下三种:

(1)承受屋顶、楼盖等构件传下来的垂直荷载及风力和地震作用,即起承重作用。

(2)防止风、雪、雨的侵袭,保温、隔热、隔声、防火、保证房间内有良好的生活环境和工作条件,即起围护作用。

(3)按照使用要求将建筑物分隔成或大或小的房间,即起分隔作用。

3. 砖砌墙体构造

砖墙由砖和砂浆叠砌而成,常见的墙体有实心墙、空斗墙、空花墙(花格墙)和空心砖墙(多孔砖墙)等。砖墙体的细部构造包括门窗过梁、窗台、圈梁、构造柱、变形缝等。

(1)门窗过梁。门窗过梁是指门窗洞口顶上的横梁。过梁的种类很多,目前常用的有砖砌过梁和钢筋混凝土过梁两类。砖砌过梁又分为砖砌平拱过梁和钢筋砖过梁两种;钢筋混凝土过梁分为现浇和预制两种,如图 4-7 所示。

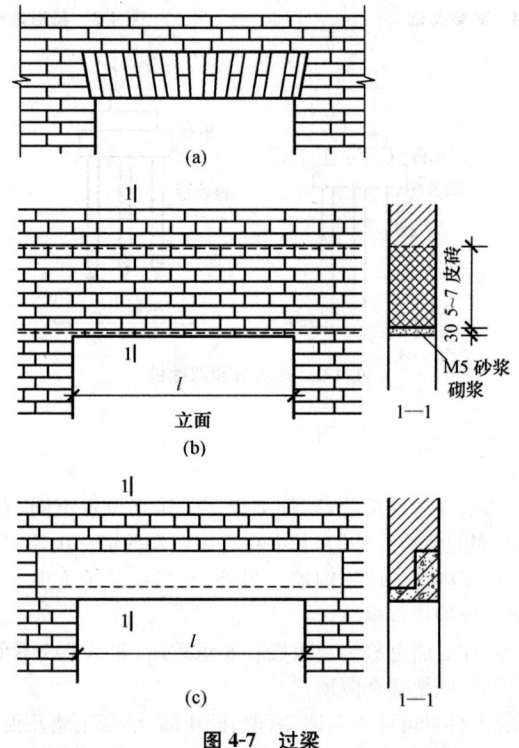

图 4-7 过梁
(a)砖砌平拱过梁;(b)钢筋砖过梁;(c)钢筋混凝土过梁

(2)窗台。窗台是窗洞下部的排水构造,分室外窗台和室内窗台,按所用材料不同,有砖砌窗台和预制钢筋混凝土窗台两种。图 4-8 所示是几种窗台的构造。

(3)圈梁。圈梁是沿房屋周边外墙及部分内墙设置的连续封闭的梁。圈梁一般有钢筋砖圈梁和钢筋混凝土圈梁两种,如图 4-9 所示。

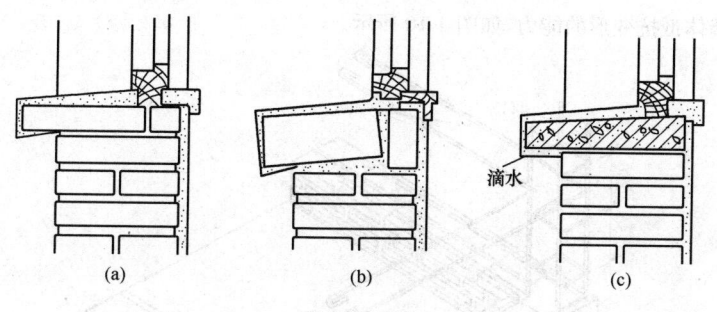

图 4-8 窗台
(a)平砌外窗台;(b)侧砌外窗台,木内窗台;(c)预制钢筋混凝土窗台,抹灰内窗台

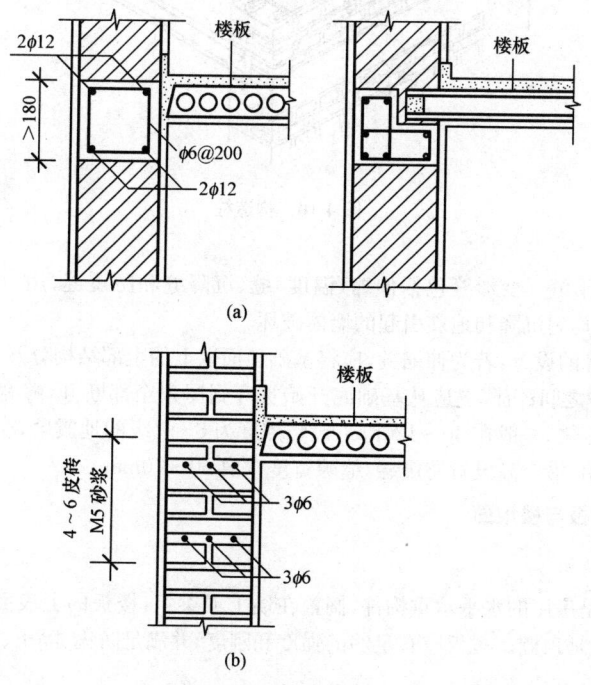

图 4-9 圈梁
(a)钢筋混凝土圈梁;(b)钢筋砖圈梁

(4)构造柱。构造柱是建筑物的抗震措施,用以增强房屋的整体性,但不作为承重构件。构造柱通常设在建筑物的外墙转角处,内外墙交接处,楼梯间的四角以及某些薄弱部位。构造柱嵌做在墙内,且要与圈梁连接成整体,形成空间骨架,

提高墙体抵抗变形的能力,如图4-10所示。

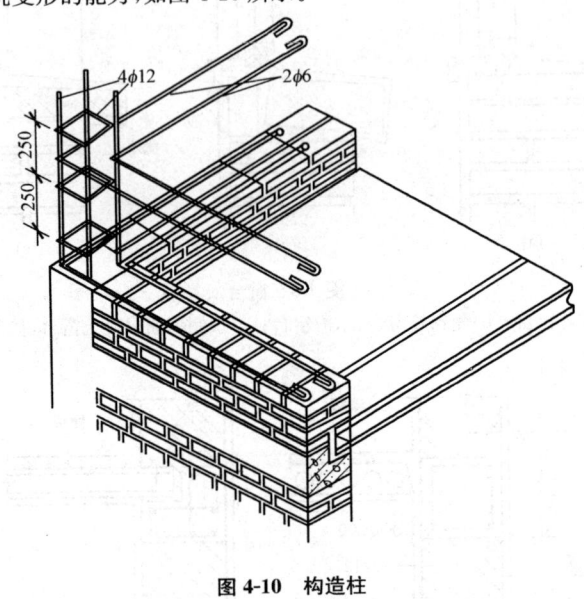

图4-10 构造柱

(5)变形缝。变形缝包括伸缩(温度)缝、沉降缝和防震缝,用以避免温度变化、基础不均匀沉降和地震引起的墙体破坏。

变形缝的设置:若为伸缩缝,应将基础顶面以上的全部结构分开,缝宽一般在20~30mm之间;沉降缝应从基础底开始贯穿到屋顶全部断开,缝宽与地基及建筑物高度有关,一般在30~120mm;设防烈度为8~9级的地震区,应从房屋的基础顶面开始,沿全高设置防震缝,缝隙宽度常取50~70mm。

四、楼板与楼地面

(一)楼板

楼板是房屋的水平承重构件,搁置在墙上或梁上,楼板的上表面层称楼层地面,下表面是顶棚。楼板应有足够的强度和刚度,并满足防火、隔声、隔热、防水等要求。

按所用材料不同,楼板可分为现浇钢筋混凝土楼板和预制钢筋混凝土楼板、砖拱楼板和木楼板等,使用最多的是前两种。

1. 现浇钢筋混凝土楼板

现浇钢筋混凝土楼板按结构类型可分为梁板式楼板、井格式梁板结构楼板和无梁楼板三种。梁板式楼板一般由主梁、次梁和板组成,如图4-11所示;当房间接近方形时,便无主梁次梁之分,梁的截面等高,形成井格式梁板结构,如图 4-12 所示;无梁楼板是将楼板直接支承在墙或柱上,是不设梁的楼板,如图 4-13 所示。

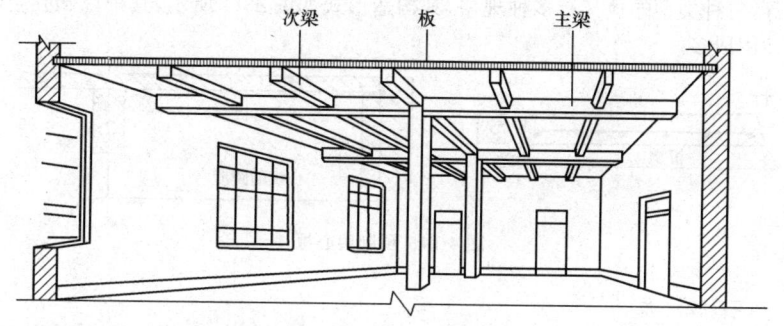

图 4-11 梁板式楼板

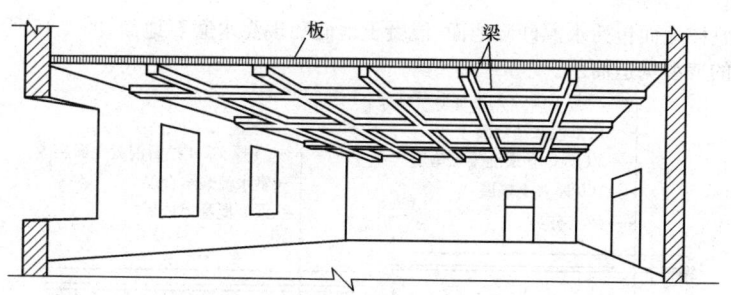

图 4-12 井格式梁板结构楼板

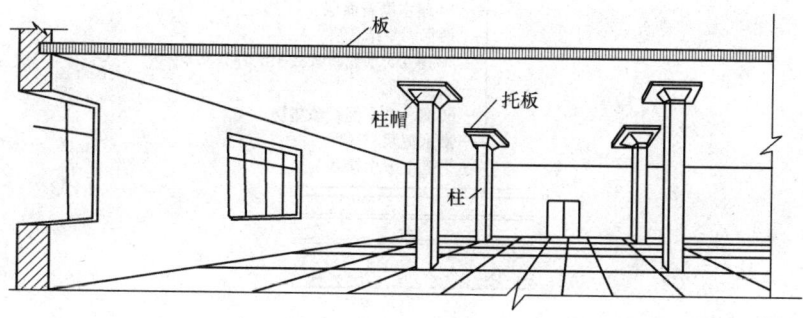

图 4-13 无梁楼板

2. 预制钢筋混凝土楼板

常见的预制楼板有实心板、空心板、槽形板(分正槽形板和反槽形板)和T形板等,每种类型的板又有多种规格,其构造形式如图4-14所示,其中以圆孔空心板使用居多。

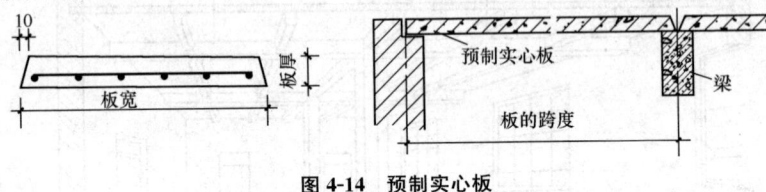

图4-14　预制实心板

(二)楼地面

楼地面是楼层地面和底层地面的总称。楼地面的基本组成为面层、垫层和基层。按楼地面面层的材料和做法不同,大致分为整体地面、铺贴地面和木地面等。

1. 整体地面

整体地面包括水泥砂浆地面、混凝土地面和现浇水磨石地面,图4-15所示是它们的典型构造简图。

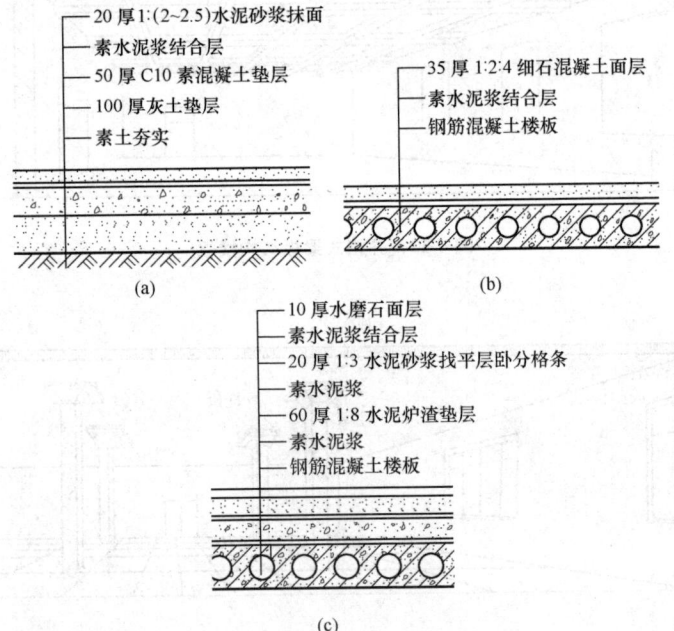

图4-15　整体地面
(a)水泥砂浆地面;(b)细石混凝土楼面;(c)现浇水磨石楼面

第四章 建筑构造

2. 铺贴地面

铺贴地面是利用各种块料铺贴在基层上的地面。常用的铺贴材料有天然大理石板、天然花岗岩板、预制水磨石板、缸砖、陶瓷锦砖(马赛克)和塑料板块等。

3. 木地面

木地面有长条和拼花两种,可空铺也可实铺,实铺法是在混凝土上铺木板(条)而制成,此法采用较多,如图 4-16 所示。

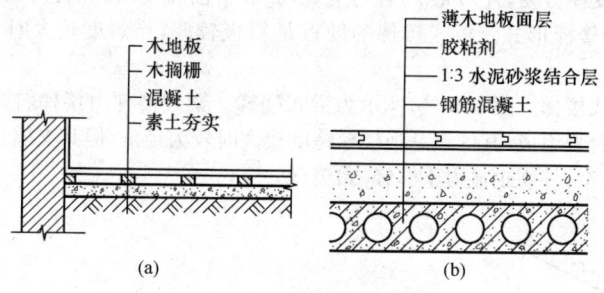

图 4-16 实铺木地面
(a)有搁栅木地面;(b)直接铺贴木地板楼面

五、楼梯

楼梯是房屋的重要组成部分,它是建筑物中主要的垂直交通设施之一,通过它来实现房屋的竖向交通联系。因而,楼梯的主要功能是通行和疏散。

楼梯是房屋各楼层间的垂直交通设施。常见的楼梯有木楼梯、钢筋混凝土楼梯和钢楼梯等,一般采用单跑楼梯、双跑楼梯、三跑楼梯和圆形楼梯等,其中钢筋混凝土楼梯及双跑式楼梯应用最广。楼梯由楼梯段、平台、栏杆(或栏板)和扶手三部分组成,图 4-17 所示是双跑楼梯的组成。

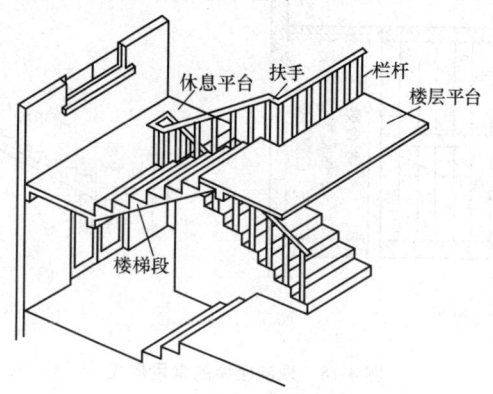

图 4-17 双跑楼梯的组成

1. 按结构形式分类

现浇钢筋混凝土楼梯按其结构形式和受力特点,可分为板式楼梯和梁式楼梯等。

(1)板式楼梯。图 4-18(a)所示为板式楼梯。板式楼梯由梯段板、平台板和平台梁组成,一般用于跨度不超过 3m 的小跨度楼梯较为经济。板式楼梯的下表面平整,施工支模方便,外形完整,轻巧美观,故而目前跨度较大的公共建筑楼梯也常采用这种楼梯形式。板式楼梯的缺点是斜板较厚,当跨度较大时,材料用量较多。

(2)梁式楼梯。图 4-18(b)所示为梁式楼梯。梁式楼梯由楼梯斜梁、踏步板、平台梁、平台板组成,其优点是当楼梯跨度较大时较为经济,但其支模及施工都较板式楼梯复杂,外观也显得不够轻巧、美观。

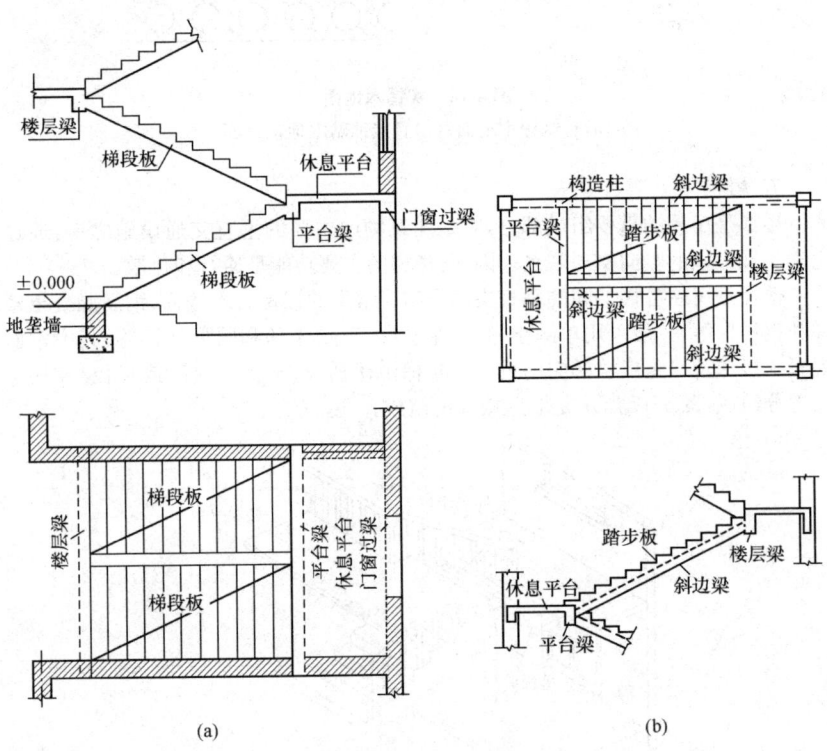

图 4-18 现浇楼梯的常用形式
(a)板式楼梯;(b)梁式楼梯

(3)其他形式的楼梯。除梁式楼梯和板式楼梯外,现浇钢筋混凝土楼梯还有螺旋楼梯、对折悬挑式楼梯、单梁挑板楼梯等结构形式,如图 4-19 所示。这类楼梯一般造型新颖、美观,建筑效果较好,通常在公共建筑中采用,但其受力往往复杂,结构形式也较为复杂。

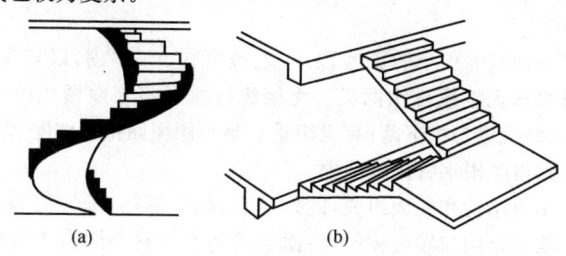

图 4-19　钢筋混凝土楼梯的其他形式
(a)螺旋楼梯;(b)悬挑式楼梯

2. 按施工方法的不同分类

按施工方法的不同,钢筋混凝土楼梯可分为现浇整体式楼梯和装配式楼梯两大类。前者结构设计灵活,整体性好;后者具有制造工业化程度高、施工速度快的优点。

(1)现浇钢筋混凝土楼梯。现浇钢筋混凝土楼梯是在现场就地支模板、绑扎钢筋和浇捣混凝土而成。这种楼梯整体性好,从工业化施工方式来看,施工较麻烦,费模板,湿作业多,工期长。但实际情况中,因民用公共建筑楼梯数量少且同规格者亦少,预制吊装就没有太大优越性,且在地震区,楼梯现浇可增加建筑物的抗震性能,因而现浇钢筋混凝土楼梯应用十分广泛。

(2)装配式楼梯。由于装配式构件在工厂加工预制,现场装配,加快了施工速度,故适用于大规模住宅建设等。装配式钢筋混凝土楼梯根据建筑设计要求有各种不同结构形式,一般常用的预制装配式楼梯有悬壁式楼梯、预制梯段板式楼梯、小型分件装配式楼梯等,如图 4-20 所示。

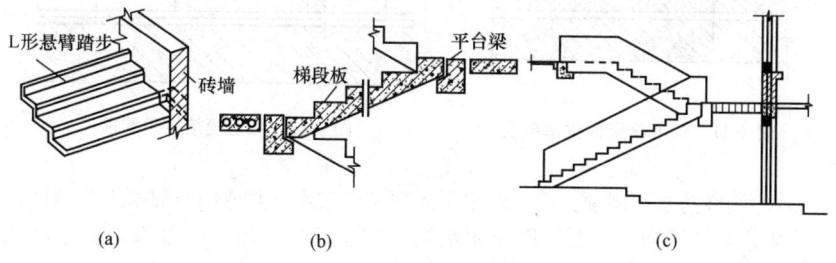

图 4-20　装配式楼梯的形式
(a)悬壁式楼梯;(b)预制梯段板式楼梯;(c)小型分件装配楼梯

六、屋顶

屋顶是房屋顶部的围护结构,用于避风雨,防寒隔热。屋顶的形式很多,从外形看主要有平屋顶、坡屋顶和曲面屋顶三大类,使用最多的是平屋顶。

1. 平屋顶

平屋顶是一种坡度很小的坡屋顶,一般坡度在5%以内,以利排水。排水可分为有组织排水和无组织排水两类。无组织排水是将层面做成挑檐,伸出檐墙外,使屋面雨水经挑檐自由下落;有组织排水是利用屋面排水坡度,将雨水排到檐沟,汇入雨水口,再经雨水管排到地面。

平屋顶由承重结构和屋面组成,此外还有保温、隔热、隔气层等,应根据地区和需要设置。承重结构与楼板相似,屋面层按防水材料不同有柔性防水(卷材防水)和刚性防水(如混凝土防水)两种。

(1)卷材防水平屋顶。卷材防水平屋顶又可分为保温平屋顶、不保温平屋顶和隔热平屋顶三种。保温平屋顶的典型构造层次如图4-21所示。图4-22所示是常见的架空隔热屋面构造简图。

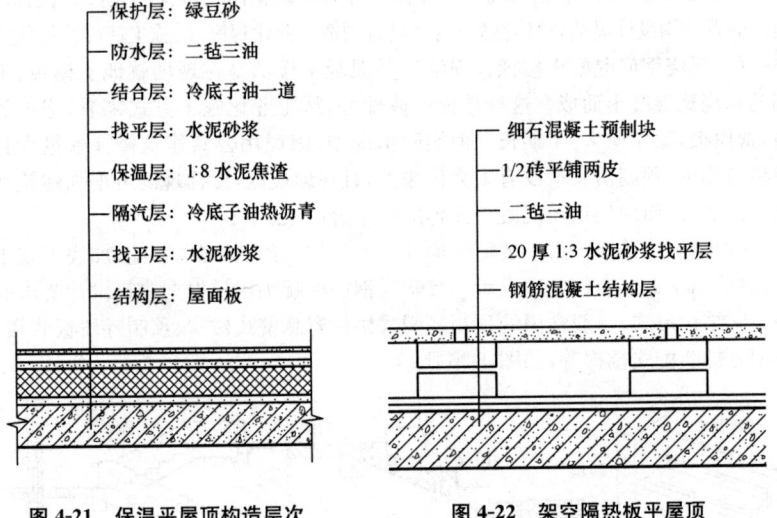

图4-21 保温平屋顶构造层次　　图4-22 架空隔热板平屋顶

(2)刚性防水平屋顶。刚性防水平屋顶是以防水砂浆或细石混凝土等刚性材料为防水层的屋面。细石混凝土防水层是在屋面板上用C20细石混凝土浇筑40~50mm厚,内配$\phi 3$或$\phi 4$双向钢筋网,刚性防水层应设置分仓(格)缝,纵横缝的间距为3~5m,每块面积不应大于20m^2。

防水砂浆防水层是在1∶2或1∶3的水泥砂浆中掺入3%~5%的防水剂,分层抹在现浇屋面板上,厚度25~30mm,如图4-23所示。

2. 坡屋顶

坡屋顶的坡度较陡,一般在10%以上,通常由承重层、屋面层和顶棚组成。常用屋架作承重层,按材料分有木屋架、钢屋架、钢木屋架、钢筋混凝土屋架等;屋面层由屋面支承构件和屋面防水层组成,屋面防水材料多用黏土瓦(包括平瓦、小青瓦、筒瓦)、水泥瓦和石棉瓦,以及瓦楞铁皮、玻璃钢波形瓦等。图4-24所示为平瓦坡屋面构造。

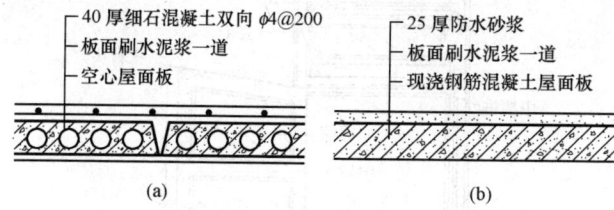

图4-23 刚性防水层屋面
(a)预制屋面板细石混凝土;(b)现浇屋面板防水砂浆层

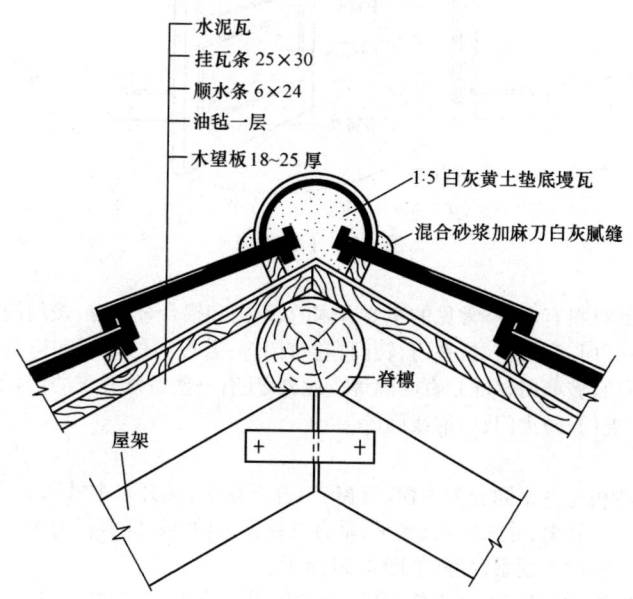

图4-24 平瓦坡屋面构造

七、门窗

1. 门

门是由门框、门扇、亮子、玻璃及五金零件等部分组成。门框又称门樘子,由边框、上框、中横框等组成;门扇由上冒头、中冒头、下冒头、边梃、门芯板等组成;亮子又称腰头窗(简称腰头、腰窗);五金零件包括铰链、插销、门锁、风钩、拉手等。图 4-25 所示为木门的构造简图。

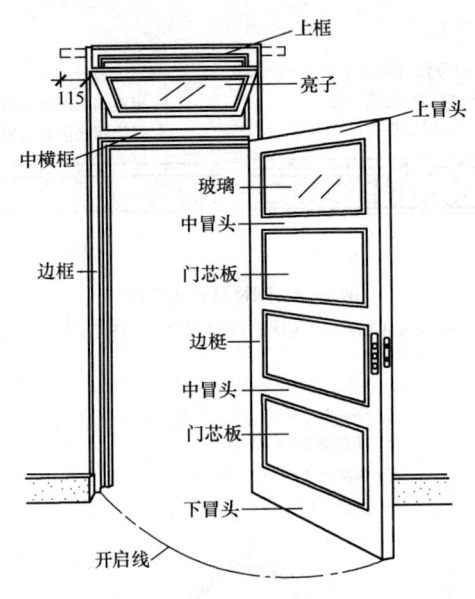

图 4-25 门的组成

制门的材料有多种,常见的主要有木门、钢门和铝合金门等;按门的开启形式可分为:平开门、弹簧门、折叠门、转门、卷帘门等;若按门的用料和构造可分为镶板门、夹板门、玻璃门、纱门、百叶门等。此外,还有一些特殊要求的门,如自动门、隔音门、保温门、防火门、防射线门等。

2. 窗

窗按所用材料不同分为木窗、钢窗、铝合金窗等;按开启方式可分为平开窗、中悬窗、上、下悬窗、立式转窗、水平、垂直推拉窗、百叶窗、隔音保温窗、固定窗、防火窗、橱窗、防射线观察窗等,如图 4-26 所示。

窗由窗框、窗扇和五金零件组成。窗框为固定部分,由边框、上框、下框、中横框和中竖框构成;窗扇为活动部分,由上冒头、下冒头、边梃、窗芯及玻璃构成;五金零件及附件包括铰链、风钩、插销和窗帘盒、窗台板、筒子板、贴脸板等。图 4-27

所示为平开窗的构造组成。

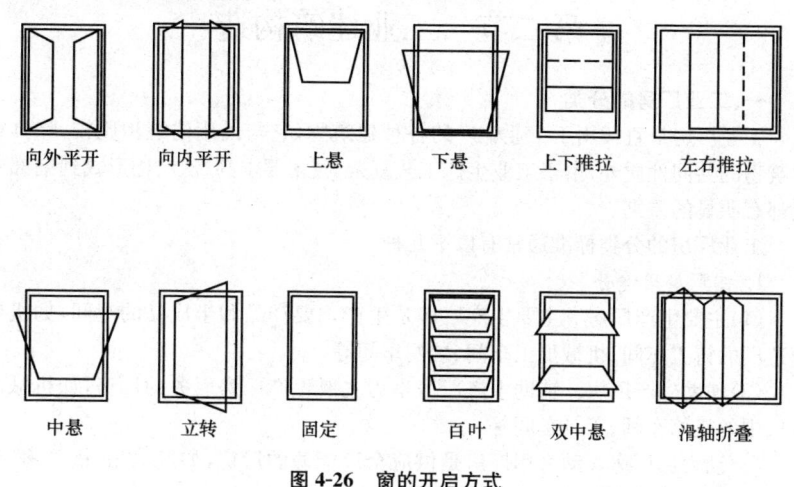

图 4-26 窗的开启方式

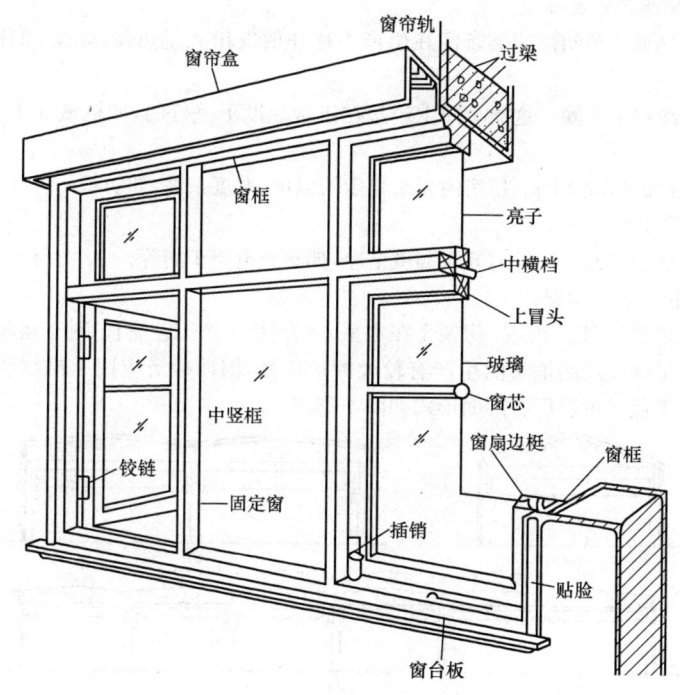

图 4-27 平开窗的构造组成

第二节 工业建筑构造

一、工业厂房的分类

工业厂房是直接用于工业生产的各种建筑物,它与民用建筑相比较,除具有建筑物的共同性质外,由于工业生产工艺复杂、技术要求高,从结构形式到细部构造都有明显的差别。

工业厂房的分类标准通常有以下几种:

1. 按厂房用途分

(1)主要生产厂房。主要生产厂房是生产主要产品和半成品的车间,如机械制造厂的铸工车间、机械加工车间、装配车间等。

(2)辅助生产厂房。辅助生产厂房是为主要生产厂房服务的厂房,如机械制造厂中的机修车间、工具车间等。

(3)动力用厂房。动力用厂房是供应全厂能源的厂房,如发电站、锅炉房、煤气发生站等。

2. 按生产状况分

(1)热加工车间。这类车间在生产中往往散发出大量热量、烟尘,如铸工车间等。

(2)冷加工车间。这类车间生产是在正常温度下进行的,如机械加工及装配车间等。

(3)恒温恒湿车间。厂房内要求稳定的温度、湿度条件,如纺织厂房和某些精密仪表厂房等。

(4)洁净车间。厂房内要求高度洁净,如集成电路车间等。

3. 按厂房层次分

(1)单层厂房。单层厂房便于在水平方向组织生产工艺流程,对于运输量大,设备、加工件及产品笨重的生产有较大的适应性,因而广泛应用于机械制造、冶金、重型工业。单层厂房剖面形式如图 4-28 所示。

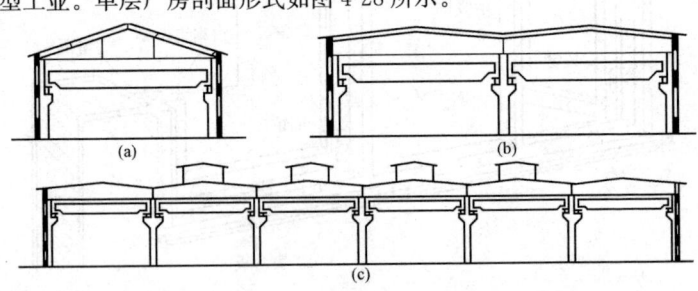

图 4-28 单层厂房剖面形式

(2) 多层厂房。广泛用于食品、电子、精密仪器等工业部门,因为其产品较轻并适合垂直方向布置工艺流程。多层厂房剖面形式如图 4-29 所示。

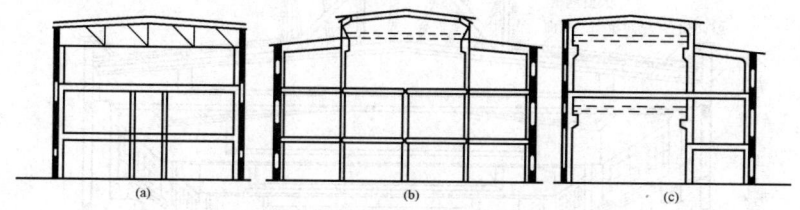

图 4-29　多层厂房剖面形式

(3) 混合层次厂房。即同一厂房既有单层跨也有多层跨。它是单层和多层的有机组合,因而具有以上两种厂房的特点。图 4-30 所示一化工车间剖面,高大的生产设备位于中间的单层跨内,两个边跨则为多层。

二、单层工业厂房构造组成

单层工业厂房的结构支承方式基本上可分为承重墙结构与骨架承重结构。仅当厂房的跨度、高度及吊车荷载很小时,才用承重墙

图 4-30　混合层次厂房

结构,此外则多用骨架承重结构。骨架结构由柱、梁、屋架等组成,以承受厂房的各种荷载。在这种厂房中,墙体只起围护或分隔作用。

图 4-31 所示为钢筋混凝土骨架结构单层厂房示意图,由图看到,厂房承重结构由横向骨架和纵向联系构件组成,横向骨架包括基础、柱、屋架(屋面梁),纵向联系构件有屋面板、吊车梁、连系梁、支撑等,此外还有外墙、天窗及其他附属构件。

(一) 柱及柱间支撑

1. 柱

柱是厂房的垂直承重构件,支承屋架、吊车梁、墙梁上墙体等传来的全部荷载,并将其传递给基础。单层厂房的柱有钢筋混凝土柱、钢柱和砖柱。目前应用较广的为钢筋混凝土柱,它又分为单肢柱和双肢柱两大类,单肢柱有矩形柱、工字形柱、管柱;双肢柱有平腹杆柱、斜腹杆柱、双肢管柱等。图 4-32 所示为预制钢筋混凝土柱的几种常用形式。

2. 柱间支撑

柱间支撑是为加强厂房纵向柱列的刚度和稳定性而设置的。柱间支撑通常设于厂房中间一个柱间内,材料一般为钢材,也有用钢筋混凝土制成的。

柱间支撑的形式常采用交叉式,其倾角在 35°～55°之间,也有用门式柱间支撑的。如图 4-33 所示。

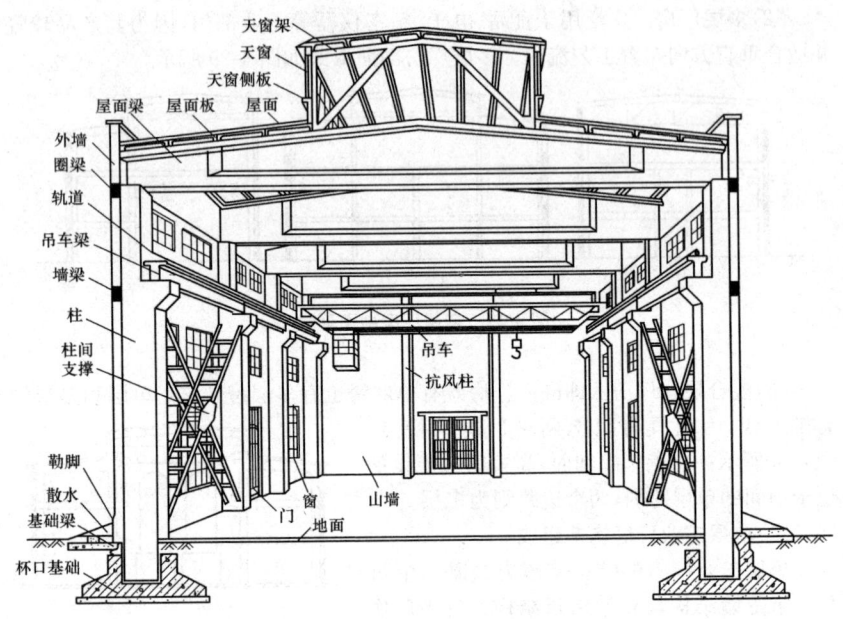

图 4-31 单层厂房构造组成示意图

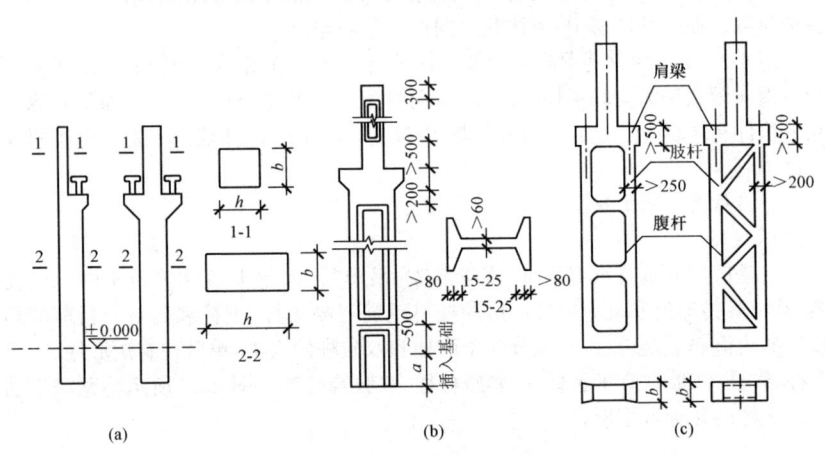

图 4-32 预制钢筋混凝土柱
(a)矩形柱;(b)工字形柱;(c)双肢柱

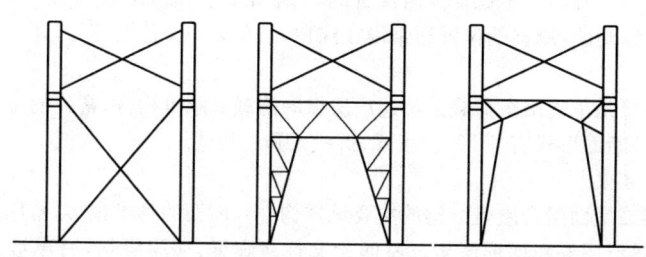

图 4-33　柱间支撑简图

(二) 梁

工业厂房中的梁有基础梁、吊车梁、连系梁和圈梁。

当单层厂房的砖墙高度超过 15m 时，一般要设连系梁，以承受上部墙体（常称填充墙）的重量，并可增加柱列的纵向刚度。钢筋混凝土连系梁有现浇和预制两种，其断面形式有矩形和 L 形，一般是通过预埋铁件或预埋钢筋与柱上牛腿连接，如图 4-34 所示。

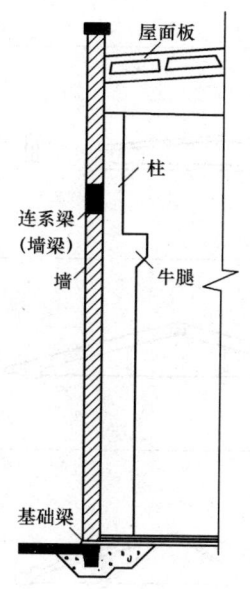

图 4-34　基础梁与连系梁

圈梁是为提高厂房稳定性而设置的,一般沿高度每6m左右设一道,每道圈梁必须连续封闭,圈梁的位置通常设在柱顶、吊车梁和窗过梁等处,并尽可能与连系梁结合。

吊车梁是承受吊车荷载并传递厂房纵向荷载的承重构件,常见的是钢筋混凝土吊车梁,断面形式有T形、鱼腹式、折线式和桁架式。

(三)屋架

屋架或屋面梁是屋盖结构的主要承重构件。屋架的种类很多,常用的有三角形屋架、拱形屋架和梯形屋架。屋面梁又称薄腹梁、薄腹屋架,有单坡和双坡之分。表4-1是钢筋混凝土屋架的几种常用形式。

表4-1　　　　　钢筋混凝土屋架的一般形式及应用范围

序号	名称	形式	跨度/m	特点及适用条件
1	钢筋混凝土单坡屋面大梁	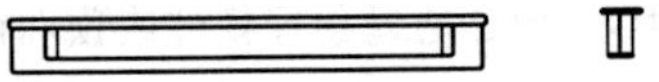	6 9	(1)自重大。 (2)屋面刚度好。 (3)屋面坡度1/8~1/12。 (4)适于振动及有腐蚀性介质的厂房
2	预应力混凝土双坡屋面大梁	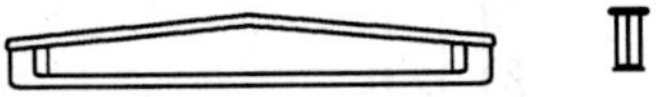	12 15 18	(1)自重大。 (2)屋面刚度好。 (3)屋面坡度1/8~1/12。 (4)适于振动及有腐蚀性介质的厂房
3	钢筋混凝土三铰拱屋架	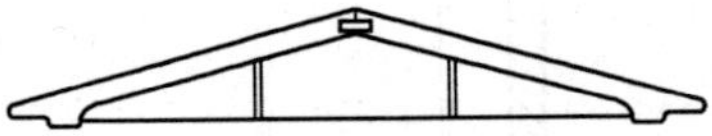	9 12 15	(1)构造简单,自重小,施工方便,外形轻巧。 (2)屋面坡度:卷材屋面1/5;自防水层面1/4。 (3)适于中小型厂房
4	钢筋混凝土组合屋架	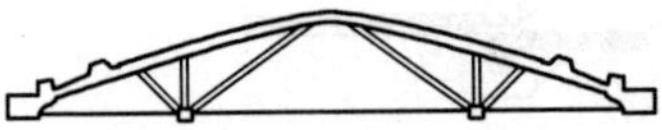	12 15 18	(1)上弦及受压腹杆为钢筋混凝土,受拉杆件为角钢,构造合理,施工方便。 (2)屋面坡度1/4。 (3)适于中小型厂房

续一

序号	名称	形式	跨度/m	特点及适用条件
5	预应力混凝土拱形屋架		18 24 30	(1)构件外形合理,自重轻,刚度好。 (2)屋架端部坡度大,为减缓坡度,端部可特殊处理。 (3)适于跨度较大的各类厂房
6	预应力混凝土梯形屋架	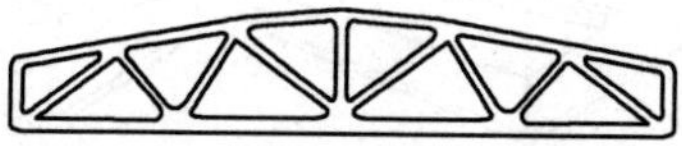	18 21 24 27	(1)外形较合理。 (2)屋面坡度 1/5～1/15。 (3)适于卷材防水的大中型厂房
7	预应力混凝土梯形屋架		21 24 30	(1)屋面坡度小,但自重大,经济效益较差。 (2)屋面坡度 1/10～1/12。 (3)适于各类厂房,特别是需要经常上屋面清除积灰的冶金厂房
8	预应力混凝土折线形屋架		18 21 24	(1)上弦为折线,大部分为 1/4 坡度,在屋架端部设短柱,可保证整个屋面有同一坡度。 (2)适于有檩体系的槽瓦等自防水屋面

续二

序号	名称	形式	跨度/m	特点及适用条件
9	预应力混凝土直腹杆屋架		18 24 30	(1)无斜腹杆,构造简单。 (2)适用于有井式天窗及横向下沉式天窗的厂房

(四)天窗

天窗用于厂房的采光、通风、排气和散热等。天窗的形式有三类,如图 4-35 所示。

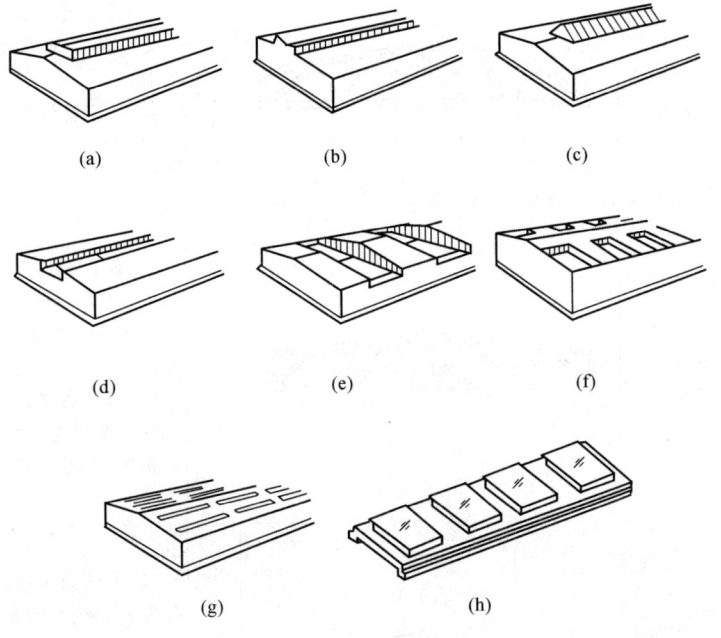

图 4-35 天窗的形式

(a)矩形天窗;(b)M 形天窗;(c)三角形天窗;(d)纵向下沉式天窗;
(e)横向下沉式天窗;(f)井式天窗;(g)、(h)平天窗

(1)上凸式天窗。包括矩形天窗、M形天窗、三角形天窗和锯齿形天窗等。
(2)下沉式天窗。包括纵向下沉式天窗、横向下沉式天窗和井式天窗三种。
(3)平天窗。亦称点式天窗。

图4-36所示目前常用的矩形天窗的构造组成,它包括天窗架、天窗侧板、天窗窗扇、天窗屋面板及天窗端壁等。

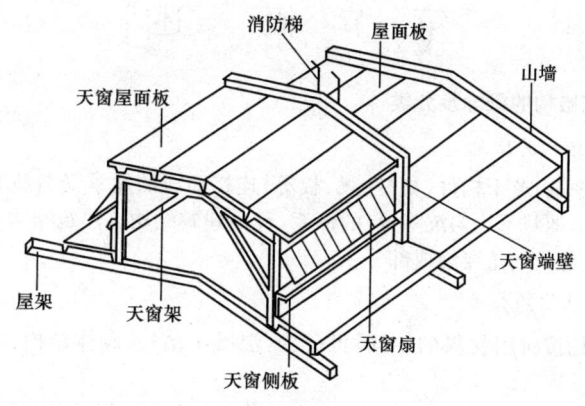

图4-36 矩形天窗构成

第五章 建筑结构

第一节 概述

一、建筑结构的概念及分类

1. 建筑结构的概念

在建筑中,由若干构件(如柱、梁、板等)连接而成的能承受荷载和其他作用(如温度变化、地基不均匀沉降等)的体系,称为建筑结构。建筑结构在建筑中起骨架作用,是建筑的重要组成部分。

2. 建筑结构的分类

建筑结构按所用材料的不同,可分为:混凝土结构、砌体结构、钢结构和木结构。

(1)混凝土结构是钢筋混凝土结构、预应力混凝土结构、素混凝土结构的总称。目前应用最广泛的是钢筋混凝土结构。

(2)砌体结构,目前广泛应用于多层住宅建筑中。由于砌筑用砖要挖掘黏土烧砖,消耗有限的土地资源,因此是一个值得高度重视的问题。目前,在一些地区黏土砖已被禁止使用。

(3)钢结构是用型钢建成的结构,目前主要用于大跨度屋盖、吊车吨位很大的重工业厂房、高耸结构等。

(4)木结构,目前在大中城市的房屋建筑中已极少采用,但在山区、林区和农村中,使用还较为普遍。

二、建筑结构的功能要求

(1)安全性。即要求结构应能承受在正常施工和正常使用时可能出现的各种作用,如各种荷载、支座沉降、温度变化等作用;以及在偶然作用(如爆炸、地震等作用)下或偶然事件发生时及发生后,仍能保持必要的整体稳定性,不至于因局部破坏而发生连续倒塌。

(2)适用性。建筑结构在正常使用时应能满足正常的使用要求,具有良好的工作性能,如变形、裂缝宽度或振动等性能均不超过规定的限值。

(3)耐久性。建筑结构在正常使用和正常维护条件下,在规定的使用期限内应具有足够的耐久性能,如在设计基准期内,结构材料的锈蚀或其他腐蚀不超过规定的限值。

第五章 建筑结构

安全、适用和耐久是结构的可靠标志,统称为结构的可靠性。亦即结构在规定的时间内(我国设计基准期为 50 年)、规定的条件下(正常设计、正常施工、正常使用和正常维修的条件下),满足预定功能(安全性、适用性、耐久性)的能力,则结构是可靠的。

三、建筑结构的安全等级

任何房屋结构的功能都应具有一定的可靠度,但由于房屋的重要性不同,一旦房屋结构丧失其功能,例如结构发生破坏时对生命财产的危害程度和社会影响是不同的。《建筑结构可靠度设计统一标准》(GB 50068—2001)将建筑结构分为以下三个安全等级,以便在进行建筑结构设计时采用不同的安全标准:

(1)一级——破坏后果很严重的重要建筑结构。
(2)二级——破坏后果严重的一般工业与民用建筑结构。
(3)三级——破坏后果不严重的次要建筑结构。

四、建筑结构的荷载

功能良好的房屋结构在使用和施工过程中应能承受各种作用。直接施加在结构上的作用力称为直接作用,习惯上称为荷载。房屋结构的荷载有房屋各种构件的自重,人和人在房屋内生活的用品、家具、生产用的设备、原材料等的重力,屋面的积灰、雪的重力和风力等。温度变化、地基的不均匀沉陷、地震等引起房屋结构产生附加变形的作用称为间接作用。准确地确定各种荷载和间接作用,无论对使用或设计房屋结构都是非常重要的。

1. 荷载的分类

(1)荷载按随时间变化的情况划分为如下三类:

1)永久荷载。永久荷载又称为恒载,指在结构使用期间,其值不随时间变化,或其变化与平均值相比可以忽略不计,或其变化是单调的并能趋于限值的荷载。如结构自重、土压力、预应力等。

2)可变荷载。可变荷载又称为活荷载,指在结构使用期间,其值随时间变化,且其变化与平均值相比不可以忽略不计的荷载。如楼面活荷载、屋面活荷载和积灰荷载、吊车荷载、风荷载、雪荷载、温度作用等。

3)偶然荷载。偶然荷载指在结构使用年限内不一定出现,而一旦出现其量值很大,且持续时间很短的荷载。如爆炸、撞击等产生的作用于房屋结构上的作用力即为偶然荷载。

(2)荷载按作用位置是否变化划分为如下两类:

1)固定荷载。固定荷载指结构构件自重、固定设备重量等在结构上作用位置不变的荷载。

2)移动荷载。移动荷载指作用位置在一定范围内可以移动的荷载。如工厂车间的吊车荷载、楼房里人群的荷载即为移动荷载。

2. 荷载的代表值

结构计算时,需根据不同的设计要求采用不同的荷载数值,称为荷载代表值。《建筑结构荷载规范》(GB 50009—2012)给出了四种荷载的代表值,即标准值、组合值、频遇值和准永久值。

(1) 标准值。荷载标准值是荷载的基本代表值,为设计基准期内最大荷载统计分布的特征值(例如均值、众值、中值或某个分位值)。

(2) 组合值。对可变荷载,使组合后的荷载效应在设计基准期内的超越概率,能与该荷载单独出现时的相应概率趋于一致的荷载值;或使组合后的结构具有统一规定的可靠指标的荷载值。

(3) 频遇值。对可变荷载,在设计基准期内,其超越的总时间为规定的较小比率或超越频率为规定频率的荷载值。

(4) 准永久值。对可变荷载,在设计基准期内,其超越的总时间约为设计基准期一半的荷载值。

3. 荷载代表值的采用

(1) 对永久荷载应采用标准值作为代表值。

(2) 对可变荷载应根据设计要求采用标准值、组合值、频遇值或准永久值作为代表值。

1) 承载能力极限状态设计或正常使用极限状态按标准组合设计时,对可变荷载应按规定的荷载组合值或标准值作为其代表值。可变荷载的组合值,应为可变荷载的标准值乘以荷载组合值系数。

2) 正常使用极限状态按频遇组合设计时,应采用可变荷载的频遇值或准永久值作为其代表值;按准永久组合设计时,应采用可变荷载的准永久值作为其代表值。可变荷载的频遇值,应采用可变荷载标准值乘以频遇值系数。可变荷载准永久值,应为可变荷载标准值乘以准永久值系数。

(3) 对偶然荷载应按建筑结构使用的特点确定其代表值。

第二节　建筑结构构件

一、建筑结构基本构件

各种建筑结构(包括构筑物)均由一定数量不同种类的基本构件所组成,建筑结构的基本构件主要有板、梁、墙、柱、桁架和拱、壳、索等。

1. 板

在建筑结构中,平面尺寸较大而厚度较小的构件,称为板。

板通常是水平设置,但有时亦有斜向设置的(如楼梯板和坡度较大的屋面板等),板主要承受垂直于板面的各种荷载,属于以受弯为主的构件。板在房屋建筑中是不可缺少的,其用量亦很大,如屋面板、楼面板、基础板、楼梯板、雨篷板、阳台板等。

2. 梁

在房屋建筑结构中,截面尺寸的高与宽均较小,而长度尺寸相对较大的构件,称为梁。梁主要承受垂直于梁轴的荷载,属于以受弯为主的构件,跨度较大或荷载较大的梁,还承受较大的剪力(主要发生在近支承处和集中荷载处)。梁通常是水平搁置,有时为满足使用要求也有倾斜搁置的。梁在房屋建筑中的用途极其广泛,如楼盖、屋盖中的主梁、次梁、吊车梁、基础梁等。

3. 墙

在房屋建筑结构中,竖向尺寸的高与宽均较大,而厚度相对较小的构件称为墙。

墙属于受压为主的构件,但有时亦受弯及受剪。墙主要承受由楼、屋盖中梁、板或屋架等传来的竖向荷载及自重,一般建筑物的外墙和高层建筑中的结构墙还同时要承受垂直于墙面的风和地震作用力等,地下建筑的外墙则还要承受垂直于墙面的地下水和土的侧压力等。

4. 柱

在房屋建筑结构中,截面尺寸较小,而高度相对较大的构件,称为柱。

柱主要承受竖向荷载,属于受压为主的构件,但柱有时也要承受横向荷载或较大的偏心压力,导致柱出现弯曲和受剪的受力状态。柱是房屋建筑中极为重要的构件,因为在其较小的截面尺寸上,往往要承受较大的荷载,容易出现失稳破坏,而导致整个结构的倒塌。柱广泛应用于房屋建筑中,如框架柱、排架柱、楼盖和屋盖的支柱等。

5. 桁架

桁架是由许多杆件按一定的几何形状连接起来的格构式平面构件。

桁架在房屋建筑中的作用基本与梁相同,但桁架在荷载作用下,其各杆件主要承受轴向拉力和压力,可充分利用材料的强度,在跨度较大时比普通梁节省材料,减轻自重和增大刚度,故特别适用于跨度较大的承重结构。但桁架的制作比梁复杂,其自身尺寸较大而且需占用较大的建筑空间。桁架在各种工程结构中应用较广泛,在房屋建筑中,它主要用于屋盖,此时它也称为屋架。

二、建筑结构构件配筋构造

(一)一般规定

1. 混凝土保护层

(1)混凝土结构环境类别。混凝土建筑结构暴露的环境类别应按表 5-1 的要求进行划分。

表 5-1　　　　　　　　　混凝土结构的环境类别

环境类别	条　件
一	室内干燥环境； 无侵蚀性静水浸没环境
二 a	室内潮湿环境； 非严寒和非寒冷地区的露天环境； 非严寒和非寒冷地区与无侵蚀性的水或土壤直接接触的环境； 严寒和寒冷地区的冰冻线以下与无侵蚀性的水或土壤直接接触的环境
二 b	干湿交替环境； 水位频繁变动环境； 严寒和寒冷地区的露天环境； 严寒和寒冷地区冰冻线以上与无侵蚀性的水或土壤直接接触的环境
三 a	严寒和寒冷地区冬季水位变动区环境； 受除冰盐影响环境； 海风环境
三 b	盐渍土环境； 受除冰盐作用环境； 海岸环境
四	海水环境
五	受人为或自然的侵蚀性物质影响的环境

注：1. 室内潮湿环境是指构件表面经常处于结露或湿润状态的环境。
　　2. 严寒和寒冷地区的划分应符合现行国家标准《民用建筑热工设计规范》(GB 50176—1993)的有关规定。
　　3. 海岸环境和海风环境宜根据当地情况,考虑主导风向及结构所处迎风、背风部位等因素的影响,由调查研究和工程经验确定。
　　4. 受除冰盐影响环境指受到除冰盐盐雾影响的环境；受除冰盐作用环境指被除冰盐溶液溅射的环境以及使用除冰盐地区的洗车房、停车楼等建筑。
　　5. 暴露的环境是指混凝土结构表面所处的环境。

(2)混凝土保护层的最小厚度。

1)构件中普通钢筋及预应力筋的混凝土保护层厚度(钢筋外边缘至构件表面的距离)应满足下列要求：

①构件中受力钢筋的保护层厚度不应小于钢筋的公称直径。

②设计使用年限为 50 年的混凝土结构,最外层钢筋的保护层厚度应符合表 5-2 的规定。设计使用年限为 100 年的混凝土结构,最外层钢筋的保护层厚度不应小于表 5-2 中数值的 1.4 倍。

表 5-2　　　　纵向受力钢筋的混凝土保护层最小厚度　　　　（mm）

环境类别	板、墙、壳	梁、柱、杆
一	15	20
二 a	20	25
二 b	25	35
三 a	30	40
三 b	40	50

注：1. 混凝土强度等级不大于 C25 时，表中保护层厚度数值增加 5mm。
　　2. 钢筋混凝土基础宜设置混凝土垫层，基础中钢筋的保护层厚度应从垫层顶面算起，且不应小于 40mm。

2）当有充分依据并采取下列有效措施时，可适当减小混凝土保护层的厚度：
①构件表面有可靠的防护层。
②采用工厂化生产的预制构件。
③在混凝土中掺加阻锈剂或采用阴极保护处理等防锈措施。
④当地下室墙体采取可靠的建筑防水做法或防护措施时，与土层接触一侧钢筋的保护层厚度可适当减少，但不应小于 25mm。

3）当梁、柱、墙中纵向受力钢筋的混凝土保护层厚度大于 50mm 时，宜对保护层采取有效的构造措施。当在保护层内配置防裂、防剥落的钢筋网片时，网片钢筋的保护层厚度不应小于 25mm。当梁的混凝土保护层厚度大于 50mm 且配置表面钢筋网片时，应符合下列规定：
①表面钢筋宜采用焊接网片，其直径不宜大于 8mm，间距不应大于 150mm；网片应配置在梁底和梁侧，梁侧的网片钢筋应延伸至梁的 2/3 处。
②两个方向上表层网片钢筋的截面面积均不应小于相应混凝土保护层（图 5-1 阴影部分）面积的 1%。

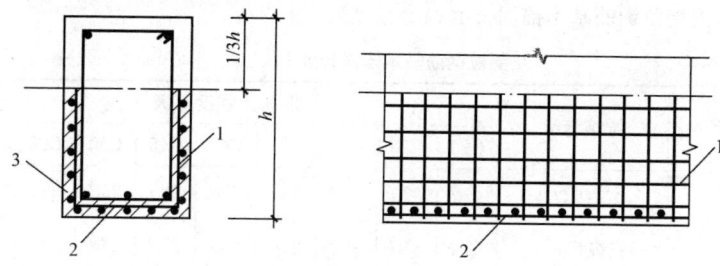

图 5-1　配置表层钢筋网片的构造要求
1—梁侧表层钢筋网片；2—梁底表层钢筋网片；3—配置网片钢筋区域

2. 钢筋锚固

(1)当计算中充分利用钢筋的抗拉强度时,受拉钢筋的锚固应符合下列要求:
1)基本锚固长度应按式(5-1)、式(5-2)计算。

钢筋

$$l_{ab} = \alpha \frac{f_y}{f_t} d \qquad (5\text{-}1)$$

预应力筋

$$l_{ab} = \alpha \frac{f_{py}}{f_t} d \qquad (5\text{-}2)$$

抗震

$$l_{abE} = \zeta_{aE} l_{ab} \qquad (5\text{-}3)$$

式中 l_{ab}、l_{abE}——非抗震、抗震受拉钢筋的基本锚固长度;
　　　f_y、f_{py}——普通钢筋、预应力筋的抗拉强度设计值;
　　　f_t——混凝土轴心抗拉强度设计值;当混凝土强度等级高于C60时,按C60取值;
　　　d——钢筋的公称直径;
　　　ζ_{aE}——纵向受拉钢筋锚固长度修正系数,对一、二级抗震等级取1.15,对三级抗震等级取1.05,对四级抗震等级取1.00;
　　　α——锚固钢筋的外形系数,按表5-3取用。

表5-3　　　　　　　　　锚固钢筋的外形系数 α

钢筋类型	光面钢筋	带肋钢筋	螺旋肋钢筋	三股钢绞线	七股钢绞线
α	0.16	0.14	0.13	0.16	0.17

注:光圆钢筋末端应做180°弯钩,弯后平直段长度不应小于 $3d$,但作受压钢筋时可不做弯钩。

常用受拉钢筋基本锚固长度 l_{ab}、l_{abE} 见表5-4。

表5-4　　　　　　　　受拉钢筋基本锚固长度 l_{ab}、l_{abE}

钢筋种类	抗震等级	混凝土强度等级							
		C20	C25	C30	C35	C40	C45	C50	C55	≥C60
HPB300	一、二级(l_{abE})	45d	39d	35d	32d	29d	28d	26d	25d	24d
	三级(l_{abE})	41d	36d	32d	29d	26d	25d	24d	23d	22d
	四级(l_{abE}) 非抗震(l_{ab})	39d	34d	30d	28d	25d	24d	23d	22d	21d

续表

钢筋种类	抗震等级	混凝土强度等级							
		C20	C25	C30	C35	C40	C45	C50	C55	≥C60
HRB335 HRBF335	一、二级(l_{abE})	$44d$	$38d$	$33d$	$31d$	$29d$	$26d$	$25d$	$24d$	$24d$
	三级(l_{abE})	$40d$	$35d$	$31d$	$28d$	$26d$	$24d$	$23d$	$22d$	$22d$
	四级(l_{abE}) 非抗震(l_{ab})	$38d$	$33d$	$29d$	$27d$	$25d$	$23d$	$22d$	$21d$	$21d$
HRB400 HRBF400 RRB400	一、二级(l_{abE})	—	$46d$	$40d$	$37d$	$33d$	$32d$	$31d$	$30d$	$29d$
	三级(l_{abE})	—	$42d$	$37d$	$34d$	$30d$	$29d$	$28d$	$27d$	$26d$
	四级(l_{abE}) 非抗震(l_{ab})	—	$40d$	$35d$	$32d$	$29d$	$28d$	$27d$	$26d$	$25d$
HRB500 HRBF500	一、二级(l_{abE})	—	$55d$	$49d$	$45d$	$41d$	$39d$	$37d$	$36d$	$35d$
	三级(l_{abE})	—	$50d$	$45d$	$41d$	$38d$	$36d$	$347d$	$33d$	$32d$
	四级(l_{abE}) 非抗震(l_{ab})	—	$48d$	$43d$	$39d$	$36d$	$34d$	$32d$	$31d$	$30d$

2)受拉钢筋的锚固长度应根据锚固条件按下列公式计算,且不应小于200mm。

非抗震

$$l_a = \zeta_a l_{ab} \tag{5-4}$$

抗震

$$l_{aE} = \zeta_{aE} l_a \tag{5-5}$$

式中 l_a、l_{aE}——受拉钢筋非抗震、抗震锚固长度;

ζ_a——锚固长度修正系数,对于普通钢筋按下述第(2)条的规定取用,当多于一项时,可按连乘计算,但不应小于 0.6;对预应力筋,可取 1.0。

式中其他符号意义同前。

3)当锚固钢筋的保护层厚度不大于 $5d$ 时,锚固长度范围内应配置横向构造钢筋,其直径不应小于 $d/4$;对梁、柱、斜撑等构件间距不应大于 $5d$,对板、墙等平面构件间距不应大于 $10d$,且均不应大于 100mm,此处 d 为锚固钢筋的直径。

(2)纵向受拉普通钢筋的锚固长度修正系数 ζ_a 应按下列规定取用:

1)当带肋钢筋的公称直径大于 25mm 时,取 1.10。

2)带环氧树脂涂层带肋钢筋取 1.25。

3)施工过程中易受扰动的钢筋取 1.10。

4)当纵向受力钢筋的实际配筋面积大于其设计计算面积时,修正系数取设计计算面积与实际配筋面积的比值,但对有抗震设防要求及直接承受动力荷载的结构构件,不应考虑此项修正。

5)锚固钢筋的保护层厚度为 $3d$ 时修正系数可取 0.80,保护层厚度为 $5d$ 时修正系数可取 0.70,中间按内插取值,此处 d 为锚固钢筋的直径。

(3)当纵向受拉普通钢筋末端采用弯钩或机械锚固措施时,包括弯钩或锚固端头在内的锚固长度(投影长度)可取为基本锚固长度 l_{ab} 的 60%。弯钩和机械锚固的形式(图 5-2)和技术要求应符合表 5-5 的规定。

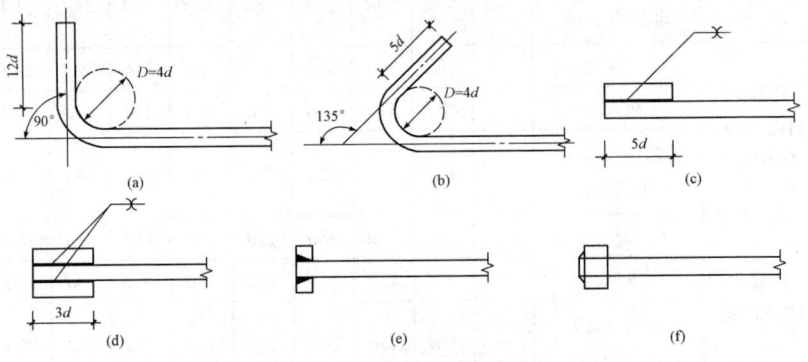

图 5-2 弯钩和机械锚固的形式
(a)90°弯钩;(b)135°弯钩;(c)一侧贴焊锚筋;
(d)两侧贴焊锚筋;(e)穿孔塞焊锚板;(f)螺栓锚头

表 5-5 钢筋弯钩和机械锚固的技术要求

锚固形式	技术要求
90°弯钩	末端 90°弯钩,弯钩内径 $4d$,弯后直段长度 $12d$
135°弯钩	末端 135°弯钩,弯钩内径 $4d$,弯后直段长度 $5d$
一侧贴焊锚筋	末端一侧贴焊长 $5d$ 同直径钢筋
两侧贴焊锚筋	末端两侧贴焊长 $3d$ 同直径钢筋
焊端锚板	末端与厚度 d 的锚板穿孔塞焊
螺栓锚头	末端旋入螺栓锚头

注:1. 焊缝和螺纹长度应满足承载力要求。
2. 螺栓锚头和焊接锚板的承压净面积不应小于锚固钢筋截面面积的 4 倍。
3. 螺栓锚头的规格应符合相关标准的要求。
4. 螺栓锚头和焊接锚板的钢筋净间距不宜小于 $4d$,否则应考虑群锚效应的不利影响。
5. 截面角部的弯钩和一侧贴焊锚筋的布筋方向宜向截面内侧偏置。

(4)混凝土结构中的纵向受压钢筋,当计算中充分利用其抗压强度时,锚固长度不应小于相应受拉锚固长度的70%。受压钢筋不应采用末端弯钩和一侧贴焊锚筋的锚固措施。受压钢筋锚固长度范围内的横向构造钢筋应符合前述第(1)条的有关规定。

(5)承受动力荷载的预制构件,应将纵向受力普通钢筋末端焊接在钢板或角钢上,钢板或角钢应可靠地锚固在混凝土中。钢板或角钢的尺寸应按计算确定,其厚度不宜小于10mm。其他构件中的受力普通钢筋的末端也可通过焊接钢板或型钢实现锚固。

3. 钢筋连接

(1)钢筋连接可采用绑扎搭接、机械连接或焊接。机械连接接头及焊接接头的类型及质量应符合国家现行有关标准的规定。

混凝土结构中受力钢筋的连接接头宜设置在受力较小处。在同一根受力钢筋上宜少设接头。在结构的重要构件和关键传力部位,纵向受力钢筋不宜设置连接接头。

(2)轴心受拉及小偏心受拉杆件的纵向受力钢筋不得采用绑扎搭接;其他构件中的钢筋采用绑扎搭接时,受拉钢筋直径不宜大于25mm,受压钢筋直径不宜大于28mm。

(3)同一构件中相邻纵向受力钢筋的绑扎搭接接头宜互相错开。钢筋绑扎搭接接头连接区段的长度为1.3倍搭接长度,凡搭接接头中点位于该连接区段长度内的搭接接头均属于同一连接区段(图5-3)。同一连接区段内纵向受力钢筋搭接接头面积百分率为该区段内有搭接接头的纵向受力钢筋与全部纵向受力钢筋截面面积的比值。当直径不同的钢筋搭接时,按直径较小的钢筋计算。

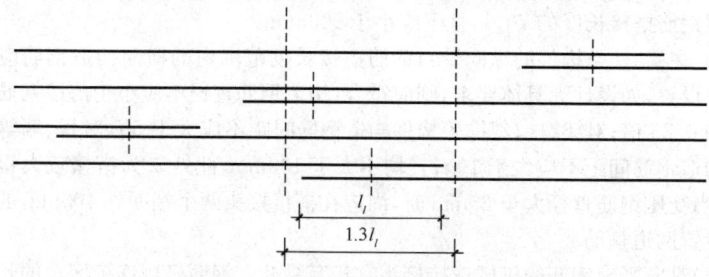

图5-3 同一连接区段内纵向受拉钢筋的绑扎搭接接头

注:图中所示同一连接区段内的搭接接头钢筋为两根,当钢筋直径相同时。钢筋搭接接头面积百分率为50%。

位于同一连接区段内的受拉钢筋搭接接头面积百分率:对梁类、板类及墙类构件,不宜大于25%;对柱类构件,不宜大于50%。当工程中确有必要增大受拉钢筋搭接接头面积百分率时,对梁类构件,不宜大于50%;对板、墙、柱及预制构件的拼接处,可根据实际情况放宽。

并筋采用绑扎搭接连接时,应按每根单筋错开搭接的方式连接。接头面积百分率应按同一连接区段内所有的单根钢筋计算。并筋中钢筋的搭接长度应按单筋分别计算。

(4)纵向受拉钢筋绑扎搭接接头的搭接长度,应根据位于同一连接区段内的钢筋搭接接头面积百分率按下列公式计算,且不应小于 300mm。

非抗震

$$l_l = \zeta_l l_a \tag{5-6}$$

抗震

$$l_{lE} = \zeta_l l_{aE} \tag{5-7}$$

式中 l_l、l_{lE}——纵向受拉钢筋非抗震、抗震搭接长度;

ζ_l——纵向受拉钢筋搭接长度修正系数,按表 5-6 取用。当纵向搭接钢筋接头面积百分率为表的中间值时,修正系数可按内插取值。

式中其他符号意义同前。

注:当直径不同的钢筋搭接时,l_l、l_{lE} 按直径较小的钢筋计算。并筋中钢筋的搭接长度应按单筋分别计算。

表 5-6　　　　　　　纵向受拉钢筋搭接长度修正系数

纵向搭接钢筋接头面积百分率/(%)	≤25	50	100
ζ_l	1.2	1.4	1.6

(5)构件中的纵向受压钢筋当采用搭接连接时,其受压搭接长度不应小于纵向受拉钢筋搭接长度的 70%,且不应小于 200mm。

(6)在梁、柱类构件的纵向受力钢筋搭接长度范围内的横向构造钢筋应按设计要求设置,如设计无具体要求,则应符合:构造钢筋直径不应小于搭接钢筋较大直径的 0.25 倍;对梁、柱、斜撑等构件构造钢筋间距不应大于 $5d$,对板、墙等平面构件构造钢筋间距不应大于 $10d$,且均不大于 100mm,此处 d 为搭接较大钢筋的直径;当受压钢筋直径大于 25mm 时,尚应在搭接接头两个端面外 100mm 的范围内各设置两道箍筋。

(7)纵向受力钢筋的机械连接接头宜相互错开。钢筋机械连接区段的长度为 $35d$,d 为连接钢筋的较小直径。凡接头中点位于该连接区段长度内的机械连接接头均属于同一连接区段。

位于同一连接区段内的纵向受拉钢筋接头面积百分率不宜大于 50%;但对板、墙、柱及预制构件的拼接处,可根据实际情况放宽。纵向受压钢筋的接头百分率可不受限制。

机械连接套筒的保护层厚度宜满足有关钢筋最小保护层厚度的规定。机械连接套筒的横向净间距不宜小于 25mm;套筒处箍筋的间距仍应满足相应的构造要求。

直接承受动力荷载结构构件中的机械连接接头,除应满足设计要求的抗疲劳性能外,位于同一连接区段内的纵向受力钢筋接头面积百分率不应大于50%。

(8)细晶粒热轧带肋钢筋以及直径大于28mm的带肋钢筋,其焊接应经试验确定;余热处理钢筋不宜焊接。

纵向受力钢筋的焊接接头应相互错开。钢筋焊接接头连接区段的长度为$35d$且不小于500mm,d为连接钢筋的较小直径,凡接头中点位于该连接区段长度内的焊接接头均属于同一连接区段。

纵向受拉钢筋的接头面积百分率不宜大于50%,但对预制构件的拼接处,可根据实际情况放宽。纵向受压钢筋的接头百分率可不受限制。

(9)需进行疲劳验算的构件,其纵向受拉钢筋不得采用绑扎搭接接头,也不宜采用焊接接头,除端部锚固外不得在钢筋上焊有附件。

当直接承受吊车荷载的钢筋混凝土吊车梁、屋面梁及屋架下弦的纵向受拉钢筋采用焊接接头时,应符合下列规定:

1)应采用闪光接触对焊,并去掉接头的毛刺及卷边。

2)同一连接区段内纵向受拉钢筋焊接接头面积百分率不应大于25%,焊接接头连接区段的长度应取为$45d$,d为纵向受力钢筋的较大直径。

3)疲劳验算时,焊接接头应符合疲劳应力幅限值的规定。

(二)板配筋构造

1. 受力钢筋

(1)单向板和双向板可采用分离式配筋或弯起式配筋。分离式配筋因施工方便,已成为工程中主要采用的配筋方式。采用分离式配筋的多跨板,板底钢筋宜全部伸入支座,支座负弯矩钢筋向跨内的延伸长度应覆盖负弯矩图并满足钢筋锚固的要求。简支板或连续板下部纵向受力钢筋伸入支座的锚固长度不应小于钢筋直径的5倍,且宜伸过支座中心线。当连续板内温度、收缩应力较大时,伸入支座的长度宜适当增加。对与边梁整浇的板,支座负弯矩钢筋的锚固长度不应小于l_a。

(2)在双向板的纵横两个方向上均需配置受力钢筋。承受弯矩较大方向的受力钢筋,应布置在受力较小钢筋的外层。

(3)板与墙或梁整体浇筑或连续板下部纵向受力钢筋各跨单独配置时,伸入支座内的锚固长度l_{as},宜伸至墙或梁中心线且不应小于$5d$,当连续板内温度、收缩应力较大时,伸入支座的锚固长度宜适当增加。

(4)现浇混凝土空心楼盖中的非预应力纵向受力钢筋可分区均匀布置,也可在肋宽范围内适当集中布置,在整个楼板范围内的钢筋间距均不宜大于250mm。当内模为筒芯时,顺筒方向的纵向受力钢筋与筒芯的净距不得小于10mm,在肋宽范围内,宜根据肋宽大小设置构造钢筋;内模为箱体时,纵向受力钢筋与箱体的净距不得小于10mm,肋宽范围内应布置箍筋。

2. 分布钢筋

(1)单向板中单位长度上分布钢筋的截面面积不宜小于单位宽度上受力钢筋截面面积的15%,且不宜小于该方向板截面面积的0.15%;分布钢筋的间距不宜大于250mm,直径不宜小于6mm。对集中荷载较大的情况或对防止出现裂缝要求较严时,分布钢筋的截面面积应适当增加,其间距不宜大于200mm。

(2)分布钢筋应配置在受力钢筋的转折处及直线段,在梁截面范围可不配置。

3. 构造钢筋

(1)对与梁、墙整体浇筑或嵌固在承重砌体墙内的现浇混凝土板,应沿支承周边配置上部构造钢筋,其直径不宜小于8mm,间距不宜大于200mm,并应符合下列规定:

1)单位宽度内的配筋面积不宜小于跨中相应方向板底钢筋截面面积的1/3。与混凝土梁或混凝土墙整体浇筑单向板的非受力方向,钢筋截面面积尚不宜小于板跨中相应方向纵向钢筋截面面积的1/3。

2)构造钢筋自梁边、柱边、墙边伸入板内的长度不宜小于$l_0/4$,砌体墙支座处钢筋伸入板边的长度不宜小于$l_0/7$,其中计算跨度l_0对单向板按受力方向考虑,对双向板按短边方向考虑。

3)在楼板角部,宜沿两个方向正交、斜向平行或放射状布置附加钢筋。

4)钢筋应在梁内、墙内或柱内可靠锚固。

(2)挑檐转角处应配置放射性构造钢筋(图5-4)。钢筋间距沿$l/2$处不宜大于200mm(l为挑檐长度);钢筋埋入长度不应小于挑檐宽度,即$l_a \geq l$。构造钢筋的直径与边跨支座的负弯矩筋相同且不宜小于8mm。阴角处挑檐,当挑檐因故为按要求设置伸缩缝(间距≤12m),且挑檐长度$l \geq 1.2m$时,宜在板上下面各设置3根$\phi 10 \sim \phi 14$的构造钢筋(图5-5)。

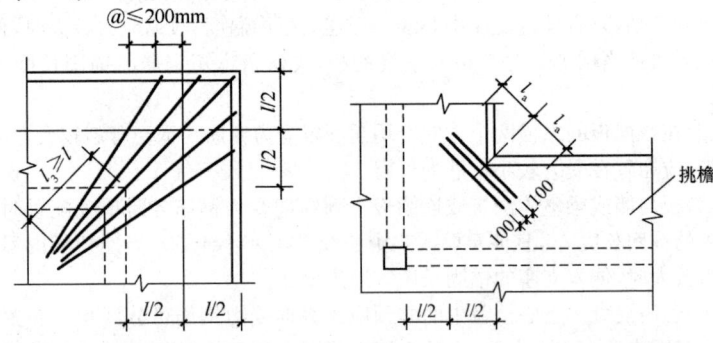

图5-4 挑檐转角处板的构造钢筋　　图5-5 挑檐阴角处板的构造钢筋

(3)在温度、收缩应力较大的现浇板区域,应在板的表面双向配置防裂构造钢筋。配筋率不宜小于0.1%,间距不宜大于200mm。防裂构造钢筋可利用原有钢筋贯通布置,也可另行设置钢筋与原有钢筋按受拉钢筋的要求搭接或在周边构件中锚固。

(4)混凝土厚板及卧置于地基上的基础筏板,当板的厚度大于2m时,除应沿板的上下表面布置纵、横方向钢筋外,尚宜在板厚度不超过1m范围内设置与板面平行的构造钢筋网片,网片钢筋直径不宜小于12mm,纵横方向的间距不宜大于300mm。

(5)当混凝土板的厚度不小于150mm时,对板的无支承边的端部,宜设置U形构造钢筋,并与板顶、板底的钢筋搭接,搭接长度不宜小于U形构造钢筋直径的15倍且不宜小于200mm,也可采用板面、板底钢筋分别向下、上弯折搭接的形式。

(6)现浇混凝土空心楼盖构造钢筋应符合下列规定:

1)楼盖角部空心楼板、顶板底均应配置构造钢筋,配筋的范围从支座中心算起,两个方向的延伸长度均不小于所在角区格板短边跨度的1/4,构造钢筋在支座处应按受拉钢筋锚固。

2)构造钢筋可采用正交钢筋网片,板顶、板底构造钢筋在两个方向的配筋率均不应小于0.2%,且直径不宜小于8mm,间距不宜大于200mm。

3)边支承空心楼盖中,墙边或梁边每侧的实心板带宽度宜取$0.2h_s$(h_s为楼板厚度),且不应小于50mm,实心板带内应配置构造钢筋。

4)柱支承板楼盖中区格板周边的楼板实心区域应配置构造钢筋。

4. 板上开洞

(1)圆洞或方洞垂直于板跨方向的边长(直径)小于300mm时,可将板的受力钢筋绕过洞口,并可不设孔洞的附加钢筋(图5-6)。

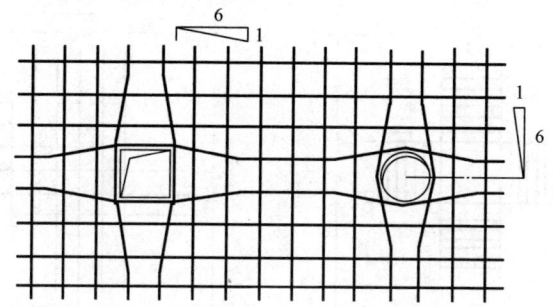

图5-6 矩形洞边长和圆形洞直径不大于**300mm**时钢筋构造

(2)当300mm≤$d(b)$≤1000mm时,且在孔洞周边无集中荷载时,应沿洞边每侧配置加强钢筋,其面积不小于洞口宽度内被切断的受力钢筋面积的1/2,且根据板面荷载大小选用 $2\phi8\sim2\phi12$。

(3)当 $d(b)>300$mm 且孔洞周边有集中荷载时或 $d(b)>1000$mm 时,应在孔洞边加设边梁。

(4)当现浇混凝土空心楼板需要开洞时,洞口的周边应保证至少 100mm 宽的实心混凝土带,并应在洞边布置补偿钢筋,每方向的补偿钢筋面积不应小于切断钢筋的面积。

5. 板柱节点

混凝土板中配置抗冲切箍筋或弯起钢筋时,应符合下列构造要求:

(1)板的厚度不应小于 150mm。

(2)按计算所需的箍筋及相应的架立钢筋应配置在与 45°冲切破坏锥面相交的范围内,且从集中荷载作用面或柱截面边缘向外的分布长度不应小于 $1.5h_0$ [图 5-7(a)];箍筋直径不应小于 6mm,且应做成封闭式,间距不应大于 $h_0/3$,且不应大于 100mm。

(3)按计算所需弯起钢筋的弯起角度可根据板的厚度在 30°~45°之间选取;弯起钢筋的倾斜段应与冲切破坏锥面相交[图 5-7(b)],其交点应在集中荷载作用面或柱截面边缘以外、$(1/2\sim1/3)h$ 的范围内。弯起钢筋直径不宜小于 12mm,且每一方向不宜少于 3 根。

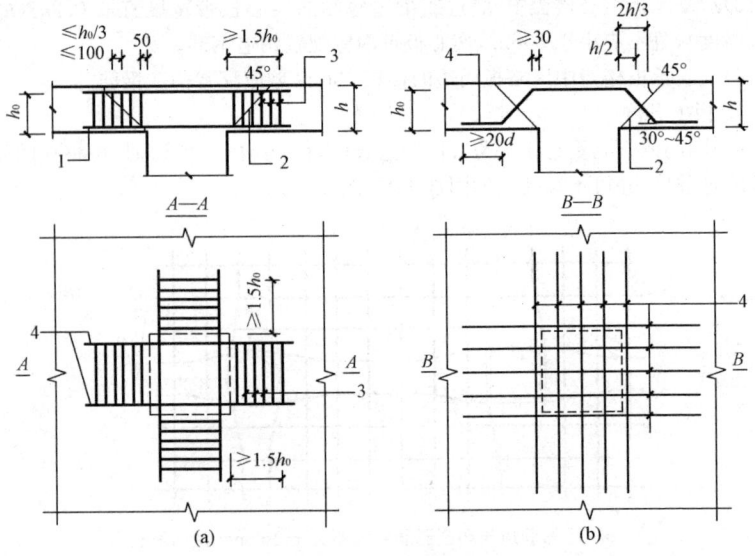

图 5-7 板中抗冲切钢筋布置(mm)
(a)用箍筋作抗冲切钢筋;(b)用弯起钢筋作抗冲切钢筋
1—架立钢筋;2—冲切破坏锥面;3—箍筋;4—弯起钢筋

(4)板柱节点可采用带柱帽或托板的结构形式。板柱节点的形状、尺寸应包容 $45°$ 的冲切破坏锥体,并应满足受冲切承载力的要求。柱帽的高度不应小于板的厚度 h;托板的厚度不应小于 $h/4$。柱帽或托板在平面两个方向上的尺寸均不宜小于同方向上柱截面宽度 b 与 $4h$ 的和。

(三)梁配筋构造

1. 纵向配筋

(1)梁的纵向受力钢筋应符合下列规定:

1)伸入梁支座范围内的钢筋不应少于 2 根。

2)梁高不小于 300mm 时,钢筋直径不应小于 10mm;梁高小于 300mm 时,钢筋直径不应小于 8mm。

3)梁上部钢筋水平方向的净间距不应小于 30mm 和 $1.5d$;梁下部钢筋水平方向的净间距不应小于 25mm 和 d。当下部钢筋多于 2 层时,2 层以上钢筋水平方向的中距应比下面 2 层的中距增大一倍;各层钢筋之间的净间距不应小于 25mm 和 d,d 为钢筋的最大直径。

4)在梁的配筋密集区域宜采用并筋的配筋形式。

(2)钢筋混凝土简支梁和连续梁简支端的下部纵向受力钢筋,从支座边缘算起伸入支座内的锚固长度应符合下列规定:

1)当 V 不大于 $0.7f_t bh_0$ 时,不小于 $5d$;当 V 大于 $0.7f_t bh_0$ 时,对带肋钢筋不小于 $12d$,对光圆钢筋不小于 $15d$,d 为钢筋的最大直径。

2)如纵向受力钢筋伸入梁支座范围内的锚固长度不符合要求时,可采取弯钩或机械锚固措施。

3)支承在砌体结构上的钢筋混凝土独立梁,在纵向受力钢筋的锚固长度范围内应配置不少于 2 个箍筋,其直径不宜小于 $d/4$,d 为纵向受力钢筋的最大直径;间距不宜大于 $10d$,当采取机械锚固措施时箍筋间距尚不宜大于 $5d$,d 为纵向受力钢筋的最小直径。

注:混凝土强度等级为 C25 及以下的简支梁和连续梁的简支端。当距支座边 $1.5h$ 范围内作用有集中荷载,且 V 大于 $0.7f_t bh_0$ 时,对带肋钢筋宜采取有效的锚固措施,或取锚固长度不小于 $15d$,d 为锚固钢筋的直径。

(3)框架梁上部纵向钢筋伸入中间层端节点的锚固长度,当采用直线锚固形式时不应小于 l_a,且应伸过柱中心线不宜小于 $5d$(d 为梁上部纵向钢筋的直径)。当柱截面尺寸不满足直线锚固要求时,可采用钢筋端部加机械锚头的锚固方式,上部纵向钢筋伸至柱外侧纵向钢筋内边,包括机械锚头在内的水平投影锚固长度不应小于 $0.4l_{ab}$;梁上部纵向钢筋也可采用 $90°$ 弯折锚固的方式,此时,梁上部纵向钢筋应伸至柱外侧纵向钢筋内边并向节点内弯折,其包含弯弧段在内的水平投影长度不应小于 $0.4l_{ab}$,弯折钢筋在弯折平面内包含弯弧段的投影长度不应小于

$15d$,此处 l_{ab} 为钢筋的基本锚固长度。

(4)钢筋混凝土梁支座截面负弯矩纵向受拉钢筋不宜在受拉区截断,当需要截断时,应符合以下规定:

1)当 V 不大于 $0.7f_tbh_0$ 时,应延伸至按正截面受弯承载力计算不需要该钢筋的截面以外不小于 $20d$ 处截断,且从该钢筋强度充分利用截面伸出的长度不应小于 $1.2l_a$。

2)当 V 大于 $0.7f_tbh_0$ 时,应延伸至按正截面受弯承载力计算不需要该钢筋的截面以外不小于 h_0 且不小于 $20d$ 处截断,且从该钢筋强度充分利用截面伸出的长度不应小于 $1.2l_a$ 与 h_0 之和。

3)若按上述规定确定的截断点仍位于负弯矩对直的受拉区内,则应延伸至按正截面受弯承载力计算不需要该钢筋的截面以外不小于 $1.3h_0$ 且不小于 $20d$ 处截断,且从该钢筋强度充分利用截面伸出的长度不应小于 $1.2l_a$ 与 $1.7h_0$ 之和。

(5)在钢筋混凝土悬臂梁中,应有不少于 2 根上部钢筋伸至悬臂梁外端,并向下弯折不小于 $12d$;其余钢筋不应在梁的上部截断,而应按规定的弯起点位置向下弯折,并在梁的下边锚固。

(6)沿截面周边布置受扭纵向钢筋的间距不应大于 200mm 及梁截面短边长度;除应在梁截面四角设置受扭纵向钢筋外,其余受扭纵向钢筋宜沿截面周边均匀对称布置。受扭纵向钢筋应按受拉钢筋锚固在支座内。

(7)梁的上部纵向构造钢筋应符合下列要求:

1)当梁端按简支计算但实际受到部分约束时,应在支座区上部设置纵向构造钢筋。其截面面积不应小于梁跨中下部纵向受力钢筋计算所需截面面积的 1/4,且不应少于 2 根。该纵向构造钢筋自支座边缘向跨内伸出的长度不应小于 $l_0/5$,l_0 为梁的计算跨度。

2)对架立钢筋,当梁的跨度小于 4m 时,直径不宜小于 8mm;当梁的跨度为 4~6m 时,直径不应小于 10mm;当梁的跨度大于 6m 时,直径不宜小于 12mm。

3)当梁的腹板高度(扣除翼缘厚度后截面高度)$h_w \geq 450mm$ 时,梁侧应沿高度配置纵向构造钢筋(腰筋),按构造设置时,一般伸至梁端,不做弯钩;若按计算配置时,则在梁端应满足受拉时的锚固要求。每侧纵向构造钢筋的间距不宜大于 200mm,截面面积不应小于腹板截面面积 bh_w 的 0.1%,但当梁宽较大时可以适当放松。

4)梁的两侧纵向构造钢筋宜用拉筋联系,拉筋应同时钩住纵筋和箍筋。当梁宽 $\leq 350mm$ 时拉筋直径不宜小于 6mm,梁宽 $> 350mm$ 时拉筋直径不宜小于 8mm。拉筋间距一般为非加密区箍筋间距的两倍,且 $\leq 600mm$。当梁侧向拉筋多于一排时,相邻上下排拉筋应错开设置。

5)对钢筋混凝土薄腹梁或需作疲劳验算的钢筋混凝土梁,应在下部 1/2 梁高的腹板内沿两侧配置直径为 8~14mm、间距 100~150mm 的纵向构造钢筋,并应按下密上疏的方式布置；在上部1/2梁高的腹板内，纵向构造钢筋按一般规定配置。

2. 横向钢筋

（1）混凝土梁宜采用箍筋作为承受剪力的钢筋。当采用弯起钢筋时，弯起角宜取45°或60°；在弯终点外应留有平行于梁轴线方向的锚固长度，且在受拉区不应小于$20d$，在受压区不应小于$10d$，d为弯起钢筋的直径；梁底层钢筋中的角部钢筋不应弯起，顶层钢筋中的角部钢筋不应弯下。

（2）在混凝土梁的受拉区中，弯起钢筋的弯起点可设在按正截面受弯承载力计算不需要该钢筋的截面之前，但弯起钢筋与梁中心线的交点应位于不需要该钢筋的截面之外（图5-8）；同时弯起点与按计算充分利用该钢筋的截面之间的距离不应小于$h_0/2$。

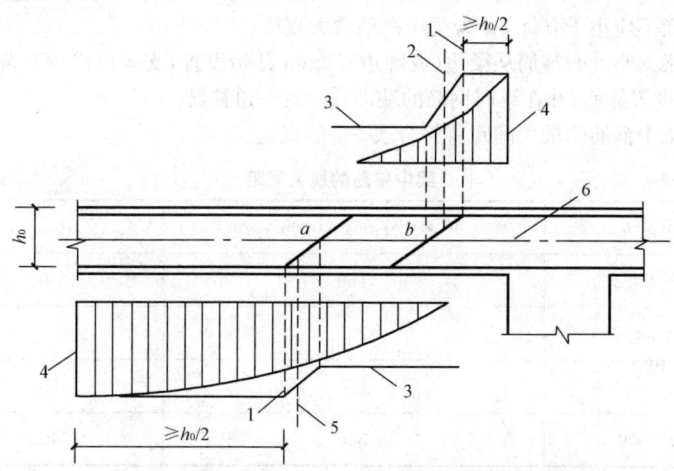

图5-8 弯起钢筋弯起点与弯矩图的关系
1—受拉区的弯起点；2—按计算不需要钢筋"b"的截面；
3—正截面受弯承载力图；4—按计算充分利用钢筋"a"或"b"强度的截面；
5—按计算不需要钢筋"a"的截面；6—梁中心线

当按计算需要设置弯起钢筋时，从支座起前一排的弯起点至后一排的弯终点的距离不应大于表5-7中"$V>0.7f_tbh_0+0.05N_{p0}$"时的箍筋最大间距。

（3）当纵向受力钢筋不能在需要的位置弯起，或弯起钢筋不足以承受剪力时，需增设附加斜钢筋，且其两端应锚固在受压区内（鸭筋），且不得采用浮筋，如图5-9所示。

（4）梁中箍筋的配置应符合下列规定：

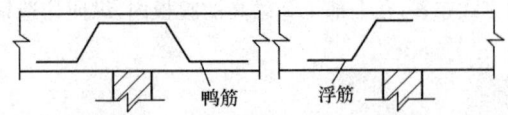

图 5-9　附加斜钢筋（鸭筋）的设置

1）按承载力计算不需要箍筋的梁，当截面高度 h_0 大于 300mm 时，应沿梁全长设置构造箍筋；当截面高度 h_0 为 150～300mm 时，可仅在构件端部 $l_0/4$ 范围内设置构造箍筋，l_0 为跨度，但当在构件中部 $l_0/2$ 范围内有集中荷载作用时，则应沿梁全长设置箍筋；当截面高度 h_0 小于 150mm 时，可以不设置箍筋。

2）对截面高度 h_0 大于 800mm 的梁，箍筋直径不宜小于 8mm；对截面高度 h_0 不大于 800mm 的梁，不宜小于 6mm。梁中配有计算需要的纵向受压钢筋时，箍筋直径尚不应小于 $d/4$，d 为受压钢筋最大直径。

3）梁支座处的箍筋从梁边（或墙边）50mm 开始设置，支座范围内每隔 100～200mm 设置箍筋，并在纵向钢筋的端部宜设置一道箍筋。

4）梁中箍筋的最大间距宜符合表 5-7 的规定。

表 5-7　　　　　　　　梁中箍筋的最大间距　　　　　　　　（mm）

梁高 h	$V>0.7f_tbh_0+0.05N_{p0}$	$V\leqslant 0.7f_tbh_0+0.05N_{p0}$
$150<h\leqslant 300$	150	200
$300<h\leqslant 500$	200	300
$500<h\leqslant 800$	250	350
$h>800$	300	400

5）当梁中配有按计算需要的纵向受压钢筋时，箍筋应符合以下规定：

①箍筋应做成封闭式，且弯钩直线段长度不应小于 $5d$，d 为箍筋直径。抗扭箍筋应做成封闭式，且应沿截面周边布置；当采用复合箍筋时，位于截面内部的箍筋不应计入抗扭箍筋面积。受扭所需箍筋的末端应做成 135°弯钩，弯钩端头平直段长度不应小于 $10d$。

②箍筋的间距不应大于 $15d$，并不应大于 400mm。当一层内的纵向受压钢筋多于 5 根且直径大于 18mm 时，箍筋间距不应大于 $10d$，d 为纵向受压钢筋的最小直径。

③箍筋的基本形式为双肢箍，当梁的宽度大于 400mm 且一层内的纵向受压钢筋多于 3 根时，或当梁的宽度不大于 400mm 但一层内的纵向受压钢筋多于 4 根时，应设置复合箍筋。

6)当梁箍筋为双肢箍时,梁上部纵筋、下部纵筋及箍筋的排布无关联,各自独立排布;当梁箍筋为复合箍时,梁上部纵筋、下部纵筋及箍筋的排布有关联,钢筋排布应符合下列要求:

①梁上部纵筋、下部纵筋及复合箍筋排布时应遵循对称均匀原则。

②梁复合箍筋应采用截面周边外封闭大箍加内封闭小箍的组合方式(大箍套小箍)。内部复合箍筋可采用相邻两肢形成一个内封闭小箍的形式;当梁箍筋肢数≥6,相邻两肢形成的内封闭小箍水平端尺寸较小,施工中不易加工及安装绑扎时,内部复合箍筋也可采用非相邻肢形成一个内封闭小箍的形式(连环套),但沿外封闭周边箍筋重叠不应多于三层。

③梁复合箍筋肢数宜为双数,当复合箍筋的肢数为单数时,设一个单肢箍。单肢箍筋应同时钩住纵向钢筋和外封闭箍筋。

④梁箍筋转角处应有纵向钢筋,当箍筋上部转角处的纵向钢筋未能贯通全跨时,在跨中上部可设置架立筋(架立筋的直径:当梁的跨度小于 4m 时,不宜小于 8mm;当梁的跨度为 4～6m 时,不宜小于 10mm;当梁的跨度大于 6m 时,不宜小于 12mm。架立筋与梁纵向钢筋搭接长度为 150mm)。

⑤梁上部通长筋应对称均匀设置,通长筋宜置于箍筋转角处。

⑥梁同一跨内各组箍筋的复合方式应完全相同。当同一组内复合箍筋各肢位置不能满足对称性要求时,此跨内每相邻两组箍筋各肢的安装绑扎位置应沿梁纵向交错对称排布。

⑦梁横截面纵向钢筋与箍筋排布时,除考虑本跨内钢筋排布关联因素外,还应综合考虑相邻跨之间的关联影响。

⑧内部复合箍筋应紧靠外封闭箍筋一侧绑扎。当有水平拉筋时,拉筋在外封闭箍筋的另一侧绑扎。

7)封闭箍筋弯钩位置:当梁顶部有现浇板时,弯钩位置设置在梁顶;当梁底部有现浇板时,弯钩位置设置在梁底;当梁顶部或底部均无现浇板时,弯钩位置设置于梁顶部。

3. 局部钢筋

(1)位于梁下部或梁截面高度范围内的集中荷载,应全部由附加横向钢筋承担;附加横向钢筋宜采用箍筋。箍筋应布置在长度为 $2h_1$ 与 $3b$ 之和的范围内(图 5-10)。当采用吊筋时,弯起段应伸至梁的上边缘,且末端水平段长度在受拉区不应小于 $20d$,在受压区不应小于 $10d$,d 为弯起钢筋的直径。

(2)折梁的内折角处应增设箍筋(图 5-11)。箍筋应能承受未在压区锚固纵向受拉钢筋的合力,且在任何情况下不应小于全部纵向钢筋合力的 35%。梁内折角处附加箍筋应设置在长度 $s=h\tan(3\alpha/8)$ 的范围内。

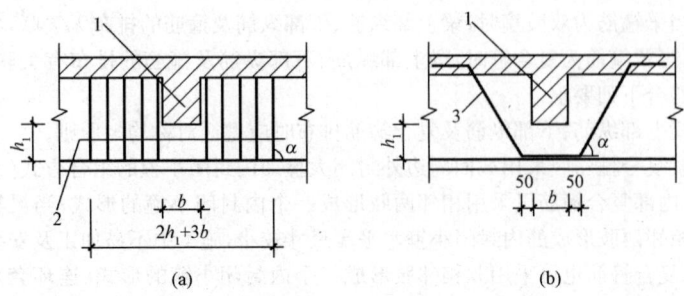

图 5-10　梁截面高度范围内有集中荷载作用时附加横向钢筋的布置
(a)附加箍筋；(b)附加吊筋
1—传递集中荷载的位置；2—附加箍筋；3—附加吊筋

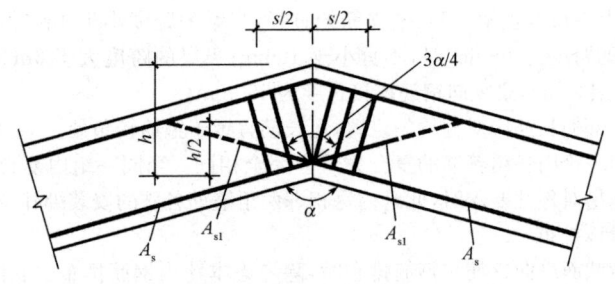

图 5-11　折梁内折角处的配筋

(四)柱及梁柱节点配筋构造

1. 柱

(1)柱中纵向钢筋的配置应符合下列规定：

1)纵向受力钢筋直径不宜小于 12mm；全部纵向钢筋的配筋率不宜大于 5%。

2)柱中纵向钢筋的净间距不应小于 50mm，且不宜大于 300mm。

3)偏心受压柱的截面高度不小于 600mm 时，在柱的侧面上应设置直径不小于 10mm 的纵向构造钢筋，并相应设置复合箍筋或拉筋。

4)圆柱中纵向钢筋不宜少于 8 根，不应少于 6 根，且宜沿周边均匀布置。

5)在偏心受压柱中，垂直于弯矩作用平面的侧面上的纵向受力钢筋以及轴心受压柱中各边的纵向受力钢筋，其中距不宜大于 300mm。

(2)柱中的箍筋应符合下列规定：

1)箍筋直径不应小于 $d/4$，且不应小于 6mm，d 为纵向钢筋的最大直径。

2)箍筋间距不应大于 400mm 及构件截面的短边尺寸，且不应大于 $15d$，d 为纵向钢筋的最小直径。

3)柱及其他受压构件中的周边箍筋应做成封闭式;对圆柱中的箍筋,末端应做成135°弯钩,弯钩末端平直段长度不应小于$5d$,d为箍筋直径。

4)当柱截面短边尺寸大于400mm且各边纵向钢筋多于3根时,或当柱截面短边尺寸不大于400mm但各边纵向钢筋多于4根时,应设置复合箍筋。

5)柱中全部纵向受力钢筋的配筋率大于3%时,箍筋直径不应小于8mm,间距不应大于$10d$,且不应大于200mm。箍筋末端应做成135°弯钩,且弯钩末端平直段长度不应小于$10d$,d为纵向受力钢筋的最小直径。

6)在配有螺旋式或焊接环式箍筋的柱中,如在正截面受压承载力计算中考虑间接钢筋的作用时,箍筋间距不应大于80mm及$d_{cor}/5$,且不宜小于40mm,d_{cor}为按箍筋内表面确定的核心截面直径。

2. 梁柱节点

(1)梁纵向钢筋在框架中间层端节点的锚固应符合下列要求:

1)梁上部纵向钢筋伸入节点的锚固:

①当采用直线锚固形式时,锚固长度不应小于l_a,且应伸过柱中心线,伸过的长度不宜小于$5d$,d为梁上部纵向钢筋的直径。

②当柱截面尺寸不满足直线锚固要求时,梁上部纵向钢筋可采用钢筋端部加机械锚头的锚固方式。梁上部纵向钢筋宜伸至柱外侧纵向钢筋内边,包括机械锚头在内的水平投影锚固长度不应小于$0.4l_{ab}$[图5-12(a)]。

③梁上部纵向钢筋也可采用90°弯折锚固的方式,此时梁上部纵向钢筋应伸至柱外侧纵向钢筋内边并向节点内弯折,其包含弯弧在内的水平投影长度不应小于$0.4l_{ab}$,弯折钢筋在弯折平面内包含弯弧段的投影长度不应小于$15d$[图5-12(b)]。

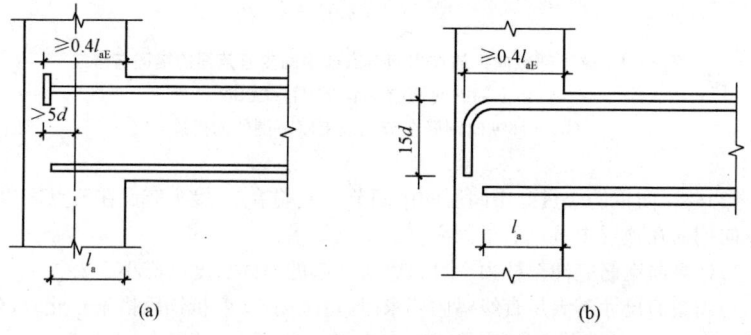

图5-12 梁上部纵向钢筋在中间层端节点内的锚固
(a)钢筋端部加锚头锚固;(b)钢筋末端90°弯折锚固

2)框架梁下部纵向钢筋伸入端节点的锚固应符合下列要求:

①当计算中充分利用该钢筋的抗拉强度时,钢筋的锚固方式及长度应与上部钢筋的规定相同。

②当计算中不利用该钢筋的强度或仅利用该钢筋的抗压强度时,伸入节点的锚固长度应分别符合中间节点梁下部纵向钢筋锚固的规定。

(2)框架中间层中间节点或连续梁中间支座,梁的上部纵向钢筋应贯穿节点或支座。梁的下部纵向钢筋宜贯穿节点或支座。当必须锚固时,应符合下列锚固要求:

1)当计算中不利用该钢筋的强度时,其伸入节点或支座的锚固长度对带肋钢筋不小于 $12d$,对光面钢筋不小于 $15d$,d 为钢筋的最大直径。

2)当计算中充分利用钢筋的抗压强度时,钢筋应按受压钢筋锚固在中间节点或中间支座内,其直线锚固长度不应小于 $0.7l_a$。

3)当计算中充分利用钢筋的抗拉强度时,钢筋可采用直线方式锚固在节点或支座内,锚固长度不应小于钢筋的受拉锚固长度 l_a[图 5-13(a)]。

4)当柱截面尺寸不足时,宜按规定采用钢筋端部加锚头的机械锚固措施,也可采用 90°弯折锚固的方式。

5)钢筋可在节点或支座外梁中弯矩较小处设置搭接接头,搭接长度的起始点至节点或支座边缘的距离不应小于 $1.5h_0$[图 5-13(b)]。

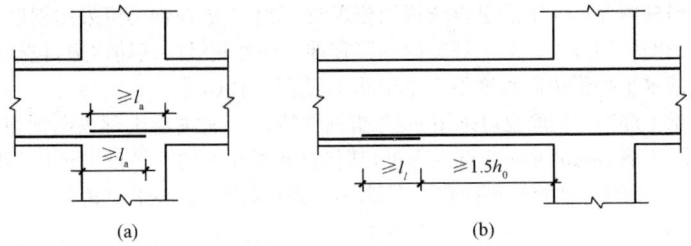

图 5-13 梁下部纵向钢筋在中间节点或中间支座范围的锚固与搭接
(a)下部纵向钢筋在节点中直线锚固;
(b)下部纵向钢筋在节点或支座范围外的搭接

(3)柱纵向钢筋应贯穿中间层的中间节点或端节点,接头应设在节点区以外。柱纵向钢筋在顶层中节点的锚固应符合下列要求:

1)柱纵向钢筋应伸至柱顶。且自梁底算起的锚固长度不应小于 l_a。

2)当截面尺寸不满足直线锚固要求时,可采用 90°弯折锚固措施。此时,包括弯弧在内的钢筋垂直投影锚固长度不应小于 $0.5l_{ab}$,在弯折平面内包含弯弧段的水平投影长度不宜小于 $12d$[图 5-14(a)]。

3)当截面尺寸不足时,也可采用带锚头的机械锚固措施。此时,包含锚头在内的竖向锚固长度不应小于 $0.5l_{ab}$[图 5-14(b)]。

4)当柱顶有现浇楼板且板厚不小于 100mm 时。柱纵向钢筋也可向外弯折,弯折后的水平投影长度不宜小于 $12d$。

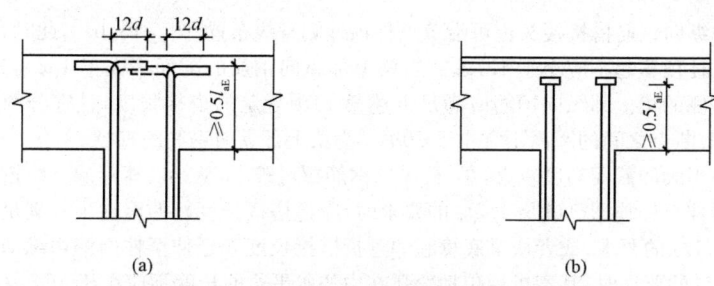

图 5-14 顶层节点中柱纵向钢筋在节点内的锚固
(a)柱纵向钢筋 90°弯折锚固;(b)柱纵向钢筋端头加锚板锚固

(4)顶层端节点柱外侧纵向钢筋可弯入梁内作梁上部纵向钢筋;也可将梁上部纵向钢筋与柱外侧纵向钢筋在节点及附近部位搭接,搭接可采用下列方式:

1)搭接接头可沿顶层端节点外侧及梁端顶部布置,搭接长度不应小于 $1.5l_{ab}$ [图 5-15(a)]。其中,伸入梁内的柱外侧钢筋截面面积不宜小于其全部面积的 65%;梁宽范围以外的柱外侧钢筋宜沿节点顶部伸至柱内边锚固。当柱外侧纵向钢筋位于柱顶第一层时,钢筋伸至柱内边后宜向下弯折不小于 $8d$ 后截断 [图 5-15(a)],d 为柱纵向钢筋的直径;当柱外侧纵向钢筋位于柱顶第二层时,可不向下弯折。当现浇板厚度不小于 100mm 时,梁宽范围以外的柱外侧纵向钢筋也可伸入现浇板内,其长度与伸入梁内的柱纵向钢筋相同。

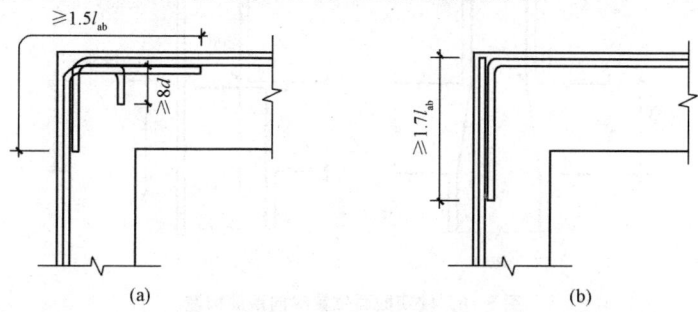

图 5-15 顶层端节点梁、柱纵向钢筋在节点内的锚固与搭接
(a)搭接接头沿顶层端节点外侧及梁端顶部布置;
(b)搭接接头沿节点外侧直线布置

2)当柱外侧纵向钢筋配筋率大于 1.2% 时,伸入梁内的柱纵向钢筋应满足上述第1)项规定且宜分两批截断,截断点之间的距离不宜小于 $20d$,d 为柱外侧纵向钢筋的直径。梁上部纵向钢筋应伸至节点外侧并向下弯至梁下边缘高度位置截断。

3)纵向钢筋搭接接头也可沿节点柱顶外侧直线布置[图 5-15(b)],此时,搭接长度自柱顶算起不应小于 $1.7l_{ab}$。当梁上部纵向钢筋的配筋率大于 1.2%时,弯入柱外侧的梁上部纵向钢筋应满足上述第 1)项规定的搭接长度,且宜分两批截断,其截断点之间的距离不宜小于 $20d$,d 为梁上部纵向钢筋的直径。

4)当梁的截面高度较大,梁、柱纵向钢筋相对较小,从梁底算起的直线搭接长度未延伸至柱顶即已满足 $1.5l_{ab}$ 的要求时,应将搭接长度延伸至柱顶并满足搭接长度 $1.7l_{ab}$ 的要求;或者从梁底算起的弯折搭接长度未延伸至柱内侧边缘即已满足 $1.5l_{ab}$ 的要求时,其弯折后包括弯弧在内的水平段的长度不应小于 $15d$,d 为柱纵向钢筋的直径。

(5)梁上部纵向钢筋与柱外侧纵向钢筋在节点角部的弯弧内半径,当钢筋直径不大于 25mm 时,不宜小于 $6d$;大于 25mm 时,不宜小于 $8d$。钢筋弯弧外的混凝土中应配置防裂、防剥落的构造钢筋。

(6)柱变截面位置纵向钢筋构造应符合下列规定:

1)下柱伸入上柱搭接钢筋的根数及直径,应满足上柱受力要求;当上下柱内钢筋直径不同时,搭接长度应按上柱内钢筋直径计算。

2)下柱伸入上柱的钢筋折角不大于 1∶6 时,下柱钢筋可不切断而弯伸至上柱[图 5-16(a)];当折角大于 1∶6 时,应设置插筋或将上柱钢筋锚在下柱内[图 5-16(b)]。

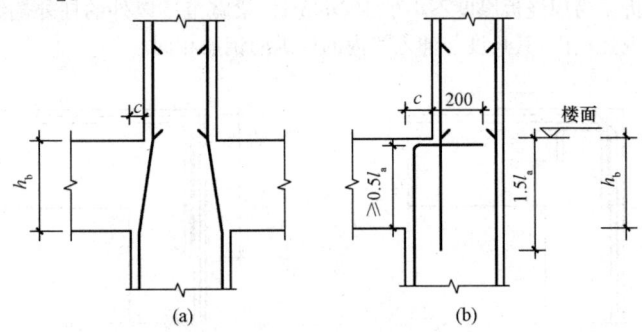

图 5-16 柱变截面位置纵向钢筋构造
(a)$c/h_b \leqslant 1/6$;(b)$c/h_b \geqslant 1/6$

(五)剪力墙配筋构造

(1)钢筋混凝土剪力墙水平及竖向分布的直径不应小于 8mm,间距不应大于 300mm。

(2)厚度大于 160mm 的剪力墙应配置双排分布钢筋网;结构中重要部位的剪力墙,当其厚度不大于 160mm 时,也宜配置双排分布钢筋网。双排分布钢筋网应沿墙的两个侧面布置,且应采用拉筋联系;拉筋直径不宜小于 6mm,间距不宜大于600mm；对重要部位的墙宜适当增加拉筋的数量。

(3)剪力墙水平分布钢筋的搭接长度不应小于$1.2l_a$。同排水平分布钢筋的搭接接头之间以及上、下相邻水平分布钢筋的搭接接头之间沿水平方向的净间距不宜小于500mm。剪力墙竖向分布钢筋可在同一高度搭接，搭接长度不应小于$1.2l_a$。带边框的墙，水平和竖向分布钢筋宜贯穿柱、梁或锚固在柱、梁内。

(4)剪力墙水平分布钢筋应伸至墙端，并向内水平弯折$10d$后截断(d为水平分布钢筋直径)，如图5-17(a)所示。当剪力墙端部有翼墙或转角的墙时，水平分布钢筋应伸至翼墙或转角外边，并向两侧水平弯折$15d$后截断，如图5-17(b)所示。

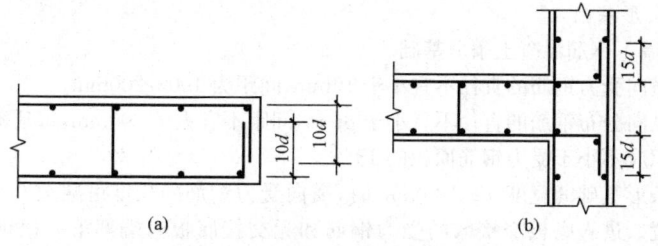

图5-17 端部水平分布钢筋的锚固
(a)无翼墙时的锚固；(b)有翼墙时的锚固

在房屋角部，沿剪力墙外侧的水平分布筋宜沿外墙边连续弯入翼墙内，如图5-18(a)所示；当需要在纵横墙转角处设置搭接接头时，沿外墙边的水平分布钢筋的总搭接长度不直小于$1.3l_a$，如图5-18(b)所示。

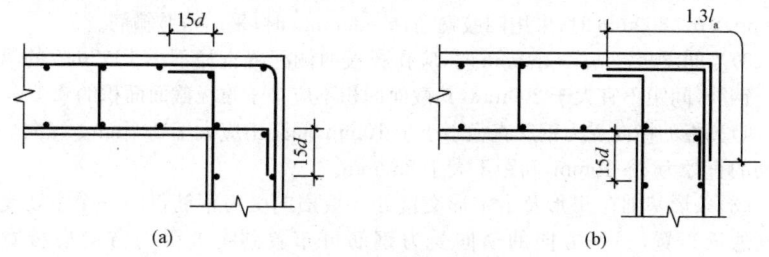

图5-18 转角处水平分布钢筋的配筋构造
(a)外侧水平钢筋连续通过转角；(b)外侧水平钢筋设搭接接头

(5)剪力墙墙肢两端的竖向受力钢筋不宜少于4根直径12mm的钢筋或2根直径16mm的钢筋，且沿该竖向钢筋方向宜配置直径不小于6mm、间距为250mm的箍筋或拉筋。

(6)剪力墙洞口上、下两边的水平纵向钢筋截面面积分别不宜小于洞口截断的水平分布钢筋总面积的1/2。纵向钢筋自洞口边伸入墙内的长度不应小于受拉钢筋的锚固长度。剪力墙洞口连梁应沿全长配置箍筋,箍筋直径不宜小于6mm,间距不宜大于150mm。在顶层洞口连梁纵向钢筋伸入墙内的锚固长度范围内,应设置相同的箍筋。门窗洞边的竖向钢筋应按受拉钢筋锚固在顶层连梁高度范围内。

(7)钢筋混凝土剪力墙的水平和竖向分布钢筋的配筋率不应小于0.2%。结构中重要部位的剪力墙,其水平和竖向分布钢筋的配筋率宜适当提高。剪力墙中温度、收缩应力较大的部位,水平分布钢筋的配筋率可适当提高。

(六)基础配筋构造

1. 条形基础

(1)墙下钢筋混凝土条形基础。

1)横向受力钢筋的直径不宜小于10mm,间距为100~200mm。

2)纵向分布钢筋的直径不宜小于8mm,间距不宜大于300mm,每延米分布钢筋的面积应不小于受力钢筋面积的15%。

3)条形基础的宽度$b \geqslant 2500mm$时,横向受力钢筋的长度可减至$0.9l$,并宜交错布置。进入底板交接区的受力钢筋和无交接底板时端部第一根钢筋不应减短。

(2)柱下条形基础。

1)柱下条形基础顶面受力钢筋按计算配筋全部贯通,底面钢筋中的通长钢筋不应小于底面受力钢筋截面总面积的1/3。纵向受力钢筋的直径不应小于12mm。

2)肋梁箍筋应采用封闭式,其直径不应小于8mm,间距不应小于$15d$(d为纵向受力钢筋直径),也不应大于500mm。肋梁宽度$b \leqslant 350mm$时,采用双肢箍筋;$350mm < b \leqslant 800mm$时,采用四肢箍筋;$b > 800mm$时,采用六肢箍筋。

3)当肋梁板高$h_w \geqslant 450mm$时,应在腹板两侧配置直径不小于12mm的纵向构造钢筋,间距不宜大于200mm,其截面面积不应小于腹板截面面积的0.1%。

4)翼板的横向受力钢筋直径不小于10mm,不应大于200mm。纵向分布钢筋的直径为8~10mm,间距不大于250mm。

(3)条形基础在T形及十字形交接处底板横向受力钢筋仅沿一个主要受力方向通长布置,另一方向的横向受力钢筋可布置到主要受力方向底板宽度1/4处;在拐角处底板横向受力钢筋应沿两个方向布置。

2. 独立基础

(1)独立基础系双向受力,受力钢筋的直径不宜小于10mm,间距为100~200mm。沿短边方向的受力钢筋一般置于长边受力钢筋的上面。当基础边长$B \geqslant 2500mm$时(除基础支承在桩上外),受力钢筋的长度可缩减10%,交错布置。

(2)现浇柱下独立基础的插筋的数量、直径、间距以及钢筋种类应与柱中纵向受力钢筋相同,下端宜做成直弯钩,放在基础的钢筋网上(图5-19);当柱为轴心受压或小偏心受压、基础高度 $h \geqslant 1200$mm，或柱为大偏心受压、基础高度 $h \geqslant 1400$mm 时，可仅将四角的插筋伸至底板钢筋网上，其余插筋锚固在基础顶面下 l_a 或 l_{aE}（有抗震设防要求时）处。插筋的箍筋与柱中箍筋相同，基础内设置两个。

(3) 预制柱下杯形基础，当 $t/h_2 < 0.65$ 时（t 为杯口宽度，h_2 为杯口外壁高度），杯口需要配筋，如图 5-19 所示。

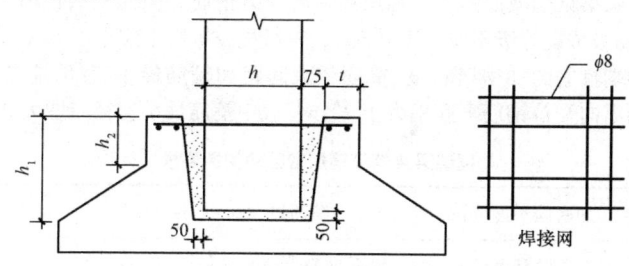

图 5-19　杯形基础配筋

3. 筏板基础

(1) 筏板基础的钢筋间距不应小于 150mm，宜为 200～300mm，受力钢筋直径不宜小于 12mm。采用双向钢筋网片配置在板的顶面和底面。

(2) 当筏板的厚度 $h \geqslant 1000$mm 时，端部宜设置直径为 12～20mm 的钢筋网，间距为 250～300mm；当筏板的厚度 500mm $< h <$ 1000mm 时，宜将上部与下部钢筋端部弯折 $20d$；当 $h \leqslant 500$mm 时，顶、底部钢筋端部可弯折 $12d$。

(3) 当筏板的厚度 $h > 2$m 时，宜沿板厚度方向间距不超过 1m 设置与板面平行的构造钢筋片，其直径不宜小于 12mm，纵横方向的间距不宜大于 300mm。

(4) 对梁板式筏基，墙柱的纵向钢筋要贯通基础梁而插入筏板底部（或中部钢筋网的位置），并且应从梁上皮起满足锚固长度的要求。

4. 箱形基础

(1) 箱形基础的顶板、底板及墙体均应采用双层双向配筋。墙体的竖向和水平钢筋直径均不应小于 10mm，间距均不应大于 200mm。内、外墙的墙顶处宜配置两根直径不小于 20mm 的通长构造钢筋，如上部为剪力墙，则可不配置通长构造钢筋。

(2) 上部结构底层柱纵向钢筋伸入箱形基础墙体的长度应符合下列要求：

1) 柱下三面或四面有箱形基础墙的内柱，除柱四角纵向钢筋直通到基底外，其余钢筋可伸入顶板底面以下 40 倍纵向钢筋直径处。

2) 外柱、与剪力墙相连的柱及其他内柱的纵向钢筋应直通到基底。

5. 桩基承台

矩形承台钢筋应按双向均匀通长布置，钢筋直径不宜小于 10mm，间距不宜大于 200mm；三桩承台钢筋应按三向板带均匀布置，且最里面的三根钢筋围成的三角形应在柱截面范围内。承台梁的主筋直径不宜小于12mm,架立筋不宜小于10mm,箍筋直径不宜小于6mm。

（七）抗震配筋要求

1. 框架梁

(1)框架梁梁端截面的底部和顶部纵向受力钢筋截面面积的比值,除按计算确定外。一级抗震等级不应小于0.5；二、三级抗震等级不应小于0.3。

(2)梁端箍筋的加密区长度、箍筋最大间距和箍筋最小直径,应按表5-8采用；当梁端纵向受拉钢筋配筋率大于2%时,表中箍筋最小直径应增大2mm。

表5-8　　　　　框架梁梁端箍筋加密区的构造要求

抗震等级	加密区长度/mm	箍筋最大间距/mm	最小直径/mm
一级	2倍梁高和500中的较大值	纵向钢筋直径的6倍,梁高的1/4和100中的最小值	10
二级		纵向钢筋直径的8倍。梁高的1/4和100中的最小值	8
三级	1.5倍梁高和500中的较大值	纵向钢筋直径的8倍,梁高的1/4和150中的最小值	8
四级		纵向钢筋直径的8倍,梁高的1/4和150中的最小值	6

注：箍筋直径大于12mm、数量不少于4肢且肢距不大于150mm时,一、二级的最大间距应允许适当放宽,但不得大于150mm。

(3)梁端纵向受拉钢筋的配筋率不宜大于2.5%。沿梁全长顶面和底面至少应各配置两根通长的纵向钢筋,对一、二级抗震等级,钢筋直径不应小于14mm,且分别不应少于梁两端顶面和底面纵向受力钢筋中较大截面面积的1/4；对三、四级抗震等级,钢筋直径不应小于12mm。

(4)梁箍筋加密区长度内的箍筋肢距：一级抗震等级,不宜大于200mm和20倍箍筋直径的较大值；二、三级抗震等级,不宜大于250mm和20倍箍筋直径的较大值；各抗震等级下,均不宜大于300mm。

(5)梁端设置的第一个箍筋距框架节点边缘不应大于50mm。非加密区的箍筋间距不宜大于加密区箍筋间距的2倍。

2. 框架柱及框支柱

(1)框架柱和框支柱上、下两端箍筋应加密。加密区的箍筋最大间距和箍筋最小直径应符合表5-9的规定。

表 5-9　柱端箍筋加密区的构造要求

抗震等级	箍筋最大间距/mm	箍筋最小直径/mm
一级	纵向钢筋直径的 6 倍和 100 中的较小值	10
二级	纵向钢筋直径的 8 倍和 100 中的较小值	8
三级	纵向钢筋直径的 8 倍和 150(柱根 100)中的较小值	8
四级	纵向钢筋直径的 8 倍和 150(柱根 100)中的较小值	6(柱根 8)

注：柱根系指底层柱下端的箍筋加密区范围。

(2)框支柱和剪跨比不大于 2 的框架柱应在柱全高范围内加密箍筋,且箍筋间距应符合表 5-9 中一级抗震等级的要求。

(3)一级抗震等级框架柱的箍筋直径大于 12mm 且箍筋肢距不大于 150mm 及二级抗震等级框架柱的直径不小于 10mm 且箍筋肢距不大于 200mm 时,除底层柱下端外,箍筋间距应允许采用 150mm;四级抗震等级框架柱剪跨比不大于 2 时,箍筋直径不应小于 8mm。

(4)框架柱的箍筋加密区长度,应取柱截面长边尺寸(或圆形截面直径)、柱净高的 1/6 和 500mm 中的最大值;一、二级抗震等级的角柱应沿柱全高加密箍筋。底层柱根箍筋加密区长度应取不小于该层柱净高的 1/3;当有刚性地面时,除柱端箍筋加密区外尚应在刚性地面上、下各 500mm 的高度范围内加密箍筋。

(5)柱箍筋加密区内的箍筋肢距:一级抗震等级不宜大于 200mm;二、三级抗震等级不宜大于 250mm 和 20 倍箍筋直径中的较大值;四级抗震等级不宜大于 300mm。每隔一根纵向钢筋宜在两个方向有箍筋或拉筋约束;当采用拉筋且箍筋与纵向钢筋有绑扎时,拉筋宜紧靠纵向钢筋并勾住箍筋。

(6)在箍筋加密区外,箍筋体积配筋率不宜小于加密区配筋率的一半;对一、二级抗震等级,箍筋间距不应大于 $10d$;对三、四级抗震等级,箍筋间距不应大于 $15d$,此处,d 为纵向钢筋直径。

3. 框架梁柱中间节点

(1)框架中间层中间节点处,框架梁的上部纵向钢筋应贯穿中间节点。贯穿中柱的每根梁纵向钢筋直径,对于 9 度设防烈度的各类框架和一级抗震等级的框架结构,当柱为矩形截面时,不宜大于柱在该方向截面尺寸的 1/25,当柱为圆形截面时,不宜大于纵向钢筋所在位置柱截面弦长的 1/25;对一、二、三级抗震等级,当柱为矩形截面时,不宜大于柱在该方向截面尺寸的 1/20,对圆柱截面,不宜大于纵向钢筋所在位置柱截面弦长的 1/20。

(2)对于框架中间层中间节点、中间层端节点、顶层中间节点以及顶层端节点,梁、柱纵向钢筋在节点部位的锚固和搭接,应符合图 5-20 所示的相关构造规定。

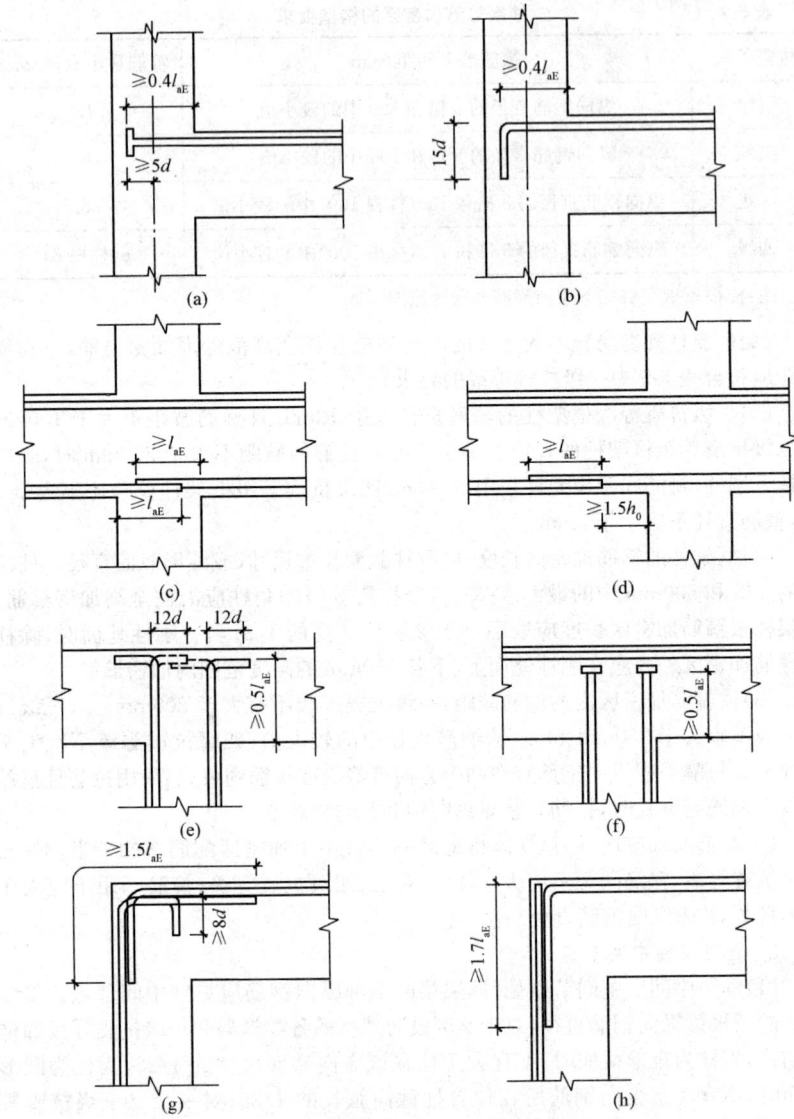

图 5-20　梁和柱的纵向受力钢筋在节点区的锚固和搭接

(a)中间层端节点梁筋加锚头(锚板)锚固；(b)中间层端间节点梁筋90°弯折锚固；
(c)中间层中间节点梁筋在节点内直锚固；(d)中间层中间节点梁筋在节点外搭接；
(e)顶层中间节点柱筋90°弯折锚固；(f)顶层中间节点柱筋加锚头(锚板)锚固；
(g)钢筋在顶层端节点外侧和梁端顶部弯折搭接；(h)钢筋在顶层端节点外侧直线搭接

(3)框架节点区箍筋的最大间距、最小直径宜按表 5-8 采用。对一、二、三级抗震等级的框架节点核心区,配箍特征值 λ_v 分别不宜小于 0.12、0.10 和 0.08,且其箍筋体积配筋率分别不宜小于 0.6%、0.5%和 0.4%。当框架柱的剪跨比不大于 2 时,其节点核心区体积配箍率不宜小于核心区上、下柱端体积配箍率中的较大值。

4. 剪力墙及连梁

(1)连梁沿上、下边缘单侧纵向钢筋的最小配筋率不应小于 0.15%,且配筋不宜少于 2φ12;交叉斜筋配筋连梁单向对角斜筋不宜少于 2φ12,单组折线筋的截面面积可取为单向对角斜筋截面面积的一半,且直径不宜小于 12mm;集中对角斜筋配筋连梁和对角暗撑连梁中每组对角斜筋应至少由 4 根直径不小于 14mm 的钢筋组成。

(2)交叉斜筋配筋连梁的对角斜筋在梁端部位应设置不少于 3 根拉筋,拉筋的间距不应大于连梁宽度和 200mm 的较小值,直径不应小于 6mm;集中对角斜筋配筋连梁应在梁截面内沿水平方向及竖直方向设置双向拉筋,拉筋应勾住外侧纵向钢筋,间距不应大于 200mm,直径不应小于 8mm;对角暗撑配筋连梁中暗撑箍筋的外缘沿梁截面宽度方向不宜小于梁宽的一半,另一方向不宜小于梁宽的 1/5;对角暗撑约束箍筋的间距不宜大于暗撑钢筋直径的 6 倍,当计算间距小于 100mm 时可取 100mm,箍筋肢距不应大于 350mm。除集中对角斜筋配筋连梁以外,其余连梁的水平钢筋及箍筋形成的钢筋网之间应采用拉筋拉结,拉筋直径不宜小于 6mm,间距不宜大于 400mm。

(3)连梁纵向受力钢筋、交叉斜筋伸入墙内的锚固长度不应小于 l_{aE},且不应小于 600mm;顶层连梁纵向钢筋伸入墙体的长度范围内,应配置间距不大于 150mm 的构造箍筋,箍筋直径应与该连梁的箍筋直径相同。

(4)剪力墙的水平分布钢筋可作为连梁的纵向构造钢筋在连梁范围内贯通。当梁的腹板高度 h_w 不小于 450mm 时,其两侧面沿梁高范围设置的纵向构造钢筋的直径不应小于 10mm,间距不宜大于 200mm;对跨高比不大于 2.5 的连梁,梁两侧的纵向构造钢筋的面积配筋率尚不应小于 0.3%。

(5)剪力墙的水平和竖向分布钢筋的配筋应符合下列规定:

1)一、二、三级抗震等级的剪力墙的水平和竖向分布钢筋配筋率均不应小于 0.25%;四级抗震等级剪力墙不应小于 0.2%。

2)部分框支剪力墙结构的剪力墙底部加强部位,水平和竖向分布钢筋配筋率不应小于 0.3%。

注:对高度小于 24m 且剪压比很小的四级抗震等级剪力墙,其竖向分布筋最小配筋率应允许按 0.15%采用。

(6)剪力墙水平和竖向分布钢筋的间距不宜大于,300mm,直径不宜大于墙厚的 1/10,且不应小于 8mm;竖向分布钢筋直径不宜小于 10mm。部分框支剪力墙结构的底部加强部位,剪力墙水平和竖向分布钢筋的间距不宜大于 200mm。

(7)剪力墙端部设置的构造边缘构件(暗柱、端柱、翼墙和转角墙)的范围,应按图 5-21 确定,构造边缘构件的纵向钢筋除应满足计算要求外,尚应符合表 5-10 的要求。

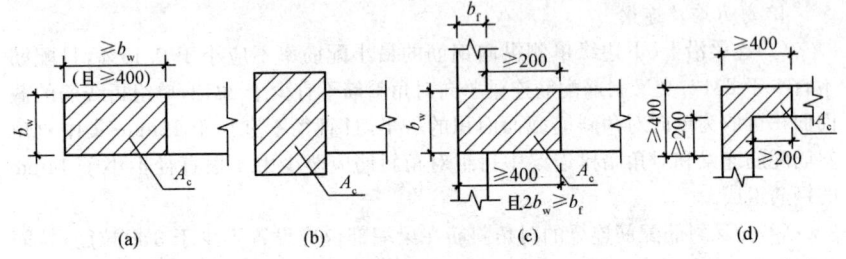

图 5-21 剪力墙的构造边缘构件
(a)暗柱;(b)端柱;(c)翼墙;(d)转角墙

表 5-10　　　　　构造边缘构件的构造配筋要求

抗震等级	底部加强部位			其他部位		
	纵向钢筋最小配筋量(取较大值)	箍筋、拉筋		纵向钢筋最小配筋量(取较大值)	箍筋、拉筋	
		最小直径/mm	最大间距/mm		最小直径/mm	最大间距/mm
一级	$0.01A_c,6\phi16$	8	100	$0.008A_c,6\phi14$	8	150
二级	$0.008A_c,6\phi14$	8	150	$0.006A_c,6\phi12$	8	200
三级	$0.006A_c,6\phi12$	6	150	$0.005A_c,4\phi12$	6	200
四级	$0.005A_c,4\phi12$	6	200	$0.004A_c,4\phi12$	6	250

注:1. A_c 为图 5-21 中所示的阴影面积。
2. 对其他部位,拉筋的水平间距不应大于纵向钢筋的 2 倍,转角处宜设置箍筋。
3. 当端柱承受集中荷载时,应满足框架柱的配筋要求。

第三节　建筑结构体系

一、建筑结构体系的类型

1. 墙板结构

墙板结构是指由竖向构件为墙体和水平构件为楼板、屋面板所组成的房屋建筑结构,如图 5-22 所示。

第五章 建筑结构

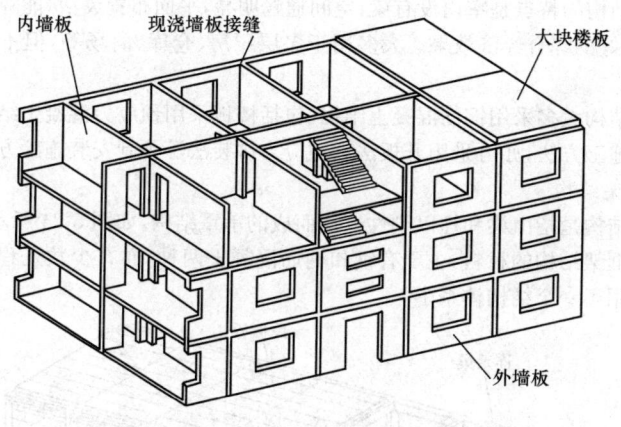

图 5-22 墙板结构(装配式)

当墙体采用砖墙,而楼板、屋面板等采用钢筋混凝土时,则称其为砖混结构,砖混结构在一般单层、多层建筑中应用最为广泛。

2. 板柱结构

板柱结构是指水平构件为板和竖向构件为柱所组成的房屋建筑结构,如图 5-23 所示。

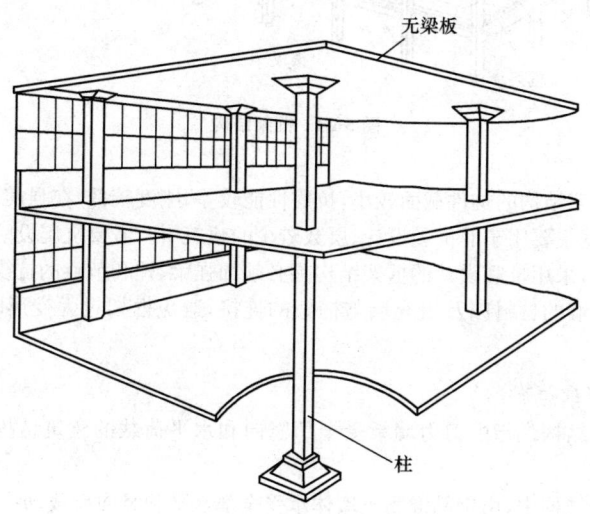

图 5-23 板柱结构

板柱结构的特点是室内没有梁,空间通畅明亮,平面布置灵活,能降低建筑物层高,有较好的综合经济效果。大多用于多层厂房、仓库、商场等,但不适用高层建筑。

板柱结构大多采用钢筋混凝土结构(包括楼板采用预应力混凝土结构),可采用全现浇施工方法,亦可采用升板法和预应力拼装法等预制安装施工方法。

3. 框架结构

框架结构是指由梁和柱以刚性连接而成的承重结构,如图 5-24 所示。

用于框架结构的材料,主要有钢和钢筋混凝土两种,亦有少数工程将这两种材料混合用于一个结构体系中。

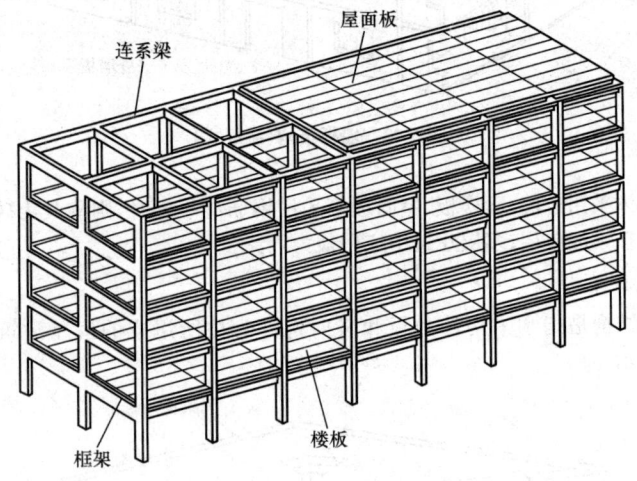

图 5-24 框架结构

由于框架结构的构件截面较小,抗震性能较差,刚度较低,在强震下容易产生震害,因此它主要用于非抗震设计、层数较少的建筑中。需要抗震设防时,框架结构采用不多,采用抗震设计的框架结构除必须加强梁、柱和节点的抗震措施外,还要注意填充墙的材料以及填充墙与框架的连接,避免框架过大变形时填充墙的损坏。

4. 剪力墙结构

剪力墙结构是指由剪力墙承受全部竖向和水平荷载的建筑结构,如图 5-25 所示。

剪力墙结构中,由钢筋混凝土墙体承受全部水平和竖向荷载,剪力墙沿横向、纵向正交布置或沿多轴线斜交布置。它刚度大、空间整体性好,用钢量较省。历次地震中,剪力墙结构表现了良好的抗震性能,震害较少发生,而且程度也比较轻

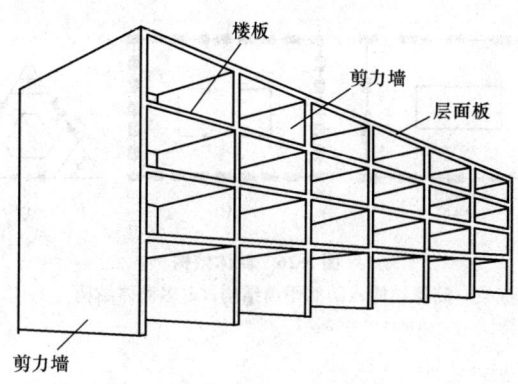

图 5-25 剪力墙结构

微。在住宅和旅馆客房层采用剪力墙结构可以较好地适应墙体较多、房间面积不太大的特点,而且可以使房间内不露出梁柱,整齐美观。

5. 框架-剪力墙结构

在框架结构中布置一定数量的剪力墙可以组成框架-剪力墙结构。这种结构既具有框架结构布置灵活、使用方便的特点,又有较大的刚度和较强的抗震能力,因而广泛地应用于高层办公建筑和旅馆建筑。

6. 筒体结构

随着建筑层数、高度增长和抗震设防要求的提高,以平面工作状态的框架、剪力墙来组成高层建筑结构体系便往往不能满足要求了。这时,由剪力墙可以构成空间薄壁筒体,它成为竖向悬臂箱形梁;框架加密柱子,加强梁的刚度,也可以形成空间整体受力的框筒。由一个或多个筒体为主要抵抗水平力的结构称为筒体结构。通常筒体结构有:

框架-筒体结构如图 5-26(a)所示:中央布置剪力墙薄壁筒,它承受大部分水平力;周边布置大柱距的普通框架,它的受力特点类似于框架—剪力墙结构。

筒中筒结构如图 5-26(b)所示:由内外两个筒体组合而成,内筒为剪力墙薄壁筒,外筒是由密柱(通常柱距不大于 3m)组成的框筒。由于外柱很密,梁刚度很大,门窗洞口面积小(一般不大于墙面面积的 50%),因而框筒的工作不同于普通平面框架,而有很好的空间整体作用,类似于一个多孔的竖向箱形梁,有很好的抗风和抗震性能。目前国内最高的钢筋混凝土结构广州国际大厦(63 层,200m)和 9 度设防的北京中央彩电大楼(27 层,113m)都采用了筒中筒结构。

多筒体结构如图 5-26(c)所示:在平面内设置多个剪力墙薄壁筒体,每个筒体都比较小。这多用于平面形状复杂的建筑中,也常用于角部加强。

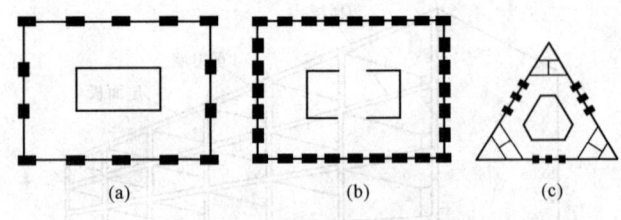

图 5-26　筒体结构
(a)框架—筒体结构；(b)筒中筒结构；(c)多筒体结构

7. 巨型结构

图 5-27 所示是由若干个巨柱(通常由楼电梯井或大截面实体柱组成)以及巨梁(每隔几个或十几个楼层设置一道，梁截面一般占 1～2 层楼高)组成第一级巨型框架，承受主要的水平力和竖向荷载；其余的楼面梁柱组成二级结构，它只将楼面荷载传递到第一级结构上去。这样，二级结构的梁、柱截面可以做得很小，增加了建筑布置的灵活性和有效使用面积。深圳香格里拉大酒店(33 层，114m)就采用了巨型框架体系。

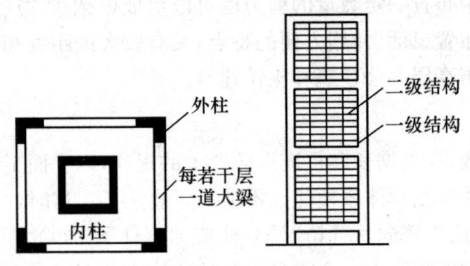

图 5-27　巨型结构

8. 悬索结构

如图 5-28 所示，悬索结构是由受拉钢索及其边缘支承构件所形成的承重结构体系，这些索按一定规律组成各种不同形式的屋盖，能适用于多种多样的平面与立体几何外形，充分满足建筑造型的需要。

悬索结构最突出的优点是所用的钢索只承受拉力，能充分利用高强材料的抗拉性能，可以做到跨度大、自重轻、材料省、施工易。国内外不少体育馆等公共建筑的大跨度空间结构都采用悬索结构。

此外，还有一些其他结构形式也得到应用。不过，目前最广泛的还是框架、剪力墙、框架-剪力墙和筒体结构。

第五章 建筑结构

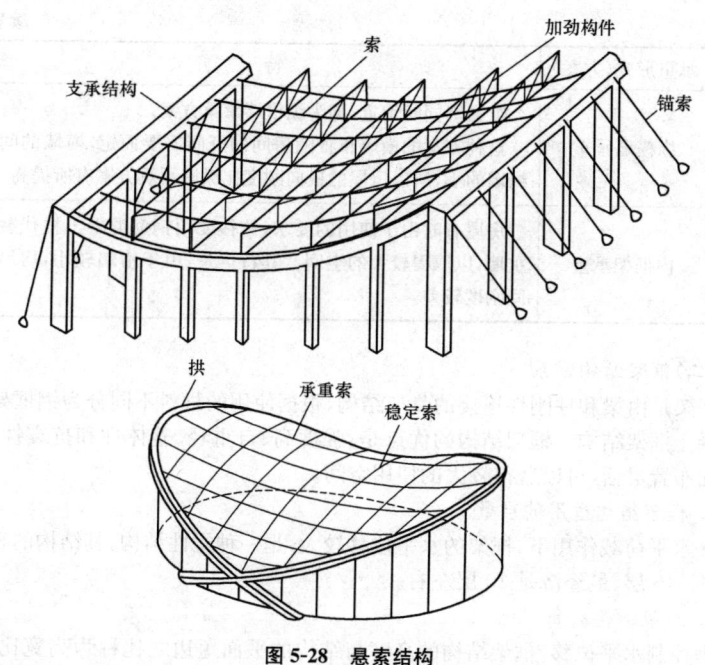

图 5-28 悬索结构

二、各类建筑结构体系的受力特点

(一)混合结构体系

混合结构体系是指同一房屋结构体系中采用两种或两种以上不同材料组成的承重结构,根据承重墙所在的位置划分为横墙承重与纵墙承重两种,见表 5-11。

表 5-11　　　　　　　　　混合结构体系受力特点

序号	承重形式(方案)	特　　点
1	横墙承重	其受力特点是:主要靠横墙支撑楼板,横墙是主要承重墙。纵墙主要起维护、隔断和维持横墙的整体作用,故纵墙是自承重墙。 该方案的优点是:横墙较密,房屋横向刚度大,整体刚度好,其缺点是平面布置不灵活
2	纵墙承重	其受力特点是:把荷载传给梁,由梁传给纵墙,纵墙是主要承重墙,横墙只承受小部分荷载,横墙的设置主要为了满足房屋刚度和整体性的需要,它的间距比较大。 优点是:房屋的空间可以比较大,平面布置比较灵活,墙面积较小,缺点是房屋的刚度较差

续表

序号	承重形式(方案)	特　点
3	纵横墙承重	纵横墙同时承重,即为纵横墙承重方案。这种方案的横墙布置随房间的开间需要而定,横墙的间距比纵墙的小,所以房屋的横向刚度比纵墙承重方案有所提高
4	内框架承重	房屋有时由于使用的要求,往往要用钢筋混凝土柱代替内承重墙,以取得较大的空间。其特点是:由于横墙较小,房屋的空间刚度较差

(二)框架结构体系

框架是由梁和柱刚性连接的骨架结构,根据使用的材料不同分为钢框架和钢筋混凝土框架结构。框架结构的优点是:强度高、自重轻、整体性和抗震性好、建筑平面布置灵活,可以获得较大的使用空间。

1. 框架结构适用的层数

在水平荷载作用下,框架的水平位移较大,是一种柔性结构,其结构的合理层数是6~15层,最经济是10层左右。

2. 框架结构的高宽比

为控制水平位移,框架结构的高度与结构的平面短边之比称为高宽比,应控制在5~7。在高层建筑中控制设计的是水平荷载而不是竖向荷载,是刚度而不是结构材料的强度。框架结构在水平荷载作用下,其抗侧力刚度小,水平位移大,房屋层数越多,对框架越不利,故高层建筑必须注重抗侧力刚度,其刚度大小主要取决于结构体系的形式,体系的效能与材料耗量。结构的最优化设计应以最小的材料消耗量获得最大的房屋刚度。

3. 框架的布置

(1)以横向框架作为主要承重框架,横向的梁为主梁,而纵向的梁为连系梁。此种布置可以有效地提高房屋横向的抗侧力强度与刚度,有利于建筑立面处理和采光。一般工业与民用建筑多采用此种结构布置。

(2)以纵向框架为主要承重框架,纵向的梁为主梁,横向的梁为连系梁。这种布置由于横向联系梁截面高度小,便于通风管道沿纵向通过而不致减小楼层的净空,此外房间的使用划分比较灵活;缺点:房屋的横向刚度差,抗震差,民用房屋一般不采用这种结构布置。

(3)以纵横向框架都作为主要承重框架。当房屋平面为正方形,或当房屋有抗震要求时,两个方向的框架都应具有足够的刚度与强度,故应采用纵横两个方向的布置,其节点投影均应采用刚性节点。

4. 柱网尺寸

(1)工业建筑的柱网尺寸。柱距:6m,9m,12m;跨度:内廊式柱网——常用跨度为6.0+2.4+6.0或6.9+3.0+6.9;等跨式柱网——常用跨度为6m,7.5m,9m,12m。

(2)民用建筑的柱网尺寸。柱距:3.3~6m或6~8m;跨度:6~12m。

(三)剪力墙结构体系

剪力墙作为抗侧力构件用于高层建筑上,其主要效能在于提高房屋的抗侧力刚度,剪力墙结构体系主要有:框架-剪力墙结构、剪力墙结构、框支剪力墙结构、筒式结构等四大类,见表5-12。

表 5-12　　　　　　　　　剪力墙结构体系

序号	类别	说　　明
1	框架-剪力墙结构	(1)在框架体系的房屋中设置一些剪力墙来替代部分框架。 (2)在整个体系中,框—剪同时存在,剪力墙负担绝大部分水平荷载,而框架则以负担竖向荷载为主,这种结构体系属半刚性结构体系,适用于25层以下的房屋为宜。 (3)地震区七度设防时高度可达100m,八度设防高度可达90m,九度设防时则不宜超过40m,建筑物的高宽比不宜大于4~5
2	剪力墙结构	(1)剪力墙结构是全部由剪力墙承重而不设框架的结构体系。 (2)剪力墙体系的墙体布置,实际上等于将混合结构的混凝土墙换成现浇的钢筋混凝土墙,其房屋的刚度比框架-剪力墙体系好,适用层数在40层以下比较合适。 (3)地震区在七度设防时可到130m,八度设防时到120m,九度设防时可到70m,建筑物高宽比不宜大于6
3	框支剪力墙结构	(1)高层建筑中,底层需要大空间时,须采用底层框架的剪力墙结构,即所谓框支剪力墙结构体系。 (2)这种结构体系由于以框架结构代替了若干剪力墙,房屋抗侧力刚度有所削弱,其刚度比全剪力墙体系差,比框架-剪力墙体系要好,框支剪力墙结构对抗震要求较高的房屋宜经过专门的试验研究后采用
4	筒式结构	(1)筒式结构是框-剪结构与全剪结构的演变发展出来的,它将剪力墙集中到房屋的内部或外部,形成封闭的筒体。 (2)筒体在水平荷载作用下好像一个竖向悬臂封闭箱,它的空间刚度极大、抗扭性能好、平面设计灵活,适用于30层以上的各类建筑

(四)拱结构

在外荷载作用下,拱主要产生压力,支座处产生水平推力。拱的合理轴线为二次抛物线,当拱为半圆形时,支座的推力为 0,如图 5-29、图 5-30 所示。

图 5-29 拱结构的受力分析(一)

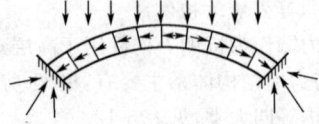

图 5-30 拱结构的受力分析(二)

(五)悬索结构

悬索结构是由索网、边缘构件、支撑结构等三部分组成的。其受力形式及特点如图 5-31 所示。

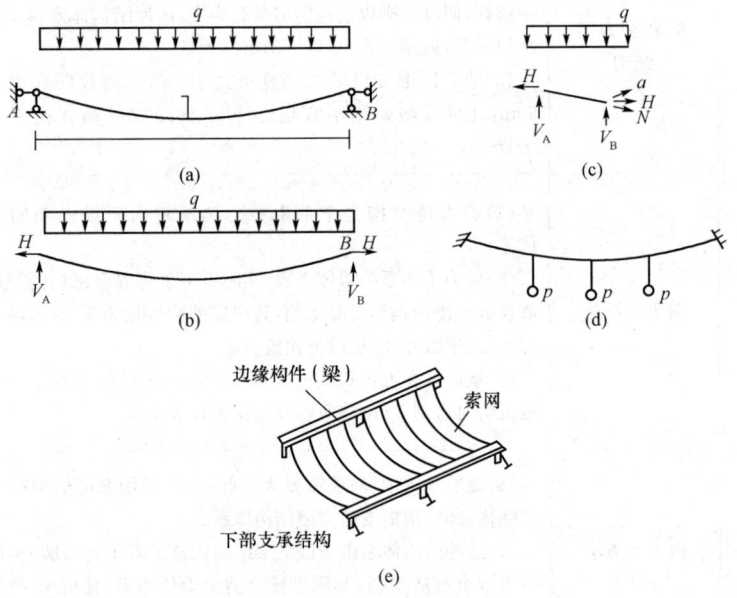

图 5-31 悬索结构
(a)悬索集中荷载;(b)悬索均布荷载;(c)集中荷载自由体受力分析;
(d)三点受力图;(e)悬索结构名称

第六章 建筑施工测量

第一节 常用测量仪器

在建筑施工测量中,常用的测量仪器有 GPS 接收机、经纬仪、全站仪、水准仪、激光垂准仪等。

一、GPS 接收机

GPS 是 Navigation System Timing and Ranging/Global Positioning System 的英文简称,即"授时与测距导航系统/全球定位系统"。GPS 是美国国防部于 1973 年批准建立的新一代卫星导航系统,它是一种可以授时和测距的空间交会定点的导航系统;可向全球用户提供连续、实时、高精度的三维位置、三维速度和时间信息,为陆、海、空三军提供精密导航,还可用于情报收集、核爆监测、应急通信等军事目的。

GPS 系统的广泛应用,引起了各国科学家的关注和研究。俄罗斯、欧盟以及我国的科学家,在积极开发利用美国 GPS 信号资源的同时,还致力于研究各自的卫星导航定位系统,如俄罗斯"格洛纳斯"、欧洲的"伽利略"、我国的"北斗"等系统。

GPS 接收机有单频与双频之分,双频机最适宜于中、长基线(大于 20km)测量,具有快速静态测量的功能,可升级为 RTK 功能;单频机适宜于小于 20km 的短基线测量。RTK 系统由 GPS 接收设备、无线电通信设备、电子手簿及配套设备组成,具有操作简便、实时可靠、厘米级精度等特点,可以满足数据采集和工程放样的要求。

1. GPS 系统组成

GPS 系统由空间系统、地面监控系统和用户系统三部分组成。

(1)空间系统。空间系统由 21 颗工作卫星和 3 颗备用卫星组成,均匀地分布在倾角为 55°的 6 个轨道上,各轨道面之间的交角为 60°,卫星距地球约 20200km,运行周期为 11h58min,在全球任何地区任何时间都可以随时接收至少 4 颗卫星信号。GPS 卫星的主体呈圆柱形,直径约为 1.5m,重约 774kg(包括 310kg 燃料),两侧各安装两块双叶太阳能电池板,能自动对日定向,以保证卫星正常工作的用电需要。每颗 GPS 卫星带有 4 台高精度原子钟,其中 2 台为铷钟,2 台为铯钟。原子钟为 GPS 定位提供高精度的时间标准。每颗卫星上还装有微型计算机、电文接收存储和信号发射设备,并由太阳能电池提供电源。每颗卫星上还备有少量燃料,用来调节卫星的轨道和姿态。

(2)地面监控系统。地面监控系统由1个主控站、5个监测站和3个注入站组成。

1)主控站。设在美国本土的科罗拉多州斯平士(Colorado spriings)的联合空间执行中心,其作用是收集数据、编算导航电文、诊断卫星工作状态和调度卫星。

2)注入站。分别位于大西洋的阿森松群岛(Ascencion)、印度洋的迭哥伽西亚(Diego Garcia)和太平洋的卡瓦加兰(Kwajalein)3个美国军事基地上,其主要功能是将主控站传来的导航电文,用S波段的微波作载波,分别注入相应的GPS卫星中,通过卫星将导航电文传递给地面上的广大用户。

3)监控站。除了1个主控站和3个注入站以外,还在美国夏威夷岛(Hawail)设立了1个监控站,其主要任务是为主控站编算导航电文提供原始观测数据,每个站上都有GPS接收机对所见卫星进行一次伪距测量和积分多普勒观测,采集环境要素等数据,并将计算和处理后的信息发往主控站。

(3)用户系统。GPS系统的用户部分主要是GPS接收机,它是一种单程系统,用户只接收而不必发射信号,因此用户的数量是不受限制的。它由天线前置放大器、信号处理、控制与显示、记录和供电等单元组成,具有解码、分离出导航电文、进行相位和伪距测量的功能。测得的GPS卫星观测数据经数据处理软件进行测后处理,解得测站的三维坐标或待测物体的位置、运动的速度、方向和精确时刻。

2. GPS测量基本原理

GPS测量是利用地面接收机设备接收卫星传送的无线电信号,来求出信号传播的时间,从而确定卫星到接收机之间的距离,并以此作为已知的起算数据,通过接收三颗以上的卫星信号,就可以采用空间后方距离交会的方法,解算出地面点的三维空间坐标。

二、经纬仪和全站仪

经纬仪和全站仪是测量的主要仪器,可用于测量水平角、竖直角、水平距离和高差等。我国光学经纬仪按进度从高到低分为DJ07、DJ1、DJ2、DJ6、DJ15五个等级,其中D表示大地测量,J表示经纬仪,07、1、2、6、15表示仪器一测回方向观测中误差不超过的秒数。在建筑工程测量中,一般使用DJ2、DJ6级光学经纬仪。全站仪是在光学经纬仪基础上,随着光电技术的发展,经由电子经纬仪和光电测距仪的发展并结合而产生的,它具有与普通光学经纬仪大致相同的光学和机械结构。

1. 经纬仪

(1)经纬仪的组成。光学经纬仪的基本构造大致相同,主要由照准部、水平度盘和基座三部分组成。其中,照准部主要由望远镜、竖直度盘、照准部水准管、读数设备及支架等组成,望远镜由物镜、目镜、十字丝分划板及调焦透镜组成;水平度盘是由光学玻璃制成的圆环,水平度盘通过外轴装在基座中心的套轴内,并用

第六章　建筑施工测量

中心锁紧螺旋使之固紧,当照准部转动时,水平度盘并不随之转动,若需要将水平度盘安置在某一读数的位置,可拨动专门的机构,DJ6 型光学经纬仪变动(配置)水平度盘位置的机构有度盘变换手轮和复测手柄两种形式;基座是支撑整个仪器的底座,并借助基座的中心螺母和三脚架上的中心连接螺旋,将仪器与三脚架固连在一起,基座上有三个脚螺旋,用来整平仪器。

(2)经纬仪的主要轴及其相互关系。

1)视准轴。指望远镜的物镜光心与十字丝交点的连线。视准轴应垂直于横轴。

2)横轴。望远镜的旋转轴。横轴应与竖轴垂直。

3)竖轴。照准部在水平方向的旋转轴。竖轴应垂直于管水准器轴。

4)管水准器轴和圆水准器轴。过水准管零点的圆弧切线,即为管水准器轴;圆水准器球面顶点和球心的连线,即为圆水准器轴。管水准器轴应水平,圆水准器轴应竖直。管水准器气泡居中,表示管水准轴水平;圆水准器气泡居中,表示圆水准器轴竖直。

(3)经纬仪的操作。经纬仪的操作主要包括安置、对中、整平、对光与瞄准、读数五个步骤。

1)安置。将三脚架安置在测站上,调节架脚长度使仪器高度与观测者胸部齐平,使架头大致水平,取出仪器放在架头上,用中心螺旋将其与三脚架连接并拧紧,踩实脚尖,挂上垂球。

2)对中。在架头上水平移动仪器,使仪器中心标志与测站点中心标志重合。要求在进行对中前,应先调节脚螺旋使基座的圆水准器气泡居中。常用对中方法有垂球对中和光学对中两种。

①垂球对中。在中心螺旋上挂上垂球。若垂球尖偏离测站较远,则需平移三脚架,使垂球尖大致对准测站点。若偏离较小,可稍旋松中心螺旋,两手扶住仪器,并在架头上平移,使垂球尖准确对准测站点后,再将中心螺旋拧紧。垂球对中误差应小于 3mm。

②光学对中。采用光学对中器进行对中。先将仪器中心大致对准测站点,旋转对中器目镜调焦螺旋,看清分划板分划圈和测站标志。当照准部水准管气泡居中时,旋松中心螺旋,手扶基座平移架头上的仪器,使对中器分划圈对准测站点。光学对中器对中误差一般约为 1mm。

3)整平。整平的目的是使仪器的竖轴竖直,水平度盘处于水平位置。整平时,松开水平制动螺旋,转动照准部,让水准管大致平行于任意两个脚螺旋的连接,如图 6-1(a)所示,两手同时向内或向外旋转这两个脚螺旋使气泡居中。气泡的移动方向与左手大拇指(或右手食指)移动的方向一致。将照准部旋转 90°,水准管处于原位置的垂直位置,如图 6-1(b)所示,用另一个脚螺旋使气泡居中。反复操作,直至照准部转到任何位置,气泡都居中为止。

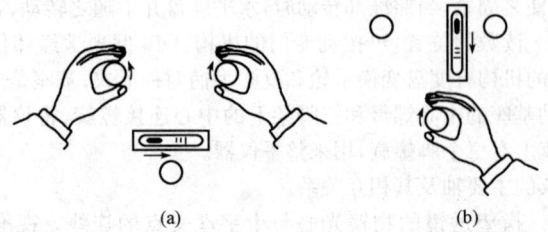

图 6-1 整平

4) 对光与瞄准。

①目镜对光。通过调节目镜螺旋使十字丝分划清晰，要求调节时尽量对准光亮的背景。

②初步瞄准。在大致瞄准目标后通过水平方向和垂直方向的制动螺旋使照准部和望远镜固定，要求通过粗瞄准器大致瞄准目标。

③物镜对光。通过调节对光螺旋使目标成像清晰，要求检查和消除视差。

④精确瞄准。通过调节水平方向和竖直方向的微动螺旋使照准部和望远镜分别在水平面和竖直面内做微小移动，以便精确地对准目标。使用经纬仪时，要求十字丝准确对准目标，测水平角时，视目标大小，用纵丝平分目标或与目标重合；测竖直角时，则用中横丝与目标顶部相切。

5) 读数。经纬仪目前一般有两种读数方法：分微尺读数法和测微器读数法。

①分微尺读数法。先读出位于分微尺上的一根度盘分划线的整度读数，再加上分划线所指示的分微尺上的分秒数。

②测微器读数法。先转动测微螺旋，移动双平行丝指标线使之夹准度盘的一条分划线，然后读出此度盘分划注记的读数，再加上单指标线在测微尺上所指的分划数。

2. 全站仪

全站仪是一种集测角、测距、计算记录于一体的测量仪器。在实际应用中，只要将各种固定参数（如测站坐标、仪器高、仪器照准差、指标差、棱镜参数、气温、气压等）预先置入仪器，然后照准目标上的反射镜，启动仪器，就可获得水平角、水平距或目标的 $X、Y、Z$ 坐标，且这些观测值都已经过多项改正，并显示在仪器的显示屏上。同时，数据记录在随机的存储器或外置的电子手簿当中，并利用随机的软件进行预处理，内业时直接传输到个人电脑中，大大提高了作业的精度和效率。

全站仪大都有角度测量模式、距离测量模式、坐标测量模式、偏心测量模式等功能，其中在角度测量模式下可使仪器水平角置零、水平角读数锁定、从键盘输入设置水平角、设置倾斜改正、设置角度重复测量模式、垂直角及坡度显示等；在距离测量模式下设置距离精测或跟踪模式、偏心测量模式、放样测量模式等；在坐

第六章 建筑施工测量

测量模式下也可设置偏心测量模式等。根据测量任务和目的,利用全站仪可以进行待定点坐标测量、导线测量、后方交会、坐标放样等。

三、水准仪

水准仪是进行高程测量的仪器。根据国标《水准仪》(GB/T 10156—2009)规定,我国水准仪按精度分为 3 级,有高精密水准仪、精密水准仪、普通水准仪。国产的水准仪系列有 DSZ05、DS1、DS3、DS10 等型号,其中"D"、"S"和"Z"分别为"大地测量"、"水准仪"和"自动安平"的汉语拼音第一个字母,05、1、3、10 等是以毫米为单位的每千米高差中数偶然中误差,通常在书写时省略字母"D",直接写为 S05、S1、S3 等。

1. 普通水准仪

普通水准仪包括 DS3 中等精度以下水准仪,主要分为光学微倾式水准仪和光学自动安平水准仪。其中光学微倾式水准仪在水准管的上方安装一组符合棱镜,通过符合棱镜的反射作用,气泡两端的影像反映在望远镜旁的符合气泡观察窗中;若气泡两端的半像吻合时,就表示气泡居中;若气泡的半像错开,则表示气泡不居中,这时应转动微倾螺旋,使气泡的半像吻合,如图 6-2 所示。

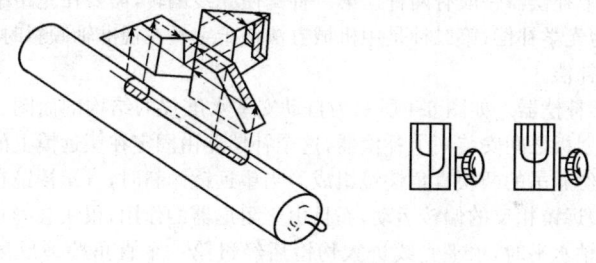

图 6-2 符合棱镜

光学微倾式水准仪使用时,需先用圆水准器进行粗略整平,再用水准管进行精确整平。每对准一个方向,就要调平一次水准管。由于微倾式水准仪对环境要求较高,尤其是多风地区,使用难度较大,现已经较少使用。

2. 光学自动安平水准仪

自动安平水准仪也称补偿器水准仪,它的构造特点是没有水准管和微倾螺旋,而是利用自动安平补偿器代替水准管和微倾螺旋。即使望远镜筒倾斜,自动安平水准仪的视准轴仍能保持水平。因此,自动安平水准仪是一种操作比较方便、有利于提高观测速度的仪器。

(1)自动安平原理。如图 6-3 所示,当视准轴水平时,物镜光心位于 O,十字丝交点位于 B,通过十字丝横丝在尺上的正确读数为 a。当视准轴倾斜一个微小角度 $\alpha(<10')$ 时,十字丝交点从 B 移至,通过十字丝横丝在尺上的读数 A 不再是水平视线的读数 a。为了能使十字丝横丝读数仍为水平视线的读数 a,可在

望远镜的光路上加一个补偿器,通过物镜光心的水平视线经过补偿器的光学元件后偏转一个 β 角,这样在 A 点处十字丝横丝仍可读得正确读数 a。由于 α 角和 β 角都是很小的角值,如果下式成立,即能达到补偿的目的:

$$f\alpha = S\beta$$

式中　S——补偿器到十字丝的距离;
　　　f——物镜到十字丝的距离。

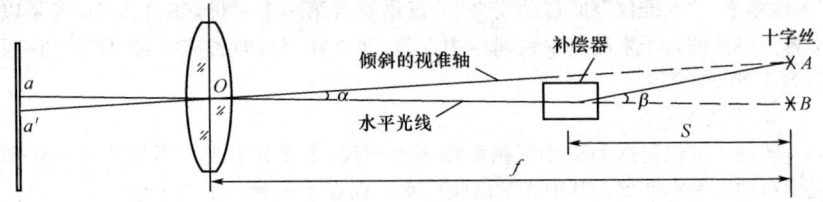

图 6-3　自动安平原理

自动安平补偿器一般有两种。第一种是使光线偏转,需要在光路中加入光学部件,故称为光学补偿;第二种是用机械方法使十字丝在视准轴倾斜时自动移动,故称为机械补偿。

(2)光学补偿器。如图 6-4 所示为自动安平水准仪的结构剖面图。在对光透镜与十字分划板之间安装一个补偿器,这个补偿器由固定在望远镜上的屋脊棱镜以及用金属丝悬吊的两块直角棱镜组成。当望远镜倾斜时,直角棱镜在重力摆作用下,作与望远镜相反的偏转运动,而且由于阻尼器的作用,很快会静止下来。

当视准轴水平时,水平光线进入物镜后经过第一个直角棱镜反射到屋脊棱镜,在屋脊棱镜内作三次反射后,到达另一直角棱镜,再经反射后光线通过十字丝的交点。

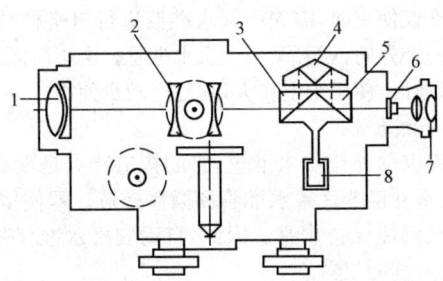

图 6-4　自动安平水准仪结构剖面图

(3)自动安平水平仪的使用。自动安平水准仪的使用方法与普通水准仪的使用方法大致一样,但也有不同之处。自动安平水准仪的操作方法与普通水准仪的

第六章 建筑施工测量

操作方法不同的是,自动安平水准仪经过圆水准器粗平后,即可观测读数。有些型号的自动安平水准仪,在望远镜内设有警告指示窗。当警告指示窗全部呈绿色时,表明仪器竖轴倾斜在补偿器补偿范围内,即可进行读数。否则警告指示窗会出现红色,表明已超出补偿范围,应重新调整圆水准器。

3. 精密水准仪

DS05 级和 DS1 级水准仪属于精密水准仪。精密水准仪主要用于国家一、二等精密水准测量、地壳运动监测、大型建筑施工测量等。在建筑工程测量中,精密水准仪主要用于房屋建筑物的沉降观测、桩基试验的沉降观测以及建筑构件试验的挠度观测等。精密水准仪必须配有精密水准尺。

(1)精密水准仪的特点。

1)望远镜性能好,物镜孔径大于 40mm,放大率一般大于 40 倍。

2)望远镜筒和水准器套均用因瓦合金铸件构成,具有结构坚固,水准管轴与视准轴关系稳定的特点。

3)采用符合水准器,水准管的分划值为 $(8''\sim10'')/2mm$;精密水准仪的安平精度一般不低于 $0.2''$。

4)为了提高读数精度,望远镜上装有平行玻璃测微器,最小读数为 $0.05\sim0.1mm$。

(2)平行玻璃板测微器。如图 6-5 所示,平行玻璃板测微器由平行玻璃板、测微分划尺、传动杆、测微螺旋和测微读数系统组成。平行玻璃板装在物镜前面,通过有齿条的传动杆与测微分划尺相连接,由测微读数显微镜读数。当转动测微螺旋时,传动杆带动平行玻璃板前后俯仰,而使视线上下平行移动,同时测微分划尺也随之移动。当平行玻璃板铅垂时,光线不产生平移;当平行玻璃板倾斜时,视线经平行玻璃板后则产生平行移动,移动的数值则由测微尺读数反映出来。

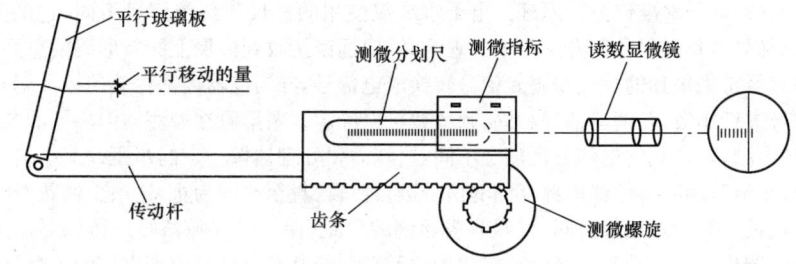

图 6-5 平行玻璃板测微器

(3)精密水准尺。精密水准尺,又叫因瓦水准尺,尺的长度受外界温度、湿度影响很小,尺面平直,刻划精密、最大误差每米不大于 $\pm0.1mm$,并附有足够精度的圆水准器。 精密水准尺一般都是线条式分划,在木制的尺身中间凹槽内,装有厚1mm、宽26mm的因瓦尺带,尺底一端固定,另一端用弹簧拉紧,以保持因瓦带尺的平直和不受木质尺身伸缩的变化而变化。因瓦带尺上有左右两排分划,右边为基本分划,左边为辅助分划,彼此相差一个常数 K,相当于双面尺以供测量校核之用。精密水准尺以 1cm 注记,但有 1cm、0.5cm 两种分划,0.5cm 分划的实际值为读数的 1/2,而且该尺与测微螺旋周值为 5mm 的水准仪配套使用。1cm 分划的水准尺应与测微螺旋周值为 10mm 的水准仪配套使用。

(4)精密水准仪的使用。精密水准仪的操作方法和普通水准仪基本相同,亦是粗平、瞄准、精平、读数四个步骤,但读数方法则不同。读数时,先转动微倾螺旋。从望远镜内观察使水准管气泡影像符合,再转动测微螺旋,使望远镜中的楔形丝夹住靠近的一条整分划线。其读数分为两部分:厘米以上的数由望远镜直接在尺上读取;厘米以下的数从测微读数显微镜中读取,估读至 0.01mm。

4. 电子水准仪

电子水准仪也称数字水准仪,测量时,水准仪直接读取特制水准尺上代表数字的条形编码,通过处理器进行分析,并最终转化为电子数据进行显示或存储。

(1)电子数字水准仪的特点。

1)自动读数。只需照准专用的条形码标尺,便可进行自动读数和测量。

2)作业效率高。自动读数提高了测量速度和工作效率。

3)操作简便。较少的操作键结合自动读数功能大大地简化了测量过程。

4)无疲劳观测及操作。只要照准标尺聚焦,按测量键即可完成标尺读数和视距测量。标尺读数并不完全依赖标尺编码清晰度,即使聚焦欠佳也不会影响标尺读数,但调焦清晰后可提高测量速度。

5)与计算机连接后,可对水准仪自动记录和存储的数据进行传输并在计算机上进行数据处理。

(2)电子水准仪测量原理。电子水准仪使用的标尺与传统标尺不同,它采用条形码尺,条形码印制在尺身上。观测时,望远镜接收到标尺上的条形码信息后,探测器将采集到的标尺编码光信号转换成电信号,并与仪器内部存储的标尺编码信号进行比较,若两者信号相同,则读数可以确定。条形码在探测器内成像的"宽窄"不同,转换成的电信号也随之不同,这就需要处理器按一定的步距改变电信号的"宽窄",同时与仪器内部存储的信号进行比较,直至相同为止,这项工作花费时间较长。为缩短比较时间,可调节望远镜的焦距,使标尺成像清晰。传感器通过采集调焦镜的移动量,对编码电信号进行缩放,使其接近仪器内部存储的信号,因此,可以在较短的时间内确定读数。

四、激光垂准仪

激光垂准仪主要用于高耸建筑物的内部铅垂线的放样控制。激光垂准仪分为一般垂准仪和全自动激光垂准仪。激光垂准仪是在光学垂准系统的基础上添加两只半导体激光器,其中一只通过上垂准望远镜将激光束发射出来,激光束光

第六章 建筑施工测量

轴与望远镜视准轴同心同轴同焦,当望远镜照准目标时会在目标处出现红色小亮斑;另一只激光器通过下对点系统将激光束发射出来,利用激光束对准基准点,快速直观。激光垂准仪主要用于要求较高的垂直测量,可广泛用于建筑施工、安装工程及变形观测。

1. 激光垂准仪的使用

(1)对中、整平。在基准点上架设三脚架,使三脚架架头大致水平,将仪器安放在三脚架上,用脚螺旋使圆水准器及长水准器气泡居中,在三脚架架头上平移仪器使对点器对准基准点,此时长水准器气泡仍应居中,否则,平移仪器或伸缩三脚架架腿使长水准器气泡居中,同时光学对点器也能对准基准点。

(2)瞄准目标。在测量处安放方格形激光靶。旋转望远镜目镜至能清晰看见分划板的十字丝,旋转调焦手轮,使激光靶清晰地成像在分划板的十字丝上,此时眼睛作上、下、左、右移动,激光靶的像与十字丝无任何相对位移即无视差。

(3)光学垂准。仪器对中、整平好后,指挥持靶人员将激光网格靶靶心置于十字丝交点上,然后利用通过网格靶心的延长线将点投测到目标平面上。为提高垂准精度,应将仪器照准部旋转180°,通过望远镜观测第二个点,取两点连线的中点为测量值。

(4)激光垂准。打开垂准激光开关,激光从望远镜中射出,聚焦在激光靶上,光斑中心即为测设点。指挥持靶人员将激光网格靶靶心置于光斑中心,然后利用通过网格靶心的延长线将点投测到目标平面上。同时旋转照准部,采用对称测设的方法提高垂准精度。通过望远镜目镜观测时一定要在目镜外装上滤色片,避免激光对人眼造成伤害。

2. 全自动激光垂准仪

全自动型激光垂准仪只需居中圆水准器即可,精平由自动安平补偿器完成。它能提供向上或向下的激光铅垂线,向上和向下一测回垂准测量标准偏差为1/100000。上、下激光的有效射程均为150m,距激光出口100m处的光斑直径不大于20mm。

第二节 测量仪器检验与校正

一、全站仪(经纬仪)检验与校正

1. 一般性检查

在检验与校正之前,应对仪器外观各部位做全面检查。安置仪器后,应先检查仪器脚架各部分性能是否良好,然后检查仪器各螺丝是否有效,照准部和望远镜转动是否灵活,望远镜成像与读数系统成像是否清晰等,当确认各部分性能良好后,方可进行仪器的检校,否则应及时处理所发现的问题。

2. 照准部水准管轴检验与校正

(1)检验。照准部水准管轴应垂直于竖轴,其检验方法为:初步整平仪器后,转动照准部使水准管平行于任意一对脚螺旋的连线,调节两个脚螺旋,使水准管气泡居中,然后将照准部旋转180°,若气泡仍然居中,表明条件满足,否则需校正。

(2)校正。转动与水准管平行的两个脚螺旋,使气泡向中间移动偏离距离的1/2,剩余的1/2偏离量用校正针拨动水准管的校正螺丝,达到使气泡居中。此项校正,由于是目估1/2气泡偏移量,因此,检验校正需反复进行,直至照准部旋转到任何位置,气泡偏离中央不超过一格为止,最后勿忘将旋松的校正螺丝旋紧。

3. 圆水准器检验与校正

(1)检验。利用已经检验、校正的管水准器精确整平全站仪,如果圆水准器居中,则满足要求,否则需校正。

(2)校正。利用校正旋具调整圆水准器底部的3个校正螺钉,直至气泡居中。

4. 十字丝竖丝检验与校正

(1)检验。十字丝竖丝应垂直于横轴,其检验方法为:整平仪器后,用竖丝一端照准一个固定清晰的点状目标,如图6-6中P点,拧紧望远镜和照准部制动螺旋,然后转动望远镜微动螺旋,如果该点始终不离开竖丝,则说明竖丝垂直于横轴,否则需要校正。

(2)校正。取下目镜端的十字丝分划板护盖,放松四个压环螺丝(图6-7),微微转动十字丝环,使竖丝与照准点重合,直至望远镜上下微动时,P点始终在竖丝上移动为止。然后拧紧四个压环螺丝,旋上护盖。若每次都用十字丝交点照准目标,即可避免此项误差。

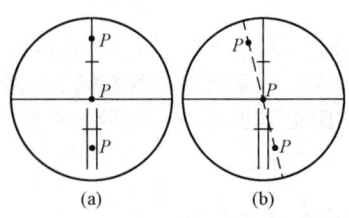

图6-6 十字丝竖丝垂直于横轴检验

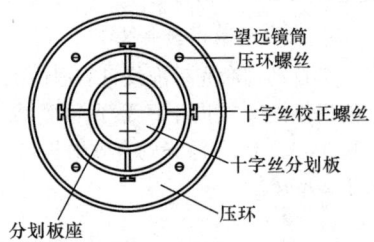

图6-7 十字丝竖丝垂直于横轴校正

5. 视准轴检验与校正

(1)检验。望远镜视准轴应垂直于横轴,其检验方法如下:

1)在较平坦地区,选择相距约100m的A、B两点,在AB的中点O安置经纬仪,在A点设置一个照准标志,B点水平横放一根水准尺,使其大致垂直于OB视线,标志与水准尺的高度基本与仪器同高。

2)盘左位置视线大致水平照准A点标志,拧紧照准部制动螺旋,固定照准部,纵转望远镜在 B 尺上读数 B_1[图 6-8(a)];盘右位置再照准 A 点标志,拧紧照准部制动螺旋,固定照准部,再纵转望远镜在 B 尺上读数 B_2[图 6-8(b)]。若 B_1 与 B_2 为同一个位置的读数(读数相等),则表示视准轴垂直于横轴,否则需校正。

(2)校正。如图 6-8(b)所示,由 B_2 向 B_1 点方向量取 $B_1B_2/4$ 的长度,定出 B_3 点,用校正针拨动十字丝环上的左、右两个校正螺丝,使十字丝交点对准 B_1 即可。校正后勿忘将旋松的螺丝旋紧。此项校正也需反复进行。

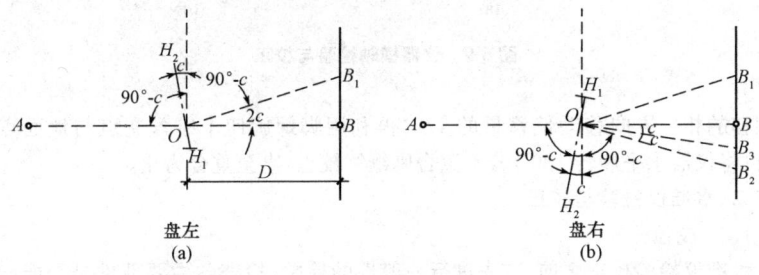

图 6-8 视准轴检验与校正

6. 横轴检验与校正

(1)检验。经纬仪横轴应垂直于竖轴,其检验方法如下:

1)如图 6-9 所示,安置经纬仪距较高墙面 30m 左右处,整平仪器。

2)盘左位置,望远镜照准墙上高处一点 M(仰角 30°~40°为宜),然后将望远镜大致放平,在墙面上标出十字丝交点的投影 m_1[图 6-9(a)]。

3)盘右位置,再照准辐点,然后再把望远镜放置水平,在墙面上与 m_1 点同一水平线上再标出十字丝交点的投影 m_2,如果两次投点的 m_1 与 m_2 重合,则表明横轴应垂直于竖轴,否则需要校正。

(2)校正。首先在墙上标定出 m_1m_2 直线的中点 m[图 6-9(b)],用望远镜十字丝交点对准 m,然后固定照准部,再将望远镜上仰至 M 点附近,此时十字丝交点必定偏离 M 点,而在 M 点,这时打开仪器支架的护盖,校正望远镜横轴一端的偏心轴承,使横轴一端升高或降低,移动十字丝交点,直至十字丝交点对准 M 点为止。对于光学经纬仪,横轴校正螺旋均由仪器外壳包住,密封性好,仪器出厂时又经过严格检查,若不是巨大震动或碰撞,横轴位置不会变动。一般测量前只进行此项检验,若必须校正,应由专业检修人员进行。

7. 光学对中器检验与校正

(1)检验。将仪器置于白色地面上,在地面上标出黑色标志,用光学对中器严格对中该点,严格整平水准管,消除对中视差。将仪器水平旋转 180°,若对中器十字丝交点不在该点上,则需校正。

(2)校正:打开光学对中器目镜端护罩,用校正旋具旋转 4 颗校正螺钉,使其

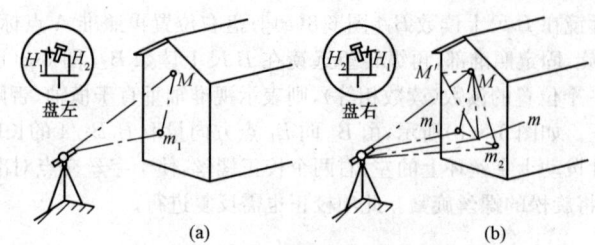

图 6-9 仪器横轴检验与校正

按偏移的相反方向移动偏移量的 1/2,再利用脚螺旋使十字丝交点与地面点重合,再将仪器水平旋转 180°,若不重合则继续校正,直至重合为止。

二、水准仪检验与校正

1. 一般性检验

水准仪检验校正之前,应先进行一般性的检验,检查各主要部件是否能起有效的作用。安置仪器后,应检验望远镜成像是否清晰,物镜对光螺旋和目镜对光螺旋是否有效,制动螺旋、微动螺旋、微倾螺旋是否有效,脚螺旋是否有效,三脚架是否稳固等。如果发现有故障应及时修理。

2. 圆水准器轴平行于仪器竖轴检验与校正

(1) 检验。安置仪器后,转动脚螺旋使圆水准器气泡居中,如图 6-10(a)所示,此时,圆水准器轴处于铅垂。然后将望远镜绕竖轴旋转 180°,如果气泡仍居中,说明条件满足。如果气泡偏离中心,如图 6-10(b)所示,则需要校正。

(2) 校正。首先转动脚螺旋使气泡向中心方向移动偏距的一半,即仪器竖轴处于铅垂位置,如图 6-10(c)所示。其余的一半用校正针拨动圆水准器的校正螺丝使气泡居中,则圆水准器轴也处于铅垂位置,如图 6-10(d)所示,则满足条件圆水准器轴平行于仪器竖轴。

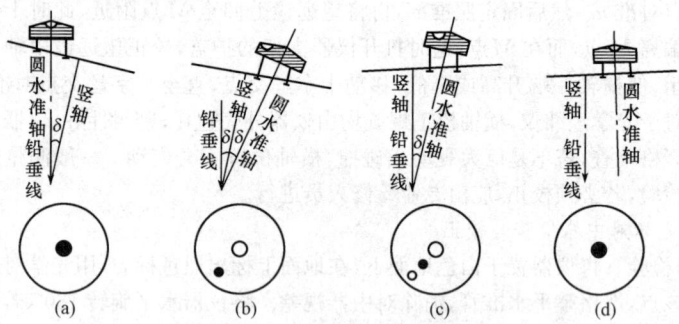

图 6-10 圆水准器轴的检验与校正

第六章 建筑施工测量

圆水准器下面有一个中心固定螺丝,在拨动校正螺丝之前,应该先稍松该螺丝后再按照圆水准器粗平的方法,用校正针拨动相邻的两个,再拨动另一个校正螺丝,使气泡居中。

此项校正一般都难以一次完成,因为校正量是目估的,则需反复检校,直到仪器旋转到任何方向,气泡均基本居中为止。校正完毕后务必将中心固定螺丝拧紧。

3. 十字丝横丝垂直于竖轴检验与校正

(1)检验。整平仪器后用十字丝横丝的一端对准一个清晰固定点 M,如图6-11(a)所示,旋紧制动螺旋,再用微动螺旋,使望远镜缓慢移动,如果 M 点始终不离开横丝,如图6-11(b)所示,则说明条件满足。如果离开横丝,如图6-11(c)、(d)所示,则需要校正。

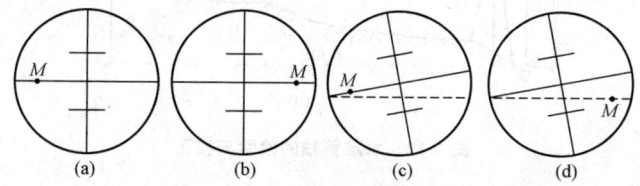

图 6-11 十字丝的检验与校正

(2)校正。旋下十字丝护罩,松开十字丝分划板座固定螺丝,微微转动十字丝环,使横丝水平(M 点不离开横丝为止),然后将固定螺丝拧紧,旋上护罩。

此项误差不明显时,可不必进行校正。工作中利用横丝的中央部分读数,以减少该项误差的影响。

4. 水准管轴平行于视准轴检验与校正

(1)检验。如图 6-12(a)所示,在较平坦地段,相距约 80m 左右选择 A、B 两点,打下木桩标定点位,并立水准尺。用皮尺丈量定出 AB 的中间点 M,并在 M 点安置水准仪,用双仪高法两次测定 A 至 B 点的高差。当两次高差的较差不超过 3mm 时,取两次高差的平均值 $h_{平均}$ 作为两点高差的正确值。

然后将仪器置于距 A(后视点)2~3m 处,再测定 AB 两点间高差,如图6-12(b)所示。因仪器离 A 点很近,故可以忽略 i 角对 a_2 的影响,A 尺上的读数 a_2 可以视为水平视线的读数。因此视线水平时的前视读数 a_2 可根据已知高差 $h_{平均}$ 和 A 尺读数 a_2 计算求得: $b_2 = a_2 - h_{AB}$。如果望远镜瞄准 B 点尺,视线精平时的读数 b_2' 与 b_2 相等,则条件满足,如果 $i'' = \dfrac{b_2' - b_2}{D_{AB}} \times \rho''$ 的绝对值大于 $20''$ 时,则仪器需要校正。

(2)校正。转动微倾螺旋使横丝对准的读数为 b_2,然后放松水准管左右两个校正螺丝,再一松一紧调节上、下两个校正螺丝,使水准管气泡居中(符合),最后

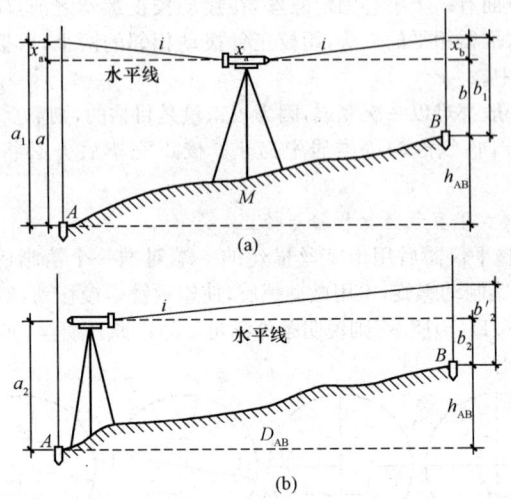

图 6-12 水准管轴的检验与校正

再拧紧左右两个校正螺丝,此项校正仍需反复进行,直至达到要求为止。

三、精密水准仪检验与校正

1. 圆水泡的校正

(1) 目的使圆水泡轴线垂直,以便安平。

(2) 校正方法用长水准管使纵轴确切垂直,然后校正之,使圆水泡气泡居中,其步骤为:拨转望远镜使之垂直于一对水平螺旋,用圆水泡粗略安平,再用微倾螺旋使长水准气泡居中微倾螺旋之读数,拨转仪器180°,倘气泡偏差,仍用微倾螺旋安平,又得一读数,旋转微倾螺旋至两读数之平均数。此时长水准轴线已与纵轴垂直。接着再用水平螺旋安平长水准管气泡居中,则纵轴即垂直。转动望远镜至任何位置气泡像符合差不大于1mm。纵轴既已垂直,则校正圆水准使气泡恰在黑圈内。在圆水泡的下面有三个校正螺旋,校正时螺旋不可旋得过紧,以免损坏水准盒。

2. 微倾螺旋上刻度指标差的改正

上述进行使长水准轴线与纵轴垂直的步骤中,曾得到微倾螺旋两数的平均数,当微倾螺旋对准此数时,则长水准轴线应与纵轴垂直,此数本应为零,倘不对零线,则有指标差,可将微倾螺旋外面周围三个小螺旋各松开半转,轻轻转动螺旋头至指标恰指"0"线为止,然后重新旋紧小螺旋。在进行此项工作时,长水准必须始终保持居中,即气泡保持符合状态。

第六章　建筑施工测量

第三节　建筑物定位与放线

一、建筑物定位

1. 根据控制点定位

如果待定位建筑物的定位点设计坐标是已知的，且附近有高级控制点可供利用，则可根据实际情况选用极坐标法、角度交会法或距离交会法来测设定位点。三种方法中，极坐标法适用性最强，是用得最多的一种定位方法。

2. 根据建筑方格网和建筑基线定位

如果待定位建筑物的定位点设计坐标是已知的，并且建筑场地已设有建筑方格网或建筑基线，可利用直角坐标法测设定位点，当然也可用极坐标法等其他方法进行测设，但直角坐标法所需要的测设数据的计算较为方便，在用经纬仪和钢尺实地测设时，建筑物总尺寸和四大角的精度容易控制和检核。

3. 根据与原有建筑物和道路的关系定位

(1) 根据与原有建筑物的关系定位。

1) 如图 6-13(a) 所示，拟建建筑物的外墙边线与原有建筑的外墙边线在同一条直线上，两栋建筑物的间距为 15m，拟建建筑物四周长轴为 45m，短轴为 20m，轴线与外墙边线间距为 0.15m，可按下述方法测设其四个轴线交点：

①沿原有建筑物的两侧外墙拉线，用钢尺顺线从墙角往外量一段较短的距离（这里设为 3m），在地面上定出 C_1 和 C_2 两个点，C_1 和 C_2 的连线即为原有建筑物的平行线。

②在 C_1 点安置经纬仪，照准 C_2 点，用钢尺从 C_2 点沿视线方向量 15m＋0.15m，在地面上定出 C_3，再从 C_3 点沿视线方向量 45m，在地面上定出 C_4 点，C_3 和 C_4 的连线即为拟建建筑物的平行线，其长度等于长轴尺寸。

③在 C_3 点安置经纬仪，照准 C_4，逆时针测设 90°，在视线方向上量 3m＋0.15m，在地面上定出 D_1 点，再从 D_1 点沿视线方向量 20m，在地面上定出 D_4 点。同理，在 C_4 点安置经纬仪，照准 C_3 点，顺时针测设 90°，在视线方向上量 3m＋0.15m，在地面上定出 D_2 点，再从 D_2 点沿视线方向量 20m，在地面上定出 D_3 点。则 D_1、D_2、D_3 和 D_4 点即为拟建建筑物的四个定位轴线点。

④在 D_1、D_2、D_3 和 D_4 点上安置经纬仪，检核四个大角是否为 90°，用钢尺丈量四条轴线的长度，检核长轴是否为 45m，短轴是否为 20m。

2) 如果是如图 6-13(b) 所示的情况，则在得到原有建筑物的平行线并延长到 C_3 点后，应在 C_3 点测设 90°并量距，定出 D_1 和 D_2 点，得到拟建建筑物的一条长轴，再分别在 D_1 和 D_2 点测设 90°并量距，定出另一条长轴上的 D_4 和 D_3 点。注意不能先定短轴的两个点（例如 D_1 和 D_4 点），再在这两个点上设站测设另一条短轴上的两个点（例如 D_2 和 D_3 点），否则误差容易超限。

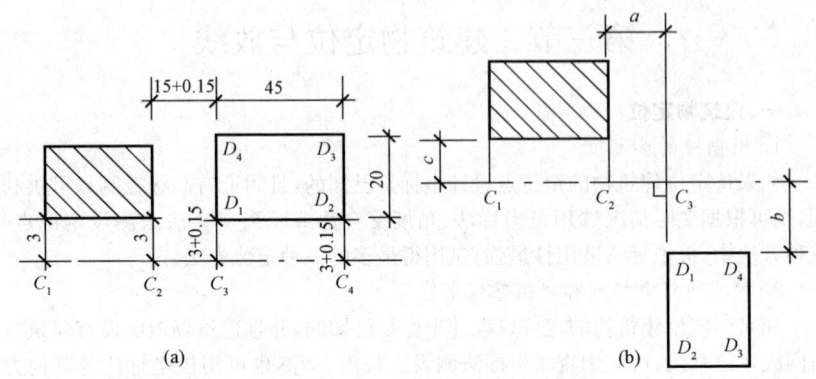

图 6-13　根据与原有建筑物的关系定位

(2)根据与原有道路的关系定位。拟建建筑物的轴线与道路中心线平行,轴线与道路中心线的距离如图 6-14 所示,测设方法如下:

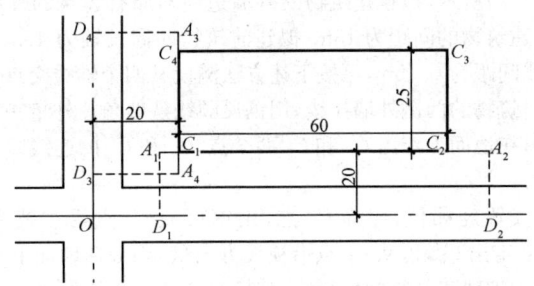

图 6-14　根据与原有道路定位

1)在每条道路上选两个合适的位置,分别用钢尺测量该处道路宽度,其宽度的 1/2 处即为道路中心点,如此得到路一中心线的两个点 D_1 和 D_2,同理得到路二中心线的两个点 D_3 和 D_4。

2)分别在路一的两个中心点上安置经纬仪,测设 90°,用钢尺测设水平距离 20m,在地面上得到路一的平行线 A_1-A_2,同理作出路二的平行线 A_3-A_4。

3)用经纬仪内延或外延这两条线,其交点即为拟建建筑物的第一个定位点 C_1,再从 C_1 沿长轴方向量 60m,得到第二个定位点 C_2。

4)分别在 C_1 和 C_2 点安置经纬仪,测设直角和水平距离 25m,在地面上定出 C_3 和 C_4 点。在 C_1、C_2、C_3 和 C_4 点上安置经纬仪,检核角度是否为 90°,用钢尺丈量四条轴线的长度,检核长轴是否为 60m,短轴是否为 25m。

第六章 建筑施工测量

二、建筑物放线

1. 测设细部轴线交点

如图 6-15 所示，1 轴、5 轴、A 轴和 G 轴是建筑物的四条外墙主轴线，其交点 A1、G1、A5 和 G5 是建筑物的定位点，这些定位点已在地面上测设完毕并打好桩点，各主次轴线间隔如图 6-15 所示，现欲测设次要轴线与主轴线的交点。

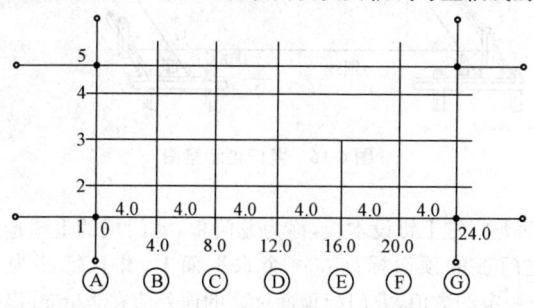

图 6-15　测设细部轴线交点

在 A1 点安置经纬仪，照准 G1 点，把钢尺的零端对准 A1 点，沿视线方向拉钢尺，在钢尺上读数等于 A 轴和 B 轴间距(4.0m)的地方打下木桩，打的过程中要经常用仪器检查桩顶是否偏离视线方向，并不时拉一下钢尺，钢尺读数是否还在桩顶上，如有偏移要及时调整。打好桩后，用经纬仪视线指挥在桩顶上画一条纵线，再拉好钢尺，在读数等于轴间距处画一条横线，两线交点即 1 轴与 B 轴的交点。

在测设 1 轴与 C 轴的交点 C1 时，方法同上，注意仍然要将钢尺的零端对准 A1 点，并沿视线方向拉钢尺，而钢尺读数应为 A 轴和 C 轴间距(8.0m)，这种做法可以减小钢尺对点误差，避免轴线总长度增长或减短。如此依次测设 A 轴与其他有关轴线的交点。测设完最后一个交点后，用钢尺检查各相邻轴线桩的间距是否等于设计值，误差应小于 1/3000。

测设完 A 轴上的轴线点后，用同样的方法测设 5 轴、A 轴和 C 轴上的轴线点。如果建筑物尺寸较小，也可用拉细线绳的方法代替经纬仪定线，然后沿细线绳拉钢尺量距。

2. 引测轴线

(1)龙门板法。

1)如图 6-16 所示，在建筑物四角和中间隔墙的两端，距基槽边线约 2m 以外，牢固地埋设大木桩，称为龙门桩，并使桩的一侧平行于基槽。

2)根据附近水准点，用水准仪将±0.000 标高测设在每个龙门桩的外侧上，并画出横线标志。如果现场条件不允许，也可测设比±0.000 高或低一定数值的标高线，同一建筑物最好只用一个标高，如因地形起伏大用两个标高时，一定要标注清楚，以免使用时发生错误。

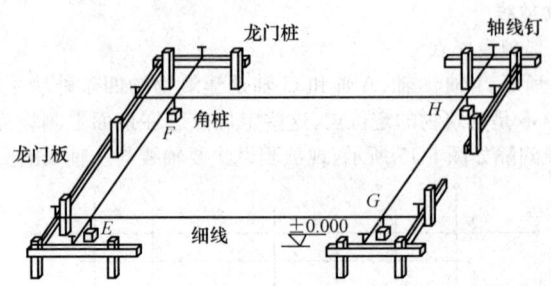

图 6-16　龙门桩示意图

3) 在相邻两龙门桩上钉设木板,称为龙门板,龙门板的上沿应和龙门桩上的横线对齐,使龙门板的顶面标高在一个水平面上,并且标高为±0.000,或比±0.000高或低一定的数值,龙门板顶面标高的误差应在±5mm以内。

4) 根据轴线桩,用经纬仪将各轴线投测到龙门板的顶面,并钉上小钉作为轴线标志,称为轴线钉,投测误差应在±5mm以内。对小型的建筑物,也可用拉细线绳的方法延长轴线,再钉上轴线钉,如事先已打好龙门板,可在测设细部轴线的同时钉设轴线钉,以减少重复安置仪器的工作量。

5) 用钢尺沿龙门板顶面检查轴线钉的间距,其相对误差不应超过1/3000。

(2) 轴线控制桩法。由于龙门板需要较多木料,而且占用场地,使用机械开挖时容易被破坏,因此,也可以在基槽或基坑外各轴线的延长线上测设轴线控制桩,作为以后恢复轴线的依据。即使采用了龙门板,为了防止被碰动,对主要轴线也应测设轴线控制桩。

轴线控制桩的引测主要采用经纬仪法,当引测到较远的地方时,要注意采用盘左和盘右两次投测取中法来引测,以减少引测误差和避免错误的出现。

(3) 确定开挖边线。先按基础剖面图给出的设计尺寸,计算基槽的开挖宽度,如图 6-17 所示。

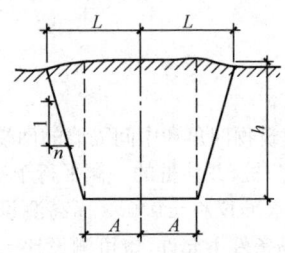

图 6-17　基槽开挖

$$L = A + nh \tag{6-1}$$

式中，A 为基底宽度，可由基础剖面图查取，h 为基槽深度，n 为边坡坡度的分母。然后根据计算结果，在地面上以轴线为中线往两边各量出 $L/2$，拉线并撒上白灰，即为开挖边线。如果是基坑开挖，则只需按最外围墙体基础的宽度及放坡确定开挖边线。

第四节　建筑基础施工测量

一、条形基础施工测量

1. 基槽开挖边线放线

首先根据设计图纸和开挖方案，计算出开挖上下口线的位置，然后利用轴线控制桩和计算的数据，放样出开挖上、下口线，撒上白灰作为开挖标记。在开挖过程，以轴线控制桩为准测设基槽边线，两灰线外侧为槽宽；从第一开挖点开始，测量其挖点的标高，根据所测数据指挥下一个挖点的挖深。

2. 基槽开挖深度控制

为了控制基槽开挖深度，当基槽挖到接近槽底设计高程时，应在槽壁上测设一些水平桩，使水平桩的上表面离槽底设计高程为某一整分米数，用以控制挖槽深度，也可作为槽底清理和打基础垫层时掌握标高的依据。

水平桩可以是木桩也可以是竹桩，测设时，以画在龙门板或周围固定地物的 ± 0.000 标高线为已知高程点，用水准仪进行测设，小型建筑物也可用连通水管法进行测设。水平桩上的高程误差应在 $\pm 10mm$ 以内。

【例】　如图 6-18 所示，设龙门板顶面标高为 ± 0.000，槽底设计标高为 $-2.5m$，水平桩高于槽底 $0.6m$，即水平桩高程为 $-1.9m$，用水准仪后视龙门板顶面上的水准尺，读数 $a=1.280m$，则水平桩上标尺的应有读数为：

$$0 + 1.280 - (-1.9) = 3.180m$$

测设时沿槽壁上下移动水准尺，当读数为 $3.180m$ 时沿尺底水平地将桩打进槽壁，然后检核该桩的标高，如超限便进行调整，直至误差在规定范围以内。

3. 垫层标高控制

垫层面标高的测设可以水平桩为依据在槽壁上弹线，也可在槽底打入垂直桩，使桩顶标高等于垫层面的标高。如果垫层需安装模板，可以直接在模板上弹出垫层面的标高线。

如果是机械开挖，一般是一次挖到设计槽底或坑底的标高，因此要在施工现场安置水准仪，边挖边测，随时指挥挖土机调整挖土深度，使槽底或坑底的标高略高于设计标高（一般为 10cm，留给人工清土）。挖完后，为了给人工清底和打垫层提供标高依据，还应在槽壁或坑壁上打水平桩，水平桩的标高一般为垫层面的标高。当基坑底面积较大时，为便于控制整个底面的标高，应在坑底均匀地打一些垂直桩,使桩顶标高等于垫层面的标高。

4. 建筑物轴线恢复

垫层做好后,根据龙门板上的轴线钉或轴线控制桩,用经纬仪或拉线挂吊锤的方法把轴线投测到垫层面上,然后根据投测的轴线,在垫层面上将基础中心线和边线用墨线弹出,以便砌筑基础或安装基础模板。如果未设垫层,可在槽底打木桩,把基础中心线和边线投测到桩上。

5. 基础标高控制

基础墙的标高一般是用基础"皮数杆"来控制的,皮数杆是用一根木杆做成,在杆上注明±0.000的位置,按照设计尺寸将砖和灰缝的厚度,分皮从上往下一一画出来,此外,还应注明防潮层和预留洞口的标高位置,如图6-18所示。

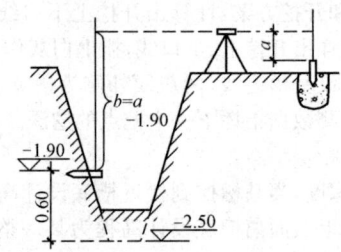

图6-18 基槽水平桩测设

如图6-19所示,立皮数杆时,可先在立杆处打一木桩,用水准仪在木桩侧面测设一条高于垫层设计标高某一数值(如0.2m)的水平线,然后将皮数杆上标高相同的一条线与木桩上的水平线对齐,并用铁钉把皮数杆和木桩钉在一起,这样立好皮数杆后,即可作为砌筑基础墙的标高依据。

对于采用钢筋混凝土的基础,可用水准仪将设计标高测设于模板上。

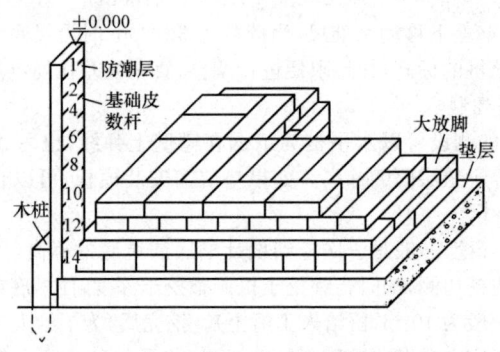

图6-19 基础皮数杆

二、独立基础施工测量

以混凝土杯形独立基础为例,简述独立基础施工测量方法如下：

(1)基坑开挖后,当基坑快要挖到设计标高时,应在基坑的四壁或者坑底边沿及中央打入小木桩,在木桩上引测标高,以便根据标高拉线修整坑底和打垫层。

(2)垫层做好以后,根据柱基定位桩在垫层上放出基础中心线,并弹墨线标明,作为支模板的依据。支模上口还可由坑边定位桩直接拉线,并用吊垂球的方法检查其位置是否正确。然后在模板的内表面用水准仪引测基础面的设计标高,并画线标明。在支杯底模板时,应注意使实际浇筑出来的杯底顶面比原设计的标高略低 30~50mm,以便拆模后填高修平杯底。

(3)在柱基拆模以后,根据矩形控制网上柱中心线端点,用经纬仪把柱中线投到杯口顶面,并绘标志,以备吊装柱子时使用。中线投点有两种方法：一种是将仪器安置在柱中心线的一个端点,照准另一端点而将中线投到杯口上；另一种是将仪器置于中线上的适当位置,照准控制网上柱基中心线两端点,采用正倒镜法进行投点。

(4)为了修平杯底,须在杯口内壁测设标高线、该标高线应比基础顶面略低30~50mm。与杯底设计标高的距离为整分米数,以便根据该标高线修平杯底。

三、桩基工程施工测量

桩基工程施工测量的任务是把设计总图上的建筑物基础桩位,按设计和施工的要求,准确地测设到拟建区地面上,为桩基础工程施工提供标志。

1. 桩基定位

建筑物桩基定位是根据设计所给定的条件,将其四周外廓主轴线的交点(简称角桩),测设到地面上,作为测设建筑物桩基定位轴线的依据。由于在桩基础施工时,所有的角桩均要因施工而被破坏无法保存,为了满足桩基础施工期间和竣工后续工序恢复建筑物桩位轴线和投测建筑物轴线的需要,所以,在建筑物定位测量时,不是直接测设建筑物外廓主轴线交点的角桩,而是在距建筑物四周外廓5~10m,并平行建筑物处,首先测设建筑物定位矩形控制网,然后,测出桩位轴线在此定位矩形控制网上的交点桩,称之为轴线控制桩或引桩。

2. 建筑物桩位轴线及承台桩位测设

(1)桩位轴线测设。建筑物桩位轴线测设是在建筑物定位完成后进行的,一般使用经纬仪采用内分法进行桩位轴线引桩的测设。对复杂建筑物或曲线圆心点的测设一般采用极坐标法测设。对所测设的桩位轴线的引桩均要打入小木桩,木桩顶上应钉小铁钉作为桩位轴线引桩的中心点位。为了便于保存和使用,要求桩顶与地面齐平,并在引桩周围撒上白灰。在桩位轴线测设完成后,应及时对桩位轴线间长度和桩位轴线的长度进行检测,要求实量距离与设计长度之差,对单排桩位不应超过±10mm,对群桩不超过±20mm。在桩位轴线检测满足设计要求后才能进行承台桩位的测设。

(2)建筑物承台桩位测设。建筑物承台桩位的测设是以桩位轴线的引桩为基础进行测设的。测设时,可根据设计所给定的承台桩位与轴线的相互关系,选用直角坐标法、交会法、极坐标法等进行测设。对于复杂建筑物承台桩位的测设,往往根据设计所提供的数据经过计算后进行测设。在承台桩位测设后,应打入小木桩作为桩位标志,并撒上白灰,便于桩基础施工。在承台桩位测设后,应及时检测,对本承台桩位间的实量距离与设计长度之差不应大于±20mm,对相邻承台桩位间的实量距离与设计长度之差不应大于±30mm。在桩点位经检测满足设计要求后,才能移交给桩基础施工单位进行桩基础施工。

四、基础细部控制线放线

在基础施工中,集水坑、联体基坑(电梯井筒部位)和地脚螺栓等重要部位埋件的定位控制,应采取下面所述针对性措施进行放线,以保证其放线精度。

(1)以轴线控制线为依据,依次放出各轴线。在此过程中,要坚持"通尺"原则,即放某一方向轴线时,要采用该方向上距离最远的两条轴线作为控制线,先测量此两条控制线的间距,若存在误差范围允许的误差,则在各轴线的放样中逐步消除,不能累积到一跨中。

(2)轴线放样完毕后,根据就近原则,以各轴线为依据,依次放样出离其较近的墙体或门窗洞口等控制线和边线。放样完毕后,务必再联测到另一控制线以作检核。若误差超限时应重新看图和检查,修正后方可进行下一步的工作。

(3)在厂房施工中,由于吊车梁的施工精度要求较高,因此,待柱子拆模后,要将其对应的轴线投测到柱身上,再根据所抄测的标高控制线找出其标高位置,以此来控制预埋件的空间位置。

(4)对于电梯井筒(核心筒),结构剪力墙一定要在放线过程中对已浇筑的楼层进行垂直度测量,发现误差偏大时,应及时采取技术措施进行弥补,避免错台等质量问题。

第五节　主体施工测量

房屋主体指±0.000以上的墙体,多层民用建筑每层砌筑前都应进行轴线投测和高程传递,以保证轴线位置和标高正确,其精度要求应符合要求。

一、楼层轴线投测

1. 首层楼房墙体轴线测设

基础工程结束后,应对龙门板或轴线控制桩进行检查复核,防止基础施工期间发生碰动移位。复核无误后,可根据轴线控制桩或龙门板上的轴线钉,用经纬仪法或拉线法,把首层楼房的墙体轴线测设到防潮层上,并弹出墨线,然后用钢尺检查墙体轴线的间距和总长是否等于设计值,用经纬仪检查外墙轴线四个主要交角是否等于90°。符合要求后,把墙轴线延长到基础外墙侧面上并弹线和做出标

第六章　建筑施工测量

志,作为向上投测各层楼房墙体轴线的依据。同时,还应把门、窗和其他洞口的边线,也可在基础外墙侧面上做出标志。

墙体砌筑前,根据墙体轴线和墙体厚度,弹出墙体边线,照此进行墙体砌筑。砌筑到一定高度后,用吊锤线将基础外墙侧面上的轴线引测到地面以上的墙体上,以免基础覆土后看不见轴线标志。如果轴线处是钢筋混凝土柱,故可在拆柱模后将轴线引测到桩身上。

2. 二层以上楼房墙体轴线测设

每层楼面建好后,为保证继续往上砌筑墙体时,墙体轴线均与基础轴线在同一铅垂面上,应将基础或首层墙面上的轴线投测到楼面上,并在楼面上重新弹出墙体的轴线,检查无误后,以此为依据弹出墙体边线,再往上砌筑。在此工作中,从下往上进行轴线投测是关键,一般多层建筑常用吊锤线。

将较重的垂球悬挂在楼面的边缘,慢慢移动,使垂球尖对准地面上的轴线标志,或者使吊锤线下部沿垂直墙面方向与底层墙面上的轴线标志对齐,吊锤线上部在楼面边缘的位置就是墙体轴线位置,在此画一条短线作为标志,便在楼面上得到轴线的一个端点,同法投测另一端点,两端点的连线即为墙体轴线。

一般应将建筑物的主轴线都投测到楼面上来,并弹出墨线,用钢尺检查轴线间的距离,其相对误差不得大于 1/3000,符合要求之后,再以这些主轴线为依据,用钢尺内分法测设其他细部轴线。在困难的情况下至少要测设两条垂直相交的主轴线,检查交角合格后,用经纬仪和钢尺测设其他主轴线,再根据主轴线测设细部轴线。

二、墙体标高传递

1. 首层楼房墙体标高传递

墙体砌筑时,其标高用墙身"皮数杆"控制。在皮数杆上根据设计尺寸,按砖和灰缝厚度画线,并标明门、窗、过梁、楼板等的标高位置。杆上标高注记从 ±0.000 向上增加。

墙身皮数杆一般立在建筑物的拐角和内墙处,固定在木桩或基础墙上。为了便于施工,采用里脚手架时,皮数杆立在墙的外边;采用外脚手架时,皮数杆应立在墙里边。立皮数杆时,先用水准仪在立杆处的木桩或基础墙上测设出 ±0.000 标高线,测量误差在 ±3mm 以内,然后把皮数杆上的 ±0.000 线与该线对齐,用吊锤校正并用钉钉牢,必要时可在皮数杆上加两根钉斜撑,以保证皮数杆的稳定。

2. 二层以上楼房墙体轴线测设

(1) 利用皮数杆传递标高。一层楼房墙体砌完并建好楼面后,把皮数杆移到二层继续使用。为了使皮数杆立在同一水平面上,用水准仪测定楼面四角的标高,取平均值作为二楼的地面标高,并在立杆处绘出标高线,立杆时将皮数杆的 ±0.000 线与该线对齐,然后以皮数杆为标高的依据进行墙体砌筑。如此逐层往上传递高程。

(2)利用钢尺传递标高。在标高精度要求较高时,可用钢尺从底层的+50cm标高线起往上直接丈量,把标高传递到第二层,然后根据传递上来的高程测设第二层的地面标高线,以此为依据立皮数杆。在墙体砌到一定高度后,用水准仪测设该层的+50cm标高线,再往上一层的标高可以此为准用钢尺传递,如此逐层传递标高。

第六节　高层建筑施工测量

一、高层建筑施工测量概述

1. 高层建筑施工测量的特点

(1)由于建筑层数多、高度高,结构竖向偏差直接影响工程受力情况,故施工测量中要求竖向投点精度高,所选用的仪器和测量方法要适应结构类型、施工方法和场地情况。

(2)由于建筑结构复杂,设备和装修标准较高,特别是高速电梯的安装等,对施工测量精度要求亦高。一般情况在设计图纸中有说明总的允许偏差值,由于施工时亦有误差产生,为此测量误差只能控制在总偏差值之内。

(3)由于建筑平面、立面造型既新颖且复杂多变,故要求开工前先制定施测方案,仪器配备,测量人员的分工,并经工程指挥部组织有关专家论证后方可实施。

2. 高层建筑施工测量的基本准则

(1)遵守国家法令、政策和规范,明确为工程施工服务。

(2)遵守先整体后局部和高精度控制低精度的工作程序。

(3)要有严格审核制度。

(4)建立一切定位、放线工作要经自检、互检合格后,方可申请主管部门验收的工作制度。

二、高层建筑定位测量

1. 测设施工方格网

根据设计给定的定位依据和定位条件,进行高层建筑的定位放线,是确定建筑物平面位置和进行基础施工的关键环节,施测时必须保证精度,因此,一般采用测设专用的施工方格网的形式来定位。

施工方格网是测设在基坑开挖范围以外一定距离,平行于建筑物主要轴线方向的矩形控制网,如图 6-20 所示,M、N、P、Q 为拟建高层建筑的四大角轴线交点,A、B、C、D 是施工方格网的四个角点。施工方格网一般在总平面布置图上进行设计,先根据现场情况确定其各条边线与建筑轴线的间距,再确定四个角点的坐标,然后在现场根据城市测量控制网或建筑场地上测量控制网,用极坐标法或直角坐标法,在现场测设出来并打桩。最后还应在现场检测方格网的四个内角和四条边长,并按设计角度和尺寸进行相应的调整。

第六章 建筑施工测量

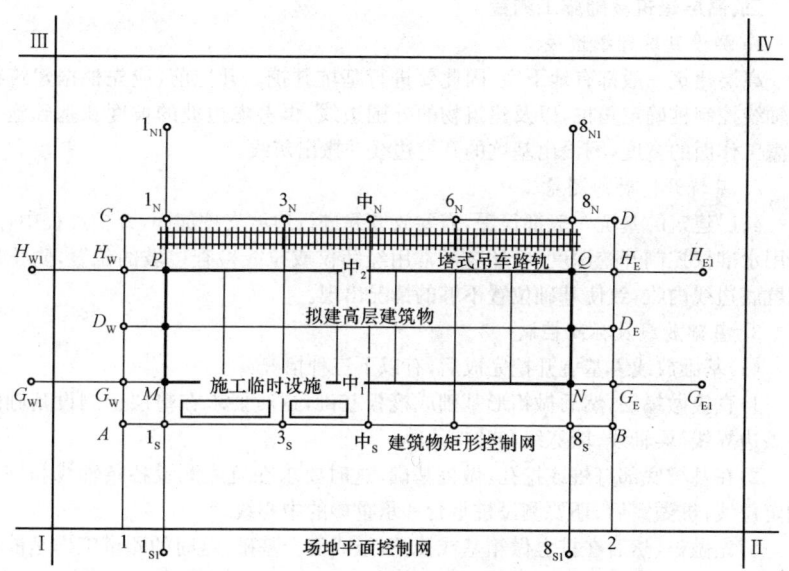

图 6-20 高层建筑定位测量

2. 测设主轴线控制桩

在施工方格网的四边上,根据建筑物主要轴线与方格网的间距,测设主要轴线的控制桩。如图 6-20 所示的 1_S、1_N 为轴线 MP 的控制桩,8_S、8_N 为轴线 NQ 的控制桩,G_W、G_E 为轴线 MN 的控制桩,H_W、H_E 为轴线 PQ 的控制桩,测设时要以施工方格网各边的两端控制点为准,用经纬仪定线,用钢尺拉通尺量距来打桩定点。测设好这些轴线控制桩后,施工时便可方便准确地在现场确定建筑物的四个主要角点。

除了四廓的轴线外,建筑物的中轴线等重要轴线也应在施工方格网边线上测设出来,与四廓的轴线一起,称为施工控制网中的控制线,一般要求控制线的间距为 30~50m。控制线的增多,可为以后测设细部轴线带来方便,也便于校核轴线偏差。如果高层建筑是分期分区施工,为满足某局部区域定位测量的需要,应把对该局部区域有控制意义的轴线在施工方格网边线测设出来。施工方格网控制线的测距精度不低于 1/10000,测角精度不低于 ±10″。

如果高层建筑准备采用经纬仪法进行轴线投测,还应把应投测轴线的控制桩往更远处安全稳固的地方引测,例如图 6-20 中,四条外廓主轴线是今后要往高处投测的主轴线,用经纬仪引测,得到 H_{W1} 等八个轴线控制桩,这些桩与建筑物的距离应大于建筑物的高度,以免用经纬仪投测时仰角太大。

三、高层建筑基础施工测量

1. 测设基坑开挖边线

高层建筑一般都有地下室,因此要进行基坑开挖。开挖前,应先根据建筑物的轴线控制桩确定角桩,以及建筑物的外围边线,再考虑边坡的坡度和基础施工所需工作面的宽度,测设出基坑的开挖边线并撒出灰线。

2. 基坑开挖时的测量工作

高层建筑的基坑一般都很深,需要放坡并进行边坡支护加固,开挖过程中,除了用水准仪控制开挖深度外,还应经常用经纬仪或拉线检查边坡的位置,防止出现坑底边线内收,致使基础位置不够的情况出现。

3. 基础放线及标高控制

(1)基础放线。基坑开挖完成后,有以下三种情况:

1)直接做垫层,然后做箱形基础或筏板基础,这时要求在垫层上测设基础的各条边界线、梁轴线、墙宽线和柱位线等。

2)在基坑底部打桩或挖孔,做桩基础,这时要求在坑底测设各条轴线和桩孔的定位线,桩做完后,还要测设桩承台和承重梁的中心线。

3)先做桩,然后在桩上做箱基或筏基,组成复合基础,这时的测量工作是前两种情况的结合。

(2)基础标高测设。基坑完成后,应及时用水准仪根据地面上的±0.000水平线,将高程引测到坑底,并在基坑护坡的钢板或混凝土桩上作好标高为负的整米数的标高线。由于基坑较深,引测时可多转几站观测,也可用悬吊钢尺代替水准尺进行观测。在施工过程中,如果是桩基,则要控制好各桩的顶面高程;如果是箱基和筏基,则直接将高程标志测设到竖向钢筋和模板上,作为安装模板、绑扎钢筋和浇筑混凝土的标高依据。

四、高层建筑的轴线投测

1. 投测的意义

当高层建筑的地下部分完成后,根据施工方格网校测建筑物主轴线控制桩后,将各轴线测设到做好的地下结构顶面和侧面,又根据原有的±0.000水平线,将±0.000标高或某整分米数标高,也测设到地下结构顶部的侧面上,这些轴线和标高线,是进行首层主体结构施工的定位依据。

随着结构的升高,要将首层轴线逐层往上投测,作为施工的依据。这当中建筑物主轴线的投测应更为重要,因为它们是各层放线和结构垂直度控制的依据。随着高层建筑物设计高度的增加,施工中对竖向偏差的控制要求就越高,轴线竖向投测的精度和方法就必须与其适应,以此保证工程质量。

2. 投测的方法

(1)经纬仪投测法。当施工场地比较宽阔时,多使用此法进行竖向投测,安置经纬仪于轴线控制桩桩上,严格对中整平,盘左照准建筑物底部的轴线标志,往上

第六章 建筑施工测量

转动望远镜,用其竖丝指挥在施工层楼面边缘上画一点,然后盘右再次照准建筑物底部的轴线标志,同法在该处楼面边缘上画出另一点,取两点的中间点作为轴线的端点。其他轴线端点的投测与此相同。

当楼层建得较高时,经纬仪投测时的仰角较大,操作不方便,误差也较大,此时应将轴线控制桩用经纬仪引测到远处(大于建筑物高度)稳固的地方,然后继续往上投测。如果周围场地有限,也可引测到附近建筑物的屋面上。如图 6-21 所示,先在轴线控制桩 M_1 上安置经纬仪,照准建筑物底部的轴线标志,将轴线投测到楼面上 M_2 点处,然后在 M_2 上安置经纬仪,照准 M_1 点,将轴线投测到附近建筑物屋面上 M_3 点处,以后就可在 M_3 点安置经纬仪,投测更高楼层的轴线。注意上述投测工作均应采用盘左盘右取中法进行,以减少投测误差。

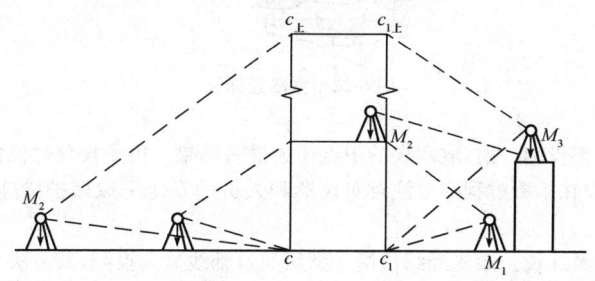

图 6-21 经纬仪投测法

所有主轴线投测上来后,应进行角度和距离的检核,合格后再以此为依据测设其他轴线。

(2)吊线坠法。当周围建筑物密集,施工场地窄小,无法在建筑物以外的轴线上安置经纬仪时,可采用此法进行竖向投测。该法与一般的吊垂线法的原理是一样的,只是线坠的重量更大,吊线(细钢丝)的强度更高。此外,为了减少风力的影响,应将吊锤线的位置放在建筑物内部。

(3)垂准仪法。

1)垂准经纬仪。如图 6-22 所示,该仪器的特点是在望远镜的目镜位置上配有弯曲成 90°的目镜,使仪器铅直指向正上方时,测量员能方便地进行观测。该仪器的中轴是空心的,使仪器也能观测正下方的目标。

使用时,将仪器安置在首层地面的轴线点标志上,严格对中整平,由弯管目镜观测,当仪器水平转动一周时,若视线一直指向一点上,说明视线方向处于铅直状态,可以向上投测。投测时,视线通过楼板上预留的孔洞,将轴线点投测到施工层楼板的透明板上定点,为了提高投测精度,应将仪器照准部水平旋转一周,在透明板上投测多个点,这些点应构成一个小圆,然后取小圆的中心作为轴线点的位置。

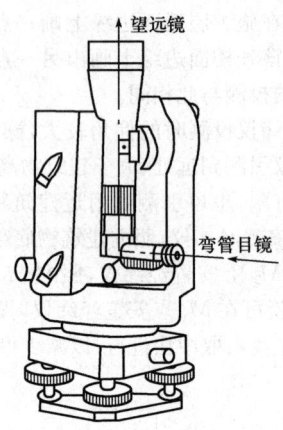

图 6-22 垂准经纬仪

同法用盘右再投测一次,取两次的中点作为最后结果。由于投测时仪器安置在施工层下面,故在施测过程中要注意对仪器和人员的安全采取保护措施,防止落物击伤。

2)激光经纬仪。激光经纬仪用于高层建筑轴线竖向投测,其方法与配弯管目镜的经纬仪是相同的,只不过是用可见激光代替人眼观测。投测时,在施工层预留孔中央设置用透明聚酯膜片绘制的接收靶,在地面轴线点处对中整平仪器,起辉激光器,调节望远镜调焦螺旋,使投射在接收靶上的激光束光斑最小,再水平旋转仪器,检查接收靶上光斑中心是否始终在同一点,或划出一个很小的圆圈,以保证激光束铅直,然后移动接收靶使其中心与光斑中心或小圆圈中心重合,将接收靶固定,则靶心即为欲投测的轴线点。

3)激光垂准仪。激光垂准仪用于高层建筑轴线竖向投测时,其原理和方法与激光经纬仪基本相同,主要区别在于对中方法。激光经纬仪一般用光学对中器,而激光垂准仪用激光管尾部射出的光束进行对中。

五、高层建筑的高程传递

1. 用钢尺直接测量

一般用钢尺沿结构外墙、边柱或楼梯间,由底层±0.000 标高线向上竖直量取设计高差,即可得到施工层的设计标高线。用这种方法传递高程时,应至少由三处底层标高线向上传递,以便于相互校核。由底层传递到上面同一施工层的几个标高点,必须用水准仪进行校核,检查各标高点是否在同一水平面上,其误差应不超过±3mm。合格后以其平均标高为准,作为该层的地面标高。若建筑高度超过一尺段,可每隔一个尺段的高度,精确测设新的起始标高线,作为继续向上传递高程的依据。

2. 悬吊钢尺法

在外墙或楼梯间悬吊一根钢尺,分别在地面和楼面上安置水准仪,将标高传递到楼面上。用于高层建筑传递高程的钢尺,应经过检定,量取高差时尺身应铅直和用规定的拉力,并应进行温度改正。

六、高层建筑中的竖向测量

1. 激光垂准仪法

此方法必须在首层面层上作好平面控制,并选择四个较合适的位置作控制点(图 6-23)或用中心"十"字控制,在浇筑上升的各层楼面时,必须在相应的位置预留 200mm×200mm 与首层层面控制点相对应的小方孔,保证能使激光束垂直向上穿过预留孔。在首层控制点上架设激光垂准仪,调置仪器对中整平后启动电源,使激光铅垂仪发射出可见的红色光束,投射到上层预留孔的接收靶上,查看红色光斑点离靶心最小之点,此点即为第二层上的一个控制点。其余的控制点用同样方法作向上传递。

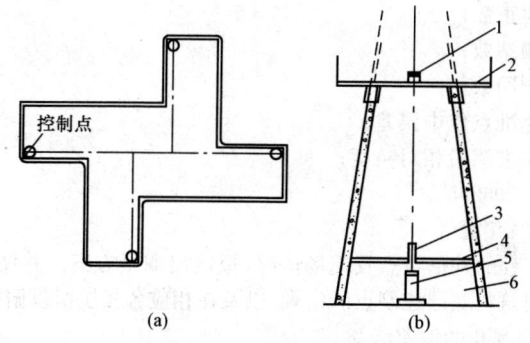

图 6-23　内控制布置
(a)控制点设置;(b)垂向预留孔设置
1—中心靶;2—滑模平台;3—通光管;4—防护棚;5—激光铅垂仪;6—操作间

2. 天顶垂准测量

(1)先标定下标志和中心坐标点位,在地面设置测站,将仪器置中、调平,装上弯管棱镜,在测站天顶上方设置目标分划板,位置大致与仪器铅垂或设置在已标出的位置上。

(2)将望远镜指向天顶,并固定之后调焦,使目标分划板呈现清晰,置望远镜十字丝与目标分划板上的参考坐标 X、Y 轴相互平行,分别置横丝和纵丝读取 x 和 y 的格值 GJ 和 CJ 或置横丝与目标分划板 Y 轴重合,读取 x 格值 GJ。

(3)转动仪器照准架 180°,重复上述程序,分别读取 x 格值 $G'J$ 和 y 格值

$C'J$。然后调动望远镜微动手轮,将横丝与 $\dfrac{GJ+G'J}{2}$ 格值重合,将仪器照准架旋转 90°,置横丝与目标分划板 X 轴平行,读取 y 格值 $C'J$,略调微动手枪,使横丝与 $\dfrac{CJ+C'J}{2}$ 格值相重合。

所测得 $X_J=\dfrac{GJ+G'J}{2}$;$Y_J=\dfrac{CJ+C'J}{2}$ 的读数为一个测回,记入手簿作为原始依据。

在数据处理及精度评定时应按下列公式进行计算:

$$m_x \text{ 或 } m_y = \pm \sqrt{\dfrac{\sum_{1}^{4}\sum_{i+1}^{10} V_{ij}^2}{N(n-1)}} \qquad (6-2)$$

$$m = \pm \sqrt{m_x^2 + m_y^2} \quad r = \dfrac{m}{n}$$

$$r'' = \dfrac{m}{n} \cdot \rho''$$

式中　V——改正数;
　　　N——测站数;
　　　n——测回数;
　　　m——垂准点位中误差;
　　　r——垂准测量相对精度;
　　　$\rho''=206265''$。

3. 天底垂准测量

(1)依据工程的外形特点及现场情况,拟定出测量方案。并做好观测前的准备工作,定出建筑物底层控制点的位置,以及在相应各楼层留设俯视孔,一般孔径为 $\phi150$,各层俯视孔的偏差 $\leqslant\phi8$。

(2)把目标分划板放置在底层控制点上,使目标分划板中心与控制点标志的中心重合。

(3)开启目标分划板附属照明设备。

(4)在俯视孔位置上安置仪器。

(5)基准点对中。

(6)当垂准点标定在所测楼层面十字丝目标上后,用墨斗线弹在俯视孔边上。

(7)利用标出来的楼层上十字丝作为测站即可测角放样,侧设高层建筑物的轴线。数据处理和精度评定与天顶垂准测量相同。

七、滑模施工测量

1. 铅直度观测

滑模施工的质量关键在于保证铅直度。可采用经纬仪投测法,最好采用激光铅垂仪投测方法。

2. 标高测设

首先在墙体上测设+1.00m的标高线,然后用钢尺从标高线沿墙体向上测量,最后将标高测设在滑模的支撑杆上。为了减少逐层读数误差的影响,可采用数层累计读数的测法。

3. 水平度观测

在滑升过程中,若施工平台发生倾斜,则滑出来的结构就会发生偏扭,将直接影响建筑物的垂直度,所以施工平台的水平度也是十分重要的。在每层停滑间歇,用水准仪在支撑杆上独立进行两次抄平,互为校核,标注红三角,再利用红三角,在支撑杆上弹设一分划线,以控制各支撑点滑升的同步性,从而保证施工平台的水平度。

第七节 工业厂房施工测量

一、工业厂房控制网建立

(一) 控制网建立前的准备工作

1. 制定厂房矩形控制网的测设方案及计算测设数据

厂房矩形控制网的测设方案,通常是根据厂区的总平面图、厂区控制网、厂房施工图和现场地形情况等资料来制定的。其主要内容为:确定主轴线位置、矩形控制网位置、距离指标桩的点位、测设方法和精度要求。在确定主轴线点及矩形控制网位置时,要考虑到控制点能长期保存,应避开地上和地下管线;位置应距厂房基础开挖边线以外 1.5~4m。距离指标桩即沿厂房控制网各边每隔若干柱间距埋设一个控制桩,故其间距一般为厂房柱距的倍数,但不要超过所用钢尺的整尺长。

2. 绘制测设略图

根据厂区的总平面图、厂区控制网、厂房施工图等资料,按一定比例绘制测设略图,为测设工作做好准备。

(二) 中小型工业厂房控制网的建立

如图 6-24 所示,根据测设方案与测设略图,将经纬仪安置在建筑方格网点 E 上,分别精确照准 D、H 点。自 E 点沿视线方向分别量取 $Eb=35.00$m 和 $Ec=28.00$m,定出 b、c 两点。然后,将经纬仪分别安置于 b、c 两点上,用测设直角的方法分别测出 bⅣ、cⅢ方向线,沿 bⅣ方向测设出Ⅳ、Ⅲ两点,沿 cⅢ方向测设出Ⅱ、Ⅲ两点,分别在Ⅰ、Ⅱ、Ⅲ、Ⅳ四个点上钉上木桩,做好标志。最后检查控制桩Ⅰ、Ⅱ、Ⅲ、Ⅳ各点的直角是否符合精度要求,一般情况下其误差不应超过±10″,各边长度相对误差不应超过 1/10000~1/25000。

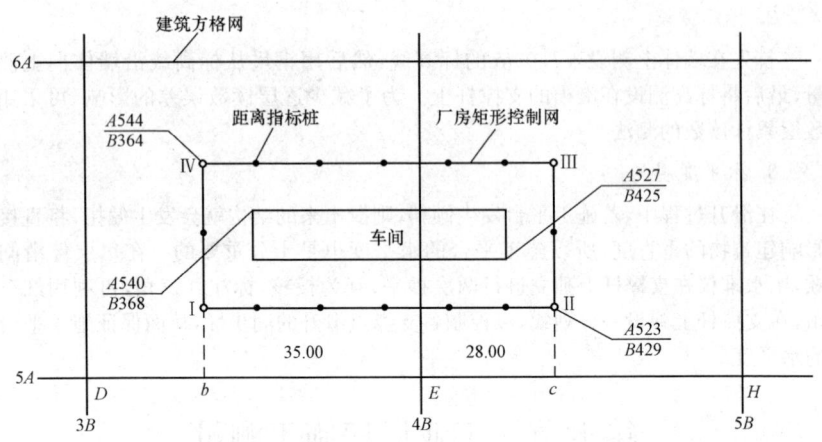

图 6-24 矩形控制网示意图

(三)大型工业厂房控制网的建立

对于大型或设备基础复杂的厂房,由于施测精度要求较高,为了保证后期测设的精度,其矩形厂房控制网的建立一般分两步进行。应先依据厂区建筑方格网精确测设出厂房控制网的主轴线及辅助轴线(可参照建筑方格网主轴线的测设方法进行),当校核达到精度要求后,再根据主轴线测设厂房矩形控制网,并测设边上的距离指示桩,一般距离指示桩位于厂房柱列轴线或主要设备中心线方向上。最终应进行精度校核,直至达到要求。大型厂房的主轴线的测设精度,边长的相对误差不应超过 1/30000,角度偏差不应超过 $\pm 5''$。

如图 6-25 所示,主轴线 MON 和 HOG 分别选定在厂房柱列轴线ⓒ和③轴上,Ⅰ、Ⅱ、Ⅲ、Ⅳ为控制网的四个控制点。

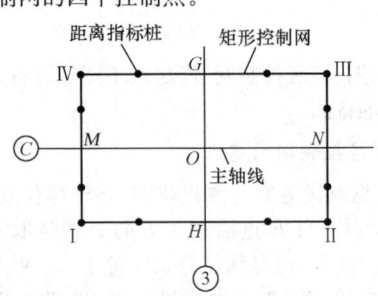

图 6-25 大型厂房矩形控制网的测设

测设时,首先按主轴线测设方法将 MON 测设于地面上,再以 MON 轴为依

据测设短轴 HOG，并对短轴方向进行方向改正，使轴线 MON 与 HOG 正交，限差为 $±5″$。主轴线方向确定后，以 O 点为中心，用精密丈量的方法测定纵、横轴端点 M、N、H、G 位置，主轴线长度相对精度为 $1/5000$。主轴线测设后，可测设矩形控制网，测设时分别将经纬仪安置在 M、N、H、G 四点，瞄准 O 点测设 $90°$ 方向，交会定出 Ⅰ、Ⅱ、Ⅲ、Ⅳ 四个角点，精密丈量 MⅠ、MⅡ、NⅡ、NⅣ、HⅠ、HⅣ、GⅣ、GⅢ 长度，精度要求同主轴线，不满足时应进行调整。

（四）厂房扩建与改建的测量

在旧厂房进行扩建或改建前，最好能找到原有厂房施工时的控制点，作为扩建与改建时进行控制测量的依据；但原有控制点必须与已有的吊车轨道及主要设备中心线联测，将实测结果提交设计部门。

如原厂房控制点已不存在，应按下列不同情况，恢复厂房控制网：

(1) 厂房内有吊车轨道时，应以原有吊车轨道的中心线为依据。

(2) 扩建与改建的厂房内的主要设备与原有设备有联动或衔接关系时，应以原有设备中心线为依据。

(3) 厂房内无重要设备及吊车轨道，可以原有厂房柱子中心线为依据。

二、厂房柱列轴线与桩基测设

（一）厂房柱列轴线的测设

在厂房控制网建立以后，即可按柱列间距和跨距用钢尺从靠近的距离指标桩量起，沿矩形控制网各边定出各柱列轴线桩的位置，并在桩顶上钉入小钉，作为桩基放线和构件安置的依据。

（二）柱基的测设

1. 柱基轴线测设

用两台经纬仪分别安置在两条互相垂直的柱列轴线控制桩上，在柱列轴线的交点上，打木桩，钉小钉。为了便于基坑开挖后能及时恢复轴线，应根据经纬仪指出的轴线方向，在基坑四周距基坑开挖线 $1\sim 2m$ 处打下 4 个柱基轴线桩，并在桩顶钉小钉表示点位、供修坑和立模使用。同法交会定出其余各柱基定位点。

2. 基坑标高测设

基坑挖到一定深度时，要在坑壁上测设水平桩，作为修整坑底的标高依据。其测设方法与民用建筑相同。坑底修整后，还要在坑底测设垫层高程，打下小木桩并使桩顶高程与垫层顶面设计高程一致。深基坑应采用高程上下传递法将高程传递到坑底临时水准点上，然后根据临时水准点测设基坑高程和垫层高程。

3. 柱基施工放线

垫层打好后，根据基坑定位桩，借助于垂球将定位轴线投测到垫层上。再弹出柱基的中心线和边线，作为支立模板的依据，柱基不同部位的标高，则用水准仪测设到模板上。厂房杯形柱基施工放线过程中，要特别注意其杯口平面位置和杯底标高的准确性。

三、厂房预制构件安装测量

(一)柱子的安装测量

1. 柱子安装前的准备工作

(1)弹出柱基中心线和杯口标高线。根据柱列轴线控制桩,用经纬仪将柱列轴线投测到每个杯形基础的顶面上,弹出墨线,当柱列轴线为边线时,应平移设计尺寸,在杯形基础顶面上加弹出柱子中心线,作为柱子安装定位的依据。根据±0.000标高,用水准仪在杯口内壁测设一条标高线,标高线与杯底设计标高的差应为一个整分米数,以便从这条线向下量取,作为杯底找平的依据。

(2)弹出柱子中心线和标高线。在每根柱子的三个侧面,用墨线弹出柱身中心线,并在每条线的上端和接近杯口处,各画一个红"▶"标志,供安装时校正使用。从牛腿面起,沿柱子四条棱边向下量取牛腿面的设计高程,即为±0.000标高线,弹出墨线,画上红"▼"标志,供牛腿面高程检查及杯底找平用。

(3)柱子垂直校正测量。进行柱子垂直校正测量时,应将两架经纬仪安置在柱子纵、横中心轴线上,且距离柱子约为柱高的1.5倍的地方,如图6-26所示,先照准柱底中线,固定照准部,再逐渐仰视到柱顶,若中线偏离十字丝竖丝,表示柱子不垂直,可指挥施工人员采用调节拉绳、支撑或敲打楔子等方法使柱子垂直。经校正后,柱的中线与轴线偏差不得大于±5mm;柱子垂直度容许误差为$H/1000$,当柱高在10m以上时,其最大偏差不得超过±20mm;柱高在10m以内时,其最大偏差不得超过±10mm。满足要求后,要立即灌浆,以固定柱子位置。

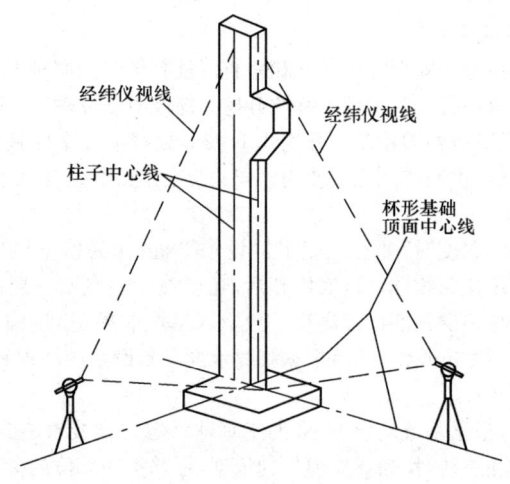

图 6-26 柱子垂直校正测量

2. 柱子安装测量的基本要求

(1) 柱子中心线应与相应的柱列中心线一致,其允许偏差为±5mm。

(2) 牛腿顶面及柱顶面的实际标高应与设计标高一致,其允许偏差为:当柱高≤5m 时应不大于±5mm;柱高＞5m 时应不大于±8mm。

(3) 柱身垂直允许误差:当柱高≤10m 时应不大于 10mm;当柱高＞10m 时,限差为柱高的 1‰,且不超过 20mm。

3. 柱子安装时的测量工作

柱子被吊装进入杯口后,先用木楔或钢楔暂时进行固定。用铁锤敲打木楔或者钢楔,使柱在杯口内平移,直到柱中心线与杯口顶面中心线平齐。并用水准仪检测柱身已标定的标高线。

然后用两台经纬仪分别在相互垂直的两条柱列轴线上,相对于柱子的距离为 1.5 倍柱高处同时观测,进行柱子校正。观测时,将经纬仪照准柱子底部中心线上,固定照准部,逐渐向上仰望远镜,通过校正使柱身中心线与十字丝竖丝相重合。

(二) 吊车梁及屋架的安装测量

1. 吊车梁安装时的标高测设

吊车梁顶面标高应符合设计要求。根据±0.000 标高线,沿柱子侧面向上量取一段距离,在柱身上定出牛腿面的设计标高点,作为修平牛腿面及加垫板的依据,同时在柱子的上端比梁顶面高 5～10cm 处测设一标高点,据此修平梁顶面。梁顶面置平以后,应安置水准仪于吊车梁上,以柱子牛腿上测设的标高点为依据,检测梁面的标高是否符合设计要求,其容许误差应不超过±3mm。

2. 吊车梁安装的轴线投测

安装吊车梁前先将吊车轨道中心线投测到牛腿面上,作为吊车梁定位的依据。面中心线和两端中心线,如图 6-27 所示。

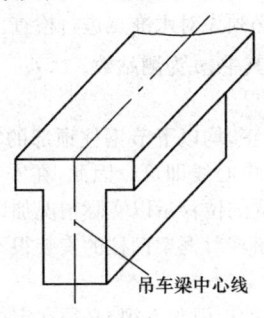

图 6-27　吊车梁中心线

(1) 用墨线弹出吊车梁。

(2) 根据厂房中心线和设计跨距,由中心线向两侧量出 1/2 跨距 d,在地面上标出轨道中心线。

(3) 分别安置经纬仪于轨道中心线两个端点上,瞄准另一端点,固定照准部,抬高望远镜将轨道中心投测到各柱子的牛腿面上。

(4) 安装时,根据牛腿面上轨道中心线和吊车梁端头中心线,两线对齐将吊车梁安装在牛腿面上,并利用柱子上的高程点,检查吊车梁的高程。

3. 吊车轨道安装测量

安装前先在地面上从轨道中心线向厂房内侧量出一定长度($a=0.5\sim1.0$m),得两条平行线,称为校正线,然后分别安置经纬仪于两个端点上,瞄准另一端点,固定照准部,抬高望远镜瞄准吊车梁上横放的木尺,移动木尺,当视准轴对准木尺刻划 a 时,木尺零点应与吊车梁中心线重合,如不重合,予以纠正并重新弹出墨线,以示校正后吊车梁中心线位置。

吊车轨道按校正后中心线就位后,用水准仪检查轨道面和接头处两轨端点高程,用钢尺检查两轨道间跨距,其测定值与设计值之差应满足规定要求。

4. 屋架安装测量

屋架安装是以安装后的柱子为依据,使屋架中心线与柱子上相应中心线对齐。为保证屋架竖直,可用吊垂球的方法或用经纬仪进行校正。

(三) 钢结构工程的测量

1. 平面控制

建立施工控制网对高层钢结构施工是极为重要的。控制网离施工现场不能太近,应考虑到钢柱的定位、检查、校正。

2. 高程控制

高层钢结构工程标高测设极为重要,其精度要求高,故施工场地的高程控制网,应根据城市二等水准点来建立一个独立的三等水准网,以便在施工过程中直接应用,在进行标高引测时必须先对水准点进行检查。三等水准高差闭合差的容许误差应达到 $\pm 3\sqrt{n}$(mm),其中,n 为测站数。

3. 轴线位移校正

任何一节框架钢柱的校正,均以下节钢柱顶部的实际中心线为准,使安装的钢柱的底部对准下面钢柱的中心线即可。因此,在安装的过程中,必须时时进行钢柱位移的监测,并根据实测的位移量以实际情况加以调整。调整位移时应特别注意钢柱的扭转,因为钢柱扭转对框架钢柱的安装很不利,必须引起重视。

4. 定位轴线检查

定位轴线从基础施工起就应引起重视,必须在定位轴线测设前做好施工控制点及轴线控制点,待基础浇筑混凝土后在根据轴线控制点将定位轴线引测到柱基钢筋混凝土底板面上,然后预检定位轴线是否同原定位重合、闭合,每根定位线总尺寸误差值是否超过限差值,纵、横网轴线是否垂直、平行。预检应由业主、监理、土建、安装四方联合进行,对检查数据要统一认可鉴证。

5. 标高实测

以三等水准点的标高为依据,对钢柱柱基表面进行标高实测,将测得的标高偏差用平面图表示之,作为临时支承标高块调整的依据。

6. 柱间距检查

柱间距检查是在定位轴线认可的前提下进行的,一般采用检定的钢尺实测柱间距。柱间距离偏差值应严格控制在±3mm范围内,绝不能超过±5mm。柱间距超过±5mm,则必须调整定位轴线。原因是定位轴线的交点是柱基点,钢柱竖向间距以此为准,框架钢梁的连接螺孔的直径一般比高强螺栓直径大1.5～2.0mm,若柱间距过大或过小,直接影响整个竖向框架梁的安装连接和钢柱的垂直,安装中还会有安装误差。在结构上面检查柱间距时,必须注意安全。

7. 单独柱基中心检查

检查单独柱基的中心线同定位轴线之间的误差,若超过限差要求,应调整柱基中心线使其同定位轴线重合,然后以柱基中心线为依据,检查地脚螺栓的预埋位置。

第七章 地基基础工程施工技术

第一节 土方工程

土方工程是建筑工程基础施工的主要施工过程,它包括土方的开挖、回填、夯实、运输等主要施工过程,以及排水、降水、土壁支持等辅助工作。

一、土的工程分类及性质

(一)土的工程分类

土的种类繁多,分类方法也多种多样,有的按普式 16 级分类,有的分成 6 类,也有的分成 8 类或 10 类:

(1)根据土的颗粒级配或塑性指数,可分为碎石类、砂土和黏性土。碎石类土又根据颗粒形状和级配,分为漂石土、块石土、卵石土、碎石土、圆砾土;砂土根据颗粒级配又可分为砾砂、粗砂、中砂、细砂、粉砂;黏性土根据塑性指数又可分为黏土、粉质黏土和轻粉质黏土。

(2)根据土的沉积年代,黏性土又可分为老黏性土、一般黏性土和新近沉积黏性土,不同的黏性土,其强度和压缩性均不同。

(3)根据土的工程性质又可分为特殊类土,如软土、人工填土、黄土、膨胀土、红黏土、盐渍土和冻土。

在土方工程施工中,按土的开挖难易程度将土分为 8 类(表 7-1)。

表 7-1 土的工程分类

土的分类	土(岩)的名称	压实系数 f	质量密度 /(kg/m³)
一类土 (松软土)	略有黏性的砂土;粉土、腐殖土及疏松的种植土;泥炭(淤泥)	0.5~0.6	600~1500
二类土 (普通土)	潮湿的黏性土和黄土;软的盐土和碱土;含有建筑材料碎屑、碎石、卵石的堆积土和种植土	0.6~0.8	1100~1600
三类土 (坚土)	中等密实的黏性土或黄土;含有碎石、卵石或建筑材料碎屑的潮湿的黏性土或黄土	0.8~1.0	1800~1900

第七章 地基基础工程施工技术

续表

土的分类	土(岩)的名称	压实系数 f	质量密度 /(kg/m³)
四类土 (砂砾坚土)	坚硬密实的黏性土或黄土；含有碎石、砾石（体积在10%～30%，质量在25kg以下石块）的中等密实黏性土或黄土；硬化的重盐土；软泥灰岩	1～1.5	1900
五类土 (软 石)	硬的石炭纪黏土；胶结不紧的砾岩；软的、节理多的石灰岩及贝壳石灰岩；坚实的白垩；中等坚实的页岩、泥灰岩	1.5～4.0	1200～2700
六类土 (次坚石)	坚硬的泥质页岩；坚实的泥灰岩；角砾状花岗岩；泥灰质石灰岩；黏土质砂岩；云母页岩及砂质页岩；风化的花岗岩、片麻岩及正长岩；滑石质的蛇纹岩；密实的石灰岩；硅质胶结的砾岩；砂岩；砂质石灰质页岩	4～10	2200～2900
七类土 (坚 石)	白云岩；大理石；坚实的石灰岩、石灰质及石英质的砂岩；坚硬的砂质页岩；蛇纹岩；粗粒正长岩；有风化痕迹的安山岩及玄武岩；片麻岩、粗面岩；中粗花岗岩；坚实的片麻岩、粗面岩；辉绿岩；玢岩；中粗正长岩	10～18	2500～2900
八类土 (特坚石)	坚实的细粒花岗岩；花岗片麻岩；闪长岩；坚实的玢岩、角闪岩、辉长岩、石英岩；安山岩、玄武岩；最坚实的辉绿岩、石灰岩及闪长岩；橄榄石质玄武岩；特别坚实的辉长岩、石英岩及玢岩	18～25 以上	2700～3300

注：1. 土的级别为相当于一般16级土石分类级别。
2. 坚实系数 f 为相当于普氏岩石强度系数。

(二)土的工程性质

1. 土的基本物理性质

(1)土的颗粒组成。土中的固体颗粒(简称土粒)的大小和形状、矿物成分及其组成情况是决定土的物理力学性质的重要因素。粗大土粒往往是岩石经物理风化作用形成的碎屑，或是岩石中未产生化学变化的矿物颗粒，如石英和长石等；而细小土粒主要是化学风化作用形成的次生矿物和生成过程中混入的有机物质。粗大土粒其形状都呈块状或粒状，而细小土粒其形状主要呈片状。土粒的组合情况就是大大小小土粒含量的相对数量关系。

目前土的粒组划分方法并不完全一致,表7-2提供的是一种常用的土粒粒组的划分方法,表中根据界限粒径200mm、60mm、2mm、0.075mm和0.005mm把土粒分为六大粒组:漂石(块石)颗粒、卵石(碎石)颗粒、圆砾(角砾)颗粒、砂粒、粉粒及黏粒。

表7-2　　　　　　　　　　　　土粒粒组的划分

粒组名称		粒径范围/mm	一般特征
漂石或块石颗粒		>200	透水性很大,无黏性,无毛细水
卵石或碎石颗粒		200～60	
圆砾或角砾颗粒	粗 中 细	60～20 20～5 5～2	透水性大,无黏性,毛细水上升高度不超过粒径大小
砂粒	粗 中 细 极细	2～0.5 0.5～0.25 0.25～0.1 0.1～0.075	易透水,当混入云母等杂质时透水性减小,而压缩性增加,无黏性,遇水不膨胀,干燥时松散,毛细水上升高度不大,并随粒径变小而增大
粉粒	粗 细	0.075～0.01 0.01～0.005	透水性小、湿时稍有黏性,遇水膨胀小,干时稍有收缩;毛细水上升高度较大较快,极易出现冻胀现象
黏粒		<0.005	透水性很小,湿时有黏性、可塑性,遇水膨胀大,干时收缩显著;毛细水上升高度大,但速度较慢

注:1. 漂石、卵石和圆砾颗粒均呈一定的磨圆形状(圆形或亚圆形);块石、碎石和角砾颗粒都带有棱角。
　　2. 黏粒或称黏土粒,粉粒或称粉土粒。
　　3. 黏粒的粒径上限也有采用0.002mm的。
　　4. 粉粒的粒径上限也有直接以200号筛的孔径0.074mm为准的。

(2)无黏性土的密实度。无黏性土的密实度与其工程性质有着密切的关系。呈密实状态时,强度较大,可作为良好的天然地基;呈松散状态时,则是不良地基。对于同一种无黏性土,当其孔隙比小于某一限度时,处于密实状态,随着孔隙比的增大,则处于中密、稍密直到松散状态。无黏性土的这种特性,是由它所具有的单粒结构决定的。

(3)黏性土的可塑性指标。
1)界限含水量。同一种黏性土随其含水量的不同,而分别处于固态、半固态、可塑状态及流动状态。所谓可塑状态,就是当黏性土在某含水量范围内,可用外力塑成任何形状而不发生裂纹,并当外力移去后仍能保持既得的形状,土的这种性能叫做可塑性。黏性土由一种状态转到另一种状态的分界含水量,叫做界限含水量。它对黏性土的分类及工程性质的评价有重要意义。

如图 7-1 所示,土由可塑状态转到流动状态的界限含水量叫做液限(也称塑性上限含水量或流限),用符号 w_L 表示;土由半固态转到可塑状态的界限含水量叫做塑限(也称塑性下限含水量),用符号 w_P 表示;土由半固体状态不断蒸发水分,则体积逐渐缩小,直到体积不再缩小时土的界限含水量叫缩限,用符号 w_S 表示。界限含水量都以百分数表示。

图 7-1 黏性土的物理状态与含水量关系

2) 黏性土的塑性指数和液性指数。塑性指数是指液限和塑限的差值(省去%符号),即土处在可塑状态的含水量变化范围,用符号 I_P 表示,即:

$$I_P = w_L - w_P \tag{7-1}$$

显然,液限和塑限之差(或塑性指数)愈大,土处在可塑状态的含水量范围也愈大。换句话说,塑性指数的大小与土中结合水的可能含量有关,亦即与土的颗粒组成、土粒的矿物成分以及土中水的离子成分和浓度等因素有关。从土的颗粒来说,土粒越细,且细颗粒(黏粒)的含量越高,则其比表面和可能的结合水含量愈高,因而 I_P 也随之增大。从矿物成分来说,黏土矿物可能具有的结合水量大(其中尤以蒙脱石类为最大),因而 I_P 也大。从土中水的离子成分和浓度来说,当水中高价阳离子的浓度增加时,土粒表面吸附的反离子层的厚度变薄,结合水含量相应减少,I_P 也小;反之随着反离子层中的低价阳离子的增加,I_P 变大。

由于塑性指数在一定程度上综合反映了影响黏性土特征的各种重要因素,因此,在工程上常按塑性指数对黏性土进行分类。

液性指数是指黏性土的天然含水量和塑限的差值与塑性指数之比,用符号 I_L 表示,即:

$$I_L = \frac{w - w_P}{w_L - w_P} = \frac{w - w_P}{I_P} \tag{7-2}$$

从式中可见,当土的天然含水量 w 小于 w_P 时,I_L 小于 0,天然土处于坚硬状态;当 w 大于 w_L 时,I_L 大于 1,天然土处于流动状态;当 w 在 w_P 与 w_L 之间时,即 I_L 在 0~1 之间,则天然土处于可塑状态。因此可以利用液性指数 I_L 来表示黏性土所处的软硬状态。I_L 值愈大,土质愈软;反之,土质愈硬。

(4) 土的透水性指标。土的渗透性一般是指水流通过土中孔隙难易程度的性质,或称透水性。地下水的补给与排泄条件,以及在土中的渗透速度与土的渗透性有关。在计算地基沉降的速率和地下水涌水量时都需要土的渗透性指标。

地下水的运动有层流和紊流两种形式。地下水在土中孔隙或微小裂隙中以不大的速度连续渗透时属层流运动;而在岩石的裂隙或空洞中流动时,速度较大,会有紊流发生,其流线有互相交错的现象。地下水在土中的渗透速度一般可按达西(Darcy)根据实验得到的直线渗透定律计算,其公式如下(图7-2):

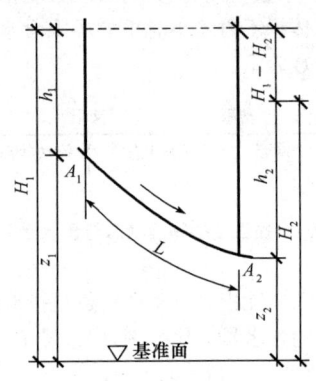

图 7-2 水的渗流

$$v = ki \tag{7-3}$$

式中 v——水在土中的渗透速度(cm/s),它不是地下水的实际流速,而是在一单位时间(s)内流过一单位土截面(cm^2)的水量(cm^3);

i——水力梯度,$i = \dfrac{H_1 - H_2}{L}$,即土中 A_1 和 A_2 两点的水头差($H_1 - H_2$)与两点间的流线长度(L)之比,图中 h_1、h_2 为两点的压头,z_1、z_2 为位头,则 H_1、H_2 为总水头;

k——土的渗透系数(cm/s),与土的渗透性质有关的待定常数。

在式(7-3)中,当 $i = 1$ 时,$k = v$,即土的渗透系数,其值等于水力梯度为 1 时的地下水渗透速度,k 值的大小反映了土渗透性的强弱。

为了简化计算,如采用该直线在横坐标上的截距 i'_1,作为计算起始梯度,则用于黏性土的达西定律的公式如下:

$$v = k(i - i'_1) \tag{7-4}$$

土的渗透系数可以通过室内渗透试验或现场抽水试验来测定。各种土的渗透系数变化范围参见表 7-3。

表 7-3　　　　　　　各种土的渗透系数参考值

土的名称	渗透系数/(cm/s)	土的名称	渗透系数/(cm/s)
致密黏土	$<10^{-7}$	粉砂、细砂	$10^{-2} \sim 10^{-4}$
粉质黏土	$10^{-6} \sim 10^{-7}$	中砂	$10^{-1} \sim 10^{-2}$
粉土、裂隙黏土	$10^{-4} \sim 10^{-6}$	粗砂、砾石	$10^{2} \sim 10^{-1}$

2. 土的力学性能指标

(1) 压缩系数。土的压缩性通常用压缩系数表示，其值由原状土的压缩试验确定，其公式如下：

$$a = 1000 \times \frac{e_1 - e_2}{p_1 - p_2} \quad (7-5)$$

式中　1000——单位换算系数；

　　　a——压缩系数(MPa^{-1})；

　　　p_1、p_2——固结压力(kPa)；

　　　e_1、e_2——相对于 p_1、p_2 时的孔隙比。

评价地基土压缩性时，按 p_1 为 100kPa，p_2 为 200kPa，相应的压缩系数值以 a_{1-2} 划分为低、中、高三种，并应按以下规定进行评价：

1) 当 $a_{1-2} < 0.1$ 时，为低压缩性土。

2) 当 $0.1 < a_{1-2} < 0.5$ 时，为中压缩性土。

3) 当 $a_{1-2} \geqslant 0.5$ 时，为高压缩性土。

(2) 压缩模量。在工程上，也用室内实验作为土的压缩性指标，压缩模量可按下式计算：

$$E_s = \frac{1 + e_c}{a} \quad (7-6)$$

式中　E_s——土的压缩模量(MPa)；

　　　a——从土的自重应力至土的自重加附加应力段的压缩系数(MPa^{-1})；

　　　e_c——土的天然孔隙比。

用压缩模量划分压缩性等级和评价土的压缩性，可按表 7-4 的规定。

表 7-4　　　　　地基土按 E_s 值划分压缩性等级的规定

室内压缩模量 E_s/MPa	压缩等级	室内压缩模量 E_s/MPa	压缩等级
<2	特高压缩性	$7.6 \sim 11$	中压缩性
$2 \sim 4$	高压缩性	$11.1 \sim 15$	中低压缩性
$4.1 \sim 7.5$	中高压缩性	>15	低压缩性

(3) 抗剪强度。土的抗剪强度是指土在外力作用下抵抗剪切滑动的极限强度,其测定方法有室内直剪、三轴剪切、原位直剪、十字板剪切、野外标准贯入、动力触探、静力触探等方法,它是评价地基承载力、边坡稳定性、计算土压力的重要指标。

1) 抗剪强度计算。土的抗剪强度一般按下式计算:

$$\tau_f = \sigma\tan\varphi + c \qquad (7-7)$$

式中 τ_f——土的抗剪强度(kPa);

σ——作用于剪切面土的法向应力(kPa);

φ——土的内摩擦角(°),剪切试验法向应力与剪应力曲线的切线倾斜角;

c——土的黏聚力(kPa),剪切试验中土的法向应力为零时的抗剪强度,砂类土 $c=0$。

砂土的内摩擦角一般随其粒度变细而逐渐降低。砾砂、粗砂、中砂的 φ 值约为 $32°\sim40°$;细砂、粉砂的 φ 值约为 $28°\sim36°$;黏性土的抗剪强度指标变化范围较大。黏性土内摩擦角 φ 的变化范围大致为 $0°\sim30°$;黏聚力 c 一般为 $10\sim100$kPa,坚硬黏土则更高。

2) 确定土的内摩擦角和黏聚力。同一土样切取不少于 4 个环刀进行不同垂直压力作用下的剪力试验后,用相同的比例尺在坐标纸上绘制抗剪强度 τ 与法向应力 σ 的相关直线,直线交 τ 值的截距即为土的黏聚力 c,砂土的 $c=0$,直线的倾斜角即为土的内摩擦角 φ,如图 7-3 所示。

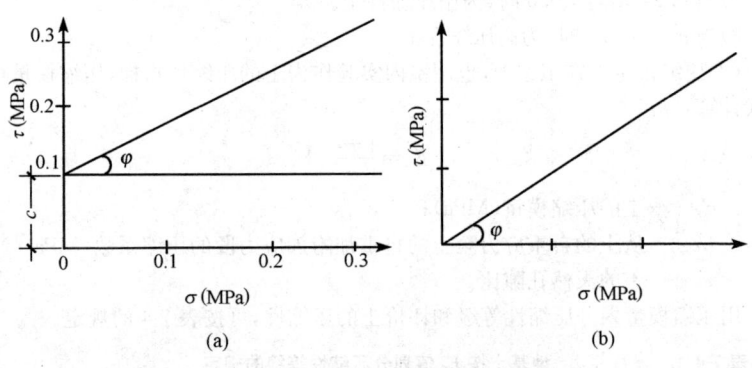

图 7-3 抗剪强度与法向应力的关系曲线
(a)黏性土;(b)砂土

(4) 土的力学性质指标。土的力学性质指标的经验参考数据见表 7-5、表 7-6。

表 7-5　黏性土力学性质指标的经验数据

土　类		孔隙比 e	液性指数 I_L	含水量 $w/(\%)$	液限 $w_L/(\%)$	塑性指数 I_P	承载力 f/MPa	压缩模量 E_S/MPa	黏聚力 c/kPa	内摩擦角 $\phi/(°)$
一般黏性土		0.55~1.0	0~1.0	15~30	25~45	5~20	100~450	4~15	10~50	15~22
新近代黏性土		0.7~1.2	0.25~1.2	24~36	30~45	6~18	80~140	2~7.5	10~20	7~15
淤泥或淤泥质土	沿海 内陆 山区	1~2.0	>1.0	36~70	30~65	10~25	4~10 5~11 3~8	10~50 20~50 10~60	5~15	4~10
红黏土		1.0~1.9	0~0.4	30~50	50~90	>17	10~32	50~160	30~80	5~10

表 7-6　土的力学指标经验数据范围参考值

土　类		孔隙比 e	天然含水量 $w/(\%)$	塑限含水量 $w_P/(\%)$	重度 $\gamma/(\text{kN/m}^3)$	黏聚力 c/kPa	内摩擦角 $\phi/(°)$	变形模量 E_0/MPa
砂土	粗砂	0.4~0.5	15~18		20.5	0	42	46
		0.5~0.6	19~22		19.5	0	40	40
		0.6~0.7	23~25		19.0	0	38	33
	中砂	0.4~0.5	15~18		20.5	0	40	46
		0.5~0.6	19~22		19.5	0	38	40
		0.6~0.7	23~25		19.0	0	35	33
	细砂	0.4~0.5	15~18		20.5	0	38	37
		0.5~0.6	19~22		19.5	0	36	28
		0.6~0.7	23~25		19.0	0	32	24
	粉砂	0.4~0.5	15~18		20.5	5	36	14
		0.5~0.6	19~22		19.5	3	34	12
		0.6~0.7	23~25		19.0	2	28	10
黏性土	粉土	0.4~0.5	15~18	<9.4	21.0	6	30	18
		0.5~0.6	19~22		20.0	5	28	14
		0.6~0.7	23~25		19.5	2	27	11
		0.4~0.5	15~18	9.5~12.4	21.0	7	25	23
		0.5~0.6	19~22		20.0	5	24	16
		0.6~0.7	23~25		19.5	3	23	13

续表

土 类		孔隙比 e	天然含水量 $w/(\%)$	塑限含水量 $w_P/(\%)$	重度 $\gamma/(kN/m^3)$	黏聚力 c/kPa	内摩擦角 $\phi/(°)$	变形模量 E_0/MPa
黏性土	粉质黏土	0.4~0.5	15~18	12.5~15.4	21.0	25	24	45
		0.5~0.6	19~22		20.0	15	23	21
		0.7~0.8	26~29		19.0	5	21	12
		0.5~0.6	19~22	15.5~18.4	20.0	35	22	39
		0.7~0.8	26~29		19.0	10	20	15
		0.9~1.0	35~40		18.0	5	18	8
		0.6~0.7	23~25	18.5~22.4	19.5	40	20	33
		0.7~0.8	26~29		19.0	25	19	19
		0.9~1.0	35~40		18.0	10	17	9
	黏土	0.7~0.8	26~29	22.5~26.4	19.0	60	18	28
		0.9~1.1	35~40		17.5	25	16	11
		0.8~0.9	30~34	26.5~30.4	18.5	65	16	24
		0.9~1.1	35~40		17.5	35	16	14

二、土方开挖

(一) 施工准备

1. 技术准备

(1) 检查图纸和资料是否齐全。

(2) 了解工程规模、结构形式、特点、工程量和质量要求。

(3) 熟悉土层地质、水文勘察资料。

(4) 向参加施工人员层层进行技术交底。

2. 编制施工方案

研究制定现场场地平整、基坑开挖施工方案;绘制施工总平面布置图和基坑土方开挖图,确定开挖路线、顺序、范围、底板标高、边坡坡度、排水沟、集水井位置,以及挖去的土方堆放地点;提出需用施工机具、劳力、推广新技术计划。

3. 设置排水设施,排除地面积水

(1) 场地内低洼地区的积水必须排除,同时应注意雨水的排除,使场地保持干燥,以利土方施工。

(2) 地面水的排除一般采用排水沟、截水沟、挡水土坝等措施。

(3) 应尽量利用自然地形来设置排水沟,使水直接排至场外,或流向低洼处再用水泵抽走。主排水沟最好设置在施工区域的边缘或道路的两旁,其横断面和纵向坡度应根据最大流量确定。一般排水沟的断面不小于 0.5m×0.5m,纵向坡度

第七章 地基基础工程施工技术

一般不小于3‰。平坦地区，如排出水困难，其纵向坡度不应小于2‰，沼泽地区可减至1‰。场地平整过程中，要注意排水沟保持畅通，必要时应设置涵洞。

(4)山区的场地平整施工，应在较高一面的山坡上开挖截水沟。在低洼地区施工时，除开挖排水沟外，必要时应修筑挡水坝，以阻挡雨水的流入。

4. 修筑临时设施

(1)施工机械进入现场所经过的道路、桥梁和卸车设施等，应事先做好必要的加宽、加固等准备工作。

(2)开工前应做好施工现场内机械运行的道路，主要道路宜结合永久性道路的布置修筑。路面行走宽度一般不少于7m，路基底层可铺砌200~300mm厚的块石或卵石层，两侧作排水沟。道路与铁路、电信线路、电缆线路以及各种管线相交时，应设置标志，并符合有关安全技术规定。

(3)此外，还应做好现场供水、供电、供压缩空气(当开挖石方时)，以及施工机具和材料进场，搭设临时工棚(工具材料库、休息棚、茶炉棚等)等准备工作。

(二)土方边坡

1. 土方边坡基本规定

(1)当地质条件良好、土质均匀且地下水位低于基坑(槽)或管沟底面标高时，挖方边坡可做成直立壁不加支撑，但深度不宜超过表7-7规定的数值。

表7-7　土方挖方边坡可做成直立壁不加支撑的最大允许深度

土质情况	最大允许挖方深度/m
密实、中密的砂土和碎石类土(充填物为砂土)	≤1
硬塑、可塑的粉土及粉质黏土	≤1.25
硬塑、可塑的黏土和碎石类土(充填物为黏性土)	≤1.5
坚硬的黏土	≤2

注：当挖方深度超过表中规定的数值时，应考虑放坡或做成直立壁加支撑。

(2)当地质条件良好、土质均匀且地下水位低于基坑(槽)或管沟底面标高时，挖方深度在5m以内不加支撑的边坡的最陡坡度应符合表7-8的规定。

表7-8　深度在5m内的基坑(槽)、管沟边坡的最陡坡度(不加支撑)

土的类别	边坡坡度(高：宽)		
	坡顶无荷载	坡顶有静载	坡顶有动载
中密的砂土	1:1.00	1:1.25	1:1.50
中密的碎石类土(充填物为砂土)	1:0.75	1:1.00	1:1.25
软土(经井点降水后)	1:1.00	—	—

续表

土的类别	边坡坡度(高：宽)		
	坡顶无荷载	坡顶有静载	坡顶有动载
硬塑的粉土	1：0.67	1：0.75	1：1.00
中密的碎石类土(充填物为黏性土)	1：0.50	1：0.67	1：0.75
硬塑的粉质黏土、黏土	1：0.33	1：0.50	1：0.67
老黄土	1：0.10	1：0.25	1：0.33

注：1. 静载指堆土或材料等，动载指机械挖土或汽车运输作业等。静载或动载距挖方边缘的距离应保证边坡和直立壁的稳定，堆土或材料应距挖方边缘 0.8m 以外，高度不超过 1.5m。
2. 当有成熟施工经验时，可不受本表限制。

(3) 对使用时间较长的临时性挖方边坡坡度，在山坡整体稳定情况下，如地质条件良好，土质较均匀，高度在 10m 以内的应符合表 7-9 的规定。

表 7-9　　使用时间较长、高 10m 以内的临时性挖方边坡坡度值

土的类别		边坡坡度(高：宽)
砂土(不包括细砂、粉砂)		1：1.25～1：1.5
一般黏性土	坚硬	1：0.75～1：1
	硬塑	1：1～1：1.15
碎石类土	充填坚硬、硬塑黏性土	1：0.5～1：1
	充填砂土	1：1～1：1.5

注：1. 使用时间较长的临时性挖方是指使用时间超过一年的临时道路、临时工程的挖方。
2. 挖方经过不同类别的土(岩)层或深度超过 10m 时，其边坡可做成折线形或台阶形。
3. 有成熟施工经验时，可不受本表限制。

(4) 在山坡整体稳定情况下，边坡的开挖应符合以下规定：边坡的坡度允许值，应根据当地经验，参照同类土(岩)体的稳定坡度值确定。当地质条件良好，土(岩)质比较均匀时，可按表 7-10、表 7-11 确定。

表 7-10　　　　　　　　土质边坡坡度允许值

土的类别	密实度或状态	坡度允许值(高宽比)	
		坡高在 5m 以内	坡高为 5～10m
碎石土	密实	1：0.35～1：0.50	1：0.50～1：0.75
	中密	1：0.50～1：0.75	1：0.75～1：1.00
	稍密	1：0.75～1：1.00	1：1.00～1：1.25

续表

土的类别	密实度或状态	坡度允许值（高宽比）	
		坡高在5m以内	坡高为5～10m
黏性土	坚硬	1:0.75～1:1.00	1:1.00～1:1.25
	硬塑	1:1.00～1:1.25	1:1.25～1:1.50

注：1. 表中碎石土的充填物为坚硬或硬塑状态的黏性土。
  2. 对于砂土或充填物为砂土的碎石土，其边坡坡度允许值均按自然休止角确定。
  3. 引自《建筑地基基础工程施工质量验收规范》(GB 50202—2002)。

表7-11　　　　　　　　岩石边坡坡度允许值

岩石类土	风化程度	坡度允许值（高宽比）		
		坡高在8m以内	坡高8～15m	坡高15～30m
硬质岩石	微风化	1:0.10～1:0.20	1:0.20～1:0.35	1:0.30～1:0.50
	中等风化	1:0.20～1:0.35	1:0.35～1:0.50	1:0.50～1:0.75
	强风化	1:0.35～1:0.50	1:0.50～1:0.75	1:0.75～1:1.00
软质岩石	微风化	1:0.35～1:0.50	1:0.50～1:0.75	1:0.75～1:1.00
	中等风化	1:0.50～1:0.75	1:0.75～1:1.00	1:1.00～1:1.50
	强风化	1:0.75～1:1.00	1:1.00～1:1.25	

（5）遇到下列情况之一时，边坡的坡度允许值应另行设计：
1）边坡的高度大于表7-10、表7-11的规定。
2）地下水比较发育或具有软弱结构面的倾斜地层。
3）岩层层面的倾斜方向与边坡的开挖面的倾斜方向一致，且两者走向的夹角小于45°。
（6）对于土质边坡或易于软化的岩质边坡，在开挖时应采取相应的排水和坡脚、坡面保护措施，并不得在影响边坡稳定的范围内积水。
（7）开挖土石方时，宜从上到下，依次进行；挖、填土宜求平衡，尽量分散处理弃土，如必须在坡顶或山腰大量弃土时，应进行坡体稳定性验算。
2. 边坡处理方法
土方开挖边坡处理方法，见表7-12。

表7-12　　　　　　　　边坡的处理方法

项目	处　理　方　法
刷坡处理	对于土坡一般应开出不小于1:(0.75～1)的坡度，将不稳定的土层挖去；当有两种土层时，则应设台阶形边坡；同时在坡顶、坡脚设置截水沟和排水沟，以防地表雨水冲刷坡面。 对一般难以风化的岩石，如花岗岩、石灰岩、砂岩等，可按1:(0.2～0.3)开坡，但应避免出现倒坡。 对易风化的泥岩、页岩，一般宜开出1:(0.3～0.75)的坡度，并在表面做护面处理

续表

项目	处 理 方 法
易风化岩石边坡护面处理	(1)抹石灰炉渣面层[图 7-4(a)]。砂浆配合比为：白灰：炉渣＝1：(2～3)(质量比)，并掺相当石灰重 6%～7%的纸筋、草筋或麻刀拌合。炉渣粒径不大于 5mm，石灰用淋透的石灰膏。拌好的砂浆用人工压抹在边坡表面，厚 20～30mm，一次抹成并压实、抹光、拍打紧密，最后在表面刷卤水并用卵石磨光，对怕水侵蚀的边坡，在表面干燥后刷(刮)热沥青胶一道罩面。 (2)抹水泥粉煤灰砂浆面层。砂浆配合比为：水泥：粉煤灰：砂＝1：1：2(质量比)，并掺入适量石灰膏，用喷射法施工，分两次喷涂，每次厚 10～15mm，总厚 20～30mm。 (3)砌卵石护墙[图 7-4(b)]。墙体用直径 150mm 以上的大卵石砌筑，用 M5 水泥石灰炉渣砂浆砌筑，砂浆配合比：水泥：石灰：炉渣＝1：(0.3～0.7)：(4～6.5)(质量比)，护墙厚 40～60cm。在护墙高度方向每隔 3～4m 设一道混凝土圈梁，配筋为 6ϕ16 或 ϕ12，用锚筋与岩石连接。墙面每 2×2m 设一 ϕ50 泄水孔，水流较大的则在护墙上做一道垂直方向的水沟集中把水排出。每隔 10m 留一条竖向伸缩缝，中间填塞浸渍沥青的木板。 (4)上部抹石灰炉渣面层，下部砌卵石(块石)墙相结合的方法[图 7-4(c)]。

3. 边坡护面处理

边坡护面处理，如图 7-4 所示。

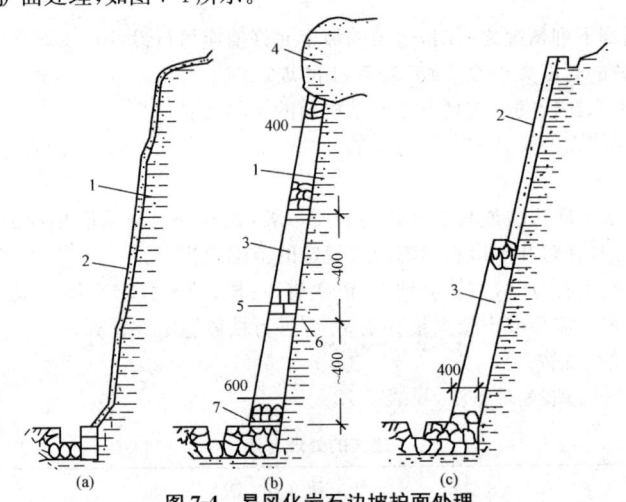

图 7-4 易风化岩石边坡护面处理
(a)石灰炉渣抹面或喷水泥粉煤灰砂浆保护层；
(b)卵石保护墙；(c)抹面与卵石(块石)墙结合的保护层
1—易风化泥岩；2—抹白灰炉渣厚 20～30mm 或喷水泥粉煤灰砂浆；
3—砌大卵石保护墙；4—危岩；5—钢筋混凝土圈梁；
6—锚筋ϕ25mm@3000，锚入岩石 1.0～1.5m；7—泄水孔 ϕ50@3000

第七章 地基基础工程施工技术

4. 边坡加固

土方开挖边坡危岩的加固法见表 7-13。

表 7-13　　　　　　　　边坡危岩的加固法

项目	加固示意图	加固法说明
用纵向钢筋拉条或水平腰带捆锁加固	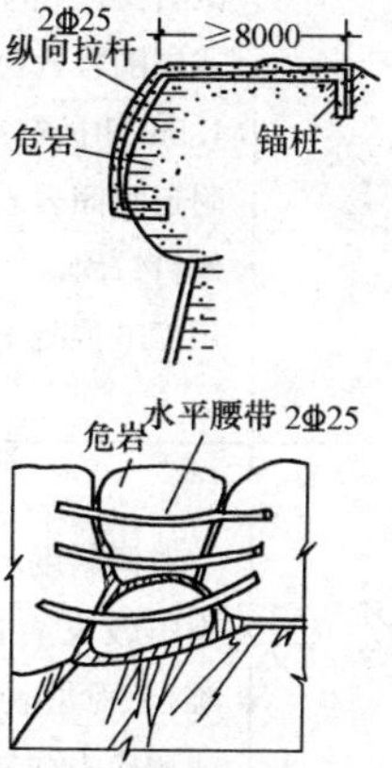	用纵向钢筋拉条将危岩拴牢在上部完整的岩石上,并用混凝土锚固桩固定,或用水平钢筋腰带将孤石、探头大块石拴紧在两侧坚固的岩石上。拉条腰带一般采用1～4根ϕ25钢筋,两端锚入岩石中深不小于1.5m。小的孤石用其中一种,对较大的孤石可同时纵横向都拴。施工采取先埋锚筋,砂浆硬化后,再与锚筋电焊联结
砌矮支承墙加固	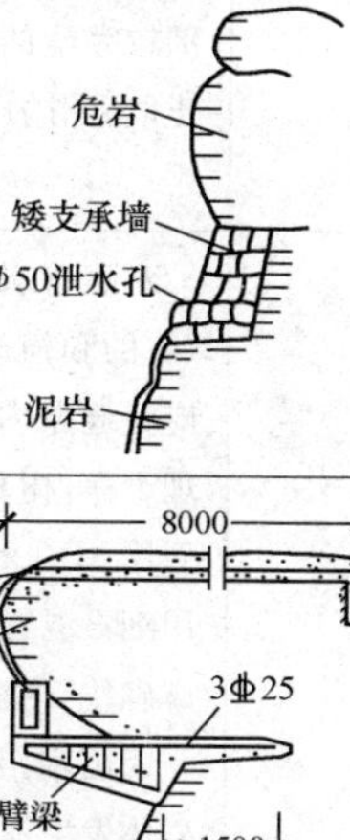	对高度不大的探头悬岩和大块石,采用砌块石矮支承墙的方法,并可借以将背面易风化的岩石封闭,同时在底部砌护脚以防止被雨水掏空
设支墩、悬臂梁或钢支撑架支顶加固	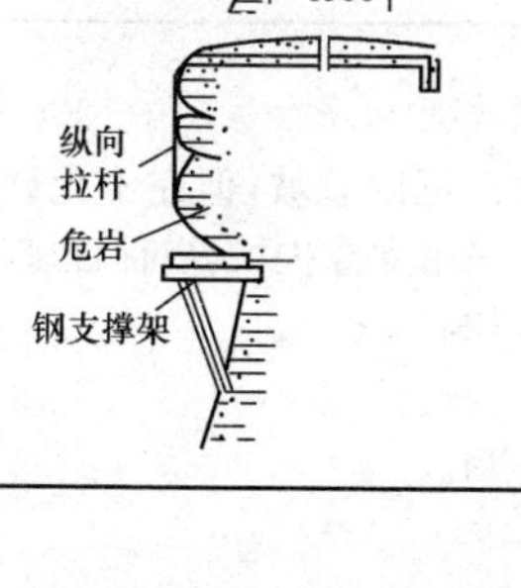	对整体性较好、高度不大的特大悬岩,可采取砌块石支墩支顶;对离地面较高的悬头悬岩,可采取用钢筋混凝土悬臂梁,或钢支撑架和拉筋相结合的方法顶固,利用下部岩石作支座使上部悬石保持稳定

续表

项目	加固示意图	加固法说明
用扒钉拉结条或铆钉加固	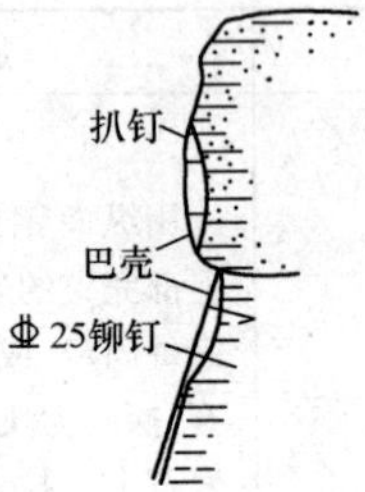	对附在边坡或大块石上的有裂缝的石头,尽量打去,如打去影响上部或周围岩石稳固的,可采用 $\phi28$、深 1.5m 的扒钉或拉结条将它固定在附近坚固岩石上;较厚的"巴壳"用铆钉钉固,在背面岩石上脱空部分,用 C10 混凝土填补密实
用锚杆加固倾斜危岩	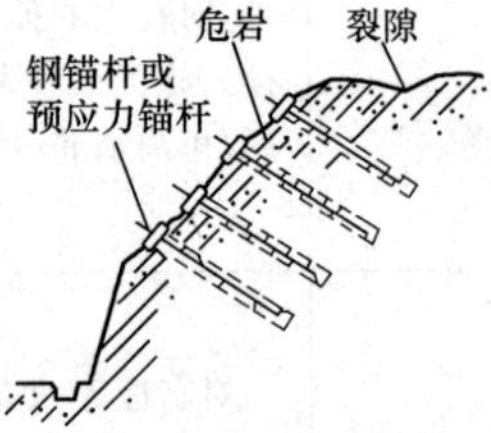	对倾斜度较大、且与坡向相近的裂隙较发育的危岩,当除去很困难,工程量较大时,可采用钢锚杆或预应力锚杆进行加固,使之与背部较完整的岩层,连成整体,以阻止危岩滑坍,稳定边坡
较宽危岩裂隙,用填塞法作封闭处理	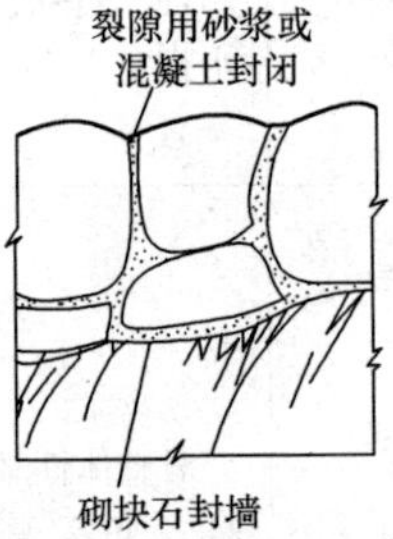	对陡壁岩体上大小不等的裂隙(纵的和横的,宽为 10～500mm),应将缝隙内的树根、草皮、浮土清理干净,树根清不掉的用火烧,然后用 M10 水泥砂浆填实,大裂隙应用细石混凝土加以封实,过大缝隙应砌块石或填以块石混凝土,以防止因雨水沿裂隙侵蚀而造成上部岩体发生崩塌

(三)土壁支撑

土方开挖时,如地质和周围条件允许可以放坡,但在不允许要求放坡宽度开挖或有防止地下水渗入要求时,一般可采用支撑护坡,以保证施工顺利和安全,也可减少对邻近建筑或地下设施的不利影响。

1. 沟、槽支撑法

浅基坑、槽和管沟支撑方法见表 7-14。

第七章 地基基础工程施工技术

表 7-14　　一般沟槽的支撑方法

支撑方式	示意图	支撑方法及适用条件
间断式水平支撑	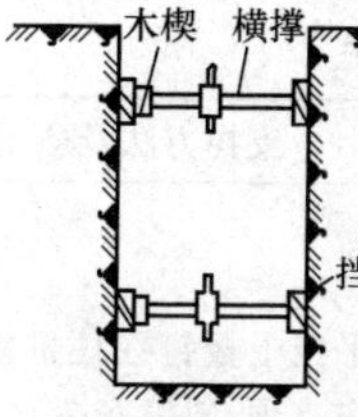	两侧挡土板水平放置，用工具或木横撑借木楔顶紧，挖一层土，支顶一层。 适于能保持立壁的干土或天然湿度的黏土类土，地下水很少，深度在 2m 以内
断续式水平支撑	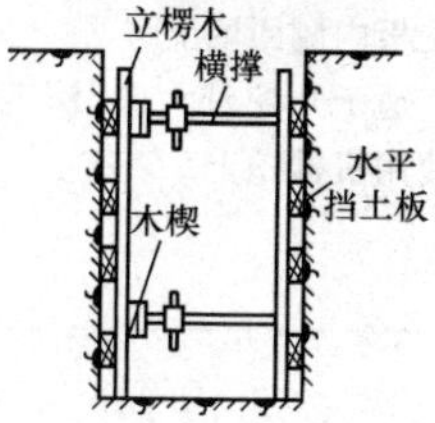	挡土板水平放置，中间留出间隔，并在两侧同时对称立竖楞木，再用工具或木横撑上下顶紧。 适于能保持直立壁的干土或天然湿度的黏土类土，地下水很少，深度在 3m 以内
连续式水平支撑	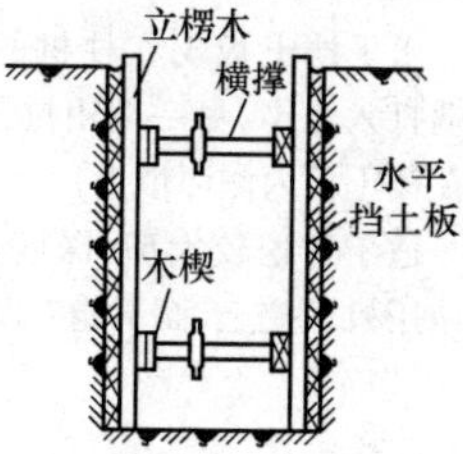	挡土板水平连续放置，不留间隙，然后两侧同时对称立竖楞木，上下各顶一根撑木，端头加木楔顶紧。 适用于较松散的干土或天然湿度的黏土类土，地下水很少，深度为 3~5m
连续或间断式垂直支撑	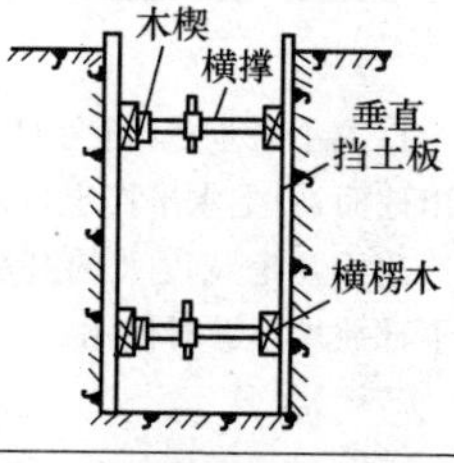	挡土板垂直放置，连续或留适当间隙，然后每侧上下各水平顶一根楞木，再用横撑顶紧。 适于土质较松散或湿度很高的土，地下水较少，深度不限
水平垂直混合支撑	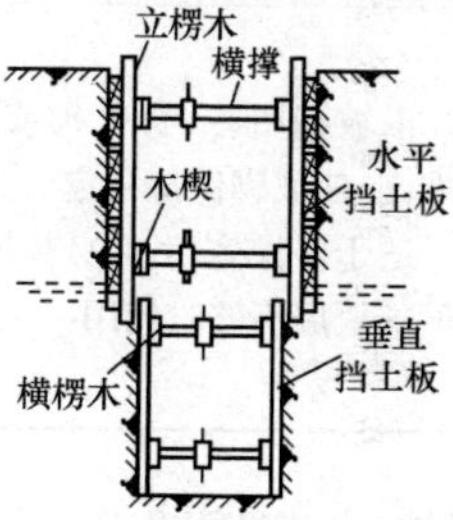	沟槽上部设连续或水平支撑，下部设连续或垂直支撑。 适于沟槽深度较大，下部有含水土层情况

2. 基坑支撑法

(1)一般基坑支撑方法。一般基坑的支撑方法见表7-15。

表 7-15　　　　　　　　一般基坑的支撑方法

支撑方式	示意图	支撑方法及适用条件
斜柱支撑	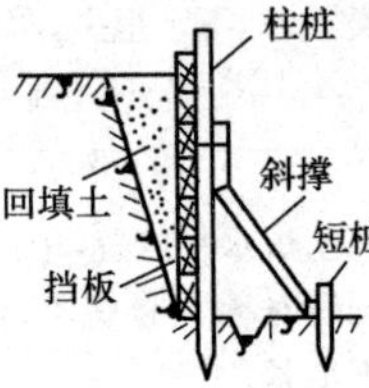	水平挡土板钉在柱桩内侧,柱桩外侧用斜撑支顶,斜撑底端支在木桩上,在挡土板内侧回填土 适于开挖较大型、深度不大的基坑或使用机械挖土
锚拉支撑	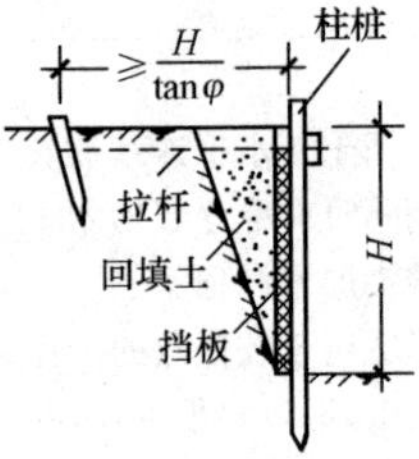	水平挡土板支在柱桩的内侧,柱桩一端打入土中,另一端用拉杆与锚桩拉紧,在挡土板内侧回填土 适于开挖较大型、深度不大的基坑或使用机械挖土、而不能安设横撑时使用
短桩横隔支撑	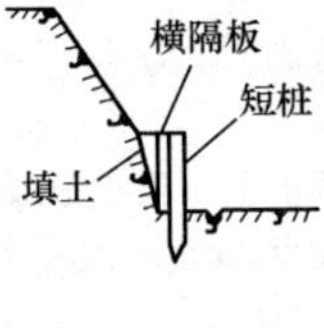	打入小短木桩,部分打入土中,部分露出地面,钉上水平挡土板,在背面填土 适于开挖宽度大的基坑,当部分地段下部放坡不够时使用
临时挡土墙支撑	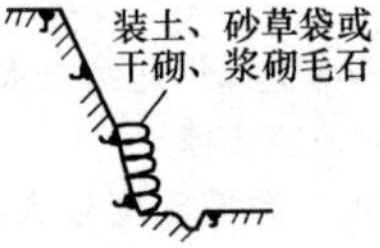	沿坡脚用砖、石叠砌或用草袋装土砂堆砌,使坡脚保持稳定 适于开挖宽度大的基坑,当部分地段下部放坡不够时使用

(2)深基坑支撑(护)方法。深基坑支撑(护)方法见表7-16。

第七章 地基基础工程施工技术

表 7-16　　深基坑的支撑(护)方法

支撑(护)方式	示意图	支撑(护)方式及适用条件
型钢桩、横挡板支撑	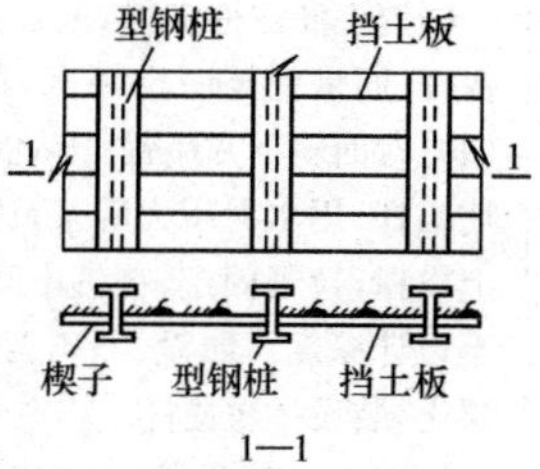	沿挡土位置预先打入钢轨、工字钢或 H 型钢桩,间距 1～1.5m,然后边挖方,边将 3～6cm 厚的挡土板塞进钢桩之间挡土,并在横向挡板与型钢桩之间打入楔子,使横板与土体紧密接触。 适于地下水较低、深度不很大的一般黏性或砂土层中应用
钢板桩支撑	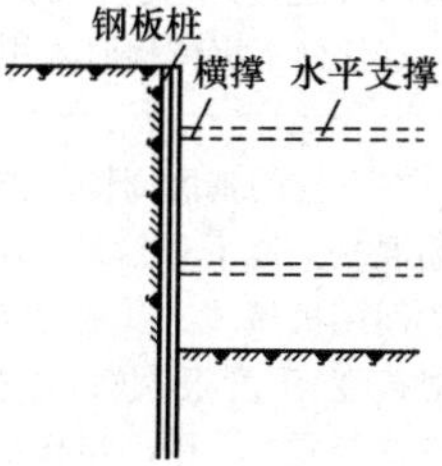	在开挖基坑的周围打钢板桩或钢筋混凝土板桩,板桩入土深度及悬臂长度应经计算确定,如基坑宽度很大,可加水平支撑。 适于一般地下水、深度和宽度不很大的黏性砂土层中应用
钢板桩与钢构架结合支撑	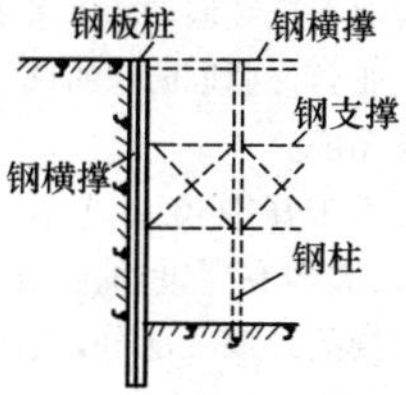	在开挖的基坑周围打钢板桩,在柱位置上打入暂设的钢柱,在基坑中挖土,每下挖 3～4m,装上一层构架支撑体系,挖土在钢构架网格中进行,也可不预先打入钢柱,随挖随接长支柱。 适于在饱和软弱土层中开挖较大、较深基坑,钢板桩刚度不够时采用
挡土灌注桩支撑	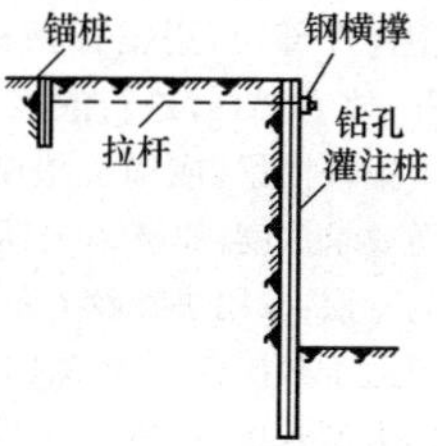	在开挖基坑的周围,用钻机钻孔,现场灌注钢筋混凝土桩,达到强度后,在基坑中间用机械或人工挖土,下挖 1m 左右装上横撑,在桩背面装上拉杆与已设锚桩拉紧,然后继续挖土至要求深度。在桩间土方挖成外拱形,使之起土拱作用。如基坑深度小于 6m,或邻近有建筑物,也可不设锚拉杆,采取加密桩距或加大桩径处理。 适于开挖较大、较深(>6m)基坑,临近有建筑物,不允许支护,背面地基有下沉、位移时采用

续一

支撑(护)方式	示意图	支撑(护)方式及适用条件
挡土灌注桩与土层锚杆结合支撑	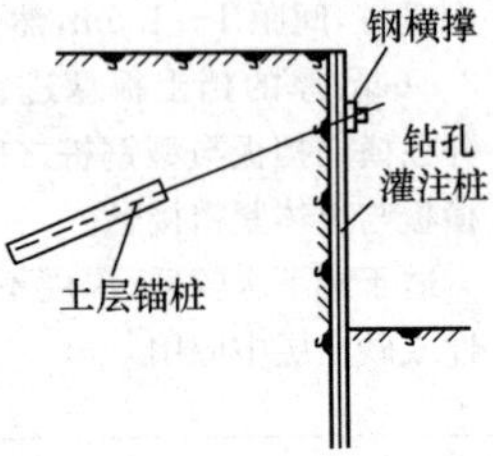 (钢横撑、钻孔灌注桩、土层锚桩)	同挡土灌注桩支撑,但在桩顶不设锚桩锚杆,而是挖至一定深度,每隔一定距离向桩背面斜下方用锚杆钻机打孔,安放钢筋锚杆,用水泥压力灌浆,达到强度后,安上横撑,拉紧固定,在桩中间进行挖土,直至设计深度。如设2~3层锚杆,可挖一层土,装设一次锚杆。 适于大型较深基坑,施工期较长,邻近有高层建筑,不允许支撑,邻近地基不允许有任何下沉位移时采用
地下连续墙支护	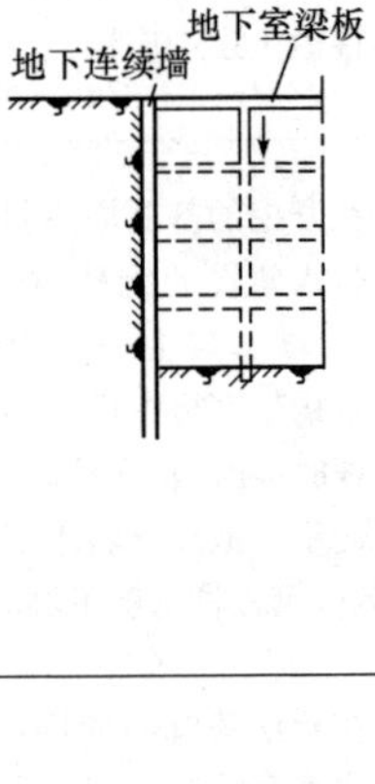 (地下连续墙、地下室梁板)	在开挖的基坑周围,先建造混凝土或钢筋混凝土地下连续墙,达到强度后,在墙中间用机械或人工挖土,直至要求深度。对跨度、深度很大时,可在内部加设水平支撑及支柱。用于逆作法施工,每下挖一层,把下一层梁、板、柱浇筑完成,以此作为地下连续墙的水平框架支撑,如此循环作业,直到地下室的底层全部挖完土,浇筑完成。 适于开挖较大、较深(>10m)、有地下水、周围有建筑物、公路的基坑,作为地下结构的外墙一部分,或用于高层建筑的逆作法施工,作为地下室结构的部分外墙
地下连续墙与土层锚杆结合支护	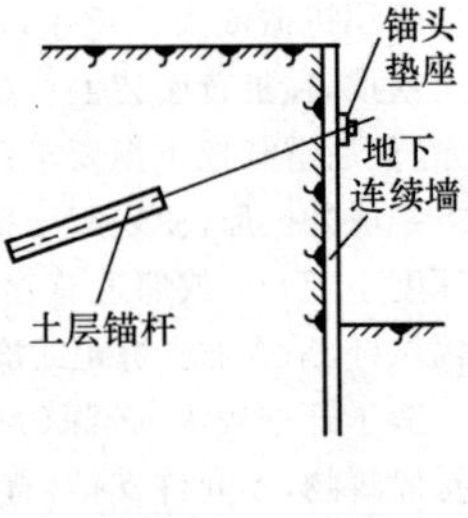 (锚头垫座、地下连续墙、土层锚杆)	在开挖基坑的周围先建造地下连续墙支护,在墙中部用机械配合人工开挖土方至锚杆部位,用锚杆钻机在要求位置钻孔,放入锚杆,进行灌浆,待达到强度,装上锚杆横梁,或锚头垫座,然后继续下挖至要求深度,如设2~3层锚杆,每挖一层装一层,采用快凝砂浆灌浆。 适于开挖较大、较深(>10m)、有地下水的大型基坑,周围有高层建筑,不允许支护有变形、采用机械挖方、要求有较大空间、不允许内部设支撑时采用

续二

支撑(护)方式	示意图	支撑(护)方式及适用条件
土层锚杆支护	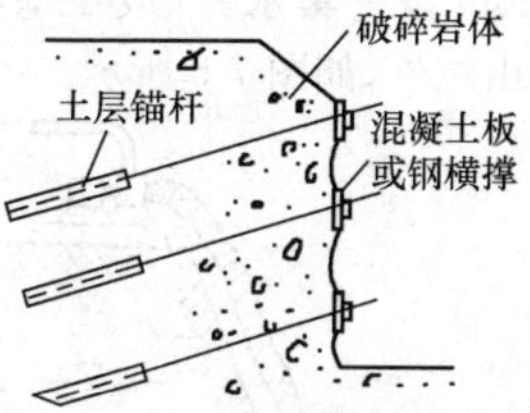	沿开挖基坑。边坡每2～4m设置一层水平土层锚杆,直到挖土至要求深度。 适于较硬土层或破碎岩石中开挖较大、较深基坑,邻近有建筑物必须保证边坡稳定时采用
板桩(灌注桩)中央横顶支撑	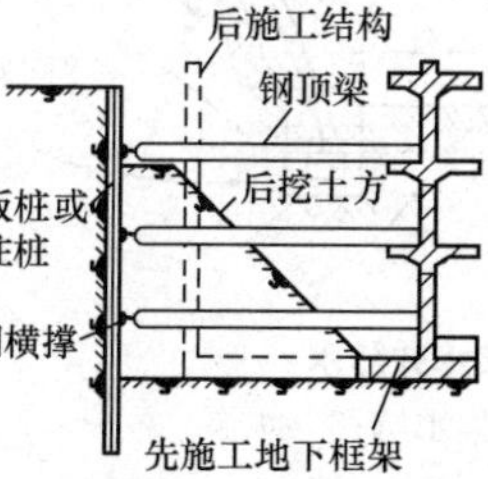	在基坑周围打板桩或设挡土灌注桩,在内侧放坡挖中间部分土方到坑底,先施工中间部分结构至地面,然后再利用此结构作支承向板桩(灌注桩)支水平横顶撑,挖除放坡部分土方,每挖一层支一层水平横顶撑,直至设计深度,最后再建该部分结构。 适于开挖较大、较深的基坑,支护桩刚度不够,又不允许设置过多支撑时用
板桩(灌注桩)中央斜顶支撑	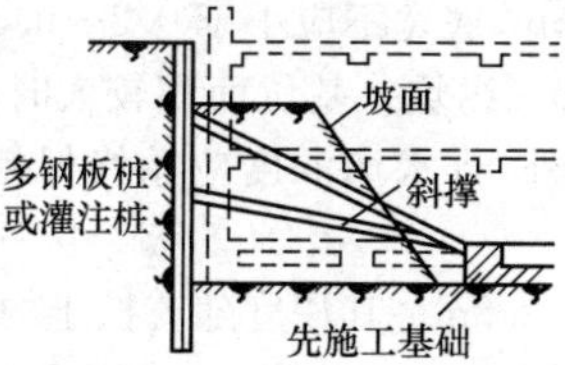	在基坑周围打板桩或设挡土灌注桩,在内侧放坡挖中间部分土方到坑底,并先施工好中间部分基础,再从基础向桩上方支斜顶撑,然后再把放坡的土方挖除,每挖一层,支一层斜撑,直至坑底,最后再建该部分结构。 适于开挖较大、较深基坑,支护桩刚度不够,坑内不允许设置过多支撑时用
分层板桩支撑	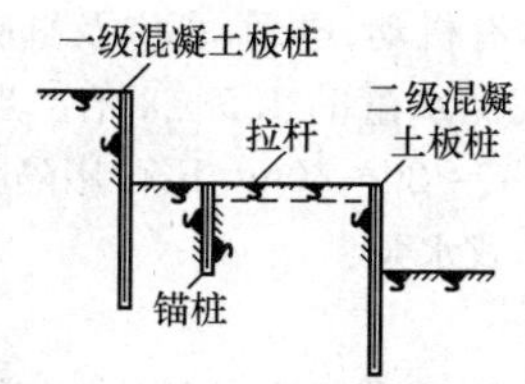	在开挖厂房群基础时,周围先打支护板桩,然后在内侧挖土方至群基础底标高,再在中部主体深基础四周打二级支护板桩,挖主体深基础土方,施工主体结构至地面,最后施工外围群基础。 适于开挖较大、较深基坑,当中部主体与周围群基础标高不等、而又无重型板桩时采用

(四)降低地下水位

开挖基坑(槽)、管沟或其他土方时,土的含水层常被切断,地下水会不断渗入坑内。为保证施工,防止边坡塌方和地基承载能力下降,必须降低基坑地下水位。降低地下水位的方法有集水井和井点降水两种。

1. 集水井降水

集水井降水方法是在基坑或沟槽开挖时,在开挖基坑的一侧、两侧或中间设置排水沟,并沿排水沟方向每间隔 20～30m 设一集水井(或在基坑的四角处设置),使地下水流入集水井内,再用水泵抽出坑外,如图 7-5 所示。

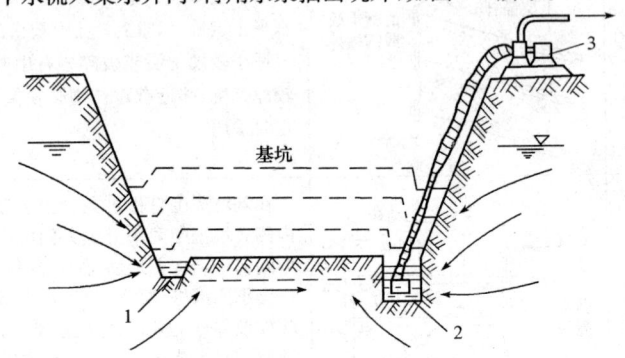

图 7-5 集水井降水
1—排水沟;2—集水坑;3—水泵

四周的排水沟和集水井应设置在基础范围之外、地下水流的上游。

一般小面积基坑排水沟深 0.3～0.6m,底宽不应小于 0.2～0.3m,水沟的边坡为 1:(1～1.5),沟底设有 0.2‰～0.5‰纵坡。基坑面积较大时,排水沟截面尺寸应相应加大,以保证排水畅通。另外,排水沟深度应始终保持比挖土面低 0.4～0.5m。

集水井的直径或宽度,一般为 0.7～0.8m。其深度随着挖土的加深而加深,要始终低于挖土面 0.8～1.0m,井壁用方木板支撑加固。至基底以下井底应填以 20cm 厚碎石或卵石,以防止泥砂进入水泵;同时井底面应低于坑底 1～2m。

基坑排水采用的水泵,常用动力水泵,有机动、电动、真空及缸吸泵等。选用水泵类型时,一般取水泵的排水量为基坑涌水量的 1.5～2 倍。当基坑涌水量 $Q<20m^3/h$,可用隔膜式泵或潜水电泵;当 $Q=20～60m^3/h$,可用隔膜式或离心式水泵或潜水电泵;当 $Q>60m^3/h$,多用离心式水泵。

2. 井点降水

基坑中直接抽出地下水的方法比较简单,施工费用低,应用比较广,但当土为细砂或粉砂,地下水渗流时会出现流砂、边坡坍方及管涌等可能,使施工困难,工作条件恶化,并有引起附近建筑物下沉的危险,此时常用井点降水的方法进行降水施工。

井点降水就是在基坑开挖前,预先在基坑四周埋设一定数量的滤水管(井),在基坑开挖前和开挖过程中,利用真空原理,不断抽出地下水,使地下水位降低到坑底以下,从而解决了地下水涌入坑内的问题,如图 7-6(a)所示;防止了边坡由于

第七章 地基基础工程施工技术

受地下水流的冲刷而引起的塌方,如图 7-6(b)所示;使坑底的土层消除了地下水位差引起的压力,因此防止了坑底土的上涌,如图 7-6(c)所示;由于没有水压力,使板桩减少了横向荷载,如图 7-6(d)所示;由于没有地下水的渗流,也就消除了流砂现象,如图 7-6(e)所示。降低地下水位后,由于土体固结,还能使土层密实,增加地基土的承载能力。

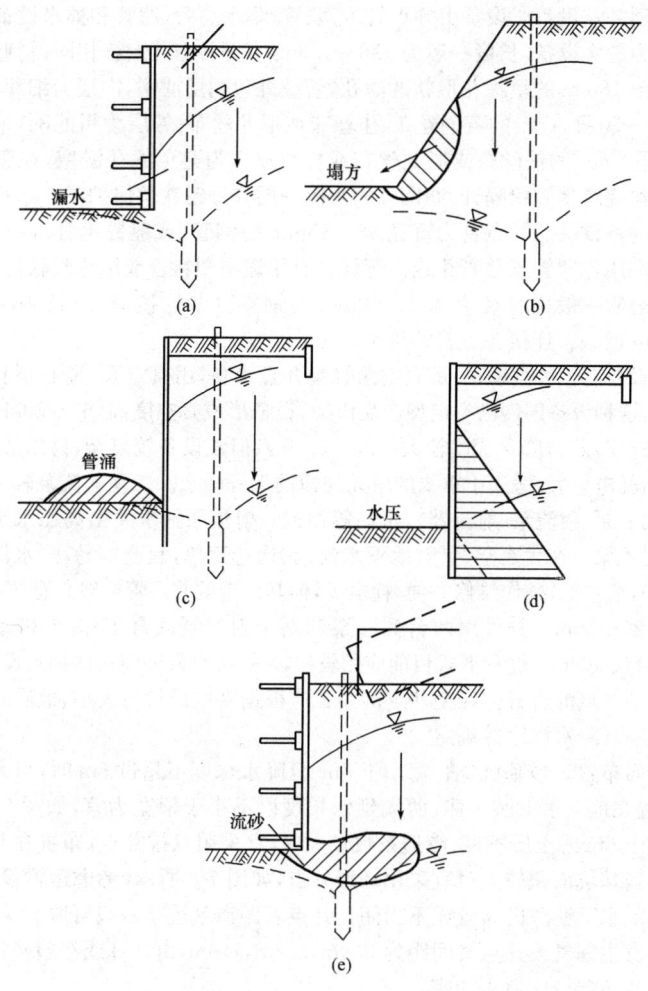

图 7-6 井点降水的作用
(a)防止涌水;(b)使边坡稳定;(c)防止土的上冒;
(d)减少横向荷载;(e)防止流砂

井点降水方法有轻型井点、喷射井点、电渗井点、管井井点、深井井点、无砂混凝土管井点以及小沉井井点等。可根据土的种类、透水层位置、厚度、土层的渗透系数、水的补给源、井点布置形式、要求降水深度、邻近建筑、管线情况、工程特点、场地及设备条件以及施工技术水平等情况，作出比较后选用一种或两种降水方法。

(1) 轻型井点降水。

1) 轻型井点设备。设备由井点管、弯联管、集水总管、滤管和抽水设备组成。

滤管为进水设备，长度一般为 1.0～1.5m，直径常与井点管相同；管壁上钻有直径为 10～18mm 的呈梅花形状的滤孔，管壁外包两层滤网，内层为细滤网，采用网眼为 30～50 孔/cm^2 的黄铜丝布、生丝布或尼龙丝布；外层为粗滤网，采用网眼为 3～10 孔/cm^2 的铁丝布或尼龙丝布或棕树皮。为避免滤孔淤塞，在管壁与滤网间用铁丝绕成螺旋状隔开，滤网外面再围一层 8 号粗铁丝保护层。滤管下端放一个锥形的铸铁头。井点管为直径 38～55mm 的钢管（或镀锌钢管），长 5～7m，井点管上端用弯联管与总管相连。弯联管宜用透明塑料管或用橡胶软管。

集水总管一般用直径为 75～100mm 的钢管分节连接，每节长 4m，每间隔 0.8～1.6m 设一个连接井点管的接头。

抽水设备有三种类型，一是真空泵轻型井点设备，由真空泵、离心泵和气水分离器组成，这种设备国内已有定型产品供应，设备形成真空度高(67～80kPa)，带井点数多(60～70 根)，降水深度较大(5.5～6.0m)；但该设备较复杂，易出故障，维修管理困难，耗电量大，适用于重要的较大规模的工程降水。二是射流泵轻型井点设备，它由离心泵、射流泵(射流器)、水箱等组成。射流泵抽水系由高压水泵供给工作水，经射流泵后产生真空，引射地下水流；它构造简单，制造容易，降水深度较大(可达 9m)，成本低，操作维修方便，耗电少，但其所带的井点管一般只有 25～40 根，总管长度 30～50m。若采用两台离心泵和两个射流器联合工作，能带动井点管 70 根，总管长 100m。这种形式目前应用较广，是一种有发展前途的抽水设备。

2) 轻型井点的布置。轻型井点的布置应根据基坑形状与大小、地质和水文情况、工程性质、降水深度等确定。

①平面布置。当基坑（槽）宽小于 6m，且降水深度不超过 6m 时，可采用单排井点，布置在地下水上游一侧，两端延伸长度以不小于槽宽为宜，如图 7-7 所示。如宽度大于 6m 或土质不良、渗透系数较大时，宜采用双排井点，布置在基坑（槽）的两侧。当基坑面积较大时宜采用环形井点，如图 7-8 所示；考虑运输设备入道，一般在地下水下游方向布置成不封闭。井点管距离基坑壁一般可取 0.7～1.0m，以防局部发生漏气。井点管间距为 0.8m，1.2m，1.6m，由计算或经验确定。井点管在总管四角部分应适当加密。

②高程布置。轻型井点的降水深度，从理论上讲可达 10.3m，但由于管路系统的水头损失，其实际的降水深度一般不宜超过 6m。井点管的埋置深度 h，可按下式计算，如图 7-8(b) 所示。

第七章 地基基础工程施工技术

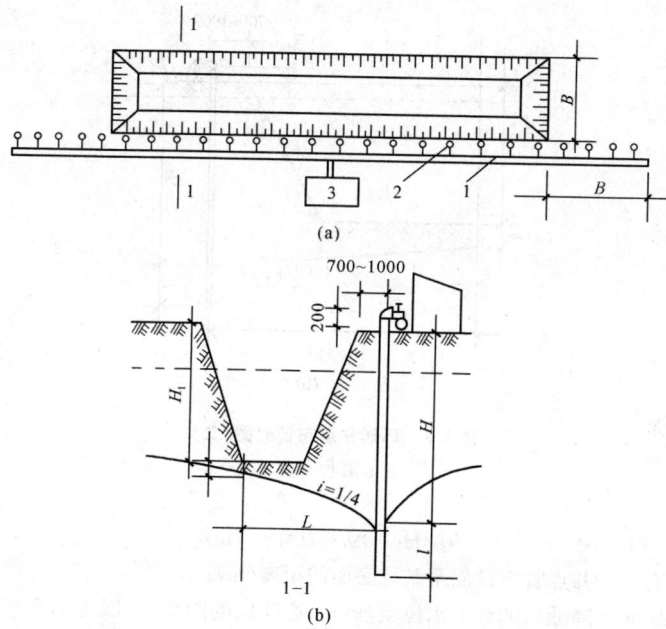

图 7-7 单排井点布置简图
(a)平面布置;(b)高程布置
1—总管;2—井点管;3—抽水设备

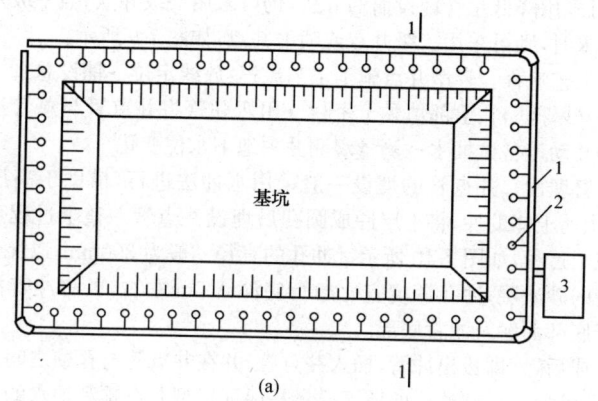

图 7-8 环形井点布置简图(一)
(a)平面布置
1—总管;2—井点管;3—抽水设备

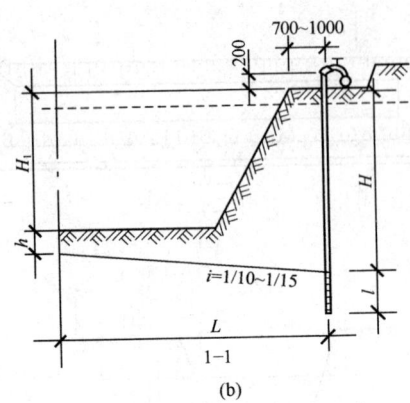

(b)

图 7-8 环形井点布置简图(二)
(b)高程布置

$$h \geqslant H_1 + \Delta h + iL \quad (m) \tag{7-8}$$

式中 H_1——井点管埋设面至基坑底面的距离(m);
Δh——降低后的地下水位至基坑中心底面的距离,一般为 0.5~1.0m,人工开挖取下限,机械开挖取上限;
i——降水曲线坡度。对环状或双排井点取 1/10~1/15;对单排井点取 1/4;
L——井点管中心至基坑中心的短边距离(m)。

如 h 值小于降水深度 6m 时,可用一级井点;h 值稍大于 6m 且地下水位离地面较深时,可采用降低总管埋设面的方法,仍可采用一级井点;当一级井点达不到降水深度要求时,则可采用二级井点或喷射井点,如图 7-9 所示。

3)施工工艺流程。轻型井点施工工艺流程:放线定位→铺设总管→冲孔→安装井点管、填砂砾滤料、上部填黏土密封→用弯联管将井点管与总管接通→安装抽水设备→开动设备试抽水→测量观测井中地下水位变化。

4)井点管埋设。井点管的埋设一般采用水冲法进行,借助于高压水冲刷土体,用冲管扰动土体助冲,将土层冲成圆孔后埋设井点管。整个过程可分冲孔与埋管两个施工过程,如图 7-10 所示。冲孔的直径一般为 300mm,以保证井管四周有一定厚度的砂滤层;冲孔深度宜比滤管底深 0.5m 左右,以防冲管拔出时部分土颗粒沉于底部而触及滤管底部。

井孔冲成后,立即拔出冲管,插入井点管,并在井点管与孔壁之间迅速填灌砂滤层,以防孔壁塌土。砂滤层的填灌质量是保证轻型井点顺利抽水的关键。一般宜选用干净粗砂,填灌均匀,并填至滤管顶上 1~1.5m,以保证水流畅通。井点填砂后,须用黏土封口,以防漏气。

第七章 地基基础工程施工技术

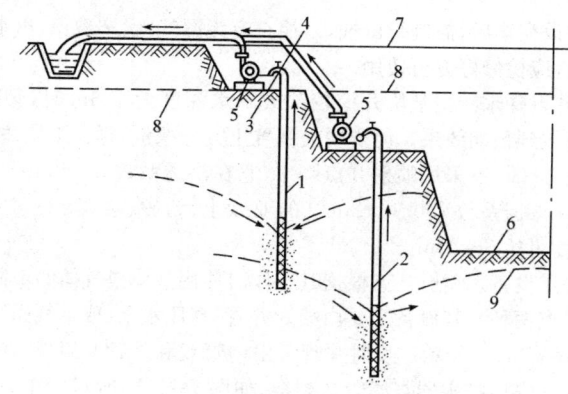

图 7-9 二级轻型井点降水示意图
1—第一级轻型井点；2—第二级轻型井点；3—集水总管；4—连接管；
5—水泵；6—基坑；7—原地面线；8—原地下水位线；9—降低后地下水位线

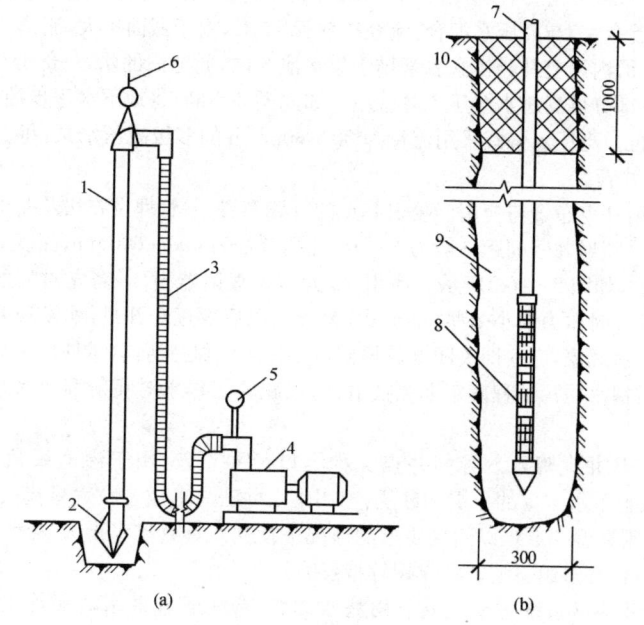

图 7-10 井点管的埋设
(a)冲孔；(b)埋管
1—冲管；2—冲嘴；3—胶皮管；4—高压水泵；5—压力表；
6—起重机吊钩；7—井点管；8—滤管；9—填砂；10—黏土封口

井点管埋设完毕后，需进行试抽，以检查有无漏气、淤塞现象，出水是否正常，如有异常情况，应检修好方可使用。

(2) 喷射井点降水。当基坑开挖较深或降水深度大于 6m 时，必须使用多级轻型井点才可收到预期效果。但要增大基坑土方开挖量，延长工期并增加设备数量，不够经济。此时，宜采用喷射井点降水，它在渗透系数 3～50m/d 的砂土中应用最为有效，在渗透系数为 0.1～2m/d 的亚砂土、粉砂、淤泥质土中效果也较显著，其降水深度可达 8～20m。

1) 喷射井点设备。喷射井点根据其工作时使用液体或气体的不同，分为喷水井点和喷气井点两种。其设备主要由喷射井管、高压水泵（或空气压缩机）和管路系统组成，如图 7-11(a) 所示。喷射井管 1 由内管 8 和外管 9 组成，在内管下端装有升水装置——喷射扬水器与滤管 2 相连，如图 7-11(b) 所示。在高压水泵 5 作用下，具有一定压力水头 (0.7～0.8MPa) 的高压水经进水总管 3 进入井管的内外管之间的环形空间，并经扬水器的侧孔流向喷嘴 10。由于喷嘴截面的突然缩小，流速急剧增加，压力水由喷嘴以很高流速喷入混合室 11，将喷嘴口周围空气吸入，被急速水流带走，因该室压力下降而造成一定真空度。此时地下水被吸入喷嘴上面的混合室，与高压水汇合，流经扩散管 12 时，由于截面扩大，流速减低而转化为高压，沿内管上升经排水总管排于集水池 6 内，此池内的水，一部分用水泵 7 排走，另一部分供高压水泵压入井管用。如此循环不断，将地下水逐步抽出，降低了地下水位。高压水泵宜采用流量为 50～80m³/h 的多级高压水泵，每套能带动 20～30 根井管。

2) 喷射井点布置与使用。喷射井点的管路布置、井管埋设方法及要求与轻型井点相同。喷射井管间距一般为 2～3m，冲孔直径为 400～600mm，深度应比滤管深 1m 以上，如图 7-11(c) 所示。使用时，为防止喷射器损坏，需先对喷射井管逐根冲洗，开泵时压力要小一些（小于 0.3MPa），以后再逐步开足，如发现井管周围有翻砂、冒水现象，应立即关闭井管检修。工作水应保持清洁，试抽两天后应更换清水，此后视水质污浊程度定期更换清水，以减轻工作水对喷射嘴及水泵叶轮等的磨损。

(3) 管井井点降水。管井井点又称大口径井点，适用于渗透系数大（20～200m/d）、地下水丰富的土层和砂层，或用集水井法易造成土粒大量流失，引起边坡塌方及用轻型井点难以满足要求的情况下使用。具有排水量大、降水深、排水效果好、可代替多组轻型井点作用等特点。

1) 管井井点系统主要设备。由滤水井管、吸水管和抽水机械等组成，如图 7-12 所示。滤水井管的过滤部分，可采用钢筋焊接骨架外包孔眼为 1～2mm 的滤网，长 2～3m；井管部分，宜用直径为 200mm 以上的钢管或其他竹木、混凝土等管材。吸水管宜用直径为 50～100mm 的胶皮管或钢管，插入滤水井管内，其底端应插到管井抽吸时的最低水位以下，必要时装设逆止阀，上端装设带法兰盘的短钢

第七章 地基基础工程施工技术

管一节。抽水机械常用 4~8in 的离心式水泵。

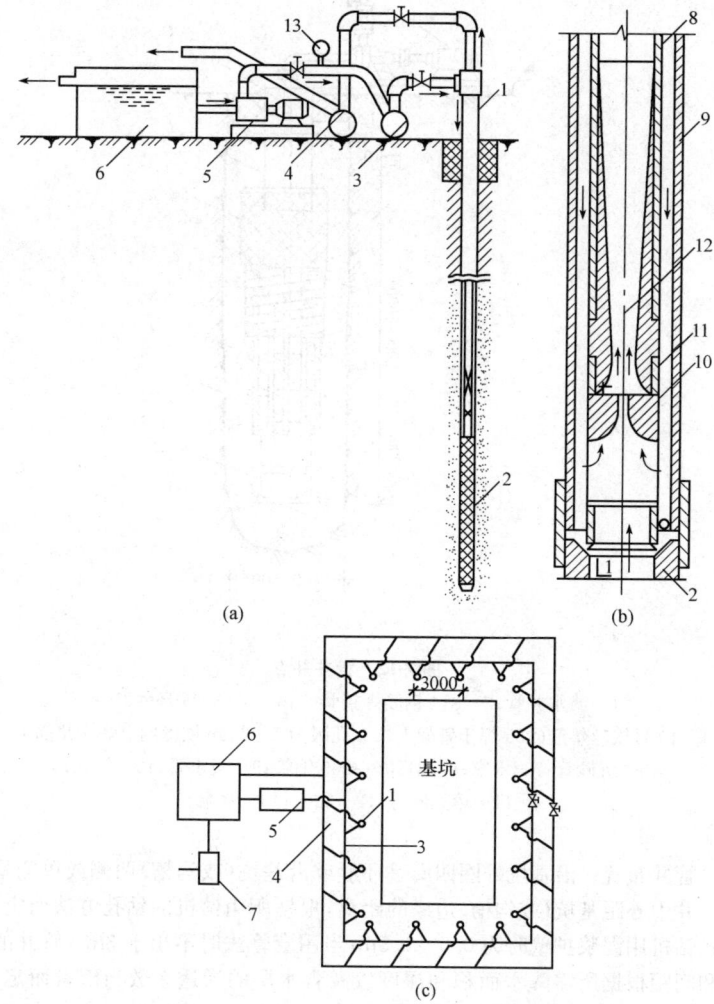

图 7-11 喷射井点设备及平面布置简图
(a)喷射井点设备简图;(b)喷射扬水器详图;(c)喷射井点平面布置
1—喷射井管;2—滤管;3—进水总管;4—排水总管;5—高压水泵;6—集水池;
7—水泵;8—内管;9—外管;10—喷嘴;11—混合室;12—扩散管;13—压力表

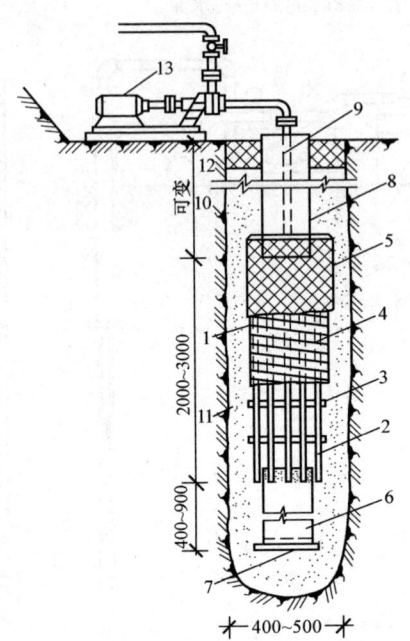

图 7-12 管井井点

1—滤水井管；2—φ14 钢筋焊接骨架；3—6×30 铁环@250；
4—10 号铁丝垫筋@25 焊于管架上；5—孔眼为 1～2mm 铁丝网点焊于垫筋上；
6—沉砂管；7—木塞；8—φ150～φ250 钢管；9—吸水管；10—钻孔；
11—填充砂砾；12—黏土；13—水泵

2）管井布置。沿基坑外圈四周呈环形或沿基坑（或沟槽）两侧或单侧呈直线布置。井中心距基坑（或沟槽）边缘的距离，根据所用钻机的钻孔方法而定，当用冲击式钻机用泥浆护壁时为 0.5～1.5m；当用套管法时不小于 3m。管井的埋设深度和间距根据所需降水面积和深度以及含水层的渗透系数与因素而定，埋深 5～10m，间距 10～50m，降水深度为 3～5m。

（五）土方开挖方法

基础土方开挖的方法分为人工挖方与机械挖方两类。

1. 人工挖方

人工挖方适用条件及施工准备。人工挖方适用条件及施工准备见表 7-17。

第七章 地基基础工程施工技术

表 7-17　　　　　人工挖方的适用条件及施工准备

项目	内容
适用条件	一般建筑物、构筑物的基坑(槽)和各种管沟等
施工准备	(1)土方开挖前，应根据施工方案的要求，将施工区域内的地下、地上障碍物清除和处理完毕。 (2)地表面要清理平整，做好排水坡向，在施工区域内，要挖临时性排水沟。 (3)建筑物位置的标准轴线桩、构筑物的定位控制桩、标准水平桩及灰线尺寸，必须先经过检查，并办完预检手续。 (4)夜间施工时，应合理安排工序，防止错挖或超挖。施工场地应根据需要安设照明设施，在危险地段设置明显标志。 (5)开挖低于地下水位的基坑(槽)、管沟时，应根据当地工程地质资料，采取措施降低地下水位，一般要降至低于开挖底面 0.5m。然后再开挖

(2)施工要点。人工挖方施工操作要点见表 7-18。

表 7-18　　　　　人工挖方的施工要点

序号	内容
1	在天然湿度的土中，开挖基坑(槽)和管沟时，当挖土深度不超过规定的数值时，可不放坡，不加支撑。 若超出规定深度，在 5m 以内时，当土具有天然湿度，构造均匀，水文地质条件好，且无地下水，不加支撑的基坑(槽)和管沟，必须放坡
2	开挖浅的条形基础，如不放坡时，应先沿灰线直边切出槽边的轮廓线，一般黏性土可自上而下分层开挖，每层深度以 600mm 为宜，从开挖端部逆向倒退按踏步型挖掘。碎石类土先用镐翻松，正向挖掘，每层深度视翻土厚度而定，每层应清底和出土，然后逐步挖掘
3	基坑(槽)、管沟的直立壁和边坡，在开挖过程和敞露期间应防止塌陷，必要时应加以保护。 在挖方上侧弃土时，应保证边坡和直立壁的稳定。当土质良好时，抛于槽边的土方(或材料)，应距槽(沟)边缘 0.8m 以外，高度不宜超过 1.5m。 在柱基周围、墙基或围墙一侧，不得堆土过高
4	开挖基坑(槽)或管沟时，应合理确定开挖顺序和分层开挖深度。当接近地下水位时，应先完成标高最低处的挖方，以便于在该处集中排水。开挖后，在挖到距槽底 500mm 以内时，测量放线人员应配合抄出距槽底 500mm 平线；自每条槽端部 200mm 处每隔 2~3m，在槽帮上钉水平标高小木橛。在挖至接近槽底标高时，用尺或事先量好的 500mm 标准尺杆，随时以小木橛上平校核槽底标高。最后由两端轴线(中心线)引桩拉通线，检查距槽边尺寸，确定槽宽标准，据此修整槽帮，最后清除槽底土方，修底铲平

续表

序号	内 容
5	开挖浅管沟时,与浅条形基础开挖基本相同,仅沟帮不切直修平。标高按龙门板下返沟底尺寸,符合设计标高后,再从两端龙门板下的沟底标高上返500mm,拉小线用尺检查沟底标高,最后修整沟底
6	开挖放坡的坑(槽)和管沟时,应先按施工方案规定的坡度,粗略开挖,再分层按坡度要求做出坡度线,每隔3m左右做一条,以此线为准进行铲坡。深管沟挖土时,应在沟帮中间留出宽800mm左右的倒土台
7	开挖大面积浅基坑时,沿坑三面开挖,挖出的土方装入手推车或翻斗车,由未开挖的一面运至弃土地点
8	开挖基坑(槽)的土方,在场地有条件堆放时,一定要留足回填需用的好土,多余的土方应一次运至弃土地点
9	土方开挖一般不宜在雨期进行。否则工作面不宜过大,应逐段、逐片的分期完成。雨期开挖基坑(槽)或管沟时,应注意边坡稳定。必要时可适当放缓边坡坡度或设置支撑。同时应在坑(槽)外侧围以土堤或开挖水沟,防止地面水流入。施工时应加强边坡、支撑、土堤等的检查
10	土方开挖不宜在冬期施工。如必须在冬期施工时,其施工方法应按冬期施工方案进行

2. 机械挖方

(1)械机挖方适用条件。机械按方主要适用于一般建筑的地下室,半地下室土方,基槽深度超过 2.5mm 的住宅工程,条形基础槽宽超过 3m 或土方量超过 500m^3 的其他工程。

(2)挖掘机械作业方法。

1)拉铲挖掘机作业法,见表 7-19。

表 7-19 拉铲挖掘机开挖方法

作业名称	开挖方法	适用范围
沟端开挖法	拉铲停在沟端,倒退着沿沟纵向开挖。开挖宽度可以达到机械挖土半径的两倍,能两面出土,汽车停放在一侧或两侧,装车角度小,坡度较易控制,并能开挖较陡的坡	适于就地取土、填筑路基及修筑堤坝等

续一

作业名称	开挖方法	适用范围
沟侧开挖法 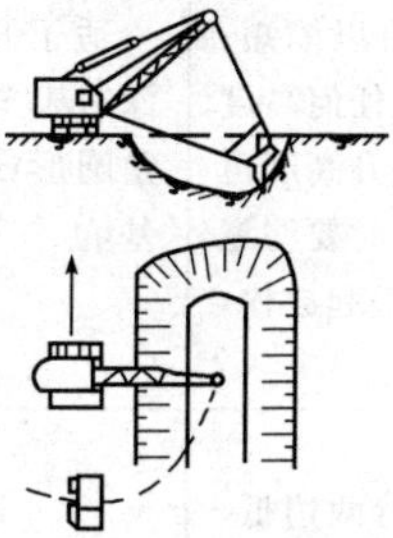	拉铲停在沟侧沿沟横向开挖,沿沟边与沟平行移动,如沟槽较宽,可在沟槽的两侧开挖。本法开挖宽度和深度均较小,一次开挖宽度约等于挖土半径,且开挖边坡不易控制	适于开挖土方就地堆放的基坑、槽以及填筑路堤等工程
三角开挖法 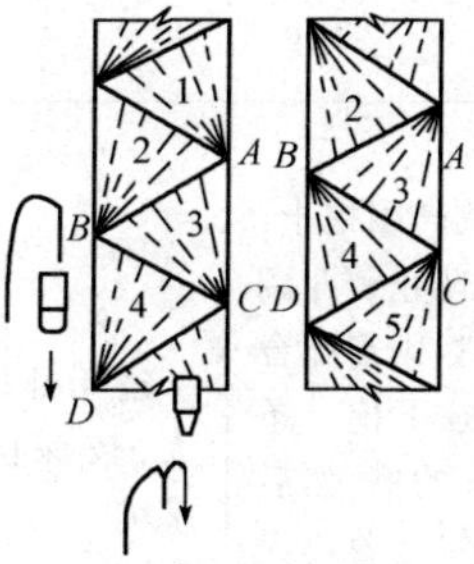 A、B、C…拉铲停放位置 1、2、3…开挖顺序	拉铲按"之"字形移位,与开挖沟槽的边缘成45°角左右。本法拉铲的回转角度小,生产率高,而且边坡开挖整齐	适于开挖宽度在 8m 左右的沟槽
分段拉土法 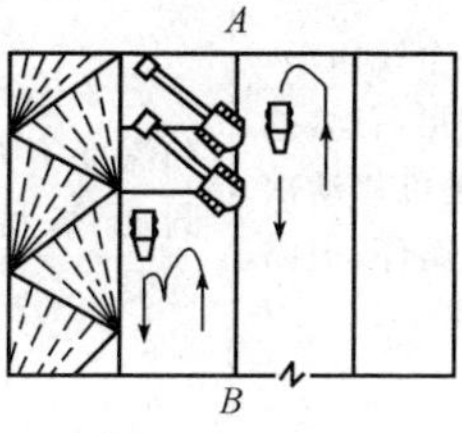	在第一段采取三角挖土,第二段机身沿 AB 线移动进行分段挖土。如沟底(或坑底)土质较硬,地下水位较低时,应使汽车停在沟下装土,铲斗装土后稍微提起即可装车,能缩短铲斗起落时间,又能减小臂杆的回转角度	适于开挖宽度大的基坑、槽、沟渠工程

续二

作业名称	开挖方法	适用范围
层层拉土法 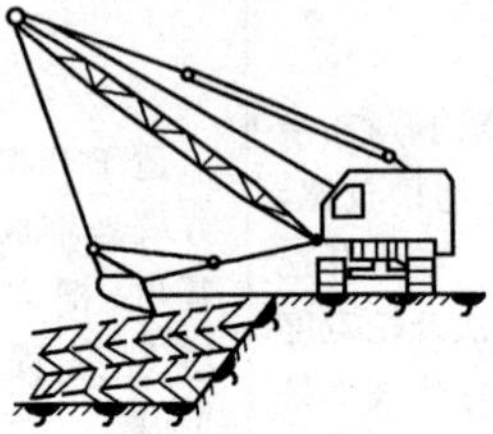	拉铲从左到右,或从右到左顺序逐层挖土,直至全深。本法可以挖得平整,拉铲斗的时间可以缩短。当土装满铲斗后,可以从任何高度提起铲斗,运送土时的提升高度可减少到最低限度,但落斗时要注意将拉斗钢绳与落斗钢绳一起放松,使铲斗垂直下落	适于开挖较深的基坑,特别是圆形或方形基坑
顺序挖土法 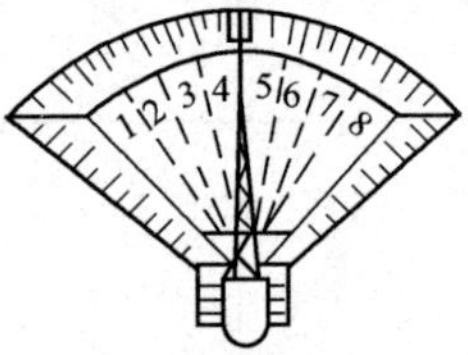	挖土时先挖两边,保持两边低、中间高的地形,然后顺序向中间挖土。本法挖土只两边遇到阻力,较省力,边坡可以挖得整齐,铲斗不会发生翻滚现象	适于开挖土质较硬的基坑
转圈挖土法 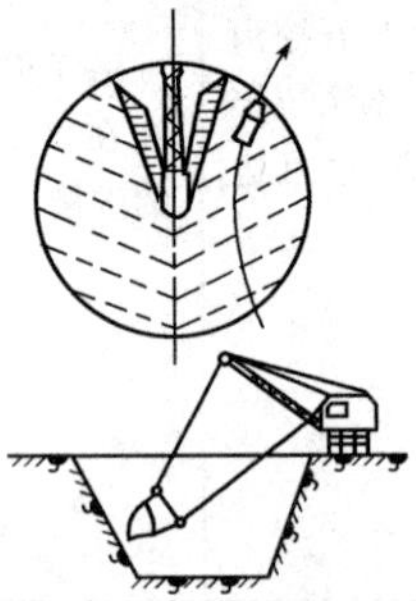	拉铲在边线外顺圆周转圈挖土,形成四周低中间高,可防止铲斗翻滚。当挖到5m以下时,则需配合人工在坑内沿坑周边往下挖一条宽50cm,深40~50cm的槽,然后进行开挖,直至槽底平,接着再人工挖槽,再用拉铲挖土,如此循环作业至设计标高为止	适于开挖较大、较深圆形基坑
扇形挖土法 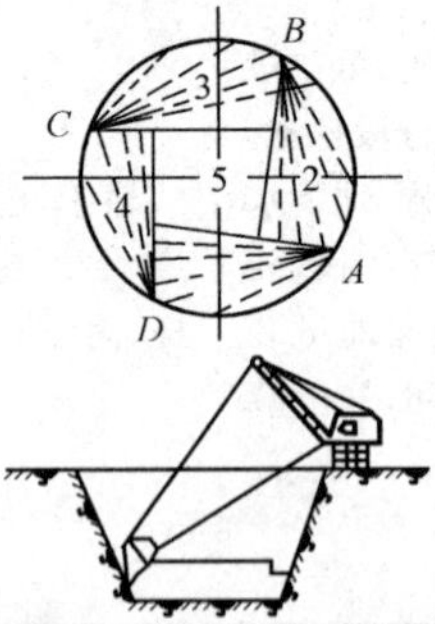	拉铲先在一端挖成一个锐角形,然后挖土机沿直线按扇形后退,挖土直至完成。本法挖土机移动次数少,汽车在一个部位循环,道路少,装车高度小	适于挖直径和深度不大的圆形基坑或沟渠

2)正铲挖掘机作业法,见表 7-20。

表 7-20　　　　　　　　　正铲挖掘机的开挖方法

作业名称	开挖方法	适用范围
正向开挖,侧向装土法 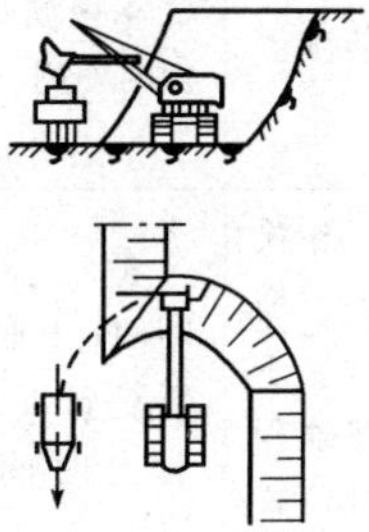	正铲向前进方向挖土,汽车位于正铲的侧向装车。本法铲臂卸土回转角度最小(<90°),装车方便,循环时间短,生产效率高	适于开挖工作面较大,深度不大的边坡、基坑(槽)、沟渠和路堑等,为最常用的开挖方法
正向开挖,反方装土法 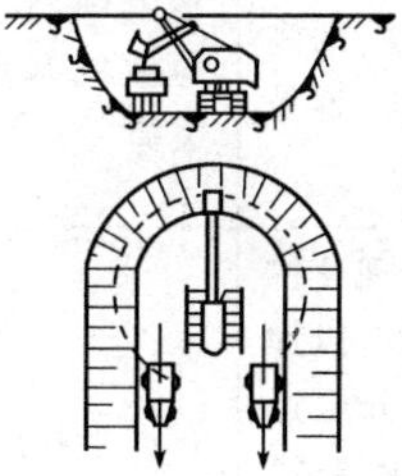	正铲向前进方向挖土,汽车停在正铲的后面。本法开挖工作面较大,但铲臂卸土回转角度较大(在180°左右),且汽车要倒行车,增加工作循环时间,生产效率降低(回转角度180°,效率约降低23%,回转角度130°约降低13%)	适于开挖工作面狭小、且较深的基坑(槽)、管沟和路堑等
分层开挖法 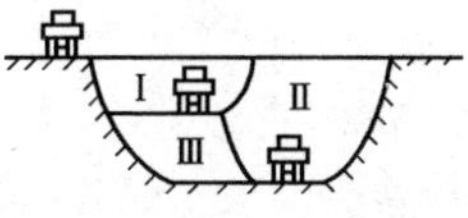 (a) 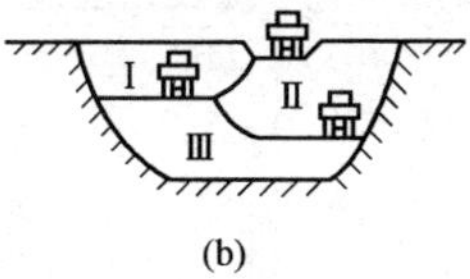 (b)	将开挖面按机械的合理高度分为多层开挖[图(a)],当开挖面高度不能成为一次挖掘深度的整数倍时,则可在挖方的边缘或中部先开挖一条浅槽作为第一次挖土运输线路[图(b)]然后再逐次开挖直至基坑底部	适于开挖大型基坑或沟渠,工作面高度大于机械挖掘的合理高度时采用

续表

作业名称	开挖方法	适用范围
上下轮换开挖法 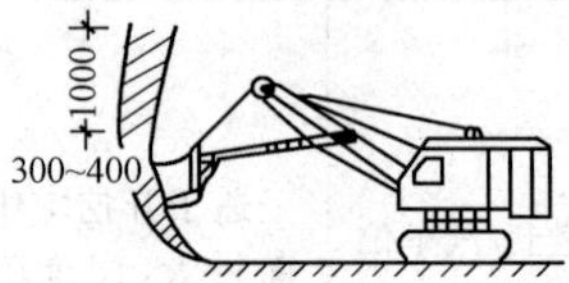	先将土层上部 1m 以下土挖深 30~40cm，然后再挖土层上部 1m 厚的土，如此上下轮换开挖。本法挖土阻力小，易装满铲斗，卸土容易	适于土层较高，土质不太硬，铲斗挖掘距离很短时使用
顺铲开挖法 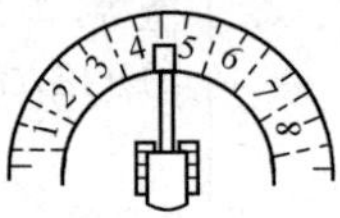	铲斗从一侧向另一侧一斗挨一斗地顺序开挖，使每次挖土增加一个自由面，阻力减小，易于挖掘。也可依据土质的坚硬程度使每次只挖 2~3 个斗牙位置的土	适于土质坚硬，挖土时不易装满铲斗，而且装土时间长时采用
间隔开挖法 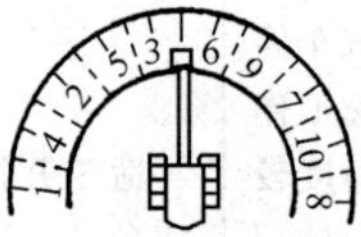	即在扇形工作面上第一铲与第二铲之间保留一定距离，使铲斗接触土体的摩擦面减少，两侧受力均匀，铲土速度加快，容易装满铲斗，生产效率提高	适于开挖土质不太硬、较宽的边坡或基坑、沟渠等
多层挖土法 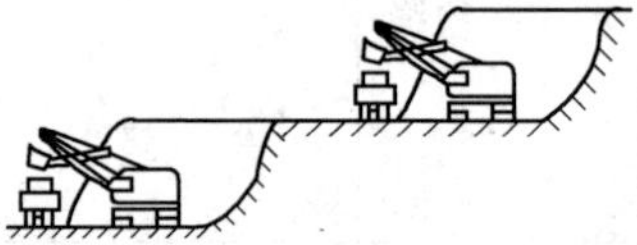	将开挖面按机械的合理开挖高度，分为多层同时开挖，以加快开挖速度，土方可以分层运出，也可分层递送，至最上层（或下层）用汽车运去，但两台挖土机沿前进方向，上层应先开挖保持 30~50cm 距离	适于开挖高边坡或大型基坑
中心开挖法 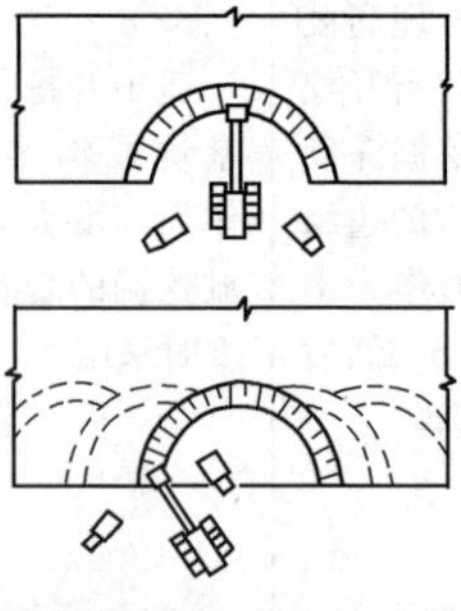	正铲先在挖土区的中心开挖，当向前挖至回转角度超过 90°时，则转向两侧开挖，运土汽车按八字形停放装土。本法开挖移位方便，回转角度小（<90°）。挖土区宽度宜在 40m 以上，以便于汽车靠近正铲装车	适用于开挖较宽的山坡地段或基坑、沟渠等

第七章 地基基础工程施工技术

3)反铲挖掘机作业法,见表 7-21。

表 7-21　　　　　　　　反铲挖掘机开挖方法

作业名称	开挖方法	适用范围
沟端开挖法 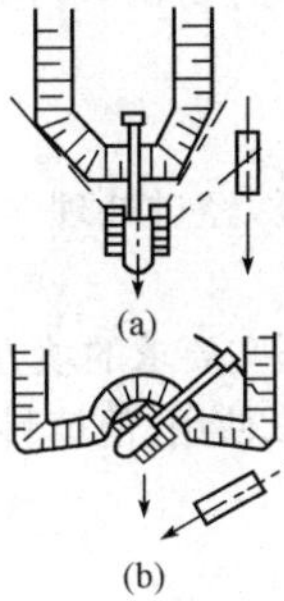	反铲停于沟端,后退挖土,同时往沟一侧弃土或装汽车运走[图(a)]。挖掘宽度可不受机械最大挖掘半径限制,臂杆回转半径仅 45°～90°,同时可挖到最大深度。对较宽基坑可采用图(b)方法,其最大一次挖掘宽度为反铲有效挖掘半径的两倍,但汽车须停在机身后面装土,生产效率降低。或采用几次沟端开挖法完成作业	适于一次成沟后退挖土,挖出土方随即运走时采用,或就地取土填筑路基或修筑堤坝等
沟侧开挖法 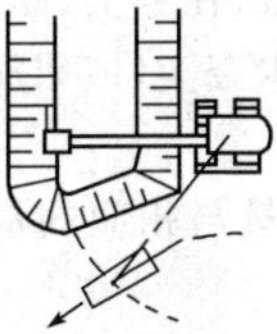	反铲停于沟侧沿沟边开挖,汽车停在机旁装土或往沟一侧卸土。本法铲臂回转角度小,能将土弃于距沟边较远的地方,但挖土宽度比挖掘半径小,边坡不好控制,同时机身靠沟边停放,稳定性较差	用于横挖土体和需将土方甩到离沟边较远的距离时使用
沟角开挖法 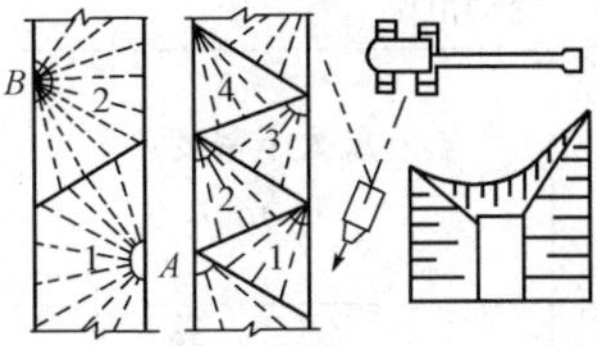	反铲位于沟前端的边角上,随着沟槽的掘进,机身沿着沟边往后作"之"字形移动。臂杆回转角度平均在 45°左右,机身稳定性好,可挖较硬土体,并能挖出一定的坡度	适于开挖土质较硬、宽度较小的沟槽(坑)
多层接力开挖法 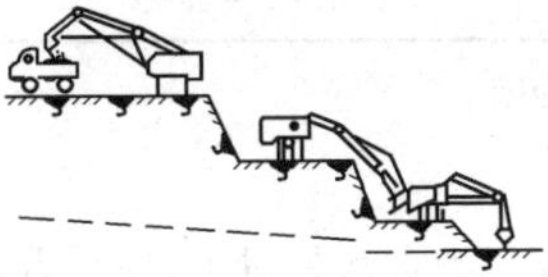	用两台或多台挖土机设在不同作业高度上同时挖土,边挖土、边向上传递到上层,由地表挖土机连挖土带装车。上部可用大型反铲,中、下层用大型或小型反铲,以便挖土和装车,均衡连续作业,一般两层挖土可挖深 10m,三层可挖深 15m 左右。本法开挖较深基坑,可一次开挖到设计标高,一次完成,可避免汽车在坑下装运作业,提高生产效率,且不必设专用垫道	适于开挖土质较好、深 10m 以上的大型基坑、沟槽和渠道

三、土方回填与压实

(一)回填土料的要求

填方土料应符合设计要求,保证填方的强度和稳定性,如设计无要求时,应符合以下规定:

(1)碎石类土、砂土和爆破石渣(粒径不大于每层铺土厚的2/3),可用于表层下的填料。

(2)含水量符合压实要求的黏性土,可作各层填料。

(3)淤泥和淤泥质土,一般不能用作填料,但在软土地区,经过处理含水量符合压实要求的,可用于填方中的次要部位。

(4)碎块草皮和有机质含量大于5%的土,只能用在无压实要求的填方。

(5)含有盐分的盐渍土中,仅中、弱两类盐渍土,一般可以使用,但填料中不得含有盐晶、盐块或含盐植物的根茎。

(6)不得使用冻土、膨胀性土作填料。

(7)含水率要求。

1)填土土料含水量的大小,直接影响到夯实(碾压)质量,在夯实(碾压)前应预试验,以得到符合密实度要求条件下的最优含水量和最少夯实(或碾压)遍数。含水量过小,夯压(碾压)不实;含水量过大,则易成橡皮土。

2)当填料为黏性土或排水不良的砂土时,其最优含水量与相应的最大干密度,应用击实试验测定,见表7-22。

表7-22　　　　土的最优含水量和最大干密度参考表

项　次	土的种类	变动范围	
		最优含水量/(%)(质量分数)	最大干密度/(t/m^3)
1	砂　土	8~12	1.80~1.88
2	黏　土	19~23	1.58~1.70
3	粉质黏土	12~15	1.85~1.95
4	粉　土	16~22	1.61~1.80

注:1. 表中土的最大干密度应以现场实际达到的数字为准。

2. 一般性的回填,可不作此项测定。

3)土料含水量一般以手握成团,落地开花为适宜。当含水量过大,应采取翻松、晾干、风干、换土回填、掺入干土或其他吸水性材料等措施;如土料过干,则应预先洒水润湿,每1m^{3}铺好的土层需要补充水量(L)按下式计算:

$$V=\frac{\rho_w}{1+w}(w_{op}-w) \tag{7-9}$$

式中 V——单位体积内需要补充的水量(L);

w——土的天然含水量(%)(以小数计);

w_{op}——土的最优含水量(%)(以小数计);

ρ_w——填土碾压前的密度(kg/m^3)。

在气候干燥时,须采取加速挖土、运土、平土和碾压过程,以减少土的水分散失。

4) 当填料为碎石类土(充填物为砂土)时,碾压前应充分洒水湿透,以提高压实效果。

(二) 土方回填

1. 填方边坡高度限制

填方边坡的高度限制,见表 7-23。

表 7-23　　　　　永久性填方边坡的高度限制

土的种类	填方高度 /m	边坡坡度
黏土类土、黄土、类黄土	5	1:1.50
粉质黏土、泥灰岩土	6～7	1:1.50
中砂或粗砂	10	1:1.50
砾石或碎石土	10～12	1:1.50
易风化岩土	12	1:1.50
轻微风化、尺寸 25cm 内的石料	6 以内 6～12	1:1.33 1:1.50
轻微风化、尺寸大于 25cm 的石料,边坡用最大石块、分排整齐铺砌	12 以内	1:1.50～1:0.75
轻微风化、尺寸大于 40cm 的石料,其边坡分排整齐	5 以内 5～10 >10	1:0.50 1:0.65 1:1.00

注:1. 当填方高度超过本表限值时,其边坡可做成折线形,填方下部的边坡坡度应为 1:1.75～1:2.00。

2. 凡永久性填方,土的种类未列入本表者,其边坡坡度不得大于 $\phi+45°/2$,ϕ 为土的自然倾斜角。

2. 人工填土

(1) 回填土时从场地最低部分开始,由一端向另一端自下而上分层铺填。每层虚铺厚度,用人工木夯夯实时,不大于20cm;用打夯机械夯实时不大于25cm。

(2)深浅坑(槽)相连时,应先填深坑(槽),相平后与浅坑全面分层填夯。如果采取分段填筑,交接处应填成阶梯形。墙基及管道回填应在两侧用细土同时均匀回填、夯实,防止墙基及管道中心线位移。

(3)人工夯填土,用60~80kg的木夯或铁、石夯,由4~8人拉绳,两人扶夯,举高不小于0.5m,一夯压半夯,按次序进行。

(4)较大面积人工回填用打夯机夯实。两机平行时其间距不得小于3m,在同一夯打路线上,前后间距不得小于10m。

3. 机械填土

(1)推土机填土。

1)填土应由下而上分层铺填,每层虚铺厚度不宜大于30cm。大坡度堆填土,不得居高临下,不分层次,一次堆填。

2)推土机运土回填,可采取分堆集中,一次运送方法,分段距离约为10~15m,以减少运土漏失量。

3)土方推至填方部位时,应提起一次铲刀,成堆卸土,并向前行驶0.5~1.0m,利用推土机后退时将土刮平。

4)用推土机来回行驶进行碾压,履带应重叠一半。

5)填土程序宜采用纵向铺填顺序,从挖土区段至填土区段,以40~60cm距离为宜。

(2)铲运机填土。

1)铲运机填土,铺填土区段,长度不宜小于20m,宽度不宜小于8m。

2)铺土应分层进行,每次铺土厚度不大于30~50cm(视所用压实机械的要求而定),每层铺土后,利用空车返回时将地表面刮平。

3)填土顺序一般尽量采取横向或纵向分层卸土,以利行驶时初步压实。

(3)自卸汽车填土。

1)自卸汽车为成堆卸土,须配以推土机推土、摊平。

2)每层的铺土厚度不大于30~50cm(随选用的压实机具而定)。

3)填土可利用汽车行驶作部分压实工作,行车路线须均匀分布于填土层上。

4)汽车不能在虚土上行驶,卸土推平和压实工作须采取分段交叉进行。

(三)填土压实

1. 压实一般要求

(1)填土压实应控制土的含水率在最优含水量范围内,土料含水量一般以手握成团,落地开花为宜。当土料含水量过大,可采取翻松晾干、风干、换土回填、掺入干土或其他吸水材料等措施;如土料过干,则应洒水润湿,增加压实遍数,或使用大功率压实机械等措施。

(2)填方应从最低处开始,由下向上水平分层铺填碾压(或夯实)。

第七章 地基基础工程施工技术

(3)在地形起伏之处,应做好接搓,修筑1:2阶梯形边坡,每步台阶高可取50cm,宽100cm。分段填筑时,每层接缝处应作成大于1:1.5的斜坡,碾迹重叠0.5～1.0m,上下层错缝距离不应小于1m。接缝部位不得在基础、墙角、柱墩等重要部位。

(4)压实填土的质量要求应符合表7-24的规定。

表7-24　　　　　　　　压实填土的质量控制

结构类型	填土部位	压实系数 λ_c	控制含水量 /(%)
砌体承重结构和框架结构	在地基主要受力层范围内	≥0.97	$w_{op}\pm2$
	在地基主要受力层范围以下	≥0.95	
排架结构	在地基主要受力层范围内	≥0.96	
	在地基主要受力层范围以下	≥0.94	

2.人工夯实

(1)人力打夯前应将填土初步整平,打夯要按一定方向进行,一夯压半夯,夯夯相接,行行相连,两遍纵横交叉,分层夯打。夯实基槽及地坪时,行夯路线应由四边开始,然后再夯向中间。

(2)用蛙式打夯机等小型机具夯实时,一般填土厚度不宜大于25cm,打夯之前对填土应初步整平,打夯机依次夯打,均匀分布,不留间隙,施工时的分层厚度及压实遍数应符合表7-25的要求。

表7-25　　　　　填土施工时的分层厚度及压实遍数

压实机具	分层厚度/mm	每层压实遍数
平碾	250～300	6～8
振动压实机	250～350	3～4
柴油打夯机	200～250	3～4
人工打夯	不大于200	3～4

注:1.压实系数 λ_c 为压实填土的控制干密度 ρ_d 与最大干密度 ρ_{dmax} 的比值,w_{op} 为最优含水量。

2.地坪垫层以下及基础底面标高以上的压实填土,压实系数不应小于0.94。

(3)基坑(槽)回填应在相对两侧或四周同时进行回填与夯实,压实填土的边坡允许值应符合表7-26的规定。

表 7-26　　　　　　　　　压实填土的边坡允许值

填料类别	压实系数 λ_c	边坡允许值(高宽比) 填土厚度 H/m			
		$H \leqslant 5$	$5 < H \leqslant 10$	$10 < H \leqslant 15$	$15 < H \leqslant 20$
碎石、卵石	0.94~0.97	1:1.25	1:1.50	1:1.75	1:2.00
砂夹石(其中碎石、卵石占全重30%~50%)	0.94~0.97	1:1.25	1:1.50	1:1.75	1:2.00
土夹石(其中碎石、卵石占全重30%~50%)	0.94~0.97	1:1.25	1:1.50	1:1.75	1:2.00
粉质黏土、黏粒含量 $\rho_c \geqslant 10\%$ 的粉土		1:1.50	1:1.75	1:2.00	1:2.25

注：当压实填土厚度大于 20m 时，可设计成台阶进行压实填土的施工。

(4)回填管沟时，应用人工先在管子周围填土夯实，并应从管道两边同时进行，直至管顶 0.5m 以上。在不损坏管道情况下，方可采用机械填土回填和压实。

3. 机械压实

(1)填土在碾压机械碾压之前，宜先用轻型推土机、拖拉机推平，低速行驶预压 4~5 遍，使其表面平实，采用振动平碾压实。爆破石碴或碎石类土，应先用静压而后振压。

(2)碾压机械压实填方时应控制行驶速度：一般平碾、振动碾不超过 2km/h；羊足碾压不超过 3km/h，并要控制压实遍数。

(3)用压路机进行填方碾压，应采用"薄填、慢驶、多次"的方法，填土厚度不应超过 25~30cm；碾压方向应从两边逐渐压向中间，碾轮每次重叠宽度约 15~25cm，边角、坡度压实不到之处，应辅以人力夯或小型夯实机具夯实。压实密实度除另有规定外，应压至轮子下沉量不超过 1~2cm 为度，每碾压一层完后，应用人工或机械(推土机)将表面拉毛，以利接合。

(4)用羊足碾碾压时，填土宽度不宜大于 50cm，碾压方向应从填土区的两侧逐渐压向中心。每次碾压应有 15~20cm 重叠，同时随时清除黏着于羊足之间的土料。为提高上部土层密实度，羊足碾压过后，宜再辅以拖式平碾或压路机压平。

(5)用铲运机及运土工具进行压实，铲运机及运土工具的移动须均匀分布于填筑层的表面，逐次卸土碾压，如图 7-13 所示。

第七章 地基基础工程施工技术

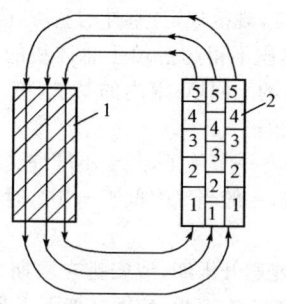

图 7-13 铲运机在填土地段逐次卸土碾压
1—挖土区；2—卸土碾压区

四、土方的季节性施工

由于土容易受水的影响，雨期土方施工时，土方工程的质量和施工安全将受到严重影响。如土方在冬期施工，低温会使含水的土体冻结，从而破坏土体结构和使土体膨胀，挖方和填方均不能正常地进行，尤其对基坑地基土的冻结，由于冻胀作用使土体遭到破坏，如果基础做在冻土上，会加大地基土沉降量，危及基础结构的安全，所以，要根据土方工程的这种特性，组织土方工程施工，制定相应的保证质量、安全措施。

1. 冬期施工

土方工程不宜在冬期施工，以免增加工程造价。如必须在冬期施工，其施工方法应经过技术经济比较后确定，施工前应周密计划、充分准备，做到连续施工。

(1) 凡冬季施工期间新开工程，可根据地下水位、地质情况，尽量采用预制混凝土桩或钻孔灌注桩，并及早落实施工条件，进行变更设计洽商，以减少大量的土方开挖工程。

(2) 冬季施工期间，原则上尽量不开挖冻土，如必须在冬期开挖基础土方，应预先采取防冻措施，即沿槽两侧各加宽 30~40cm 的范围内，并于冻结前，用保温材料覆盖或将表面不小于 30cm 厚的土层翻松。此外，也可以采用机械开冻土法或白灰(石灰)开冻法。

(3) 开挖基坑(槽)或管沟时，必须防止基土遭受冻结。如基坑(槽)开挖完毕至垫层和基础施工之间有间歇时间，应在基底的标高之上留适当厚度的松土或保温材料覆盖。

冬期开挖土方时，如可能引起邻近建筑物(或构筑物)的地基或地下设施产生冻结破坏时，应预先采取防冻措施。

(4) 冬季施工基础应及时回填，并用土覆盖表面免遭冻结。用于房心回填的土应采取保温防冻措施，不允许在冻土层上做地面垫层，防止地面的下沉或裂缝。

为保证回填土的密实度,规范规定:室外的基坑(槽)或管沟,允许用含有冻土块的土回填,但冻土块的体积不得超过填土总体积的15%;管沟底至管顶50cm范围内,不得用含有冻土块的土回填;室内的基坑(槽)或管沟不得用含有冻块的土回填,以防常温后发生沉陷。

(5)灰土应尽量错开严冬季节施工,灰土不准许受冻,如必须在严冬期打灰土时,要做到随拌、随打、随盖,一般当气温低于-10℃时,灰土不宜施工。

2. 雨期施工

土方工程施工应尽可能避开雨期,或安排在雨期之前,也可安排在雨期之后进行。对于无法避开雨期的土方工程,应做好如下主要措施:

(1)大型基坑或施工周期长的地下工程,应先在基础边坡四周做好截水沟、挡水堤,防止场内雨水灌槽。

(2)一般挖槽要根据土的种类、性质、湿度和挖槽深度,按照安全规程放坡,挖土过程中加强对边坡和支撑的检查。必要时放缓边坡或加设支撑,以保证边坡的稳定。

雨期施工,土方开挖面不宜过大,应逐段、逐片分期完成。

(3)挖出的土方应集中运至场外,以避免场内积水或造成塌方。留作回填土的应集中堆置于槽边3m以外。机械在槽外侧行驶应距槽边5m以外,手推车运输应距槽1m以外。

(4)回填土时,应先排除槽内积水,然后方可填土夯实。雨期进行灰土基础垫层施工时,应做到"四随"(即随筛、随拌、随运、随打),如未经夯实而淋雨时,应挖出重做。在雨季施工期间,当天所拌的灰土必须当日打完,槽内不准留有虚土,应尽快完成基础垫层。

第二节 地基处理

地基分为天然地基和人工加固处理地基两类。未经加固处理直接支撑建筑物的地基称为天然地基;采用人工加固达到设计要求承载能力的地基称为人工加固处理地基。地基加固处理的方法有换填法、强夯法、注浆法、挤密法等多种方法。

一、换填地基

当地基持力层松散软弱时,一般将一定厚度的弱土层挖除,用灰土、人工砂土等做垫层加固地基。

1. 灰土地基

(1)灰土地基是将基础底面下要求范围内的软弱土层挖去,用一定比例的石灰与土,在最优含水量情况下,充分拌合,分层回填夯实或压实而成。灰土地基具有一定的强度、水稳定性和抗渗性,施工工艺简单,取材容易,费用较低,是一种应

第七章 地基基础工程施工技术

用广泛、经济、实用的地基加固方法。适于加固深1~4m厚的软弱土、湿陷性黄土、杂填土等,还可用作结构的辅助防渗层。

(1)材料质量要求。

1)土料:采用就地挖土的黏性土及塑性指数大于4的粉土,土内不得含有松软杂质和耕植土;土料应过筛,其颗粒不应大于15mm。

2)石灰:应用Ⅲ级以上新鲜的块灰,含氧化钙、氧化镁越高越好,使用前1~2d消解并过筛,其颗粒不得大于5mm,且不应夹有未熟化的生石灰块粒及其他杂质,也不得含有过多水分。灰土中石灰氧化物含量对强度的影响见表7-27。

表7-27　　　　　灰土中石灰氧化物含量对强度的影响　　　　　(%)

活性氧化钙含量	81.74	74.59	69.49
相对强度	100	74	60

3)灰土土质、配合比、龄期对强度的影响见表7-28。

表7-28　　　　　灰土土质、配合比、龄期对强度的影响　　　　　(MPa)

龄期	土种类 灰土比	黏 土	粉质黏土	粉 土
7d	4:6	0.507	0.411	0.311
	3:7	0.669	0.533	0.284
	2:8	0.526	0.537	0.163

4)水泥(代替石灰):可选用32.5级或42.5级普通硅酸盐水泥,安定性和强度应经复试合格。

(2)施工准备。

1)基坑(槽)在铺灰土前必须先行钎探验槽,并按设计和勘探部门的要求处理完地基,办完隐检手续。

2)基础外侧打灰土,必须对基础、地下室墙和地下防水层、保护层进行检查,发现损坏时应及时修补处理,办完隐检手续;现浇的混凝土基础墙、地梁等均应达到规定的强度,不得碰坏损伤混凝土。

3)当地下水位高于基坑(槽)底时,施工前应采取排水或降低地下水位的措施,使地下水位经常保持在施工面以下0.5m左右。在3d内不得受水浸泡。

4)施工前应根据工程特点、设计压实系数、土料种类、施工条件等,合理确定土料含水量控制范围、铺灰土的厚度和夯打遍数等参数。重要的灰土填方其参数应通过压实试验来确定。

5)房心灰土和管沟灰土,应先完成上下水管道的安装或管沟墙间加固等措施后再进行。并且将管沟、槽内、地坪上的积水或杂物、垃圾等清除干净。

6)施工前,应作好水平高程的标志。如在基坑(槽)或管沟的边坡上每隔3m钉上灰土上平的木橛,在室内和散水的边墙上弹上水平线或在地坪上钉好标高控制的标准木桩。

(3)施工工艺流程。

1)检验土料和石灰粉的质量。首先检查土料种类和质量以及石灰材料的质量是否符合标准的要求,然后分别过筛。如果是块灰闷制的熟石灰,要用6~10mm的筛子过筛,如是生石灰粉则可直接使用;土料要用16~20mm筛子过筛,均应确保粒径的要求。

2)灰土拌合。

①灰土的配合比应用体积比,除设计有特殊要求外,一般为2∶8或3∶7。基础垫层灰土必须过标准斗,严格控制配合比。拌合时必须均匀一致,至少翻拌两次,拌合好的灰土颜色应一致。

②灰土施工时,应适当控制含水量。工地检验方法是:用手将灰土紧握成团,两指轻捏即碎为宜。如土料水分过大或不足时,应晾干或洒水润湿。

3)槽底清理。对其槽(坑)应先验槽,消除松土,并打两遍底夯,要求平整干净。如有积水、淤泥应晾干;局部有软弱土层或孔洞,应及时挖除后用灰土分层回填夯实。

4)分层铺灰土。每层的灰土铺摊厚度,可根据不同的施工方法,按表7-29选用。

表7-29　　　　　　　　灰土最大虚铺厚度

夯实机具种类	重量/t	虚铺厚度/mm	备 注
石夯、木夯	0.04~0.08	200~250	人力送夯,落距400~500mm,一夯压半夯,夯实后约80~100mm厚
轻型夯实机械	0.12~0.4	200~250	蛙式夯机、柴油打夯机,夯实后约100~150mm厚
压路机	6~10	200~250	双轮

5)夯打密实。夯打(压)的遍数应根据设计要求的干土质量密度或现场试验确定,一般不少于三遍。人工打夯应一夯压半夯,夯夯相接,行行相接,纵横交叉。

6)找平验收。灰土最上一层完成后,应拉线或用靠尺检查标高和平整度,超高处用铁锹铲平;低洼处应及时补打灰土。

(4)施工要点。

1)灰土料的施工含水量应控制在最优含水量±2%的范围内,最优含水量可以通过击实实验确定,也可按当地经验取用。

第七章 地基基础工程施工技术

2)灰土分段施工时,不得在墙角、柱基及承重窗间墙下接缝,上下两层的接缝距离不得小于500mm,接缝处应夯压密实,并做成直槎。当灰土地基高度不同时,应做成阶梯形,每阶宽不少于500mm;对作辅助防渗层的灰土,应将地下水位以下结构包围,并处理好接缝,同时注意接缝质量,每层虚土从留缝处往前延伸500mm,夯实时应夯过接缝300mm以上;接缝时,用铁锹在留缝处垂直切齐,再铺下段夯实。

3)灰土应当日铺填夯压,入槽(坑)灰土不得隔日夯打。夯实后的灰土30d内不得受水浸泡,并及时进行基础施工与基坑回填,或在灰土表面作临时性覆盖,避免日晒雨淋。雨季施工时,应采取适当防雨、排水措施,以保证灰土在基槽(坑)内无积水的状态下进行。刚打完的灰土,如突然遇雨,应将松软灰土除去,并补填夯实;稍受湿的灰土可在晾干后补夯。

4)冬季施工,必须在基层不冻的状态下进行,土料应覆盖保温,冻土及夹有冻块的土料不得使用;已熟化的石灰应在次日用完,以充分利用石灰熟化时的热量,当日拌合灰土应当日铺填夯完,表面应用塑料布及草袋覆盖保温,以防灰土垫层早期受冻降低强度。

5)施工时应注意妥善保护定位桩、轴线桩,防止碰撞位移,并应经常复测。

6)对基础、基础墙或地下防水层、保护层以及从基础墙伸出的各种管线,均应妥善保护,防止回填灰土时碰撞或损坏。

7)夜间施工时,应合理安排施工顺序,要配备有足够的照明设施,防止铺填超厚或配合比错误。

8)灰土地基打完后,应及时进行基础的施工和地坪面层的施工,否则应临时遮盖,防止日晒雨淋。

9)每一层铺筑完毕后,应进行质量检验并认真填写分层检测记录,当某一填层不符合质量要求时,应立即采取补救措施,进行整改。

2. 砂和砂石地基

砂和砂石地基,系用砂或砂砾石(碎石)混合物,经分层夯实,作为地基的持力层,提高基础下部地基强度,并通过垫层的压力扩散作用,降低地基的压应力,减少变形量,同时垫层可起排水作用,地基土中孔隙水可通过垫层快速地排出,能加速下部土层的沉降和固结。

砂和砂石地基具有应用范围广泛,适于处理3.0m以内的软弱、透水性强的黏性土地基;不宜用于加固湿陷性黄土地基及渗透系数小的黏性土地基。

(1)材料要求。

1)砂宜用颗粒级配良好、质地坚硬的中砂或粗砂,当用细砂、粉砂时应掺加粒径20~50mm卵石(或碎石),但要分布均匀。砂中不得含有杂草、树根等有机物。用作排水固结的地基材料,含泥量宜小于3%。

2)采用工业废粒料作为地基材料,应符合表7-30的技术条件。

表 7-30　　　　　　　　　　　　干渣技术条件

项　目	质量检验	项　目	质量检验
稳定性	合　格	泥土和有机杂质含量	<5%
松散重度/(kN/m³)	>11		

干渣有分级干渣、混合干渣和原状干渣。小面积垫层用 8～40mm 与 40～60mm 的分级干渣或 0～60mm 的混合干渣；大面积铺填时，可采用混合干渣或原状干渣，原状干渣最大粒径不大于 200mm 或不大于碾压分层虚铺厚度的 1/3。

3) 砂石。用自然级配的砂石(或卵石、碎石)混合物，粒级应在 50mm 以下，其含量应在 50% 以内，不得含有植物残体、垃圾等杂物，含泥量小于 5%。

(2) 施工准备。

1) 设置控制铺筑厚度的标志，如水平标准木桩或标高桩，或在固定的建筑物墙上、槽和沟的边坡上弹上水平标高线或钉上水平标高木橛。

2) 在地下水位高于基坑(槽)底面的工程中施工时，应采取排水或降低地下水位的措施，使基坑(槽)保持无水状态。

3) 铺筑前，应组织有关单位共同验槽，包括轴线尺寸、水平标高、地质情况，如有无孔洞、沟、井、墓穴等。应在未做地基前处理完毕并办理隐检手续。

4) 检查基槽(坑)、管沟的边坡是否稳定，并清除基底上的浮土和积水。

(3) 施工工艺流程。

1) 检验砂石质量。对级配砂石进行技术鉴定，如是人工级配砂石，应将砂石拌合均匀，其质量均应达到设计要求或规范的规定。

2) 分层铺筑砂石。

① 铺筑砂石的每层厚度，一般为 15～20cm，不宜超过 30cm，分层厚度可用样桩控制。视不同条件，可选用夯实或压实的方法。大面积的砂石垫层，铺筑厚度可达 35cm，宜采用 6～10t 的压路机碾压。

② 砂和砂石地基底面宜铺设在同一标高上，如深度不同时，基土面应挖成踏步和斜坡形，搭槎处应注意压(夯)实。施工应按先深后浅的顺序进行。

③ 分段施工时，接槎处应做成斜坡，每层接岔处的水平距离应错开 0.5～1.0m，并应充分压(夯)实。

④ 铺筑的砂石应级配均匀。如发现砂窝或石子成堆现象，应将该处砂子或石子挖出，分别填入级配好的砂石。

⑤ 砂和砂石地基的压实，可采用平振法、插振法、水撼法、夯实法、碾压法。各种施工方法的每层铺筑厚度及最优含水量见表 7-31。

第七章 地基基础工程施工技术

表 7-31　砂垫层和砂石垫层铺设厚度及施工最优含水量

捣实方法	每层铺设厚度/mm	施工时最优含水量/(%)	施工要点	备注
平振法	200～250	15～20	(1)用平板式振捣器往复振捣,往复次数以简易测定密实度合格为准。 (2)振捣器移动时,每行应搭接 1/3,以防振动面积不搭接	不宜使用干细砂或含泥量较大的砂铺筑砂垫层
插振法	振捣器插入深度	饱和	(1)用插入式振捣器。 (2)插入间距可根据机械振捣大小决定。 (3)不用插至下卧黏性土层。 (4)插入振捣完毕,所留的孔洞应用砂填实。 (5)应有控制地注水和排水	不宜使用干细砂或含泥量较大砂铺筑砂垫层
水撼法	250	饱和	(1)注水高度略超过铺设面层。 (2)用钢叉摇撼捣实,插入点间距100mm左右。 (3)有控制地注水和排水。 (4)钢叉分四齿,齿的间距30mm,长300mm,木柄长900mm	湿陷性黄土、膨胀土、细砂地基上不得使用
夯实法	150～200	8～12	(1)用木夯或机械夯。 (2)木夯重40kg,落距400～500mm。 (3)一夯压半夯,全面夯实	适用于砂石垫层
碾压法	150～350	8～12	6～10t 压路机往复碾压;碾压次数以达到要求密实度为准,一般不少于4遍,用振动压路机械,振动3～5min	适用于大面积的砂石垫层,不宜用于地下水位以下的砂垫层

注:在地下水位以下的地基其最下层的铺筑厚度可比上表增加 50mm。

3)洒水。铺筑级配砂石在夯实碾压前,应根据其干湿程度和气候条件,适当地洒水以保持砂石的最佳含水量,一般为 8%~12%。

4)夯实或碾压。夯实或碾压的遍数,由现场试验确定。用木夯或蛙式打夯机时,应保持落距为 400~500mm,要一夯压半夯,行行相接,全面夯实,一般不少于 3 遍。采用压路机往复碾压,一般碾压不少于 4 遍,其轮距搭接不小于 50cm。边缘和转角处应用人工或蛙式打夯机补夯密实。

5)找平验收。

①施工时应分层找平,夯压密实,并应设置纯砂检查点,用 200cm³ 的环刀取样,测定干砂的质量密度。下层密实度合格后,方可进行上层施工。用贯入法测定质量时,用贯入仪、钢筋或钢叉等以贯入度进行检查,小于试验所确定的贯入度为合格。

②最后一层压(夯)完成后,表面应拉线找平,并且要符合设计规定的标高。

(4)施工要点。

1)铺设垫层前应验槽,将基底表面浮土、淤泥、杂物清除干净,两侧应设一定坡度,防止振捣时塌方。

2)垫层底面标高不同时,土面应挖成阶梯或斜坡搭接,并按先深后浅的顺序施工,搭接处应夯压密实。分层铺设时,接头应作成斜坡或阶梯形搭接,每层错开 0.5~1.0m,并注意充分捣实。

3)人工级配的砂砾石,应先将砂、卵石拌合均匀后,再铺夯压实。

4)垫层铺设时,严禁扰动垫层下卧层及侧壁的软弱土层,防止被践踏、受冻或受浸泡,降低其强度。如垫层下有厚度较小的淤泥或淤泥质土层,在碾压荷载下抛石能挤入该层底面时,可采取挤淤处理。先在软弱土面上堆填块石、片石等,然后将其压入以置换和挤出软弱土,再作垫层。

(5)垫层应分层铺设,分层夯或压实,基坑内预先安好 5m×5m 网格标桩,控制每层砂垫层的铺设厚度。振夯压要做到交叉重叠 1/3,防止漏振、漏压。夯实、碾压遍数、振实时间应通过试验确定。用细砂作垫层材料时,不宜使用振捣法或水撼法,以免产生液化现象。

(6)当地下水位较高或在饱和的软弱地基上铺设垫层时,应加强基坑内及外侧四周的排水工作,防止砂垫层泡水引起砂的流失,保持基坑边坡稳定;或采取降低地下水位措施,使地下水位降低到基坑底 500mm 以下。

(7)当采用水撼法或插振法施工时,以振捣棒振幅半径的 1.75 倍为间距(一般为 400~500mm)插入振捣,依次振实,以不再冒气泡为准,直至完成;同时应采取措施做到有控制地注水和排水。垫层接头应重复振捣,插入式振动棒振完所留孔洞应用砂填实;在振动首层的垫层时,不得将振动棒插入原土层或基槽边部,以避免使泥土混入砂垫层而降低砂垫层的强度。

(8)垫层铺设完毕,应立即进行下道工序施工,严禁小车及人在砂层上面行

第七章　地基基础工程施工技术

走,必要时应在垫层上铺板行走。

(9)回填砂石时,应注意保护好现场轴线桩、标准高程桩,防止碰撞位移,并应经常复测。

(10)夜间施工时,应合理安排施工顺序,配备足够的照明设施;防止级配砂石不准或铺筑超厚。

(11)级配砂石成活后,应连续进行上部施工;否则应经常适当洒水润湿。

二、强夯地基

强夯地基是利用夯锤(锤重不小于 8t)自由下落(落距不小于 6m)时冲击能来夯实浅层填上地基,使表面形成一层较为均匀的硬层来承受上部荷载。

1. 施工方法及其适用范围

强夯地基的施工方法及其适用范围,见表 7-32。

表 7-32　　　　强夯地基加固施工方法及适用范围

施工方法	适用范围
(1)施工前场地应进行地质勘探,通过现场试验确定强夯施工技术参数(试夯区尺寸不小于 20m×20m)或参照表 7-33。 (2)强夯前应平整场地,周围作好排水沟,按夯点布置测量放线确定夯位。地下水位较高应在表面铺 0.5～2.0m 中(粗)砂或砂石垫层,以防设备下陷和便于消散强夯产生的孔隙水压,或采取降低地下水位后再强夯。 (3)强夯应分段进行,顺序从边缘夯向中央(图 7-14)。对厂房柱基也可一排一排夯,吊车直线行驶,从一边向另一边进行,每夯完一遍,用推土机整平场地,放线定位,即可接着进行下一遍夯击。 (4)夯击时,落锤应保持平稳,夯位应准确,夯击坑内积水应及时排除。坑底含水量过大时,可铺砂石后再进行夯击。离建筑物小于 10m 时,应挖防震沟。 (5)夯击前后应对地基土进行原位测试,包括室内土分析试验、野外标准贯入、静力(轻便)触探、旁压仪(或野外荷载试验),测定有关数据,以确定地基的影响深度。检查点数,每个建筑物的地基不少于 3 处,检测深度和位置按设计要求确定,同时现场测定每遍夯击点后的地基平均变形值,以检验强夯效果	适于加固软弱土、碎石土、砂土、黏性土、湿陷性黄土、高填土及杂填土等地基,也可用于防止粉土及粉砂的液化,对于淤泥与饱和软黏土,如采取一定措施也可以采用。但当强夯所产生的震动对周围建筑物设备有一定影响时,不得采用,必需时,应采取防震措施。 强夯施工设备简单,适用土质范围广,加固效果好(一般地基强度可提高 2～5 倍,压缩性可降低 2～10 倍,加固影响深度可达 6～10m);工效高,施工速度快(一台设备每月可加固 5000～10000m² 地基);节约原材料,节省投资,与预制桩基相比,可节省投资 50%～75%,与砂桩相比,可节省投资 40%～50%

表 7-33　　强夯施工技术参数的选择

项目	施工技术参数
锤重和落距	锤重 G(t)与落距 h 是影响夯击能和加固深度的重要因素。 锤重一般不宜小于 8t,常用的为 8t、11t、13t、15t、17t、18t、25t。 落距一般不小于 6m,多采用 8m、10m、11m、13m、15m、17m、18m、20m、25m 等
夯击能和平均夯击能	锤重 G 与落距 h 的乘积称为夯击能 E,一般取 600~500kJ。 夯击能的总和(由锤重、落距、夯击坑数和每一夯击点的夯击次数算得)除以施工面积称为平均夯击能,一般对砂质土取 500~1000kJ/m²;对黏性土取 1500~3000kJ/m²。夯击能过小,加固效果差,夯击能过大,对于饱和黏土,会破坏土体形成橡皮土,降低强度
夯击点布置及间距	夯击点布置对大面积地基,一般采用梅花形或正方形网格排列;对条形基础夯点可成行布置;对工业厂房独立柱基础,可按柱网设置单夯点。 夯击点间距取夯锤直径的 3 倍,一般为 5~15m,一般第一遍夯点的间距宜大,以便夯击能向深部传递
夯击遍数与击数	一般为 2~5 遍,前 2~3 遍为"间夯",最后一遍以低能量(为前几遍能量的 1/4~1/5)进行"满夯"(即锤印彼此搭接),以加固前几遍夯点之间的黏土和被振松的表土层,每夯击点的夯击数,以使土体竖向压缩量最大面侧向移动最小或最后两击沉降量之差小于试夯确定的数值为准,一般软土控制瞬时沉降量为 5~8cm,废渣填石地基控制的最后两击下沉量之差为 2~4cm。每夯击点之夯击数一般为 3~10 击,开始两遍夯击数宜多些,随后各遍击数逐渐减小、最后一遍只夯 1~2 击
两遍之间的间隔时间	通常待土层内超孔隙水压力大部分消散,地基稳定后再夯下一遍,一般时间间隔 1~4 周。对黏土或冲积土常为 3 周,若无地下水或地下水位在 5m 以下,含水量较少的碎石类填土或透水性强的砂性土,可采取间隔 1~2d 或采用连续夯击,而不需要间歇
强夯加固范围	对于重要工程应比设计地基长(L)、宽(B)各大出一个加固深度(H),即($L+H$)×($B+H$);对于一般建筑物,在离地基轴线以外 3m 布置一圈夯击点即可
加固影响深度	加固影响深度 H(m)与强夯工艺有密切关系,一般按梅那氏(法)公式估算: $$H=K \cdot \sqrt{G \times h}$$ 式中　G——夯锤重(t); 　　　h——落距(m); 　　　K——经验系数,饱和软土为 0.45~0.50;饱和砂土为 0.5~0.6;填土为 0.6~0.8;黄土为 0.4~0.5

第七章 地基基础工程施工技术

16	13	10	7	4	1
17	14	11	8	5	2
18	15	12	9	6	3
18′	15′	12′	9′	6′	3′
17′	14′	11′	8′	5′	2′
16′	13′	10′	7′	4′	1′

图 7-14 强夯顺序

2. 夯点布置及施工数据

(1) 夯点布置,如图 7-15 所示。

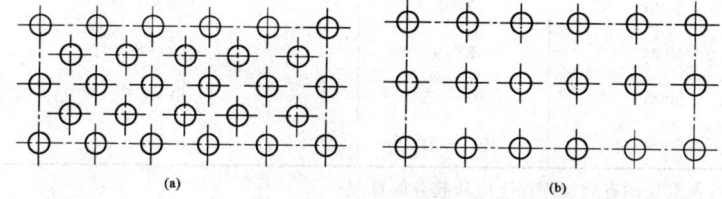

图 7-15 夯点布置
(a) 梅花形布置;(b) 方形布置

(2) 施工有关数据(表 7-34～表 7-36)。

表 7-34 重锤夯实地基施工有关数据

项目	参考数据	项目	参考数据
锤重/t	1.5～3.0	最后下沉量/cm	
落距/m	2.5～4.5	黏土及湿陷性黄土	10～20
锤底静压力/kPa	15～20	砂土	5～10
加固深度/m	1.2～2.0	夯击遍数/遍	8～12

注:1. 最后下沉量系指最后两击平均每击的土面下沉量。
2. 夯击遍数应按试夯确定的最少遍数增加 1～2 遍。
3. 适于地下水位 0.8m 以上、稍湿的黏性土、砂土、饱和度≤60 的湿陷性黄土、杂填土以及分层填土地基的加固。

表 7-35　　　　　　　强夯加固法有关施工数据

项　目	参考数据	项　目	参考数据
锤重/t	≥8	每夯击点击数/次	3～10
落距/m	≥6	夯击遍数/遍	2～5
锤底静压力/kPa	25～40	两遍之间间歇时间/周	1～4
夯击点间距/m	5～15	夯击点距已有建筑物距离/m	≥15

注:适于加固碎石土、砂土、低饱和度粉土、黏性土、湿陷性黄土、高填土、杂填土、工业废渣、垃圾地基等的处理。

表 7-36　　　　　　　强夯法的有效加固深度　　　　　　　　　(m)

单击夯击能(kN·m)	碎石土、砂土等	粉土、粉性土、湿陷性黄土等
1000	5～6	4～5
2000	6～7	5～6
3000	7～8	6～7
4000	8～9	7～8
5000	9～9.5	8～8.5
6000	9.5～10	8.5～9

注:强夯法的有效加固深度应从起夯面算起。

三、注浆地基

注浆法处理地基是指用液压、气压或电化学原理通过注浆管把浆液均匀地注入地层中,浆液以填充、渗透和挤密等方式,将土颗粒间或岩石裂隙中的水分和空气赶走。经过一定方法处理后浆液将原来松散的颗粒胶凝成一个整体,形成一个结构新强度大,防水防渗性能高的和化学稳定性好的结石体。

1. 材料要求

(1)水泥:按设计规定的品种、强度等级,查验出厂质保书或按批号抽样送检,查试验报告。

(2)注浆用砂:粒径<2.5mm,细度模数<2.0,含泥量及有机物含量<3%,同产地同规格每 300～600t 为一验收批,查送样试验报告。

(3)注浆用黏土:塑性指数>14,黏粒含量>25%,含砂量<5%,有机物含量<3%,决定取土部位后取样送检,查送检样品试验报告。

(4)粉煤灰:细度不大于同时使用的水泥细度,烧失量不小于<3%,决定取某厂粉煤灰后取样送检,查送检样品试验报告。

(5)水玻璃:模数在 2.5～3.3 之间,按进货批现场随机抽样送检,查送检试验报告。

(6) 其他化学浆液:按设计要求化学浆液性能指标,查出厂质保书或抽样送检试验报告。

(7) 注浆材料的选择要求有以下几点:

1) 浆液应是真溶液而不是悬浊液。浆液黏度低,流动性好,能进入细小裂隙。

2) 浆液凝胶时间可从几秒至几小时范围内随意调节,并能准确地控制,浆液一经发生凝胶就在瞬间完成。

3) 浆液的稳定性好。在常温常压下,长期存放不改变性质,不发生任何化学反应。

4) 浆液无毒无臭。对环境不污染,对人体无害,属非易爆物品。

5) 浆液对注浆设备、管路、混凝土结构物、橡胶制品等无腐蚀性,并容易清洗。

6) 浆液固化时无收缩现象,固化后与岩石、混凝土等有一定粘接性。

7) 浆液结石体有一定抗压和抗拉强度,不龟裂,抗渗性能和防冲刷性能好。

8) 结石体耐老化性能好,能长期耐酸、碱、盐、生物细菌等腐蚀,且不受温度和湿度的影响。

9) 材料来源丰富、价格低廉。

10) 浆液配制方便、操作容易。

2. 浆液类型及配合比

注浆地基是将配置好的化学浆液或水泥浆液,通过导管注入土体孔隙中,与土体结合,发生物理化学反应,从而提高土体强度,减小其压缩性和渗透性。

常用浆液类型见表 7-37。材料及配合比见表 7-38~表 7-41。

施工前应进行室内浆液配比试验及现场注浆试验,以确定浆液配方及施工参数。

表 7-37　　　　　　　　常用浆液类型

浆	液	浆液类型
粒状浆液(悬液)	不稳定粒状浆液	水泥浆 水泥砂浆
粒状浆液(悬液)	稳定粒状浆液	黏土浆 水泥黏土浆
化学浆液(溶液)	无机浆液	硅酸盐
化学浆液(溶液)	有机浆液	环氧树脂类 甲基丙烯酸酯类 丙烯酰胺类 木质素类 其他

表 7-38　　水泥注浆材料及配合比

名　称	说　明
水泥	32.5 级或 42.5 级普通硅酸盐水泥
水	饮用淡水
配合比	净水泥浆,水灰比 0.6～2.0。要求快凝可采用快凝水泥或掺入水泥用量 1%～2%的氯化钙;如要求缓凝可掺入水泥用量 0.1%～0.5%的木质素磺酸钙在裂隙或孔隙较大、可灌性好的地层,可在浆液中掺入适量细砂或粉煤灰,比例为 1∶0.5～1∶3。对松散土层,可在水泥浆中掺加细粉质黏土配成水泥黏土浆,灰泥比为 1∶3～1∶8(水泥∶土,体积分数)

表 7-39　　各种硅化法注浆的适用范围及化学溶液的浓度

硅化方法	土的种类	土的渗透系数 /(m/d)	溶液的浓度($t=18℃$)	
			水玻璃 (模数 2.5～3.3)	氯化钙
压力双液 硅化	砂类土和黏性土	0.1～10 10～20 20～80	1.35～1.38 1.38～1.41 1.41～1.44	1.26～1.28
压力单液 硅化	湿陷性黄土	0.1～2	1.13～1.25	
压力混合液 硅化	粗砂、细砂	—	水玻璃与铝酸钠 按体积比 1∶1 混合	
电动双液 硅化	各类土	≤0.1	1.13～1.21	1.07～1.11
加气硅化	砂土、湿陷性 黄土、一般黏性土	0.1～2	1.09～1.21	—

注:压力混合液硅化所用水玻璃模数为 2.4～2.8,波美度 40°;水玻璃铝酸钠浆液温度为 13～15℃,凝胶时间为 13～15s,浆液初期黏度为 $4×10^{-3}Pa·s$。

表 7-40　　土的渗透系数和灌注速度

土的名称	土的渗透系数/(m/d)	溶液灌注速度/(L/min)
砂类土	<1 1～5 10～20 20～80	1～2 2～5 2～3 3～5
湿陷性黄土	0.1～0.5 0.5～2.0	2～3 3～5

表 7-41　　　　　　　　土的压力硅化加固半径

项次	土的类别	加固方法	土的渗透系数/(m/d)	土的加固半径/m
1	砂土	压力双液硅化法	2～10 10～20 20～50 50～80	0.3～0.4 0.4～0.6 0.6～0.8 0.8～1.0
2	粉砂	压力单液硅化法	0.3～0.5 0.5～1.0 1.0～2.0 2.0～5.0	0.3～0.4 0.4～0.6 0.6～0.8 0.8～1.0
3	湿陷性黄土	压力单液硅化法	0.1～0.3 0.3～0.5 0.5～1.0 1.0～2.0	0.3～0.4 0.4～0.6 0.6～0.9 0.9～1.0

3．施工要点

(1)施工前应预先在现场进行试验,确定各项参数。

(2)施工时,注液管用内径 20～50mm,壁厚 5mm 的带管尖的有孔管,如图 7-16(a)所示,泵将压缩空气以 0.2～0.6MPa 的压力,将溶液以 1～5L/min 的速度压入土中。注液管间距为 1.73R、行距 1.5R,如图 7-16(b)所示,R 为每根注液管的加固半径,其值按表 7-41 取用。砂类土每层加固厚度为注液管有孔部分的长度加 0.5R,其他可按试验确定。

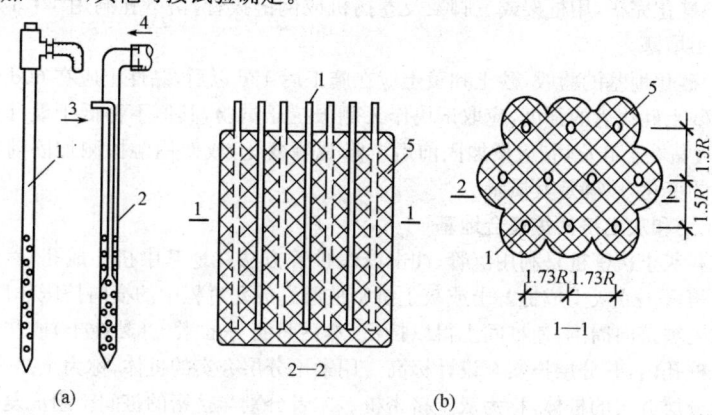

图 7-16　注液管及注液管排列

(a)注液管构造；(b)注液管的排列与分层加固

1—单液注液管；2—双液注液管；

3—第一种溶液；4—第二种溶液；5—硅化加固区

(3) 硅化加固土层以上应保留不少于 1m 的不加固土层。

(4) 施工程序对均质土层，应按加固层自上而下进行，如土的渗透系数随深度增大，则应自下而上进行。采用压力或电动双液硅化法，溶液灌注程序为：当地下水流速 V 小于 1m/d 时，应先自上而下的灌注水玻璃，然后再自下而上的灌注氯化钙；当 V 为 1～3m/d 时，轮流将水玻璃与氯化钙溶液注入；当 V 大于 3m/d 时，应将水玻璃与氯化钙溶液同时注入，灌注间隔时间应符合表 7-42 规定。灌注次序，采用单液硅化时，溶液应逐排灌注；采用双液硅化时，溶液应先灌注单数排，然后双数排压入。不同土类灌注速度参见表 7-40。

表 7-42　　向注液管中灌注水玻璃和氯化钙溶液的间隔时间

地下水流速/(m/d)	0.0	0.5	1.0	1.5	3.0
最大间隔时间/h	24	6	4	2	1

注：当加固土的厚度大于 5m，且地下水流速小于 1m/d，为避免超过上述间隔时间，可将加固的整体沿竖向分成几段进行。

(5) 灌注管成孔用振动打拔管机，震动钻或三脚架穿心锤（重 20～30kg）打入。电极可用 ϕ22 钢筋，用打入法或先钻孔 2～3m 再打入。

(6) 电动双液硅化是把注液管作阳极，铁棒作阴极，将水玻璃和氯化钙溶液先后由阳极压入土中，通电后，孔隙水由阳极流向阴极，化学溶液也随之渗流分布于土的孔隙中，硬化生成硅胶。要求电压梯度为 0.5～0.75V/cm，不加固土层的注液管应绝缘；注液与通电应连续进行。

(7) 硅化完毕，用桩架或三脚架及卷扬机或倒链拔管，留下孔洞用 1∶5 水泥砂浆或土填塞。

(8) 硅化地基的验收，砂土和黄土应在施工后 15d 以后，黏性土应在 60d 以后进行。砂土硅化后的强度，应取试块作无侧限抗压试验，其值不得低于设计强度的 90%；黏性土硅化后，应按加固前后沉降观测变化，或使用触探测加固前后土的阻力的变化，以确定其质量。

四、土和灰土挤密桩复合地基

土和灰土挤密桩是利用沉管、冲击或爆扩等方法在地基中挤土成孔，然后向孔内夯填素土或灰土成桩。土或灰土挤密桩通过成孔过程中的横向挤压作用，桩孔内的土被挤向周围，使桩间土得以挤密，然后将备好的素土（黏性土）或灰土分层填入桩孔内，并分层捣实至设计标高。用素土分层夯实的桩体，称为土挤密桩；用灰土分层夯实的桩体，称为灰土挤密桩。二者分别与挤密的桩间土组成复合地基，共同承受基础的上部荷载。

土和灰土挤密桩适用于处理地下水位以上的湿陷性黄土、素填土和杂填土等地基。处理深度宜为 5～15m。土或灰土挤密链，在消除土的湿陷性和减小渗透性方面，其效果基本相同或差别不明显，但土挤密桩地基的承载力和水隐性不及

第七章 地基基础工程施工技术

灰土挤密桩,选用上述方法时,应根据工程要求和处理地基的目的确定。当以提高地基的承载力或增强其水稳性为主要目的时,宜选用灰土挤密桩法;当以消除地基的湿陷性为主要目的时,宜选用土挤密桩法。

1. 材料要求

(1)土桩和灰土桩所用的土,一般采用素土,但不得含有机杂质,使用前应过筛,其粒径不得大于20mm。

(2)灰土桩所用的熟石灰应过筛,其粒径不得大于5mm。熟石灰中不得夹有未熟化的生石灰块,也不得含有过多的水分。

2. 构造要求

灰土挤密桩是将钢管打入土中,将管拔出后,在桩孔中回填2:8或3:7灰土夯筑而成。灰土材料及配制工艺要求同灰土地基。

桩身直径一般为300~450mm,深度4~10m,平面布置多按等边三角形排列,桩距(D)一般取2.5~3.0倍直径,排距$0.866D$,地基挤密面积应每边超出基础宽(b)0.2倍;桩顶一般设0.5~0.8m厚灰土垫层。

3. 施工要点

(1)施工前应在现场进行成孔、夯填工艺和挤密效果试验,以确定分层填料厚度、夯击次数和夯实后干密度等要求。

(2)桩的成孔方法,可选用沉管法、爆扩法、冲击法或洛阳铲成孔法等,一般多采用0.6t或1.8t柴油打桩机将与桩同直径钢管打入土中,拔管成孔。桩管顶桩帽,下端作成锥形约成60°,桩尖可以上下活动,以减少拔管阻力,避免坍孔。

(3)桩施工顺序应先外排后里排,同排内应间隔1~2孔,以免因振动挤压造成相邻孔缩孔或坍孔。成孔后应清底夯实、夯平,并立即夯填灰土。

(4)桩孔应分层回填夯实,每次回填厚度为350~400mm。人工夯实用重25kg带长柄的混凝土锤;机械夯实用简易夯实机,一般落锤高不小于2m,每层夯击不少于10锤。桩顶高出设计标高15cm,挖土时,将高出部分铲除。

(5)桩成孔质量,应按桩数5%抽查。成孔垂直度应小于1.5%,中心位移不大于50mm,桩径不大于-20mm,(沉管法为±50mm,冲击法为+100mm、-50mm),桩深度:沉管法为-100mm(爆扩法、冲击法为-300mm)。

第三节 桩基工程

当采用天然地基上的浅基础不能满足地基基础设计的承载力和变形要求时,也可采用桩基础将荷载传至深部土层,其中以桩基础的应用最为广泛。

桩基础简称桩基,它是由基桩和连接于基桩桩顶的承台共同组成,承台之间一般用承台梁相互连接,如图7-17所示。若桩身全部埋入土中,承台底面与土体接触,则称为低承台桩基;当桩身露出地面而承台底面位于地面以上,则称为高承台桩基。若承台底下只用一根桩(通常为大直径桩)来承受和传递上部结构(通常为柱)荷载,这样的桩基础称为单桩基础;承台下若有两根及两根以上基桩,这样的桩基础称为群桩基础。

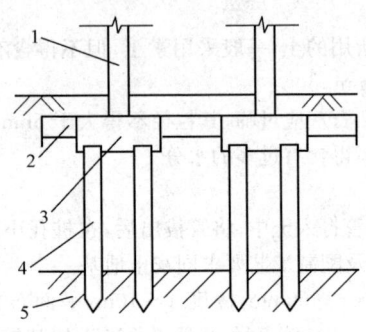

图 7-17　桩基础组成
1—柱;2—承台梁;3—承台;4—基桩;5—桩基持力层

桩基可分为混凝土桩,钢桩和组合材料桩等类型。混凝土桩较为常用,又可分为混凝土预制桩和混凝土等灌注桩。

一、混凝土预制桩施工

混凝土预制桩为工程上应用最多的一种桩型。它系先在工厂或现场进行预制,然后用打(沉)桩机械,在现场就地打(沉)入到设计位置和深度。这种桩的特点是:桩单方承载力高,桩预先制作,不占工期,打设方便,施工准备周期短,施工质量易于控制,成桩不受地下水影响,生产效率高,施工速度快,工期短,无泥浆排放问题等。但打(沉)桩震动大,噪声高,挤土效应显著,造价高。适于一般黏性土、粉土、砂土、软土等地基应用。

(一)材料要求

(1)粗骨料:应采用质地坚硬的卵石、碎石,其粒径宜用 5~40mm 连续级配。含泥量不大于 2%,无垃圾及杂物。

(2)细骨料:应选用质地坚硬的中砂,含泥量不大于 3%,无有机物、垃圾、泥块等杂物。

(3)水泥:宜用强度等级为 32.5 级、42.5 级的硅酸盐水泥或普通硅酸盐水泥,使用前必须有出厂质量证明书和水泥现场取样复试试验报告,合格后方准使用。

(4)钢筋:应具有出厂质量证明书和钢筋现场取样复试试验报告,合格后方准使用。

(5)拌合用水:一般饮用水或洁净的自然水。

第七章 地基基础工程施工技术

(6)混凝土配合比：用现场材料和设计要求强度，经试验室试配后出具的混凝土配合比。

(二)预制桩的制作、起吊、运输及堆放

1. 预制桩的制作

(1)制作程序：现场布置→场地处理、整平→场地地坪混凝土→支模→绑扎钢筋、安设吊环→浇筑混凝土→养护至 30% 强度拆模，再支上层模板，涂刷隔离剂→重叠生产浇筑第二层混凝土→养护至 70% 强度起吊→100% 强度运输、堆放→沉桩。

(2)现场预制采用工具或木模或钢模板，支在坚实平整场地上，用间隔重叠法生产。桩头部分使用钢模堵头板，并与两侧模板相互垂直。桩与桩间用油毡、水泥袋纸或废机油、滑石粉隔离剂隔开。邻桩与上层桩的混凝土浇筑须待邻桩或下层桩的混凝土达到设计强度的 30% 以后进行，重叠层数一般不宜超过四层。

(3)混凝土空心管桩采用成套钢管模胎，在工厂用离心法制成。桩钢筋应严格保证位置正确，桩尖应对准纵轴线，纵向钢筋顶部保护层不应过厚，钢筋网格的距离应正确，以防锤击时打碎桩头，同时桩顶平面与桩纵轴线倾斜不应大于 3mm。桩混凝土强度等级不低于 C30；粗骨料用 5～40mm 碎石或细卵石；用机械拌制混凝土，坍落度不大于 6cm。桩混凝土浇筑应由桩头向桩尖方向或由两头向中间连续灌筑，不得中断，并用振捣器捣实，接桩的接头处要平整，使上下桩能互相贴合对准。浇筑完毕应护盖洒水养护不少于 7d；如蒸汽养护，在蒸养后，尚应适当自然养护 30d 方可使用。

2. 桩的起吊

当桩的混凝土达到设计强度的 70% 后方可起吊，吊点应系于设计规定之处，如无吊环，可按图 7-18 所示位置起吊，以防裂断，在吊索与桩间应加衬垫，起吊应平稳提升，避免撞击和振动。

3. 桩的运输

桩运输时，强度应达到 100%，运输可采用平板拖车、轻轨平板车或载重汽车，装载时应将桩装载稳固，并支撑或绑牢固。长桩运输时，桩下宜设活动支座。

4. 桩的堆放

桩堆放时，应按规格、桩号分层叠置在平整坚实的地面上，支承点应设在吊点处或附近，上下层垫块应在同一直线上，堆放层数不宜超过 4 层。

(三)施工要点

1. 吊定桩位

桩的吊立定位，一般利用桩架附设的起重钩吊桩就位，或配一台起重机送桩就位。

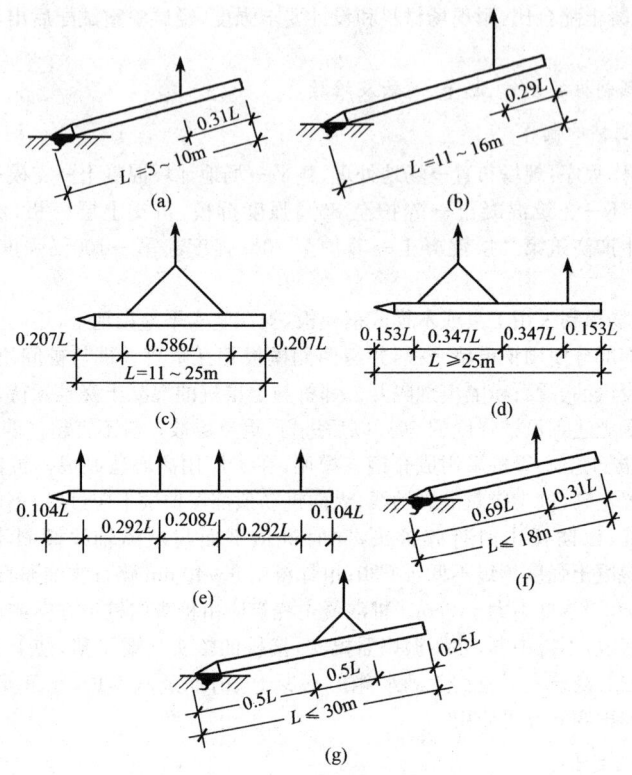

图 7-18 预制桩吊点位置

(a)、(b)一点吊法；(c)两点吊法；(d)三点吊法；
(e)四点吊法；(f)预应力管桩一点吊法；(g)预应力管桩两点吊法

2. 打(沉)桩顺序

根据土质情况、桩基平面尺寸、密集成度、深度、桩机移动方便等决定打桩顺序，图 7-19 所示为几种打桩顺序和土体挤密情况。当基坑不大时，打桩应从中间开始分头向两边或周边进行。当基坑较大时，应将基坑分为数段，而后在各段范围内分别进行。打桩避免自外向内或从周边向中间进行，以避免中间土体被挤密，桩难打入，或虽勉强打入，但使邻桩侧移或上冒。对基础标高不一的桩，宜先深后浅，对不同规格的桩，宜先大后小，先长后短，以使土层挤密均匀，以避免位移偏斜。在粉质黏土及黏土地区，应避免按照一个方向进行，使土向一边挤压，造成入土深度不一，土体挤实程度不均，导致不均匀沉降。若桩距大于或等于 4 倍桩直径，则与打桩顺序无关。

第七章 地基基础工程施工技术

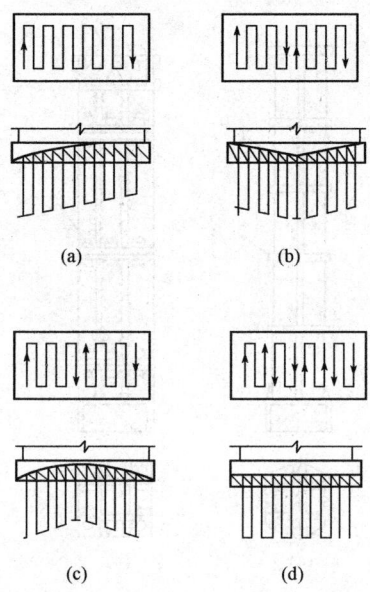

图 7-19 打桩顺序和土体挤密情况
(a)逐排顺序打设;(b)中央向边沿打设;
(c)自边沿向中央打设;(d)分段打设

3. 打(沉)桩方法

有锤击法、振动法及静力压桩法等,以锤击法应用最普遍。

打桩时,应用导板夹具或桩箍将桩嵌固在桩架两导柱中,桩位置及垂直度经校正后,始可将锤连同桩帽压在桩顶,开始沉桩。桩顶不平,应用厚纸板垫平或用环氧树脂砂浆补抹平整。

开始沉桩应起锤轻压,并轻击数锤,观察桩身、桩架、桩锤等垂直一致,始可转入正常。

打桩应用适合桩头尺寸之桩帽和弹性垫层,以缓和打桩时的冲击,桩帽用钢板制成,并用硬木或绳垫承托,桩帽与桩接触表面须平整,与桩身应在同一直线上,以免沉桩产生偏移。桩锤本身带帽者,则只在桩顶护以绳垫或木块。

桩须深送入土时,应用钢制送桩,如图 7-20 所示,放于桩头上,锤击送桩将桩送入。

振动沉桩与锤击沉桩法基本相同,是用振动箱代替桩锤,使桩头套入振动箱连固桩帽或液压夹桩器夹紧,便可照锤击法,启动振动箱进行沉桩至设计要求深度。

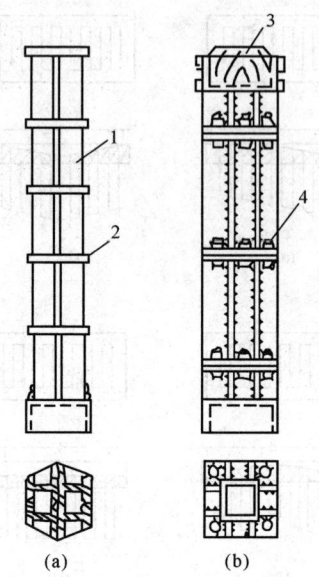

图 7-20 钢送桩构造
(a)钢轨送桩;(b)钢板送桩
1—钢轨;2—15mm厚钢板箍;3—硬木垫;4—连接螺栓

4. 接桩方法

预制钢筋混凝土长桩受运输条件和桩架高度限制,一般常分成数节,分节打入,常用接头形式详见表7-43。

表 7-43　　　　　　　　钢筋混凝土预制桩接头方法

项　目	内　　容
接 头 形式	(1)角钢帮焊接头,如图 7-21(a)所示。 (2)钢板对焊接头,如图 7-21(b)所示。 (3)法兰盘接头,如图 7-21(c)所示
焊接接头施工	要求端头钢板与桩的轴线垂直,钢板平整,以使相连接的二桩节轴线重合,连接后桩身保持竖直。接桩施工时,当下节桩沉至桩顶离地面0.8～1.5m处可吊上节桩。若二端头钢板之间有缝隙,用薄钢片垫实焊牢,然后由两人进行对角分段焊接。在焊接前要清除预埋件表面的污泥杂物,焊缝应连续饱满

第七章 地基基础工程施工技术

续表

项目	内容
硫磺胶泥锚固接头施工	先将下节桩沉至桩顶离地面0.8～1.0m处,提起沉桩机具后对锚筋孔进行清洗,除去孔内油污、杂物和积水,同时对上节桩的锚筋进行清刷调直;接着将上节桩对准下节桩,使四根锚筋(其长度为15倍锚筋直径)插入锚筋孔(其孔径为锚筋直径的2.5倍,长度大于15倍锚筋直径),下落压梁并套住上节桩顶,保持上下节桩的端面相距200mm左右,安设好施工夹箍(由四块木板,内侧用人造革包裹40mm厚的树脂海绵块组成);然后将熔化的硫磺胶泥(胶泥浇注温度控制在145℃左右)注满锚筋孔内,并溢出铺满下节桩顶面;最后将上节桩和压梁同时徐徐下落,使上下桩端面紧密粘合。当硫磺胶泥停歇冷却并拆除施工夹箍后,即可继续沉桩。硫磺胶泥灌注时间一般为2min
硫磺胶泥重量配合比及各组成材料的要求	硫磺胶泥是一种热塑冷硬性胶结材料,它由胶结料、细骨料、填充料和增韧剂熔融搅拌混合而成,其重量配合比(%)如下: 硫磺∶水泥∶粉砂∶聚硫708胶=44∶11∶33∶1 硫磺∶石英砂∶石墨粉∶聚硫甲胶=60∶34.3∶5∶0.7 各组成材料的要求如下: 硫磺——纯度97%以上的粉状或片状硫磺,含水率小于1%,不含杂质,保管应注意防潮; 粉砂——可用含泥量少且通过0.6mm筛的普通砂;也可用清除杂质的0.4mm/0.26mm目工业模型砂; 石英砂——宜选用3.2mm洁净砂; 水泥——可选用低强度等级水泥; 石墨粉——含水率小于0.5%; 聚硫橡胶——增韧剂,可选用黑绿色液态聚硫708胶或青绿色固态聚硫甲胶。应随做随用,贮藏期不应超过15d,使用时注意防水密闭,防杂质污染
硫磺胶泥熬制方法	硫磺胶泥具有一定温度下多次重复搅拌熔融而强度不变的特性,故可固定生产,制成产品,重复熔融使用。其熬制方法如图7-22所示
硫磺胶泥锚固法施工注意事项	(1)硫磺的熔点为96℃,故在备料、贮藏和熬制过程中应避免明火接触。熬制时要在通风处,并备有劳保用品,熬制温度严格控制在170℃以内。 (2)采用硫磺胶泥半产品在现场重新熬制时,炉子的结构要满足硫磺胶泥能进一步脱水,物料熔化能上下运动混合均匀,搅拌器的转速能分级调速(先慢后快)。 (3)桩的运输、起吊要注意避免碰弯锚筋、损伤连接面混凝土,必要时需采取保护措施。 (4)接桩用的夹箍,应有一定强度和刚度,以保证节点密实与桩的整体性

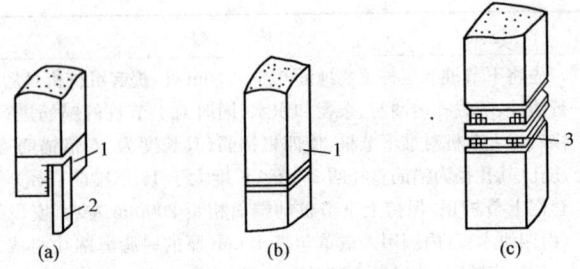

图 7-21　钢筋混凝土预制桩接头
(a)角钢帮焊接头；(b)钢板对焊接头；(c)法兰盘接头
1—钢板；2—角钢；3—螺栓

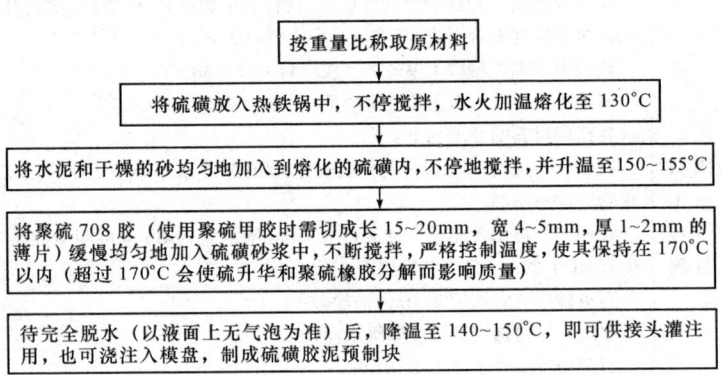

图 7-22　硫磺胶泥熬制方法

5. 质量控制

桩至接近设计深度,应进行观测,一般以设计要求最后 3 次 10 锤的平均贯入度或入土标高为控制,如桩尖土为硬塑和坚硬的黏性土、碎石土、中密状态以上的砂类土或风化岩层时,以贯入度控制为主。桩尖设计标高或桩尖进入持力层作为参考;如桩尖土为其他较软土层时,以标高控制为主,贯入度作为参考。

振动法沉桩是以振动箱代替桩锤,其质量控制是以最后 3 次振动(加压),每次 10min 或 5min,测出每分钟的平均贯入度,以不大于设计规定的数值为合格,而摩擦桩则以沉到设计要求的深度为合格。

6. 拔桩方法

需拔桩时,长桩可用拔桩机,一般桩可用人字架、卷扬机或用钢丝绳捆紧,借横梁用 2 台千斤顶抬起。采用汽锤打桩,可直接用蒸汽锤拔桩,将汽锤倒连在桩

第七章 地基基础工程施工技术

上,当锤的动程向上,桩受到一个向上的力,即可将桩拔出。

二、混凝土灌注桩施工

混凝土灌注桩是直接在桩位上就地成孔,然后浇筑混凝土而成,广泛应用于高层建筑的基础工程中。

混凝土钢筋混凝土灌注桩可分为干作业成孔灌注桩、泥浆护壁成孔灌注桩、套管成孔灌注桩和爆扩成孔灌注桩四种方法。常用的是干作业成孔和泥浆护壁成孔灌注桩。不同桩型适用的地质条件见表 7-44。

表 7-44 灌注桩适用范围

项	目	适用范围
干作业成孔	人工手摇钻	地下水位以上的黏性土、黄土及人工填土
	螺旋钻	地下水位以上的黏性土、砂土及人工填土
	螺旋钻孔扩底	地下水位以上的坚硬、硬塑的黏性土及中密以上的砂土
泥浆护壁成孔	冲抓 冲击 回转钻	碎石土、砂土、黏性土及风化岩
	潜水钻	黏性土、淤泥、淤泥质土及砂土
套管成孔	锤击振动	可塑、软塑、流塑的黏性土,稍密及松散的砂土
爆扩成孔		地下水位以上的黏性土、黄土、碎石土及风化岩

(一)材料要求

1. 钢筋

(1)钢筋的等级、钢种和直径,必须符合设计要求,若需代用应征得设计同意,钢筋的质量应符合国家标准。

(2)钢筋进场应具有正式的出厂合格证,国外进口钢筋应有进口国质保书和我国商检局检验单。

(3)进场后需做材质复试和物理试验,取样时每批重量不大于 60t,每套试样两根,一根做拉力试验,另一根做冷弯试验。

(4)试验时如有一个项目不符质量标准,则应另取双倍的试样,对不合格项目作第二次试验,如仍有一根试样不合格,则该批钢筋不予验收、不能应用。

(5)钢筋堆放时选择地势较平和较高处,防止与酸、盐、油类放在一起,防止钢筋锈蚀和污染,如有颗粒状和片状老锈斑者不能使用。

2. 水泥

(1)水泥的技术指标和龄期强度应符合表 7-45 的规定。水泥进场必须具有正式出厂合格证和材质试验报告,进场后分批(每批不超过 400t)进行材质复试,每批从 20 袋水泥中各取 1kg,如当地另有明文规定可按当地规定执行。

表 7-45　　　　　　　　常用水泥的技术指标

项　目	技　术　指　标
氧化镁含量	在熟料中不得超过 5%;若水泥经压蒸安定性试验合格,可放宽至 6%
三氧化硫含量	矿渣水泥不得超过 4%;其余品种的水泥不得超过 3.5%
烧失量	旋窑厂水泥不得大于 5.0%;立窑厂水泥不得大于 7.0%
细度	0.080mm 方孔筛的筛余量不得超过 12%
凝结时间	初凝不得早于 45min,终凝不得迟于 12h
安定性	用沸煮法检查必须合格

(2)应按不同强度等级、品种、出厂日期分别验收分别堆放,严禁不同厂家、不同强度等级水泥混杂使用在同一根桩内。

(3)出厂日期超过三个月或对质量有怀疑时,应取样复验合格后才可使用。

(4)钻孔灌注桩使用强度等级不低于 32.5 级的水泥,严禁采用快硬性水泥。

3. 粗、细骨料

(1)粗骨料:应采用质地坚硬的卵石、碎石其粒径宜用 15~25mm。卵石不宜大于 50mm,碎石不宜大于 40mm。含泥量不大于 2%,无垃圾及杂物。

(2)细骨料:应选用质地坚硬的中砂,含泥量不大于 5%,无垃圾、草根、泥块等杂物。

4. 搅拌用水

凡可饮用的水和洁净的天然水,都可作为拌制混凝土和养护用水,但不可应用海水、工业废水及 pH 值小于 4 的酸性水、含硫酸盐量(按 SO_4^{2-} 计)超过水重 1%的水,以及含有对混凝土凝结和硬化有影响杂质或油脂糖类等的水均不能使用。

5. 外加剂

(1)混凝土中掺用外加剂的质量应符合规定。

(2)外加剂应有产品合格证书,进货时应对照合格证书进行验收,对产品有疑问应取样复验,外加剂应分类保管。

(3)外加剂种类繁多,使用时应考虑与水泥成分和水质的相容性,为此必须严格按混凝土配方设计规定的种类和掺量使用,不得超越。

(二)干作业钻孔灌注桩

1. 成孔

(1)螺旋钻钻孔,如图 7-23 所示。螺旋钻孔法是利用螺旋钻头的部分刃片旋转切削土层,被切的土块随钻头旋转,并沿整个钻杆上的螺旋叶片上升而被推出

第七章 地基基础工程施工技术

孔外的方法。在软塑土层,含水量大时,可用叶片螺距较大的钻杆,这样工效可高一些;在可塑或硬塑的土层中,或含水量较小的砂土中,则应采用叶片螺距较小的钻杆,以便能均匀平稳地钻进土中。一节钻杆钻完后,可接上第二节钻杆,直到钻至要求的深度。

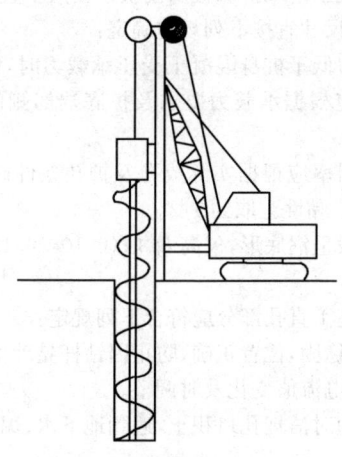

图 7-23 螺旋钻孔法示意图

(2)机动洛阳铲钻孔。机动洛阳铲钻孔是利用机动洛阳铲将其提升到一定高度后,利用洛阳铲的冲击能量来开孔挖土的另一种方法。每次冲铲后,将土从铲具钢套中倒弃。

2. 施工程序

桩机就位→钻土成孔→测量孔径、孔深和桩孔水平与垂直距离,并校正→挖至设计标高→成孔质量检查→安放钢筋笼→放置孔口护孔漏斗→灌注混凝土并振捣→拔出护孔漏斗孔成。

3. 施工要点

(1)钻孔时,钻杆应保持垂直稳固、位置正确,防止因钻杆晃动引起扩大孔径。

(2)钻进速度应根据电流值变化,及时进行调整。

(3)钻进过程中,应随时清理孔口积土和地面散落土,遇到地下水、塌孔、缩孔等异常情况时,应及时处理。

(4)成孔达设计深度后,孔口应予以保护,并按规定进行验收,并做好记录。

(5)灌注混凝土前,应先放置孔口护孔漏斗,随后放置钢筋笼并再次测量孔内虚土厚度桩顶以下 5m 范围内混凝土应随浇随振动,并且每次浇注高度均得大于 1.5m。

(三) 干作业钻孔扩底灌注桩

1. 施工操作要点

钻孔扩底灌注桩施工法是把按等直径钻孔方法形成的桩孔钻进到预定的深度,然后换上扩孔钻头后撑开钻头的扩孔刀刃使之旋转切削地层扩大孔底,成孔后放入钢筋笼,灌注混凝土形成扩底桩以便获得较大垂直承载力的方法。

扩底灌注桩扩底端尺寸宜按下列规定确定:

(1) 当持力层承载力低于桩身混凝土受压承载力时,可采用扩底。扩底端直径与桩身直径比 D/d,应根据承载力要求及扩底端部侧面和桩端持力层土性确定,最大不超过 3.0。

(2) 扩底端侧面的斜率应根据实际成孔及护孔条件确定,a/h_c 一般取 1/3～1/2,砂土取约 1/3,粉土、黏性土取约 1/2。

(3) 扩底端底面一般呈锅底形,矢高 h_b 取 $(0.10\sim0.15)D$。

2. 施工注意事项

(1) 钻孔扩底桩的施工直孔部分应符合下列规定:

1) 钻杆应保持垂直稳固,位置正确,防止因钻杆晃动引起扩大孔径。

2) 钻进速度应根据电流值变化及时调整。

3) 钻进过程中,应随时清理孔口积土,遇到地下水、塌孔、缩孔等异常情况时,应及时处理。

(2) 钻孔扩底部位应符合下列规定:

1) 根据电流值或油压值调节扩孔刀片切削土量,防止出现超负荷现象。

2) 扩底直径应符合设计要求,经清底扫膛,孔底的虚土厚度应符合规定。

(3) 成孔达到设计深度后,孔口应予保护,按规定验收,并做好记录。

(4) 灌注混凝土前,应先放置孔口护孔漏斗,随后放置钢筋笼并再次测量孔内虚土厚度。扩底桩灌注混凝土时,第一次应灌到扩底部位的顶面,随即振捣密实;浇注桩顶以下 5m 范围内的混凝土时,应随浇随振动,每次浇注高度不得大于 1.5m。

(四) 泥浆护壁成孔灌注桩

1. 施工工艺流程

泥浆护壁成孔灌柱桩施工工艺流程,如图 7-24 所示。

2. 成孔

(1) 机具就位平整垂直,护筒埋设牢固并且垂直,保证桩孔成孔的垂直。

(2) 要控制孔内的水位高于地下水位 1.0m 左右,防止地下水位高后引起坍孔。

(3) 发现轻微坍孔的现象应及时调整泥浆的比重和孔内水头。泥浆的比重按土质情况的不同而不同,一般控制在 1.1～1.5 的范围内。成孔的快慢与土质有关,应灵活掌握钻进的速度。

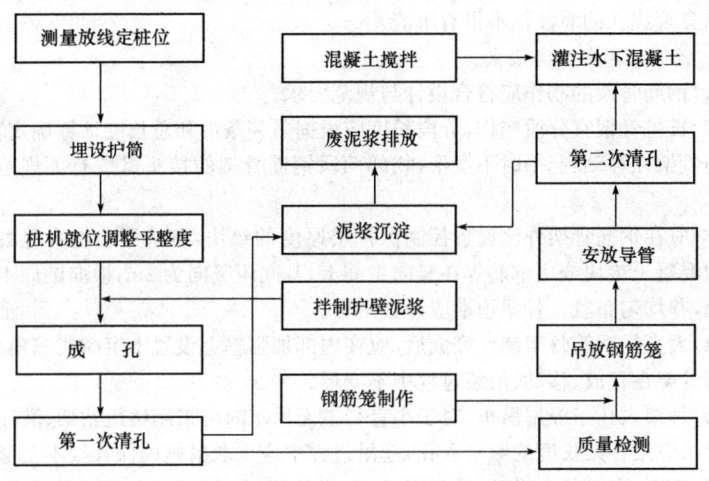

图 7-24 泥浆护壁灌注桩施工工艺流程图

(4)成孔时发现难于钻进或遇到硬土、石块等,应及时检查,以防桩孔出现严重的偏斜、位移等。

3. 护筒埋设

(1)护筒内径应大于钻头直径:用回转钻时宜大于100mm;用冲击钻时宜大于200mm。

(2)护筒位置应埋设正确和稳定,护筒与坑壁之间应用黏土填实,护筒中心与桩位中心线偏差不得大于20mm。

(3)护筒埋设深度:在黏性土中不宜小于1m,在砂土中不宜小于1.5m。并应保持孔内泥浆面高出地下水位1m以上。

(4)护筒埋设可采用打入法或挖埋法。前者适用钢护筒,后者适用于混凝土护筒。护筒口一般高出地面30~40cm或地下水位1.5m以上。

4. 护壁泥浆与清孔

(1)孔壁土质较好不易塌孔时、可用空气吸泥机清孔。

(2)用原土造浆的孔,清孔后泥浆的比重应控制在1.1左右。

(3)孔壁土质较差时,宜用泥浆循环清孔。清孔后的泥浆比重应控制在1.15~1.25。泥浆取样应选在距孔20~50cm处。

(4)第一次清孔在提钻前,第二次清孔在沉放钢筋笼、下导管以后。

(5)浇筑混凝土前,桩孔沉渣允许厚度:

以摩擦力为主时,允许厚度不得大于150mm。

以端承力为主时,允许厚度不得大于50mm。

以套管成孔的灌注桩不得有沉渣。

5. 钢筋骨架制作与安装

(1)钢筋骨架的制作应符合设计与规范要求。

(2)长桩骨架宜分段制作,分段长度应根据吊装条件和总长度计算确定,应确保钢筋骨架在移动、起吊时不变形,相邻两段钢筋骨架的接头需按有关规范要求错开。

(3)应在钢筋骨架外侧设置控制保护层厚度的垫块,可采用与桩身混凝土等强度的混凝土垫块或用钢筋焊在竖向主筋上,其间距竖向为2m,横向圆周不得少于4处,并均匀布置。骨架顶端应设置吊环。

(4)大直径钢筋骨架制作完成后,应在内部加强箍上设置十字撑或三角撑,确保钢筋骨架在存放、移动、吊装过程中不变形。

(5)骨架入孔一般用吊车,对于小直径桩无吊车时可采用钻机钻架、灌注塔架等。起吊应按骨架长度的编号入孔,起吊过程中应采取措施确保骨架不变形。

(6)钢筋骨架的制作和吊放的允许偏差为:主筋间距±10mm;箍筋间距±20mm;骨架外径±10mm;骨架长度±50mm;骨架倾斜度±0.5%;骨架保护层厚度水下灌注±20mm,非水下灌注±10mm;骨架中心平面位置20mm;骨架顶端高程±20mm,骨架底面高程±50mm。钢筋笼除符合设计要求外,尚应符合下列规定:

1)分段制作的钢筋笼,其接头宜采用焊接并应遵守《混凝土结构工程施工质量验收规范》(GB 50204—2002)的规定。

2)主筋净距必须大于混凝土粗骨料粒径3倍以上。

3)加劲箍宜设在主筋外侧,主筋一般不设弯钩,根据施工工艺要求所设弯钩不得向内圆伸露,以免妨碍导管工作。

4)钢筋笼的内径比导管接头处外径大100mm以上。

(7)搬运和吊装时,应防止变形,安放要对准孔位,避免碰撞孔壁,就位后应立即固定。钢筋骨架吊放入孔时应居中,防止碰撞孔壁,钢筋骨架吊放入孔后,应采用钢丝绳或钢筋固定,使其位置符合设计及规范要求,并保证在安放导管、清孔及灌注混凝土过程中不发生位移。

6. 混凝土浇筑

(1)混凝土开始灌注时,漏斗下的封水塞可采用预制混凝土塞、木塞或充气球胆。

(2)混凝土运至灌注地点时,应检查其均匀性和坍落度,如不符合要求应进行第二次拌合,二次拌合后仍不符合要求时不得使用。

(3)第二次清孔完毕,检查合格后应立即进行水下混凝土灌注,其时间间隔不宜大于30min。

(4)首批混凝土灌注后,混凝土应连续灌注,严禁中途停止。

(5)在灌注过程中,应经常测探井孔内混凝土面的位置,及时调整导管埋深,导管埋深宜控制在 2~6m。严禁导管提出混凝土面,要有专人测量导管埋深及管内外混凝土面的高差,填写水下混凝土灌注记录。

(6)在灌注过程中,应时刻注意观测孔内泥浆返出情况,倾听导管内混凝土下落声音,如有异常必须采取相应处理措施。

(7)在灌注过程中宜使导管在一定范围内上下窜动,防止混凝土凝固,增加灌注速度。

(8)为防止钢筋骨架上浮,当灌注的混凝土顶面距钢筋骨架底部 1m 左右时,应降低混凝土的灌注速度,当混凝土拌合物上升到骨架底口 4m 以上时,提升导管,使其底口高于骨架底部 2m 以上,即可恢复正常灌注速度。

(9)灌注的桩顶标高应比设计高出一定高度,一般为 0.5~1.0m,以保证桩头混凝土强度,多余部分接桩前必须凿除,桩头应无松散层。

(10)在灌注将近结束时,应核对混凝土的灌入数量,以确保所测混凝土的灌注高度是否正确。

(11)开始灌注时,应先搅拌 0.5~1.0m³ 同混凝土强度的水泥砂浆放在料斗的底部。

(五)套管成孔灌注桩

1. 振动沉管灌注桩

(1)施工工艺流程,如图 7-25 所示。

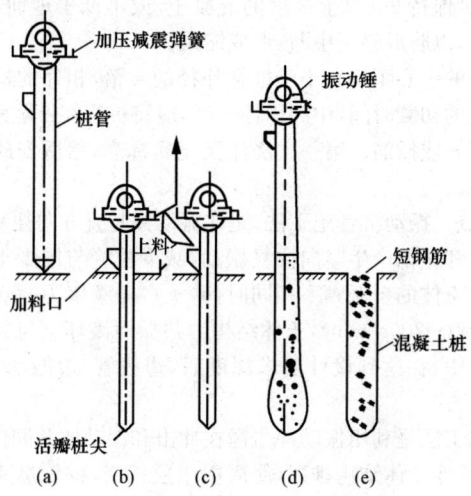

图 7-25 振动沉管灌注桩施工工艺流程
(a)桩机就位;(b)振动沉管;(c)浇筑混凝土;
(d)边拔管边振动边浇筑混凝土;(e)成桩

1) 桩机就位。施工前,应根据土质情况选择适用的振动打桩机,桩尖采用活瓣式。施工时先安装好桩机,将桩管对准桩位中心,桩尖活瓣合拢,放松卷扬机钢丝绳,利用振动机及桩管自重,把桩尖压入土中,勿使偏斜,即可启动振动箱沉管。

2) 振动沉管。沉管过程中,应经常探测管内有无地下水或泥浆,如发现水或泥浆较多,应拔出桩管,检查活瓣桩尖缝隙是否过疏,漏进泥水,如过疏应加以修理,并用砂回填桩孔后重新沉管,如再发现有小量水时,一般可在沉入前先灌入 $0.1m^3$ 左右的混凝土或砂浆封堵活瓣桩尖缝隙再继续沉入。

沉管时为了适应不同土质条件,常用加压方法来调整土的自振频率。桩尖压力改变可利用卷扬机滑轮钢丝绳把桩架的部分重量传到桩管上,并根据钢管沉入速度,随时调整离合器,防止桩架抬起发生事故。

3) 混凝土浇筑。桩管沉到设计位后,停止振动,用上料斗将混凝土灌入桩管内,一般应灌满或略高于地面。

4) 边拔管边振动。开始拔管时,先启动振动箱片刻再拔管,并用吊砣探测得桩尖活瓣确已张开,混凝土已从桩管中流出以后,方可继续抽拔桩管,边拔边振,拔管速度:对于用活瓣桩尖者,不宜大于 2.5m/min,对于预制钢筋混凝土桩尖者,不宜大于 4m/min。拔管方法一般宜采用单打法,每拔起 0.5~1.0m 停拔,振动 5~10s,再拔管 0.5~1.0m,振动 5~10s,如此反复进行,直至地面。在拔管过程中,桩管内应至少保持 2m 以上高度的混凝土,或不低于地面,可用吊砣探测,不足时要及时补灌,以防混凝土中断,形成缩颈。

振动灌注桩的中心距不宜小于桩管外径的 4 倍,相邻的桩施工时,其间隔时间不得超过水泥的初凝时间,中间需停顿时,应将桩管在停歇前先沉入土中。

5) 安放钢筋笼或插筋。第一次浇注至笼底标高,然后安放钢筋笼,再灌注混凝土至设计标高。

(2) 施工要点。振动沉管施工法,是在振动锤竖直方向往复振动作用下,桩管也以一定的频率和振幅产生竖向往复振动,减少桩管与周围土体间的摩阻力,当强迫振动频率与土体的自振频率相同时(砂土自振频率为 900~1200r/min,黏性土自振频率为 600~700r/min),土体结构因共振而破坏。与此同时,桩管受着加压作用而沉入土中,在达到设计要求深度后,边拔管、边振动、边灌注混凝土、边成桩。

振动冲击施工法是利用振动冲击锤在冲击和振动的共同作用,桩尖对四周的土层进行挤压,改变土体结构排列,使周围土层挤密,桩管迅速沉入土中,在达到设计标高后,边拔管、边振动、边灌注混凝土、边成桩。

振动、振动冲击沉管施工法一般有单打法、反插法、复打法等。应根据土质情况和荷载要求分别选用。单打法适用于含水量较小的土层,且宜采用预制桩尖;反插法及复打法适用于软弱饱和土层。

1)单打法。即一次拔管法。拔管时每提升0.5~1m,振动5~10s,再拔管0.5~1m,如此反复进行,直至全部拔出为止,一般情况下振动沉管灌注桩均采用此法。

2)复打法。在同一桩孔内进行两次单打,即按单打法制成桩后再在混凝土桩内成孔并灌注混凝土。采用此法可扩大桩径,大大提高桩的承载力。

3)反插法。将套管每提升0.5m,再下沉0.3m,反插深度不宜大于活瓣桩尖长度的2/3,如此反复进行,直至拔离地面。此法也可扩大桩径,提高桩的承载力。

(3)施工注意事项。

1)单打法施工。

①必须严格控制最后30s的电流、电压值,其值按设计要求或根据试桩和当地经验确定。

②桩管内灌满混凝土后,先振动5~10s,再开始拔管,应边振边拔,每拔0.5~1.0m停拔振动5~10s,如此反复,直至桩管全部拔出。

③在一般土层内,拔管速度宜为1.2~1.5m/min,用活瓣桩尖时宜慢,用预制桩尖时适当加快,在软弱土层中,宜控制在0.6~0.8m/min。

2)反插法施工。

①桩管灌满混凝土之后,先振动再拔管,每次拔管高度0.5~1.0m,反插深度0.3~0.5m;在拔管过程中,应分段添加混凝土,保持管内混凝土面始终不低于地表面或高于地下水位1.0~1.5m,拔管速度应小于0.5m/min。

②在桩尖处的1.5m范围内,宜多次反插以扩大桩的端部断面。

③穿过淤泥夹层时,应当放慢拔管速度,并减少拔管高度和反插深度,在流动性淤泥中不宜使用反插法。

3)复打法施工。

①第一次灌注混凝土应达到自然地面。

②应随拔管随清除粘在管壁上和散落在地面上的泥土。

③前后两次沉管的轴线重合。

④复打施工必须在第一次灌注的混凝土初凝之前完成。

4)混凝土施工。混凝土的充盈系数不得小于1.0,对于混凝土充盈系数小于1.0的桩,宜全长复打,对可能有断桩和缩颈桩,应采用局部复打。成桩后的桩身混凝土顶面标高应不低于设计标高500mm。全长复打桩的入土深度宜接近原桩长,局部复打应超过断桩或缩颈区1m以上。

2. 锤击沉管灌注桩

(1)施工工艺流程,如图7-26所示。

1)桩机就位。将桩管对预先埋设在桩位上的预制桩对准尖或将桩管对准桩位中心,使它们三点合一线,然后把桩尖活瓣合拢,放松卷扬机钢丝绳,利用桩机

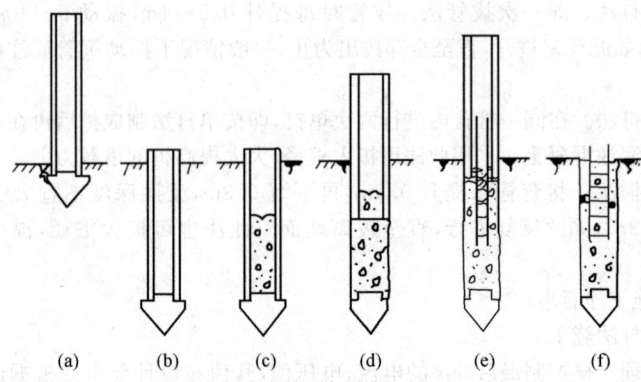

图 7-26　锤击沉管灌注桩施工程序示意图
(a)就位；(b)锤击沉管；(c)首次灌注混凝土；
(d)边拔管、边锤击、边继续灌注混凝土；
(e)安放钢筋笼,继续灌注混凝土；(f)成桩

和桩管自重,把桩尖打入土中。

2)锤击沉管。检查桩管与桩锤、桩架等是否在一条垂直线上之后,看桩管垂直度偏差是否≤5%,即可用桩锤先低锤轻击桩管,观察偏差在容许范围内,再正式施打,直至将桩管打入至设计标高或要求的贯入度。

3)首次灌注混凝土。沉管至设计标高后,应立即灌注混凝土,尽量减少间隔时间；在灌注混凝土之前,必须用吊砣检查桩管内无泥浆或无渗水后,再用吊斗将混凝土通过灌注漏斗灌入桩管内。

4)边拔管边锤击,继续灌注混凝土。当混凝土灌满桩管后,便可开始拔管,一边拔管,一边锤击,拔管的速度要均匀,对一般土层以 1m/min 为宜,在软弱土层和软硬土层交界处宜控制在 0.3～0.8m/min,采用倒打拔管的打击次数,单动汽锤不得少于50 次/min,自由落锤轻击(小落距锤击)不得少于 40 次/min；在管底未拔至桩顶设计标高之前,倒打和轻击不得中断。在拔管过程中应向桩管内继续灌入混凝土,以满足灌注量的要求。

5)放钢筋笼灌注成桩。当桩身配钢筋笼时,第一次混凝土应先灌至笼底标高,然后放置钢筋笼,再灌混凝土至桩顶标高。第一次拔管高度应控制在能容纳第二次所需灌入的混凝土量为限,不宜拔得过高。在拔管过程中应有专用测锤或浮标检查混凝土面的下降情况。

(2)施工要点。锤击沉管施工法,是利用桩锤将桩管和预制桩尖(桩靴)打入土中,边拔管、边振动、边灌注混凝土、边成桩,在拔管过程中,由于保持对桩管进行连续低锤密击,使钢管不断得到冲击振动,从而密实混凝土。锤击沉管灌注桩

的施工应该根据土质情况和荷载要求,分别选用单打法、复打法、反插法。

当采用单打法工艺时,预制桩尖直径、桩管外径和成桩直径的配套选用,见表7-46。

表7-46　单打法工艺预制桩尖直径、桩管外径和成桩直径关系表　　(mm)

预制桩尖直径	桩管外径	成桩直径
340	273	300
370	325	350
420	377	400
480	426	450
520	480	500

(3)施工注意事项:

1)群桩基础和桩中心距小于4倍桩径的桩基,应提出保证相邻桩桩身质量的技术措施。

2)混凝土预制桩尖或钢桩尖的加工质量和埋设位置应与设计相符,桩管与桩尖的接触应有良好的密封性。

3)沉管全过程必须有专职记录员做好施工记录;每根桩的施工记录均应包括每米的锤击数和最后1m的锤击数;必须准确测量最后3阵,每阵10锤的贯入度及落锤高度。

4)混凝土的充盈系数不得小于1.0;对于混凝土充盈系数小于1.0的桩,宜全长复打,对可能有断桩和缩颈桩,应采用局部复打。成桩后的桩身混凝土顶面标高应不低于设计标高500mm。全长复打桩的入土深度宜接近原桩长,局部复打应超过断桩或缩颈区1m以上。

5)全长复打桩施工时应遵守下列规定:

①第一次灌注混凝土应达到自然地面。

②应随拔管随清除粘在管壁上和散落在地面上的泥土。

③前后两次沉管的轴线应重合。

④复打施工必须在第一次灌注的混凝土初凝之前完成。

6)桩身的钢筋,应以混凝土的坍落度8～10cm相应,若为素混凝土,则为6～8cm。若为素混凝土,则为6～8m。

(六)爆扩成孔灌注桩

1. 施工条件

爆扩成孔灌注桩施工条件见表7-47。

表 7-47　　　　　　爆扩成孔适用地质及施工条件

项　目	适用地质条件	适用施工条件
人工成孔桩	黄土类土或不大坚硬的黏性土	在没有电源和场地不大平整地区；大、小面积施工均可
爆扩成孔法	一般没有地下水的黏性土、黄土类土、未压实的人工填土	大、小面积施工均可，并可施工斜桩，但不能用于靠近建筑物的桩
打拔管成孔法	各种黏性土、地下水位高的新填土、软弱黏性土、流动性淤泥等	大、小面积施工均可，需具有一定打拔管机具条件
钻机成孔法	透水性较小的黏性土	大、小面积施工均可，需钻孔机具设备
冲抓锥成孔法	含有坚硬夹杂物的黏性土、大块碎石类土、砂卵石类土	大、小面积施工均可，需冲抓锥成孔机具设备

2. 施工工艺流程

成孔→检查修理桩孔→安放炸药包→注入压爆混凝土→引爆→检查扩大头→安放钢筋笼→二次灌注混凝土→成桩养护。

3. 成孔

爆扩桩的成孔方法，有人工成孔法，机钻成孔法和爆扩成孔法。机钻成孔所用设备和钻孔方法相同，下面只介绍爆扩成孔法。

爆扩成孔法是先用小直径（如 50mm）洛阳铲或手提麻花钻钻出导孔，然后根据不同土质放入不同直径的炸药条，经爆扩后形成桩孔，其施工工艺流程，如图 7-27 所示。

采用爆扩成孔法，必须先在爆扩灌注桩施工地区进行试验，找出在该地区地质条件下导管、装药量及其形成桩孔直径的有关数据，以便指导施工。

装炸药的管材，以玻璃管较好，既防水又透明，还能查明炸药情况，又便于插到导孔底部，管与管的接头处要牢固和防水，炸药要装满振实，药管接头处不得有空药现象。

雷管的放法，各地不一。有的按 0.5～0.6m 间距放 1 个；有的以 5m 为界限，药管长度小于 5m 放两个，大于 5m 放 3 个；有的是小于 3m 者，在药管中间放 1 个，3～6m 者，在药管的 1/4 和 3/4 处各放 1 个，究竟那种为好，可通过试爆确定。

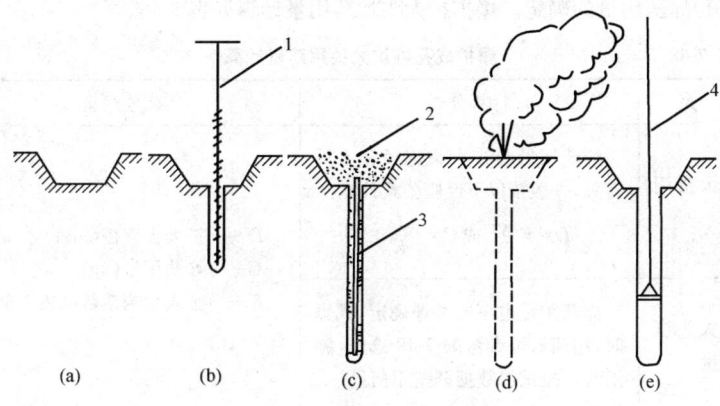

图 7-27　爆扩成孔工艺流程图
(a)挖喇叭口；(b)钻导孔；(c)安装炸药条并填砂；
(d)引爆成孔；(e)检查并修整桩孔
1—手提钻；2—砂；3—炸药条；4—太阳铲

4. 爆扩大头

爆扩大头的工作，包括放入炸药包，灌入压爆混凝土，通电引爆，测量混凝土下落高度(或直接测量扩大头直径)以及捣实扩大头混凝土等几个操作过程，其工艺流程，如图 7-28 所示。

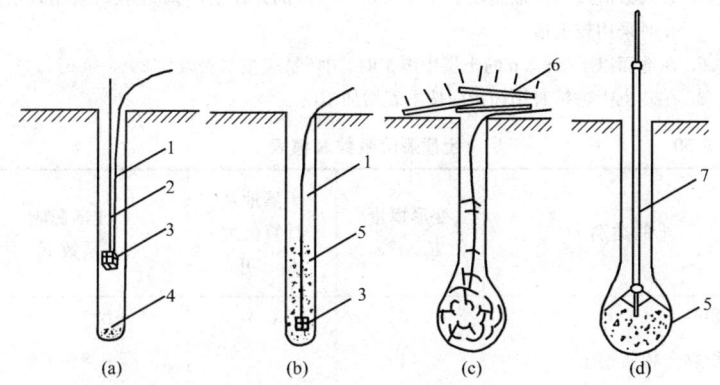

图 7-28　爆扩大头工艺流程图
(a)填砂，下药包；(b)灌压爆混凝土；(c)引爆；(d)检查扩大头直径
1—导线；2—绳；3—药包；4—砂；5—压爆混凝土；6—木板；7—测孔器

(1) 炸药用量的确定。爆扩扩大头炸药用量计算见表 7-48。

表 7-48　　　　　　爆扩成孔桩扩大头用药量计算

项目	计算公式	符号意义
扩大头用药量	炸药用量与扩大头直径和土质有关，一般按以下经验公式计算：$D=K\sqrt[3]{C}$ 或 $C=(\dfrac{D}{K})^3$	D——扩大头直径(m)； C——炸药用量(kg)； K——土质影响系数见表 7-50
扩大头试爆药量	炸药用量也可按试爆确定，试爆时，用药量可参考表 7-49 选用，施工时再按试爆数据调整用药量	

表 7-49　　　　　　爆扩桩用药量参考值

扩大头直径/m	用药量/kg	扩大头直径/m	用药量/kg
0.6	0.30～0.45	1.0	0.90～1.10
0.7	0.45～0.60	1.1	1.10～1.30
0.8	0.60～0.75	1.2	1.30～1.50
0.9	0.75～0.90		

注：1. 表内数值适用于地面以下深度 3.5～9.0m 的黏性土，土质松软时采用较小值，坚硬时采用较大值。
2. 在地面以下 2～3m 的土层中爆扩时，用药量应按本表减少 20％～30％。
3. 在砂土中爆扩时用药量应按本表增加 10％。

表 7-50　　　　　　土质影响系数 K 值表

土的类别	变形模量 E/MPa	天然地基计算强度 R_h/MPa	土质影响系数 K
坡积黏土	50	0.4	0.7～0.9
坡积黏土粉质粘土	14	—	0.8～0.9
黏土	13.4	—	1.0～1.1
冲积黏土	12	0.15	1.25～1.30
残积可塑粉质粘土	18	0.2～0.25	1.15～1.30
沉积可塑粉质粘土	24	0.25	1.02

第七章 地基基础工程施工技术

续表

土的类别	变形模量 E/MPa	天然地基计算强度 R_h/MPa	土质影响系数 K
沉积可塑粉质粘土	8	0.2	1.03～1.21
黄土类粉质粘土		0.12～0.14	1.19
卵石层		0.6	1.07～1.18
松散角砾			0.94～0.99
稍湿粉质粘土：干容重＞1.35			0.8～1.0
干容重＜1.35			1.0～1.2

(2)药包的包扎与安放。药包必须用塑料薄膜等防水材料紧密包扎,必要时包扎口还应涂以沥青等防水材料密闭,以免药包受潮湿而出现瞎炮。药包宜包扎成扁圆球形,其高度与直径之比以1：2为宜。药包中心最好并联放置两个雷管,以保证顺利引爆。

药包用绳子吊进桩孔内,放到孔底中部,然后盖以150～200mm厚的砂子,以免受混凝土的冲击。药包放好后,应将雷管的导线放松,以免灌入压爆混凝土时把导线砸断,施工时应加注意。

若桩孔内有水,必须在药包上绑以重物使之沉至孔底,否则药包上浮,使所爆扩大头的标高不符合设计要求。

(3)灌入第一次混凝土。第一次灌入的混凝土又称压爆混凝土。首先应根据不同的土质条件,选择适宜的混凝土坍落度：黏性土9～12cm;砂类土12～15cm;黄土17～20cm。当桩径为250～400mm时,混凝土骨料粒径最大不宜超过30mm。

第一次灌入的压爆混凝土量要适当。灌入量过少,混凝土在起爆时会飞扬起来,影响爆扩效果;若灌入量过大,混凝土可能产生"拒落"的事故,也就是混凝土积在扩大头上方的桩柱内,不回落到底部,一般情况下,第一次灌入桩孔的混凝土量应达2～3m高,或约为将要爆成的扩大头体积的一半为宜。

(4)引爆和引爆顺序。压爆混凝土灌入桩孔后,从浇筑混凝土开始至引爆时间隔时间不宜超过30min,否则,引爆时很容易出现"拒落"事故,而且难以处理。

为了保证爆扩桩的施工质量,应根据不同的桩距、扩大头标高和布置情况,严格遵守引爆顺序。

(5)振捣扩大头底部混凝土。扩大头引爆后,灌入的压爆混凝土即自行落入扩大头空腔的底部,接着应予振实。振捣时,最好使用经接长的软轴振动棒。

5. 混凝土的灌注

首先,钢筋笼应细心轻放,不可将孔口和孔壁的泥土带入孔内。灌注混凝土时,应随时注意钢筋笼位置,防止偏向一侧。所用混凝土的坍落度要合适,一般黏性土 5~7cm;砂类土 7~9cm;黄土 6~9cm。混凝土骨料最大粒径不得超过 25mm。扩大头和桩柱混凝土要连续浇筑完毕,不留施工缝。混凝土浇筑完毕后,根据气温情况,可用草袋覆盖,浇水养护,在干燥的砂类土地区,桩周围还需浇水养护。

第八章 砌体工程施工技术

第一节 概 述

一、砌体结构类型

砌体结构是用块体和砂浆砌筑而成的结构。

1. 按材料分类

根据块体材料不同,砌体结构可分为砖砌体、砌块砌体、石材砌体、配筋砌体等砌体结构。

(1)砖砌体。采用标准尺寸的烧结普通砖、黏土空心砖及非烧结硅酸盐砖与砂浆砌筑成的砖砌体,有墙或柱。墙厚:120mm、240mm、370mm、490mm、620mm 等,特殊要求时可有 180mm、300mm 和 420mm 等;砖柱:240mm×370mm、370mm×370mm、490mm×490mm、490mm×620mm 等。

墙体砌筑方式有:一顺一丁、三顺一丁等。砌筑的要求是铺砌均匀,灰浆饱满,上下错缝,受力均衡。黏土砖已被限用或禁用,非黏土砖是发展方向。

(2)砌块砌体。砌块砌体是用中小型混凝土砌块或硅酸盐砌块与砂浆砌筑而成的砌体,可用于定型设计的民用房屋及工业厂房的墙体。目前,国内使用的小型砌块高度,一般为 180~350mm,称为混凝土空心小型砌块砌体;中型砌块高度,一般为 360~900mm,分别有混凝土空心中型砌块砌体和硅酸盐实心中型砌块砌体。空心砌块内加设钢筋混凝土芯柱者,称为钢筋混凝土芯柱砌块砌体,可用于有抗震设防要求的多层砌体房屋或高层砌体房屋。

砌块砌体设计和砌筑的要求是:规格宜少、重量适中、孔洞对齐、铺砌严密。

(3)石材砌体。采用天然料石或毛石与砂浆砌筑的砌体称为天然石材砌体。天然石材具有强度高、抗冻性强和导热性好的特点,是带形基础、挡土墙及某些墙体的理想材料。毛石墙的厚度不宜小于 350mm,柱截面较小边长不宜小于 400mm。当有振动荷载时,不宜采用毛石砌体。

(4)配筋砌体。在砌体水平灰缝中配置钢筋网片或在砌体外部预留沟槽,槽内设置竖向粗钢筋并灌注细石混凝土(或水泥砂浆)的组合砌体称为配筋砌体。这种砌体可提高强度,减小构件截面,加强整体性,增加结构延性,从而改善结构抗震能力。

(5)空斗墙砌体。空斗墙是由实心砖砌筑的空心的砖砌体。可节省材料,减轻重量,提高隔热保温性能。但是,空斗墙整体稳定性差,因此,在有振动、潮湿环境、管道较多的房屋或地震烈度为 7 度及 7 度以上的地区不宜建造空斗墙房屋。

由砌体结构所用材料可见,其主要优点是易于就地取材,节约水泥、钢材和木材,造价低廉,有良好的耐火性和耐久性,有较好的保温隔热性能。主要缺点是强度低,自重大,砌筑工程量繁重,抗震性能差等,因而限制了它的使用范围。今后,砌筑制品应向高强、多孔、薄壁、大块和配筋等方向发展。

2. 按承重体系分类

结构体系是指建筑物中的结构构件按一定规律组合成的一种承受和传递荷载的骨架系统。在混合结构承重体系中,以砌体结构的受力特点为主要标志,根据屋(楼)盖结构布置的不同,一般可分为以下三种类型:

(1)横墙承重体系。横墙承重体系是指多数横向轴线处布置墙体,屋(楼)面荷载通过钢筋混凝土楼板传给各道横墙,横墙是主要承重墙,纵墙主要承受自重,侧向支承横墙,保证房屋的整体性和侧向稳定性。横墙承重体系的优点是屋(楼)面构件简单,施工方便,整体刚度好;缺点是房间布置不灵活,空间小,墙体材料用量大。主要用于5~7层的住宅、旅馆、小开间办公楼。

(2)纵墙承重体系。纵墙承重体系是指屋(楼)盖梁(板)沿横向布置,楼面荷载主要传给纵墙。纵墙是主要承重墙。横墙承受自重和少量竖向荷载,侧向支承纵墙。主要用于进深小而开间大的教学楼、办公楼、试验室、车间、食堂、仓库和影剧院等建筑物。

(3)内框架承重体系。内框架承重体系是指建筑物内部设置钢筋混凝土柱,柱与两端支于外墙的横梁形成内框架。外纵墙兼有承重和围护作用。它的优点是内部空间大,布置灵活,经济效果和使用效果均佳。但因其由两种性质不同的结构体系合成,地震作用下破坏严重,外纵墙尤甚。地震区宜慎用。

除以上常见的三种承重体系外,还有纵、横墙双向承重体系和其他派生的砌体结构承重体系,如底层框-剪力墙砌体结构等。

合理的结构体系必须受力明确,传力直接,结构先进。在砌体结构设计中,必须判明荷载在结构体系中的传递途径,才能得出正确的结构承重体系的分析结果。

3. 按使用特点和工作状态分类

随着人类社会的发展和物质与精神文明的进步,建筑出现丰富多彩的形式,其应用异常广泛,工作状况更为复杂。砌体结构按其使用特点和工作状态可作如下分类:

(1)一般砌体结构。一般砌体结构是指用于正常使用状况下的工业与民用建筑。如供人们生活起居的住宅、宿舍、旅馆、招待所等居住建筑和供人们进行社会公共活动用的公共建筑。工业建筑则有为一般工业生产服务的单层厂房和多层工业建筑。

(2)特殊用途的构筑物。特殊用途的构筑物,通常称为特殊结构,或特种结构,如烟囱、水塔、料仓及小型水池、涵洞和挡土墙等。

(3)特殊工作状态的建筑物。特殊工作状态的砌体结构可有如下三种:

1)处于特殊环境和介质中的建筑物。该类建筑物为保证结构的可靠性和满足建筑使用功能的要求,对建筑结构提出各种防护要求,如防水抗渗、防火耐热、防酸抗腐、防爆炸、防辐射等。

2)处于特殊作用下工作的建筑物,如有抗震设防要求的建筑结构和在核爆动荷载作用下的防空地下建筑等。

3)具有特殊工作空间要求的建筑物,如底层框架和多层内框架砖房以及单层空旷房屋等。

二、砌体施工基本规定

(1)砌体工程所用的材料应有产品的合格证书、产品性能检测报告。块材、水泥、钢筋、外加剂等尚应有材料主要性能的进场复验报告。严禁使用国家明令淘汰的材料。

(2)砌筑基础前,应校核放线尺寸,允许偏差应符合表 8-1 的规定。

表 8-1　　　　　　　　放线尺寸的允许偏差

长度 L、宽度 B /m	允许偏差 /mm	长度 L、宽度 B /m	允许偏差 /mm
L(或 B)≤30	±5	60<L(或 B)≤90	±15
30<L(或 B)≤60	±10	L(或 B)>90	±20

(3)砌筑顺序应符合下列规定:

1)基底标高不同时,应从低处砌起,并应由高处向低处搭砌。当设计无要求时,搭接长度不应小于基础扩大部分的高度。

2)砌体的转角处和交接处应同时砌筑。当不能同时砌筑时,应按规定留槎、接槎。

(4)在墙上留置临时施工洞口,其侧边离交接处墙面不应小于 500mm,洞口净宽度不应超过 1m。

抗震设防烈度为 9 度的地区建筑物的临时施工洞口位置,应会同设计单位确定。

临时施工洞口应做好补砌。

(5)不得在下列墙体或部位设置脚手眼:

1)120mm 厚墙、料石清水墙和独立柱。

2)过梁上与过梁成 60°角的三角形范围及过梁净跨度 1/2 的高度范围内。

3)宽度小于 1m 的窗间墙。

4)砌体门窗洞口两侧 200mm(石砌体为 300mm)和转角处 450mm(石砌体为 600mm)范围内。

5)梁或梁垫下及其左右500mm范围内。

6)设计不允许设置脚手眼的部位。

(6)施工脚手眼补砌时,灰缝应填满砂浆,不得用干砖填塞。

(7)设计要求的洞口、管道、沟槽应于砌筑时正确留出或预埋,未经设计同意,不得打凿墙体和在墙体上开凿水平沟槽。宽度超过300mm的洞口上部,应设置过梁。

(8)沿未施工楼板或屋面的墙或柱,当可能遇到大风时,其允许自由高度不得超过表8-2的规定。如超过表中限值时,必须采用临时支撑等有效措施。

表8-2　　　　　　　墙和柱的允许自由高度　　　　　　　(m)

墙(柱)厚/mm	砌体密度>1600/(kg/m³)			砌体密度1300~1600/(kg/m³)		
	风载/(kN/m²)			风载/(kN/m²)		
	0.3(约7级风)	0.4(约8级风)	0.5(约9级风)	0.3(约7级风)	0.4(约8级风)	0.5(约9级风)
190	—	—	—	1.4	1.1	0.7
240	2.8	2.1	1.4	2.2	1.7	1.1
370	5.2	3.9	2.6	4.2	3.2	2.1
490	8.6	6.5	4.3	7.0	5.2	3.5
620	14.0	10.5	7.0	11.4	8.6	5.7

注:1. 本表适用于施工处相对标高(H)在10m范围内的情况。如10m<H≤15m,15m<H≤20m时,表中的允许自由高度应分别乘以0.9、0.8的系数;如H>20m时,应通过抗倾覆验算确定其允许自由高度。

2. 当所砌筑的墙有横墙或其他结构与其连接,而且间距小于表列限值的2倍时,砌筑高度可不受本表的限制。

(9)搁置预制梁、板的砌体顶面应找平,安装时应坐浆。当设计无具体要求时,应采用1:2.5的水泥砂浆。

(10)设置在潮湿环境或有化学侵蚀性介质的环境中的砌体灰缝内的钢筋应采取防腐措施。

(11)砌体施工时,楼面和屋面荷载不得超过楼板的允许荷载值。施工层进料口楼板下,宜采取临时加撑措施。

(12)分项工程的验收应在检验批验收合格的基础上进行。检验批的确定可根据施工段划分。

(13)砌体工程检验批验收时,其主控项目应全部符合《砌体结构工程施工质量验收规范》(GB 50203—2011)的规定;一般项目应有80%及以上的抽检处符合《砌体结构工程施工质量验收规范》(GB 50203—2011)的规定,或偏差值在允许偏差范围以内。

第八章 砌体工程施工技术

第二节 砌筑砂浆

砂浆是由胶结料、细骨料、掺加料和水配制而成的,在建筑工程中起粘结、衬垫和传递应力的作用。将砖、砌块、石等粘结成为砌体的砂浆称为砌筑砂浆。

砌筑砂浆宜用水泥砂浆或水泥混合砂浆。水泥砂浆是由水泥、细骨料和水配制而成的砂浆。水泥混合砂浆是由水泥、细骨料、掺加料和水配制成的砂浆。

一、材料要求

1. 水泥

砌筑用水泥对品种、强度等级没有限制,但使用水泥时,应注意水泥的品种性能及适用范围。宜选用普通硅酸盐水泥或矿渣硅酸盐水泥,不宜选用强度等级太高的水泥,水泥砂浆不宜选用水泥强度等级大于 32.5 级的水泥,混合砂浆选用水泥强度等级不宜大于 42.5 级的水泥。对不同厂家、品种、强度等级的水泥应分别贮存,不得混合使用。

水泥进入施工现场应有出厂质量保证书,且品种和强度等级应符合设计要求。对进场的水泥质量应按有关规定进行复检,经试验鉴定合格后方可使用,出厂日期超过 90d 的水泥(快硬硅酸盐水泥超过 30d)应进行复检,复检达不到质量标准不得使用。严禁使用安定性不合格的水泥。

2. 砂

砖砌体、砌块砌体及料石砌体用的砂浆宜用中砂,砌毛石用的砂浆宜用粗砂,并应过筛,不得含有草根、土块、石块等杂物。砂应进行抽样检验并符合现行国家标准的要求。采用细砂的地区,砂的允许含泥量可经试验后确定。

3. 石灰

(1)石灰岩经煅烧分解,放出二氧化碳气体,得到的产品即为生石灰。生石灰主要技术指标应符合表 8-3 的规定。

表 8-3　　　　　　　生石灰的主要技术指标表

序号	项　目	钙质生石灰			镁质生石灰		
		优等品	一等品	合格品	优等品	一等品	合格品
1	$CaO+MgO$ 含量/(%)≥	90	85	80	85	80	75
2	CO_2/(%) ≤	5	7	9	6	8	10
3	未消化残渣含量(5mm 圆孔筛的筛余)/(%) ≤	5	10	15	5	10	15
4	产浆量/(L/kg) ≥	2.8	2.3	2.0	2.8	2.3	2.0

注:以同一生产厂家、同一批进场的数量不超过 100t 为一批量进行复试。

(2)熟化后的石灰称为熟石灰,其成分以氢氧化钙为主。根据加水量的不同,石灰可被熟化成粉状的消石灰、浆状的石灰膏和液体状态的石灰乳。

消石灰的主要技术指标,应符合表 8-4 的规定。

表 8-4 消石灰的主要技术指标表

序号	项目		钙质消石灰粉			镁质消石灰粉			白云石消石灰粉		
			优等品	一等品	合格品	优等品	一等品	合格品	优等品	一等品	合格品
1	（CaO＋MgO）含量/(%) ≥		65	60	55	60	55	50			
2	游离水/(%)		4	4	4	4	4	4			
	细度	0.9mm 方孔筛的筛余量/(%) ≤	0	0	0.5	0	0	0.5	0	0	0.5
		0.125mm 方孔筛筛余量/(%) ≤	3	10	15	3	10	15	3	10	15
3	体积安定性		合格	合格	—	合格	合格	—	合格	合格	—

(3)生石灰熟化成石灰膏时,应用孔洞不大于 3mm×3mm 的网过滤,熟化时间不得少于 7d;对于磨细生石灰粉,其熟化时间不得少于 1d。沉淀池中贮存的石灰膏,应防止干燥、冻结和污染。严禁使用脱水硬化的石灰膏。

4. 黏土膏

采用黏土或粉质粘土制备黏土膏时,宜用搅拌机加水搅拌,通过孔径不大于 3mm×3mm 的网过筛。用比色法鉴定黏土中的有机物含量时应浅于标准色。

5. 粉煤灰

粉煤灰品质等级用 3 级即可。砂浆中的粉煤灰取代水泥率不宜超过 40%,砂浆中的粉煤灰取代石灰膏率不宜超过 50%。

6. 有机塑化剂

有机塑化剂应符合相应的有关标准和产品说明书的要求。当对其质量有怀疑时,应经试验检验合格后,方可使用。

7. 水

宜采用饮用水。当采用其他来源水时,水质必须符合《混凝土用水标准》(JGJ 63—2006)的规定。

8. 外加剂

引气剂、早强剂、缓凝剂及防冻剂应符合国家质量标准或施工合同确定的标准,并应具有法定检测机构出具的该产品砌体强度型式检验报告,还应经砂浆性能试验合格后方可使用。其掺量应通过试验确定。

第八章 砌体工程施工技术

二、砂浆的配制与使用

1. 砂浆配料要求

(1)水泥、有机塑化剂和冬期施工中掺用的氯盐等的配料准确度应控制在±2%以内;砂、水及石灰膏、电石膏、黏土膏、粉煤灰、磨细生石灰粉等的配料准确度应控制在±5%以内。

(2)砂浆所用细骨料主要为天然砂,它应符合混凝土用砂的技术要求。由于砂浆层较薄,对砂子最大料径应有限制。用于毛石砌体砂浆,砂子最大料径应小于砂浆层厚度的1/5~1/4;用于砖砌体的砂浆,宜用中砂,其最大粒径不大于2.5mm;光滑表面的抹灰及勾缝砂浆,宜选用细砂,其最大料径不宜大于1.2mm。当砂浆强度等级大于或等于M5时,砂的含泥量不应超过5%;强度等级为M5以下的砂浆,砂的含泥量不应超过10%。若用煤渣做骨料,应选用燃烧完全且有害杂质含量少的煤渣,以免影响砂浆质量。

(3)石灰膏、黏土膏和电石膏的用量,宜按稠度为(120±5)mm计量。现场施工当石灰膏稠度与试配时不一致时,应进行换算。

(4)为使砂浆具有良好的保水性,应掺入无机或有机塑化剂,不应采取增加水泥用量的方法。

(5)水泥混合砂浆中掺入有机塑化剂时,无机掺加料的用量最多可减少一半。

(6)水泥砂浆中掺入有机塑化剂时,应考虑砌体抗压强度较水泥混合砂浆砌体降低10%的不利影响。

(7)水泥黏土砂浆中,不得掺入有机塑化剂。

(8)在冬季砌筑工程中使用氯化钠、氯化钙时,应先将氯化钠、氯化钙溶解于水中后投入搅拌,其掺量可参考表8-5。

表8-5　　　　　　　氯盐掺量(占用水量的%)

砌体种类	盐类	日最低气温/(℃)			
		≥-10	-11~-15	-16~-20	-20~-25
砖、砌块	氯化钠	3	5	7	—
石	氯化钠	4	7	10	—
砖、砌块	氯化钠+氯化钙			5+2	7+3

2. 砂浆拌制及使用

(1)砌筑砂浆应采用机械搅拌,自投料完算起,搅拌时间应符合下列规定:
1)水泥砂浆和水泥混合砂浆不得少于2min。
2)水泥粉煤灰砂浆和掺用外加剂的砂浆不得少于3min。
3)掺用有机塑化剂的砂浆,应为3~5min。

(2)砂浆现场拌制时,各组分材料应采用重量计量。

(3)拌制水泥砂浆,应先将砂与水泥干拌均匀,再加水拌合均匀。

(4)拌制水泥混合砂浆,应先将砂与水泥干拌均匀,再加掺加料(石灰膏、黏土膏)和水拌合均匀。

(5)拌制水泥粉煤灰砂浆,应先将水泥、粉煤灰、砂干拌均匀,再加水拌合均匀。

(6)掺用外加剂时,应先将外加剂按规定浓度溶于水中,在拌合水投入时投入外加剂溶液,外加剂不得直接投入拌制的砂浆中。

(7)砂浆拌成后和使用时,均应盛入贮灰器中。如砂浆出现泌水现象,应在砌筑前再次拌合。

(8)砂浆应随拌随用,水泥砂浆和水泥混合砂浆应分别在 3h 和 4h 内使用完毕;当施工期间最高气温超过 30℃时,应分别在拌成后 2h 和 3h 内使用完毕。对掺用缓凝剂的砂浆,其使用时间可根据具体情况延长。

第三节 砖砌体工程施工

一、基本规定

(1)用于清水墙、柱表面的砖,应边有整齐,色泽均匀。

(2)有冻胀环境和条件的地区,地面以下或防潮层以下的砌体,不宜采用多孔砖。

(3)砌筑砖砌体时,砖应提前 1~2d 浇水湿润。

(4)采用铺浆法砌筑时,铺浆长度不得超过 750mm;施工期间若气温超过 30℃时,铺浆长度不得超过 500mm。

(5)240mm 厚承重墙的每层墙的最上一皮砖,砖砌体的阶台水平面上及挑出层,应整砖丁砌。

(6)砖过梁底部的模板,应在灰缝砂浆强度不低于设计强度的 50%时,方可拆除。

(7)多孔砖的孔洞应垂直于受压面砌筑。

(8)施工时施砌的蒸压(养)砖的产品龄期不应小于 28d。

(9)砌体留接及拉结筋应符合下列要求:

1)砖砌体的转角处和交接处应同时砌筑,严禁无可靠措施的内外墙分砌施工。对不能同时砌筑而又必须留置的临时间断处应砌成斜槎,斜槎水平投影长度不应小于高度的 2/3。

接槎时必须将接槎处的表面清理干净,浇水湿润,填实砂浆并保持灰缝平直。

2)非抗震设防及抗震设防烈度为 6 度、7 度地区的临时间断处,当不能留斜槎时,除转角处外,可留直槎,但直槎必须做成凸槎。留直槎处应加设拉结钢筋,拉结钢筋的数量为每120mm墙厚放置1ϕ6拉结钢筋(120mm厚墙放置2ϕ6拉结钢筋),间距沿墙高不应超过500mm;埋入长度从留槎处算起每边均不应小于500mm,对抗震设防烈度6度、7度的地区,不应小于1000mm;末端应有90°弯钩。如图8-1所示。

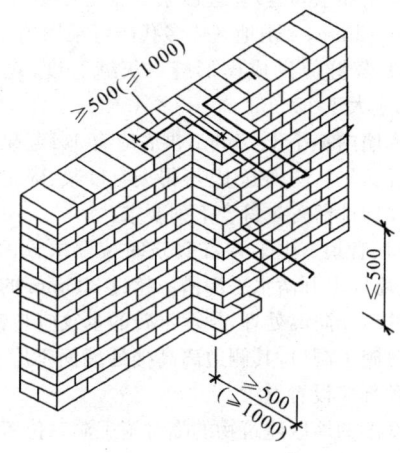

图8-1 留直槎

3)多层砌体结构中,后砌的非承重砌体隔墙,应沿墙高每隔500mm配置2根ϕ6的钢筋与承重墙或柱拉结,每边伸入墙内不应小于500mm。抗震设防烈度为8度和9度区,长度大于5m的后砌隔墙的墙顶,尚应与楼板或梁拉结。隔墙砌至梁板底时,应留一定空隙,间隔一周后再补砌挤紧。

(10)砌体灰缝应符合下列要求:

1)砖砌体的灰缝应横平竖直,厚薄均匀。水平灰缝厚度和竖向灰缝宽度宜为10mm,但不应小于8mm,也不应大于12mm。砌筑方法宜采用"三一"砌砖法,即"一铲灰、一块砖、一揉挤"的操作方法。竖向灰缝宜采用挤浆法或加浆法,使其砂浆饱满,严禁用水冲浆灌缝。如采用铺浆法砌筑,铺浆长度不得超过750mm。施工期间气温超过30℃时,铺浆长度不得超过500mm。

水平灰缝的砂浆饱满度不得低于80%;竖向灰缝不得出现透明缝、瞎缝和假缝。

2)清水墙面不应有上下二皮砖搭接长度小于25mm的通缝,不得有三分头砖,不得在上部随意变活乱缝。

3)空斗墙的水平灰缝厚度和竖向灰缝宽度一般为10mm,但不应小于7mm,也不应大于13mm。

4)筒拱拱体灰缝应全部用砂浆填满,拱底灰缝宽度宜为 5~8mm,筒拱的纵向缝应与拱的横断面垂直。筒拱的纵向两端,不宜砌入墙内。

5)为保持清水墙面立缝垂直一致,当砌至一步架子高时,水平间距每隔 2m,在丁砖竖缝位置弹两道垂直立线,控制游丁走缝。

6)清水墙勾缝应采用加浆勾缝,勾缝砂浆宜采用细砂拌制的 1:1.5 水泥砂浆。勾凹缝时深度为 4~5mm,多雨地区或多孔砖可采用稍浅的凹缝或平缝。

7)砖砌平拱过梁的灰缝应砌成楔形缝。灰缝宽度,在过梁底面不应小于 5mm;在过梁的顶面不应大于 15mm。

8)拱脚下面应伸入墙内不小于 20mm,拱底应有 1% 起拱。

9)砌体的伸缩缝、沉降缝、防震缝中,不得夹有砂浆、碎砖和杂物等。

(11)预留孔洞及预埋件留置应符合下列要求:

1)设计要求的洞口、管道、沟槽,应在砌筑时按要求预留或预埋未经设计同意,不得打凿墙体和在墙体上开凿水平沟槽。超过 300mm 的洞口上部应设过梁。

2)砌体中的预埋件应作防腐处理,预埋木砖的木纹应与钉子垂直。

3)在墙上留置临时施工洞口,其侧边离高楼处墙面不应小于 500mm,洞口净宽度不应超过 1m,洞顶部应设置过梁。

抗震设防烈度为 9 度的地区建筑物的临时施工洞口位置,应会同设计单位确定。临时施工洞口应做好补砌。

4)预留外窗洞口位置应上下挂线,保持上下楼层洞口位置垂直;洞口尺寸应准确。

二、普通砖基础施工

1. 砖基础构造

普通砖基础是由烧结普通砖与砂浆砌成,砖的强度等级不应低于 MU10,砂浆强度不应低于 M5,应采用水泥砂浆或水泥混合砂浆。

砖基础由基础墙和大放脚组成,大放脚即是基础墙底下的扩大部分。大放脚有等高式和不等高式两种。等高式大放脚是每砌两皮砖收进一次,每次每边收进 1/4 砖长;不等高式大放脚是每砌两皮砖收进一次与每砌一皮砖收进一次相间,每次每边收进 1/4 砖长,最底下一层为两皮砖。如图 8-2 所示。

砖基础大放脚的层数及底宽应经过结构计算而定。

距室内地面以下一皮砖处,在基础墙的水平灰缝中应设置水平防潮层,防潮层一般采用 1:2.5 水泥防水砂浆。

2. 砖基础施工要点

(1)砖基础施工前,应在相对龙门板上定位轴线点间拉准线,用线锤将定位轴线引到基础垫层面上,用墨线弹出,再依据定位轴线,向两旁弹出基础大放脚底面的宽度线,如图 8-3 所示。

如果建筑物周边处未设置龙门板,则应从定位轴线的引桩间拉准线,依此准

第八章 砌体工程施工技术

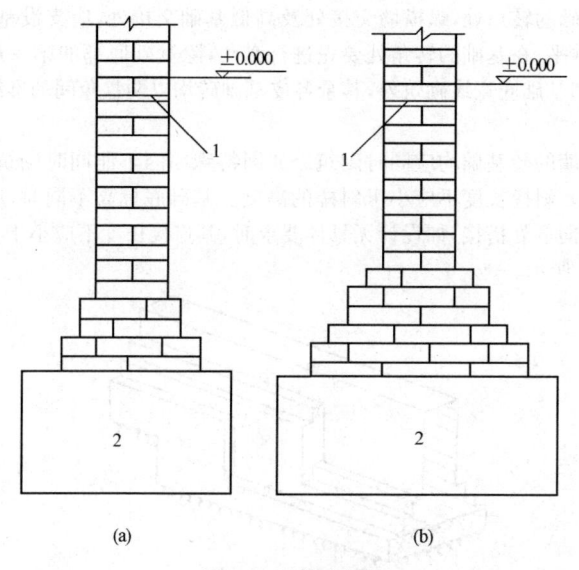

图 8-2 砖基础剖面
（a）等高式；（b）不等高式
1—防潮层；2—垫层

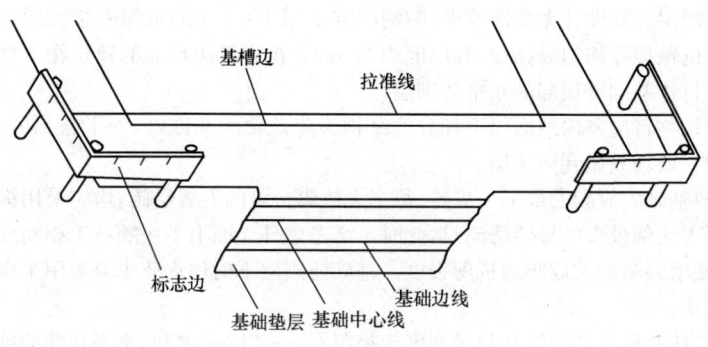

图 8-3 基础放线

线将定位轴线用线锤引到基础垫层面上。基础放线完毕后，应进行复核，检查其放线尺寸是否与设计尺寸相符，其允许偏差应符合表 8-1 的规定。

（2）砖基础砌筑前应将垫层表面清理干净，比较干燥的混凝土垫层应浇水润湿。

(3) 在基础的转角处,纵横墙交接处及高低基础交接处,应支设基础皮数杆,并进行统一抄平;在基础的转角处要先进行盘角,除基础底部的第一皮砖按摆砖撂底的砖样和基础底宽线砌筑外,其余各皮基础砖均以两盘角间的准线作为砌筑的依据。

(4) 内外墙的砖基础均应同时砌筑。如因特殊原因不能同时砌筑时,应留设斜槎(踏步槎),斜槎长度不应小于斜槎的高度。基础底标高不同时,应由低处砌起,并由高处向低处搭接;如设计无具体要求时,其搭接长度不应小于大放脚的高度。如图 8-4 所示。

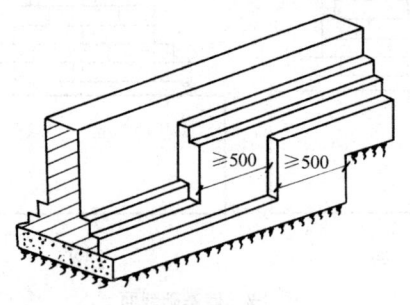

图 8-4 砖基础高低接头处砌法

(5) 在基础墙的顶部、首层室内地面(±0.000)以下一皮砖处(-0.006m),应设置防潮层。如设计无具体要求,防潮层宜采用 1∶2.5 的水泥砂浆加适量的防水剂经机械搅拌均匀后铺设,其厚度为 20mm。抗震设防地区的建筑物严禁使用防水卷材作基础墙顶部的水平防潮层。

建筑物首层室内地面以下部分的结构为建筑物的基础,但为了施工的方便,砖基础一般均只做到防潮层。

(6) 基础大放脚的最下一皮砖、每个大放脚台阶的上表层砖,均应采用横放丁砌砖所占比例最多的排砖法砌筑,此时不必考虑外立面上下一顺一丁相间隔的要求,以便增强基础大放脚的抗剪强度。基础防潮层下的顶皮砖也应采用丁砌为主的排砖法。

(7) 砖基础水平灰缝和竖缝宽度应控制在 8～12mm 之间,水平灰缝的砂浆饱满度用百格网检查不得小于 80%。砖基础中的洞口、管道、沟槽和预埋件等,砌筑时应留出或预埋,宽度超过 300mm 的洞口应设置过梁。

(8) 基底宽度为二砖半的大放脚转角处、十字交接处的组砌方法如图 8-5、图 8-6 所示。T 字交接处的组砌方法可参照十字接头处的组砌方法,即将图中竖向直通墙基础的一端(例如下端)截断,改用七分头砖作端头砖即可。有时为了正好放下七分头砖,需将原直通墙的排砖图上错半砖长。

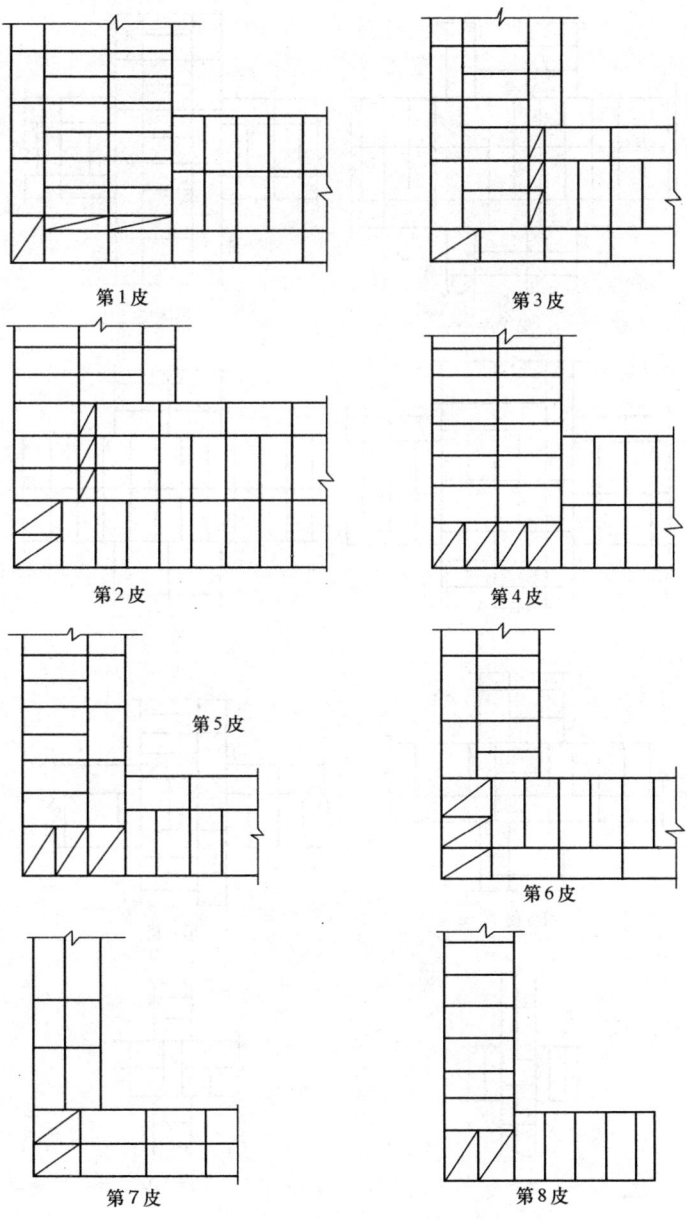

图 8-5 二砖半大放脚转角砌法

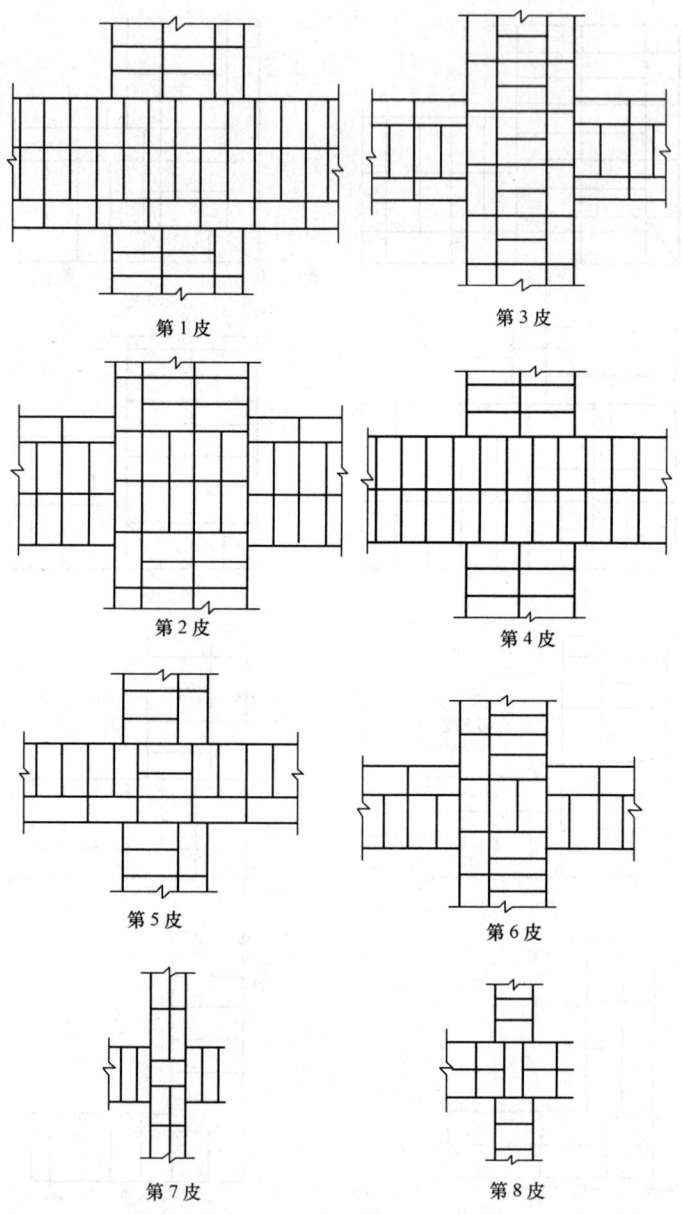

图 8-6 二砖半大放脚砌法

(9)基础十字、T字交接处和转角处组砌的共同特点是:穿过交接处的直通墙基础的应采用一皮砌通与一皮从交接处断开相间隔的组砌型式;T字交接处、转角处的非直通墙的基础与交接处也应采用一皮搭接与一皮断开相间隔的组砌型式,并在其端头加七分头砖(3/4砖长,实长应为177~178mm)。

(10)基础砌完后,应及时回填。基槽回填土时应从基础两侧同时进行,并按规定的厚度和要求进行分层回填、分层夯实。单侧回填土时,应在砖基础的强度达到能抵抗回填土的侧压力并能满足允许变形的要求后方可进行,必要时,应在基础非回填的一侧加设支撑。

三、普通砖墙施工

1. 砖墙构造

普通砖墙是由烧结普通砖与砂浆砌成。砖的强度等级不应低于MU10,砂浆强度等级不应低于M2.5,砂浆宜用水泥混合砂浆。

砖墙依其厚度不同有半砖墙(115mm)、3/4砖墙(180mm)、一砖墙(240mm)、一砖半墙(365mm)、二砖墙(490mm)等。半砖墙仅限用于非承重墙。

砖墙依其墙面装饰程度分为清水墙和混水墙。清水墙是墙面不抹灰,用水泥砂浆勾缝;混水墙是墙面以且要抹灰的,用原砌筑砂浆勾缝。

局部受压力较大处及为了墙体稳定需要,沿墙体长度方向,每隔一定距离,在墙体上附砌砖垛,砖垛突出墙面至少120mm,砖垛面宽至少240mm。砖垛可单面或双面突出墙面(图8-7)。

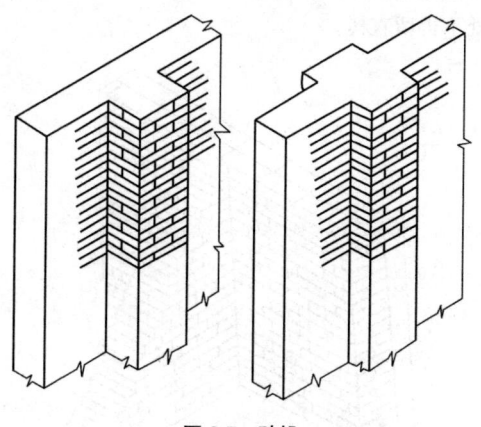

图 8-7 砖垛
(a)单面垛;(b)双面垛

砖垛的清水或混水随墙面清水或混水而定。墙面清水,砖垛清水或混水;墙面混水,砖垛则混水。

2. 砖墙施工要点

(1)全部砖墙除分段处外,均应尽量平行砌筑,并使同一皮砖层的每一段墙顶面均在同一水平面内,作业中以皮数杆上砖层的标高进行控制。砖基础和每层墙砌完后,必须校正一次水平、标高和轴线,偏差在允许范围之内的,应在抹防潮层或圈梁施工、楼板施工时加以调整,实际偏差超过允许偏差的(特别是轴线偏差),应返工重砌。

(2)砖墙砌筑前,应将砌筑部位的顶面清理干净,并放出墙身轴线和墙身边线,浇水润湿。

(3)砖墙的水平灰缝厚度和竖向灰缝宽度控制在8~12mm之间,10mm最宜。水平灰缝的砂浆饱满度不得小于80%;竖缝宜采用挤浆法或加浆法,使其砂浆饱满,不得出现透明缝,并严禁用水冲浆灌缝。

(4)宽度小于1m的窗间墙应选用质量好的整砖砌筑,半头砖和有破损的砖应分散使用在受力较小的墙体内侧,小于1/4砖的碎砖不能使用。

(5)砖墙的转角处和交接处应同时砌筑,不能同时砌筑时应砌成斜槎(踏步槎),斜槎长度不应小于其高度的2/3,如图8-8所示。如留斜槎确有困难,除转角处外,也可以留直槎,但必须做成突出墙面的阳槎,并加设拉结钢筋。拉结钢筋的数量为每半砖墙厚设置一根,每道墙不得少于两根,钢筋直径为6mm;拉结钢筋的间距为沿墙高不得超过500mm(8皮砖高);埋入墙内的长度从留槎处算起每边均不应小于500mm;钢筋的末端应做成90°弯钩,如图8-9所示。抗震设防地区建筑物的临时间断处不得留直槎。

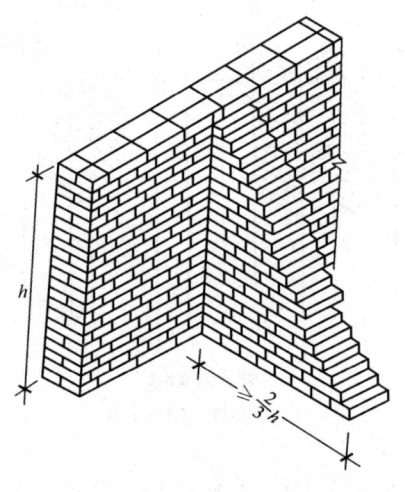

图 8-8 斜槎

第八章 砌体工程施工技术

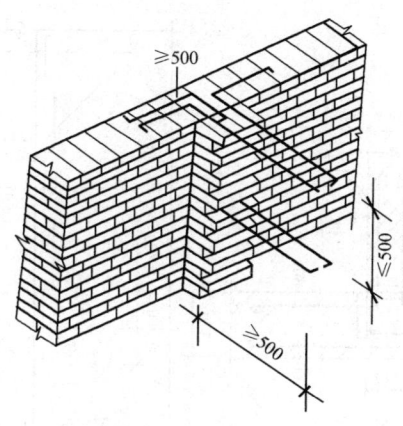

图 8-9 直槎

隔墙与墙或柱之间如果不能同时砌筑,又不能留设斜槎时,可留设突出墙面或柱面的阳槎,或从墙或柱中伸出预埋的拉结钢筋,拉结钢筋的设置要求同承重墙。抗震设防地区建筑物的隔墙,其临时间断处可以留直槎,但必须同时设置拉结钢筋,拉结钢筋的设置要求同承重墙。

砖砌体接槎处继续砌砖时,必须将接槎处的表面清理干净,浇水润湿,并填实端面竖缝、上下水平缝的砂浆,保持砖面平直位正、灰缝均匀。

(6)设有钢筋混凝土构造柱的抗震多层砖混结构房屋,应先绑扎构造柱钢筋,然后砌砖墙,最后浇注混凝土。墙与柱之间应沿高度方向每隔500mm设置一道2根直径为6mm的拉结钢筋,每边伸入墙内的长度不小于1m;构造柱应与圈梁、地梁连接;与柱连接处的砖墙应砌成马牙槎,每一个马牙槎沿高度方向的尺寸不应超过300mm或五皮砖高,马牙槎从每层柱脚开始,应先退后进,进退相差1/4砖,如图8-10所示。钢筋混凝土构造柱也和砖墙一样,采用按楼层分层施工。

(7)每层承重墙的最上一皮砖、梁或梁垫下面的一皮砖以及挑檐、腰线等处,均应采用整砖丁砌。隔墙和填充墙的顶部与上层结构接触处,宜采用侧砖或立砖斜砌挤紧的砌筑方法。

(8)砖墙中留设临时施工洞口时,其侧边离交接处的墙面不应小于500mm;洞口顶部宜设置过梁,也可在洞口上部采取逐层挑砖方法封om,并预埋水平拉结筋;洞口净宽不应超过1m。超过八度以上抗震设防地区临时施工洞的位置,应会同设计单位研究决定。临时洞口补砌时,应将洞口周围砖块表面清理干净,并浇水润湿后再用与原墙相同的材料补砌严密、砂浆饱满。

(9)砖墙分段施工时,施工流水段的分界线宜设在伸缩缝、沉降缝、抗震缝或

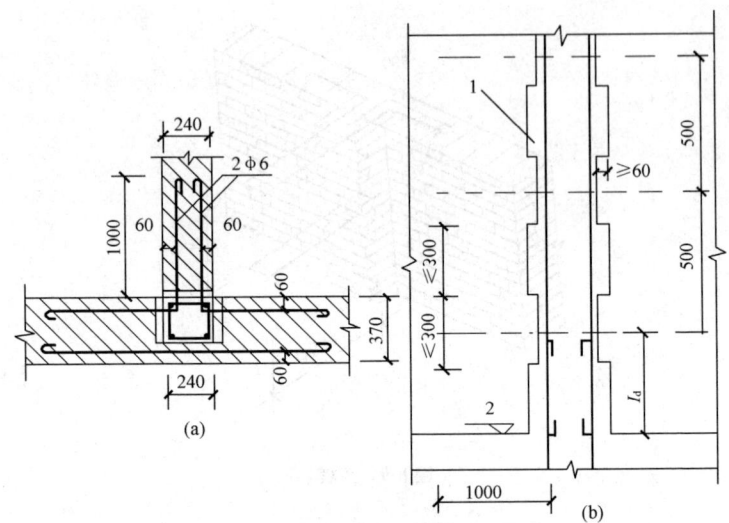

图 8-10 拉结钢筋布置及马牙槎示意图
(a)平面图;(b)立面图
1—马牙槎;2—楼层面

门窗洞口处,相邻施工段的砖墙砌筑高度差不得超过一个楼层高,且不宜大于 4m。砖墙临时间断处的高度差,不得超过一步架高。

(10)墙中的洞口、管道、沟槽和预埋件等,均应在砌筑时正确留出或预埋;宽度超过 300mm 的洞口应设置过梁。

(11)砖墙每天的砌筑高度以不超过 1.8m 为宜,雨天施工时,每天砌筑高度不宜超过 1.2m。

(12)尚未安装楼板或屋面板的砖墙或砖柱,当有可能遇到大风时,则允许的自由高度不得超过表 8-2 的规定。否则应采取可靠的临时加固措施,以确保墙体稳定和施工安全。

四、普通砖柱施工

1. 砖柱构造

普通砖柱是由烧结普通砖与砂浆砌成。砖的强度等级不应低于 MU10,砂浆强度等级不应低于 M5,宜用水泥砂浆或水泥混合砂浆。

砖柱依其断面形状分有矩形柱、圆形柱、八角形柱。矩形柱最小断面尺寸为 240mm×365mm。圆形柱直径不应小于 490mm;八角形柱内圆直径不应小于 490mm。

砖柱依其柱面装饰程度分为清水柱和混水柱。清水柱用水泥砂浆勾缝;混水柱则原浆勾缝，以后抹灰。

2. 砖柱施工要点

(1)单独的砖柱砌筑时，可立固定皮数杆，也可以经常用流动皮数杆检查高低情况。

(2)当几个砖柱在一条线上时，应先砌两头的砖柱，然后拉通线，依线砌中间的柱，以便控制砖皮数正确、进出及高低一致。

(3)砖柱水平灰缝厚度和竖向灰缝宽度一般为10mm，水平灰缝的砂浆饱满度不低于80%，竖缝也要求砂浆饱满。

(4)砖柱基底面找平。砖柱基底面如有高低不平时应先找平，高差小于30mm，用1∶3水泥砂浆找平，大于30mm的要用细石混凝土找平，达到各柱第一皮砖位于同一标高。

(5)严禁包心砌。所谓包心砌，就是砖柱外全部是整砖，内部填半砖或1/4砖。这种砌法虽然外表美观，但整个砖柱出现一个自下而上的通天缝，在受荷载(压力)后，整体承载力和稳定性极差。故不应采用包心砌法。图8-11所示是矩形砖柱的错误砌法；图8-12所示是矩形砖柱的正确砌法。无论采用哪种砌法，应使柱面上下皮的竖缝相互错开1/2砖长或1/4砖长，在柱心无通天缝，少打砖，并尽量利用二分头砖。

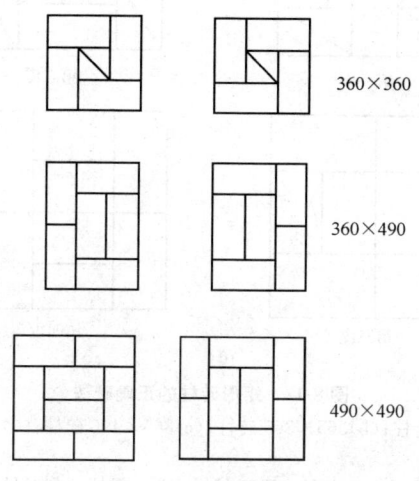

图8-11 矩形砖柱的错误砌法

(6)有网状加筋柱的砌法。有网状加筋柱，其砌法和要求与不加筋的相同，加筋数量与要求应满足设计规定，砌在柱内的钢筋网应在一侧外露1~2mm，以便于检查。

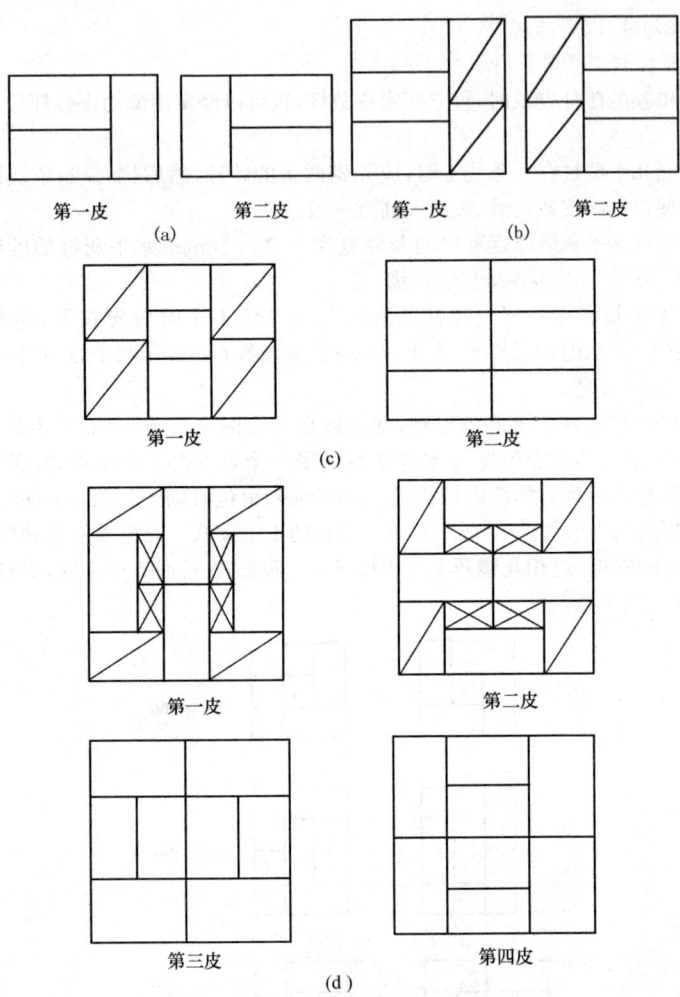

图 8-12 矩形砖柱的正确砌法
(a)240×365 砖柱;(b)365×365 砖柱;(c)365×490 砖柱;(d)490×490 砖柱

(7)隔墙与柱如不同时砌筑,可于柱中引出阳槎,或于柱的灰缝中预埋拉结筋,其构造与砖墙中相同,但每道不少于 2 根。

(8)砖柱每天砌筑高度应不大于 1.8m。

(9)砖柱上不得留置脚手眼。

五、普通砖空斗墙施工

空斗墙施工时应注意以下几点:

(1)砂浆配合比应准确、保证强度:原材料必须逐车过磅,计量准确搅拌时间要达到规定的要求,砂浆试块应有专人负责制作与养护。

(2)排砖时必须把立缝排匀,砌完一步架高度,每隔2m间距在丁砖立楞处用托线板吊直弹线,二步架往上继续吊直弹粉线,由底往上所有七分头的长度应保持一致,上层分窗口位置时必同下窗口保持垂直。

(3)空斗墙的外墙大角,须用普通砖砌成锯齿状与斗砖咬接。盘砌大角不宜过高,以不超过3个斗砖为宜,新盘的大角,及时进行吊、靠。如有偏差要及时修整。盘角时要仔细对照皮数杆的砖层和标高,控制好灰缝大小,使水平灰缝均匀一致。大角盘好后再复查一次,平整和垂直完全符合要求后,再挂线砌墙。

(4)砌筑必须双面挂线,如果长墙几个人均使用一根通线,中间应设几个支线点,小线要拉紧,每层砖都要穿线看平,使水平缝均匀一致,平直通顺;可照顾砖墙两面平整,为下道工序控制抹灰厚度奠定基础。

(5)砌空斗墙宜采用满刀披灰法。在有眠空斗墙中,眠砖层与丁砖接触处,除两端外,其余部分不应填塞砂浆,如图8-13所示;空斗墙的空斗内不填砂浆,墙面不应有竖向通缝。砌砖时砖要放平。里手高,墙面就要张;里手低,墙面就要背。砌砖一定要跟线,"上跟线,下跟棱,左右相邻要对平"。水平灰缝厚度和竖向灰缝宽度一般为10mm,但不应小于7mm,也不应大于13mm。在操作过程中,要认真进行自检,如出现有偏差,应随时纠正,严禁事后砸墙。砌筑砂浆应随搅拌随使用,一般水泥砂浆必须在3h内用完,水泥混合砂浆必须在4h内用完,不得使用过夜砂浆。砌清水墙应随砌、随划缝,划缝深度为8~10mm深浅一致,墙面清扫干净。混水墙应随砌随将舌头灰刮尽。空斗墙应同时砌起,不得留槎。每天砌筑高度不应超过1.8m。

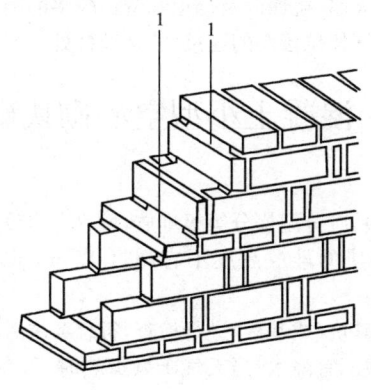

图8-13 一眠二斗空斗墙
1—此缝不宜填砂浆

(6)墙中留洞、预埋件、管道等处应用实心砖砌筑；木砖预埋时应小头在外，大头在内，数量按洞口高度决定。洞口高在1.2m以内，每边放2块；高1.2~2m，每边放3块；高2~3m，每边放4块，预埋木砖的部位一般在洞口上边或下边四皮砖，中间均匀分布。木砖要提前做好防腐处理。钢门窗安装的预留孔、硬架支模、暖卫管道，均应按设计要求预留，不得事后剔凿。墙体拉结筋的位置、规格、数量、间距均应按设计要求留置，不应错放、漏放。

(7)门窗过梁支承处应用实心砖砌筑；安装过梁、梁垫时，其标高、位置及型号必须准确，坐浆饱满。如坐浆厚度超过2cm时，要用细石混凝土铺垫，过梁安装时，两端支承点的长度应一致。

(8)凡设有构造柱的工程，在砌砖前，先根据设计图纸将构造柱位置进行弹线，并把构造柱插筋处理顺直。砌砖墙时，与构造柱连接处砌成马牙槎，马牙槎处砌实心砖。每一个马牙槎沿高度方向的尺寸不宜超过30cm。马牙槎应先退后进。拉结筋按设计要求放置，设计无要求时，一般沿墙高50cm设置2根$\phi 6$水平拉结筋，每边深入墙内不应小于1m。

(9)空斗砖墙砌体施工时，下列部位应砌成实砌体（平砌或侧砌）：
1)墙的转角处和交接处。
2)室内地坪以下的全部砌体，室内地坪和楼板面上3皮砖部分。
3)三层房屋外墙底层窗台标高以下部分。
4)楼板、圈梁、搁栅和檩条等支承面下2~4皮砖的通长部分。
5)梁和屋架支承处按设计要求的部分。
6)壁柱和洞口两侧240mm范围内。
7)屋檐和山墙压顶下的2皮砖部分。
8)楼梯间的墙、防火墙、挑檐以及烟道和管道较多的墙。
9)作填充墙时，与框架拉接筋的连接处、预埋件处。

第四节 混凝土小型空心砌块砌体施工

一、施工准备

运到现场的小砌块，应分规格分等级堆放，堆垛上应设标记，堆放现场必须平整，并做好排水。小砌块的堆放高度不宜超过1.6m，堆垛之间应保持适当的通道。

砌筑基础前，应对基坑（或基槽）进行检查，符合要求后方可开始砌筑基础。

普通混凝土小砌块不宜浇水；当天气干燥炎热时，可在小砌块上稍加喷水润湿；轻骨料混凝土小砌块可洒水，但不宜过多。

二、砂浆制备

(1)砌体所用砂浆应按照设计要求的砂浆品种、强度等级进行配置，砂浆配合

第八章 砌体工程施工技术

比应由试验室确定,采用质量比时,其计量精度为水泥±2%,砂、石灰膏控制在±5%以内。

(2)砂浆应采用机械搅拌。搅拌时间:水泥砂浆和水泥混合砂浆不得少于2min;掺用外加剂的砂浆不得少于3min;掺用有机塑化剂的砂浆,应为3~5min。同时,还应具有较好的和易性和保水性,一般稠度以5~7cm为宜。

(3)砂浆应搅拌均匀,随拌随用,水泥砂浆和水泥混合砂浆应分别在3h和4h内使用完毕;当施工期间最高气温超过30℃时,应分别在拌成后2h和3h内使用完毕。细石混凝土应在2h内用完。

(4)砂浆试块的制作:在每一楼层或250m³砌体中,每种强度等级的砂浆应至少制作一组(每组6块);当砂浆强度等级或配合比有变更时,也应制作试块。

三、芯柱设置

1. 墙体宜设置芯柱的部位

(1)在外墙转角、楼梯间四角的纵横墙交接处的三个孔洞,宜设置素混凝土芯柱。

(2)5层及5层以上的房屋,应在上述的部位设置钢筋混凝土芯柱。

2. 芯柱的构造要求

(1)芯柱截面不宜小于120mm×120mm,宜用不低于Cb20的细石混凝土浇灌。

(2)钢筋混凝土芯柱每孔内插竖筋不应小于1ϕ10,底部应伸入室内地面以下500mm或与基础圈梁锚固,顶部与屋盖圈梁锚固。

(3)在钢筋混凝土芯柱处,沿墙高每隔600mm应设ϕ4钢筋网片拉结,每边伸入墙体不小于600mm,如图8-14所示。

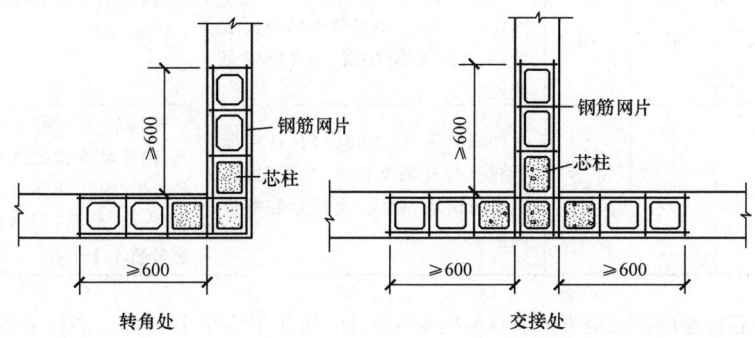

图 8-14 钢筋混凝土芯柱处拉筋

(4)芯柱应沿房屋的全高贯通,并与各层圈梁整体现浇,可采用图8-15所示的做法。

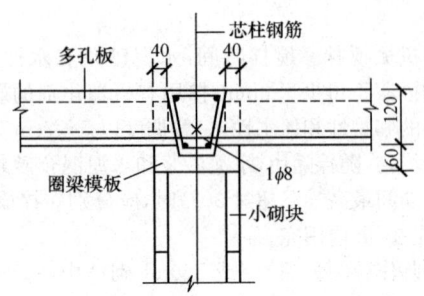

图 8-15 芯柱贯穿楼板的构造

在 6～8 度抗震设防的建筑物中,应按芯柱位置要求设置钢筋混凝土芯柱;对医院、教学楼等横墙较少的房屋,应根据房屋增加 1 层的层数,按表 8-6 的要求设置芯柱。

表 8-6　抗震设防区混凝土小型空心砌块房屋芯柱设置要求

房屋层数及抗震设防烈度			设置部位	设置数量
6 度	7 度	8 度		
四	三	二	外墙转角、楼梯间四角、大房间内外墙交接处	外墙转角灌实 3 个孔;内外墙交接处灌实 4 个孔
五	四	三		
六	五	四	外墙转角、楼梯间四角、大房间内外墙交接处,山墙与内纵墙交接处,隔开间横墙(轴线)与外纵墙交接处	
七	六	五	外墙转角,楼梯间四角,各内墙(轴线)与外墙交接处;8 度时,内纵墙与横墙(轴线)交接处和洞口两侧	外墙转角灌实 5 个孔;内外墙交接处灌实 4 个孔;内墙交接处灌实 4～5 个孔;洞口两侧各灌实 1 个孔

芯柱竖向插筋应贯通墙身且与圈梁连接;插筋不应小于 $1\phi12$。芯柱应伸入室外地下 500mm 或锚入浅于 500mm 基础圈梁内。芯柱混凝土应贯通楼板,当采用装配式钢筋混凝土楼板时,可采用图 8-15 的方式采取贯通措施。

抗震设防地区芯柱与墙体连接处,应设置 $\phi4$ 钢筋网片拉结,钢筋网片每边伸入墙内不宜小于 1m,且沿墙高每隔 600mm 设置。

四、小砌块施工

(1)龄期不足28d及潮湿的小砌块不得进行砌筑。

(2)应在建筑物四角或楼梯间转角处设置皮数杆,皮数杆间距不宜超过15m。皮数杆上画出小砌块高度及水平灰缝的厚度以及砌体中其他构件标高位置。相对两皮数杆之间拉准线,依准线砌筑。

(3)应尽量采用主规格小砌块,并应清除小砌块表面污物和芯柱用小砌块孔洞底部的毛边。

(4)小砌块应底面朝上反砌。

(5)小砌块应对孔错缝搭砌。个别情况当无法对孔砌筑时,普通混凝土小砌块的搭接长度不应小于90mm,轻骨料混凝土小砌块的搭接长度不应小于120mm;当不能保证此规定时,应在水平灰缝中设置钢筋网片或拉结钢筋,网片或钢筋的长度不应小于700mm,如图8-16所示。

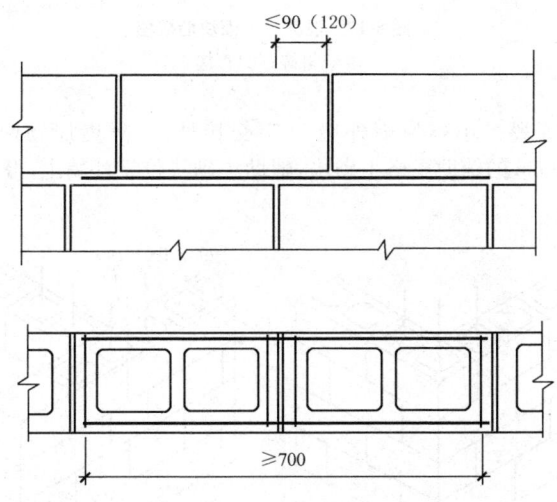

图 8-16 小砌块灰缝中拉结筋

(6)小砌块应从转角或定位处开始,内外墙同时砌筑,纵横墙交错连接。墙体临时间断处应砌成斜槎,斜槎长度不应小于高度的2/3(一般按一步脚手架高度控制);如留斜槎有困难,除外墙转角处及抗震设防地区,墙体临时间断处不应留直槎外,可以从墙面伸出200mm砌成阴阳槎,并沿墙高每三皮砌块(600mm),设拉结筋或钢筋网片,接槎部位宜延至门窗洞口。如图8-17所示。

(7)小砌块外墙转角处,应使小砌块隔皮交错搭砌,小砌块端面外露处用水

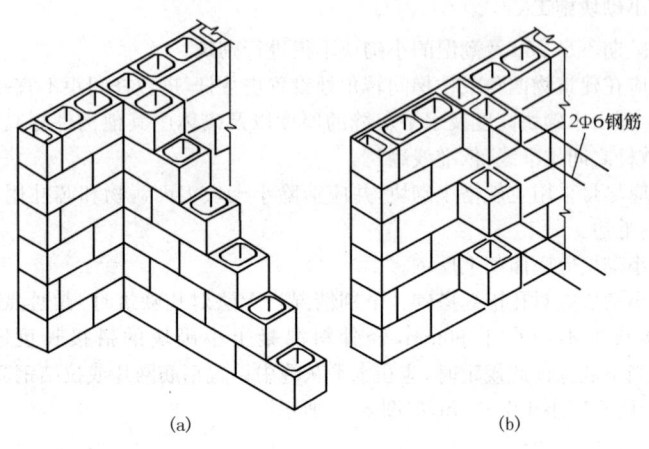

图 8-17　混凝土小砌块墙接槎
(a)斜槎；(b)直槎

泥砂浆补抹平整。小砌块内外墙 T 字交接处，应隔皮加砌两块 290mm×190mm×190mm 的辅助规格小砌块，辅助小砌块位于外墙上，开口处对齐，如图 8-18 所示。

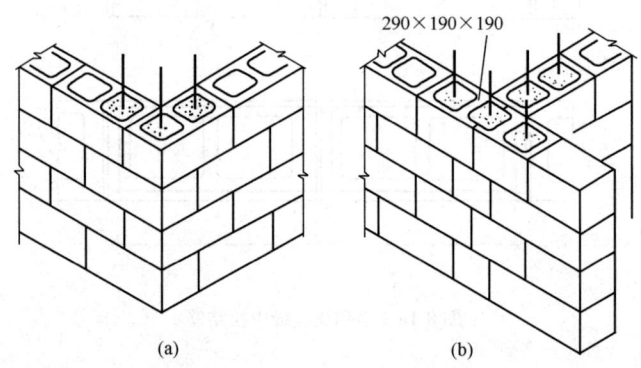

图 8-18　小砌块墙转角及交接处砌法
(a)转角处；(b)T 字交接处

(8)小砌块砌体的灰缝应横平竖直，全部灰缝应填满砂浆；水平灰缝的砂浆饱满度不得低于 90%；竖向灰缝的砂浆饱满度不得低于 80%。砌筑中不得出现瞎缝、透明缝。

(9)小砌块的水平灰缝厚度和竖向灰缝宽度应控制在8～12mm。砌筑时,铺灰长度不得超过800mm,严禁用水冲浆灌缝。

(10)当缺少辅助规格小砌块时,墙体通缝不应超过两皮砌块。

(11)承重墙体不得采用小砌块与烧结砖等其他块材混合砌筑。严禁使用断裂小砌块或壁肋中有竖向凹形裂缝的小砌块砌筑承重墙体。

(12)对设计规定的洞口、管道、沟槽和预埋件等,应在砌筑时预留或预埋,严禁在砌好的墙体上打凿。在小砌块墙体中不得预留水平沟槽。

(13)小砌块砌体内不宜设脚手眼。如必须设置时,可用190mm×190mm×190mm小砌块侧砌,利用其孔洞作脚手眼,砌筑完后用C15混凝土填实脚手眼。但在墙体下列部位不得设置脚手眼:

1)过梁上部,与过梁成60°角的三角形及过梁跨度1/2范围内。

2)宽度不大于800mm的窗间墙。

3)梁和梁垫下及其左右各500mm的范围内。

4)门窗洞口两侧200mm内和墙体交接处400mm的范围内。

5)设计规定不允许设脚手眼的部位。

(14)施工中需要在砌体中设置的临时施工洞口,其侧边离交接处的墙面不应小于600mm,并在洞口顶部设过梁,填砌施工洞口的砌筑砂浆强度等级应提高一级。

(15)砌体相邻工作段的高度差不得大于一个楼层高或4m。

(16)在常温条件下,普通混凝土小砌块日砌筑高度应控制在1.8m以内;轻骨料混凝土小砌块日砌筑高度应控制在2.4m以内。

五、芯柱施工

(1)当设有混凝土芯柱时,应按设计要求设置钢筋,其搭接接头长度不应小于$40d$。芯柱应随砌随灌随捣实。

(2)当砌体为无楼板时,芯柱钢筋应与上、下层圈梁连接,并按每一层进行连续浇筑。

(3)芯柱部位宜采用不封底的通孔小砌块,当采用半封底小砌块时,砌筑前应打掉孔洞毛边。在楼(地)面砌筑第一皮小砌块时,在芯柱部位应用开口小砌块(或U形砌块)砌出操作孔。在操作孔侧面宜预留连通孔,必须清除芯柱孔洞内的杂物及削掉孔内凸出的砂浆,用水冲洗干净,校正钢筋位置并绑扎或焊接固定后,方可浇筑混凝土。浇筑时,每浇灌400～500mm高度捣实一次,或边浇筑边捣实。

(4)芯柱混凝土的浇筑,必须在砌筑砂浆强度大于1MPa以上时,方可进行浇筑。同时,要求芯柱混凝土的坍落度控制在120mm左右。

第五节 石砌体工程施工

砌石工程按其坐浆与否分为干砌石与浆砌石。干砌石是指不用任何灰浆把石块砌筑起来。干砌石不宜用于砌筑墩、台、桥、涵或其他主要受力的建筑物部位，一般仅用于护坡、护底以及河道防冲部分的护岸工程。浆砌石是采用坐浆砌筑的方法。浆砌石中的胶结材料，其作用是把单个的石块联结在一起，使石块依靠胶结材料的粘结力、摩擦力和块石本身质量结合成为新的整体，以保持建筑物的稳固，同时，充填着石块间的空隙，堵塞了一切可能产生的漏水通道。浆砌石具有良好的整体性、密实性和较高的强度，使用寿命更长，还具有较好地防止渗水漏水和抵抗水流冲蚀的能力。

一、毛石砌体施工

(一) 毛石基础砌筑

毛石基础是用乱毛石或平毛石与水泥混合砂浆或水泥砂浆砌成。乱毛石是指形状不规则的石块；平毛石是指形状不规则，但有两个平面大致平行的石块。

(1) 砌第一皮毛石时，应选用有较大平面的石块，先在基坑底铺设砂浆，再将毛石砌上，并使毛石的大面向下。

(2) 砌第一皮毛石时，应分皮卧砌，并应上下错缝，内外搭砌，不得采用先砌外面石块后中间填心的砌筑方法。石块间较大的空隙应先填塞砂浆，后用碎石嵌实，不得采用先摆碎石后塞砂浆或干填碎石的方法。

(3) 砌筑第二皮及以上各皮时，应采用坐浆法分层卧砌，砌石时首先铺好砂浆，砂浆不必铺满，可随砌随铺，在角石和面石处，坐浆略厚些，石块砌上去将砂浆挤压成要求的灰缝厚度。

(4) 砌石时搬取石块应根据空隙大小、楞口形状选用合适的石料先试砌试摆一下，尽量使缝隙减少，接触紧密。但石块之间不能直接接触形成干研缝，同时也应避免石块之间形成空隙。

(5) 砌石时，大、中、小毛石应搭配使用，以免将大块都砌在一侧，而另一侧全用小块，造成两侧不均匀，使墙面不平衡而倾斜。

(6) 砌石时，先砌里外两面，长短搭砌，后填砌中间部分，但不允许将石块侧立砌成立斗石，也不允许先把里外皮砌成长向两行（牛槽状）。

(7) 毛石基础每 0.7m² 且每皮毛石内间距不大于 2m 设置一块拉结石，上下两皮拉结石的位置应错开，立面砌成梅花形。拉结石宽度：如基础宽度等于或小于 400mm，拉结石宽度应与基础宽度相等；如基础宽度大于 400mm，可用两块拉结石内外搭接，搭接长度不应小于 150mm，且其中一块长度不应小于基础宽度的 1/2。

第八章 砌体工程施工技术

(二)毛石墙体砌筑

毛石墙是用平毛石或乱毛石与水泥混合砂浆或水泥砂浆砌成,墙面灰缝不规则,外观要求整齐的墙面,其外皮石材可适当加工。毛石墙的转角可用料石或平毛石砌筑。毛石墙的厚度应不小于350mm。

毛石可以与普通砖组合砌,墙的外侧为砖,里侧为毛石。毛石亦可与料石组合砌,墙的外侧为料石,里侧为毛石。

1. 砌筑准备

砌筑毛石墙应根据基础的中心线放出墙身里外边线,挂线分皮卧砌,每皮高约250~350mm。砌筑方法应采用铺浆法。用较大的平毛石,先砌转角处、交接处和门洞处,再向中间砌筑。砌前应先试摆,使石料大小搭配,大面平放,外露表面要平齐,斜口朝内,逐块卧砌坐浆,使砂浆饱满。石块间较大的空隙应先填塞砂浆,后用碎石嵌实。灰缝宽度一般控制在20~30mm以内,铺灰厚度40~50mm。

2. 砌筑要点

(1)砌筑时,石块上下皮应互相错缝,内外交错搭砌,避免出现重缝、空缝和孔洞,同时应注意合理摆放石块,不应出现图8-19所示的砌石类型,以免砌体承重后发生错位、劈裂、外鼓等现象。

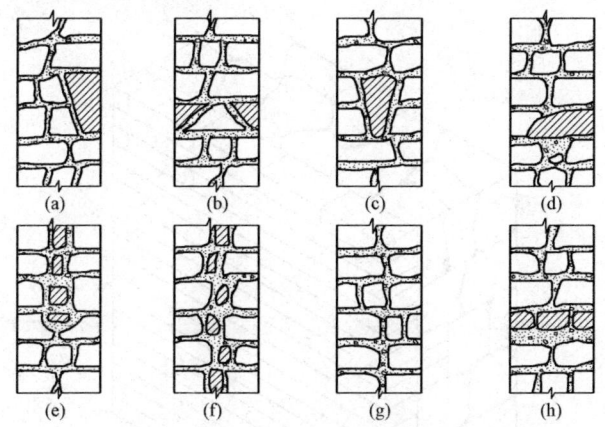

图 8-19 错误的砌石类型
(a)刀口型(1);(b)刀口型(2);(c)劈合型;(d)桥型;
(e)马槽型;(f)夹心型;(g)对合型;(h)分层型

(2)上下皮毛石应相互错缝,内外搭砌,石块间较大的空隙应先填塞砂浆,后用碎石嵌实。严禁先填塞小石块后灌浆的做法。墙体中间不得有铁锹口石(尖石倾斜向外的石块)、斧刃石和过桥石(仅在两端搭砌的石块),如图8-20所示。

(3)毛石墙必须设置拉结石,拉结石应均匀分布,相互错开,一般每0.7m² 墙

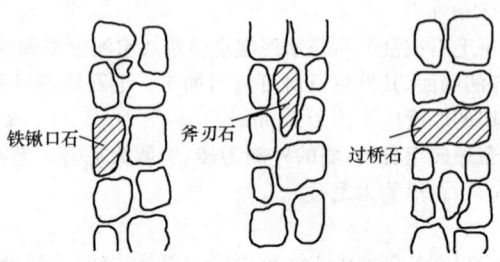

图 8-20 铁锹口石、斧刃石、过桥石示意图

面至少设 1 块,且同皮内的中距不大于 2m。墙厚等于或小于 400mm 时,拉结石长度等于墙厚;墙厚大于 400mm 时,可用 2 块拉结石内外搭砌,搭接长度不小于 150mm,且其中 1 块长度不小于墙厚的 2/3。

(4)在毛石与实心砖的组合墙中,毛石墙与砖墙应同时砌筑,并每隔 4～6 皮砖用 2～3 皮砖与毛石墙拉结砌合,两种墙体间的空隙应用砂浆填满,如图 8-21 所示。

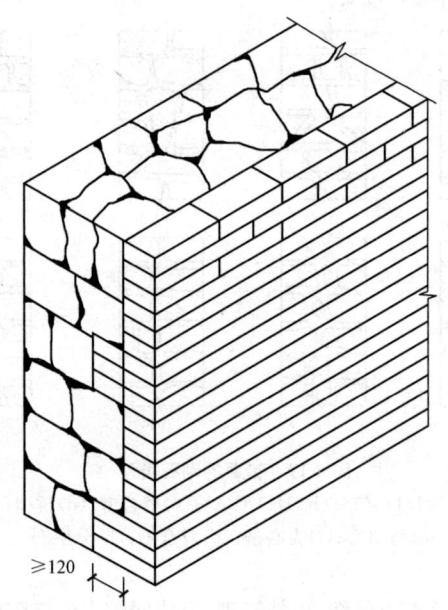

图 8-21 毛石与砖组合墙

(5)毛石墙与砖墙相接的转角处和交接处应同时砌筑。在转角处,应自纵墙

(或横墙)每隔 4~6 皮砖高度引出不小于 120mm 的阳槎与横墙相接,如图 8-22 所示。在丁字交接处,应自纵墙每墙 4~6 皮砖高度引出不小于 120mm 与横墙相接,如图 8-23 所示。

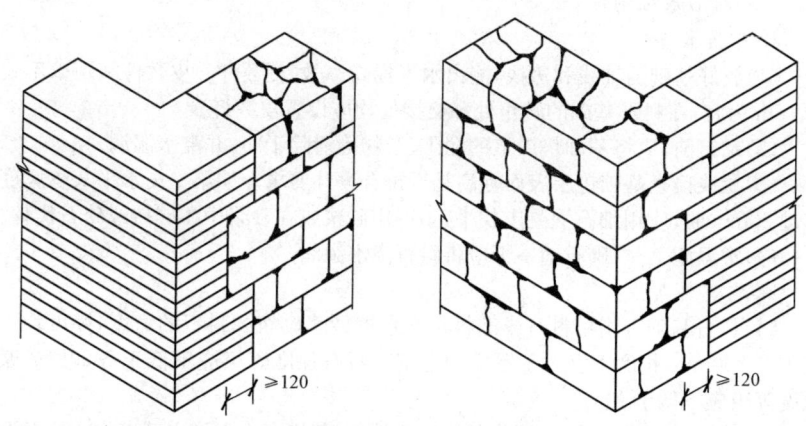

图 8-22 转角处毛石墙与砖墙相接

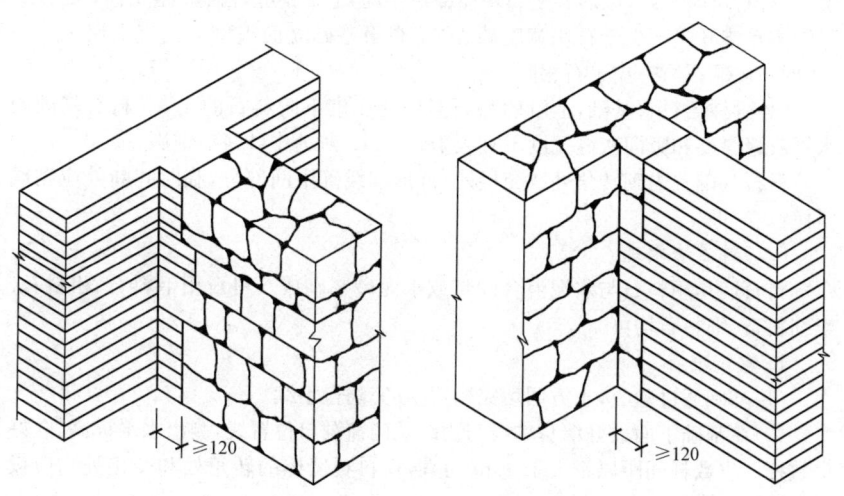

图 8-23 丁字交接处毛石墙与砖墙相接

(6)砌毛石挡土墙,每砌 3~4 皮为一个分层高度,每个分层高度应找平 1 次。

外露面的灰缝厚度不得大于40mm,两个分层高度间的错缝不得小于80mm。毛石墙每日砌筑高度不应超过1.2m。毛石墙临时间断处应砌成斜槎。

二、料石砌体施工

(一)料石基础砌筑

1. 砌筑准备

(1)放好基础的轴线和边线,测出水平标高,立好皮数杆。皮数杆间距以不大于15m为宜,在料石基础的转角处和交接处均应设置皮数杆。

(2)砌筑前,应将基础垫层上的泥土、杂物等清除干净,并浇水湿润。

(3)拉线检查基础垫层表面标高是否符合设计要求。如第一皮水平灰缝厚度超过20mm时,应用细石混凝土找平,不得用砂浆或在砂浆中掺碎砖或碎石代替。

(4)常温施工时,砌石前一天应将料石浇水湿润。

2. 砌筑要点

(1)料石基础宜用粗料石或毛料石与水泥砂浆砌筑。料石的宽度、厚度均不宜小于200mm,长度不宜大于厚度的4倍。料石强度等级应不低于M20。砂浆强度等级应不低于M5。

(2)料石基础砌筑前,应清除基槽底杂物;在基槽底面上弹出基础中心线及两侧边线;在基础两端立起皮数杆,在两皮数杆之间拉准线,依准线进行砌筑。

(3)料石基础的第一皮石块应坐浆砌筑,即先在基槽底摊铺砂浆,再将石块砌上,所有石块应丁砌,以后各皮石块应铺灰挤砌,上下错缝,搭砌紧密,上下皮石块竖缝相互错开应不少于石块宽度的1/2。料石基础立面组砌形式宜采用一顺一丁,即一皮顺石与一皮丁石相间。

(4)阶梯形料石基础,上阶的料石至广泛压砌下阶料石的1/3。料石基础的水平灰缝厚度和竖向灰缝宽度不宜大于20mm。灰缝中砂浆应饱满。

料石基础宜先砌转角处或交接处,再依准线砌中间部分,临时间断处应砌成斜槎。

(二)料石墙砌筑

料石墙是用料石与水泥混合砂浆或水泥砂浆砌成。料石用毛料石、粗料石、半细料石、细料石均可。

1. 砌筑准备

(1)基础通过验收,土方回填完毕,并办完隐检手续。

(2)在基础丁面放好墙身中线与边线及门窗洞口位置线,测出水平标高,立好皮数杆。皮数杆间距以不大于15m为宜,在料石墙体的转角处和交接处均应设置皮数杆。

(3)砌筑前,应将基础顶面的泥土、杂物等清除干净,并浇水湿润。

(4)拉线检查基础顶面标高是否符合设计要求。如第一皮水平灰缝厚度超过20mm时,应用细石混凝土找平,不得用砂浆或在砂浆中掺碎砖或碎石代替。

(5)常温施工时,砌石前 1d 应将料石浇水湿润。
(6)操作用脚手架、斜道以及水平、垂直防护设施已准备妥当。

2. 砌筑要点

(1)料石砌筑前,应在基础丁面上放出墙身中线和边线及门窗洞口位置线,并抄平,立皮数杆,拉准线。

(2)料石砌筑前,必须按照组砌图将料石试排妥当后,才能开始砌筑。

(3)料石墙应双面拉线砌筑,全顺叠砌单面挂线砌筑。先砌转角处和交接处,后砌中间部分。

(4)料石墙的第一皮及每个楼层的最上一皮应丁砌。

(5)料石墙采用铺浆法砌筑,料石灰缝厚度:毛料石和粗料石墙砌体不宜大于20mm,细料石墙砌体不宜大于 5mm。砂浆铺设厚度略高于规定灰缝厚度,其高出厚度:细料石为 3～5mm,毛料石、粗料石宜为 6～8mm。

(6)砌筑时,应先将料石里口落下,再慢慢移动就位,校正垂直与水平。在料石砌块校正到正确位置后,顺石面将挤出的砂浆清除,然后向竖缝中灌浆。

(7)在料石和砖的组合墙中,料石墙和砖墙应同时砌筑,并每隔 2～3 皮料石用丁砌石与砖墙拉结砌合,丁砌石的长度宜与组合墙厚度相等,如图 8-24 所示。

(8)料石墙宜从转角处或交接处开始砌筑,再依准线砌中间部分,临时间断处应砌成斜槎,斜槎长度应不小于斜槎高度。料石墙每日砌筑高度宜不超过 1.2m。

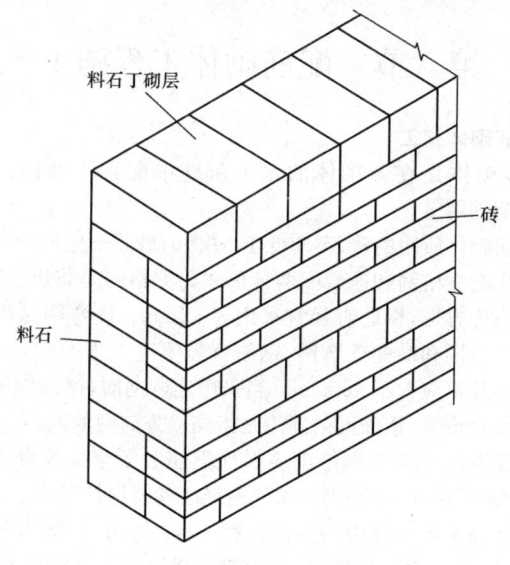

图 8-24 料石和砖组合墙

(三)料石柱砌筑

料石柱是用半细料石或细料石与水泥混合砂浆或水泥砂浆砌成。料石柱有整石柱和组砌柱两种。整石柱每一皮料石是整块的,即料石的叠砌面与柱断面相同,只有水平灰缝,无竖向灰缝。组砌柱每皮由几块料石组砌,上下皮竖缝相互错开。

(1)料石柱砌筑前,应在柱座面上弹出柱身边线,在柱座侧面弹出柱身中心线。

(2)整石柱所用石块其四侧应弹出石块中心线。

(3)砌整石柱时,应将石块的叠砌面清理干净。先在柱座面上抹一层水泥砂浆,厚约10mm,再将石块对准中心线砌上,以后各皮石块砌筑应先铺好砂浆,对准中心线,将石块砌上。石块如有竖向偏斜,可用铜片或铝片在灰缝边缘内垫平。

(4)砌筑料石柱时,应按规定的组砌形式逐皮砌筑,上下皮竖缝相互错开,无通天缝,不得使用垫片。

(5)灰缝要横平竖直。灰缝厚度:细料石柱不宜大于5mm;半细料石柱不宜大于10mm。砂浆铺设厚度应略高于规定灰缝厚度,其高出厚度为3~5mm。

(6)砌筑料石柱,应随时用线坠检查整个柱身的垂直,如有偏斜应拆除重砌,不得用敲击方法去纠正。

(7)料石柱每天砌筑高度不宜超过1.2m。砌筑完后应立即加以围护,严禁碰撞。

第六节 配筋砌体工程施工

一、网状配筋砌体施工

网状配筋砖砌体是在砖砌体的水平灰缝中配置钢筋网,有网状配筋柱(图8-25),网状配筋墙等。

(1)网状配筋砌体所用的砖,不应低于MU10,砂浆不应低于M5。

(2)钢筋网片有方格网和连弯网两种形式。方格网是将纵、横方向的钢筋点焊成钢筋网,网格为方形,钢筋直径宜采用3~4mm。连弯网是将钢筋连弯成格栅形,分有纵向连弯网和横向连弯网,钢筋直径不应大于8mm。钢筋网的间距,不应大于5皮砖,并不应大于400mm。当采用连弯网时,网的钢筋方向应互相垂直,沿砖柱高度交错设置,钢筋网的间距是指同一方向网的间距。

(3)配有钢筋网的水平灰缝厚度应保证钢筋上下至少各有2mm的砂浆层。钢筋网置于砂浆层中间,钢筋网边缘的钢筋的砂浆保护层应不小于15mm。

(4)设置在砌体水平灰缝中钢筋的锚固长度不宜小于$50d$,且其水平或垂直弯折段的长度不宜小于$20d$和150mm;钢筋的搭接长度不应小于$55d$。

(5)配筋砌块砌体剪力墙中,采用搭接接头的受力钢筋搭接长度不应小于

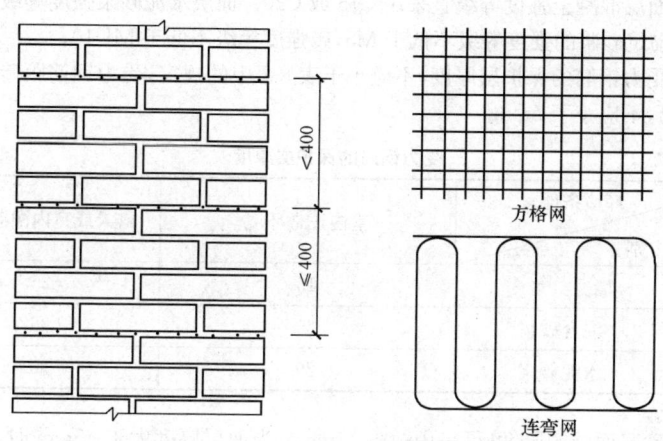

图 8-25 网状配筋砖柱

$35d$,且不应少于 300mm。

二、组合砌体施工

组合砖砌体是砖砌体和钢筋混凝土面层或钢筋砂浆面层组成,有组合砖柱、组合砖垛、组合砖墙等,其断面及其配筋如图 8-26 所示。

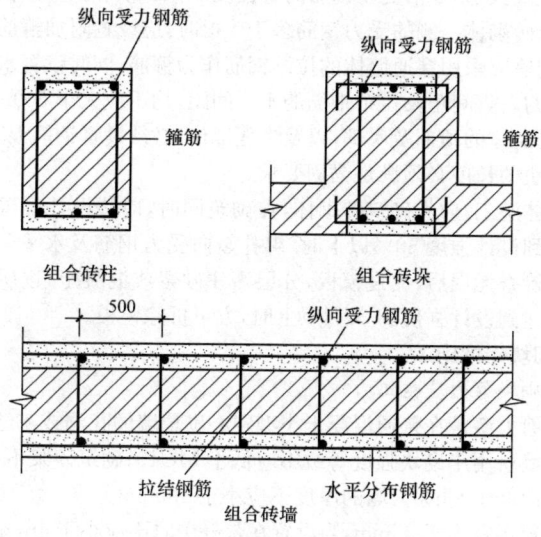

图 8-26 组合砖砌体构件截面

(1)面层混凝土强度等级宜采用C15或C20。面层水泥砂浆强度等级不低于M7.5。砌筑砂浆的强度等级不低于M5,砖强度等级不低于MU10。

(2)受力钢筋的保护层厚度,不应小于表8-7中的规定,受力钢筋距砖砌体表面的距离,不应小于5mm。

表8-7 　　　　　　　　　受力钢筋的保护层厚度　　　　　　　　　(mm)

类别	环境条件	室内正常环境	露天或室内潮湿环境
墙		15	25
柱	混合砂浆	25	35
柱	水泥砂浆	20	30

(3)砂浆面层的厚度,可采用30~45mm。当面层厚度大于45mm时,其面层宜采用混凝土。

(4)受力钢筋宜采用HPB300级钢筋,对于混凝土面层,亦可采用HRB335级钢筋。受压钢筋一侧配筋率,对砂浆面层,不宜小于0.1%;对混凝土面层,不宜小于0.2%。受拉钢筋的配筋率,不应小于0.1%。受力钢筋的直径不应小于8mm。钢筋的净间距,不应小于30mm。

(5)箍筋的直径,不宜小于4mm及0.2倍受压钢筋直径,并不宜大于6mm。箍筋的间距,不应大于20倍受压钢筋的直径及500mm,并不应小于120mm。

(6)当组合砖砌体一侧的受力钢筋多于4根时,应设置附加箍筋或拉结钢筋。

(7)组合砖墙应采用穿通墙体的拉结钢筋作为箍筋,同时设置水平分布钢筋。水平分布钢筋的垂直间距及拉结钢筋的水平间距,均不应大于500mm。

(8)组合砖砌体的顶部及底部,以及牛腿部位,必须设置钢筋混凝土垫块。受力钢筋伸入垫块的长度必须满足锚固要求。

组合砖砌体施工,应先砌筑砖砌体,在砌筑同时,应按设计位置放置箍筋,待砖砌体强度达到设计强度50%以上时,绑扎竖向受力钢筋及水平分布钢筋,钢筋直径及间距经检查无误后,支设模板,分层灌注砂浆或混凝土,逐层捣实,待砂浆或混凝土强度达到设计强度的30%以上时,方可拆除模板。

三、配筋砌块砌体施工

(一)配筋砌块剪力墙施工

配筋砌块剪力墙是在普通混凝土小型空心砌块墙的孔洞或灰缝中配置钢筋。配筋砌块剪力墙所用小砌块强度等级不应低于MU10;砌筑砂浆不应低于M7.5;灌孔混凝土不应低于Cb20。墙的厚度不应小于190mm。

钢筋的直径不宜大于25mm,当设置在灰缝中时不应小于4mm。设置在灰缝中钢筋的直径不宜大于灰缝厚度的1/2。两平行钢筋间的净距不应小于25mm。

孔洞中竖向钢筋的净距不宜小于 40mm。

灰缝中钢筋外露砂浆保护层不宜小于 15mm。位于砌块孔洞中的钢筋保护层,在室外或潮湿环境不宜小于 30mm;在室内正常环境不宜小于 20mm。

配筋砌块剪力墙的构造配筋应符合下列规定:

(1)应在墙的转角、端部和洞口的两侧配置竖向连续的钢筋,钢筋直径不宜小于 12mm。

(2)应在洞口的底部和顶部设置不小于 2φ10 的水平钢筋,其伸入墙内的长度不宜小于 35d(d 为钢筋直径)和 400mm。

(3)其他部位的竖向和水平钢筋的间距不应大于墙长、墙高的一半,也不应大于 1200mm。对局部灌孔的墙体,竖向钢筋的间距不应大于 600mm。

(二)配筋砌块柱施工

配筋砌块柱是在普通混凝土小型空心砌块柱的孔洞配置钢筋,如图 8-27 所示。

柱截面边长不宜小于 400mm,柱高度与截面短边之比不宜大于 30。柱的纵向受力钢筋不宜小于 4φ12,全部纵向受力钢筋的配筋率不宜小于 0.2%。

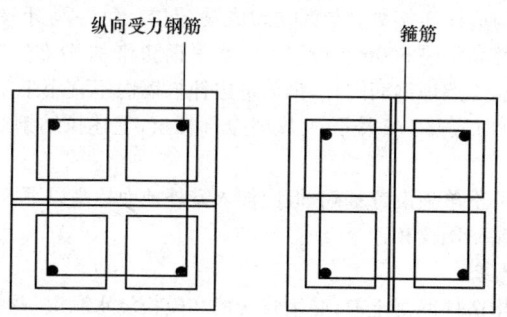

图 8-27 配筋砌块柱截面

柱中箍筋的设置应按下列情况确定:

(1)当纵向钢筋的配筋率大于 0.25%,且柱承受的轴向力大于受压承载力设计值的 25%时,柱应设箍筋;当配筋率不大于 0.25%时,或柱承受的轴向力小于受压承载力设计值的 25%时,柱中可不设置箍筋。

(2)箍筋直径不宜小于 6mm。

(3)箍筋的间距不应大于 16 倍的纵向钢筋直径、48 倍箍筋直径及柱截面短边尺寸中较小者。

(4)箍筋应封闭,端部应弯钩。

(5)箍筋应设置在灰缝或灌孔混凝土中。

四、钢筋混凝土构造柱砌筑

1. 构造柱构造要求

(1)构造柱应沿整个建筑物高度对正贯通,不应使层与层之间构造柱相互错位。突出屋顶的楼梯、电梯间,构造柱应伸到顶部,并与顶部圈梁连接。

(2)设置构造柱的多层砖房,所用普通砖的强度等级不应低于 MU7.5;砌筑砂浆强度等级不应低于 M2.5;当配置水平钢筋时砂浆强度等级不应低于 M5。

(3)构造柱的混凝土强度等级不应低于 C15。钢筋宜用 HPB300 级钢筋。

(4)构造柱最小截面可采用 240mm×180mm。纵向钢筋可采用 4ϕ12;箍筋采用 ϕ4~ϕ6,其间距不宜大于 250mm。当设防地震烈度为 6、7 度时,超过 6 层;8 度超过 5 层及 9 度时,构造柱的纵向钢筋宜采用 4ϕ14;箍筋间距不应大于 200mm。房屋四角的构造柱应适当加大截面及配筋。

(5)构造柱必须与圈梁连接。在构造柱与圈梁相交的节点处应适当加密构造柱的箍筋,加密范围在圈梁上、下均不应小于 450mm 或 1/6 层高,箍筋间距不宜大于 100mm。构造柱与圈梁连接处,构造柱的纵筋应在圈梁纵筋内侧穿过,保证构造柱纵筋上下贯通。

(6)砖墙与构造柱连接处,砖墙应砌成马牙槎。每一马牙槎高度不宜超过 300mm,且应沿墙高每隔 500mm 设置 2ϕ6 水平钢筋和 ϕ4 分布短筋平面内点焊组成的拉结网片或 ϕ4 点焊钢筋网片,钢筋每边伸入墙内不宜小于 1.0m。6、7 度时底部 1/3 层,8 度时底部 1/2 楼层,9 度时全部楼层,上述拉结钢筋网片应沿墙体水平通长布置。

(7)构造柱可不单独设置基础,但应伸入室外地面标高以下 500mm 或与埋深小于 500mm 的基础圈梁相连。

2. 构造柱施工

(1)在浇筑构造柱混凝土前,必须将砖墙和模板浇水润湿,并将模板内的落地灰、砖碴等杂物清除干净。在砌砖墙时,应在各层构造柱底部(圈梁面上)以及该层二次浇筑段的下端位置,留出两皮砖的洞眼,以便清除模板内杂物。杂物清除完毕应立即封闭洞眼。

(2)构造柱混凝土骨料的粒径不宜大于 20mm。混凝土坍落度宜为 50~70mm。混凝土应随拌随用,拌合好的混凝土应在 1.5h 内浇筑完。

(3)构造柱的混凝土浇筑可以分段进行,每段高度不宜大于 2.0m。在施工条件较好并能确保混凝土浇筑密实时,也可每层一次浇筑。

(4)振捣构造柱混凝土时,宜用插入式振动器,分层捣实。振捣棒随振随拔,每次振捣层的厚度不应超过振捣棒长度的 1.25 倍。振捣时,振捣棒应避免直接碰触砖墙,严禁通过砖墙传振。

(5)构造柱与砖墙连接的马牙槎内的混凝土、砖墙灰缝的砂浆都必须密实饱满。砖墙水平灰缝砂浆饱满度不得低于 80%。构造柱内钢筋的混凝土保护层厚度宜为 20mm,且不小于 15mm。

第七节　砌体结构季节性施工

一、砌体结构冬期施工

1. 砌体冬期施工特点

当预计连续 10d 内的室外平均气温低于 5℃,或在冬期施工期限以外,当日最低气温低于 -3℃ 时,砌体工程施工即应遵照施工及验收规范冬期施工规定进行。而预计气温可根据当地气象预报或历年气象统计资料估计。

冬期砌筑的主要问题是砂浆容易遭到冻结。砂浆中所含的水受冻结冰后,一方面影响水泥的硬化(水泥的水化作用不能正常进行);另一方面砂浆冻结会使其体积膨胀 8% 左右,体积膨胀会破坏砂浆内部结构,使其松散而降低粘结力。所以冬期砌砖要严格控制砂浆用水量,采取延缓和避免砂浆中水遭冻结的措施,以保证砂浆的正常硬化,使砌体达到设计强度。

砂浆受冻后对砌体的影响程度,与砂浆受冻时已达到的强度值有关。如砂浆在砌筑后立即遭到冻结,则在冻结期内砂浆强度停止增长,虽然在解冻后强度仍能继续增长,但是其 28d 抗压强度和结合力比常温下正常硬化强度将有较大降低。

如果水泥砂浆或水泥混合砂浆在达到 28d 强度的 20% 后遭冻结,则对砂浆最终强度影响不大。基于上述理由,冬期砌筑施工时,可在砂浆中掺入外加剂,加快砂浆早期强度增长或延缓其受冻时间。

但是,当受冻的砌体解冻时,砂浆的压缩量将增大,必然会加大砌体的沉降量,因此,砌体冬期施工应减小灰缝厚度,一般不要超过 10mm。

冬期施工砌体在解冻期,由于砂浆强度相当低,砂浆与砖块间粘结力减弱,在此期间砌体的稳定性较差,应随时注意观测,并应采取必要的加固措施,避免在解冻期发生不均匀下沉、墙体开裂、倾斜等事故。

砌体冬期施工,应严格遵照施工及验收规范的有关规定进行。

2. 砌体冬期施工对材料的要求

(1)普通砖、空心砖、灰砂砖、混凝土小型空心砌块、加气混凝土砌块和石材在砌筑前,应清除表面污物、冰雪等,不得使用遭水浸和受冻后的砖或砌块。

(2)砂浆宜优先采用普通硅酸盐水泥拌制,不得使用无水泥拌制的砂浆。

(3)石灰膏、黏土膏或电石膏等宜保温防冻,当遭冻结时,应经隔化后方可使用。

(4)拌制砂浆所用的砂,不得含有直径大于 10mm 的冻结块或冰块。

(5)拌合砂浆宜采用两步投料法。水的温度不得超过 80℃;砂的温度不得超过 40℃。

(6)砂浆使用温度应符合下列规定。
1)采用掺外加剂法时,不应低于+5℃。
2)采用氯盐砂浆法时,不应低于+5℃。
3)采用暖棚法时,不应低于+5℃。
4)采用冻结法当室外空气温度分别为 0～-10℃、-11～-25℃、-25℃以下时,砂浆使用最低温度分别为 10℃、15℃、20℃。

3. 砌体冬期施工砌筑要求

(1)普通砖、多孔砖和空心砖在气温高于 0℃条件下砌筑时,应浇水湿润。在气温低于或等于 0℃条件下砌筑时,可不浇水,但必须增大砂浆稠度。抗震设防烈度为 9 度的建筑物,普通砖、多孔砖和空心砖无法浇水湿润时,如无特殊措施,不得砌筑。

(2)砖砌体应采用"三一"砌砖法施工,灰缝厚度不应大于 10mm。

(3)每日砌筑后,应及时在砌体表面进行保护性覆盖,砌体表面不得留有砂浆。在继续砌筑前,应扫净砌体表面。

(4)砂浆试块的留置,除应按常温规定要求外,尚应增留不少于 1 组与砌体同条件养护的试块,测试检验 28d 强度。

(5)基土无冻胀性时,基础可在冻结的地基上砌筑;基土有冻胀性时,应在未冻的地基上砌筑。在施工期间和回填土前,均应防止地基遭受冻结。

二、砌体结构雨期施工

雨期施工同样因露天作业受气候及环境影响较大,主要表现为降雨和高温。

1. 降雨和高温对砌体施工的影响

(1)降雨的影响。夏季主要表现为突然出现的雷雨、冰雹,雨量的大小用积水的高度来计算,假设降下的雨水的高度就是该地区的降雨量,一般以 mm 计。雨期的降雨强度是以一天的雨量多少计算。当一天的雨量小于 10mm 时为小雨;雨量达 10～25mm 时为中雨;雨量达 25～50mm 为大雨;雨量大于 50mm 时为暴雨。

雨季往往在一个月中有较多的下雨天气,遇到下大雨时会严重冲刷灰浆,影响砌浆质量,所以雨期遇大雨必须停工。雨期施工,砖淋雨后往往会吸水过多,在砖表面形成水膜,用这样的砖上墙砌筑,会产生坠灰和砖块滑移现象,不易保证墙面的平整,甚至会造成质量事故。因此,砖须集中堆放,不宜浇水。

(2)高温的影响。夏季,天气炎热,高温并干燥,进行砌砖时,砖块与砂浆中的水分急剧蒸发,造成砂浆脱水,使水泥的水化反应不能正常进行,严重影响砂浆强度的正常增长。因此,砌筑用砖要充分浇水润湿,严禁干砖上墙。

2. 雨期施工应采取的措施

(1)施工部署原则。施工部署应根据晴、雨、内、外相结合的原则,一般采用大雨停小雨干的方法。

(2)材料妥善存放。雨期施工中用砖必须集中堆放,以便用苫布、芦席等遮盖；水泥要存放在正式房屋内检查维护好，防止水泥因降雨而受潮、结块失效。

（3）严格控制砂浆稠度。雨期施工用砂，其含水量变化较大，拌制砂浆宜及时调整用水量，严格控制砂浆稠度。受雨水冲刷的砂浆，应重新加灰拌合后再用。砂浆在运输时应予遮盖，以免淋雨。

（4）采用"三一"砌砖法，适当缩小砌体水平灰缝。砌筑时宜用"三一"砌砖法，并适当缩小砌体水平灰缝，宜控制在 8mm 左右，每日砌筑高度以不超过一步架（1.2m）为宜，以防倾倒。为了连续施工，可采取夹板支撑方法加固。

（5）内外墙同时砌筑。内外墙要尽量同时砌筑，转角和丁字墙间的连接要跟上。稳定性较差的窗间墙、独立砖柱，必须加设临时支撑或及时浇筑圈梁，这样可以增加砌体的稳定性，确保施工安全。

（6）墙顶的覆盖。雨期施工，砌砖收工时应在墙顶盖一层干砖，同时可加苇席等覆盖，防止大雨冲刷灰浆。如大雨后发现灰浆被冲刷，则应拆除一至二层砖铺浆重砌。雨后过湿的砖不能上墙，炎热的天气则要充分浇水润湿，不能干砖上墙。

（7）做好防雨和现场排水工作。雨后继续施工时，须检查脚手架有无下沉、倾斜等，修复加固后方可使用，同时须复核砌体的垂直度及标高，无误后再继续施工。

第九章　混凝土结构工程施工技术

第一节　模板工程

现浇混凝土结构施工用的模板，是保证混凝土结构按照设计要求浇筑混凝土成型的一种临时模型结构，它要承受混凝土结构施工过程中的水平荷载(混凝土的侧压力)和竖向荷载(模板自重、材料结构和施工荷载)。模板工程的费用，约占现浇混凝土结构工程费用的 1/3 左右，支、拆用工量占 1/2 左右。因此，模板工程的正确选用，对于提高工程质量，加速施工进度，提高工作效率，降低工程成本和实现文明施工，都具有重要的影响。

一、模板的分类

1. 按材料性质分

模板是混凝土浇筑成型的模壳和支架。按材料的性质可分为木模板、钢模板、塑料模板和其他模板等。

(1)木模板。混凝土工程开始出现时，都是使用木材来做模板。木材被加工成木板、木方，然后经过组合成构件所需的模板。

20 世纪 50 年代我国现浇结构模板主要采用传统的手工拼装木模板，耗用木材量大，施工方法落后。近些年，出现了用多层胶合板做模板料进行施工的方法。对这种胶合板做的模板，国家专门制定了《混凝土模板用胶合板》(GB/T 17656—2008)的专业标准，对模板的尺寸、材质、加工提出了规定。用胶合板制作模板，加工成型比较省力，材质坚韧，不透水，自重轻，浇筑出的混凝土外观比较清晰美观。

(2)钢模板。国内使用的钢模板大致可分为两类。一类是小块钢模，是以一定尺寸模数做成不同大小的单块钢模，最大尺寸是 300mm×1500mm×50mm，在施工时拼装成构件所需的尺寸，亦称为小块组合钢模，组合拼装时采用 U 形卡将板缝卡紧形成一体；另一类是大模板，用于墙体的支模，多用在剪力墙结构中，模板的大小按设计的墙身大小而定型制作，其形式如图 9-1 所示。

(3)塑料模板。塑料模板是随着钢筋混凝土预应力现浇密肋楼盖的出现，而创制出来的。其形状如一个方的大盆，支模时倒扣在支架上，底面朝上，称为塑壳定型模板。在壳模四侧形成十字交叉的楼盖肋梁。这种模板的优点是拆模快，容易周转；缺点是仅能用在钢筋混凝土结构的楼盖施工中。

(4)其他模板。20 世纪 80 年代中期以来，现浇结构模板趋向多样化，发展更为迅速。主要有玻璃钢模板、压型钢模、钢木(竹)组合模板、装饰混凝土模板以及复合材料模板等。

第九章 混凝土结构工程施工技术

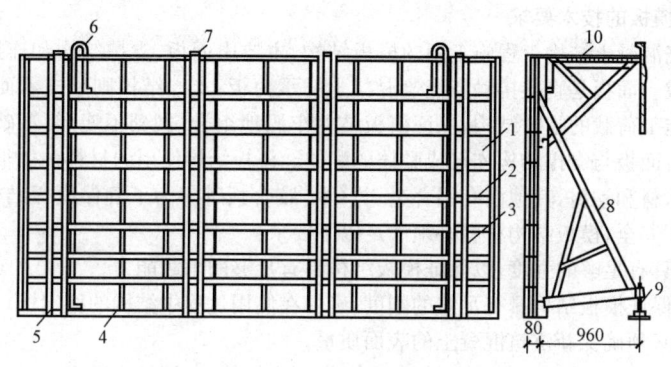

图 9-1 大模板构造图
1—面板；2—横肋；3—竖肋；4—小肋；5—穿墙螺栓；
6—吊环；7—上口卡座；8—支撑架；9—地脚螺钉；10—操作平台

2. 按施工工艺条件分

模板按施工工艺条件可分为现浇混凝土模板、预组装模板、大模板、跃升模板、水平滑动的隧道工模板和垂直滑动的模板等。

(1) 现浇混凝土模板。根据混凝土结构形状不同就地形成的模板，多用于基础、梁、板等现浇混凝土工程。模板支承系多通过支于地面或基坑侧壁以及对拉的螺栓承受混凝土的竖向和侧向压力。这种模板适应性强，但周转较慢。

(2) 预组装模板。由定型模板分段预组成较大面积的模板及其支承体系，用起重设备吊运到混凝土浇筑位置。多用于大体积混凝土工程。

(3) 大模板。由固定单元形成的固定标准系列的模板，多用于高层建筑的墙板体系。用于平面楼板的大模板又称为飞模。

(4) 跃升模板。由两段以上固定形状的模板，通过埋设于混凝土中的固定件，形成模板支承条件承受混凝土施工荷载，当混凝土达到一定强度时，拆模上翻，形成新的模板体系。多用于变直径的双曲线冷却塔、水工结构以及设有滑升设备的高耸混凝土结构工程。

(5) 水平滑动的隧道工模板。由短段标准模板组成的整体模板，通过滑道或轨道支于地面、沿结构纵向平行移动的模板体系。多用于地下直行结构，如隧道、地沟、封闭顶面的混凝土结构。

(6) 垂直滑动的模板。由小段固定形状的模板与提升设备，以及操作平台组成的可沿混凝土成型方向平行移动的模板体系。适用于高耸的框架、烟囱、圆形料仓等钢筋混凝土结构。根据提升设备的不同，又可分为液压滑模、螺旋丝杠滑模，以及拉力滑模等。

二、模板的技术要求

现浇混凝土结构工程施工用的模板结构,主要由面板、支撑结构和连接件三部分组成。面板是直接接触新浇筑混凝土的承力板;支撑结构则是支承面板、混凝土和施工荷载的临时结构,保证模板结构牢固地组合,做到不变形、不破坏;连接件是将面板与支撑结构连接成整体的配件。模板结构使用的材料种类很多,常用的有木材和钢材,其他尚有铝合金、竹(木)胶合板等。为了确保模板结构的质量和施工安全,模板结构材料必须满足以下要求:

(1) 具有足够的强度,以保证模板结构具有足够的承载能力。
(2) 保证模板结构具有足够的刚度,确保在使用过程中结构的稳定性。
(3) 必须确保新浇筑混凝土的表面质量。
(4) 坚持因地制宜、就地取材的原则,做到支拆简便,周转次数多。
(5) 保证工程结构和构件各部分形状尺寸和相互位置的正确。
(6) 能可靠地承受新浇筑混凝土的自重和侧压力,以及在施工过程中所产生的荷载。
(7) 构造简单,装拆方便,并便于钢筋的绑扎、安装和混凝土的浇筑、养护等要求。
(8) 模板的接缝不应漏浆。

三、模板安装

模板结构一般由模板和支架两部分构成。模板的作用,是使混凝土浇筑成形,使硬化后的混凝土具有设计所要求的形状、尺寸和强度。支架部分的作用是保证模板形状和位置并承受模板和新浇筑混凝土的质量以及施工荷载。模板安装工艺随模板种类不同而有较大差异。因模板种类较多,下面主要介绍较为常用的钢模板的安装。

1. 施工前的准备工作

(1) 安装前,要做好模板的定位基准工作:

1) 进行中心线和位置的放线。首先引测建筑的边柱或墙轴线,并以该轴线为起点,引出每条轴线。模板放线时,根据施工图用墨线弹出模板的内边线和中心线,墙模板要弹出模板的边线和外侧控制线,以便于模板安装和校正。

2) 做好标高测量工作。用水准仪把建筑物水平标高根据实际标高的要求,直接引测到模板安装位置。

3) 进行找平工作。模板承垫底部应预先找平,以保证模板位置正确,防止模板底部漏浆。常用的找平方法是沿模板边线用1∶3水泥砂浆抹找平层,如图9-2(a)所示。另外,在外墙、外柱部位,继续安装模板前,要设置模板承垫条带如图9-2(b)所示,并校正其平直。

4) 设置模板定位基准。一种做法是按照构件的断面尺寸先用同强度等级的细石混凝土浇筑50~100mm的短柱或导墙,作为模板定位基准;另一种做法是采

第九章 混凝土结构工程施工技术

用钢筋定位,即根据构件断面尺寸切割一定长度的钢筋或角钢头,点焊在主筋上(以勿烧主筋断面为准),并按二排主筋的中心位置分档,以保证钢筋与模板位置的准确,如图9-3所示。

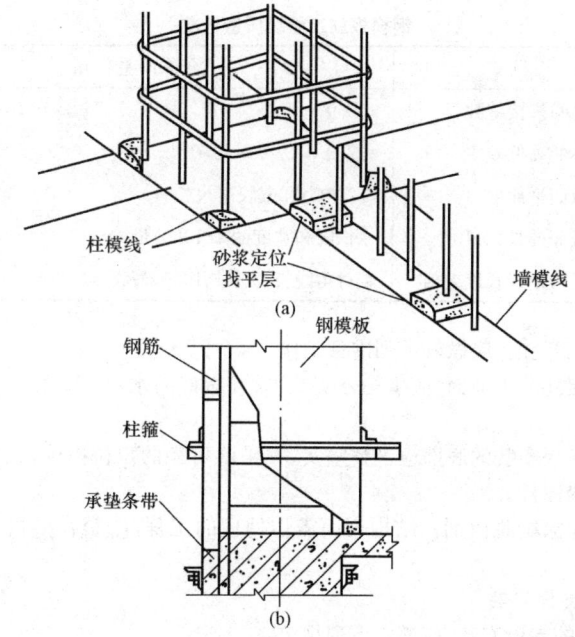

图9-2 墙、柱模板找平
(a)砂浆找平层;(b)外柱外模板设承垫条带

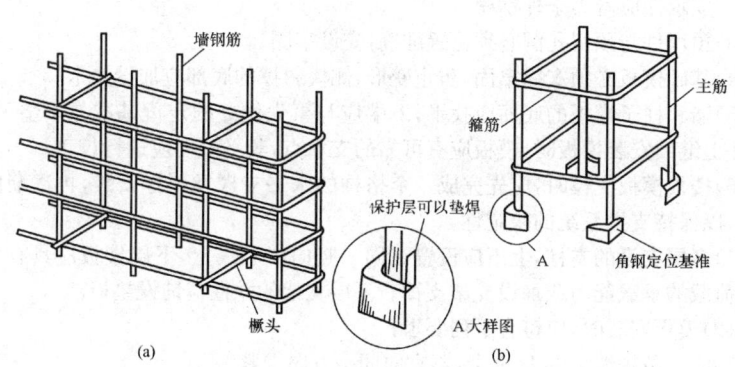

图9-3 钢筋或角钢头定位基准示意图
(a)钢筋定位;(b)角钢头定位

(2)采取预组装模板施工时,预组装工作应在组装平台或经平整处理的地面上进行,并按表9-1的质量标准逐块检验后进行试吊,试吊后再进行复查,并检查配件数量、位置和紧固情况。

表9-1　　　　　　　　钢模板施工组装质量标准

项　目	允许偏差/mm
两块模板之间拼接缝隙	≤2.0
相邻模板面的高低差	≤2.0
组装模板板面平面度	≤2.0(用2m长平尺检查)
组装模板板面的长宽尺寸	≤长度和宽度的1/1000,最大±4.0
组装模板两对角线长度差值	≤对角线长度的1/1000,最大≤7.0

(3)模板安装前,应做好下列准备工作:

1)支承支柱的土地面,应事先夯实整平,并做好防水、排水设施,准备支柱底垫木。

2)竖向模板安装的底面应平整坚实,并采取可靠的定位措施,按施工设计要求预埋支承锚固件。

3)模板应涂刷脱模剂。结构表面需作处理的工程,严禁在模板上涂刷废润滑油。

2. 模板支设安装

(1)模板的支设安装,应遵守下列规定:

1)按配板设计循序拼装,以保证模板系统的整体稳定。

2)配件必须装插牢固。支柱和斜撑下的支承面应平整垫实,要有足够的受压面积。支承件应着力于外钢楞。

3)预埋件与预留孔洞必须位置准确,安设牢固。

4)基础模板必须支撑牢固,防止变形,侧模斜撑的底部应加设垫木。

5)墙和柱子模板的底面应找平,下端应与事先做好的定位基准靠紧垫平,在墙、柱上继续安装模板时,模板应有可靠的支承点,其平直度应进行校正。

6)楼板模板支模时,应先完成一个格构的水平支撑及斜撑安装,再逐渐向外扩展,以保持支撑系统的稳定性。

7)多层支设的支柱,上下应设置在同一竖向中心线上,下层楼板应具有承受上层荷载的承载能力或加设支架支撑。下层支架的立柱应铺设垫板。

(2)模板安装时,应符合下列要求:

1)同一条拼缝上的U形卡,不宜向同一方向卡紧。

2)墙模板的对拉螺栓孔应平直相对。钻孔应采用机具,严禁采用电、气焊灼孔。

第九章 混凝土结构工程施工技术

3)钢楞宜采用整根杆件,接头应错开设置,搭接长度不应少于200mm。

3. 模板支设安装要点

模板的支设方法基本上有两种,即单块就位组拼和预组拼,其中预组拼又可分为分片组拼和整体组拼两种。采用预组拼方法,可以加快施工速度,提高模板的安装质量,但必须具备相适应的吊装设备和有较大的拼装场地。

(1)柱模板支设安装应符合下列要求:

1)保证柱模的长度符合模数,不符合部分放到节点部位处理;或以梁底标高为准,由上往下配模,不符模数部分放到柱根部位处理;高度在4m和4m以上时,一般应四面支撑。当柱高超过6m时,不宜单根柱支撑,宜几根柱同时支撑连成构架。

2)柱模根部要用水泥砂浆堵严,防止跑浆;在配模时应一并考虑留出柱模的浇筑口和清扫口。

3)梁、柱模板分两次支设时,在柱子混凝土达到拆模强度时,最上一段柱模先保留不拆,以便于与梁模板连接。

4)柱模安装就位后,立即用四根支撑或有花篮螺栓的缆风绳与柱顶四角拉结,并校正中心线和偏斜如图9-4所示,全面检查合格后,再群体固定。

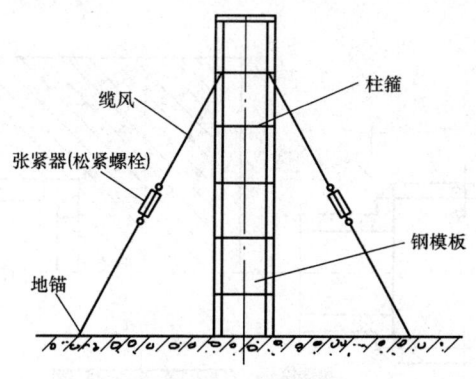

图 9-4 校正柱模板

(2)梁模板支设安装应符合下列要求:

1)梁口与柱头模板的节点连接,一般可按图9-5和图9-6处理。

2)梁模支柱的设置,应经模板设计计算决定,一般情况下采用双支柱时,间距以60~100cm为宜。

3)模板支柱纵、横方向的水平拉杆、剪刀撑等,均应按设计要求布置;当设计无规定时,支柱间距一般不宜大于2m,纵横方向的水平拉杆的上下间距不宜大于1.5m,纵横方向的垂直剪刀撑的间距不宜大于6m。

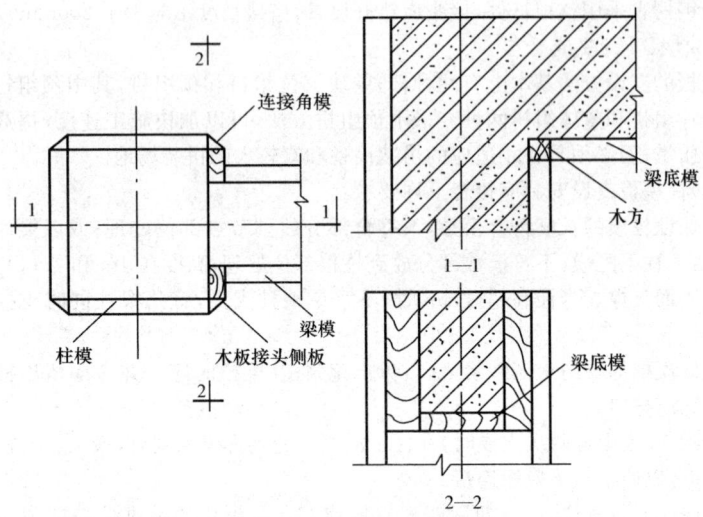

图 9-5 柱顶梁口采用嵌补模板

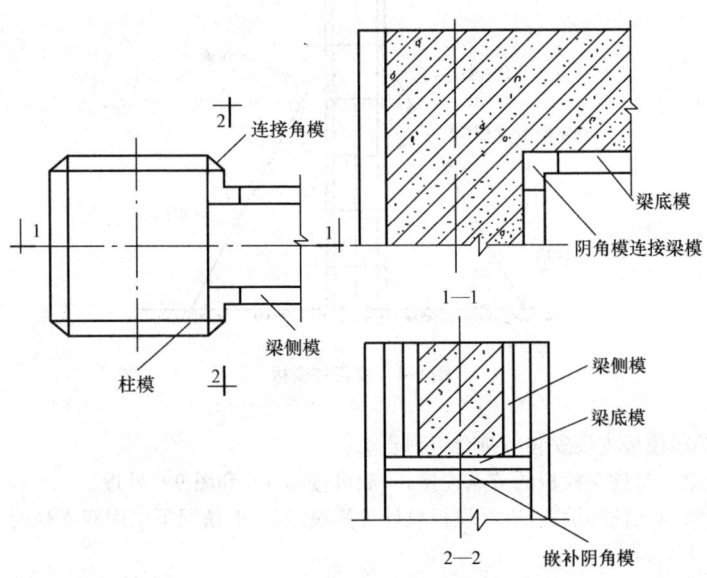

图 9-6 柱顶梁口用木方镶拼

4)采用扣件钢管脚手架作支架时,横杆的步距要按设计要求设置。采用桁架支模时,要按事先设计的要求设置,桁架的上下弦要设水平连接。

5)由于空调等各种设备管道安装的要求,需要在模板上预留孔洞时,应尽量使穿梁管道孔分散,穿梁管道孔的位置应设置在梁中(图 9-7),以防削弱梁的截面,影响梁的承载能力。

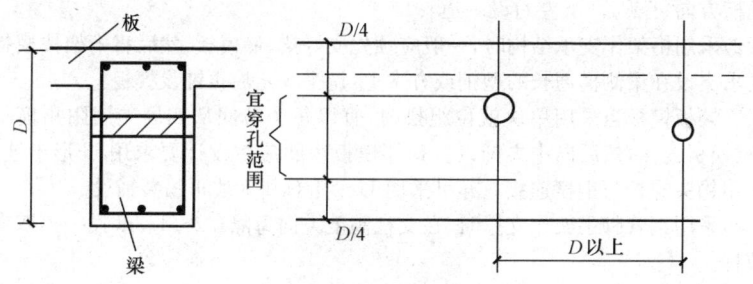

图 9-7　穿梁管道孔设置的高度范围

(3)墙模板支设安装应符合下列要求:

1)组装模板时,要使两侧穿孔的模板对称放置,以使穿墙螺栓与墙模板保持垂直。

2)相邻模板边肋用 U 形卡连接的间距,不得大于 300mm,预组拼模板接缝处宜对严。

3)预留门窗洞口的模板应有锥度,安装要牢固,既不变形,又便于拆除。

4)墙模板上预留的小型设备孔洞,当遇到钢筋时,应设法确保钢筋位置正确,不得将钢筋移向一侧如图 9-8 所示。

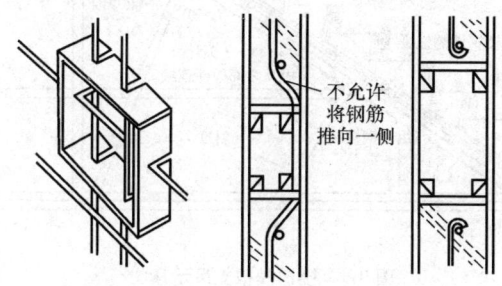

图 9-8　墙模板上设备孔洞模板做法

5)墙模板的门子板,设置方法同柱模板。门子板的水平间距一般为 2.5m。

(4)楼板模板支设安装应符合下列要求:

1)采用立柱作支架时,立柱和钢楞(龙骨)的间距,根据模板设计计算决定,一般情况下立柱与外钢楞间距为600~1200mm,内钢楞(小龙骨)间距为400~600mm。调平后即可铺设模板。在模板铺设完标高校正后,立柱之间应加设水平拉杆,其道数根据立柱高度决定。一般情况下离地面200~300mm处设一道,往上纵横方向每隔1.6m左右设一道。

2)采用桁架作支承结构时,一般应预先支好梁、墙模板,然后将桁架按模板设计要求支设在梁侧模通长的型钢或方木上,调平固定后再铺设模板。

3)楼板模板当采用单块就位组拼时,宜以每个节间从四周先用阴角模板与墙、梁模板连接,然后向中央铺设。相邻模板边肋应按设计要求用U形卡连接,也可用钩头螺栓与钢楞连接。亦可采用U形卡预拼大块再吊装铺设。

4)采用钢管脚手架作支撑时,在支柱高度方向每隔1.2~1.3m设一道双向水平拉杆。

(5)楼梯模板一般比较复杂,常见的有板式和梁式楼梯,其支模工艺基本相同。施工前应根据实际层高放样,先安装休息平台梁模板,再安装楼梯模板斜楞,然后铺设楼梯底模、安装外侧模和踏步模板。安装模板时要特别注意斜向支柱(斜撑)的固定,防止浇筑混凝土时模板移动。楼梯段模板组装情况,如图9-9所示。

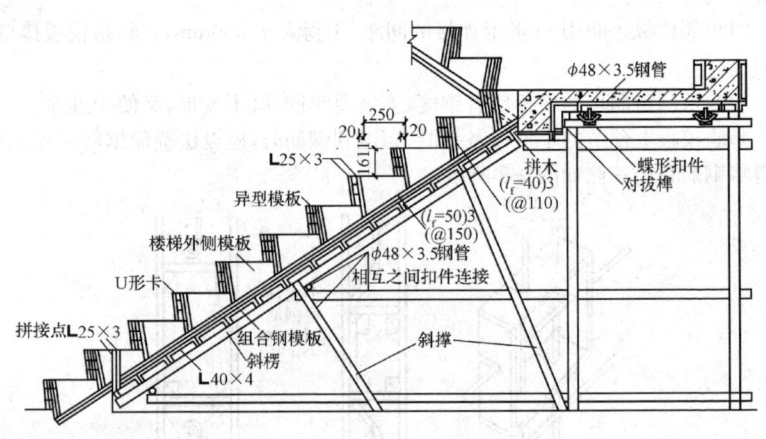

图9-9 楼梯模板支设示意图

(6)预埋件和预留孔洞的设置。梁顶面和板顶面埋件的留设方法如图9-10所示。

第九章 混凝土结构工程施工技术

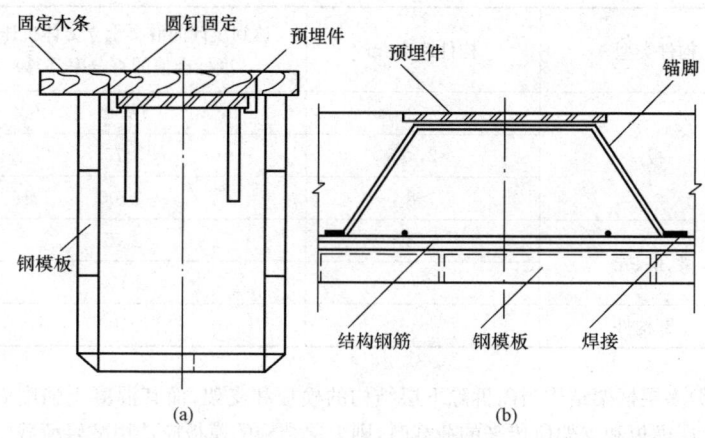

图 9-10 水平构件预埋件固定示意图
(a)梁顶面;(b)板顶面

四、模板拆除

混凝土结构在浇筑完成一些构件或一层结构之后,经过自然养护(或冬期蓄热法等养护)之后,在混凝土具有相当强度时,为使模板能周转使用,就要对支撑的模板进行拆除。一般说拆模可分为两种情况:一种是在混凝土硬化后对模板无作用力的,如侧模板;另一种是混凝土是已硬化,但要拆除模板则其构件本身还不具备承担荷载的能力。那么,这种构件的模板不是随便就可以拆除的,如梁、板、楼梯等构件。

(一)模板拆除条件

1. 现浇混凝土结构拆模条件

对于整体式结构的拆模期限,应遵守以下规定:

(1)非承重的侧面模板,在混凝土强度能保证其表面及棱角不因拆除模板而损坏时,方可拆除。

(2)底模板在混凝土强度达到表 9-2 规定后,始能拆除。

(3)已拆除模板及其支架的结构,应在混凝土达到设计强度后,才允许承受全部计算荷载。施工中不得超载使用已拆除模板的结构,严禁堆放过量建筑材料。当承受施工荷载大于计算荷载时,必须经过核算加设临时支撑。

(4)钢筋混凝土结构如在混凝土未达到表 9-2 所规定的强度时进行拆模及承受部分荷载,应经过计算复核结构在实际荷载作用下的强度。必要时应加设临时支撑,但需说明的是表 9-2 中的强度系指抗压强度标准值。

表 9-2　　　　　　　　　底模拆除时的混凝土强度要求

构件类型	构件跨度/m	达到设计的混凝土立方体抗压强度标准值的百分率/(%)
板	≤2	≥50
	>2,≤8	≥75
	>8	≥100
梁、拱、壳	≤8	≥75
	>8	≥100
悬臂构件	—	≥100

(5)多层框架结构当需拆除下层结构的模板和支架,而其混凝土强度尚不能承受上层模板和支架所传来的荷载时,则上层结构的模板应选用减轻荷载的结构(如悬吊式模板、桁架支模等),但必须考虑其支承部分的强度和刚度。或对下层结构另设支柱(或称再支撑)后,才可安装上层结构的模板。

2. 预制构件拆模条件

预制构件的拆模强度,当设计无明确要求时,应遵守下列规定:

(1)拆除侧面模板时,混凝土强度能保证构件不变形、棱角完整和无裂缝时方可拆除。

(2)承重底模时应符合表 9-3 的规定。

表 9-3　　　　　　　　　预制构件拆模时所需的混凝土强度

预制构件的类别	按设计的混凝土强度标准值的百分率计/(%)	
	拆侧模板	拆底模板
普通梁、跨度在 4m 及 4m 以内分节脱模	25	50
普通薄腹梁、吊车梁、T 形梁、厂形梁、柱、跨度在 4m 以上	40	75
先张法预应力屋架、屋面板、吊车梁等	50	建立预应力后
先张法各类预应力薄板重叠浇筑	25	建立预应力后
后张法预应力块体竖立浇筑	40	75
后张法预应力块体平卧重叠浇筑	25	75

(3)拆除空心板的芯模或预留孔洞的内模时,在能保证表面不发生塌陷和裂

第九章 混凝土结构工程施工技术

缝时方可拆模,并应避免较大的振动或碰伤孔壁。

3. 滑升模板拆除条件

滑动模板装置的拆除,尽可能避免在高空作业。提升系统的拆除可在操作平台上进行,只要先切断电源,外防护齐全(千斤顶拟留待与模板系统同时拆除),不会产生安全问题。

(1)模板系统及千斤顶和外挑架、外吊架的拆除,宜采用按轴线分段整体拆除的方法。总的原则是先拆外墙(柱)模板(提升架、外挑架、外吊架一同整体拆下);后拆内墙(柱)模板。模板拆除程序为:将外墙(柱)提升架向建筑物内侧拉牢→外吊架挂好溜绳→松开围圈连接件→挂好起重吊绳,并稍稍绷紧→松开模板拉牢绳索→割断支承杆→模板吊起缓慢落下→牵引溜绳使模板系统整体躺倒地面→模板系统解体。

此种方法模板吊点必须找好,钢丝绳垂直线应接近模板段重心,钢丝绳绷紧时,其拉力接近并稍小于模板段总重。

(2)若条件不允许时,模板必须高空解体散拆。高空作业危险性较大,除在操作层下方设置卧式安全网防护,危险作业人员系好安全带外,必须编制好详细、可行的施工方案。一般情况下,模板系统解体前,拆除提升系统及操作平台系统的方法与分段整体拆除相同,模板系统解体散拆的施工程序为:拆除外吊架脚手板、护身栏(自外墙无门窗洞口处开始,向后倒退拆除)→拆除外吊架吊杆及外挑架→拆除内固定平台→拆除外墙(柱)模板→拆除外墙(柱)围圈→拆除外墙(柱)提升架→将外墙(柱)千斤顶从支承杆上端抽出→拆除内墙模板→拆除一个轴线段围圈,相应拆除一个轴线段提升架→千斤顶从支承杆上端抽出。

高空解体散拆模板必须掌握的原则是:在模板解体散拆的过程中,必须保证模板系统的总体稳定和局部稳定,防止模板系统整体或局部倾倒塌落。因此,制订方案、技术交底和实施过程中,务必有专责人员统一组织、指挥。

(3)滑升模板拆除中的技术安全措施。高层建筑滑模设备的拆除一般应做好下述几项工作:

1)根据操作平台的结构特点,制定其拆除方案和拆除顺序。

2)认真核实所吊运件的重量和起重机在不同起吊半径内的起重能力。

3)在施工区域,画出安全警戒区,其范围应视建筑物高度及周围具体情况而定。禁区边缘应设置明显的安全标志,并配备警戒人员。

4)建立可靠的通信指挥系统。

5)拆除外围设备时必须系好安全带,并有专人监护。

6)使用氧气和乙炔设备应有安全防火措施。

7)施工期间应密切注意气候变化情况,及时采取预防措施。

8)拆除工作一般不宜在夜间进行。

(二)模板拆除程序

(1)模板拆除一般是先支的后拆,后支的先拆,先拆非承重部位,后拆承重部位,并做到不损伤构件或模板。

(2)肋形楼盖应先拆柱模板,再拆楼板底模,梁侧模板,最后拆梁底模板。拆除跨度较大的梁下支柱时,应先从跨中开始分别拆向两端。侧立模的拆除应按自上而下的原则进行。

(3)工具式支模的梁、板模板的拆除,应先拆卡具,顺口方木、侧板,再松动木楔,使支柱、桁架等平稳下降,逐段抽出底模板和横档木,最后取下桁架、支柱、托具。

(4)多层楼板模板支柱的拆除:当上层模板正在浇筑混凝土时,下一层楼板的支柱不得拆除,再下一层楼板支柱,仅可拆除一部分。跨度 4m 及 4m 以上的梁,均应保留支柱,其间距不得大于 3m;其余再下一层楼的模板支柱,当楼板混凝土达到设计强度时,始可全部拆除。

(三)拆模过程中应注意的问题

(1)拆除时不要用力过猛、过急,拆下来的木料应整理好及时运走,做到活完地清。

(2)在拆除模板过程中,如发现混凝土有影响结构安全的质量问题时,应暂停拆除。经处理后,方可继续拆除。

(3)拆除跨度较大的梁下支柱时,应先从跨中开始,分别拆向两端。

(4)多层楼板模板支柱的拆除,其上层楼板正在浇灌混凝土时,下一层楼板模板的支柱不得拆除,再下一层楼板的支柱,仅可拆除一部分。

(5)拆模间歇时,应将已活动的模板、牵杆、支撑等运走或妥善堆放,防止因扶空、踏空而坠落。

(6)模板上有预留孔洞者,应在安装后将洞口盖好。混凝土板上的预留孔洞,应在模板拆除后随即将洞口盖好。

(7)模板上架设的电线和使用的电动工具,应用 36V 的低压电源或采用其他有效的安全措施。

(8)拆除模板一般用长撬棍。人不许站在正在拆除的模板下。在拆除模板时,要防止整块模板掉下,拆模人员要站在门窗洞口外拉支撑,防止模板突然全部掉落伤人。

(9)高空拆模时,应有专人指挥,并在下面标明工作区,暂停人员过往。

(10)定型模要加强保护,拆除后即清理干净,堆放整齐,以利再用。

(11)已拆除模板及其支架的结构,应在混凝土强度达到设计强度等级后,才允许承受全部计算荷载。当承受施工荷载大于计算荷载时,必须经过核算,加设临时支撑。

第二节 钢筋工程

钢筋工程主要包括钢筋的进场检验、冷加工、接头连接、配料与绑扎安装等施工过程。

一、钢筋进场检验

(1)检查产品合格证、出厂检验报告。钢筋出厂,应具有产品合格证书、出厂试验报告单,作为质量的证明材料,所列出的品种、规格、型号、化学成分、力学性能等,必须满足设计要求,符合有关的现行国家标准的规定。当用户有特别要求时,还应列出某些专门的检验数据。

(2)检查进场复试报告。进场复试报告是钢筋进场抽样检验的结果,以此作为判断材料能否在工程中应用的依据。

钢筋进场时,应按现行国家标准《钢筋混凝土用钢 第2部分:热轧带钢筋》(GB 1499.2—2007)的有关规定抽取试件作力学性能检验,其质量符合有关标准规定的钢筋,可在工程中应用。

检查数量按进场的批次和产品的抽样检验方案确定。有关标准中对进场检验数量有具体规定的,应按标准执行,如果有关标准只对产品出厂检验数量有规定的,检查数量可按下列情况确定:

1)当一次进场的数量大于该产品的出厂检验批量时,应划分为若干个出厂检验批量,然后按出厂检验的抽样方案执行。

2)当一次进场的数量小于或等于该产品的出厂检验批量时,应作为一个检验批量,然后按出厂检验的抽样方案执行。

3)对连续进场的同批钢筋,当有可靠依据时,可按一次进场的钢筋处理。

(3)进场的每捆(盘)钢筋均应有标牌。按炉罐号、批次及直径分批验收,分类堆放整齐,严防混料,并应对其检验状态进行标识,防止混用。

(4)进场钢筋的外观质量检查应符合下列规定:

1)钢筋应逐批检查其尺寸,不得超过允许偏差。

2)逐批检查,钢筋表面不得有裂纹、折叠、结疤及夹杂,盘条允许有压痕及局部的凸块、凹块、划痕、麻面,但其深度或高度(从实际尺寸算起)不得大于0.20mm,带肋钢筋表面凸块,不得超过横肋高度,钢筋表面上其他缺陷的深度和高度不得大于所在部位尺寸的允许偏差,冷拉钢筋不得有局部缩颈。

3)钢筋表面氧化铁皮(铁锈)重量不大于16kg/t。

4)带肋钢筋表面标志清晰明了,标志包括强度级别、厂名(汉语拼音字头表示)和直径(mm)数字。

二、钢筋冷加工

钢筋冷加工是指在常温条件下,通过对钢筋的强力拉伸,达到提高钢筋的抗拉能力,同时还可适当增加细钢筋规格。钢筋冷加工的常用方法有冷拉与冷拔两种。

(一)钢筋冷拉

1. 冷拉原理及时效强化

工程中将钢材于常温下进行冷拉使之产生塑性变形,从而提高钢材屈服强度,这个过程称为冷拉强化。产生冷拉强化的原理是:钢材在塑性变形中晶格的缺陷增多,而缺陷的晶格严重畸变对晶格进一步滑移将起到阻碍作用,故钢材的屈服点提高,塑性和韧性降低。由于塑性变形中产生了内应力,故钢材的弹性模量降低。将经过冷拉的钢筋于常温下存放 15~20d 或加热到 100~200℃并保持一定时间,这个过程称为时效处理,前者称为自然时效,后者称为人工时效。冷拉以后再经时效处理的钢筋,其屈服点进一步提高,抗拉极限强度也有所增长,塑性继续降低。由于时效强化处理过程中内应力的消减,故弹性模量可基本恢复。工地或预制构件厂常利用这一原理,对钢筋或低碳钢盘条按一定程度进行冷拉或冷拔加工,以提高屈服强度节约钢材。

热轧钢筋的拉伸特性曲线(应力-应变图),如图 9-11 所示,当拉伸钢筋使其应力超过屈服点(如图 9-11 中 c 点),然后卸去外力,由于钢筋已产生塑性变形,卸荷过程中应力-应变图沿着直线 co_1 变化。如再立即重新拉伸,新的应力-应变图将为 o_1cde,并在 c 点附近出现新的屈服点 c'。这个屈服点明显地高于冷拉前的屈服点。其原因是由于塑性变形后,钢筋内部晶格滑移,晶粒变形,因而钢筋的屈服点得以提高。弹性模量也有所降低。

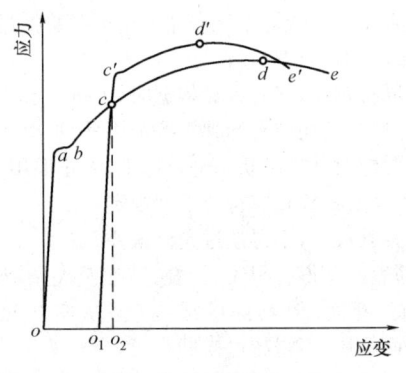

图 9-11 钢筋拉伸曲线

2. 钢筋冷拉参数及控制方法

钢筋的冷拉应力和冷拉率是影响钢筋冷拉质量的两个主要参数。钢筋的冷拉率就是钢筋冷拉时包括其弹性和塑性变形的总伸长值与钢筋原长的比值(%)。在一定限度范围内,冷拉应力或冷拉率愈大,则屈服强度提高愈多,而塑性也愈降

第九章 混凝土结构工程施工技术

低。但钢筋冷拉后仍有一定的塑性,其屈服强度与抗拉强度之比值(屈服比)不宜太大,以使钢筋有一定的强度储备。钢筋冷拉可采用通过控制应力来控制冷拉率的方法。用作预应力筋的钢筋,冷拉时宜采用控制应力的方法,或采用既控制应力,又控制冷拉率的方法。不能分清炉批号的热轧钢筋的冷拉不应采用控制冷拉率的方法。

$$冷拉应力 = \frac{冷拉力}{钢筋公称面积} \quad (9\text{-}1)$$

$$冷拉率 = \frac{钢筋冷拉伸长值}{钢筋原有长度} \quad (9\text{-}2)$$

$$钢筋冷拉伸长值 = 钢筋冷拉后长度 - 钢筋原有长度 \quad (9\text{-}3)$$

(1)控制应力的方法。采用控制应力的方法冷拉钢筋时,其冷拉控制应力及最大冷拉率应符合表 10-4 的规定,冷拉时应随时检查钢筋的冷拉率,当超过表 9-4 的规定时,应进行力学性能检验。

表 9-4　　　　　　冷拉控制应力及最大冷拉率

钢筋级别	钢筋直径/mm	冷拉控制应力/MPa	最大冷拉率/(%)
HPB300	≤12	280	10.0
HRB335	≤25	450	5.5
	28~40	430	5.5
HRB400	8~40	500	5.0

冷拉多根连接的钢筋,冷拉率可按总长计算,但冷拉后每根钢筋的冷拉率,应符合表 9-4 的规定。

(2)控制冷拉率的方法。采用控制冷拉率的方法冷拉钢筋时,其冷拉率应由试验确定。即在同炉批的钢筋中切取试样(不少于 4 个),按表 9-5 冷拉应力拉伸钢筋,测定各试样的冷拉率,取其平均值作为该批钢筋实际采用的冷拉率。冷拉率确定后,便可根据钢筋的长度求出钢筋的冷拉长度。

表 9-5　　　　　　测定冷拉率时钢筋的冷拉应力

钢筋级别	钢筋直径/mm	冷拉应力/MPa
HPB300	≤12	310
HRB335	≤25	480
	28~40	460
HRB400	8~40	530

注:当钢筋平均冷拉率低于 1% 时,仍应按 1% 进行冷拉。

3. 钢筋冷拉操作

钢筋冷拉主要工序有钢筋上盘、放圈、切断、夹紧夹具、冷拉开始、观察控制值、停止冷拉、放松夹具、捆扎堆放。

冷拉设备主要由拉力装置、承力结构、钢筋夹具及测量装置等组成。拉力装置一般由卷扬机、张拉小车及滑轮组等组成。当缺乏卷扬机时也可采用普通液压千斤顶、长冲程千斤顶或预应力用的千斤顶等代替。但用千斤顶冷拉时生产率较低，且千斤顶容易磨损。承力结构可采用钢筋混凝土压杆；当拉力较小或临时性工程中，可采用地锚。

冷拉长度测量可用标尺，测力计可用电子秤或附有油表的液压千斤顶或弹簧测力计。测力计一般宜设置在张拉端定滑轮组处，若设置在固定端时，应设防护装置，以免钢筋断裂时损坏测力计。为安全起见，冷拉时钢筋应缓缓拉伸，缓缓放松，并应防止斜拉，正对钢筋两端不允许站人，冷拉时人员不得跨越钢筋。

冷拉操作要点如下：

(1) 对钢筋的炉号、原材料的质量进行检查，不同炉号的钢筋分别进行冷拉，不得混杂。

(2) 冷拉前，应对设备，特别是测力计进行校验和复核，并做好记录以确保冷拉质量。

(3) 钢筋应先拉直(约为冷拉应力的10%)，然后量其长度再行冷拉。

(4) 冷拉时，为使钢筋变形充分发展，冷拉速度不宜快，一般以0.5～1m/min为宜，当达到规定的控制应力(或冷拉长度)后，须稍停(约1～2min)，待钢筋变形充分发展后，再放松钢筋，冷拉结束。钢筋在负温下进行冷拉时，其温度不宜低于 $-20℃$，如采用控制应力方法时，冷拉控制应力应较常温提高30MPa；采用控制冷拉率方法时，冷拉率与常温相同。

(5) 钢筋伸长的起点应以钢筋发生初应力时为准。如无仪表观测时，可观测钢筋表面的浮锈或氧化铁皮，以开始剥落时起计。

(6) 预应力钢筋应先对焊后冷拉，以免后焊因高温而使冷拉后的强度降低。如焊接接头被拉断，可切除该焊区总长约为200～300mm，重新焊接后再冷拉，但一般不超过两次。

(7) 钢筋时效可采用自然时效，冷拉后宜在常温(15～20℃)下放置一般时间(一般为7～14d)后使用。

(8) 钢筋冷拉后应防止经常雨淋、水湿，因钢筋冷拉后性质尚未稳定，遇水易变脆，且易生锈。

4. 冷拉钢筋质量要求

冷拉后，钢筋表面不得有裂纹或局部颈缩现象，并应按施工规范要求进行拉力试验和冷弯试验。其质量应符合表9-6的各项指标。冷弯试验后，钢筋不得有裂纹、起层等现象。

表 9-6 冷拉钢筋质量指标

钢筋级别	钢筋直径 /mm	屈服强度 /MPa	抗拉强度 /MPa	伸长率 δ_{10}/(%)	冷弯	
					弯曲角度	弯曲直径
		不小于				
HPB300	≤12	280	370	11	180°	$3d$
HRB335	≤25	450	510	10	90°	$3d$
	28~40	430	490	10	90°	$4d$
HRB400	8~40	500	570	8	90°	$5d$

(二)钢筋冷拔

1. 钢筋冷拔原理及应用

冷拔是使直径 6~8mm 的 HPB300 级钢筋在常温下强力通过特制的直径逐渐减小的钨合金拔丝模孔,使钢筋产生塑性变形,以改变其物理力学性能,如图 9-12 所示。钢筋冷拔后横向压缩纵向拉伸,内部晶格产生滑移,抗拉强度可提高 50%~90%;塑性降低,硬度提高。这种经冷拔加工的钢丝称为冷拔低碳钢丝。与冷拉相比,冷拉是纯拉伸线应力,而冷拔既有拉伸应力又有压缩应力。冷拔后,冷拔低碳钢丝没有明显的屈服现象,按其材质特性可分甲、乙两级,甲级钢丝适用于作预应力筋,乙级钢丝适用于作焊接网、焊接骨架、箍筋和构造钢筋。

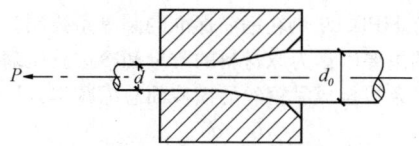

图 9-12 钢筋冷拔示意图

2. 钢筋冷拔工艺

冷拔工艺过程:轧头→剥壳→通过润滑剂盒→进入拔丝模孔。

轧头在轧头机上进行,目的是将钢筋端头轧细,以便穿过拔丝模孔。剥壳是通过 3~6 个上下排列的辊子,以除去钢筋表面坚硬的渣壳,润滑剂常用石灰、动植物油、肥皂、白蜡和水按一定比例制成。剥壳和通过润滑剂盒能使铁渣不致进入拔丝模孔口,以提高拔丝模的使用寿命,并消除因拔丝模孔存在铁渣,使钢丝表面擦伤的现象。剥壳后,钢筋再通过润滑剂盒润滑,进入拔丝模进行冷拔。

3. 钢筋冷拔操作

(1)冷拔前应对原材料进行必要的检验。对钢号不明或无出厂证明的钢材,应取样检验。遇截面不规整的扁圆、带刺、过硬、潮湿的钢筋,不得用于拔制,以免损坏拔丝模和影响质量。

(2)钢筋冷拔前必须经轧头和除锈处理。除锈装置可以利用拔丝机卷筒和盘条转架,其中,设 3~6 个单向错开或上下交错排列的带槽剥壳轮,钢筋经上下左右反复弯曲,即可除锈。亦可使用与钢筋直径基本相同的废拔丝模以机械方法除锈。

(3)为方便钢筋穿过丝模,钢筋头要轧细一段(约长150~200mm),轧压至直径比拔丝模孔小 0.5~0.8mm,以便顺利穿过模孔。为减少轧头次数,可用对焊方法将钢筋连接,但应将焊缝处的凸缝用砂轮锉平磨滑,以保护设备及拉丝模。

(4)在操作前,应按常规对设备进行检查和空载运转一次。安装拔丝模时,要分清正反面,安装后应将固定螺栓拧紧。

(5)为减少拔丝力和拔丝模孔损耗,抽拔时须涂以润滑剂,一般在拔丝模前安装一个润滑盒,使钢筋黏滞润滑剂进入拔丝模。润滑剂的配方为:动物油(羊油或牛油):肥皂:石蜡:生石灰:水=(0.15~0.20):(1.6~3.0):1:2:2。

(6)拔线速度宜控制在 50~70m/min。钢筋连拔不宜超过三次,如需再拔,应对钢筋消除内应力,采用低温(600~800℃)退火处理使钢筋变软。加热后取出埋入砂中,使其缓冷,冷却速度应控制在 150℃/h 以内。

(7)拔丝的成品,应随时检查砂孔、沟痕、夹皮等缺陷,以便随时更换拔丝模或调整转速。

4. 钢筋冷拔质量控制与要求

影响钢筋冷拔质量的主要因素为原材料质量和冷拔总压缩率(β)。为了稳定冷拔低碳钢丝的质量,要求原材料按钢厂、钢号、直径分别堆放和使用。甲级冷拔低碳钢丝应采用符合 HPB300 热轧钢筋标准的圆盘条拔制。

影响冷拔质量的主要因素为原材料的质量和冷拔总压缩率。

总压缩是指由盘条拔至成品钢丝的横截面总缩减率,可按下式计算:

$$\beta=\frac{d_0^2-d^2}{d_0^2}\times 100\% \tag{9-4}$$

式中　β——总压缩率;

　　　d_0——原料钢筋直径;

　　　d——成品钢丝直径。

总压缩率越大,抗拉强度提高越多,但塑性降低也越多,因此必须控制总压缩率,一般 $\phi^b 5$ 钢丝由 $\phi 8$ 盘条拔制而成,$\phi^b 3$ 和 $\phi^b 4$ 钢丝由 $\phi 6.5$ 盘条拔制而成。

冷拔低碳钢丝一般要经过多次冷拔才能达到预定的总压缩率。每次冷拔的压缩率不宜过大,否则易将钢丝拔断,并易损坏拔丝模。一般前、后道钢丝直径之比以 1.15:1 为宜。

如将 $\phi 8$ 盘条拔成 $\phi^b 5$ 时,其冷拔过程为:

$$\phi 8 \rightarrow \phi 7 \rightarrow \phi 6.3 \rightarrow \phi 5.7 \rightarrow \phi 5$$

如将 $\phi 6.5$ 盘条拔成 $\phi^b 4$ 时,其冷拔过程为:

$$\phi 6.5 \to \phi 5.5 \to \phi 4.6 \to \phi 4$$

钢筋冷拔次数不宜过多,否则易使钢丝变脆。

冷拔低碳钢丝验收时,需逐盘作外观检查,钢丝表面不得有裂纹和机械损伤。外观检查合格后还需按规范要求作机械性能检验。分别做拉力和反复弯曲试验。其质量指标应符合表 9-7 的规定。甲级冷拔低碳钢丝应逐盘检验,并按其抗拉强度,确定该盘丝的组别。对乙级冷拔低碳钢丝可分批抽样检验。

表 9-7　　　　　　　　冷拔低碳钢丝的机械性能

钢丝级别	直径/mm	抗拉强度/MPa		伸长率 δ_{10}/(%)	反复弯曲(180°)次数
		Ⅰ 组	Ⅱ 组		
		不小于			
甲 级	5	650	600	3	4
	4	700	650	2.5	
乙 级	3~5	550		2	4

三、钢筋连接

(一)绑扎连接

钢筋绑扎连接是利用混凝土的粘结锚固作用,实现两根锚固钢筋的应力传递。为保证钢筋的应力能充分传递,必须满足施工规范规定的最小搭接长度的要求。且应将接头位置设在受力较小处。

1. 绑扎工艺要点

(1)钢筋搭接处,应在中心和两端用镀锌钢丝扎牢,如图 9-13 所示。

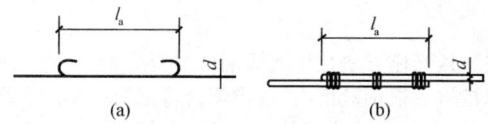

图 9-13　钢筋绑扎接头
(a)光圆钢筋;(b)带肋钢筋

(2)钢筋的交叉点都应采用镀锌钢丝扎牢。
(3)焊接骨架和焊接网采用绑扎连接时,应符合下列规定:
1)焊接骨架的焊接网的搭接接头,不宜位于构件的最大弯矩处。

2)焊接网在非受力方向的搭接长度,不宜小于100mm。

3)受拉焊接骨架和焊接网在受力钢筋方向的搭接长度,应符合设计规定;受压焊接骨架和焊接网在受力钢筋方向的搭接长度,可取受拉焊接骨架和焊接网在受力钢筋方向的搭接长度的0.7倍。

(4)在绑扎骨架中非焊接的搭接接头长度范围内,当搭接钢筋为受拉时,其箍筋的间距不应大于 $5d$,且不应大于100mm。当搭接钢筋为受压时,其箍筋间距不应大于 $10d$,且不应大于200mm(d 为受力钢筋中的最小直径)。

(5)钢筋绑扎用的镀锌钢丝,可采用20~22号镀锌钢丝,其中22号镀锌钢丝只用于绑扎直径12mm以下的钢筋。

(6)控制混凝土保护层应采用水泥砂浆垫块或塑料卡。水泥砂浆垫块的厚度应等于保护层厚度。垫块的平面尺寸:当保护层厚度等于或小于20mm时为30mm×30mm;大于20mm时为50mm×50mm。当在垂直方向使用垫块时,可在垫块中埋入20号镀锌钢丝。塑料卡的形状有两种:塑料垫块和塑料环圈,如图9-14所示。塑料垫块用于水平构件(如梁、板),在两个方向均有凹槽,以便适应两种保护层厚度。塑料环用于垂直构件(如柱、墙),使用时钢筋从卡嘴进入卡腔;由于塑料环圈有弹性,可使卡腔的大小能适应钢筋直径的变化。

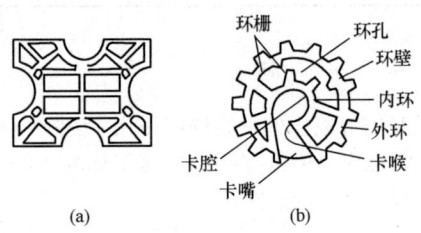

图 9-14 塑料卡
(a)塑料垫块;(b)塑料环圈

2. 绑扎方法

(1)一面扣法。其操作方法是将镀锌钢丝对折成180°,理顺叠齐,放在左手掌内,绑扎时左手拇指将一根钢丝推出,食指配合将弯折一端伸入绑扎点钢筋底部,右手持绑扎钩子用钩尖钩起镀锌钢丝弯折处向上拉至钢筋上部,以左手所执的镀锌钢丝开口端紧靠,两者拧紧在一起,拧转2~3圈,如图9-15所示。将镀锌钢丝向上拉时,镀锌钢丝要紧靠钢筋底部,将底面筋绷紧在一起,绑扎才能牢靠。一面扣法,多用于平面上扣很多的地方,如楼板等不易滑动的部位。

(2)其他钢筋绑扎方法有:十字花扣、反十字花扣、兜扣加缠、套扣等,这些方法主要根据绑扎部位进行选择。

1)十字花扣、兜扣,适用于平板钢筋网和箍筋处绑扎。

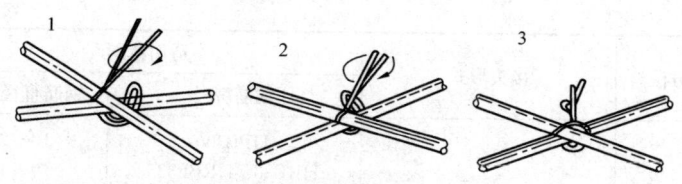

图 9-15 钢筋绑扎一面扣法

2)缠扣,多用于墙钢筋网和柱箍。
3)反十字花扣、兜扣加缠,适用于梁骨架的箍筋和主筋的绑扎。
4)套扣用于梁的架立钢筋和箍筋的绑扎。

(二)焊接连接

钢筋的焊接质量与钢材的可焊性、焊接工艺有关。可焊性与含碳量、合金元素的数量有关,含碳、锰数量增加,则可焊性差;而含适量的钛可改善可焊性。焊接工艺(焊接参数与操作水平)亦影响焊接质量,即使可焊性差的钢材,若焊接工艺合宜,亦可获得良好的焊接质量。目前普遍采用的焊接方法有电弧焊、闪光对焊、电阻点焊、气压焊、电渣压力焊、窄间隙电弧焊、预埋件钢筋埋弧压力焊等。

1. 一般规定

(1)各种焊接方法的适用范围见表9-8。

表 9-8 钢筋焊接方法、接头形式及适用范围

焊接方法	接头形式	适用范围	
		钢筋牌号	钢筋直径/mm
电阻点焊		HPB300	6~16
		HRB335 HRBF335	6~16
		HRB400 HRBF400	6~16
		HRB500 HBRF500	6~16
		CRB550	4~12
		CDW550	3~8
闪光对焊		HPB300	8~22
		HRB335 HRBF335	8~40
		HRB400 HRBF400	8~40
		HRB500 HBRF500	8~40
		RRB400W	8~32
箍筋闪光对焊		HPB300	6~18
		HRB335 HRBF335	6~18
		HRB400 HRBF400	6~18
		HRB500 HBRF500	6~18
		RRB400W	8~18

续一

焊接方法		接头形式	适用范围	
			钢筋牌号	钢筋直径/mm
电弧焊	帮条焊 双面焊		HPB300	10～22
			HRB335 HRBF335	10～40
			HRB400 HRBF400	10～40
			HRB500 HBRF500	10～32
			RRB400W	10～25
	帮条焊 单面焊		HPB300	10～22
			HRB335 HRBF335	10～40
			HRB400 HRBF400	10～40
			HRB500 HBRF500	10～32
			RRB400W	10～25
	搭接焊 双面焊		HPB300	10～22
			HRB335 HRBF335	10～40
			HRB400 HRBF400	10～40
			HRB500 HBRF500	10～32
			RRB400W	10～25
	搭接焊 单面焊		HPB300	10～22
			HRB335 HRBF335	10～40
			HRB400 HRBF400	10～40
			HRB500 HBRF500	10～32
			RRB400W	10～25
	熔槽帮条焊		HPB300	20～22
			HRB335 HRBF335	20～40
			HRB400 HRBF400	20～40
			HRB500 HBRF500	20～32
			RRB400W	20～25
	坡口焊 平焊		HPB300	18～22
			HRB335 HRBF335	18～40
			HRB400 HRBF400	18～40
			HRB500 HBRF500	18～32
			RRB400W	18～25
	坡口焊 立焊		HPB300	18～22
			HRB335 HRBF335	18～40
			HRB400 HRBF400	18～40
			HRB500 HBRF500	18～32
			RRB400W	18～25

续二

焊接方法		接头形式	适用范围	
			钢筋牌号	钢筋直径/mm
电弧焊	钢筋与钢板搭接焊		HPB300	8~22
			HRB335 HRBF335	8~40
			HRB400 HRBF400	8~40
			HRB500 HBRF500	8~32
			RRB400W	8~25
	窄间隙焊		HPB300	16~22
			HRB335 HRBF335	16~40
			HRB400 HRBF400	16~40
			HRB500 HBRF500	18~32
			RRB400W	18~25
	预埋件钢筋 角焊		HPB300	6~22
			HRB335 HRBF335	6~25
			HRB400 HRBF400	6~25
			HRB500 HBRF500	10~20
			RRB400W	10~20
	预埋件钢筋 穿孔塞焊		HPB300	20~22
			HRB335 HRBF335	20~32
			HRB400 HRBF400	23~32
			HRB500	20~28
			RRB400W	20~28
	埋弧压力焊		HPB300	6~22
	埋弧螺柱焊		HRB335 HRBF335	6~28
			HRB400 HRBF400	6~28
电渣压力焊			HPB300	12~22
			HRB335	12~32
			HRB400	12~32
			HRB500	12~32

续三

焊接方法		接头形式	适用范围	
			钢筋牌号	钢筋直径/mm
气压焊	固态		HPB300	12～22
			HRB335	12～40
	熔态		HRB400	12～40
			HRB500	12～32

注：1. 电阻点焊时，适用范围的钢筋直径指两根不同直径钢筋交叉叠接中较小钢筋的直径。
2. 电弧焊含焊条电弧焊和二氧化碳气体保护电弧焊两种工艺方法。
3. 在生产中，对于有较高要求的抗震结构用钢筋，在牌号后加 E，焊接工艺可按同级别热轧钢筋施焊；焊条应采用低氢型碱性焊条。
4. 生产中，如果有 HPB235 钢筋需要进行焊接时，可按 HPB300 钢筋的焊接材料和焊接工艺参数，以及接头质量检验与验收的有关规定施焊。

(2) 电渣压力焊适用于柱、墙、构筑物等现浇混凝土结构中竖向受力钢筋的连接；不得用于梁、板等构件中水平钢筋的连接。

(3) 在钢筋工程开工之前，参与该项工程施焊的焊工必须进行现场条件下的焊接工艺试验，并经试验合格后，方准于焊接生产。

(4) 钢筋焊接施工之前，应清除钢筋、钢板焊接部位以及钢筋与电极接触处面上的锈斑、油污、杂物等；钢筋端部当有弯折、扭曲时，应予以矫直或切除。

(5) 带肋钢筋闪光对焊、电弧焊、电渣压力焊和气压焊，宜将纵肋对纵肋安放和焊接。

(6) 焊剂应存放在干燥的库房内，若受潮时，在使用前应经 250～350℃ 烘焙 2h。使用中回收的焊剂应清除熔渣和杂物，并应与新焊剂混合均匀后使用。

(7) 两根同牌号、不同直径的钢筋可进行闪光对焊、电渣压力焊或气压焊，闪光对焊时钢筋径差不得超过 4mm，电渣压力焊或气压焊时，钢筋径差不得超过 7mm。焊接工艺参数可在大、小直径钢筋焊接工艺参数之间偏大选用，两根钢筋的轴线应在同一直线上。对接头强度的要求，应按较小直径钢筋计算。

(8) 两根同直径、不同牌号的钢筋可进行闪光对焊、电弧焊、电渣压力焊或气压焊，其钢筋牌号应在表 9-18 的范围内，焊条、焊丝和焊接工艺参数按较高牌号钢筋选用，对接头强度的要求按较低牌号钢筋强度计算。

(9) 进行电阻点焊、闪光对焊、埋弧压力焊、埋弧螺柱焊时，应随时观察电源电压的波动情况；当电源电压下降大于 5%、小于 8% 时，应采取提高焊接变压器级数等措施；当大于或等于 8% 时，不得进行焊接。

(10) 在环境温度低于 −5℃ 条件下施焊时，焊接工艺应符合下列要求：
1) 闪光对焊时，宜采用预热闪光焊或闪光-预热闪光焊；可增加调伸长度，采

第九章 混凝土结构工程施工技术

用较低变压器级数,增加预热次数和间歇时间。

2)电弧焊时,宜增大焊接电流,减低焊接速度。电弧帮条焊或搭接焊时,第一层焊缝应从中间引弧,向两端施焊;以后各层控温施焊,层间温度控制在150~350℃之间。多层施焊时,可采用回火焊道施焊。

(11)当环境温度低于-20℃时,不应进行各种焊接。

(12)雨天、雪天进行施焊时,应采取有效遮蔽措施。焊后未冷却接头不得碰到雨和冰霜,并应采取有效的防滑、防触电措施,确保人身安全。

(13)当焊接区风速超过8m/s在现场进行闪光对焊或焊条电弧焊时,当风速超过5m/s进行气压焊时,当风速超过2m/s进行二氧化碳气体保护焊时,均应采取挡风措施。

(14)焊机应经常维护保养和定期检修,确保正常使用。

2. 钢筋电阻点焊

混凝土结构中钢筋焊接骨架和钢筋焊接网,宜采用电阻点焊制作。常用用的点焊机有单点点焊机(用以焊接较粗的钢筋)、多头点焊机(用以焊钢筋网)和悬挂式点焊机(可焊平面尺寸大的骨架或钢筋网)。现场还可采用手提式点焊机。点焊时,将已除锈污的钢筋交叉点放入点焊机的两电极间,使钢筋通电发热至一定温度后,加压使焊点金属焊牢。

采用点焊代替绑扎可提高工效、节约劳动力,成品刚性好,便于运输。电阻点焊的工艺参数应根据钢筋牌号、直径及焊机性能等具体情况,选择变压器级数、焊接通电时间和电极压力。

点焊时,部分电流会通过已焊好的各点而形成闭合电路,这样将使通过焊点的电流减小,这种现象叫电流的分流现象。分流会使焊点强度降低。分流大小随通路的增加而增加,随焊点距离的增加而减少。个别情况下分流可达焊点电流的40%以上。为消除这种有害影响,施焊时应合理考虑施焊顺序或适当延长通电时间或增大电流。在焊接钢筋交叉角小于30°的钢筋网或骨架时,也需增大电流或延长时间。

(1)点焊工艺。

1)钢筋焊接骨架和钢筋焊接网在焊接生产中,当两根钢筋直径不同时,焊接骨架较小钢筋直径小于或等于10mm时,大、小钢筋直径之比不宜大于3倍;当较小钢筋直径为12~16mm时,大、小钢筋直径之比不宜大于2倍。焊接网较小钢筋直径不得小于较大钢筋直径的60%。

2)电阻点焊的工艺过程中,应包括预压、通电、锻压三个阶段(图9-16)。

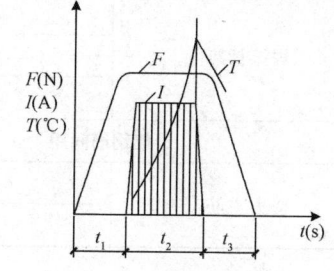

图9-16 点焊过程示意图

F—压力;I—电流;T—温度;t—时间;
t_1—预压时间;t_2—通电时间;t_3—锻压时间

3) 焊点的压入深度应为较小钢筋直径的 18%～25%。

4) 钢筋焊接网、钢筋焊接骨架宜用于成批生产；焊接时应按设备使用说明书中的规定进行安装、调试和操作，根据钢筋直径选用合适电极压力、焊接电流和焊接通电时间。

5) 在点焊生产中，应经常保持电极与钢筋之间接触面的清洁平整；当电极使用变形时，应及时修整。

6) 钢筋点焊生产过程中，应随时检查制品的外观质量；当发现焊接缺陷时，应查找原因并采取措施，及时消除。

(2) 钢筋焊接骨架和焊接网质量检验。

1) 不属于专门规定的焊接骨架和焊接网可按下列规定的检验批只进行外观质量检查：

①凡钢筋牌号、直径及尺寸相同的焊接骨架和焊接网应视为同一类型制品，且每300件作为一批，一周内不足300件的亦应按一批计算，每周至少检查一次。

②外观质量检查时，每批应抽查5%，且不得少于5件。

2) 焊接骨架外观质量检查结果，应符合下列规定：

①焊点压入深度应符合规定。

②每件制品的焊点脱落、漏焊数量不得超过焊点总数的4%，且相邻两焊点不得有漏焊及脱落。

③应量测焊接骨架的长度、宽度和高度，并应抽查纵、横方向3～5个网格的尺寸，其允许偏差应符合表9-9的规定。

④当外观质量检查结果不符合上述规定时，应逐件检查，并剔出不合格品。对不合格品经整修后，可提交二次验收。

表 9-9　　　　　　　　　　　钢筋骨架的允许偏差

项目		允许偏差/mm
焊接骨架	长度	±10
	宽度	±5
	高度	±5
骨架钢筋间距		±10
受力主筋	间距	±15
	排距	±5

3) 焊接网外形尺寸检查和外观质量检查结果，应符合下列规定：

①焊点压入深度应符合规定。

②钢筋焊接网间距的允许偏差应取±10mm 和规定间距的±5%的较大值。

第九章 混凝土结构工程施工技术

网片长度和宽度的允许偏差应取±25mm 和规定长度的±0.5%的较大值;网格数量应符合设计规定。

③钢筋焊接网焊点开焊数量不应超过整张网片交叉点总数的1%,并且任一根钢筋上开焊点不得超过该支钢筋上交叉点总数的一半;焊接网最外边钢筋上的交叉点不得开焊。

④钢筋焊接网表面不应有影响使用的缺陷;当性能符合要求时,允许钢筋表面存在浮锈和因矫直造成的钢筋表面轻微损伤。

3. 钢筋对焊

钢筋对焊是将两钢筋成对接形式水平安置在对焊机夹钳中,使两钢筋接触,通以低电压的强电流,把电能转化为热能(电阻热),当钢筋加热到一定程度后,即施加轴向压力挤压(称为顶锻),便形成对焊接头。钢筋对焊具有生产效率高、操作方便、节约钢材、焊接质量高、接头受力性能好等许多优点。

(1)钢筋对焊工艺。先将钢筋夹入对焊机的两电极中(钢筋与电极接触处应清除锈污,电极内应通入循环冷却水),闭合电源,然后使钢筋两端面轻微接触,这时即有电流通过,由于接触轻微,钢筋端面不平,接触面很小,故电流密度和接触电阻很大,因此接触点很快熔化,形成"金属过梁"。过梁被进一步加热,产生金属蒸汽飞溅(火花般的熔化金属微粒自钢筋两端面的间隙中喷出,此过程称为烧化),形成闪光现象,故也称闪光对焊。通过烧化使钢筋端部温度升高到要求温度后,便快速将钢筋挤压(称顶锻),然后断电,即形成对焊接头。

根据所用对焊机功率大小及钢筋品种、直径不同,钢筋闪光对焊可采用连续闪光焊、预热闪光焊或闪光-预热闪光焊工艺方法(图 9-17)。

1)连续闪光焊。连续闪光和顶锻过程[图 9-17(a)]。施焊时,先闭合一次电路,使两根钢筋端面轻微接触,此时端面的间隙中即喷射出火花般熔化的金属微粒——闪光,接着徐徐移动钢筋使两端面仍保持轻微接触,形成连续闪光。当闪光到预定的长度,使钢筋端头加热到将近熔点时,就以一定的压力迅速进行顶锻。先带电顶锻,再无电顶锻到一定长度,焊接接头即告完成。

2)预热闪光焊。预热闪光焊是在连续闪光焊前增加一次预热过程,以扩大焊接热影响区。其工艺过程包括:预热、闪光和顶锻过程[图 9-17(b)]。施焊时先闭合电源,然后使两根钢筋端面交替地接触和分开,这时钢筋端面的间隙中即发出断续的闪光,而形成预热过程。当钢筋达到预热温度后进入闪光阶段,随后顶锻而成。

3)闪光-预热闪光焊。闪光-预热闪光焊是在预热闪光焊前加一次闪光过程,目的是使不平整的钢筋端面烧化平整,使预热均匀。其工艺过程包括:一次闪光、预热、二次闪光及顶锻过程[图 9-17(c)]。施焊时首先连续闪光,使钢筋端部闪平,然后同预热闪光焊。

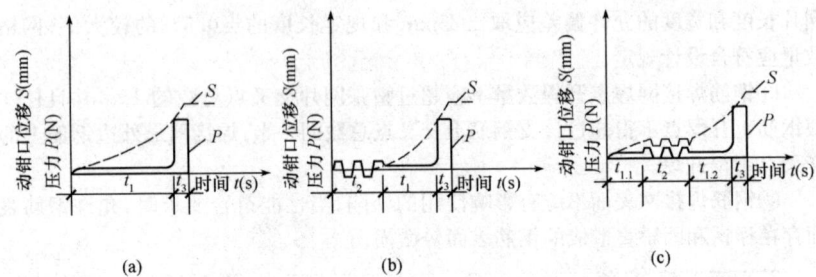

图 9-17 钢筋闪光对焊工艺过程图解
(a)连续闪光焊；(b)预热闪光焊；(c)闪光-预热闪光焊
t_1—闪光时间；$t_{1.1}$——次闪光时间；
$t_{1.2}$—二次闪光时间；t_2—预热时间；t_3—顶锻时间

生产中，可根据不同条件按下列规定选用施焊工艺：
1)当钢筋直径较小，钢筋牌号较低，在表 9-10 规定的范围内，可采用"连续闪光焊"。
2)当钢筋直径超过表 9-10 规定，钢筋端面较平整，宜采用"预热闪光焊"。
3)当钢筋直径超过表 9-10 规定，且钢筋端面不平整，应采用"闪光-预热闪光焊"。

表 9-10 连续闪光焊钢筋直径上限

焊机容量/kVA	钢筋牌号	钢筋直径/mm
160 (150)	HPB300 HRB335 HRBF335 HRB400 HRBF400	22 22 20
100	HPB300 HRB335 HRBF335 HRB400 HRBF400	20 20 18
80 (75)	HPB300 HRB335 HRBF335 HRB400 HRBF400	16 14 12

(2)焊接工艺参数选择。
1)施焊中，焊工应熟练掌握各项留量参数(图 9-18)，以确保焊接质量。
2)闪光对焊时，应按下列规定选择调伸长度、烧化留量、顶锻留量以及变压器级数等焊接参数：

第九章 混凝土结构工程施工技术

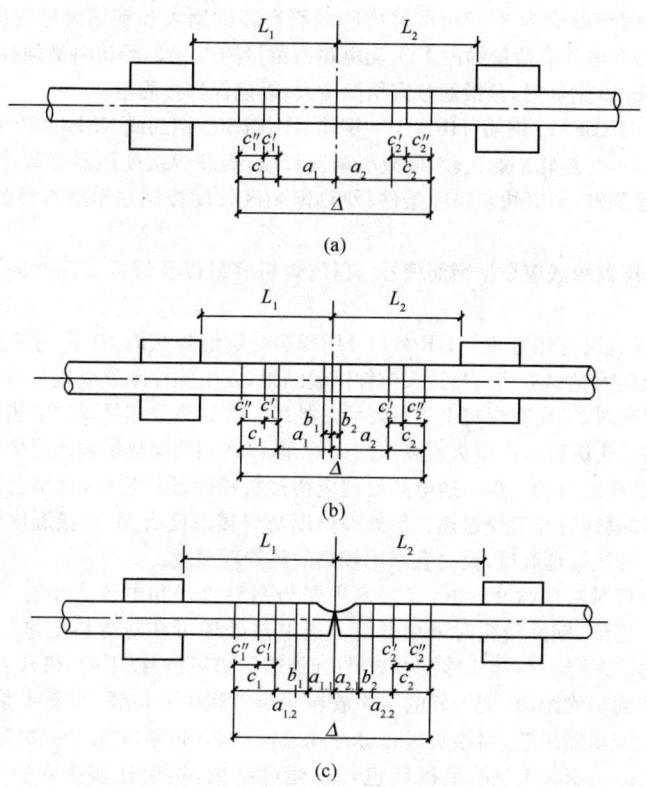

图 9-18 钢筋闪光对焊三种工艺方法留量图解

L_1、L_1—调伸长度;$a_1 + a_2$—烧化留量;$a_{1.1} + a_{2.1}$—一次烧化留量;
$a_{1.2} + a_{2.2}$—二次烧化留量;$b_1 + b_2$—预热留量;$c_1 + c_2$—顶锻留量;
$c'_1 + c'_2$—有电顶锻留量;$c''_1 + c''_2$—无电顶锻留量;Δ—焊接总留量

①调伸长度的选择,应随着钢筋牌号的提高和钢筋直径的加大而增长,主要是减缓接头的温度梯度,防止热影响区产生淬硬组织;当焊接 HRB400、HRBF400 等牌号钢筋时,调伸长度宜在 40～60mm 内选用。

②烧化留量的选择,应根据焊接工艺方法确定。当连续闪光焊时,闪光过程应较长;烧化留量应等于两根钢筋在断料时切断机刀口严重压伤部分(包括端面的不平整度),再加 8～10mm;当闪光预热闪光焊时,应区分一次烧化留量和二次烧化留量。一次烧化留量不应小 10mm,二次烧化留量不应小于 6mm。

③需要预热时,宜采用电阻预热法。预热留量应为 1～2mm,预热次数应为 1～4次;每次预热时间应为 1.5～2s,间歇时间应为 3～4s。

④顶锻留量应为 3～7mm,并应随钢筋直径的增大和钢筋牌号的提高而增加。其中,有电顶锻留量约占 1/3,无电顶锻留量约占 2/3,焊接时必须控制得当。焊接 HRB500 钢筋时,顶锻留量宜稍微增大,以确保焊接质量。

3)当 HRBF335 钢筋、HRBF400 钢筋、HRBF500 钢筋或 RRB400W 钢筋进行闪光对焊时,与热轧钢筋比较,应减小调伸长度,提高焊接变压器级数,缩短加热时间,快速顶锻,形成快热快冷条件,使热影响区长度控制在钢筋直径的 60% 范围之内。

4)变压器级数应根据钢筋牌号、直径、焊机容量以及焊接工艺方法等具体情况选择。

(3)焊后通电热处理。HRB500、HRBF500 钢筋焊接时,应采用预热闪光焊或闪光预热闪光焊工艺。当接头拉伸试验结果,发生脆性断裂或弯曲试验不能达到规定要求时,尚应在焊机上进行焊后热处理。焊后热处理是通过电热处理的方法对焊接接头进行一次退火或高温回火处理,以达到消除热影响区产生的脆性组织,改善塑性的目的。焊后通电热处理应待接头稍冷却后进行,过早会使加热不均匀,近焊缝区容易遭受过热。热处理温度与焊接温度有关,焊接温度较低者宜采用较低的热处理温度,反之宜采用较高的热处理温度。

热处理时采用脉冲通电,其频率主要与钢筋直径和电流大小有关,钢筋较细时采用高值,钢筋较粗时采用低值。通电热处理可在对焊机上进行,其过程为:当焊接完毕后,待接头冷却至 300℃(钢筋呈暗黑色)以下时,松开夹具,将电极钳口调到最大距离,把焊好的接头放在两钳口间中心位置,重新夹紧钢筋,采用较低的变压器级数,对接头进行脉冲式通电加热(频率以 0.52s/次为宜)。当加热到750～850℃(钢筋呈橘红色)时,通电结束,然后让接头在空气中自然冷却。

(4)钢筋的低温对焊。钢筋在环境温度低于 -5℃的条件下进行对焊则属低温对焊。在低温条件下焊接时,焊件冷却快,容易产生淬硬现象,内应力也将增大,使接头力学性能降低,给焊接带来不利因素。因此,在低温条件下焊接时,应掌握好冷却速度。为使加热均匀,增大焊件受热区域,宜采用预热闪光焊或闪光-预热闪光焊。

其焊接参数与常温相比:调伸长度应增加 10%～20%;变压器级数降低一级或二级;烧化过程中期的速度适当减慢;预热时的接触压力适当提高,预热间歇时间适当延长。

(5)焊接质量检查。

1)闪光对焊接头的质量检验,应分批进行外观质量检查和力学性能检验,并应符合下列规定:

①在同一台班内,由同一个焊工完成的 300 个同牌号、同直径钢筋焊接接头应作为一批。当同一台班内焊接的接头数量较少,可在一周之内累计计算;累计

仍不足 300 个接头时,应按一批计算。

②力学性能检验时,应从每批接头中随机切取 6 个接头,其中 3 个做拉伸试验,3 个做弯曲试验。

③异径钢筋接头可只做拉伸试验。

2)闪光对焊接头外观质量检查结果,应符合下列规定:

①对焊接头表面应呈圆滑、带毛刺状,不得有肉眼可见的裂纹。

②与电极接触处的钢筋表面不得有明显烧伤。

③接头处的弯折角度不得大于 2°。

④接头处的轴线偏移不得大于钢筋直径的 1/10,且不得大于 1mm。

4. 箍筋闪光对焊

(1)箍筋闪光对焊的焊点位置宜设在箍筋受力较小一边的中部。不等边的多边形柱箍筋对焊点位置宜设在两个边上的中部。

(2)箍筋下料长度应预留焊接总留量(Δ),其中包括烧化留量(A)、预热留量(B)和顶锻留量(C)。矩形箍筋下料长度可按下式计算:

$$L_g = 2(a_g + b_g) + \Delta \tag{9-5}$$

式中 L_g——箍筋下料长度(mm)

a_g——箍筋内净长度(mm);

b_g——箍筋内净宽度(mm);

Δ——焊接总留量(mm)。

当切断机下料时,增加压痕长度,采用闪光-预热闪光焊工艺时,焊接总留量 Δ 随之增大,约为 $1.0d$(d 为箍筋直径)。上列计算箍筋下料长度经试焊后核对,箍筋外皮尺寸应符合设计图纸的规定。

(3)钢筋切断和弯曲应符合下列规定:

1)钢筋切断宜采用钢筋专用切割机下料;当用钢筋切断机时,刀口间隙不得大于 0.3mm。

2)切断后的钢筋端面应与轴线垂直,无压弯、无斜口。

3)钢筋按设计图纸规定尺寸弯曲成型,制成待焊箍筋,应使两个对焊钢筋头完全对准,具有一定弹性压力。

(4)待焊箍筋为半成品,应进行加工质量的检查,属中间质量检查。按每一工作班、同一牌号钢筋、同一加工设备完成的待焊箍筋作为一个检验批,每批随机抽查 5%件。检查项目应符合下列规定:

1)两钢筋头端面应闭合,无斜口。

2)接口处应有一定弹性压力。

(5)箍筋闪光对焊应符合下列规定:

1)宜使用 100kVA 的箍筋专用对焊机。

2)宜采用预热闪光焊,焊接工艺参数、操作要领、焊接缺陷的产生与消除措施等,可按前述"钢筋对焊"的相关规定执行。

3)焊接变压器级数应适当提高,二次电流稍大。

4)两钢筋顶锻闭合后,应延续数秒钟再松开夹具。

(6)箍筋闪光对焊过程中,当出现异常现象或焊接缺陷时,应查找原因,采取措施,及时消除。

(7)焊接质量检查。

1)箍筋闪光对焊接头应分批进行外观质量检查和力学性能检验,并应符合下列规定:

①在同一台班内,由同一焊工完成的 600 个同牌号、同直径箍筋闪光对焊接头作为一个检验批;如超出 600 个接头,其超出部分可以与下一台班完成接头累计计算。

②每一检验批中,应随机抽查 5%的接头进行外观质量检查。

③每个检验批中应随机切取 3 个对焊接头做拉伸试验。

2)箍筋闪光对焊接头外观质量检查结果,应符合下列规定:

①对焊接头表面应呈圆滑、带毛刺状,不得有肉眼可见裂纹。

②轴线偏移不得大于钢筋直径的 1/10,且不得大于 1mm。

③对焊接头所在直线边的顺直度检测结果凹凸不得大于 5mm。

④对焊箍筋外皮尺寸应符合设计图纸的规定,允许偏差应为±5mm。

⑤与电极接触处的钢筋表面不得有明显烧伤。

5. 钢筋电弧焊接头

钢筋电弧焊是以焊条为一极,钢筋为另一级,利用焊接电流通过产生的电弧进行焊接的一种熔焊方法。电弧焊应用范围广,如钢筋的接长、钢筋骨架的焊接、钢筋与钢板的焊接、装配式结构接头的焊接及其他各种钢结构的焊接等。

钢筋电弧焊时,可采用焊条电弧焊或二氧化碳气体保护电弧焊两种工艺方法。二氧化碳气体保护电弧焊设备应由焊接电源、送丝系统、焊枪、供气系统、控制电路五部分组成。钢筋二氧化碳气体保护电弧焊时,应根据焊机性能、焊接接头形状、焊接位置等条件选用焊接工艺参数,如焊接电流、极性、电弧电压(弧长)、焊接速度、焊丝伸出长度(干伸长)、焊枪角度、焊接位置、焊丝直径等。钢筋电弧焊应包括帮条焊、搭接焊、坡口焊、窄间隙焊和熔槽帮条焊五种接头形式。

(1)焊条选用。钢筋焊条电弧焊所采用的焊条,应符合现行国家标准《非合金钢及细晶粒钢焊条》(GB/T 5117—2012)或《热强钢焊条》(GB/T 5118—2012)的规定。钢筋二氧化碳气体保护电弧焊所采用的焊丝,应符合现行国家标准《气体保护电弧焊用碳钢、低合金钢焊丝》(GB/T 8110—2008)的规定。其焊条型号和焊丝型号应根据设计确定;若设计无规定时,可按表 9-11 选用。

表 9-11　　　　　　　　钢筋电弧焊所采用焊条、焊丝推荐表

钢筋牌号	电弧焊接头形式			
	帮条焊　搭接焊	坡口焊熔槽帮条焊预埋件穿孔塞焊	窄间隙焊	钢筋与钢板搭接焊预埋件T形角焊
HPB300	E4303 ER50-X	E4303 ER50-X	E4316 E4315 ER50-X	E4303 ER50-X
HRB335 HRBF335	E5003 E4303 E5016 E5015 ER50-X	E5003 E5016 E5015 ER50-X	E5016 E5015 ER50-X	E5003 E4303 E5016 E5015 ER50-X
HRB400 HRBF400	E5003 E5516 E5515 ER50-X	E5503 E5516 E5515 ER55-X	E5516 E5515 ER55-X	E5003 E5516 E5515 ER50-X
HRB500 HRBF500	E5503 E6003 E6016 E6015 ER55-X	E6003 E6016 E6015	E6016 E6015	E5503 E6003 E6016 E6015 ER55-X
RRB400W	E5003 E5516 E5515 ER50-X	E5503 E5516 E5515 ER55-X	E5516 E5515 ER55-X	E5003 E5516 E5515 ER50-X

(2)钢筋电弧焊焊接时,应符合下列规定:

1)应根据钢筋牌号、直径、接头形式和焊接位置,选择焊接材料,确定焊接工艺和焊接参数。

2)焊接时,引弧应在垫板、帮条或形成焊缝的部位进行,不得烧伤主筋。

3)焊接地线与钢筋应接触良好。

4)焊接过程中应及时清渣,焊缝表面应光滑,焊缝余高应平缓过渡,弧坑应填满。

(3)帮条焊时,宜采用双面焊[图 9-19(a)];当不能进行双面焊时,可采用单面焊[图 9-19(b)],帮条长度应符合表 9-12 的规定。当帮条牌号与主筋相同时,帮条直径可与主筋相同或小一个规格;当帮条直径与主筋相同时,帮条牌号可与主

筋相同或低一个牌号等级。

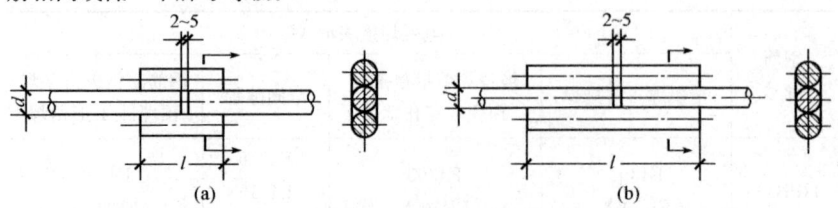

图 9-19 钢筋帮条焊接头
(a)双面焊;(b)单面焊

表 9-12 钢筋帮条长度

钢筋牌号	焊缝形式	帮条长度(l)
HPB300	单面焊	$\geqslant 8d$
	双面焊	$\geqslant 4d$
HRB335 HRBF335 HRB400 HRBF400 HRB500 HRBF500 RRB400W	单面焊	$\geqslant 10d$
	双面焊	$\geqslant 5d$

(4)搭接焊时,宜采用双面焊[图 9-20(a)]。当不能进行双面焊时,可采用单面焊[图 9-20(b)]。搭接长度可与表 9-12 中帮条长度相同。

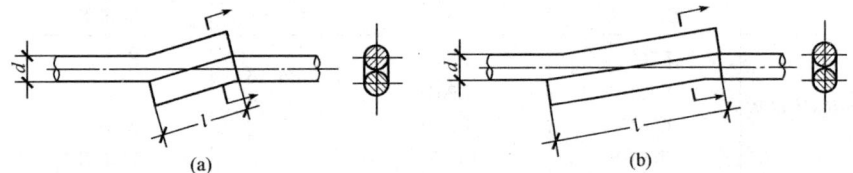

图 9-20 钢筋搭接焊接头
(a)双面焊;(b)单面焊
d—钢筋直径;l—搭接长度

(5)帮条焊接头或搭接焊接头的焊缝有效厚度 S 不应小于主筋直径的 30%;焊缝宽度 b 不应小于主筋直径的 80%(图 9-21)。

(6)帮条焊或搭接焊时,钢筋的装配和焊接应符合下列规定:

1)帮条焊时,两主筋端面的间隙应为 2~5mm。

2)搭接焊时,焊接端钢筋宜预弯,并应使两钢筋的轴线在同一直线上。

3)帮条焊时,帮条与主筋之间应用四点定位焊固定;搭接焊时,应用两点固定;定位焊缝与帮条端部或搭接端部的距离宜大于或等于 20mm。

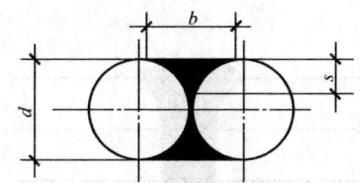

图 9-21 焊缝尺寸示意图
d—钢筋直径；b—焊缝宽度；S—焊缝有效厚度

4）焊接时，应在帮条焊或搭接焊形成焊缝中引弧；在端头收弧前应填满弧坑，并应使主焊缝与定位焊缝的始端和终端熔合。

(7) 坡口焊的准备工作和焊接工艺应符合下列规定（图 9-22）：

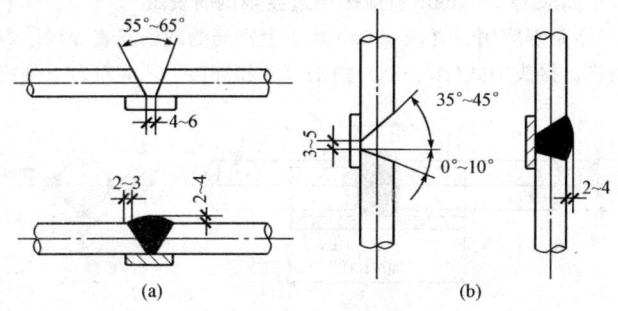

图 9-22 钢筋坡口焊接头

1）坡口面应平顺，切口边缘不得有裂纹、钝边和缺棱。
2）坡口角度应在规定范围内选用。
3）钢垫板厚度宜为 4～6mm，长度宜为 40～60mm；平焊时，垫板宽度应为钢筋直径加 10mm；立焊时，垫板宽度宜等于钢筋直径。
4）焊缝的宽度应大于 V 形坡口的边缘 2～3mm，焊缝余高应为 2～4mm，并平缓过渡至钢筋表面。
5）钢筋与钢垫板之间，应加焊二层、三层侧面焊缝。
6）当发现接头中有弧坑、气孔及咬边等缺陷时，应立即补焊。

(8) 窄间隙焊应用于直径 16mm 及以上钢筋的现场水平连接。焊接时，钢筋端部应置于铜模中，并应留出一定间隙，连续焊接，熔化钢筋端面，使熔敷金属填充间隙并形成接头（图 9-23），其焊接工艺应符合下列规定：
1）钢筋端面应平整。
2）宜选用低氢型焊接材料。
3）从焊缝根部引弧后应连续进行焊接，左右来回运弧，在钢筋端面处电弧应

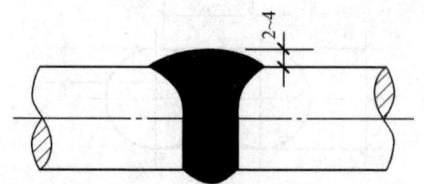

图 9-23 钢筋窄间隙焊接头

少许停留,并使其熔合。

4)当焊至端面间隙的 4/5 高度后,焊缝逐渐扩宽;当熔池过大时,应改连续焊为断续焊,避免过热。

5)焊缝余高应为 2~4mm,且应平缓过渡至钢筋表面。

(9)熔槽帮条焊应用于直径 20mm 及以上钢筋的现场安装焊接。焊接时应加角钢作垫板模。接头形式(图 9-24)、角钢尺寸和焊接工艺应符合下列规定:

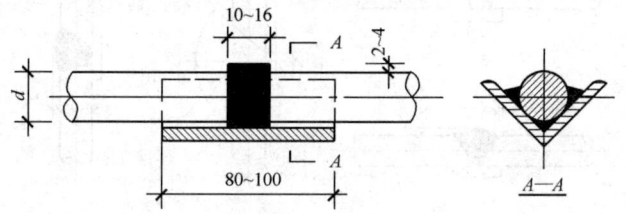

图 9-24 钢筋熔槽帮条焊接头

1)角钢边长宜为 40~70mm。

2)钢筋端头应加工平整。

3)从接缝处垫板引弧后应连续施焊,并应使钢筋端部熔合,防止未焊透、气孔或夹渣。

4)焊接过程中应及时停焊清渣;焊平后,再进行焊缝余高的焊接,其高度应为 2~4mm。

5)钢筋与角钢垫板之间,应加焊侧面焊缝 1~3 层,焊缝应饱满,表面应平整。

(10)预埋件钢筋电弧焊 T 形接头可分为角焊和穿孔塞焊两种(图 9-25),装配和焊接时,应符合下列规定:

1)当采用 HPB300 钢筋时,角焊缝焊脚尺寸(K)不得小于钢筋直径的 50%;采用其他牌号钢筋时,焊脚尺寸(K)不得小于钢筋直径的 60%。

2)施焊中,不得使钢筋咬边和烧伤。

(11)钢筋与钢板搭接焊时,焊接接头(图 9-26)应符合下列规定:

1)HPB300 钢筋的搭接长度(l)不得小于 4 倍钢筋直径,其他牌号钢筋搭接

第九章　混凝土结构工程施工技术

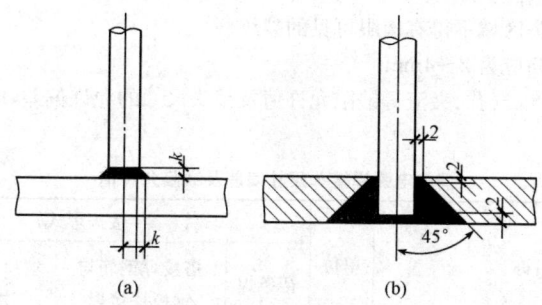

图 9-25　预埋件钢筋电弧焊 T 形接头
K—焊脚尺寸

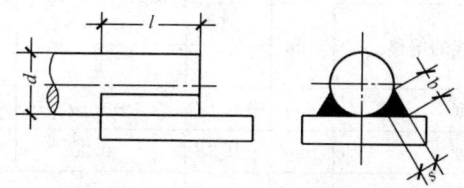

图 9-26　钢筋与钢板搭接焊接头
d—钢筋直径；l—搭接长度；b—焊缝宽度；S—焊缝有效厚度

长度(l)不得小于 5 倍钢筋直径。

2)焊缝宽度不得小于钢筋直径的 60%，焊缝有效厚度不得小于钢筋直径的 35%。

(12)焊接质量检验。

1)电弧焊接头的质量检验，应分批进行外观质量检查和力学性能检验，并应符合下列规定：

①在现浇混凝土结构中，应以 300 个同牌号钢筋、同形式接头作为一批；在房屋结构中，应在不超过连续二楼层中 300 个同牌号钢筋、同形式接头作为一批；每批随机切取 3 个接头，做拉伸试验。

②在装配式结构中，可按生产条件制作模拟试件，每批 3 个，做拉伸试验。

③钢筋与钢板搭接焊接头可只进行外观质量检查。

注：在同一批中若有 3 种不同直径的钢筋焊接接头，应在最大直径钢筋接头和最小直径钢筋接头中分别切取 3 个试件进行拉伸试验。钢筋电渣压力焊接头、钢筋气压焊接头取样均同。

2)电弧焊接头外观质量检查结果，应符合下列规定：

①焊缝表面应平整，不得有凹陷或焊瘤。

②焊接接头区域不得有肉眼可见的裂纹。
③焊缝余高应为 2~4mm。
④咬边深度、气孔、夹渣等缺陷允许值及接头尺寸的允许偏差，应符合表 9-13 的规定。

表 9-13　　　　　钢筋电弧焊接头尺寸偏差及缺陷允许值

名称		单位	接头形式		
			帮条焊	搭接焊钢筋与钢板搭接焊	坡口焊　窄间隙焊熔槽帮条焊
帮条沿接头中心线的纵向偏移		mm	0.3d	—	—
接头处弯折角度		°	2	2	2
接头处钢筋轴线的偏移		mm	0.1d	0.1d	0.1d
			1	1	1
焊缝宽度		mm	+0.1d	+0.1d	
焊缝长度		mm	−0.3d	−0.3d	
咬边深度		mm	0.5	0.5	0.5
在长 2d 焊缝表面上的气孔及夹渣	数量	个	2	2	—
	面积	mm^2	6	6	—
在全部焊接缝表面上的气孔及夹渣	数量	个	—	—	2
	面积	mm^2	—	—	6

注：d 为钢筋直径(mm)

3）当模拟试件试验结果不符合要求时，应进行复验。复验应从现场焊接接头中切取，其数量和要求与初始试验相同。

6. 钢筋电渣压力焊

钢筋电渣压力焊是将两钢筋安放成竖向对接形式，利用焊接电流通过两钢筋端面间隙，在焊剂层下形成电弧过程和电渣过程，产生电弧热和电阻热，熔化钢筋，加压完成连接的一种焊接方法，具有操作方便、效率高、成本低、工作条件好等特点。电渣压力焊应用于现浇钢筋混凝土结构中竖向或斜向(倾斜度不大于 10°)钢筋的连接，但不得在竖向焊接之后，再横置于梁、板等构件中作水平钢筋之用。

钢筋电渣压力焊具有电弧焊、电渣焊和压力焊的特点。其焊接过程可分四个阶段，即：引弧过程→电弧过程→电渣过程→顶压过程。其中，电弧和电渣两过程对焊接质量有重要的影响，故应根据待焊钢筋直径的大小，合理选择焊接参数。

钢筋电渣压力焊机按操作方式可分成手动式和自动式两种。一般由焊接电源、焊接机头和控制箱三部分组成，如图 9-27 所示。

第九章 混凝土结构工程施工技术

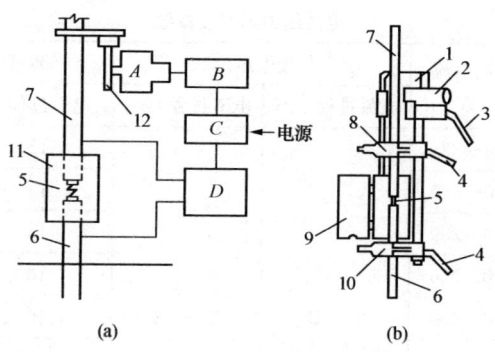

图 9-27 电动凸轮式钢筋自动电渣压力焊机示意图
(a)焊接基本原理方框图；(b)焊接机头
1—把子；2—电机传动部分；3—电源线；4—焊把线；5—钢丝圈；6—下钢筋；
7—上钢筋；8—上夹头 9—焊药盒；10—下夹头；11—焊剂；12—凸轮
A—电机与减速箱；B—操作箱；C—控制箱；D—焊接变压器

(1)直径 12mm 钢筋电渣压力焊时,应采用小型焊接夹具,上下两钢筋对正,不偏歪,多做焊接工艺试验,确保焊接质量。

(2)电渣压力焊焊机容量应根据所焊钢筋直径选定,接线端应连接紧密,确保良好导电。

(3)焊接夹具应具有足够刚度,夹具形式、型号应与焊接钢筋配套,上下钳口应同心,在最大允许荷载下应移动灵活,操作便利,电压表、时间显示器应配备齐全。

(4)电渣压力焊工艺过程应符合下列规定：

1)焊接夹具的上下钳口应夹紧于上、下钢筋上；钢筋一经夹紧,不得晃动,且两钢筋应同心。

2)引弧可采用直接引弧法或铁丝圈(焊条芯)间接引弧法。

3)引燃电弧后,应先进行电弧过程,然后,加快上钢筋下送速度,使上钢筋端面插入液态渣池约 2mm,转变为电渣过程,最后在断电的同时,迅速下压上钢筋,挤出熔化金属和熔渣。

4)接头焊毕,应稍作停歇,方可回收焊剂和卸下焊接夹具；敲去渣壳后,四周焊包凸出钢筋表面的高度,当钢筋直径为 25mm 及以下时不得小于 4mm；当钢筋直径为 28mm 及以上时不得小于 6mm。

(5)电渣压力焊焊接参数应包括焊接电流、焊接电压和焊接通电时间；采用 HJ431 焊剂时,宜符合表 9-14 的规定。采用专用焊剂或自动电渣压力焊机时,应根据焊剂或焊机使用说明书中推荐数据,通过试验确定。

表 9-14　　　　　　　　电渣压力焊焊接参数

钢筋直径 /mm	焊接电流 /A	焊接电压/V		焊接通电时间/s	
		电弧过程 $U_{2.1}$	电渣过程 $U_{2.2}$	电弧过程 t_1	电渣过程 t_2
12	280~321	35~45	18~22	12	2
14	300~350			13	4
16	300~350			15	5
18	300~350			16	6
20	350~400			18	7
22	350~400			20	8
25	350~400			22	9
28	400~450			25	10
32	400~450			35	11

(6)在焊接生产中焊工应进行自检,当发现偏心、弯折、烧伤等焊接缺陷时,应查找原因,采取措施,及时消除。

(7)焊接质量检验。

1)电渣压力焊接头的质量检验,应分批进行外观质量检查和力学性能检验,并应符合下列规定:

①在现浇钢筋混凝土结构中,应以 300 个同牌号钢筋接头作为一批。

②在房屋结构中,应在不超过连续二楼层中 300 个同牌号钢筋接头作为一批;当不足 300 个接头时,仍应作为一批。

③每批随机切取 3 个接头试件做拉伸试验。

2)电渣压力焊接头外观质量检查结果,应符合下列规定:

①四周焊包凸出钢筋表面的高度,当钢筋直径为 25mm 及以下时,不得小于 4mm;当钢筋直径为 28mm 及以上时,不得小于 6mm。

②钢筋与电极接触处,应无烧伤缺陷。

③接头处的弯折角度不得大于 2°。

④接头处的轴线偏移不得大于 1mm。

7. 钢筋气压焊

钢筋气压焊是对需要连接的两钢筋端部接缝处进行加热,使其达到热塑状态,同时对钢筋施加 30~40MPa 的轴向压力,使钢筋顶锻在一起。该焊接方法使钢筋在还原气体的保护下,发生塑性流变后相互紧密接触,促使端面金属晶体相互扩散渗透,再结晶,再排列,形成牢固的焊接接头。这种方法设备投资少、施工

第九章　混凝土结构工程施工技术

安全、节约钢材和电能,可用于钢筋在垂直位置、水平位置或倾斜位置的对接焊接。气压焊按加热温度和工艺方法的不同,可分为固态气压焊和熔态气压焊两种,施工单位应根据设备等情况选择采用。气压焊按加热火焰所用燃料气体的不同,可分为氧乙炔气压焊和氧液化石油气气压焊两种。氧液化石油气火焰的加热温度稍低,施工单位应根据具体情况选用。

(1)气压焊设备应符合下列规定:

1)供气装置应包括氧气瓶、溶解乙炔气瓶或液化石油气瓶、减压器及胶管等;溶解乙炔气瓶或液化石油气瓶出口处应安装干式回火防止器。

2)焊接夹具应能夹紧钢筋,当钢筋承受最大的轴向压力时,钢筋与夹头之间不得产生相对滑移;应便于钢筋的安装定位,并在施焊过程中保持刚度;动夹头应与定夹头同心,并且当不同直径钢筋焊接时,亦应保持同心;动夹头的位移应大于或等于现场最大直径钢筋焊接时所需要的压缩长度。

3)采用半自动钢筋固态气压焊或半自动钢筋熔态气压焊时,应增加电动加压装置、带有加压控制开关的多嘴环管加热器,采用固态气压焊时,宜增加带有陶瓷切割片的钢筋常温直角切断机。

4)当采用氧液化石油气火焰进行加热焊接时,应配备梅花状喷嘴的多嘴环管加热器。

(2)采用固态气压焊时,其焊接工艺应符合下列规定:

1)焊前钢筋端面加工应符合下列要求:

①钢筋端面应切平,切割时要考虑钢筋接头的压缩量,一般为$(0.6\sim1.0)d$。断面应与钢筋的轴线相垂直,端面周边毛刺应去掉。钢筋端部若有弯折或扭曲应矫正或切除。切割钢筋应用砂轮锯,不宜用断口机。

②清除压接面上的锈、油污、水泥等附着物,并打磨见新面,使其露出金属光泽,不得有氧化现象。压接端头清除的长度一般为50~100mm。

③钢筋的压接接头应布置在数根钢筋的直线区段内,不得在弯曲段内布置接头。有多根钢筋压接时,接头位置应按规定错开。

④两钢筋安装于夹具上,应夹紧并加压顶紧。两钢筋轴线要对正,并对钢筋轴向施加5~10MPa初压力。钢筋之间的缝隙不得大于3mm,压接面要求,如图9-28所示。

2)气压焊加热开始至钢筋端面密合前,应采用碳化焰集中加热;钢筋端面密合后可采用中性焰宽幅加热;钢筋端面合适加热温度应为1150~1250℃;钢筋镦粗区表面的加热温度应稍高于该温度,并随钢筋直径增大而适当提高。

3)气压焊顶压时,对钢筋施加的顶压力应为30~40MPa。

4)当采用半自动钢筋固态气压焊时,应使用钢筋常温直角切断机断料,两钢筋端面间隙应控制在1~2mm,钢筋端面应平滑,可直接焊接。

(3)采用熔态气压焊时,焊接工艺应符合下列规定:

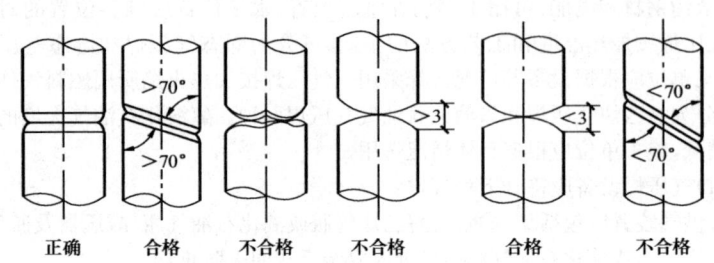

图 9-28　钢筋气压焊压接面要求

1)安装时,两钢筋端面之间应预留 3~5mm 间隙。

2)当采用氧液化石油气熔态气压焊时,应调整好火焰,适当增大氧气用量。

3)气压焊开始时,应首先使用中性焰加热,待钢筋端头至熔化状态,附着物随熔滴流走,端部呈凸状时,应加压,挤出熔化金属,并密合牢固。

(4)在加热过程中当在钢筋端面缝隙完全密合之前发生灭火中断现象时,应将钢筋取下重新打磨、安装,然后点燃火焰进行焊接。当灭火中断发生在钢筋端面缝隙完全密合之后,可继续加热加压。

(5)在焊接生产中,焊工应自检,当发现焊接缺陷时,应查找原因,并采取措施,及时消除。

(6)焊接质量检验。

1)气压焊接头的质量检验,应分批进行外观质量检查和力学性能检验,并应符合下列规定:

①在现浇钢筋混凝土结构中.应以 300 个同牌号钢筋接头作为一批;在房屋结构中,应在不超过连续二楼层中 300 个同牌号钢筋接头作为一批;当不足 300 个接头时,仍应作为一批。

②在柱、墙的竖向钢筋连接中.应从每批接头中随机切取 3 个接头做拉伸试验;在梁、板的水平钢筋连接中,应另切取 3 个接头做弯曲试验。

③在同一批中,异径钢筋气压焊接头只可做拉伸试验。

2)钢筋气压焊接头外观质量检查结果,应符合下列规定:

①接头处的轴线偏移 e 不得大于钢筋直径的 1/10,且不得大于 1mm[图 9-29(a)];当不同直径钢筋焊接时,应按较小钢筋直径计算;当大于上述规定值,但在钢筋直径的 3/10 以下时,可加热矫正;当大于 3/10 时,应切除重焊。

②接头处表面不得有肉眼可见的裂纹。

③接头处的弯折角度不得大干 2°;当大于规定值时,应重新加热矫正。

4)固态气压焊接头镦粗直径 d_c 不得小于钢筋直径的 1.4 倍。熔态气压焊接头镦粗直径 d_c 不得小于钢筋直径的 1.2 倍[图 9-29(b)];当小于上述规定值时,应重新加热镦粗。

5) 镦粗长度 L_c 不得小于钢筋直径的 1.0 倍,且凸起部分平缓圆滑[图 9-29(c)];当小于上述规定值时,应重新加热镦长。

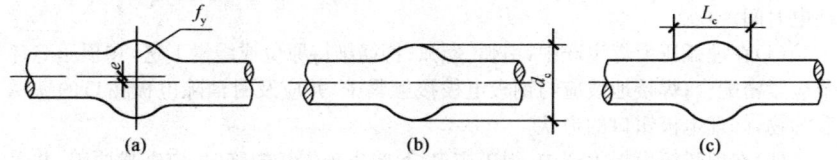

图 9-29 钢筋气压焊接头外观质量图解
f_y—焊面

8. 预埋件钢筋埋弧压力焊

(1) 预埋件钢筋埋弧压力焊设备应符合下列规定:

1) 当钢筋直径为 6mm 时,可选用 500 型弧焊变压器作为焊接电源;当钢筋直径为 8mm 及以上时,应选用 1000 型弧焊变压器作为焊接电源。

2) 焊接机构应操作方便、灵活;宜装有高频引弧装置;焊接地线宜采取对称接地法,以减少电弧偏移(图 9-30);操作台面上应装有电压表和电流表。

3) 控制系统应灵敏、准确,并应配备时间显示装置或时间继电器,以控制焊接通电时间。

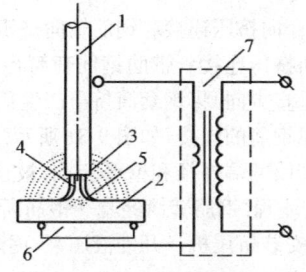

图 9-30 对称接地示意图
1—钢筋;2—钢板;3—焊剂;4—电弧;
5—熔池;6—铜板电极;7—焊接变压器

(2) 埋弧压力焊工艺过程应符合下列规定:

1) 钢板应放平,并应与铜板电极接触紧密。

2) 将锚固钢筋夹于夹钳内,应夹牢;并应放好挡圈,注满焊剂。

3) 接通高频引弧装置和焊接电源后,应立即将钢筋上提,引燃电弧,使电弧稳定燃烧,再渐渐下送。

4) 顶压时,用力应适度。

5)敲去渣壳,四周焊包凸出钢筋表面的高度,当钢筋直径为18mm及以下时,不得小于3mm;当钢筋直径为20mm及以上时,不得小于4mm。

(3)埋弧压力焊的焊接参数应包括引弧提升高度、电弧电压、焊接电流和焊接通电时间。

(4)在埋弧压力焊生产中,引弧、燃弧(钢筋维持原位或缓慢下送)和顶压等环节应紧密配合;焊接地线应与铜板电极接触紧密,并应及时消除电极钳口的铁锈和污物,修理电极钳口的形状。

(5)在埋弧压力焊生产中,焊工应自检,当发现焊接缺陷时,应查找原因,并采取措施,及时消除。

(三)机械连接

钢筋机械连接是通过连接件的机械咬合作用或钢筋端面的承压作用,将一根钢筋中的力传递至另一根钢筋的连接方法。具有施工简便、工艺性能良好、接头质量可靠、不受钢筋焊接性的制约、可全天施工、节约钢材和能源等优点。常用的机械连接接头类型有:挤压套筒接头、锥螺纹套筒接头等。

1. 带肋钢筋套筒挤压连接

带肋钢筋套筒挤压连接是将需要连接的带肋钢筋,插于特制的钢套筒内,利用挤压机压缩套筒,使之产生塑性变形,靠变形后的钢套筒与带肋钢筋之间的紧密咬合来实现钢筋的连接。适用于钢筋直径为16~40mm的热轧HRB335级、HRB400级带肋钢筋的连接。

钢筋挤压连接有钢筋径向挤压连接和钢筋轴向挤压连接两种形式。

(1)带肋钢筋套筒径向挤压连接。带肋钢筋套筒径向挤压连接,是采用挤压机沿径向(即与套筒轴线垂直方向)将钢套筒挤压产生塑性变形,使之紧密地咬住带肋钢筋的横肋,实现两根钢筋的连接,如图9-31所示。当不同直径的带肋钢筋采用挤压接头连接时,若套筒两端外径和壁厚相同,被连接钢筋的直径相差不应大于5mm。挤压连接工艺流程:钢筋套筒经验→钢筋断料,刻画钢筋套入长度定出标记→套筒套入钢筋→安装挤压机→开动液压泵,逐渐加压套筒至接头成型→卸下挤压机→接头外形检查。

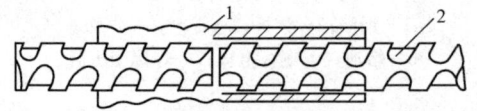

图9-31 钢筋径向挤压
1—钢套管;2—钢筋

(2)带肋钢筋套筒轴向挤压连接。钢筋轴向挤压连接,是采用挤压机和压模对钢套筒及插入的两根对接钢筋,沿其轴向方向进行挤压,使套筒咬合到带肋钢

第九章 混凝土结构工程施工技术

筋的肋间,使其结合成一体,如图 9-32 所示。

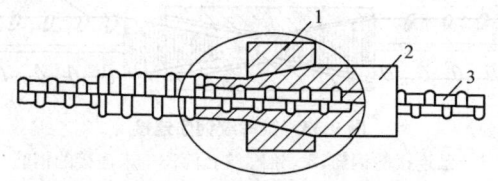

图 9-32 钢筋轴向挤压
1—压模;2—钢套管;3—钢筋

(3)带肋钢筋套筒径向挤压连接要求。

1)钢套筒的屈服承载力和抗拉承载力应大于钢筋的屈服承载力和抗拉承载力的 1.1 倍。

2)套筒的材料及几何尺寸应符合检验认定的技术要求,并应有相应的出厂合格证。

3)钢筋端头的锈、泥砂、油污、杂物都应清理干净,端头要直、面宜平,不同直径钢筋的套筒不得相互串用。

4)钢筋端头要画出标记,用以检查钢筋伸入套筒内的长度。

5)挤压后钢筋端头离套筒中线不应超过 10mm,压痕间距为 1~6mm,挤压后套筒长度应增长为原套筒的 1.10~1.15 倍,挤压后压痕处套筒的最小外径应为原套筒外径的 85%~90%。

6)接头处弯折角度不得大于 4°。

7)接头处不得有肉眼可见裂纹及过压现象。

8)现场每 500 个相同规格、相同制作条件的接头为一个验收批,抽取不少于 3 个试件(每结构层中不应少于 1 个试件)作抗拉强度检验。若 1 个不合格应取双倍试件送试,再有不合格,则该批挤压接头评为不合格。

2. 钢筋锥螺纹套筒连接

锥螺纹钢筋接头是利用锥形螺纹能承受轴向力和水平力以及密封性能较好的原理,依靠机械力将钢筋连接在一起。

操作时,先用专用套丝机将钢筋的待连接端加工成锥形外螺纹;然后,通过带锥形内螺纹的钢连接套筒将两根待接钢筋连接;最后利用力矩扳手按规定的力矩值使钢筋和连接钢套筒拧紧在一起,如图 9-33 所示。

这种接头工艺简便,能在施工现场连接直径 16~40mm 的热轧 HRB335 级、HRB400 级同径和异径的竖向或水平钢筋,且不受钢筋是否带肋和含碳量的限制。适用于按一、二级抗震等级设施的工业和民用建筑钢筋混凝土结构的热轧 HRB335 级、HRB400 级钢筋的连接施工。但不得用于预应力钢筋的连接。对于直接承受动荷载的结构构件,其接头还应满足抗疲劳性能等设计要求。锥螺纹连

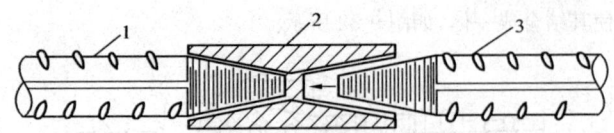

图 9-33　锥螺纹钢筋连接

1—已连接的钢筋；2—锥螺纹套筒；3—未连接的钢筋

接套筒的材料宜采用 45 号优质碳素结构钢或其他经试验确认符合要求的钢材制成，其抗拉承载力不应小于被连接钢筋受拉承载力标准值的 1.10 倍。

(1) 钢筋锥螺纹加工要求。

1) 钢筋应先调直再下料。钢筋下料可用钢筋切断机或砂轮锯，但不得用气割下料。下料时，要求切口端面与钢筋轴线垂直，端头不得挠曲或出现马蹄形。

2) 加工好的钢筋锥螺纹丝头的锥度、牙形、螺距等必须与连接套的锥度、牙形、螺距一致，并应进行质量检验。检验内容包括：

① 锥螺纹丝头牙形检验。

② 锥螺纹丝头锥度与小端直径检验。

3) 其加工工艺为：下料→套丝→用牙形规和卡规(或环规)逐个检查钢筋套丝质量→质量合格的丝头用塑料保护帽盖封，待套和待用。

锥螺纹的完整牙数，不得小于表 9-15 的规定值。

表 9-15　　　　　钢筋锥螺纹完整牙数表

钢筋直径/mm	16～18	20～22	25～28	32	36	40
完整牙数	5	7	8	10	11	12

4) 钢筋经检验合格后，方可在套丝机上加工锥螺纹。为确保钢筋的套丝质量，操作人员必须坚持上岗证制度。操作前应先调整好定位尺，并按钢筋规格配置相对应的加工导向套。对于大直径钢筋要分次加工到规定的尺寸，以保证螺纹的精度和避免损坏梳刀。

5) 钢筋套丝时，必须采用水溶性切削冷却润滑液，当气温低于 0℃时，应掺入 15%～20%亚硝酸钠，不得采用机油作冷却润滑液。

(2) 钢筋连接。连接钢筋之前，先回收钢筋待连接端的保护帽和连接套上的密封盖，并检查钢筋规格是否与连接套规格相同，检查锥螺纹丝头是否完好无损、有无杂质。

连接钢筋时，应先把已拧好连接套的一端钢筋对正轴线拧到被连接的钢筋上，然后用力矩扳手按规定的力矩值把钢筋接头拧紧，不得超拧，以防止损坏接头丝扣。拧紧后的接头应画上油漆标记，以防有的钢筋接头漏拧。锥螺纹钢筋连接

第九章 混凝土结构工程施工技术

方法,如图 9-34 所示。

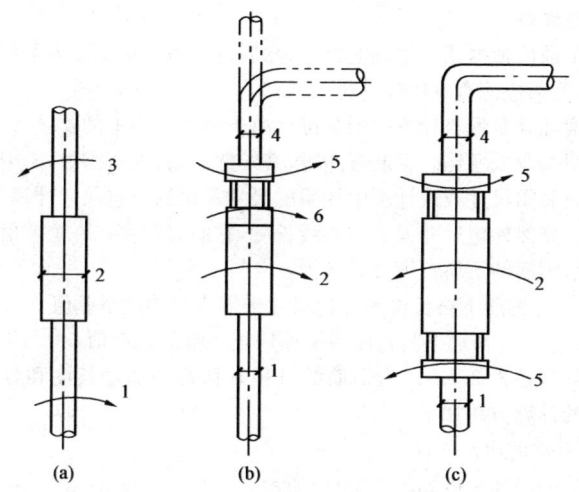

图 9-34 锥螺纹钢筋连接方法
(a)同径或异径钢筋连接;(b)单向可调接头连接;(c)双向可调接头连接
1、3、4—钢筋;2—连接套筒;5—可调连接器;6—锁母

拧紧时要拧到规定扭矩值,待测力扳手发出指示响声时,才认为达到了规定的扭矩值。锥螺纹接头拧紧力矩值见表 9-16,但不得加长扳手杆来拧紧。质量检验与施工安装使用的力矩扳手应分开使用,不得混用。

表 9-16　　　　　　　　连接钢筋拧紧力矩值

钢筋直径/mm	16	18	20	22	25～28	32	36～40
扭紧力矩/(N·m)	118	147	177	216	275	314	343

构件受拉区段内,同一截面连接接头数量不宜超过钢筋总数的 50%;受压区不受限制。连接头的错开间距大于 500mm,保护层不得小于 15mm,钢筋间净距应大于 50mm。

在正式安装前要做三个试件,进行基本性能试验。当有一个试件不合格,应取双倍试件进行试验,如仍有一个不合格,则该批加工的接头为不合格,严禁在工程中使用。

对连接套应有出厂合格证及质保书。每批接头的基本试验应有试验报告。连接套与钢筋应配套一致。连接套应有钢印标记。

安装完毕后,质量检测员应用自用的专用测力扳手对拧紧的扭矩值加以抽检。

四、钢筋配料与加工

(一)钢筋配料

钢筋加工前应根据图纸编制配料单,然后进行备料加工。为了使工作方便和不漏配钢筋,配料应该有顺序地进行。

下料长度计算是配料计算中的关键。由于结构受力上的要求,许多钢筋需在中间弯曲和两端弯成弯钩。钢筋弯曲时,其外壁伸长,内壁缩短,而中心线长度并不改变。但是简图尺寸或设计图中注明的尺寸是根据外包尺寸计算,且不包括端头弯钩长度。显然外包尺寸大于中心线长度,它们之间存在一个差值,称为"量度差值"。因此,钢筋的下料长度公式应为:

$$钢筋下料长度 = 外包尺寸 + 端头弯钩度量差值 \tag{9-6}$$

$$箍筋下料长度 = 箍筋周长 + 箍筋调整值 \tag{9-7}$$

当弯心的直径为 $2.5d$(d 为钢筋的直径)时,弯钩的增长度和各种弯曲角度的量度差值的计算方法如下:

1. 半圆弯钩的增加长度

半圆弯钩的增加长度如图 9-35(a)所示。

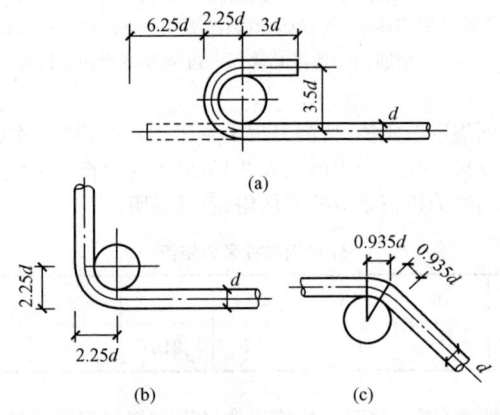

图 9-35 弯钩的增加长度

(a)半圆弯钩;(b)90°弯钩;(c)45°弯钩

(1)弯钩全长:

$$3d + \frac{3.5\pi d}{2} = 8.5d \tag{9-8}$$

(2)弯钩增加长度(包括量度差值):

$$8.5d - 2.25d = 6.25d \tag{9-9}$$

第九章 混凝土结构工程施工技术

在实践中由于实际弯心直径与理论直径有时不一致、钢筋粗细和机具条件不同等而影响弯钩长度,所以在实际配料时,对弯钩增加长度常根据具体条件采用经验数据,见表 9-17 及表 9-18。

表 9-17 弯钩增加长度经验数据　　　　　　　　　　　(mm)

钢筋直径 d	≤6	8~10	12~18	20~28	32~36
一个弯钩长度	40	$6d$	$5.5d$	$5d$	$4.5d$

表 9-18 各种规格钢筋弯钩增加长度参考表　　　　　　(mm)

钢筋直径 d	半圆弯钩		半圆弯钩(不带平直部分)		斜弯钩		直弯钩	
	一个钩长	两个钩长	一个钩长	两个钩长	一个钩长	两个钩长	一个钩长	两个钩长
3.4	25	50	—	—	20	40	10	20
5.6	40	80	20	40	30	60	15	30
8	50	100	25	50	40	80	20	40
9	55	110	30	60	45	90	25	50
10	60	120	35	70	50	100	25	50
12	75	150	40	80	60	120	30	60
14	85	170	45	90				
16	100	200	50	100				
18	110	220	60	120				
20	125	250	65	130				
22	135	270	70	140				
25	155	310	80	160				
28	175	350	85	190				
32	200	400	105	210				
36	225	450	115	230				
40	250	500	130	260				

注:1. 半圆弯钩计算长度为 $6.25d$;半圆弯钩不带平直部分计算长度为 $3.25d$;斜弯钩计算长度为 $4.9d$;直弯钩计算长度为 $3.5d$。

2. 直弯钩弯起高度按不小于直径的 3 倍计算,在楼板中使用时,其长度取决于楼板厚度,需按实际情况计算。

2. 弯 90°时的量度差值

弯 90°时的量度差值,如图 9-35(b)所示。

(1)外包尺寸:

$$2.25d + 2.25d = 4.5d \tag{9-10}$$

(2)中心线长度：
$$\frac{3.5\pi d}{4} = 2.75d \tag{9-11}$$

(3)量度差值：
$$4.5d - 2.75d = 1.75d \tag{9-12}$$

实际工作中为计算简便常取 $2d$。

3. 弯 45°的量度差值

弯 45°的量度差值，如图 9-35(c)所示。

(1)外包尺寸：
$$2\left(\frac{2.5d}{2} + d\right)\tan 22°30' = 1.87d \tag{9-13}$$

(2)中心线长度：
$$\frac{3.5\pi d}{8} = 1.37d \tag{9-14}$$

(3)量度差值：
$$1.87d - 1.37d = 0.5d \tag{9-15}$$

同理可得其他常用角度的量度差值，见表 9-19。

表 9-19　　　　　　　　钢筋弯曲调整值

直径/mm＼角度调整值	30°	45°	60°	90°	135°
	0.35d	0.5d	0.35d	2d	2.5d
6	—	—	—	12	15
8	—	—	—	16	20
10	3.5	5.0	8.5	20	25
12	4.0	6.0	10.0	24	30
14	5.0	7.0	12.0	28	35
16	5.5	8.0	13.5	32	40
18	6.5	9.0	15.5	36	45
20	7.0	10.0	17.0	40	50
22	8.0	11.0	19.0	44	55
25	9.0	12.5	21.5	50	62.5
28	10.0	14.0	24.0	56	70
32	11.0	16.0	27.0	64	80
32	12.5	18.0	30.5	72	90

注：d 为弯曲钢筋直径。表中角度是指钢筋弯曲后与水平线的夹角。

4. 箍筋调整值

为弯钩增加长度与弯曲度量差值两项之和。需根据箍筋外包尺寸或内包尺寸确定,见表 9-20。

表 9-20　　　　　　　　箍筋外包尺寸与内包尺寸

箍筋量度方法	箍筋直径/mm			
	4~5	6	8	10~12
量外包尺寸	40	50	60	70
量内包尺寸	80	100	120	150~170

(二)钢筋的代换

施工中如供应的钢筋品种和规格与设计图纸要求不符时,可以进行代换。但代换时,必须充分了解设计意图和代换钢材的性能,严格遵守规范的各项规定。对抗裂性要求较高的构件,不宜用光面钢筋代换带肋钢筋;钢筋代换时不宜改变构件中有效高度。

(1)当钢筋的品种、级别或规格需作变更时,应办理设计变更文件。当需要代换时,必须征得设计单位同意,并应符合下列要求:

1)不同种类钢筋的代换,应按钢筋受拉承载力设计值相等的原则进行。代换后应满足混凝土结构设计规范中有关间距、锚固长度、最小钢筋直径、根数等要求。

2)对有抗震要求的框架钢筋需代换时,应符合上条规定,不宜以强度等级较高的钢筋代替原设计中的钢筋;对重要受力结构,不宜用 HPB300 级钢筋代换带肋钢筋。

3)当构件受抗裂、裂缝宽度或挠度控制时,钢筋代换时应重新进行验算;梁的纵向受力钢筋与弯起钢筋应分别进行代换。

代换后的钢筋用量不宜大于原设计用量的 5%,亦不低于 2%,且应满足规范规定的最小钢筋直径、根数、钢筋间距、锚固长度等要求。

(2)钢筋代换的方法有以下三种:

1)当结构构件是按强度控制时,可按强度等同原则代换,称"等强代换"。如设计图中所用钢筋强度 f_{y1},钢筋总面积为 A_{s1},代换后钢筋强度为 f_{y2},钢筋总面积为 A_{s2},则应使:

$$f_{y2}A_{s2} \geqslant f_{y1}A_{s1} \tag{9-16}$$

2)当构件按最小配筋率控制时,可按钢筋面积相等的原则代换,称"等面积代换"即:

$$A_{s1}=A_{s2} \tag{9-17}$$

式中　A_{s1}——原设计钢筋的计算面积;

　　　A_{s2}——拟代换钢筋的计算面积。

3)当结构构件按裂缝宽度或挠度控制时,钢筋的代换需进行裂缝宽度或挠度验算。代换后,还应满足构造方面的要求(如钢筋间距、最小直径、最少根数、锚固长度、对称性等)及设计中提出的特殊要求(如冲击韧性、抗腐蚀性等)。

(三)钢筋加工

1. 钢筋除锈

工程中钢筋的表面应洁净以保证钢筋与混凝土之间的握裹力。钢筋上的油漆、漆污和用锤敲击时能剥落的乳皮、铁锈等应在使用前清除干净。带有颗粒状或片状老锈的钢筋不得使用。

(1)钢筋除锈一般有以下几种方法:

1)手工除锈,即用钢丝刷、砂轮等工具除锈。

2)钢筋冷拉或钢丝调直过程中除锈。

3)机械方法除锈,如采用电动除锈机。

4)喷砂或酸洗除锈等。

(2)对大量的钢筋除锈,可通过钢筋冷拉或钢筋调直机调直过程中完成;少量的钢筋除锈可采用电动除锈机或喷砂方法;钢筋局部除锈可采取人工用钢丝刷或砂轮等方法进行。亦可将钢筋通过砂箱往返搓动除锈。

(3)电动除锈的圆盘钢丝刷有成品供应(也可用废钢丝绳头拆开编成)直径20~30cm,厚5~15cm,转速1000r/min,电动机功率为1.0~1.5kW。

(4)如除锈后钢筋表面有严重的麻坑、斑点等已伤蚀截面时,应降级使用或剔除不用,带有蜂窝状锈迹的钢丝不得使用。

2. 钢筋调直

钢筋调直分人工调直和机械调直两类。人工调直可分为绞盘调直(多用于12mm以下的钢筋、板柱)、铁柱调直(用于粗钢筋)、蛇形管调直(用于冷拔低碳钢丝)。机械调直常用的有钢筋调直机调直(用于冷拔低碳钢丝和细钢筋)、卷扬机调直(用于粗细钢筋)。钢筋调直的具体要求如下:

(1)对局部曲折、弯曲或成盘的钢筋应加以调直。

(2)钢筋调直普遍使用慢速卷扬机拉直和用调直机调直,在缺乏调直设备时,粗钢筋可采用弯曲机、平直锤或用卡盘、扳手、锤击矫直;细钢筋可用绞盘(磨)拉直或用导车轮、蛇形管调直装置来调直。如图9-36所示。

(3)采用钢筋调直机调直冷拔低碳钢丝和细钢筋时,要根据钢筋的直径选用调直模和传送辊,并要恰当掌握调直模的偏移量和压紧程度。

(4)用卷扬机拉直钢筋时,应注意控制冷拉率。用调直机调直钢丝和用锤击法平直粗钢筋时,表面伤痕不应使截面面积减少5%以上。

(5)调直后的钢筋应平直,无局部曲折;冷拔低碳钢丝表面不得有明显擦伤。应当注意:冷拔低碳钢丝经调直机调直后,其抗拉强度一般要降低10%~15%,使用前要加强检查,按调直后的抗拉强度选用。

(6)已调直的钢筋应按级别、直径、长短、根数分扎成若干扎,分区堆放整齐。

第九章 混凝土结构工程施工技术

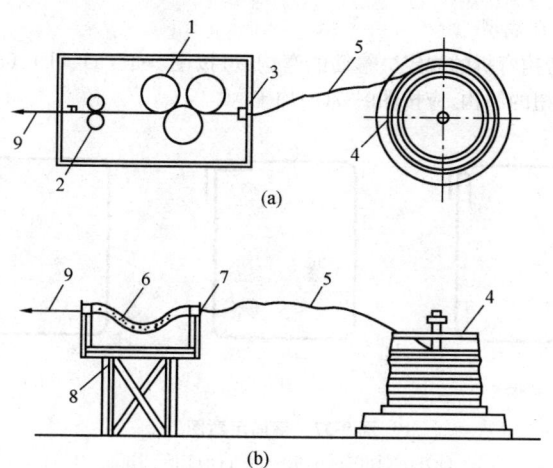

图 9-36 导轮和蛇形管调直装置
(a)导轮调直装置;(b)蛇形管调直装置
1—辊轮;2—导轮;3—旧拔丝模;4—盘条架;5—细钢筋或钢丝;
6—蛇形管;7—旧滚珠轴承;8—支架;9—人力牵引

3. 钢筋切断

钢筋切断分为机械切断和人工切断两种。机械切断常用钢筋切断机,操作时要保证断料正确,钢筋与切断机口要垂直,并严格执行操作规程,确保安全。在切断过程中,如发现钢筋有劈裂、缩头或严重的弯头,必须切除。手工切断常采用手动切断机(用于直径 16mm 以下的钢筋)、克子(又称踏扣,用于直径 6~32mm 的钢筋)、断线钳(用于钢丝)等几种工具。切断操作应注意以下几点:

(1)钢筋切断应合理统筹配料,将相同规格钢筋根据不同长短搭配,统筹排料;一般先断长料,后断短料,以减少短头、接头和损耗。避免用短尺量长料,以免产生累积误差;切断操作时应在工作台上标出尺寸刻度并设置控制断料尺寸用的挡板。

(2)向切断机送料时应将钢筋摆直,避免弯成弧形,操作者应将钢筋握紧,并应在冲动刀片向后退时送进钢筋,切断长 300mm 以下钢筋时,应将钢筋套在钢管内送料,防止发生事故。

(3)操作中,如发现钢筋硬度异常(过硬或过软)与钢筋级别不相符时,应考虑对该批钢筋进一步检验;热处理预应力钢筋切料时,只允许用切断机或氧乙炔割断,不得用电弧切割。

(4)切断后的钢筋断口不得有马蹄形或起弯等现象;钢筋长度偏差不应小于±10mm。

4. 钢筋弯曲成型

(1)钢筋弯钩弯折的规定。箍筋的弯钩,可按图9-37(a)、(b)、(c)加工,对有抗震要求和受扭的结构,应按图9-37(c)加工。

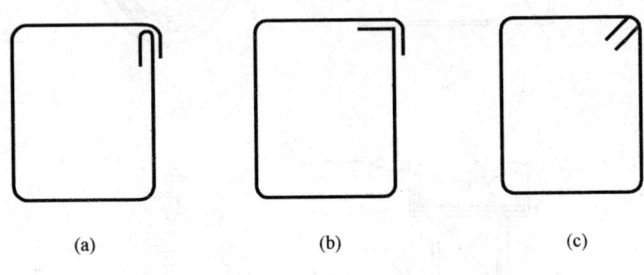

图 9-37　箍筋示意图
(a)90°/180°；(b)90°/90°；(c)135°/135°

(2)钢筋弯曲成型的方法。钢筋的弯曲成型方法有手工弯曲和机械弯曲两种。钢筋弯曲均应在常温下进行,严禁将钢筋加热后弯曲。手工弯曲成型设备简单、成型正确；机械弯曲成型可减轻劳动强度、提高工效,但操作时要注意安全。

五、钢筋安装

1. 钢筋安装准备工作

(1)按施工现场平面图规定的位置,将钢筋堆放场地进行清理、平整。准备好垫木,按钢筋绑扎顺序分类堆放,并将锈蚀进行清理。

(2)核对钢筋的级别、型号、形状、尺寸及数量是否与设计图纸及加工配料单相同。

(3)检查钢筋的出厂合格证,按规定作力学性能复验,当加工过程中发生脆断等特殊情况,还需作化学成分检验；网片应有加工厂出厂合格证,钢筋应无老锈及油污。

(4)钢筋或点焊网片应按现场施工平面图中指定位置堆放,网片立放时需有支架,平放时应垫平,垫木应上下对正,吊装时应使用网片架吊装。

(5)钢筋外表面有铁锈时,应在绑扎前清除干净,锈蚀严重侵蚀断面的钢筋不得使用。

(6)检查网片的几何尺寸、规格、数量及点焊质量等,合格后方可使用。

(7)加工成型的叠合层钢筋进场,按设计要求检查其规格、形状、尺寸和数量是否正确,并按施工平面图中指定的位置,按规格、部位和编号分别加设垫木堆放。

(8)根据弹好的外皮尺寸线,检查下层预留搭接钢筋的位置、数量、长度,如不符合要求,应进行处理。绑扎前先整理调直下层伸出的搭接筋,并将锈蚀、水泥砂

第九章 混凝土结构工程施工技术

浆等污垢清除干净。

(9)根据标高检查下层伸出搭接筋处的混凝土表面标高(柱顶、墙顶)是否符合图纸要求,松散不实之处要剔除并清理干净。

(10)当施工现场地下水位较高时,必须有排水及降水措施。

(11)熟悉图纸,确定钢筋穿插就位顺序,并与有关工种做好配合工作,如支模、管线、防水施工与绑扎钢筋的关系,确定施工方法,做好技术交底工作。

(12)模板安装完并办理预检,将模板内杂物清理干净。

(13)按要求搭好脚手架。

(14)根据设计图纸及工艺标准要求,向班组进行技术交底。

(15)焊工必须持有考试合格证。

(16)帮条尺寸、坡口角度、钢筋端头间隙、接头位置以及钢筋轴线应符合规定。

(17)电源应符合要求,当电源电压下降大于5%,小于8%时,应采取适当提高焊接变压器级数的措施;大于8%不得进行焊接。

(18)作业场地要有安全防护、防火设施和必要的通风措施,防止发生烧伤、触电、中毒及火灾等事故。

(19)熟悉图纸,做好技术交流。

(20)参加挤压接头作业的人员必须经过培训,并经考核合格后方可持证上岗。

(21)清除钢套筒及钢筋挤压部位的锈污、砂浆等杂物。

(22)钢筋与钢套筒试套,如钢筋有马蹄、飞边、弯折或纵肋尺寸超大者,应先矫正或用手砂轮修磨,禁止用电气焊切割超大部分。

(23)钢筋端头应有定位标志和检查标志,以确保钢筋伸入套筒的长度。定位标志距钢筋端部的距离为钢套筒长度的1/2。

(24)检查挤压设备是否正常,并试压,符合要求后方准作业。

2. 钢筋绑扎

(1)钢筋绑扎应熟悉施工图纸,核对成品钢筋的级别、直径、形状、尺寸和数量,核对配料表和料牌,如有出入,应予纠正或增补,同时准备好绑扎用镀锌钢丝、绑扎工具、绑扎架等。

(2)对形状复杂的结构部位,应研究好钢筋穿插就位的顺序及与模板等其他专业的配合先后次序。

(3)基础底板、楼板和墙的钢筋网绑扎,除靠近外围两行钢筋的相交点全部绑扎外,中间部分交叉点可间隔交错扎牢;双向受力的钢筋则需全部扎牢。相邻绑扎点的镀锌钢丝扣要成八字形,以免网片歪斜变形。钢筋绑扎接头的钢筋搭接处,应在中心和两端用镀锌钢丝扎牢。

(4)结构采用双排钢筋网时,上下两排钢筋网之间应设置钢筋撑脚或混凝土支柱(墩),每隔1m放置一个,墙壁钢筋网之间应绑扎 $\phi6\sim\phi10$ 钢筋制成的撑钩,间距约为1.0m,相互错开排列;大型基础底板或设备基础,应用 $\phi16\sim\phi25$ 钢筋或型钢焊成的支架来支承上层钢筋,支架间距为 $0.8\sim1.5m$;梁、板纵向受力钢筋采取双层排列时,两排钢筋之间应垫以直径 $\phi25$ 以上短钢筋,以保证间距正确。

(5)梁、柱箍筋应与受力筋垂直设置,箍筋弯钩叠合处应沿受力钢筋方向张开设置,箍筋转角与受力钢筋的交叉点均应扎牢;箍筋平直部分与纵向交叉点可间隔扎牢,以防止骨架歪斜。

(6)板、次梁与主筋交叉处,板的钢筋在上,次梁的钢筋居中,主梁的钢筋在下;当有圈梁或垫梁时,主梁的钢筋应放在圈梁上。受力筋两端的搁置长度应保持均匀一致。框架梁牛腿及柱帽等钢筋,应放在柱的纵向受力钢筋内侧,同时要注意梁顶面受力筋间的净距要有30mm,以利于浇筑混凝土。

(7)预制柱、梁、屋架等构件常采取底模上就地绑扎,应先排好箍筋,再穿入受力筋,然后绑扎牛腿和节点部位钢筋,以减少绑扎困难和复杂性。

3. 绑扎钢筋网与钢筋骨架安装

(1)钢筋网与钢筋骨架的分段(块),应根据结构配筋特点及起重运输能力而定。一般钢筋网的分块面积以 $6\sim20m^2$ 为宜,钢筋骨架的分段长度以 $6\sim12m$ 为宜。

(2)钢筋网与钢筋骨架,为防止在运输和安装过程中发生歪斜变形,应采取临时加固措施,图9-38是绑扎钢筋网的临时加固情况。

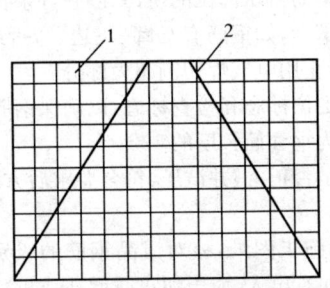

图9-38 绑扎钢筋网的临时加固
1—钢筋网;2—加固钢筋

(3)钢筋网与钢筋骨架的吊点,应根据其尺寸、重量及刚度而定。宽度大于1m的水平钢筋网宜采用四点起吊,跨度小于6m的钢筋骨架宜采用两点起吊,如图9-39(a)所示;跨度大、刚度差的钢筋骨架宜采用横吊梁(铁扁担)四点起吊,如图9-39(b)所示。为了防止吊点处钢筋受力变形,可采取兜底吊或加短钢筋。

(4)焊接网和焊接骨架沿受力钢筋方向的搭接接头,宜位于构件受力较小的

第九章 混凝土结构工程施工技术

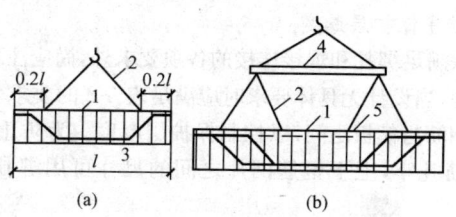

图 9-39 钢筋绑扎骨架起吊
(a)两点绑扎；(b)采用铁扁担四点绑扎
1—钢筋骨架；2—吊索；3—兜底索；
4—铁扁担；5—短钢筋

部位,如承受均布荷载的简支受弯构件,焊接网受力钢筋接头宜放置在跨度两端各四分之一跨长范围内。

(5)受力钢筋直径≥16mm时,焊接网沿分布钢筋方向的接头宜辅以附加钢筋网如图9-40所示,其每边的搭接长度$l_a=15d$(d 为分布钢筋直径),但不小于100mm。

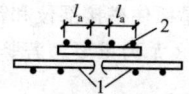

图 9-40 接头附加钢筋网
1—基本钢筋网；2—附加钢筋网

4. 焊接钢筋骨架和焊接网安装

(1)焊接骨架和焊接网的搭接接头,不宜位于构件和最大弯矩处,焊接网在非受力方向的搭接长度宜为100mm；受拉焊接骨架和焊接网在受力钢筋方向的搭接长度应符合设计规定；受压焊接骨架和焊接网在受力钢筋方向的搭接长度,可取受拉焊接骨架和焊接网在受力钢筋方向的搭接长度的0.7倍。

(2)在梁中,焊接骨架的搭接长度内应配置箍筋或短的槽形焊接网。箍筋或网中的横向钢筋间距不得大于$5d$。对轴心受压或偏心受压构件中的搭接长度内,箍筋或横向钢筋的间距不得大于$10d$。

(3)在构件宽度内有若干焊接网或焊接骨架时,其接头位置应错开。在同一截面内搭接的受力钢筋的总截面面积不得超过受力钢筋总截面面积的50%；在轴心受拉及小偏心受拉构件(板和墙除外)中,不得采用搭接接头。

(4)焊接网在非受力方向的搭接长度宜为100mm。当受力钢筋直径≥16mm时,焊接网沿分布钢筋方向的接头宜辅以附加钢筋网,其每边的搭接长度为$15d$。

5. 钢筋的混凝土保护层厚度

钢筋的安装除满足绑扎和焊接连接的各项要求外,尚应注意保证受力钢筋的混凝土保护层厚度,当设计无具体要求时应满足表 5-2 的要求。工地常用预制水泥砂浆垫块垫在钢筋与模板之间,以控制保护层厚度。为防止垫块串动,常用细钢丝将垫块与钢筋扎牢,上下钢筋网片之间的尺寸可用绑扎短钢筋的方法来控制。

6. 钢筋安装注意事项

(1)在学习结构施工图时,要把不同构件的配筋数量、规格、间距、尺寸弄清楚,并看是否有矛盾,发现问题应在设计交底中解决。然后抓好钢筋翻样,检查配料单的准确性,不要把问题带到施工中去,应在技术准备中解决。

(2)要注意本地区是否属于抗震设防地区,查清图纸是按几级抗震设计的,施工图上对抗震的要求有什么说明,对钢筋构造上有什么要求。只有这样才能使钢筋的制作和绑扎符合图纸要求和达到施工规范的规定。

(3)在制作加工中发生断裂的钢筋,应进行抽样做化学分析。防止其力学性能合格而化学含量有问题。做好这方面的控制,则保证了钢材材质的完全合格性。

(4)柱子钢筋的绑扎,主要是抓住搭接部位和箍筋间距(尤其是加密区箍筋间距和加密区高度),这对抗震地区尤为重要。若竖向钢筋采用焊接,要做抽样试验,从而保证钢筋接头的可靠性。

(5)对梁钢筋的绑扎,主要抓住锚固长度和弯起钢筋的弯起点位置。对抗震结构则要重视梁柱节点处,梁端箍筋加密范围和箍筋间距。

(6)对楼板钢筋,主要抓好防止支座负弯矩钢筋被踩塌而失去作用;再是垫好保护层垫块。

(7)对墙板的钢筋,要抓好墙面保护层和内外皮钢筋间的距离,撑好撑铁。防止两皮钢筋向墙中心靠近,对受力不利。

(8)对楼梯钢筋,主要抓梯段板的钢筋的锚固,以及钢筋变折方向不要弄错;防止弄错后在受力时出现裂缝。

(9)钢筋规格、数量、间距等在作隐蔽验收时一定要仔细核实。在一些规格不易辨认时,应用尺量或卡尺卡。保证钢筋配置的准确,也就保证了结构的安全。

(10)钢筋与连接套的规格一致;无完整接头丝扣外露。

第三节　混凝土工程

混凝土工程包括配料、搅拌、运输、浇筑和养护等主要施工过程,如图 9-41 所示。

第九章　混凝土结构工程施工技术

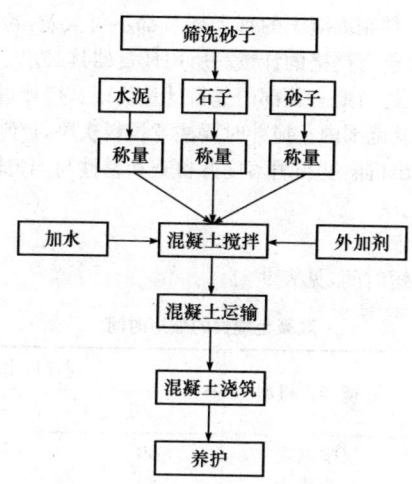

图 9-41　混凝土工程施工过程示意图

一、混凝土配料与搅拌

混凝土一般由水泥、骨料、水和外加剂，还有各种矿物掺合料组成。将各种组分材料按已经确定的配合比进行拌制生产，首先要进行配料，一般情况下，配料与拌制是混凝土生产的连续过程，但也有在某地将各种干料配好后运送到另一地点加水拌制、浇筑的做法，主要由工程实际确定。

通常混凝土供应有商品混凝土和现场搅拌两种方式。商品混凝土由混凝土生产厂专门生产。推行商品混凝土，实施混凝土集中搅拌集中供应有以下优点：

(1) 可使用散装水泥。

(2) 可推广应用先进技术，实行科学管理，控制混凝土质量。

(3) 可减少原材料消耗，能节约水泥 10%~15% 左右。

(4) 可专业化生产，提高劳动生产率。

(5) 可文明施工，减少环境污染，具有显著的经济效益和社会效益。

商品混凝土在生产过程中实现了机械化配料、上料；计量系统实现称量自动化，使计量准确，容易达到规范要求的材料计量精度；可以掺加外加剂和矿物掺合料。这些条件比起现场搅拌站来，要优越得多。

对于现场零星浇灌的混凝土也可使用简易搅拌站进行搅拌。现场的简易搅拌站一般设一台强制式(或自落式)搅拌机，配一杆台秤。简易搅拌站一般采用手推车上料，每班称量材料不少于 2 次，将砂、石称量后装入搅拌机，称出水泥、水，将外加剂溶入水中，一齐入机搅拌。

混凝土拌制是混凝土施工技术中的重要环节，对混凝土的质量将产生重要影响,切不可等闲视之。拌制混凝土的每个环节都不可大意,首先应根据配合比设计要求选好原材料,并进行严格的计量。所用计量器具必须定期送检,搅拌站(或搅拌楼)安装好后必须经政府有关部门进行计量认证。搅拌过程中对各种材料的数量要控制在允许偏差范围内。搅拌时要注意投料次序,控制最小搅拌时间。卸料后要控制混凝土的出机温度与坍落度并检查和易性与均匀性,这样才能保证拌制出优质混凝土。

1. 混凝土搅拌时间

混凝土搅拌的最短时间,见表 9-21。

表 9-21　　　　　混凝土搅拌的最短时间　　　　　(s)

序号	混凝土坍落度 /mm	搅拌机机型	搅拌机出料量/L		
			<250	250~500	>500
1	≤30	强制式	60	90	120
		自落式	90	120	150
2	>30	强制式	60	60	90
		自落式	90	90	120

注:1. 混凝土搅拌的最短时间系指自全部材料装入搅拌筒中起,到开始卸料止的时间。
　　2. 当掺有外加剂时,搅拌时间应适当延长。
　　3. 全轻混凝土宜采用强制式搅拌机搅拌,砂轻混凝土可采用自落式搅拌机搅拌,但搅拌时间应延长 60~90s。
　　4. 采用强制式搅拌机搅拌轻骨料混凝土的加料顺序是:当轻骨料在搅拌前预湿时,先加粗、细骨料和水泥搅拌 30s,再加水继续搅拌;当轻骨料在搅拌前未预湿时,先加 1/2 的总用水量和粗、细骨料搅拌 60s,再加水泥和剩余用水量继续搅拌。
　　5. 当采用其他形式的搅拌设备时,搅拌的最短时间应按设备说明书的规定或经试验确定。

2. 原材料重量允许偏差

混凝土原材料每盘称量的偏差不得超过允许偏差的规定。为了保证称量准确,工地的各种衡器应定期校验;每次使用前应进行零点校核,保持计量准确。水泥、砂、石子、掺合料等干料的配合比,应采用重量法计量,严禁采用容积法;水的计量是在搅拌机上配置的水箱或定量水表上按体积计量;外加剂中的粉剂可按比例稀释为溶液,按用水量加入,也可将粉剂按比例与水泥拌匀,按水泥计量。施工现场要经常测定施工用的砂、石料的含水率,将实验室中的混凝土配合比换算成施工配合比,然后进行配料。

3. 混凝土拌合物性能

混凝土拌合物的质量指标包括稠度、含气量、水灰比、水泥含量及均匀性等。各种混凝土拌合物应检验其稠度。检测结果应符合表 9-22规定。

表 9-22　　　　　　　混凝土稠度的分级及允许偏差

稠度分类	级别名称	级别符号	测值范围	允许偏差
坍落度/mm	低塑性混凝土	T_1	10~40	±10
	塑性混凝土	T_2	50~90	±20
	流动性混凝土	T_3	100~150	±30
	大流动性混凝土	T_4	≥160	±30
维勃稠度/s	超干硬性混凝土	V_0	≥31	±6
	特干硬性混凝土	V_1	30~21	±6
	干硬性混凝土	V_2	20~11	±4
	半干硬性混凝土	V_3	10~5	±3

掺引气型外加剂的混凝土拌合物应检验其含气量。一般情况下，根据混凝土所用粗骨料的最大粒径，其含气量的检测指标不宜超过表 9-23 的规定。

有时根据需要检验混凝土拌合物的水灰比和水泥含量。实测的水灰比和水泥含量应符合配合比设计要求。

混凝土拌合物应满足拌合均匀，颜色一致，不得有离析、泌水现象等要求。其检测结果应符合表 9-24 要求。

表 9-23　　　　　混凝土的含气量及其允许偏差表

粗骨料最大粒径/mm	混凝土含气量最大限值/(%)
10	7.0
15	6.0
20	5.5
25	5
40	4.5
50	4
80	3.5
150	3

表 9-24　　　　　　　混凝土拌合物均匀性指标

检查项目	指标
混凝土中砂浆密度测值的相对误差	≤0.8%
单位体积混凝土中粗骨料含量测值的相对误差	≤5%

4. 冬期混凝土搅拌

冬期施工时，投入混凝土搅拌机中各种原材料的温度往往不同。通过搅拌，必须使混凝土内温度均匀一致。因此，搅拌时间应比规定时间延长50%。

投入混凝土搅拌机中的骨料不得带有冰屑、雪团及冻块。否则，会影响混凝土中用水量的准确性和破坏水泥石与骨料之间的粘结。当水需加热时，还会消耗大量热能，降低混凝土的温度。

当需加热原材料以提高混凝土的温度时，应优先采用将水加热的方法。因为水的加热简便，且水的热容量大，其比热约为砂、石的4.5倍，故将水加热是最经济、最有效的方法。只有当加热水达不到所需的温度要求时，才可依次对砂、石进行加热。水泥不得直接加热，使用前宜事先运入暖棚内存放。

水可在锅中或锅炉中加热，或直接通入蒸汽加热。骨料可用热炕、铁板、通汽蛇形管或直接通入蒸汽等方法加热。水及骨料的加热温度应根据混凝土搅拌后的最终温度要求，通过热工计算确定，其加热最高温度不得超过表9-25的规定。

表9-25　　　　　　拌合水及骨料加热最高温度

项次	项　目	拌合水/℃	骨料/℃
1	强度等级小于32.5级的普通硅酸盐水泥、矿渣硅酸盐水泥	80	60
2	强度等级等于及大于42.5级的硅酸盐水泥、普通硅酸盐水泥	60	40

当骨料不加热时，水可加热到100℃。但搅拌时，为防止水泥"假凝"，水泥不得与80℃以上的水直接接触。因此，投料时，应先投入骨料和已加热的水，稍加搅拌后，再投入水泥。

采用蒸汽加热时，蒸汽与冷的混凝土材料接触后放出热量，本身凝结为水。混凝土要求升高的温度越高，凝结水也越多。该部分水应该作为混凝土搅拌用水量的一部分来考虑。搅拌1m³混凝土所产生的凝结水可按下式近似地计算：

$$g_H = \frac{\gamma_H \cdot c_H(t_H - t_Q)}{650 - (t_H - t_Q)} \approx \frac{600(t_H - t_Q)}{650 - (t_H - t_Q)} \quad (9\text{-}18)$$

式中　g_H——每1m³混凝土所产生的冷凝水(kg)；

　　　γ_H——混凝土的密度(一般取2400kg/m³)；

　　　c_H——混凝土的比热(一般取1046.7J/kg·℃)；

　　　t_H——混凝土搅拌完毕出料时的温度(℃)；

　　　t_Q——搅拌混凝土时的室外气温(℃)。

$(t_H - t_Q)$——每1kg热蒸汽凝结为水时所放出的热量(kcal/kg)。

二、混凝土运输

运输过程中，应保持混凝土的均匀性，避免产生分层离析现象，混凝土运至浇筑地点,应符合浇筑时所规定的坍落度见表 9-26;运输工作应保证混凝土的浇筑工作连续进行;运送混凝土的容器应严密,其内壁应平整光洁,不吸水,不漏浆,粘附的混凝土残渣应经常清除。

表 9-26　　混凝土浇筑时的坍落度

项次	结构种类	坍落度/mm
1	基础或地面等的垫层、无配筋的厚大结构(挡土墙、基础或厚大的块体等)或配筋稀疏的结构	10～30
2	板、梁和大型及中型截面的柱子等	30～50
3	配筋密列的结构(薄壁、斗仓、筒仓、细柱等)	50～70
4	配筋特密的结构	70～90

注:1. 本表系指采用机械振捣的坍落度,采用人工捣实时可适当增大。
　　2. 需要配制大坍落度混凝土时,应掺用外加剂。
　　3. 曲面或斜面结构的混凝土,其坍落度值,应根据实际需要另行选定。
　　4. 轻骨料混凝土的坍落度,宜比表中数值减少 10～20mm。
　　5. 自密实混凝土的坍落度另行规定。

1. 运输时间

混凝土从搅拌机中卸出到浇筑完毕的延续时间不宜超过表 9-27 的规定,对掺用外加剂或采用快硬水泥拌制的混凝土,其延续时间应按试验确定。对于轻骨料混凝土,其延续时间应适当缩短。

表 9-27　　混凝土从搅拌机中卸出到浇筑完毕的延续时间　　(min)

混凝土强度等级	气温	
	不高于 25℃	高于 25℃
不高于 C30	120	90
高于 C30	90	60

2. 运输工具的选择

混凝土的运输可分为地面水平运输、垂直运输和楼面水平运输三种方式。

(1)地面水平运输。当采用商品混凝土或运距较远时,最好采用混凝土搅拌运输车。该车在运输过程中搅拌筒可缓慢转动进行拌合,防止了混凝土的离析。当距离过远时,可装入干料在到达浇筑现场前 15～20min 放入搅拌水,可边行走边进行搅拌。

如现场搅拌混凝土,可采用载重 1t 左右容量为 400L 的小型机动翻斗车或手推车运输。运距较远,运量又较大时可采用皮带运输机或窄轨翻斗车。

(2)垂直运输。可采用塔式起重机、混凝土泵、快速提升斗和井架。

(3)楼面水平运输。多采用双轮手推车,塔式起重机亦可兼顾楼面水平运输,如用混凝土泵则可采用布料杆布料。

3. 搅拌运输车运送混凝土

混凝土搅拌输送车是一种用于长距离输送混凝土的高效能机械。它是将运送混凝土的搅拌筒安装在汽车底盘上,将混凝土搅拌站生产的混凝土拌合物装入搅拌筒内,直接运至施工现场的大型混凝土运输工具。

采用混凝土搅拌输送车应符合下列规定:

(1)混凝土必须能在最短的时间内均匀无离析地排出。出料干净、方便,能满足施工的要求。如与混凝土泵联合输送时,其排料速度应相匹配。

(2)从搅拌输送车运卸的混凝土中分别取 1/4 和 3/4 处试样进行坍落度试验,两个试样的坍落度值之差不得超过 30mm。

(3)混凝土搅拌输送车在运送混凝土时通常的搅动转速为 2~4r/min;整个输送过程中拌筒的总转数应控制在 300 转以内。

(4)若采用干料由搅拌输送车途中加水自行搅拌时,搅拌速度一般应为 6~18r/min;搅拌转数应以混合料加水入搅拌筒起直至搅拌结束控制在 70~100r/min。

(5)混凝土搅拌输送车因途中失水,到工地需加水调整混凝土的坍落度时,搅拌筒应以 6~8r/min 搅拌速度搅拌,并另外再转动至少 30r/min。

4. 泵送混凝土

混凝土泵是通过输送管将混凝土送到浇筑地点适用于以下工程:

(1)大体积混凝土　大型基础、满堂基础、设备基础、机场跑道、水工建筑等。

(2)连续性强和浇筑效率要求高的混凝土　高层建筑、贮罐、塔形构筑物、整体性强的结构等。

混凝土输送管道一般是用钢管制成。管径通常有 100mm、125mm、150mm 几种,标准管管长 3m,配套管有 1m 和 2m 两种,另配有 90°、45°、30°、15°等不同角度的弯管,以供管道转折处使用。

输送管的管径选择主要根据混凝土骨料的最大粒径以及管道的输送距离、输送高度和其他工程条件决定。

采用泵送混凝土应符合下列规定:

(1)混凝土泵与输送管连通后,应按所用混凝土泵使用说明书的规定进行全面检查,符合要求后方能开机进行空运转。

(2)混凝土泵启动后,应先泵送适量水以湿润混凝土泵的料斗、活塞及输送管内壁等直接与混凝土接触部位。

(3)确认混凝土泵和输送管中无异物后,应采取下列方法润滑混凝土泵和输送管内壁。

1)泵送水泥浆。

2)泵送 1:2 水泥砂浆。

第九章　混凝土结构工程施工技术

3)泵送与混凝土内除粗骨料外的其他成分相同配合比的水泥砂浆。

(4)开始泵送时,混凝土泵应处于慢速、匀速并随时可反泵的状态。泵送速度,应先慢后快,逐步加速。待各系统运转顺利后,方可以正常速度进行泵送。

(5)混凝土泵送应连续进行。如必须中断时,其中断时间不得超过混凝土从搅拌至浇筑完毕所允许的延续时间。

(6)泵送混凝土时,活塞应保持最大行程运转。

(7)泵送完毕时,应将混凝土泵和输送管清洗干净。

三、混凝土浇筑

浇筑混凝土前,对模板及其支架、钢筋和预埋件必须进行检查,并做好记录,符合设计要求后,清理模板内的杂物及钢筋上的油污,堵严缝隙和孔洞,方能浇筑混凝土。

(一)基本要求

(1)混凝土自高处倾落的自由高度,不应超过 2m。

(2)在浇筑竖向结构混凝土前,应先在底部填以 50～100mm 厚与混凝土内砂浆成分相同的水泥砂浆;浇筑中不得发生离析现象;当浇筑高度超过 3m 时,应采用串筒、溜管或振动溜管使混凝土下落。

(3)混凝土浇筑层的厚度,应符合表 9-28 的规定。

表 9-28　　　　　　　　混凝土浇筑层厚度　　　　　　　　(mm)

捣实混凝土的方法		浇筑层的厚度
插入式振捣		振捣器作用部分长度的 1.25 倍
表面振动		200
人工捣固	在基础、无筋混凝土或配筋稀疏的结构中	250
	在梁、墙板、柱结构中	200
	在配筋密列的结构中	150
轻骨料混凝土	插入式振捣	300
	表面振动(振动时需加荷)	200

(4)钢筋混凝土框架结构中,梁、板、柱等构件是沿垂直方向重复出现的,所以一般按结构层次来分层施工。平面上,如果面积较大,还应考虑分段进行,以便混凝土、钢筋、模板等工序能相互配合、流水进行。

(5)在每一施工层中,应先浇灌柱或墙。在每一施工段中的柱或墙应该连续浇灌到顶,每一排的柱子由外向内对称顺序进行,防止由一端向另一端推进,致使柱子模板逐渐受推倾斜。柱子浇筑完毕后,应停歇 1～2h,使混凝土获得初步沉实,待有了一定强度以后,再浇筑梁板混凝土。梁和板应同时浇筑混凝土,只有当梁高 1m 以上时,为了施工方便,才可以单独先行浇筑。

(6)浇筑混凝土应连续进行。当必须间歇时,其间歇时间宜缩短,并应在前层混凝土凝结之前,将次层混凝土浇筑完毕。一般情况下混凝土运输、浇筑及间歇的全部时间不得超过表 9-29 的规定,当超过时应留置施工缝。在浇筑与柱和墙连成整体的梁和板时,应在柱和墙浇筑完毕后停歇 1～1.5h,再继续浇筑;梁和板同时浇筑混凝土;拱和高度大于 1m 的梁等结构,可单独浇筑混凝土。在混凝土浇筑过程中,应经常观察模板、支架、钢筋、预埋件和预留孔洞的情况,当发现有变形、移位时,应及时采取措施进行处理。

表 9-29　　　　　　混凝土运输、浇筑和间歇的允许时间　　　　　　(min)

混凝土强度等级	气温	
	不高于 25℃	高于 25℃
不高于 C30	210	180
高于 C30	180	150

注:当混凝土中掺有促凝或缓凝型外加剂时,其允许时间应根据试验结果确定。

(二)梁、板混凝土浇筑

(1)柱、墙混凝土设计强度比梁、板混凝土设计强度高一个等级时,柱、墙位置梁、板高度范围内的混凝土经设计单位同意,可采用与梁、板混凝土设计强度等级相同的混凝土进行浇筑。柱、墙混凝土设计强度比梁、板混凝土设计强度高两个等级及以上时,应在交界区域采取分隔措施,分隔位置应在低强度等级的构件中,且距高强度等级构件边缘不应小于 500mm。

(2)宜先浇筑高强度等级混凝土,后浇筑低强度等级混凝土。

(3)柱、剪力墙混凝土浇筑应符合下列规定:

1)浇筑墙体混凝土应连续进行,间隔时间不应超过混凝土初凝时间。

2)墙体混凝土浇筑高度应高出板底 20～30mm。柱混凝土墙体浇筑完毕之后,将上口甩出的钢筋加以整理,用木抹子按标高线将墙上表面混凝土找平。

3)柱墙浇筑前底部应先填 5～10cm 厚与混凝土配合比相同的减石子砂浆,混凝土应分层浇筑振捣,使用插入式振捣器时每层厚度不大于 50cm,振捣棒不得触动钢筋和预埋件。

4)柱墙混凝土应一次浇筑完毕,如需留施工缝时应留在主梁下面。无梁楼板应留在柱帽下面。在墙柱与梁板整体浇筑时,应在柱浇筑完毕后停歇 2h,使其初步沉实,再继续浇筑。

5)浇筑一排柱的顺序应从两端同时开始,向中间推进,以免因浇筑混凝土后由于模板吸水膨胀,断面增大而产生横向推力,最后使柱发生弯曲变形。

6)剪力墙浇筑应采取长条流水作业,分段浇筑,均匀上升。墙体混凝土的施

第九章　混凝土结构工程施工技术

工缝一般宜设在门窗洞口上,接槎处混凝土应加强振捣,保证接槎严密。

(5)梁、板同时浇筑,浇筑方法应由一端开始用"赶浆法",即先浇筑梁,根据梁高分层浇筑成阶梯形,当达到板底位置时再与板的混凝土一起浇筑,随着阶梯形不断延伸,梁板混凝土浇筑连续向前进行。

(6)和板连成整体高度大于1m的梁,允许单独浇筑,其施工缝应留在板底以下2~3mm处。浇捣时,浇筑与振捣必须紧密配合,第一层下料慢些,梁底充分振实后再下第二层,用"赶浆法"保持水泥浆沿梁底包裹石子向前推进,每层均应振实后再下料,梁底及梁侧部位要注意振实,振捣时不得触动钢筋及预埋件。

(7)浇筑板混凝土的虚铺厚度应略大于板面,用平板振捣器垂直浇筑方向来回振捣,厚板可用插入式振捣器顺浇筑方向托拉振捣,并用铁插尺检查混凝土厚度,振捣完毕后用长木抹子抹平。施工缝处或有预埋件及插筋处用木抹子找平。浇筑板混凝土时不允许用振捣棒铺摊混凝土。

(8)肋形楼板的梁板应同时浇筑,浇筑方法应先将梁根据高度分层浇捣成阶梯形,当达到板底位置即与板的混凝土一起浇捣,随着阶梯形的不断延长,则可连续向前推进。倾倒混凝土的方向应与浇筑方向相反。

(9)浇筑无梁楼盖时,在离柱帽下5cm处暂停,然后分层浇筑柱帽,下料必须倒在柱帽中心,待混凝土接近楼板底面时,即可连同楼板一起浇筑。

(10)当浇筑柱梁及主次梁交叉处的混凝土时,一般钢筋较密集,特别是上部负钢筋又粗又多,因此,既要防止混凝土下料困难,又要注意砂浆挡住石子不下去。必要时,这一部分可改用细石混凝土进行浇筑,与此同时,振捣棒头可改用片式并辅以人工捣固配合。

(三)后浇带混凝土浇筑

(1)设置后浇带具有以下作用:

1)预防超长梁、板(宽)混凝土在凝结过程中的收缩应力对混凝土产生收缩裂缝。

2)减少结构施工初期地基不均沉降对强度还未完成增长的混凝土结构的破坏。

(2)后浇带的位置是由设计确定的,后浇带处梁板的钢筋加强应按设计要求,后浇带的位置和宽度应严格按施工图要求留设。

(3)后浇带混凝土的浇筑时间,是在1~2个月以后,或主体施工完成后。这时,混凝土的强度增长和收缩已基本完成,地基的压缩变形也已基本完成。

(4)后浇带处混凝土施工应符合下列要求:

1)后浇带处两侧应按施工缝处理。

2)应采用补偿收缩性混凝土(如 UEA 混凝土,UEA 的掺量应按设计要求),后浇带处的混凝土应分层精心振捣密实。如在地下室施工中,底板和外侧墙体的混凝土中,应按设计在后浇带的两侧加强防水处理。

(四)施工缝

由于施工技术和施工组织上的原因,不能连续将结构整体浇筑完成,并且间歇的时间预计将超出表 9-29 规定的时间时,应预先选定适当的部位设置施工缝。

施工缝的位置应设置在结构受剪力较小且便于施工的部位。

(1)施工缝的处理。

1)所有水平施工缝应保持水平,并做成毛面,垂直缝处应支模浇筑;施工缝处的钢筋均应留出,不得切断。为防止在混凝土或钢筋混凝土内产生沿构件纵轴线方向错动的剪力,柱、梁施工缝的表面应垂直于构件的轴线;板的施工缝应与其表面垂直;梁、板亦可留企口缝,但企口缝不得留斜槎。

2)在施工缝处继续浇筑混凝土时,已浇筑的混凝土抗压强度应$\geqslant 1.2 \text{N/mm}^2$;首先应清除硬化的混凝土表面上的水泥薄膜和松动石子以及软混凝土层,并加以充分湿润和冲洗干净,不积水;然后在施工缝处铺一层水泥浆或与混凝土内成分相同的水泥砂浆;浇筑混凝土时,应细致捣实,使新旧混凝土紧密结合。

3)承受动力作用的设备基础的施工缝,在水平施工缝上继续浇筑混凝土前,应对地脚螺栓进行一次观测校准;标高不同的两个水平施工缝,其高低结合处应留成台阶形,台阶的高宽比不得大于 1.0;垂直施工缝应加插钢筋,其直径为 12～16mm,长度为 500～600mm,间距为 500mm,在台阶式施工缝的垂直面上也应补插钢筋;施工缝的混凝土表面应凿毛,在继续浇筑混凝土前,应用水冲洗干净,湿润后在表面上抹 10～15mm 厚与混凝土内成分相同的一层水泥砂浆;继续浇筑混凝土时该处应仔细捣实。

4)后浇缝宜做成平直缝或阶梯缝,钢筋不切断。后浇缝应在其两侧混凝土龄期达 30～40d 后,将接缝处混凝土凿毛、洗净、湿润、刷水泥浆一层,再用强度不低于两侧混凝土的补偿收缩混凝土浇筑密实,并养护 14d 以上。

(2)混凝土浇筑中常见的施工缝留设位置及方法。

1)柱的施工缝留在基础的顶面、梁或吊车梁牛腿的下面;或吊车梁的上面、无梁楼板柱帽的下面,如图 9-42 所示;在框架结构中如梁的负筋弯入柱内,则施工缝可留在这些钢筋的下端。

2)梁板、肋形楼板施工缝留置应符合下列要求:

①与板连成整体的大截面梁,留在板底面以下 20～30mm 处;当板下有梁托时,留在梁托下部。单向板可留置在平行于板的短边的任何位置(但为方便施工缝的处理,一般留在跨中 1/3 跨度范围内)。

②在主、次梁的肋形楼板,宜顺着次梁方向浇筑,施工缝底留置在次梁跨度中间 1/3 范围内,如图 9-43 所示,无负弯矩钢筋与之相交叉的部位。

3)墙施工缝宜留置在门洞口过梁跨中 1/3 范围内,也可留在纵横墙的交接处。

4)楼梯、圈梁施工缝留置应符合下列要求:

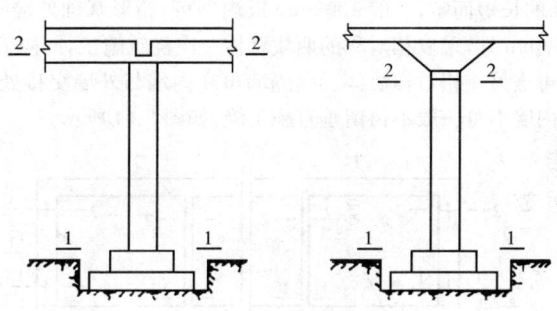

图 9-42 柱子施工缝留置

1—1、2—2—施工缝位置

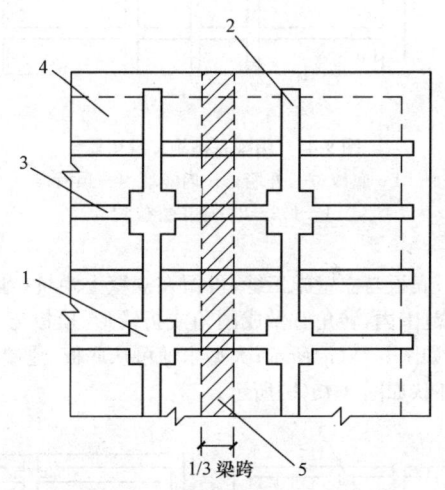

图 9-43 有主次梁楼板施工缝留置

1—柱；2—主梁；3—次梁；4—楼板；
5—按此方向浇筑混凝土，可留施工缝范围

①楼梯施工缝留设在楼梯段跨中 1/3 跨度范围内无负弯矩筋的部位。

②圈梁施工缝留在非砖墙交接处、墙角、墙垛及门窗洞范围内。

5）箱形基础。箱形基础的底板、顶板与外墙的水平施工缝应设在底板顶面以上及顶板底面以下 300～500mm 为宜，接缝宜设钢板、橡胶止水带或凸形企口缝；底板与内墙的施工缝可设在底板与内墙交接处；而顶板与内墙的施工缝，位置应视剪力墙插筋的长短而定,一般1000mm以内即可;箱形基础外墙垂直施工可设在离转角1000mm处,采取相对称的两块墙体一次浇筑施工,间隔5~7d,待收缩基本稳定后,再浇另一相对称墙体。内隔墙可在内墙与外墙交接处留施工缝,一次浇筑完成,内墙本身一般不再留垂直施工缝,如图9-44所示。

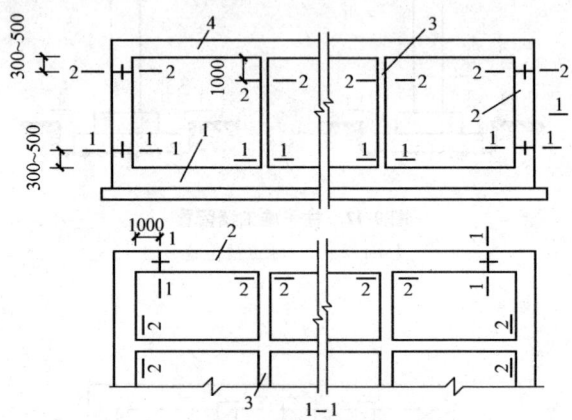

图 9-44　箱型基础施工缝留置
1—底板;2—外墙;3—内隔墙;4—顶板;
1—1、2—2—施工缝位置

6)地坑、水池。底板与立壁施工缝,可留在立壁上距坑(池)底板混凝土面上部200~500mm的范围内,转角宜做成圆角或折线形;顶板与立壁施工缝留在板下部20~30mm处如图9-45(a)所示;大型水池可从底板、池壁到顶板在中部留设后浇带,使之形成环状如图9-45(b)所示。

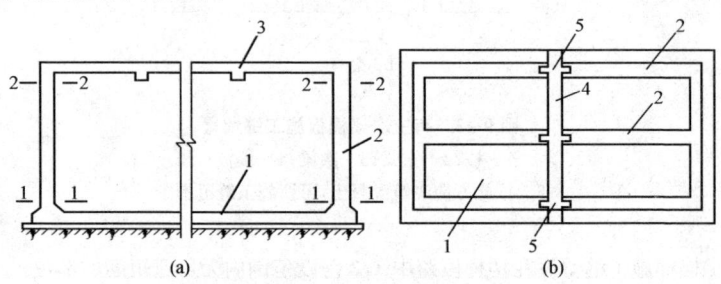

图 9-45　地坑、水池施工缝留置
(a)水平施工缝留置;(b)后浇带留置(平面)
1—底板;2—墙壁;3—顶板;4—底板后浇带;5—墙壁后浇带;
1—1、2—2—施工缝位置

7)地下室、地沟施工缝留置应符合下列要求：

①地下室梁板与基础连接处；外墙底板以上和上部梁、板下部20～30mm处可留水平施工缝如图9-46(a)所示，大型地下室可在中部留环状后浇缝。

②较深基础悬出的地沟，可在基础与地沟、楼梯间交接处留垂直施工缝如图9-46(b)所示；很深的薄壁槽坑，可每4～5m留设一道水平施工缝。

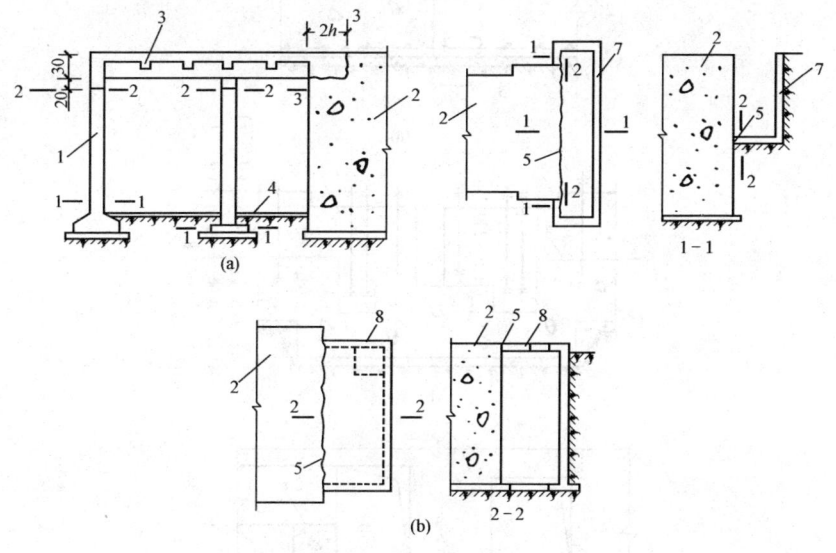

图9-46 地下室、地沟、楼梯间施工缝的留置
(a)地下室；(b)地沟、楼梯间
1—地下室墙；2—设备基础；3—地下室梁板；
4—底板或地坪；5—施工缝；6—伸出钢筋；7—地沟；
8—楼梯间；1—1、2—2—施工缝位置

8)大型设备基础施工缝应符合下列要求：

①受动力作用的设备基础互不相依的设备与机组之间、输送辊道与主基础之间可留垂直施工缝，但与地脚螺栓中心线间的距离不得小于250mm，且不得小于螺栓直径的5倍，如图9-47(a)所示。

②水平施工缝可留在低于地脚螺栓底端，其与地脚螺栓底端的距离应大于150mm；当地脚螺栓直径小于30mm时，水平施工缝可留置在不小于地脚螺栓埋入混凝土部分总长度的3/4处，如图9-47(b)所示；水平施工缝亦可留置在基础底板与上部块体或沟槽交界处，如图9-47(c)所示。

③对受动力作用的重型设备基础不允许留施工缝时，可在主基础与辅助设备

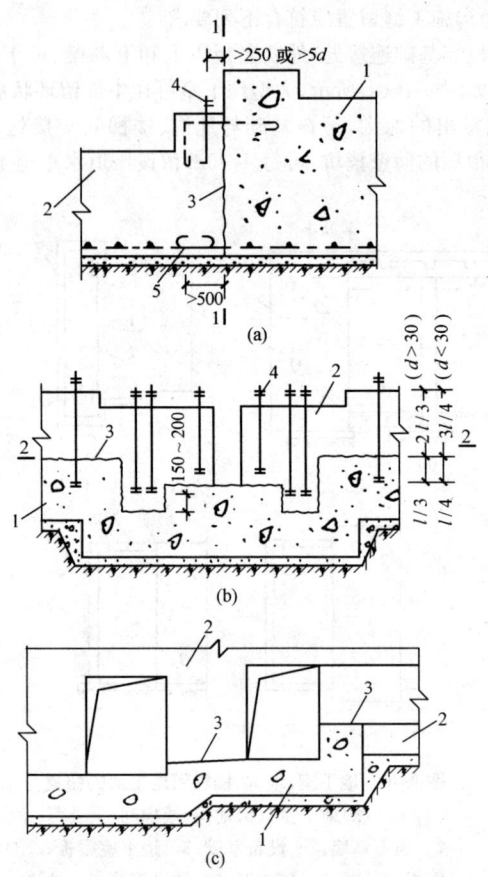

图 9-47　设备基础施工缝留置
(a)两台机组之间适当地方留置施工缝；(b)基础分两次浇筑施工缝留置；
(c)基础底板与上部块体、沟槽施工缝留置
1—第一次浇筑混凝土；2—第二次浇筑混凝土；3—施工缝；
4—地脚螺栓；5—钢筋
d—地脚螺栓直径；l—地脚螺栓埋入混凝土长度

基础、沟道、辊道之间，受力较小部位留设后浇缝，如图 9-48 所示。

(五)型钢混凝土浇筑

混凝土的浇筑质量是型钢混凝土结构质量好坏的关键。尤其是梁柱节点、主次梁交接处、梁内型钢凹角处等，由于型钢、钢筋和箍筋相互交错，会给混凝土的

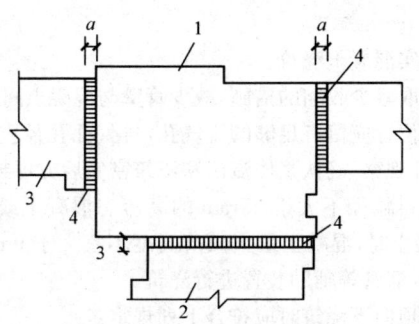

图 9-48 后浇缝留置
1—主体基础；2—辅助基础；
3—辊道或沟道；4—后浇缝

浇筑和振捣带来一定的困难，因此，施工时应特别注意确保混凝土的密实性。型钢混凝土结构浇筑应符合下列规定：

(1) 混凝土强度等级为 C30 以上，宜用商品混凝土泵送浇捣，先浇捣柱后浇捣梁。混凝土粗骨料最大粒径不应大于型钢外侧混凝土保护层厚度的 1/3，且不宜大于 25mm。

(2) 混凝土浇筑应有充分的下料位置，浇筑应能使混凝土充盈整个构件各部位。

(3) 在柱混凝土浇筑过程中，型钢周边混凝土浇筑宜同步上升，混凝土浇筑高差不应大于 500mm，每个柱采用 4 个振捣棒振捣至顶。

(4) 在梁柱接头处和梁的型钢翼缘下部，由于浇筑混凝土时有部分空气不易排出，或因梁的型钢混凝土翼缘过宽影响混凝土浇筑，需在型钢翼缘的一些部位预留排气孔和混凝土浇筑孔。

(5) 梁混凝土浇筑时，在工字钢梁下翼缘板以下从钢梁一侧下料，用振捣器在工字钢梁一侧振捣，将混凝土从钢梁底挤向另一侧，待混凝土高度超过钢梁下翼缘板 100mm 以上时，改为两侧两人同时对称下料，对称振捣，待浇至上翼缘板 100mm 时再从梁跨中开始下料浇筑，从梁的中部开始振捣，逐渐向两端延伸，至上翼缘下的全部气泡从钢梁梁端及梁柱节点位置穿钢筋的孔中排出为止。

(六) 钢管混凝土浇筑

钢管混凝土的浇筑常规方法有从管顶向下浇筑及混凝土从管底顶升浇筑。不论采用何种方法，对底层管柱，在浇筑混凝土前，应先灌入约 100mm 厚的同强度等级水泥砂浆，以便和基础混凝土更好地连接，也避免了浇筑混凝土时发生粗骨料的弹跳现象。采用分段浇筑管内混凝土且间隔时间超过混凝土终凝时间时，每段浇筑混凝土前，都应采取灌水泥砂浆的措施。钢管混凝土结构浇筑应符合下列规定：

(1)宜采用自密实混凝土浇筑。

(2)混凝土应采取减少收缩的措施，减少管壁与混凝土间的间隙。

(3)在钢管适当位置应留有足够的排气孔，排气孔孔径应不小于20mm；浇筑混凝土应加强排气孔观察，确认浆体流出和浇筑密实后方可封堵排气孔。

(4)当采用粗骨料粒径不大于25ram的高流态混凝土或粗骨料粒径不大于20mm的自密实混凝土时，混凝土最大倾落高度不宜大于9m；倾落高度大于9m时应采用串筒、溜槽、溜管等辅助装置进行浇筑。

(5)混凝土从管顶向下浇筑时应符合下列规定：

1)浇筑应有充分的下料位置，浇筑应能使混凝土充盈整个钢管。

2)输送管端内径或斗容器下料口内径应比钢管内径小，且每边应留有不小于100mm的间隙。

3)应控制浇筑速度和单次下料量，并分层浇筑至设计标高。

4)混凝土浇筑完毕后应对管口进行临时封闭。

(6)混凝土从管底顶升浇筑时应符合下列规定：

1)应在钢管底部设置进料输送管，进料输送管应设止流阀门，止流阀门可在顶升浇筑的混凝土达到终凝后拆除。

2)合理选择混凝土顶升浇筑设备，配备上下通信联络工具，有效控制混凝土的顶升或停止过程。

3)应控制混凝土顶升速度，并均衡浇筑至设计标高。

(七)自密实混凝土结构浇筑

(1)应根据结构部位、结构形状、结构配筋等确定合适的浇筑方案。

(2)自密实混凝土粗骨料最大粒径不宜大于20mm。

(3)浇筑应能使混凝土充填到钢筋、预埋件、预埋钢构周边及模板内各部位。

(4)自密实混凝土浇筑布料点应结合拌合物特性选择适宜的间距，必要时可通过试验确定混凝土布料点下料间距。

(5)自密实混凝土浇筑时，尽量减少泵送过程对混凝土高流动性的影响，使其和易性能不变。

(6)浇筑时在浇注范围内尽可减少浇筑分层(分层厚度取为1m)，使混凝土的重力作用得以充分发挥，并尽量不破坏混凝土的整体黏聚性。

(7)使用钢筋插棍进行插捣，并用锤子敲击模板，起到辅助流动和辅助密实的作用。

(8)自密实混凝土浇筑至设计高度后可停止浇筑，20min后再检查混凝土标高，如标高略低再进行复筑，以保证达到设计要求。

(9)在自密实混凝土入模前，应进行拌合物工作性检验。

第九章　混凝土结构工程施工技术

(八)清水混凝土结构浇筑

(1)应根据结构特点进行构件分区,同一构件分区应采用同批混凝土,并应连续浇筑。

(2)同层或同区内混凝土构件所用材料牌号、品种、规格应一致,并应保证结构外观色泽符合要求。

(3)竖向构件浇筑时应严格控制分层浇筑的间歇时间,避免出现混凝土层间接缝痕迹。

(4)混凝土浇筑前,清理模板内的杂物,完成钢筋、管线的预留预埋,施工缝的隐蔽工程验收工作。

(5)混凝土浇筑先在根部浇筑30~50mm厚与混凝土同配比的水泥砂浆后,随铺砂浆随浇混凝土。

(6)混凝土振点应从中间向边缘分布,且布棒均匀,层层搭扣,遍布浇筑的各个部位,并应随浇筑连续进行。振捣棒的插入深度要大于浇筑层厚度,插入下层混凝土中50mm。振捣过程中应避免敲振模板、钢筋,每一振点的振动时间,应以混凝土表面不再下沉、无气泡逸出为止,一般为20~30s,避免过振发生离析。

(九)预制装配结构现浇节点混凝土浇筑

(1)预制构件与现浇混凝土部分连接应按设计图纸与节点施工。预制构件与现浇混凝土接触面,构件表面应作凿毛处理。

(2)预制构件锚固钢筋应按现行规范、规程执行,当有专项设计图纸时,应满足设计要求。

(3)采用预埋件与螺栓形式连接时,预埋件和螺栓必须符合设计要求。

(4)浇筑用混凝土、砂浆、水泥浆的强度及收缩性能应满足设计要求,骨料最大尺寸不应小于浇筑处最小尺寸的1/4。设计无规定时,混凝土、砂浆的强度等级值不应低于构件混凝土强度等级值,并宜采取快硬措施。

(5)装配节点处混凝土、砂浆浇筑应振捣密实,并采取保温保湿养护措施。混凝土浇筑时,应采取留置必要数量的同条件试块或其他混凝土实体强度检测措施,以核对混凝土的强度已达到后续施工的条件。临时固定措施,可以在不影响结构安全性前提下分阶段拆除,对拆除方法、时间及顺序,应事先进行验算及制订方案。

(6)预制阳台与现浇梁、板连接时,预制阳台预留锚固钢筋必须符合设计要求与满足现行规范长度。

(7)预制楼梯与现浇梁板的连接,当采用预埋件焊接连接时,先施工梁板后焊接、放置楼梯,焊接满足设计要求。当采用锚固钢筋连接时,锚固钢筋必须符合设计要求。

(8)预制构件在现浇混凝土叠合构件中应符合下列规定:

1)在主要承受静力荷载的梁中,预制构件的叠合面应有凹凸差不小于6mm

的粗糙面,并不得疏松和有浮浆。

2)当浇筑叠合板时,预制板的表面应有凹凸不小于4mm的粗糙面。

四、混凝土振捣

(1)每一振点的振捣延续时间,应使混凝土表面呈现浮浆和不再沉落。

(2)当采用插入式振动器时,捣实普通混凝土的移动间距,不宜大于振捣器作用半径的1.5倍,如图9-49所示。捣实轻骨料混凝土的移动间距,不宜大于其作用半径;振捣器与模板的距离,不应大于其作用半径的0.5倍,并应避免碰撞钢筋、模板、预埋件等;振捣器插入下层混凝土内的深度应不小于50mm。一般每点振捣时间为20～30s,使用高频振动器时,最短不应少于10s,应使混凝土表面成水平不再显著下沉,不再出现气泡,表面泛出灰浆为准。振动器插点要均匀排列,可采用"行列式"或"交错式",如图9-50所示的次序移动,不应混用,以免造成混乱而发生漏振。

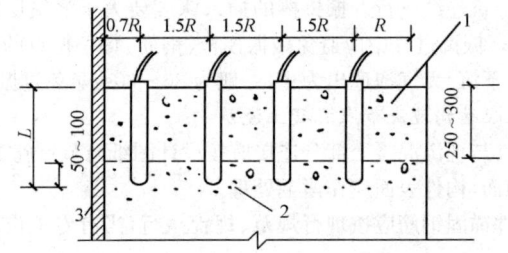

图9-49 插入式振动器的插入深度
1—新浇筑的混凝土;2—下层已振捣但尚未初凝的混凝土;
3—模板

(3)采用表面振动器时,在每一位置上应连续振动一定时间,正常情况下在25～40s,但以混凝土面均匀出现浆液为准,移动时应成排依次振动前进,前后位置和排与排间相互搭接应有30～50mm,防止漏振。振动倾斜混凝土表面时,应由低处逐渐向高处移动,以保证混凝土振实。表面振动器的有效作用深度,在无筋及单筋平板中为200mm,在双筋平板中约为120mm。

(4)采用外部振动器时,振动时间和有效作用随结构形状、模板坚固程度、混凝土坍落度及振动器功率大小等各项因素而定。一般每隔1～1.5m的距离设置一个振动器。当混凝土成一水平面不再出现气泡时,可停止振动。必要时应通过试验确定振动时间。待混凝土入模后方可开动振动器,混凝土浇筑高度要高于振动器安装部位。当钢筋较密和构件断面较深较窄时,亦可采取边浇筑边振动的方法。外部振动器的振动作用深度在250mm左右,如构件尺寸较厚时,需在构件两侧安设振动器同时进行振捣。

第九章 混凝土结构工程施工技术

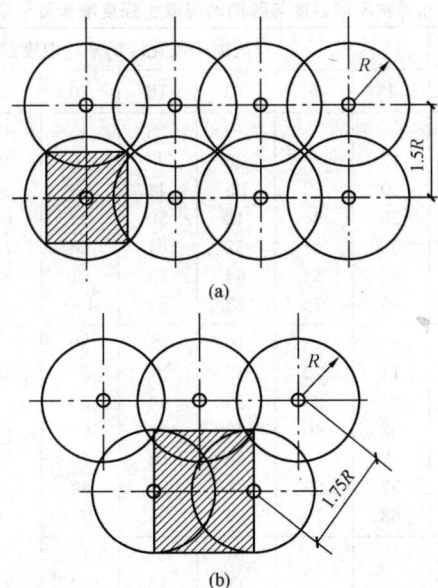

图 9-50 振捣点的布置
(a)行列式；(b)交错式
R—振动棒的有效作用半径

五、混凝土养护

养护是为了保证混凝土凝结和硬化必需的湿度和适宜的温度，促使水泥水化作用充分发展的过程，它是获得优质混凝土必不可少的措施。混凝土中拌合水的用量虽比水泥水化所需的水量大得多，但由于蒸发、骨料、模板和基层的吸水作用以环境条件等因素的影响，可使混凝土内的水分降低到水泥水化必需的用量之下，从而妨碍了水泥水化的正常进行。因此，混凝土养护不及时、不充分时（尤其在早期），不仅易产生收缩裂缝、降低强度，而且影响混凝土的耐久性以及其他各种性能。实验表明，未养护的混凝土与经充分养护的混凝土相比，其 28d 抗压强度将降低 30% 左右，一年后的抗压强度约降低 5% 左右，由此可见，养护对于混凝土工程的重要性。

1. 自然养护

自然养护的覆盖与浇水除应满足规范规定外，还应符合下列要求：
(1)当采用特种水泥时，混凝土的养护应根据所采用水泥的技术性能确定。
(2)自然养护温度与龄期的混凝土强度增长百分率见表 9-30。

表 9-30　自然养护不同温度与龄期的混凝土强度增长百分率　(%)

水泥品种、强度等级	硬化龄期/d	混凝土硬化时的平均温度/℃							
		1	5	10	15	20	25	30	35
32.5级普通水泥	2	—	—	—	28	35	41	46	50
	3	12	20	26	33	40	46	52	57
	5	20	28	35	44	50	56	62	67
	7	26	34	42	50	58	64	68	75
	10	35	44	52	61	68	75	80	86
	15	44	54	64	73	81	88	—	—
	28	65	72	82	92	100	—	—	—
42.5级普通水泥	2	—	—	19	25	30	35	40	45
	3	14	20	25	32	37	43	48	52
	5	24	30	36	44	50	57	63	66
	7	32	40	46	54	62	68	73	76
	10	42	50	58	66	74	78	82	86
	15	52	63	71	80	88	—	—	—
	28	68	78	86	94	100	—	—	—
32.5级矿渣水泥火山灰质水泥	2	—	—	—	15	18	24	30	35
	3	—	—	11	16	22	28	34	44
	5	—	16	21	27	33	42	50	58
	7	14	23	30	36	44	52	61	70
	10	21	32	41	49	55	65	74	81
	15	28	41	54	64	72	80	88	—
	28	41	61	77	90	100	—	—	—
42.5级矿渣水泥火山灰质水泥	2	—	—	—	15	18	24	30	35
	3	—	—	11	17	22	26	32	38
	5	12	17	22	28	34	39	44	52
	7	18	24	32	38	45	50	55	63
	10	25	34	44	52	58	63	67	75
	15	32	46	57	67	74	80	86	92
	28	48	64	83	92	100	—	—	—

2. 蒸汽养护

蒸汽养护是利用蒸汽加热养护混凝土。可选用棚罩法、蒸汽套法、热模法、蒸汽毛管法。

(1)棚罩法是用帆布或其他罩子扣罩,内部通蒸汽养护混凝土,适用于预制梁、板、地下基础、沟道等。

(2)蒸汽套法是制作密封保温外套,分段送汽养护混凝土蒸汽通入模板与套板之间的空隙,来加热混凝土,适用于现浇梁、板、框架结构、墙、柱等。

(3)热模法是在模板外侧配置蒸汽管,加热模板再由模板传热给混凝土进行养护,适用于墙、柱及框架结构其构造如图 9-51 所示。

(4)蒸汽毛管法是在结构内部预留孔道,通蒸汽加热混凝土进行养护,适用于预制梁、柱、桁架,现浇梁、柱、框架单梁。其构造如图 9-52 所示。

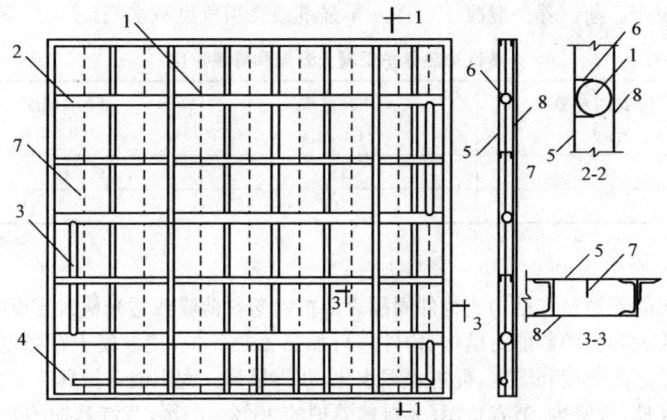

图 9-51 蒸汽热模构造

1—ϕ89 钢管;2—ϕ20 进汽口;3—ϕ50 连通管;4—ϕ20 出汽口;
5—3mm 厚面板;6—3mm×50mm 导热横肋;7—导热竖肋;8—26 号薄钢板

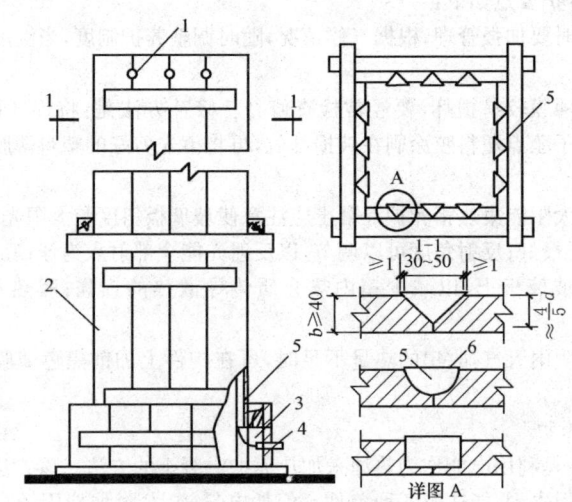

图 9-52 柱毛管模板

1—出汽孔;2—模板;3—蒸汽分配箱;
4—进汽管;5—毛管;6—薄钢板

蒸汽养护应使用低压饱和蒸汽。采用普通硅酸盐水泥时最高养护温度不超过 80℃；采用矿渣硅酸盐水泥时可提高到 85℃；但采用内部通汽法时最高加热温度不超过 60℃。采用蒸汽养护整体浇筑的结构时，升温和降温速度不得超过表 9-31 的规定。蒸汽养护混凝土可掺入早强剂或无引气型减水剂。

表 9-31　　　　蒸汽加热养护混凝土升温和降温速度

结构表面系数 /(m^{-1})	升温速度 /(℃/h)	降温速度 /(℃/h)
≥6	15	10
<6	10	5

3. 太阳能养护

太阳能养护是在结构或构件周围表面护盖塑料薄膜或透光材料搭设的棚罩，用以吸收太阳光的热能对结构、构件进行加热蓄热养护，使混凝土在强度增长过程中有足够的温度和湿度，促进水泥水化，获得早强。太阳能养护具有工艺简单、劳动强度低，投资少，节省费用（为自然养护的 45%～65%，蒸汽养护的 30%），缩短养护周期 30%～50%，节省能源和养护用水等优点，但需消耗一定量塑料薄膜材料，而棚罩式不便保管，占场地较多。适于中、小型构件的养护，亦可用于现场楼板、路面等的养护。

太阳能养护要点如下：

（1）养护时要加强管理，根据气候情况，随时调整养护制度，当湿度不够时，要适当喷水。

（2）塑料薄膜较易损坏，要经常检查修补。修补方法是：将损坏部分擦洗干净，然后用刷子蘸点塑料胶涂刷在破损部位，再将事先剪好的塑料薄膜贴上去，用手压平即可。

（3）采用太阳能集热箱养护混凝土应注意使玻璃板斜度与太阳光垂直或接近垂直射入效果最好；反射角度可以调节，以反射光能全部射入为佳；反射板在夜间宜闭合，盖在玻璃板上，以减少箱内热介质传导散热的损失；吸热材料要注意防潮。

（4）当遇阴雨天气，收集的热量不足时，可在构件上加铺黑色薄膜，提高吸收效率。

4. 电热养护

电热养护是利用电能作为热源来加热养护混凝土的方法。该方法设备简单、操作方便、热损失少、能适应各种条件。但耗电量较大、附加费用较高，只适宜在其他方法不能保证混凝土在冻结前达到规定的强度、并有充足的电源时使用。

（1）电极加热。电极加热是在混凝土构件内安设电极并通以交流电，利用混凝土作为导体和本身的电阻，使电能转变为热能，对混凝土进行加热，如图 9-53

所示。为保证施工安全和防止热量损失,通电加热应在混凝土的外露表面覆盖后进行。所用的工作电压宜为50~110V。加热时,混凝土的升、降温速度不得超过设计的规定,混凝土的养护温度不得超过表9-32的规定。在养护过程中,应注意观察混凝土外露表面的湿度,防止干燥脱水。当表面开始干燥时,应先停电,然后浇温水湿润混凝土表面。

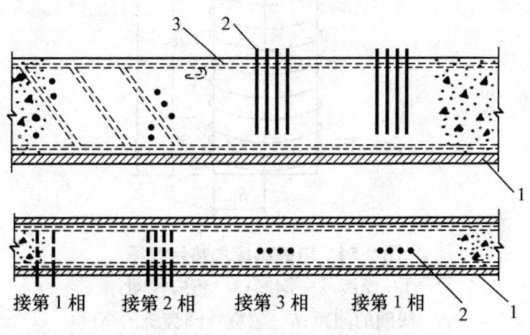

图 9-53 电极法加热示意图
1—模板;2—电极;3—梁内钢筋

表 9-32 电热养护混凝土的温度

水泥强度等级	结构表面系数		
	<10	10~15	>15
32.5	70℃	50℃	45℃
42.5	40℃	40℃	35℃

(2)电热器加热。电热器加热是将电热器贴近于混凝土表面,靠电热元件发出的热量来加热混凝土。电热器可以用红外线电热元件或电阻丝电热元件制成,外形可做成板状或棒状,置于混凝土表面或内部进行加热养护。

(3)电磁感应加热。电磁感应加热是利用在电磁场中铁质材料发热的原理,使钢模板及混凝土中的钢筋发热,并将热量持续均匀地传给混凝土。工程中是在构件(如柱)模板表面绕上连续的感应线圈(图9-54),线圈中通入交流电,则在钢模板和钢筋中都会产生涡流,钢模板和钢筋都会发热,从而加热其周围的混凝土。

5. 养护剂养护

养护剂养护又称喷膜养护,是在结构构件表面喷涂或刷涂养护剂,溶液中水分挥发后,在混凝土表面上结成一层塑料薄膜,使混凝土表面与空气隔缝,阻止内

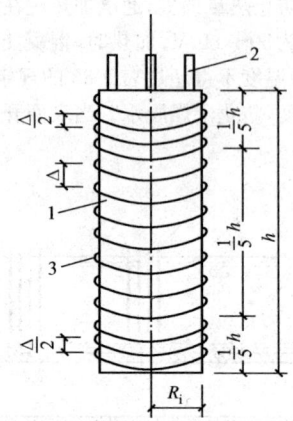

图 9-54 电磁感应加热示意图
1—模板；2—钢筋；3—感应线圈；
Δ—线圈的间距；h—感应线圈缠绕的高度

部水分蒸发,而使水泥水化作用完成。养护剂养护结构构件不用浇水养护,节省人工和养护用水等优点,但 28d 龄期强度要偏低 8% 左右。适于表面面积大、不便浇水养护结构(如烟囱筒壁、间隔浇筑的构件等)地面、路面、机场跑道或缺水地区使用。

(1)常用养护剂。

1)薄膜养护剂。薄膜养护剂是将基料溶解于溶剂或乳化剂中而制成的一种液状材料。根据配制方法不同,薄膜养护剂可分为溶剂型和乳化剂型两种。溶剂型比乳化剂型涂膜均匀,成膜快,其缺点是溶剂挥发会散发出异味;乳化型成本低廉,但由于水分蒸发较慢,用于垂直面易产生流淌现象。将养护剂喷涂于混凝土表面当溶剂挥发或乳化液裂化后,有 10%～50% 的固体物质残留于混凝土表面而形成一层不透水薄膜,从而使混凝土与空气隔离,水分被封闭在混凝土内。混凝土靠自身的水分进行水化作用,即可达到养护的目的。为了反射阳光并供直观检验涂膜的完整性起见,通常都在养护剂里掺入适量的白色或灰色短效染料。常用的薄膜养护剂有树脂型养护剂、油乳型养护剂、煤焦油养护剂和沥青养护剂几种。树脂型养护剂以树脂、清漆、干性油及其他防水性物质作基料,以高挥发性溶液作溶剂配制而成。一种是以粗苯作溶剂,过氯乙烯树脂 9.5%,粗苯 86%,苯二甲酸二丁酯 4%,丙酮 0.5% 配制而成的;另一种是以溶剂油作溶剂,其中溶剂油 87.5%,过氯乙烯树脂 10%,苯二甲酸二丁酯 2.5% 配制而成。

2)油乳型养护剂。油乳型养护剂以石蜡和熟亚麻油作基料,用水作乳化剂,用硬脂酸和三乙醇胺作稳定剂,其配方为石蜡 12%,熟亚麻油 20%,硬脂酸 4%,

三乙醇胺 3%，水 61%。硬脂酸和三乙醇胺的比例，视乳化液的稳定状况可稍作调整。

3）煤焦油养护剂。煤焦油养护剂是用溶剂将煤焦油稀释至适宜于喷涂的稠度即成。

4）沥青型养护剂。沥青型养护剂是以沥青作基料，用水作乳化剂而制成。也可用溶剂制成。在炎热气温下使用时，应在涂刷养护剂 3~4h 后刷一道石灰水，否则由于表面吸热过大会使混凝土表面与内部温差过大而产生裂缝。

(2) 薄膜养护剂使用要点如下：

1）薄膜养护剂用人工涂刷或机械喷洒均可，但机械喷洒的涂膜均匀，操作速度快，尤其适宜大面积使用。

2）喷涂时间视环境条件和混凝土泌水情况而定，通常当混凝土表面无水渍，用手轻按无印痕时即可喷涂。

3）喷涂过早会影响涂膜与混凝土表面的结合；喷涂过迟，养护剂易为混凝土表面的孔隙吸收而影响混凝土强度。

4）对模内的混凝土，拆模后应立即喷涂养护剂。如混凝土表面已明显干燥或失水严重，则应喷水使其湿润均匀，等表面游离水消失后方可喷涂养护剂。

5）对薄膜养护剂的技术要求是应无毒性，能粘附在混凝土表面，还应具有一定的弹性，能形成一层至少 7d 内不破裂的薄膜。

6）由于薄膜相当薄，隔热效能差，在炎夏使用时为避免烈日暴晒应加盖覆盖层或遮蔽阳光。

第十章　预应力混凝土工程施工技术

第一节　预应力混凝土的分类及特点

预应力混凝土是预应力钢筋混凝土的简称,是自 20 世纪中叶发展起来的一项土木建筑新技术。现在世界各国都在普遍地应用预应力混凝土技术,其推广使用的范围和数量,已成为衡量一个国家建筑技术水平的标志之一。

预应力混凝土结构,就是在结构承受外荷载以前,预先用某种方法,使结构内部造成一种应力状态,使其在使用阶段产生拉应力的区域预先受到压应力,这部分压应力与使用荷载时所产生的拉应力能抵消一部分或全部,使构件达到不出现裂缝,或推迟出现裂缝的时间和限制裂缝的开展,以提高结构及构件的刚度。

预应力混凝土与普通钢筋混凝土相比,具有抗裂性好、刚度大、材料省、自重轻、结构寿命长等优点,在工程中的应用范围愈来愈大。它不但广泛应用于单层和多层房屋、桥梁、电杆、压力管道、油罐、水塔和轨枕等方面,而且已扩大应用到高层建筑、地下建筑、海洋结构及压力容器等新领域。

一、预应力混凝土的分类

1. 按其工艺分
(1)先张法。
(2)后张法。
2. 按其施加预应力的方法分
(1)机械张拉。
(2)电热伸张。
3. 按其所用的钢筋分
(1)预应力冷拔低碳钢丝混凝土。
(2)预应力混凝土。
(3)预应力钢绞线(钢丝束)混凝土。
4. 按其结构受力特点分
(1)部分预应力混凝土结构。
(2)无粘结预应力结构。
(3)预应力芯棒结构,叠合结构。

二、预应力混凝土的特点

预应力混凝土与普通钢筋混凝土相比,具有以下一些特点:
(1)提高构件的抗裂度和刚度。

第十章 预应力混凝土工程施工技术

(2)增加了结构及构件的耐久性。
(3)结构自重轻,能用于大跨度结构。
(4)能节约材料,与钢结构相比,能节约大量钢材,降低成本,增加耐火性能;与钢筋混凝土相比,同跨度构件能节约钢筋和混凝土,而相对经济。

第二节 先张法预应力施工

一、先张法概述

先张法是在浇筑混凝土前张拉预应力筋,并将张拉的预应力筋临时固定在台座或钢模上,然后才浇筑混凝土。待混凝土达一定强度(一般不低于设计强度等级的75%),保证预应力筋与混凝土有足够粘结力时,放松预应力筋,借助于混凝土与预应力筋的粘结,使混凝土产生预压应力。

1. 先张法生产流程

先张法生产流程,如图10-1所示。

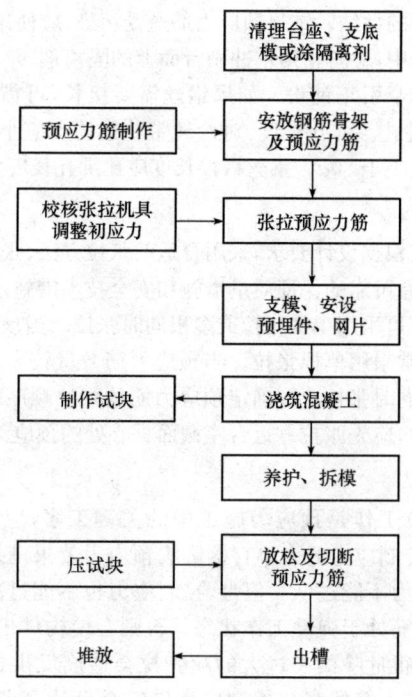

图10-1 先张法生产流程图

2. 先张法特点

(1)优点:构件配筋简单,不需锚具,省去预留孔道、拼装、焊接、灌浆等工序,一次可制成多个构件,生产效率高,可实行工厂化、机械化,便于流水作业,可制成各种形状构件等。

(2)缺点:需建长线台座,占地面积大;如采取在特制的钢模上张拉的方法,设备较多,投资较高,生产操作较复杂,养护期较长;为加快台座和模板周转,常需蒸养;大型构件运输不便,灵活性差,生产受到一定限制。

3. 先张法适用范围

先张法适用于预制厂或现场集中成批生产各种中小型预应力混凝土构件,如吊车梁、屋架、过梁、基础梁、檩条、屋面板、槽形板、多孔板等,特别适于生产冷拔低碳钢丝混凝土构件。

二、预应力筋铺设

长线台座台面(或胎模)在铺设钢丝前应涂隔离剂。隔离剂不应玷污钢丝,以免影响钢丝与混凝土的粘结。结果预应力筋遭受污染,应使用适宜的溶剂加以清洗干净。在生产过程中,应防止雨水冲刷台面上的隔离剂。

预应力钢丝宜用牵引车铺设。如果钢丝需要接长,可借助于钢丝拼接器用 $20\sim22$ 号铁丝密排绑扎。绑扎长度:对冷轧带肋钢筋不应小于 $45d$ (d 为钢丝直径);对刻痕钢丝不应小于 $80d$。钢丝搭接长度应比绑扎长度大 $10d$。

三、预应力筋张拉

预应力筋张拉应根据设计要求,采用合适的张拉方法、张拉顺序、张拉设备及张拉程序进行,并应有可靠的保证质量措施和安全技术措施。

预应力筋的张拉可采用单根张拉或多根同时张拉。当预应力筋数量不多,张拉设备拉力有限时,常采用单根张拉。当预应力筋数量较多,且张拉设备拉力较大时,则可采用多根同时张拉。在确定预应力筋的张拉顺序时,应考虑尽可能减少倾覆力矩和偏心力,应先张拉靠近台座截面重心处的预应力筋。

1. 张拉控制应力

预应力筋的张拉工作是预应力施工中的关键工序,应严格按设计要求进行。预应力筋张拉控制应力的大小直接影响预应力效果,影响到构件的抗裂度和刚度,因而控制应力不能过低。但是,控制应力也不能过高,不允许超过其屈服强度,以使预应力筋处于弹性工作状态。否则会使构件出现裂缝的荷载与破坏荷载很接近,这是很危险的。过大的超张拉会造成反拱过大,预拉区出现裂缝也是不利的。预应力筋的张拉控制应力应符合设计要求。当施工中预应力筋需要超张拉时,可比设计要求提高 5%,但其最大张拉控制应力不得超过表 10-1 的规定。

第十章 预应力混凝土工程施工技术

表 10-1　　　　　　　最大张拉控制应力允许值　　　　(N/mm²)

钢筋种类	张拉方法	
	先张法	后张法
光面钢丝、刻痕钢丝、钢绞线	$0.80 f_{ptk}$	$0.75 f_{ptk}$
冷拔低碳钢丝、热处理钢筋	$0.75 f_{ptk}$	$0.70 f_{ptk}$
冷拉热轧钢筋	$0.95 f_{ptk}$	$0.90 f_{ptk}$

钢丝、钢绞线属于硬钢,冷拉热轧钢筋属于软钢。硬钢和软钢可根据它们是否存在屈服点划分,由于硬钢无明显屈服点,塑性较软钢差,所以其控制应力系数较软钢低。

2. 张拉程序

预应力筋张拉程序有以下两种:

(1) $0 \longrightarrow 105\% \sigma_{con} \xrightarrow{\text{持荷 2min}} \sigma_{con}$。

(2) $0 \longrightarrow 103\% \sigma_{con}$。

以上两种张拉程序是等效的,施工中可根据构件设计标明的张拉力大小、预应力筋与锚具品种、施工速度等选用。

预应力筋进行超张拉(103%~105%控制应力)主要是为了减少松弛引起的应力损失值。所谓应力松弛是指钢材在常温高应力作用下,由于塑性变形而使应力随时间延续而降低的现象。这种现象在张拉后的头几分钟内发展得特别快,往后则趋于缓慢。例如,超张拉 5%并持荷 2min,再回到控制应力,松弛已完成 50%以上。

3. 张拉力

预应力筋的张拉力根据设计的张拉控制应力与钢筋截面面积及超张拉系数之积而定。

$$N = m\sigma_{con} A_y \tag{10-1}$$

式中　N——预应力筋张拉力(N);

　　　m——超张拉系数,1.03~1.05;

　　　σ_{con}——预应力筋张拉控制应力(N/mm²);

　　　A_y——预应力筋的截面面积(mm²)。

预应力筋张拉锚固后实际应力值与工程设计规定检验值的相对允许偏差为±5%。预应力钢丝的应力可利用 2CN-1 型钢丝测力计(图 10-2),或半导体频率测力计测量。

2CN-1 型钢丝测力计工作时,先将挂钩 2 勾住钢丝,旋转螺钉 9 使测头与钢丝接触,此时百分表 4 和百分表 5 读数均为零,继续旋转螺钉 9,使测挠度百分表的读数达到 2mm 时,从测力百分表 5 的读数便可知道钢丝的拉力值 N。一根钢筋要反复测定 4 次,取后 3 次的平均值为钢丝的拉力值。2CN-1 型钢丝测力计精

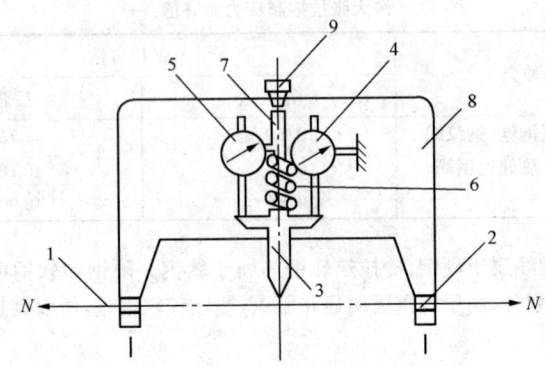

图 10-2 2CN-1 型钢丝测力计
1—钢丝;2—挂钩;3—测头;4—测挠度百分表;5—测力百分表;
6—弹簧;7—推架;8—表架;9—螺钉

度为 2%。

半导体频率测力计是根据钢丝应力 σ 与钢丝振动频率 ω 的关系制成的,σ 与 ω 的关系式如下:

$$\omega = \frac{1}{2l}\sqrt{\frac{\sigma}{\rho}} \quad (10\text{-}2)$$

式中 l——钢丝的自由振动长度;
ρ——钢丝的密度。

张拉时为避免台座承受过大的偏心压力,应先张拉靠近台座面重心处的预应力筋,再轮流对称张拉两侧的预应力筋。

4. 张拉伸长值校核

采用应力控制方法张拉时,应校核预应力筋的伸长值,如实际伸长值比计算伸长值大于 10% 或小于 5%,应暂停张拉,在查明原因、采用措施予以调整后,方可继续张拉。

预应力筋的计算伸长值 Δl(mm)可按下式计算:

$$\Delta l = \frac{F_p l}{A_p E_s} \quad (10\text{-}3)$$

式中 F_p——预应力筋的平均张拉力(kN),直线筋取张拉端的拉力,两端张拉的曲线筋,取张拉端的拉力与跨中扣除孔道摩阻损失后拉力的平均值;
A_p——预应力筋的截面面积(mm²);
l——预应力筋的长度(mm);
E_s——预应力筋的弹性模量(kN/mm²)。

预应力筋的实际伸长值,宜在初应力为张拉控制应力10%左右时开始量测,但必须加上初应力以下的推算伸长值;对后张法,还应扣除混凝土构件在张拉过程中的弹性压缩值。

5. 预应力筋张拉要求

(1)单根预应力钢筋张拉,可采用 YC18、YC200、YC60 或 YL60 型千斤顶在双横梁式台座或钢模上单根张拉,螺杆式夹具或夹片锚固。热处理钢筋或钢绞线用优质夹片或夹具锚固。

(2)在三横梁式或四横梁式台座上生产大型预应力构件时,可采用台座式千斤顶成组张拉预应力钢筋,如图10-3所示。张拉前应调整初应力(可取 5‰~10‰σ_{con}),使每根均匀一致,然后再进行张拉。

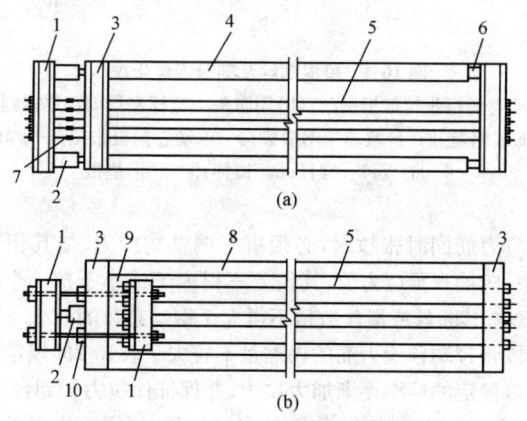

图 10-3 预应力筋张拉

(a)三横梁式成组预应力筋张拉;(b)四横梁式成组预应力筋(丝)张拉
1—活动横梁;2—千斤顶;3—固定横梁;4—槽式台座;5—预应力筋(丝);
6—放松装置;7—连接器;8—台座传力柱;9—大螺杆;10—螺母

(3)单根冷拔低碳钢丝张拉可采用 10kN 电动螺杆张拉机或电动卷扬张拉机,用弹簧测力计测力,锥锚式夹具锚固,如图10-4(a)所示。单根刻痕钢丝可采用 20~30kN 电动卷扬张拉机单根张拉,并用优质锥销式夹具或镦头螺杆夹具锚固,如图10-4(b)所示。

(4)在预制厂以机组流水法生产预应力多孔板时,可在钢模上用镦头梳筋板夹具成批张拉。钢丝两端镦粗,一端卡在固定梳筋板上,另一端卡在张拉端的活动梳筋板上,通过张拉钩和拉杆式千斤顶进行成组张拉。

(5)单根张拉钢筋(丝)时,应按对称位置进行,并考虑下批张拉所造成的预应力损失。

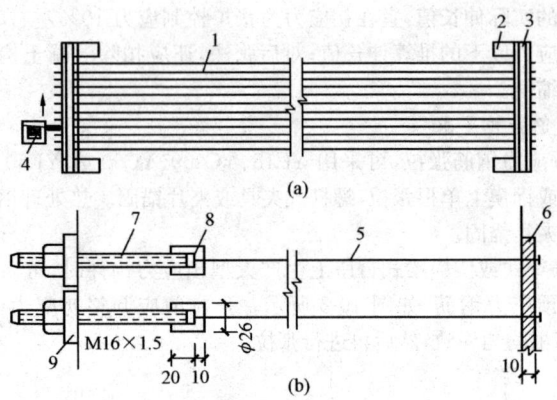

图 10-4 单根钢丝及刻痕钢丝张拉
(a)用电动卷扬机张拉单根钢丝;(b)用镦头—螺杆夹具固定单根刻痕钢丝
1—冷拔低碳钢丝;2—台墩;3—钢横梁;4—电动卷扬机张拉;5—刻痕钢丝;
6—锚板;7—螺杆;8—锚杯;9—U形垫板

(6)多根预应力筋同时张拉时,必须事先调整初应力,使其相互间的应力一致。张拉过程中,应抽查预应力值,其偏差不得大于或小于按一个构件全部钢丝预应力总值的 5%;其断丝或滑丝数量不得大于钢丝总数的 3%。

(7)锚固阶段张拉端预应力筋的内缩量不宜大于表10-2的规定。

(8)张拉应以稳定的速率逐渐加大拉力,并保证使拉力传到台座横梁上,而不应使预应力筋或夹具产生次应力(如钢丝在分丝板、横梁或夹具处产生尖锐的转角或弯曲)。锚固时,敲击锥塞或楔块应先轻后重;与此同时,倒开张拉机,放松钢丝,两者应密切配合,既要减少钢丝滑移,又要防止锤击力过大,导致钢丝在锚固夹具与张拉夹具处受力过大而断裂。张拉设备应逐步放松。

表 10-2　　　锚固阶段张拉端预应力筋的内缩量允许值　　　(mm)

锚具类别	内缩量允许值
支承式锚具(墩头锚、带有螺栓端杆的锚具等)	1
锥塞式锚具	5
夹片式锚具	5
每块后加的锚具垫板	1

注:1. 内缩量值是指预应力筋锚固过程中,由于锚具零件之间和锚具与预应力筋之间相对移动和局部塑性变形造成的回缩量。
2. 当设计对锚具内缩量允许值有专门规定时,可按设计规定确定。

第十章　预应力混凝土工程施工技术

四、混凝土的浇筑和养护

钢筋张拉、绑扎及立模工作完毕后,应浇筑混凝土,且应一次浇筑完毕。混凝土的强度等级不得小于C30。构件应避开台面的温度缝,当不可能避开时,在温度缝上可先铺薄钢板或垫油毡,然后浇筑混凝土。为保证钢丝与混凝土有良好的粘结,浇筑时振动器不应碰撞钢丝,混凝土未达一定强度前,也不允许碰撞或踩动钢丝。

混凝土的用水量和水泥用量必须严格控制,混凝土必须振捣密实,以减少混凝土由于收缩徐变而引起的预应力损失。

采用重叠法生产构件时,应待下层构件的混凝土强度达到5MPa后,方可浇筑上层构件的混凝土。一般当平均温度高于20℃时,每两天可叠捣一层。气温较低时,可采用早强措施,以缩短养护时间,加速台座周转,提高生产效率。

混凝土可采用自然养护或湿热养护。但须注意,用湿热养护时,温度升高后,预应力筋膨胀而台座的长度并无变化,因而引起预应力筋应力减小。如果在这种情况下,混凝土逐渐硬结,则在混凝土硬化前,预应力筋由于温度升高而引起的应力降低,将永远不能恢复。这就是温差引起的预应力损失。为了减少温差应力损失,必须保证在混凝土达到一定强度前,温差不能太大(一般不超过20℃)。故采用湿热养护时,应先按设计允许的温差加热,待混凝土强度达7.5MPa(粗钢筋配筋)或10MPa(钢丝、钢绞线配筋)以上后,再按一般升温制度养护。这种养护制度又称为"二次升温养护"。在采用机组流水法用钢模制作、湿热养护时,由于钢模和预应力筋同样伸缩,所以不存在因温差而引起的预应力损失,因此可采用一般加热养护制度。

五、预应力筋放张

预应力筋放张过程是预应力的传递过程,是先张法构件能否获得良好质量的一个重要生产过程。应根据放张要求,确定合宜的放张顺序、放张方法及相应的技术措施。

1. 放张要求

先张法施工的预应力放张时,预应力混凝土构件的强度必须符合设计要求。设计无要求时,其强度不低于设计的混凝土强度标准值的75%。过早放张预应力会引起较大的预应力损失或预应力钢丝产生滑动。对于薄板等预应力较低的构件,预应力筋放张时混凝土的强度可适当降低。预应力混凝土构件在预应力筋放张前要对试块进行试压。

预应力混凝土构件的预应力筋为钢丝时,放张前,应根据预应力钢丝的应力传递长度,计算出预应力钢丝在混凝土内的回缩值,以检查预应力钢丝与混凝土粘结效果。若实测的回缩值小于计算的回缩值,则预应力钢丝与混凝土的粘结效果满足要求,可进行预应力钢丝的放张。

预应力钢丝理论回缩值,可按下式进行计算:

$$a = \frac{1}{2} \frac{\sigma_{y1}}{E_s} l_a \tag{10-4}$$

式中 a——预应力钢丝的理论回缩值(cm);

σ_{y1}——第一批损失后,预应力钢丝建立起的有效预应力值(N/mm^2);

E_s——预应力钢丝的弹性模量(N/mm^2);

l_a——预应力筋传递长度(mm),见表10-3。

预应力钢丝实测的回缩值,必须在预应力钢丝的应力接近 σ_{y1} 时进行测定。

表10-3　　　　　　预应力钢筋传递长度 l_a

项次	钢筋种类	放张时混凝土强度			
		C20	C30	C40	≥C50
1	刻痕钢丝 $d<5mm$	$150d$	$100d$	$65d$	$50d$
2	钢绞线 $d=7.5\sim15mm$	—	$85d$	$70d$	$70d$
3	冷拔低碳钢丝 $d=3\sim5mm$	$110d$	$90d$	$80d$	$80d$

注:1. 确定传递长度 l_a 时,表中混凝土强度等级应按传力锚固阶段混凝土立方体抗压强度确定。

2. 当刻痕钢丝的有效预应力值 σ_{y1} 大于或小于1000MPa时,其传递长度应根据本表项次1的数值按比例增减。

3. 当采用骤然放张预应力钢筋的施工工艺时,l_a 起点应从离构件末端 $0.25l_a$ 处开始计算。

4. 冷拉HRB335级、HRB400级钢筋的传递长度 l_a 可不考虑。

2. 放张顺序

为避免预应力筋放张时对预应力混凝土构件产生过大的冲击力,引起构件端部开裂、构件翘曲和预应力筋断裂,预应力筋放张必须按下述规定进行:

(1)对配筋不多的预应力钢丝混凝土构件,预应力钢丝放张可采用剪切、割断和熔断的方法逐根放张,并应自中间向两侧进行。对配筋较多的预应力钢丝混凝土构件,预应力钢丝放张应同时进行,不得采用逐根放张的方法,以防止最后的预应力钢丝因应力增加过大而断裂或使构件端部开裂。

(2)对预应力混凝土构件,预应力钢筋放张应缓慢进行。预应力钢筋数量较少,可逐根放张;预应力钢筋数量较多,则应同时放张。对于轴心受压的预应力混凝土构件,预应力筋应同时放张。对于偏心受压的预应力混凝土构件,应同时放张预压应力较小区域的预应力筋,再同时放张预压应力较大区域的预应力筋。

(3)如果轴心受压的或偏心受压的预应力混凝土构件,不能按上述规定进行预应力筋放张,则应采用分阶段、对称、相互交错的放张方法,以防止在放张过程中,预应力混凝土构件发生翘曲,出现裂缝和预应力筋断裂等现象。

(4)采用湿热养护的预应力混凝土构件宜热态放张,不宜降温后放张。

第十章 预应力混凝土工程施工技术

3. 放张方法

可采用千斤顶、楔块、螺杆张拉架或砂箱等工具,如图 10-5 所示。

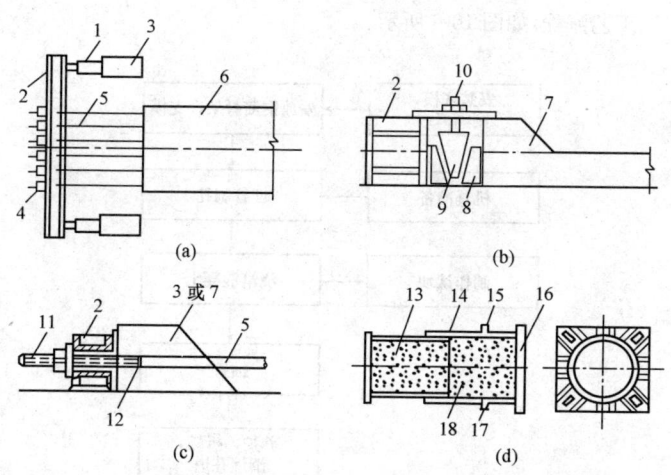

图 10-5 预应力筋(丝)的放张方法

(a)千斤顶放张;(b)楔块放张;(c)螺杆放张;(d)砂箱放张

1—千斤顶;2—横梁;3—承力支架;4—夹具;5—预应力钢筋(丝);6—构件;
7—台座;8—钢块;9—钢楔块;10—螺杆;11—螺栓端杆;12—对焊接头;
13—活塞;14—钢箱套;15—进砂口;16—箱套底板;17—出砂口;18—砂子

对于预应力混凝土构件,为避免预应力筋一次放张时对构件产生过大的冲击力,可利用楔块或砂箱装置进行缓慢的放张。

楔块装置放置在台座与横梁之间,放张预应力筋时,旋转螺母使螺杆向上运动,带动楔块向上移动,横梁向台座方向移动,预应力筋得到放松。

砂箱装置放置在台座与横梁之间。砂箱装置由钢制的套箱和活塞组成,内装石英砂或铁砂。预应力筋放张时,将出砂口打开,砂缓慢流出,从而使预应力筋慢慢地放张。

第三节 后张法预应力施工

一、后张法概述

后张法是先制作混凝土构件(或块体),并在预应力筋的位置预留出相应的孔道,待混凝土强度达到设计规定数值后,穿预应力筋(束),用张拉机进行张拉,并用锚具将预应力筋(束)锚固在构件的两端,张拉力即由锚具传给混凝土构件,而使之产生预压应力,张拉完毕在孔道内灌浆。

1. 后张法工艺流程

后张法工艺流程,如图 10-6 所示。

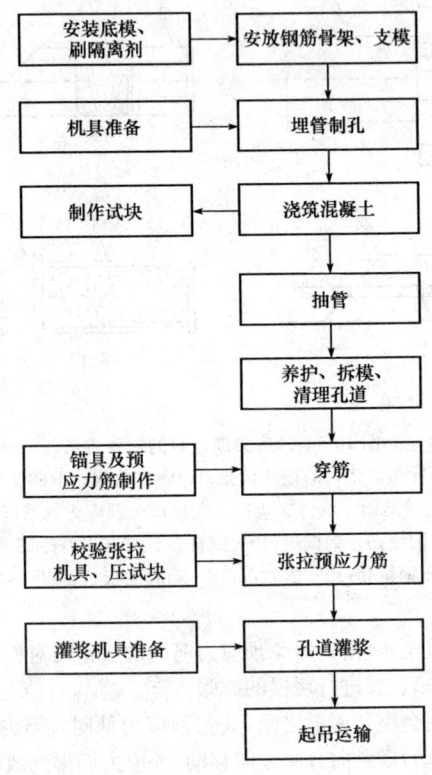

图 10-6　后张法生产流程图

2. 后张法特点

后张法的特点是直接在构件上张拉预应力筋,构件在张拉预应力筋过程中,完成混凝土的弹性压缩,其生产示意图如图 10-7 所示。因此,混凝土的弹性压缩,不直接影响预应力筋有效预应力值的建立。后张法适宜于在施工现场制作大型构件(如屋架等),以避免大型构件长途运输的麻烦。后张法除作为一种预加应力的工艺方法外,还可作为一种预制构件的拼装手段。大型构件(如拼装式屋架)可以预制成小型块体,运至施工现场后,通过预加应力的手段拼装成整体;或各种

第十章 预应力混凝土工程施工技术

构件安装就位后,通过预加应力手段,拼装成整体预应力结构。但后张法预应力的传递主要依靠预应力筋两端的锚具。锚具作为预应力筋的组成部分,永远留在构件上,不能重复使用。这样,不仅需要多耗用钢材,而且锚具加工要求高,费用较昂贵,加上后张法工艺本身要预留孔道、穿筋、灌浆等工序,故施工工艺比较复杂,成本也比较高。

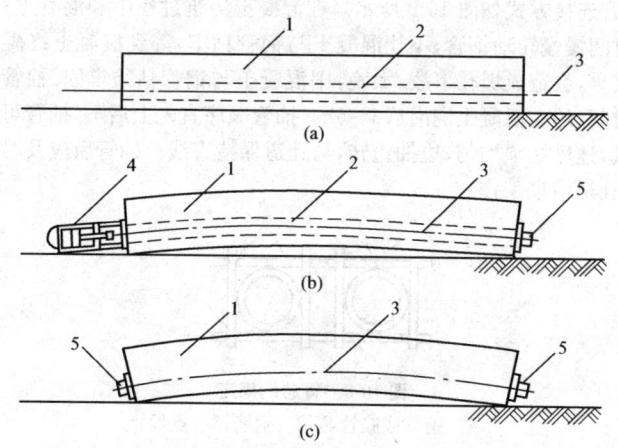

图 10-7 预应力混凝土后张法生产示意图
(a)制作混凝土构件;(b)张拉钢筋;(c)锚固和孔道灌浆
1—混凝土构件;2—预留孔道;3—预应力筋;4—千斤顶;5—锚具

3. 后张法适用范围
(1)适宜于在现场预制大型构件;运输条件许可的可以在工厂预制。
(2)亦适宜于现浇整体结构。

二、预留孔道

构件预留孔道的直径、长度、形状,由设计确定,如无规定时,孔道直径应比预应力筋直径的对焊接头处外径或需穿过孔道的锚具或连接器的外径大 10~15mm;对钢丝或钢绞线孔道的直径应比预应力筋外径或锚具外径大 5~10mm,且孔道面积应大于预应力筋的两倍以利于预应力筋穿入,孔道之间净距和孔道至构件边缘的净距均不应小于 25mm。

管芯材料可采用钢管、胶管(帆布橡胶管或钢丝胶管)、镀锌双波纹金属软管(简称波纹管)、黑薄钢板管、薄钢管等。钢管管芯适于直线孔道;胶管适用于直线、曲线或折线形孔道;波纹管(黑薄钢板管或薄钢管)埋入混凝土构件内,不用抽芯,为一种新工艺,适于跨度大配筋密的构件孔道。

(一)预应力构件管芯埋设和抽管

1. 钢管抽芯法

该方法大都用于留设直线孔道时,预先将钢管埋设在模板内的孔道位置处,钢管的固定如图 10-8 所示。钢管要平直,表面要光滑,每根长度最好不超过 15m,钢管两端应各伸出构件约 500mm。较长的构件可采用两根钢管,中间用套管连接。套管连接方式如图 10-9 所示。在混凝土浇筑过程中和混凝土初凝后,每间隔一定时间慢慢转动钢管,不让混凝土与钢管粘牢,等到混凝土终凝前抽出钢管。抽管过早,会造成坍孔事故;太晚,则混凝土与钢管粘结牢固,抽管困难。常温下抽管时间,约在混凝土浇灌后3~6h。抽管顺序宜先上后下,抽管可采用人工或用卷扬机,速度必须均匀,边抽边转,与孔道保持直线。抽管后应及时检查孔道情况,做好孔道清理工作。

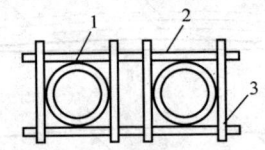

图 10-8 管芯的固定
1—钢管或胶管芯;2—钢筋;3—点焊

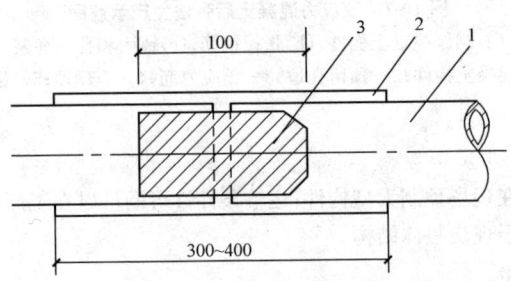

图 10-9 钢管连接方式
1—钢管;2—镀锌薄钢板套管;3—硬木塞

2. 胶管抽芯法

该方法不仅可以留设直线孔道,亦可留设曲线孔道,胶管弹性好,便于弯曲,一般有五层或七层帆布胶管和钢丝网橡皮管两种,工程实践中通常用一端密封,另一端接阀门充水或充气,如图 10-10 所示。胶管具有一定弹性,在拉力作用下,其断面能缩小,故在混凝土初凝后即可把胶管抽拔出来。夹布胶管质软,必须在管内充气或充水。在浇筑混凝土前,胶皮管中充入压力为 0.6~0.8MPa 的压缩

第十章 预应力混凝土工程施工技术

空气或压力水,此时胶皮管直径可增大 3mm 左右,然后浇筑混凝土,待混凝土初凝后,放出压缩空气或压力水,胶管孔径变小,并与混凝土脱离,随即抽出胶管,形成孔道。抽管顺序,一般应为先上后下,先曲后直。

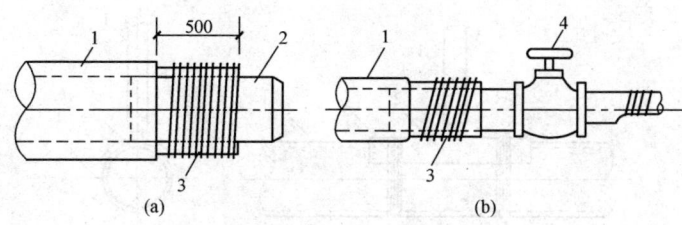

图 10-10　胶管封端与连接
(a)胶管封端;(b)胶管与阀门连接
1—胶管;2—钢管堵头;3—20 号钢丝密缠;4—阀门

一般采用钢筋井字形网架固定管子在模内的位置,井字网架间距:钢管 1～2m;胶管直线段一般为 500mm 左右,曲线段为 300～400mm。

3. 预埋管法

预埋管采用的一种金属波纹软管是由镀锌薄钢带经波纹卷管机压波卷成,具有重量轻、刚度好、弯折方便、连接简单、与混凝土粘结较好等优点。波纹管的内径为 50～100mm,管壁厚 0.25～0.3mm。除圆形管外,另有新研制的扁形波纹管可用于板式结构中,扁管的长边边长为短边边长的 2.5～4.5 倍。这种孔道成型方法一般均用于采用钢丝或钢绞线作为预应力筋的大型构件或结构中,可直接把下好料的钢丝、钢绞线在孔道成型前就穿入波纹管中,这样可以省掉束工序,亦可待孔道成型后再进行穿束。对连续结构中呈波浪状布置的曲线束,且高差较大时,应在孔道的每个峰顶处设置泌水孔;起伏较大的曲线孔道,应在弯曲的低点处设置泌水孔;对于较长的直线孔道,应每隔 12～15m 设置排气孔。泌水孔、排气孔必要时可考虑作为灌浆孔用。波纹管的连接可采用大一号的同型波纹管,接头管的长度为 200～250mm,以密封胶带封口。

(二)曲线孔道留设

现浇整体预应力框架结构中,通常配置曲线预应力筋,因此在框架梁施工中必须留设曲线孔道。曲线孔道可采用白铁管或波形白铁管留孔,曲线白铁管的制作应在平直的工作台上借助于模具定位,利用液压弯管机进行弯曲成型,其弯曲部分的坐标按预应力筋曲线方程计算确定,弯制成型后的坐标误差应控制在 2mm 以内。

曲线白铁管一般可制成数节,然后在现场安装成所需的曲线孔道,接头部分用 300mm 长的白铁管套接。关于灌浆孔和泌水孔则在白铁管上打孔后用带嘴的弧形白铁(或塑料)压板形成,如图10-11所示。灌浆孔一般留设在曲线筋的最低部位,泌水孔设在曲线筋最高的拐点处。灌浆孔和泌水孔用 $\phi20$ 塑料管,并伸出梁表面50mm左右。

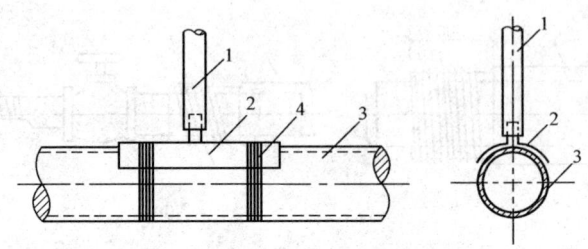

图 10-11　灌浆孔或泌水孔留设示意图
1—$\phi20$ 塑料管;2—带嘴弧形白铁压板;3—白铁管;4—绑扎钢丝

三、预应力筋张拉

1. 混凝土的强度

预应力筋的张拉是制作预应力构件的关键,必须按规范有关规定精心施工。张拉时构件或结构的混凝土强度应符合设计要求,当设计无具体要求时,不应低于设计强度标准值的75%。以确保在张拉过程中,混凝土不至于受压而破坏。块体拼装的预应力构件,立缝处混凝土或砂浆强度如设计无规定时,不应低于块体混凝土设计强度等级的40%,且不得低于15MPa,以防止在张拉预应力筋时,压裂混凝土块体或使混凝土产生过大的弹性压缩。

2. 张拉控制应力及张拉程序

预应力张拉控制应力应符合设计要求及最大张拉控制应力不能超过设计规定。其中后张法控制应力值低于先张法,这是因为后张法构件在张拉钢筋的同时,混凝土已受到弹性压缩,张拉力可以进一步补足;而先张法构件,是在预应力筋放松后,混凝土才受到弹性压缩,这时张拉力无法补足。此外,混凝土的收缩、徐变引起的预应力损失,后张法也比先张法小。

为了减少预应力筋的松弛损失等,与先张法一样采用超张拉法,其张拉程序为:

$$0 \rightarrow 105\%\sigma_{con} \xrightarrow{\text{持荷 2min}} \sigma_{con} \text{ 或 } 0 \rightarrow 103\%\sigma_{con}$$

3. 张拉方法

(1)张拉方法有一端张拉和两端张拉。两端张拉,宜先在一端张拉,再在另一端补足张拉力。如有多根可一端张拉的预应力筋,宜将这些预应力筋的张拉端分别设在结构的两端。

(2)长度不大的直线预应力筋,可一端张拉。曲线预应力筋应两端张拉。抽芯成孔的直线预应力筋,长度大于 24m 应两端张拉;不大于 24m 可一端张拉。预埋波纹管成孔的直线预应力筋,长度大于 30m 应两端张拉;不大于 30m 可一端张拉。竖向预应力结构宜采用两端分别张拉,且以下端张拉为主。

(3)安装张拉设备时,应使直线预应力筋张拉力的作用线与孔道中心线重合;曲线预应力筋张拉力的作用线与孔道中心线末端的切线重合。

4. 张拉值的校核

张拉控制应力值除了靠油压表读数来控制,在张拉时还应测定预应力筋的实际伸长值。若实际伸长值与计算伸长值相差 10% 以上时,应检查原因,修正后再重新张拉。预应力筋的计算伸长值可由下式求得:

$$\Delta L = \frac{\sigma_{con}}{E_s} L \tag{10-5}$$

式中　ΔL——预应力筋的伸长值(mm);

　　　σ_{con}——预应力筋张拉控制应力(N/mm^2),如需超张拉,σ_{con} 取实际超张拉的应力值;

　　　E_s——预应力筋的弹性模量(N/mm^2);

　　　L——预应力筋的长度(mm)。

5. 张拉顺序

选择合理的张拉顺序是保证质量的重要一环。当构件或结构有多根预应力筋(束)时,应采用分批张拉,此时按设计规定进行,如设计无规定或受设备限制必须改变时,则应经核算确定。张拉时宜对称进行,避免引起偏心。在进行预应力筋张拉时,可采用一端张拉法,亦可采用两端同时张拉法。当采用一端张拉时,为了克服孔道摩擦力的影响,使预应力筋的应力得以均匀传递,反复张拉 2~3 次,可以达到较好的效果。采用分批张拉时,应考虑后批张拉预应力筋所产生的混凝土弹性压缩对先批预应力筋的影响;即应在先批张拉的预应力筋的张拉应力中增加。

先批张拉的预应 $\frac{E_s}{E_h}\sigma_h$ 力筋的控制应力 σ_{con}^1 应为:

$$\sigma_{con}^1 = \sigma_{con} + \frac{E_s}{E_h}\sigma_h \tag{10-6}$$

式中　σ_{con}^1——先批预应力筋张拉控制应力;

　　　σ_{con}——设计控制应力(即后批预应力筋张拉控制应力);

　　　E_s——预应力筋弹性模量;

　　　E_h——混凝土弹性模量;

　　　σ_h——张拉后批预应力筋时在已张拉预应力筋重心处产生的混凝土法向应力。

张拉平卧重叠浇筑的构件时,宜先上后下逐层进行张拉,为了减少上下层构件之间的摩阻力引起的预应力损失,可采用逐层加大张拉力的方法。但底层张拉力值:对光面钢丝、钢绞线和热处理钢筋,不宜比顶层张拉力大 5%;对于冷拉 HRB335 级、HRB400 级、RRB400 级钢筋,不宜比顶层张拉力大 9%,但也不得大于预应力筋的最大超张拉力的规定。若构件之间隔离层的隔离效果较好(如用塑料薄膜作隔离层或用砖作隔离层)。用砖作隔离层时,大部分砖应在张拉预应力筋时取出,仅有局部的支承点,构件之间基本上架空,也可自上而下采用同一张拉力值。

四、孔道灌浆

有粘结的预应力,其管道内必须灌浆,灌浆需要设置灌浆孔(或泌水孔),从经验得出设置泌水孔道的曲线预应力管道的灌浆效果好。一般一根梁上设三个点为宜,灌浆孔宜设在低处,泌水孔可相对高些,灌浆时可使孔道内的空气或水从泌水孔顺利排出。其位置如图 10-12 所示。

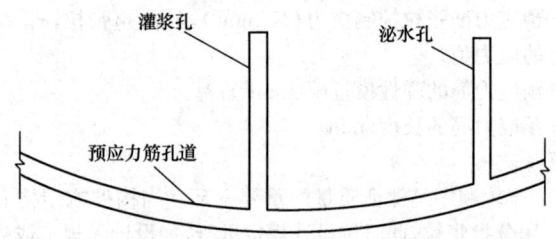

图 10-12 灌浆孔、泌水孔设置示意图

在波纹管安装固定后,用钢锥在波纹管上凿孔,再在其上覆盖海绵垫片与带嘴的塑料弧形压板,用钢丝绑扎牢固,再用塑料管接在嘴上,并将其引出梁面 40~60mm。

预应力筋张拉、锚固完成后,应立即进行孔道灌浆工作,以防锈蚀,增加结构的耐久性。

灌浆用的水泥浆,除应满足强度和粘结力的要求外,应具有较大的流动性和较小的干缩性、泌水性。应采用强度等级不低于 42.5 级普通硅酸盐水泥;水灰比宜为 0.4 左右。对于空隙大的孔道可采用水泥砂浆灌浆,水泥浆及水泥砂浆的强度均不得小于20N/mm²。为增加灌浆密实度和强度,可使用一定比例的膨胀剂和减水剂。减水剂和膨胀剂均应事前检验,不得含有导致预应力钢筋锈蚀的物质。建议拌合后的收缩率应小于 2%,自由膨胀率不大于 5%。灌浆前孔道应湿润、洁净。对于水平孔道,灌浆顺序应先灌下层孔道,后灌上层孔道。对于竖直孔道,应自下而上分段灌注,每段高度视施工条件而定,下段顶部及上段底部应分别设置排气孔和灌浆孔。灌浆压力以 0.5~0.6MPa 为宜。灌浆应缓慢均匀地进行,不得中断,并应排气通畅。不掺外加剂的水泥浆,可采用二次灌浆法,以提高密实度。孔道灌浆前应检查灌浆孔和泌水孔是否通畅。灌浆前孔道应用高压水冲洗、湿润,并用高压风吹去积在低点的水,孔道应畅通、干净。灌浆应先灌下层孔道,对一条孔道必须在一个灌浆口一次把整个孔道灌满。灌浆应缓慢进行,不得中断,并应排气顺畅;在灌满孔道并封闭排气孔(泌水口)后,宜再继续加压至 $0.5\sim0.6MPa$,稍后再封闭灌浆孔。如果遇到孔道堵塞,必须更换灌浆口,此时,必须在第二灌浆口灌入整个孔道的水泥浆量,以致把第一灌浆口灌入的水泥浆排出,使两次灌入水泥浆之间的气体排出,以保证灌浆饱满密实。

  冬期施工灌浆,要求把水泥浆的温度提高到20℃左右。并掺些减水剂,以防止水泥浆中的游离水造成冻害裂缝。

第十一章　防水工程施工技术

第一节　卷材防水屋面工程

一、沥青防水卷材施工

1. 沥青熬制配料

(1)沥青熬制。先将沥青破成碎块，放入沥青锅中逐渐均匀加热，加热过程中随时搅拌，熔化后用笊篱(漏勺)及时捞清杂物，熬至脱水无泡沫时进行测温，建筑石油沥青熬制温度应不高于240℃，使用温度不低于190℃。

(2)冷底子油配制。熬制的沥青装入容器内，冷却至110℃，缓慢注入汽油，随注入随搅拌，使其全部溶解为止，配合比(质量比)为汽油70%、石油沥青30%。

(3)沥青玛琋脂配制。按照《屋面工程技术规范》(GB 50345—2012)的规定执行，沥青玛琋脂配合成分必须由试验室试验确定配料，每班应检查玛琋脂耐热度和柔韧性。

2. 基层处理剂的涂刷

涂刷前，首先检查找平层的质量和干燥程度，并加以清扫，符合要求后才可进行。在大面积涂刷前，应用毛刷对屋面节点、周边、拐角等部位先进行处理。

(1)喷涂冷底子油。喷涂冷底子油的作用主要是使沥青胶粘材料与水泥砂浆或混凝土基层加强粘结。但是，在屋面工程施工中，特别是在多雨地区，找平层往往不易干燥，因此，如果需在潮湿的找平层上喷涂冷底子油时，其喷涂作业应在找平层的水泥砂浆凝结至略具强度能够操作时，随即进行。此时，冷底子油在尚未完全结硬的水泥砂浆找平层表面形成一道沥青封闭层，待冷底子油中的溶剂挥发后，沥青就被吸附在基层表面形成一层稳定的沥青薄膜，能与沥青胶粘材料牢固粘结。

在潮湿的水泥砂浆找平层上，宜喷涂慢挥发性的冷底子油，由于冷底子油所形成的薄膜能减慢找平层内部水分的蒸发，所以对这种找平层不必浇水养护。

在水泥基层上涂刷慢挥发性冷底子油的干燥时间一般为12~48h；快挥发性冷底子油的干燥时间一般为5~10h。当冷底子油干燥后，应立即进行卷材铺贴工作，以防基层浸水。如基层浸水时，必须待基层表面干燥后，才能进行卷材铺贴，以避免卷材防水层产生鼓泡。

冷底子油常用的涂刷方法有三种：

1)浇油法。一人浇冷底子油，一人(或两人)用胶皮刮板涂刮。

2)刷油法。将两个小棕刷钉在木板上(木板 300mm×150mm×15mm),然后装上长柄(长 1.5m),作为刷冷底子油的刷子。使用时一人浇油,一人用刷子刷开。

3)喷油法。用喷油器喷油。

三种方法中以喷油器喷油最好。因为这样使用简便,涂刷均匀,不论平面、立墙、拐角,各部位涂刷冷底子油的要求都能满足。无论采用何种方法施工,冷底子油都必须涂刷均匀,不能过厚或过薄,油的消耗量控制在 $0.1 \sim 0.2 \mathrm{kg/m^2}$。

(2)基层处理剂的涂刷。铺贴高聚物改性沥青卷材和合成高分子卷材采用的基层处理剂的一般施工操作与冷底子油基本相同,一般气候条件下基层处理剂干燥时间为 4h 左右。

3. 铺贴卷材

(1)卷材铺贴前应保持干燥并必须将其表面的撒布物(滑石粉等)清除干净,以免影响卷材与沥青胶粘材料的粘结。清理卷材的撒布物时,应注意不要损伤卷材,不要在屋面上进行清理。在无保温层的装配式屋面上铺贴沥青防水卷材时,应先在屋面板的端缝处空铺一条宽约 300mm 的卷材条,使防水层适应屋面板的变形,然后再铺贴屋面卷材。

(2)为了便于掌握卷材铺贴方向、距离和尺寸,应在找平层上弹线并进行试铺工作。对于天沟、水落口、立墙转角、穿墙(板)管道处,应按设计要求事先进行裁剪工作。

(3)热粘贴卷材连续铺贴可采用浇油法、刷油法、刮油法和撒油法。一般多采用浇油法,即用带嘴油壶将热沥青玛瑞脂左右来回在卷材前浇油,浇油宽度比卷材每边少 $10 \sim 20 \mathrm{mm}$,边浇油边滚铺卷材,并使卷材两边有少量玛瑞脂挤出。铺贴卷材时,应沿基准线滚铺,以避免铺斜、扭曲等现象。

(4)粘贴沥青防水卷材,每层热玛瑞脂的厚度宜为 $1 \sim 1.5 \mathrm{mm}$;冷玛瑞脂的厚度宜为 $0.5 \sim 1 \mathrm{mm}$。面层厚度:热玛瑞脂宜为 $2 \sim 3 \mathrm{mm}$;冷玛瑞脂宜为 $1 \sim 1.5 \mathrm{mm}$。玛瑞脂应涂刮均匀,不得过厚或堆积。

(5)水落口杯应牢固地固定在承重结构上,当采用铸铁制品时,所有零件均应除锈,并涂刷防锈漆。铺至女儿墙或混凝土檐口的卷材端头应裁齐后压入预留的凹槽内,用压条或垫片钉压固定(最大钉距不应大于 900mm),并用密封材料将凹槽封闭严密。在凹槽上部的女儿墙顶部必须加扣金属盖板或铺贴合成高分子卷材,做好防水处理。

天沟、檐沟铺贴卷材应从沟底开始。当沟底过宽,卷材需纵向搭接时,搭接缝应用密封材料封口。铺贴立面或大坡面卷材时,玛瑞脂应满涂,并尽量减少卷材短边搭接。

(6)排汽屋面施工时应使排汽道纵横贯通,不得堵塞。卷材铺贴时,应避免玛瑞脂流入排汽道内。采用条粘、点粘、空铺第一层卷材或打孔卷材时,在檐口、屋脊和屋面的转角处及突出屋面的连接处,卷材应满涂玛瑞脂,其宽度不得小于 800mm。

(7)铺贴卷材时,应随刮涂玛琋脂随铺贴卷材,并展平压实。选择不同胎体和性能的卷材共同使用时,高性能的卷材应放在面层。

4. 应注意的质量问题

(1)屋面积水。有泛水的屋面、檐沟,泛水过小,不平顺,基层应按设计或规定做好泛水,油毡卷材铺贴后,屋面坡度、平整度应符合《屋面工程技术规范》(GB 50345—2012)的要求。

(2)屋面渗漏。屋面防水层铺贴质量有缺陷,防水层铺贴中及铺贴后成品保护不好,损坏防水层,应采取措施加强保护。

(3)防水层空鼓。基层未干燥,铺贴压实不均,窝住空气,应控制基层含水率,操作时注意压实,排出空气。

5. 沥青防水卷材冬期施工要求

沥青防水卷材不宜在负温下施工,如必须在负温下施工时应符合以下几项要求:

(1)将卷材移入温度高于 15℃的室内或暖棚中进行解冻保温,时间应不少于 48h,以保证开卷温度高于 10℃以上。在温室内按所需长度下料,并反卷成卷,保温运到现场,随用随取,以防因低温脆硬折裂。另外,应对玛琋脂的贮运容器进行保温或在施工现场进行二次加温,以确保玛琋脂的使用温度不低于 190℃。

(2)宜在干净、干燥的基层表面上涂刷基层处理剂(俗称冷底子油),干燥 12h 以上,才能进行铺贴卷材防水层的施工。

(3)用水泥砂浆作保护层时,应用掺防冻外加剂的 1:(2.5~3)(体积比)水泥砂浆,水泥强度等级不应低于 42.5 级,砂浆厚度不小于 20mm,表面应抹平压光,并要设置表面分格缝,分格面积宜为 1m² 左右。同时还要留置分格缝,分格缝纵横间距不宜大于 6m。砂浆保护层完工后,白天应覆盖黑色塑料布养护,晚间再加盖草帘子等进行保温养护。用细石混凝土作保护层时,混凝土中应掺防冻外加剂,拌制混凝土的用水、砂、石宜加热,浇筑混凝土温度应在 10℃以上。混凝土强度等级不低于 C15,分格缝的纵横间距不宜大于 6m,其养护方法同砂浆保护层。用块体材料作保护层时,宜用掺防冻外加剂的保温砂浆铺砌块体材料。表面应平整,并留分格缝,分格缝宽度不宜小于 20mm,分格缝的纵横间距不宜大于 10m。用绿豆砂作保护层时同常温。

二、高聚物改性沥青防水卷材施工

1. 冷粘法施工

冷粘法铺贴高聚物改性沥青防水卷材,是指用高聚物改性沥青胶粘剂或冷玛琋脂粘贴于涂有冷底子油的屋面基层上。

高聚物改性沥青防水卷材施工不同于沥青防水卷材多层做法,通常只是单层或双层设防,因此,每幅卷材铺贴必须位置准确,搭接宽度符合要求。其施工应符

合以下要求:

(1)根据防水工程的具体情况,确定卷材的铺贴顺序和铺贴方向,并在基层上弹出基准线,然后沿基准线铺贴卷材。

(2)复杂部位如管根、水落口、烟囱底部等易发生渗漏的部位,可在其中心200mm左右范围先均匀涂刷一遍改性沥青胶粘剂,厚度1mm左右。涂胶后随即粘贴一层聚酯纤维无纺布,并在无纺布上再涂刷一遍厚度为1mm左右的改性沥青胶粘剂,使其干燥后形成一层无接缝的整体防水涂膜增强层。

(3)铺贴卷材时,可按卷材的配置方案,边涂刷胶粘剂,边滚铺卷材,并用压辊滚压排除卷材下面的空气,使其粘结牢固。

改性沥青胶粘剂涂刷应均匀,不漏底、不堆积。空铺法、条粘法、点粘法,应按规定位置与面积涂刷胶粘剂。

(4)搭接缝部位,最好采用热风焊机或火焰加热器(热熔焊接卷材的专用工具)或汽油喷灯加热,接缝卷材表面熔融至光亮黑色时,即可进行粘合,如图11-1和图11-2所示,封闭严密。采用冷粘法时,接缝口应用密封材料封严,宽度不应小于10mm。

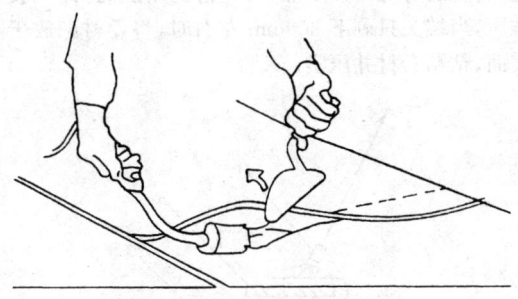

图 11-1 搭接缝熔焊粘结示意图

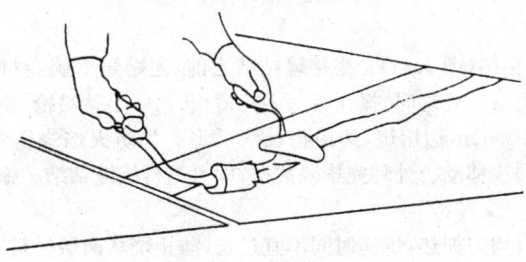

图 11-2 接缝熔焊粘结后再用火焰及抹子
在接缝边缘上均匀地加热抹压一遍

2. 热熔法施工

热熔法铺贴是采用火焰加热器熔化热熔型防水卷材底层的热熔胶进行粘贴。热熔卷材是一种在工厂生产过程中底面就涂有一层软化点较高的改性沥青热熔胶的防水卷材。该施工方法常用于 SBS 改性沥青防水卷材、APP 改性沥青防水卷材等与基层的粘结施工。

(1)清理基层。剔除基层上的隆起异物,彻底清扫、清除基层表面的灰尘。

(2)涂刷基层。基层处理剂可采用溶剂型改性沥青防水涂料、橡胶改性沥青胶粘料或按照产品说明书使用。将基层处理剂均匀地涂刷在基层上,厚薄一致。

(3)节点附加增强处理。待基层处理剂干燥后,按设计节点构造图做好节点(女儿墙、水落管、管根、檐口、阴阳角等细部)的附加增强处理。

(4)定位、画线。在基层上按规范要求,排布卷材,弹出基准线。

(5)热熔铺贴卷材,如图 11-3 所示。按弹好的基准线位置,将卷材沥青膜底面朝下,对正粉线,点燃火焰喷枪(喷灯),对准卷材底面与基层的交接处,使卷材底面的沥青熔化。喷枪头距加热器约 50~100mm,与卷材成 30°~45°角为宜。当烘烤到沥青熔化,卷材底有光泽并发黑,有一薄的熔层时,即用胶皮压辊压密实。这样边烘烤边推压,当端头只剩下 300mm 左右时,将卷材翻放于隔热板上加热,同时加热基层表面,粘贴卷材并压实。

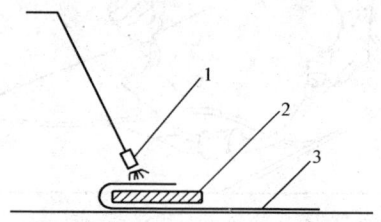

图 11-3 用隔热板加热卷材端头
1—喷枪;2—隔热板;3—卷材

(6)搭接缝粘结(图 11-4)。搭接缝粘结之前,先熔烧下层卷材上表面搭接宽度内的防粘隔离层。处理时,操作者一手持烫板,另一手持喷枪,使喷枪靠近烫板并距卷材 50~100mm,边熔烧,边沿搭接线后退。为防火焰烧伤卷材其他部位,烫板与喷枪应同步移动。处理完毕隔离层,即可进行接缝粘结。施工时应注意以下几点:

1)幅宽内应均匀加热,烘烤时间不宜过长,防止烧坏面层材料。

2)热熔后立即滚铺,滚压排气,使之平展、粘牢、无皱褶。

3)滚压时,以卷材边缘溢出少量的热熔胶为宜,溢出的热熔胶应随即刮封接口。

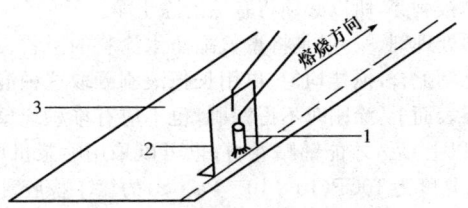

图 11-4 熔烧处理卷材上表面防粘隔离层
1—喷枪;2—烫板;3—已铺下层卷材

4)整个防水层粘贴完毕,所有搭接缝用密封材料予以严密封涂。

(7)蓄水试验。防水层完工后,按卷材热玛琋脂粘结施工的要求做蓄水试验。

(8)保护层施工。蓄水试验合格后,按设计要求进行保护层施工。

3. 高聚物改性沥青防水卷材冬期施工要求

高聚物改性沥青卷材的低温柔性好,一般适宜在 -10℃ 左右的气温环境下,采用热熔法进行施工作业,其防水工程质量也可以达到常温施工的质量要求。

(1)基层处理剂的方法与沥青防水卷材的施工要求相同。

(2)卷材防水层上有重物覆盖或基层变形较大时,应优先采用空铺法、点粘法或条粘法。但距屋面周边 800mm 范围内应满粘,铺粘泛水部位的卷材应满粘,卷材与卷材之间亦应满粘。

(3)保护层施工。可采用溶剂型浅色涂料作保护层,在卷材防水层检验合格并清扫后,采用长把滚刷均匀涂刷与卷材相溶的溶剂型浅色涂料。如高聚物改性沥青防水卷材本身为页岩片或铝箔覆面时,这种防水层不必另做保护层。

(4)其他施工操作要求均同卷材防水屋面中的有关规定执行。

三、合成高分子防水卷材施工

1. 冷粘贴合成高分子卷材施工

冷粘贴施工是合成高分子卷材的主要施工方法。该方法是采用胶粘剂粘贴合成高分子卷材于已涂刷基层处理剂的基层上,施工工艺和改性沥青卷材冷粘法相似。

合成高分子防水卷材大多可用于屋面单层防水,卷材的厚度宜为 1.2~2mm。各种合成高分子卷材的冷粘贴施工除了由于配套胶粘剂引起的差异外,大致相同。

各种合成高分子卷材冷粘贴施工操作工艺要点基本一致,现以三元乙丙橡胶卷材为例加以叙述:

(1)清理基层。剔除基层上的隆起异物,清除基层上的杂物,清扫干净尘土。

因卷材较薄,极易被刺穿,所以必须将基层清除干净。

(2)涂刷基层处理剂。一般是将聚氨酯防水涂料的甲料、乙料和二甲苯按重量1:1.5:3的比例配合,搅拌均匀,再用长把滚刷蘸取这种混合料,均匀涂刷在干净、干燥的基层表面上,涂刷时不得漏刷,也不应有堆积现象,待基层处理剂固化干燥(一般4h以上)后,才能铺贴卷材;也可以采用喷浆机压力喷涂含固量为40%、pH值为4、黏度为10CP(10×10^{-3} Pa·S)的氯丁橡胶乳液处理基层,喷涂时要求厚薄均匀一致,并干燥12h以上,方可铺贴卷材。

(3)细部构造复杂部位处理。对水落口、天沟、檐沟、伸出屋面的管道、阴阳角等部位,在大面积铺贴卷材前,必须用合成高分子防水涂料或常温自硫化型自粘性密封胶带作附加防水层,进行增强处理。

当采用聚氨酯涂膜作附加层时,可将聚氨酯防水涂料的甲料、乙料按1:1.5的比例(质量比)配合,搅拌均匀,再进行均匀刮涂。刮涂的宽度以距中心200mm以上为宜,一般须刮涂2~3遍,涂膜总厚度以1.5~2mm为宜,待涂膜完全固化后方可铺贴卷材。

(4)涂刷基层胶粘剂。先将与卷材相容的专用配套胶粘剂(如氯丁胶粘剂)搅拌均匀,方可进行涂布施工。基层胶粘剂可涂刷在基层或涂刷在基层和卷材底面。涂刷应均匀、不露底、不堆积。采用空铺法、条粘法、点粘法时,应按规定的位置和面积涂刷。

1)在卷材表面涂刷胶粘剂。将卷材展开摊铺在平坦干净的基层上,用长把滚刷蘸取专用胶粘剂,均匀涂刷在卷材表面上,涂刷时不得漏涂,也不得堆积,且不能往返多次涂刷。除铺贴女儿墙、阴角部位的第一张起始卷材须满涂外,其余卷材搭接部位的长边和短边各80mm处不涂刷基层胶粘剂,如图11-5所示,涂胶后静置20~40min,待胶膜基本干燥,指触不粘时,即可进行铺贴施工。

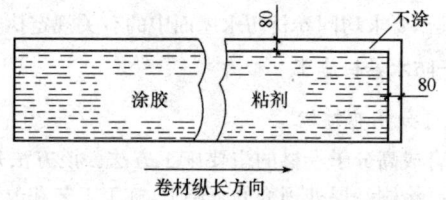

图11-5 卷材涂胶部位

2)在基层表面涂刷胶粘剂。在卷材表面涂刷胶粘剂的同时,用长把滚刷蘸取胶粘剂,均匀涂刷在基层处理剂已干燥和干净的基层表面上,涂胶后静置20~40min,待指触基本不粘时,即可进行卷材铺贴施工。

(5)定位、弹基准线。按卷材排布配置,弹出定位线和基准线。

(6)粘贴防水卷材。防水卷材及基层分别涂刷基层胶粘剂后,需晾干20min

左右,待手触不粘即可进行粘结。操作时,将刷好基层胶粘剂的卷材抬起,翻过来,使刷胶面朝下,将一端贴在定位线部位,然后沿着基准线向前粘贴,如图11-6所示。粘贴时,卷材不得拉伸,要使卷材在松弛不受拉伸的状态下粘贴在基层。随即用胶辊用力向前和向两侧滚压,如图11-7所示,排除空气,使防水卷材与基层粘结牢固。

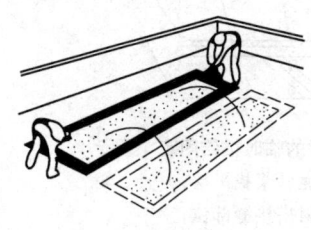
图 11-6 卷材粘贴方法

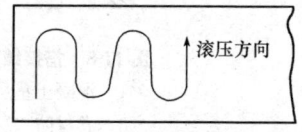
图 11-7 卷材排气滚压方向

(7)卷材搭接粘结处理。由于已粘贴的卷材长、短边均留出80mm空白的卷材搭接边,因此还要用卷材搭接胶粘剂对搭接边作粘结处理。而涂布于卷材的搭接胶粘剂(如丁基橡胶卷材搭接胶粘剂,其粘结剥离强度不应小于15N/10mm,浸水168h后粘结剥离强度保持率不应小于70%),不具有可立即粘结凝固的性能,需静置20~40min待其基本干燥,用手指试压无粘感时方可进行贴压粘结。这样,必须先将搭接卷材的覆盖边做临时固定,即在搭接接头部位每隔1m左右涂刷少许基层胶粘剂,待指触基本不粘时,再将接头部位的卷材翻开,临时粘结固定,如图11-8所示。将卷材接缝用的双组分或单组分的专用胶粘剂(如为双组分胶粘剂应按规定比例配合搅拌均匀),用油漆刷均匀涂刷在翻开的卷材接头的两个粘结面上,涂胶量一般以 $0.5 kg/m^2$ 左右为宜。涂胶20~40min,指触基本不粘时,即可一边粘合一边驱除接缝中的空气,粘合后再用手持压辊滚压一遍。凡遇到三层卷材重叠的接头处,必须嵌填密封膏后再行粘合施工。在接缝的边缘再用密封材料(如单组分氯磺化聚乙烯密封膏或双组分聚氨酯密封膏,用量0.05~$0.1 kg/m^2$)封严,如图11-9所示。

(8)蓄水试验。按卷材热玛琋脂粘结施工的要求做蓄水试验。

(9)保护层施工。屋面经蓄水试验合格,待防水面层干燥后,按设计立即进行保护层施工,以避免防水层受损。

2. 自粘型合成高分子防水卷材施工

自粘型合成高分子防水卷材是在工厂生产过程中,在卷材底面涂敷一层自粘胶,自粘胶表面敷一层隔离纸,铺贴时只要撕下隔离纸,就可以直接粘贴于涂刷了基层处理剂的基层上。解决了因涂刷胶粘剂不均匀而影响卷材铺贴的质量问题,并使卷材铺贴施工工艺简化,提高了施工效率。

(1)清理基层。剔除基层隆起异物,清除基层上的浮浆、杂物,清扫干净尘土。

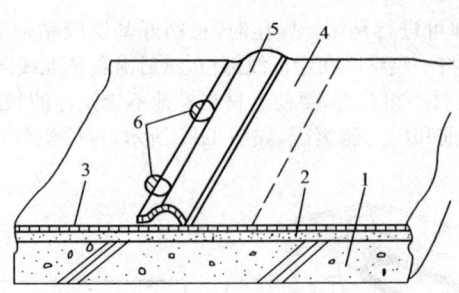

图 11-8 搭接缝部位卷材的临时粘结固定
1—混凝土垫层；2—水泥砂浆找平层；
3—卷材防水层；4—卷材搭接缝部位；
5—接头部位翻开的卷材；6—胶粘剂临时粘结固定点

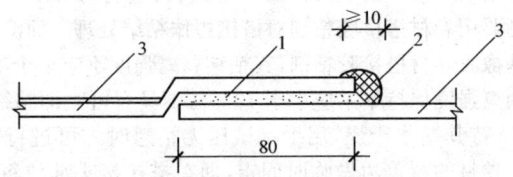

图 11-9 搭接缝密封处理示意图
1—卷材胶粘剂；2—密封材料；3—防水卷材

(2) 涂刷基层处理剂。基层处理剂可用稀释的乳化沥青或其他沥青基的防水涂料。涂刷要薄而均匀，不露底，不凝滞。干燥 6h 后，即可铺贴防水卷材。

(3) 节点附加增强处理。按设计要求，在构造节点部位铺贴附加层。为确保质量，可在做附加层之前，再涂刷一遍增强胶粘剂，然后再做附加层。

(4) 定位、弹基准线。按卷材排铺布置，弹出定位线、基准线。

(5) 铺贴大面自粘型卷材。以三元乙丙橡胶防水卷材为例。施工时一般三人一组配合施工，一人撕纸，一人滚铺卷材，一人随后将卷材压实粘牢，如图 11-10 所示。

铺贴卷材时，应按基准线的位置，缓缓剥开卷材背后的防粘隔离纸，将卷材直接粘于基层上，随撕隔离纸，随将卷材向前滚铺。铺贴时，卷材应保持自然松弛状态，不得拉得过紧或过松，不得出现皱褶，每铺好一段卷材，应立即用胶皮压辊压实粘牢。

(6) 卷材封边。自粘型彩色三元乙丙防水卷材的长、短向一边不带自粘型胶（宽约 50~70mm），施工时需现场刷胶封边，以确保卷材搭接缝处粘结牢固。施

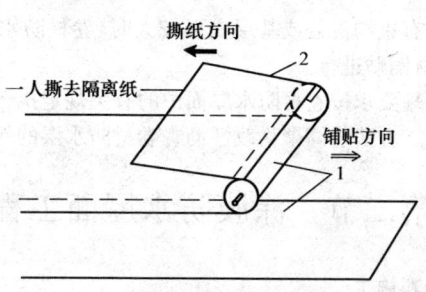

图 11-10 自粘型卷材铺贴
1—卷材；2—隔离纸

工时,将卷材搭接部位翻开,用油漆刷将 CX-404 胶均匀地涂刷在卷材接缝的两个粘结面上,涂胶 20min 后不粘手时,随即进行粘贴。粘贴后用手持压辊仔细滚压密实,使之粘结牢固。

(7)嵌缝大面卷材铺贴完毕,在卷材接缝处,用丙烯酸密封膏嵌缝。嵌缝时应宽窄一致,封闭严密。

(8)蓄水试验。同其他防水卷材施工方法。

3. 热风焊接合成高分子卷材施工

热风焊接法一般适用热塑性合成高分子防水卷材的接缝施工。由于合成高分子卷材粘结性差,采用胶粘剂粘结可靠性差,所以在与基层粘结时采用胶粘剂,而接缝处采用热风焊接,确保防水层搭接缝的可靠。

热风焊接合成高分子卷材施工除搭接缝外,其他要求与合成高分子卷材冷粘法完全一致。接缝的焊接要求如下:

(1)为使接缝焊接牢固和密封,必须将接缝的接合面清扫干净,无灰尘、砂粒、污垢,必要时要用清洁剂清洗。

(2)焊缝拴焊前,搭接缝焊接的卷材必须铺贴平整,不得皱褶。搭接部位按事先弹好的标准线对齐,以保证搭接尺寸的准确。

(3)为了保证焊接缝的质量和便于施焊操作,应先焊长边搭接缝,后焊短边搭接缝。

4. 合成高分子防水卷材冬期施工要求

合成高分子防水卷材可在较低气温条件下进行施工,具体要求如下:

(1)在干净、干燥的基层表面上涂刷与合成高分子卷材相溶的基层处理剂(处理剂配合比为聚氨酯防水涂料的甲料:乙料:二甲苯=1:1.5:3)。待基层处理剂经 4h 以上完全固化干燥后,才能铺贴卷材;也可以采用喷浆机压力喷涂氯丁胶乳处理基层,并须干燥 12h 以上,方可铺贴卷材。

(2)附加防水层、涂刷胶粘剂、铺贴卷材可按卷材防水屋面中的有关规定执行;若卷材防水层上有重物覆盖或基层变形较大时,卷材防水层铺贴可参照高聚物改性沥青防水卷材铺贴进行。

(3)卷材接缝处理要求按卷材防水屋面中的有关规定执行。

(4)保护层的施工方法与高聚物改性沥青卷材防水层的保护层做法相同。

第二节 涂膜防水屋面工程

一、薄质防水涂料施工

薄质防水涂料一般有反应型、水乳型或溶剂型的高聚物改性沥青防水涂料和合成高分子防水涂料。我国目前常用的薄质防水涂料有:再生橡胶沥青防水涂料、氯丁橡胶沥青防水涂料、丁基橡胶改性沥青防水涂料、SBS橡胶沥青防水涂料、聚氨酯防水涂料、焦油聚氨酯防水涂料、硅橡胶防水涂料、丙烯酸酯防水涂料等。

对于不同品种的防水涂料,其性能、涂刷遍数和涂刷时间间隔均有所不同。薄质防水涂料的施工主要用刷涂法和刮涂法,结合层涂料可以用喷涂或滚涂法施工。

1. 操作工艺流程

薄质防水涂料操作工艺流程如图11-11、图11-12所示。

2. 基层处理

基层要求平整、密实、干燥或基本干燥(根据涂料品种要求),不得有酥松、起砂、起皮、裂缝和凹凸不平等现象,如有必须经过处理,同时表面应处理干净,不得有浮灰、杂物和油污等。

结合层涂料,又称基层处理剂。在涂料涂布前,先喷(刷)涂一道较稀的涂料,以增强涂料与基层的粘结。结合层涂料的使用应与涂层涂料配套使用。若使用水乳型防水涂料,可用掺 0.2%~0.5%乳化剂的水溶液或软化水将涂料稀释,其配合比为防水涂料:乳化剂溶液(或软水)=1:(0.5~1.0)。如无软水,可用冷开水代替,切忌使用一般水(天然水或自来水)。若使用溶剂型防水涂料,由于其渗透能力比水乳型防水涂料强,可直接用涂料薄涂一道。若涂料较稠,可用相应的稀释剂稀释后再使用。对于高聚物改性沥青防水涂料,可用煤油:30号石油沥青=60:40的沥青溶液作为结合层涂料。结合层涂料应喷涂或刷涂。刷涂时要用力薄涂,使涂料进入基层表面的毛细孔中,使之与基层牢固结合。

3. 特殊部位附加增强层处理

在大面积涂料涂布前,先按设计要求做好特殊部位附加增强层,即在屋面细部节点(如水落管、檐沟、女儿墙根部、阴阳角、立管周围等)加铺有胎体增强材料的附加层。首先在该部位涂刷一遍涂料,随即铺贴事先裁剪好的胎体增强材料,

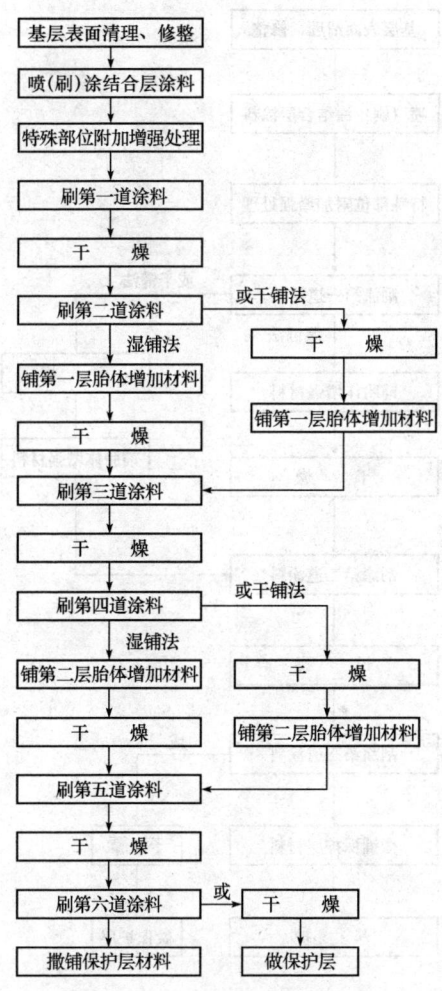

图 11-11 水乳型或溶剂型薄质防水
涂料二布六涂施工工艺

用软刷反复干刷、贴实，干燥后再涂刷一道防水涂料。水落管口处四周与檐沟交接处应先用密封材料密封，再加铺有两层胎体增强材料的附加层，附加层涂膜伸入水落口杯的深度不少于50mm。在板端处应设置缓冲层，缓冲层用宽200～300mm的聚乙烯薄膜空铺在板缝上，然后再增铺有胎体增强材料的空铺附加层。

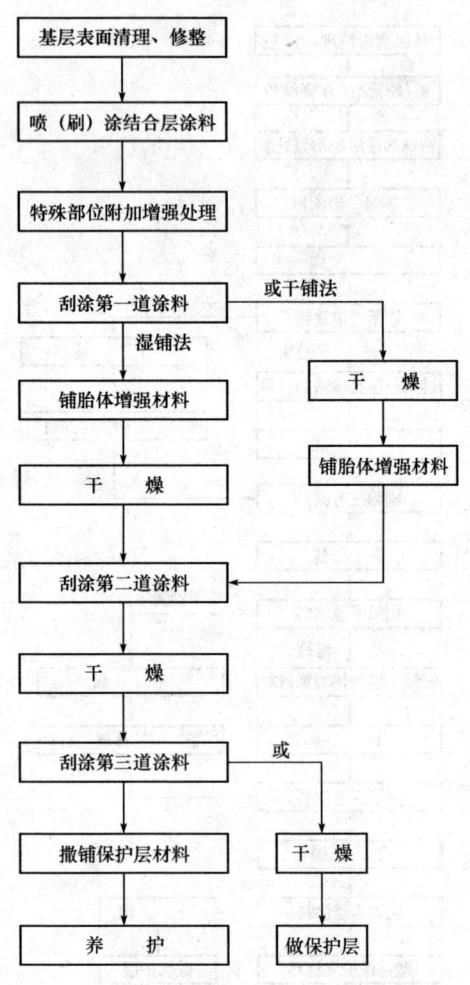

图 11-12 反应型薄质防水涂料一布三涂施工工艺

4. 大面积涂布

涂层涂刷可用棕刷、长柄刷、圆辊刷、塑料或胶皮刮板等人工涂布,也可用机械喷涂。

用刷子涂刷一般采用涂刷法,也可采用边倒涂料边用刷子刷开刷匀的涂刮法。涂布时应先立面后平面,涂布立面应采用涂刷法,使之涂刷均匀一致。涂布平面时宜采用涂刮法,但倒料要注意控制涂料均匀倒洒,不可一处倒得过多,使涂

第十一章 防水工程施工技术

料难以刮开,出现厚薄不均现象。涂刷遍数、间隔时间、用量必须按事先试验确定的数据进行,切不可为了省事、省力而一遍涂刷过厚。同时前一遍涂料干燥后,应将涂层上的灰尘、杂质清除干净和缺陷(如气泡、露底、漏刷、翘边、皱褶等)处理后再进行后一遍涂料的涂刷。

涂料涂布应分条或按顺序进行,分条时每条宽度应与胎体增强材料的宽度相一致,以免操作人员踩坏刚涂好的涂层。各道涂层之间的涂刷方向应互相垂直,以提高防水层的整体性和均匀性。涂层间的接茬,在每遍涂刷时应退茬 50~100mm,接茬时也应超过 50~100mm,避免在接茬处发生渗漏。

5. 铺设胎体增强材料

在涂料第二遍涂刷时或第三遍涂刷前,即可加铺胎体增强材料。胎体增强材料应尽量顺屋脊方向铺贴,以方便施工,提高劳动效率。

胎体增强材料可以选用单一品种,也可选用玻纤布与聚酯毡混合使用。混用时,应在上层采用玻纤布,下层使用聚酯毡。铺布时,切忌拉伸过紧,否则胎体增强材料与防水涂料在干燥成膜时,会有较大的收缩,但也不宜过松,过松时布面会出现皱褶,使网眼中的涂膜极易破碎而失去防水能力。

第一层胎体增强材料应越过屋脊 400mm,第二层应越过 200mm,搭接缝应压平,否则容易进水。胎体增强材料长边搭接不少于 50mm,短边搭接不少于 70mm,搭接缝应顺流水方向或年最大频率风向(即主导风向)。采用两层胎体增强材料时,上下层不得互相垂直,且搭接缝应错开,其错开间距不少于 1/3 幅宽。

胎体增强材料铺设后,应严格检查表面有无缺陷或搭接不良等现象,如有应及时修补完整,使其形成一个完整的防水层,然后才可在上面继续涂刷涂料。面层涂料应至少涂刷两遍以上,以增加涂膜的耐久性。如面层做粒料保护层,则可在涂刷最后一遍涂料时,随即撒铺覆盖粒料。

为了防止收头部位出现翘边现象,所有收头均应用密封材料封边,封边宽度不得小于 10mm。收头处有胎体增强材料时,应将其剪齐,如有凹槽则应将其嵌入槽内,用密封材料嵌严,不得有翘边、皱褶和露白等现象。

二、厚质防水涂料施工

我国目前常用的厚质防水涂料有:水性石棉油膏防水涂料、石灰膏乳化沥青防水涂料、膨润土乳化沥青防水涂料、焦油塑料油膏稀释涂料和聚氯乙烯胶泥等。厚质防水涂料一般采用抹涂法或刮涂法施工,主要以冷施工为主,但塑料油膏和聚氯乙烯胶泥需加热塑化后涂刮。厚质防水涂料的涂膜厚度一般为 4~8mm,有纯涂层,也有铺衬一层或两层胎体增强材料。其施工工艺和对基层的要求与薄质涂料的要求基本相同。

1. 操作工艺流程

厚质防水涂料操作工艺流程(以一布二涂为例),如图 11-13 所示。

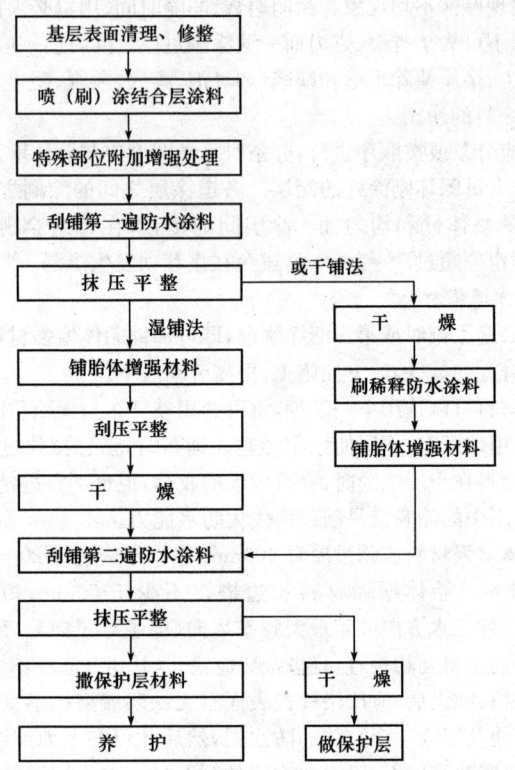

图 11-13 厚质防水涂料的施工流程图

2. 特殊部位附加增强处理

水落口、天沟、檐口、泛水及板端缝等特殊部位,常采用涂料增厚处理,即刮涂 2～3mm 厚的涂料,其宽度视具体情况而定,也可按"一布二涂"构造做好增强处理。

3. 大面积涂布

厚质防水涂料施工时,应将涂料充分搅拌均匀,清除杂质。涂布时,一般先将涂料直接倒在基层上,用胶皮刮板来回刮涂,使它厚薄均匀一致,不露底,表面平整,涂层内不产生气泡。涂层厚度控制可采用预先在刮板上固定铁丝或木条,或在屋面板上作好标志,铁丝或木条高度与每遍涂层涂刮厚度一致。涂层总厚度 4～8mm,分二至三遍刮涂。对流平性差的涂料刮平后,待表面收水尚未结膜时,用铁抹子进行压实抹光,抹压时间应适当,过早起不到抹光作用,过晚会使涂料粘住抹子,出现月牙形抹痕。为此,可采取分条间隔的操作方法,分条宽度一般为

800～1000mm，以便抹压操作，并与胎体增强材料的宽度相一致。

涂层间隔时间以涂层干燥并能上人操作为准，脚踩不粘脚、不下陷(或下陷能回弹)时即可进行上面一道涂层施工，常温下一般干燥时间不少于12h。

每层涂料刮涂前，必须检查下涂层表面是否有气泡、皱褶、凹坑、刮痕等弊病，如有应先修补完整，然后才能进行上涂层的施工。第二遍涂料的刮涂方向应与上一遍相互垂直。

立面部位涂层应在平面涂刮前进行，并视涂料流平性能好坏而确定涂布次数，流平性好的涂料应薄而多次涂刮，否则会产生流坠现象。

4. 铺设胎体增强材料

当屋面坡度小于15%时，胎体增强材料应平行屋脊方向铺设，屋面坡度大于15%，则应垂直屋脊方向铺设，铺设时应从低处向上操作。

胎体增强材料可采用湿铺法或干铺法施工。

湿铺法是在头遍涂层表面刮平后，立即铺贴胎体增强材料。铺贴时应做到平整、不起皱，但也不能拉伸过紧，铺贴后用刮板或抹子轻轻刮压或抹压，使布网孔眼中(或毡面上)充满涂料，待干燥后继续进行第二遍涂料施工。

干铺法是待头遍涂料干燥后，用稀释涂料将胎体增强材料先粘在头遍涂层面上，再将涂料倒在上面进行第二遍刮涂。刮涂时要用力使网眼中充满涂料，然后将表面刮平或抹压平整。

5. 收头处理

收头部位胎体增强材料应裁齐，防水层收头应压入凹槽内，并用密封材料嵌严，待墙面抹灰时用水泥砂浆压封严密。如无预留凹槽时，可待涂膜固化后，用压条将其固定在墙面上，用密封材料封严，再将金属或合成高分子卷材用压条钉压作盖板，盖板与立墙间用密封材料封固。

三、涂膜防水冬期施工要求

1. 溶剂型高聚物改性沥青防水涂膜

溶剂型高聚物改性沥青防水涂料可在最低气温－10℃以内进行施工。该涂料与聚酯纤维无纺布或玻璃纤维网格布等胎体增强材料复合铺粘在屋面上，经干燥固化形成无缝整体的涂膜防水层。宜先用"两布六涂"做法，具体如下：

(1)清理基层，并涂刷基层处理剂。

(2)处理剂表干4h后，可涂刷第一遍涂料。

(3)第一遍涂料实干24h后，再涂刷第二遍涂料，紧接铺贴第一层胎体增强材料。

(4)第一层胎体表干24h后，涂刷第三遍涂料，实干24h，涂刷第四遍涂料，紧接铺贴第二层胎体增强材料。

(5)第二层胎体表干4h后，涂刷第五遍涂料，实干24h后，涂刷第六遍涂。料涂膜总厚度不应小于3mm。

(6)保护层施工。在采用细砂、云母或蛭石等撒布料作保护层时,可在涂刷最后一遍涂料过程中,边涂刷涂料边撒布已筛除粉料的撒布材料。当涂料干燥后,应将未粘牢的多余的撒布料清除干净。

在采用其他保护层时,其做法与卷材防水的保护层相同。

2. 反应型聚氨酯防水涂膜

(1)清扫基层。

(2)涂布基层处理剂(将聚氨酯甲料、乙料和二甲苯按1:1.5:2的质量比例配合)。涂布后应固化干燥4h以上,方可进行下道工序施工。

(3)涂膜防水层的施工[将聚氨酯甲料、乙料和二甲苯按1:1.5:(0.1~0.2)配合比]。平面涂布3~4遍,立面涂布4~5遍。涂膜防水层的总厚度不应小于2mm。阴角应做胎体附加层。

(4)保护层与溶剂型高聚物改性沥青防水涂膜保护层的施工方法相同。

第三节 刚性防水屋面工程

一、结构层施工

(1)现浇整体钢筋混凝土屋面基层表面平整、坚实,局部不平处用1:2.5水泥砂浆或聚合物水泥浆填平抹实。

(2)刚性防水层的排水坡度一般应为2%~3%,宜采用结构找平。如采用建筑找平,找坡材料应用水泥砂浆或轻质砂浆,以减轻屋面荷载。

(3)装配式屋面板安装就位后,先将板缝内残渣剔除,再用高压水冲洗干净。对较宽的板缝,灌缝时宜用板条托底,如图11-14所示。灌缝材料可用细石混凝土,也可用细石混凝土与其他防水材料组成第一道防水线,不得用草纸、纸袋、木块、碎砖、垃圾等物填塞。

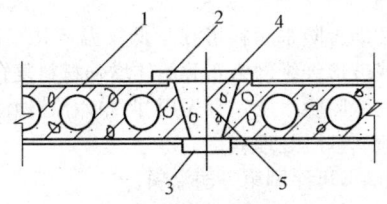

图11-14 预制板缝托底板条
1—预制板;2—木方;3—托底板条;4—铁丝;5—灌缝混凝土

二、刚性防水层施工

(1)细石混凝土刚性防水层施工工艺流程,如图11-15所示。

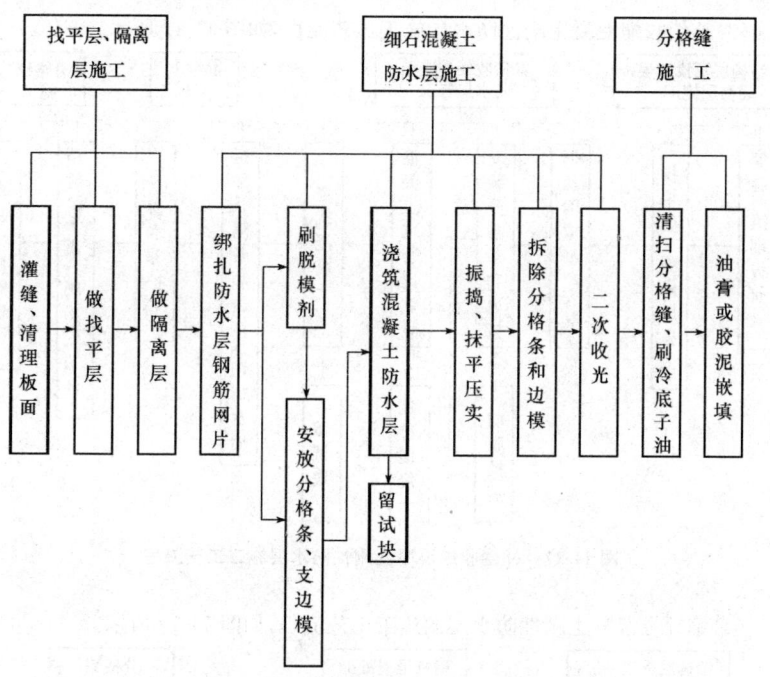

图 11-15　细石混凝土刚性防水层施工工艺流程

(2)现浇混凝土防水层施工工艺流程,如图 11-16 所示。

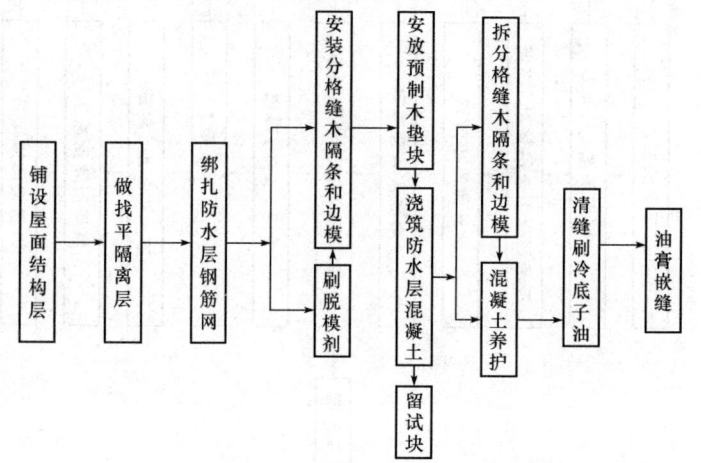

图 11-16　现浇混凝土防水层施工工艺流程

(3) 补偿收缩混凝土刚性防水层施工工艺流程,如图 11-17 所示。

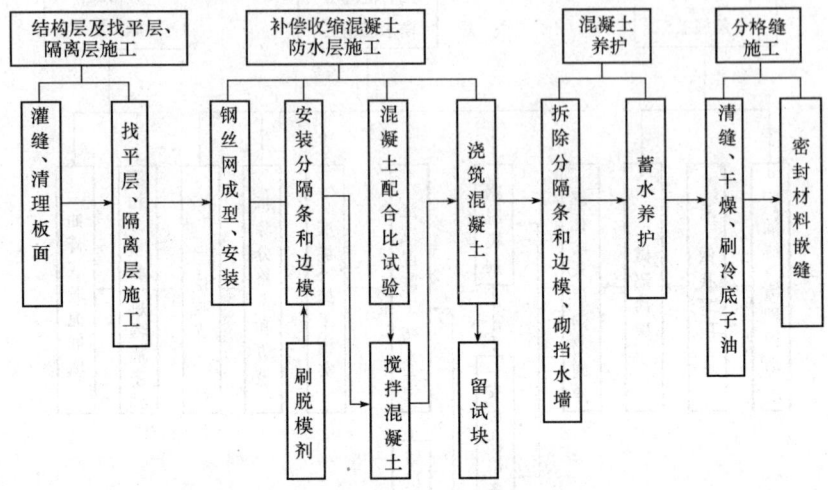

图 11-17　补偿收缩混凝土刚性防水层施工工艺流程

(4) 钢纤维混凝土刚性防水层的施工工艺流程,如图 11-18 所示。

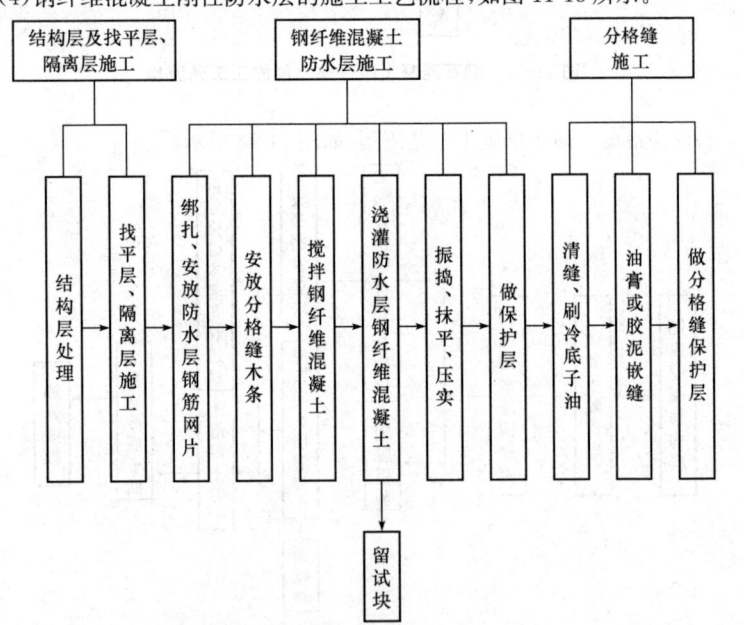

图 11-18　钢纤维混凝土刚性防水层施工工艺流程

(5)普通水泥砂浆防水层的施工工艺流程,如图11-19所示。

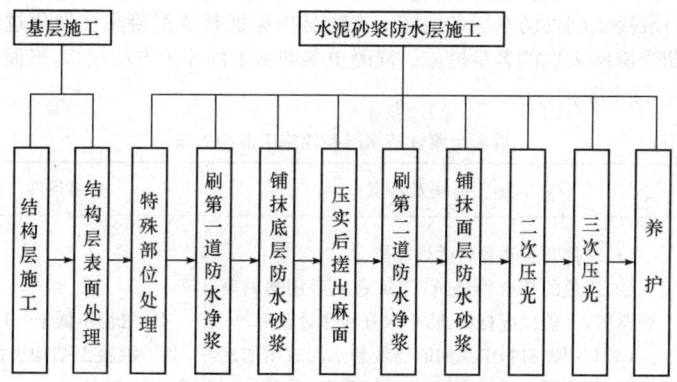

图 11-19　普通水泥砂浆防水层施工工艺流程

(6)块体刚性防水层的施工工艺流程,如图11-20所示。

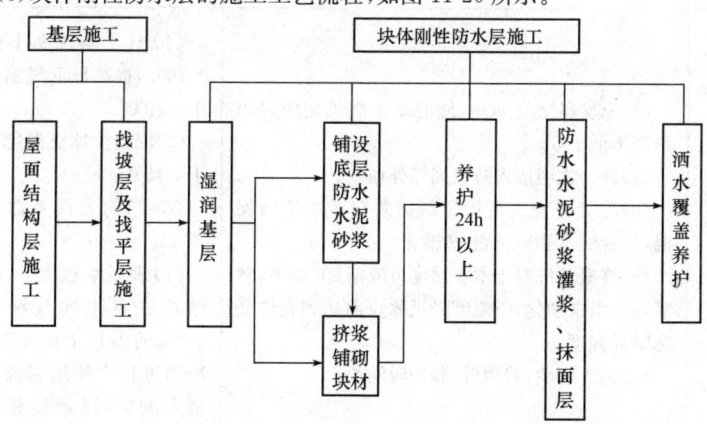

图 11-20　块体刚性防水层的施工工艺流程

(7)粉状憎水材料防水层施工工艺流程,如图11-21所示。

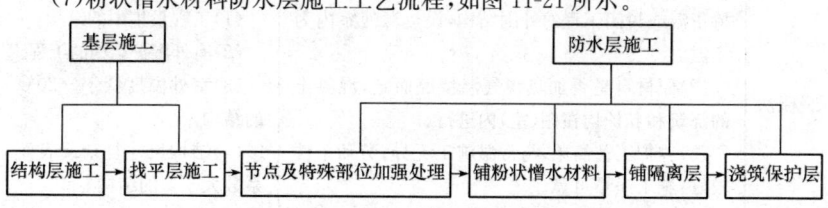

图 11-21　粉状憎水材料防水层施工工艺流程

三、冬期施工要求

细石混凝土刚性防水层冬期施工方法是指保证新浇混凝土在硬化过程中不发生早期受冻所采取的各种措施。混凝土冬期施工的养护方法很多,屋面防水层施工见表 11-1 养护方法。

表 11-1　　　　　混凝土刚性防水层冬期施工养护方法

类型	施工方法及特点	适用条件
蓄热法	(1)对拌合水和骨料适当加热。 (2)用热的拌合物浇筑,浇筑完成后用塑料薄膜覆盖,上盖保温材料,防止水分和热量散失。 (3)利用原材料中预加的热量和水泥放出的水化热,使混凝土缓慢冷却,于温度降至 0℃前达到允许受冻临界强度。 (4)施工简单,费用低廉,但养护时间较长	(1)气温不低于 -15℃ (2)混凝土结构表面系数不大于 15
掺外加剂法	(1)原材料适当加热,使混凝土浇筑完毕时的温度不低于 5℃。 (2)拌合物中掺入防冻剂等外加剂。 (3)混凝土浇筑后用塑料薄膜覆盖或适当保温,避免脱水和防止霜、雪袭击。 (4)终凝前混凝土本身温度可降至 0℃以下,然后在负温中硬化,于温度降至冰点前达到允许受冻临界强度。 (5)施工简单,费用低,养护时间长	(1)日平均气温不低于 -10℃,极端最低气温不低于 -20℃。 (2)混凝土冰点温度不低于 -15℃。 (3)结构表面系数不大于 15。 (4)表面系数大于 18 的结构在日平均气温低于 -8℃ 的条件下施工时,在冷却过程中须用保温材料适当围护,以延长其冷却时间
暖棚法	(1)建筑物上面搭设暖棚,人工加热使棚内保持正温或封闭工程的外围结构,设热源使室内为正温。 (2)原材料是否加热视气温情况而定,混凝土的浇筑和养护均在棚(室)内进行。 (3)养护工艺简单,与常温施工无异;劳动条件较好;施工质量可靠。 (4)施工费用高,混凝土强度增长较慢	(1)工程量集中的结构。 (2)有外围护结构的工程。 (3)室外温度低于 -20℃ 的结构。 (4)结构尺寸复杂或表面系数大于 8 的结构

续表

类型	施工方法及特点	适用条件
综合法	原材料加热;掺适量防冻剂;用高效保温材料覆盖	自浇筑之日起 6d 内日平均气温不低于 -10℃ 或极端最低气温不低于 -16℃ 的条件下施工

注:1. 构件表面系数 $=\dfrac{构件表面积(m^2)}{构件体积(m^3)}$。

2. 允许受冻临界强度:新灌混凝土达到某一初期强度后遭受冻结时,当恢复正温养护后,混凝土强度可达设计强度标准值的 95% 以上,这一冻结前的初期强度值称为混凝土的允许受冻临界强度。

第四节 地下防水工程

一、混凝土结构主体防水

(一)防水混凝土

1. 一般规定

(1)防水混凝土可通过调整配合比,或掺外加剂、掺合料等措施配制而成,其抗渗等级不得小于 P6。

(2)防水混凝土的施工配合比应通过试验确定,试配混凝土的抗渗等级应比设计要求提高 0.2MPa。

(3)防水混凝土应满足抗渗等级要求,并应根据地下工程所处的环境和工作条件,满足抗压、抗冻和抗侵蚀性等耐久性要求。

2. 设计要求

(1)防水混凝土的设计抗渗等级应符合表 11-2 的规定。

表 11-2　　　　防水混凝土设计抗渗等级

工程埋置深度 H/m	设计抗渗等级
$H<10$	P6
$10 \leqslant H<20$	P8
$20 \leqslant H<30$	P10
$H \geqslant 30$	P12

注:1. 本表适用于Ⅰ、Ⅱ、Ⅲ类围岩(土层及软弱围岩)。

2. 山岭隧道防水混凝土的抗渗等级可按国家现行有关标准执行。

(2)防水混凝土的环境温度不得高于80℃;处于侵蚀性介质中防水混凝土的耐侵蚀要求应根据介质的性质按有关标准执行。

(3)防水混凝土结构底板的混凝土垫层,强度等级不应小于C15,厚度不应小于100mm,在软弱土层中不应小于150mm。

(4)防水混凝土结构应符合下列规定:

1)结构厚度不应小于250mm。

2)裂缝宽度不得大于0.2mm,并不得贯通。

3)钢筋保护层厚度应根据结构的耐久性和工程环境选用,迎水面钢筋保护层厚度不应小于50mm。

3. 施工要求

(1)防水混凝土施工前应做好降排水工作,不得在有积水的环境中浇筑混凝土。

(2)防水混凝土的配合比应符合下列规定:

1)胶凝材料用量应根据混凝土的抗渗等级和强度等级等选用,其总用量不宜小于$320kg/m^3$;当强度要求较高或地下水有腐蚀性时,胶凝材料用量可通过试验调整。

2)在满足混凝土抗渗等级、强度等级和耐久性条件下,水泥用量不宜小于$260kg/m^3$。

3)砂率宜为35%~40%,泵送时可增至45%。

4)灰砂比宜为1:1.5~1:2.5。

5)水胶比不得大于0.50,有侵蚀性介质时水胶比不宜大于0.45。

6)防水混凝土采用预拌混凝土时,入泵坍落度宜控制在120~160mm,坍落度每小时损失值不应大于20mm,坍落度总损失值不应大于40mm。

7)掺加引气剂或引气型减水剂时,混凝土含气量应控制在3%~5%。

8)预拌混凝土的初凝时间宜为6~8h。

(3)防水混凝土配料应按配合比准确称量,其计量允许偏差应符合表11-3的规定。

表11-3　　　　　　　防水混凝土配料计量允许偏差

混凝土组成材料	每盘计量/(%)	累计计量/(%)
水泥、掺合料	±2	±1
粗、细集料	±3	±2
水、外加剂	±2	±1

注:累计计量仅适用于微机控制计量的搅拌站。

第十一章 防水工程施工技术

(4)使用减水剂时,减水剂宜配制成一定浓度的溶液。

(5)防水混凝土应分层连续浇筑,分层厚度不得大于500mm。

(6)用于防水混凝土的模板应拼缝严密、支撑牢固。

(7)防水混凝土拌合物应采用机械搅拌,搅拌时间不宜小于2min。掺外加剂时,搅拌时间应根据外加剂的技术要求确定。

(8)防水混凝土拌合物在运输后如出现离析,必须进行二次搅拌。当坍落度损失后不能满足施工要求时,应加入原水胶比的水泥浆或掺加同品种的减水剂进行搅拌,严禁直接加水。

(9)防水混凝土应采用机械振捣,避免漏振、欠振和超振。

(10)防水混凝土应连续浇筑,宜少留施工缝。当留设施工缝时,应符合下列规定:

1)墙体水平施工缝不应留在剪力最大处或底板与侧墙的交接处,应留在高出底板表面不小于300mm的墙体上。拱(板)墙结合的水平施工缝宜留在拱(板)墙接缝线以下150~300mm处。墙体有预留孔洞时,施工缝距孔洞边缘不应小于30mm。

2)垂直施工缝应避开地下水和裂隙水较多的地段,并宜与变形缝相结合。

(11)施工缝防水构造形式宜按图11-22~图11-25选用,当采用两种以上构造措施时可进行有效组合。

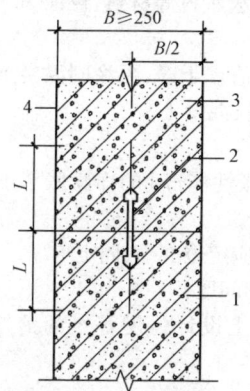

图 11-22 施工缝防水构造(一)
钢板止水带 $L \geqslant 150$;橡胶止水带
$L \geqslant 200$;钢边橡胶止水带 $L \geqslant 120$;
1—先浇混凝土;2—中埋止水带;
3—后浇混凝土;4—结构迎水面

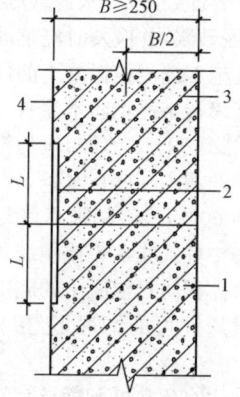

图 11-23 施工缝防水构造(二)
外贴止水带 $L \geqslant 150$;外涂防水涂料
$L = 200$;外抹防水砂浆 $L = 200$;
1—先浇混凝土;2—外贴止水带;
3—后浇混凝土;4—结构迎水面

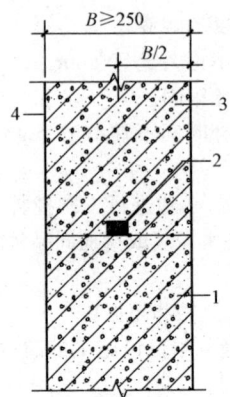
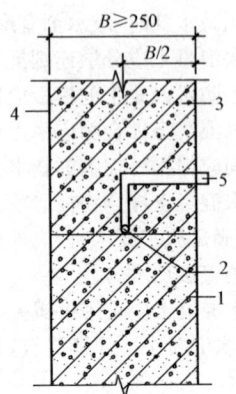

图 11-24 施工缝防水构造(三)
1—先浇混凝土；
2—遇水膨胀止水条(胶)；
3—后浇混凝土；4—结构迎水面

图 11-25 施工缝防水构造(四)
1—先浇混凝土；
2—预埋注浆管；3—后浇混凝土；
4—结构迎水面；5—注浆导管

(12)施工缝的施工应符合下列规定：
1)水平施工缝浇筑混凝土前，应将其表面浮浆和杂物清除，然后铺设净浆或涂刷混凝土界面处理剂、水泥基渗透结晶型防水涂料等材料，再铺 30～50mm 厚的 1:1 水泥砂浆，并应及时浇筑混凝土。
2)垂直施工缝浇筑混凝土前，应将其表面清理干净，再涂刷混凝土界面处理剂或水泥基渗透结晶型防水涂料，并应及时浇筑混凝土。
3)遇水膨胀止水条(胶)应与接缝表面密贴。
4)选用的遇水膨胀止水条(胶)应具有缓胀性能,7d 的净膨胀率不宜大于最终膨胀率的 60%，最终膨胀率宜大于 220%。
5)采用中埋式止水带或预埋式注浆管时，应定位准确、固定牢靠。
(13)大体积防水混凝土的施工应注意下列问题：
1)在设计许可的情况下，掺粉煤灰混凝土设计强度等级的龄期宜为 60d 或 90d。
2)宜选用水化热低和凝结时间长的水泥。
3)宜掺入减水剂、缓凝剂等外加剂和粉煤灰、磨细矿渣粉等掺合料。
4)炎热季节施工时，应采取降低原材料温度、减少混凝土运输时吸收外界热量等降温措施，入模温度不应大于 30℃。
5)混凝土内部预埋管道宜进行水冷散热。
6)应采取保温保湿养护。混凝土中心温度与表面温度的差值不应大于 25℃，表面温度与大气温度的差值不应大于 20℃，温降梯度不得大于 3℃/d，养护

第十一章 防水工程施工技术

时间不应少于14d。

(14)防水混凝土结构内部设置的各种钢筋或绑扎铁丝,不得接触模板。用于固定模板的螺栓必须穿过混凝土结构时,可采用工具式螺栓或螺栓加堵头,螺栓上应加焊方形止水环。拆模后应将留下的凹槽用密封材料封堵密实,并应用聚合物水泥砂浆抹平(图11-26)。

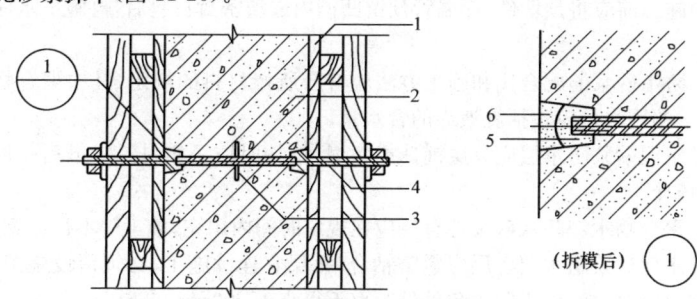

图11-26 固定模板用螺栓的防水构造
1—模板;2—结构混凝土;3—止水环;
4—工具式螺栓;5—密封材料;6—聚合物水泥砂浆

(15)防水混凝土终凝后应立即进行养护,养护时间不得少于14d。

(16)防水混凝土的冬期施工应符合下列规定:

1)混凝土入模温度不应低于5℃。

2)混凝土养护应采用综合蓄热法、蓄热法、暖棚法、掺化学外加剂等方法,不得采用电热法或蒸汽直接加热法。

3)应采取保湿保温措施。

(二)水泥砂浆防水层

1. 一般规定

(1)防水砂浆应包括聚合物水泥防水砂浆、掺外加剂或掺加料的防水砂浆,宜采用多层抹压法施工。

(2)水泥砂浆防水层可用于地下工程主体结构的迎水面或背水面,不应用于受持续振动或温度高于80℃的地下工程防水。

(3)水泥砂浆防水层应在基础垫层、初期支护、围护结构及内衬结构验收合格后施工。

2. 设计要求

(1)水泥砂浆的品种和配合比设计应根据防水工程要求确定。

(2)聚合物水泥防水砂浆厚度单层施工宜为6~8mm,双层施工宜为10~12mm;掺外加剂或掺加料的水泥防水砂浆厚度宜为18~20mm。

(3)水泥砂浆防水层的基层混凝土强度或砌体用的砂浆强度均不应低于设计

值的80%。

3. 施工要求

(1)基层表面应平整、坚实、清洁,并应充分湿润、无明水。

(2)基层表面的孔洞、缝隙,应采用与防水层相同的防水砂浆堵塞并抹平。

(3)施工前应将预埋件、穿墙管预留凹槽内嵌填密封材料后,再施工水泥砂浆防水层。

(4)防水砂浆的配合比和施工方法应符合所掺材料的规定,其中聚合物水泥防水砂浆的用水量应包括乳液中的含水量。

(5)水泥砂浆防水层应分层铺抹或喷射,铺抹时应压实、抹平,最后一层表面应提浆压光。

(6)聚合物水泥防水砂浆拌合后应在规定时间内用完,施工中不得任意加水。

(7)水泥砂浆防水层各层应紧密粘合,每层宜连续施工;必须留设施工缝时,应采用阶梯坡形槎,但离阴阳角处的距离不得小于200mm。

(8)水泥砂浆防水层不得在雨天、五级及以上大风中施工。冬期施工时,气温不应低于5℃。夏季不宜在30℃以上或烈日照射下施工。

(9)水泥砂浆防水层终凝后,应及时进行养护,养护温度不宜低于5℃,并应保持砂浆表面湿润,养护时间不得少于14d。

聚合物水泥防水砂浆未达到硬化状态时,不得浇水养护或直接受雨水冲刷,硬化后应采用干湿交替的养护方法。潮湿环境中,可在自然条件下养护。

(三)卷材防水层

1. 一般规定

(1)卷材防水层宜用于经常处在地下水环境,且受侵蚀性介质作用或受震动作用的地下工程。

(2)卷材防水层应铺设在混凝土结构的迎水面。

(3)卷材防水层用于建筑物地下室时,应铺设在结构底板垫层至墙体防水设防高度的结构基面上;用于单建式的地下工程时,应从结构底板垫层铺设至顶板基面,并应在外围形成封闭的防水层。

2. 设计要求

(1)防水卷材的品种规格和层数,应根据地下工程防水等级、地下水位高低及水压力作用状况、结构构造形式和施工工艺等因素确定。

(2)卷材防水层的卷材品种可按表11-4选用,并应符合下列规定:

1)卷材外观质量、品种规格应符合国家现行有关标准的规定。

2)卷材及其胶粘剂应具有良好的耐水性、耐久性、耐刺穿性、耐腐蚀性和耐菌性。

第十一章 防水工程施工技术

表 11-4　　　　　卷材防水层的卷材品种

类　　别	品种名称
高聚物改性沥青类防水卷材	弹性体改性沥青防水卷材
	改性沥青聚乙烯胎防水卷材
	自粘聚合物改性沥青防水卷材
合成高分子类防水卷材	三元乙丙橡胶防水卷材
	聚氯乙烯防水卷材
	聚乙烯丙纶复合防水卷材
	高分子自粘胶膜防水卷材

(3) 卷材防水层的厚度应符合表 11-5 的规定。

表 11-5　　　　　卷材防水层的厚度

卷材品种	高聚物改性沥青类防水卷材				合成高分子类防水卷材			
	弹性体改性沥青防水卷材、改性沥青聚乙烯胎防水卷材	自粘聚合物改性沥青防水卷材		三元乙丙橡胶防水卷材	聚氯乙烯防水卷材	聚乙烯丙纶复合防水卷材	高分子自粘胶膜防水卷材
		聚酯毡胎体	无胎体				
单层厚度/mm	≥4	≥3	≥1.5	≥1.5	≥1.5	卷材:≥0.9 粘结料:≥1.3 芯材厚度≥0.6	≥1.2
双层总厚度/mm	≥(4+3)	≥(3+3)	≥(1.5+1.5)	≥(1.2+1.2)	≥(1.2+1.2)	卷材:≥(0.7+0.7) 粘结料:≥(1.3+1.3) 芯材厚度≥0.5	—

注:1. 带有聚酯毡胎体的自粘聚合物改性沥青防水卷材应执行国家现行标准《自粘聚合物改性沥青防水卷材》(GB 23441—2009)。

2. 无胎体的自粘聚合物改性沥青防水卷材应执行国家现行标准《自粘聚合物改性沥青防水卷材》(GB 23441—2009)。

(4) 阴阳角处应做成圆弧或 45°坡角,其尺寸应根据卷材品种确定。在阴阳角等特殊部位,应增做卷材加强层,加强层宽度宜为 300~500mm。

3. 施工要求

(1) 卷材防水层的基面应坚实、平整、清洁,阴阳角处应做成圆弧或折角,并应符合所用卷材的施工要求。

(2) 铺贴卷材严禁在雨天、雪天、五级及以上大风中施工;冷粘法、自粘法施工的环境气温不宜低于 5℃,热熔法、焊接法施工的环境气温不宜低于 -10℃。施工过程中下雨或下雪时,应做好已铺卷材的防护工作。

(3)不同品种防水卷材的搭接宽度应符合表 11-6 的要求。

表 11-6　　　　　　　　防水卷材搭接宽度

卷材品种	搭接宽度/mm
弹性体改性沥青防水卷材	100
改性沥青聚乙烯胎防水卷材	100
自粘聚合物改性沥青防水卷材	80
三元乙丙橡胶防水卷材	100/60(胶粘剂/胶粘带)
聚氯乙烯防水卷材	60/80(单焊缝/双焊缝)
聚氯乙烯防水卷材	100(胶粘剂)
聚乙烯丙纶复合防水卷材	100(粘结料)
高分子自粘胶膜防水卷材	70/80(自粘胶/胶粘带)

(4)防水卷材施工前,基面应干净、干燥,并应涂刷基层处理剂;当基面潮湿时,应涂刷湿固化型胶粘剂或潮湿界面隔离剂。基层处理剂的配制与施工应符合下列要求:

1)基层处理剂应与卷材及其粘结材料的材性相容。

2)基层处理剂喷涂或刷涂应均匀一致,不应露底,表面干燥后方可铺贴卷材。

(5)铺贴各类防水卷材应符合下列规定:

1)应铺设卷材加强层。

2)结构底板垫层混凝土部位的卷材可采用空铺法或点粘法施工,其粘结位置、点粘面积应按设计要求确定;侧墙的卷材采用外防外贴法施工,顶板部位的卷材应采用满粘法施工。

3)卷材与基面、卷材与卷材间的粘结应紧密、牢固;铺贴完成的卷材应平整顺直,搭接尺寸应准确,不得产生扭曲和皱褶。

4)卷材搭接处和接头部位应粘贴牢固,接缝口应封严或采用材性相容的密封材料封缝。

5)铺贴立面卷材防水层时,应采取防止卷材下滑的措施。

6)铺贴双层卷材时,上下两层和相邻两幅卷材的接缝应错开 1/3~1/2 幅宽,且两层卷材不得相互垂直铺贴。

(6)弹性体改性沥青防水卷材和改性沥青聚乙烯胎防水卷材采用热熔法施工应加热均匀,不得加热不足或烧穿卷材,搭接缝部位应溢出热熔的改性沥青。

(7)铺贴自粘聚合物改性沥青防水卷材应符合下列规定:

第十一章　防水工程施工技术

1) 基层表面应平整、干净、干燥、无尖锐突起物或孔隙。

2) 排除卷材下面的空气,应辊压粘贴牢固,卷材表面不得有扭曲、皱褶和起泡现象。

3) 立面卷材铺贴完成后,应将卷材端头固定或嵌入墙体顶部的凹槽内,并应用密封材料封严。

4) 低温施工时,宜对卷材和基面适当加热,然后铺贴卷材。

(8) 铺贴三元乙丙橡胶防水卷材应采用冷粘法施工,并应符合下列规定:

1) 基底胶粘剂应涂刷均匀,不应露底、堆积。

2) 胶粘剂涂刷与卷材铺贴的间隔时间应根据胶粘剂的性能控制。

3) 铺贴卷材时,应辊压粘贴牢固。

4) 搭接部位的粘合面应清理干净,并应采用接缝专用胶粘剂或胶粘带粘结。

(9) 铺贴聚氯乙烯防水卷材,接缝采用焊接法施工时,应符合下列规定:

1) 卷材的搭接缝可采用单焊缝或双焊缝。单焊缝搭接宽度应为 60mm,有效焊接宽度不应小于 300mm;双焊缝搭接宽度应为 80mm,中间应留设 10~20mm 的空腔,有效焊接宽度不宜小于 10mm。

2) 焊接缝的结合面应清理干净,焊接应严密。

3) 应先焊长边搭接缝,后焊短边搭接缝。

(10) 铺贴聚乙烯丙纶复合防水卷材应注意下列事项:

1) 应采用配套的聚合物水泥防水粘结材料。

2) 卷材与基层粘贴应采用满粘法,粘结面积不应小于 90%,刮涂粘结料应均匀,不应露底、堆积。

3) 固化后的粘结料厚度不应小于 1.3mm。

4) 施工完的防水层应及时做保护层。

(11) 高分子自粘胶膜防水卷材宜采用预铺反粘法施工,并应符合下列规定:

1) 卷材宜单层铺设。

2) 在潮湿基面铺设时,基面应平整坚固、无明显积水。

3) 卷材长边应采用自粘边搭接,短边应采用胶粘带搭接,卷材端部搭接区应相互错开。

4) 立面施工时,在自粘边位置距离卷材边缘 10~20mm 内,应每隔 400~600mm 进行机械固定,并应保证固定位置被卷材完全覆盖。

5) 浇筑结构混凝土时不得损伤防水层。

(12) 采用外防外贴法铺贴卷材防水层时,应符合下列规定:

1) 应先铺平面,后铺立面,交接处应交叉搭接。

2) 临时性保护墙宜采用石灰砂浆砌筑,内表面宜做找平层。

3) 从底面折向立面的卷材与永久性保护墙的接触部位,应采用空铺法施工;卷材与临时性保护墙或围护结构模板的接触部位,应将卷材临时贴附在该墙上或模板上,并应将顶端临时固定。

4)当不设保护墙时,从底面折向立面的卷材接槎部位应采取可靠的保护措施。

5)混凝土结构完成,铺贴立面卷材时,应先将接槎部位的各层卷材揭开,并应将其表面清理干净,如卷材有局部损伤,应及时进行修补;卷材接槎的搭接长度,高聚物改性沥青类卷材应为 150mm,合成高分子类卷材应为 100mm;当使用两层卷材时,卷材应错槎接缝,上层卷材应盖过下层卷材。

(13)采用外防内贴法铺贴卷材防水层时,应符合下列规定:

1)混凝土结构的保护墙内表面应抹厚度为 20mm 的 1:3 水泥砂浆找平层,然后铺贴卷材。

2)卷材宜先铺立面,后铺平面;铺贴立面时,应先铺转角,后铺大面。

(14)卷材防水层经检查合格后,应及时做保护层,保护层应符合下列规定:

1)顶板卷材防水层上的细石混凝土保护层应符合下列规定:

①采用机械碾压回填土时,保护层厚度不宜小于 70mm。

②采用人工回填土时,保护层厚度不宜小于 50mm。

③防水层与保护层之间宜设置隔离层。

2)底板卷材防水层上的细石混凝土保护层厚度不应小于 50mm。

3)侧墙卷材防水层宜采用软质保护材料或铺抹 20mm 厚 1:2.5 水泥砂浆层。

(四)涂料防水层

1. 一般规定

(1)涂料防水层应包括无机防水涂料和有机防水涂料。无机防水涂料可选用掺外加剂、掺合料的水泥基防水涂料、水泥基渗透结晶型防水涂料。有机防水涂料可选用反应型、水乳型、聚合物水泥等涂料。

(2)无机防水涂料宜用于结构主体的背水面,有机防水涂料宜用于地下工程主体结构的迎水面,用于背水面的有机防水涂料应具有较高的抗渗性,且与基层有较好的粘结性。

2. 设计要求

(1)防水涂料品种的选择应符合下列规定:

1)潮湿基层宜选用与潮湿基面粘结力大的无机防水涂料或有机防水涂料,也可采用先涂无机防水涂料而后再涂有机防水涂料构成复合防水涂层。

2)冬期施工宜选用反应型涂料。

3)埋置深度较深的重要工程、有振动或有较大变形的工程,宜选用高弹性防水涂料。

4)有腐蚀性的地下环境宜选用耐腐蚀性较好的有机防水涂料,并应做刚性保护层。

5)聚合物水泥防水涂料应选用Ⅱ型产品。

(2)采用有机防水涂料时,基层阴阳角应做成圆弧形,阴角直径宜大于50mm,阳角直径宜大于10mm,在底板转角部位应增加胎体增强材料,并应增涂防水涂料。

(3)掺外加剂、掺合料的水泥基防水涂料厚度不得小于3.0mm;水泥基渗透结晶型防水涂料的用量不应小于$1.5kg/m^3$,且厚度不应小于1.0mm;有机防水涂料的厚度不得小于1.2mm。

3. 施工要求

(1)无机防水涂料基层表面应洁净、平整、无浮浆和明显积水。

(2)有机防水涂料基层表面应基本干燥,不应有气孔、凹凸不平、蜂窝麻面等缺陷。涂料施工前,基层阴阳角应做成圆弧形。

(3)涂料防水层严禁在雨天、雾天、五级及以上大风时施工,不得在施工环境温度低于5℃及高于35℃或烈日暴晒时施工。涂膜固化前如有降雨可能时,应及时做好已完涂层的保护工作。

(4)防水涂料的配制应按涂料的技术要求进行。

(5)防水涂料应分层刷涂或喷涂,涂层应均匀,不得漏刷漏涂;接槎宽度不应小于100mm。

(6)铺贴胎体增强材料时,应使胎体层充分浸透防水涂料,不得有露槎及褶皱。

(7)有机防水涂料施工完毕应及时做保护层,保护层应符合下列规定:

1)底板、顶板应采用20mm厚1:2.5水泥砂浆层和40～50mm厚的细石混凝土保护层,防水层与保护层之间宜设置隔离层。

2)侧墙背水面保护层应采用20mm厚1:2.5水泥砂浆。

3)侧墙迎水面保护层宜选用软质保护材料或20mm厚1:2.5水泥砂浆。

(五)塑料防水板防水层

1. 一般规定

(1)塑料防水板防水层宜用于经常受水压、侵蚀性介质或受震动作用的地下工程防水。

(2)塑料防水板防水层宜铺设在复合式衬砌的初期支护和二次衬砌之间。

(3)塑料防水板防水层宜在初期支护结构趋于基本稳定后铺设。

2. 设计要求

(1)塑料防水板防水层应由塑料防水板与缓冲层组成。

(2)塑料防水板防水层可根据工程地质、水文地质条件和工程防水要求,采用全封闭、半封闭或局部封闭铺设。

(3)塑料防水板防水层应牢固地固定在基面上,固定点的间距应根据基面平整情况确定,拱部宜为0.5～0.8m,边墙宜为1.0～1.5m,底部宜为1.5～2.0m。

局部凹凸较大时,应在凹处加密固定点。

3. 施工要求

(1)塑料防水板防水层的基面应平整、无尖锐突出物;基面平整度 D/L 不应大于 1/6。

注:D/L 为初期支护基面相邻两凸面间凹进去的深度;L 为初期支护基面相邻两凸面间的距离。

(2)铺设塑料防水板前应先铺缓冲层,缓冲层应采用暗钉圈固定在基面上。

(3)塑料防水板的铺设应符合下列规定:

1)铺设塑料防水板时,宜由拱顶向两侧展铺,并应边铺边用压焊机将塑料板与暗钉圈焊接牢靠,不得有漏焊、假焊和焊穿现象。两幅塑料防水板的搭接宽度不应小于 100mm。搭接缝应为热熔双焊缝,每条焊缝的有效宽度不应小于 10mm。

2)环向铺设时,应先拱后墙,下部防水板应压住上部防水板。

3)塑料防水板铺设时宜设置分区预埋注浆系统。

4)分段设置塑料防水板防水层时,两端应采取封闭措施。

(4)接缝焊接时,塑料板的搭接层数不得超过三层。

(5)塑料防水板铺设时应少留或不留接头。当留设接头时,应对接头进行保护。再次焊接时应将接头处的塑料防水板擦拭干净。

(6)铺设塑料防水板时,不应绷得太紧,宜根据基面的平整度留有充分的余地。

(7)防水板的铺设应超前混凝土施工,超前距离宜为 5~20m,并应设临时挡板,防止机械损伤和电火花灼伤防水板。

(8)二次衬砌混凝土施工时应符合下列规定:

1)绑扎、焊接钢筋时应采取防刺穿、灼伤防水板的措施。

2)混凝土出料口和振捣棒不得直接接触塑料防水板。

(六)金属防水层

(1)金属防水层可用于长期浸水、水压较大的水工及过水隧道,所用的金属板和焊条的规格及材料性能,应符合设计要求。

(2)金属板的拼接应采用焊接,拼接焊缝应严密。竖向金属板的垂直接缝应相互错开。

(3)主体结构内侧设置金属层时,金属板应与结构内的钢筋焊牢,也可在金属防水层上焊接一定数量的锚固件。

(4)主体结构外侧设置金属防水层时,金属板应焊在混凝土结构的预埋件上。金属板经焊缝检查合格后,应将其与结构间的空隙用水泥砂浆灌实。

(5)金属板防水层应用临时支撑加固。金属板防水层底板上应预留浇捣孔,并应保证混凝土浇筑密实,待底板混凝土浇筑完毕应补焊严密。

(6)金属板防水层如先焊成箱体,再整体吊装就位时,应在其内部加设临时支撑。

(7)金属板防水层应采取防锈措施。

(七)膨润土防水材料防水层

1. 一般规定

(1)膨润土防水材料包括膨润土防水毯和膨润土防水板及其配套材料,采用机械固定法铺设。

(2)膨润土防水材料防水层应用于 pH 值为 4~10 的地下环境,含盐量较高的地下环境应采用经过改性处理的膨润土,并应经检测合格后使用。

(3)膨润土防水材料防水层应用于地下工程主体结构的迎水面,防水层两侧应具有一定的夹持力。

2. 设计要求

(1)铺设膨润土防水材料防水层的基层混凝土强度等级不得小于 C15,水泥砂浆强度等级不得低于 M7.5。

(2)阴阳角部位应做成直径不小于 30mm 的圆弧或 30mm×30mm 的坡角。

(3)变形缝、后浇带等接缝部位应设置宽度不小于 500mm 的加强层,加强层应设置在防水层与结构外表面之间。

(4)穿墙管件部位宜采用膨润土橡胶止水条、膨润土密封膏或膨润土粉进行加强处理。

3. 施工要求

(1)基层应坚实、清洁,不得有明水和积水。平整度应符合相关规范规定。

(2)膨润土防水材料应采用水泥钉和垫片固定。立面和斜面上的固定间距宜为 400~500mm,平面上应在搭接缝处固定。

(3)膨润土防水毯的织布面应与结构外表面或底板垫层混凝土密贴;膨润土防水板的膨润土面应与结构外表面或底板垫层密贴。

(4)膨润土防水材料应采用搭接法连接,搭接宽度应大于 100mm。搭接部位的固定位置距搭接边缘的距离宜为 25~30mm,搭接处应涂膨润土密封膏。平面搭接缝可干撒膨润土颗粒,用量宜为 0.3~0.5kg/m。

(5)立面和斜面铺设膨润土防水材料时,应上层压着下层,卷材与基层、卷材与卷材之间应密贴,并应平整无褶皱。

(6)膨润土防水材料分段铺设时,应采取临时防护措施。

(7)甩槎与下幅防水材料连接时,应将收口压板、临时保护膜等去掉,并应将搭接部位清理干净,涂抹膨润土密封膏,然后搭接固定。

(8)膨润土防水材料的永久收口部位应用收口压条和水泥钉固定,并应用膨润土密封膏覆盖。

(9)膨润土防水材料与其他防水材料过渡时,过渡搭接宽度应大于400mm,搭接范围内应涂抹膨润土密封膏或铺撒膨润土粉。

(10)破损部位应采用与防水层相同的材料进行修补,补丁边缘与破损部位边缘的距离不应小于100mm;膨润土防水板表面膨润土颗粒损失严重时应涂抹膨润土密封膏。

(八)地下工程种植顶板防水

1. 一般规定

(1)地下工程种植顶板的防水等级应为一级。

(2)种植土与周边自然土体不相连,且高于周边地坪时,应按种植屋面要求设计。

(3)地下工程种植顶板结构应符合下列规定:

1)种植顶板应为现浇防水混凝土,结构找坡,坡度宜为1‰~2‰。

2)种植顶板厚度不应小于250mm,最大裂缝宽度不应大于0.2mm,并不得贯通。

3)种植顶板的结构荷载设计应按国家现行标准《种植屋面工程技术规程》(JGJ 155)的有关规定执行。

(4)地下室顶板面积较大时,应设计蓄水装置;寒冷地区的设计,冬秋季时宜将种植土中的积水排出。

2. 设计要求

(1)种植顶板防水设计应包括主体结构防水,管线、花池、排水沟、通风井和亭、台、架、柱等构配件的防排水、泛水设计。

(2)地下室顶板为车道或硬铺地面时,应根据工程所在地区现行建筑节能标准进行绝热(保温)层的设计。

(3)少雨地区的地下工程顶板种植土宜与大于1/2周边的自然土体相连,若低于周边土体时,宜设置蓄排水层。

(4)种植土中的积水宜通过盲沟排至周边土体或建筑排水系统。

(5)地下工程种植顶板的防排水构造应符合下列要求:

1)耐根穿刺防水层应铺设在普通防水层上面。

2)耐根穿刺防水层表面应设置保护层,保护层与防水层之间应设置隔离层。

3)排(蓄)水层应根据渗水性、储水量、稳定性、抗生物性和碳酸盐含量等因素进行设计;排(蓄)水层应设置在保护层上面,并应结合排水沟分区设置。

4)排(蓄)水层上应设置过滤层,过滤层材料的搭接宽度不应小于200mm。

5)种植土层与植被层应符合国家现行标准《种植屋面工程技术规程》(JGJ 155)的有关规定。

(6)地下工程种植顶板防水材料应符合下列要求:

1)绝热(保温)层应选用密度小、压缩强度大、吸水率低的绝热材料,不得选用散状绝热材料。

2) 耐根穿刺层防水材料的选用应符合国家相关标准的规定或具有相关权威检测机构出具的材料性能检测报告。

3) 排(蓄)水层应选用抗压强度大且耐久性好的塑料排水板、网状交织排水板或轻质陶粒等轻质材料。

3. 绿化改造要求

(1) 已建地下工程顶板的绿化改造应经结构验算,在安全允许的范围内进行。

(2) 种植顶板应根据原有结构体系合理布置绿化。

(3) 原有建筑不能满足绿化防水要求时,应进行防水改造。加设的绿化工程不得破坏原有防水层及其保护层。

4. 细部构造要求

(1) 防水层下不得埋设水平管线。垂直穿越的管线应预埋套管,套管超过种植土的高度应大于150mm。

(2) 变形缝应作为种植分区边界,不得跨缝种植。

(3) 种植顶板的泛水部位应采用现浇钢筋混凝土,泛水处防水层高出种植土应大于250mm。

(4) 泛水部位、水落口及穿顶板管道四周宜设置200~300mm宽的卵石隔离带。

二、混凝土结构细部构造防水

(一) 变形缝

变形缝应满足密封防水、适应变形、施工方便、检修容易等要求。用于伸缩的变形缝宜少设,可根据不同的工程结构类别、工程地质情况采用后浇带、加强带、诱导缝等替代措施。

1. 设计要求

(1) 变形缝处混凝土结构的厚度不应小于300mm。

(2) 用于沉降的变形缝最大允许沉降差值不应大于30mm。

(3) 变形缝的宽度宜为20~30mm。

(4) 变形缝的几种复合防水构造形式,如图11-27~图11-30所示。

2. 施工要求

(1) 中埋式止水带施工应符合下列规定:

1) 止水带埋设位置应准确,其中间空心圆环应与变形缝的中心线重合。

2) 止水带应固定,顶、底板内止水带应成盆状安设。

3) 中埋式止水带先施工一侧混凝土时,其端模应支撑牢固,并应严防漏浆。

4) 止水带的接缝宜为一处,应设在边墙较高位置上,不得设在结构转角处,接头宜采用热压焊接。

5) 中埋式止水带在转弯处应做成圆弧形,(钢边)橡胶止水带的转角半径不应

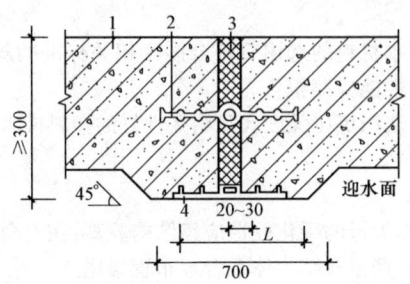

图 11-27　中埋式止水带与外贴防水层复合使用
外贴式止水带 $L \geqslant 300$；外贴防水卷材 $L \geqslant 400$；
外涂防水涂层 $L \geqslant 400$
1—混凝土结构；2—中埋式止水带；
3—填缝材料；4—外贴式止水带

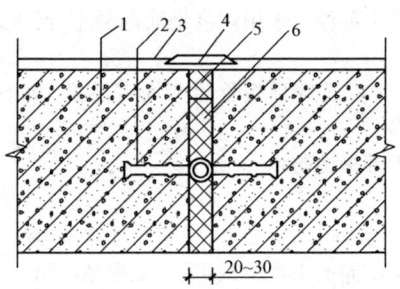

图 11-28　中埋式止水带与嵌缝材料复合使用
1—混凝土结构；2—中埋式止水带；
3—防水层；4—隔离层；
5—密封材料；6—填缝材料

小于 200mm，转角半径应随止水带的宽度增大而相应加大。

(2)安设于结构内侧的可卸式止水带施工时应符合下列规定：

1)所需配件应一次配齐。

2)转角处应做成 45°折角，并应增加紧固件的数量。

(3)密封材料嵌填施工时，应符合下列规定：

1)缝内两侧基面应平整、干净、干燥，并应刷涂与密封材料相容的基层处理剂。

2)嵌缝底部应设置背衬材料。

3)嵌填应密实连续、饱满，并应粘结牢固。

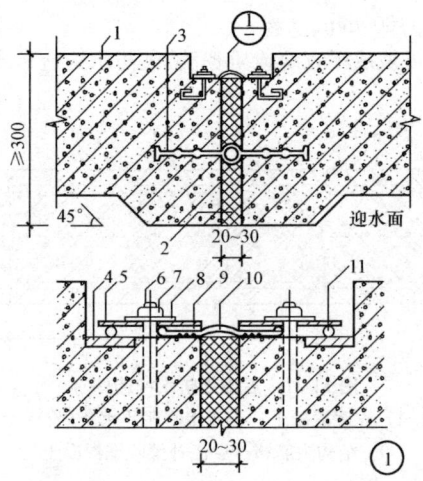

图 11-29 中埋式止水带与可卸式止水带复合使用
1—混凝土结构；2—填缝材料；3—中埋式止水带；
4—预埋钢板；5—紧固件压板；6—预埋螺栓；7—螺母；
8—垫圈；9—紧固件压块；10—Ω形止水带；11—紧固件圆钢

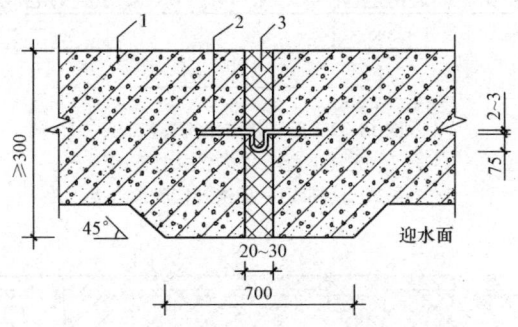

图 11-30 中埋式金属止水带
1—混凝土结构；2—金属止水带；3—填缝材料

(4) 在缝表面粘贴卷材或涂刷涂料前，应在缝上设置隔离层。

(二) 后浇带

后浇带宜用于不允许留设变形缝的工程部位。后浇带应在其两侧混凝土龄期达到42d后再施工；高层建筑的后浇带施工应按规定时间进行。后浇带应采用补偿收缩混凝土浇筑，其抗渗和抗压强度等级不应低于两侧混凝土。

(1) 后浇带应设在受力和变形较小的部位，其间距和位置应按结构设计要求确定,宽度宜为700~1000mm。

(2)后浇带两侧可做成平直缝或阶梯缝,其防水构造形式宜采用图11-31~图11-33所示。

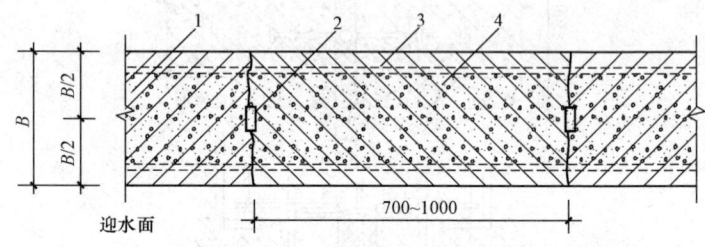

图 11-31　后浇带防水构造(一)
1—先浇混凝土;2—遇水膨胀止水条(胶);
3—结构主筋;4—后浇补偿收缩混凝土

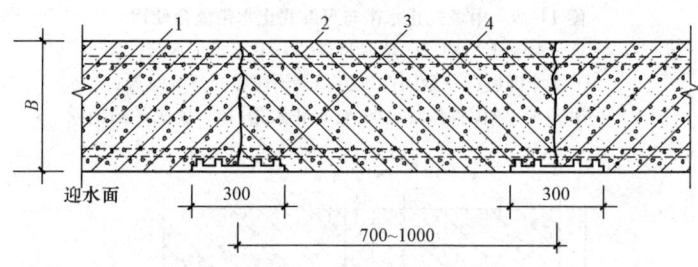

图 11-32　后浇带防水构造(二)
1—先浇混凝土;2—结构主筋;
3—外贴式止水带;4—后浇补偿收缩混凝土

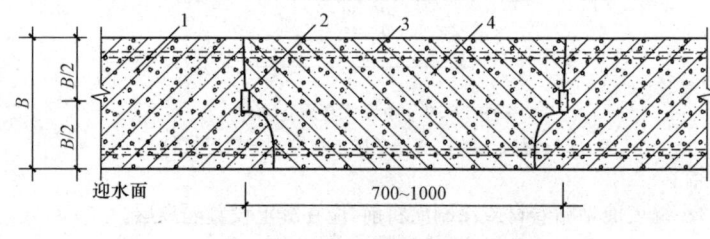

图 11-33　后浇带防水构造(三)
1—先浇混凝土;2—遇水膨胀止水条(胶);
3—结构主筋;4—后浇补偿收缩混凝土

(3)采用掺膨胀剂的补偿收缩混凝土,水中养护14d后的限制膨胀率不应小于 0.015%，膨胀剂的掺量应根据不同部位的限制膨胀率设定值经试验确定。

(4)后浇带混凝土施工前，后浇带部位和外贴式止水带应防止落入杂物和损伤外贴止水带。

(5)采用膨胀剂拌制补偿收缩混凝土时，应按配合比准确计量。

(6)后浇带混凝土应一次浇筑，不得留设施工缝；混凝土浇筑后应及时养护，养护时间不得少于 28d。

(7)后浇带需超前止水时，后浇带部位的混凝土应局部加厚，并应增设外贴式或中埋式止水带。

(三)穿墙管(盒)

(1)穿墙管(盒)应在浇筑混凝土前预埋。

(2)穿墙管与内墙角、凹凸部位的距离应大于 250mm。

(3)结构变形或管道伸缩量较小时，穿墙管可采用主管直接埋入混凝土内的固定式防水法，主管应加焊止水环或环绕遇水膨胀止水圈，并应在迎水面预留凹槽，槽内应采用密封材料嵌填密实。其防水构造形式宜采用图 11-34 和图 11-35 所示。

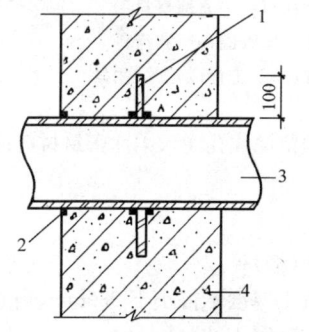
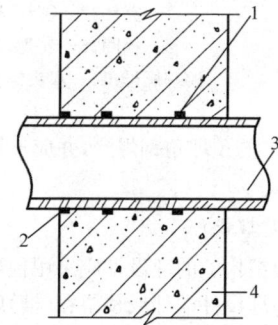

图 11-34　固定式穿墙管防水构造(一)　　图 11-35 固定式穿墙管防水构造(二)
1—止水环；2—密封材料；　　　　　　　1—遇水膨胀止水圈；2—密封材料；
3—主管；4—混凝土结构　　　　　　　　3—主管；4—混凝土结构

(4)结构变形或管道伸缩量较大或有更换要求时，应采用套管式防水法，套管应加焊止水环(图 11-36)。

(5)穿墙管防水施工时应符合下列要求：

1)金属止水环应与主管或套管满焊密实，采用套管式穿墙防水构造时，翼环与套管应满焊密实，并应在施工前将套管内表面清理干净。

2)相邻穿墙管间的间距应大于 300mm。

3)采用遇水膨胀止水圈的穿墙管，管径宜小于 50mm，止水圈应采用胶粘剂满粘固定于管上，并应涂缓胀剂或采用缓胀型遇水膨胀止水圈。

(6)穿墙管线较多时，宜相对集中，并应采用穿墙盒方法。穿墙盒的封口钢板

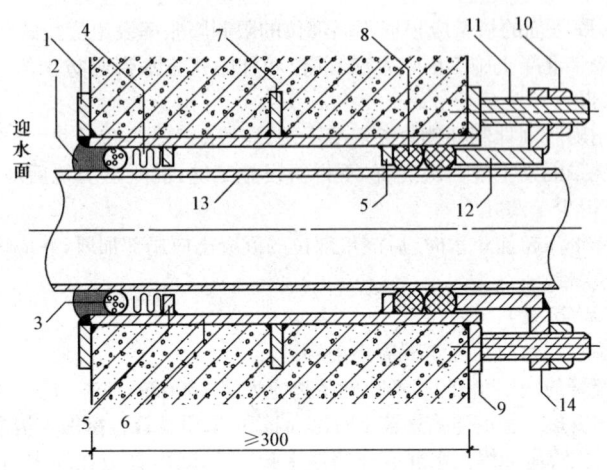

图 11-36 套管式穿墙管防水构造

1—翼环；2—密封材料；3—背衬材料；4—充填材料；
5—挡圈；6—套管；7—止水环；8—橡胶圈；9—翼盘；
10—螺母；11—双头螺栓；12—短管；13—主管；14—法兰盘

应与墙上的预埋角钢焊严，并应从钢板上的预留浇注孔注入柔性密封材料或细石混凝土。

(四)埋设件

(1)结构上的埋设件应采用预埋或预留孔(槽)等。

(2)埋设件端部或预留孔(槽)底部的混凝土厚度不得小于 250mm，当厚度小于 250mm 时，应采取局部加厚或其他防水措施(图 11-37)。

(3)预留孔(槽)内的防水层，宜与孔(槽)外的结构防水层保持连续。

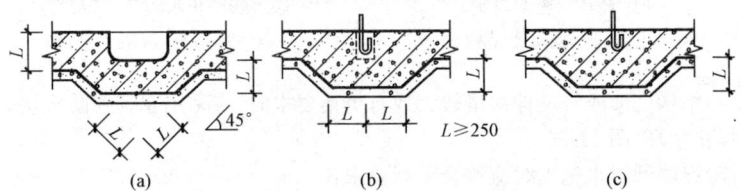

图 11-37 预埋件或预留孔(槽)处理

(a)预留槽；(b)预留孔；(c)预埋件

(五)预留通道接头

(1)预留通道接头处的最大沉降差不得大于 30mm。

(2)预留通道接头应采取变形缝防水构造形式(图 11-38 和图 11-39)。

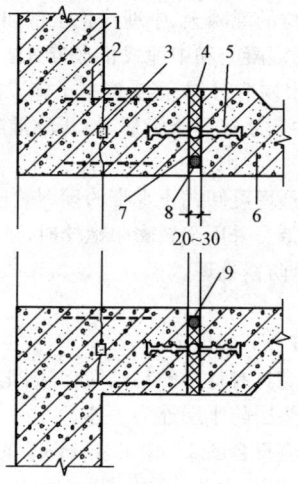

图 11-38 预留通道接头防水构造(一)
1—先浇混凝土结构;2—连接钢筋;3—遇水膨胀止水条(胶);
4—填缝材料;5—中埋式止水带;6—后浇混凝土结构;
7—遇水膨胀橡胶条(胶);8—密封材料;9—填充材料

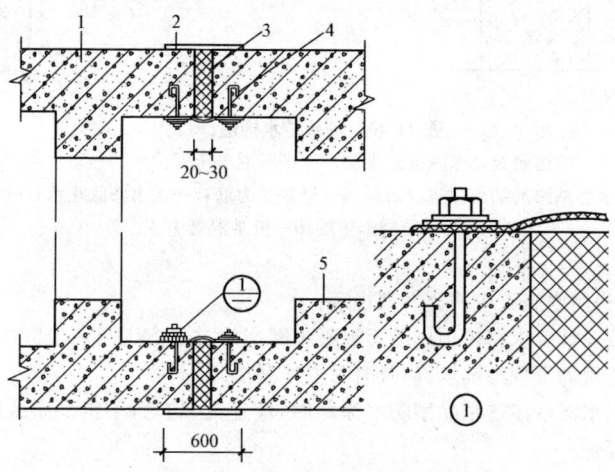

图 11-39 预留通道接头防水构造(二)
1—先浇混凝土结构;2—防水涂料;3—填缝材料;
4—可卸式止水带;5—后浇混凝土结构

(3)预留通道接头的防水施工应符合下列规定:

1)预留通道先施工部位的混凝土、中埋式止水带和防水相关的预埋件等应及时保护,并应确保端部表面混凝土和中埋式止水带清洁,埋设件不得锈蚀。

2)采用图 11-38 的防水构造时,在接头混凝土施工前应将先浇混凝土端部表面凿毛,露出钢筋或预埋的钢筋接驳器钢板,与待浇混凝土部位的钢筋焊接或连接好后再行浇筑。

3)当先浇混凝土中未预埋可卸式止水带的预埋螺栓时,可选用金属或尼龙的膨胀螺栓固定可卸式止水带。采用金属膨胀螺栓时,可选用不锈钢材料或用金属涂膜、环氧涂料等涂层进行防锈处理。

(六)桩头

(1)桩头防水设计应符合下列规定:

1)桩头所用防水材料应具有良好的粘结性、湿固化性。

2)桩头防水材料应与垫层防水层连为一体。

3)桩头防水构造形式应符合图 11-40 和图 11-41 的规定。

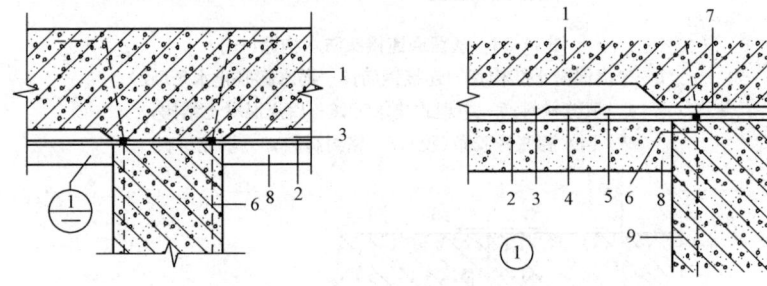

图 11-40 桩头防水构造(一)

1—结构底板;2—底板防水层;3—细石混凝土保护层;4—防水层;
5—水泥基渗透结晶型防水涂料;6—桩基受力筋;7—遇水膨胀止水条(胶);
8—混凝土垫层;9—桩基混凝土

(2)桩头防水施工应符合下列规定:

1)应按设计要求将桩顶剔凿至混凝土密实处,并应清洗干净。

2)破桩后如发现渗漏水,应及时采取堵漏措施。

3)涂刷水泥基渗透结晶型防水涂料时,应连续、均匀,不得少涂或漏涂,并应及时进行养护。

4)采用其他防水材料时,基面应符合施工要求。

5)应对遇水膨胀止水条(胶)进行保护。

(七)孔口

(1)地下工程通向地面的各种孔口应采取防地面水倒灌的措施。人员出入口

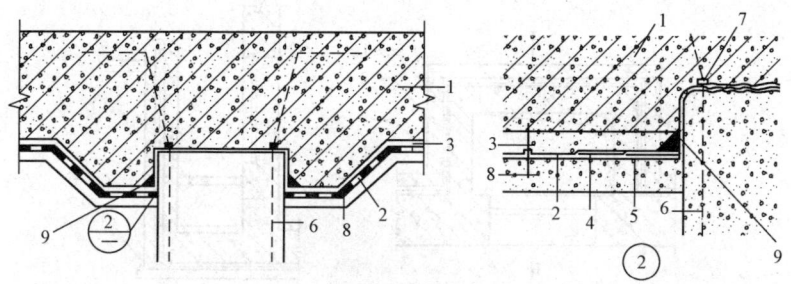

图 11-41 桩头防水构造(二)
1—结构底板;2—底板防水层;3—细石混凝土保护层;
4—聚合物水泥防水砂浆;5—水泥基渗透结晶型防水涂料;
6—桩基受力筋;7—遇水膨胀止水条(胶);8—混凝土垫层;9—密封材料

高出地面的高度宜为500mm,汽车出入口设置明沟排水时,其高度宜为150mm,并应采取防雨措施。

(2)窗井的底部在最高地下水位以上时,窗井的底板和墙应做防水处理,并宜与主体结构断开(图11-42)。

(3)窗井或窗井的一部分在最高地下水位以下时,窗井应与主体结构连成整体,其防水层也应连成整体,并应在窗井内设置集水井(图11-43)。

(4)无论地下水位高低,窗台下部的墙体和底板都应做防水层。

(5)窗井内的底板应低于窗下缘300mm。窗井墙高出地面不得小于500mm。窗井外地面应做散水,散水与墙面间应采用密封材料嵌填。

(6)通风口应与窗井同样处理,竖井窗下缘离室外地面高度不得小于500mm。

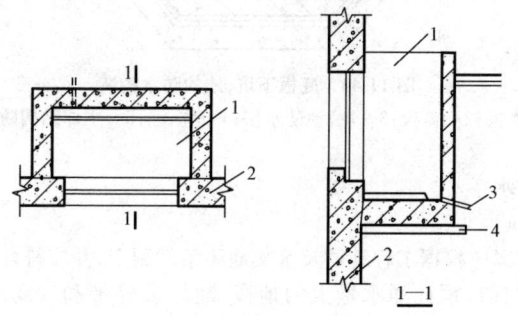

图 11-42 窗井防水构造(一)
1—窗井;2—主体结构;3—排水管;4—垫层

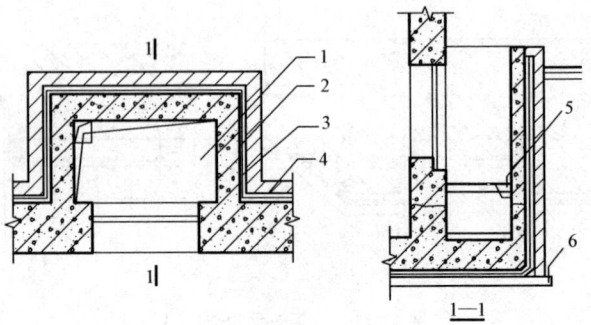

图 11-43　窗井防水构造(二)
1—窗井；2—防水层；3—主体结构；4—防水层保护层；5—集水井；6—垫层

(八)坑、池

(1)坑、池、储水库宜采用防水混凝土整体浇筑,内部应设防水层。受震动作用时应设柔性防水层。

(2)底板以下的坑、池,其局部底板应相应降低,并应使防水层保持连续(图11-44)。

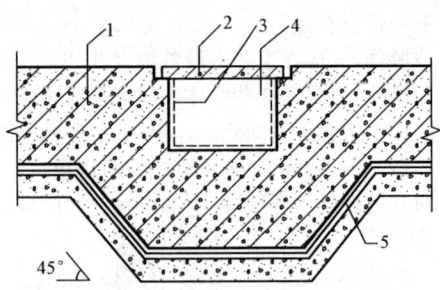

图 11-44　底板下坑、池的防水构造
1—底板；2—盖板；3—坑、池防水层；4—坑、池；5—主体结构防水层

三、注浆防水

1. 一般规定

(1)注浆方案应根据工程地质及水文地质条件制定,并应符合下列要求：

1)工程开挖前,预计涌水量大的地段、断层破碎带和软弱地层,应采用预注浆。

2)开挖后有大股涌水或大面积渗漏水时,应采用衬砌前围岩注浆。

3)衬砌后渗漏水严重的地段或充填壁后的空隙地段,应进行回填注浆。

4)衬砌后或回填注浆后仍有渗漏水时,宜采用衬砌内注浆或衬砌后围岩注浆。

(2) 注浆施工前应收集下列资料：

1) 工程地质纵横剖面图及工程地质、水文地质资料，如围岩孔隙率、渗透系数、节理裂隙发育情况、涌水量、水压和软土地层颗粒级配、土壤标准贯入试验值及其物理力学指标等。

2) 工程开挖中工作面的岩性、岩层产状、节理裂隙发育程度及超、欠挖值等。

3) 工程衬砌类型、防水等级等。

4) 工程渗漏水的地点、位置、渗漏形式、水量大小、水质、水压等。

(3) 注浆实施前应符合下列规定：

1) 预注浆前先施作的止浆墙（垫），注浆时应达到设计强度。

2) 回填注浆应在衬砌混凝土达到设计强度后进行。

3) 衬砌后围岩注浆应在回填注浆固结体强度达到70%后进行。

(4) 在岩溶发育地区，注浆防水应从探测、方案、机具、工艺等方面做出专项设计。

2. 设计要求

(1) 预注浆钻孔的注浆孔数、布孔方式及钻孔角度等注浆参数的设计，应根据岩层裂隙状态、地下水情况、设备能力、浆液有效扩散半径、钻孔偏斜率和对注浆效果的要求等确定。

(2) 预注浆的段长，应根据工程地质、水文地质条件、钻孔设备及工期要求确定，宜为 10~50m，但掘进时应保留止水岩垫（墙）的厚度。注浆孔底距开挖轮廓的边缘，宜为毛洞高度（直径）的 0.5~1 倍，特殊工程可按计算和试验确定。

(3) 衬砌前围岩注浆应符合下列规定：

1) 注浆深度宜为 3~5m。

2) 应在软弱地层或水量较大处布孔。

3) 大面积渗漏时，布孔宜密，钻孔宜浅。

4) 裂隙渗漏时，布孔宜疏，钻孔宜深。

5) 大股涌水时，布孔应在水流上游，且自涌水点四周由远到近布设。

(4) 回填注浆孔的孔径，不宜小于 40mm；间距宜为 5~10m，并应按梅花形排列。

(5) 衬砌后围岩注浆钻孔深入围岩不应大于 1m，孔径不宜小于 40mm，孔距可根据渗漏水情况确定。

(6) 岩石地层预注浆或衬砌后围岩注浆的压力，应大于静水压力 0.5~1.5MPa，回填注浆及衬砌内注浆的压力应小于 0.5MPa。

(7) 衬砌内注浆钻孔应根据衬砌渗漏水情况布置，孔深宜为衬砌厚度的 1/3~2/3，注浆压力宜为 0.5~0.8MPa。

3. 施工要求

(1)注浆孔数量、布置间距、钻孔深度除应符合设计要求外,还应符合下列规定:

1)注浆孔深小于 10m 时,孔位最大允许偏差应为 100mm,钻孔偏斜率最大允许偏差应为 1%。

2)注浆孔深大于 10m 时,孔位最大允许偏差应为 50mm,钻孔偏斜率最大允许偏差应为 0.5%。

(2)岩石地层或衬砌内注浆前,应将钻孔冲洗干净。

(3)注浆前,应进行测定注浆孔吸水率和地层吸浆速度等参数的压水试验。

(4)回填注浆时,对岩石破碎、渗漏水量较大的地段,宜在衬砌与围岩间采用定量、重复注浆法分段设置隔水墙。

(5)回填注浆、衬砌后围岩注浆施工顺序,应符合下列规定:

1)应沿工程轴线由低到高,由下往上,从少水处到多水处。

2)在多水地段,应先两头,后中间。

3)对竖井应由上往下分段注浆,在本段内应从下往上注浆。

(6)注浆过程中应加强监测,当发生围岩或衬砌变形、堵塞排水系统、窜浆、危及地面建筑物等异常情况时,可采取下列措施:

1)降低注浆压力或采用间歇注浆,直到停止注浆。

2)改变注浆材料或缩短浆液凝胶时间。

3)调整注浆实施方案。

(7)单孔注浆结束的条件,应符合下列规定:

1)预注浆各孔段均应达到设计要求并应稳定 10min,且进浆速度应为开始进浆速度的 1/4 或注浆量达到设计注浆量的 80%。

2)衬砌后回填注浆及围岩注浆应达到设计终压。

3)其他各类注浆,应满足设计要求。

(8)预注浆和衬砌后围岩注浆结束前,应在分析资料的基础上,采取钻孔取芯法对注浆效果进行检查,必要时应进行压(抽)水试验。当检查孔的吸水量大于 1.0L/(min·m)时,应进行补充注浆。

(9)注浆结束后,应将注浆孔及检查孔封填密实。

第十二章 装饰装修工程施工技术

第一节 抹灰工程

一般抹灰划分为三个等级,即普通抹灰、中级抹灰和高级抹灰。抹灰等级的划分不是按建筑物的标准,而是依据质量要求和主要工序划分的,抹灰等级由设计单位按照国家有关规定,并根据技术、经济条件和美观的需要,在施工图中注明,施工单位按照设计要求进行施工。

一、内墙抹灰

1. 内墙抹灰工艺

所谓操作流程,即指工作(操作)步骤,是操作时必须遵循的先后顺序。内墙的一般抹灰操作流程包括以下几个主要环节:

(1)做标志块。先用托线板全面检查墙体表面的垂直平整程度,根据检查的实际情况并兼顾抹灰总的平均厚度规定,决定墙面抹灰厚度。接着在 2m 左右高度,距墙两边阴角 10~20cm 处,用底层抹灰砂浆(也可用 1:3 水泥砂浆或 1:3:9 混合砂浆)各做一个标准标志块(灰饼),厚度为抹灰层厚度(一般为 1~1.5cm),大小为 5cm×5cm。以这两个标准标志块为依据,再用托线板靠、吊垂直确定墙下部对应的两个标志块厚度,其位置在踢脚板上口,使上下两个标志块在一条垂直线上。标准标志块做好后,再在标志块附近墙面钉上钉子,拴上小线拉水平通线(注意小线要离开标志块 1mm),然后按间距 1.2~1.5m 加做若干标志块,如图 12-1 所示,凡窗口、垛角处必须做标志块。

(2)标筋。标筋也叫冲筋,出柱头,就是在上下两个标志块之间先抹出一条长梯形灰埂,其宽度为 10cm 左右,厚度与标志块相平,作为墙面抹底子灰填平的标准。做法是在两个标志块中间先抹一层,再抹第二遍凸出成八字形,要比灰饼凸出 1cm 左右,然后用木杠紧贴灰饼上左右下来回搓,直至把标筋搓得与标志块一样平为止。同时要将标筋的两边用刮尺修成斜面,使其与抹灰层接搓顺平。标筋用砂浆应与抹灰底层砂浆相同,标筋做法如图 12-1 所示。操作时应先检查木杠是否受潮变形,如果有变形应及时修理,以防止标筋不平。

(3)阴阳角找方。中级抹灰要求阳角找方。对于除门窗口外,还有阳角的房间,则首先要将房间大致规方。方法是先在阳角一侧墙做基线,用方尺将阳角先规方,然后在墙角弹出抹灰准线,并在准线上下两端挂通线做标志块。

高级抹灰要求阴阳角都要找方,阴阳角两边都要弹基线,为了便于做角和保证阴阳角方正垂直,必须在阴阳角两边都做标志块和标筋。

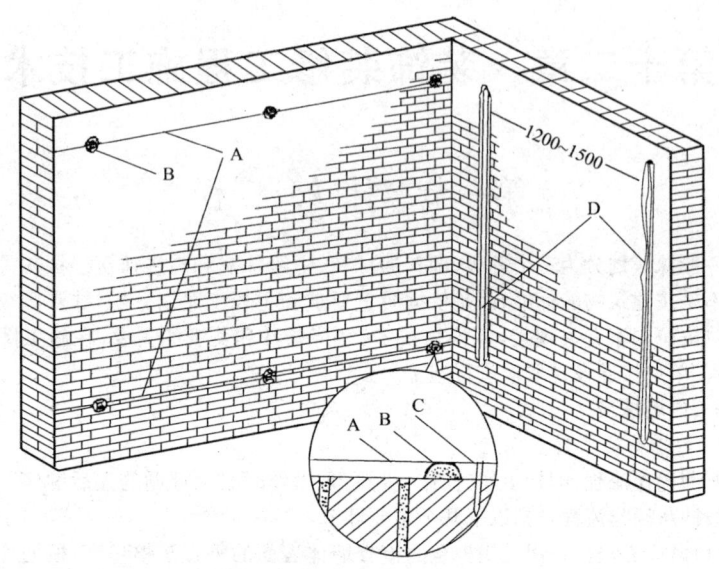

图 12-1 挂线做标志块及标筋
A—引线;B—灰饼(标志块);C—钉子;D—冲筋

(4)门窗洞口做护角。室内墙面、柱面的阳角和门窗洞口的阳角抹灰要求线条清晰、挺直,并防止碰坏。因此,不论设计有无规定,都需要做护角。护角做好后,也起到标筋作用。

护角应抹 1∶2 水泥砂浆,一般高度不应低于 2m,护角每侧宽度不小于 50mm,如图 12-2 所示。

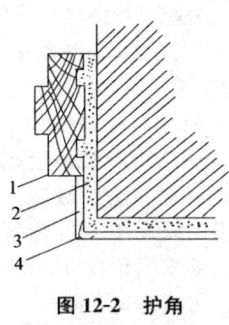

图 12-2 护角
1—窗口;2—墙面抹灰;
3—面层;4—水泥护角

第十二章　装饰装修工程施工技术

抹护角时，以墙面标志块为依据，首先要将阳角用方尺规方，靠门框一边，以门框离墙面的空隙为准，另一边以标志块厚度为据。最好在地面上画好准线，按准线粘好靠尺板，并用托线吊直，方尺找方。然后，在靠尺板的另一边墙角面分层抹 1∶2 水泥砂浆，护角线的外角与靠尺板外口平齐；一边抹好后，再把靠尺板移到已抹好护角的一边，用钢筋卡子稳住，用线垂吊直靠尺板，把护角的另一面分层抹好。然后，轻轻地将靠尺板拿下，待护角的棱角稍干时，用阳角抹子和水泥浆捋出小圆角。最后在墙面用靠尺板按要求尺寸沿角留出 5cm，将多余砂浆以 40°斜面切掉（切斜面的目的是为墙面抹灰时，便于与护角接槎），墙面和门框等落地灰应清理干净。窗洞口一般虽不要求做护角，但同样也要方正一致，棱角分明，平整光滑。操作方法与做护角相同。窗口正面应按大墙面标志块抹灰，侧面应根据窗框所留豁口确定抹灰厚度，同样应使用八字靠尺找方吊正，分层涂抹。阳角处也应用阳角抹子捋出小圆角。

(5) 抹灰。抹灰环节包括三项主要工作，即抹底层、抹中层和抹面层。面层抹灰俗称罩面。一般室内砖墙面层抹灰常用纸筋石灰、麻刀石灰、石灰砂浆及刮大白腻子等。面层抹灰应在底灰稍干后进行，底灰太湿会影响抹灰面平整，还可能"咬色"；底灰太干，则容易使面层脱水太快而影响粘结，造成面层空鼓。

2. 不同基体的内墙抹灰

基体不同，其一般抹灰的分层做法是不尽相同的。有关不同基体的内墙一般抹灰施工工艺见表 12-1。

表 12-1　　　　　　　　内墙抹灰分层做法

名称	适用范围	分层做法	厚度/mm	施工要点和注意事项
石灰砂浆抹灰	砖墙基体	(1) 1∶2∶8（石灰膏∶砂∶黏土）砂浆抹底、中层。 (2) 1∶(2～2.5) 石灰砂浆面层压光	13 6	待前一层七八成干后，方可涂抹后一层
		(1) 1∶2.5 石灰砂浆抹底层。 (2) 1∶2.5 石灰砂浆抹中层。 (3) 在中层还潮湿时刮石灰膏	7～9 7～9 1	(1) 分层抹灰方法如前所述。 (2) 中层石灰砂浆用木抹子搓平稍干后，立即用钢抹子来回刮石灰膏，达到表面光滑平整，无砂眼，无裂纹，愈薄愈好。 (3) 石灰膏刮后 2h，未干前再压实压光一次

续一

名 称	适用范围	分层做法	厚度/mm	施工要点和注意事项
石灰砂浆抹灰	砖墙基体	（1）1:2.5 石灰砂浆抹底层。 （2）1:2.5 石灰砂浆抹中层。 （3）刮大白腻子	7~9 7~9 1	（1）中层石灰砂浆用木抹子搓平后,再用钢抹子压光。 （2）满刮大白腻子两遍,砂纸打磨
		（1）1:3 石灰砂浆抹底层。 （2）1:3 石灰砂浆抹中层。 （3）1:1 石灰木屑（或谷壳）抹面	7 7 10	（1）锯木屑过 5mm 孔筛,使用前将石灰膏与木屑拌合均匀,经钙化 24h,使木屑纤维软化。 （2）适用于有吸声要求的房间
	加气混凝土条板基体	（1）1:3 石灰砂浆抹底、中层。 （2）待中层灰稍干,用 1:1 石灰砂浆随抹随搓平压光	13 6	
		（1）1:3 石灰砂浆抹底层。 （2）1:3 石灰砂浆抹中层。 （3）刮石灰膏	7 7 1	墙面浇水湿润
水泥混合砂浆抹灰	砖墙基体	（1）1:1:6 水泥白灰砂浆抹底层。 （2）1:1:6 水泥白灰砂浆抹中层。 （3）刮石灰膏或大白腻子	7~9 7~9 1	（1）刮石灰膏和大白腻子,见石灰砂浆抹灰。 （2）待前一层抹灰凝结后,方可涂抹后一层
		1:1:3:5（水泥：石灰膏：砂子：木屑）分两遍成活,木抹子搓平	15~18	（1）适用于有吸声要求的房间。 （2）木屑处理同石灰砂浆抹灰。 （3）抹灰方法同上

第十二章 装饰装修工程施工技术

续二

名称	适用范围		分层做法	厚度/mm	施工要点和注意事项
纸筋石灰或麻刀石灰抹灰	混凝土大板或大模板建筑内墙基体		(1)聚合物水泥砂浆或水泥混合砂浆喷毛打底。 (2)纸筋石灰或麻刀石灰罩面	1~3 2或3	
	加气混凝土砌块或条板基体	1	(1)1:3:9水泥石灰砂浆抹底层。 (2)1:3石灰砂浆抹中层。 (3)纸筋石灰或麻刀石灰罩面	3 7~9 2或3	基层处理与聚合物水泥砂浆相同
		2	(1)1:0.2:3水泥石灰砂浆喷涂成小拉毛。 (2)1:0.5:4水泥石灰砂浆找平(或采用机械喷涂抹灰)。 (3)纸筋石灰或麻刀石灰罩面	3~5 7~9 2或3	(1)基层处理与聚合物水泥砂浆相同。 (2)小拉毛完毕,应喷水养护2~3d。 (3)待中层六七成干时,喷水湿润后进行罩面
	加气混凝土条板		(1)1:3石灰砂浆抹底层。 (2)1:3石灰砂浆抹中层。 (3)纸筋石灰或麻刀石灰罩面	4 4 2或3	
	板条、苇箔、金属网墙		(1)麻刀石灰或纸筋石灰砂浆抹底层。 (2)麻刀石灰或纸筋石灰砂浆抹中层。 (3)1:2.5石灰砂浆(略掺麻刀)找平。 (4)纸筋石灰或麻刀石灰抹面层	3~6 3~6 2~3 2或3	

续三

名称	适用范围	分层做法	厚度/mm	施工要点和注意事项
石膏灰抹灰	高级装修的墙面	(1)1:2～1:3麻刀石灰抹底层。 (2)同上配比抹中层。 (3)13:6:4(石膏粉:水:石膏膏)罩面分两遍成活,在第一遍未收水时即进行第二遍抹灰,随即用钢抹子修补压光两遍,最后用钢抹子溜光至表面密实光滑为止	6 7 2～3	(1)底、中层灰用麻刀石灰,应在20d前消化备用,其中麻刀为白麻丝,石灰宜用2:8块灰,配合比为麻刀:石灰=7.5:1300(质量比)。 (2)石膏一般宜用乙级建筑石膏,结硬时间为5min左右,4900孔筛余量不大于10%。 (3)基层不宜用水泥砂浆或混合砂浆打底,亦不得掺用氯盐,以防返潮面层脱落
水砂面层抹灰	高级建筑内墙面	(1)1:2～1:3麻刀石灰砂浆抹底层、中层(要求表面平整垂直)。 (2)水砂抹面分两遍抹成,应在第一遍砂浆略有收水时即抹第二遍。第一遍竖向抹,第二遍横向抹(抹水砂前,底子灰如有缺陷应修补完整,待表干燥一致方能进行水砂抹面,否则将导致其表面颜色不均。墙面要均匀洒水,充分湿润,门窗玻璃必须装好,防止面层水分蒸发过快而产生龟裂)。水砂抹完后,用钢抹子压两遍,最后用钢抹子先横向后竖向溜光至表面密实光滑为止	13 2～3	(1)水砂,即沿海地区的细砂,其平均粒径0.15mm,容重为1050kg/m³,使用时用清水淘洗,除去污泥杂质,含泥量小于2%为宜。石灰必须是洁白块灰,不允许有灰末子、氧化钙含量不小于75%的二级石灰。 (2)水砂砂浆拌制:块灰随淋随沥浆(用3mm径筛子过滤),将淘洗清洁的砂、沥浆过的热灰浆进行拌合,拌合后水砂呈淡灰色为宜,稠度为12.5cm。热灰浆:水砂=1:0.75(质量比),每立方米水砂砂浆约用水砂750kg,块灰300kg。 (3)使用热灰浆拌和目的在于使砂内盐分尽快蒸发,防止墙面产生龟裂。水砂拌合后置于池内进行消化,3～7d后方可使用

注:1. 本表所列配合比无注明者均为体积比。
  2. 水泥强度等级32.5级以上,石灰为含水率50%的石灰膏。

第十二章 装饰装修工程施工技术

二、外墙抹灰

1. 工艺流程

(1) 挂线、做灰饼、冲筋。外墙面抹灰与内墙抹灰一样要挂线做标志块、标筋。但因外墙面由檐口到地面,抹灰看面大,门窗、阳台、明柱、腰线等看面都要横平竖直,而抹灰操作则必须一步架一步架柱下抹。因此,外墙抹灰找规矩要在四角先挂好自上至下垂直通线(多层及高层楼房应用钢丝线垂下),然后根据大致决定的抹灰厚度,每步架大角两侧弹上控制线,再拉水平通线,并弹水平线做标志块,然后做标筋。

(2) 粘分格条。在室外抹灰时,为了增加墙面美观,避免罩面砂浆收缩后产生裂缝,一般均有分格条分格。具体做法:在底子灰抹完后根据尺寸用粉线包弹出分格线。分格条用前要在水中泡透,防止分格条使用时变形,并便于粘贴。分格条因本身水分蒸发而收缩容易起出,又能使分格条两侧的灰口整齐。根据分格线长度将分格条尺寸分好,然后用钢抹子将素水泥浆抹在分格条的背面,水平分格线宜粘在水平线的下口,垂直分格线粘贴在垂线的左侧,这样易于观察,操作比较方便。粘贴完一条竖线或横线分格条后,应用直尺校正是否平整,并在分格条两侧用水泥浆抹成八字形斜角(若是水平线应先抹下口)。如当天抹面层的分格条,两侧八字形斜角可抹成 45°,如图 12-3(a) 所示。如当天不抹面的"隔夜条"两侧八字形斜角应抹得陡一些,成 60°,如图 12-3(b) 所示。罩面时须两遍过活,先薄薄刮一遍,再抹两遍,抹平分格条,然后根据分格厚度刮杠、搓平、压光。当天粘的分格条在压光后即可起出,并用水泥浆把缝子勾齐。隔夜条不能当时起条,需在水泥浆达到强度后再起出。分格线不得有错缝和掉棱掉角,其缝宽和深度应均匀一致。

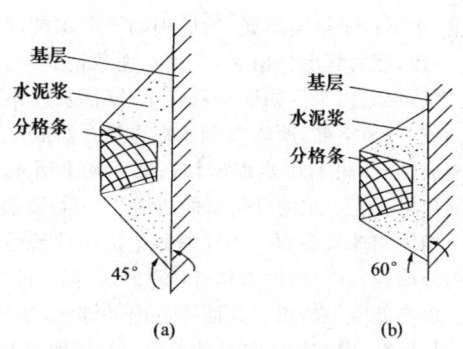

图 12-3 分格条两侧斜角示意图
(a) 当日起条者做 45°角;(b) "隔夜条"做 60°角

外墙面采取喷涂、滚涂、喷砂等饰面面层时,由于饰面层较薄,墙面分格条可采用粘条法或划缝法。

1) 粘条法。在底层,根据设计尺寸和水平线弹出分格线后,用素水泥浆粘贴胶布条(也可用绝缘塑料布条、砂布条等),然后做饰面层,饰面层初凝时,立即把胶布慢慢撕掉,即露出分格缝。然后修理好分格缝两边的飞边。

2) 划缝法。等做完饰面后,待砂浆初凝时弹出分格线。沿着分格线按贴靠尺板,用划缝工具沿靠尺板边进行划缝,深 4~5mm(或露出垫层)。

(3) 抹灰。外墙的抹灰层要求有一定的防水性能,一般采用水泥混合砂浆(水泥:石子:砂=1:1:6)打底和罩面。其底层、中层抹灰及刮尺赶平方法与内墙基本相同。在刮尺赶平、砂浆吸水后,应用木抹子打磨。如果打磨时面层太干,应一手用茅扫帚洒水,一手用木抹子打磨,不得干磨,否则会造成颜色不一致。

2. 外墙一般抹灰饰面做法

(1) 抹水泥混合砂浆。外墙的抹灰层要求有一定的防水性能,一般采用水泥混合砂浆(水泥:石子:砂子=1:1:6)打底和罩面,或打底用 1:1:6,罩面用 1:0.5:4。在基层处理四大角(即山墙角)与门窗洞口护角线、墙面的标志块、标筋等完成后即可进行。其底层、中层抹灰方法与内墙面一般抹灰方法基本相同。在刮尺赶平、砂浆收水后,应用木抹子以圆圈形打磨。如面层太干,应一手用茅扫帚洒水,一手用木抹子打磨,不得干磨,否则会造成颜色不一致。经打磨的饰面应做到表面平整、密实,抹纹顺直,色泽均匀。

(2) 抹水泥砂浆。外墙抹水泥砂浆一般配合比为水泥:砂=1:3。抹底层时,必须把砂浆压入灰缝内,并用木抹子压实刮平,然后用笤帚在底层上扫毛,并要浇水养护。底层砂浆抹后第二天,先弹分格线,粘分格条。抹时先用 1:2.5 水泥砂浆薄薄刮一遍,再抹第二遍,先抹平分格条,然后根据分格条厚度用木杠刮平,再用木抹子搓平,用钢抹子揉实压光,最后用刷子蘸水按同一方向轻刷一遍,目的是要达到颜色一致,然后起出分格条,并用水泥浆把缝勾齐。"隔夜条"需在水泥砂浆达到强度之后再起出来。如底子灰较干,罩面灰纹不易压光,用劲过大又会造成罩面灰与底层分离空鼓,所以应洒水后再压。当底层较湿,罩面灰收水较慢,当天不能压光成活时,可撒干水泥砂粘在罩面灰上吸水,待干水泥砂吸水后,把这层水泥砂刮掉再压光。水泥砂浆罩面成活 24h 后,要浇水养护 3d。

(3) 加气混凝土墙体的抹灰饰面。加气混凝土是一种新型建筑材料,其制品有砌块、屋面板和内外墙板,其材料性质具有容重轻、保温性能好、质轻多孔、便于加工及原材料广泛、价格低廉等特点。其墙体的内外饰面,是加气混凝土应用技术的重要内容之一,是用好、保护好该制品的关键。利用加气混凝土抹灰饰面时,必须对基体表面进行处理,这是由加气混凝土的吸水性能决定的。加气混凝土在吸水性能方面有先快后慢、容量大且延续时间长的特点,对基本表面进行相应的处理可保证抹灰层有良好的凝结硬化条件,以保证抹灰层不致在水化(或气化)过程中水分被加气制品吸走而失去预期要求的强度,甚至引起空鼓、开裂;对于室内抹灰可以阻止或减少由于室内外温差所产生的压力(在北方的冬季尤为突出),使室内水蒸汽向墙体内迁移的进程。基层表面处理的方法是多样的,设计和施工者可根据本地材料及施工方法的特点加以选择。如果采用浇水润湿墙面,如前所述,浇水量以渗入砌块内深度 8～10mm 为宜,每遍浇水之间的时间应有间歇,在常温下不得少于 15min。浇水面要均匀,不得漏面(做室内粉刷时应以喷水为宜)。抹灰前最后一遍浇水(或喷水),宜在抹灰前 1h 进行,浇水后立即可刷素水泥浆,刷素水泥浆后可立即抹灰,不得在素水泥浆干燥后再进行抹灰。如果在基层刷胶,应注意刷胶均匀、全面,不得漏刷。所使用的胶粘剂可根据当地情况采用价廉而对水泥砂浆不起不良反应的。如若采用将基体表面刮糙的方法,可用钢抹子在墙面刮成鱼鳞状,表面粗糙,与底面粘结良好,厚度 3～5mm。

加气混凝土墙体的抹灰操作,应注意下列事项:

1)在基层表面处理完毕后,应立即进行抹底灰。

2)底灰材料应选用与加气混凝土材性相适应的抹灰材料,如强度、弹性模量和收缩值等应与加气混凝土材性接近。一般是用 1:3:9 水泥混合砂浆薄抹一层,接着用 1:3 石灰砂浆抹第二遍。底层厚度为 3～5mm,中层厚度为 8～10mm,按照标筋,用大杠刮平,用木抹子搓平。

3)每层每次抹灰厚度应小于 10mm,如找平有困难需增加厚度,则应分层、分次逐步加厚,每次间隔时间,应待第一次抹灰层终凝后进行,切忌连续流水作业。

4)大面抹灰前的"冲筋"砂浆,埋设管线、暗线外的修补找平砂浆,应与大面抹灰材料一致,切忌采用高强度等级的砂浆。

5)外墙抹灰应进行养护。

6)外墙抹灰,在寒冷地区不宜冬期施工。

7)底灰与基层表面应粘结良好,不得空鼓、开裂。

8)对各种砂浆与墙面粘结力的要求是:

1:3 砂子灰(石灰砂浆)$\geqslant 0.8 \text{kg/cm}^2$;

1:1:6 水泥石灰砂浆$\geqslant 2.0 \text{kg/cm}^2$;

1:3:9 水泥石灰砂浆$\geqslant 1.5 \text{kg/cm}^2$。

9)在加气混凝土表面上抹灰,防止空鼓开裂的措施目前有三种:一是在基层上涂刷一层"界面处理剂",封闭基层;二是在砂浆中掺入胶结材料,以改善砂浆的粘结性能;三是涂刷"防裂剂"。将基层表面清理干净,提前用水湿润,即可抹底灰,待底层灰修整、压光并收water时,在底灰表面及时刷或喷一道专用的防裂剂,接着抹中层灰,同样方法,在中层表面刷(喷)一道专用防裂剂再抹面层灰。如果在其面层上再罩一道防裂剂,见湿而不流,则效果更佳。

3. 外墙细部抹灰

(1)阳台。阳台抹灰,是室外装饰的重要部分,要求各个阳台上下成垂直线,左右成水平线,进出一致,各个细部划一,颜色一致。抹灰前要注意清理基层,把混凝土基层清扫干净并用水冲洗,用钢丝刷子将基层刷到露出混凝土新槎。阳台抹灰找规矩的方法是,由最上层阳台突出阳角及靠墙阴角往下挂垂线,找出上下各层阳台进出误差及左右垂直误差,以大多数阳台进出及左右边线为依据,误差小的,可以上下左右顺一下,误差太大的,要进行必要的结构处理。对于各相邻阳台要拉水平通线,对于进出及高低差太大的也要进行处理。根据找好的规矩,确定各部位大致抹灰厚度,再逐层逐个找好规矩,做灰饼抹灰。最上层两头最外边两个抹好后,以下都以这两个挂线为准做灰饼。抹灰还应注意排水坡度方向,要顺着阳台两侧的排水孔,不要抹成倒流水。阳台底面抹灰与顶棚抹灰相同。清理基体(层)、湿润、刷素水泥浆、分层抹底层、中层水泥砂浆,面层有抹纸筋灰的,也有刷白灰水的。阳台上面用1:3水泥砂浆做面层抹灰。阳台挑梁和阳台梁,也要按规矩抹灰,高低进出要整齐一致,棱角清晰。

(2)窗台。窗台抹灰分为外窗台抹灰和内窗台抹灰,其操作工艺要点如下:

1)外窗台。外窗台一般用1:2.5水泥砂浆打底,1:2水泥砂浆罩面。窗台的操作难度较大,一个窗台有五个面、八个角,一条凹档,一条滴水线或滴水槽,其质量要求较高,表面应平整光洁,棱角清晰,与相邻窗台的高度进出要一致,横竖都要成一条线,排水流畅,不渗水,不湿墙。

①找规矩。抹灰前,要先检查窗台的平整度,以及与左右上下相邻窗台的关系。窗台与窗框下坎的距离是否满足要求。再将基体清理干净,浇水湿润,用水泥砂浆将下槛间隙填塞密实。

②抹灰。应先打底,厚度为10mm。先抹立面,后抹平面再底面,最后侧面。用八字尺卡住,上灰用抹子搓平,第二天用1:2水泥砂浆罩面。

③滴水槽(线)。外窗台抹灰,一般应做滴水槽(线),以阻止雨水沿窗台往墙面上流淌,做法在底面距为2cm处粘贴分格条,成活取掉即成。滴水线做法是将窗台下边口的直角改成锐角,并将角往下伸约10mm,形成滴水线。

2)内窗台。方法同外窗台一样。内窗台抹灰平整,窗台两端抹灰要超过窗口6cm,由窗台上皮往下抹4cm。

(3)压顶。压顶一般为女儿墙顶现浇的混凝土板带(也有用砖砌的)。压顶要求表面平整光洁,棱角清晰,水平成线,突出一致。因此,抹灰前一定要拉水平通线,对于高低出进上不线的要凿掉或补齐。但因其有两面檐口,在抹灰时一面要做流水坡度,两面都要设滴水线。

三、顶棚抹灰

1. 工艺流程

(1)基层处理。混凝土顶棚抹灰的基层处理,除应按一般基层处理要求进行处理外,还要检查楼板有否下沉或裂缝。如为预制混凝土楼板,则应检查其板缝是否已用细石混凝土灌实,若板缝灌不实,顶棚抹灰后会顺板缝产生裂纹。近年来无论是现浇或预制混凝土,都大量采用钢模板,故表面较光滑,如直接抹灰,砂

第十二章 装饰装修工程施工技术

浆粘结不牢,抹灰层易出现空鼓、裂缝等现象,为此在抹灰时,应先在清理干净的混凝土表面用茅扫帚刷水后刮一遍水灰比为 0.37~0.40 的水泥浆进行处理,方可抹灰。

(2)找规矩。顶棚抹灰通常不做标志块和标筋,用目测的方法控制其平整度,以无明显高低不平及接槎痕迹为标准。先根据顶棚的水平线,确定抹灰的厚度,然后在墙面的四周与顶棚交接处弹出水平线,作为抹灰的水平标准。

(3)底、中层抹灰。一般底层砂浆采用配合比为水泥：石灰膏：砂＝1：0.5：1 的水泥混合砂浆,底层抹灰厚度为 2mm。抹中层砂浆的配合比一般采用水泥：石灰膏：砂＝1：3：9 的混合砂浆,抹灰厚度为 6mm 左右,抹后用软刮尺刮平赶匀,随刮随用长毛刷子将抹印顺平,再用木抹子搓平,顶棚管道周围用小工具顺平。抹灰的顺序一般是由前往后退,并注意其方向必须同基体的缝隙(混凝土板缝)成垂直方向,这样容易使砂浆挤入缝隙,牢固结合。抹灰时,厚薄应掌握适度,随后用软刮尺赶平。如平整度欠佳,应再补抹和刮平,但不宜多次修补,否则容易搅动底灰而引起掉灰。如底层砂浆吸水快,应及时洒水,以保证与底层粘结牢固。在顶棚与墙面的交接处,一般是在墙面抹灰完成后再补做;也可在抹顶棚时,先将距顶棚 20~30cm 的墙面同时完成抹灰,方法是用钢抹子在墙面与顶棚交角处添上砂浆,然后用木阴角器抽平压直即可。

(4)面层抹灰。待中层抹灰到六七成干,即用手按不软但有指印时,再开始面层抹灰。如使用纸筋石灰或麻刀石灰时,一般分两遍成活。其涂抹方法及抹灰厚度与内墙面抹灰相同,第一遍抹得越薄越好,随之抹第二遍。抹第二遍时,抹子要稍平,抹完后等灰浆稍干,再用塑料抹子或压子顺着抹纹压实压光。

2. 顶棚抹灰分层做法

顶棚抹灰一般分 3~4 遍(层)成活,根据抹灰等级(分普通、中级、高级抹灰三个档次)定,每遍抹灰厚度和使用灰浆材料及配合比均有所不同。抹灰层平均总厚度不得大于下列规定：当为板条抹灰及在现浇钢筋混凝土基体下直接抹灰为 15mm；当在预制钢筋混凝土基体下直接抹灰时为 18mm；当为钢板网抹灰时(包括板条钢板网)为 20mm,越薄越好。

3. 顶棚直接抹灰施工方法

(1)准备工作。顶棚直接抹灰是指在现浇钢筋混凝土或预制钢筋混凝土基体下直接抹灰,所以,首先必须检查基体有无裂缝或其他缺陷,表面有无油污、不洁或附着杂物(撬模板缝的纸、油毡及钢丝、钉帽等),如为预制钢筋混凝土板,则检查其灌缝砂浆是否密实。其次,必须检查暗埋电线之接线盒或其他一些设施安装件是否已安装和保护完善。如均无问题,即应在基体表面满刷水灰比为 0.37~0.40 的纯水泥浆一道。如基体表面光滑(模板采用胶合板或钢模板并涂刷脱模剂者,混凝土表面均比较光滑),应涂刷"界面处理剂",或凿毛,或甩聚合物水泥砂浆(参考重量配合比为白乳胶：水泥：水＝1：5：1)形成一个一个小疙瘩等进行处理,以增加抹灰层与基体之粘结强度,防止抹灰层剥落、空鼓现象发生。需要强调的是石灰膏应提前熟化透,并经细筛网过滤,未经熟化透的石灰膏不得使用;纸筋应提前除去尘土、泡透、捣烂,按比例掺入石灰膏中使用,罩面灰浆用的纸筋宜机碾磨细后使用;麻刀(丝)要求坚韧、干燥,不含杂质,剪成20~30mm长并敲打松散,按比例掺入石灰膏中使用。

(2)弹线。视设计要求抹灰档次及抹灰面积大小等情况,在墙柱面顶弹出抹灰层控制线。一般小面积普通抹灰顶棚用目测控制其抹灰面平整度及阴阳角顺直即可。大面积高级抹灰顶棚则应找规矩、找水平、作灰饼及冲筋等。

(3)分遍成活。具体分遍(层)方法及其相应灰浆配合比见表12-1。顶棚抹灰遍数应越多越好、每遍厚度越薄越好,以能抹平整为准。抹灰前应对混凝土基体提前洒(喷)水润湿,抹时应一次用力抹灰到位,并初平,不宜翻来覆去扰动,以免引起掉灰,待稍干后再用搓板刮尺等刮平,最后一遍需压光,阴阳角应用角模拉顺直。抹面层灰时可在中层灰六七成干时进行,预制板抹灰时必须沿板缝方向垂直进行,抹水泥类灰浆后需注意洒(喷)水养护(石灰类灰浆自然养护)。

四、机械喷灰

机械喷灰就是把搅拌好的砂浆,经振动筛后倾入灰浆输送泵,通过管道,再借助于空气压缩机的压力,连续均匀地喷涂于墙面或顶棚上,经过找平搓实,完成底子灰全部程序,如图12-4所示。

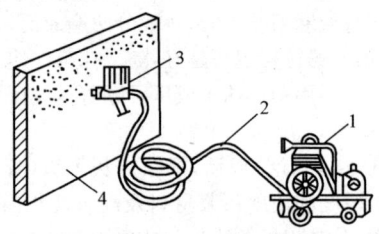

图12-4 机械喷灰
1—空气压缩机;2—输气胶管;3—喷枪;4—墙体

采用机械喷灰,往往把所运用的机具设备集中组装在一辆牵引车上,同时还要配备较多的人,所以,经综合经济分析,机械喷灰适宜用在面积较大的抹灰工程中,最好是建筑群。

(一)主要施工机具设备

砂浆输送泵(柱塞直给式、隔膜式、灰气联合)、组装车(UBJ0.8型、UBJ1.2型、UBJ1.8型)、管道、喷枪头(大泵喷枪头、小泵喷枪头)。

(二)工艺流程

机械喷灰工艺流程如图12-5所示。

第十二章 装饰装修工程施工技术

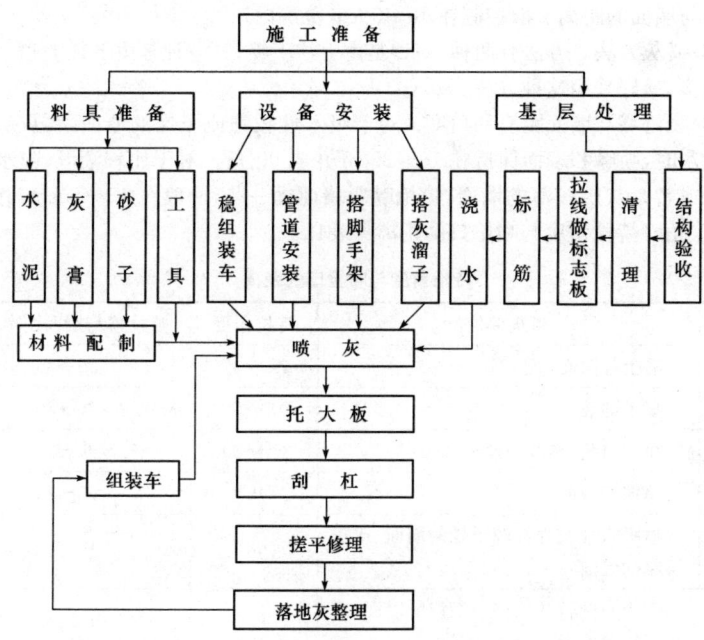

图 12-5 机械喷灰工艺流程

(三)施工准备

(1)组装车安装就位:按施工平面布置图就位,合理布置,缩短管路,力争管径一致。

(2)安装好室内外管线,临时固定,防止施工时移动。

(3)检查主体结构是否符合设计要求,不合格者,应返工修补。

(4)选择合适的砂浆稠度,用于混凝土基层表面时为 9～10cm,用于砖墙表面时为 10～12cm。

(5)检查机具。在未喷灰前,应提前检查机械、管道能否正常运转。

(四)施工技术要点

1. 冲筋

内墙冲筋可分为两种形式,一种是冲横筋,在屋内 3m 以内的墙面上冲两道横筋,上下间距 2m 左右,下道筋可在踢脚板上皮;另一种为立筋,间距为 1.2～1.5m,作为刮杠的标准。每步架都要冲筋。

2. 喷灰

(1)喷灰姿势。喷枪操作者侧身而立,身体右侧近墙,右手在前握住喷枪上方,左手在后握住胶管,两脚叉开,左右往复喷灰,前档喷完后,往后退喷第二档。

喷枪口与墙面的距离一般控制在 10～30cm 范围内。

（2）喷灰方法。方法有两种，一种是由上往下喷；另一种是由下往上喷。后者优点较多，最好采用这种方法。

（3）喷枪嘴与墙面距离和角度。对于吸水性较强或干燥的墙面，在灰层厚的墙面喷灰时，喷嘴和墙面保持在 10～25cm 并成 90°角。对于比较潮湿、吸水性弱的墙面或者是灰层较薄的墙面，喷枪嘴距墙面远一些，一般在 15～30cm，并与墙面成 65°角。持枪角度与喷枪口的距离见表12-2。

表 12-2　　　　　　　持枪角度与喷枪口的距离

序号	喷灰部位	持枪角度	喷枪口与墙面距离/cm
1	喷上部墙面	45°→35°	30→45
2	喷下部墙面	70°→80°	25→30
3	喷门窗角（离开门窗框 2cm）	30°→10°	6→10
4	喷窗下墙面	45°	5～7
5	喷吸水性较强或较干燥的墙面，或灰层厚的墙面	96°	10～15
6	喷吸水性较弱或比较潮湿的墙面，或灰层较薄墙面	65°	15～30

注：1. 表中带有→符号的系随着往上喷涂而逐渐改变角度或距离。
　　2. 喷枪口移动速度应按出灰量和喷墙厚度而定。

（4）喷灰路线。内墙面喷灰线路可按由下往上和由上往下的 S 形巡回进行。由上往下喷时，灰层表面平整，灰层均匀，容易掌握厚度，无鱼鳞状，但操作时如果不熟练容易掉灰。由下往上喷射时，在喷涂过程中，由于已喷在墙上的灰浆对喷在上部的灰浆能起截挡作用，因而减少了掉灰现象，在施工中应尽量选用这种方法。

3. 托大板

托大板的主要任务是将喷涂于墙面的砂浆取高补低，初步找平，给刮杠工序创造条件。托大板的方法是：在喷完一长块后，先把下部横筋清理出来，把大板沿上部横筋斜向往上托一板，再把上部横筋清理出来，沿上部横筋斜向托一板，最后在中部往上平托板，使喷灰层的砂浆基本平整。

4. 刮杠

刮杠是根据冲筋厚度把多余的砂浆刮掉，并稍加搓揉压实，确保墙面的平直，为下一道抹灰工序创造条件。刮杠的方法是当砂浆喷涂于墙上后，刮杠人员紧随在托大板的后边，随喷、随托、随刮。第一次喷涂后用大板略刮一下，主要是把喷溅到筋上的砂浆刮掉，待砂浆稍干后再刮第二遍，进行第二次刮杠，找平揉实。刮杠时,长杠紧贴上下两筋,前棱稍张开,上下刮动,并向前移动。刮杠人员要随时告诉喷枪手哪里要补喷,以保持工程质量。

5. 搓抹子

搓抹子的主要作用是把喷涂于墙面的砂浆,通过基本找平后,由它最后搓平以及修补,为罩面工作创造工作面。它的操作方法与手工抹灰操作方法基本相同。

6. 清理

清理落地灰是一项重要工序,否则会给下一道工序造成困难,同时也是节约材料的一项措施,清理工必须及时把落地灰通过灰溜子倾倒下,以便再稍加石灰膏通过组装车重新使用。

五、施工允许偏差

一般抹灰的允许偏差见表12-3。

表 12-3　　　　　　　　一般抹灰的允许偏差

项次	项 目	允许偏差/mm		检验方法
		普通抹灰	高级抹灰	
1	立面垂直度	4	3	用2m垂直检测尺检查
2	表面平整度	4	3	用2m靠尺和塞尺检查
3	阴阳角方正	4	3	用直角检测尺检查
4	分格条(缝)直线度	4	3	拉5m线,不足5m拉通线,用钢直尺检查
5	墙裙、勒脚上口直线度	4	3	拉5m线,不足5m拉通线,用钢直尺检查

注:1. 普通抹灰,本表第3项阴阳角方正可不检查。
　　2. 顶棚抹灰,本表第2项表面平整度可不检查,但应平顺。

六、冬雨期抹灰

(1)冬期抹灰砂浆应采取保温措施。涂抹时,砂浆的温度不宜低于5℃。

砂浆抹灰层硬化初期不得受冻。气温低于5℃时,室外抹灰所用的砂浆可掺入能降低冻结温度的外加剂,其掺量应由试验确定。

做涂料墙面的抹灰砂浆,不得掺入含氯盐的防冻剂。

(2)用冻结法砌筑的墙,室外抹灰应待其完全解冻后施工;室内抹灰应待抹灰的一面解冻深度不小于墙厚的一半时,方可施工,不得用热水冲刷冻结的墙面或用热水消除墙面的冰霜。

(3)冬期施工,抹灰层可采用热空气或带烟囱的火炉加速干燥。如采用热空气时,应设通风设备,排除湿气。

(4)雨期抹灰应采取防雨措施,防止终凝前的抹灰层受雨淋而损坏。

(5)在高温、多风、空气干燥的季节抹灰时,应对门窗进行封闭,然后进行。

第二节 门窗工程

常用门窗有木门窗、钢门窗、塑钢门窗、铝合金门窗彩钣钢门窗等。门窗施工,木门窗一般分前后两次安装,先装门窗框,抹灰后再装门窗扇。铝合金、塑钢、彩钣等门窗,可框扇分两次安装或框扇组合一次安装。一般宜在抹灰后进行,如需在抹灰前时进行,就必须加强成品保护。由于木窗因易腐朽变形,所以已逐步被其他窗料所代替。

一、钢门窗安装

(一)基本构造

1. 钢窗的构造

钢窗从构造类型上有"一玻"及"一玻一纱"之分。实腹钢窗料的选择一般与窗扇面积、玻璃大小有关,通常25mm钢料用于550mm宽度以内的窗扇;32mm钢料用于700mm宽的窗扇;38mm钢料用于700mm宽的窗扇。钢窗一般不做窗头线(即贴脸板),如做窗头线则须先做筒子板,均用木材制作,也可加装木纱窗。钢窗如加装铁纱窗时,窗扇外开,而铁纱窗固定于内侧。大面积钢窗,可用各式标准窗拼接组装而成。其拼条连接方式有扁钢、型钢、钢管及空腹薄壁钢等形式。钢窗五金以钢质居多,也有表面镀铬或上烘漆的。撑头用于开窗时固定窗扇,有单杆式撑头、双根滑动牵筋、套栓撑档或螺钉匣式牵筋等,均可调整窗扇开启大小与通风量。执手在钢窗关闭时兼作固定之用,有钩式与旋转式两种,钩式可装纱窗,旋转式不可装纱窗。

2. 钢门的构造

钢门的形式有半玻璃钢板门(也可为全部玻璃,仅留下部少许钢板,常称为落地长窗)、满镶钢板门(为安全和防火之用)。实腹钢门框一般用32mm或38mm钢料,门扇大的可采用后者。门芯板用2~3mm厚的钢板,门芯板与门梃、冒头的连接,可于四周镶扁钢或钢皮方线脚焊牢;或做双面钢板与门的钢料相平。钢门须设下槛,不设中框,两扇门关闭时,合缝应严密,插销应装在门梃外侧合缝内。钢门安装及钢窗构造分别如图12-6、图12-7

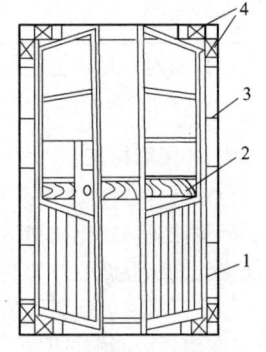

图12-6 钢门安装基本形式

1—门洞口;2—临时木撑;
3—铁脚;4—木楔

所示。

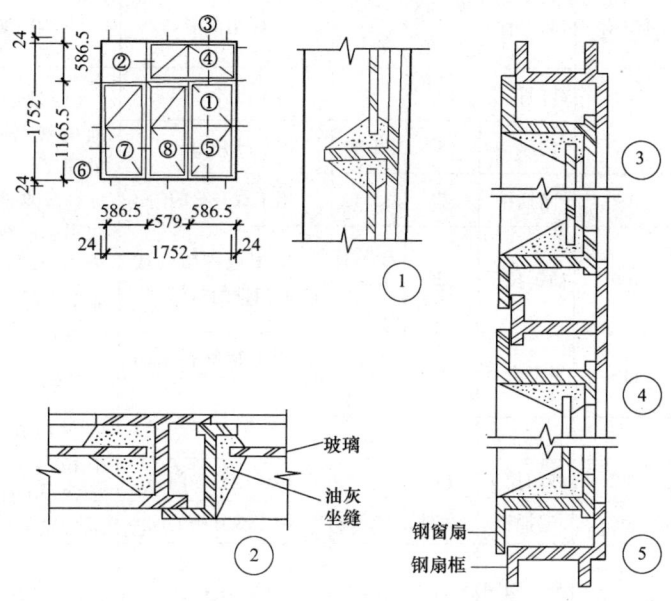

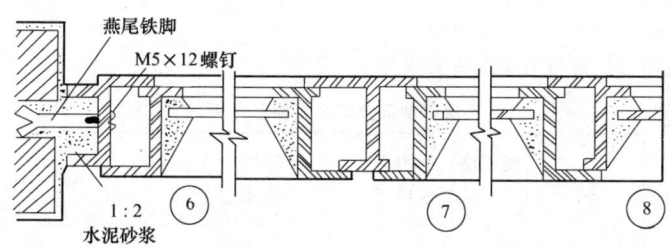

图 12-7 钢窗构造示例

(二)钢门窗五金配件的选用

实腹钢门、钢窗与空腹钢门、钢窗的五金配件各有不同的要求,其详细情况如下:

1. 实腹钢门的五金配件要求

实腹钢门的部分五金配件要求见表 12-4。

表 12-4　　　　　　　实腹钢门部分五金零件选用表

	序号	代号	名称	规格/mm	适用窗料	应用范围	附注
铁质零件	1	221	纱门拉手	100	32	用于内开纱门	(1)铁质零件表面电镀锌后钝化处理 (2)409插销拉手仅用于一般民用宿舍阳台门,不配门锁的钢门
	2	347	门风钩	184	32、40	用于外开阳台门	
	3	407	暗插销	375	32、40	用于双开扇的门	
	4	409	插销拉手	120	32、40	用于单户阳台或不配门锁的钢门	
铜质零件	5	116	平页合页	90	40	用于特殊要求的钢门	钢门弹子锁 32 料钢门配 9471 或 9472,40 料钢门配 9477 或 9478
	6	118	长页合页	90	40		
	7	222	纱门拉手	100	32	用于内开纱门	
	8	408	暗插销	375	32、40	用于双开扇的门	
	9	420A～423B	弹子门锁		32、40		

2. 实腹钢窗的五金配件要求

实腹钢窗的部分五金配件要求见表 12-5。

表 12-5　　　　　　　实腹钢窗部分五金零件选用表

	序号	代号	名称	规格/mm	适用窗料	应用范围	附注
铁质零件	1	201A 202A	左执手 右执手		25、32	外开启平开窗	(1)铁质零件表面电镀锌后钝化处理 (2)330、332 双臂外撑和 336 双臂内撑用的 5×16 撑杆和滑动杆,采用冷拉扁钢加工
	2	201B 202B	左执手 右执手		25、32	内开启的双扇或单扇平开窗	
	3	201C 202C	左执手 右执手		25、32	内开启的带固定的平开窗	
	4	301	上套眼撑	255	25、32	上悬窗	

第十二章 装饰装修工程施工技术

续一

	序号	代号	名称	规格/mm	适用窗料	应用范围	附注
铁质零件	5	302	下套眼撑	235~255	25、32	用平页合页或角型合页的外开启平开窗	(3)330、332双臂外撑仅用于双层窗的外层向外开启的平开窗 (4)201-02斜形轧头由制造厂铆在窗上出厂
	6	330	双臂外撑	240	25、32	用平页合页的外启平开窗	
	7	332	双臂外撑	280	25、32	用角型合页的外启平开窗	
	8	336	双臂内撑	240	25、32	用平页合页的内启平开窗	
铜质零件	9	205A 206A	左执手 右执手		32、40	外开启平开窗	(1)铜质零件表面需打砂抛光,装配后涂特种淡金水一层以免变色;铁质附件表面电镀锌钝化处理 (2)330、331、332、333双臂外撑,适用双层窗的外层向外开启的平开窗
	10	205B 206B	左执手 右执手		32、40	内开启的双扇或单扇平开窗	
	11	205C 206C	左执手 右执手		32、40	内开启的带固定平开窗	
	12	209A 210A	联动左执手 联动右执手		32、40	窗扇高度在1500mm以上的外开启平开窗	
	13	209B 210B	联动左执手 联动右执手		32、40	窗扇高度在1500mm以上的双扇或单扇内开启平开窗	
	14	209C 210C	联动左执手 联动右执手		32、40	窗扇高度在1500mm以上的带固定的内开启平开窗	
	15	306	上套眼撑	255	32、40	上悬窗	
	16	307	下套眼撑	235~255	32.40	用平页合页或角型合页的外开启平开窗	
	17	330	双臂外撑	240	32	用平页合页的外启平开窗	
	18	331	双臂外撑	260	40	用平页合页的外启平开窗	

续二

	序号	代号	名称	规格/mm	适用窗料	应用范围	附注
铜质零件	19	332	双臂外撑	280	32	用角型合页的外开启平开窗	(3)铜质零件亦可用925锌合金代用，表面镀铜、镍、铬抛光或做墨色
	20	333	双臂外撑	310	40	用角型合页的外开启平开窗	
	21	336	双臂外撑	240	32、40	用平页合页的内开启平开窗	

3. 空腹钢门的五金配件要求

空腹钢门的部分五金配件要求见表12-6。

表12-6　　　　空腹钢门部分五金零件选用表

	序号	代号	名称	规格/mm	应用范围
铁质零件	1	ML30—01	平页合页	80	单开,双开,无亮子,带亮子门
	2	ML31—01	上套眼撑	255	单双,双开,带亮子上悬窗门
	3	ML30—02	下悬窗左合页	42	单开,双开,带亮子下悬窗门
	4	ML30—02右	下悬窗右合页	42	单开,双开,带亮子下悬窗门
	5	ML32—01左	下悬窗左连杆	240	单开,双开,带亮子下悬窗门
	6	ML32—01右	下悬窗右连杆	240	单开,双开,带亮子下悬窗门
	7	ML33—01	蝴蝶插销		单开,双开,带亮子下悬窗门
	8	ML36—02	暗插销	500	双开,无亮子门
	9	ML36—01	暗插销	300	双开,无亮子,带亮子上、下悬固定窗门
	10	9441	单头插芯门锁		单开,双开钢门
	11	ML34—01	纱门拉手		单开,双开钢纱门
	12	ML30—03	纱门弹簧合页	46～52	单开,双开钢门纱门

4. 空腹钢窗的五金配件要求

空腹钢窗的部分五金配件要求见表12-7。

表 12-7　　　　　　　　空腹钢窗部分五金零件选用表

	序号	名　称	规格/mm	适用范围
铁质零件	1	圆心合页	57	用于中悬扇、中悬平开扇
	2	平页合页	57	用于中悬平开扇、平开扇、平开扇带腰窗扇
	3	角型（或长页）	44	用于中悬平开扇、平开扇带腰窗扇
	4	合页	260	用于平开扇带腰窗扇
	5	套栓上撑档	235～260	用于中悬平开扇、平开带腰窗扇
	6	套栓下撑档		用于中悬平开扇、平开带腰窗扇
	7	外开执手		用于平开扇、平开带腰窗扇
	8	内开执手	50～60	用于中悬平开扇、中悬平开扇
	9	蝴蝶插销	52	用于平开扇
	10	扣窗合页	125～100	用于平开扇
	11	扣窗扣钩	260	用于平开扇
	12	扣窗上撑档	240	用于平开扇
	13	扣窗下撑档(左)	240	用于平开扇
		扣窗下撑档(右)		

（三）安装方法

1. 画线定位

按照设计图纸要求,在门窗洞口上弹出水平和垂直控制线,以确定钢门窗的安装位置、尺寸、标高。水平线应从+50cm水平线上量出门窗框下皮标高拉通线;垂直线应从顶层楼门窗边线向下垂吊至底层,以控制每层边线,并做好标志,确保各楼层的门窗上下、左右整齐划一。

2. 钢门窗就位

（1）钢门窗安装前,应按设计图纸要求核对钢门窗的型号、规格、数量是否符合要求;拼樘构件、五金零件、安装铁脚和紧固零件的品种、规格、数量是否正确和齐全。

（2）钢门窗安装前,应逐樘进行检查,如发现钢门窗框变形或窗角、窗梃、窗心有脱焊、松动等现象,应校正修复后方可进行安装。

（3）检查门窗洞口内的预留孔洞和预埋铁件的位置、尺寸、数量是否符合钢门窗安装的要求,如发现问题应进行修整或补凿洞口。

（4）安装钢门窗时必须按建筑平面图分清门窗的开启方向是内开还是外开,单扇门是左手开启还是右手开启。然后按图纸的规格、型号将钢门窗樘运到安装洞口处,并要靠放稳当。

（5）在搬运钢门窗时,不可将棍棒等工具穿入窗心或窗梃起吊或杠抬,严禁抛、摔,起吊时要选择平稳牢固的着力点。

(6)将钢门窗立于图纸要求的安装位置,用木楔临时固定,将其铁脚插入预留孔中,然后根据门窗边线、水平线及距外墙皮的尺寸进行支垫,并用托线板靠吊垂直。

(7)钢门窗就位时,应保证钢门窗上框距过梁要有20mm缝隙,框左右缝宽一致,距外墙皮尺寸符合图纸要求。

3. 钢门窗固定

(1)钢门窗就位后,校正其水平和正、侧面垂直,然后将上框铁脚与过梁预埋件焊牢,将框两侧铁脚插入预留孔内,用水把预留孔内湿润,用1∶2较硬的水泥砂浆或C20细石混凝土将其填实后抹平。终凝前不得碰动框扇。

(2)3d后取出四周木楔,用1∶2水泥砂浆把框与墙之间的缝隙填实,与框同平面抹平。

(3)若为钢大门时,应将合页焊到墙中的预埋件上。要求每侧预埋件必须在同一垂直线上,两侧对应的预埋件必须在同一水平位置上。

(四)施工允许偏差

钢门窗安装的留缝限值和允许偏差见表12-8。

表12-8　　　　　钢门窗安装的留缝限值和允许偏差

项次	项目		留缝限值/mm	允许偏差/mm	检验方法
1	门窗槽口宽度、高度	≤1500mm	—	2.5	用钢尺检查
		>1500mm	—	3.5	
2	门窗槽口对角线长度差	≤2000mm	—	5	用钢尺检查
		>2000mm	—	6	
3	门窗框的正、侧面垂直度		—	3	用1m垂直检测尺检查
4	门窗横框的水平度		—	3	用1m水平尺和塞尺检查
5	门窗横框标高		—	5	用钢尺检查
6	门窗竖向偏离中心		—	4	用钢尺检查
7	双层门窗内外框间距		—	5	用钢尺检查
8	门窗框、扇配合间隙		≤2	—	用塞尺检查
9	无下框时门扇与地面间留缝		4~8	—	用塞尺检查

二、铝合金门窗安装

(一)基本构造

(1)铝合金门窗的特点。铝合金门窗与普通木门窗、钢门窗相比,主要特点如下:

1)轻。铝合金门窗用材省、重量轻,平均耗用铝型材重量只有 8~12kg/m² (钢门窗耗钢材重量平均为 17~20kg/m²),较钢木门窗轻 50%左右。

2)性能好。铝合金门窗较木门窗、钢门窗突出的优点是密封性能好,气密性、水密性、音性好。

3)色调美观。铝合金门窗框料型材表面经过氧化着色处理,可着银白色、古铜色、暗色、黑色等柔和的颜色或带色的花纹。制成的铝合金门窗表面光洁、外观美丽、色泽牢固,增加了建筑物立面和内部的美观。

4)耐腐蚀,使用维修方便。铝合金门窗不需要涂漆,不褪色、不脱落,表面不需要维护;铝合金门窗强度高,刚性好,坚固耐用,开闭轻便灵活,无噪声,现场安装工作量较小,施工速度快。

5)便于进行工业化生产。铝合金门窗从框料型材加工、配套零件及密封件的制作,到门窗装配试验都可以在工厂内进行大批量工业化生产,有利于实现门窗产品设计标准化、产品系列化、零配件通用化,有利于实现门窗产品商品化。

(2)铝合金门窗的类型。铝合金门窗按其结构与开闭方式可分为推拉窗(门)、平开窗(门)、固定窗、悬挂窗、回转窗(门)、百叶窗、纱窗等。所谓推拉窗是窗扇可沿左右方向推拉启闭的窗;平开窗是窗扇绕合叶旋转启闭的窗;固定窗是固定不开启的窗。

(二)铝合金门窗制作材料选购

施工前材料的准备主要有各种规格铝合金型材、门锁、滑轮、螺钉、拉铆钉、地弹簧、橡胶条、玻璃胶等,机具主要有切割机、手电锯、射钉枪,以及所需量具和其他一些常用的手工工具。

门窗料的选择应当考虑材料的性能及其他各项技术指标。一般情况下,门窗料的表面色彩常用古铜色氧化膜(深古铜色、浅古铜色、银白色氧化膜、金色氧化膜等)。氧化膜的厚度应根据设计上的要求去选购,并根据使用的部位应有所区别。

如室内与室外相比,室外对氧化膜的要求应厚一些;根据所在的地区,对氧化膜的要求也应有所区别,如沿海地区和较干燥的内陆城市相比,沿海由于受海风侵蚀较内陆严重,那么,沿海地区对氧化膜的要求应比内陆厚一些,建筑的等级不同,对氧化膜的厚度往往也不一样。所以,氧化膜厚度的确定,应根据气候条件、使用部位、建筑物的等级等诸因素综合考虑。既要考虑耐久性,也要注意经济因素。因为氧化膜厚度增加,型材的造价也相应提高。

门、窗料的断面几何尺寸目前已经系列化,但对断面的板壁厚度往往没有硬性规定。虽然断面是空腹薄壁组合断面,但板壁的宽度对耐久性及工程造价影响较大。如果板壁太薄,尽管是组合断面,但也因太薄而易使表面受损或变形,相应的也影响了门、窗抗风压能力。相反,如果板壁较厚,对耐久性有利,可是型材一吨料所加工的铝合金门、窗面积就会减少,投资效益受到一定的影响。所以,门、窗料的板壁厚度应合理,过厚、过薄都是不妥的。一般建筑所用的窗料板壁厚度不宜小于 1.6mm,门的断面板壁厚度不宜小于 2mm。

各种配件应按设计要求合理选用。

门的地弹簧应为不锈钢面或铜面,使用前进行前后左右、开闭速度的调整。液压部分不漏油,暗插为锌合金压铸件,表面镀铬或覆膜。门锁应为双面可开启的锁,门的推手可因设计要求不同而有所差异。除了满足推、拉使用要求外,其装饰效果占有较大比重。所以,弹簧门的推手常用铝合金、不锈钢等材料制成。造型差异较大,有方的,有圆的。

推拉窗的拉锁色彩可按设计要求选定,其规格应与窗的规格配套使用,常用锌合金压铸制品,表面镀铬或覆膜。也可用铝合金拉锁,表面氧化,滑轮常用尼龙轮,滑轮是通过滑轮架固定在窗上,滑轮架为镀锌钢制品。

平开窗的窗铰应为不锈钢制品,钢片厚度不宜小于 1.5mm,并且有松、紧调节装置。滑块一般为铜制品,执手为锌合金压铸制品,表面镀铬或覆膜。也可用铝合金制品,表面氧化。

除了开启扇以外,固定扇使用也不少。因为在大面积的铝合金带形窗中,使用的角度,有时并不需要全部开启,往往安装一部分固定窗。这样做,不仅可以降低工程造价(因为配件减少,安装简单),同时也为门、窗的维修带来方便。

固定扇可以用推拉窗扇料,用螺丝固定在窗框上即可。也可以用铝通做框,然后将小方通或槽形压条用螺丝固定在玻璃两侧,起到镶嵌玻璃凹槽的作用。玻璃与小方通之间留有封缝密封的间隙。在大面积固定扇中,此种办法用得较多,不仅可以降低工程造价,也可因铝通规格较多,刚度好,将窗扇做得较大。如门厅、会议室等面积较大的带形窗,采用这种办法较多。

(三)铝合金门窗制作与安装

1. 门窗制作

门扇制作时要求慎重选料与下料。选料时要充分考虑材料表面的色彩、料型、壁厚等因素,以保证足够的刚度、强度与装饰性。在确认材料的特点与适用部位之后,要按照设计尺寸进行下料。

在一般的家庭住宅装修中,如果没有详细的设计图样,仅有门窗洞口尺寸和门扇划分尺寸,下料时要在门窗洞口尺寸中减去安装缝、门窗框尺寸,其余按照门窗扇数均分调整大小。要先计算、画简图,再按图下料。下料原则是竖向框架要满足门窗扇通长高度需要,横档则是总宽度减去竖向框架的宽度。

切割时要用切割锯严格按照下料的尺寸准确切割。

门扇组装时应先在竖梃上拟安装部位用手电钻钻孔,用钢筋螺栓连接。钻孔孔径应大于钢筋直径。角铝连接部位靠上或靠下,视角铝规格而定,角铝规格一般选用 22mm×22mm,钻孔可在上下 10mm 处,钻孔直径小于自攻螺栓。两边梃的钻孔部位应一致,否则会使横档不平。

第十二章 装饰装修工程施工技术

门扇各节点的固定,上下横档(也有的地区称之为冒头)多数用套螺纹的钢筋固定,中横档用角铝(亦称为角马子)以自攻螺栓固定。先将角铝用自攻螺栓连接在两个边梃上,上下冒头中穿入套螺纹钢筋,套螺纹钢筋再从钻孔中深入边梃,中横档套在角铝上。接着用扳手将上、下冒头用螺母拧紧,中横档再用手电钻上、下钻孔,用自攻螺栓拧紧即可。

安装锁具与拉手时,应先在拟安装的部位用手电钻钻孔,再用曲线锯切割锁孔洞,随后将锁具安装上去。在门梃边上,门锁两边要对正,为保证安装精度,一般在门扇安装后再安装门锁。

制作门框时要根据门的大小,按照设计尺寸下料。一般都是选择 50mm×70mm、50mm×100mm、100mm×25mm 型材做门框梁,具体做法与门扇制作相同。

门框组装时,应先在门的上框和中框部位的边框上钻孔安装角铝,然后将中、上框套在角铝上,用自攻螺栓固定。最后在门框左右设扁铁连接件,并用自攻螺栓紧固。

铝合金窗的制作与安装方法同样包括材料与机具的准备、窗扇制作、窗框制作、窗扇的安装等工序,其中材料与机具的准备、窗扇的安装等工序与铝合金门的准备与安装方法相同。

窗扇制作包括选料、下料和组装。窗扇制作的选料要求基本与门扇制作相同,选好竖向边梃和上、下冒头的窗料以后,将两侧竖向边梃上、下端铣出榫槽,槽的长度分别等于上、下内框的高度,然后在边梃壁上适当的高度钻孔,用不锈钢螺钉固定角铝。

窗扇组装时将上、下冒头深入边的上、下端榫槽之中(铝合金型材断面在设计时已考虑到使上、下冒头的宽度等于边梃内壁的宽度),在上、下冒头与角铝的搭接处钻孔,用不锈钢螺钉拧入,组装窗扇的四个脚都要垂直,随时调整,经检查无扭曲变形后固定,以防窗扇变形影响安装。

2. 铝合金门窗安装方法

(1)画线定位。根据设计图纸和土建施工所提供的洞口中心线及水平标高,在门窗洞口墙体上弹出门窗框位置线。放线时应注意:同一立面的门窗在水平与垂直方向应做到整齐一致,对于预留洞口尺寸偏差较大的部位,应采取妥善措施进行处理。根据设计,门窗可以立于墙的中心线部位,也可将门窗立于内侧,使门窗框表面与内饰面齐平,但在实际工程中将门窗立于洞口中心线的做法较为普遍,因为这样做便于室内装饰的收口处理(特别是在有内窗台板时)。门的安装须注意室内地面的标高,地弹簧的表面应与地面饰面的标高相一致。

(2)防腐处理。

1)门窗框四周外表面的防腐处理设计有要求时,按设计要求处理。如果设计没有要求时,可涂刷防腐涂料或粘贴塑料薄膜进行保护,以免水泥砂浆直接与铝合金门窗表面接触,产生电化学反应,腐蚀铝合金门窗。

2)安装铝合金门窗时,如果采用连接铁件固定,则连接铁件、固定件等安装用金属零件最好用不锈钢件。否则必须进行防腐处理,以免产生电化学反应,腐蚀铝合金门窗。

(3)铝合金门窗框就位。按照弹线位置将门窗框立于洞内,调整正、侧面垂直度、水平度和对角线合格后,用对拔木楔做临时固定。木楔应垫在边、横框能够受力部位,以防止铝合金框料由于被挤压而变形。

(4)铝合金门窗框固定。

1)当墙体上预埋有铁件时,可直接把铝合金门窗的铁脚直接与墙体上的预埋铁件焊牢,焊接处需做防锈处理。

2)当墙体上没有预埋铁件时,可用金属膨胀螺栓或塑料膨胀螺栓将铝合金门窗的铁脚固定到墙上。

3)当墙体上没有预埋铁件时,也可用电钻在墙上打 80mm 深、直径为 6mm 的孔,用 L 型 80mm×50mm 的 6mm 钢筋。在长的一端粘涂 108 胶水泥浆,然后打入孔中。待 108 胶水泥浆终凝后,再将铝合金门窗的铁脚与埋置的 6mm 钢筋焊牢。

4)如果属于自由门的弹簧安装,应在地面预留洞口,在门扇与地弹簧安装尺寸调整准确后,要浇筑 C25 级细石混凝土固定。

5)铝合金门边框和中竖框,应埋入地面以下 20~50mm;组合窗框间立柱上、下端,应各嵌入框顶和框底墙体(或梁)内 25mm 以上;转角处的主要立柱嵌固长度应在 35mm 以上。

(5)填缝。铝合金门窗的周边填缝,应该作为一道工序完成。例如推拉窗的框较宽,如果像钢窗框那样,仅靠内外抹灰时挤进一部分灰是不够的,难以塞得饱满。所以,对于较宽的窗框,应专门进行填缝。填缝所用的材料,原则上按设计要求选用。但不论使用何种填缝材料,其目的均是为了密闭和防水。以往用得最多的是 1:2 水泥砂浆。由于水泥砂浆在塑性状态时呈强碱性,pH 值可达 11~13。所以在这种时候,会对铝合金型材的氧化膜有一定影响,特别是当氧化膜被划破时,碱性材料对铝有腐蚀作用。因此,当使用水泥砂浆作填缝材料时,门窗框的外侧应刷涂防腐剂。根据现行规范要求,铝合金门窗框与洞口墙体应采用弹性连接,框周缝隙宽度宜在 20mm 以上,缝隙内分层填入矿棉或玻璃棉毡条等软质材料。框边须留 5~8mm 深的槽口,待洞口饰面完成并干燥后,清除槽口内的浮灰渣土,嵌填防水密封胶。

(6)门窗扇安装。

1)门窗扇和门窗玻璃应在洞口墙体表面装饰完工验收后安装。

2)推拉门窗在门窗框安装固定后,将配好玻璃的门窗扇整体安入框内滑槽,调整好与扇的缝隙即可。

第十二章 装饰装修工程施工技术

3)平开门窗在框与扇格架组装上墙、安装固定好后再安玻璃,即先调整好框与扇的缝隙,再将玻璃安入扇并调整好位置,最后镶嵌密封条及密封胶。

4)玻璃密封和固定。玻璃就位后,应及时用胶条固定。型材镶嵌玻璃的凹槽内,一般有以下三种做法:

①用橡胶条挤紧,然后在胶条上面注入硅酮系列密封胶。

②用1cm左右长的橡胶块,将玻璃挤住,然后再注入硅酮系列密封胶。注胶使用胶枪,要注得均匀、光滑,注入深度不宜小于5mm。

③用橡胶压条封缝、挤紧,表面不再注胶。

5)地弹簧门应在门框及地弹簧主机入地安装固定后再安门扇。先将玻璃嵌入门扇格架并一起入框就位,调整好框扇缝隙,最后填嵌门扇玻璃的密封条及密封胶。

(7)清理。铝合金门窗完工前,应将型材表面的塑料胶纸撕掉。如果发现塑料胶纸在型材表面留有胶痕和其他污物,可用单面刀片刮除擦拭干净,也可用香皂水清洗干净。

(四)施工允许偏差

铝合金门窗安装的允许偏差见表12-9。

表12-9　　　　　　　铝合金门窗安装的允许偏差

项次	项目		允许偏差/mm	检验方法
1	门窗槽口宽度、高度	≤1500mm	1.5	用钢尺检查
		>1500mm	2	
2	门窗槽口对角线长度差	≤2000mm	3	用钢尺检查
		>2000mm	4	
3	门窗框的正、侧面垂直度		2.5	用垂直检测尺检查
4	门窗横框的水平度		2	用1m水平尺和塞尺检查
5	门窗横框标高		5	用钢尺检查
6	门窗竖向偏离中心		5	用钢尺检查
7	双层门窗内外框间距		4	用钢尺检查
8	推拉门窗扇与框搭接量		1.5	用钢直尺检查

三、塑料门窗安装

塑料门窗是以聚氯乙烯、改性聚氯乙烯或其他树脂为主要原料,轻质碳酸钙为填料,添加适量助剂和改性剂,经双螺杆挤压机挤出成型成各种截面的空腹门窗异型材,再根据不同的品种规格选用不同截面异型材组装而成。因塑料的变形大、刚度差,一般在空腔内加入木条或型钢,以增加抗弯曲能力。

(一)塑料门窗制作

1. 工艺流程

塑料门窗的制作包含两个主要方面,即塑料门的制作和塑料窗的制作。但实际上,两者在制作工艺上基本相同。所以,这里只介绍塑料窗的制作,塑料门的制作可以此作为参考。

塑料窗组装生产线常采用的工艺流程,如图 12-8 所示。

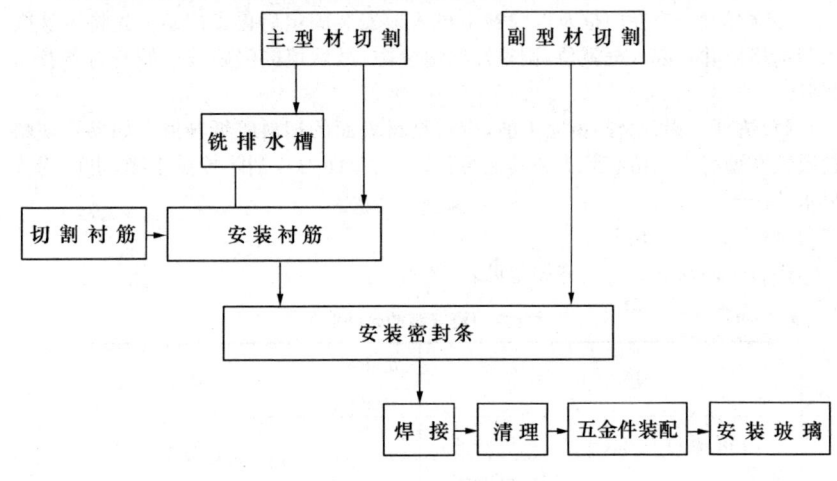

图 12-8　塑料窗组装流程示意图

2. 制作工艺

结合塑料窗的组装流程及操作要领,在塑料窗的组装工艺中,以下几个方面的问题是必须加以注意的:

(1)型材的定长切割。组成窗框的每段型材都是按预先计算好的下料尺寸,用切割锯截成带有角度的料段。用一台双角切割锯,将型材加工成双 45°角、双尖角或双直角的料段。

(2)型材的"V"口切割。"V"口加工要注意两点:一是"V"口深度;二是"V"口的定位尺寸。这两点往往是影响窗型尺寸的主要因素。

(3)安装增强型材。安装增强型材是为了增加塑料型材的刚度。众所周知,由于塑料的刚性较钢、木要差一些,因此,对于大面积的窗或当 PVC 窗被用于风压较大的地区(或部位)时,均需设法增加窗的刚度。但一般不采用增大截面的办法,而是采用在异型材内衬加增强型材的方法解决。一般认为,当窗框异型材的长度>1.6m、窗扇异型材的长度>1m 时,就必须衬用增强型材。

(4)焊接。用于塑料焊接的方法很多,如超声波焊接、线振动焊接、旋压焊接、无线电频率焊接、电磁感应焊接、激光焊接、热气体焊接、热板焊接等。对聚氯乙烯窗框异型材,多采用热板焊接。这种焊接对于各种不规则断面的异型材均可获得较高的焊角强度。

焊接的工艺条件根据型材的壁厚及原料配方而定。对于聚氯乙烯窗框异型材其焊接温度可在 240~260℃,熔融和焊接时间均为 30s。

(5)焊角清理。型材焊接后,在焊接处会留有凸起的焊渣,这些焊渣不但会影响窗的外观,有些还会直接影响窗的使用功能,所以必须加以清除。清理设备可用自动清角机和气动工具。

(6)密封。塑料窗根据使用要求可加单层密封、双层密封或三层密封,常用的为双层密封。窗的位置不同所采用的密封条形式也不相同。密封条的材料一般有橡胶、塑料或橡塑混合体三种。密封条的装配很容易,可用一小压轮便可直接将其嵌入槽中。

(7)排水槽及五金装配。窗框的排水槽是 $\phi 5 \times 20$mm 的槽孔。在多腔室的型材中,排水槽不应开在加筋的空腔内,以免腐蚀衬筋。单腔型材不宜开排水孔。进水口和出水口的位置应错开,间距一般为 120mm 左右。排水孔的加工可用气动工具或和五金孔加工一样,在专用设备上进行的。

五金装配需要很高的加工精度,是在带有定位、夹紧、铣孔和自动供钉、上钉装置等的设备上进行的。

(8)玻璃的安装。在制作塑料窗时,玻璃的安装通常采用干法安装,即先在窗扇异型材一侧中空肋的凹槽内嵌入密封条,并在窗玻璃位置先放置好底座和玻璃垫块,然后将玻璃安装到位,最后将已镶好密封条的玻璃压条在中空肋对侧的预留位置上嵌固固定。

(二)塑料门窗安装方法

1. 门窗洞口质量检查

门窗洞口质量检查,即按设计要求检查门窗洞口的尺寸。若无设计要求,一般应满足下列规定:门洞口宽度加 50mm;门洞口高度为门框高加 20mm;窗洞口宽度为窗框宽加 40mm;窗洞口高度为窗框高加 40mm。门窗洞口尺寸的允许偏差值为:洞口表面平整度允许偏差 3mm;洞口正、侧面垂直度允许偏差 3mm;洞口对角线长度允许偏差 3mm。

检查洞口的位置、标高与设计要求是否相符。
检查洞口内预埋木砖的位置、数量是否准确。
按设计要求弹好门窗安装位置线。

2. 固定片安装

在门窗的上框及边框上安装固定片,其安装应符合下列要求:
(1)检查门窗框上下边的位置及其内外朝向,并确认无误后,再安固定片。安装时应先采用直径为 $\phi 3.2$ 的钻头钻孔,然后将十字槽盘端头自攻 M4×20 拧入,严禁直接锤击钉入。

(2)固定片的位置应距门窗角、中竖框、中横框 150～200mm,固定片之间的间距应不大于 600mm。不得将固定片直接装在中横框、中竖框的挡头上。

3. 安装位置确定

根据设计图纸及门窗扇的开启方向,确定门窗框的安装位置,并把门窗框装入洞口,并使其上下框中线与洞口中线对齐。安装时应采取防止门窗变形的措施。无下框平开门应使两边框的下脚低于地面标高线 30mm。带下框的平开门或推拉门应使下框低于地面标高线 10mm。然后将上框的一个固定片固定在墙体上,并应调整门框的水平度、垂直度和直角度,用木楔临时固定。当下框长度大于 0.9m 时,其中间也用木楔塞紧。然后调整垂直度、水平度及直角度。

4. 门窗框与墙体的连接

塑料门窗框与墙体的固定方法,常见的有连接件法、直接固定法和假框法三种。

(1)连接件法:这是用一种专门制作的铁件将门窗框与墙体相连接,是我国目前运用较多的一种方法。其优点是比较经济,且基本上可以保证门窗的稳定性。连接件法的做法是先将塑料门窗放入窗洞口内,找平对中后用木模临时固定。然后,将固定在门窗框异型材靠墙一面的锚固铁件用螺钉或膨胀螺丝固定在墙上。

(2)直接固定法:在砌筑墙体时先将木砖预埋入门窗洞口内,当塑料门窗安入洞口并定位后,用木螺钉直接穿过门窗框与预埋木砖连接,从而将门窗框直接固定于墙体上。

(3)假框法:先在门窗洞口内安装一个与塑料门窗框相配套的镀锌铁皮金属框,或者当木门窗换成塑料门窗时,将原来的木门窗框保留,待抹灰装饰完成后,再将塑料门窗框直接固定在上述框材上,最后再用盖口条对接缝及边缘部分进行装饰。

5. 框与墙间缝隙处理

由于塑料的膨胀系数较大,故要求塑料门窗框与墙体间应留出一定宽度的缝隙,以适应塑料伸缩变形的安全余量。框与墙间的缝隙宽度,可根据总跨度、膨胀系数、年最大温差计算出最大膨胀量,再乘以要求的安全系数求出,一般取 10～20mm。

门窗框与门窗洞口之间缝隙的处理方法如下:

(1)普通单玻璃窗、门:洞口内外侧与门窗框之间用水泥砂浆或麻刀白灰浆填实抹平;靠近铰链一侧,灰浆压住门窗框的厚度以不影响扇的开启为限,待水泥砂浆或麻刀灰浆硬化后,外侧用嵌缝膏进行密封处理。

(2)保温、隔声门窗:洞口内侧与窗框之间用水泥砂浆或麻刀白灰浆填实抹平;当外侧抹灰时,应用片材将抹灰层与门窗框临时隔开,其厚度为 5mm,抹灰层应超出门窗框,其厚度以不影响扇的开启为限。待外抹灰层硬化后,撤去片材,将嵌缝膏挤入抹灰层与门窗框缝隙内。

不论采用何种填缝方法,均要求做到以下两点:

(1)嵌填封缝材料应能承受墙体与框间的相对运动而保持密封性能。

(2)嵌填封缝材料不应对塑料门窗有腐蚀、软化作用,沥青类材料可能使塑料软化,故不宜使用。嵌填密封完成后,就可以进行墙面抹灰。工程有要求时,最后还需加装塑料盖口条。

6.玻璃安装

(1)玻璃不得与玻璃槽直接接触,应在玻璃四边垫上不同厚度的玻璃垫块。边框上的垫块应用聚氯乙烯胶加以固定。

(2)将玻璃装进框扇内,然后用玻璃压条将其固定。

(3)安装双层玻璃时,玻璃夹层四周应嵌入隔条,中隔条应保证密封、不变形、不脱落;玻璃槽及玻璃内表面应干燥、清洁。

(4)镀膜玻璃应装在玻璃的最外层;单面镀膜层应朝向室内。

(三)施工允许偏差

塑料门窗安装的允许偏差见表 12-10。

表 12-10　　　　　塑料门窗安装的允许偏差

项次	项目		允许偏差/mm	检验方法
1	门窗槽口宽度、高度	≤1500mm	2	用钢尺检查
		>1500mm	3	
2	门窗槽口对角线长度差	≤2000mm	4	用钢尺检查
		>2000mm	5	
3	门窗框的正、侧面垂直度		3	用1m垂直检测尺检查
4	门窗横框的水平度		3	用1m水平尺和塞尺检查
5	门窗横框标高		5	用钢尺检查
6	门窗竖向偏离中心		5	用钢直尺检查
7	双层门窗内外框间距		4	用钢尺检查
8	同樘平开门窗相邻扇高度差		2	用钢直尺检查
9	平开门窗铰链部位配合间隙		+2,−1	用塞尺检查
10	推拉门窗扇与框搭接量		+1.5,−2.5	用钢直尺检查
11	推拉门窗扇与竖框平行度		2	用1m水平尺和塞尺检查

第三节 吊顶工程

吊顶又名顶棚、平顶、天花板,是室内装饰工程的一个重要组成部分,具有保温、隔热、隔声和吸声作用,也是安装照明、暖卫、通风空调、通信和防火、报警管线设备的隐蔽层。

一、吊顶的分类与构造

(一)吊顶的类型

1. 活动式吊顶

活动式吊顶,一般和铝合金龙骨或轻钢龙骨配套使用,是将新型的轻质装饰板明摆浮搁在龙骨上,便于更换(又称明龙骨吊顶)。龙骨可以是外露的,也可以是半露的,其构造如图12-9所示。

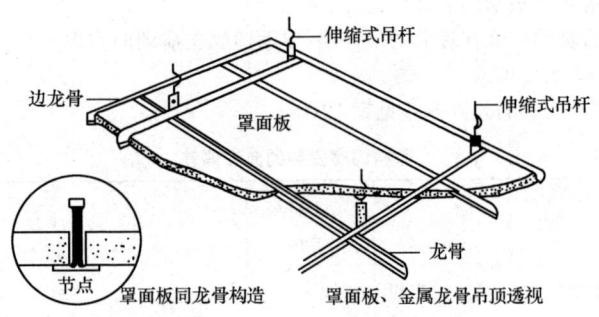

图12-9 活动式装配吊顶示意图

2. 隐蔽式吊顶

隐蔽式吊顶,是指龙骨不外露,罩面板表面呈整体的形式(又称暗龙骨吊顶)。罩面板与龙骨的固定有三种方式:用螺钉拧在龙骨上;用胶粘剂粘在龙骨上;将罩面板加工成企口形式,用龙骨将罩面板连接成一整体,如图12-10所示。使用较多的是用螺钉拧在龙骨上。

这种吊顶的龙骨,一般采用轻钢或镀锌铁片挤压成型,吊杆可选用钢筋或型钢,规格和连接构造均应经计算确定。吊杆一般应吊在主龙骨上,如果龙骨无主、次之分,则吊杆应吊在通长的龙骨上。

3. 金属装饰板吊顶

金属装饰板吊顶,包括各种金属条板、金属方板和金属格栅安装的吊顶。它是以加工好的金属条板卡在铝合金龙骨上,或是将金属条板、方板、格栅用螺钉或自攻螺钉将条板固定在龙骨上。这种金属板安装完毕,不需要在表面再做其他装饰。

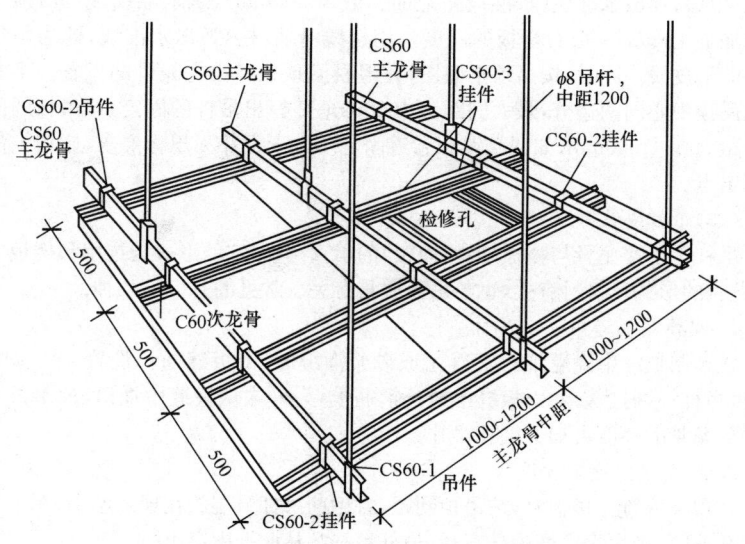

图 12-10 隐蔽式装配吊顶示意图

4. 开敞式吊顶

开敞式吊顶的饰面是敞开的。吊顶的单体构件,一般同室内灯光照明的布置结合起来,有的甚至全部用灯具组成吊顶,并突出艺术造型,使其变成装饰品。

(二)吊顶的构造

吊顶按它的形式分为直接式和悬吊式两种。基于悬吊式吊顶是目前采用最广泛的技术,本节就着重介绍悬吊式吊顶。

悬吊装配式顶棚的构造主要由基层、悬吊件、龙骨和面层组成。

(1)基层。基层为建筑物结构件,主要为混凝土楼(顶)板或屋架。

(2)悬吊件。悬吊件是悬吊式顶棚与基层连接的构件,一般埋在基层内,属于悬吊式顶棚的支承部分。其材料可以根据顶棚不同的类型选用镀锌铁丝、钢筋、型钢吊杆(包括伸缩式吊杆)等。

(3)龙骨。龙骨是固定顶棚面层的构件,并将承受面层的重量传递给支承部分。

(4)面层。面层是顶棚的装饰层,使顶棚既具有吸声、隔热、保温、防火等功能,又具有美化环境的效果。

二、暗龙骨吊顶施工

(一)弹线

用水准仪在房间内每个墙(柱)角上抄出水平点(若墙体较长,中间也应适当抄几个点),弹出水准线(水准线距地面一般为 500mm),从水准线量至吊顶设计高度加上 12mm(一层石膏板的厚度),用粉线沿墙(柱)弹出水准线,即为吊顶次龙骨的下皮线。同时,按吊顶平面图,在混凝土顶板弹出主龙骨的位置。主龙骨应从吊顶中心向两边分,最大间距为 1000mm,并标出吊杆的固定点,吊杆的固定点间距 900~1000mm,如遇到梁和管道固定点大于设计和规程要求,应增加吊杆的固定点。

(二) 吊杆安装

吊杆是连接龙骨与楼板(或屋面板)的承重结构,它的形式与选用和楼板的形式、龙骨的形式及材料有关,也与吊顶质量有关。常见的有以下几种:

1. 在预制板缝中安装吊杆

在预制板缝中浇灌细石混凝土或砂浆灌缝时,沿板缝通长设置 $\phi 8 \sim \phi 12$ 钢筋,将吊杆一端打弯,勾于板缝中通长钢筋上,另一端从板缝中抽出,抽出长度为板底到龙骨的高度再加上绑扎尺寸。

2. 在现浇板上安放吊杆

在现浇混凝土楼板时,按吊顶间距,将钢筋吊杆一端放在现浇层中,在木模板上钻孔,孔径稍大于钢筋吊杆直径,吊杆另一端从此孔中穿出。

3. 在已硬化楼板上安装吊杆

用射钉枪将射钉打入板底,可选用尾部带孔与不带孔的两种射钉规格。在带孔射钉上穿铜丝(或镀锌铁丝)绑扎龙骨;或在射钉上直接焊接吊杆。

在吊点的位置,用冲击钻打胀管螺栓,然后将胀管螺栓同吊杆焊接。此种方法可省去预埋件,比较灵活,对于荷载较大的吊顶,比较适用。

4. 在梁上设吊杆

在框架的下弦、木梁或木条上设吊杆,若系钢筋吊杆,可直接绑上即可;若系木吊杆,可用铁钉将吊杆钉上,每个木吊杆不少于两个钉子。

(三) 边龙骨安装

边龙骨的安装应按设计要求弹线,沿墙(柱)上的水平龙骨线把 L 形镀锌轻钢条用自攻螺丝固定在预埋木砖上,如为混凝土墙(柱)可用射钉固定,射钉间距应不大于吊顶次龙骨的间距。

(四) 主龙骨安装

(1) 主龙骨应吊挂在吊杆上,主龙骨间距 900~1000mm。主龙骨分为不上人 UC38 小龙骨和上人 UC60 大龙骨两种。主龙骨宜平行房间长向安装,同时应起拱,起拱高度为房间跨度的 1/200~1/300。主龙骨的悬臂段不应大于 300mm,否则应增加吊杆。主龙骨的接长应采取对接,相邻龙骨的对接接头要相互错开。主龙骨挂好后应基本调平。

(2) 跨度大于 15m 以上的吊顶,应在主龙骨上,每隔 15m 加一道大龙骨,并垂直主龙骨焊接牢固。

第十二章　装饰装修工程施工技术

(3)如有大的造型顶棚,造型部分应用角钢或扁钢焊接成框架,并应与楼板连接牢固。

(4)吊顶如设检修走道,应另设附加吊挂系统,用10mm的吊杆与长度为1200mm的∟15×5角钢横担用螺栓连接,横担间距为1800~2000mm,在横担上铺设走道,可以用6号槽钢两根间距600mm,之间用10mm的钢筋焊接,钢筋的间距为100mm,将槽钢与横担角钢焊接牢固,在走道的一侧设有栏杆,高度为900mm,可以用∟50×4的角钢做立柱,焊接在走道槽钢上,之间用∟30×4的扁钢连接。

(五)次龙骨安装

次龙骨应紧贴主龙骨安装。次龙骨间距300~600mm。用T形镀锌铁片连接件把次龙骨固定在主龙骨上时,次龙骨的两端应搭在L形边龙骨的水平翼缘上。墙上应预先标出次龙骨中心线的位置,以便安装罩面板时找到次龙骨的位置。当用自攻螺丝钉安装板材时,板材接缝处必须安装在宽度不小于40mm的次龙骨上。次龙骨不得搭接。在通风、水电等洞口周围应设附加龙骨,附加龙骨的连接用拉铆钉铆固。

吊顶灯具、风口及检修口等应设附加吊杆和补强龙骨。

(六)罩面板安装

1. 石膏板类罩面板安装

石膏板安装时,应从吊顶顶棚的一边角开始,逐块排列推进。纸面石膏板的纸包边长应沿着次龙骨平行铺设。为了使顶棚受力均匀,在同一条次龙骨上的拼缝不能贯通,即铺设板时应错缝。其主要原因是板拼缝处,受力面断开。如果拼缝贯通,则在此龙骨处形成一条线荷载,易造成质量通病,即开裂或一板一棱的现象。

石膏板用镀锌3.5mm×2.5mm自攻螺钉固定在龙骨上。一般从一端角或中间开始顺序往前或两边钉,钉头应嵌入石膏板内约0.5~1mm,钉距为150~170mm,钉距板边15mm为佳。以保证石膏板边缘不受破坏,从而保证其强度。板与板之间和板与墙之间应留缝,一般为3~5mm,便于用腻子嵌缝。

当采用双面石膏板时,应注意其长短边与第一层石膏板的长短边均应错开一个龙骨间距以上,且第二层板也应如第一层一样错缝铺钉,应采用3.5mm×35mm自攻螺钉固定在龙骨上,螺钉位适当错位。

吊顶石膏板铺设完成后,应进行嵌缝处理。嵌缝的填充材料,有老粉(双飞粉)、石膏、水泥及配套专用嵌缝腻子。常见的材料一般配以水、胶,几种材料也可根据设计的要求配合在一起加上水与胶水搅拌匀之后使用。专用嵌缝腻子不用加胶水,只要根据说明加适量的水搅拌匀之后即可使用。

2. 纤维水泥加压板安装

龙骨间距、螺钉与板边的距离,及螺钉间距等应满足设计要求和有关产品的要求。

纤维水泥加压板与龙骨固定时,所用手电钻钻头的直径应比选用螺钉直径小0.5~1.0mm;固定后,钉帽应做防锈处理,并用油性腻子嵌平。

用密封膏、石膏腻子或掺界面剂胶的水泥砂浆嵌涂板缝并刮平,硬化后砂纸磨光,板缝宽度应小于50mm。

板材的开孔和切割,应按产品的有关要求进行。

3. 胶合板、纤维板、钙塑板安装

胶合板应光面向外,相邻板色彩与木纹要协调,胶合板可用钉子固定,钉距为80~150mm,钉长为25~35mm,钉帽应打扁,并进入板面 0.5~1.0mm,钉眼用油性腻子抹平。胶合板面如涂刷清漆时,相邻板面的木纹和颜色应近似。

纤维板可用钉子固定,钉距为 80~120mm,钉长为 20~30mm,钉帽进入板面 0.5mm,钉眼用油性腻子抹平。硬质纤维板应用水浸透,自然阴干后安装。

胶合板、纤维板用木条固定时,钉距不应大于 200mm,钉帽应打扁,并进入木压条 0.5~1.0mm,钉眼用油性腻子抹平。

钙塑装饰板用胶粘剂粘贴时,涂胶应均匀,粘贴后,应采取临时固定措施,并及时擦去挤出的胶液。用钉固定时,钉距不宜大于 150mm,钉帽应与板面起平,排列整齐,并用与板面颜色相同的涂料涂饰。

4. 金属板安装

金属铝板的安装应从边上开始,有搭口缝的铝板,应顺搭口缝方向逐块进行,铝板应用力插入齿口内,使其啮合。金属条板式吊顶龙骨一般可直接吊挂,也可增加主龙骨,主龙骨间距不大于 1.2m,条板式吊顶龙骨形式应与条板配套;方板吊顶次龙骨分明装 T 型和暗装卡口两种,根据金属方板式样选定次龙骨,次龙骨与主龙骨间用固定件连接;金属格栅的龙骨可明装也可暗装,龙骨间距由格栅做法确定。金属板吊顶与四周墙面所留空隙,应用金属压缝条镶嵌或补边吊顶找齐,金属压条材质应与金属面板相同。

(七)施工允许偏差

暗龙骨吊顶工程安装的允许偏差见表 12-11。

表 12-11　　　　　　　暗龙骨吊顶工程安装的允许偏差

项次	项目	允许偏差/mm				检验方法
		纸面石膏板	金属板	矿棉板	木板、塑料板、格栅	
1	表面平整度	3	2	2	2	用2m靠尺和塞尺检查
2	接缝直线度	3	1.5	3	3	拉 5m 线,不足 5m 拉通线,用钢直尺检查
3	接缝高低差	1	1	1.5	1	用钢直尺和塞尺检查

三、明龙骨吊顶施工

(一)弹线

用水准仪在房间内每个墙(柱)角上抄出水平点(若墙体较长,中间也应适当抄几个点),弹出水准线(水准线距地面一般为500mm),从水准线量至吊顶设计高度加上12mm(一层石膏板的厚度),用粉线沿墙(柱)弹出水准线,即为吊顶次龙骨的下皮线。同时,按吊顶平面图,在混凝土顶板弹出主龙骨的位置。主龙骨应从吊顶中心向两边分,最大间距为1000mm,并标出吊杆的固定点,吊杆的固定点间距900~1000mm。如遇到梁和管道固定点大于设计和规程要求,应增加吊杆的固定点。

(二)吊杆安装

采用膨胀螺栓固定吊挂杆件。不上人的吊顶,吊杆长度小于1000mm,可以采用 $\phi 6$ 的吊杆,如果大于1000mm,应采用 $\phi 8$ 的吊杆,还应设置反向支撑。吊杆可以采用冷拔钢筋和盘圆钢筋,但采用盘圆钢筋应用机械将其拉直。上人的吊顶,吊杆长度小于1000mm,可以采用 $\phi 8$ 的吊杆,如果大于1000mm,应采用 $\phi 10$ 的吊杆,还应设置反向支撑。吊杆的一端同 $\mathsf{L}\ 30\times30\times3$ 角码焊接(角码的孔径应根据吊杆和膨胀螺栓的直径确定),另一端可以用攻丝套出大于100mm的丝杆,也可以买成品丝杆焊接。制作好的吊杆应做防锈处理,吊杆用膨胀螺栓固定在楼板上,用冲击电锤打孔,孔径应稍大于膨胀螺栓的直径。

(三)边龙骨安装

边龙骨的安装应按设计要求弹线,沿墙(柱)上的水平龙骨线把L形镀锌轻钢条用自攻螺丝固定在预埋木砖上;如为混凝土墙(柱),可用射钉固定,射钉间距应不大于吊顶次龙骨的间距。

(四)主龙骨安装

(1)主龙骨应吊挂在吊杆上。主龙骨间距900~1000mm。主龙骨分为轻钢龙骨和T形龙骨。轻钢龙骨可选用UC50中龙骨和UC38小龙骨。主龙骨应平行房间长向安装,同时应起拱,起拱高度为房间跨度的1/200~1/300。主龙骨的悬臂段不应大于300mm,否则应增加吊杆。主龙骨的接长应采取对接,相邻龙骨的对接接头要相互错开。主龙骨挂好后应基本调平。

(2)跨度大于15m以上的吊顶,应在主龙骨上,每隔15m加一道大龙骨,并垂直主龙骨焊接牢固。

(3)如有大的造型顶棚,造型部分应用角钢或扁钢焊接成框架,并应与楼板连接牢固。

(五)次龙骨安装

次龙骨应紧贴主龙骨安装。次龙骨间距300~600mm。次龙骨分为T形烤漆龙骨、T形铝合金龙骨,和各种条形扣板厂家配备的专用龙骨。用T形镀锌铁片连接件把次龙骨固定在主龙骨上时,次龙骨的两端应搭在L形边龙骨的水平翼缘上,条形扣板有专用的阴角线做边龙骨。

(六)罩面板安装

1. 嵌装式装饰石膏板安装

(1)嵌装式装饰石膏板安装与龙骨应系列配套。

(2)嵌装式装饰石膏板安装前应分块弹线、花式图案应符合设计要求,若设计无要求时,嵌装式装饰石膏板宜由吊顶中间向两边对称排列安装,墙面与吊顶接缝应交圈一致。

(3)嵌装式装饰石膏板安装宜选用企口暗缝咬接法,构造如图 12-11 所示。安装时应注意企口的相互咬接及图案的拼接。

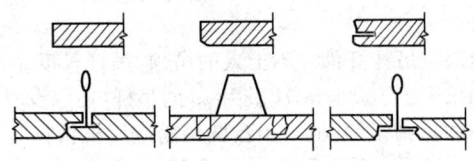

图 12-11　板边处理与安装示意图

(4)龙骨调平及拼缝处应认真施工,固定石膏板时,应视吊顶高度及板厚,在板与板之间留适当间隙,拼缝缝隙用石膏腻子补平,并贴一层穿孔接缝纸。

2. 金属微穿孔吸声板安装

(1)必须认真调平调直龙骨,这是保证大面积吊顶效果的关键。

(2)安装冲孔吸声板宜采用板用木螺钉或自攻螺钉固定在龙骨上,对于有些铝合金板吊顶,也可将冲孔板卡到龙骨上,具体的固定方法要视板的断面决定。

(3)安装金属微穿孔板应从一个方向开始,依次安装。

(4)在方板或板条安装完毕后铺放吸声材料。条板可将吸声材料放在板条内;方板可将吸声材料放在板上面。

(七)施工允许偏差

明龙骨吊顶工程安装的允许偏差见表 12-12。

表 12-12　　　　明龙骨吊顶工程安装的允许偏差

项次	项目	允许偏差/mm				检验方法
		石膏板	金属板	矿棉板	塑料板、玻璃板	
1	表面平整度	3	2	3	2	用 2m 靠尺和塞尺检查
2	接缝直线度	3	2	3	3	拉 5m 线,不足 5m 拉通线,用钢直尺检查
3	接缝高低差	1	1	1	1	用钢直尺和塞尺检查

第十二章 装饰装修工程施工技术

第四节 隔墙工程

一、骨架隔墙施工

(一)木龙骨安装

1. 弹线打孔

(1)在需要固定木隔断墙的地面和建筑墙面,弹出隔断墙的宽度线和中心线。同时,画出固定点的位置,通常按 300~400mm 的间距在地面和墙面,用 $\phi 7.8$ 或 $\phi 10.8$ 的钻头在中心线上打孔,孔深 45mm 左右,向孔内放入 M6 或 M8 的膨胀螺栓。注意打孔的位置应与骨架竖向木方错开位。

(2)如果用木楔铁钉固定,就需打出 $\phi 20$ 左右的孔,孔深 50mm 左右,再向孔内打入木楔。

2. 固定木龙骨

固定木龙骨的方式有几种,但在室内装饰工程中,通常遵循不破坏原建筑结构的原则,处理龙骨固定工作。

(1)固定木龙骨的位置通常是在沿墙、沿地和沿顶面处。

(2)固定木龙骨前,应按对应地面的墙面的顶面固定点的位置,在木骨架上画线,标出固定点位置。

(3)如用膨胀螺栓固定,就应在标出的固定点位置打孔。打孔的直径略大于膨胀螺栓的直径。

(4)对于半高矮隔断墙来说,主要靠地面固定和端头的建筑墙面固定。如果矮隔断墙的端头处无法与墙面固定,常用铁件来加固端头处,加固部分主要是地面与竖向木方之间。

(5)对于各种木隔墙的门框竖向木方,均应采用铁件加固法,否则,木隔墙将会因门的开闭振动而出现较大颤动,进而使门框松动,木隔墙松动。

(二)轻钢隔断龙骨安装

1. 弹线

在基体上弹出水平线和竖向垂直线,以控制隔断龙骨安装的位置、龙骨的平直度和固定点。

2. 隔断龙骨的安装

(1)沿弹线位置固定沿顶和沿地龙骨,各自交接后的龙骨,应保持平直。固定点间距不大于 1000mm,龙骨的端部必须固定牢固。边框龙骨与基体之间,应按设计要求安装密封条。

(2)当选用支撑卡系列龙骨时,应先将支撑卡安装在竖向龙骨的开口上,卡距为 400~600mm,距龙骨两端的为20~25mm。

(3)选用通贯系列龙骨时,高度低于 3m 的隔墙安装一道;3~5m 时安装两道;5m 以上时安装三道。

(4)门窗或特殊节点处,应使用附加龙骨,加强其安装应符合设计要求。

(5)隔断的下端如用木踢脚板覆盖,隔断的罩面板下端应离地面 20～30mm;如用大理石、水磨石踢脚时,罩面板下端应与踢脚板上口齐平,接缝要严密。

(三)墙面板安装

1. 纸面石膏板安装

(1)在石膏板安装前,应对预埋隔断中的管道和有关附墙设备采取局部加强措施。

(2)石膏板宜竖向铺设,长边接缝宜落在竖龙骨上。但隔断为防火墙时,石膏板应竖向铺设,当为曲面墙时,石膏板宜横向铺设。

(3)用自攻螺钉固定石膏板,中间钉距不应大于 300mm,沿石膏板周边螺钉间距不应大于 200mm,螺钉与板边缘的距离应为 10～16mm。

(4)安装石膏板时,应从板的中间向板的四边固定。钉头略埋入板内,以不损坏纸面为度。钉眼应用石膏腻子抹平。

(5)石膏板宜使用整板。如需接时,应靠紧,但不得强压就位。

(6)石膏板的接缝,应按设计要求进行板缝的防裂处理,隔墙端部的石膏板与周围墙或柱应留有 3mm 的槽口。施工时,先在槽口处加注嵌缝膏,然后铺板,挤压嵌缝膏使其和邻近表层紧紧接触。

(7)石膏板隔墙以丁字或十字形相接时,阴角处应用腻子嵌满,贴上接缝带。阳角处应做护角。

2. 胶合板和纤维板安装

(1)浸水:硬质纤维板施工前应用水浸透,自然阴干后安装。这是由于硬质纤维板有湿胀、干缩的性质,如果放入水中浸泡 24h 后,可伸胀 0.5% 左右;如果事先没浸泡,安装后吸收空气中水分会产生膨胀,但因四周已有钉子固定无法伸胀,而造成起鼓,翘曲等问题。

(2)基层处理:安装胶合板的基体表面,用油毡、油纸防潮时,应铺设平整,搭接严密,不得有皱褶、裂缝和透孔等。

(3)固定:胶合板如用钉子固定,钉距为 80～150mm,钉帽打扁并进入板面 0.5～1mm,钉眼用油性腻子抹平;纤维板如用钉子固定,钉距为 80～120mm,钉长为 20～30mm,钉帽宜进入板面 0.5mm。钉眼用油性腻子抹平。胶合板、纤维板用木压条固定时,钉距不应大于 200mm,钉帽应打扁,并进入木压条 0.5～1mm,钉眼用油性腻子抹平。墙面用胶合板、纤维板装饰,在阳角处宜作护角。

3. 塑料板罩面安装

塑料板罩面安装方法,一般有粘结和钉结两种。

(1)粘结:聚氯乙烯塑料装饰板用胶粘剂粘结。

1)胶粘剂:聚氯乙烯胶粘剂(601 胶)或聚酯酸乙烯胶。

2)操作方法:用刮板或毛刷同时在墙面和塑料板背面涂刷,不得有漏刷。涂胶后见胶液流动性显著消失,用手接触胶层感到粘性较大时,即可粘结。粘结后应采用临时固定措施,同时将挤压在板缝中多余的胶液刮除、将板面擦净。

(2)钉接:安装塑料贴面板复合板应预先钻孔,再用木螺丝加垫圈紧固。也可用金属压条固定。木螺丝的钉距一般为400~500mm,排列应一致整齐。

加金属压条时,应拉横竖通线拉直,并应先用钉子将塑料贴面复合板临时固定,然后加盖金属压条,用垫圈找平固定。

需要隔声、保温、防火的应根据设计要求在龙骨一侧安装好塑料贴面复合板,进行隔声、保温、防火等材料的填充;一般采用玻璃丝棉或30~100mm岩棉板进行隔声、防火处理;采用50~100mm苯板进行保温处理。再封闭另一侧的罩面板。

4. 铝合金装饰条板安装

用铝合金条板装饰墙面时,可用螺钉直接固定在结构层上,也可用锚固件悬挂或嵌卡的方法,将板固定在轻钢龙骨上,或将板固定在墙筋上。

(四)施工允许偏差

骨架隔墙安装的允许偏差见表12-13。

表12-13　　　　骨架隔墙安装的允许偏差

项目	允许偏差/mm		检验方法
	纸面石膏板	人造木板、水泥纤维板	
立面垂直度	3	4	用2m垂直检测尺检查
表面平整度	3	3	用2m靠尺和塞尺检查
阴阳角方正	3	3	用直角检测尺检查
接缝直线度	—	3	拉5m线,不足5m拉通线,用钢直尺检查
压条直线度	—	3	拉5m线,不足5m拉通线,用钢直尺检查
接缝高低差	1	1	用钢直尺和塞尺检查

二、石膏空心板隔墙安装

(1)安装前,在室内墙面弹出+500mm标高线。按图纸要求的隔墙位置,分别在地面、墙面、顶面弹好隔墙边线和门窗洞口边线,并按板宽分档。

(2)清理石膏空心板与顶面、地面、墙面的结合部位,剔除凸出墙面的砂浆、混凝土块等并扫干净,用水泥砂浆找平。

(3)隔墙板的长度应为楼层净高尺寸减去 2~3mm。量测并计算门窗洞口上部和窗口下部隔墙板尺寸,并按此尺寸配板。当板宽与隔墙长度不符时,可将部分隔墙板预先拼接加宽或锯窄,使变成合适的宽度,并放置于阴角处。有缺陷的板应经修补合格后方可使用。

(4)当有抗震要求时,必须按设计要求用 U 形钢板卡固定隔墙板顶端。在两块板顶端拼缝之间用射钉或膨胀螺钉(栓)将 U 形钢板卡固定在梁或板上。随安装隔墙板随固定 U 形钢板卡。

(5)胶粘剂一般用 SG791 胶与建筑石膏粉配制成胶泥使用。重量配合比为:石膏粉:SG791 胶=1:0.6~0.7。配制量以每次使用不超过 20min 为宜。

(6)隔墙板安装顺序应从与墙结合处或门洞边开始,依次顺序安装。安装时,先清扫隔板表面浮灰,在板顶面、侧面及与板结合的墙面、楼层顶面刷 SG791 胶液一道,再满刮 SG791 石膏胶泥;按弹线位置安装就位,用木楔顶在板底,用手平推隔墙板,使板缝冒浆;一人用撬棍在板底向上顶,另一人打板底木楔,使隔墙板侧面挤紧、顶面顶实;用腻子刀将挤出的胶粘剂刮平。每装完一块隔墙板,应用靠尺及垂直检测尺检查墙面的平整度和垂直度。墙板固定后,应在板下填塞 1:2 水泥砂浆或 C20 干硬性细石混凝土。当砂浆或混凝土强度达到 10MPa 以上时,撤出板上木楔,用 1:2 水泥砂浆或 C20 细石混凝土堵严木楔孔。

(7)对门窗洞口的墙体,一般均采用后塞口。门窗框与门窗洞口板之间的缝隙不宜超过 3mm,超过 3mm 时应加木垫片过渡。

(8)隔墙板安装 10d 后,检查所有缝隙粘结情况,如发现裂缝,应查明原因后进行修补。清理板缝、阴角缝表面浮灰,刷 SG791 胶液后粘贴 50~60mm 宽玻璃纤维布条,隔墙砖角处粘贴 200mm 宽玻璃纤维布条一层,每边各 100mm 宽。干后刮 SG791 胶泥。隔声双层板墙板缝应相互错开。

(9)墙面直接用石膏腻子刮平,打磨后再刮两道腻子,第二次打磨平整后,做饰面层。

(10)所有电线管必须顺石膏空心板板孔铺设,严禁横铺、斜铺。

(11)石膏空心板隔墙安装的允许偏差和检验方法应符合表 12-14 的规定。

表 12-14　石膏空心板(石膏砌块)隔墙安装的允许偏差和检验方法

项次	项目	允许偏差/mm	检验方法
1	立面垂直度	3	用 2m 垂直检验尺检查
2	表面平整度	3	用 2m 靠尺和塞尺检查
3	阴阳角方正	3	用直角检测尺检查
4	接缝高低差	2	用钢直尺和塞尺检查

第五节 饰面工程

一、饰面板安装

1. 石材饰面板安装

(1)饰面板安装前,应按厂牌、品种、规格和颜色进行分类选配,并将其侧面和背面清扫干净,修边打眼,每块板的上、下边打眼数量不得少于2个,并用防锈金属丝穿入孔内,以作系固之用。

(2)饰面板安装时,接缝宽度可垫木楔调整。并确保外表面平整、垂直及板的上沿平顺。

(3)灌注砂浆时,应先在竖缝内塞15~20mm深的麻丝或泡沫塑料条,以防漏浆,并将饰面板背面和基体表面湿润。砂浆灌注应分层进行,每层灌注高度为150~200mm,且不得大于板高的1/3,插捣密实。施工缝位置应留在饰面板水平接缝以下50~100mm处。待砂浆硬化后,将填缝材料清除。

(4)室内安装天然石光面和镜面的饰面板,接缝应干接,接缝处宜用与饰面板相同颜色的水泥浆填抹;室外安装天然石光面和镜面饰面板,接缝可干接或用水泥细砂浆勾缝,干接缝应用与饰面板相同颜色水泥浆填平。安装天然石粗磨面、麻面、条纹面、天然面饰面板的接缝和勾缝应用水泥砂浆。

(5)安装人造石饰面板,接缝宜用与饰面板相同颜色的水泥浆或水泥砂浆抹勾严实。

(6)饰面板完工后,表面应清洗干净。光面和镜面饰面板经清洗晾干后,方可打蜡擦亮。

(7)石材饰面板的接缝宽度,应符合表12-15的规定。

表 12-15　　　　　石材饰面板的接缝宽度

名　　称		接缝宽度/mm
天然石	光面、镜面	1
	粗磨面、麻面、条纹面	5
	天然面	10
人造石	水磨石	2
	水刷石	10
	大理石、花岗石	1

2. 金属饰面板安装

(1)金属饰面板安装,当设计无要求时,宜采用抽芯铝铆钉,中间必须垫橡胶垫圈。抽芯铝铆钉间距以控制在100~150mm为宜。

(2)板材安装时严禁采用对接,搭接长度应符合设计要求,不得有透缝现象。

(3)阴阳角宜采用预制角装饰板安装,角板与大面搭接方向应与主导风向一致,严禁逆向安装。

3. 施工允许偏差

饰面板安装的允许偏差见表12-16。

表12-16　　　　　　　　　　饰面板安装的允许偏差

项目	允许偏差/mm							检验方法
	石材			瓷板	木材	塑料	金属	
	光面	剁斧石	蘑菇石					
立面垂直度	2	3	3	2	1.5	2	2	用2m垂直检测尺检查
表面平整度	2	3	—	1.5	1	2	2	用2m靠尺和塞尺检查
阴阳角方正	2	4	4	2	1.5	3	3	用直角检测尺检查
接缝直线度	2	4	4	2	1	1	1	拉5m线,不足5m拉通线,用钢直尺检查
墙裙、勒脚上口直线度	2	3	3	2	2	2	2	拉5m线,不足5m拉通线,用钢直尺检查
接缝高低差	0.5	3	—	0.5	0.5	1	1	用钢直尺和塞尺检查
接缝宽度	1	2	2	1	1	1	1	用钢直尺检查

二、饰面砖粘贴

1. 基层处理

镶贴饰面的基体表面应具有足够的稳定性和刚度,同时,对光滑的基体表面应进行凿毛处理。凿毛深度应为0.5～1.5cm,间距3cm左右。

基体表面残留的砂浆、灰尘及油渍等,应用钢丝刷刷洗干净。基体表面凹凸明显部位,应事先剔平或用1∶3水泥砂浆补平。不同基体材料相接处,应铺钉金属网,方法与抹灰饰面做法相同。门窗口与主墙交接处应用水泥砂浆嵌填密实。为使基体与找平层粘接牢固,可洒水泥砂浆(水泥∶细砂=1∶1,拌成稀浆)或聚合物水泥浆(108胶∶水=1∶4的胶水拌水泥)进行处理。

当基层为加气混凝土时,可酌情选用下述两种方法中的一种。

(1)用水湿润加气混凝土表面,修补缺棱掉角处。修补前,先刷一道聚合物水泥浆,然后用1∶3∶9=水泥∶白灰膏∶砂子混合砂浆分层补平,隔天刷聚合物水泥浆并抹1∶1∶6混合砂浆打底,木抹子搓平,隔天养护。

(2)用水湿润加气混凝土表面,在缺棱掉角处刷聚合物水泥浆一道,用1∶3∶9混合砂浆分层补平,待干燥后,钉金属网一层并绷紧。在金属网上分层抹1∶1∶6混合砂浆打底(最好采取机械喷射工艺),砂浆与金属网应结合牢固,最后用木抹子轻轻搓平,隔天浇水养护。

第十二章　装饰装修工程施工技术

2. 吊垂直、冲筋

高层建筑物应在四大角和门窗口边用经纬仪打垂直线找直;多层建筑物,可从顶层开始用特制的大线坠绷低碳钢丝吊垂直,然后根据面砖的规格尺寸分层设点、做灰饼,间距1.6m。横向水平线以楼层为水平基准线交圈控制,竖向垂直线以四周大角和通天柱或墙垛子为基准线控制,应全部是整砖。阳角处要双面排直。每层打底时,应以此灰饼作为基准点进行冲筋,使其底层灰做到横平竖直。同时要注意找好突出檐口、腰线、窗台、雨篷等饰面的流水坡度和滴水线(槽)。

3. 抹底层砂浆

先刷一道掺水重10%的界面剂胶水泥素浆,打底应分层分遍进行抹底层砂浆(常温时采用配合比为1∶3水泥砂浆),第一遍厚度宜为5mm,抹后用木抹子搓平、扫毛,待第一遍六至七成干时,即可抹第二遍,厚度约为8~12mm,随即用木杠刮平、木抹子搓毛,终凝后洒水养护。砂浆总厚不得超过20mm,否则应做加强处理。

4. 预排

饰面砖镶贴前应进行预排,预排时要注意同一墙面的横竖排列,均不得有一行以上的非整砖。非整砖行应排在最不醒目的部位或阴角处,方法是用接缝宽度调整砖行。室内镶贴釉面砖如设计无具体规定时,接缝宽度可在1~1.5mm之间调整。在管线、灯具、卫生设备支承等部位,应用整砖套割吻合,不得用非整砖拼凑镶贴,以保证饰面的美观。

对于外墙面砖则要根据设计图纸尺寸,进行排砖分格并应绘制大样图。一般要求水平缝应与石旋脸、窗台齐平,竖向要求阳角及窗口处都是整砖,分格按整块分均,并根据已确定的缝子大小做分格条和划出皮数杆。对窗心墙、墙垛等处要事先测好中心线、水平分格线和阴阳角垂直线。

饰面砖的排列方法很多,有无缝镶贴、划块留缝镶贴、单块留缝镶贴等。质量好的饰面砖,可以适应任何排列形式;外形尺寸偏差大的饰面砖,不能大面积无缝镶贴,否则不仅缝口参差不齐,而且贴到最后会难以收尾。对外形尺寸偏差大的饰面砖,可采取单块留缝镶贴,用砖缝的大小调节砖的大小,以解决尺寸不一致的问题。饰面砖外形尺寸出入不大时,可采取划块留缝镶贴,在划块留缝内,可以调节尺寸。如果饰面砖的厚薄尺寸不一时,可以把厚薄不一的砖分开,分别镶贴于不同的墙面,以镶贴砂浆的厚薄来调节砖的厚薄,这样就可避免因饰面砖的厚度不一致而使墙面不平。

5. 饰面砖浸水

釉面砖和外墙面砖,镶贴前要先清扫干净,而后置于清水中浸泡。釉面砖需浸泡到不冒气泡为止,约不少于2h;外墙面砖则要隔夜浸泡。然后取出阴干备用。不经浸水的饰面砖吸水性较大,铺贴后会迅速吸收砂浆中的水分,影响粘结质量;虽经浸水但没有阴干的饰面砖,由于其表面尚存有水膜,铺贴时会产生面砖浮滑现象,不仅不便操作,且因水分散发会引起饰面砖与基层分离自坠。阴干的时间视气候和环境温度而定，一般为半天左右，即以饰面砖表面有潮湿感，但手按无水迹为准。

6. 内墙面釉面砖粘贴

镶贴釉面砖宜从阳角处开始，并由下往上进行。一般用1：2（体积比）水泥砂浆，为了改善砂浆的和易性，便于操作，可掺入不大于水泥用量的15%的石灰膏，用铲刀在釉面砖背面刮满刀灰，厚度5~6mm，最大不超过8mm，砂浆用量以镶贴后刚好满浆为止。贴于墙面的釉面砖应用力按压，并用铲刀木柄轻轻敲击，使釉面砖紧密贴于墙面，再用靠尺按标志块将其校正平直。镶贴完整行的釉面砖后，再用长靠尺横向校正一次。对高于标志块的，需轻轻敲击，使其平齐；若低于标志块（即亏灰）时，应取下釉面砖，重新抹满刀灰再镶贴，不得在砖口处塞灰，否则会造成空鼓。然后依次按上法往上镶贴，注意保持与相邻釉面砖的平整。如遇釉面砖的规格尺寸或几何形状不等时，应在镶贴时随时调整，使缝隙宽窄一致。

镶贴完毕后进行质量检查，用清水将釉面砖表面擦洗洁净，接缝处用与釉面砖相同颜色的白水泥浆擦嵌密实，并将釉面砖表面擦净。全部完工后，要根据不同的污染情况，用棉丝，或用稀盐酸刷洗并及时以清水冲净。

7. 外墙面砖粘贴

外墙面砖镶贴，应根据施工大样图要求统一弹线分格、排砖。方法可采取在外墙阳角用钢丝花篮螺丝拉垂线，根据阳角钢丝出墙面每隔1.5~2m做标志块，并找准阳角方正，抹找平层，找平找直。在找平层上按设计图案先弹出分层水平线，并在山墙上每隔1m左右弹一条垂直线（根据面砖块数定），在层高范围内应根据实际选用面砖尺寸，划出分层皮数（最好按层高做皮数杆），然后根据皮数杆的皮数，在墙面上从上到下弹若干条水平线，控制水平的皮数，并按整块面砖尺寸弹出竖直方向的控制线。如采取离缝分格，则应按整块砖的尺寸分匀，确定分格缝（离缝）的尺寸，并按离缝实际宽度做分格条，分格条的宽度一般宜控制在5~10mm。

外墙面砖的镶贴顺序应自上而下分层分段进行；每段内镶贴程序应是自下而上进行，而且要先贴附墙柱、后墙面，再贴窗间墙。

镶贴时，先按水平线垫平八字尺或直靠尺，操作方法与釉面砖基本相同。铺贴的砂浆一般为1：2水泥砂浆或掺入不大于水泥重量15%的石灰膏的水泥混合砂浆，砂浆的稠度要一致，以避免砂浆上墙后流淌。刮满刀灰厚度为6~10mm。贴完一行后，须将每块面砖上的灰浆刮净。如上口不在同一直线上，应在面砖的下口垫小木片，尽量使上口在同一直线上。然后在上口放分格条，以控制水平缝大小与平直，又可防止面砖向下滑移，随后再进行第二皮面砖的铺贴。

在完成一个层段的墙面并检查合格后，即可进行勾缝。勾缝用1：1水泥砂浆或水泥浆分两次进行嵌实，第一次用一般水泥砂浆，第二次按设计要求用彩色水泥浆或普通水泥浆勾缝。勾缝可做成凹缝，深度3mm左右。面砖密缝处用与

第十二章　装饰装修工程施工技术

面砖相同颜色水泥擦缝。完工后应将面砖表面清洗干净,清洗工作须在勾缝材料硬化后进行。如有污染,可用浓度为10%的盐酸刷洗,再用水冲净。

8. 陶瓷锦砖粘贴

(1)抹好底子灰并经划毛及浇水养护后,根据节点细部详图和施工大样图,先弹出水平线和垂直线。水平线按每方陶瓷锦砖一道;垂直线亦可每方一道,亦可二三方一道。垂直线要与房屋大角以及墙垛中心线保持一致。如有分格时,按施工大样图规定的留缝宽度弹出。

(2)镶贴陶瓷锦砖时,一般是自下而上进行,按已弹好的水平线安放八字靠尺或直靠尺,并用水平尺校正垫平。通常以二人协同操作,一人在前洒水润湿墙面,先刮一道素水泥浆,随即抹上2mm厚的水泥浆为粘结层,一人将陶瓷锦砖铺在木垫板上,纸面向下,锦砖背面朝上,先用湿布把底面擦净。用水刷一遍,再刮素水泥浆,将素水泥浆刮至陶瓷锦砖的缝隙中,在砖面不要留砂浆。而后,再将一张张陶瓷锦砖沿尺粘贴在墙上。

(3)将陶瓷锦砖贴于墙面后,一手将硬木拍板放在已贴好的砖面上,另一手用小木锤敲击木拍板,把所有的陶瓷锦砖满敲一遍,使其平整。然后将陶瓷锦砖的护面纸用软刷子刷水润湿,待护面纸吸水泡开,即开始揭纸。

(4)揭纸后检查缝的大小,不合要求的缝必须拨正。调整砖缝的工作,要在粘结层砂浆初凝前进行。拨缝的方法是,一手将开刀放于缝间,另一手用抹子轻敲开刀,逐条按要求将缝拨匀、拨正,使陶瓷锦砖的边口以开刀为准排齐。拨缝后用小锤敲击木拍板将其拍实一遍,以增强与墙面的粘结。

(5)待粘结水泥浆凝固后,用素水泥浆找补擦缝。方法是先用橡皮刮板将水泥浆在陶瓷锦砖表面刮一遍,嵌实缝隙,接着加些干水泥,进一步找补擦缝,全面清理擦干净后,次日喷水养护。擦缝所用水泥,如为浅色陶瓷锦砖应使用白色水泥。

9. 施工允许偏差

饰面砖粘贴的允许偏差见表12-17。

表12-17　　　　　　　　　饰面砖粘贴的允许偏差

项　目	允许偏差/mm		检　验　方　法
	外墙面砖	内墙面砖	
立面垂直度	3	2	用2m垂直检测尺检查
表面平整度	4	3	用2m靠尺和塞尺检查
阴阳角方正	3	3	用直角检测尺检查
接缝直线度	3	2	拉5m线,不足5m拉通线,用钢直尺检查
接缝高低差	1	0.5	用钢直尺和塞尺检查
接缝宽度	1	1	用钢直尺检查

第六节 楼地面工程

一、地面基层施工

1. 施工一般规定

(1)对软弱土层应按设计要求进行处理。

(2)填土应分层压(夯)实,填土质量应符合现行国家标准《建筑地基基础工程施工质量验收规范》(GB 50202—2002)的有关规定。

(3)填土时应为最优含水量。重要工程或大面积的地面填土前,应取土样,按击实试验确定最优含水量与相应的最大干密度。

2. 材料要求

基土选用土料应符合设计要求。如无具体设计要求时,应采用含水量符合设计要求的黏性土。现场鉴别土的含水量方法是:用手紧握土料成团,两指轻捏即碎为宜。土料的最优含水量和最大干密度参考数值见表12-18。

表12-18　土料最优含水量和最大干密度

土料种类	最优含水量/(%)(质量比)	最大干密度/(g/cm³)
黏 土	19~23	1.58~1.70
粉质黏土	12~15	1.85~1.95
粉 土	16~22	1.61~1.80
砂 土	8~12	1.80~1.88

当土料的含水量大于最优含水量范围时,将影响夯实质量,对这种情况应采取翻松、晾晒,或均匀掺入干土,或掺入吸水性填料;含水量偏低,小于最优含水量范围时,应采取预先洒水润湿,增加压实遍数,或使用大功能压实机械碾压。一般讲,最优含水量的土料,经过压实,可得到最佳密实度。

基土的土料不得使用淤泥、淤泥质土、冻土、耕植土、垃圾以及有机物含量大于8%的土料。膨胀土作填土时,应进行技术处理。

碎石、卵石和爆破石渣可作表面以下的填料。作填料时,其最大粒径不得超过每层铺填厚度的2/3。

3. 主要机具

(1)根据土质和施工条件,应合理选用适当的摊铺、平整、碾压、夯实机具设备和辅助用具,以能达到设计要求为基本原则,兼顾进度、经济要求。

(2)常用机具设备有:平碾、羊足碾、振动平碾、蛙式打夯机、柴油式打夯机,手推车、筛子、木耙、铁锹、小线、钢尺、胶皮管等;工程量较大时,装运土方机械有:铲土机、自卸汽车、推土机、铲运机以及翻斗车等。

第十二章　装饰装修工程施工技术

4. 施工作业条件

(1)填土前应对所覆盖的隐蔽工程进行验收且合格,并进行隐检会签。

(2)施工前,应做好水平标志,以控制填土的高度和厚度,可采用立桩、竖尺、拉线、弹线等方法。

(3)如使用汽车或大型自行机械,应确定好其行走路线、装卸料场地、转运场地等,并编制好施工方案。

(4)对所有作业人员已进行了技术交底,特殊工种必须持证上岗。

(5)作业时的环境如天气、温度、湿度等状况应满足施工质量可达到标准的要求。

(6)基底松、软土处理完,隐蔽验收完。

5. 基土处理要求

(1)填土前应将基底地坪的杂物、浮土清理干净。

(2)检验土的质量,有无杂质,粒径是否符合要求。土的含水量是否在控制的范围内;如过高,可采用翻松、晾晒或均匀掺入干等措施;如过低,可采用预先洒水湿润等措施。

(3)回填土应分层摊铺。每层铺土厚度应根据土质、密实度要求和机具性能通过压实实验确定。作业时,应严格按照实验所确定的参数进行。每层摊铺后,随之耙平。压实系数应符合设计要求,设计无要求,应符合规范要求。

(4)回填土每层的夯压遍数,根据压实实验确定。作业时,应严格按照实验所确定的参数进行。打夯应一夯压半夯,夯夯相接,行行相连,纵横交叉,并且严禁采用水浇使土下沉的所谓"水夯"法。每层夯实土验收之后回填上层土。

分层厚度和碾压次数应根据所选择的碾压机械和设计要求的密实度进行现场试验确定。一般关系见表 12-19。

表 12-19　每层虚铺厚度和碾压遍数关系(机械与人工碾压)

碾压机械	每层虚铺厚度/mm	每层碾压遍数	说　　明
羊足碾	200~350	8~16	土块粒径不大于50mm
平　碾	200~300	6~8	
蛙式打夯机	200~250	3~4	
人工打夯	不大于200	3~4	

(5)深浅两基坑相连时,应先填夯深基土,填至浅基坑相同标高时,再与浅基土一起填夯。如必须分段填夯时,交接处应填成阶梯形,梯形高宽比一般为1:2。上下层错缝距离不应小于 1.0m。

(6)基坑回填应在相对两侧或四周同时进行,基础墙两侧标高不可相差太多,以免把墙挤歪;较长的管沟墙,应采用内部加支撑的措施,然后再在外侧回填土方。

(7)回填房心及管沟时,为防止管道中心线位移或损坏管道,应用人工先在管子两侧填土夯实;并应由管道两侧同时进行,直至管顶 0.5m 以上时,在不损坏管道的情况下,方可采用蛙式打夯机夯实。在抹带接口处,防腐绝缘层或电缆周围,应回填细粒料。

(8)回填土每层填土夯实后应按规范进行环刀取样,测出干土的质量密度;达到要求后,再进行上一层的铺土。

(9)填土全部完成后,应进行表面拉线找平,凡超过标准高程的地方,及时依线铲平;凡低于标准高程的地方,应补土夯实。

当工业厂房的填土时,在施工前应通过试验确定其最优含水量和施工含水量的控制范围。

(10)当墙、柱基础处的填土时,应重叠夯填密实。在填土与墙柱相连处,也可采取设缝进行技术处理。

(11)当基土下为非湿陷性土层,其填土为砂土时可随浇水随压(夯)实。每层虚铺厚度不应大于 200mm。

(12)在冻胀性土上铺设地面时,应按设计要求做防冻处理后方可施工。并不得在冻土上进行填土施工。

6. 施工注意事项

(1)基土下土层不应被扰动,或扰动后未能恢复初始状态,应清至未被扰动层。

(2)回填土作业应连续进行,尽快完成。在雨季应有防雨措施,防止基土和基底遭到雨水浸泡;冬季应有保温防冻措施,防止土层受冻。基底受冻或有冻块土均不得回填。

(3)在雨、雪、低温、强风条件下,在室外或露天不宜进行基土作业。

(4)凡检验不合格的部位,均应返工纠正,并制定纠正措施,防上再次发生。

二、地面垫层施工

(一)灰土垫层

1. 施工一般规定

(1)灰土垫层应采用熟化石灰与黏土(或粉质黏土、粉土)的拌合料铺设,其厚度应不小于 100mm。

(2)熟化石灰可采用磨细生石灰,亦可用粉煤灰或电石渣代替。

(3)灰土垫层应铺设在不受地下水浸泡的基土上,施工后应有防止水浸泡的措施。

(4)灰土垫层应分层夯实,经湿润养护,晾干后方可进行下一道工序施工。

2. 材料(机具)要求

(1)材料要求。

1)土料。宜优先选用黏土、粉质黏土或粉土,不得含有有机杂物,使用前应先过筛,其粒径不大于15mm。

2)石灰。块灰闷制的熟石灰,要用6~10mm的筛子过筛。生石灰块熟化不良,没有认真过筛,颗粒过大,造成颗粒遇水熟化体积膨胀,会将上层构造层拱裂,务必认真对待熟石灰的过筛要求。

熟化石灰可采用磨细生石灰,亦可用粉煤灰或电石渣代替。当采用粉煤灰或电石渣代替熟化石灰做垫层时,其粒径不得大于5mm,且粉煤灰放射性指标应符合有关规定。

3)拌合料的体积比宜为3:7(熟化石灰:黏土),或按设计要求配料。

(2)主要机具。蛙式打夯机、机动翻斗车、手扶式振动压路机、筛子(孔径6~10mm和16~20mm两种)、标准斗、靠尺、铁耙、铁锹、水桶、喷壶、手推胶轮车等。

3. 施工作业条件

(1)基土表面干净、无积水,已检验合格并办理隐检手续。

(2)基础墙体、垫层内暗管埋设完毕,并按设计要求予以稳固,检查合格,并办理中间交接验收手续。

(3)在室内墙面已弹好控制地面垫层标高和排水坡度的水平控制线或标志。

(4)施工机具设备已备齐,经维修试用,可满足施工要求,水、电已接通。

4. 施工工艺流程

灰土垫层施工工艺流程:基土清理→弹线→设标志→灰土铺实和夯实→垫层接缝。

5. 施工操作要点

灰土垫层施工操作要点见表12-20。

表12-20　　　　　　　　灰土垫层施工操作要点

项目	施工操作要点
基土清理	铺设灰土前先检验基土土质,清除松散土、积水、污泥、杂质,并打底夯两遍,使表土密实
弹线、设标志	在墙面弹线,在地面设标桩,找好标高、挂线,作控制铺填灰土厚度的标准
灰土拌合	(1)灰土垫层应采用熟化石灰与黏土(或粉质黏土、粉土)的拌合料铺设,其厚度不应小于100mm。黏土含水率应符合规定。 (2)灰土的配合比应用体积比,除设计有特殊要求外,一般为石灰:黏土=2:8或3:7。通过标准斗,控制配合比。拌合时必须均匀一致,至少翻拌两次,灰土拌合料应拌合均匀,颜色一致,并保持一定的湿度,加水量宜为拌合料总重量的16%。工地检验方法是:以手握成团,两指轻捏即碎为宜。如土料水分过大或不足时,应晾干或洒水湿润

续表

项 目	施 工 操 作 要 点
灰土铺设和夯实	(1)灰土垫层应铺设在不受地下水浸泡的基土上。施工后应有防止水浸泡的措施。 (2)灰土垫层应分层夯实,经湿润养护、晾干后方可进行下一道工序施工。 (3)灰土摊铺虚铺厚度一般为150~250mm(夯实后约100~150mm厚),垫层厚度超过150mm应由一端向另一端分段分层铺设,分层夯实。各层厚度钉标桩控制,夯实采用蛙式打夯机或木夯,大面积宜采用小型手扶振动压路机,夯打遍数一般不少于三遍,碾压遍数不少于六遍;人工打夯应一夯压半夯,夯夯相接,行行相接,纵横交错。 灰土夯实后,质量标准可按压实系数(λc)进行鉴定,一般为0.93~0.95。每层夯实厚度应符合设计,在现场试验确定。 (4)夯实的干密度最低值应符合设计要求,当设计无规定时,应符合表12-21的规定。 (5)灰土回填每层夯(压)实后,应根据规范规定进行环刀取样,测出灰土的质量密度。也可用贯入度仪检查灰土质量,但应先进行现场试验确定贯入度的具体要求,以达到控制压实系数所对应的贯入度。环刀取样检验灰土干密度的检验点数,对大面积每50~100m² 应不少于1个,房间每间不少于1个。并注意要绘制每层的取样点图
垫层接缝	灰土分段施工时,上下两层灰土的接槎距离不得小于500mm。当灰土垫层标高不同时,应作成阶梯形。接槎时应将槎子垂直切齐。接缝不要留在地面荷载较大的部位

表12-21　　　　　　　　　　灰土质量标准

土料种类	灰土最小干密度/(g/cm³)
粉 土	1.55
粉质黏土	1.50
黏 土	1.45

6. 冬雨期施工

灰土应连续进行,尽快完成,施工中应有防雨排水措施,刚打完或尚未夯实的灰土,如遭受雨淋浸泡,应将积水及松软灰土除去,并补填夯实;受浸湿的灰土,应晾干后再夯打密实。

灰土垫层不宜冬期施工,当施工时必须采取措施,并不得在基土受冻的状态下铺设灰土,土料不得含有冻块,应覆盖保温,当日拌合灰土,应当日铺完夯完,夯

第十二章　装饰装修工程施工技术

完的灰土表面应用塑料薄膜和草袋覆盖保温。

(二)三合土垫层

1. 施工一般规定

(1)三合土垫层采用石灰、砂(可掺入少量黏土)与碎砖的拌合料铺设,其厚度应不小于100mm。

(2)三合土垫层应分层夯实。

(3)每 10m³ 三合土垫层材料用量见表 12-22。

表 12-22　　　　　三合土垫层材料用量　　　　　(10m³)

材料名称	单位	配合比 1:2:4	配合比 1:3:6
碎料	m³	11.72	11.72
净砂	m³	5.86	5.86
石灰	kg	1400	980

2. 材料(机具)要求

(1)材料要求。

1)石灰应采用熟化石灰。熟化石灰应在生石灰(石灰中的块灰不应小于70%)使用前 3~4d 洒水粉化,并加以过筛,其粒径不得大于 5mm,熟化石灰也可采用磨细生石灰,并按体积比与黏土拌合洒水堆放 8h 后使用。

块灰闷制的熟石灰,要用 6~10mm 的筛子过筛;熟化石灰可采用磨细生石灰,亦可用粉煤灰或电石渣代替。当采用粉煤灰或电石渣代替熟化石灰做垫层时,其粒径不得大于 5mm。

2)用废砖、断砖加工而成,粒径 20~60mm,不得夹有风化、酥松碎块、瓦片和有机杂质。

3)采用中砂或中粗砂,并不得含有草根等有机杂质。

4)土料宜优先选用黏土、粉质黏土或粉土,不得含有有机杂物,使用前应选过筛,其粒径不大于 15mm。

(2)主要机具。铲土机、自卸汽车、推土机、蛙式打夯机、手扶式振动压路机、机动翻斗车、铁锹、铁耙、筛子、喷壶、手推胶轮车、铁锤等。

3. 施工作业条件

(1)设置铺填厚度的标志,如水平木桩或标高桩,或固定在建筑物的墙上弹上水平标高线。

(2)基础墙体、垫层内暗管埋设完毕,并按设计要求予以稳固,检查合格,并办理中间交接验收手续。

(3)在室内墙面已弹好控制地面垫层标高和排水坡度的水平控制线或标志。

(4)施工机具设备已备齐,经维修试用,可满足施工要求,水、电已接通。
(5)基土上无浮土杂物和积水。

4. 施工操作要点

三合土垫层施工操作要点见表12-23。

表12-23　　　　　　　　三合土垫层施工操作要点

项目	施 工 操 作 要 点
基土清理	铺设前先检验基土土质,清除松散土、积水、污泥、杂质,并打底夯两遍,使表土密实
弹线、设标志	在墙面弹线,在地面设标桩,找好标高、挂线,作控制铺填灰土厚度的标准
三合土垫层铺设	(1)检验石灰的质量,确保粒径和熟化程度符合要求;检验碎砖的质量,其粒径不得大于60mm。 (2)拌合:灰、砂、砖的配合比应用体积比,应按照实验确定的参数或设计要求控制配合比。拌合时必须均匀一致,至少翻拌两次,拌合好的土料颜色应一致。 (3)三合土施工时应适当控制含水量如砂水分过大或过干,应提前采取晾晒或洒水等措施。 (4)填土应分层摊铺。每层铺土厚度应根据土质、密实度要求和机具性能通过压实实验确定。作业时,应严格按照实验所确定的参数进行。每层摊铺后,随之耙平。 (5)回填土每层的夯压遍数,根据压实实验确定。作业时,应严格按照实验所确定的参数进行。打夯应一夯压半夯,夯夯相接,行行相连,纵横交叉。 (6)三合土分段施工时,应留成斜坡接槎,并夯压密实;上下两层接槎的水平距离不得小于500mm。 (7)三合土每层夯实后应按规范进行实验,测出压实度(密实度);达到要求后,再进行上一层的铺土。 (8)垫层全部完成后,应进行表面拉线找平,凡超过标准高程的地方,及时依线铲平;凡低于标准高程的地方,应补土夯实

5. 成品保护

(1)三合土垫层下土层不应被扰动,或扰动后未能恢复初始状态,清除被扰动土。

(2)作业应连续进行,尽快完成。在雨季应有防雨措施,防止遭到雨水浸泡;冬季应有保温防冻措施,防止受冻。

(3)在雨、雪、低温、强风条件下,在室外或露天不宜进行三合土垫层作业。

(4)凡检验不合格的部位,均应返工纠正,并制定纠正措施,防止再次发生。

第十二章　装饰装修工程施工技术

(三)炉渣垫层

1. 施工一般规定

(1)炉渣垫层采用炉渣或水泥与炉渣或水泥、石灰与炉渣的拌合料铺设,其厚度应不小于80mm。

(2)炉渣或水泥炉渣垫层的炉渣,使用前应浇水闷透;水泥石灰炉渣垫层的炉渣,使用前应用石灰浆或用熟化石灰浇水拌合闷透;闷透时间均不得少于5d。

(3)在垫层铺设前,其下一层应湿润;铺设时应分层压实,铺设后应养护,待其凝结后方可进行下一道工序施工。

2. 材料(机具)要求

(1)材料要求。

1)水泥进场后按同品种、同强度等级取样进行检验,水泥质量有怀疑或水泥出厂日期超过3个月时应在使用前作复验,检验合格后,方准使用。

水泥应按不同品种、不同强度、不同出厂日期分别堆放和保管,不得混杂,并防止混掺使用。

2)炉渣内不应含有有机杂质和未燃尽的煤块,粒径不应大于40mm(且不得大于垫层厚度的1/2),且粒径在5mm及其以下的颗粒,不得超过总体积的40%。

炉渣或水泥炉渣垫层采用的炉渣应为陈渣,即在使用前应浇水闷透的炉渣,禁止使用新渣。

3)熟化石灰:石灰应用块灰,使用前应充分熟化过筛,不得含有粒径大于5mm的生石灰块,也不得含有过多的水分。也可采用磨细生石灰,或用粉煤灰、电石渣代替;采用加工磨细石灰粉时,使用前加水溶化后方可使用。

4)炉渣垫层配合比应符合设计要求。如设计无要求,可根据实际情况按表12-24选用。

表12-24　　　　　　炉渣垫层配合比(体积比)

垫层名称	石 灰	水 泥	炉 渣
石灰炉渣垫层	1	—	3
水泥炉渣垫层	—	1	6
水泥炉渣垫层	—	1	8
水泥石灰炉渣垫层	1	1	8
水泥石灰炉渣垫层	1	1	10
水泥石灰炉渣垫层	1	1	12

(2)主要机具。搅拌机、手推车、石制或铁制压滚(直径200mm,长600mm)、平板振动器、平铁锹、计量器、筛子、喷壶、浆壶、木拍板、3m和1m长木制大杠、笤

帚、钢丝刷等。

3. 施工作业条件

(1)结构工程已经验收,并办完验收手续,墙上水平标高控制线已弹好。

(2)预埋在垫层内的电气及其设备管线已安装完(用细石混凝土或1:3水泥砂浆将电管嵌固严密,有一定强度后才能铺炉渣),并办完隐蔽检收手续。

(3)穿过楼板的管线已安装验收完,楼板孔洞已用细石混凝土填塞密实。

(4)地面以下的排水管道、暖气沟、暖气管道已安装完,并办理完隐蔽验收手续。

4. 施工操作工艺

(1)炉渣的过筛与水焖。

1)铺设垫层前应将基底上的杂物、浮土、落地灰等清理干净,洒水湿润。

2)炉渣在使用前必须过两遍筛,第一遍过40mm大孔径筛,第二遍过5mm小孔径筛,主要筛去细粉末,使粒径在5mm以下的体积,不得超过总体积的40%,这样使炉渣具有粗细粒径搭配的合理配比,对促进垫层的成型和早期强度很有利。

3)炉渣或水泥炉渣垫层采用的炉渣,不得用新渣,必须使用陈渣就是在使用前已经浇水焖透的炉渣,浇水焖透的时间不少于5d。

4)水泥石灰炉渣垫层采用的炉渣,应先用石灰浆或用熟化石灰浇水拌合焖透,焖透时间不少于5d。

(2)施工操作要点。炉渣垫层施工操作要点见表12-25。

表12-25　　　　　　　　炉渣垫层施工操作要点

项目	施工操作要点
基层处理	铺设炉渣垫层前,对粘结在基层上的水泥浆皮、混凝土渣子等用钢凿子剔凿,钢丝刷刷掉,再用扫帚清扫干净,洒水湿润
炉渣配制	(1)炉渣或水泥炉渣垫层的炉渣,使用前应浇水焖透;水泥石灰炉渣垫层的炉渣使用前应用石灰浆或用熟化石灰浇水拌合焖透,焖透时间均不得少于5d。 (2)炉渣在使用前必须过两遍筛,第一遍过大孔径筛,筛孔径为40mm,第二遍用小孔径筛,筛孔为5mm,主要筛去细粉末,使粒径5mm以下的颗粒体积不得超过总体积的40%。 (3)炉渣垫层的拌合料体积比应按设计要求配制。如设计无要求,水泥与炉渣拌合料的体积比宜为1:6(水泥:炉渣),水泥、石灰与炉渣拌合料的体积比宜为1:1:8(水泥:石灰:炉渣)。 (4)炉渣垫层的拌合料必须拌合均匀。先将焖透的炉渣按体积比与水泥干拌均匀后,再加水拌合,颜色一致,加水量应严格控制,使铺设时表面不致出现泌水现象。 水泥石灰炉渣的拌合方法同上,先按配合比干拌均匀后,再加水拌合均匀

续表

项 目	施 工 操 作 要 点
弹 线	根据墙上+500mm水平标高线及设计规定的垫层厚度(如无设计规定,其厚度不应小于80mm),往下量测出垫层的上平标高,并弹在周墙上。然后拉水平线抹水平墩(用细石混凝土或水泥砂浆抹成60mm×60mm见方,与垫层同高),其间距2m左右,有泛水要求的房间,按坡度要求拉线找出最高和最低的标高,抹出坡度墩,用来控制垫层的表面标高
炉渣铺设	(1)炉渣垫层拌合料铺设之前再次用扫帚清扫基层,用清水洒一遍(用喷壶洒均匀)。 (2)铺设炉渣前在基层刷一道素水泥浆(水灰比为0.4~0.5),将拌合均匀的拌合料,从房间内退着往外铺设,虚铺厚度宜控制在1.3:1,如设计要求垫层厚度为80mm,拌合料虚铺厚度为104mm(当垫层厚度大于120mm时,应分层铺设,每层压实后的厚度不应大于虚铺厚度的3/4)。 (3)在垫层铺设前,其下一层应湿润;铺设时应分层压实,铺设后应养护,待其凝结后方可进行下一道工序施工
炉渣刮平、滚压	(1)以找平墩为标志,控制好虚铺厚度,用铁锹粗略找平,然后用木杠刮平,再用滚筒往返滚压(厚度超过120mm时,应用平板振动器),并随时用2m靠尺检查平整度,高出部分铲掉,凹处填平。直到滚压平整出浆且无松散颗粒为止。对于墙根、边角、管根周围不易滚压处,应用木拍板拍打密实。采用木拍压实时,应按拍实→拍实找平→轻拍逗浆→抹平等四道工序完成。 (2)水泥炉渣垫层应随拌随铺,随压实,全部操作过程应控制在2h内完成。施工过程中一般不留施工缝,如房间大必须留施工缝时,应用木方或木板挡好留槎处,保证直槎密实,接槎时应刷水泥浆(水灰比为0.4~0.5)后,再继续铺炉渣拌合料
养 护	垫层施工完毕应防止受水浸润。做好养护工作(进行洒水养护),常温条件下,水泥炉渣垫层至少养护2d;水泥石灰炉渣垫层至少养护7d,严禁上人乱踩、弄脏,待其凝固后方可进行面层施工

5. 成品保护

(1)炉渣铺设应连续进行,尽快完成。在雨季应有防雨措施,防止遭到雨水浸泡;冬季应有保温防冻措施,防止受冻;在雨、雪、低温、强风条件下,在室外或露天不宜进行炉渣垫层作业。

(2)铺炉渣拌合料时,注意不得将稳固线管的细石混凝土碰松动,通过地面的竖管也要加以保护。

(3)炉渣垫层铺设完之后,要注意加以养护,常温下养护 3d 后方能进行面层施工。

(4)不得直接在垫层上存放各种材料,以免影响与面层的粘结力。

(5)凡检验不合格的部位,均应返工纠正,并制定纠正措施,防止再次发生。

(四)水泥混凝土垫层

1. 施工一般规定

(1)水泥混凝土垫层铺设在基土上,当气温长期处于 0℃ 以下,设计无要求时,垫层应设置伸缩缝。

(2)水泥混凝土垫层的厚度应不小于 60mm。

(3)垫层铺设前,其下一层表面应湿润。

(4)室内地面的水泥混凝土垫层应设置纵向缩缝和横向缩缝,纵向缩缝间距不得大于 6m,横向缩缝不得大于 6m。

(5)垫层的纵向缩缝应做平头缝或加肋板平头缝,当垫层厚度大于 150mm 时可做企口缝,横向缩缝应做假缝。

平头缝和企口缝的缝间不得放置隔离材料,浇筑时应互相紧贴。企口缝的尺寸应符合设计要求,假缝宽度为 5~20mm,深度为垫层厚度的 1/3,缝内填水泥砂浆。

(6)工业厂房、礼堂、门厅等大面积水泥混凝土垫层应分区段浇筑。分区段应结合变形缝位置、不同类型的建筑地面连接处和设备基础的位置进行划分,并应与设置的纵向、横向缩缝的间距相一致。

(7)水泥混凝土施工质量检验尚应符合现行国家标准《混凝土结构工程施工质量验收规范》(GB 50204—2002)的有关规定。

2. 材料(机具)要求

(1)材料要求。

1)水泥。水泥采用硅酸盐水泥、普通硅酸盐水泥或矿渣硅酸盐水泥,其强度等级不得低于 32.5 级。进场时应对其品种、级别、包装或散装仓号、出厂日期等进行检查,并应对其强度、安定性及其他必要的性能指标进行复验。

当在使用中对水泥质量有怀疑或水泥出厂超过 3 个月(快硬硅酸盐水泥超过 1 个月)时,庆进行复验,并按复验结果使用。

2)砂宜采用中砂或粗砂,含泥量不应大于 3%。

3)石采用碎石或卵石,粗骨料的级配要适宜,其最大粒径不应大于垫层厚度的 2/3,含泥量不应大于 2%。

4)水宜采用饮用水。

5)外加剂:混凝土中掺用外加剂的质量应符合现行国家标准《混凝土外加剂》(GB 8076—2008)的规定。

第十二章　装饰装修工程施工技术

(2)主要机具。水泥混凝土垫层施工主要机具有：混凝土搅拌机、翻斗车、手推车、平板振捣器、磅秤、筛子、铁锹、小线、木拍板、刮杠、木抹子等。

3. 施工作业条件

(1)楼地面基层施工完毕，暗敷管线、预留孔洞等已经验收合格，并做好记录。

(2)垫层混凝土配合比已经确认，混凝土搅拌后对混凝土强度等级、配合比、搅拌制度、操作规程等进行挂牌。

(3)水平标高控制线已弹完。

(4)水、电布线到位，施工机具、材料已准备就绪。

4. 施工操作要点

水泥混凝土垫层施工操作要点见表 12-26。

表 12-26　　　　　水泥混凝土垫层施工操作要点

项　目	施　工　操　作　要　点
基层清理	浇筑混凝土垫层前，应清除基层的淤泥和杂物；基层表面平整度应控制在 15mm 内
弹线、找标高	根据墙上水平标高控制线，向下量出垫层标高，在墙上弹出控制标高线。垫层面积较大时，底层地面可视基层情况采用控制桩或细石混凝土（或水泥砂浆）做找平墩控制垫层标高；楼层地面采用细石混凝土或水泥砂浆做找平墩控制垫层标高
混凝土拌制与运输	(1)混凝土搅拌机开机前应进行试运行，并对其安全性能进行检查，确保其运行正常。 (2)混凝土搅拌时应先加石子，后加水泥，最后加砂和水，其搅拌时间不得少于 1.5min，当掺有外加剂时，搅拌时间应适当延长。 (3)在运输中，应保持混凝土的匀质性，做到不分层、不离析、不漏浆。运到浇筑地点时，应具有要求的坍落度，坍落度一般控制在 10～30mm
混凝土垫层铺设	(1)混凝土的配合比应根据设计要求通过试验确定。 (2)投料必须严格过磅，精确控制配合比。每盘投料顺序为石子→水泥→砂→水。应严格制水量，搅拌要均匀，搅拌时间不少于 90s。 (3)铺设前，将基层湿润，并在基底上刷一道素水泥浆或界面结合剂，随刷随铺混凝土。 (4)混凝土铺设应从一端开始，由内向外铺设。混凝土应连续浇筑，间歇时间不得超过 2h。如间歇时间过长，应分块浇筑，接槎处按施工缝处理，接缝处混凝土应捣实压平，不显接头槎

项 目	施 工 操 作 要 点
混凝土垫层铺设	(5)工业厂房、礼堂、门厅等大面积水泥混凝土垫层应分区段浇筑,分区段时应结合变形缝位置、不同类型的建筑地面连接处和设备基础的位置进行划分,并应与设置的纵向、横向缩缝的间距相一致。 (6)水泥混凝土垫层铺设在基土上,当气温长期处于 0℃ 以下,设计无要求时,垫层应设置施工缝。 (7)室内地面的水泥混凝土垫层,应设置纵向缩缝和横向缩缝;纵向缩缝间距不得大于 6m,并应做成平头缝或加肋板平头缝,当垫层厚度大于 150mm 时,可做企口缝;横向缩缝间距不得大于 12m,横向缩缝应做假缝。 (8)平头缝和企口缝的缝间不得放置隔离材料,浇筑时应互相紧贴,企口缝的尺寸应符合设计要求,假缝宽度为 5～20mm,深度为垫层厚度的 1/3,缝内填水泥砂浆
混凝土垫层的振捣和找平	(1)用铁锹摊铺混凝土,用水平控制桩和找平墩控制标高,虚铺厚度略高于找平墩,然后用平板振捣器振捣。厚度超过 200mm 时,应采用插入式振捣器,其移动距离不应大于作用半径的 1.5 倍,做到不漏振,确保混凝土密实。 (2)混凝土振捣密实后,以墙柱上水平控制线和水平墩为标志,检查平整度,高出的地方铲平,凹的地方补平。混凝土先用水平刮杠刮平,然后表面用木抹子搓平。有找坡要求时,坡度应符合设计要求
混凝土取样试验	混凝土取样强度试块应在混凝土的浇筑地点随机抽取,取样与试件留置应符合下列规定: (1)拌制 100 盘且不超过 100m³ 的同配合比混凝土,取样不得少于一次。 (2)工作班拌制的同一配合比的混凝土不足 100 盘时,取样不得少于一次。 (3)每一层楼、同一配合比的混凝土,取样不得少于一次;当每一层建筑地面工程大于 1000m² 时,每增加 1000m² 应增做一组试块。 每次取样应至少留置一组标准养护试件,同条件养护试件的留置根据实际需要确定

5. 冬期施工

冬期施工环境温度不得低于 5℃。如在负温下施工时,混凝土中应掺加防冻剂,防冻剂应经检验合格后方准作用,防冻剂掺量应由试验确定。混凝土垫层施工完后,应及时覆盖塑料布和保温材料。

6. 成品保护

(1)水泥混凝土垫层的厚度不应小于60mm。

(2)混凝土浇筑完毕后,应在12h以内用草帘等加以覆盖和浇水,浇水次数应能保持混凝土具有足够的湿润状态,浇水养护时间不少于7d。

(3)浇筑的垫层混凝土强度达到1.2MPa以后,才可允许人员在其上面走动和进行其他工序施工。

(4)落地混凝土应在初凝前及时回收,回收的混凝土不得夹有杂物,并应及时运至搅拌地点,掺入新混凝土中拌合使用。

三、找平层施工

(一)施工一般规定

(1)找平层应采用水泥砂浆或水泥混凝土铺设,并应符合有关面层的规定。

(2)铺设找平层前,当其下一层有松散填充料时,应予铺平振实。

(3)有防水要求的建筑地面工程,铺设前必须对立管、套管和地漏与楼板节点之间进行密封处理;排水坡度应符合设计要求。

(4)在预制钢筋混凝土板上铺设找平层前,板缝填嵌的施工应符合下列要求:

1)预制钢筋混凝土板相邻缝底宽应不小于20mm。

2)填嵌时,板缝内应清理干净,保持湿润。

3)填缝采用细石混凝土,其强度等级不得小于C20。填缝高度应低于板面10~20mm,且振捣密实,表面不应压光,填缝后应养护。

4)当板缝底宽大于40mm时,应按设计要求配置钢筋。

(5)在预制钢筋混凝土板上铺设找平层时,其板端应按设计要求做防裂的构造措施。

(二)材料(机具)要求

1. 材料要求

(1)水泥。水泥宜采用硅酸盐水泥、普通硅酸盐水泥,其强度等级不宜小于32.5级。

(2)砂。砂应符合现行的行业标准《普通混凝土用砂、石质量及检验方法标准》(JGJ 52—2006)的规定,宜采用中粗砂,含泥量不大于3%。

(3)石。石应符合现行的行业标准《房屋渗漏修缮技术规程》(JGJ/T 53—2011)的规定,其最大粒径不应大于找平层厚度的2/3。

(4)沥青。沥青应选用石油沥青,并符合有关标准规定。其软化点按"环球法"试验时宜为50~60℃,不得大于70℃。

(5)粉状填充料。粉状填充料应采用磨细的石料、砂或炉灰、粉煤灰、页岩灰和其他粉状的矿物质材料。不得使用石灰、石膏、泥岩灰或黏土作为粉状填充料。粉状填充料中小于0.08mm的细颗粒含量不应小于85%。采用振动法使粉状填充料密实时,其空隙不应大于45%,其含泥量不应大于3%。

(6)配合比设计要求:
1)水泥砂浆体积比不宜小于1:3(水泥:砂)。
2)水泥混凝土强度等级不应小于C15。
3)沥青设计配合比宜为1:8(沥青:砂和粉料)。
4)沥青混凝土配合比由计算试验确定,或按设计要求。
2. 主要机具
主要机具有:混凝土搅拌机、翻斗车、手推车、平板振捣器、磅秤、筛子、铁锹、小线、木拍板、刮杠、木抹子等。

(三)施工作业条件
(1)楼地面基层施工完毕,暗敷管线、预留孔洞等已经验收合格,并做好记录。
(2)垫层混凝土配合比已经确认,混凝土搅拌后台对混凝土强度等级、配合比、搅拌制度、操作规程等进行挂牌。
(3)控制找平层标高的水平控制线已弹完。
(4)楼板孔洞已进行可靠封堵。
(5)水、电布线到位,施工机具、材料已准备就绪。

(四)施工操作要点
找平层施工操作要点见表12-27。

表12-27 找平层施工操作要点

项 目	施 工 操 作 要 点
基层清理	浇灌混凝土前,应清除基层的淤泥和杂物;基层表面平整度应控制在10mm内
弹线、找标准	根据墙上水平标高控制线,向下量出找平层标高,在墙上弹出控制标高线。找平层面积较大时,采用细石混凝土或水泥砂浆找平墩控制垫层标高,找平墩60mm×60mm,高度同找平层厚度,双向布置,间距不大于2m。用水泥砂浆做找平层时,还应冲筋
混凝土或砂浆搅拌与运输	(1)混凝土搅拌机开机前应进行试运行,并对其安全性能进行检查,确保其运行正常。 (2)混凝土搅拌时应先加石子,后加水泥,最后加砂和水,其搅拌时间不得少于1.5min,当掺有外加剂时,搅拌时间应适当延长。 (3)水泥砂浆搅拌先向已转动的搅拌机内加入适量的水,再按配合比将水泥和砂子先后投入,再加水至规定配合比,搅拌时间不得少于2min。 (4)水泥砂浆一次拌制不得过多,应随用随拌。砂浆放置时间不得过长,应在初凝前用完。 (5)混凝土、砂浆运输过程中,应保持其匀质性,做到不分层、不离析、不漏浆。运到浇灌地点时,混凝土应具有要求的坍落度,坍落度一般控制在10~30mm;砂浆应满足施工要求的稠度

第十二章 装饰装修工程施工技术

续表

项目	施工操作要点
找平层铺设	(1)铺设找平层前,应将下一层表面清理干净。当找平层下有松散填充料时,应予铺平振实。 (2)用水泥砂浆或水泥混凝土铺设找平层,其下一层为水泥混凝土垫层时,应予湿润,当表面光滑时,应划(凿)毛。铺设时先刷一遍水泥浆,其水灰比宜为 0.4~0.5,并应随刷随铺。 (3)在预制钢筋混凝土楼板上铺设找平层时,其板端间应按设计要求采取防裂的构造措施。 (4)有防水要求的楼面工程,在铺设找平层前,应对立管、套管和地漏与楼板节点之间进行密封处理。应在管的四周留出深度为 8~10mm 的沟槽,采用防水卷材或防水涂料裹住管口和地漏,如图 12-12 所示。 (5)在水泥砂浆或水泥混凝土找平层上铺设防水卷材或涂布防水涂料隔离层时,找平层表面应洁净、干燥,其含水率不应大于 9%,并应涂刷基层处理剂。基层处理剂应采用与卷材性能配套的材料或采用同类涂料的底子油。铺设找平层后,涂刷基层处理剂的相隔时间以及其配合比均应通过试验确定
振捣和找平	(1)用铁锹摊铺混凝土或砂浆,用水平控制桩和找平墩控制标高,虚铺厚度略高于找平墩,然后用平板振捣器振捣。厚度超过 200mm 时,应采用插入式振捣器,其移动距离不应大于作用半径的 1.5 倍,做到不漏振,确保混凝土密实。 (2)混凝土振捣密实后,以墙柱上水平控制线和水平墩为标志,检查平整度,高出的地方铲平,凹的地方补平。混凝土或砂浆先用水平刮杠刮平,然后表面用木抹子搓平,铁抹子抹平压光
见证取样试验	混凝土取样强度试块应在混凝土的浇筑地点随机抽取,取样与试件留置应符合下列规定: (1)制 100 盘且不超过 100m³ 的同配合比混凝土,取样不得少于一次。 (2)工作班拌制的同一配合比的混凝土不足 100 盘时,取样不得少于一次。 (3)每一层楼、同一配合比的混凝土,取样不得少于一次,当每一层建筑地面工程大于 1000m² 时,每增加 1000m² 应增做一组试块。 每次取样应至少留置一组标准养护试件,同条件养护试件的留置根据实际需要确定

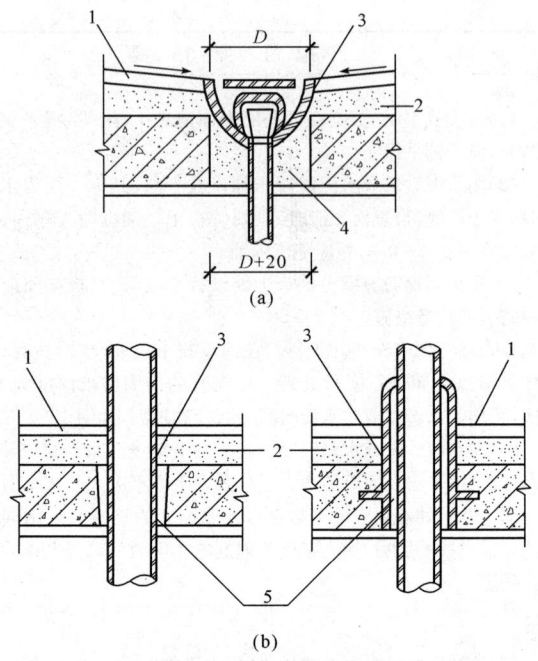

图 12-12 管道与楼面防水构造
(a)地漏部位防水构造;(b)立管、套管与楼面防水构造
1—饰面层;2—找平(防水)层;3—地漏(管)四周留出
8～10mm 小沟槽(圆钉剔槽、打毛、扫净);4—1∶2 水
泥砂浆或细石混凝土填实;5—1∶2 水泥砂浆

(五)成品保护

(1)运送混凝土应使用不漏浆和不吸水的容器,使用前须湿润,运送过程中要清除容器内粘着的残渣,以确保浇灌前混凝土的成品质量。

(2)混凝土运输应尽量减少运输时间,从搅拌机卸出到浇灌完毕的延续时间应符合下列规定:

1)混凝土强度等级≤C30 时:
　　气温＜25℃　　　　　　　　2h
　　气温＞25℃　　　　　　　　1.5h

2)混凝土强度等级＞C30 时:
　　气温＜25℃　　　　　　　　1.5h
　　气温＞25℃　　　　　　　　1h

(3)砂浆贮存：砂浆应盛入不漏水的贮灰器中，并随用随拌，少量贮存。

(4)找平层浇灌完毕后应及时养护，混凝土强度达到1.2MPa以上时，方准施工人员在其上行走。

四、常见面层施工

面层根据工程性质和装饰要求可以做成水泥混凝土地面、水泥砂浆地面、水磨石地面、块材地面、木地面等。

(一)水泥混凝土面层

1. 面层构造

水泥混凝土面层常用两种做法，一种是采用细石混凝土面层，其强度等级不应小于C20，厚度为30～40mm；另一种是采用水泥混凝土垫层兼面层，其强度等级不应小于C15，厚度按垫层确定，如图12-13所示。

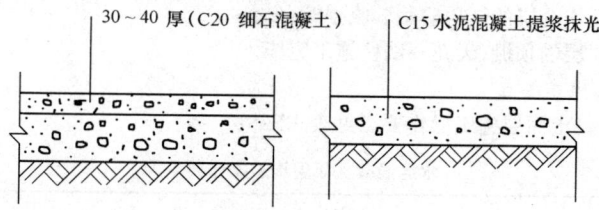

图12-13 水泥混凝土面层

2. 施工一般规定

(1)水泥混凝土面层厚度应符合设计要求。

(2)水泥混凝土面层铺设不得留施工缝。当施工间隙超过允许时间规定时，应对接槎处进行处理。

3. 材料(机具)要求

(1)材料要求。

1)水泥采用普通硅酸盐水泥、矿渣硅酸盐水泥，其强度等级不得低于32.5级。

2)砂宜采用中砂或粗砂，含泥量不应大于3%。

3)石采用碎石或卵石，其最大粒径不应大于面层厚度的2/3；当采用细石混凝土面层时，石子粒径不应大于15mm；含泥量不应大于2%。

4)砂、石不得含有草根等杂物；砂、石的粒径级配应通过筛分试验进行控制，含泥量应按规范严格控制。

5)水宜采用饮用水。

6)粗骨料的级配要适宜。粒径不大于15mm，也不应大于面层厚度的2/3。含泥量不大于2%。

7)配合比设计：混凝土强度等级不低于C15、C20，水泥用量不少于300kg/m³，坍落度为 10～30mm。

(2)主要机具。混凝土搅拌机、拉线和靠尺、抹子和木杠、捋角器及地碾(用于碾压混凝土面层,代替平板振动器的振实工作,且在碾压的同时,能提浆水,便于表面抹灰)。

4. 施工作业条件

(1)施工前在四周墙身弹好水准基准水平墨线(一般弹+500mm线)。

(2)门框和楼地面预埋件、水电设备管线等均应施工完毕并经检查合格。对于有室内外高差的门口位置,如果是安装有下槛的铁门时,尚应考虑室内外完成面能各在下槛两侧收口。

(3)各种立管孔洞等缝隙应先用细石混凝土灌实堵严(细小缝隙可用水泥砂浆灌堵)。

(4)办好作业层的结构隐蔽验收手续。

(5)作业层的顶棚(天花)、墙柱施工完毕。

5. 施工操作要点

水泥混凝土面层施工操作要点见表 12-28。

表 12-28　　　　　　水泥混凝土面层施工操作要点

项目	施工操作要点
基层清理	把沾在基层上的浮浆、落地灰等用錾子或钢丝刷清理掉,再用扫帚将浮土清扫干净;如有油污,应用 5%～10% 浓度火碱水溶液清洗。湿润后,刷素水泥浆或界面处理剂,随刷随铺设混凝土,避免间隔时间过长风干形成空鼓
弹线、找标高	(1)根据水平标准线和设计厚度,在四周墙、柱上弹出面层的上平标高控制线。 (2)按线拉水平线抹找平墩(60mm×60mm 见方,与面层完成面同高,用同种混凝土),间距双向不大于 2m。有坡度要求的房间应按设计坡度要求拉线,抹出坡度墩。 (3)面积较大的房间为保证房间地面平整度,还要做冲筋,以做好的灰饼为标准抹条形冲筋,高度与灰饼同高,形成控制标高的"田"字格,用刮尺刮平,作为混凝土面层厚度控制的标准。当天抹灰墩,冲筋,当天应当抹完灰,不应当隔夜
混凝土搅拌	(1)混凝土的配合比应根据设计要求通过试验确定。 (2)投料必须严格过磅,精确控制配合比。每盘投料顺序为石子→水泥→砂→水。应严格控制用水量,搅拌要均匀,搅拌时间不少于 90s,坍落度一般不应大于 30mm

续一

项目	施工操作要点
混凝土铺设	（1）铺设前应按标准水平线用木板隔成宽度不大于3m的条形区段，以控制面层厚度。 （2）铺设时，先刷以水灰比为0.4～0.5的水泥浆，并随刷随铺混凝土，用刮尺找平。浇筑水泥混凝土的坍落度不宜大于30mm。 （3）水泥混凝土面层宜采用机械振捣，必须振捣密实。采用人工捣实时，滚筒要交叉滚压3～5遍，直至表面泛浆为止。然后进行抹平和压光。 （4）水泥混凝土面层不得留置施工缝。当施工间歇超过规定的允许时间后，在继续浇筑混凝土时，应对已凝结的混凝土接槎处进行处理，用钢丝刷刷到石子外露，表面用水冲洗，并涂以水灰比为0.4～0.5的水泥浆，再浇筑混凝土，并应捣实压平，使新旧混凝土接缝紧密，不显接头槎。 （5）混凝土面层应在水泥初凝前完成抹平工作，水泥终凝前完成压光工作。 （6）浇筑钢筋混凝土楼板或水泥混凝土垫层兼面层时，宜采用随捣随抹的方法。当面层表面出现泌水时，可加干拌的水泥和砂进行撒匀，其水泥和砂的体积比宜为1∶2～1∶2.5（水泥∶砂），并进行表面压实抹光。 （7）水泥混凝土面层浇筑完成后，应在12h内加以覆盖和浇水，养护时间不少于7d。浇水次数应能保持混凝土具有足够的湿润状态。 （8）当建筑地面要求具有耐磨损、不起灰、抗冲击、高强度时，宜采用耐磨混凝土面层。它是以水泥为主要胶结材料，配以化学外加剂和高效矿物掺合料，达到高强和高粘结力；选用人造烧结材料、天然硬质材料为骨料以特法的施工工艺铺设在新拌水泥混凝土基层上形成复合面强化的现浇整体面层，其构造如图12-14所示。 （9）如在原有建筑地面上铺设时，应先铺设厚度不小于30mm的水泥混凝土一层，在混凝土未硬化前随即铺设耐磨混凝土面层，要求如下： 1）耐磨混凝土面层厚度，一般为10～15mm，但不应大于30mm。 2）面层铺设在水泥混凝土垫层或结合层上，垫层或结合层的厚度不应小于50mm。当有较大冲击作用时，宜在垫层或结合层内加配防裂钢筋网，一般采用$\phi 4@150\sim 200mm$双向网格，并应放置在上部，其保护层控制在20mm。 3）当有较高清洁美观要求时，宜采用彩色耐磨混凝土面层。 4）耐磨混凝土面层，应采用随捣随抹的方法。 5）对复合强化的现浇整体面层下基层的表面处理同水泥砂浆面层。 6）对设置变形缝的两侧100～150mm宽范围内的耐磨层应进行局部加厚3～5mm处理。 7）耐磨混凝土面层的主要技术指标： 耐磨硬度（1000r/min）　　$\leqslant 0.28g/cm^2$ 抗压强度　　　　　　　　$\geqslant 80N/mm^2$ 抗折强度　　　　　　　　$\geqslant 8N/mm^2$

项　目	施 工 操 作 要 点
混凝土振捣和找平	（1）用铁锹铺混凝土，厚度略高于找平墩，随即用平板振捣器振捣。厚度超过200mm时，应采用插入式振捣器，其移动距离不大于作用半径的1.5倍，做到不漏振，确保混凝土密实。振捣以混凝土表面出现泌水现象为宜。或者用30kg重滚纵横滚压密实，表面出浆即可。 （2）混凝土振捣密实后，以墙柱上的水平控制线和找平墩为标志，检查平整度，高的铲掉，凹处补平。撒一层干拌水泥砂（水泥：砂＝1：1），用水平刮杠刮平。有坡度要求的，应按设计要求的坡度施工
表面压光	（1）当面层灰面吸水后，用木抹子用力搓打、抹平，将干拌水泥砂拌合料与混凝土的浆混合，使面层达到紧密接合。 （2）第一遍抹压：用铁抹子轻轻抹压一遍直到出浆为止。 （3）第二遍抹压：当面层砂浆初凝后（上人有脚印但不下陷），用铁抹子把凹坑、砂眼填实抹平，注意不得漏压。 （4）第三遍抹压：当面层砂浆终凝前（上人有轻微脚印），用铁抹子用力抹压。把所有抹纹压平压光，达到面层表面密实光洁

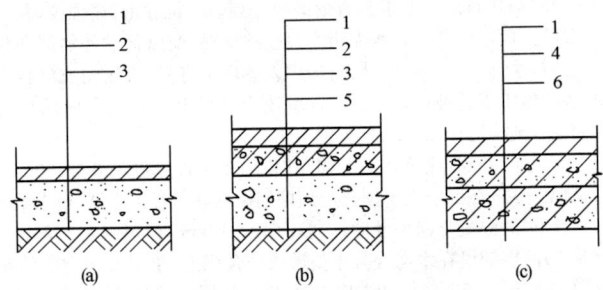

图 12-14　耐磨混凝土构造

1—耐磨混凝土面层；2—水泥混凝土垫层；
3—细石混凝土结合层；4—细石混凝土找平层；
5—基土；6—钢筋混凝土楼板或结构整浇层

6．施工养护及冬期施工

（1）水泥混凝土面层应在施工完成后24h左右覆盖和洒水养护，每天不少于两次，严禁上人，养护期不得少于7d。

（2）当水泥混凝土整体面层的抗压强度达到设计要求后，其上面方可走人，且在养护期内严禁在饰面上推动手推车、放重物品及随意践踏。

第十二章　装饰装修工程施工技术

(3)推手推车时不许碰撞门立边和栏杆及墙柱饰面,门框适当要包铁皮保护,以防手推车轴头碰撞门框。

(4)施工时不得碰撞水电安装用的水暖立管等,保护好地漏、出水口等部位的临时堵头,以防灌入浆液杂物造成堵塞。

(5)施工过程中被沾污的墙柱面、门窗框、设备立管线要及时清理干净。

(6)冬季施工时,环境温度不应低于5℃。如果在负温下施工时,所掺抗冻剂必须经过试验室试验合格后方可使用。不宜采用氯盐、氨等作为抗冻剂,不得不使用时掺量必须严格按照规范规定的控制量和配合比通知单的要求加入。

(二)水泥砂浆面层

1. 面层构造

水泥砂浆面层厚度应符合设计要求,且不应小于20mm,有单层和双层两种作法。图12-15(a)所示为单层作法,为20mm厚度,采用1:2水泥砂浆铺抹而成;图12-15(b)所示为双层作法,双层的下层为12mm厚度,采用1:2与水泥砂浆,双层的上层为13mm厚度,采用1:1.5水泥砂浆铺抹而成。

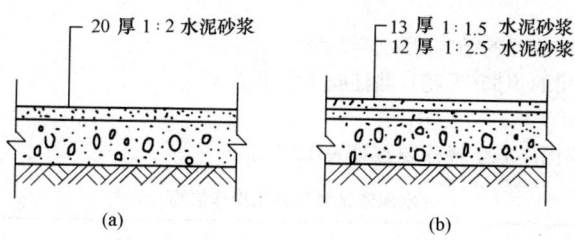

图 12-15　水泥砂浆面层
(a)单层作法;(b)双层作法

2. 施工一般规定

水泥砂浆面层的厚度应符合设计要求,且应不小于20mm。

3. 材料(机具)要求

(1)材料要求。

1)水泥砂浆面层所用之水泥,宜优先采用硅酸盐水泥、普通硅酸盐水泥,且强度等级不得低于32.5级。如果采用石屑代砂时,水泥强度等级不低于42.5级。上述品种水泥在常用水泥中具有早期强度高、水化热大、干缩值较小等优点。

2)如采用矿渣硅酸盐水泥,其强度等级不低于42.5级,在施工中要严格按施工工艺操作,且要加强养护,方能保证工程质量。

3)水泥砂浆面层所用之砂,应采用中砂或粗砂,也可两者混合使用,其含泥量不得大于3%。因为细砂拌制的砂浆强度要比粗、中砂拌制的砂浆强度低25%~35%,不仅其耐磨性差,而且还有干缩性大,容易产生收缩裂缝等缺点。

4) 如采用石屑代砂,粒径宜为 3~6mm,含泥量不大于 3%。
5) 材料配合比:
①水泥砂浆:面层水泥砂浆的配合比应不低于 1:2,其稠度不大于 3.5cm。水泥砂浆必须拌合均匀,颜色一致。
②水泥石屑浆:如果面层采用水泥石屑浆,其配合比为 1:2,水灰比为 0.3~0.4,并特别要求做好养护工作。
(2) 主要机具。砂浆搅拌机、拉线和靠尺、抹子和木杠、捋角器及地面抹光机(用于水泥砂浆面层的抹光)。

4. 施工作业条件
(1) 施工前在四周墙身弹好水准基准水平墨线(一般弹+500mm 线)。
(2) 门框和楼地面预埋件、水电设备管线等均应施工完毕并经检查合格。对于有室内外高差的门口位置,如果是安装有下槛的铁门时,尚应顾及室内外完成面能各在下槛两侧收口。
(3) 各种立管孔洞等缝隙应先用细石混凝土灌实堵严(细小缝隙可用水泥砂浆灌堵)。
(4) 办好作业层的结构隐蔽验收手续。
(5) 作业层的顶棚(天花)、墙柱施工完毕。

5. 施工操作要点
水泥砂浆面层施工操作要点见表 12-29。

表 12-29　　　　　　　　水泥砂浆面层施工操作要点

项 目	施 工 操 作 要 点
基层处理	水泥砂浆面层多是铺抹在楼面、地面的混凝土、水泥炉渣、碎砖三合土等垫层上,垫层处理是防止水泥砂浆面层空鼓、裂纹、起砂等质量通病的关键工序。因此,要求垫层应具有粗糙、洁净和潮湿的表面,一切浮灰、油渍、杂质,必须仔细清除,否则会形成一层隔离层,而使面层结合不牢。表面比较光滑的基层,应进行凿毛,并用清水冲洗干净。冲洗后的基层,最好不要上人。 (1) 垫层上的一切浮灰、油渍、杂质,必须仔细清除,否则形成一层隔离层,会使面层结合不牢。 (2) 表面较滑的基层,应进行凿毛,并用清水冲洗干净,冲洗后的基层,最好不要上人。 (3) 宜在垫层或找平层的砂浆或混凝土的抗压强度达到 1.2MPa 后,再铺设面层砂浆,这样才不致破坏其内部结构。 (4) 铺设地面前,还要再一次将门框校核找正,方法是先将门框锯口线抄平校正,并注意当地面面层铺设后,门扇与地面的间隙(风路)应符合规定要求。然后将门框固定,防止产生位移。 在现浇混凝土或水泥砂浆垫层、找平层上做水泥砂浆地面面层时,其抗压强度达 1.2MPa 后,才能铺设面层。这样做不致破坏其内部结构

第十二章 装饰装修工程施工技术

续一

项 目	施 工 操 作 要 点
弹线、做标筋	(1)地面抹灰前,应先在四周墙上弹出一道水平基准线,作为确定水泥砂浆面层标高的依据。水平基准线是以地面±0.000及楼层砌墙前的抄平点为依据,一般可根据情况弹性标高100cm的墙上。 (2)根据水平基准线再把楼地面面层上皮的水平辅助基准线弹出。面积不大的房间,可根据水平基准线直接用长木杠抹标筋,施工中进行几次复尺即可。面积较大的房间,应根据水平基准线在四周墙角处每隔1.5~2.0m用1:2水泥砂浆抹标志块,标志块大小一般是8~10cm见方。待标志块结硬后,再以标志块的高度做出纵横方向通长的标筋以控制面层的厚度。地面标筋用1:2水泥砂浆,宽度一般为8~10cm。做标筋时,要注意控制面层厚度,面层的厚度应与门框的锯口线吻合。 (3)对于厨房、浴室、卫生间等房间的地面,须将流水坡度找好。有地漏的房间。要在地漏四周找出不小于5‰的泛水。抄平时要注意各室内地面与走廊高度的关系
水泥砂浆面层铺设	(1)水泥砂浆应采用机械搅拌,拌合要均匀,颜色一致,搅拌时间不应小于2min。水泥砂浆的稠度(以标准圆锥体沉入度计,以下同)。当在炉渣垫层上铺设时,宜为25~35mm;当在水泥混凝土垫层上铺设时,应采用干硬性水泥砂浆,以手捏成团稍出浆为准。 (2)施工时,先刷水灰比为0.4~0.5的水泥浆,随刷随铺随拍实,并应在水泥初凝前用木抹搓平压实。 (3)面层压光宜用钢皮抹子分3遍完成,并逐遍加大用力压光。当采用地面抹光机压光时,在压第二、第三遍中,水泥砂浆的干硬度应比手工压光时稍干一些。压光工作应在水泥终凝前完成。 (4)当水泥砂浆面层干湿度不适宜时,可采取淋水或撒布干拌的1:1水泥和砂(体积比,砂须过3mm筛)进行抹平压光工作。 (5)当面层需分格时,应在水泥初凝后进行弹线分格。先用木抹搓一条约一抹子宽的面层,用钢皮抹子压光,并用分格器压缝。分格应平直,深浅要一致。 (6)当水泥砂浆面层内埋设管线等出现局部厚度减薄处并在10mm及10mm以下时,应按设计要求做防止面层开裂处理后方可施工。 (7)水泥砂浆面层铺好经1d后,用锯屑、砂或草袋盖洒水养护,每天两次,不少于7d。 (8)当水泥砂浆面层采用矿渣硅酸盐水泥拌制时,施工中应采取下列措施: 1)严格控制水灰比,水泥砂浆稠度不应大于35mm,宜采用干硬性或半干硬性砂浆。 2)精心进行压光工作,一般不应少于3遍。 3)养护期应延长到14d

续二

项　目	施 工 操 作 要 点
水泥砂浆面层铺设	(9)当采用石屑代砂铺设水泥石屑面层时,施工除应执行上述的规定外,尚应符合下列规定: 1)采用的石屑粒径宜为 3~5mm,其含粉量不应大于 3%。 2)水泥宜采用硅酸盐水泥、普通硅酸盐水泥,其强度等级不宜小于42.5级。 3)水泥与石屑的体积比宜为 1:2(水泥:石屑),其水灰比宜控制在 0.4。 4)面层的压光工作不应小于两次,并做养护工作。 (10)当水泥砂浆面层出现局部起砂等施工质量缺陷时,可采用 108 胶水泥腻子进行修理、补强和装饰。施工工艺:处理好基层、表面洒水湿润,涂刷 108 胶水一道,满刮腻子 2~5 遍,厚度控制在 0.7~1.5mm,洒水养护,砂纸磨平、清除粉尘,再涂刷纯 108 胶一遍或作一道蜡面。

6. 施工养护及冬期施工

(1)水泥砂浆面层抹压后,应在常温湿润条件下养护。养护要适时,如浇水过早易起皮,如浇水过晚则会使面层强度降低而加剧其干缩和开裂倾向。一般在夏天是 24h 后养护,春秋季节应在 48h 后养护。养护一般不少于 7d。最好是在铺上锯木屑(或以草垫覆盖)后再浇水养护,浇水时宜用喷壶喷洒,使锯木屑(或草垫等)保持湿润即可。如采用矿渣水泥时,养护时间应延长到 14d。

(2)冬季施工时,环境温度不应低于 5℃。如果在负温下施工时,所掺抗冻剂必须经过试验室试验合格后方可使用。不宜采用氯盐、氨等作为抗冻剂,不得不使用时掺量必须严格按照规范规定的控制量和配合比通知单的要求加入。

(3)在水泥砂浆面层强度达不到 5MPa 之前,不准在上面行走或进行其他作业,以免损伤地面。

(三)水磨石面层

1. 面层构造

水磨石面层是采用水泥与石粒的拌合料在 15~20mm 厚 1:3 水泥砂浆基层上铺设而成。面层厚度除特殊要求外,宜为 12~18mm,并应按选用石粒粒径确定,如图 12-16 所示。水磨石面层的厚度和允许石粒最大粒径见表 12-30。水磨石面层的颜色和图案应按设计要求,面层分格不宜大于 1000mm×1000mm,或按设计要求。

表 12-30　　　　水磨石面层厚度和允许石粒最大粒径　　　　(mm)

水磨石面层厚度	10	15	20	25	30
石粒最大粒径	9	14	18	23	28

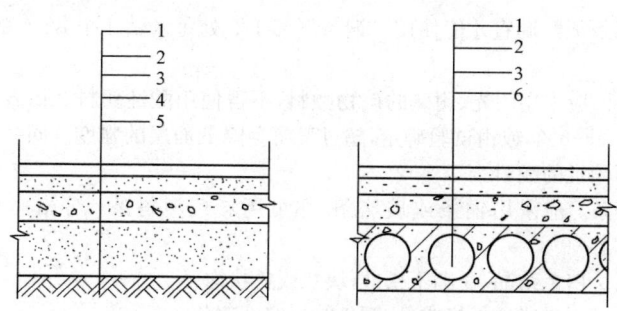

图 12-16 水磨石面层构造
1—水磨石面层；2—1：3 水泥砂浆基层；
3—水泥混凝土垫层；4—灰土垫层；5—基土；6—楼层结构层

2. 施工一般规定

(1)水磨石面层应采用水泥与石粒的拌合料铺设,面层厚度除有特殊要求外宜为 12~18mm,且按石粒粒径确定,水磨石面层的颜色和图案应符合设计要求。

(2)白色或浅色的水磨石面层,应采用白水泥;深色的水磨石面层,宜采用硅酸盐水泥、普通硅酸盐水泥或矿渣硅酸盐水泥;同颜色的面层应使用同一批水泥;同一彩色面层应使用同厂、同批的颜料,其掺入量宜为水泥重量的 3%~6%或由试验确定。

(3)水磨石面层的结合层的水泥砂浆体积比宜为 1：3,相应的强度等级应不小于 M10,水泥砂浆稠度(以标准圆锥体沉入度计)宜为 30~35mm。

(4)普通水磨石面层磨光遍数不应少于 3 遍,高级水磨石面层的厚度和磨光遍数由设计确定

(5)在水磨石面层磨光后,涂草酸和上蜡前,其表面不得污染。

3. 材料(机具)要求

(1)材料要求。

1)水泥。深色水磨石面层,宜采用硅酸盐水泥、普通硅酸盐水泥或矿渣硅酸盐水泥,其强度等级不应小于 32.5 级;白色或浅色水磨石面层,应采用白水泥。同颜色的面层应使用同一批水泥。

2)石粒。应用坚硬可磨的岩石(如白云石、大理石等)加工而成。石粒应有棱角、洁净、无杂质,其粒径除特殊要求外,宜为 6~15mm。石粒应分批按不同品种、规格、色彩堆放在席子上保管,使用前应用水冲洗干净、晾干待用。

3)玻璃条:用厚 3mm 普通平板玻璃裁制而成,宽 10mm 左右(视石子粒径定),长度由分块尺寸决定。

4)铜条:用 2~3mm 厚铜板,宽度 10mm 左右(视石子粒径定),长度由分块尺

寸决定。铜条须经调直才能使用。铜条下部 1/3 处每米钻 4 个 $\phi 2.0$ 的孔,穿铁丝备用。

5) 颜料。应采用耐光、耐碱的矿物颜料,不得使用酸性颜料。掺入量宜为水泥重量的 3%~6%,或由试验确定,超过量将会降低面层的强度。同一彩色面层应使用同厂同批的颜料。

6) 分格条。应采用铜条或玻璃条,亦可用彩色塑料条。分格彩色的规格见表 12-31。

7) 草酸。白色结晶,受潮不松散,块状或粉状均可。

8) 蜡。用川蜡或地板蜡成品,颜色符合磨面颜色。

9) 配合比:水磨石面层拌合料的体积比,一般为水泥:石料=1:(1.5~2.5),具体参考表 12-32,水磨石面层施工参考配合比如见 12-33。

表 12-31　　　　　水磨石面层分格嵌条规格　　　　　(mm)

种　类	铜　条	玻璃条
长×宽×厚	100×10×(1~1.2)	不限×10×3

表 12-32　　　　　水磨石拌合料参考体积比

部　位	石渣规格	体积比 (水泥:石渣)	铺抹厚度 /mm
楼地面	大八厘	1:(1.5~2)	12~15
地面、墙裙	中八厘	1:(1.3~2)	8~15
地面	小八厘 或米粒石	1:(1.25~1.5)	8~10
墙裙		1:(1~1.4)	10
踏步、扶手		1:1.3	10
预制板		1:(1.3~1.35)	20

表 12-33　　　　　水磨石面层施工配合比

石粒规格 /mm	配合比(体积比) (水泥+颜料):石粒	适用部位	铺抹厚度 /mm
8	1:2	地面面层	12~15
4.8 混合	1:2.5	地面面层	12~15
4.6 混合	1:(1.25~1.5)	地面面层	8~10

第十二章　装饰装修工程施工技术

(2)主要机具。机械磨石机或手提磨石机、拉线和靠尺、抹子和木杠、捋角器及地碾(用于碾压混凝土面层,代替平板振动器的振实工作,且在碾压的同时,能提浆水,便于表面抹灰)。

4. 施工作业条件

(1)施工前应在四周墙壁弹出水准基准水平墨线。(一般弹+1000mm或+500mm线)。

(2)门框和楼地面预埋件、水电设备管线等均应施工完毕并经检查合格。对于有室内外高差的门口部位,如果是安装有下槛的铁门时,尚应顾及室内外完成面能各在下槛两侧收口。

(3)各种立管孔洞等缝隙应先用细石混凝土灌实堵严(细小缝隙可用水泥砂浆灌堵)。

(4)办好作业层的结构隐蔽验收手续。

(5)作业层的顶棚(天花)、墙柱抹灰施工完毕。

(6)石子粒径及颜色须由设计人认定后才进货。

(7)彩色水磨石如用白色水泥掺色粉拌制时,应事先按不同的配比做样板,交设计人员或业主认可。一般彩色水磨石色粉掺量为水泥量的3‰~5‰,深色则不超过12%。

(8)水泥砂浆找平层施工完毕,养护2~3d后施工面层。

(9)配备的施工人员必须熟悉有关安全技术规程和该工种的操作规程。

5. 施工操作要点

水磨石面层施工操作要点见表12-34。

表 12-34　　　　　　　　　水磨石面层施工操作要点

项 目	施 工 操 作 要 点
基层清理、找标高	(1)把沾在基层上的浮浆、落地灰等用錾子或钢丝刷清理掉,再用扫帚将浮土清扫干净 (2)根据水平标准线和设计厚度,在四周墙、柱上弹出面层的上平标高控制线
贴饼、冲筋	根据水准基准线(如:+500mm水平线),在地面四周做灰饼,然后拉线打中间灰饼(打墩)再用干硬性水泥砂浆做软筋(推栏),软筋间距约1.5m左右。在有地漏和坡度要求的地面,应按设计要求做泛水和坡度。对于面积较大的地面,则应用水准仪测出面层平均厚度,然后边测标高边做灰饼
水泥砂浆找平层	(1)找平层施工前宜刷水灰比为0.4~0.5的素水泥浆,也可在基层上均匀洒水湿润后,再撒水泥粉,用竹扫(把)帚均匀涂刷,随刷随做面层,并控制一次涂刷面积不宜过大。 (2)找平层用1:3干硬性水泥砂浆,先将砂浆摊平,再用靠尺(压尺)按冲筋刮平,随即用灰板(木抹子)磨平压实,要求表面平整、密实保持粗糙。找平层抹好后,第二天应浇水养护至少1d

续一

项目	施 工 操 作 要 点
分格条镶嵌	一般是在楼地面找平层铺设24h后，即可在找平层上弹(划)出设计要求的纵横分格式图案分界线，然后用水泥浆按线固定嵌条。水泥浆顶部应低于条顶4~6mm，并做成45°。嵌条应平直、牢固、接头严密，并作为铺设面层的标志。分格条十字交叉接头处粘嵌水泥浆时，宜留有15~20mm的空隙，以确保铺设水泥石粒浆时使石粒分布饱满，磨光后表面美观，如图12-17所示。 分格条粘嵌后，经24h即可洒水养护，一般养护3~5d
抹石子浆(石米)面层	(1)水泥石子浆必须严格按照配合比计量。若彩色水磨石应先按配合比将白水泥和颜料反复干拌均匀，拌完后密筛多次，使颜料均匀混合在白水泥中，并注意调足用量以备补浆之用，以免多次调和产生色差，最后按配合比与石米搅拌均匀，然后加水搅拌。 (2)铺水泥石子浆前一天，洒水将基层充分湿润。在涂刷素水泥浆结合层前应将分格条内的积水和浮砂清除干净，接着刷水泥浆一遍，水泥品种与石子浆的水泥品种一致，随即将水泥石子浆先铺在分格条旁边，将分格条边约100mm内的水泥石子浆轻轻抹平压实，以保护分格条，然后再整格铺抹，用灰板(木抹子)或铁抹子(灰匙)抹平压实,(石子浆配合比一般为1∶1.25或1∶1.5)但不应用靠尺(压尺)刮。面层应比分格条高5mm,如局部石子浆过厚，应用铁抹子(灰匙)挖去，再将周围的石子浆刮平压实，对局部水泥浆较厚处，应适当补撒一些石子，并压平压实，要达到表面平整，石子(石米)分布均匀。 (3)石子浆面至少要经两次用毛刷(横扫)粘拉开面浆(开面)，检查石粒均匀(若过于稀疏应及时补上石子)后，再用铁抹子(灰匙)抹平压实，至泛浆为止。要求将波纹压平，分格条顶面上的石子应清除掉。 (4)在同一平面上如有几种颜色图案时，应先做深色，后做浅色。待前一种色浆凝固后，再抹后一种色浆。两种颜色的色浆不应同时抹擦，以免做成串色，界线不清，影响质量。但间隔时间不宜过长，一般可隔日铺抹
磨 光	(1)水磨石开磨的时间与水泥强度及气温高低有关，以开磨后石粒不松动，水泥浆面与石粒面基本平齐为准。水泥浆强度过高，磨面耗费工时；水泥浆强度太低，磨石转动时底面所产生的负压力易把水泥浆拉成槽或将石粒打掉。为掌握相适应的硬度，大面积开磨前宜试磨，每遍磨光采用的油石规格可按表12-35选用，一般开磨时间见表12-36。 (2)磨光作业应采用"二浆三磨"方法进行，即整个磨光过程分为磨光3遍，补浆两次。 1)用60~80号粗石磨第一遍，随磨随用清水冲洗，并将磨出的浆液及时扫除。对整个水磨面，要磨匀、磨平、磨透，使石粒面及全部分格条顶面外露。 2)磨完后要及时将泥浆水冲洗干净，稍干后，涂刷一层同颜色水泥浆(即补浆)，用以填补砂眼和凹痕，对个别脱石部位要填补好，不同颜色上浆时，要按先深后浅的顺序进行。 3)补刷浆第二天后需养护3~4d，然后用100~150号磨石进行第二遍研磨，方法同第一遍。要求磨至表面平滑，无模糊不清之处为止。 4)磨完清洗干净后，再涂刷一层同色水泥浆。继续养护3~4d,用180~240号细磨石进行第三遍研磨，要求磨至石子粒显露，表面平整光滑，无砂眼细孔为止，并用清水将其冲洗干净

续二

项目	施工操作要点
抛光	抛光主要是化学作用与物理作用的混合,即腐蚀作用和填补作用。抛光所用的草酸和氧化铝加水后的混合溶液与水磨石表面,在摩擦力作用下,立即腐蚀了细磨表面的突出部分,又将生成物挤压到凹陷部位,经物理和化学反应,使水磨石表面形成一层光泽膜,然后经打蜡保护,使水磨石地面呈现光泽。 在水磨石面层磨光后涂草酸和上蜡前,其表面严禁污染。涂草酸和上蜡工作,应是在有影响面层质量的其他工序全部完成后进行。 (1)擦草酸可使用10%浓度的草酸溶液,再加入1%～2%的氧化铝。 擦草酸有两种方法,一种方法是涂草酸溶液后随即用280～320号油石进行细磨,草酸溶液起助磨剂作用,照此法施工,一般能达到表面光洁的要求。如感不足,可采用第二种方法,做法是:将地面冲洗干净,浇上草酸溶液,把布卷固定在磨石机上进行研磨,至表面光滑为止。最后再冲洗干净,晾干,准备上蜡。 (2)上蜡。上述工作完成后,可进行上蜡。上蜡的方法是:在水磨石面层上薄涂一层蜡,稍干后用磨光机研磨,或用钉有细帆布(或麻布)的木块代替油石,装在磨石机上研磨出光亮后,再涂蜡研磨一遍,直到光滑洁亮为止

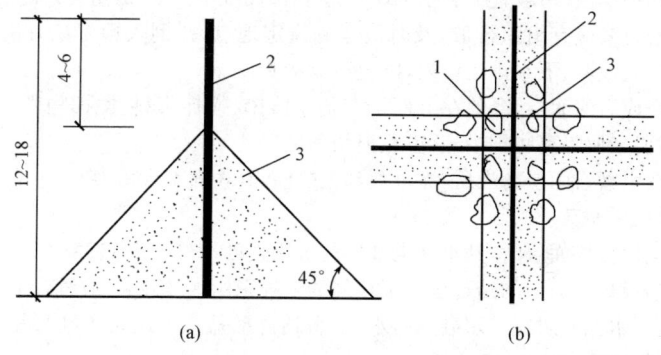

图 12-17 分格条粘嵌方式
(a)嵌条镶固;(b)十条交叉处的正确粘嵌示意图
1—石粒;2—分格条;3—素水泥浆

表 12-35　　　　　　　　油石规格选用

遍 数	油石规格(号数)
头 遍	54、60、70
二 遍	90、100、120
三 遍	180、220、240

表 12-36　　　　　　　　　　水磨石面层开磨时间

平均温度/(℃)	开磨时间/d	
	机　磨	人工磨
20～30	3～4	1～2
10～20	4～5	1.5～2.5
5～10	6～7	2～3

6. 成品保护

(1)推手推车时不许碰撞门口立边和栏杆及墙柱饰面,门框适当要包铁皮保护,以防手推车缘头碰撞门框。

(2)施工时不得碰撞水暖立管等。并保护好地漏、出水口等部位安放的临时堵头,以防灌入浆液杂物造成堵塞。

(3)磨石机应有罩板,以免浆水四溅沾污墙面,施工时污染的墙柱面、门窗框、设备及管线要及时清理干净。

(4)养护期内(一般宜不少于 7d),严禁在饰面推手推车,放重物及随意践踏。

(5)磨石浆应有组织排放,及时清运到指定地点,并倒入预先挖好的沉淀坑内,不得流入地漏、下水排污口内,以免造成堵塞。

(6)完成后的面层,严禁在上面推车随意践踏、搅拌浆料、抛掷物件。堆放料具什物时要采取隔离防护措施,以免损伤面层。

(7)在水磨石面层磨光后,涂草酸和上蜡前,其表面不得污染。

(四)板块面层

(1)铺设板块面层时,其水泥类基层的抗压强度不得小于 1.2MPa。

(2)铺设板块面层的结合层和板块间的填缝采用水泥砂浆,应符合下列规定:

1)配制水泥砂浆应采用硅酸盐水泥、普通硅酸盐水泥或矿渣硅酸盐水泥;其水泥强度等级不宜小于 32.5 级。

2)配制水泥砂浆的砂应符合国家现行行业标准《普通混凝土用砂、石质量及检验方法标准》(JGJ 52—2006)的规定。

3)配制水泥砂浆的体积比(或强度等级)应符合设计要求。

(3)结合层和板块面层填缝的沥青胶结材料应符合国家现行有关产品标准和设计要求。

(4)板块的铺砌应符合设计要求,当设计无要求时,宜避免出现板块小于 1/4 边长的边角料。

(5)铺设水泥混凝土板块、水磨石板块、水泥花砖、陶瓷锦砖、陶瓷地砖、缸砖、料石、大理石和花岗石面层等的结合层和填缝的水泥砂浆,在面层铺设后,表面应覆盖、湿润,其养护时间不应少于 7d。

第十二章 装饰装修工程施工技术

当板块面层的水泥砂浆结合层的抗压强度达到设计要求后,方可正常使用。

(6)板块类踢脚线施工时,不得采用石灰砂浆打底。

(7)板、块面层的允许偏差应符合表12-37的规定。

表 12-37　　　　板、块面层的允许偏差和检验方法　　　　(mm)

项目	允许偏差										检验方法
	陶瓷锦砖面层、高级水磨石板、陶瓷地砖面层	缸砖面层	水泥花砖面层	水泥石板块面层	大理石面层、花岗石面层、人造石面层、金属板面层	塑料板面层	水泥混凝土板块面层	碎拼大理石、碎拼花岗石面层	活动地板面层	条石面层	块石面层	
表面平整度	2.0	4.0	3.0	3.0	1.0	2.0	4.0	3.0	2.0	10.0	10.0	用2m靠尺和楔形塞尺检查
缝格平直	3.0	3.0	3.0	2.0	2.0	3.0	3.0	—	2.5	8.0	8.0	拉5m线和用钢尺检查
接缝高低差	0.5	1.5	0.5	1.0	0.5	—	1.5	—	0.4	2.0	—	用钢尺和楔形塞尺检查
踢脚线上口平直	3.0	4.0	—	4.0	1.0	2.0	4.0	—	1.0	—	—	拉5m线和用钢尺检查
板块间隙宽度	2.0	2.0	2.0	2.0	—	6.0	—	—	0.3	5.0	—	用钢尺检查

(五)木、竹面层

(1)木、竹地板面层下的木搁栅、垫木、毛地板等采用木材的树种、选材标准和铺设时木材含水率以及防腐、防蛀处理等,均应符合现行国家标准《木结构工程施工质量验收规范》(GB 50206—2012)的有关规定。所选用的材料,进场时应对其断面尺寸、含水率等主要技术指标进行抽检,抽检数量应符合产品标准的规定。

(2)与厕浴间、厨房等潮湿场所相邻木、竹面层连接处应做防水(防潮)处理。

(3)木、竹面层铺设在水泥类基层上,其基层表面应坚硬、平整、洁净、干燥、不起砂。

(4)建筑地面工程的木、竹面层搁栅下架空结构层(或构造层)的质量检验,应符合相应国家现行标准的规定。

(5)木、竹面层的通风构造层包括室内通风沟、室外通风窗等,均应符合设计要求。

(6)木、竹面层的允许偏差,应符合表 12-38 的规定。

表 12-38 木、竹面层的允许偏差和检验方法 (mm)

项 目	允许偏差				检验方法
	实木地板、实木集成地板、竹地板面层			浸渍纸层压木质地板、实木复合地板、软木类地板面层	
	松木地板	硬木地板	拼花地板		
板面缝隙宽度	1.0	0.5	0.2	0.5	用钢尺检查
表面平整度	3.0	2.0	2.0	2.0	用 2m 靠尺和楔形塞尺检查
踢脚线上口平齐	3.0	3.0	3.0	3.0	拉 5m 通线,不足 5m 拉通线和用钢尺检查
板面拼缝平直	3.0	3.0	3.0	3.0	
相邻板材高差	0.5	0.5	0.5	0.5	用钢尺和楔形塞尺检查
踢脚线与面层的接缝	1.0				楔形塞尺检查

第七节 涂饰与裱糊工程

一、水性涂料涂饰工程

水性涂料包括乳液型涂料、无机涂料、水溶性涂料等。

(一)材料质量要求

(1)水性涂料涂刷工程所用涂料的品种、型号和性能应符合设计要求。

(2)民用建筑工程室内用水性涂料,应测定总挥发性有机化合物(TVOC)和游离甲醛的含量,其限量应符合表 12-39 的规定。

表 12-39　室内用水性涂料中总挥发性有机化合物(TVOC)和游离甲醛限量

测定项目	限量/(g/L)	测定项目	限量/(g/kg)
TVOC	≤200	游离甲醛	≤0.1

（3）民用建筑工程室内用水性胶粘剂,应测定其总挥发性有机化合物(TVOC)和游离甲醛的含量,其限量应符合表 12-40 的规定。

表 12-40　室内用水性胶粘剂中总挥发性有机化合物(TVOC)和游离甲醛限量

测定项目	限量/(g/L)	测定项目	限量/(g/kg)
TVOC	≤50	游离甲醛	≤1

（4）室外带颜色的涂料,应采用耐碱和耐光的颜料。

（二）聚乙烯醇水玻璃内墙涂料施工

1. 基层处理

（1）对大模混凝土墙面,虽较平整,但存有水气泡孔,必须进行批嵌,或采用 1∶3∶8(水泥∶纸筋∶珍珠岩砂)珍珠岩砂浆抹面。

（2）对砌块和砖砌墙面用 1∶3(石灰膏∶黄砂)刮批,上粉纸筋灰面层,如有龟裂,应满批后方可涂刷。

（3）对旧墙面,应清除浮灰,保持光洁。表面若有高低不平、小洞或缺陷处,要进行批嵌后再涂刷,以使整个墙面平整,确保涂料色泽一致,光洁平滑。批嵌用的腻子,一般采用 5%羟甲纤维素加 95%水,隔夜溶解成水溶液(简称化学浆糊),再加老粉调和后批嵌。在喷刷过大白浆或干墙粉墙面上涂刷时,应先铲除干净(必要时要进行一度批嵌)后,方可涂刷,以免产生起壳、翘曲等缺陷。

2. 施工要点

（1）涂料施工温度最好在 10℃以上,由于涂料易沉淀分层,使用时必须将沉淀在桶底的填料用棒充分搅拌均匀,方可涂刷,否则会造成桶内上面料稀薄,包料上浮,遮盖力差,下面料稠厚,填料沉淀,色淡易起粉。

（2）涂料的黏度随温度变化而变化,天冷黏度增加。在冬期施工若发现涂料有凝冻现象,可适当进行水溶加温到凝冻完全消失后,再进行施工。若涂料确因蒸发后变稠的,施工时不易涂刷,切勿单一加水,可采用胶结料(乙烯-醋酸乙烯共聚乳液)与温水(1∶1)调匀后,适量加入涂料内以改善其可涂性,并作小块试验,检验其粘结力、遮盖力和结膜强度。

（3）施工用的涂料,其色彩应完全一致,施工时应认真检查,发现涂料颜色有深淡,应分别堆放。如果使用两种不同颜色的剩余涂料时,需充分搅拌均匀后,在同一房间内进行涂刷。

（4）气温高,涂料黏度小,容易涂刷,可用排笔;气温低,涂料黏度大,不易涂刷,用料要增加,宜用漆刷;也可第一遍用漆刷,第二遍用排笔,使涂层厚薄均匀,色泽一致。操作时用的盛料桶宜用木制或塑料制品,盛料前和用完后,连同漆刷、排笔用清水洗干净,妥善存放。漆刷、排笔亦可浸水存放,切忌接触油剂类材料,以免涂料涂刷时油缩、结膜后出现水渍纹,涂料结膜后,不能用湿布重揩。

(三)多彩花纹内墙涂料施工

1. 基层处理与底层涂料喷涂

(1)先将装修表面上的灰块、浮渣等杂物用开刀铲除,如表面有油污,应用清洗剂和清水洗净,干燥后再用棕刷将表面灰尘清扫干净。

(2)表面清扫后,用水与醋酸乙烯乳胶(配合比为 10∶1)的稀释乳液将 SG821 腻子调至合适稠度,用它将墙面麻面、蜂窝、洞眼、残缺处填补好。腻子干透后,先用开刀将多余腻子铲平整,然后用粗砂纸打磨平整。

(3)满刮两遍腻子。第一遍应用胶皮刮板满刮,要求横向刮抹平整、均匀、光滑,密实平整,线角及边棱整齐为度。尽量刮薄,不得漏刮,接头不得留槎,注意不要玷污门窗框及其他部位,否则应及时清理。待第一遍腻子干透后,用粗砂纸打磨平整。注意操作要平稳,保护棱角,磨后用棕帚清扫干净。

第二遍满刮腻子方法同第一遍,但刮抹方向与前遍腻子相垂直。然后用细砂纸打磨平整、光滑为止。

(4)底层涂料施工应在干燥、清洁、牢固的基层表面上进行,喷涂或滚涂一遍,涂层需均匀,不得漏涂。

2. 中层涂料喷涂

(1)涂刷第一遍中层涂料。涂料在使用前应用手提电动搅拌枪充分搅拌均匀。如稠度较大,可适当加清水稀释,但每次加水量需一致,不得稀稠不一。然后将涂料倒入托盘,用涂料滚子蘸料涂刷第一遍。滚子应横向涂刷,然后再纵向滚压,将涂料赶开、涂平。滚涂顺序一般为从上到下,从左到右,先远后近,先边角、棱角、小面后大面。要求厚薄均匀,防止涂料过多流坠。滚子涂不到的阴角处,需用毛刷补齐,不得漏涂。要随时剔除沾在墙上的滚子毛。一面墙要一气呵成,避免接槎刷迹重叠现象,玷污到其他部位的涂料要及时用清水擦净。第一遍中层涂料施工后,一般需干燥 4h 以上,才能进行下一道磨光工序。如遇天气潮湿,应适当延长间隔时间。然后,用细砂纸进行打磨,打磨时用力要轻而均匀,并不得磨穿涂层。磨后将表面清扫干净。

(2)第二遍中层涂料涂刷与第一遍相同,但不再磨光。涂刷后,应达到一般乳胶漆高级刷浆的要求。

3. 多彩面层喷涂要点

(1)由于基层材质、龄期、碱性、干燥程度不同,应预先在局部墙面上进行试喷,以确定基层与涂料的相容情况,并同时确定合适的涂布量。

多彩涂料在使用前要充分摇动容器,使其充分混合均匀,然后打开容器,用木棍充分搅拌。注意不可使用电动搅拌枪,以免破坏多彩颗粒。

温度较低时,可在搅拌情况下,用温水加热涂料容器外部。但任何情况下都不可用水或有机溶剂稀释多彩涂料。

(2)喷涂时,喷嘴应始终保持与装饰表面垂直(尤其在阴角处),距离为0.3~0.5m(根据装修面大小调整),喷嘴压力为 0.2~0.3MPa,喷枪呈 Z 字形向前推进,横纵交叉进行,如图 12-18 所示。喷枪移动要平稳,涂布量要一致,不得时停时移、跳跃前进,以免发生堆料、流挂或漏喷现象。

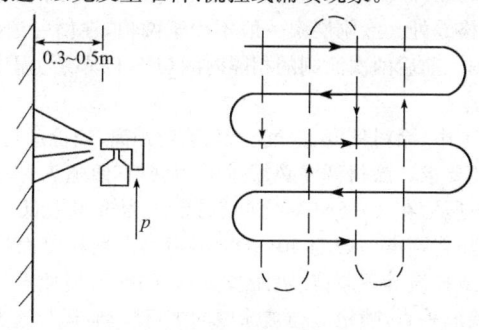

图 12-18 多彩涂料喷涂方法

为提高喷涂效率和质量,喷涂顺序应为:墙面部位→柱面部位→顶面部位→门窗部位。该顺序应灵活掌握,以不增加重复遮挡和不影响已完成的饰面为准。

飞溅到其他部位上的涂料应用棉纱随时清理。

(3)喷涂完成后,应用清水将料罐洗净,然后灌上清水喷水,直到喷出的完全是清水为止。用水冲洗不掉的涂料,可用棉纱蘸丙酮清洗。

现场遮挡物可在喷涂完成后立即清除,注意不要破坏未干的涂层。遮挡物与装饰面连为一体时,要注意扯离方向,已趋于干燥的漆膜,应用小刀在遮挡物与装饰面之间划开,以免将装饰面破坏。

(四)104 外墙饰面涂料施工

1. 基层要求

(1)基层一般要求是混凝土预制板、水泥砂浆或混合砂浆抹面、水泥石棉板、清水砖墙等。

(2)基层表面必须坚固,无酥松、脱皮、起壳、粉化等现象;基层表面的泥土、灰尘、油污、油漆、广告色等杂物脏迹,必须清除干净。

(3)基层要求含水率在10%以下,pH 值在 10 以下,否则会由于基层碱性太大又太湿而使涂料与基层粘结不好,颜色不匀,甚至引起剥落。墙面养护期一般为:现抹砂浆墙面夏季 7d 以上,冬季 14d 以上;现浇混凝土墙面夏季 10d 以上,冬季 20d 以上。

(4)基层要求平整,但又不应太光滑。太光滑的表面对涂料粘结性能有影响;太粗糙的表面,涂料消耗量大。孔洞和不必要的沟槽应提前进行修补。修补材料可采用 108 胶加水泥(胶与水泥配比为 20∶100)和适量的水调成的腻子。

2. 施工要点

104 外墙饰面涂料可根据掺入的填料种类和量的多少,采用刷涂、喷涂、辊涂或弹涂的方法施工。各种施工方法的要点如下:

(1)手工涂刷时,其涂刷方向和行程长短均应一致。如涂料干燥快,应勤沾短刷,接茬最好在分格缝处。涂刷层次一般不少于两道,在前一道涂层表面干后才能进行后一道涂刷。前后两次涂刷的相隔时间与施工现场的温度、湿度有密切关系,通常不少于 3h。

(2)在喷涂施工中,涂料稠度、空气压力、喷射距离、喷枪运行中的角度和速度等方面均有一定的要求。涂料稠度必须适中,太稠不便施工,太稀影响涂层厚度且容易流淌。空气压力在 4~8MPa 之间选择,压力选得过低或过高,涂层质感差,涂料损耗多。喷射距离一般为 40~60cm,喷嘴离被涂墙面过近,涂层厚薄难控制,易出现过厚或挂流等现象;喷嘴距离过远,则涂料损耗多。喷枪运行中,喷嘴中心线必须与墙面垂直,喷枪应与被涂墙面平行移动,运行速度要保持一致,快慢要适中。运行过快,涂层较薄,色泽不均;运行过慢,涂料粘附太多,容易流淌。喷涂施工要连续作业,到分格缝处再停歇。

涂层表面均匀布满粗颗粒或云母片等填料,色彩均匀一致,涂层以盖底为佳,不宜过厚,不要出现"虚喷"、"花脸"、"流挂"、"漏喷"等现象。

(3)彩弹饰面施工的全过程,必须根据事先设计的样板色泽和涂层表面形状的要求进行。在基层表面先刷 1~2 道涂料,作为底色涂层。待底色涂层干燥后,才能进行弹涂。门窗等不必进行弹涂的部位应予遮挡。弹涂时,手提彩弹机,先调整和控制好浆门、浆量和弹棒,然后开动电机,使机口垂直对正墙面,保持适当距离(一般为 30~50cm),按一定手势和速度,自上而下、自右至左或自左至右,循序渐进。要注意弹点密度均匀适当,上下左右接头不明显。对于压花型彩弹,在弹涂以后,应有一人进行批刮压花。弹涂到批刮压花之间的时间,间隔视施工现场的温度、湿度及花型等不同而定。压花操作用力要均匀,运动速度要适当,方向竖直不偏斜,刮板和墙面的角度宜在 15°~30°之间,要单方向批刮,不能往复操作。每批刮一次,刮板均须用棉纱擦抹,不得间隔,以防花纹模糊。大面积弹涂后,如出现局部弹点不匀或压花不合要求影响装饰效果时,应进行修补,修补方法有补弹和笔绘两种。修补所用的涂料,应采用与刷底或弹涂同一颜色的涂料。

(4)色彩花纹应基本符合样板要求。对于仿干粘石彩弹,弹点不应有流淌;压花型彩弹,压花厚薄要一致,花纹及边界要清晰,接头处要协调,不污染门窗等。

3. 施工注意事项

(1)涂料在施工过程中,不能随意掺水或随意掺加颜料,也不宜在夜间灯光下施工。掺水后,涂层手感掉粉;掺颜料或在夜间施工,会使涂层色泽不均匀。

(2)在施工过程中,要尽量避免涂料污染门窗等不需涂装的部位。万一污染,务必在涂料未干时揩去。

(3)要防止有水分从涂层的背面渗透过来,如遇女儿墙、卫生间、盥洗室等,应在室内墙根处做防水封闭层。否则,外墙正面的涂层容易起粉、发花、鼓泡或被污染,严重影响装饰效果。

(4)施工所用的一切机具、用具等必须事先洗净,不得将灰尘、油垢等杂质带入涂料中。施工完毕或间断时,机具、用具应及时洗净,以备用。

(5)一个工程所需要的涂料,应选同一批号的产品,尽可能一次备足,以免由于涂料批号不同,颜色和稠度不一致而影响装饰效果。

(6)涂料在使用前要充分搅拌,使用过程中仍需不断搅拌,以防涂料厚薄不均、填料结块或色泽不一致。

(7)涂料不能冒雨进行施工,预计有雨时应停止施工。风力4级以上时不能进行喷涂施工。

二、溶剂型涂料涂饰工程

溶剂型涂料包括丙烯酸酯涂料、聚氨酯丙烯酸涂料、有机硅丙烯酸涂料等。

(一)材料质量要求

(1)溶剂型涂料涂饰工程所选涂料的品种、型号和性能应符合设计要求。

(2)溶剂型混色涂料质量与技术要求见表12-41。

表 12-41　　　　　　溶剂型混色涂料质量及技术要求

项　目		限量值		
		硝基漆类	聚氨酯漆类	醇酸漆类
挥发性有机化合物(VOC)/(g/L)≤		750	光泽(60°)≥80,600 光泽(60°)<80,700	550
苯[①]/(%)≤			0.5	
苯和二甲苯总和/(%)≤		45		10
游离甲苯二异氰酸酯(TDI)/(%)≤		—	0.7	—
重金属漆(限色漆)/(mg/kg)≤	可溶性铅	90		
	可溶性镉	75		
	可溶性铬	60		
	可溶性汞	60		

注:①具体测定方法详见《室内装饰装修材料-溶剂型木器涂料中有害物质限量》(GB 18581—2009)。

(3)民用建筑工程室内用溶剂型胶粘剂,应测定其总挥发性有机化合物(TVOC)和苯的含量,其限量应符合表12-42的规定。

表 12-42 室内用溶剂型胶粘剂中总挥发性有机化合物(TVOC)和苯限量

测定项目	限量/(g/L)	测定项目	限量/(g/kg)
TVOC	≤750	苯	≤5

(二)丙烯酸酯类建筑涂料施工

1. 彩砂涂料施工

(1)基层处理。混凝土墙面抹灰找平时,先将混凝土墙表面凿毛,充分浇水湿润,用1:1水泥砂浆,抹在基层上并拉毛。待拉毛硬结后,再用1:2.5水泥砂浆罩面抹光。对预制混凝土外墙麻面以及气泡,需进行修补找平,在常温条件下湿润基层,用水:石灰膏:胶粘剂=1:0.3:0.3,加适量水泥,拌成石灰水泥浆,抹平压实。这样处理过的墙面的颜色与外墙板的颜色近似。

(2)施工要点。

1)基层封闭乳液刷两遍。第一遍刷完待稍干燥后再刷第二遍,不能漏刷。

2)基层封闭乳液干燥后,即可喷粘结涂料。胶厚度在1.5mm左右,要喷匀,过薄则干得快,影响粘结力,遮盖能力低;过厚会造成流坠。接槎处的涂料要厚薄一致,否则也会造成颜色不均匀。

3)喷粘结涂料和喷石粒工序连续进行,一人在前喷胶,一人在后喷石,不能间断操作,否则会起膜,影响粘石效果和产生明显的接槎。

喷斗一般垂直距墙面40cm左右,不得斜喷,喷斗气量要均匀,气压在0.5~0.7MPa之间,保持石粒均匀呈面状地粘在涂料上。喷石的方法以鱼鳞划弧或横线直喷为宜,以免造成竖向印痕。

水平缝内镶嵌的分格条,在喷罩面胶之前要起出,并把缝内的胶和石粒全部刮净。

4)喷石后5~10min用胶辊滚压两遍。滚压时以涂料不外溢为准,若涂料外溢会发白,造成颜色不匀。第二遍滚压与第一遍滚压间隔时间为2~3min。滚压时用力要均匀,不能漏压。第二遍滚压可比第一遍用力稍大。滚压的作用主要是使饰面密实平整,观感好,并把悬浮的石粒压入涂料中。

5)喷罩面胶(BC-02);在现场按配合比配好后过铜箩筛子,防止粗颗粒堵塞喷枪(用万能喷漆斗)。喷完石粒后隔2h左右再喷罩面胶两遍。上午喷石下午喷罩面胶,当天喷完石粒,当天要罩面。喷涂要均匀,不得漏喷。罩面胶喷完后形成一定厚度的隔膜,把石渣覆盖住,用手摸感觉光滑不扎手,不掉石粒。

2. 丙烯酸有光凹凸乳胶漆施工

(1)基层处理。丙烯酸有光凹凸乳胶漆可以喷涂在混凝土、水泥石棉板等基体表面,也可以喷涂在水泥砂浆或混合砂浆基层上。其基层含水率不大于10%,

第十二章 装饰装修工程施工技术

pH 值在 7～10 之间。其基层处理要求与前述喷涂无机高分子涂料基层处理方法基本相同。

(2)施工要点。

1)喷枪口径采用 6～8mm,喷涂压力 0.4～0.8MPa。先调整好粘度和压力后,由一人手持喷枪与饰面成 90°角进行喷涂。其行走路线,可根据施工需要上下或左右进行。花纹与斑点的大小以及涂层厚薄,可调节压力和喷枪口径大小进行调整。一般底漆用量为 0.8～1.0kg/m^2。

喷涂后,一般在 25℃±1℃,相对湿度 65%±5%的条件下停 5min 后,再由一人用蘸水的铁抹子轻轻抹、轧涂层表面,始终按上下方向操作,使涂层呈现立体感图案,且要花纹均匀一致,不得有空鼓、起皮、漏喷、脱落、裂缝及流坠现象。

2)喷底漆后,相隔 8h(25℃±1℃,相对湿度 65%±5%),即用 1 号喷枪喷涂丙烯酸有光乳胶漆。喷涂压力控制在 0.3～0.5MPa 之间,喷枪与饰面成 90°角,与饰面距离 40～50cm 为宜。喷出的涂料要成浓雾状,涂层要均匀,不宜过厚,不得漏喷。一般可喷涂两道,一般面漆用量为 0.3kg/m^2。

3)喷涂时,定要注意用遮挡板将门窗等易被污染部位挡好。如已污染应及时清除干净。雨天及风力较大的天气不要施工。

4)须注意每道涂料在使用之前都需搅拌均匀后方可施工,厚涂料过稠时,可适当加水稀释。

5)双色型的凹凸复层涂料施工,其一般做法为第一道封底涂料,第二道带彩色的面涂料,第三道喷涂厚涂料,第四道为罩光涂料。具体操作时,应依照各厂家的产品说明进行。在一般情况下,丙烯酸凹凸乳胶漆厚涂料作喷涂后数分钟,可采用专用塑料辊蘸煤油滚压,注意掌握压力的均匀,以保持涂层厚度一致。

(3)施工注意事项。

1)大多数涂料的贮存期为 6 个月,购买时和使用前应检查出厂日期,过期者不得使用。

2)基层墙面如为混凝土、水泥砂浆面,应养护 7～10d 后方可进行涂料施工,冬期需 20d。

3)涂料施工温度必须是在 5℃以上,涂料的贮存温度须在 0℃以上,夏季要避免日光照射,存放于干燥通风之处。

(三)聚氨酯仿瓷涂料施工

聚氨酯仿瓷涂料的施工,应按照各生产厂的产品说明进行操作。基本原则是复层涂装,一般均为底涂、中涂和面涂。对于基层处理、底涂操作、中涂甲乙组分材料按规定比例配合,以及面涂的要求(一般中层与面层的材料相同)和涂层间相隔时间的规定,应严格实施,不可自行选择添加剂、稀释剂及任意混淆涂层材料。

1. 基层要求

处理基面的腻子,一般要求用 801 胶水调制(SJ-801 建筑胶粘剂可用于粘贴瓷砖、锦砖、墙纸等,固体含量高,游离甲醛少,粘结强度大,耐水、耐酸碱、无味无毒),也可采用环氧树脂,但严禁与其他油漆混合使用。对于新抹水泥砂浆面层,其常温龄期应>10d;普通混凝土的常温龄期应>20d。

2. 施工要点

(1)对于底涂的要求,各厂产品不一。有的不要求底涂,并可直接作为丙烯酸树脂、环氧树脂及聚合物水泥等中间层的罩面装饰层;有的产品则包括底涂料。以沧浪牌 R8812-61 仿瓷釉涂料为例,其底涂料与面涂料为配套供应,见表 12-43,可以采用刷、滚、喷等方法涂底漆。沧浪牌冷瓷产品,也附有用作底涂的底漆,要求涂刷底漆后用腻子批平并打磨平整,然后用 TH 型面漆进行中涂。

表 12-43　　　　　R8812-61 仿瓷釉涂料的分层涂装

分层涂料	材　料	用料量/(kg/m^2)	涂装遍数
底涂料	水乳型底涂料	0.13～0.15	1
面涂料(Ⅰ)	仿瓷釉涂料(A、B色)	0.6～1.0	1
面涂料(Ⅱ)	仿瓷釉清漆	0.4～0.7	1

(2)中涂施工,一般均要求用喷涂。喷涂压力应依照材料使用说明,通常为 0.3～0.4MPa 或 0.6～0.8MPa;喷嘴口径也应按要求选择,一般为 4mm。根据不同品种,将其甲乙组分进行混合调制或采用配套中层材料均匀喷涂,如涂料过稠不便施工时,可加入配套溶剂或醋酸丁酯进行稀释,有的则无需加入稀释剂。

(3)面涂施工,一般可用喷涂、滚涂和刷涂任意选择,施涂的间隔时间视涂料品种而定,一般在 2～4h 之间。不论采用何种品牌的仿瓷涂料,其涂装施工时的环境温度均不得低于 5℃,环境的相对湿度不得大于 85%。根据产品说明,面层涂装一道或二道后,应注意成品保护,通常要求保养 3～5d。

三、美术涂饰工程

美术涂饰包括套色涂饰、滚花涂饰、仿花纹涂饰等。

(一)材料质量要求

(1)油漆、涂料、填充料、催干剂、稀释剂等材料选用必须符合《民用建筑工程室内环境污染控制规范》(GB 50325—2010)要求。并具备有关国家环境检测机构出具的有关有害物资限量等级检测报告。

(2)各色颜料应耐碱、耐光。

(二)油漆涂饰施工

1. 基层处理

(1)手工清除。使用铲刀、刮刀、剁刀及金属刷具等,对木质面、金属面、抹灰基层上的毛刷、飞边、凸缘、旧涂层及氧化铁皮等进行清理去除。

(2)机械清除。采用动力钢丝刷、除锈枪、蒸汽剥除器、喷砂及喷水等机械清

第十二章 装饰装修工程施工技术

除方式。

(3)化学清除。当基层表面的油脂污垢、锈蚀和旧涂膜等较为坚实、牢固时，可采用化学清除的处理方法与打磨工序配合进行。

(4)热清除。利用石油液化气炬、热吹风刮除器及火焰清除器等设备，清除金属基层表面的锈蚀、氧化皮及木质基层表面的旧涂膜。

2. 腻子嵌批

嵌、批的要点是实、平、光，即做到密实牢固、平整光洁，为涂饰质量打好基础。嵌、批工序要在涂刷底漆并待其干燥后进行，以防止腻子中的漆料被基层过多吸收而影响腻子的附着性。为避免腻子出现开裂和脱落，要尽量降低腻子的收缩率，一次填刮不要过厚，最好不超过 0.5mm。批刮速度宜快，特别是对于快干腻子，不应过多地往返批刮，否则易出现卷皮脱落或将腻子中的漆料挤出封住表面而难以干燥。应根据基层、面漆及各涂层材料的特点选择腻子，注意其配套性，以保持整个涂层物理与化学性能的一致性。

3. 材质打磨

打磨方式分干磨与湿磨。干磨即是用砂纸或砂布及浮石等直接对物面进行研磨。湿磨是由于卫生防护的需要，以及为防止打磨时漆膜受热变软使漆尘粘附于磨粒间而有损研磨质量，将水砂纸或浮石蘸水(或润滑剂)进行打磨。硬质涂料或含铅涂料一般需采用湿磨方法。如果湿磨易吸水基层或环境湿度大时，可用松香水与生亚麻油(3:1)的混合物做润滑剂打磨。对于木质材料表面不易磨除的硬刺、木丝和木毛等，可采用稀释的虫胶漆(虫胶∶酒精＝1∶7～8)进行涂刷待干后再行打磨的方法；也可用湿布擦抹表面使木材毛刺吸水胀起干后再打磨的方法。

根据不同要求和打磨目的，分为基层打磨、层间打磨和面层打磨，见表 12-44。

表 12-44　　　　　　　　　　不同阶段的打磨要求

打磨部位	打磨方式	要求及注意事项
基层打磨	干　磨	用 1～1½ 号砂纸打磨。线角处要用对折砂纸的边角砂磨。边缘棱角要打磨光滑，去其锐角以利涂料的粘附。在纸面石膏板上打磨，不要使纸面起毛
层间打磨	干磨或湿磨	用 0 号砂纸、1 号旧砂纸或 280～320 号水砂纸。木质面上的透明涂层应顺木纹方向直磨，遇有凹凸线角部位可适当运用直磨、横磨交叉进行的方法轻轻打磨
面漆打磨	湿　磨	用 400 号以上水砂纸蘸清水或肥皂水打磨。磨至从正面看去是暗光，但从水平侧面看去如同镜面。此工序仅适用硬质涂层，打磨边缘、棱角、曲面时不可使用垫块，要轻磨并随时查看以免磨透、磨穿

4. 色漆调配

为满足设计要求,大部分成品色漆需进行现场混合调兑,但参与调配的色漆的漆基应相同或能够混溶,否则掺和后会引起色料上浮、沉淀或树脂分离与析出等。选定基本色漆后应先试配小样与样品色或标准色卡比照,尤须注意湿漆干燥后的色泽变化。调配浅色漆时若用催干剂,应在配兑之前加入。试配小样时须准确记录其色漆配比值,以备调配大样时参照。

5. 透明涂饰配色

木质材料面的透明涂饰配色,一般以水色为主,水色常由酸、碱性染料等混合配制。常用的底色有水粉底色、油粉底色、豆腐底色、水色底、血料底等。木质面显木纹,透明涂饰的着色分两个步骤,首先嵌批填孔料,根据木材管孔的特点及温度情况掌握水或油与体质颜料的比例,使稠度适宜。然后再采取用水色、油色或酒色对木质材料表面再进行染色。

6. 油漆稠度调配

桶装的成品油漆,一般都较为稠厚,使用时需要酌情加入部分稀料(稀释剂)调节其稠度后方可满足施工要求。但在实际工作中的油漆稠度并非依靠粘度计进行测量定取,而是根据各种施工条件如油漆的性能、环境气温、操作场地、工具及施工方法等因素来决定。稠度又直接影响油漆涂膜质量,情况较为复杂,除机械化固定施工条件之外,油漆的稠度往往是不时变动才可适用。油漆工所依照的固定稠度,或称基本稠度,即是机械化涂装或手工操作的稠度基础,常用涂-4号粘度计测量决定。常用的油基漆的各种底漆的平均稠度为35~40s,一般情况下在此稠度范围内较适宜涂刷,油漆对毛刷的浮力与刷毛的弹力相接近。若刷毛软,还需降低稠度;当刷毛硬时则需提高稠度。常用喷涂的稠度一般为25~30s,在此稠度范围内喷出油漆的速度快,覆盖力强,雾化程度好,中途干燥现象轻微。

7. 喷涂

所用油漆品种应是干燥快的挥发性油漆,如硝基磁漆、过氯乙烯磁漆等。油漆喷涂的类别有空气喷涂、高压无气喷涂、热喷涂及静电喷涂等,在建筑工程中采用最多的是空气喷涂和高压无气喷涂。普通的空气喷涂喷枪种类繁多,一般有吸出式、对嘴式和流出式。高压无气喷涂利用 0.4~0.6MPa 的压缩空气作动力,带动高压泵将油漆涂料吸入,加压到 15MPa 左右通过特制喷嘴喷出,当加过高压的涂料喷至空气中时,即剧烈膨胀雾化成扇形气流冲向被涂物面,此设备可以喷涂高粘度油漆,效率高,成膜厚,遮盖率高,涂饰质量好。

从贮漆罐中带出,再用压缩空气将油漆涂料吹成雾状,喷在被涂物面上(也有直接靠压缩空气的力量将涂料吹出的)。此类喷涂设备简单,操作容易,维修也方便。但也有不足之处:第一,油漆或其他涂料在喷涂前必须稀释,喷涂施工中有相当一部分涂料随着空气的扩散而损耗消失,故此成膜较薄,需反复多遍喷涂才可达到一定厚度;第二,喷涂的渗透性和附着性,大都较刷涂差;第三,喷涂时扩散于

第十二章　装饰装修工程施工技术

空气中的漆料和溶剂,对人体有害;第四,在通风不良的现场喷涂施工,存在着不安全因素,漆雾易引起火灾,而溶剂的蒸汽在空气中达到足够浓度时,有酿成爆炸祸患的可能。

（三）仿天然石涂料施工

仿天然石涂料施工要点：

(1)涂底漆。底涂料用量每遍 0.3kg/m² 以上,均匀刷涂或用尼龙毛辊滚涂,直到无渗色现象为止。

(2)放样弹线,粘贴线条胶带。为仿天然石材效果,一般设计均有分块分格要求。施工时弹线粘贴线条胶带,先贴竖直方向,后贴水平方向,在接头处可临时钉上铁钉,便于施涂后找出胶带端头。

(3)喷涂中层。中涂施工采用喷枪喷涂,空气压力在 6~8kg/m² 之间,涂层厚度 2~3mm,涂料用量 4~5kg/m²,喷涂面应与事先选定的样片外观效果相符合。喷涂硬化 24h,方可进行下道工序。

(4)揭除分格线胶带。中涂后可随即揭除分格胶带,揭除时不得损伤涂膜切角。应将胶带向上牵拉,而不是垂直于墙面牵拉。

(5)喷制及镶贴石头漆片。此做法仅用于室内饰面,一般是用于饰面要求颜色复杂,造型处理图案多变的现场情况。可预先在板片或贴纸类材料上喷成石头漆切片,待涂膜硬化后,即可用强力胶粘剂将其镶贴于既定位置以达到富立体感的装饰效果。切片分硬版与软版两种,硬版用于平面镶贴,软版用于曲面或转角处。

(6)喷涂罩面层。待中涂层完全硬化,局部粘贴石头漆片胶结牢固后,即全面喷涂罩面涂料。其配套面漆一般为透明搪瓷漆,罩面喷涂用量应在 0.3kg/m² 以上。

表 12-45 为面层喷涂操作中影响表面效果的因素。

表 12-45　　　　石头漆面层喷涂对装饰效果的影响因素

项　目	因素	对饰面效果的影响	因素	对饰面效果的影响
风压(高低)	高	花纹较小,出量大,速度快,喷涂均匀	低	花纹较大,出量小,速度慢,均匀性较差
喷涂距离(远近)	远	花纹连续性较差,均匀度差,损耗多,花纹较圆	近	花纹过齐,均匀性较差,纹理效果较平
喷涂出口(大小)	大	花纹较大,出量大,易流坠,耗用量多,涂膜厚	小	花纹较小,出量小,不流坠,耗用量少,涂膜较薄
涂料粘度(大小)	大	花纹颗粒大,纹理粗,耗用量多,出量大,厚度大,易垂流	小	花纹颗粒小,纹理表面较平滑,耗用量小,出量大,涂膜薄,易垂流

四、裱糊工程

(一)施工工序

1. 施工程序

裱糊工程施工程序,如图 12-19 所示。

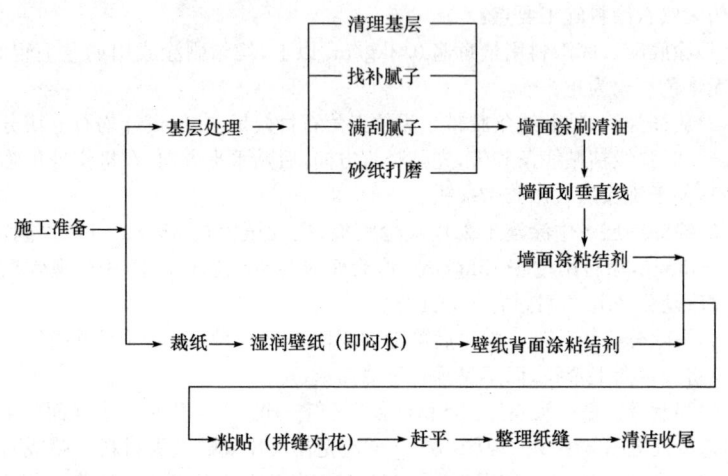

图 12-19　裱糊工程施工程序示意图

2. 裱糊工序

裱糊工程必须严格按操作工序施工,以保证裱糊质量,壁纸、墙布裱糊施工主要工序见表 12-46。

表 12-46　　　　　　　　裱糊的主要工序

项次	工序名称	抹灰面混凝土				石膏板面				木料面			
		复合壁纸	PVC壁纸	墙布	带背胶壁纸	复合壁纸	PVC壁纸	墙布	带背胶壁纸	复合壁纸	PVC壁纸	墙布	带背胶壁纸
1	清扫基层、填补缝隙,磨砂纸	+	+	+	+	+	+	+	+	+	+	+	+
2	接缝处粘纱布条					+	+	+	+	+	+	+	+
3	找补腻子、磨砂纸				+								
4	满刮腻子、磨平	+	+	+									
5	涂刷涂料一遍									+	+	+	+
6	涂刷底胶一遍	+	+	+	+	+	+	+					

续表

项次	工序名称	抹灰面混凝土				石膏板面				木料面			
		复合壁纸	PVC壁纸	墙布	带背胶壁纸	复合壁纸	PVC壁纸	墙布	带背胶壁纸	复合壁纸	PVC壁纸	墙布	带背胶壁纸
7	墙面画准线	+	+	+	+	+	+	+	+	+	+	+	+
8	壁纸浸水润湿		+				+				+		
9	壁纸涂刷胶黏剂	+				+				+			
10	基层涂刷胶黏剂	+	+	+	+	+	+	+	+	+	+	+	+
11	壁纸裱糊	+	+	+	+	+	+	+	+	+	+	+	+
12	拼缝、拼接、对花	+	+	+	+	+	+	+	+	+	+	+	+
13	赶压胶黏剂气泡	+	+	+	+	+	+	+	+	+	+	+	+
14	裁边						+						
15	抹净挤出的胶液	+	+	+	+	+	+	+	+	+	+	+	+
16	清理修整	+	+	+	+	+	+	+	+	+	+	+	+

注：1. 表中"+"号表示应进行的工序。

2. 不同材料的基层相接处应先贴 60～100mm 宽壁纸条或纱布。

3. 混凝土表面和抹灰表面必要时可增加满刮腻子遍数。

4. "裁边"工序，只在使用宽为 920mm、1000mm、1100mm 等需重叠对花的 PVC 压延型壁纸时应用。

(二) 常用施工工具

裱贴壁纸所需的工具主要有以下几种：

1. 工作台

裱贴现场要为裁纸与刷粘结剂准备一张工作台，长 2m，宽 1m 左右。一般使用一块五合板或七合板，高度可视操作方便而定，多在 70cm 高。

2. 裁剪工具

(1)长刃剪刀。对于较重型的壁纸、墙布裁割，宜使用长刃剪刀。剪裁时先依直尺划出印痕，再沿印痕将壁纸墙布剪断。

(2)活动剪纸刀。刀片可伸缩，并多节，用钝后可截去，携带方便，使用安全，如图 12-20 所示。

(3)轮刀。分齿形轮刀和刃形轮刀两种。使用齿形轮刀可在壁纸上滚压出连串小孔，即能沿孔线很容易地均匀撕断；刃形轮刀通过滚压将壁纸直接断开，对于质地较脆的壁纸墙布裁割最为适宜。

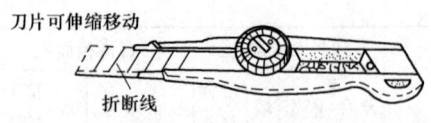

图 12-20 活动剪纸刀

3. 刮涂工具

(1)油灰铲刀。可用于修补基层表面裂缝、孔洞及剥除旧裱糊面上的壁纸墙布等。

(2)刮板。刮板主要用于刮、抹压等工序。刮板可用富有弹性的钢片制成,厚度为1~1.5mm,形状如 12-21 所示,也可用有机玻璃或硬塑料板,切成梯形,尺寸可视操作方便而定,一般下边宽度为 10cm 左右。刮板在裱贴时,用得很频繁,基本上不离手,除了上面提到的作用外,有时也当做直尺,进行小面积的裁割。

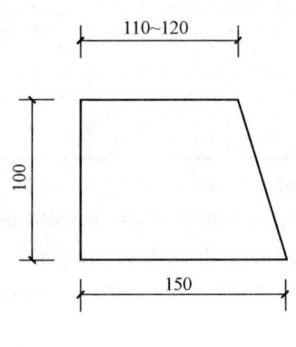

图 12-21 刮板

(3)直尺。直尺可用红白松木制成,比较好的是铝合金直尺。它具有强度高、重量轻、不易变形及不易破损等优点。目前大家所使用的铝合金直尺,实际上是一个小断面的薄壁方管,也有的使用铝合金窗料。尺的长度可长可短,视操作方便即可,长度多用 60cm 左右。

4. 刷涂工具

用于涂刷胶粘剂的刷具,其刷毛可以是天然纤维或合成纤维(后者较易于用毕清洗),宽度一般为 15~20cm;较适宜的还有排笔。另有专用墙纸刷,在裱糊操作中将壁纸墙布与基面抹实、粘牢、压平,其刷毛有长短之分,短刷毛适宜刷压重型塑料壁纸,长刷毛适宜刷抹敷平金属箔等较脆弱型壁纸。

5. 滚压工具

主要是辊筒,它在裱糊工艺中有三种作用,一是使用绒毛辊筒以滚涂胶粘剂、底胶或壁纸保护剂;二是采用橡胶辊筒以滚压铺平壁纸墙布;三是使用小型橡胶

第十二章 装饰装修工程施工技术

轧辊或木质轧辊,通滚压而迅速压平壁纸墙布的边缘和接缝部位,滚压时在胶粘剂开始变干但尚未干燥时作短距离快速滚压,特适宜于较重型壁纸墙布的拼缝压平。

对于发泡型、绒絮面或较为质脆的裱糊饰面材料,宜采用海绵块以取代辊筒和轧棍类滚压工具,避免裱糊饰面的滚压损伤。

6. 其他工具

主要有抹灰及基层处理机具,弹线工具,水平尺及各种量尺、钢尺、铝合金直尺,托线板、砂纸机、裁纸工作台,以及浸泡壁纸用的水槽等。

(三)材料要求

(1)壁纸、墙布的种类、规格、图案、颜色和燃烧性能等级必须符合设计要求及国家现行标准的有关规定。进场材料应检查产品合格证书、性能检测报告,并做好进场验收记录。

(2)民用建筑工程室内装修所采用的水性涂料、水性胶粘剂、水性处理剂必须有总挥发性有机化合物(TVOC)和游离甲醛含量检测报告;溶剂型涂料、溶剂型胶粘剂必须有总挥发性有机化合物(TVOC)、苯、游离甲苯二异氰酸酯(TDI)(聚氨酯类)含量检测报告,并应符合设计要求和《民用建筑工程室内环境污染控制规范》(GB 50325—2010)的规定。

(3)建筑材料和装修材料的检测项目不全或对检测结果有疑问时,必须将材料送有资格的检测机构进行检验,检验合格后方可使用。

(4)民用建筑工程室内用水性胶粘剂,应测定其总挥发性有机化合物(TVOC)和游离甲醛的含量,其限量应符合表 12-40 的规定。

(5)民用建筑工程室内用溶剂型胶粘剂,应测定其总挥发性有机化合物(TVOC)和苯的含量,其限量应符合表 12-42 的规定。

(6)民用建筑工程室内用水性阻燃剂、防水剂、防腐剂等水性处理剂,应测定总挥发性有机化合物(TVOC)和游离甲醛的含量,其含量应符合表 12-47 的规定。其测定方法应按《民用建筑工程室内环境污染控制规范》(GB 50325—2010)的有关规定进行。

表 12-47 室内用水性处理剂中总挥发性有机化合物(TVOC)和游离甲醛限量

测定项目	限量/(g/L)	测定项目	限量/(g/kg)
TVOC	≤200	游离甲醛	≤0.5

(四)基层处理

凡是有一定强度、表面平整光洁、不疏松掉粉的干净基体表面,如水泥砂浆、混合砂浆、石灰砂浆抹面,纸筋灰、玻璃丝灰罩面,石膏板、木质板、石棉水泥板等预制板材,以及质量达到标准的现浇或预制混凝土墙体,都可以作为裱糊墙纸的基层。原则上说，基层表面都应垂直方正，平整度符合规定，至少凸出阳角的垂直度及上下成直线的凹凸度应不大于高级抹灰的允许偏差，即 2m 直尺检查不超出 2mm，否则将影响裱糊面的外观质量。

1. 混凝土及抹灰基层处理

如果在混凝土面、抹灰面（水泥砂浆、水泥混合砂浆、石灰砂浆等）基层上裱糊墙纸，应满刮腻子一遍并磨砂纸。如基层表面有气孔、麻点、凸凹不平时，应增加满刮腻子和磨砂纸的遍数。刮腻子之前，须将混凝土或抹灰面清扫干净。刮腻子时要用刮板有规律地操作，一板接一板，两板中间再顺一板，要衔接严密，不得有明显接槎和凸痕。宜做到凸处薄刮，凹处厚刮，大面积找平。腻子干后打磨砂纸、扫净。需要增加满刮腻子遍数的基层表面，应先将表面的裂缝及坑洼部分刮平，然后打磨砂纸扫净，再满刮腻子和打扫干净。特别是阴阳角、窗台下、暖气包、管道后及踢脚板连接处等局部，需认真检查修整。

2. 木质基层处理

木基层要求接缝不显接槎，接缝、钉眼应用腻子补平并满刮油性腻子一遍（第一遍），用砂纸磨平。木夹板的不平整主要是钉接造成的，在钉接处木夹板往往下凹，非钉接处向外凸。所以第一遍满刮腻子主要是找平大面。第二遍可用石膏腻子找平，腻子的厚度应减薄，可在该腻子五六成干时，用塑料刮板有规律地压光，最后用干净的抹布轻轻将表面灰粒擦净。

对要贴金属壁纸的木基面处理，第二遍腻子时应采用石膏粉调配猪血料的腻子，其配比为 10∶3（质量比）。金属壁纸对基面的平整度要求很高，稍有不平处或粉尘，都会在金属壁纸裱贴后明显地看出。所以，金属壁纸的木基面处理，应与木家具打底方法基本相同，批抹腻子的遍数要求在三遍以上。批抹最后一遍腻子并打平后，用软布擦净。

3. 石膏板基层处理

纸面石膏板比较平整，披抹腻子主要是在对缝处和螺钉孔位处。对缝披抹腻子后，还需用棉纸带贴缝，以防止对缝处的开裂。在纸面石膏板上，应用腻子满刮一遍，找平大面，在第二遍腻子进行修整。

4. 旧墙基层处理

旧墙基层裱糊墙纸，对于凹凸不平的墙面要修补平整，然后清理旧有的浮松油污、砂浆粗粒等。对修补过的接缝、麻点等，应用腻子分 1～2 次刮平，再根据墙面平整光滑的程度决定是否再满刮腻子。对于泛碱部位，宜用 9% 稀醋酸中和、清洗。表面有油污的，可用碱水（1∶10）刷洗。对于脱灰、孔洞处，须用聚合物水泥砂浆修补。对于附着牢固、表面平整的旧溶剂型涂料墙面，应进行打毛处理。

（五）裱贴前的准备工作

1. 涂刷底漆和底胶

为了防止壁纸受潮脱胶，一般对要裱糊塑料壁纸、壁布、纸基塑料壁纸、金属壁纸的墙面，涂刷防潮底漆。防潮底漆用酚醛清漆与汽油或松节油来调配，其配比为清漆：汽油（或松节油）＝1：3。该底漆可涂刷，也可喷刷，漆液不宜厚，且要均匀一致。

涂刷底胶是为了增加粘结力，防止处理好的基层受潮弄污。底胶一般用108胶配少许甲醛纤维素加水调成，其配比为108胶：水：甲醛纤维素＝10：10：0.2。底胶可涂刷，也可喷刷。在涂刷防潮底漆和底胶时，室内应无灰尘，且防止灰尘和杂物混入该底漆或底胶中。底胶一般是一遍成活，但不能漏刷、漏喷。

若面层贴波音软片，基层处理最后要做到硬、干、光。要在做完通常基层处理后，还需增加打磨和刷两遍清漆。

2. 弹线

在底胶干燥后弹划出水平、垂直线，作为操作时的依据，以保证壁纸裱糊后，横平竖直，图案端正。

（1）弹垂线：有门窗的房间以立边分划为宜，便于摺角贴立边，如图12-22所示。对于无门窗口的墙面，可挑一个近窗台的角落，在距壁纸幅宽小5cm处弹垂线。如果壁纸的花纹在裱糊时要考虑拼贴对花，使其对称，则宜在窗口弹出中心控制线，再往两边分线；如果窗口不在墙面中间，为保证窗间墙的阳角花饰对称，则宜在窗间墙弹中心线，由中心线向两侧再分格弹垂线。

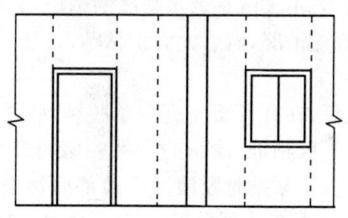

图 12-22　门窗洞口画线

所弹垂线应越细越好。方法是在墙上部钉小钉，挂铅垂线，确定垂线位置后，再用粉线包弹出基准垂直线。每个墙面的第一条垂线应为定在距墙角小于壁纸幅宽 50～80mm 处。

（2）水平线：壁纸的上面应以挂镜线为准，无挂镜线时，应弹水平线控制水平。

3. 裁纸

根据墙面弹线找规矩的实际尺寸，统筹规划裁割墙纸，对准备上墙的墙纸，最好能够按顺序编号，以便于依顺序粘贴上墙。

裁割墙纸时，注意墙面上下要预留尺寸，一般是墙顶墙脚两端各多留 50mm 以备修剪。当墙纸有花纹图案时，要预先考虑完工后的花纹图案效果及其光泽特征，不可随意裁割，应达到对接无误。同时，应根据墙纸花纹图案和纸边情况确定采用对口拼缝或搭口裁割拼缝的具体拼接方法。裁纸下刀前,还需认真复核尺寸有无出入,尺子压紧墙纸后不得再移动,刀刃贴紧尺边,一气裁成,中间不宜停顿或变换持刀角度,手劲要均匀。

4. 润纸

塑料壁纸遇水或胶水,开始自由膨胀,5~10min 胀足,干后会自行收缩。自由胀缩的壁纸,其幅宽方向的膨胀为 0.5%~1.2%,收缩率为 0.2%~6.8%。以幅宽 500mm 的壁纸为例,其幅宽方向遇水膨胀 2~6mm,干后收缩 1~4mm。因此,刷胶前必须先将塑料壁纸在水槽中浸泡 2~3min 取出后抖掉余水,静置 20min,若有明水可用毛巾擦掉,然后才能涂胶。闷水的办法还可以用排笔在纸背刷水,刷满均匀,保持 10min 也可达到使其充分膨胀的目的。如果干纸涂胶,或未能让纸充分胀开就涂胶,壁纸上墙后,纸虽被固定,但会吸湿膨胀,这样贴上墙的壁纸会出现大量的气泡、皱褶(或边贴边胀产生皱褶),不能成活。

玻璃纤维基材的壁纸,遇水无伸缩性,无需润纸。

复合纸质壁纸由于湿强度较差,禁止闷水润纸。为了达到软化壁纸的目的,可在壁纸背面均匀刷胶后,将胶面对胶面对叠,放置 4~8min 然后上墙。

纺织纤维壁纸也不宜闷水,裱贴前只需用湿布在纸背面稍抹一下即可达到润纸的目的。

对于待裱贴的壁纸,若不了解其遇水膨胀的情况,可取其一小条试贴,隔日观察接缝效果及纵、横向收缩情况,然后大面积粘贴。

5. 刷涂胶粘剂

对于没有底胶的墙纸,在其背面先刷一道胶粘剂,要求厚薄均匀。同时在墙面也同样均匀地涂刷一道胶粘剂,涂刷的宽度要比墙纸宽 2~3cm。胶粘剂不宜刷得过多、过厚或起堆,以防裱贴时胶液溢出边部而污染墙纸;也不可刷得过少、避免漏刷,以防止起泡、离壳或墙纸粘贴不牢。所用胶粘剂要集中调制,并通过 400 孔/cm² 筛子过滤,除去胶料中的块粒及杂物。调制后的胶液,应于当日用完。墙纸背面均匀刷胶后,可将其重叠成 S 状静置,正、背面分别相靠。这样放置可避免胶液干得过快,不污染墙纸并便于上墙裱贴。

对于有背胶的墙纸,其产品一般会附有一个水槽,槽中盛水,将裁割好的墙纸浸入其中,由底部开始,图案面向外卷成一卷,过 2min 即可上墙裱糊。若有必要,也可在其背胶面刷涂一道均匀稀薄的胶粘剂,以保证粘贴质量。

金属壁纸的胶液应是专用的壁纸粉胶。刷胶时,准备一卷未开封的发泡壁纸或长度大于壁纸宽的圆筒,一边在裁剪好的金属壁纸背面刷胶,一边将刷过胶的部分向上卷在发泡壁纸卷上。

(六)顶棚裱贴壁纸

顶棚裱糊墙纸,第一张通常要贴近主窗,方向与墙壁平行。长度过短时,则可与窗户成直角粘贴。裱糊前先在顶棚与墙壁交接处弹上一道粉线,将已刷好胶并

第十二章 装饰装修工程施工技术

折叠好的墙纸用木柄撑起,展开顶摺部分,边缘靠齐粉线,先敷平一段,然后再沿粉线敷平其他部分,直至整段墙纸贴好为止,如图 12-23 所示。多余部分,剪齐修整。

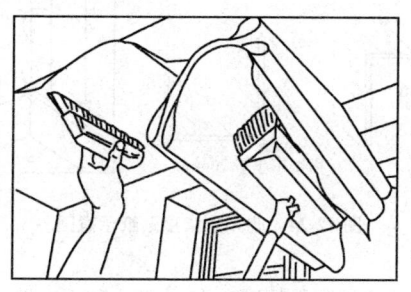

图 12-23　裱糊顶棚

（七）墙面裱贴壁纸

裱贴壁纸时,首先要垂直,然后对花纹拼缝,再用刮板用力抹压平整。原则是先垂直面后水平面,先细部后大面。贴垂直面时先上后下,贴水平面时先高后低。

裱贴时剪刀和长刷可放在围裙袋中或手边。先将上过胶的壁纸下半截向上折一半,握住顶端的两角,在四脚梯或凳上站稳后。展开上半截,凑近墙壁,使边缘靠着垂线成一直线,轻轻压平,由中间向外用刷子将上半截敷平,在壁纸顶端作出记号,然后用剪刀修齐或用壁纸刀将多余的壁纸割去。再按上法同样处理下半截,修齐踢脚板与墙壁间的角落。用海绵擦掉沾在踢脚板上的胶糊。壁纸贴平后,3～5h 内,在其微干状态时,用小滚轮(中间微起拱)均匀用力滚压接缝处,这样做比传统的有机玻璃片抹刮能有效地减少对壁纸的损坏。

裱糊壁纸时,阴阳角不可拼缝,应搭接。壁纸绕过墙角的宽度不大于 12mm。阴角壁纸搭缝应先裱压在里面转角的壁纸,再贴非转角的壁纸。搭接面应根据阴角垂直度而定,一般搭接宽度不小于 2～3mm。并且要保持垂直无毛边,如图 12-24所示。

裱糊前,应尽可能卸下墙上电灯等开关,首先要切断电源,用火柴棒或细木棒插入螺丝孔内,以便在裱糊时识别,以及在裱糊后切割留位。不易拆下的配件,不能在壁纸上剪口再裱上去。操作时,将壁纸轻轻糊于电灯开关上面,并找到中心点,从中心开始切割十字,一直切到墙体边沿。然后用手按出开关盒的轮廓位置,慢慢拉起多余的壁纸,剪去不需的部分,再用橡胶刮子刮平,并擦去刮出的胶液。

（八）斜式裱贴

斜式裱糊墙纸的方法与水平式基本相同,只是需要一条斜线作为导线。先在

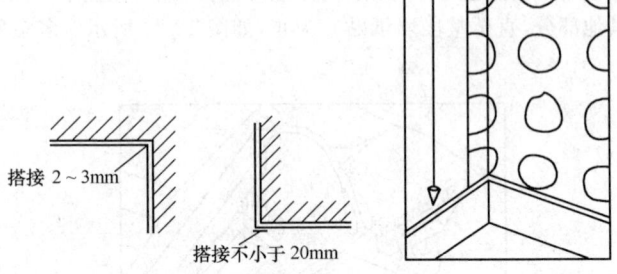

图 12-24 阴阳角搭接贴纸示意图

一面墙两个墙角间的中心墙顶处标明一点,由此点往下在墙面上弹一条垂直的粉线。从这条线的底部沿着墙底,测出与墙高相等的距离。由这一点再和墙顶中心点间弹出另一条粉线,这条线就是一条确实的斜线,如图 12-25 所示。斜式裱糊墙纸具有独特的装饰效果,但比较浪费材料,大约要增加 25% 的墙纸数量。

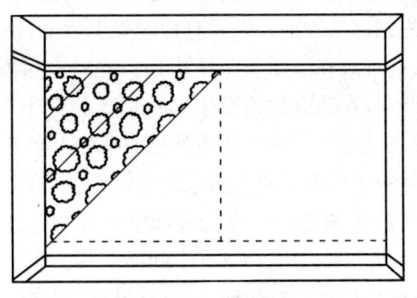

图 12-25 斜式裱贴

(九)清理和修理

墙纸上墙后,若发现局部不符合质量要求,应及时采取补救措施。如纸面出现皱纹死折时,应趁墙纸未干,用湿毛巾轻拭纸面,使之润湿,用手慢慢将墙纸舒平,待无皱褶时,再用橡胶滚或胶皮刮板赶压平整。如墙纸已干结,则要将纸撕下,把基层清理干净后再重新裱糊。

(十)金属壁纸裱贴

金属壁纸的收缩量很少,在裱贴时可采用对缝裱,也可用搭缝裱。

金属壁纸对缝时,都有对花纹拼缝的要求。裱贴时,先从顶面开始对花纹拼缝,操作需要两个人同时配合,一个负责对花纹拼缝,另一个人负责手托金属壁纸

第十二章　装饰装修工程施工技术

卷,逐渐放展。一边对缝一边用橡胶刮平金属壁纸,刮时由纸的中部往两边压刮。使胶液向两边滑动而粘贴均匀,刮平时用力要均匀适中,刮子面要放平。不可用刮子的尖端来刮金属壁纸,以防刮伤纸面。若两幅间有小缝,则应用刮子在刚粘的这幅壁纸面上,向先粘好的壁纸这边刮,直到无缝为止。裱贴操作的其他要求与普通壁纸相同。

(十一)锦缎裱贴

由于锦缎柔软光滑,极易变形,难以直接裱糊在木质基层面上。裱糊时,应先在锦缎背后上浆,并裱糊一层宣纸,使锦缎挺括,以便于裁剪和裱贴上墙。

上浆用的浆液是由面粉、防虫涂料和水配合成,其配比为(质量比)5:40:20,调配成稀而薄的浆液。上浆时,把锦缎正面平铺在大而干的桌面上或平滑的大木夹板上,并在两边压紧锦缎,用排刷沾上浆液从中间开始向两边刷,使浆液均匀地涂刷在锦缎背面,浆液不要过多,以打湿背面为准。

在另张大平面桌子(桌面一定要光滑)上平铺一张幅宽大于锦缎幅宽的宣纸。并用水将宣纸打湿,使纸平贴在桌面上。用水量要适当,以刚好打湿为好。

把上好浆液的锦缎从桌面上抬起来,将有浆液的一面向下,把锦缎粘贴在打湿的宣纸上,并用塑料刮片从锦缎的中间开始向四边刮压,以便使锦缎与宣纸粘贴均匀。待打湿的宣纸干后,便可从桌面取下,这时,锦缎与宣纸就贴合在一起。

锦缎裱贴前要根据其幅宽和花纹认真裁剪,并将每个裁剪完的开片编号,裱贴时,对号进行,裱贴的方法同金属壁纸。

第十三章 建筑工程施工组织设计

第一节 概 述

一、施工组织设计的概念和任务

施工组织设计是指导一个拟建工程进行施工准备和组织实施施工的基本的技术经济文件。它的任务是要对具体的拟建工程(建筑群或单个建筑物)的施工准备工作和整个的施工过程,在人力和物力、时间和空间、技术和组织上,做出一个全面而合理,符合好、快、省、安全要求的计划安排。

二、施工组织设计的作用

施工组织设计就是针对施工安装过程的复杂性,用系统的思想并遵循技术经济规律,对拟建工程的各阶段、各环节以及所需的各种资源进行统筹安排的计划管理行为。它努力使复杂的生产过程,通过科学、经济、合理地规划安排,达到建设项目能够连续、均衡、协调地进行施工,满足建设项目对工期、质量及投资方面的各项要求。又由于建筑产品的单件性,没有固定不变的施工组织设计适用于任何建设项目,所以,如何根据不同工程的特点编制相应的施工组织设计则成为施工组织管理中的重要一环。

施工组织设计的作用是对拟建工程施工的全过程实行科学管理提供重要手段。通过施工组织设计的编制,可以全面考虑拟建工程的各种具体条件,扬长避短地拟定合理的施工方案,确定施工顺序、施工方法、劳动组织和技术经济的组织措施,合理地统筹安排拟定施工进度计划,保证拟建工程按期投产或交付使用;也为拟建工程的设计方案在经济上的合理性,在技术上的科学性和在实施工程上的可能性进行论证提供依据;还为建设单位编制基本建设计划和施工企业编制施工计划提供依据。依据施工组织设计,施工企业可以提前掌握人力、材料和机具使用上的先后顺序,全面安排资源的供应与消耗;可以合理地确定临时设施的数量、规模和用途,以及临时设施、材料和机具在施工场地上的布置方案。具体表现如下:

(1)施工组织设计是施工准备工作的一项重要内容,同时又是指导各项施工准备工作的依据。

(2)施工组织设计可体现实现基本建设计划和设计的要求,可进一步验证设计方案的合理性与可行性。

(3)施工组织设计为拟建工程所确定的施工方案、施工进度和施工顺序等,是指导开展紧凑、有秩序施工活动的技术依据。

(4)施工组织设计所提出的各项资源需要量计划,直接为物资供应工作提供数据。

(5)施工组织设计对现场所作的规划与布置,为现场的文明施工创造了条件,并为现场平面管理提供了依据。

(6)施工组织设计对施工企业的施工计划起决定和控制性的作用。施工计划是根据施工企业对建筑市场所进行科学预测和中标的结果,结合本企业的具体情况,制定出的企业不同时期应完成的生产计划和各项技术经济指标。而施工组织设计是按具体的拟建工程的开竣工时间编制的指导施工的文件。因此,施工组织设计与施工企业的施工计划两者之间有着极为密切、不可分割的关系。施工组织设计是编制施工企业施工计划的基础,反过来,制定施工组织设计又应服从企业的施工计划,两者是相辅相成、互为依据的。

(7)施工组织设计是统筹安排施工企业生产的投入与产出过程的关键和依据。建筑产品的生产和其他工业产品的生产一样,都是按要求投入生产要素,通过一定的生产过程,而后生产出成品,而中间转换的过程离不开管理。建筑施工企业也是如此,从承担工程任务开始到竣工验收交付使用为止的全部施工过程的计划、组织和控制的基础就是科学的施工组织设计。

(8)通过编制施工组织设计,可充分考虑施工中可能遇到的困难与障碍,主动调整施工中的薄弱环节,事先予以解决或排除,从而提高了施工的预见性,减少了盲目性,使管理者和生产者做到心中有数,为实现建设目标提供了技术保证。

总之,通过施工组织设计,也就把施工生产合理地组织起来了,规定了有关施工活动的基本内容,保证了具体工程的施工得以顺利进行和完成。因此,施工组织设计的编制,是具体工程施工准备阶段中各项工作的核心,在施工组织与管理工作中占有十分重要的地位。

一个工程如果施工组织设计编制得好,能反映客观实际,能符合工程的全面要求,并且认真地贯彻执行了,施工就可以有条不紊地进行,使施工组织与管理工作经常处于主动地位,取得好、快、省、安全的效果。若没有施工组织设计或者施工组织设计脱离实际或者虽有质量优良的施工组织设计而未得到很好的贯彻执行,就很难正确地组织具体工程的施工,使工作经常处于被动状态,造成不良的后果,难以完成施工任务及其预定目标。

三、施工组织设计的分类

施工组织设计是一个总的概念,根据建设项目的类别、工程规模、编制阶段、编制对象范围的不同,在编制的深度和广度上也有所不同。

(一)按编制阶段的不同分类

设计阶段 $\begin{cases} 初步设计阶段 \longrightarrow 施工组织规划设计 \\ 技术设计阶段 \longrightarrow 施工组织总设计 \\ 施工图设计阶段 \longrightarrow 单位工程施工组织设计 \end{cases}$

施工阶段 { 投标阶段——→综合指导性施工组织设计
中标后施工阶段——→实施性施工组织设计

(二) 按编制对象范围的不同分类

施工组织设计按编制对象范围的不同可分为施工组织总设计、单位工程施工组织设计和分部分项工程施工组织设计三种。

1. 施工组织总设计

施工组织总设计是以一个建设项目或建筑群为编制对象,规划其施工全过程的全局性、控制性施工组织文件,是编制单位施工组织设计的依据。它一般由承包单位的总工程师主持,会同建设、设计和分包单位的工程师共同编制。

施工组织总设计的主要内容包括:工程概况,施工部署与施工方案,施工总进度计划,施工准备工作及各项资源需要量计划,施工总平面图,主要技术组织措施及主要技术经济指标等。

2. 单位工程施工组织设计

单位工程施工组织设计是以一个单位工程(一个建筑物或构筑物,一个交工系统)为编制对象,用以指导其施工全过程的各项施工活动的综合性技术经济文件。单位工程施工组织设计一般在施工图设计完成后,拟建工程开工之前,由工程处的技术负责人主持进行编制。

单位工程施工组织设计的主要内容包括:工程概况,施工方案与施工方法,施工进度计划,施工准备工作及各项资源需要量计划,施工平面图,主要技术组织措施及主要技术经济指标。

3. 分部分项工程施工组织设计

分部分项工程施工组织设计也叫分部分项工程作业设计。它是以分部(分项)工程为编制对象,由单位工程的技术人员负责编制,用以具体实施其分部(分项)工程施工全过程的各项施工活动的技术、经济和组织的综合性文件。一般对于工程规模大、技术复杂或施工难度大的建筑物或构筑物,在编制单位工程施工组织设计之后,常需对某些重要的又缺乏经验的分部(分项)工程再深入编制施工组织设计。例如深基础工程、大型结构安装工程、高层钢筋混凝土主体结构工程、地下防水工程等。

分部分项工程施工设计的主要内容包括:工程概况,施工方案,施工进度表,施工平面图以及技术组织措施等。

施工组织总设计、单位工程施工组织设计和分部分项工程施工组织设计之间有以下关系:施工组织总设计是对整个建设项目的全局性战略部署,其内容和范围比较概括;单位工程施工组织设计是在施工组织总设计的控制下,以施工组织总设计和企业施工计划为依据编制的,针对具体的单位工程,把施工组织总设计的内容具体化;分部分项工程施工组织设计是以施工组织总设计、单位工程施工组织设计和工程施工计划为依据编制的,针对具体的分部分项工程,把单位工程

第十三章　建筑工程施工组织设计

施工组织设计进一步具体化,它是专业工程具体的组织施工的设计。

在编制施工组织总设计时,可能对某些因素和条件尚未预见到,而这些因素或条件的改变可能影响整个部署。所以,在编制了各个局部的施工设计之后,有时还需要对全局性的施工组织总设计作必要的修正和调整。当然,在贯彻执行施工组织设计的过程中,也应随着工程施工的发展变化,及时给予修正和调整。

四、施工组织设计基本内容

施工组织设计的内容,就是根据不同工程的特点和要求,根据现有的和可能创造的施工条件,从实际出发,决定各种生产要素(材料、机械、资金、劳动力和施工方法等)的结合方式。

在不同设计阶段编制的施工组织设计文件,内容和深度不尽相同,其作用也不一样。一般说施工组织条件设计是概略的施工条件分析,提出创造施工条件和建筑生产能力配备的规划;施工组织总设计是对施工进行总体部署的战略性施工纲领;单位工程施工组织设计则是详尽的实施性的施工计划,用以具体指导现场施工活动。

任何施工组织设计都必须具有以下相应的基本内容:
(1)施工方法与相应的技术组织措施,即施工方案。
(2)施工进度计划。
(3)施工现场平面布置。
(4)各种资源需要量及其供应。

在这四项基本内容中,第(3)、(4)项主要用于指导准备工作的进行,为施工创造物质技术条件。人力、物力的需要量是决定施工平面布置的重要因素之一,而施工平面布置又反过来指导各项物质的因素在现场的安排。第(1)、(2)两项内容则主要指导施工过程的进行,规定整个的施工活动。施工的最终目的是要按照国家和合同规定的工期,优质、低成本地完成基本建设工程,保证按期投产和交付使用。因此,进度计划在组织设计中就具有决定性的意义,是决定其他内容的主导因素,其他内容的确定首先要满足它的要求、为它的需要服务,这样它也就成为施工组织设计的中心内容。从设计的顺序上看,施工方案又是根本,是决定其他所有内容的基础。它虽以满足进度的要求作为选择的首要目标,但进度最终也仍然要受到它的制约,并建立在这个基础之上。另一方面也应该看到,人力、物力的需要与现场的平面布置也是施工方案与进度得以实现的前提和保证,要对它们发生影响。因为进度安排与方案的确定必须从合理利用客观条件出发,进行必要的选择。所以,施工组织设计的这几项内容是有机地联系在一起的,它们互相促进,互相制约,密不可分。

至于每个施工组织设计的具体内容,将因工程的情况和使用的目的之差异,而有多寡、繁简与深浅之分。

一般地,施工组织总设计应包括以下内容:

(1)建设项目的工程概况。
(2)施工部署及主要建筑物或构筑物的施工方案。
(3)全场性施工准备工作计划。
(4)施工总进度计划。
(5)各项资源需要量计划。
(6)全场性施工总平面图设计。
(7)各项技术经济指标。

单位工程施工组织设计应包括以下内容：
(1)工程概况及其施工特点。
(2)施工方案的选择。
(3)单位工程施工准备工作计划。
(4)单位工程施工进度计划。
(5)各项资源需要量计划。
(6)单位工程施工平面图设计。
(7)质量、安全、节约及冬雨季施工的技术组织保证措施。
(8)主要技术经济指标。

分部分项工程施工组织设计应包括以下内容：
(1)分部分项工程概况及其施工特点的分析。
(2)施工方法及施工机械的选择。
(3)分部分项工程施工准备工作计划。
(4)分部分项工程施工进度计划。
(5)劳动力、材料和机具等需要量计划。
(6)质量、安全和节约等技术组织保证措施。
(7)作业区施工平面布置图设计。

五、施工组织设计的编制

1. 施工组织设计编制依据

(1)国家计划或合同规定的进度要求。

(2)工程设计文件,包括说明书、设计图纸、工程数量表、施工组织方案意见、总概算等。

(3)调查研究资料(包括工程项目所在地区自然经济资料、施工中可配备劳力、机械及其他条件)。

(4)有关定额(劳动定额、物资消耗定额、机械台班定额等)及参考指标。

(5)现行有关技术标准、施工规范、规则及地方性规定等。

(6)本单位的施工能力、技术水平及企业生产计划。

(7)有关其他单位的协议、上级指示等。

2. 施工组织设计编制原则

由于施工组织设计是指导建筑施工的纲领性文件,对搞好建筑施工起巨大的作用,所以必须十分重视并做好此项工作。根据我国几十年的经验,应遵循以下几项原则:

(1)认真贯彻国家工程建设的法律、法规、规程、方针和政策。

(2)严格执行工程建设程序,坚持合理的施工程序、施工顺序和施工工艺。在安排施工程序时,通常应当考虑以下几点:

1)要及时完成有关的准备工作(如砍伐树木,拆除已有的建筑物,清理场地,设置围墙,铺设施工需要的临时性道路以及供水、供电管网,建设临时性工房、行政办公房屋、加工企业等),为正式施工创造良好条件。凡事预则立,不预则废。没有做好必要的准备就贸然施工,必然会造成现场的混乱。正式施工也不是要求所有一切准备工作都做好再开始,只要准备工作能够做到基本上满足开工需要即可。因此,准备工作视施工的需要,可以是一次完成或是分期完成。

2)正式施工时,条件具备时应该先进行全场性工程,然后再进行各个工程项目的施工。所谓全场性工程是指平整场地、铺设管网、修筑道路等。在正式施工之初完成这些工程,有利于工地内部的运输,利用永久性管网供水和排水,并便于现场平面的管理。在安排管线道路施工程序时,一般宜先场外、后场内,场外由远而近;先主干、后分支;地下工程要先深后浅,排水要先下游、再上游。

3)对于单个房屋和构筑物的施工顺序,既要考虑空间顺序,也要考虑工种之间顺序。空间顺序是解决施工流向的问题,它必须根据生产需要、缩短工期和保证工程质量的要求来决定。工种顺序是解决时间上的搭接问题,它必须做到保证质量,工种之间互相创造条件,充分利用工作面,争取时间。

4)可供施工期间使用的永久性建筑物(如道路、各种管网、仓库、宿舍、工场、办公房屋和饭厅等)可以尽先建造,以便减少暂设工程,节约投资。

(3)采用现代建筑管理原理、流水施工方法和网络计划技术,组织有节奏、均衡和连续地施工。

用流水作业方法组织施工,可以使工程施工连续地、均衡地、有节奏地进行,能够合理地使用人力、物力和财力,能快、好、省、安全地完成工程建设任务。

用网络计划技术编制施工进度计划,逻辑严密,主要矛盾突出,有利于应用电子计算机进行计划优化和及时调整,能对施工进度计划进行动态的管理。

(4)优先选用先进施工技术,科学确定施工方案;认真编制各项实施计划,严格控制工程质量、工程进度、工程成本和安全施工。

先进的施工技术是提高劳动生产率、改善工程质量、加快施工速度、降低工程成本的重要源泉。因此,在编制施工组织设计时,必须注意结合具体的施工条件,广泛地采用国内外的先进施工技术,吸收先进工地和先进工作者的施工方法和劳动组织等方面所创造的经验。

拟定合理的施工方案,是保证施工组织设计贯彻上述各项原则和充分采用先进经验的关键。施工方案的优劣,在很大程度上决定着施工组织设计的质量。

拟定施工方案通常包括确定施工方法,选择施工机具,安排施工顺序和组织流水施工等方面内容。每项工程的施工都可能存在多种可能的方案供选择,在选择时要注意从实际条件出发,在确保工程质量和生产安全的前提下,使方案在技术上是先进的,在经济上是合理的。

(5)充分利用施工机械和设备,提高施工机械化、自动化程度,改善劳动条件,提高生产率。

建筑施工是消耗巨大社会劳动的物质生产部门之一。以机械化代替手工劳动,特别是大面积场地平整、大量土方、装卸、运输、吊装和混凝土制作等繁重劳动的施工过程实行机械化,可以减轻劳动强度、提高劳动生产率,有利于加快施工速度。

(6)扩大预制装配范围,提高建筑工业化程度;科学安排冬期和雨期施工,保证全年施工均衡性和连续性。

建筑施工的特点之一是露天作业,常受气候和季节条件的影响。冬季严寒和阴雨连绵,都不利于施工的进行。随着施工技术科学的不断发展,目前已经完全有可能在冬雨季照常进行施工,且不降低施工速度,但由于在冬雨季施工时,通常需要采取一些特殊的措施,需要增加一些费用,这些费用虽然可以通过工人窝工的减少,施工机具设备利用程度的提高,间接费用的节约等方面得到弥补,但仍然应当尽量减少这方面的费用,以免工程成本过分提高。为此,在安排施工进度时,应当注意季节性特点,恰当地安排冬雨季施工项目,以增加全年的施工日,并注意只有那些确有必要的、不因冬雨季施工而过分复杂化和过分提高造价的工程,才能列入冬雨季施工的范围。

(7)坚持"安全第一,预防为主"原则,确保安全生产和文明施工;认真做好生态环境和历史文物保护,严防建筑振动、噪声、粉尘和垃圾污染。

(8)合理布置施工平面图,尽量减少临时工程,减少施工用地,降低工程成本。尽量利用正式工程,原有或就近已有设施,做到暂设工程与既有设施相结合、与正式工程相结合。同时,要注意因地制宜,就地取材以求尽量减少消耗,降低生产成本。

暂设工程在施工结束之后就要拆除。因此,在编制施工组织设计时,必须十分注意尽量减少暂设工程的数量,以便节约投资,节约施工用地。为此,可以采取下列措施:

1)尽量利用原有的房屋和构筑物,满足施工的需要。

2)在安排施工顺序时,应当注意把可为施工服务的正式工程(包括房屋、车间、道路、管网等)尽量提前施工。

3)建筑构件应当尽量安排在地区内原有的加工企业生产,只在确有必要时,才在工地上自行建立加工厂。

4)广泛采用可以移动装拆的房屋和设备。

第十三章　建筑工程施工组织设计

(9)优化现场物资储存量,合理确定物资储存方式,尽量减少库存量和物资损耗。

3. 施工组织设计编制步骤

(1)计算工程量。通常可以利用工程预算中的工程量。工程量计算准确,才能保证劳动力和资源需要量计算得正确和分层分段流水作业的合理的组织,故工程量必须根据图纸和较为准确的定额资料进行计算。如工程的分层分段按流水作业方法施工时,工程量也应相应地分层分段计算。同时,许多工程量在确定了方法以后可能还须修改,比如土方工程的施工由利用挡土板改为放坡以后,土方工程量即应增加,而支撑工料就将全部取消。这种修改可在施工方法确定后一次进行。

(2)确定施工方案。如果施工组织总设计已有原则规定,则该项工作的任务就是进一步具体化,否则应全面加以考虑。需要特别加以研究的是主要分部分项工程的施工方法和施工机械的选择,因为它对整个单位工程的施工具有决定性的作用。具体施工顺序的安排和流水段的划分,也是需要考虑的重点。与此同时,还要很好地研究和决定保证质量与安全和缩短技术性中断的各种技术组织措施。这些都是单位工程施工中的关键,对施工能否做到快、好、省、安全有重大的影响。

(3)组织流水作业,排定施工进度。根据流水作业的基本原理,按照工期要求、工作面的情况、工程结构对分层分段的影响以及其他因素,组织流水作业,决定劳动力和机械的具体需要量以及各工序的作业时间,编制网络计划,并按工作日排出施工进度。

(4)计算各种资源的需要量和确定供应计划。依据采用的劳动定额和工程量及进度可以决定劳动量(以工日为单位)和每日的工人需要量。依据有关定额和工程量及进度,就可以计算确定材料和加工预制品的主要种类和数量及其供应计划。

(5)平衡劳动力、材料物资和施工机械的需要量并修正进度计划。根据对劳动力和材料物资的计算就可绘制出相应的曲线以检查其平衡状况。如果发现有过大的高峰或低谷,即应将进度计划作适当的调整与修改,使其尽可能趋于平衡,以便使劳动力的利用和物资的供应更为合理。

(6)设计施工平面图使生产要素在空间上的位置合理、互不干扰,加快施工进度。

六、施工组织设计的检查与调整

1. 施工组织设计检查

(1)主要指标完成情况的检查。施工组织设计的主要指标的检查,一般采用比较法。即把各项指标的完成情况同计划规定的指标相对比。检查的内容应该包括工程进度、工程质量、材料消耗、机械使用和成本费用等。把主要指标数额检查同其相应的施工内容、施工方法和施工进度的检查结合起来,发现其问题,为进一步分析原因提供依据。

(2)施工总平面图的检查。施工现场必须按施工总平面图要求建造临时设施,敷设管网和运输道路,合理地存放机具,堆放材料;施工现场要符合文明施工的要求;施工现场的局部断电、断水、断路等,必须事先得到有关部门批准;施工的每个阶段都要有相应的施工总平面图;施工总平面图的任何改变都必须获得有关部门批准。如果发现施工总平面图存在不合理性,要及时制定改进方案,报请有关部门批准,不断地满足施工进展的需要。施工总平面的检查应按建筑主管部门的规定执行。

2. 施工组织设计调整

施工组织设计的调整就是针对检查中发现的问题,通过分析其原因,拟定其改进措施或修订方案;对实际进度偏离计划进度的情况,在分析其影响工期和后续工作的基础上,调整原计划以保证工期;对施工(总)平面图中的不合理地方进行修改。通过调整,使施工组织设计更切合实际,更趋合理,以实现在新的施工条件下,达到施工组织设计的目标。

应当指出,施工组织设计的贯彻、检查和调整是贯穿工程施工全过程始终的经常性工作。

第二节 单位工程施工组织设计编制依据、原则和程序

单位工程施工组织设计是由施工承包单位工程项目经理编制的,是用以指导施工全过程施工活动的技术、组织、经济文件。它是施工前的一项重要准备工作,也是施工企业实现生产科学管理的重要手段。

一、单位工程施工组织设计编制依据

编制单位工程施工组织设计,必须掌握和了解下述各项有关内容,作为编制时的基本依据。

(1)主管部门的批示文件及建设单位的要求:如上级机关对该项工程的有关批示文件和要求;建设单位的意见和对施工的要求;施工合同中的有关规定等。

(2)经过会审的图纸:包括单位工程的全部施工图纸、会审记录、设计变更及技术核定单、有关标准图,较复杂的建筑工程还要知道设备、电气、管道等设计图。如果是整个建设项目中的一个单位工程,还要了解建设项目的总平面布置等。

(3)施工企业年度生产计划对该工程的安排和规定的有关指标。如进度、其他项目穿插施工的要求等。

(4)施工组织总设计。本工程若为整个建设项目中的一个项目,应把施工组织总设计中的总体施工部署及对本工程施工的有关规定和要求作为编制依据。

(5)资源配备情况。如施工中需要的劳动力、施工机具和设备、材料、预制构件和加工品的供应能力和来源情况。

(6)建设单位可能提供的条件和水、电供应情况。如建设单位可能提供的临时房屋数量,水、电供应量,水压、电压能否满足施工要求等。

(7)施工现场条件和勘察资料。如施工现场的地形、地貌、地上与地下的障碍物、工程地质和水文地质、气象资料、交通运输道路及场地面积等。

(8)预算文件和国家规范等资料。工程的预算文件等提供了工程量和预算成本。国家的施工验收规范、质量标准、操作规程和有关定额是确定施工方案、编制进度计划等的主要依据。

(9)国家或行业有关的规范、标准、规程、法规、图集及地方标准和图集。如地基与基础工程施工及验收规范,建筑安装工程质量检验评定统一标准,建筑机械使用安全技术规程,混凝土质量控制标准,钢筋焊接及验收规范等。

(10)有关的参考资料及类似工程施工组织设计实例

二、单位工程施工组织设计编制原则

(1)做好现场工程技术资料的调查工作。一切工程技术资料是编制单位工程施工组织设计的主要根据。原始资料必须真实,数据要可靠,特别是水文、地质、材料供应、运输以及水电供应的资料。每个工程各有不同的难点,组织设计中的重点是在施工难点的资料收集。有了完整、确切的资料,就可根据实际条件制订方案和从中优选。

(2)合理安排施工程序。可将整个工程划分为几个阶段,例如:施工准备、基础工程、预制工程、主体结构工程、屋面防水工程、装饰工程等。在各个施工阶段之间互相搭接,衔接紧凑,力求缩短工期。

(3)采用先进的施工技术和进行合理的施工组织。采用先进的施工技术是提高劳动生产率,保证工程质量,加快施工速度和降低工程成本的主要途径。应组织流水施工,采用网络计划技术安排施工进度。

(4)土建施工与设备安装应密切配合。某些工业建筑的设备安装工程量较大,为了使整个厂房提前投产,土建施工应为设备安装创造条件,提出设备安装进场时间。设备安装尽可能与土建搭接,在搭接施工时,应考虑到施工安全和对设备的污染,最好采用分区分段进行。水、电、卫生设备的安装,也应与土建交叉配合。

(5)施工方案应作技术经济比较。对主要工种工程的施工方法和主要机械的选择要进行多方案技术经济比较,选择经济合理、技术先进、切合现场实际的施工方案。

(6)确保工程质量和施工安全。在单位工程施工组织设计中,必须提出确保工程质量的技术措施和施工安全措施,尤其是新技术和本施工单位较生疏的工艺。

(7)特殊时期的施工方案。在施工组织中,雨期施工和冬期施工的特殊性应该给予体现,应有具体的应对措施。对使用农民工较多的工程,还应考虑农忙时劳动力调配的问题。

(8)节约费用和降低工程成本。合理布置施工平面图,能减少临时性设施和避免材料二次搬运,并能节约施工用地。安排进度时应尽量发挥建筑机械的工效和一机多用,尽可能利用当地资源,以减少运输费用;正确地选择运输工具,以降低运输成本。

(9)环境保护的原则。工程施工从某种程度上说就是对自然环境的破坏与改造。环境保护是我们可持续发展的前提。因此,在施工组织设计中应体现出对环境的保护的具体措施。

三、单位工程施工组织设计编制程序

单位工程施工组织设计的编制程序如图 13-1 所示。

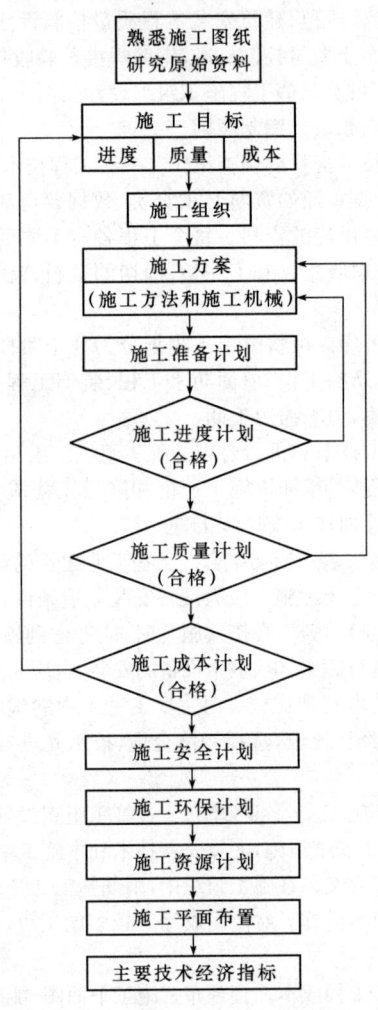

图 13-1 单位工程施工组织设计编制程序示意图

第三节 单位工程施工组织设计编制方法

单位工程施工组织设计,是以单个建筑物,如一幢工业厂房、构筑物、公共建筑、民用房屋等为对象编制的,用以指导组织现场施工的技术文件。如果单位工程是属于建筑群中的一个单体的组成部分,则单位工程施工组织设计也是施工组织总设计的具体化。

根据工程的性质、规模、结构特点、技术复杂程度,采用新技术的内容、工期要求、建筑地点的自然经济条件,施工单位的技术力量及对该类工程施工的熟悉程度,单位工程施工组织设计的编制内容和深度可以有所不同。但一般包括下述各项内容:

(1)工程概况及施工特点。
(2)施工方案选择。
(3)施工进度计划。
(4)施工准备工作计划。
(5)劳动力、材料、构件、加工品、施工机械和机具等需要量计划。
(6)施工平面图。
(7)保证质量、安全、降低成本和冬雨季施工的技术组织措施。
(8)各项技术经济指标。

以上述内容中,其中以施工方案、施工进度计划和施工平面图三项最为关键,它们分别规划了单位工程施工的技术组织、时间、空间三大要素。因此在编制时,应努力进行研究和筹划。

一、工程概况

单位工程施工组织设计中的工程概况,是对拟建工程的工程特点、地点特征和施工条件等所作的一个简要的、突出重点的文字介绍。为了弥补文字叙述的不足,一般需绘制拟建工程的平面图、立面图、剖面简图等,图中主要注明轴线尺寸、总长、总宽、总高及层高等主要建筑尺寸。为了说明主要工程的任务量,一般还应附以主要工程量一览表,见表13-1。

表 13-1 主要工程量一览表

序号	分部分项工程名称	工 程 量	序号	分部分项工程名称	工 程 量
1			4		
2			5		
3			6		

工程概况的主要内容包括如下:

1. 工程建设概况

主要说明：拟建工程的建设单位，工程名称、性质、用途、作用和建设目的，资金来源及工程投资额、开竣工日期、设计单位、施工单位、施工图纸情况、施工合同、主管部门的有关文件或要求，以及组织施工的指导思想等。这部分内容可依实际情况列表说明，参见表 13-2。

表 13-2　　　　　　　　　　　工程概况表

建设单位		建筑结构			装饰要求		
设计单位		层数		屋架	内粉		
施工单位		基础		吊车梁	外粉		
建筑面积/m²		墙体			门窗		
工程造价/万元		柱			楼面		
计划	开工日期	梁			地面		
	竣工日期	楼板			天棚		
编制说明	上级文件和要求				地质情况		
	施工图纸情况				地下水位	最高	
						最低	
	合同签订情况					常年	
	土地征购情况				气温	最高	
						最低	
						平均	
	三通一平情况				雨量	日最大量	
						一次最大	
	主要材料落实情况					全年	
	临时设施解决情况				其他		
	其他						

2. 工程施工概况

这部分主要是根据施工图纸，结合调查资料，简练地概括工程全貌，综合分析，突出重点问题。对新结构、新材料、新技术、新工艺及施工的难点尤其应该重点说明。具体内容如下：

第十三章　建筑工程施工组织设计

(1) 建筑设计特点主要说明：拟建工程的建筑面积、平面形状和平面组合情况、层数、层高、总高度、总宽度和总长度等尺寸，并附有拟建工程的平面、立面和剖面简图；室内外装饰的构造及做法等。可根据实际情况列表说明，见表 13-3。

表 13-3　　　　　　　　　　建筑设计概况一览表

占地面积		首层建筑面积		总建筑面积	
层数	地上	层高	首层		地上面积
	地下		标准层		地下面积
			地下		
装饰	外檐				
	楼地面				
	墙面	室内		室外	
	顶棚				
	楼梯				
	电梯厅	地面		墙面	顶棚
防水	地下				
	屋面				
	厕浴间				
	阳台				
	雨篷				
保温节能					
绿化					
其他需要说明事项					

(2) 结构设计特点主要说明：基础的类型、埋置深度、主体结构的类型、预制构件的类型及安装位置等。可根据实际情况列表说明，见表 13-4。

表 13-4　　　　　　　　　　结构设计概况一览表

地基基础	埋深		持力层		承载力标准值	
	桩基	类型：		桩长：	桩径：	间距：
	箱、筏	地板厚：			顶板厚：	
	独立基础					
主体	结构形式					
	主要结构尺寸	梁：		板：	桩：	墙：

续表

地基基础	埋深		持力层		承载力标准值	
	桩基	类型:		桩长:	桩径:	间距:
	箱、筏	地板厚:			顶板厚:	
	独立基础					
抗震设防等级					人防等级	
混凝土强度等级及抗渗要求		基础		墙	垫层	
		梁		板	地下室	
		桩		楼梯	屋面	
钢筋						
特殊结构						
其他需说明事项						

(3)设备安装设计特点主要说明:建筑给水、排水、采暖、通风、电气、空调、电梯、消防系统等安装工程的设计要求,可根据实际情况列表说明,见表13-5。

表13-5　　　　　　　设备安装概况一览表

给水	冷水		排水	雨水	
	热水			污水	
	消防			中水	
强电	高压		弱电	电视	
	低压			电话	
	接地			安全监控	
	防雷			楼宇自控	
				综合布线	
空调系统					
采暖系统					
通风系统					
消防系统					
电梯					

(4)建设地点的特征主要说明:拟建工程的位置、地形、工程地质与水文地质条件、不同深度土壤的分析、冻结期间与冻层厚度、地下水位、水质、气温、冬雨季施工起止时间、主导风向、风力等。

(5)施工条件主要说明:水、电、道路及场地的"三通一平"、现场临时设施、施工现场及周围环境等情况;当地的交通运输条件,预制构件生产及供应情况;施工机械、设备、劳动力的落实情况;内部承包方式、劳动组织形式及施工管理水平等。

(6)施工特点主要说明工程施工的重点所在,以便在选择施工方案、组织资源供应、技术力量配备以及在施工准备工作上采取有效措施,使施工顺利进行,提高施工企业的经济效益。

不同类型的建筑,不同条件下的工程施工,均有其不同的施工特点。如现浇钢筋混凝土高层建筑的施工特点主要有:结构和施工机具设备的稳定性要求高,钢筋加工量大,混凝土浇筑难度大,脚手架搭设要进行设计计算,安全问题突出等。

二、施工目标

根据单项(位)工程施工合同要求的目标,确定其施工目标;该目标必须满足或高于合同要求目标,并作为控制施工进度、质量和成本计划的依据。它可分为控制工期、控制成本和控制质量等级,见表13-6。

表13-6   施工控制目标明细表

序 号	工程名称	建筑面积 /m^2	控制工期 /月	控制成本 /万元	控制质量等级 (合格)

三、施工方案

施工方案是单位工程施工组织设计的核心问题。施工方案合理与否将直接影响工程的施工效率、质量、工期和技术经济效果。因此必须引起足够的重视。

施工方案的选择一般包括:确定施工程序和顺序、施工起点流向、主要分部分项工程的施工方法和施工机械。

(一)编制前的准备工作

施工方案是根据施工图纸编制的,所以熟悉审核施工图纸,领会设计意图,明确工程内容,分析工程特点,对编制施工方案十分重要。熟悉图纸一般应注意以下几个方面:

(1)核对设计计算的假定和采用的处理方法是否符合实际情况;施工时是否有足够的稳定性,对保证安全施工有无影响。

(2)核对设计是否符合施工条件,如需要采取特殊施工方法和特定技术措施时,技术上以及设备条件上有无困难。

(3)核对结合生产工艺和使用上的特点,对建筑安装施工有哪些技术要求,施工能否满足设计规定的质量标准。

(4)核对有无特殊材料要求,品种、规格、数量能否解决。
(5)核对图纸说明有无矛盾、是否齐全、规定是否明确。
(6)核对主要尺寸、位置、标高有无错误。
(7)核对土建和设备安装图纸有无矛盾;施工时如何交叉衔接。
(8)通过熟悉图纸确定与施工有关的准备工作项目。

在有关施工人员认真学习图纸,充分准备的基础上,由施工单位技术负责人召集设计、建设、施工(包括协作施工)和科研(必要时)单位参加的"图纸会审"会议。设计人员向施工单位作设计交底,讲清设计意图和对施工的主要要求。有关施工人员应对施工图纸以及与工程有关的问题提出质询,通过各方认真讨论后,逐一作出决定并详细记录。对于图纸会审中所提出的问题和合理建议,如需变更设计或作补充设计时,应办理设计变更签证手续。未经设计单位同意,施工单位不得随意修改设计。

明确施工任务之后,还必须充分研究施工条件和有关的工程资料,如施工现场"三通一平"(水通、路通、电通、场地平整)条件;劳动力和主要建筑材料、构件、加工品的供应条件;施工机械和模具的供应条件;施工现场水文地质补充勘察资料;现行施工技术规范以及施工组织设计和上级主管部门对该单位工程施工所作的有关规定和指示等。只有这样,才能制定出一个符合客观实际情况、技术先进和经济合理的施工方案。

(二)确定施工程序

施工程序是指单位工程中各分部工程或施工阶段的先后次序及其制约关系,其任务主要是从总体上确定单位工程的主要分部工程的施工顺序。工程施工受到自然条件和物质条件的制约,它在不同施工阶段的不同的工作内容按照其固有的、不可违背的先后次序循序渐进地向前开展,它们之间有着不可分割的联系,既不能相互代替,也不允许颠倒或跨越。

单位工程的施工程序一般为:接受任务阶段→开工前的准备阶段→全面施工阶段→交工验收阶段。每一阶段都必须完成规定的工作内容,并为下阶段工作创造条件。

施工阶段遵循的程序主要有:先地下、后地上;先深、后浅;先主体、后围护;先结构、后装饰;先土建、后设备。具体表现如下:

(1)先地下、后地上:先地下、后地上主要是指首先完成管道管线等地下设施、土方工程和基础工程,然后开始地上工程施工。对于地下工程也应按照先深后浅的程序进行,以免造成施工返工或对上部工程的干扰,施工不便,影响质量,造成浪费。

(2)先主体、后围护:先主体、后围护主要是指框架结构,应注意在总的程序上有合理的搭接。一般来说,多层建筑,主体结构与围护结构以少搭接为宜,而高层建筑则应尽量搭接施工,以便有效地节约时间。

第十三章 建筑工程施工组织设计

(3)先结构、后装饰:一般先结构、后装饰是指先进行主体结构施工,后进行装饰工程的施工。但是,必须指出,随着新建筑体系的不断涌现和建筑工业化水平的提高,某些装饰与结构构件均在工厂完成。

(4)先土建、后设备:先土建、后设备主要是指一般的土建工程与水暖电卫等工程的总体施工顺序,至于设备安装的某一工序要穿插在土建的某一工序之前,应属于施工顺序的问题。工业建筑的土建工程与设备安装工程之间的程序,主要决定于工业建筑的种类,如对于精密仪器厂房,一般要求土建、装饰工程完成后安装工艺设备。重型工业厂房,一般先安装工艺设备,后建设厂房或设备安装与土建施工同时进行,如冶金车间、发电厂的主厂房、水泥厂的主车间等。

但是,由于影响施工的因素很多,故施工程序并不是一成不变的,特别是随着建筑工业化的不断发展,有些施工程序也将发生变化。例如,大板结构房屋中的大板施工,已由工地生产逐渐转向工厂生产,这时结构与装饰可在工厂内同时完成;又如,考虑季节性影响,冬季施工前应尽可能完成土建和围护结构,以利防寒和室内作业的开展。

(三)划分流水段

建筑物按流水理论组织施工,能取得很好的效益。为便于组织流水施工,就必须将大的建筑物划分成几个流水段,使各流水段间按照一定程序组织流水施工。

划分流水段要考虑下述几个问题:

(1)尽可能保证结构的整体性,按伸缩缝或后浇带进行划分。厂房可按跨或生产区划分;住宅可按单元、楼层划分,亦可按栋分段。

(2)使各流水段的工程量大致相等,便于组织节奏流水,使施工均衡地、有节奏地进行,取得较好的效益。

(3)流水段的大小应满足工人工作面的要求和施工机械发挥工作效率的可能。目前推广小流水段施工法。

(4)流水段数应与施工过程(工序)数量相适应。如流水段数少于施工过程数则无法组织流水施工。

(四)确定施工起点流向

施工流向是指单位工程在平面或空间上施工的开始部位及其展开方向,这主要取决于生产需要、缩短工期和保证质量等要求。一般来说,对单层建筑物,只要按其工段、跨间分区分段地确定平面上的施工流向;对多层建筑物,除了确定每层平面上的施工流向外,还要确定其层间或单元空间上的施工流向。

确定单位工程施工起点流向时,一般应考虑如下因素:

(1)车间的生产工艺流程,往往是确定施工流向的关键因素。因此,从生产工艺上考虑影响其他工段试车投产的工段应该先施工。如 B 车间生产的产品需受 A 车间生产的产品影响,A 车间划分为三个施工段,II、III 段的生产受 I 段的约束,故其施工起点流向应从 A 车间的 I 段开始。

(2)建设单位对生产和使用的需要。一般应考虑建设单位对生产或使用急的工段或部位先施工。

(3)工程的繁简程度和施工过程之间的相互关系。一般技术复杂、施工进度较慢,工期较长的区段部位应先施工。密切相关的分部分项工程的流水施工,一旦前导施工过程的起点流向确定了,则后续施工过程也就随其而定了。如单层工业厂房的挖土工程的起点流向,决定柱基础施工过程和某些预制、吊装施工过程的起点流向。

(4)房屋高低层和高低跨。如柱子的吊装应从高低跨并列处开始;屋面防水层施工应按先高后低的方向施工,同一屋面则由檐口到屋脊方向施工;基础有深浅之分时,应按先深后浅的顺序进行施工。

(5)工程现场条件和施工方案。施工场地大小、道路布置和施工方案所采用的施工方法及机械也是确定施工流程的主要因素。例如,土方工程施工中,边开挖边外运余土,则施工起点应确定在远离道路的部位,由远及近地展开施工。又如,根据工程条件,挖土机械可选用正铲挖土机、反铲挖土机、拉铲挖土机等,吊装机械可选用履带吊、汽车吊或塔吊,这些机械的开行路线或布置位置便决定了基础挖土及结构吊装施工的起点和流向。

(6)分部分项工程的特点及其相互关系。如室内装修工程除平面上的起点和流向以外,在竖向上还要决定其流向,而竖向的流向确定更显得重要。密切相关的分部分项工程的流水,一旦前导施工过程的起点流向确定,则后续施工过程也便随其而定了。如单层工业厂房的挖土工程的起点流向决定柱基础施工过程和某些预制、吊装施工过程的起点流向。

(五)确定施工顺序

施工顺序是指单项(位)工程内部各个分部(项)工程之间的先后施工次序。施工顺序合理与否,将直接影响工种间配合、工程质量、施工安全、工程成本和施工速度,必须科学合理地确定单项工程施工顺序。

确定施工顺序时应考虑的因素如下:

(1)遵守施工程序。施工程序确定了大的施工阶段之间的先后次序。在组织具体施工时,必须遵循施工程序。如先地下后地上的程序。

(2)符合施工工艺。如整浇楼板的施工顺序:支模板→绑钢筋→浇混凝土→养护→拆模。

(3)与施工方法协调一致。如单层工业厂房结构吊装工程的施工顺序,当采用分件吊装法时,则施工顺序为吊柱→吊梁→吊屋盖系统;当采用综合吊装法时,则施工顺序为第一节间吊柱、梁和屋盖系统→第二节间吊柱、梁和屋盖系统→……→最后节间吊柱、梁和屋盖系统。

(4)考虑施工组织的要求。如安排室内外装饰工程施工顺序时,一般情况下,

第十三章 建筑工程施工组织设计

可按施工组织设计规定的顺序。

(5)考虑施工质量和安全的要求。确定施工过程先后顺序时,应以施工安全为原则,以保证施工质量为前提。例如屋面采用卷材防水时,为了施工安全,外墙装饰在屋面防水施工完成后进行;为了保证质量,楼梯抹面在全部墙面、地面和天棚抹灰完成之后,自上而下一次完成。

(6)受当地气候影响。如冬季室内装饰施工时,应先安装门窗扇和玻璃,后做其他装饰工程。

(六)确定施工方法和施工机械

选择施工方法和施工机械是施工方案中的关键问题。它直接影响施工进度、施工质量和安全,以及工程成本。编制施工组织设计时,必须根据工程的建筑结构、抗震要求、工程量的大小、工期长短、资源供应情况、施工现场的条件和周围环境,制定出可行方案,并且进行技术经济比较,确定出最优方案。

1. 选择施工方法

选择施工方法时,应着重考虑影响整个单位工程施工的分部分项工程的施工方法。主要是选择在单位工程中占重要地位的分部(项)工程、施工技术复杂或采用新技术、新工艺对工程质量起关键作用的分部(项)工程、不熟悉的特殊结构工程或由专业施工单位施工的特殊专业工程的施工方法。而对于按照常规做法和工人熟悉的分项工程,只要提出应注意的特殊问题,即可不必详细拟定施工方法。

对一些主要的工种工程,在选择施工方法和施工机械时,应主要考虑以下几个主要问题:

(1)测量放线:

1)说明测量工作的总要求。如测量工作是一项重要、谨慎的工作,操作人员必须按照操作程序、操作规程进行操作,经常进行仪器、观测点和测量设备的检查验证,配合好各工序的穿插和检查验收工作。

2)工程轴线的控制。说明实测前的准备工作、建筑物平面位置的测定方法,首层及各楼层轴线的定位、放线方法及轴线控制要求。

3)垂直度控制。说明建筑物垂直度控制的方法,包括外围垂直度和内部每层垂直度的控制方法,并说明确保控制质量的措施。如某框架剪力墙结构工程,建筑物垂直度的控制方法为:外围垂直度的控制采用经纬仪进行控制,在浇混凝土前后分别进行施测,以确保将垂直度偏差控制在规范允许的范围内;内部每层垂直度采用线锤进行控制,并用激光铅直仪进行复核,加强控制力度。

4)沉降观测。可根据设计要求,说明沉降观测的方法、步骤和要求。如某工程根据设计要求,在室内外地坪上 0.6m 处设置永久沉降观测点。设置完毕后进行第一次观测,以后每施工完一层作一次沉降观测,且相邻两次观测时间间隔不得大于两个月,竣工后每两个月作一次观测,直到沉降稳定为止。

(2)土方工程:要看是场地平整工程还是基坑开挖工程。对于前者主要是施工机械选择、平整标高确定、土方调配;对于后者首先确定是放坡开挖还是采用支护结构,如为放坡开挖主要是挖土机械选择、降低地下水位和明排水、边坡稳定、运土方法等。如采用支护结构,主要是支护结构设计、降低地下水位、挖土和运土方案、周围环境的保护和监测等。

(3)基础工程:

1)浅基础的垫层、混凝土基础和钢筋混凝土基础施工的技术要求,以及地下室施工的技术要求。

2)桩基础施工的施工方法以及施工机械的选择。

(4)砌筑工程:

1)砖墙的组砌方法和质量要求。

2)弹线及皮数杆的控制要求。

3)确定脚手架搭设方法及安全网的挂设方法。

(5)混凝土结构工程:对于混凝土结构工程施工方案,着重解决钢筋加工方法、钢筋运输和现场绑扎方法、粗钢筋的电焊连接、底板上皮钢筋的支撑、各种预埋件的固定和埋设;模板类型选择和支模方法、特种模板的加工和组装、快拆体系的应用和拆模时间;混凝土制备(如为商品混凝土则选择供应商并提出要求)、混凝土运输(如为混凝土泵和泵车,则确定其位置和布管方式。如用塔式起重机和吊斗则划分浇筑区、计算吊运能力等)、混凝土浇筑顺序、施工缝留设位置、保证整体性的措施、振捣和养护方法等。如为大体积混凝土则需采取措施避免产生温度裂缝,并采取测温措施。

(6)结构吊装工程:对于结构吊装工程施工方案,着重解决吊装机械选择、吊装顺序、机械开行路线、构件吊装工艺、连接方法、构件的拼装和堆放等。如为特种结构吊装,需用特殊吊装设备和工艺,尚需考虑吊装设备的加工和检验、有关的计算(稳定、抗风、强度、加固等)、校正和固定等。

(7)屋面工程:

1)屋面各个分项工程施工的操作要求。

2)确定屋面材料的运输方式。

(8)装饰工程:

1)各种装饰工程的操作方法及质量要求。

2)确定材料运输方式及储存要求。

2. 选择施工机械

选择施工方法必须涉及施工机械的选择。机械化施工是改变建筑工业生产落后面貌,实现建筑工业化的基础,因此施工机械的选择是施工方法选择的中心环节,在选择时应注意以下几点:

(1)首先选择主导工程的施工机械,如地下工程的土方机械,主体结构工程的垂直、水平运输机械,结构吊装工程的起重机械等。

第十三章　建筑工程施工组织设计

(2)各种辅助机械中运输工具应与主导机械的生产能力协调配套,以充分发挥主导机械效率。如土方工程在采用汽车运土时,汽车的载重量应为挖土机斗容量的整倍数,汽车的数量应保证挖土机连续工作。

(3)在同一工地上,应力求建筑机械的种类和型号尽可能少一些,以利于机械管理;尽量使机械少,而配件多,一机多能,提高机械使用率。

(4)机械选择应考虑充分发挥施工单位现有机械的能力,当本单位的机械能力不能满足工程需要时,则应购置或租赁所需新型机械或多用机械。

(七)施工方案的技术经济比较

对施工方案进行技术经济评价是选择最优施工方案的重要途径。因为任何一个分部分项工程,一般都会有几个可行的施工方案,而施工方案的技术经济评价的目的就是在它们之间进行优选,选出一个工期短、质量好、材料省、劳动力安排合理、成本低的最优方案。

常用的施工方案技术经济分析方法有定性分析和定量分析两种。

1. 定性分析评价

定性的技术经济分析是结合施工实际经验,对几个方案的优缺点进行分析和比较。通常主要从以下几个指标来评价:

(1)工人在施工操作上的难易程度和安全可靠性。

(2)为后续工程创造有利条件的可能性。

(3)利用现有或取得施工机械的可能性。

(4)施工方案对冬雨季施工的适应性。

(5)为现场文明施工创造有利条件的可能性。

2. 定量分析评价

施工方案的定量技术经济分析评价,是通过计算各方案的几个主要技术经济指标,进行综合比较分析,从中选择技术经济指标最优的方案。定量分析评价一般分为以下两种方法:

(1)多指标分析评价法。它是对各个方案的工期指标、实物量指标和价值指标等一系列单个的技术经济指标进行计算对比,从中选优的方案。定量分析的指标通常有:

1)工期指标。在确保工程质量和施工安全的条件下,以国家有关规定及建设地区类似建筑物的平均工期为参考,以合同工期为目标来满足工期指标或尽量缩短工期。当合同规定必须工程在短期内投入生产或使用时,选择方案就要在确保工程质量和安全施工的条件下,把缩短工期问题放在首位考虑。

2)单位建筑面积造价。它是人工、材料、机械和管理费的综合货币指标。可按下式计算:

$$单位建筑面积造价 = \frac{施工实际费用}{建筑总面积} \quad (元/m^2) \tag{13-1}$$

3)主要材料消耗指标。其反映若干施工方案的主要材料节约情况。可按下式计算:

$$主要材料节约量 = 预算用量 - 施工组织设计计划用量 \quad (13-2)$$

$$主要材料节约率 = \frac{主要材料节约量}{主要材料预算用量} \times 100\% \quad (13-3)$$

4)降低成本指标。它可综合反映单位工程或分部分项工程在采用不同施工方案时的经济效果。可按下式计算:

$$降低成本率 = \frac{预算成本 - 计划成本}{预算成本} \times 100\% \quad (13-4)$$

式中 预算成本是以施工图为依据按预算价格计算的成本;

计划成本是按采用的施工方案确定的施工成本。

5)投资额。当选定的施工方案需要增加新的投资时(如购买新的施工机械或设备),则对增加的投资额,也要加以比较。

(2)综合指标分析方法。综合指标分析法是以各方案的多指标为基础,将各指标之值按照一定的计算方法进行综合,得到每个方案的一个综合指标,对比各综合指标,从中选优的方案。

该方法通常是:首先根据多指标中各个指标在方案中的重要性,分别确定出它们的权值 W_i,再依据每一指标在各方案中的具体情况,计算出分值 $C_{i,j}$;设有 m 个方案和 n 种指标,则第 j 方案的综合指标 A_j 可按下式计算:

$$A_j = \sum_{i=1}^{n} C_{i,j} W_i \quad (13-5)$$

式中 $j = 1、2 \cdots m; i = 1、2 \cdots n$。

计算出各方案的综合指标,其中综合值最大的方案为最优方案。

四、施工进度计划

单位工程施工进度计划是在既定施工方案的基础上,根据规定工期和各种资源供应条件,按照施工过程的合理施工顺序及组织施工的原则,用横道图或网络图,对单位工程从开始施工到工程竣工,全部施工过程在时间上和空间上的合理安排。

(一)施工进度计划的作用

(1)控制单位工程的施工进度,保证在规定工期内完成符合质量要求的工程任务。

(2)确定单位工程的各个施工过程的施工顺序、施工持续时间及相互衔接和合理配合关系。

(3)为编制季度、月度生产作业计划提供依据。

(4)是制定各项资源需要量计划和编制施工准备工作计划的依据。

(二)施工进度计划编制的依据

(1)经过审批的建筑总平面图、地形图、单位工程施工图、工艺设计图、设备基础图、采用的标准图集以及技术资料。

(2)施工组织总设计对本单位工程的有关规定。
(3)施工工期要求及开竣工日期。
(4)施工条件:劳动力、材料、构件及机械的供应条件,分包单位的情况等。
(5)主要分部分项工程的施工方案。
(6)劳动定额及机械台班定额。
(7)其他有关要求和资料。
(三)施工进度计划编制的一般步骤
1. 划分施工过程

编制进度计划时,首先应按照图纸和施工顺序,将拟建单位工程的各个施工过程列出,并结合施工方法、施工条件和劳动组织等因素,加以适当调整。

在确定施工过程时,应注意以下几个问题:

(1)施工过程划分的精细程度,主要根据单位工程施工进度计划的客观作用而定。对控制性施工进度计划,项目划分得粗一些,通常只列出分部工程名称。对实施性的施工进度进度,项目划分得细一些,一般应进一步划分到分项工程。

(2)施工过程的划分要结合所选择的施工方案。

(3)要适当简化施工进度计划内容,可将某些穿插性分项工程合并到主导分项工程中。或对在同一时间内,由同一专业工作队施工的过程,合并为一个施工过程。而对于次要的零星分项工程,可合并为其他工程一项。

(4)水暖电卫工程和设备安装工程通常由专业工作队负责施工。因此,在一般土建工程施工进度计划中,只要反映出这些工程与土建工程相互配合即可。

(5)所有施工过程应基本按施工顺序先后排列,所采用的施工项目名称可参考现行定额手册上的项目名称。

2. 划分流水施工段

应根据建筑结构特点和结构部位合理地划分流水作业施工段,划分时需考虑以下因素:

(1)有利于结构的整体性。如房屋以伸缩缝、沉降缝分段;墙体在门窗洞口处分段,以减少留槎。

(2)各施工段的工程量应大致相等,以便于劳动组织的相对稳定,能使各队组连续施工,减少停歇和窝工。

(3)应有一定的工作面,以便操作,发挥劳动效率。

3. 计算工程量

计算各工序的工程量(劳动量)是施工组织设计中的一项十分繁琐又费时的工作,工程量计算方法和计算规则,与施工图预算或施工预算一样,只是所取尺寸应按施工图中施工段大小确定。

计算工程量应注意以下几个问题:

(1)各分部、分项工程的工程量计算单位应与采用的施工定额中相应项目的单位相一致,以便在计算劳动量和材料需要量时可直接套用定额,不再进行换算。

(2)工程量计算应结合选定的施工方法和安全技术要求进行,使计算所得工程量与施工实际情况相符合。例如,挖土时是否放坡,是否加作业面,坡度大小与作业面尺寸是多少,是否使用支撑加固,开挖方式是单独开挖、条形开挖还是整片开挖,这些都直接影响到基础土方工程量的计算。

(3)结合施工组织要求,分区、分段、分层计算工程量,以便组织流水作业。若每层、每段上的工程量相等或相差不大时,可根据工程量总数分别除以层数、段数,可得每层、每段上的工程量。

(4)如已编制预算文件,应合理利用预算文件中的工程量,以免重复计算。施工进度计划中的施工项目大多可直接采用预算文件中的工程量,可按施工过程(工序)的划分情况将预算文件中有关项目的工程量汇总。

4. 确定劳动量和机械台班量

根据各分部分项工程的工程量、施工方法和现行的劳动定额,结合施工单位的实际情况,计算出各分部分项工程的劳动量。用人操作时,计算需要的工日数量;用机械作业时,计算需要的台班数量,一般可按下式计算:

$$P_i = \frac{Q_i}{S_i} = Q_i \cdot H_i \tag{13-6}$$

式中　P_i——某分项工程劳动量或机械台班数量;

　　　Q_i——某分项工程的工程量;

　　　S_i——某分项工程计划产量定额,常见土方机械、钢筋混凝土机械及起重机械台班产量可参照表 13-7～表 13-9;

　　　H_i——某分项工程计划时间定额。

在使用定额时,可能遇到定额中所列项目的工作内容与编制施工进度计划所确定的项目不一致,主要有以下情况:

(1)计划中的一个项目包括了定额中的同一性质不同类型的几个分项工程。这种情况主要是因为施工进度计划中项目划分得比较粗造成的。解决这个问题的最简单方法是用其所包括的各分项工程的工程量与其产量定额(或时间定额)算出各自的劳动量,然后将各劳动量相加,即为计划中项目的劳动量,其计算公式如下:

$$P = \frac{Q_1}{S_1} + \frac{Q_2}{S_2} + \cdots + \frac{Q_n}{S_n} = \sum_{i=1}^{n} \frac{Q_i}{S_i} \tag{13-7}$$

式中　　　P——计划中某一工程项目的劳动量;

　　Q_1、Q_2、$\cdots Q_n$——同一性质各个不同类型分项工程的工程量;

　　S_1、S_2、$\cdots S_n$——同一性质各个不同类型分项工程的产量定额;

　　　　　n——计划中的一个工程项目所包括定额中同一性质不同类型分项工程的个数。

第十三章 建筑工程施工组织设计

一般情况下,只为了计算劳动量,是不需要计算平均产量定额的。

表 13-7 土方机械台班产量

序号	机械名称	型号	主要性能			理论生产率		常用台班产量	
						单位	数量	单位	数量
1	单斗挖掘机		斗容量/m³	反铲时最大挖深/m					
	蟹斗式		0.2						80～120
	履带式	W-301	0.3	2.6(基坑),4(沟)		m³/h	72		150～250
	轮胎式	W₃-30	0.3	4		m³/h	63		200～300
	履带式	W₁-50	0.5	5.56		m³/h	120	m³	250～350
	履带式	W₁-60	0.6	5.2		m³/h	120		300～400
	履带式	W₂-100	1	5.0		m³/h	240		400～600
	履带式	W₁-100	1	6.5		m³/h	180		350～550
2	多斗挖掘机	东方红200		挖沟上宽1.2m,下宽0.8m,深2m		m³/h	376		
3	推土机		马力	铲刀宽/m	铲刀高/cm 切土深/cm	(运距50m)		(运距15～25m)	
		T₁-54	54	2.28	78 15	m³/h	28	m³	150～250
		T₂-60	75	2.28	78 29	m³/h		m³	200～300
		东方红-75	75	2.28	78 26.8	m³/h	60～65	m³	250～400
		T₁-100	90	3.03	110 18	m³/h	45	m³	300～500
		移山80	90	3.10	110 18	m³/h	40～80	m³	300～500
		移山80(湿地)	90	3.69	96 可在水深40～80cm处推土				
		T₂-100	90	3.80	86 65	m³/h	75～80	m³	300～500
		T₂-120	120	3.76	100 30	m³/h	80	m³	400～600
4	夯土机		夯板面积/m²	夯击次数/(次/min)	前进速度/(m/min)				
	蛙式夯	HW-20	0.045	140～150	8～10	m³/班	100		
	蛙式夯	HW-60	0.078	140～150	8～13	m³/班	200		
	内燃夯	HN-80	0.042	60					
	内燃夯	HN-60	0.083			m³/班	64		

表 13-8　　钢筋混凝土机械台班产量

序号	机械名称	型号	主要性能	理论生产率 单位	理论生产率 数量	常用台班产量 单位	常用台班产量 数量
1	混凝土搅拌机	J_1-250	装料容量 $0.25m^3$	m^3/h	3～5	m^3	15～25
		J_1-400	装料容量 $0.4m^3$	m^3/h	6～12	m^3	25～50
		J_4-375	装料容量 $0.375m^3$	m^3/h	12.5		
		J_4-1500	装料容量 $1.5m^3$	m^3/h	30		
2	混凝土搅拌机组	HL_1-20	$0.75m^3$ 双锥式搅拌机组	m^3/h	20		
		HL_1-90	$1.6m^3$ 双锥式搅拌机3台	m^3/h	72～90		
3	混凝土喷射机		最大骨料径/mm　最大水平运距/m　最大垂直运距/m				
	混凝土输送泵	HP_1-4	25　200　40	m^3/h	4		
		HP_1-5	25　240	m^3/h	4～5		
		ZH05	50　250　40	m^3/h	6～8		
		HB8 型	40　200　30	m^3/h	8		
4	筛砂机	锥型旋转式	外形尺寸:6.5m×1.8m×2.8m	m^3/h	20		
		链斗式	外形尺寸:3.0m×1.0m×2.2m	m^3/h	6		
5	钢筋调直机	4-14	加工范围 $\phi4\sim\phi14$			t	1.5～2.5
6	冷拔机		加工范围 $\phi5\sim\phi9$			t	4～7
7	卷扬机式冷拉3t	JJM-3	加工范围 $\phi6\sim\phi12$			t	3～5
	卷扬机式冷拉5t	JJM-5	加工范围 $\phi14\sim\phi32$			t	2～4
8	钢筋切断机	GJ5-40	加工范围 $\phi6\sim\phi40$			t	12～20
9	钢筋弯曲机	WJ40-1	加工范围 $\phi6\sim\phi40$			t	4～8
10	点焊机	DN-75	焊件厚 8～10mm	点/h	3000	网片	600～800
11	对焊机	UN_1-75	最大焊件截面 $600mm^2$	次/h	75	根	60～80
11	对焊机	UN_1-100	最大焊件截面 $1000mm$	次/h	20～30	根	30～40
12	电弧焊机		加工范围 $\phi8\sim\phi40$			m	10～20

第十三章 建筑工程施工组织设计

表 13-9　　　　　　　　　起重机械台班产量

序号	机械名称	工作内容	单位	常用台班产量数量
1	履带式起重机	构件综合吊装,按每吨起重能力计	t	5～10
2	轮胎式起重机	构件综合吊装,按每吨起重能力计	t	7～14
3	汽车式起重机	构件综合吊装,按每吨起重能力计	t	8～18
4	塔式起重机	构件综合吊装	吊次	80～120
5	少先式起重机	构件吊装	t	15～20
6	平台式起重机	构件提升	t	15～20
7	卷扬机	构件提升,按每吨牵引力计	t	30～50
		构件提升,按提升次数计(四、五层楼)	次	60～100
8	履带式、轮胎式或塔式起重机	钢柱安装,柱重 2～10t	根	25～35
		钢柱安装,柱重 11～20t	根	8～20
		钢柱安装,柱重 21～30t	根	3～8
		钢屋架安装于钢柱上,9～18m 跨	榀	10～15
		钢屋架安装于钢柱上,24～36m 跨	榀	6～10
		钢屋架安装于钢筋混凝土柱上 9～18m 跨	榀	15～20
		24～36m 跨	榀	10～15
		钢吊车梁安装于钢柱上 梁重 6t 以下	根	20～30
		8～15t	根	10～18
		钢吊车梁安装于钢筋混凝土柱上 梁重 6t 以下	根	25～35
		8～15t	根	12～25
		钢筋混凝土柱安装 单层厂房,柱重 10t 以下	根	18～24
		柱重 11～20t	根	10～16
		柱重 21～30t	根	4～8
		多层厂房,柱重 2～6t	根	10～16
		钢筋混凝土屋架安装 12～18m 跨	榀	10～16
		24～30m 跨	榀	6～10

续表

序号	机械名称	工作内容	常用台班产量	
			单位	数量
8	履带式、轮胎式或塔式起重机	钢筋混凝土基础梁安装,梁重6t以下	根	60~80
		钢筋混凝土吊车梁、连系梁、过梁安装		
		梁重4t以下	根	40~50
		4~8t	根	30~40
		8t以上	根	20~30
		钢筋混凝土托架安装		
		托架重9t以下	榀	20~26
		9t以上	榀	14~18
		大型屋面板安装		
		板重1.5t以下	块	90~120
		1.5t以上	块	60~90
		钢筋混凝土檩条安装		
		2根一吊	根	70~100
		1根一吊	根	40~60
		钢筋混凝土楼板安装		
		2~3层,板重1.5t以下	块	110~170
		1.5t以上	块	70~100
		4~6层,板重1.5t以下	块	100~150
		1.5t以上	块	50~90
		钢筋混凝土楼梯段安装		
		每段重3t以下	段	18~24
		3t以上	段	10~16

(2)施工计划中的新技术或特殊施工方法的工程项目尚未列入定额手册。在实际施工中,会遇到采用新技术或特殊施工方法的分部分项工程,由于缺少足够的经验和可靠资料等,暂时未列入定额手册。计算其劳动量时,可参考类似项目的定额或经过实验测算,确定临时定额。

(3)施工计划中"其他工程"项目所需的劳动量。"其他工程"项目所需的劳动量,可根据其内容和工地具体情况,以总劳动量的一定百分比计算,一般取10%~20%。

(4)水暖电气卫、设备安装等工程项目不计算劳动量。水暖电气卫、设备安装等工程项目,由专业工程队组织施工,在编制一般土建单位工程施工进度计划时,不予考虑其具体进度,仅表示出与一般土建工程进度相配合的关系。

5. 确定各分项工程持续时间

计算各分部分项工程施工持续时间的方法有两种:

(1)根据配备人数或机械台数计算天数。计算公式如下:

$$t_i = \frac{P_i}{R_i N_i} \tag{13-8}$$

式中　t_i——某分项工程持续时间;

R_i——某分项工程工人数或机械台数;

N_i——某分项工程工作班次。

其他符号意义同前。

(2)根据工期要求倒排进度。首先根据总工期和施工经验,确定各分部分项工程的施工时间,然后再按劳动量和班次,确定每一分部分项工程所需要的机械台数或工人数,计算公式如下:

$$R_i = \frac{P_i}{t_i N_i} \tag{13-9}$$

式中符号意义同前。

计算时首先按一班制,若算得的机械台数或工人数超过施工单位能供应的数量或超过工作面所能容纳的数量时,可增加工作班次或采取其他措施,使每班投入的机械台数或工人数减少到合理的范围。

6. 编制施工进度计划的初步方案

各分部分项工程的施工顺序和施工天数确定后,应按照流水施工的原则,力求主导工程连续施工;在满足工艺和工期要求的前提下,尽可能使最大多数工程能平行地进行,使各个施工队的工人尽可能地搭接起来,其方法步骤如下:

(1)首先划分主要施工阶段,组织流水施工。要安排其中主导施工过程的施工进度,使其尽可能连续施工,然后安排其余分部工程,并使其与主导分部工程最大可能平行进行或最大限度搭接施工。

(2)按照工艺的合理性和工序间尽量穿插、搭接或平行作业方法,将各施工阶段流水作业用横线在表的右边最大限度地搭接起来,即得单位工程施工进度计划的初始方案。

7. 施工进度计划的检查与调整

对于初步编制的施工进度计划要进行全面检查,看各个施工过程的施工顺序、平行搭接及技术间歇是否合理;编制的工期能否满足合同规定的工期要求;劳动力及物资资源方面是否能连续、均衡施工等方面进行检查并初步调整,使不满足变为满足,使一般满足变成非常满足。调整的方法一般有:增加或缩短某些分项工程的施工时间;在施工顺序允许的条件下将某些分项工程的施工时间向前或向后移动;必要时可以改变施工方法或施工组织。总之,通过调整,在工期能满足要求的条件下,使劳动力、材料、设备需要趋于均衡,主要施工机械利用率比较合理。

应当指出,上述编制施工进度计划的步骤不是孤立的,而是互相依赖、互相联系的,有的可以同时进行。还应看到,由于建筑施工是一个复杂的生产过程,受周围客观条件影响的因素很多,在施工过程中,由于劳动力和机械、材料等物资的供应及自然条件等因素的影响,使其经常不符合原计划的要求,因而在工程进展中应随时掌握施工动态,经常检查,适时调整计划。

五、施工准备工作计划

单位工程施工前,根据施工具体情况和要求编制施工准备工作计划,使施工准备工作有计划地进行,便于检查、监督施工准备工作的进展情况,使各项施工准备工作的内容有明确的分工,有专人负责。单位工程施工准备工作计划可用横道图或网络图表达,也可列简表说明,见表 13-10。

表 13-10　　　　　　　　　施工准备工作计划

序号	准备工作名称	准备工作内容	主办单位	协办单位	完成时间	负责人

单位工程施工准备工作主要包括以下几个方面的内容:

(1)建立工程管理组织。

(2)编制施工进度控制实施细则:分解工程进度控制目标,编制施工作业计划;认真落实施工资源供应计划,严格控制工程进度目标;协调各施工部门之间关系;做好组织协调工作;收集工程进度控制信息,做好工程进度跟踪监控工作;以及采取有效控制措施,保证工程进度控制目标。

(3)编制施工质量控制实施细则:分解施工质量控制目标,建立健全施工质量体系;认真确定分项工程质量控制点,落实其质量控制措施;跟踪监控施工质量,分析施工质量变化状况;采取有效质量控制措施,保证工程质量控制目标。

(4)编制施工成本控制实施细则:分解施工成本控制目标,确定分项工程施工成本控制标准;采取有效成本控制措施,跟踪监控施工成本;全面履行承包合同,减少业主索赔机会;按时结算工程价款,加快工程资金周转;收集工程施工成本控制信息,保证施工成本控制目标。

(5)做好工程技术交底工作:单项(位)工程施工组织设计、工程施工实施细则和施工技术标准交底。技术交底方式有:书面交底、口头交底和现场示范操作交底三种,通常采用自上而下逐级进行交底。

(6)建立工作队组。根据施工方案、施工进度和劳动力需要量计划要求,确定工作队形式,并建立队组领导体系,在队组内部工人技术等级比例要合理,并满足劳动组合优化要求。

(7)做好劳动力培训工作。根据劳动力需要量计划,组织劳动力进场,组建好工作队组,并安排好工人进场后生活,然后按工作队组编制组织上岗前培训。

(8)施工物资准备。

1)建筑材料准备。

2)预制加工品准备。

3)施工机具准备。

4)生产工艺设备准备。

(9)施工现场准备。

1)清除现场障碍物,实现"四通一平"。

2)现场控制网测量。

3)建造各项施工设施。

4)做好冬雨期施工准备。

5)组织施工物资和施工机具进场。

六、施工质量计划

1. 施工质量计划的编制依据

(1)工程承包合同对工程造价、工期和质量有关规定。

(2)施工图纸和有关设计文件。

(3)设计概算和施工图预算文件。

(4)国家现行施工验收规范和有关规定。

(5)劳动力素质、材料和施工机械质量以及现场施工作业环境状况。

2. 施工质量计划的编制步骤

(1)施工质量要求和特点:根据工程建筑结构特点、工程承包合同和工程设计要求,认真分析影响施工质量的各项因素,明确施工质量特点及其质量控制重点。

(2)施工质量控制目标及其分解:根据施工质量要求和特点分析,确定单位工程施工质量控制目标"优良"或"合格",然后将该目标逐级分解为:分部工程、分项工程和工序质量控制子目标"优良"或"合格",作为确定施工质量控制点的依据。

(3)确定施工质量控制点:根据单位工程、分部分项工程施工质量目标要求,对影响施工质量的关键环节、部位和工序设置质量控制点。

(4)制订施工质量控制实施细则:建筑材料、预制加工品和工艺设备质量检查验收措施;分部工程、分项工程质量控制措施;以及施工质量控制点的跟踪监控办法。

(5)建立工程施工质量体系。

七、施工成本计划

1. 施工成本分类和构成

单项(位)工程施工成本也分为：施工预算成本、施工计划成本和施工实际成本三种，其中施工预算成本也是由直接费和间接费两部分费用构成的。

2. 施工成本计划编制步骤

(1)收集和审查有关编制依据。

(2)做好工程施工成本预测。

(3)编制单项(位)工程施工成本计划。

(4)制订施工成本控制实施细则，包括提高劳动生产率、节约劳动力、节约材料、节约机械设备费用、节约临时设施费用等方面的措施，它是根据施工预算、单位工程施工进度计划编制的，而单位工程施工进度计划是在选定施工方案的基础上，根据规定工期和各种资源供应条件，按照施工过程的合理施工顺序及组织施工的原则，用横道图或网络图，对单位工程从开始施工到工程竣工，全部施工过程在时间上和空间上作合理安排的。

八、施工安全计划

施工安全计划的编制可依照以下步骤进行：

(1)工程概况：工程性质和作用；建筑结构特征；建造地点特征；以及施工特征。

(2)确定安全控制程序：确定施工安全目标；编制施工安全计划；安全计划实施；安全计划验证；以及安全持续改进和兑现合同承诺。

(3)确定安全控制目标：单项工程、单位工程和分部工程施工安全目标。

(4)确定安全组织机构：安全组织机构形式；安全组织管理层次；安全职责和权限；安全管理人员组成；以及建立安全管理规章制度。

(5)确保安全资源配置：安全资源名称、规格、数量和使用地点和部位，并列入资源需要量计划。

(6)制订安全技术措施，主要包括以下几个方面：

1)新工艺、新材料、新技术和新结构的安全技术措施。

2)预防自然灾害，如防雷击、防滑等措施。

3)高空作业的防护和保护措施。

4)安全用电和机电设备的保护措施。

5)防火防爆措施。

(7)落实安全检查评价和奖励：确定安全检查时间，安全检查人员组成，安全检查事项和方法，安全检查记录要求和结果评价，编写安全检查报告，以及兑现安全施工优胜者的奖励制度。

第十三章　建筑工程施工组织设计

九、施工资源计划

单位工程施工进度计划编制确定以后,根据施工图样、工程量计算资料、施工方案、施工进度计划等有关技术资料,着手编制劳动力需要量计划,各种主要材料、构件和半成品需要量计划及各种施工机械的需要量计划。根据施工进度计划编制的各种资源需求量计划,是做好各种资源的供应、调度、平衡、落实的依据,也是施工单位编制月、季生产作业计划的主要依据之一。

1. 劳动力需求量计划

该计划是根据施工预算、劳动定额和进度计划编制的,主要反映工程施工所需各种技工、普工人数,它是控制劳动力平衡、调配的主要依据。其编制方法是:将施工进度计划表上每天(或旬、月)施工的项目所需工人按工种分别统计,得出每天(或旬、月)所需工种及其人数,再按时间进度要求汇总。劳动力需求量计划的表格形式,见表13-11。

表 13-11　　　　　　　　劳动力需求量计划表

序号	工程名称	劳动量/工日	月份						…	备注
			1月			2月			…	
			上	中	下	上	中	下	…	

2. 主要材料需要量计划

该计划是单位工程进度计划表中各个施工过程的工程量按组成材料的名称、规格、使用时间和消耗、贮备分别进行汇总而成。以用于掌握材料的使用,贮备动态,确定仓库堆场面积和组织材料运输,其表格形式见表13-12。

表 13-12　　　　　　　　材料需求计划表

序号	材料名称	规格	需要量		供应时间	备注
			单位	数量		

3. 预制构件需求量计划

该计划是根据施工图、施工方案、施工方法及施工进度计划要求编制的,主要反映施工中各种预制构件的需求量及供应日期,作为落实加工单位,所需规格数量和使用时间,组织构件加工和进场的依据。一般按钢构件、木构件、钢筋混凝土构件等不同种类分别编制,提出构件名称、规格、数量及使用时间等,其计划表格形式见表13-13。

表 13-13　　　　　　　　　预制加工品需要量计划表

序号	预制加工品名称	型号(图号)	规格尺寸/mm	需要量		要求供应起止日期	备注
				单位	数量		

4. 施工机具设备需要量计划

施工机具设备需要量计划主要用于确定施工机具设备的类型、数量、进场时间,可据此落实施工机具设备来源,组织进场。其编制方法为:将单位工程施工进度计划表中的每一个施工过程每天所需的机具设备类型、数量和施工日期进行汇总,即得出施工机具设备需要量计划。其表格形式见表13-14。

表 13-14　　　　　　　　　施工机具需要量计划表

序号	施工机具名称	型号	规格	电功率/(kVA)	需要量/台	使用时间	备注

十、施工平面图设计

单位工程施工平面图设计是对一个建筑物或构筑物的施工现场的平面规划和空间布置图。它是施工组织设计的主要组成部分,合理的施工平面布置对于顺利执行施工进度计划是非常重要的。反之,如果施工平面图设计不周或管理不当,都将导致施工现场的混乱,直接影响施工进度、劳动生产率和工程成本。因此在施工组织设计中,对施工平面图的设计应予以极大重视。

(一)施工平面图设计的依据

在进行施工平面图设计前,首先应认真研究施工方案,并对施工现场做深入细致地调查研究,而后应对施工平面图设计所依据的原始资料进行分析,使设计与施工现场的实际情况相符,从而起到指导施工现场平面布置的作用。施工平面图设计的依据主要如下：

(1)建筑区域平面图或施工组织总平面布置图，它是确定单位工程施工平面图的图幅范围和选定建筑物轮廓线位置的主要依据。通过它可以了解单位工程建筑物周围的具体情况和考虑要布置的主要内容。

(2)工程施工设计平面图，它是确定建筑物具体尺寸的主要依据。

(3)本工程的施工方案、施工进度计划和各种资源需要量计划，它们是确定单位工程施工现场具体布置内容的主要依据。

(4)施工组织总设计。

(二)施工平面图设计的原则

(1)施工平面布置要紧凑合理，尽量减少施工用地。

(2)尽量利用原有建筑物或构筑物，降低施工设施建造费用。

(3)合理地组织运输，保证现场运输道路畅通，尽量减少场内运输费。

(4)尽量采用装配式施工设施，减少搬迁损失，提高施工设施安装速度。

(5)各项施工设施布置都要满足方便生产、有利于生活、安全防火、环境保护和劳动保护要求。

(三)施工平面图设计的内容

(1)在单位工程施工区域内，地下及地上已建的和拟建的建筑物(构筑物)及其他设施施工的位置和尺寸。

(2)拟建工程所需的起重和垂直运输机械、卷扬机、搅拌机等布置位置及主要尺寸；起重机械开行路线及方向等。

(3)交通道路布置及宽度尺寸；现场出入口；铁路及港口位置等。

(4)各种预制构件及预制场地的规划及面积、堆放位置；各种主要材料堆场面积及位置、仓库面积及位置；装配式结构构件的就位布置等。

(5)各种生产性及生活性临时建筑、临时设施的布置及面积、名称、位置等。

(6)临时供电、供水、供热等管线布置，水源、电源、变压器位置；现场排水沟渠及排水方向等。

(7)测量放线的标桩位置，地形等高线和土方取弃地点。

(8)一切安全及防火设施的位置。

(四)施工平面图设计的步骤

1. 起重运输机械的布置

(1)确定起重机械数量：

$$N = \sum Q/S \qquad (13\text{-}10)$$

式中　N——起重机台数；

$\sum Q$——垂直运输高峰期每班要求运输总次数；

S——每台起重机每班运输次数。

(2)确定起重机械位置:起重运输机械的位置直接影响搅拌站、加工厂及各种材料、构件的堆场或仓库等的位置和道路、临时设施及水、电管线的布置等,因此,它是施工现场全局布置的中心环节,应首先确定。

1)塔式起重机的布置:塔式起重机是集起重、垂直提升、水平输送三种功能为一身的机械设备。按其在工地上使用架设的要求不同可分为固定式、轨行式、附着式和内爬式四种。

塔式起重机轨道的布置方式,主要取决于建筑物的平面形状、尺寸和四周的施工场地的条件。要使起重机的起重幅度能够将材料和构件直接运至任何施工地点,尽量避免出现"死角",争取轨道长度最短。轨道布置方式通常是沿建筑物的一侧或内外两侧布置,必要时还需增加转弯设备。同时,做好轨道路基四周的排水工作。轨道布置通常可采用图 13-2 中所示的几种方案。

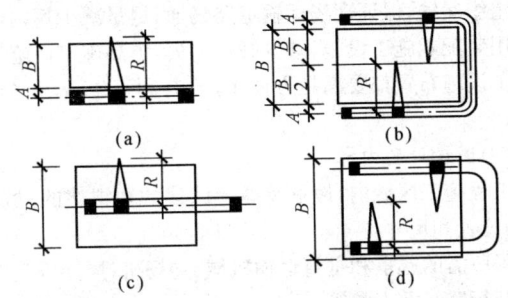

图 13-2 塔式起重机布置方案
(a)单侧布置;(b)双侧布置;(c)跨内单行布置;(d)跨内环形布置

2)自行无轨式起重机械:自行无轨起重机械分履带式、轮胎式和汽车式三种起重机。它一般不作垂直提升和水平运输之用。适用于装配式单层工业厂房主体结构的吊装,也可用于混合结构,如大梁等较重构件的吊装方案等。

3)井架(龙门架)卷扬机的布置应符合下列要求:

①当房屋呈长条形,层数、高度相同时,井架(龙门架)的布置位置应处于距房屋两端的水平运输距离大致相等的适中地点,以减少在房屋上面的单程水平运距;也可以布置在施工段分界处,靠现场较宽的一面,以便在井架(龙门架)附近堆放材料或构件,达到缩短运距的目的。

②当房屋有高低层分隔时,如果只设置一副井架(龙门架),则应将井架(龙门架)布置在分界处附近的高层部分,以照顾高低层的需要,减少架子的拆装工作。

③井架(龙门架)的地面进口,要求道路畅通,使运输不受干扰。井架的出口应尽量布置在留有门窗洞口的开间,以减少墙体留槎补洞工作。同时应考虑井架(龙门架)揽风绳对交通、吊装的影响。

第十三章　建筑工程施工组织设计

④井架（龙门架）与卷扬机的距离应大于或等于房屋的总高，以减小卷扬机操作人员的仰望角度，如图13-3所示。

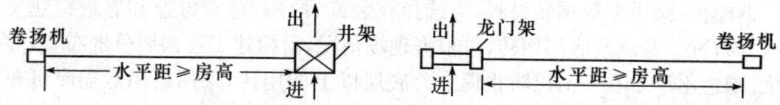

图13-3　井架（龙门架）与卷扬机的布置距离

⑤井架（龙门架）与外墙边的距离，最好以吊篮边靠近脚手架为宜，这样可以减少过道脚手架的搭设工作。

2. 搅拌站、加工厂及各种材料堆场及仓库的布置

搅拌站、仓库和材料、构件的布置应尽量靠近使用地点或在起重机服务范围内，并考虑到运输和装卸料方便。

(1) 搅拌站的布置应符合下列要求：

1) 搅拌站应有后台上料的场地，尤其是混凝土搅拌站，要与砂石堆场、水泥库一起考虑布置，既要互相靠近，又要便于这些大宗材料的运输和装卸。

2) 搅拌站应尽可能布置在垂直运输机械附近，以减少混凝土及砂浆的水平运距。当采用塔吊方案时，混凝土搅拌机的位置应使吊斗能从其出料口直接卸料并挂钩起吊。

3) 搅拌站应设置在施工道路近旁，使小车、翻斗车运输方便。

4) 搅拌站场地四周应设置排水沟，以有利于清洗机械和排除污水，避免造成现场积水。

5) 混凝土搅拌台所需面积约 $25m^2$，砂浆搅拌台约 $15m^2$，冬期施工还应考虑保温与供热设施等，相应增加其面积。

(2) 加工棚的布置。木材、钢筋、水电等加工棚宜设置在建筑物四周稍远处，并有相应的材料及成品堆场。石灰及淋灰池可根据情况布置在砂浆搅拌机附近。沥青灶应选择较空的场地，远离易燃品仓库和堆场，并布置在下风向。

(3) 仓库及堆场的布置。仓库及堆场的面积应由计算确定，然后再根据各个阶段的施工需要及材料使用的先后顺序进行布置。同一场地可供多种材料或构件使用。仓库及堆场的布置要求如下：

1) 仓库的布置：水泥仓库应选择地势较高、排水方便、靠近搅拌机的地方。各种易燃、易爆品仓库的布置应符合防火、防爆安全距离的要求。木材、钢筋、水电器材等仓库，应与加工棚结合布置，以便就地取材。

2) 材料堆场的布置：各种主要材料，应根据其用量的大小、使用时间的长短、供应及运输情况等研究确定。凡用量较大、实用时间较长、供应及运输较方便的材料，在保证施工进度与连续施工的情况下，均应考虑分期分批进场，以减少堆场

或仓库所需面积,达到降低耗损、节约施工费用的目的。应考虑先用先堆,后用后堆,有时在同一地方,可以先后堆放不同的材料。

钢模板、脚手架等周转材料,应选择在装卸、取用、整理方便和靠近拟建工程的地方布置。基础及底层用砖,可根据现场情况,沿拟建工程四周分堆布置,并距基坑、槽边不小于0.5m,以防止塌方。底层以上的用砖,采用塔吊运输时可布置在服务范围内。砂石应尽可能布置在搅拌机后台附近,石子的堆场应更靠近搅拌机一些,并按石子的不同粒径分别放置。

3. 现场运输道路的布置

布置单位工程场内临时运输道路应遵循以下原则和要求:

(1)现场运输道路应按照材料和构件运输的需要,沿着仓库和堆场进行布置。

(2)尽可能利用永久性道路或先做好永久性道路的路基,在交工之前再铺路面。

(3)道路宽度要符合规定,通常单行道应不低于3~3.5m,双行道应不小于5.5~6m。

(4)现场运输道路布置时应保证车辆行驶通畅,有回转的可能。因此,最好围绕建筑物布置成一条环形道路,便于运输车辆回转、调头。若无条件布置成一条环形道路,应在适当的地点布置回车场。

(5)道路两侧一般应结合地形设置排水沟,沟深不低于0.4m,底宽不小于0.3m。

4. 办公、生活和服务性临时设施的布置

办公、生活和服务性临时设施的布置应遵循以下原则和要求:

(1)应考虑使用方便,不妨碍施工,符合安全、防火的要求。

(2)通常情况下,办公室的布置应靠近施工现场,宜设在工地出入口处;工人休息室应设在工人作业区;宿舍应布置在安全的上风方向;门卫、收发室宜布置在工地出入口处。

(3)要尽量利用已有设施或已建工程,必须修建时要经过计算,合理确定面积,努力节约临时设施费用。

5. 施工供水管网的布置

(1)施工用的临时给水管。一般由建设单位的干管或自行布置的给水干管接到用水地点。布置时应力求管网总长度最短。管径的大小和龙头数目的设置需视工程规模大小通过计算确定。管道可埋于地下,也可铺设在地面上,以当时当地的气候条件和使用期限的长短而定。工地内要设置消防栓,消防栓距离建筑物不应小于5m,也不应大于25m,距离路边不大于2m。条件允许时,可利用城市或建设单位的永久消防设施。

(2)为了防止水的意外中断,可在建筑物附近设置简单蓄水池,储存一定数量的生产和消防用水。如果水压不足时,须设置高压水泵。

第十三章 建筑工程施工组织设计

(3)为便于排除地面水和地下水,要及时修通永久性下水道,并结合现场地形在建筑物四周设置排泄地面水和地下水的沟渠。

6. 施工供电的布置

施工供电布置应符合下列要求:

(1)为了维修方便,施工现场一般采用架空配电线路,且要求现场架空线与施工建筑物水平距离不小于10m,与地面距离不小于6m,跨越建筑物或临时设施时,垂直距离不小于2.5m。

(2)现场线路应尽量架设在道路一侧,且尽量保持线路水平,以免电杆受力不均,在低压线路中,电杆间距为25~40m,分支线及引入线均应由电杆处接出,不得由两杆之间接线。

(3)单位工程施工用电,应在全工地施工总平面图中一并考虑。若属于扩建的单位工程,一般计算出在施工期间的用电总数,提供建设单位解决,不另设变压器。只有独立的单位工程施工时,才根据计算出的现场用电量选用变压器。变压器(站)的位置应布置在现场边缘高压线接入处,四周用铁丝网围住。变压器不宜布置在交通要道路口。

7. 绘制施工平面图

绘制单位工程施工平面图,应把拟建单位工程放在图的中心位置。图幅一般采用2~3号图纸,比例为1:200~1:500,常用的是1:200。

必须强调指出,建筑施工是一个复杂多变的生产过程,各种施工机械、材料、构件等是随着工程的进展而逐渐进场的,而且又随着工程的进展而逐渐变动、消耗。因此,在整个施工的过程中,它们在工地上的实际布置情况是随时在改变着的。为此,对于大型建筑工程、施工期限较长或施工场地较为狭小的工程,就需要按不同施工阶段分别设计几张施工平面图,以便能把不同施工阶段工地上的合理布置生动具体地反映出来。在布置各阶段的施工平面图时,对整个施工时期使用的主要道路、水电管线和临时房屋等,不要轻易变动,以节省费用。对较小的建筑物,一般按主要施工阶段的要求来布置施工平面图,同时考虑其他施工阶段如何周转使用施工场地。布置重型工业厂房的施工平面图,还应该考虑到一般土建工程同其他专业工程的配合问题,以一般土建施工单位为主会同各专业施工单位,通过协商编制综合施工平面图。在综合施工平面图中,根据各专业工程在各施工阶段中的要求将现场平面合理划分,使专业工程各得其所,具备良好的施工条件,以便各单位根据综合施工平面图布置现场。

十一、主要技术经济指标

技术经济指标是对施工组织设计进行技术经济分析的基础,也是对其进行考核的依据,因此在施工组织设计的编制基本完成后,应计算和确定有关技术经济指标。

单位工程的技术经济指标主要有以下几个:

(1)项目施工工期:建设项目总工期;独立交工系统工期;以及独立承包项目

和单项工程工期。

(2)项目施工质量:分部工程质量标准;单位工程质量标准;以及单项工程和建设项目质量水平。

(3)项目施工成本:建设项目总造价总成本和利润;每个独立交工系统总造价、总成本和利润;独立承包项目造价成本和利润;以及每个单项工程、单位工程造价、成本和利润;及其产值(总造价)利润率和成本降低率。

(4)项目施工消耗:建设项目总用工量;独立交工系统用工量;每个单项工程用工量;以及它们各自平均人数、高峰人数和劳动力不均衡系数,劳动生产率;主要材料消耗量和节约量;主要大型机械使用数量、台班量和利用率。

(5)项目施工安全:施工人员伤亡率、重伤率、轻伤率和经济损失。

(6)项目施工其他指标:施工设施建造费比例、综合机械化程度、工厂化程度和装配化程度,以及流水施工系数和施工现场利用系数。

第四节 单位工程施工组织设计实例

一、某小区1号住宅楼施工组织设计实例

(一)工程概况

本工程位于××市××路××号的××园区内,开发商为×××房地产开发有限公司。本工程的概况见表13-15;建筑设计概况见表13-16;结构设计概况见表13-17;专业设计概况见表13-18。

表 13-15　　　　　　　　工程概况

工程名称	××小区1号住宅楼	备 注
建设单位	×××房地产开发有限公司	
设计单位	××××设计研究院	
监理单位	××建设监理有限公司	
质量监督单位	××质量监督站××室	
施工承包单位	××建筑安装公司	
合同范围	基础、主体、安装	
承包方式	包工、包料	
总造价/万元	217.43	
合同工期目标	300日历天	
合同质量目标	优良	

第十三章 建筑工程施工组织设计

表 13-16　　　　　　　　　建筑设计概况

建筑面积		4839.07m²	占地面积		719.23m²
建筑用途		居住	标准层建筑面积		730.82m²
层数		7 层	建筑总高度		22.90m
平面尺寸		长 61.86m×宽 26.49m			
屋面防水做法		SBS 复合防水	门窗材料		塑钢、木
层高		3.00m	基本轴线距离		3600mm
±0.000 相当于绝对标高		99.90m	室内外高差		700mm
外装饰做法			内装饰做法		
98ZJ001	外墙 22	地面	98ZJ001 地 49、地 55	楼面	98ZJ0011 楼 1、楼 27
		墙面	98ZJ001 墙 4、19	油漆	98ZJ001 涂 1、涂 2、涂 13
		顶棚	98ZJ001 顶 1、4	门窗	85 系列白色塑钢窗

表 13-17　　　　　　　　　结构设计概况

地基土	分类	承载力	地下水性质	潜水
第一层	填土		地下水位	7.05~8.09m
第二层	粉土	135kPa	地下水质	对混凝土弱腐蚀
第三层	粉土	110kPa	渗透系数	
地基类别	天然地基		楼梯结构形式	现浇板式
基础形式	整板		底板厚度	400mm
地下混凝土类别	普通		抗震设防烈度	7 度
基础混凝土强度等级	C20		±0.000 以下墙体	烧结普通砖
基底标高	−2.50m		最大基坑深度	1.90m
地上结构形式	砌体结构		楼盖结构形式	预制、部分现浇
承重墙体材料	承重空心砖		非承重墙体材料	GSJ 夹心板
梁柱钢筋类别	HPB235、HRB335 级		板钢筋类别	冷轧带肋钢筋
			钢筋接头类型	绑扎

续表

混凝土强度等级	现浇梁	C20	现浇板	C20	柱	C20
	预制梁	C20	预制板	C30		
外墙厚度	240mm			内墙厚度	240mm	
结构参数	典型断面		最大断面		最小断面	
梁	240mm×240mm		240mm×450mm		240mm×200mm	
柱	240mm×240mm		240mm×360mm			
最大跨度	4200mm		最大预制构件重量		504	

表 13-18　　　　　专业设计概况

	名称	设计要求	管线类别
上下水	上水	暗埋	铝塑管
	下水	暗埋	塑料管
	雨水		塑料管
	热水		
电气	照明		铜芯塑料线
	避雷	三类防雷	$\phi 12$ 镀锌圆钢

(二)施工部署

1. 施工组织

(1)项目经理部的组成原则。根据本工程的规模和特点,公司将派优秀的项目经理担任本工程的项目经理,并选派公司技术骨干组成现场项目经理部。项目经理部作为公司的现场管理者代表公司全权组织本工程的施工生产,对工程项目的工期、质量、安全等进行高效率、有计划的组织协调和管理,项目组织结构如图 13-4 所示。

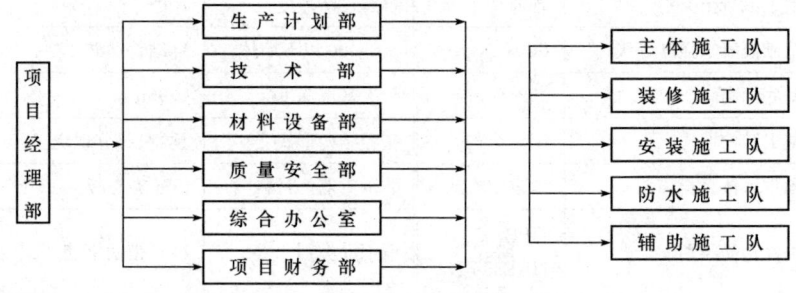

图 13-4　项目组织结构图

(2)项目经理部的人员构成。项目经理部由一名项目经理、一名项目副经理、一名主任工程师和六名专业技术人员组成。项目经理部承担该工程从地基处理、主体结构、装饰到安装的全过程施工组织。项目经理部主要人员及分工职责见表 13-19。

表 13-19　　　　　　　　项目经理部主要人员及分工职责

序号	姓名	性别	年龄	专业	职务	职责
1				土建	项目经理	全面、安全
2				土建	项目副经理	生产、计划
3				土建	主任工程师	资料、技术
4				预算		预决算、统计
5				档案		技术资料
6				质量		质量、安全
7				材料		材料采购、设备管理
8				会计		财务管理、成本核算

(3)项目经理部的分工职能。项目经理部下设生产部、技术部、质量安全部、材料设备部、财务部和综合办公室等职能部门。各职能部门按照公司质量管理的有关规定,负责各自职能范围内的具体工作。项目经理部职能部门分工见表 13-20。

表 13-20　　　　　　　　项目经理部职能部门分工表

序号	部门名称	分工职能
1	生产部	制定施工计划及实施、劳动力组织、生产调度、预决算及报表
2	技术部	编制施工方案、技术交底、技术管理、工艺卡编制、材料取样试验、资料管理
3	质量安全部	工程质量管理、安全管理、成品保护、安全资料整理
4	材料设备部	材料询价、采购、工具管理、劳保用品的购置、机械设备和周转材料的购置与租赁、材料的存放保管
5	财务部	工程财务管理、成本核算、劳务结算
6	综合办公室	现场消防和保卫、后勤管理、文明施工、周边关系协调

2. 任务划分

根据该项目分部分项工程的特点,按施工阶段分别安排主体结构、装饰装修及水、电、暖安装和防水工程等四个专业队及一个辅助施工队组成本工程的劳务层。各专业承包队按分项工程由若干个专业班组组成。各专业施工队按照项目经理部的计划要求进行施工。各专业施工队的分工见表13-21。

表 13-21 项目经理部专业施工队分工表

序号	队伍名称	分工职能
1	防水施工队	屋面防水及卫生间防水的施工
2	安装施工队	给排水施工、卫生洁具安装、电气暗配管及管内穿线、照明灯具及配电系统的安装、系统的调试、采暖系统的安装等
3	装修施工队	内外墙面的粉刷、顶棚抹灰、地面粉刷、木门及木构件的制作安装、铝合金门窗的制作安装、油漆涂料的喷刷等
4	辅助施工队	施工场地的准备、临时建筑的搭设、临时水电线路的敷设、施工现场道路的铺设、本工程建筑垃圾的清理、安全设施的修建、现场文明施工的维护、建筑材料及周转材料的装卸整理等
5	主体施工队	土方开挖及回填、基础工程的施工、主体结构的施工、钢筋成型及绑扎、钢筋混凝土预制构件的制作及安装、现浇混凝土的浇筑等

3. 施工部署

(1)施工部署原则:根据本工程特点和本公司的技术装备、劳动力资源状况,在本工程施工中按照先地下后地上、先土建后设备、先结构后装修、先室外后室内、先墙面后地面的原则组织施工。装修施工前应先做样板间,以主体结构施工为先导,实行立体交叉作业。

(2)施工顺序:土方开挖→素混凝土垫层→钢筋混凝土整板式基础→±0.000以下墙体砌筑→室内外土方回填→±0.000以上主体结构砌筑→屋面保温、防水→装饰装修及水、电、暖安装同时进行→门窗制作安装→油漆涂料→零星工程。

(3)施工阶段划分:本工程拟分六个阶段组织施工:施工准备阶段、土方及基础阶段、主体结构阶段、装饰装修阶段、安装阶段和竣工验收阶段。

(4)总体施工安排:在基础阶段施工时,即开始进行预制构件的加工制作;在主体结构进行的同时,安装工程及时配合预埋,待主体结构进行到四层以上时,即开始进行内墙粉刷的刮槽,并逐步展开门窗的加工制作、安装工程的准备,以加快施工进度。预应力空心板应提前订购货,构件进场后要进行检查验收。

(5)各专业、各工种之间的配合:各专业、各工种之间的协调配合是保证工程质

第十三章 建筑工程施工组织设计

量的前提。地基与基础施工阶段各工序紧凑安排,协调配合加快施工进度。各种管道的挖土、铺设等应与土建施工密切配合,平行搭接进行。基础工程施工完成后,安装搭设垂直运输设施。主体工程封顶后应及时插入屋面保温防水工程及外装饰工程。同时自下而上进行室内装饰施工,室内装饰施工前,各种电盒、埋件、孔洞应施工完毕。门窗框扇的安装及油漆涂料的施工应视施工条件及时插入施工。

4. 工程目标

(1)质量目标:优良。

(2)工期目标:本工程计划工期为××日历天,计划开工日期××××年×月×日,交工日期××××年×月×日。确保按期完成,力争提前完成。

(3)安全目标:杜绝安全事故的发生。

(4)文明施工目标:争创市级文明施工工地。

5. 施工总计划

(1)主要工程量见表 13-22 所示。

表 13-22　　　　　主要工程量一览表

序号	分部分项工程名称	单位	工程量	定额工日
1	场地平整	m²	1210.60	75.65
2	土方开挖	m³	2569.00	180.86
3	土方运输	m³	160.36	412.2
4	土方回填	m³	160.36	333.77
5	基础垫层	m³	90.84	136.80
6	钢筋混凝土基础	m³	331.50	568.15
7	±0.000 以下基础砌筑	m³	277.40	337.86
8	±0.000 以上墙体砌筑	m³	1354.74	2100.86
9	钢筋混凝土构造柱	m³	152.00	972.74
10	钢筋混凝土现浇梁	m³	15.11	75.46
11	钢筋混凝土基础圈梁	m³	25.08	121.81
12	钢筋混凝土圈梁	m³	130.53	634.08
13	钢筋混凝土过梁	m³	1.60	13.63
14	钢筋混凝土现浇板	m³	572.28	1357.69
15	钢筋混凝土现浇阳台、扶手	m³	796.71	499.57
16	钢筋混凝土现浇楼梯	m³	311.06	487.11
17	预制钢筋混凝土构件	m³	217.60	605.26

续表

序号	分部分项工程名称	单位	工程量	定额工日
18	预制钢筋混凝土构件安装	m³	217.60	519.08
19	木门窗制作安装	m²	408.20	384.63
20	地面灰土砂素混凝土垫层	m²	84.71	91.76
21	水泥砂浆找平层	m²	684.10	48.57
22	细石混凝土找平层	m³	964.10	78.25
23	水泥砂浆粉楼地面	m²	2873.10	352.78
24	粉刷楼梯	m²	349.30	248.57
25	水泥砂浆毛地面	m²	363.60	221.81
26	屋面保温	m³	45.37	24.47
27	屋面防水	m²	1274.80	56.19
28	粉顶棚	m²	4237.20	744.30
29	粉墙面	m²	15442.0	2572.55
30	木门窗油漆	m³	314.00	91.14
31	墙面涂料	m²	4565.40	209.42
32	外墙装饰	m²	742.00	567.53
33	脚手架	m²	9108.30	697.89
34	建筑超高	m²	573.40	95.42
35	承插塑料排水管	m	850.90	168.36
36	铝塑复合给水管	m	1369.11	141.10
37	卫生器具安装			52.58
38	管道除锈防腐			3.66
39	配电盘、配电箱	台	53	73.53
40	暗配管	m	3974	273.22
41	管内穿线	m	11124	92.94
42	开关插座安装	个	2054	156.30
43	灯具安装	套	470	249.56
44	避雷、接地	m	630	133.17
45	电气系统调试			32.74

第十三章 建筑工程施工组织设计

(2) 主要工程材料汇总表见表 13-23。

表 13-23　　　　　　　　主要工程材料汇总表

序号	材料名称	规格型号	单位	数量
1	烧结普通砖	(240×115×53)mm^3	千块	865.51
2	水泥	42.5 级	t	842.48
3	白灰		t	2.44
4	中粗砂		m^3	1565.67
5	碎石		m^3	1178.88
6	加气混凝土块		m^3	42.03
7	玻璃	3mm	m^2	110.87
8	木材		m^3	45.63
9	胶合板		m^2	195.75
10	钢筋		t	103.29
11	石油沥青	30 号	kg	225.21
12	波形瓦	(150×150)mm^2	千块	33.47
13	铝塑复合管		m	1369.11
14	塑料排水管		m	850.9
15	电气配管		m	3974

(3) 劳动力组织计划见表 13-24。

表 13-24　　　　　　　　劳动力组织计划表

序号	工种	人数	工作内容	备注
1	木工	25	支拆模板、木门安装	
2	钢筋工	15	钢筋成型与绑扎	
3	混凝土工	15	混凝土搅拌与浇筑	
4	瓦工	40	墙体砌筑	
5	粉刷工	50	装饰粉刷	
6	油漆工	15	油漆、涂料、玻璃安装	
7	力工	55	回填土、混凝土后盘上料	
8	架子工	20	搭拆井子架、脚手架	

续表

序号	工种	人数	工作内容	备注
9	机械工	8	开动、驾驶机具	
10	电焊工	4	钢筋焊接、构件制作	
11	水、电安装工	16	水、电、暖安装	
12	辅助工	4	现场用水、用电、机械维修	
13	保卫	3	现场治安、门卫传达	

(4)大型机械需用量计划及进出场时间表见表13-25。

表 13-25　　　　　施工机械需用量计划表

序号	机械名称	型号	单位	数量	总功率/kW	进场时间	退场时间
1	蛙式打夯机	HW-32	台	2	6		
2	卷扬机	JJK0.5	台	3	6		
3	混凝土搅拌机	JD350	台	2	30		
4	插入式振捣器	ZX50	台	6	6.6		
1	平板振捣器	ZB11	台	2	2.2		
2	钢筋切断机	GJ32-13	台	1	6		
3	钢筋成型机	GW40	台	1	6		
4	交流电焊机	BX3-300-2	台	2	46		
5	灰浆搅拌机	UJ325	台	2	6		
6	木工电刨	MIB2-80/1	台	1	1.4		
7	木工圆锯	MJ104	台	1	6		
8	潜水泵	QY-15	台	2	4.4		
9	空压机	JJK0.5	台	1	3		
10	自升式龙门架		组	2			
11	反铲挖土机		台	1			
12	自卸汽车	WH340	辆	2			
13	机动翻斗车	FC1-1t	辆	3			

(5)预制构件计划及进场时间表见表13-26。
(6)施工进度横道图计划(图略):按流水段、主要施工工序及总工期编制。

第十三章 建筑工程施工组织设计

表 13-26 预制构件计划及进场时间表

序号	构件名称	单位	数量	进场时间
1	先张法预应力空心板	m^3	30	
2	先张法预应力空心板	m^3	30	
3	先张法预应力空心板	m^3	30	
4	先张法预应力空心板	m^3	30	
5	先张法预应力空心板	m^3	30	
6	先张法预应力空心板	m^3	30	
7	先张法预应力空心板	m^3	36	

(三) 施工准备

1. 技术准备

(1) 开工前由公司总工程师组织项目经理部全体人员学习有关施工规范的主要条文,熟悉标准图集,审查施工图纸,在项目经理部内进行各专业的图纸会审,将问题汇总后为正式图纸会审做准备。

(2) 进行施工组织设计交底和讨论,落实施工组织设计对工程质量、安全、进度的各项要求,同时进行施工技术交底。对工程的重要部分组织、编制分项工程的详细施工方案和编制施工工艺卡。

(3) 根据工程需要准备相应的技术资料,工程中所用到的施工规范、规程、标准图集、预算定额及当地建设行政主管部门的有关工程建设文件等,按专业分发到各专业施工班组,主要条文及条款由主任工程师向班组进行交底。

(4) 工程中所用的测量仪器、仪表均应检验、校准,并应由专人负责管理、维护。

(5) 外加剂、特殊材料、器械订货的准备及培训。

(6) 安装工程中采用的铝塑复合上水管属新技术、新工艺,施工前由项目部主任工程师组织安装工考查相应的工程实例,进行必要的培训及安装操作实习,最后经考察合格后的人员方可上岗施工。

(7) 与建设单位办理有关技术资料的交接手续,做好定位坐标点、水准点的引入及标高、控制点的复核工作。

(8) 钢筋、木工、铁件翻样,提出成品、半成品及预制构件加工订货单。

2. 生产准备

(1) 施工场地准备:施工场地的平整、临时水、电管线的敷设及临时设施的搭设按土方开挖、主体施工及装饰施工的要求进行,如图 13-5~图 13-7 所示。

(2) 临时设施的布置:项目部有关人员经过到施工现场实地观看测量,通过几个平面布置方案的比较,确定钢筋加工场地、木工加工场地安排在楼的南侧,职工食宿安排在南侧宿舍旁,项目经理部办公室安排在东南位置。各种临时设施面积的大小见表 13-27。

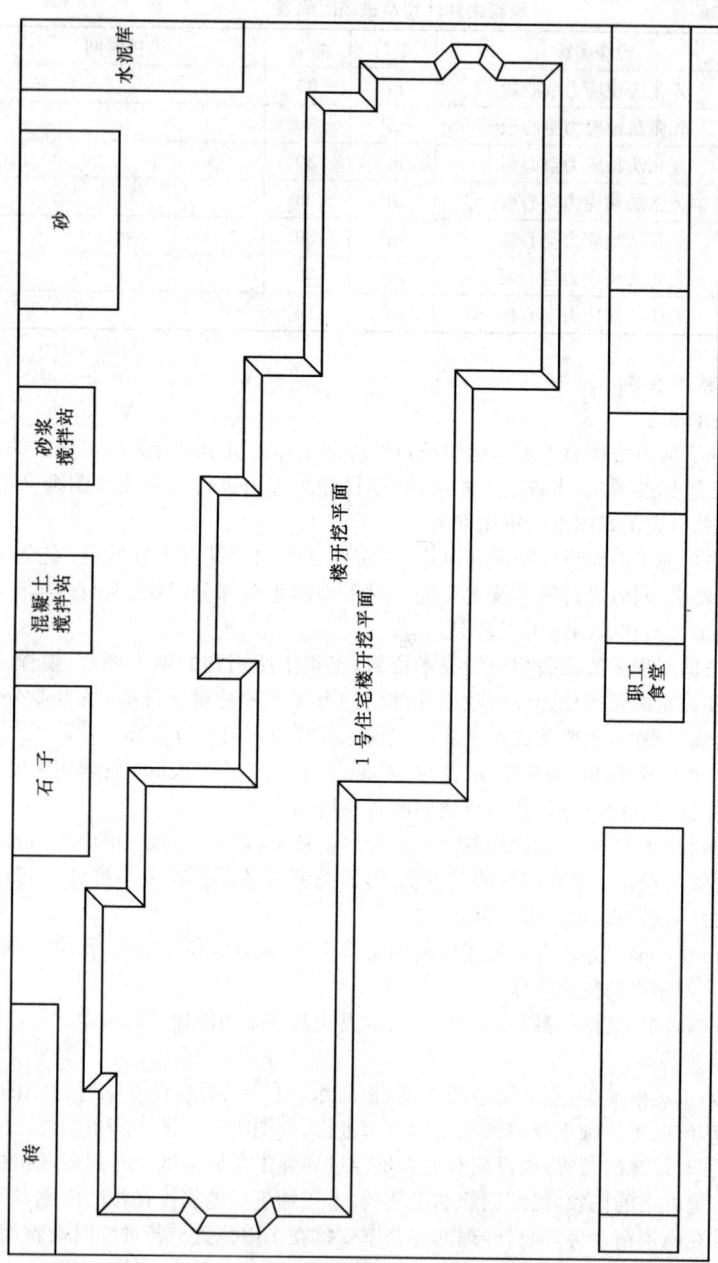

图13-5 基础施工阶段现场平面布置图

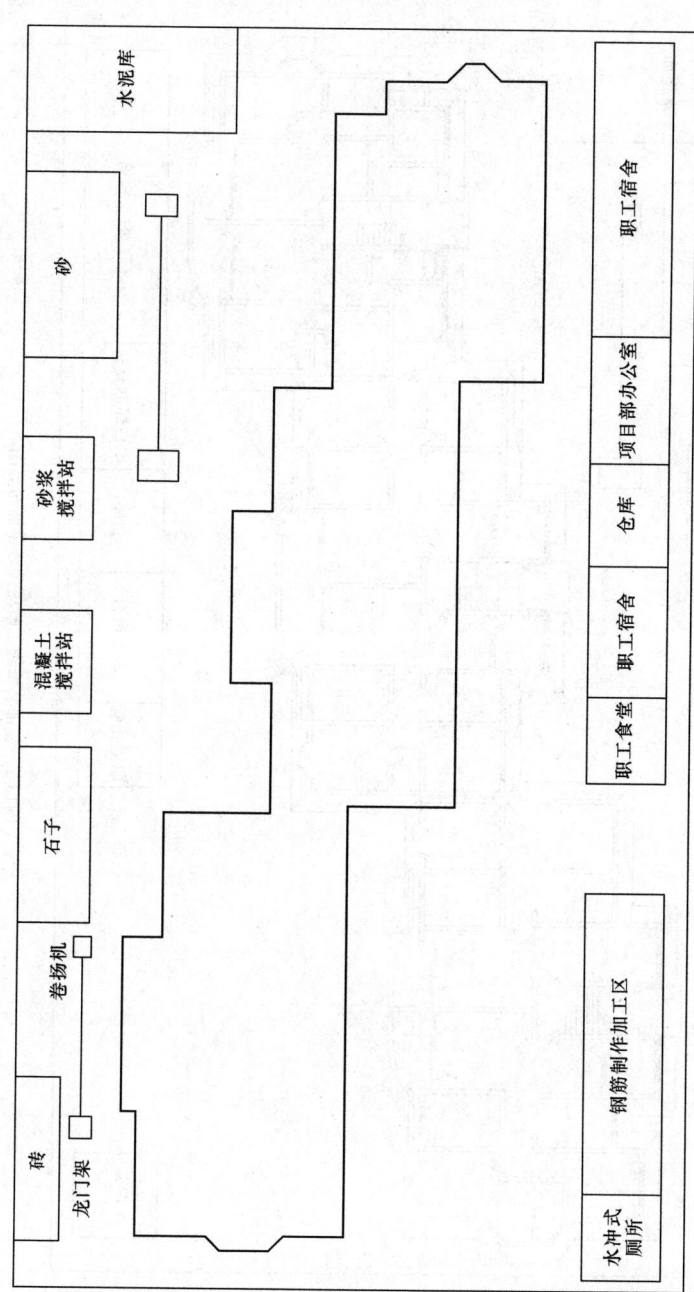

图13-6 主体施工阶段现场平面布置图

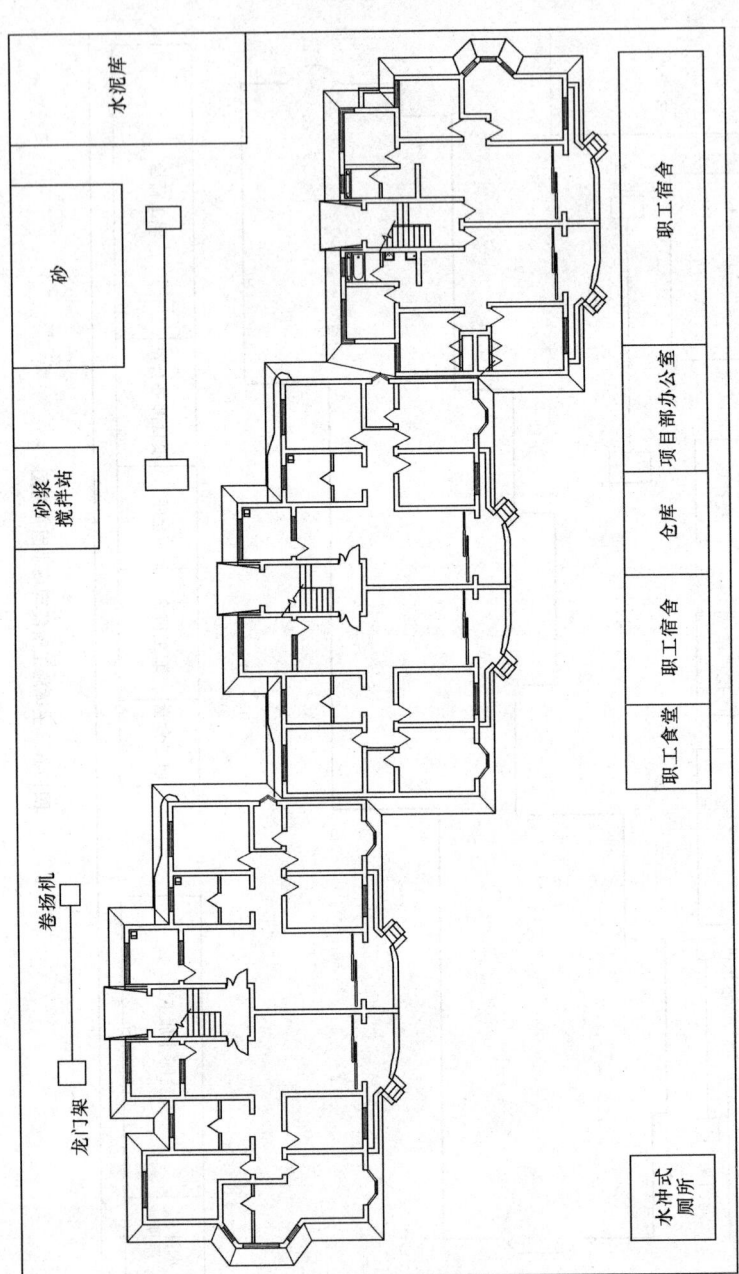

图13-7 装饰装修施工阶段现场平面布置图

第十三章 建筑工程施工组织设计

表 13-27　　　　　　　　　临时设施面积大小一览表

序号	临建名称	建筑面积/m²	备注
1	项目办公室	20	砖混一层
2	水泥仓库	50	砖混一层
3	民工宿舍	300	
4	机修电工房	30	石棉瓦屋顶
5	钢筋加工棚	300	石棉瓦屋顶
6	木工加工棚	100	
7	保卫室	10	
8	公厕	20	水冲式

(3)机械设备的布置:砂浆搅拌机、混凝土搅拌站设在楼的北侧,分别设两座垂直提升架。

(4)临时供排水的管线:施工用水管道沿工程施工场地外围埋设,埋设深度500mm。楼层施工用 1″水管随楼层增高,每层留设水龙头以解决楼层施工用水,用水管道铺设途经混凝土砂浆搅拌棚、钢筋加工厂、生活区、办公区。

(5)施工道路:主干道宽度不小于 6m,路面铺 100mm 厚炉渣碾平压实,现场基坑周围与道路两侧均设明沟排水。

(6)施工用电准备:供电线路采用三相五线制,分两路布线。

1)施工用电总容量:

室内照明容量:$P_3 = 3.5 \mathrm{kW}$

室外照明容量:$P_4 = 6 \mathrm{kW}$

电动机额定功率:$P_1 = 83.60 \mathrm{kW}$

电焊机额定容量:$P_2 = 46 \mathrm{kV \cdot A}$

总用电量:
$$P = 1.05(K_1 \frac{\sum P_1}{\cos\varphi} + K_2 \sum P_2 + K_3 \sum P_3 + K_4 \sum P_4)$$
$$= 178.67 \mathrm{kW}$$

2)线路截面选择供电线路采用三相五线制,分两路布线。总配电盘下分两路,每路用电量为 90kW,每路导线截面为($3 \times 35 + 2 \times 16$)铝芯橡皮电缆线架空敷设。

3)总配电盘设漏电保护器、断流器、接地保护。

4)临时用电线路沿工程施工外围架设一周,在施工机械、生活区、办公区等处留设施工用电配电盘。

(7)施工用水准备:

1)现场施工用水量:$q_1=3.76L/s$。

2)现场施工生活用水量:$q_2=0.78L/s$。

3)消防用水:$q_3=10L/s$。

由于 q_1、$q_2 < q_3$,故现场用水量按 $q=10L/s$。

4)供水管径直径 $d=100mm$。

(8)机械设备、周转材料和建筑材料的准备:

1)基础施工前建好混凝土搅拌站,混凝土搅拌站应设专人负责;按施工平面布置图安装和就位垂直升降机、砂浆搅拌机、钢筋对焊机、钢筋切断机、钢筋成型机、木工机械,其他小型机具应配套齐全。

2)由于施工现场较窄,周转材料及建筑材料应根据施工计划有组织的进场和订购,按施工总平面图合理堆放。

3. 其他准备

《施工许可证》、《开工报告》及《占道施工许可证》应在正式施工前办完。

(四)主要施工方法及技术措施

1. 流水段划分

本工程按楼栋单元分为三个施工段,每个施工段又从中间分成两个流水段如图 13-8 所示,施工段流向从东向西。在主体工程施工过程中水、电、暖安装施工队应及时配合预埋。在主体进行到四层时,即开始进行内墙粉刷的刮槽,并逐步展开门窗的加工制作,安装工程的准备等工作。

2. 大型机械选用

施工现场需配施工机械见表 13-25。

3. 施工特点

(1)本工程预制构件较多,应注意预制构件的质量,特别是大跨度的 SP 预应力空心板构件,应在充分考察的基础上,选择质量好、信誉高的构件生产厂家。

第十三章 建筑工程施工组织设计

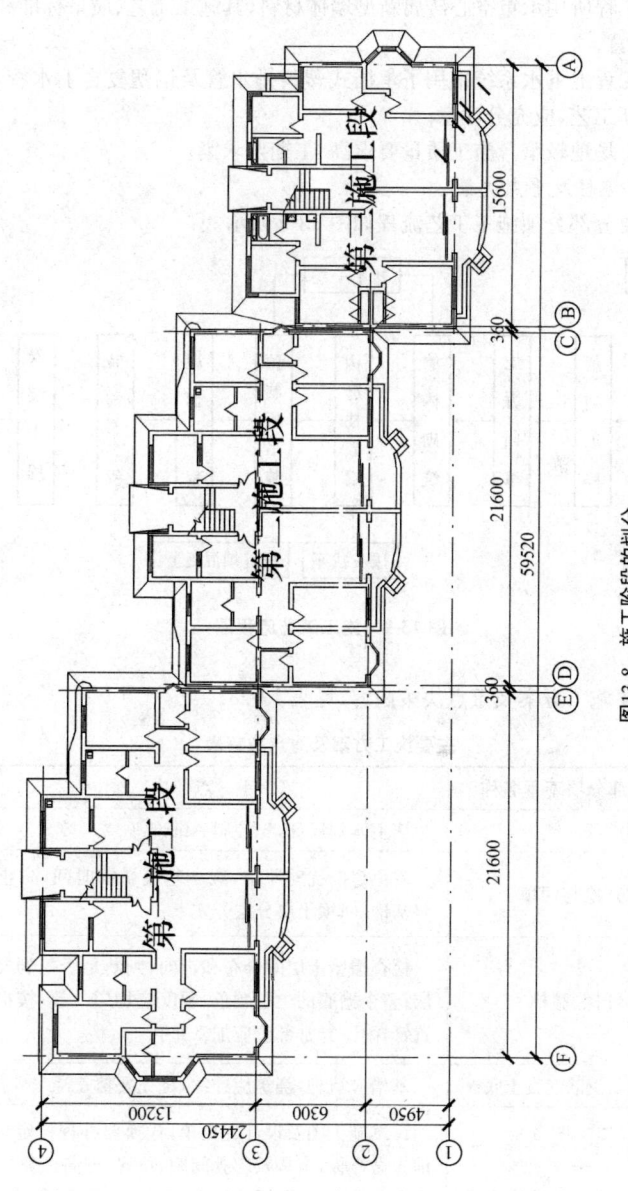

图13-8 施工阶段的划分

(2)本工程所用承重空心砖属新型墙体材料,其施工工艺、质量标准和施工措施应特别注意。

(3)本工程上下水系统采用了承插式塑料排水管及铝塑复合上水管,此两项属新材料、新工艺,应充分注意。

(4)施工场地较窄。施工质量要求高、工期要求紧。

4. 施工流程及重点决策

(1)主要分部分项施工工艺流程如图13-9所示。

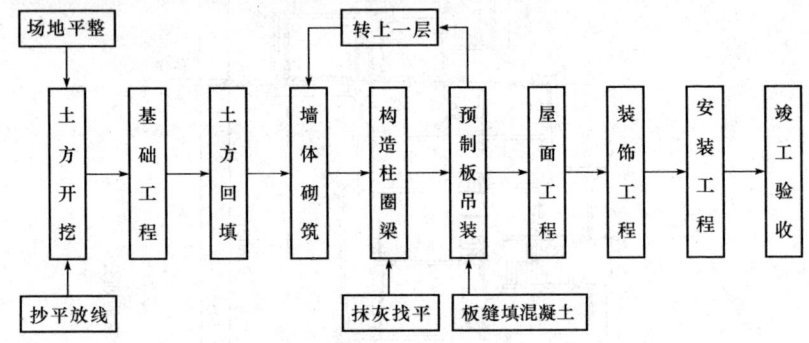

图13-9 施工工艺流程图

(2)主要施工方案及重点决策内容,见表13-28。

表13-28　　　　主要施工方案及重点决策表

序号	分部分项工程名称	重　点　决　策
1	测量放线	从主体到局部,先控制后细部
2	土方开挖与回填	避免超挖扰动原土,减少基底暴露时间,防止雨水浸湿基槽,回填土要分层夯实
3	地基钎探、验槽	检查槽壁土层的分布和走向,判断是否挖到要求的土层;整个槽底的土层颜色、硬度应均匀一致;按梅花状布置钎探孔;异常部位应加密布孔
4	垫层与钢筋混凝土底板	基槽应清理,浇筑应连续,浇完要覆盖浇水养护
5	钢筋工程	详读施工图及设计变更单,代换要办理核定单。成型前先做样板,弯钩及绑扎间距、位置、方向正确
6	模板工程	底部砂浆找平以防漏浆,隔离剂不准用废机油替代;标高宜直接引到模板安装位置;按要求起拱

续一

序号	分部分项工程名称	重 点 决 策
7	混凝土工程	模板内应清理干净,浇水湿润;检查水泥 3d 强度报告、材料复验报告、配合比、材料合格证等资料;振捣作用最大不超过 50cm;间歇时间一般超过 2h 应按施工缝处理;应经常观察模板、钢筋、预留洞、预埋件和插筋等有无移动、变形或堵塞情况;浇筑完毕后 12h 内覆盖浇水,养护期不少于 7d;控制石子、砂的含泥量不超过 1%和 3%
8	垂直运输与吊装	清扫支承面,浇水湿润,找平;板两端的孔及板缝应用细石混凝土填实,不得用烧结普通砖塞填
9	预制构件	场地应平整坚实,并有排水措施;应注意养护;脱模时间应在混凝土强度达到设计强度的 50%以上
10	砌体工程	皮数杆应用水准仪抄平;砂浆的稠度要控制在 7~8cm;砌筑前应先行试摆,排好七分头、五分头的位置;注意不准留脚眼的地方
11	架子	编制脚手架搭设方案;土质松软的地基进行平整、加强;拆除顺序应与搭设顺序相反,应特别注意安全
12	冬雨期施工	做好组织准备及现场准备工作;冬期宜用早强水泥;所用砂石、水均应保持正温;骨料不得含有冰雪等冻结物;有专人配制防冻剂;混凝土搅拌时间应比常温搅拌时间延长 50%;防冻剂的管理要严格,防止误食中毒
13	屋面保温防水	基层水泥砂浆找平层必须坚实平整,含水率不能大于 9%;穿墙套管、阴角部位应粉刷成圆角,并增加一层卷材
14	厨房卫生间防渗防漏	楼面及立面 40cm 高用砂浆找平层阴阳角部位应抹成小圆角;涂膜密实、均匀;固化前不得上人
15	门窗制作安装	榫要饱满,眼要方正;表面不得有刨痕、毛刺和锤印;割角、拼缝应严密平整;胶合板不允许刨透表层单板和戗槎;门窗扇安装之前应试安装,槽深与铰链厚度相适应

续二

序号	分部分项工程名称	重 点 决 策
16	外墙饰面	用清水将墙面洇透清除干净；底层灰打好后，养护2d后开始贴外墙瓷砖；镶贴前应将砖面清扫干净，放入净水中浸泡2h，晾干使用；水平方向应从阳角开始，阳角接缝应做成45°割角；粘贴48h后，先用抹子把与瓷砖颜色一致的勾缝水泥浆摊抹在瓷砖接缝处
17	内墙及顶棚粉刷	水泥要求颜色一致，宜采用同一批号的产品；砂要求坚硬洁净，含泥量不得超过3%，使用前应过5mm孔筛；块状石灰用水喷淋后存放在沉淀池熟化至少15d(罩面灰至少30d)成石灰膏；石灰膏应细腻洁白，不得含有未熟化颗粒；结构工程经质量监督站验收；大面积施工前应先做样板；水泥砂浆抹灰层应喷水养护
18	油漆涂料	木基层表面含水率不宜大于12%；抹灰面基层表面含水率不宜大于8%；金属面基层表面不应有湿气；刷底油时，木材表面、门窗玻璃后四周均须刷到刷匀；磨砂纸要打磨光滑，不能磨透油底，不可磨损棱角
19	楼地面工程	弹好+50cm的水平墨线；门框和楼地面预埋件及水、电设备管线等均应施工完毕并经检查合格；各种立管孔洞等缝隙应先用细石混凝土灌实堵严；水泥砂浆常用干硬性水泥砂浆；在水泥浆初凝前，用铁抹子压抹第二遍，当试抹无抹纹时，即可用抹压第三遍；要及时浇水养护；地漏及泛水坡度符合设计要求，不倒泛水
20	安装工程	洁具排水出口与排水管承口的连接处必须保证严密不漏；支架牢固，器具平整，位置居中，水流畅通，开关阀门进出口方向正确；管道干、支管要横平竖直；管道试压要做详细记录
21	成品保护	加强对成品保护教育，工种之间相互协作；合理安排各工序，减少各工种的穿插施工；成品要专人看管，办理交接手续，明确责任

5. 测量放线

(1)测量放线方案：施工测量遵循"从主体到局部，先控制测量后细部测量"的原则，由于施工测量受到施工的限制和干扰，所以测量方案和测量手段有别于一般建筑的施工测量。本工程专设一名测量助理工程师。土方工程完成后及时与

第十三章　建筑工程施工组织设计

建设单位核验标高、水准点及定位轴线,坚持测量复核制度,做到各项资料签证齐全。

(2)仪器选择:平面控制网的测设及建筑物定位选用先进的 J2 红外线测距仪,S3 水准仪配两把铜钢水准尺,垂直测量选用红外线铅锤仪,各种仪器精度达到国家建筑测量标准。

(3)建筑平面控制网:根据建设单位提供红线图和建筑物轴线的设计坐标,利用极坐标法,通过计算测出平面控制网,记录存档。控制桩定于地面,并在桩顶面打上钢钉作为标志。在周围直径 500mm、高 300mm 范围内用混凝土浇筑做保护。

(4)轴线桩的测设:利用直角坐标法,根据本工程设计轴线坐标,测出轴线控制桩,地下室利用轴线控制桩采用经纬仪直接引测轴线。首层以上轴线传递用铅锤仪逐层投点控制。

(5)高度传递:在楼梯间悬吊钢尺,钢尺下端挂一重锤,使钢尺处于铅垂状态,用水平仪在下部对所建楼层面分别读数,按水准测量原理把高程传递上去。

(6)沉降观测水准点设置:在建筑物附近设置三个永久水准点,埋设应坚固稳定。

(7)观测点位置:详见沉降观测点位置结构设计图,在建筑物四周埋设水准点。

(8)沉降观测点的观测:施工期间每半个月或每完成一层观测一次;竣工后一年内每季度观测一次,以后每半年观测一次。沉降观测资料交设计院审查存档。

6. 土方开挖与回填

(1)施工机具:反铲挖土机、轮式装载机、自卸汽车、蛙式打夯机、木夯、镐、铁锹、手推车。

(2)土方开挖:该工程土方工程采用一台反铲挖土机施工,挖出土方除留足回填土外,用自卸车运离施工现场。机械挖土应挖至基底标高上 500mm 处,再由人工挖土、清底至基底设计标高。基坑放坡挖方时应按 1∶0.6 放坡,基坑西侧与围墙距离较近,无法按规定放坡,为防边坡被雨水冲刷,用喷水泥砂浆进行防护,砂浆比例为 1∶3。喷浆前应在基坑边坡四周绑扎间距 30cm×30cm 的 $\phi 4$ 冷拔钢丝。

(3)回填土:本工程室内外回填土采用原土回填,用蛙式打夯机夯实回填土,应一夯压半夯进行分层夯实。室内墙边及墙角部分用木夯夯实。每层铺土厚度 200~250mm,每层夯实 3~4 遍。

(4)质量要求:

1)机械开挖时应避免超挖和扰动原土。基槽开挖后应尽快施工混凝土垫层,减少基底暴露时间,防止雨水对基槽的浸湿。

2)回填所用原土质量应符合设计和规范规定,应适量控制含水量,防止出现橡皮土。每层夯实后进行密度测试,应符合设计要求。

3)回填土分层厚度为25cm,每步回填土间隔距离必须相互错开,上下层土的接茬间隔不得小于50cm。

4)地下水或雨水进入基坑(槽)时,应采取人工排水,使基坑(槽)保持无积水状态。

7. 地基钎探、验槽

(1)根据槽壁土层的分布和走向,初步判断基底是否挖到设计所要求的土层,整个槽底的土层颜色硬度应均匀一致。发现局部过软或过硬等异常情况应通知设计人员处理。

(2)基坑挖好后应进行钎探,钢钎用直径22~25mm的钢筋制成,一端呈60°锥状,长度1.8~2.0m,锤重3.5~4.5kg,下落高度距钎顶50~70cm,应垂直打入土中,记录每个打入的锤击数。

(3)在基槽内按梅花状布孔,布孔间距1~2m,深度2.0m,探孔应统一编号,并绘制成平面图。异常部位应加密布孔,必要时还可加深钎探深度。

8. 垫层与钢筋混凝土底板

(1)施工顺序:土方开挖→清槽钎探→验槽处理→钢筋混凝土条形基础→±0.0000以下墙体砌筑→基础圈梁→暖气沟→回填土及室外管线。

(2)施工要点:

1)基槽清理:条形基础施工之前应进行验槽,轴线、基坑(槽)尺寸和土质应符合设计规定。槽内应无浮土、积水、淤泥、杂物。局部软弱土层应挖去,用灰土或砂砾回填,夯实至设计高度。

2)钢筋绑扎:垫层强度达到一定强度后,在其上弹线、支模、铺放钢筋网片,底部摆放保护层垫块。为了更好地控制构造柱插筋的位置,故绑扎构造柱钢筋时,在插筋的两侧各加一道$\phi 6.5$的钢筋,把构造柱插筋固定在此钢筋上。

3)模板支设:安装模板前先复查地基垫层标高及中心线位置,弹出基础边线;基础下段木板如果土质良好,可以用土模,但要保证基坑和基槽尺寸必须准确。

4)混凝土浇筑:浇筑混凝土前,模板和钢筋上的垃圾、泥土和钢筋上的油污等杂物,应清除干净。模板应浇水湿润;混凝土浇筑应连续浇筑;混凝土浇筑完毕,外露表面应覆盖浇水养护。

9. 钢筋工程

(1)准备工作:

1)熟悉施工图,了解所属工程的概况,检查钢筋施工图纸各编号是否齐全,详读施工图说明及设计变更通知单。

2)检查构件各部分尺寸是否吻合,每个构件中所有钢筋编号的数码是否存在重复现象。

3)核对钢筋的直径、式样、根数是否存在施工图与材料表不相符的情况。

4)钢筋的配置是否有与设计构造规程或施工验收规范不相符之处。

5)现有的工地施工机具和工艺条件能不能在质量和任务量上满足加工这批钢筋的要求。

(2)技术问题的解决:

1)如构件各部分尺寸出现矛盾或钢筋施工图与材料表的编号、式样、直径、数量不一致,与设计单位取得联系,根据设计单位要求,可以直接在图上改动。

2)对于不作为受力钢筋的辅助钢筋(架立钢筋、分布钢筋以及其他形式的"副筋"等),为了考虑施工方便,在符合构造规定的条件下,向设计单位、主管技术人员说明,可做适当修改。

3)因材料供应条件不能满足施工图纸要求的应进行钢筋代换计算,确定代换方案,并办理技术核定单。

4)与钢筋绑扎安装有关的成型加工事宜,要在配料时预先考虑,如堆放顺序、接头配置,分部钢筋加工工期的先后安排等。

5)受力钢筋的受力,或牵涉到其他受力部位和结构构造的修改,应通过技术人员或设计部门确定。

(3)配料凭证:

1)配料单:包括钢筋直径、式样、根数以及下料长度等内容,应按施工图配筋详图抽出钢筋、计算配料,下料长度必须由配料人员计算好后填写,不可以用设计人在材料表上写出的数据。

2)料牌:料牌上应注明工程名称、图号、构件编号和个数、钢筋根数、钢筋号、钢筋规格、下料长度、钢筋式样。

(4)钢筋成型:钢筋弯曲成型前必须先做样板,以检查合格后照样板进行加工。绑扎骨架中的受力钢筋,应在末端做弯钩,弯钩应符合规范规定。

(5)钢筋弯钩:HPB300级钢筋末端要做180°弯曲直径 D 应不小于钢筋直径的2.5倍,平直部分长度不宜小于钢筋直径的3倍。箍筋的末端均应弯钩,弯钩长度应符合规范规定。钢筋下料长度应考虑钢筋弯曲的调整值。弯起钢筋弯曲直径不应小于钢筋直径的5倍。钢筋原材料因保管条件和存放时间会导致钢筋锈蚀,绑扎前应将锈蚀钢筋进行除锈处理。

(6)绑扎:

1)钢筋位置画线:梁的箍筋位置画在纵向钢筋上,平板或墙板钢筋画在模板上,柱的箍筋位置画在对角线纵向钢筋上,基础的钢筋每个方向的两端各取一根划点,或画在垫层上。

2)绑扎钢筋间距应符合设计要求,配有双排钢筋的构件,上下钢筋之间应垫以马凳筋,以保持双排钢筋间距正确,板内上部钢筋的下面,应垫设一定数量的垫块,必须使上部钢筋位置正确,有足够的混凝土保护层。

3)钢筋绑扎时,应注意弯钩方向,不得任意颠倒,端部的弯钩应与所靠底模板面垂直,不得倾斜式平放,柱中竖向钢筋搭接时,柱角部钢筋弯钩应与模板成45°角。

4)箍筋的接头在柱中应该环向交错布置,在梁中应纵向交错布置,箍筋的绑扎均应与主筋互相垂直,不得滑落、偏斜,四角与主筋平贴紧密,位置正确,箍筋间距必须符合设计要求。

5)绑扎钢筋拧和应拧一转半以上,以防松动,并随手将绑扎钢丝拧向骨架内部。

6)现浇圈梁、构造柱交叉部位,应注意钢筋的相交位置和排列。配有双层钢筋网的混凝土板,应根据钢筋直径、网格大小自行配置架立钢筋,以防止上层网片在施工中受压变形。

7)梁或板中的钢筋如因安装暗管,预埋件而必须移动时,应将钢筋向一边移动,但不得把钢筋局部弯曲,钢筋移动后造成过大间距,应加设一根同一直径的钢筋。

(7)成品管理:弯曲成型好的钢筋,必须轻抬轻放,避免摔在地上产生变形,规格、外形尺寸被检查过的成品应按编号拴上料牌。清点某一编号钢筋成品确切无误后,将该号钢筋全部运离成型地点,在指定的堆放场地上按编号分隔后整齐堆放。非急用于工程上的钢筋成品,应堆放在仓库内,仓库屋顶应不漏雨,地面保持干燥,并有木方或混凝土板等作为垫件。进入成品仓库的钢筋必须要复验钢筋加工的质量。进场钢筋必须有出厂合格证、复验报告。钢筋弯曲成型后,如发现有裂痕、断伤者不得使用,同时应对该批钢筋质量进行复查。

(8)质量安全措施:钢筋成型的形状正确,平面上没有翘曲不平现象,末端弯钩的净空直径不小于钢筋直径的2.5倍。钢筋弯曲处不得有裂缝,并不得反弯。检查钢筋的钢号、直径、根数、间距是否正确,特别注意负筋的位置。钢筋接头的位置及搭接长度应符合设计和施工规范的要求,钢筋保护层厚度应满足规范的规定。钢筋绑扎应牢固,不得有松动变形现象。钢筋表面不允许有油污和粒状、片状锈斑。钢筋绑扎完毕应及时进行隐蔽验收,并办理验收手续。

10. 模板工程

(1)准备工作:向施工班组进行技术交底,做好模板底部的砂浆找平工作,以防模板底部浇筑混凝土时漏浆,模板应涂刷隔离剂,在涂刷隔离剂之前应先将模板上的灰浆铲除并清理干净,严禁在模板上涂刷废旧机油,以免污染构件钢筋。模板支撑的承接面应平整坚固,准备好垫木。

(2)模板设计:模板采用12mm厚酚醛竹胶合板模板和钢模板配合使用,竹模板内楞采用60mm×100mm方木制作,内楞方木竖向排列,间距不大于300mm。内楞与12mm厚竹胶板用钢钉钉牢,成为整体。梁底模全部采用50mm厚木模,梁底模板宽为梁净宽。梁侧模采用组合钢模。平板模板采用12mm厚酚醛竹胶合板模板,宽等于板底净尺寸。板模搁置于墙体上,次龙骨采用60mm×100mm

方木,间距不大于 300mm。主龙骨采用 2 根 48mm×3.5mm 的钢管,间距 750mm,支撑架采用普通钢管支撑,平台板下立杆间距不大于 1.5m×1.5m。梁下立杆应加密,间距不大 0.75m×0.75m,横杆沿高度方向间距不大于 1.8m。

(3)标高测量:根据实际标高的要求,用水准仪把建筑物水平标高,直接引测到模板安装位置。在无法直接引测时,也可以采取间接引测的方法,即用水准仪将水平标高先引测到过渡引点,作为上一层结构构件模板的基准点,用来测量和复查标高位置。模板承垫底部应预先找平,以保证模板位置正确,防模板底部漏浆。找平方法是沿模板内边线用 1∶3 水泥砂浆抹找平层。梁模板的组拼方法:复核梁、板底标高,校正轴线位置无误后,搭设垫平模板支架(包括安装水平拉杆和剪力撑),固定龙骨,再在次龙骨上铺钉底模,拉线找直,然后绑扎钢筋,安装并固定梁侧模板。按设计要求起拱(一般跨度大于 4m 时,应起拱 0.1‰～0.2‰)。复查梁模尺寸,并加设模板支撑。梁、柱头模板的连接特别重要,必须按模板设计封严撑牢,应在梁模端头部位留置清扫孔。

(4)拆模顺序:楼板混凝土强度达到拆模要求→降下拆头托板→拆除模板主次梁→拆除面板→拆除下部水平支撑→涂刷脱模剂→运至下道工序工作面。

(5)质量安全要求:

1)采用组合钢模时,同一条拼缝上的 U 形卡不宜向同一方向卡紧。采用扣件钢管做支架时,扣件必须要拧紧,要抽查扣件的力矩,横杆的步距要按设计要求设置。

2)严格控制板顶的标高,并要求误差应不得大于±1mm。

3)严格控制模板拆模时间,拆模强度符合《混凝土结构工程施工质量验收规范》(GB 50204—2002)的规定。

4)在钢模板上进行电气焊时,应在模板面铺放石棉,焊接后应及时浇水。

5)模板上架设的电线和使用的电动工具应采用 36V 电压的电源或者采取其他有效的安全措施。

6)高空作业时,各种配件应放在工具箱或工具袋中,禁止放在模板或脚手架上,各种工具应系挂在操作人员身上或放在工具袋内,防止掉落以免伤人。

7)装拆模板时,上下应有人接应,随拆随运,并应把活动部件固定牢固,严禁堆放在脚手板上和抛掷。

8)装拆模板时,必须使用稳固的登高工具,高度超过 3m 时,必须搭设脚手架。装拆施工时,除操作人员外,下面不得站人。高处作业时,操作人员应系上安全带。拆除承重模板,必要时应先设立临时支撑,防止整块坍落。

11. 混凝土工程

(1)施工准备:

1)根据浇筑构件特点,准备搅拌机、运输车、料斗、串筒、振捣器等设备,正式浇筑前将上述设备应试运行。

2)准备好留施工缝所用的模板、支撑。保证水、电、照明线路的正常运行。按浇筑工作量备足水泥、砂、碎石、减水剂。

3)掌握天气变化情况,准备必要的抽水设备和防雨设施。检查模板支设、支架强度和刚度是否满足混凝土浇筑的需要,钢筋和预埋件与设计是否符合。

4)模板内的垃圾、木屑、刨花、泥土等应清除干净并浇水湿润。

5)检查水泥 3d 强度报告、材料复验报告、配合比、材料合格证等资料。

(2)施工顺序:清理模板→隐蔽验收签证→混凝土搅拌运输→浇筑→养护→拆模。

(3)浇筑要点:

1)混凝土自吊斗口下落的自由倾落高度不得超过 2m,浇筑高度如超过 3m 时必须采取措施,用串筒或溜槽等。

2)浇筑混凝土时分段连续浇筑,浇筑层高度根据结构特点、钢筋疏密决定,一般为振捣作用部分长度的 1.25 倍,最大不超过 50cm。使用插入式振捣器应快插慢拔,插点要均匀排列,逐点移动,不得遗漏,做到均匀振实。移动间距不大于振捣作用半径的 1.5 倍。振捣上一层时应插入下层 5cm,以消除两层间的接缝。

3)表面振捣器的移动间距,应保证振捣器的平板覆盖已振实部分的边缘。

4)浇筑混凝土应连续进行。如必须间歇,其间歇时间应尽量缩短,并应在前层混凝土凝结之前,将次层混凝土浇筑完毕。间歇的最长时间应按所用水泥品种、气温及混凝土凝结条件确定,一般超过 2h 应按施工缝处理。

5)浇筑混凝土时应经常观察模板、钢筋、预留洞、预埋件和插筋等有无移动、变形或堵塞情况,发现问题及时处理,并应在已浇筑的混凝土凝结前修正完好。

6)施工缝位置宜沿次梁方向浇筑楼板,施工缝应留置在次梁跨度中间 1/3 范围内。施工缝的表面应与梁轴线或板面垂直,不得留斜槎。

(4)养护:混凝土浇筑完毕后应在 12h 内加以覆盖并浇水,浇水次数应能保持混凝土有足够的湿润状态,养护期不少于 7d。

(5)质量安全措施:控制石子、砂的含泥量不超过 1% 和 3%。浇筑过程中每一工作班至少检查两次混凝土组成材料的质量和混凝土的坍落度。夏季施工时,由于气温较高,混凝土中水分蒸发较快,容易造成混凝土坍落度损失,应及时调整。冬期施工应优先使用水化热较高的水泥拌制混凝土。砂石可在室内储存或通入蒸汽加热。雨期施工时应注意骨料含水率的变化。

12. 垂直运输与吊装

(1)施工顺序:支承面清理→水泥砂浆找平→预应力空心板堵孔→自最远处一角开始安装预应力空心板→调整板缝→板缝吊模→板缝清理湿润→板缝填细石混凝土。

(2)施工要点及质量要求:安装前,清扫支承面,浇水湿润。抹 10mm 厚水泥砂浆找平,如找平砂浆厚度超过 20mm,应用细石混凝土找平。楼板安装前测标

第十三章　建筑工程施工组织设计

高,弹排板线,板对号就位。安装过程中严禁多块板集中堆放。安装就位校正支承长度后,板底加 100mm×100mm 临时木顶柱支撑,或采用定型钢支撑。

(3)预应力空心板平整度误差较大者安装之前应挑出,用在靠纵墙边处。板缝宽度按设计要求调匀,支承长度左右均分。预应力空心板两端的孔应用细石混凝土填实,不得用烧结普通砖塞填。

(4)楼板安装过程中,特别是中跨度 SP 预应力空心板安装过程中不允许用钢管撬板孔。

13. 预制构件

(1)模具制作:根据构件的形状和特点确定施工方法,并制定出模具方案,以装拆方便,能多次周转,节约材料为原则。根据模具方案准备材料。选用木材的材质不宜低于Ⅲ等材。开料应符合节约的原则,避免大材小用,长材短用。凡遇木材节、腐烂、虫蛀、暗伤的不能使用,或截去损伤部分。

(2)制作构件的场地应平整坚实,并有排水措施,台座表面光滑平整,在 2m 长度上平整度不大于 3mm,在气温变化较大的地方留有伸缩缝。

(3)制作好的模具应进行复核验收。用作底模的地坪、胎模,应平整、光洁、坚实,水泥胎模的转角处应做成圆角,制作场地应排水顺畅。

(4)脱模剂的调配应由试验部门事先做技术交底。调配好的脱模剂应有遮盖的防雨设施。如隔离剂涂刷后被雨水冲刷,必须按上述方法重新进行处理。需要进行放样安装的构件模具应放大样并应复核无误。

(5)水泥应有出厂合格证,并按验收批量抽样复检,合格才能投入使用。砂宜用中砂,细度模数 M_x 为 2.3~3.0,含泥量不大于 2%。石最大颗粒粒径不得大于构件截面最小尺寸的 1/4,同时不得大于钢筋最小净距的 3/4。实心板允许采用最大粒径为 1/2 板厚的颗粒级配,且不大于 50mm,含泥量不大于 2%。

(6)外加剂:根据施工的需要并通过试验确定。不得掺用含有氯离子的外加剂,也不宜掺用加气剂。

(7)作业条件:骨料应按品种、规格分别堆放。班前检查所贮存的骨料是否有混杂现象。拌制混凝土前应根据砂、石的含水量调整施工配合比。班前应对计量器具进行称量检验。准备好混凝土运输工具,道路畅通。预制构件的场地清理好,无积水现象,需要用的机具、电器及电源均正常。钢筋及模具已预检验收。

(8)操作工艺:根据施工配合比称量出水泥、砂、石等配合料的用量,放入贮料斗内。启动搅拌机,注入少量的水,接着将配合料倾入搅拌机内,然后再注入全部的用水量,直到搅拌均匀,拌合料颜色一致。

(9)混凝土浇筑:钢筋骨架放置入模时,应加设保护层垫块以确保钢筋位置正确,无歪斜扭曲现象。浇筑混凝土前应湿润模具。使用振捣器捣实混凝土时,应符合下列规定:每一振点的振捣延续时间,应使混凝土捣实(即表面呈现浮浆和不再沉落);插入式振捣器的使用宜快入慢出,移动距离不宜大于作用半径的

1.5倍,振捣器距离模板,不应大于作用半径的1/2,为使上下层混凝土结合成整体,振捣器应插入下层混凝土5cm。当使用插入式振捣器时,不应大于振捣器作用部分长度的1.25倍;每个预制构件的混凝土必须一次连续浇筑完毕,不得留设施工缝。构件的完成面应用木抹子压磨,厚度不足之处应以同样材料填补。

(10)混凝土的养护:普通硅酸盐水泥和矿渣酸盐水泥拌制的混凝土,不得少于7d,掺用缓凝型外加剂或有抗渗性要求的混凝土,不得小于14d。浇水次数应能保持混凝土具有足够的润湿状态,养护用水与拌制用水相同。

(11)质量要求:不同品种的水泥不得混于一槽。当改变混凝土配合比或使用不同品种的水泥时,应先将筒内原有混凝土卸干净。混凝土在运输过程应保持其均匀性,运至浇筑地点时应具有设计配合比所规定的坍落度。运送的斗车不得过满溢出。装载混凝土的容器内所粘附的混凝土残渣应经常清除干净。如在运输过程因震荡使混凝土出现了泌水现象,到达浇筑地点时应用铲翻拌一次。

14. 砌体工程

(1)施工准备:

1)材料准备:烧结普通砖、水泥、中砂、拉结钢筋、预制混凝土构件、木砖及水、电、暖等预埋的准备。

2)场地准备:清扫基层找出墨斗线,做好砌筑的准备。烧结普通砖堆放地要地势高、平整、夯实以利排水,尽量运到操作地点,配合操作顺序,避免二次搬运。砖垛应上下皮交错叠放,堆放高度一般不高于2m,应尽量靠近垂直提升架,远离高压线。

3)技术准备:熟悉图纸,除了熟悉建筑平面和详图以外,还应查清墨斗线,弄清砌筑位置和门窗洞口位置。皮数杆安放在墙角及墙体交接处,间距不超过15m,皮数杆应用水准仪抄平。

(2)拌制砂浆:宜采用水泥白灰砂浆(设计另有规定者除外),砌筑砂浆的稠度要控制在7~8cm。

(3)作业条件:弹好墙身门口、构造柱位置线,施工前一天应将砌墙位置的基础表面清扫干净,并把与隔墙接触的楼地面和立墙洒水湿润,烧结普通砖浇水湿润。

(4)施工顺序:熟悉施工图→施工准备→找出墨斗线位置→将预先浇好水的砖运至指定地点→根据墨斗线铺摊砂浆→铺砖找平→灌嵌竖缝→检查后勾缝→清扫墙面→清扫操作面。砌块砌筑的顺序,一般为先外墙后内墙,先远后近,从下到上按流水分段进行砌筑。

(5)施工要点:

1)砌筑前应先行试摆,排出灰缝宽度,注意门窗位置、砖垛的影响,同时要考虑窗间墙的组砌方法,七分头、五分头排在何处为好。

2)砂浆厚度控制在1~2cm(有配筋的水平缝1.5~2.5cm),长度控制在一块砖的范围内。

3)砖墙转角处和交接处应同时砌筑,对不能同时砌筑必须留槎的部位,应砌成斜槎,其长度不应小于高度的 2/3。构造柱两侧的砖体应砌成大马牙槎,并应先收后进。沿高度 50cm 设置水平拉结钢筋。

(6)质量安全要求:

1)半砖墙、砖过梁以上与过梁成 60°角的三角形范围、宽度小于 1m 的窗间墙、梁下及其两侧 50cm 范围、门窗洞口两侧 18cm 和转角处 43cm 范围内,以上部位不得留置脚手眼。

2)相邻工作段的高度差不得超过一个楼层的高度。砖墙每天砌筑高度以不超过 1.8m 为宜。砌块砂浆相同。先砌筑转角(俗称定位),然后再砌中间。

3)水平灰缝铺置要平整,砂浆铺置长度较砖稍长些,宽度宜缩进墙面约 5mm。竖缝灌浆应在砌筑并校正好后及时进行。校正时一般将墙两端的定位砖用托板校正垂直后,中间部分拉准线校正。不得在灰缝中塞石子或砖片,也不能强烈震动墙体。

4)所用砖的尺寸、强度等级必须符合设计要求。外观颜色要均匀一致,棱角整齐方正,不得有裂纹、污斑、偏斜和翘曲等现象。

5)砂浆配合比要严格控制准确,稠度应适宜。墙面平整度与垂直度应符合标准。

15. 脚手架工程

(1)主要材料:

1)钢管:直径为 48mm 或 51mm、壁厚为 3～3.5mm 的热轧无缝或有缝焊接钢管,用作立杆、大横杆、小横杆、斜撑、防护栏杆等。

2)扣件:主要有旋转扣、直角扣、对接扣;其他还有碗扣式扣件。旋转扣用于连接两根呈任意角度相交的杆件,如立杆和剪刀撑的连接。直角扣用于连接两根呈垂直交叉的杆件,如立杆与大、小横杆的连接。对接扣用于两条钢管杆件的对接,如立杆、大横杆的接长。碗式扣用于定型尺寸钢管的扣接。

3)底座:用钢管与钢板焊成,用地立杆的垫脚,也可用不小于 5cm×20cm×300cm 的竖实木板做垫板。脚手板:主要是竹、木脚手板。

4)竹脚手板:选用直径 8～10mm 螺栓、间距 500～600mm 穿过并列竹片拧紧而成,板的厚度一般不小于 50mm。

5)木脚手板:选用厚度不小于 50mm 的杉木或松木长板,也可用木预制板(拼装,在两端钉小方木)。工具与防护用具扳手、皮尺、线垂、安全带、工具袋等。

(2)作业条件:根据工程特点和施工方法编制脚手架搭设方案,并作交底,脚手架进行设计计算。搭设的位置已进行场地清理。对土质松软的地基已进行平整、强化处理。专业架子工已到位,搭设脚手架的材料已进场。

(3)搭设顺序:放线定位→摆放扫地杆→逐根竖立立杆并与扫地杆扣牢→安

第一步大横杆与立杆扣紧→安第一步小横杆与大横杆扣紧→安第二步大横杆→安第二步小横杆→加设斜撑杆与上端立杆或大横杆扣紧(在装设两道连墙杆后可拆除)→安第三步及以上立杆、大横杆、小横杆→安连墙杆→加设剪刀撑。架高2m以上逐层加设防护栏杆、挡脚板或围网。

(4)搭设要求:

1)双排架的内外立杆之间距(横距)用于砌筑为1.2~1.5m,用于装修为0.9~1.2m,纵距为1.5m,内排立杆距墙面为0.25~0.45m。立杆底部应垂直套在底座或竖立在长垫板上,刚搭一步架子时,为防止架子倾斜,搭设时可设临时支撑固定。立杆的接长,应采取端部用对接扣件扣牢,并与相邻立杆错开一个步距,其接头距大横杆不大于步距的1/3。大横杆与用直角扣件与立杆扣牢,保持平直。里外排大横杆的接长应使用对接扣件,错开一个立杆纵距,并与相邻立杆的距离不大于纵距的1/3;扣接不得遗漏或隔步设置。

2)大横杆的垂直步距:用于砌筑为1.2~1.4m,用于地装修或装饰为1.6~1.8m。当架高超过30m时,要从底部开始将相邻两步架的大横杆错开布置在立杆的内外侧,以减少立杆偏心受载情况。小横杆应尽量贴近立杆布置,用直角扣件扣于大横杆的上部。

3)小横杆水平间距:砌筑用不大于1m,装修(装饰)用不大于1.5m。双排架的小横杆挑向墙面的悬臂长度应不大于0.4m(上面可铺一块架板),但其端部应距离墙面50~150mm。单排架的小横杆伸入墙体部分不得小于240mm,通过门窗洞口或过或不允许入墙处,如小横杆的间距大于1.5m时,应绑扣吊杆,紧贴于洞口墙体内侧的墙面,吊杆中部并应加设顶撑,保持垂直扣牢。

4)剪刀撑(斜撑)当架高不超过7m时,可用斜撑上端支撑于架子外侧的立杆或大横杆处,间距应≤6m,用旋转扣件扣牢,下端与地面呈60°角用木楔或桩头抵牢。当架高超过7m时,应在架子外侧绑设剪刀撑,位置设于脚手架的端部及拐角处。中间部位则每隔12~15m加设一道,并用旋转扣件与3~4根立杆和小横杆扣牢。

5)搭设剪刀撑,应将其斜杆扣在立杆上或扣在小横杆端部,斜杆两端的扣件与立杆和大横杆交汇点的距离不应大于20cm,最下面的斜杆端部与立杆扣牢,扣结点与地面高差不大于30cm。连墙杆应随施工进度设置,而且应设置在框架梁或楼板附近等具有较好抗水平推力作用的结构部位,并与脚手架里外立杆相连接,其垂直间距不大于4m,水平间距不大于7m,搭设设计方案另有规定的按其规定。连墙杆的设置如从门窗洞穿过时,其杆件端部应用两根短钢管紧靠里外墙体竖向或横向用直角扣件扣牢(或与人架或柱、梁体扣牢)。

6)护身栏杆、安全网在脚手架的操作层外侧设置的护身栏杆高度为1~1.2m,并在架子外侧架板上靠立杆设置不低于18cm高的挡脚板,如不设挡脚板,则在架体外侧立面用密目安全立网围护,在二层楼口的架子外侧挂设一道固定平

第十三章 建筑工程施工组织设计

网。支设平网应用钢管斜支撑与地面夹角45°,与大横杆用扣件扣牢,平网应绑在里外大横杆上,外高里低呈15°,不得用小横杆支撑平网,平网投影面积的宽度不小于3m。在有斜坡屋面的外脚手架设置护栏高度为1.5m的栏杆两道,每道高0.75m。

7)脚手架满铺,端部用铜丝与小横杆绑扎稳固。脚手板错头搭设时,端部超过小横杆不少于20cm;对头铺设时,端部、下部各设一根小横杆,两杆相距为30cm,但拐角处两个方向的脚手板应重叠放置,避免探头及空挡现象。高度10m以上的脚手架,除操作层铺满架板外,下面的一架也应满铺一层手板,其他处则每间隔不超过12m保留一层满铺脚手板。

(5)质量要求及施工注意事项:

1)搭设脚手架的地基必须平整夯实,有排水措施不得积水浸泡,铺放垫木(板)必须平稳,不得悬空,安放钢管底座时应拉线和标位,按规定间距尺寸摆放后加以固定。注意杆件的搭设顺序,搭设规格必须符合要求,及时采取与建筑物拉接的稳定措施。

2)脚手板要铺满、铺平、铺稳,不得有探头板、空隙板,板端应有可靠的固定。脚手板不得用钢模或竹胶板代替。

3)扣件安装时注意开口朝向,直角扣件安装时开口不得向下,以防松动脱出;用于连接大横杆的对接扣件,开口应朝架子内侧,螺栓向上,避免开口朝上,以防雨水进入。装螺栓时应将根部放正,保持适当的拧紧程度,要求扭力矩控制在$39\sim49N\cdot m(4\sim5kgf\cdot m)$之间为宜,但最大不得超过$5.5kgf\cdot m$。当扣件夹紧钢管时,开口处的最小距离应不小于5mm,扣件表面应进行防锈处理。

4)不得在如下部位留置架眼:砖过梁与梁呈60°角的三角形范围内;砖柱或宽度小于740mm的窗间墙;梁和梁垫下及其左右各370mm范围内;门窗洞口两侧240mm和转角处420mm的范围内;厚120mm与180mm墙体及空斗墙体和砂浆强度等级低于M10的砖墙;设计图纸上不允许留架眼的部位。

5)各杆件节点相交且伸出的端头部分均应大于100mm,以防扣件松动部件脱落。

6)门洞过道处的脚手架的构造与搭设要求:因施工需要,门洞口行人过车脚手架有妨碍,需要1~2根立杆及大横杆、小横杆时,则其门洞口的脚手架可采取如下搭设与加固措施:在抽去立杆的上方悬空立杆的两侧搭设1~2根"人"字斜撑,底端落地,斜撑两端及中间端用旋转扣件与里外立杆横向各加设一道斜支撑,洞口上方增设两道横向支撑,使之悬空杆的内力分别传递给洞口两侧的边柱和地面。

7)脚手架的拆除顺序应与搭设顺序相反,并应编制拆除方案。

16.冬雨期施工

(1)冬期施工准备工作:

1)组织准备:进入冬期施工前应建立冬期施工技术责任制和安全防火责任制,组织有关施工人员学习冬期施工有关规范及规定,并向施工班组进行冬期施工任务、特点、质量要求和安全防火的全面交底。工地负责人应组织工长及有关人员每日及时收听天气预报,认真做好各项防寒准备工作,防止寒流袭击。进入冬期施工之前,应对现场试验员、质检人员进行外加剂和测温、保温的技术业务培训,安排专人进行气温观测并做好记录。

2)现场准备:准备足够数量的塑料膜、草栅等保温材料和抗冻外加剂及有关冬期施工有关机具到现场。工地地上临时供水管道应用草绳或其他保温材料进行包扎保温防冻。搅拌站四周应用石棉瓦进行围护,内设火炉取暖,并设专人负责砂浆、混凝土外加剂的加入与调配工作。

(2)冬期施工主要技术措施:

1)钢筋在负温条件下焊接,应尽量安排在室内进行,如必须在室外焊接,其室外环境温度不宜低于-15℃,同时应有防风挡雪措施。焊接后的接头应覆盖炉渣或石棉粉,使其温度缓慢冷却。

2)冰雪天气钢筋应采取覆盖措施,防止表面结冰瘤,在混凝土浇筑之前应清除钢筋表面的积雪、冰层,钢筋绑扎完毕后应尽快进行下道工序施工。

3)应选用硅酸盐水泥或普通硅酸盐水泥,最好使用早强型的水泥。所用砂石、水均应保持正温,骨料必须清洁,不得含有冰雪等冻结物及宜冻裂的矿物质。

4)应有专人配制防冻剂,严格掌握防冻剂的掺量。严格控制混凝土水灰比,由骨料带入的水分应从拌合水中扣除。搅拌时间应比常温搅拌时间延长50%。

5)砂浆和混凝土运输过程中,应使热量损失尽量减少。墙体砌筑后,混凝土浇筑后,表面进行覆盖。

6)抹灰用砂浆应加入防冻剂。室内粉刷过程中外墙窗户洞口应进行封闭保温。抹灰用砂浆应在正温度的室内或临时暖棚中制作。

7)为了获得砂浆应有温度,可采用热水搅拌。

(3)安全与防火:冬期施工时要采取防滑措施,及时清除脚手架上的积雪和冰层。运输道路应采取防滑措施确保施工安全。加强施工现场防火教育。现场生产及生活用火设施,必须经项目部有关部门,对使用的用火设施进行检查验收合格后方可使用,并由专人定期进行检查。室内使用炉火要注意通风换气,防止煤气中毒,严禁私自设置用火设施。防冻剂应严格管理,防止误食中毒。

(4)在施工进度安排上,要尽量把雨期无法施工的施工段与雨期影响不大的施工段合理排开。

(5)基础施工阶段,应预先做好地面截水,即筑堤截水,挖排水明沟,使地面排水畅通,防止地面水流入基坑内,并预备好抽水设备。在主体施工阶段,对混凝土的浇筑要掌握好混凝土的搅拌、浇筑、覆盖的时间和措施。

(6)对足以影响混凝土浇捣和墙体砌筑的落雨量,应立即停止施工,用雨布保

第十三章 建筑工程施工组织设计

护好已浇筑的混凝土和墙体。烧结普通砖在雨期适当控制烧结普通砖的浇水量,必要时采取防雨、防水措施,防止烧结普通砖吸水过量。

(7)严格控制砂浆水灰比,避免砂、灰膏受雨水泡、淋,否则重新调整水灰比。屋面工程应尽量不在雨期施工,最好安排在雨期到来之前,将防水层施工完毕。保证室内粉刷正常进行,室内刷浆前,应先安装好外门窗及玻璃,以免雨水冲湿装饰面层。

(8)外装饰工程应尽量避开风雨天气施工。忌日晒、雨淋的材料应及时放在材料仓库进行保管,材料仓库地坪应高于室外地面30cm,并保证材料仓库屋面不漏水。

17. 屋面保温防水

(1)施工工具与材料准备:汽油喷灯、拌料桶、滚刷、棕刷、压子、剪刀、卷尺等工具。材料准备:氯化聚乙烯-橡胶共混防水卷材、基层处理剂、基层胶粘剂、卷材封边胶粘剂。

(2)施工顺序:清理基层→平面涂布底胶→平面防水层施工→平面部位铺贴油毡隔离层→平面部位做砂浆保护层→修补表面→立面涂布底胶和防水层施工。

(3)基层处理:基层水泥砂浆找平层必须坚实平整,不能有松动、起鼓、面层凸出或严重粗糙,平整度不好或起砂时,必须剔凿处理。基层必须干燥,含水率不能大于9%,否则不能施工。具体测量含水率方法,可以在基层表面放一块油毡或玻璃,3~5h后看其下面有无水珠,如基本无水珠即可施工。复杂部位、阴角部位应用水泥砂浆抹成八字形,对管子根部位,排水口等易于渗漏的薄弱部位,应再加一层油毡。

(4)施工要求:在干燥的地下室和立壁的基层表面上涂刷橡胶沥青涂料。要求涂刷均匀,一次涂好,干燥12h(根据气温而定,以不粘脚为好)方可施工。施工时把油毡按位摆正,点燃喷灯加热油毡和基层,喷灯距油毡0.5m左右,加热要均匀,待卷材表面熔化后,随即向前铺滚,注意在滚压时不要把空气和异物卷入,必须压实、压平。在油毡还未冷却前,用抹子把边封好,再用喷灯均匀细致地把接缝封好,然后再将边缘和其他部位封好,以防翘边。

(5)质量要求及安全注意事项:

1)防水材料的技术性能应符合设计要求和标准规定,并附有质量证明文件和现场取样进行检测的试验报告以及其他有关质量的证明文件。

2)施工前要认真的将地下室表面及立壁的水泥砂浆余渣、尘土和杂物铲除干净。

3)SBS防水卷材应放在干燥通风的室内,严禁与水接触;SBS防水卷材属易燃品,严禁与明火接触。

4)在未做保护前,任何人员不得进入施工现场,以防践踏损伤防水层。如发现防水层有刺破和损伤时,应立即修补,确保防水质量。

5)施工完成后,应及时做好隐蔽验收,验收后应随即做水泥砂浆保护层,做保护层时应特别注意不要损坏防水层。

6)现场工作人员应戴安全帽,不穿带钉子的鞋施工。涂层施工完毕,尚未完全固化时,不允许上人踩踏。

7)遇有穿墙套管道部位,应将套管四周粉刷成圆角,并在此部位增加一层卷材。

8)防水层厚度应均匀一致,不允许有开裂、翘边、滑移、脱落和末端收头封闭不严等缺陷。防水层必须均匀固化,不得有明显的凹坑、气泡和渗漏水的现象。当甲料、乙料混合后固化过快并影响施工时,可加入少许磷酸或苯磺酰氯做缓凝剂,但加入量不得大于甲料的0.5%。当涂膜固化太慢影响下道工序时,可加入少许二月桂酸二丁基锡做促凝剂,但加入量不得大于甲料的0.3%。

9)若刮涂第一度涂层5h以上仍有发黏现象时,可在第二度涂层施工前,先涂上一些滑石粉,再上人施工。

18. 厨房、卫生间防渗防漏

(1)施工准备:厕所间楼面及立面40cm高用砂浆找平层,应抹平、压光,不应有空鼓、起砂、掉灰等缺陷。阴阳角部位应抹成小圆角。施工前先将楼地面突起物、油污、砂浆疙瘩清除干净。

(2)施工顺序:砂浆找平→涂布底胶→防水层施工→做砂浆保护层。

(3)涂膜防水层施工:用长把滚刷蘸满已配制好的防水涂料,均匀涂布在底胶已干固的基层表面上。涂布时要求厚薄均匀一致,对平面基层以涂刷3~4度为宜,每度涂布量为 $0.6 \sim 0.8 kg/m^2$;对立面基层以涂刷4~5度为宜,每度涂布量为 $0.5 \sim 0.6 kg/m^2$。涂膜厚度不小于1.5mm为合格。涂完第一度涂膜后一般固化5h以上,在基本不粘手时,再涂下一层。但在平面的涂布方向,应使后一度与前一度的涂布方向相垂直。

(4)砂浆保护层:为防止破坏防水层,应做1.5cm砂浆保护层,以免留下渗漏水的隐患。

19. 门窗制作安装

(1)门窗制作安装程序:配料→截料→刨料→画线→凿眼→开榫→裁口→整理线角→堆放→拼装。

(2)施工要点:榫要饱满,眼要方正,半榫的长度可比半眼的深度短2mm。配料、裁料要考虑周到,不得大材小用、长材短用。应合理考虑加工余量,宽度和厚度的加工余量当一面刨光者留3mm,两面刨光者留5mm。门窗框及厚度大于50mm的门窗扇应采用双夹榫连接;门窗框的宽度超过120mm时,背面应推凹槽,以及卷曲。门窗框扇拼装前应对部件进行检查,要求部件方正、平直、线脚整齐分明,表面光滑,尺寸、规格、式样符合设计要求。用细刨将遗留墨线刨去。拼装时下面用木楞垫平,放好各部件,榫眼对正,用斧轻轻敲击打入。拼装完毕,构件的裁口应在同一平面上。普通双扇门窗刨光后应平放,刻刮错口,刨平后成对做记号。门窗框靠墙一面应刷防腐涂料。立框前应对成品加以检查,进行必要的校正,钉好斜拉条,无下坎框应加钉水平拉条。立框要用线锤找直吊正,并在砌筑砖墙时随时检查有无倾斜、移动。

(3)质量要求:表面应净光,不得有刨痕、毛刺和锤印。框、扇的线型应符合设计要求。割角、拼缝应严密平整。小料和短料胶合门窗及胶合板或纤维板门扇不允许脱胶。胶合板不允许刨透表层单板和戗槎。门窗扇安装之前应试安装合格后,再剔铰链槽,槽深与铰链厚度相适应。

(4)施工要点及质量要求:门窗应逐榀复核尺寸加工,各种型材的规格、型号要符合设计要求,五金配件配套齐全,并有出厂合格证。安装时,纵向用经纬仪在门窗口边定出垂直控制线,水平位置以楼层50cm线为标准定出窗下皮标高,弹线找直。门窗应在室内竖直摆放,并用枕木垫平;不得在门窗框上安放脚手架、悬挂重物或在框扇内穿物吊起。

20. 外墙装饰

(1)施工顺序:基层处理→浇水湿润→吊垂直、贴灰饼、冲标筋→抹踢脚板、墙裙→做护角→抹底层灰→修补孔洞→抹面层灰→养护。

(2)施工工艺:在处理好的墙面上,先用清水将墙面泅透,将尘土、污垢清除干净,根据已抹好的灰饼冲标筋、填档子抹1:2水泥砂浆,底层灰的厚度为15mm,可分两遍抹成。抹好后用大杠刮平、找直,用木抹子搓毛,确保打底平整、垂直、不空鼓。

(3)底层灰打好后,应及时进行隔天浇水养护,2~3d后开始贴外墙砖。贴砖前要根据砖规格和设计要求弹出水平线和垂直分格线。定出水平标准和皮数,不合模数的非整砖应排在最下边一层,并注意弹出底部圆弧的正确位置线,同时要注意大墙面横向排砖要对称。

(4)镶贴前,应将砖面清扫干净,放入净水中浸泡2h以上,取出晾干净后使用,贴砖时应先将基层湿润,用废瓷砖抹上混合砂浆贴灰饼,用22号钢丝上下拉通线,作为镶贴的标准,镶贴顺序应自下而上,从最下一层开始向上粘贴。水平方向应从阳角开始,阳角接缝应做成45°割角,开始贴砖时,首先在最上一层砖下皮的位置固定好水平靠尺,以此托住第一层瓷砖,每贴一层均在上口拉水平线。贴瓷砖时先在墙上刷一道水泥素浆,在砖的背面均匀刮抹3mm厚纯水泥浆粘贴,贴上后用灰铲柄轻轻敲打,使之附线,灰浆饱满。

(5)擦缝:粘贴48h后,先用抹子把与瓷砖颜色一致的勾缝水泥浆摊抹在瓷砖接缝处,用刮板将水泥浆往缝子里刮满、刮实、刮严,然后用湿抹布将瓷砖上的水泥浆擦干净。

21. 内墙及顶棚粉刷

(1)主要材料:108胶、矿渣水泥或普通水泥,要求颜色一致,宜采用同一批号的产品,有出厂合格证,并经试验合格后使用。中砂,$M_x=2.3\sim3.0$,要求坚硬洁净,含泥量不得超过3%,使用前应过5mm孔筛。块状石灰用水喷淋后存放在沉淀池熟化至少15d(罩面灰至少30d)成石灰膏,石灰膏应细腻洁白,不得含有未熟化颗粒。

(2)主要机具:砂浆搅拌机、铁锹、5mm孔径筛子、窄手推车、灰槽、大杠、中杠、2m靠尺、线坠、钢卷尺、托灰板、铁抹子、木抹子、阴阳角抹子、钻子、锤等常用抹灰工具。

(3)作业条件:结构工程经质量监督站验收,达到合格标准后,方可进行抹灰工程。阳台栏杆、消防箱、配电柜、电气管线、管道等应提前安装好,预留洞口应提前堵塞严实。

(4)大面积施工前应先做样板,经鉴定合格后再大面积施工。检查基体表面平整,决定抹灰厚度,抹灰前应在大角的两面、阳台、窗台、喧脸两侧弹出抹灰层的控制线,以作为打底的依据。

(5)基层处理:基层表面凹凸太多的部位,先剔平再用1:3水泥砂浆补齐,表面的砂浆污垢、油漆等事先均应清除干净,并洒水湿润。检查门窗框的位置是否正确,与墙体连接是否牢固,连接处的缝隙应用1:3水泥砂浆分层嵌塞密实。铝合金门窗缝隙应用矿棉条或玻璃棉毡条分层填塞,缝隙外表留5~8mm深的槽口,填嵌密封材料。墙体表面的灰尘、污垢和油渍等,应清理干净,并洒水湿润。基层提前用水洇透。脚手架眼应堵塞严密。

(6)施工要点:

1)抹灰前应在大角的两面、阳台、窗台、喧脸两侧弹出抹灰层的控制线,以作为打底的依据。每遍厚度为5~7mm,应分层与所冲标筋抹平,并用大杠刮平、找直,用木抹子搓毛,要求垂直、平整,阴阳角方正,终凝后开始养护。

2)脚手架搭设必须保证其牢固、安全、可靠,并经质安部门及监理有关人员验收许可后方可使用。

3)屋面防水工程完工前进行室内抹灰时,必须采取防护措施。

4)基层处理好后,应分别在门窗口角、垛、墙面等处吊垂直、套方抹灰饼。操作时应先抹上灰饼,再抹下灰饼,并按踢脚线或墙裙高度确定下灰饼的位置,按设计要求确定灰饼的厚度,并按灰饼冲标筋,在墙面弹出抹灰层控制线。

5)水泥砂浆抹灰层应喷水养护。水泥踢脚板,将处理好的基层墙面用水洇透,清除尘土、污物后,利用已抹好的灰饼和标筋,填档子,抹1:3水泥砂浆,底层灰的厚度为15mm,可分两遍抹成,抹好后用大杠刮平、找直、木抹子搓毛。隔日养护,第二天便可抹面层砂浆,面层砂浆为10mm厚1:2水泥砂浆,同时,要注意上口线平直、光滑、厚薄一致,无毛刺。

6)水泥砂浆护角,根据已做好的灰饼和冲筋,将室内门窗口的门窗套、柱和墙面的阳角均抹出水泥护角。用1:3水泥砂浆打底,待砂浆稍干后,再用素水泥膏抹成小圆角,也可以用1:2水泥砂浆或1:0.3:2.5水泥混合砂浆做明护角,护角厚度应与罩面灰平齐,其高度不应低于2m,每侧宽度不小于50mm,阳角、门窗套上下和过梁底面要方正。

(7)质量标准:

1)所用材料的品种、质量必须符合设计要求。

2)各抹灰层之间及抹灰层与基体之间必须粘结牢固,无脱层、空鼓、面层无爆灰和裂缝(风裂除外)等缺陷。应符合标准《建筑装饰装修工程质量验收规范》(GB 50210—2001)。

3)抹灰前门口要钉薄钢板或木板保护,门窗框上残存砂浆应及时清理干净,铝合金门窗框必须有保护膜。推小车或搬运东西时,要注意防止损坏口角和墙面,严禁蹬踩窗台损坏棱角。翻架子时要小心,防止碰坏已抹好的墙面,特别对边角处应钉木板保护。防止因穿插施工及在楼面拌灰造成的污染和损坏。各抹灰层在凝结前应防止快干、曝晒、水冲、撞击和振动,以保证其灰层有足够的强度。

22. 油漆涂料

(1)施工顺序:清扫、起钉、除油污→铲脂囊、修补平整→磨砂纸→节疤处点漆、打底→刮腻子、磨光→第一遍油漆涂料→复补腻子→磨光、擦净→第二遍油漆涂料→磨光、擦净→第三遍油漆涂料。

(2)施工要点:

1)被涂刷构件的表面必须干燥,木基层表面含水率不宜大于12%;抹灰面基层表面含水率不宜大于8%;金属面基层表面不应有湿气。

2)刷底油时,木材表面、门窗玻璃口四周均须刷到刷匀,不可遗漏。

3)涂刷时,均应做到横平竖直、纵横交错、均匀一致。先上后下,先内后外,先浅色后深色,按木纹方向理平理直。抹灰面施涂前应将基层缺棱掉角处用1:3水泥砂浆修补;表面麻面及缝隙用腻子填补平。

4)外墙涂料施工时,同一墙面应用同一批号的涂料,每遍涂料不宜施涂过厚;涂层应均匀、颜色一致。分段施工时应以分格缝、墙的阴角或水落管为分界线。

(3)质量要求:采用的油漆涂料品种、性能指标由设计确定。油漆涂料施工之前,施工环境应当清洁干净,抹灰工程、地面工程、木装修工程及水、暖、电工程等全部完工后再进行油漆涂料施工。涂刷过程中,如遇有大风、雨、雾等不良天气时,不得施工。磨砂纸要打磨光滑,不能磨透油底,不可磨损棱角。操作上应注意色调均匀,拼色相互一致,表面不得显露节疤。罩面涂层不得有漏涂和流坠现象,待第一遍罩面涂层干燥后,才能涂刷第二遍。

23. 楼地面

(1)施工准备:水泥选用32.5级普通硅酸盐水泥或矿渣硅酸盐水泥,冬期施工宜用32.5级普通硅酸盐水泥。砂子选用中、粗砂。含泥量不大于3%。

(2)作业条件:施工前应在四周墙身弹好+50cm的水平墨线。门框和楼地面预埋件及水、电设备管线等均应施工完毕并经检查合格。对于有室内外高差的门口位置,如果是安装有下槛的铁门时,尚应顾及室内外完成面能各在下槛两侧收口。各种立管孔洞等缝隙应先用细石混凝土灌实堵严(细小缝隙可用水泥砂浆堵)。办好作业层的结构隐蔽验收手续,作业层的顶棚、墙柱饰面施工完结。

(3)操作工艺:

1)刷素水泥浆结合层:宜刷水灰比为 0.4 左右的素水泥浆,也可在基层上均匀洒水湿润后,再撒水泥粉,用竹扫(把)帚均匀涂刷,随刷随做面层,并控制一次涂刷面积不宜过大。

2)打灰饼(打墩)、冲筋(打栏)根据+50cm 水平线,在地面四周做灰饼,然后拉线打中间灰饼(墩),再用干硬性水泥砂浆做软筋(推栏),软筋间距约 1.5m。在有地漏和坡度要求的地面,应按设计要求做泛水和坡度。对于面积较大的地面,则应用水准仪测出面层平均厚度,然后边测标高边做灰饼。

3)水泥砂浆地面通常用干硬性水泥砂浆,砂浆外表湿润松散、手握成团、不泌水分为准。水泥砂浆配比为 1:2(水泥:砂),如用 32.5 级水泥则可用 1:2.5 的配比。操作时先在两冲筋之间均匀地铺上砂浆,比冲筋面略高,然后用刮尺(压尺)以冲筋为准刮平、拍实,待表面水分稍干后(禁止用水泥粉吸水催干),且木抹子(磨板)打磨,要求把砂眼、凹坑、脚印打磨掉,操作人员在操作半径内打磨完后,即用纯水泥浆(水灰比约为 0.6)均匀满涂在面上(约 1~2mm 厚),再用铁抹子(灰匙)抹光。向后退着操作且在水泥砂浆初凝前完成。

4)压光:在水泥浆初凝前,可用铁抹子压抹第二遍(此时人站在上面有脚印但不下陷,要用水泥袋纸包裹平整木板垫脚),要求不漏压,做到压实、压光;凹坑、砂眼和踩的脚印都要填补压平。在水泥砂浆终凝前,此时人踩上却有细微脚印,当试抹无抹纹时,即可用灰匙抹压第三遍,压时用劲稍大一些,把第二遍硬压光时留下的抹纹、细孔等抹去,达到压平、压实、压光。

5)养护:水泥砂浆完工后,第二天要及时浇水养护,使用矿渣水泥时尤应注意加强养护。必要时可蓄水养护,养护时间宜不少于 7d。

(4)质量标准:

1)面层的材质、强度(配合比)和密实度必须符合设计要求和施工规范规定。

2)面层与基层结合必须牢固,无空鼓。空鼓面积不大于 $400cm^2$,无裂纹,且在一个检查范围内不多于两处者,可不计。

3)表面无明显脱皮和起砂,局部有少数细小收缩裂纹和轻微麻面,但面积不大于 $800cm^2$,且在一个检查范围内不多于两处。

4)地漏及泛水坡度符合设计要求,不倒泛水,无渗漏,与地漏(管道)结合处严密平顺。

5)踢脚线的质量应高度一致,与墙柱面结合牢固,局部空鼓长度不大于 400mm,且在一个检查范围内不多于两处。

第十三章　建筑工程施工组织设计

6)踏步台阶宽度一致,相邻两步高差不大于20mm,齿角基本整齐,防滑条顺直。

(5)产品保护:推手推车时不许碰撞门口立边和栏杆及墙柱饰面,门框适当要包薄钢板保护,以防手推车轴头撞门框。施工时不得碰撞水暖立管等。施工时保护好地漏、出水口等部位安放的临时堵头,以防灌入浆液杂物造成堵塞。玷污的墙柱面、门窗框设备立管线要及时清理干净。养护期内(一般宜不少于7d),严禁在饰面用手推划、放重物及随意践踏。

24. 安装工程

(1)给排水及洁具安装工艺流程　安装准备→预制加工→干管安装→立管安装→支管安装→管道试压和闭水试验→洁具安装→配件预装、稳装→洁具与墙地缝处理→外观检查→管道冲洗→管道防腐和保温。

(2)丝扣连接外露丝扣2~3扣,清除麻头。承插接口的管道用胶粘剂粘牢,环缝间隙均匀,胶粘剂无强度时不得使管道受力变形口。

(3)道干管、支管要横平竖直,干管坡度为0.3‰。

(4)洁具排水出口与排水管承口的连接处必须保证严密不漏、支架牢固、器具平整、位置居中、水流畅通,开关阀门进出口方向正确。

(5)立管与墙面相距6cm,立管上加设阀门,穿楼板加设钢套管,高出地面2cm,底面与楼板底平齐,立管卡每层安装一个,安装高度距地面1.5~1.8m。

(6)管道试压要做详细记录,防锈、防腐、保温、冲洗等按规范要求执行。

(7)电缆在首层进户处做重复接地,并用防水管做密封处理,电缆桥与重复接地做好电气连接。

25. 成品保护

(1)认真执行成品保护的有关规定,加强对全体职工的成品保护教育,发扬各工种之间的相互协作精神,尊重别人的劳动成果。

(2)合理安排各工序,减少各工种的穿插施工,特别要注意避免工序颠倒,造成对成品的破坏污染。

(3)各工序完成成品后,移交专人看管,办理交接手续,明确责任。

(五)主要施工管理措施

1. 质量保证措施

(1)认真抓好工人质量意识教育,以"质量是企业的生命"为题,宣讲质量的重要性,将质量意识贯彻到施工人员的头脑中。

(2)建立由公司总工程师组成的有效的质量检查监督机构。在关键的模板和管道安装工程中推行全面质量管理,分别建立QC领导小组,小组由6人组成,指定专人任组长、部长、工长、质检员、班长等人参加小组的工作,各小组均应制定自己的管理目标,以便遵照执行与检查。

(3)材料采购力求货比三家,择优选用,进场材料除要求有出厂合格证外,还应有公司材料部门或公司试验室出具的复检合格证明资料。降低材料在运输、装卸过程中的损伤,从材料出厂到材料的最终使用,其中的每一个环节都要严加控制,保证材料完好无损地送到施工人员手中。

(4)合理选择施工机械,搞好维护检修工作,保持机械设备的良好技术状态。执行公司质量管理体系,将工程质量与职工经济利益挂钩,对产品质量实行奖优罚劣。

(5)建立质量目标的分级责任保证体系,将质量指标分级下达,形成由项目经理、项目工程师、职能部门、工长、班组和个人层层领导负责的质量保证体系。

(6)建立"三检"与"专检"相结合的全面质量检验制度,按国家施工验收规范及操作规程对每道工序、每个分部、分项工程进行检查验收评定。实行质量否决权制度,上道工序质量问题一经发现,专职质量检查员有权下令下道工序停止作业。

(7)实行原材料进场复验制度。凡按要求必须复验的材料都必须复验,复验合格后才可使用。

(8)测量工作有专人负责,要及时办理记录及验收,并注意保护好测量标志。

(9)模板应支设牢固,拼缝严密,模板内杂质应清理干净,浇筑混凝土时设专人看模板。

(10)竖向钢筋注意间距及位置,箍筋应按图纸要求的间距及位置绑扎,水平板上的钢筋应保证顺直、均匀,负筋不得踩踏。

(11)混凝土浇筑前要做好试配,浇筑时要注意坍落度符合配比要求,振捣要按规定间距振捣密实,混凝土初凝后要及时养护。下次绑扎钢筋前应将工作面浮浆清洗干净。

(12)水、电安装应注意与土建配合,按工序及时穿插施工不得损坏土建成品。装饰工程施工应注意与土建配合,按工序及时进行穿插施工,并且应先做样板,经建设单位认定后再大面积施工。

(13)做好成品保护工作,非施工人员和车辆不经允许不得进入施工现场。装饰完成的房间应锁闭,不得随意进入。

(14)认真做好试块抗压、钢筋试验等各项试验工作。不合格的项目不允许进行下道工序的施工。

2. 工期保证措施

(1)确保工期的组织措施:公司将指定一名副总经理分管本工程,定期检查、督促项目经理做好进度方面的工作,及时进行处理施工中存在的问题。组建强有力的项目经理部人员,对各级管理人员签订工期、质量奖罚合同,确定专业施工队实行优胜劣汰,实行动态管理,充分调动全体施工人员的积极性。统筹全局,贯彻集中人力、物力的综合平衡调配原则,坚持两班工作制度组织连续作业,平行、立体交叉施工,并树立"以质量求进度"取胜的概念,避免返工。

第十三章　建筑工程施工组织设计

(2)确保工期的技术措施:合理安排施工顺序,科学组织施工,建立各项管理制度,按施工网络计划合理安排施工,各分部、分项工程的施工都要严格按总工期计划控制进行,及时安排季、月、日工作的形象进度计划。采用先进的施工技术,提高机械化作业程度,加快施工进度,采用竹模板施工技术,减少支模工作量,加快施工进度。

(3)资金保证措施:建设单位资金暂不到位,保证按施工计划连续施工三个月。

(4)春节、农忙季节施工保证措施:确保地方材料农忙时照常供应,积极与材料供应单位签订供货合同,严格按照规范要求保证材料的数量和质量,储备一定的材料,确保农忙季节的施工。稳定施工队伍,保证工程正常进行,本工程工期紧,任务重,并且要经历麦收、秋收、春节几个阶段,为了保证在此阶段施工人员的数量和施工质量,应选择不受农忙季节影响且素质较高的施工队伍,并与施工队签订合理的施工合同和制定奖惩制度,在农忙及春节施工阶段项目经理部对工程施工人员增加补助,调动施工人员的积极性,确保工程施工正常进行。

3. 技术管理措施

(1)优化施工方案,积极采用先进的施工工艺,科学安排施工进度,合理调配劳动力,对总体计划要有周全、细致的安排,对施工中易碰到的技术问题要有详细的针对性措施。由项目部主任工程师召集有关部门技术人员共同进行图纸会审和技术交底工作。

(2)认真熟悉图纸,按照设计要求精心组织施工,实行层层技术交底。技术交底应交清技术要求、质量标准、安全注意事项。

4. 安全保证措施

(1)组织措施:项目经理部建立安全责任制,各职能部门必须认真执行。对全体参与施工的管理人员及操作人员进行现场施工前的安全教育。

(2)技术措施:

1)特殊工种上岗操作必须有操作证,严禁无证上岗操作。

建立定期检查制度,对查出的问题限期整改。

2)进行分部、分项施工时,必须有安全交底。

3)各种构件材料必须堆放整齐,保证施工现场、施工道路整齐通畅。

4)正确使用个人防护用品,进入现场必须戴安全帽。施工现场的洞、坑、沟、施工洞口等处应有防护措施和明显标志。

5)施工机械和动力机具的机座必须牢固,设置一机一漏电保护装置,并按规定接零接地,设置单一开关。

6)为了做到安全用电,有关人员必须掌握电器安装规程,操作必须按安全技术规程进行。

7)现场用电线路应必须做到"三相五线"制。首层必须搭设一道固定的围绕建筑四周的安全网,上部每3层搭设围绕建筑物的3m宽安全网,建筑物四周立面用密目网封闭,防止物体向建筑物外坠落。

8) 本工程基础较深,土方开挖后在基坑四周设置防护栏杆以防人员坠落,并在现场设置足够的照明。

9) 现场木工加工场地和电源及堆放易燃、易燃的地方设置足够的消防器材。

(3) 经济措施:进行各级经济承包时,必须有安全生产指标。把安全生产与经济效益挂钩,工资定额含量中设定一定量的安全分,如发生安全事故在工资中扣除相应的安全生产含量。制定工地安全管理细则,对违反安全规定的操作人员,进行处罚。

5. 消防、保卫措施

(1) 建立消防组织,配备专职消防人员,对施工现场内的消防工作进行全面检查,发现隐患及时处理。向职工进行安全防火教育,普及消防知识,提高职工防火警惕性。

(2) 在工地显著位置设立消防标牌,并按消防规定在现场、生活区、办公室、仓库设立消防器材。特别是在易燃物比较集中的部位,如木工车间等要专门配备灭火器材及灭火工具。

(3) 严格执行各项消防制度,易燃易爆物品管理制度,用火申请制度等。

(4) 建立工地门岗保卫制度,配备专职保安员检查进出场人员及流入流出的物资。

(5) 对进入现场施工的人员进行消防、保卫教育,依靠广大职工维护治安秩序,严密防范,确保施工过程及公共财产的安全。

6. 文明施工与环保措施

(1) 施工现场做到封闭施工,施工围墙采用砂浆砌筑,临界墙面粉刷并刷白,高度应不低于1.8m,且结构坚固,造型美观。

(2) 施工现场主要出入口设置施工标牌、项目施工主要人员名单牌、施工现场施工总平面图、工程效果图。

(3) 现场道路通畅、场地平整,材料及构件按总平面图堆放,做到散料成方、型材成垛,并配有标示牌。

(4) 围墙外无建筑垃圾、无积水、无建筑材料。库存袋(箱)装材料码放成垛,小、散材料上架存放,易燃易爆物品设专库隔离存放,墙上悬挂材料管理制度和材料员职责。各作业面的材料堆放整齐,做到工完料尽脚下清。

(5) 固定的机械设备及时清洗保养,搭棚防护,设备旁悬挂操作规程牌、设备标牌。搅拌机旁悬挂各类砂浆、混凝土配合比标牌,且内容完整清晰,配备计量必须齐全、准确,并有计量记录。

(6) 加强施工现场用水、用电管理,严禁乱拉、乱接电线,无常流水、长明灯。各种临时设施做到结构坚固,室内宽敞明亮,照明充足、通风好、防雨、防潮,现场办公室、仓库、宿舍、厨房、厕所做到内粉刷白、地面硬化,且室内高度不得低于2.6m。

(7)搭设的临时用房应规范化,做到办公室整洁干净,生活区环境幽雅。现场办公室做到整洁有序,各项管理制度齐全,墙面悬挂:岗位责任制、施工网络计划图、施工总平面布置图及工程质量、安全、文明施工保证体系图、工程量实际完成进度图、工程施工天气晴雨表。

(8)职工宿舍无地铺、通铺,室内应设双人床铺,职工衣被及其他日用品排放整齐,宿舍门前悬挂宿舍管理制度,值日牌明确,室内卫生打扫及时,干净整洁。

(9)所有进场材料必须按规定堆放整齐,设专人负责,施工、生活垃圾及时清理运走,厕所为水冲式厕所,保持施工现场卫生。环境保护设专人负责,并定期进行检查。

(10)严格遵守建设单位的环保规定及政策,不管任何时候接受建设单位、主管单位及环保人员的检查。门前三包应设专人负责。

(11)施工中混凝土振捣棒噪声对居民干扰较大,所以尽量将浇筑混凝土的工作放在白天进行,若有夜间施工的情况,一定要控制在10点之前。有噪声的机械在法定时间内使用,对切割机、木工机械采取棚敝等措施减少噪声。

7. 工程保修和回访承诺

(1)在正常使用条件下,建设工程的最低保修期限。

1)基础设施工程、房屋建筑的地基基础工程和主体结构工程,为设计文件规定的该工程的合理使用年限。

2)屋面防水工程及有防水要求的卫生间、房间和外墙面的防渗漏,为五年。

3)供热与供冷系统,为2个采暖期、供冷期。

4)电气管线、给排水管道、设备安装和装修工程,为2年。

5)建设工程的保修期,自竣工验收合格之日起计算。

(2)在保修期内每3个月派本工程有关人员到建设单位回访一次,发现问题15d内解决。

(3)工程保修做到服务热情,想建设单位之所想,急建设单位之所急。

(4)保修期间建设单位随时可提出保修意见,24h内维修人员进入现场。

(5)保修期满因使用不当造成损坏只收工料费。

(六)总平面图

基础施工阶段现场平面布置图如图13-5所示;主体施工阶段现场平面布置图如图13-6所示;装饰装修施工阶段现场平面布置图如图13-7所示。

二、某公寓装饰装修工程施工组织设计实例

(一)工程概况

工程名称:××××公寓二次装修工程(以下简称本工程)。

计划工期:80d。

工程主要内容:公寓及相应的公共部分装饰和水电安装。

现场简况:目前已完成土建主体建设,准备进行所有室内装饰及水电、外墙、玻璃窗等项目施工;现场有空地可供设置材料临时仓库,施工地点位于××市近郊,交通较方便,但材料组织有一些困难。

(二)质量方针与实施目标

1. 质量方针

精心组织,精心施工,严格把关,确保优良。

2. 实施目标

发挥我公司技术优势,科学地组织安装与装饰的交叉作业,精心施工,严格履行合同,确保实现如下目标:

(1)质量目标:达到国家施工验收规范标准。

(2)工期目标:确保总工期 80d。

(3)安全施工目标:杜绝死亡事故及重伤事故。

(4)文明施工目标:达行业标准。

3. 服务目标

信守合同,认真协调与有关方面的关系,接受业主及当地政府部门对本工程质量、工程进度、计划协调、现场管理的监督。

(三)项目管理机构设置和人员构成

1. 实行目标管理

(1)工期目标:按承诺工期完工。制定并严格执行工期保证措施。

(2)质量目标:优良。整个施工过程采用国家标准《建筑装饰装修工程质量验收规范》(GB 50210—2001)、设计方案及施工图纸对工程施工过程进行监督和验收。

(3)安全指标:杜绝安全事故发生,伤亡事故频率控制为零。现场进行的例行安全检查,均依据国家行业标准《建筑施工安全检查标准》(JGJ 59—2011)进行。

(4)文明目标:现场及周边环境清洁整齐,并达到国家行业标准。

2. 施工临时设施

(1)工地办公室:项目部将在现场或附近设立临时设施作为临时工地办公室,其面积约为 $20m^2$。

(2)材料仓库:在施工现场或附近设立建材材料仓库。其面积约为 $50m^2$。

(3)加工场地:现场需约 $50m^2$ 面积进行木材、地砖、石材等项目简单的加工。

(4)生活设施:在施工现场或附近设立或租赁民居作为工人食堂及公共厕所、宿舍等临时公用设施。并综合考虑生产、生活、雨水等的排放,确定临时排水方案。

(5)临时用电:施工现场所用电线应为符合国标规范的线材或电缆;应采用三相五线制、单相三线制;电源应从配电房送到工地配电总箱,由此总箱合理布置分配至施工现场用电。

(6)施工用水:由甲方提供水源到施工现场,且水源必须满足施工现场及消防用水需要。

(7)施工围挡:根据现场的实际情况对施工现场进行合理有效封闭。

3. 施工准备工作

(1)组织有关人员熟悉图纸、规范及相关标准,参加图纸会审。

(2)组织有关人员对现场进行复核,将工程各测量基准线及位置找建设方交底,并将工程轴线控制网测量定位,建立控制桩、点、线标记。

(3)编制分项工程作业指导。

(4)深化施工组织设计。

(5)组织有关人员进行施工技术交底。

4. 施工组织机构

施工组织机构如图 13-10 所示。

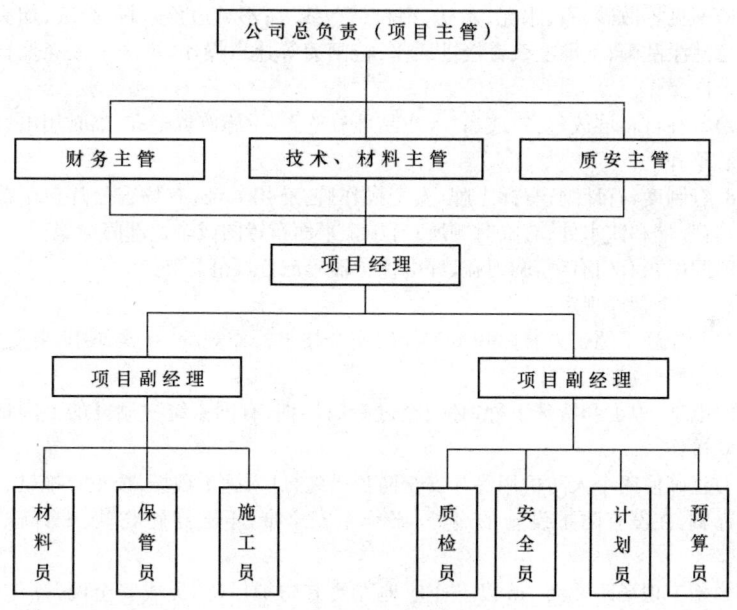

图 13-10 施工组织机构示意图

5. 施工顺序

本工程装饰顺序的一般原则如下:

(1)先基层后饰面。
(2)先湿作业,后干作业。
(3)先天花、墙面,后地面。
(4)先管线后封面。
(5)易污损、易破碎工作尽量往后(如玻璃)。
6. 工地管理制度
(1)现场文明施工管理规定:
1)各类标志牌、安全操作规程牌一律统一规格尺寸,要求放置整齐,挂置牢固,并置于醒目处。
2)工作人员必须统一佩牌上岗,树立企业良好形象。
3)场内道路畅通无阻;非湿作业面无积水;非作业面无施工垃圾。
4)工完场清:活完成品清;当日作业当日清;机具、工具整理清。
5)正确使用出入口、洞口,防护好,施工秩序好;成品、半成品保护好;脚手架、人字梯搭设牢固好;作业场地照明通风好。
6)不见零散砂、石、水泥、木枋、型材、管、线等;不见边角余料、废纸、烟头,不准任意乱涂乱画;不准电线直接进插座、接闸刀等违章操作,不准工人穿拖鞋、打赤膊上岗操作。
7)各种材料堆放整齐;成品、半成品堆放整齐;设施放置整齐;临时用电、用管线安装整齐。
8)有制度,有计划;有标志牌,安全操作牌;有出入证;有场容分片包干范围、职责;有吸烟和饮水处;有临时厕所;有施工平面布置图或企业部门标识。
9)配电箱有门有锁,闸刀盖、漏电保护器等配置规范、完好。
(2)安全管理规定:
1)参加施工的工人要熟知本工程的安全技术操作规程,在操作中,要坚守岗位,严禁酒后或带病工作。
2)电工、焊工和特殊工种,必须经过专门培训,有国家统一颁发的上岗证,方准独立操作。
3)正确使用个人防护用品和安全防护措施,进入施工现场,禁止穿拖鞋、高跟鞋和赤脚,在没有防护设施的高处,必须系安全带,不准穿硬底鞋、带钉鞋和易滑鞋。
4)施工现场距地面3m以上作业地点要有防护栏、挡板或安全网,操作人员必须戴安全帽、安全带,安全网要定期检查,不符合要求的严禁使用。
5)施工现场的脚手、防护设安全标志和警告牌不得擅自拆动,需要拆动的要经工地负责人同意。
6)做好现场的安全保卫工作,采取必要的防盗措施,建立和执行防火管理制度,设置符合消防要求的消防措施。

7. 材料准备

(1)所有材料均需先订样后订货。

(2)材料样品于项目开工前 10d 内提供甲方确认,以确保材料的时间。

(3)选择设备先进、技术过硬、重信誉的材料厂家,以确保所进材料的质量、时间满足工程进度的需要。

8. 进场前准备

(1)了解熟悉现场。

(2)接通水、电源,搞好临时设施。

(3)进行图纸会审、完善设计,组织现场施工人员熟悉图纸,对特殊部位进行技术安全文明施工交底。

(4)做出详细材料计划、选定样板、完成订货备料工作。

(5)组织好劳务人员及机具、设备。

(6)办理好施工需要的一切手续。

(四)主要劳动力安排

主要劳动力需用量见表 13-29 所示。

表 13-29　　　　　　　劳动力需用量计划表

工　种	工程施工阶段						
	20%	30%	40%	50%	60%	70%	80%
	投放劳动力人数						
杂工	5	10	15	15	15	15	15
水电工	5	5	5	4	4	4	15
木工	20	20	30	30	40	40	30
泥水工	5	10	10	20	20	30	20
焊工(带不锈钢工)	2	2	2	4	4	4	4
玻璃工	0	0	0	0	2	4	4
油漆工	0	0	10	20	30	30	30
墙纸工	0	0	0	0	5	5	10
专业清洁工	0	0	0	0	0	5	10

(五)主要施工机械机具

(1)拟投入的主要施工机械设备见表 13-30。

表 13-30　　　　　　　　拟投入的主要施工机械设备表

名称	额定功率/W	生产能力	数量	是否使用过	自有或租赁	拟进场日期 拟退场日期	主要用途
冲击钻	400	良好	4	是	自有	进场第 2d 退场第 85d	对原结构墙体打孔
砂轮机	2000	良好	2	是	自有	进场第 2d 退场第 85d	钢材切割、磨光
手持砂轮机	300	良好	6	是	自有	进场第 10d 退场第 80d	石材、抛光砖边角切割、抛光
云石机	1200	良好	8	是	自有	进场第 20d 退场第 80d	石材切割、磨边
电焊机	11000	良好	2	是	自有	进场第 2d 退场第 80d	钢材焊接
手电刨	2200	良好	2	是	自有	进场第 10d 退场第 80d	木料面刨平
风批		良好	4	是	自有	进场第 10d 退场第 80d	石膏板等自攻螺丝用
罗机	400	良好	3	是	自有	进场第 10d 退场第 80d	木材、夹板加工线条用
往复锯	390	良好	2	是	自有	进场第 10d 退场第 80d	木材、复合铝板切割
电圆锯	2800	良好	3	是	自有	进场第 15d 退场第 80d	木料、复合铝板切割
空气压缩机	1500	良好	3	是	自有	进场第 10d 退场第 80d	为供气动力工具
手电钻	300	良好	8	是	自有	进场后 3d 退场第 90d	各类钻孔
各类钉枪		良好	20	是	自有	进场第 10d 退场第 80d	木饰面板与基层固定
氩弧焊机	4800	良好	2	是	自有	进场第 60d 退场第 85d	不锈钢焊接

(2)拟投入的主要施工检测工具见表13-31。

表13-31　　　　　　　拟投入的主要施工检测工具表

名称	型号规格	检定类别	数量	制造工期生产国别	是否使用过	自有或租赁	拟进场日期	主要用途
钢卷尺	2-5.5M	合格	20	2000年、国产	是	自有	进场第1d	长度检查
万用表		合格	2	2000年、国产	是	自有	进场第1d	电气测量
水准仪	DSZ3	合格	1	2000年、国产	是	自有	进场第1d	测绘
兆欧表(10级)	ZC25-4	合格	1	2000年、国产	是	自有	进场第1d	电阻测试
游标卡尺	0-150mm	合格	1	2000年、国产	是	自有	进场第1d	厚度测量

(六)保证施工进度和工期的详细技术措施

1. 主要材料进场计划

(1)基本施工材料于项目开工前准备就绪。

(2)面层材料于施工前10d将计划及样品送交甲方审核。

(3)部分需从外地采购的材料于施工前30d将计划及样品(或图片说明等)送交甲方审核。

2. 施工进度计划表(图略)

编制说明:

(1)本计划表采用简单明了的横道图表示,以便于业主监督指导。

(2)此计划区别于土建施工,依据施工图纸、工程量清单及符合本工程现场装饰施工实际的特点进行编制。

(3)编制宗旨:压紧工期,各主要区域全面同时开工。

(4)编制原则:由上至下,由粗至细,由里到表。

(5)计划开工日期为×××年×月×日。

3. 工期保证措施

(1)认真做好进度计划表,以合理的工序安排来提高工作效率,避免乱施工,使各工程在符合总工期要求下有序地穿插进行施工。保证项目的工程周转资金的使用。

(2)抓好质量关,避免因质量达不到要求需返工而延误工期,保证工作正常进行,以高质量来确保工期。

(3)做好同设计人员及业主的沟通,及早通透各部位的做法及要求,以使施工顺利完成。

(4)搞好同其他相关单位(如空调、消防)的配合问题,确保相互间交叉施工能顺利进行,不相互影响。

(5) 做好超前技术准备,充分发挥技术工作的预测和超前决策作用,以保证施工生产顺利进行。

(6) 项目经理负责工程施工全过程的全盘规划管理,制定符合本工程情况的施工计划,并在施工过程中严格执行,对可能出现的延误工期的因素应及早预见,并切实采取相应措施加以解决,做到工种间合作密切,工序间衔接紧凑,最大限度地合理利用工时,达到加快进度的目的。

(7) 项目部对现场需要的劳动力、材料、设备等,提前落实各项准备工作。对半成品的加工计划细作安排,并对工程的进展和各分项的衔接情况对照检查,将实际实施情况及有关问题对策向工程材料部和质检部如实汇报。及时做好工期分析,确保施工进度。

(8) 保证有充足的施工后备队伍根据施工现场需要,随时另调所需的技术工人,保证现场用工,确保施工进度。

(七) 保证施工安全及文明施工的主要措施

1. 保证安全技术措施

(1) 保证措施:

1) 用电安全保证措施:

① 施工现场设置三级漏电保护装置,并使之具有分级保护功能。

② 闸具完好无损坏,配电箱上锁,有专人管理,配电箱、开关箱内的开关电器、插座按规定的位置紧固在安装板上,不得歪斜松动。

③ 照明用电与动力用电分路设置。

2) 机械安全保证措施:机械由专人专管,机械旁必须挂安全警示牌,一机一闸,各机械必须有漏电保护装置。

3) 消防安全保证措施:备有足够的消防设备,现场道路必须保持畅通,消防设施、水源要有明显标志,任何人不得随意动用消防器材,施工现场禁止烟火。

4) 高空作业及立体交叉施工安全保证措施 高空作业须搭设的操作平台必须有围护,人员须佩带安全带、安全帽;如平台下有人员工作的,平台上还须密布安全网。

5) 防灾防爆保护措施:易燃易爆材料隔离堆放,并在堆放处及现场配备足够的灭火器材,严禁在现场抽烟、使用明火。

6) 预防自然灾害措施:所有用电器材均须有效接地,人员住宿、材料堆放处均要开挖排水沟现场配备一些常备药品。

7) 提高各级管理人员的安全生产意识:

① 强化装饰现场安全施工检查工作,杜绝事故发生。

② 各级管理人员要从教育入手,好操作人员的入场教育,做到人人讲安全,人人懂安全,违章操作要制止。

③ 实行安全生产负责制,现场施工安全工作由项目经理负责,各施工队组

第十三章　建筑工程施工组织设计

安全工作由工长负责。

④加强安全防护：根据现场的具体情况，加设安全的护栏，悬挂"注意安全"等警告标志。

8)加强对施工人员的遵纪守法教育，提高员工的安全意识。

9)进入施工现场的施工管理人员和工作人员都要佩戴有个人身份标志的工作卡。

(2)为保证安全、文明措施的有效执行，配套制定以下公司"安全、管理规定"：

1)各项目组必须建立安全生产责任制，明确各级安全管理人员职责。项目经理为现场施工的第一责任人。

2)贯彻执行国家、地方及有关部门颁发的安全生产和劳动保护的方针、政策和法规。

3)遵守"安全生产，人人有责"的原则。项目组必须制定各级管理人员定期的安全检查制度。所有现场人员必须遵守各项有关安全规则。

4)各项目如需对建筑结构的变动，必须事先经总工程师同意。现场的临时用电敷设必须要由专业电工操作，并由工程材料部验收备案。对有高空作业的项目，项目经理必须提交相应的安全措施交总工程师批准。

5)施工现场必须有专职或兼职的安全员进行安全检查，消除事故隐患，制止违章作业。

6)项目组必须对施工操作人员进行安全技术和安全纪律教育，做好工作的"三级"安全教育工作。

7)认真落实施工组织中安全技术管理的各项措施，严格执行安全技术措施审批、施工项目安全交底制度和设施、设备交接验收使用制度。

8)生产必须服从安全，树立"安全第一"的思想，不得违章作业及违章指挥。现场施工人员均有权拒绝和制止违章指挥和违章作业。

9)班前要对所使用的机具、设备、防护用具及作业环境进行安全检查，发现问题立即采取改进措施，及时消除事故隐患。

10)杜绝安全事故的发生。如发生工伤事故要立即组织抢救，保护好现场，并立即逐级汇报。对事故本着"三不放过"原则处理(三不放过：一是事故原因不清不放过；二是事故责任和群众没有受到教育不放过；三是没有防范措施不放过)。

11)做好各项安全检查的记录及各有关安全管理的资料。

2. 文明施工及环境保护措施

(1)建筑垃圾按环卫部门规定倾倒，施工污水排入指定市政排污管道，保持施工现场及周围环境文明整洁。

(2)项目部不定期对现场进行环保和文明施工管理检查，发现问题及时纠正。

(3)协调好各队组与其他施工单位关系，防止队组间发生打架事件。

(4)对违反各项文明规定的人员严肃处理。

(5)工程完工后,将各种施工现场临时设施及时拆除,并运走所有工程垃圾。

(6)白天需打钻的地点事先做好计划,集中于某一时段进行,以减少噪音影响。

(7)工地主要入口要设置明显的标牌,标明工程名称、施工单位和工程负责人姓名等内容。

(8)建立文明施工责任制,明确管理负责人,实行挂牌制,做到现场清洁整齐。

(9)工人操作地点和周围必须清洁整齐,做到工完场地清。

(10)要有严格的成品保护措施,严禁损坏污染成品,堵塞管道。

(11)建筑物内清除的垃圾,要通过竖井等稳妥下卸,严禁向窗外抛掷。

(12)施工现场不准堆置垃圾及余物。必要时设置临时堆放点,并定期外运。

(13)针对施工现场情况,设置质量安全生产宣传标语的黑板报。

(14)施工现场严禁居住家属,严禁居民、家属、小孩在施工现场穿行、玩耍。施工作业区与办公、生活区要有明显的划分。

(15)现场使用的机械设备,要按平面布置规划固定点存放,遵守机械安全规程,经常保持机身及周围环境的清洁,机械的标记、编号明显,安全装置可靠。

(16)易燃易爆物品必须分类存放。

(17)施工现场必须有消防措施、制度,要有足够的灭火器材。

(18)公司质检小组对项目进行检查时,如发现不符合文明施工规定的情况及一些质量安全事故隐患,必须立即开"整顿通知"限其定期整改,如在限定期限内无故而不整改的,由检查小组向公司提出报告,由公司向该项目组发出黄牌警告,并处以 1000～2000 元的罚款,由检查小组再次向项目经理提出"整改"期限,如在期限内仍未整改,公司将对该项目组出示红牌,对项目组进行整顿,并处以2000～4000 元的罚款。

(八)质量保证体系

1. 质量保证措施

(1)认真贯彻执行国家建筑装饰工程施工的质量标准和规定,以及公司 ISO 9001 质量体系文件,确保工程达到优良等级。

1)落实技术交底制,每道工序开始前,工长必须要对各施工队组进行书面交底,每天进行口头的班前交底,特殊的装饰项目要进行书面技术交底。

2)严把施工材料关,凡施工所用装饰材料必须是合格产品,电器产品均具有产品合格证。装饰木材均经干燥处理。所有的材料、设备进场时,必须进行质量验证,不合格材料严禁进场。

3)严把质量检查关,现场施工必须严格遵照公司的规定执行,严格按照三级质量保证体系。

4)严格的用工制度,施工操作人员,必须都经过业务知识培训及安全教育,特殊工种必须具备相应的上岗证。

第十三章 建筑工程施工组织设计

5)加强成品保护工作,针对不同的施工部位,采取有效的技术保护措施,增强各员工的成品保护意识,建立成品保护制度,明确专人管理,不得随意进入已完成的装饰区。

6)做好工程技术资料的管理,指定专人负责工程技术资料的管理,按现场管理部门的要求,及时整理。

7)严格服从社会监督。

8)我公司所服务的施工项目将服从项目监督部门及业主的监督。

(2)为保证质量措施的有效执行,配套制定以下公司质量奖惩制度。

1)公司设立奖励基金。各工程按工程造价 3.5‰ 提取质量安全奖励基金。

2)奖励办法:

① 凡工程质量获市、区优质工程,即按该工程建筑面积奖励 $1.5\sim4$ 元$/m^2$,对项目组进行奖励。

② 获得国家装饰优质"金奖"及参与施工"装饰分部"与土建单位共同获得"鲁班奖"的,按该工程建筑面积 $2\sim5$ 元$/m^2$ 奖励项目组。

③ 年度获市质量安全达优称号的项目组给予 $2000\sim5000$ 元的奖励。

3)处罚条例:

① 工程一次交验不合格的,对项目组给予 $1000\sim2000$ 元的罚款。

② 工程施工出现不按设计要求,擅自更改设计图纸、材料的,以及不按施工规范操作,或其他由于项目组原因造成的质量问题和事故的,项目组除负责返工费用等一切损失外,公司对项目组给予 $2000\sim5000$ 元的处罚。情节严重的,公司要对项目经理和有关直接责任人给予必要的行政处罚。

③ 年度在市建设主管部门组织的质安检查中,被检查不达标并受到通报的,对项目组进行 $3000\sim5000$ 元的罚款,情节严重时要给予项目经理行政处理。

2. 施工质量保证体系

本工程质量控制和质量管理将严格执行公司根据 ISO 9001 系列国际标准编制的《质量手册》、《程序文件》及相关的作业指导书。

(1)组织管理机构:

1)项目质量管理小组。项目成立以项目经理为首的质量管理小组,项目经理对工程质量全面负责,对整个施工过程中的质量工作全面领导,是质量的第一责任人。项目上配备的技术负责人对质量工作进行全面管理,是质量的第二责任者。项目上配备的工长、质安员作为组员,具体进行质量管理工作。项目质量管理领导小组人员配置图如图 13-11 所示。

2)项目质量保证实施小组。项目成立以质安员为核心,各专业工长兼职质检员,各班长为组员的质量保证实施小组。建立完善的质量保证体系与质量信息反馈体系,对工程质量进行全过程的控制和监督,层层落实"质量管理责任制"和"工程质量施工责任制"。同时,公司项目法施工检查组将定期和不定期对该项目进行检查和抽查,以确保责任制的实施。实施小组人员配置图如图13-12所示。

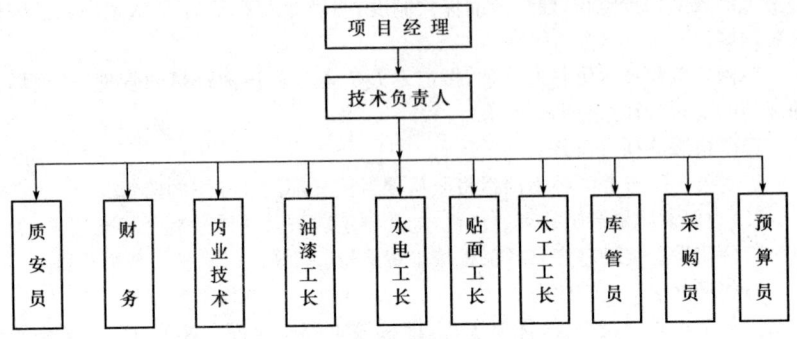

图 13-11 项目质量管理领导小组成员配置图

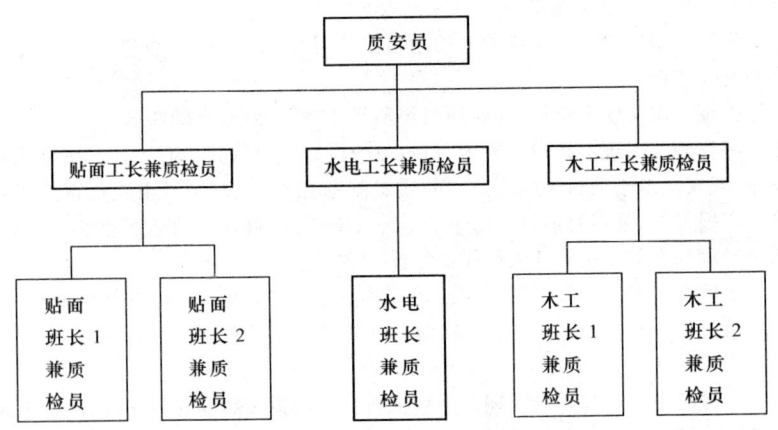

图 13-12 项目质量保证实施小组人员配置图

(2)选综合实力强、管理素质高的施工队伍:本着科学管理、精干高效、结构合理的原则,由公司劳人部从全公司范围内选配具有改革开拓精施工经验丰、服务态度良好、勤奋实干的工程技术队伍和管理干部组成施工队伍,其专业化、技术化水平属区内一流。

(3)工地施工管理制度:主要的工地施工管理制度有:劳动纪律;安全纪律、防火措施;用电规定等。

(4)建立质量岗位责任制:贯彻"谁管生产,谁就管质量;谁施工,谁就负责质量;谁操作,谁就保证质量"的原则,实行工程质量岗位责任制,并采用行政和经济

第十三章　建筑工程施工组织设计

手段来保证质量岗位责任制的实施。主要的岗位责任制有：项目经理岗位责任制；内业技术人员岗位责任制；专业工长岗位责任制；质检员岗位责任制。

(5)*严格执行"三检制"和"例会制"：*

1)每天下班前由各专业工长带领导各班组对当天的施工项目进行自检，发现质量问题立即整改，做好质量记录，并向上级层层反馈，以便领导随时掌握项目质量的动态。

2)每周末召开质量保证实施小组例会，由项目专职质检员组织各专业工长和各班组长参加相互检查，寻找缺点，即时纠正，并填好纠正预防措施记录，以便防止类似问题再次出现，信息向上级反馈，供领导参考。

3)每周召开质量小组例会，项目经理召集工程技术负责人、专职质检员和各工种工长参加，一方面，检查一周来现场施工情况，奖励先进，鞭策后进；另一方面，研究和布置下周工作，并对施工中可能出现的问题进行研究、探讨，提出解决方法。

(6)*把好材料关：*

1)*材料定样：*严格按设计要求选定材料样板，并送甲方及设计师签证认可。

2)*材料采购：*严格执行原材料、半成品和成品的出厂的合格证验证制度。

3)*材料进场：*一定要先送检，再入库。

4)本工程所需的主要材料，采购人员直赴厂家选材、订货和验收，从而保证主要材料的绝对优质。

(7)*加强设备管理。*正确选择、合理配置施工设备，做好设备的维修保养工作，确保设备正常运转。

(8)*计量管理：*

1)按国家规定的三级计量标准配齐计量器具。

2)对于涉及工程质量检测及材料检验的计量器具必须经计量合格才允许使用，无检定合格、超过检定有效期的、计量不合格的计量器均不得使用。

3)对各种计量器具必须定期检查，发现有异常情况应立即检修。

(9)*加强分项工程施工的环境温度控制：*

1)刷浆、饰面和花饰工程以及高级的抹灰，溶剂型混色涂料工程不应低于5℃。

2)中级和普通的抹灰，溶剂型混色涂料工程，以及玻璃工程应在0℃以上。

3)裱糊工程不应低于10℃。

4)使用胶粘剂时，应按胶粘剂产品说明要求的温度施工。

5)涂刷清漆不应低于8℃，乳胶涂料应按产品说明要求的温度施工。

(10)*加强成品、半成品的保护：*当装饰工程进展到装贴饰面材料的阶段，工地项目经理部会张贴告示提醒大家保护半成品和成品，同时，还将一些重要的区域用围栏围起来，重要的部位用废料或者包装箱板包起来，加强对成品和半成品保护、防止损坏。

(九)分部分项工程施工方案

1. 地面饰砖铺贴施工方案

(1)施工准备。板块楼面、地面的施工,一般在顶棚、立墙饰面完成之后进行,先铺设楼面板,后安装踢脚板。施工前,要清理现场,检查施工部位有没有水、暖等工种的预埋件,是否会影响板块的铺砌或铺粘。要检查板块材料的规格、色泽、边角等方面几何尺寸,外观要整齐,凡有翘曲、歪斜、厚薄偏差过大以及裂缝、掉角等缺陷应予剔出。同一楼面、地面工程应采用同一色、同一批号的产品,不同品种的板块材料不得混杂使用。

1)基层处理:板块地面铺砌前先拉线检查楼面垫层的平整度,然后清扫基层并用水刷净。如果是光滑的钢筋混凝土楼面,应凿毛深度一般为 5~10mm 凿痕的间距为 30mm 左右。基层表面应提前一天洒水湿润。

2)找规矩:根据设计要求,确定平面标高位置。对于结合层的厚度,水泥砂浆结合层应控制在 10~15mm;砂结合层为 20~30mm;沥青玛琋脂结合层应控制在 2~5mm 平面标高确定之后,在相应的立面上弹线,再根据板块情况拉中线,即在房间地面取中点,拉十字线。与走廊直接相通的门口外,要与走道地面拉通线,板块分块布置要以十字线对称。如若室内地面与走廊地面颜色不同,其分界线应安排在门口扇中间处。

3)试拼:根据标准确定铺砌顺序和标准块位置。在选定的位置上,每个房间的板块,应按图案、色泽和纹理进行试拼。试拼后两个方向编号排列,后按编号码放整齐。

4)试排:在房间的两个垂直方向,按标准铺两条砂带,其宽度大于板块。根据设计图要求把板块排好,以便检查板块之间的缝隙。平板间的缝隙,大理石、花岗岩不大于 1mm。在检查板块缝隙的同时,应核对板块与墙面、柱、管线洞口等的相对位置,确定找平层砂的厚度,并引至墙上,用以检查和控制板块的位置。

(2)铺贴施工:

1)板块浸水:对于铺设于水泥浆结合层上的板面层,施工前应将板料浸水湿润,这是保证面层与结合层粘结牢固,防止空鼓、起壳等质量通病的重要措施。水泥砂浆结合层的厚度一般为 10~15mm,如使用干燥板块待铺贴后,结合层砂浆时水化会很快被板吸收,因此,必然会造成水泥砂浆脱水而影响其凝结硬化,不但降低了砂浆强度,也会影响结合层与基层、砂浆与板块的粘结质量,这样将会造成板块松动、空鼓等质量弊病。所以在施工前应浸水湿润板块,并阴干码好备用,铺砌时,板块的底面以内潮外干为宜。结合层与基层及面层粘结质量的好与不好,是整个楼面、地面施工质量的关键环节。

2)摊铺水泥砂浆结合层:水泥砂浆结合层,应严格控制其稠度,以保证粘结牢固及面层的平整度。结合层宜采用干硬性水泥砂浆,因干硬性水泥砂浆具有水分

第十三章　建筑工程施工组织设计

少、强度高、密实度好、成型早及凝结硬化过程中收缩率小等优点,因此采用干硬性水泥砂浆做结合层是保证块料楼面、地面的平整度、密实度的一个重要措施。干硬性水泥砂浆配合比(水泥∶砂)常用1∶(1~3)(体积),一般采用不低于32.5级水泥配制铺设时的稠度(以标准圆锥体沉入度)2~4cm为宜,现场如无测试仪器时,可以用手捏成团,在手中颠后即散为度。

为了保证干硬性水泥砂浆与基层(或找平层)、板块的粘结效果,在铺张砌前,除将板块浸入湿润外,还应在基层(或找平层)上刷一遍水灰比为0.4~0.5的水泥浆,随刷随摊铺水泥砂浆结合层。待板块料试铺合格后,还应在干硬性水泥砂浆上再浇一薄层水泥浆,以保证整个下上之间粘结牢固。

摊铺干硬性水泥砂浆结合层(找平层)时,摊铺砂浆长度应在1m以上,其宽度要超出平板宽度20~30mm,摊铺砂浆厚度为10~15mm,楼、地面虚铺的砂浆应比标线高出3~5mm。砂浆应从里面向房间门口铺抹,然后用大杠刮平、拍实,用木抹子抹平,再进行试铺。试铺的操作程序是:铺设干硬性水泥砂浆结合层后,即将平板块材放在铺设的位置上,对好纵横缝。用橡皮锤(或木锤)轻轻敲击板块料,使砂浆振实,当锤击至铺高标高后,将板块搬起移至一旁,详细检查砂浆粘层是否平整、密实,如有孔隙不实之处,应及时用砂浆补上,最后浇上一层水灰比为0.4~0.5水泥浆,才正式进行铺贴。

3)对缝及镶条:正式镶铺时,要将板块四角同时平稳下落,对准纵横缝后,用橡胶锤轻轻敲振实并用水平尺寸找平。对缝要根据拉出的对缝控制线进行,并应注意板块的规格尺寸必须一致,其长宽度误差须在1mm以内。锤击板块时不要敲砸边角,也不要敲打在已经铺贴完毕的平板上,以免造成饰面的空鼓。

对于要求镶嵌铜条的地面板块铺贴,板块的规格尺寸更要求准确。铜条镶嵌之前,先将相邻的块板铺平整,其拼接间隙略小于镶条宽度,然后向缝隙内灌抹水泥砂浆,灌满后抹平;而后将铜镶条敲入缝隙内,使这外露部略高于板块平面(以手摸稍有凸感为准),然后擦净挤出的砂浆。

4)灌缝:对于不设镶条的板块地面,应在铺贴完毕24h以后再洒水养护。一般在2d之后,经检查板块无断裂空鼓现象,方可进行灌缝。用浆壶将1∶1稀水泥砂浆(水泥∶细砂)灌入缝隙内2/3高低,并用小木条把流出的水泥浆向内刮抹。灌缝面层上溢出的水泥或水泥浆须在凝结之前予以消除,再用与板面相同颜色的水泥色浆将灌满。待缝内的水泥凝结后,再将面层清洗干净,3d内禁止上人走动。

(3)容易产生的质量通病及防范措施:

通病1:接缝不平直、缝不均匀。

防范措施:对外形尺寸要严格检查,以保证上墙后接缝一致。根据已弹好的水平线,稳好平尺板作为镶贴第一行砖的依据,应及时用靠尺板横向靠平竖向靠直。

通病 2：空鼓、脱落。

防范措施：原因主要是基层处理不好，或者是灌浆不饱满所致。施工中要严格把握好基层处理、拉结、灌浆三个环节，只要按工艺要求将这三个环节作为质量管理点认真进行过程检查，就可很好地避免发生空鼓、脱落。

通病 3：接缝不平，板面纹理不顺，色泽不匀。

防范措施：产生问题的原因主要是基层处理不好；板材未经严格挑选，花色不一，尺寸不方正。

2. 饰面砖镶贴工程

(1)基层清理：在抹底找平之前需将基层表面的浮灰、砂浆疙瘩、油污等清除干净，洞孔补好，高出凿平，如为混凝土基层应凿毛。

(2)底层找平：基底有两种结构，砖和混凝土做法有所不同：

1)砖基底：将砖面浇湿后，用 1∶3 水泥砂浆(体积比)按标筋高度或标志抹平，用木搓板压实搓毛，厚度约为 10～12mm。

2)混凝土底面：将底面浇水湿润后，用水灰比为 0.4～0.5 的素水泥浆，掺有水泥重量 3%～5%的 108 胶满刷一遍，再抹 1∶3 水泥砂浆(体积比)，按标筋高度或标志抹平，用木搓板压实搓毛或刮毛，厚度约为 10～12mm。

(3)排砖弹线：待找平层砂浆干至六至七成，即可根据砖的尺寸和镶贴施工面积在找平层上进行分段分格排砖弹线。在同一墙面上的砖块横竖排列，均不得有一行以上的非整砖，且只能排在次要部位或不醒目处。遇有突出的管线、灯具、暖气设备等时，应用整砖套割吻合，不得不用碎砖拼凑镶贴。

(4)镶贴：镶贴面砖以前，砖墙面要前一天湿润好，混凝土墙可以提前 3～4h 湿润，瓷砖要在施工前浸水，浸水时间不小于 2h，然后取出晾至手按砖背无水迹方可贴砖。

镶砖用 1∶1 水泥砂浆(体积比)，使用水泥不低于 32.5 级的普通硅酸盐水泥，砂子为细砂(过筛)，施工温度最低在 5℃以上，在瓷砖背面满抹灰浆，四角刮成斜面，厚度 5mm 左右，注意边角满浆。瓷砖就位后用灰匙木柄轻轻击砖面，使之与邻面平。粘贴 8～10 块，用靠尺板检查表面平整，并用灰匙将缝拨直。阴阳角拼缝处可用阴阳角条，也可用切割机或磨砂机将两瓷砖沿切磨成 45°斜角，保证接缝平直、密实，扫去表面面灰，划缝，并用棉丝拭净，镶完一面后要将横竖缝划出来。

镶贴面砖工程，室内一般由下向上镶贴，最下层砖下口放在底尺板上，上口拉水平通线。

(5)擦缝：待面砖贴好 24h 后，用白水泥浆涂满缝隙，再用棉纱蘸浆将缝隙平实(彩色面砖可加适量颜料调成色浆擦缝)。如设计要求缝隙较宽时，应先用 1∶1 水泥砂浆勾缝，再按上述方法擦缝上色至平实为止。

(6)质量通病及其防范措施：

1)瓷砖粘贴空鼓脱落防治措施:

①基层清理干净,特殊工艺应渗入适量粘结剂,表面修补平整,墙面洒水湿透。

②面砖使用前,必须清洗干净,用水浸泡到面砖不冒气为止,且不少于24h,然后取出,待表面晾干后,方可粘贴。

③面砖粘贴砂浆厚度一般应控制在5~7mm,过厚或过薄,均易产生空鼓。砂浆初凝后(24h)用专用小锤全面检查,不放过一块。

④当墙面砖有空鼓时,应取下面砖,铲除原有砂浆,采用丹利胶及符合国家现行要求的粘结胶配制的聚合物水泥砂浆,粘贴修补。

2)接缝不平直、缝宽不均匀防治措施:

①对面砖的材质挑选应作为一道工序。应将色泽不同的瓷砖分别堆放,用卡尺和钢板挑出翘曲、变形、裂纹、面层有杂质、缺陷的面砖。用专用直尺把翘曲度小于0.5mm同一类尺寸面砖应用在同一房间,以做到接缝均匀一致。用鱼线拉直检验。

②粘贴前做好规矩,用2m水平尺找平,校核墙面的方正,算好纵横皮数,定出不平标准,阴角处要两面抹直。用阴阳角检验。

③根据弹好的水平线,稳好尺板,作为粘贴第一行面砖的依据,由下向上逐行粘贴,每贴好一行面砖应及时用靠尺横、竖靠直,严禁在粘贴砂浆收水后,再进行纠偏移动。

3)半成品及成品保护措施:

①半成品保护:瓷砖在运输途中,以及现场搬运中应整箱起运,小心轻放,叠起高度应不大于5箱,避免表面污染及碰撞,切忌淋雨。

②成品保护:墙面粘贴后安装五金等附件,必须注意保护,阳角用护角板封挡,以保证不被污染、碰撞。搬运梯子和凳子时,注意不要碰撞瓷砖表面,以免引起缺陷。

3. 墙面及柱面大理石花岗岩施工

(1)饰面板安装的施工准备:由于饰面板的造价较高,主要应用于装修标准较高的工程上,因此,对饰面板安装装饰施工技术要求更为准确、细致,必须在施工前做好各种准备工作。

1)施工大样图。饰面板安装前,应根据设计图纸,认真核实结构实际偏差情况,应先检查基本墙面垂直平整情况,偏差较大的应剔凿或修补,超出允许偏差的,则应在保证基本与饰面板表面距离不小于5cm的前提下,重新排列分块;柱面应先测量出柱的实际高度和柱子中心线,以及柱与柱之间上、中、下部水平通线,确定出柱饰面板看面边线,才能决定饰面板分块规格尺寸;对于复杂墙面(如楼形、三角形等),则要用黑铁皮等材料放样计算出板块的排档,并按安装顺序号,绘制分块大样图以及节点大样详图,作为加工订货及安装的依据。

2)基层处理。饰面板安装之前,应对墙、柱角钢架及其表面进行认真处理,这是防止饰面板安装后产生空鼓、脱落等质量问题的关键一环。

角钢架应具有足够的稳定性和刚度。角钢架表面应平整而粗糙。对光滑的角钢架表面应进行凿毛处理,凿毛深度以 5~15mm 为宜,间距不大于 30mm。角钢架表面残留的砂浆、尘土和油渍等,应用钢丝刷刷净并予以水冲洗。

3)抄平放线。墙面安装饰面板,要先统一找平,分块弹线。应在每个分仓格或较大的面积上弹出中心线和水平通线,同时根据饰面板规格尺寸弹出边缘分格线。

柱子安装饰面板之前,应先测量出柱子中心线和柱子中心线及柱与柱之间的水平通线,并弹出柱子饰面板的墙面线。

4)板材检验与修补。饰面板材进场拆包后,应将破碎、变色、局部污染和缺边掉角的一律挑出另行堆放;对符合要求的要进行边角垂直测量、平度检验、更缝检验和棱角缺陷检验,以便控制安装后的实际尺寸,保证宽、高尺寸一致。

板材在运输和装卸过程中被碰坏的,可以进行修补。

(2)大理石饰面干挂法:

1)基体处理。

2)石板钻孔、剔槽。将大理石饰面板直立固定于木架上,用手电钻在距板两端 1/4 处板的厚度中心钻孔,孔径 6mm,孔深 35~40mm。板宽≤500mm 的打直孔两个;板宽>500mm 的打直孔三个;>800mm 的打直孔四个。然后将板旋转 90°固定于木架上,在板两侧分别各打直孔一个,孔的位置距板下端 100mm 处,孔径 6mm,孔深 35~40mm。上下直孔都用合金钢錾子在板背面方向剔槽,槽深 7mm,以便安装连接件"U"形钉。

3)基体钻孔。板材钻孔后,按基体放线分块位置临时就位,对应于板材上下直孔的位置上,用冲击钻与板孔数相等的斜孔,斜孔呈 45°,孔径 6mm,孔深 40~50mm(与板材打孔的孔径及深度相同)。

4)根据图纸设计的尺寸,用角钢做成的角码竖龙骨用 $\phi 12 \times 140$ 的膨胀螺丝在基体已钻孔位置和墙、柱体固定横龙骨与竖龙骨焊接,焊缝要饱满,角钢架焊接完成后,再做防锈处理。

5)板材安装、固定。角钢架安装好后,将石材安放就位根据板材与角钢架相距的孔距,用克丝钳子钳制直径 5mm 的不锈钢 U 形钉,一端勾进大理石板直孔内,并随即用硬木小楔紧;另一端勾进角钢架斜孔内,并拉小线或用靠尺板及水平尺校正板上下口及板面垂直和平整度,以及与相邻板材接合是否严密,随后将角钢架斜孔内不锈钢 U 形钉楔紧。接着用大头楔紧固于板材与角钢架之间,以紧固 U 形钉。

(3)花岗岩饰面板的安装方法:磨光花岗岩饰面板,特别是大规格花岗岩饰面板包括大理石板,不采用灌浆湿作业而是使用扣件固定于角钢基架的干作业做法,是近年发展的新工艺。它改变了传统的饰面板安装的一贯做法,采用在混凝土外墙面上打胀铆螺栓,再焊接南钢架通过钢扣件连接饰面板材的扣件固定法。每块板材的自重由钢扣件传递给角钢架再传给胀铆螺栓支承,板与板之间用不锈钢销钉固定,板面接缝的防水处理是用密封硅胶嵌缝或密缝。用扣件固定饰面石板,在板块与混凝土墙面之间形成空腔,无需用砂浆填充分,因此对结构的平整度要求略低,墙体外饰面受热胀冷缩的影响较小。

1)板材切割:按照设计图纸要求在施工现场进行切割,由于板块规格较大,宜采用石材切割机切割,注意保持板块边角的挺直和规矩。

2)磨边:板材切割后,为使其边角光滑,采用手提式磨光机进行打磨。

3)钻孔:相邻板块采用不锈钢销钉边接固定,销钉插在板材侧面孔内。孔径 $\phi 5$,深度为 12mm,用电钻打孔。由于它关系到板材的安装精度,因而要求钻孔位置正确。

4)开槽:由于大规格石板的自重大,除了由钢扣件将板块下口托牢以外,还需在板块中部开槽设置承托扣件以支承板材的自重。

5)墙面修整:如果混凝土处墙表面有局部凸出处会影响扣件安装时,须进行凿平修整。

6)弹线:从结构中引出楼面标高和轴线位置。在墙面上弹出安装板材的水平和垂直控制线,并做出灰饼以控制板材安装的平整度。

7)根据图纸设计的尺寸,用角钢做成的角码竖龙骨用 $\phi 12 \times 140$ 的膨胀螺丝在基体已钻孔位置和墙、柱体固定横龙骨与竖龙骨焊接,焊缝要饱满,角钢架焊接完成后,再做防锈处理。

8)板材安装:安装板块的顺序是自下而上进行。在墙面最下一排板材安装位置的上下口拉两条水平线控制:板材从中间或墙面阳角开始就位安装。先安装好第一块作为基准,其平整度以事先设置的灰饼为依据,用线锤吊直,经校准后加以固定。一排板材安装完毕,再进行上一排扣件固定和安装。板材安装要求四角平整,纵横对缝。

9)板材固定:钢扣件和角钢架用胀铆螺栓固定,扣件原为一块钻有螺栓安装孔和销钉孔的平钢板,根据墙面与板材之间的安装距离,在现场用手提式压机将其加工成角钢型。扣件上的孔洞均呈现椭圆形,以便于安装时调节位置。

(4)石材成品保护措施:

1)石材柱面、门套等安装完后,应对所有面层的阳角及时用木板保护。同时要及时清擦干净残留脏物。

2)石材墙面安装完后应及时贴纸或贴塑料薄膜保护,必要时可搭设防护栏,并标明成品爱护字样。以保证墙面不被污染。

3)石材安装完,拆脚手架后,若需增加其他装饰饰物等,严禁将人字梯直接靠在墙面上,应采用升降梯或其他可行登高工具。

4)不得在已安装好的墙面处,进行电焊作业,必要时,应用较厚胶合板或石棉布做好保护后,专人看管,方可施工,以确保石材表面无灼伤。

4. 轻钢龙骨石膏板吊顶工程

(1)弹线、把标高线弹到墙及柱的四周上。

(2)吊杆固定采用膨胀螺栓焊接 $\phi 8$ 圆钢。

(3)吊杆与龙骨连接采用吊顶龙骨配套挂件。

(4)龙骨安装,按照预先弹好的位置线从一端依次安装到另一端。在高低跨部位,先安高跨部位,然后再安低跨部位。吊顶间距控制在 1.2m 以内,次龙骨安装间距根据石膏板的规格进行调配,一般不大于 600mm。

(5)龙骨调平:安装主龙骨时,随时检查主龙骨的标高是否在同一平面上,主龙骨调平后再安装次龙骨。

(6)对于检修孔、通风部位,在安装龙骨的同时,将其尺寸位置留出,将封边的横撑龙骨安装完毕。

(7)石膏板固定:板应在无应力状态下进行固定,防止出现弯曲凸棱现象,石膏板的长板应沿纵向次龙骨铺设,自攻螺钉以 15~17mm 为宜,螺钉应与板面垂直,螺钉头的表面略埋入板面并不使板面破坏为宜,钉眼作防锈处理,然后用石膏腻子抹平,石膏板安装时应留 5mm 左右间隙,然后用腻子嵌入板缝,并填平贴玻璃纤维带。

(8)容易产生的质量通病及防范措施。

通病 1:拼板处不平整。

防范措施:产生的原因主要是主龙骨未调平整,要在安装主龙骨时注意边安装边调平,只要主龙骨标高一致,板面的平整度就可以得到改善。

通病 2:接缝处产生裂缝。

防范措施:严格按照石膏板安装要求操作,接缝处使用专用工具和配套材料;在板缝处理完后严禁再对龙骨或板材进行振动。

通病 3:板面产生挠度。

防范措施:要按规定在楼板底面弹好吊杆位置线,按石膏板规格尺寸确定合理的吊杆间距,以防止产生吊杆间距大小不均或间距过大。次龙骨间距过大也容易产生明显挠度。龙骨与墙面之间的距离应小于 10cm,板上螺钉间距应按要求均匀布置。

5. 木作施工

(1)木结构制作:

1)根据设计要求,事先找好位置标高,进行弹线,木护墙可用 9mm×25mm(25mm×30mm,25mm×50mm……)木龙骨竖、横间距 400(500)mm、300(400)mm,按龙骨分挡尺寸,用 $\phi 16 \sim \phi 20$ 冲击钻头打眼,孔距 300(400)mm,孔深不小于 60mm,用木楔铁钉固定,墙面易受潮的地区,墙面应做防潮层,木楔可刷桐油、干

第十三章　建筑工程施工组织设计

燥后打入墙孔内。

木龙骨安装必须垂直、找直、找方。龙骨露空部分应涂刷防火涂料,然后在木龙骨上用枪钉铺钉5~9mm基层胶合板。

2)面板铺钉前当按临近部位颜色近似的木材进行挑选,面板表面严禁有划痕和胶液。

3)面板配好后进行试装,面板尺寸、接缝合适、木纹、颜色观感较好才能正式安装,一般木纹根部向下,对称。面板有离缝要求的可用撸机修直缝槽。

(2)贴脸板及收口压线条安装。贴脸板及收口线条应根据设计图纸要求,进行加工,线条与主体木材色泽接近,线条加工要清晰美观。贴脸板应稍厚于踢脚线的厚度,盖墙宽度一般为2cm,但不少于1cm,压框宽度应保证量尺寸一致,贴脸板一般先钉横的后钉竖的。线条转角一般做成45°加胶对缝,侧面亦要求钉钉,防止对角离缝。

(3)容易产生的质量通病及防范措施:

通病:压顶木线条粗细不一致、颜色不一致,接头不严密,钉裂

防范措施:主要原因是木线条选材不当,施工过于马虎、粗糙。在施工中局部护墙板压顶条粗细应一致,颜色要加以选择,接头缝要严密;木质较硬的压顶条,应用木钻先打透明,然后再用钉子钉牢,以免劈裂。

6.油漆制作工程

(1)木质表面处理:将表面清理干净并用120号砂纸顺着木纹方向打磨一遍并清理干净。

(2)刷底漆:为面漆提供平滑的附着面,增强面漆的附着力,刷底漆一般不少于2遍。

(3)修色:底漆刷完后把颜色不均匀、钉眼显露或有其他缺陷的地方都要进行修色,修色方法把有缺陷的部位先用腻子填平磨好,并按照木质上的颜色指导色浆调好,用毛笔或画笔点色、描色,要保证所补颜色与本色一致,干后用底漆找一遍,再用干净的细砂布轻轻磨一遍即可上第一遍中层清漆。

(4)刷中层清漆:中层漆采用硝基清漆,该漆特点是干得快,漆膜清晰透明,耐磨及防水性好,漆膜较硬,刷涂先垂直于木纹再顺木纹刷,刷涂打磨工序须在硬干之后,每刷一遍打一遍水砂纸,上漆打磨不少于8遍,打磨均用水砂纸打磨。

(5)上亚光面漆:亚光面漆采用硝基亚光漆,该漆光泽柔和不刺眼,施工方法是在已涂过清漆的饰面打磨并擦干检查合格后刷两遍亚光漆,每刷一遍打一遍砂纸,等最后一遍亚光漆干后,用400号细水砂纸打磨,磨平磨光,并用干净布擦拭干净,最后用碧丽珠液喷擦一遍,保证饰面的平滑光洁。

(6)容易产生的质量通病及防范措施:

通病1:开裂或裂纹。

防范措施:主要原因是在软而有弹性的涂层上涂刷稠度大的油漆,底层油漆

干燥前即涂饰上一层油漆。在施工中应正确选择油漆品种,油漆要达到规定的干燥时间后,再涂饰一层油漆,干燥剂应掺得适量。

通病 2:漆膜透底。

防范措施:主要原因是调配油漆时调和不均,比密度大的下沉,稀释剂加入太多,破坏了原厚漆的稠度。在施工中应严格控制油漆的稠度,不要随意在油漆中加稀释剂。

7. 铝复合板、铝板、防火板、不锈钢饰面板及木饰面工程

(1)饰面材料的品种、规程、颜色和图案必须符合设计要求。

(2)各类材料之性能指标必须达到产品应具有的技术标准,生产厂家对产品应具有产品合格证明书。

(3)安装、镶贴饰面材料的角钢架、基层必须具有足够的强度、刚度、表面垂直度、平整度应符合规范且有一定的粗糙度。

(4)饰面材料必须牢固、密实、平整。接缝处理和细部构造处理合理、可靠、符合设计要求,满足使用功能。

(5)饰面镶贴工艺应实用、便于操作。

(6)暑期、冬期饰面工程施工,应采取防护措施,如防晒、防冻等技术措施,以防安装、镶贴材料破坏,影响饰面材料的使用功能。

(7)在墙面和柱面安装饰面板,应先抄平、分块弹线,并对面板进行预拼和编号。接缝宽度应按设计要求。

(8)饰面板完成后,表面应清洗干净。

(9)容易产生的质量通病及防范措施:

通病 1:表面不平呈波浪形。

防范措施:严格控制粘贴基层的表面平整度,对凹凸度大于±2mm 的表面要作平整处理。

通病 2:面层空鼓。

防范措施:基层表面平整、光滑、无油脂及其他杂物,不得有起砂、起壳现象。

8. 天花、墙面腻子乳胶漆工程

(1)基层处理:将墙面起皮及松动处清理干净,并用水泥砂浆补抹,铲净,表面垂直度、平整度、强度均以符合设计要求。

(2)刮腻子:第一遍横向满刮,一刮板紧接着一刮板,接头不得留楞,每刮一板收头要干净利落。第二遍竖向满刮,第三遍用胶皮刮板补腻子,每遍干燥后用细砂纸磨平磨光,不得遗漏或将腻子磨穿。

(3)刷乳胶漆:涂刷顺序是先顶到墙,先上后下,第一遍可适当加水稀释,前二遍漆膜干燥后,用细砂纸将墙面门疙瘩和排笔毛打磨掉,并清扫干净;第三遍应连续迅速操作,从一头开始,逐渐刷向另一头,上下顺刷互相衔接,后一排笔紧接前一排笔避免出现透底、接茬明显或刷纹明显。

第十三章　建筑工程施工组织设计

(4)涂料使用前须将涂料倒入较大容器内搅拌均匀;使用中也须不断搅拌。涂料应一次备足,以免颜色不一致影响效果。

(5)容易产生的质量通病及防范措施:

通病:颜色不匀。

防范措施:使用涂料要一次配足,所用涂料混合在一起充分搅拌均匀后再使用。

9. 电气安装工程

(1)材料要求:所有进场材料应有产品合格证,PVC阻燃管应符合图集92DQ5的有关要求。

(2)弹线定位:根据施工规范、设计要求及建筑标线,确定用电设备的位置及标高。

(3)配管:管径应符合设计要求,连接及进箱盒用明箱时,丝接;暗装时可用套管连接;金属管必须作跨接地线;TC管严禁熔焊连接、固定;弯曲半径及弯扁度应符合规范要求,管内清扫干净,管口打磨光滑,与其他管线保持安全距离。

(4)管内穿线:导线规格、根数符合设计要求,中间严禁有断头;穿线前检查管路是否畅通,清扫干净管内杂物。检查管口的护口是否齐整;穿线连接处用专线帽或涮锡;穿线完毕后,做绝缘摇测,符合国家规范后方可通电试运行。

(5)用电器具安装:灯具的规格、型号、高度、位置应符合设计要求和施工规范。超过3kg的灯具必须预埋吊钩或螺栓;预埋件必须牢固可靠,灯箱内的导线与光源分隔开;低于2.4m以下的灯具,金属外壳部分应接地或接零保护。

开关和插座的安装位置正确,同一场所的位置应一致,且开关应切断相线;电话插座、组线箱等设备应安装牢固,位置正确;在导线连接前清扫杂物;箱盒收口平整;配电箱的接地(接零)保护措施和其他完全要求,必须符合施工规定,且安装牢固可靠。

10. 不锈钢栏杆工程

(1)安装预埋件:采用膨胀螺栓与钢板来制作预埋件,先在土建基层上放线,确定立柱固定点的位置,然后在楼地面上用冲击钻钻孔,再安膨胀螺栓,螺栓保持足够的长度,在螺栓与螺栓间套加钢板,钢板的尺寸要保证不锈钢立柱下端装饰盖板能扣住为宜,钢板与螺栓定位以后,将螺栓拧紧同时将螺母与螺杆间焊死,防止螺母与钢板松动。栏杆与墙体的连接也采取上述方法。

(2)放线:上述预埋件施工,有可能产生误差,因此,在立柱安装之前,应重新放线,以确定埋板位置与焊接立柱的准确性,如有偏差,及时修正。应保证不锈钢立柱全部坐落在钢板上,并且四周能全部焊接。

(3)扶手与立柱连接:立柱在安装前,通过拉长线放线,根据扶手的圆度,在其上端加出凹槽。然后把扶手直接放入凹槽从一端到另一端顺次点焊安装,相邻扶手安装对接准确,接缝严密。相邻钢管对接好后,将接缝用不锈钢焊条进行焊接。

焊接前,必须将沿焊缝每边 30~50mm 范围内的油污、毛刺、锈斑等清除干净。

(4)打磨抛光:全部焊接好后,用手提砂轮打磨机将焊缝打磨抛光,直到不显焊缝。抛光时采用绒布砂轮或毛毡轮进行抛光,同时宜采用相应的抛光膏,直到与相邻的母材基本一致,不显焊缝为止。

11. 木地板铺贴工程施工方案

(1)装前先检查门可否开启自如,若不能,可将门的下边刨去一定厚度。检查地面平整度,如误差大于 6.5mm 则用水泥油找平并刷两遍防潮沥青。

(2)木龙骨四面刨平并刷防潮沥青,衬板背面刷防潮沥青,骨架连接方式为半槽扣接并与地面生根。

(3)木地板材每五条之间须留有小于 0.3mm 的间歇,铺设方向与基层板条走向垂直,铺设时在木地板背面刷沥青玛碲脂与基层粘贴,钉粘并用,确保牢固程度。

(4)刷胶时用猪鬃大板刷,刷胶薄而均匀,不得有空白、麻点和气泡。

(5)其他注意事项:

1)木龙骨、毛地板、垫木等材料的含水率必须符合设计要求。

2)木龙骨安装必须牢固、平直,其间距和稳固方法必须符合设计要求。

3)各种木质板面层必须铺钉牢固无松动,粘结牢固无空鼓。

4)面层刨平磨光,无创痕、跄茬和毛刺等现象;图案清晰;清油面层颜色均匀一致。

5)缝对齐,粘、钉严密;缝隙宽度均匀一致;表面洁净,粘结面无溢胶。

6)脚线接缝严密,表面光滑,高度、出墙(入墙)厚度一致。

12. 地上管线及其他地上地下设施的加固措施

(1)了解熟悉原有地上、地下管线的走向,并做明显标识。

(2)须开挖地基的项目必须避开线管。

(3)须移动地上地下设施或位置与设施位置有冲突的,须请示有关部门。

(十)工程竣工档案资料的整理及管理措施

工程的竣工资料整理是保证项目交付使用的重要工作任务之一,应严格按照国家有关规定进行竣工资料编制。

1. 竣工资料编制的主要措施

(1)项目部技术负责人组织有关人员按有关规定和公司《质量记录控制工作程序》进行竣工验收资料的收集,汇总组卷工作。

(2)在进行施工前,认真学习和掌握国家和×××省有关工程竣工档案资料收集整理的规定和规范。

(3)施工技术资料随施工进度及时汇集整理。

(4)按施工技术文件、施工材料质量保证文件、施工管理文件、设计变更依据文件等四个方面,落实收集计划、编制收集情况登记表,明确责任人。

2. 施工过程中档案资料收集

(1)做好甲方、设计单位有关文件的收到和发放登记工作,并保留原件一套存档。

(2)根据工程进度和施工情况,联系有关部门收集下列有关原始资料(原件):

1)与工程部联系,收集施工技术文件资料。

2)与材料部联系,收集施工材料质量保证文件。

3)与设计部联系,收集设计变更依据文件。

(3)所有资料必须符合要求,做到齐全。

(4)根据建设单位需要,随时拍摄有关工程照片或录像。

3. 施工过程后档案资料的收集整理

(1)根据竣工资料收集整理办法,做好归档、整理工作。

(2)施工中、施工后阶段穿插绘制工程竣工文件,如收集工程竣工报告、工程决算签证、编制全套竣工图,并根据建设单位需要,收集拍摄建筑物照片、录像。

4. 对其他分包单位的竣工资料的监督管理

(1)要求各有关分包单位落实对文件和资料的控制。

(2)进行竣工资料、签证的收集整理培训、交底。

(3)定期检查各有关分包单位的竣工资料收集、整理情况。

(4)竣工后,协助和指导各有关分包单位做好竣工档案资料的编制、整理工作,确保档案资料符合要求。

(5)严格按竣工文件材料、竣工图以及重要的工程声像档案和本工程所涉及的工程资料的整理和编制要求工作,做好竣工档案的归档工作。

(6)全部施工技术资料要在竣工验收后,按合同要求规定的时间,移交给建设单位,但最迟不得超过 3 个月。

(十一)工程保修和维护

(1)施工单位施工范围均为保修范围,包括土建改造部分、水电、装饰。

(2)根据国家有关规定,施工单位承诺质量保修期为:电气管线、上下水管线安装工程为两年,装饰工程为两年。

(3)属于保修范围和内容的项目,施工单位承诺在接到修理通知之日后 48h 内派人修理。

(4)发生须紧急抢修事故(如上水跑水等),施工单位接到事故通知后,立即到达事故现场抢修。

(5)因施工单位原因致使工程在合理使用期限内造成人身和财产损害的,施工单位承担损害赔偿责任。

第十四章 建筑工程施工现场管理

第一节 概 述

一、建筑施工现场管理的概念

建筑施工现场指从事建筑施工活动经批准占用的施工场地。它既包括红线以内占用的建筑用地和施工用地,又包括红线以外现场附近经批准占用的临时施工用地。

建筑施工现场管理就是运用科学的管理思想、管理组织、管理方法和管理手段,对建筑施工现场的各种生产要素,如人(操作者,管理者)、机(设备)、料(原材料)、法(工艺、检测)、环境、资金、能源、信息等,进行合理的配置和优化组合,通过计划、组织、控制、协调、激励等管理职能,保证现场能按预定的目标,实现优质、高效、低耗、按期、安全、文明地生产。

二、建筑施工现场管理的意义

(1)施工现场管理是贯彻执行有关法规的集中体现。建筑施工现场管理不仅是一个工程管理问题,也是一个严肃的社会问题。它涉及许多城市建设管理法规,诸如:城市绿化、消防安全、交通运输、工业生产保障、文物保护、居民安全、人防建设、居民生活保障、精神文明建设等。

(2)施工现场管理是建设体制改革的重要保证。在从计划经济向市场经济转换过程中,原来的建设管理体制必须进行深入的改革,而每个改革措施的成果,必然都通过施工现场反映出来。在市场经济条件下,在现场内建立起新的责、权、利结构,对施工现场进行有效的管理,既是建设体制改革的重要内容,也是其他改革措施能否成功的重要保证。

(3)施工现场是施工企业与社会的主要接触点。施工现场管理是一项科学的、综合的系统管理工作,施工企业的种项管理工作,都通过现场管理来反映。企业可以通过现场这个接触点体现自身的实力,获得良好的信誉,取得生存和发展的压力和动力。同时,社会也通过这个接触来认识、评价企业。

(4)施工现场管理的施工活动正常进行的基本保证。在建筑施工中,大量的人流、物流、财流和信息流汇于施工现场。这些流是否畅通,涉及施工生产活动是否顺利进行,而现场管理是人流、物流、财流和信息畅通的基本保证。

第十四章　建筑工程施工现场管理

(5)施工现场是各专业管理联系的纽带。在施工现场,各项专业管理工作即按合理分工分头进行,而又密切协作,相互影响,相互制约。施工现场管理的好坏,直接关系到各项专业管理的热核经济效果。

三、建筑施工现场管理的任务

施工员是现场施工的直接指挥员,应学习有关施工现场管理的基本理论和方法,合理组织施工,达到优质、低耗、高效、安全和文明施工的目的。

建筑施工现场管理的任务,具体可以归纳为以下几点:

(1)全面完成生产计划规定的任务(含产量、产值、质量、工期、资金、成本、利润和安全等)。

(2)按施工规律组织生产,优化生产要素的配置,实现高效率和高效益。

(3)搞好劳动组织和班组建设,不断提高施工现场人员的思想和技术素质。

(4)加强定额管理,降低物料和能源的消耗,减少生产储备和资金占用,不断降低生产成本。

(5)优化专业管理,建立完善管理体系,有效地控制施工现场的投入和产出。

(6)加强施工现场的标准化管理,使人流、物流高效有序。

(7)治理施工现场环境,改变"脏、乱、差"的状况,注意保护施工环境,做到施工不扰民。

四、建筑施工现场管理的内容

1. 平面布置与管理

(1)施工现场的布置,是要解决建筑施工所需的各项设施和永久性建筑(拟建和已有的建筑)之间的合理布置,按照施工部署、施工方案和施工进度的要求,对施工用临时房屋建筑、临时加工预制场、材料仓库、堆场、临时水、电、动力管线和交通运输道路等做出周密规划和布置。

(2)施工现场平面管理就是在施工过程中对施工场地的布置进行合理的调节,也是对施工总平面图全面落实的过程。

2. 材料管理

全部材料和零部件的供应已列入施工规划,现场管理的主要内容是:确定供料和用料目标;确定供料、用料方式及措施;组织材料及制品的采购、加工和储备,做好施工现场的进料安排;组织材料进场、保管及合理使用;完工后及时退料及办理结算等。

3. 合同管理

现场合同管理是指施工全过程中的合同管理工作,它包括两个方面:一方面是承包商与业主之间的合同管理工作;另一方面是承包商与分包之间的合同管理工作。现场合同管理人员应及时填写并保存有关方面签证的文件。

4. 质量管理

现场质量管理是施工现场管理的重要内容,主要包括以下两个方面工作:

(1)按照工程设计要求和国家有关技术规定,如施工质量验收规范、技术操作规程等,对整个施工过程的各个工序环节进行有组织的工程质量检验工作,不合格的建筑材料不能进入施工现场,不合格的分部分项工程不能转入下道工序施工。

(2)采用全面质量管理的方法,进行施工质量分析,找出产生各种施工质量缺陷的原因,随时采取预防措施,减少或尽量避免工程质量事故的发生,把质量管理工作贯穿到工程施工全过程,形成一个完整的质量保证体系。

5. 安全管理与文明施工

安全生产管理贯穿于施工的全过程,交融于各项专业技术管理,关系着现场全体人员的生产安全和施工环境安全。现场安全管理的主要内容包括:安全教育;建立安全管理制度;安全技术管理;安全检查与安全分析等。

文明施工是指在施工现场管理中,按照现代化施工的客观要求,使施工现场保持良好的施工环境和施工秩序。文明施工是施工现场管理中一项综合性基础管理工作。

第二节 施工现场平面布置

一、施工平面图设计要求

(一)施工总平面图设计

施工总平面图设计内容及要求见表 14-1。

表 14-1　　　　　　　施工总平面图设计内容及要求

序号	项　目	内　容　及　要　求
1	施工总平面图的设计依据	(1)设计资料。 (2)调查收集到的地区资料。 (3)施工部署和主要工程施工方案。 (4)施工总进度计划。 (5)资源需要量表。 (6)建筑工程量计算参考资料

续一

序号	项 目	内 容 及 要 求
2	施工总平面图设计的主要内容	(1)施工用地范围。 (2)一切地上和地下的已有和拟建的建筑物、构筑物及其他设施的平面位置与尺寸。 (3)永久性与非永久性坐标位置,必要时标出建筑场地的等高线。 (4)场内取土和弃土的区域位置。 (5)为施工服务的各种临时设施的位置。这些设施包括: 1)各种运输业务用的建筑物和运输道路; 2)各种加工厂、半成品制备站及机械化装置等; 3)各种建筑材料、半成品及零件的仓库和堆置场; 4)行政管理及文化生活福利用的临时建筑物; 5)临时给水排水管线、供电线路、管道等; 6)保安及防火设施
3	施工总平面图设计的原则	施工总平面图是建设项目或群体工程的施工布置图,由于栋号多、工期长、施工场地紧张及分批交工的特点,使施工平面图设计难度大,应当坚持以下原则: (1)在满足施工要求的前提下布置紧凑,少占地,不挤占交通道路。 (2)最大限度地缩短场内运输距离,尽可能避免二次搬运。物料应分批进场,大件置于起重机下。 (3)在满足施工需要的前提下,临时工程的工程量应该最小,以降低临时工程费,故应利用已有房屋和管线,永久工程前期完工的为后期工程使用。 (4)临时设施布置应利于生产和生活,减少工人往返时间。 (5)充分考虑劳动保护、环境保护、技术安全、防火要求等
4	施工总平面图的设计步骤	施工总平面图的设计步骤应是:引入场外交通道路→布置仓库→布置加工厂和混凝土搅拌站→布置内部运输道路→布置临时房屋→布置临时水电管线网和其他动力设施→绘制正式的施工总平面图

续二

序号	项目		内容及要求
5	施工总平面图的设计要求	场外交通道路的引入与场内布置	(1)一般大型工业企业都有永久性铁路建筑,可提前修建为工程服务,但应恰当确定起点和进场位置,考虑转弯半径和坡度限制,有利于施工场地的利用。 (2)当采用公路运输时,公路应与加工厂、仓库的位置结合布置,与场外道路连接,符合标准要求。 (3)当采用水路运输时,卸货码头不应少于2个,宽度不应小于2.5m,江河距工地较近时,可在码头附近布置主要加工厂和仓库
		仓库的布置	一般应接近使用地点,其纵向宜与交通线路平行,装卸时间长的仓库应远离路边
		加工厂和混凝土搅拌站的布置	总的指导思想是应使材料和构件的运输量小,有关联的加工厂适当集中
		内部运输道路的布置	(1)提前修建永久性道路的路基和简单路面为施工服务;临时道路要把仓库、加工厂、堆场和施工点贯穿起来。 (2)按货运量大小设计双行环行干道或单行支线,道路末端要设置回车场。路面一般为土路、砂石路或礁碴路。 (3)尽量避免临时道路与铁路、塔轨交叉,若必须交叉,其交叉角宜为直角,至少应大于30°
		临时房屋的布置	(1)尽可能利用已建的永久性房屋为施工服务,不足时再修建临时房屋。临时房屋应尽量利用活动房屋。 (2)全工地行政管理用房宜设在全工地入口处。工人用的生活福利设施,如商店、俱乐部等,宜设在工人较集中的地方,或设在工人出入必经之处。 (3)工人宿舍一般宜设在场外,并避免在低洼潮湿地及有烟尘不利于健康的地方。 (4)食堂宜布置在生活区,也可视条件设在工地与生活区之间

第十四章 建筑工程施工现场管理

续三

序号	项目		内容及要求
5	施工总平面图的设计要求	临时水电管网和其他动力设施的布置	(1)尽量利用已有的和提前修建的永久线路。 (2)临时总变电站应设在高压线进入工地处,避免高压线穿过工地。 (3)临时水池、水塔应设在用水中心和地势较高处。管网一般沿道路布置,供电线路应避免与其他管道设在同一侧。主要供水、供电管线采用环状,孤立点可设枝状。 (4)管线穿过道路处均要套以铁管,一般电线用 $\phi51 \sim \phi76$ 管,电缆用 $\phi102$ 管,并埋入地下 0.6m 处。 (5)过冬的临时水管须埋在冰冻线以下或采取保温措施。 (6)排水沟沿道路布置,纵坡不小于 0.2%,通过道路处须设涵管,在山地建设时应有防洪设施。 (7)消火栓间距不大于 120m,距拟建房屋不小于 5m,不大于 25m,距路边不大于 2m。 (8)各种管道间距应符合规定要求

(二)单位工程施工平面图设计

单位工程施工平面图设计内容及要求见表 14-2。

表 14-2　　单位工程施工平面图设计内容及要求

序号	项目	内容及要求
1	设计要求	布置紧凑,占地要省,不占或少占农田;短运输,少搬运;临时工程要在满足需要的前提下,少用资金;利于生产、生活、安全、消防、环保、市容、卫生、劳动保护等,符合国家有关规定和法规
2	设计步骤	设计步骤:确定起重机的位置→确定搅拌站、仓库、材料和构件堆场、加工厂的位置→布置运输道路→布置行政管理、文化、生活、福利用临时设施→布置水电管线→计算技术经济指标

续表

序号	项目		内容及要求
3	设计要点	起重机械布置	井架、门架等固定式垂直运输设备的布置,要结合建筑物的平面形状、高度、材料、构件的重量,考虑机械的负荷能力和服务范围,做到便于运送,便于组织分层分段流水施工,便于楼层和地面的运输,运距要短。 塔式起重机的布置要结合建筑物的形状及四周的场地情况布置。起重高度、幅度及起重量要满足要求,使材料和构件可达到建筑物的任何使用地点。路基按规定进行设计和建造。 履带吊和轮胎吊等自行式起重机的行驶路线要考虑吊装顺序、构件重量、建筑物的平面形状、高度、堆放场位置以及吊装方法,避免机械能力的浪费
		运输道路的修筑	应按材料和构件运输的需要,沿着仓库和堆场进行布置,使之畅行无阻。宽度要符合规定,单行道不小于 3~3.5m,双车道不小于 5.5~6m。木材场两侧应有 6m 宽通道,端头处应有 12m×12m 回车场。消防车道不小于 3.5m
		供水设施的布置	临时供水首先要经过计算、设计,然后进行设置,其中包括水源选择、取水设施、贮水设施、用水量计算(生产用水、机械用水、生活用水、消防用水)、配水布置、管径的计算等。单位工程施工组织设计的供水计算和设计可以简化或根据经验进行安排。一般 5000~10000m^2 的建筑物施工用水主管径为 50mm,支管径为 40mm 或 25mm。消防用水一般利用城市或建设单位的永久消防设施
		临时供电设施	临时供电设计,包括用电量计算、电源选择、电力系统选择和配置。用电量包括电动机用电量、电焊机用电量、室内和室外照明容量

二、临时建筑布置

临时建筑可分为临时行政、生活用房和临时仓库、加工厂等。

(一)临时行政、生活用房

1. 临时行政、生活用房分类

(1)行政管理和辅助用房:包括办公室、会议室、门卫、消防站、汽车库及修理车间等。

(2)生活用房:包括职工宿舍、食堂、卫生设施、工人休息室、开水房等。

(3)文化福利用房:包括医务室、浴室、理发室、文化活动室、小卖部等。

2. 临时行政、生活用房布置原则

临时行政、生活用房的布置应尽量利用永久性建筑,延缓现场原有建筑的拆除,尽量采用活动式临时房屋,可根据施工不同阶段利用已建好的工程建筑,应视场地条件及周围环境条件对所设临时行政、生活用房进行合理地取舍。

在大型工程和场地宽松的条件下,工地行政管理用房宜设在工地入口处或中心地区,现场办公室应靠近施工地点,生活区应设在工人较集中的地方和工人出入必经地点,工地食堂和卫生设施应设在不受影响且有利于文明施工的地点。

在市区内的工程,往往由于场地狭窄,应尽量减少临时建设所设项目,且尽量沿场地周边集中布置,一般只考虑设置办公室、工人宿舍或休息室、食堂、门卫和卫生设施等。

3. 临时行政、生活用房面积的确定

各类临时用房及使用人数确定后,可根据表14-3、现行定额或实际经验数值,确定临时建筑所需用的面积。其计算公式如下:

$$A = N \times P \tag{14-1}$$

式中　A——建筑面积;

　　　N——人数;

　　　P——建筑面积定额。

表 14-3　　　　　行政、生活、福利临时建筑参考指标

临时房屋名称	指标使用方法	参考指标(m^2/人)
一、办公室	按干部人数	3~4
二、宿舍	按高峰年(季)职工平均人数	2.5~3.5
单层通铺	(扣除不在工地住宿人数)	2.5~3
双层床		2.0~2.5
单层床		3.5~4
三、家属宿舍		16~25 m^2/户
四、食堂	按高峰年职工平均人数	0.5~0.8
五、食堂兼礼堂	按高峰年职工平均人数	0.6~0.9

续表

临时房屋名称	指标使用方法	参考指标(m^2/人)
六、其他		
医务室	按高峰年职工平均人数	0.05～0.07
浴室	按高峰年职工平均人数	0.07～0.1
理发室	按高峰年职工平均人数	0.01～0.03
浴室兼理发室	按高峰年职工平均人数	0.08～0.1
俱乐部	按高峰年职工平均人数	0.1
小卖店	按高峰年职工平均人数	0.03
招待所	按高峰年职工平均人数	0.06
托儿所	按高峰年职工平均人数	0.03～0.06
子弟小学	按高峰年职工平均人数	0.06～0.08
其他公用	按高峰年职工平均人数	0.05～0.10
七、现场小型设施		
开水房		10～40m^2
厕所	按高峰年职工平均人数	0.02～0.07
工人休息室	按高峰年职工平均人数	0.15

(二)临时仓库、加工厂

1. 现场仓库的形式

现场仓库按其储存材料的性质和重要程度,可采用露天堆场、半封闭式(棚)和封闭式(仓库)三种形式。

(1)露天堆场。用于不受自然气候影响而损坏质量的材料。如砂、石、砖、混凝土构件等。

(2)半封闭式(棚)。用于储存防止雨、雪、阳光直接侵蚀的材料。如堆放油毡、沥青、钢材等。

(3)封闭式(仓库)。用于受气候影响易变质的制品、材料等。如水泥、五金零件、器具等。

2. 仓库的布置

仓库应尽量利用永久性仓库为现场服务。应布置在使用地点,位于平坦、宽敞、交通方便之处,距各使用地点要比较适中,使之距各使用地点的运输造价或运输吨公里最小。且应考虑材料运入方式(铁路、船运、汽运)及应遵守安全技术和防火规定。

一般材料仓库应邻近公路和施工地区布置;钢筋木材仓库应布置在其加工厂

第十四章　建筑工程施工现场管理

附近；水泥库、砂石堆场则布置在搅拌站附近；油库、氧气库和电石库、危险品库宜布置在僻静、安全之处；大型工业企业的主要设备的仓库一般应与建筑材料仓库分开设置；易燃材料的仓库要设在拟建工程的下风方向；车库和机械站应布置在现场入口处。

3. 仓库材料储备量

确定材料的储备量，要在保证正常施工的前提下，不宜储存过多，减少仓库占地面积，降低临时设施费用。通常的储备量应根据现场条件、材料的供需要求、运输条件和资金的周转情况等来确定，同时要考虑季节性施工的影响（如雨季、冬季运输条件不便，可多储备一些）。

在求得计划期间内材料的需用量后，其储备量可按储备期计算：

$$P=\frac{K_1 T_i Q}{T} \tag{14-2}$$

式中　P——材料的储备量；

K_1——材料使用不均匀系数，见表14-4；

T_i——某种材料的储备期（天），见表14-5；

Q——某种材料的计划用量（m^3，t 等）；

T——某种材料的施工天数。

表 14-4　　　　　　　　　材料使用的不均匀系数

序号	材料名称	材料使用不均匀系数	
		K_1	K_2
1	砂　子	1.2～1.4	1.5～1.8
2	碎、卵石	1.2～1.4	1.6～1.9
3	石　灰	1.2～1.4	1.7～2.0
4	砖	1.4～1.8	1.6～1.9
5	瓦	1.6～1.8	2.2～2.5
6	块　石	1.5～1.7	2.5～2.8
7	炉　渣	1.4～1.6	1.7～2.0
8	水　泥	1.2～1.4	1.3～1.6
9	型钢及钢板	1.3～1.5	1.7～2.0
10	钢　筋	1.2～1.4	1.6～1.9
11	木　材	1.2～1.4	1～1
12	沥　青	1.3～1.5	1.8～2.1
13	卷　材	1.5～1.7	2.4～2.8
14	玻　璃	1.2～1.4	2.7～3.0

表 14-5 仓库面积计算数据参考资料

序号	材料名称	单位	储备天数	每 $1m^2$ 储存量	堆置高度 /m	仓库类型
1	钢材	t	40～50	1.5	1.0	
	工槽钢	t	40～50	0.8～0.9	0.5	露天
	角钢	t	40～50	1.2～1.8	1.2	露天
	钢筋(直筋)	t	40～50	1.8～2.4	1.2	露天
	钢筋(盘筋)	t	40～50	0.8～1.2	1.0	库或棚约占20%
	钢板	t	40～50	2.4～2.7	1.0	露天
	钢管 $\phi 200$ 以上	t	40～50	0.5～0.6	1.2	露天
	钢管 $\phi 200$ 以下	t	40～50	0.7～1.0	2.0	露天
	钢轨	t	20～30	2.3	1.0	露天
	铁皮	t	40～50	2.4	1.0	库或棚
2	生铁	t	40～50	5	1.4	露天
3	铸铁管	t	20～30	0.6～0.8	1.2	露天
4	暖气片	t	40～50	0.5	1.5	露天或棚
5	水暖零件	t	20～30	0.7	1.4	库或棚
6	五金	t	20～30	1.0	2.2	库
7	钢丝绳	t	40～50	0.7	1.0	库
8	电线电缆	t	40～50	0.3	2.0	库或棚
9	木材	m^3	40～50	0.8	2.0	露天
	原材	m^3	40～50	0.9	2.0	露天
	成材	m^3	30～40	0.7	3.0	露天
	枕木	m^3	20～30	1.0	2.0	露天
	灰板条	千根	20～30	5	3.0	棚
10	水泥	t	30～40	1.4	1.5	库
11	生石灰(块)	t	20～30	1～1.5	1.5	棚
	生石灰(袋装)	t	10～20	1～1.3	1.5	棚
	石膏	t	10～20	1.2～1.7	2.0	棚
12	砂、石子(人工堆置)	m^3	10～30	1.2	1.5	露天
	砂、石子(机械堆置)	m^3	10～30	2.4	3.0	露天
13	石块	m^3	10～20	1.0	1.5	露天
14	红砖	千块	10～30	0.5	1.5	露天
15	耐火砖	t	20～30	2.5	1.8	棚
16	黏土瓦、水泥瓦	千块	10～30	0.25	1.5	露天
17	石棉瓦	张	10～30	25	1.0	露天
18	水泥管、陶土管	t	20～30	0.5	1.5	露天
19	玻璃	箱	20～30	6～10	0.8	棚或库

第十四章 建筑工程施工现场管理

续表

序号	材料名称	单位	储备天数	每1m² 储存量	堆置高度/m	仓库类型
20	卷材	卷	20~30	15~24	2.0	库
21	沥青	t	20~30	0.8	1.2	露天
22	液体燃料润滑油	t	20~30	0.3	0.9	库
23	电石	t	20~30	0.3	1.2	库
24	炸药	t	10~30	0.7	1.0	库
25	雷管	t	10~30	0.7	1.0	库
26	煤	t	10~30	1.4	1.5	露天
27	炉渣	m³	10~30	1.2	1.5	露天
28	钢筋混凝土构件	m³				
	板	m³	3~7	0.14~0.24	2.0	露天
	梁、柱	m	3~7	0.12~0.18	1.2	露天
29	钢筋骨架	t	3~7	0.12~0.18	—	露天
30	金属结构	t	3~7	0.16~0.24	—	露天
31	铁件	t	10~20	0.9~1.5	1.5	露天或棚
32	钢门窗	t	10~20	0.65	2	棚
33	木门窗	m³	3~7	30	2	棚
34	木屋架	m³	3~7	0.3	—	露天
35	模板	m³	3~7	0.7	—	露天
36	大型砌块	m³	3~7	0.9	1.5	露天
37	轻质混凝土制品	m³	3~7	1.1	2	露天
38	水、电及卫生设备	t	20~30	0.35	1	棚库各约占1/4
39	工艺设备	t	20~30	0.6~0.8	—	露天约占1/2
40	多种劳保用品	件		250	2	库

注:1. 当采用散装水泥时设水泥罐,其容积按水泥周转量计算,不再设集中水泥库。
2. 块石、砖、水泥管等以在建筑物附近堆放为原则,一般不设集中堆场。

4. 仓库面积的确定
(1)按材料储备量计算:

$$F = \frac{P}{q \cdot K_2} \tag{14-3}$$

式中 F——仓库总面积(m²);
P——材料的储备量(m³,t等);
q——每1m² 仓库面积上存放材料数量,见表14-5;
K_2——仓库面积利用系数,见表14-4。

(2)按系数计算:

$$F = \phi \cdot m \tag{14-4}$$

式中　F——仓库总面积(m^2)；

　　　ϕ——系数，见表 14-6；

　　　m——计算基数，见表 14-6。

表 14-6　　　　　按系数计算仓库面积参考资料

序号	名称	计算基数/m	单位	系数/ϕ	备注
1	仓库(综合)	按年平均全员人数(工地)	m^2/人	0.7~0.8	陕西省一局统计手册
2	水泥库	按当年水泥用量的40%~50%	m^2/t	0.7	黑龙江、安徽省用
3	其他仓库	按当年工作量	m^2/万元	1~1.5	
4	五金杂品库	按年建安工作量计算时	m^2/万元	0.1~0.2	原华东院施工组织设计手册
		按年平均在建面积计算时	m^2/百m^2	0.5~1	
5	土建工具库	按高峰年(季)平均全员人数	m^2/人	0.1~0.2	建研院、一机部一院资料
6	水暖器材库	按年平均在建建筑面积	m^2/百m^2	0.2~0.4	建研院、一机部一院资料
7	电器器材库	按年平均在建建筑面积	m^2/百m^2	0.3~0.5	建研院、一机部一院资料
8	化工油漆危险品仓库	按年建安工作量	m^2/万元	0.05~0.1	
9	三大工具堆场	按年平均在建建筑面积	m^2/百m^2	1~2	
	(脚手、跳板、模板)	按年建安工作量	m^2/万元	0.3~0.5	

5. 临时加工厂

根据工程的性质、规模、施工方法、工程所处的环境条件(包括地点、场地条件、材料、构件供应条件等)，工程所需的临时加工厂不尽相同。通常设有钢筋、混凝土、木材(包括模板、门窗等)、金属结构等加工厂。加工厂布置时应使材料及构件的总运输费用最小，减少进入现场的二次搬运量，同时使加工厂有良好的生产条件，做到加工与施工互不干扰，一般情况下，把加工厂布置在工地的边缘。这样，既便于管理，又能降低铺设道路、动力管线及给排水管道的费用。常见临时加工厂和现场作业棚所需面积参考指标见表14-7、表14-8。

表 14-7　　　　　临时加工厂所需面积参考指标

序号	加工厂名称	年产量		单位产量所需建筑面积	占地总面积/m^3	备注
		单位	数量			
1	混凝土搅拌站	m^3	3200	0.022m^2/m^3	按砂石堆场考虑	400L搅拌机2台
		m^3	4800	0.021m^2/m^3		400L搅拌机3台
		m^3	6400	0.020m^2/m^3		400L搅拌机4台

第十四章 建筑工程施工现场管理

续一

序号	加工厂名称	年产量 单位	年产量 数量	单位产量所需建筑面积	占地总面积 /m³	备注
2	临时性混凝土预制厂	m³	1000	0.25m²/m³	2000	生产屋面板和中小型梁板柱等,配有蒸养设施
		m³	2000	0.20m²/m³	3000	
		m³	3000	0.15m²/m³	4000	
		m³	5000	0.125m²/m³	小于6000	
3	半永久性混凝土预制厂	m³	3000	0.6m²/m³	9000～12000	
		m³	5000	0.4m²/m³	12000～15000	
		m³	10000	0.3m²/m³	15000～20000	
4	木材加工厂	m³	15000	0.0244m²/m³	1800～3600	进行原木、木方加工
		m³	24000	0.0199m²/m³	2200～4800	
		m³	30000	0.0181m²/m³	3000～5500	
	综合木工加工	m³	200	0.30m²/m³	100	加工门窗、模板、地板、屋架等
		m³	500	0.25m²/m³	200	
		m³	1000	0.20m²/m³	300	
		m³	2000	0.15m²/m³	420	
	粗木加工厂	m³	5000	0.12m²/m³	1350	加工屋架、模板
		m³	10000	0.10m²/m³	2500	
		m³	15000	0.09m²/m³	3750	
		m³	2000	0.08m²/m³	4800	
	细木加工厂	万 m³	5	0.0140m²/m³	7000	加工门窗、地板
		万 m³	10	0.0114m²/m³	10000	
		万 m³	15	0.0106m²/m³	14000	
	钢筋加工厂	t	200	0.35m²/t	280～560	加工、成型、焊接
		t	500	0.25m²/t	380～750	
		t	1000	0.20m²/t	400～800	
		t	2000	0.15m²/t	450～900	
5	现场钢筋调直或冷拉拉直场卷扬机棚 冷拉场 时效场	所需场地(长×宽) (70～80)m×(3～4)m 15～20m² (4～60)m×(3～4)m (3～40)m×(6～8)m				包括材料和成品堆放

续二

序号	加工厂名称	年产量		单位产量所需建筑面积	占地总面积 /m³	备 注
		单位	数量			
	钢筋对焊 对焊场地 对焊棚			所需场地(长×宽) (3~40)m×(4~5)m 15~20m²		包括材料和成品堆放
5	钢筋冷加工 冷拔、冷轧机 剪断机 弯曲机 φ12以下 弯曲机 φ40以下			所需场地(m²/台) 40~50 30~40 50~60 60~70		
6	金属结构加工 (包括一般铁件)			所需场地(m²/t) 所产500t为10 年产1000t为8 年产2000t为6 年产3000t为5		按一批加工数量计算
7	石灰消化 ⎰贮灰池 ⎨淋灰池 ⎩淋灰槽			5×3=15m² 4×3=12m² 3×2=6m²		第二个贮灰池配一套淋灰池和淋灰槽,每600kg石灰可消化1m³石灰膏
8	沥青锅场地			20~40m²		台班产量1~1.5t/台

表14-8 现场作业棚所需面积参考指标

序号	名 称	单 位	面积/m²	备 注
1	木工作业棚	m²/人	2	占地为建筑面积的2~3倍
2	电锯房	m²	80	34~36的圆锯一台
	电锯房	m²	40	小圆锯一台
3	钢筋作业棚	m²/人	3	占地为建筑面积的3~4倍
4	搅拌棚	m²/台	10~18	
5	卷扬机棚	m²/台	6~12	
6	烘炉房	m²	30~40	
7	焊工房	m²	20~40	

续表

序号	名称	单位	面积/m²	备注
8	电工房	m²	15	
9	白铁工房	m²	20	
10	油漆工房	m²	20	
11	机、钳工修理房	m²	20	
12	立式锅炉房	m²/台	5～10	
13	发电机房	m²/kW	0.2～0.3	
14	水泵房	m²/台	3～8	
15	空压机房（移动式）	m²/台	18～30	
	空压机房（固定式）	m²/台	9～15	

钢筋加工厂的布置，应尽量采用集中加工布置方式，有利于发挥加工设备的工效，保证质量，降低加工成本。当施工场地不足，难以形成钢筋堆放与加工的集中生产线时，可设置部分分散的临时钢筋加工棚。

混凝土搅拌站的布置，可采用集中、分散、集中与分散相结合三种方式。集中布置可以提高混凝土加工的机械化程度，通常采用二阶式搅拌站。当要求供应的混凝土有多种标高时，可配置适当的小型搅拌机，采用集中与分散相结合的方式。集中布置方式，加工量大，混凝土质量有保证，便于管理专业化。当采用二阶式搅拌站时，通常要设置砂、石集中储料仓，可减少砂、石堆放占用的施工场地。但由于储料仓往往设置较高，因此，分仓挡墙要有足够的强度、刚度和稳定性，保证安全施工。当在城市内施工，采用商品混凝土时，现场只需布置泵车及输送管道位置。

木材加工厂的布置，在大型工程中，根据木料的情况，一般要设置原木、锯材、成材、粗细木等集中联合加工厂，布置在铁路、公路或水路沿线。设备集中，便于实现生产的机械化、自动化、节约劳动力，降低成本。对于城市内的工程项目，通常现场狭窄，木材加工宜在现场外进行或购入成材，现场的木加工厂布置只需考虑门窗、模板的制作。木加工厂的布置还应考虑远离火源及残料锯屑的处理。

金属结构、锻工、机修等车间，相互密切联系，应尽可能布置在一起。

产生有害气体和污染环境的加工厂，如熬制沥青、石灰熟化等，应位于场地下风向。

三、施工机械、材料、构件的堆放与布置

（一）施工机械的布置

随着现代施工技术的发展，工程施工的机械化程度越来越高，使用的机械种类也越来越多,因此,在施工中如何合理地进行布置,对充分发挥机械效率,提高劳动生产率,实现现场安全、文明施工有重要意义。

施工中所使用的机械设备,有许多是为局部或某些施工过程所使用,具有小型、灵便、可随时移动操作位置等特点;如电焊机、切割机、空压机等。而有些全场性的机械设备;如垂直运输机械,混凝搅拌站,施工电梯等,这些机械布置的位置要固定,在整个工程施工期占用一定的场地,并对施工的顺利完成起重要作用。

1. 起重机械

现场的起重机械有塔吊、履带吊起重机、井架、龙门架、平台式起重机等。它的位置直接影响仓库、料堆、砂浆和混凝土搅拌站的位置,以及场地道路和水电管网的位置等。因此要首先予以考虑。

塔式起重机的布置要结构建筑物的平面形状和四周场地条件综合考虑。轨道式塔吊一般应在场地较宽的一面沿建筑物的长度方向布置,以充分发挥其效率。图14-1所示为轨道式塔吊单侧布置示意图。根据工程具体情况,还可布置成双侧布置或跨内布置。塔轨路基必须坚实可靠,两旁应排水沟,在满足使用的条件下,要缩短塔轨的长度,同时还要注意安塔、拆塔是否有足够的场地。

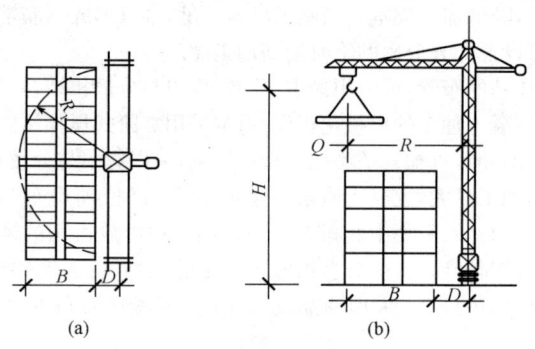

图 14-1 轨道式塔吊单侧布置示意图
(a)平面图;(b)立面图

塔吊单侧布置时,其回转半径应满足下式要求:

$$R \geqslant B+D \tag{14-5}$$

式中 R——塔吊的最大回转半径(m);

B——建筑平面的最大宽度(m);

D——轨道中心线与外墙边线的距离(m)。

轨道中心线与外墙边线的距离取决于凸出墙的雨篷、阳台以及脚手架尺寸,还取决于所选择塔吊的有关技术参数(如轨距等),吊装构件的重量和位置。

塔吊的布置要尽量使建筑物处于其回转半径覆盖之下,并尽可能地覆盖最大面积的施工现场,使起重机能将材料、构件运至施工各个地点,避免出现"死角"。塔吊服务范围及布置如图14-2所示。图14-3所示为塔吊布置的"死角"。

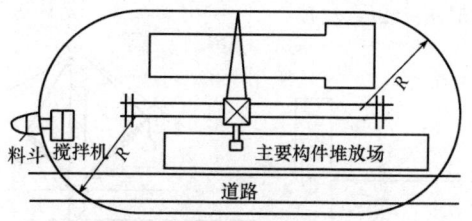

图14-2 塔吊服务范围及布置

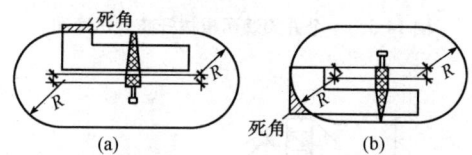

图14-3 塔吊布置的"死角"
(a)南面布置方案;(b)北面布置方案

在高空有高压电线通过时,高压线必须高出起重机,并保证规定的安全距离。否则应采取安全防护措施。

布置固定式垂直运输设备(如井架、龙门架、桅杆、固定式塔吊)的位置时,主要根据机械性能、建筑物平面形状和大小、施工段划分的情况、起重高度、材料和构件的重量及运输道路的情况等而定。做到使用方便、安全、便于组织流水施工,便于楼层和地面运输,并使其运距要短。

井架或门架的位置宜布置在高低分界线、施工分段及门窗口处。井架布置如图14-4所示。

当井架装有摇头拨杆时,则有一定的吊装半径,可将一部分楼板等构件直接吊到安装位置。图14-5所示为一根拨杆为两个施工段服务的布置形式。图14-6所示为一个井架两根拨杆的布置。

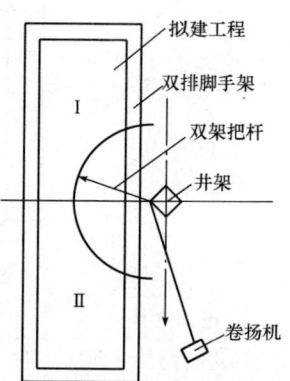

图14-4 井架布置示意图

井架的高度应视拟建工程屋面高度和井架形式确定,一般按下式计算:

$$H=h_1+h_2+h_3 \tag{14-6}$$

式中 H——井架高度(m);

h_1——室内、室外地面高差(m);

h_2——屋面至室内地面高度(m);

h_3——屋面至井架高度(m);当只设吊篮时,h_3 取 3~5m;当设拨杆时,取 $\alpha=45°,h_3=2r=\sqrt{2}L$。

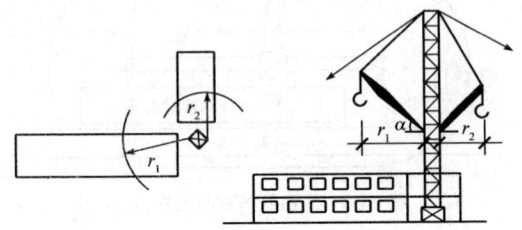

图 14-5 一个井架装两根拨杆布置示意图

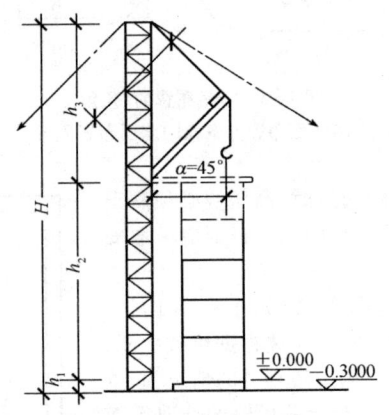

图 14-6 井架高度计算简图

2. 施工电梯

当进行高层建筑施工时,为施工人员的上下及携带工具和运送少量材料,一般需设施工电梯。施工电梯的基础及与建筑物的连接基本可按固定式塔吊设置。与塔吊相比,施工电梯是一种辅助性垂直运输机械,布置时主要依附于主楼结构,宜布置在窗口处,并应考虑易进行基础处理处。

3. 搅拌站的布置

砂浆及混凝土的搅拌站位置,要根据房屋的类型、场地条件、起重机和运输道路的布置来确定。在一般的砖混结构房屋中,砂浆的用量比混凝土用量大,要以砂浆搅拌站位置为主。在现浇混凝土结构中,混凝土用量大,又要以混凝土搅拌

第十四章 建筑工程施工现场管理

站为主来进行布置。搅拌站的布置要求如下：

（1）搅拌站应有后台上料的场地，尤其是混凝土搅拌机，要与砂石堆场、水泥库一起考虑布置，既要互相靠近，又要便于材料的运输和装卸。

（2）搅拌站应尽可能布置在垂直运输机械附近或其服务范围内，以减少水平运距。

（3）搅拌站应设置在施工道路近旁，使小车、翻斗车运输方便。

（4）搅拌站场地四周应设置排水沟，以有利于清洗机械和排除污水，避免造成现场积水。

（5）混凝土搅拌台所需面积约 $25m^2$，砂浆搅拌台约 $15m^2$。

当现场较窄，混凝土需求量大或采用现场搅拌泵送混凝土时，为保证混凝土供应量和减少砂石料的堆放场地，宜建置双阶式混凝土搅拌站，骨料堆于扇形贮仓。图 14-7 所示为一座双阶式小型混凝土搅拌站设置示意图。

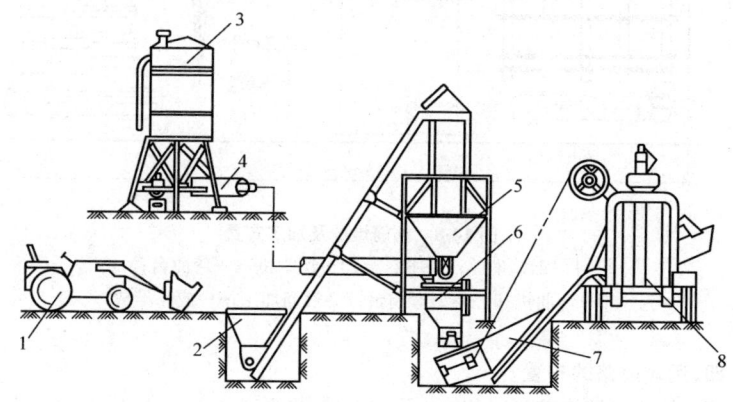

图 14-7　双阶式小型混凝土搅拌站设置示意图
1—小型装载车；2—提升料斗；3—水泥贮罐；4—螺旋输送机；
5—砂、石贮料斗；6—砂、石、水泥称量斗；7—搅拌机提升料斗；8—混凝土搅拌机

（二）材料、构件的堆放与布置

（1）材料的堆放应尽量靠近使用地点，减少或避免二次搬运，并考虑到运输及卸料方便。基础施工用的材料可堆放在基坑四周，但不易离基坑（槽）太近，以防压坍土壁。

（2）如用固定式垂直运输设备，则材料、构件堆场应尽量靠近垂直运输设备，以减少二次搬运或布置的塔吊起重半径之内。

（3）预制构件的堆放位置要考虑到吊装顺序。先吊的放在上面，吊装构件进场时间应密切与吊装进行配合，力求直接卸到就位位置，避免二次搬运。

(4)砂石应尽可能布置在搅拌站后台附近,石子的堆场更应靠近搅拌机一些,并按石子不同粒径分别设置。如同袋装水泥,要设专门干燥、防潮的水泥库房;采用散装水泥时,则一般设置圆形贮罐。

(5)石灰、淋灰池要接近灰浆搅拌站布置。沥青堆放和熬制地点均应布置在下风向,要离开易燃、易爆库房。

(6)模板、脚手架等周转材料,应选择在装卸、取用、整理方便和靠近拟建工程的地方布置。

(7)钢筋应与钢筋加工厂统一考虑布置,并应注意进场、加工和使用的先后顺序。应按型号、直径、用途分门别类堆放。其堆场及加工布置如图14-8所示。

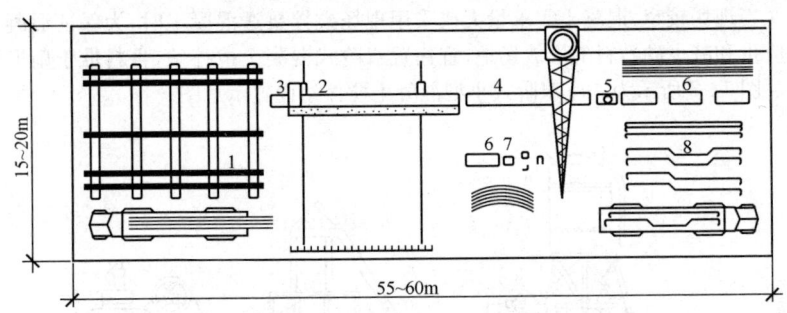

图14-8 钢筋堆放及加工布置

1—钢筋堆放;2—下料台;3—切割机;4—弯曲台;
5—弯曲机;6—小型弯曲台;7—箍筋加工;8—成品堆放

四、运输道路的布置

施工运输道路应按材料和构件运输的需要,应沿仓库和堆场进行布置,使之畅通无阻。

(一)施工道路的技术要求

1. 道路的最小宽度、最小转弯半径

道路的最小宽度和转弯半径见表14-9、表14-10。架空线及管道下面的道路,其通行空间宽度应比道路宽度大0.5m,空间高度应大于4.5m。

表14-9　　　　　　　　　施工现场道路最小宽度

序　号	车辆类别及要求	道路宽度/m
1	汽车单行道	不小于3.0
2	汽车双行道	不小于6.0
3	平板拖车单行道	不小于4.0
4	平板拖车双行道	不小于8.0

表 14-10　　　　　　　施工现场道路最小转弯半径

车辆类型	路面内侧的最小曲线半径/m		
	无拖车	有一辆拖车	有二辆拖车
小客车、三轮汽车	6		
一般二轴载重汽车	单车道 9 双车道 7	12	15
二轴载重汽车 重型载重汽车	12	15	18
起重型载重汽车	15	18	21

2. 道路的做法

一般砂质土可采用碾压土路办法。当土质黏或泥泞、翻浆时，可采用加骨料碾压路面的方法，骨料应尽量就地取材，如碎砖、炉渣、卵石、碎石及大石块等。

为了排除路面积水，保证正常运输，道路路面应高出自然地面 0.1～0.2m，雨量较大的地区，应高出 0.5m 左右，道路的两侧设置排水沟，一般沟深和底宽不小于 0.4m。

(二)施工道路的布置要求

(1)应满足材料、构件等的运输要求，使道路通到各个仓库及堆场，并距离其装卸区越近越好，以便装卸。

(2)应满足消防的要求，使道路靠近建筑物、木料场等易发生火灾的地方，以便车辆能开到消防栓处。消防车道宽度不小于 3.5m。

(3)为提高车辆的行驶速度和通行能力，应尽量将道路布置成环路。如不能设置环形路，则应在路端设置掉头场地。

(4)应尽量利用已有道路或永久性道路。根据建筑总平面图上永久性道路的位置，先修筑路基，作为临时道路。工程结束后，再修筑路面。

(5)施工道路应避开拟建工程和地下管等地方。否则工程后期施工时，将切断临时道路，给施工带来困难。

五、施工现场布置示例

某工程地处市中心，根据场地条件、周围环境和施工进度计划，现场布置拟分三阶段进行，其考虑如下：

第一阶段：为±0.000 以下工程，即完成两层地下室前的现场布置。这时基坑(建筑物)占地面积较大，场内剩余区域较小，且又只能在基坑的东北和东南两侧布置。因此，除在地面上布置外，部分加工厂放在基坑内(做完混凝垫层后)。此外，为减缓暂设房屋的搭建，施工人员不全部进场，但工期稍有延长。由于本工程采用商品混凝土,现场不需设置混凝土搅拌站和砂、石、水泥堆场。其布置如图 14-9 所示。

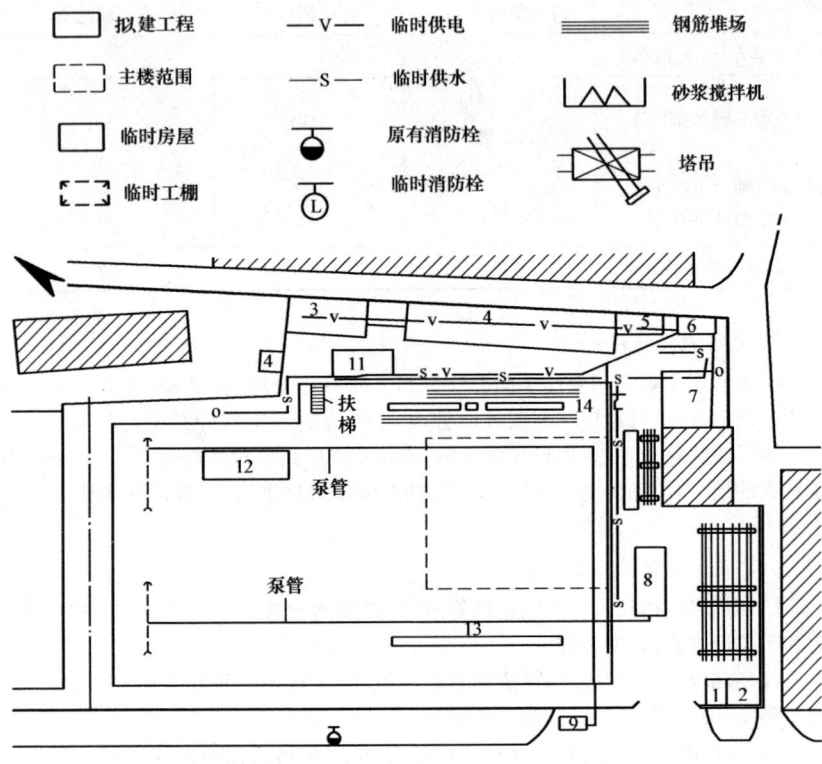

图 14-9 现场平面布置阶段(一)

1—门卫;2—五金库;3—办公室;4—宿舍;5—工具房;6—配电间;7—食堂;8—汽车泵;9—地泵;10—钢筋加工;11—木工棚;12—模板加工;13—钢筋冷挤压;14—钢筋对焊连接

第二阶段:首层拆模及全部清理完毕前。根据施工图的要求,地面上建筑物的范围由西南向里移 6m,由东北局部向内移 6~14m,场地条件得到了改善,尤其是为钢筋加工提供了便利。现场布置如图 14-10 所示。

第三阶段:在首层模板拆除并全部清理后。这时钢筋的堆放与加工全部进入首层楼内,原办公室拆除,设置砂浆搅拌站及围护材料中转堆场,并在主楼北角设置施工电梯一台。施工人员大量增加,新增人员住负一层地下室。设备安装的材料堆放与加工,除部分固定在首层外,大部分(如通风管道)随楼层而上。现场布置如图 14-11 所示。

第十四章 建筑工程施工现场管理

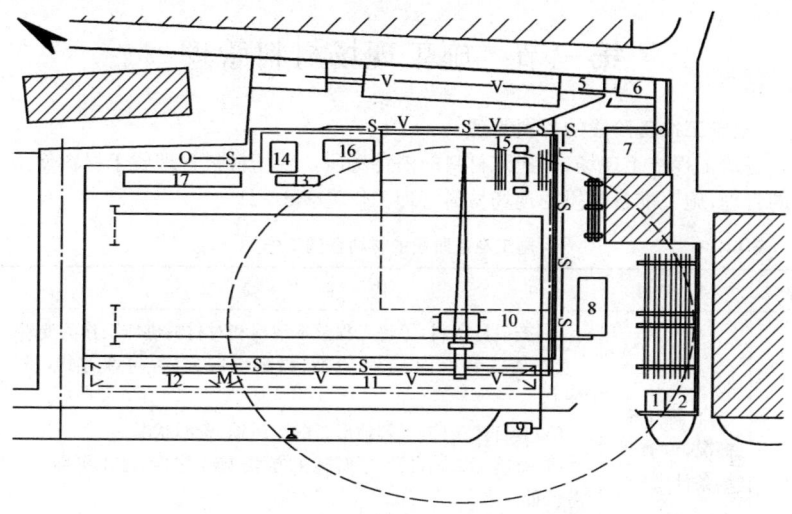

图 14-10 现场平面布置阶段（二）

1~9同图14-9；10—塔吊；11—钢筋加工棚；12—木工、模板加工棚；13—箍筋加工；
14—钢筋堆放；15—钢筋锥螺纹连接加工；16—施工电梯架堆放；17—安装用绑线堆放；

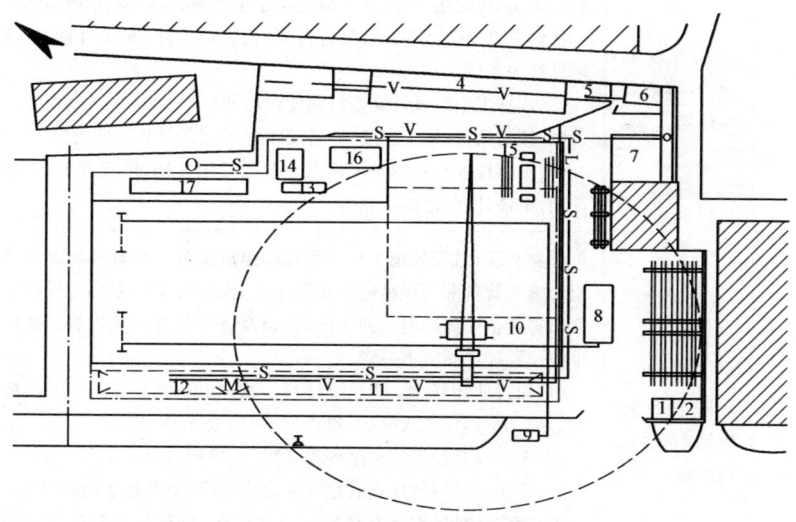

图 14-11 现场平面布置阶段（三）

1~10同上图；11—施工电梯；12—砂浆搅拌机；13—砂堆；
14—中转堆场；15—厕所；16—泵管；17—钢筋加工；18—木工厂

第三节 施工现场材料管理

一、施工准备阶段的材料管理

建筑工程施工现场,是建筑材料的消耗场所。现场材料管理属于材料使用过程的管理,施工准备阶段的现场材料管理工作见表14-11。

表14-11　　　　　　施工准备阶段的材料管理工作

序号	项　目	内　容　及　要　求
1	了解工程概况,调查现场条件	(1)查设计资料,了解工程基本情况和对材料供应工作的要求。 (2)查工程合同,了解工期、材料供应方式,付款方式,供应分工。 (3)查自然条件,了解地形、气候、运输、资源状况。 (4)查施工组织设计,了解施工方案、施工进度、施工平面、材料需求量。 (5)查货源情况,了解供应条件。 (6)查现场管理制度,了解对材料管理工作的要求
2	计算材料用量,编制材料计划	(1)按施工图纸计算材料用量或者查预算资料摘录材料用量。根据需用量、现场条件、货源情况确定申请量、采购量、运输量等。 材料需要量包括现场所需各种原材料、结构件、周转材料、工具用具等的数量。 (2)按施工组织设计确定材料使用时间。 (3)按需用量、施工进度、储备要求计算储备量及占地面积。 (4)编制现场材料的各类计划。包括需用计划、供应计划、采购计划,申请计划、运输计划等
3	设计平面规划,布置材料堆放	材料平面布置,是施工平面布置的组成部分。材料管理部门应配合施工管理部门积极做好布置工作,满足施工的需要。材料平面布置包括库房和料场面积计算,以及选择位置两项内容。选择平面位置应遵循以下原则: (1)靠近使用场地,尽量使材料一次就位,避免二次或多次搬运。如无法避免二次搬运,也要尽量缩短搬运距离。 (2)库房(堆场)附近道路畅通,便于进料和出料。 (3)库房(堆场)的地点有足够的面积,能满足储备面积的需要。 (4)库房(堆场)附近有良好的排水系统,能保证材料的安全与完好。 (5)按施工进度分阶段布置,先用先进,后用后进。 (6)在满足上述原则的前提下,尽量节约用地

第十四章 建筑工程施工现场管理

二、施工阶段的现场材料管理

进入现场的材料,不可能直接用于工程中,必须经过验收、保管、发料等环节才能被施工生产所消耗。现场材料的验收、保管、发料工作和仓库管理的业务类似。但施工现场的材料杂,堆放地点多为临时仓库或料场,保管条件差,给材料管理工作带来许多困难。施工阶段的现场材料管理工作见表 14-12。

表 14-12 施工阶段的现场材料管理工作

序号	项目	内容及要求
1	进场材料的验收	现场材料管理人员应全面检查、验收入场的材料。除了仓库管理中入库验收的一般要求外,应特别注意以下几点: (1)材料的代用。现场材料都是将要被工程所消耗的材料,其品种、规格、型号、质量、数量必须和现场材料需用计划相吻合,不允许有差错。少量的材料因规格不符而要求代用,必须办理技术和经济签证手续,分清责任。 (2)材料的计量。现场材料中有许多地方材料,计量中容易出现差错,应事先做好计量准备、约定好验量的方法,保证进场材料的数量。比如砂石计量,就应事先约好是车上验方还是堆场验方,如果是堆场验方则还应确定堆方的方法等。 (3)材料的质量。入场材料的质量,必须严格检查,确认合格后才能验收。因此,要求现场材料管理人员熟悉各种材料质量的检验方法。对于有的材料,必须附质量合格证明才能验收;有的材料虽有质量合格证明,但材料过了期也不能验收
2	现场材料的保管	现场材料的堆放,由于受场地限制一般较仓库零乱一些,再加上进出料频繁,使保管工作更加困难。应重点抓住以下几个问题: (1)材料的规格型号。对于易混淆规格的材料,要分别堆放,严格管理。比如钢筋,应按不同的钢号和规格分开,避免出错。再如水泥,除了规格外,还应分清生产地,进场时间等。 (2)材料的质量。对于受自然界影响易变质的材料,应特别注意保管,防止变质损坏。如木材应注意支垫,通风等

续表

序号	项 目	内 容 及 要 求
2	现场材料的保管	(3)材料的散失。由于现场保管条件差,多数材料都是露天堆放,容易散失,要采取相应的防范措施。比如砂石堆放,应平整好场地,否则因场地不平会损失掉一些材料。 (4)材料堆放的安全。现场材料中有许多结构件,它们体大量重,不好装卸,容易发生安全事故。因此要选择恰当的搬运和装卸方法,防止事故发生
3	现场材料的发放	现场材料发放工作的重点,是要抓住限额问题。现场材料需方多是施工班组或承包队,限额发料的具体方法视承包组织的形式而定。主要有以下几种: (1)计件班组的限额领料。材料管理人员根据班组完成的实物工程量和材料需用计划确定班组施工所需材料用量,限额发放。班组领料时应填写限额领料单。 (2)按承包合同发料。实行内部承包经济责任制,按定包合同核定的预算包干材料用量发料。承包形式可分为栋号承包、专业工程承包,分项工程承包等

三、竣工收尾阶段的现场材料管理

现场材料管理,随着工程竣工而结束。在工程收尾阶段,材料管理也应进行各项收尾工作,保证工完场清。竣工收尾阶段的现场材料管理工作见表14-13。

表 14-13　　竣工收尾阶段的现场材料管理工作

序号	项 目	内 容 及 要 求
1	控制进料	工程进入收尾阶段,应全面清点余料,核实领用数,对照计划需用量计算缺料数量,按缺料数量进货,避免盲目进料造成现场材料积压
2	退料与利废	(1)退料。工程竣工后的余料,应办理实物退料手续,冲减原领用数量,核算实际耗用量与节约、超耗数量。办理退料手续时,材料管理人员要注意退料的品种和质量,以便再次使用。对于退回的旧、次材料,应按质分等折价后办理手续

续表

序号	项目	内容及要求
2	退料与利废	（2）利废。修旧利废,是增加企业经济效益的有力措施,应作为用料单位的考核指标。现场材料的利废措施很多,应结合实际条件加强管理,建立相应的利废制度。例如,钢筋断头的回收利用,水泥纸袋等各种包装物的回收利用,碎砖头的回收利用
3	现场清理	工程全部竣工后,材料管理部门应全面清理现场,将多余材料整理归类,运出现场以做他用。清理时,尤其要注意周转材料,特别是易丢失的脚手架扣件及钢模板的配件等的收集。现场清理是建筑企业退出施工项目的最后一道工作,必须引起足够的重视。它不仅可以回收大量多余及废旧材料,还可以做到工完场清,交给用户一个整洁的产品,提高企业信誉

第四节 施工现场合同管理

合同是承包单位在建筑工程施工过程中的最高行为准则。承包单位在工程建设过程中的一切活动都是为了履行合同责任。现场合同管理贯穿于建筑工程实施的全过程和工程实施的各个方面。

一、合同分析

合同分析,是将合同目标和合同规定落实到具体问题和事件上,用以指导具体工作,使合同符合现场日常工程项目管理工作的需要,承包合同分析主要包括合同总体分析和合同详细分析两个方面。

1. 合同总体分析

合同总体分析的主要对象是合同协议书和合同条件等。通过合同总体分析,将合同条款和合同规定落实到一些带全局性的具体事件上。合同总体分析的内容一般包括以下几项:

(1)合同的法律基础。即分析合同签订和实施的法律背景。

(2)词语含义。合同词语可以分成两大类,一类主要是要求在协议条款中明确作出定性定量的约定;另一类主要是要求明确词语的定义和包括的范围,统一双方对这些词语的理解,使双方的签订和履行合同中使用这些词语时有所规范。这是正确理解合同的基础。

(3)双方权利和义务。不但要详细分析双方的权利和义务的具体内容,还要分析义务履行的标准和双方职责权限的制约,责任的承担、费用的承担和损失的赔偿等。

(4)合同价格。主要分析合同价格所包括的范围、价格的调整条件、价格调整方法和工程款结算方法等。

(5)合同工期。重点分析合同规定的开竣工日期,主要工程活动的工期,工期的影响因素,工期的奖惩条件,获得工期补偿的条件和可能性等。

(6)质量保证。重点分析质量要求,工程检查和验收,已完工程的保护和保修,质量资料的提供,材料设备的供应,分包及分包工程的控制等。

(7)合同实施保证。主要分析暂停施工的条件和违约责任的追究,合同纠纷的解决。这既是保证合同得到全面履行的条件,也是承包商制定索赔策略的依据。

2. 合同详细分析

合同的实施过程由许多具体的工程活动和合同双方的其他经济活动构成。这些活动都是为了履行合同责任,受到合同的制约,所以被称为合同事件。合同事件之间存在着一定的技术经济的、时间上的和空间上的逻辑关系。为了使这些活动有计划、有秩序、按合同实施,必须将合同目标、要求和合同双方的责权利关系落实到具体活动上,这个过程就是合同详细分析。它主要是通过合同事件表、网络图、横道图和工程活动的工期表等定义工程活动。所以,合现详细分析应该在工程项目结构分析、施工组织计划、施工方案和工程成本计划的基础上进行。

二、建立合同实施保证体系

建立合同实施的保证体系,是为了保证合同实施过程中的日常事务性工作有序地进行,使工程项目的全部合同事件处于受控状态,以保证合同目标的实现。

1. 作合同交底,分解合同责任,实行目标管理

在总承包合同签订后,具体的执行者是项目部人员。项目部从项目经理、项目班子成员、项目中层到项目各部门管理人员,都应该认真学习合同各条款,对合同进行分析、分解。项目经理、主管经理要向项目各部门负责人进行"合同交底",对合同的主要内容及存在的风险作出解释和说明。项目各部门负责人要向本部门管理人员进行较详细的"合同交底",实行目标管理。

(1)对项目管理人员和各工程小组负责人进行"合同交底",组织大家学习合同和合同总体分析结果,对合同的主要内容作出解释和说明,使大家熟悉合同中的主要内容、各种规定、管理程序,了解承包商的合同责任和工程范围,各种行为的法律后果等。

(2)将各种合同事件的责任分解落实到各工程小组或分包商,使他们对合同事件表(任务单、分包合同)、施工图纸、设备安装图纸、详细的施工说明等有十分详细的了解。并对工程实施的技术的和法律的问题进行解释和说明,如工程的质量、技术要求和实施中的注意点、工期要求、消耗标准、相关事件之间的搭接关系、

第十四章　建筑工程施工现场管理

各工程小组(分包商)责任界限的划分、完不成责任的影响和法律后果等。

(3)在合同实施前与其他相关的各方面(如业主、监理工程师、承包商)沟通，召开协调会议，落实各种安排。

(4)在合同实施过程中还必须进行经常性的检查、监督，对合同作解释。

(5)合同责任的完成必须通过其他经济手段来保证。

2. 建立合同管理的工作程序

在工程实施过程中，合同管理的日常事务性工作很多，要协调好各方面关系，使总承包合同的实施工作程序化、规范化，按质量保证体系进行工作。具体来说，应订立如下工作程序：

(1)制订定期或不定期的协商会办制度。在工程过程中，业主、工程师和各承包商之间，承包商和分包商之间以及承包商的项目管理职能人员和各工程小组负责人之间都应有定期的协商会办。通过协商会办可以解决以下问题：

1)检查合同实施进度和各种计划落实情况。

2)协调各方面的工作，对后期工作作安排。

3)讨论和解决目前已经发生的和以后可能发生的各种问题，并作出相应的决议。

4)讨论合同变更问题，作出合同变更决议，落实变更措施，决定合同变更的工期和费用补偿数量等。

对工程中出现的特殊问题可不定期地召开特别会议讨论解决方法，保证合同实施一直得到很好的协调和控制。

(2)建立特殊工作程序。对于一些经常性工作应订立工作程序，使大家有章可循，合同管理人员也不必进行经常性的解释和指导，如图纸批准程序、工程变更程序、分包商的索赔程序、分包商的账单审查程序、材料、设备、隐蔽工程、已完工程的检查验收程序、工程进度付款账单的审查批准程序、工程问题的请示报告程序等。

3. 建立文档系统

项目上要设专职或兼职的合同管理人员。合同管理人员负责各种合同资料和相关的工程资料的收集、整理和保存。这些工作非常繁琐，需要花费大量的时间和精力。工程的原始资料都是在合同实施的过程中产生的，是由业主、分包商及项目的管理人员提供的。

建立文档系统的具体工作应包括以下几个方面：

(1)各种数据、资料的标准化，如各种文件、报表、单据等应有规定的格式和规定的数据结构要求。

(2)将原始资料收集整理的责任落实到人，由他对资料负责。资料的收集工作必须落实到工程现场，必须对工程小组负责人和分包商提出具体要求。

(3)各种资料的提供时间。

(4)准确性要求。

(5)建立工程资料的文档系统等。

4. 建立报告和行文制度

总承包商和业主、监理工程师、分包商之间的沟通都应该以书面形式进行,或以书面形式为最终依据。这既是合同的要求,也是经济法律的要求,更是工程管理的需要。这些内容包括如下:

(1)定期的工程实施情况报告,如日报、周报、旬报、月报等。应规定报告内容、格式、报告方式、时间以及负责人。

(2)工程过程中发生的特殊情况及其处理的书面文件(如特殊的气候条件、工程环境的变化等)应有书面记录,并由监理工程师签署。

(3)工程中所有涉及双方的工程活动,如材料、设备、各种工程的检查验收、场地、图纸的交接,各种文件(如会议纪要、索赔和反索赔报告、账单)的交接,都应有相应的手续,应有签收证据。

对在工程中合同双方的任何协商、意见、请示、指示都应落实在纸上,这样双方的各种工程活动才有根有据。

三、合同实施的控制

合同实施控制的主要任务有两个方面:一方面是把合同实施的情况与合同实施计划进行比较,找出差异,对比较的结果进行分析,排除产生差异的原因,使总体目标得以实现,这个过程可归纳为"出现偏差—纠偏—再偏—再纠偏……",称为被动控制;另一方面是预先找出合同实施计划的干扰因素,预先控制中间结果对计划目标的偏离,以保证合同目标的实现,称为主动控制。

1. 被动控制

合同实施控制一般包括以下几项:

(1)合同实施监督。即从合同实施的各个活动中收集信息,准确掌握合同实施活动状况。

(2)比较。把收集的信息加以处理,并与合同目标联系起来,按合同实施计划进行对比评价。

(3)调整。根据评价结果,决定对合同实施目标、合同实施计划或合同实施活动进行调整。

2. 主动控制

预先对特定条件下的合同实施干扰因素进行分析,并事先主动地采取决策措施,以尽可能地减少、甚至避免计划值与实际值的偏离。这种控制是主动的、积极的,因此称为主动控制。合同实施的干扰因素一般包括以下几个方面:

(1)内部干扰。施工组织错误,机械效率低,操作人员不熟悉新技术,经济责任不落实等。

(2)外部干扰。图纸出错,设计修改频繁,气候条件,场地狭窄,施工条件(如水、电、道路等)受到影响。

(3)不可预见的事件发生。政治事件、工人罢工、自然灾害等。

在合同实施之前和实施过程中应加强对干扰因素的分析,并作出预先性的决策,以实现对合同控制的主动控制。

第五节 施工现场质量管理

施工现场质量管理一般分为施工前的质量管理,施工过程中的质量管理,以及施工结束后的质量管理。

一、施工前的质量管理

施工前的质量管理也就是施工准备工作的质量控制,其主要内容如下:

(1)对影响现场质量的因素进行控制(含施工队伍、机械、材料、施工方案及保证质量措施等)。

(2)建立施工现场质量保证体系,使现场质量目标和措施得到落实。

(3)审核开工报告书,准备工作完成后,经检查合格填写开工报告,经批准方可开工。

二、施工过程中的质量管理

(一)施工序的质量控制

工序质量的控制,就是对工序活动条件的质量管理和工序活动效果的质量管理,据此来达到整个施工过程的质量管理。在进行工序质量管理时要着重于以下几个方面的工作:

(1)确定工序质量控制工作计划。一方面要求对不同的工序活动制定专门的保证质量的技术措施,做出物料投入及活动顺序的专门规定;另一方面须规定质量控制工作流程、质量检验制度等。

(2)主动控制工序活动条件的质量。工序活动条件主要指影响质量的五大因素,即人、材料、机械设备、方法和环境。

(3)及时检验工序活动效果的质量。主要是实行班组自检、互检、上下道工序交接检,特别是对隐蔽工程和分项(部)工程的质量检验。

(4)设置工序质量控制点(工序管理点),实行重点控制。工序质量控制点是针对影响质量的关键部位或薄弱环节而确定的重点控制对象。正确设置控制点并严格实施是进行工序质量控制的重点。

工序质量控制主要包括两方面的控制,即对工序施工条件的控制和对工序施工效果的控制,如图 14-12 所示。

1. 工序施工条件的控制

工序施工条件是指从事工序活动的各种生产要素及生产环境条件。控制方法主要可以采取检查、测试、试验、跟踪监督等方法。控制依据是要坚持设计质量

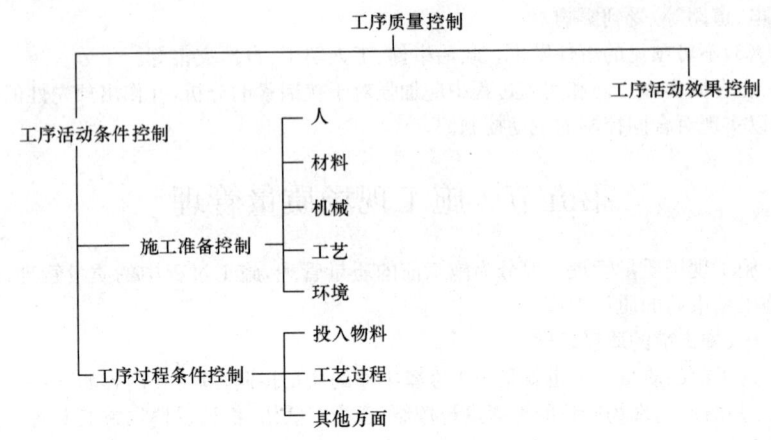

图 14-12 施工工序质量控制内容

标准、材料质量标准、机械设备技术性能标准、操作规程等。控制方式对工序准备的各种生产要素及环境条件宜采用事前质量控制的模式(即预控)。

工序施工条件的控制包括以下两个方面：

(1)施工准备方面的控制。即在工序施工前,应对影响工序质量的因素或条件进行监控。要控制的内容一般包括,人的因素,如施工操作者和有关人员是否符合上岗要求;材料因素,如材料质量是否符合标准,能否使用;施工机械设备的条件,如其规格、性能、数量能否满足要求,质量有无保障;采用的施工方法及工艺是否恰当,产品质量有无保证;施工的环境条件是否良好等。这些因素或条件应当符合规定的要求或保持良好状态。

(2)施工过程中对工序活动条件的控制。对影响工序产品质量的各因素的控制不仅体现在开工前的施工准备中,而且还应当贯穿于整个施工过程中,包括各工序、各工种的质量保证与强制活动。在施工过程中,工序活动是在经过审查认可的施工准备的条件下展开的,要注意各因素或条件的变化,如果发现某种因素或条件向不利于工序质量方面变化,应及时予以控制或纠正。

在各种因素中,投入施工的物料如材料、半成品等,以及施工操作或工艺是最活跃和易变化的因素,应予以特别的监督与控制,使它们的质量始终处于控制之中,符合标准及要求。

2. 工序施工效果的控制

工序施工效果主要反映在工序产品的质量特征和特性指标方面。对工序施工效果控制就是控制工序产品的质量特征和特性指标是否达到设计要求和施工验收标准。工序施工效果质量控制一般属于事后质量控制,其控制的基本步骤包

第十四章　建筑工程施工现场管理

括实测、统计、分析、判断、认可或纠偏。

(1)实测。即采用必要的检测手段,对抽取的样品进行检验,测定其质量特性指标(例如混凝土的抗拉强度)。

(2)分析。即对检测所得数据进行整理、分析、找出规律。

(3)判断。根据对数据分析的结果,判断该工序产品是否达到了规定的质量标准,如果未达到,应找出原因。

(4)认可或纠偏。如发现质量不符合规定标准,应采取措施纠正,如果质量符合要求则予以确认。

(二)成品的质量保护

成品质量保护一般是指在施工过程中,某些分项工程已经完成,而其他一些分项工程尚在施工;或者是在其分项工程施工过程中,某些部位已完成,而其他部位正在施工。在这种情况下,施工单位必须负责对已完成部分采取妥善措施予以保护,以免因成品缺乏保护或保护不善而造成损伤或污染,影响工程整体质量。

1. 合理安排施工顺序

合理地安排施工顺序,按正确的施工流程组织施工,是进行成品保护的有效途径之一。

(1)遵循"先地下后地上"、"先深后浅"的施工顺序,就不至于破坏地下管网和道路路面。

(2)地下管道与基础工程相配合进行施工,可避免基础完工后再打洞挖槽安装管道,影响质量和进度。

(3)先在房心回填土后再作基础防潮层,则可保护防潮层不致受填土夯实损伤。

(4)装饰工程采取自上而下的流水顺序,可以使房屋主体工程完成后,有一定沉降期;已做好的屋面防水层,可防止雨水渗漏。这些都有利于保护装饰工程质量。

(5)先做地面,后做顶棚、墙面抹灰,可以保护下层顶棚、墙面抹灰不致受渗水污染;但在已作好的地面上施工,需对地面加以保护。若先做顶棚、墙面抹灰,后作地面时,则要求楼板灌缝密实,以免漏水污染墙面。

(6)楼梯间和踏步饰面,宜在整个饰面工程完成后,再自上而下地进行;门窗扇的安装通常在抹灰后进行;一般先油漆,后安装玻璃;这些施工顺序,均有利于成品保护。

(7)当采用单排外脚手砌墙时,由于砖墙上面有脚手洞眼,故一般情况下内墙抹灰需待同一层外粉刷完成,脚手架拆除,洞眼填补后,才能进行,以免影响内墙抹灰的质量。

(8)先喷浆而后安装灯具,可避免安装灯具后又修理浆活,从而污染灯具。

(9)当铺贴连续多跨的卷材防水屋面时,应按先高跨、后低跨,先远(离交通进出口)、后近,先天窗油漆、玻璃,后铺贴卷材屋面的顺序进行。这样可避免在铺好的卷材屋面上行走和堆放材料、工具等物,有利于保护屋面的质量。

2. 成品的保护措施

根据建筑产品特点的不同,可以分别对成品采取"防护"、"包裹"、"覆盖"、"封闭"等保护措施,以及合理安排施工顺序等来达到保护成品的目的。具体如下所述:

(1)防护。就是针对被保护对象的特点采取各种防护的措施。例如,对清水楼梯踏步,可以采取护棱角铁上下连接固定;对于进出口台阶可垫砖或方木搭脚手板供人通过的方法来保护台阶;对于门口易碰部位,可以钉上防护条或槽型盖铁保护;门扇安装后可加楔固定等。

(2)包裹。就是将被保护物包裹起来,以防损伤或污染。例如,对镶面大理石柱可用立板包裹捆扎保护;铝合金门窗可用塑料布包扎保护等。

(3)覆盖。就是用表面覆盖的办法防止堵塞或损伤。例如,对地漏、落水口排水管等安装后可加以覆盖,以防止异物落入而被堵塞;预制水磨石或大理石楼梯可用木板覆盖加以保护;地面可用锯末、苫布等覆盖以防止喷浆等污染;其他需要防晒、防冻、保温养护等项目也应采取适当的防护措施。

(4)封闭。就是采取局部封闭的办法进行保护。例如,垃圾道完成后,可将其进口封闭起来,以防止建筑垃圾堵塞通道;房间水泥地面或地面砖完成后,可将该房间局部封闭,防止人们随意进入而损害地面;房内装修完成后,应加锁封闭,防止人们随意进入而受到损伤等。

总之,在建筑工程施工过程中,必须充分重视成品的保护工作。

三、施工结束后的质量管理

施工结束后的质量管理主要包括以下内容:

(1)竣工预验收。这是工程顺利通过正式验收的有力措施。

(2)工程项目的正式验收。正式验收必须提交的技术资料及相关程序国家现行有关质量验收规范办理。工程项目检收后,应办理竣工验收签证书。

第六节　施工现场安全管理与文明施工

一、施工安全检查与验收

1. 施工项目安全检查标准

现场检查的评价标准以《建筑施工安全检查标准》(JGJ 59—2011)为准。标准采用了安全系统工程原理,结合建筑施工中伤亡事故规律,依据国家有关法律法规、标准和规程以及《施工安全卫生公约》(第167号公约)的要求而编制,见表14-14。

第十四章　建筑工程施工现场管理

表 14-14　《建筑施工安全检查标准》(JGJ 59—2011)主要内容

序号	类别	内容及说明
1	基本结构	标准规定对建筑施工中容易发生伤亡事故的主要环节、部位和工艺等的完成情况,采用检查评分表的形式进行安全检查评价,包括安全管理、文明工地、脚手架、基坑工程、模板支架、高处作业、施工用电、物料提升机与施工升降机、塔式起重机与起重吊装、施工机具分项检查评分表和检查评分汇总表。汇总表对各分项内容检查结果进行汇总,利用汇总表所得分值,来确定和评价施工项目总体系统的安全生产工作情况
2	安全检查评分方法	(1)建筑施工安全检查评定中,保证项目应全数检查。 (2)各评分表的评分应符合下列规定: 1)分项检查评分表和检查评分汇总表的满分分值均应为 100 分,评分表的实得分值应为各检查项目所得分值之和; 2)评分应采用扣减分值的方法,扣减分值总和不得超过该检查项目的应得分值; 3)当按分项检查评分表评分时,保证项目中有一项未得分或保证项目小计得分不足 40 分,此分项检查评分表不应得分; 4)检查评分汇总表中各分项项目实得分值应按下式计算: $$A_1 = \frac{(B \times C)}{100}$$ 式中　A_1——汇总表各分项项目实得分值; 　　　B——汇总表中该项应得满分值; 　　　C——该项检查评分表实得分值。 5)当评分遇有缺项时,分项检查评分表或检查评分汇总表的总得分值应按下式计算: $$A_2 = \frac{D}{E} \times 100$$ 式中　A_2——遇有缺项目在该表的实得分值之和; 　　　D——实查项目在该表的实得分值之和; 　　　E——实查项目在该表的应得满分值之和。 6)脚手架、物料提升机与施工升降机、塔式起重机与起重吊装项目的实得分值,应为所对应专业的分项检查评分表实得分值的算术平均值
3	安全检查评定等级	(1)应按汇总表的总得分和分项检查评分表的得分,对建筑施工安全检查评定划分为优良、合格、不合格三个等级。 (2)建筑施工安全检查评定的等级划分应符合下列规定: 1)优良:分项检查评分表无零分,汇总表得分值应在 80 分及以上; 2)合格:分项检查评分表无零分,汇总表得分值应在 80 分以下,70 分及以上; 3)不合格: ①当汇总表得分值不足 70 分时; ②当有一分项检查评分表为零时。 (3)当建筑施工安全检查评定的等级为不合格时,必须限期整改达到合格

2. 施工项目安全检查要求

施工项目安全检查要求见表14-15。

表14-15　　　　　　　　　施工项目安全检查要求

序号	类别	内容及要求
1	安全检查的内容	安全检查的内容主要是查思想、查制度、查机械设备、查安全设施、查安全教育培训、查操作行为、查劳保用品使用、查伤亡事故的处理等
2	安全检查的形式	(1)项目每周或每旬由主要负责人带队组织定期的安全大检查。 (2)施工班组每天上班前由班组长和安全值日人员组织的班前安全检查。 (3)季节更换前由安全生产管理人员和安全专职人员、安全值日人员等组织的季节劳动保护安全检查。 (4)由安全管理小组、职能部门人员、专职安全员和专业技术人员组成对电气、机械设备、脚手架、登高设施等专项设施设备、高处作业、用电安全、消防保卫等进行专项安全检查。 (5)由安全管理小组成员、安全专兼职人员和安全值日人员进行日常的安全检查。 (6)对塔式起重机等起重设备、井架、龙门架、脚手架、电气设备、吊篮、现浇混凝土模板及支撑等设施设备在安装搭设完成后进行安全验收、检查
3	安全检查的要求	(1)各种安全检查都应根据检查要求配备足够的资源。特别是大范围、全面性的安全检查。应明确检查负责人,选调专业人员,并明确分工、检查内容、标准等要求。 (2)每种安全检查都应有明确的检查目的、检查项目、内容及标准。特殊过程、关键部位应重点检查。检查时应尽量采用检测工具,用数据说话。对现场管理人员和操作人员要检查是否有违章指挥和违章作业的行为,还应进行应知应会知识的抽查,以便了解管理人员及操作工人的安全素质。 (3)记录是安全评价的依据,要做到认真详细,真实可靠,特别是对隐患的检查记录要具体。如隐患的部位、危险程度及处理意见等。采用安全检查评分表的,应记录每项扣分的原因。 (4)全检查记录要用定性定量的方法,认真进行系统分析安全评价。哪些检查项目已达标,哪些项目没有达标,哪些方面需要进行改进,哪些问题需要进行整改,受检单位应根据安全检查评价及时制定改进的对策和措施。 (5)是安全检查工作重要的组成部分,也是检查结果的归宿

续表

序号	类别	内容及要求
4	安全检查的方法	(1)"看":主要查看管理记录、持证上岗、现场标识、交接验收资料、"三宝"使用情况、"洞口"、"临边"防护情况、设备防护装置等。 (2)"量":主要是用尺实测实量。 (3)"测":用仪器、仪表实地进行测量。 (4)"现场操作":由司机对各种限位装置进行实际动作,检验其灵敏程度
5	注意事项	(1)全检查要深入基层、紧紧依靠职工,坚持领导与群众相结合的原则,组织好检查工作。 (2)建立检查的组织领导机构,配备适当的检查力量,挑选具有较高技术业务水平的专业人员参加。 (3)做好检查的各项准备工作,包括思想、业务知识、法规政策和检查设备、奖金的准备。 (4)明确检查的目的和要求。 (5)将自查与互查有机结合起来。 (6)坚持查改结合。 (7)建立检查档案。 (8)制定安全检查表时,应根据用途和目的具体确定安全检查表的种类

3. 施工安全验收

施工安全验收包括验收制度、验收程序与安全隐患处理,见表14-16。

表14-16　　　　　　　　　施工安全验收

序号	类别		内容及要求
1	施工安全验收制度	验收原则	坚持"验收合格才能使用"的原则
		验收范围	(1)各类脚手架、井字架、龙门架、堆料架。 (2)临时设施及沟槽支撑与支护。 (3)支搭好的水平安全网和立网。 (4)临时电气工程设施。 (5)各种起重机械、路基轨道、施工电梯及中小型机械设备。 (6)安全帽、安全带和护目镜、防护面罩、绝缘手套、绝缘鞋等个人防护用品

续表

序号	类别	内容及要求
2	验收程序	(1)脚手架杆件、扣件、安全网、安全帽、安全带以及其他个人防护用品,应有出厂证明或验收合格的凭据,由项目经理、技术负责人、施工队长共同审验。 (2)各类脚手架、堆料架、井字架、龙门架和支搭的安全网、立网由项目经理或技术负责人申报支搭方案并牵头,会同工程和安全主管部门进行检查验收。 (3)临时电气工程设施,由安全主管部门牵头,会同电气工程师、项目经理、方案制订人、安全员进行检查验收。 (4)起重机械、施工用电梯由安装单位和使用工地的负责人牵头,会同有关部门检查验收。 (5)工地使用的中小型机械设备,由工地技术负责人和工长牵头,进行检查验收。 (6)所有验收,必须办理书面确认手续,否则无效
3	安全隐患处理	(1)检查中发现的隐患应进行登记,不仅作为整改的备查依据,而且是提供安全动态分析的重要信息渠道。如多数单位安全检查都发现同类型隐患,说明是"通病",若某单位在安全检查中重复出现隐患,说明整改不彻底,形成"顽症"。根据检查隐患记录分析,制定指导安全管理的预防措施。 (2)安全检查中查出的隐患,还应发出隐患整改通知单。对存在即发性事故危险的隐患,检查人员应责令停工,被查单位必须立即进行整改。 (3)对于违章指挥、违章作业行为,检查人员可以当场指出,立即纠正。 (4)被检查单位的领导,对查出的隐患应立即研究制定整改方案。按照三定(即定人、定期限、定措施),限期完成整改。 (5)整改完成后要及时通知有关部门派员进行复查验证,经复查整改合格后,即可销案

二、施工现场文明施工

文明施工是指保持施工场地整洁、卫生,施工组织科学,施工程序合理的一种

第十四章 建筑工程施工现场管理

施工活动。文明施工包括规范施工现场的场容场貌,保持作业环境的整洁卫生;科学、有序地组织施工;减少噪声、排放物和废弃物等对周围环境和居民的影响;保证员工的安全和健康。

1. 现场文明施工基本要求

实现文明施工,不仅要着重做好现场的场容管理工作,而且还要相应做好现场材料、机械、安全、技术、保卫、消防和生活卫生等方面的管理工作。一个工地的文明施工水平是该工地乃至所在企业各项管理工作水平的综合体现,见表14-17。

表 14-17　　　　　　　　　　现场文明施工基本要求

项目类别	措 施 和 要 求
对现场场容管理方面的要求	(1)工地主要入口要设置简朴规整的大门,门旁必须设立明显的标牌,标明工程名称,施工单位和工程负责人姓名等内容。 (2)建立文明施工责任制,划分区域,明确管理负责人,实行挂牌制,做到现场清洁整齐。 (3)施工现场场地平整,道路坚实畅通,有排水措施,基础、地下管道施工完后要及时回填平整,清除积土。 (4)现场施工临时水电要有专人管理,不得有长流水、长明灯。 (5)施工现场的临时设施,包括生产、办公、生活用房、仓库、料场、临时上下水管道以及照明、动力线路,要严格按施工组织设计确定的施工平面图布置、搭设或埋设整齐。 (6)工人操作地点和周围必须清洁、整齐,做到活完脚下清,工完场地清,丢洒在楼梯、楼板上的砂浆混凝土要及时清除,落地灰要回收过筛后使用。 (7)砂浆、混凝土在搅拌、运输、使用过程中,要做到不洒、不漏、不剩,使用地点盛放砂浆、混凝土必须有容器或垫板,如有洒、漏要及时清理。 (8)要有严格的成品保护措施,严禁损坏污染成品,堵塞管道。高层建筑要设置临时便桶,严禁在建筑物内大小便。 (9)建筑物内清除的垃圾渣土,要通过临时搭设的竖井或利用电梯井或采取其他措施稳妥下卸,严禁从门窗口向外抛掷。 (10)施工现场不准乱堆垃圾及余物。应在适当地点设置临时堆放点,并定期外运。清运渣土垃圾及流体物品,要采取遮盖防漏措施,运送途中不得遗撒。 (11)根据工程性质和所在地区的不同情况,采取必要的围护和遮挡措施,并保持外观整洁。 (12)针对施工现场情况设置宣传标语和黑板报,并适时更换内容,切实起到表扬先进、促进后进的作用。 (13)施工现场严禁居住家属,严禁居民、家属、小孩在施工现场穿行、玩耍。

续表

项目类别		措 施 和 要 求
对现场机械管理方面的要求		(1)现场使用的机械设备,要按平面布置规划固定点存放,遵守机械安全规程,经常保持机身及周围环境的清洁,机械的标记、编号明显,安全装置可靠。 (2)清洗机械排出的污水要有排放措施,不得随地流淌。 (3)在用的搅拌机、砂浆机旁必须设有沉淀池,不得将浆水直接排放下水道及河流等处。 (4)塔吊轨道按规定铺设整齐稳固,塔边要封闭,道渣不外溢,路基内外排水畅通。 总之,要从安全防护、机械安全、用电安全、保卫消防、现场管理、料具管理、环境保护、环境卫生八个方面进行定期检查。每个方面的检查都有现场状况、管理资料和职工应知三个方面的内容
施工现场安全色标管理	安全色	安全色是表达信息含义的颜色,用来表示禁止、警告、指令、指示等,其作用在于使人们能迅速发现或分辨安全标志,提醒人们注意,预防事故发生。 (1)红色:表示禁止、停止、消防和危险的意思。 (2)蓝色:表示指令,必须遵守的规定。 (3)黄色:表示通行、安全和提供信息的意思
	安全标志	安全标志是指在操作人员容易产生错误,有造成事故危险的场所,为了确保安全,所采取的一种标示。此标示由安全色,几何图形符合构成,是用以表达特定安全信息的特殊标志,设置安全标志的目的,是为了引起人们对不安全因素的注意,预防事故发生。 (1)禁止标志:是不准或制止人们的某种行为(图形为黑色,禁止符号与文字底色为红色)。 (2)警告标志:是使人们注意可能发生的危险(图形警告符号及字体为黑色,图形底色为黄色)。 (3)指令标志:是告诉人们必须遵守的意思(图形为白色,指令标志底色均为蓝色)。 (4)提示标志:是向人们提示目标的方向,用于消防提示(消防提示标志的底色为红色,文字、图形为白色)

2. 文明施工的组织与管理

文明施工的组织与管理见表 14-18。

第十四章 建筑工程施工现场管理

表 14-18 文明施工的组织与管理

技术措施	内 容 及 要 求
组织和制度管理	(1)施工现场应成立以项目经理为第一责任人的文明施工管理组织。分包单位应服从总包单位的文明施工管理组织的统一管理,并接受监督检查。 (2)各项施工现场管理制度应有文明施工的规定。包括个人岗位责任制、经济责任制、安全检查制度、持证上岗制度、奖惩制度、竞赛制度和各项专业管理制度等。 (3)加强和落实现场文明检查、考核及奖惩管理,以促进施工文明管理工作提高。检查范围和内容应全面周到,包括生产区、生活区、场容场貌、环境文明及制度落实等内容。检查发现的问题应采取整改措施
建立收集文明施工的资料及其保存的措施	(1)上级关于文明施工的标准、规定、法律法规等资料。 (2)施工组织设计(方案)中对文明施工的管理规定,各阶段施工现场文明施工的措施。 (3)文明施工自检资料。 (4)文明施工教育、培训、考核计划的资料。 (5)文明施工活动各项记录资料
加强文明施工的宣传和教育	(1)在坚持岗位练兵基础上,要采取派出去、请进来、短期培训、上技术课、登黑板报、广播、看录像、看电视等方法狠抓教育工作。 (2)要特别注意对临时工的岗前教育。 (3)专业管理人员应熟悉掌握文明施工的规定

3. 施工现场特殊情况的处理

施工现场特殊情况的处理见表 14-19。

表 14-19 施工现场特殊情况的处理

序号	类别	规定及要求
1	征用临时道路、架设临时电网及施工必需的封路、停水、停电	(1)建设工程施工应当在批准的施工场地内组织进行。需要临时征用施工场地或者临时占用道路的,应当依法办理有关批准手续。 (2)建设工程施工中需要架设临时电网、移动电缆等,施工单位应当向有关主管部门提出申请,经批准后在有关专业技术人员指导下进行。 (3)施工中需要停水、停电、封路而影响到施工现场周围地区的单位和居民时,必须经有关主管部门批准,并事先通告受影响的单位和居民

续表

序号	类别	规 定 及 要 求
2	爆破作业	建设工程施工中需要进行爆破作业的,必须经上级主管部门审查同意,并持说明使用爆破器材的地点、品名、数量、用途、四邻距离的文件和安全操作规程,向所在地县、市公安局申请《爆破物品使用许可证》,方可使用。进行爆破作业时,必须遵守爆破安全规程
3	发现文物、化石等特殊物品	施工单位进行地下或者基础工程施工时,发现文物、古化石、爆炸物、电缆等应当暂停施工,保护好现场,并及时向有关部门报告,在按照有关规定处理后,方可继续施工

三、安全事故的处理与调查

1. 常见职工伤亡事故类型及处理

建筑工程施工现场常见的职工伤亡事故类型有:高处坠落、物体打击、触电、机械伤害、坍塌事故等。伤亡事故处理的程序一般如下:

(1)迅速抢救伤员并保护好事故现场。
(2)组织调查组。
(3)现场勘察。
(4)分析事故原因,明确责任者。
(5)制定预防措施。
(6)提出处理意见,写出调查报告。
(7)事故的审定和结案。
(8)员工伤亡事故登记记录。

事故处理结案后,需保存的资料如下:

(1)职工伤亡事故登记表。
(2)职工伤亡、重伤事故调查报告及批复。
(3)现场调查记录、图纸、照片。
(4)技术鉴定和试验报告。
(5)物证、人证材料。
(6)直接和间接经济损失材料。
(7)事故责任者自述材料。
(8)医疗部门对伤亡人员的诊断书。
(9)发生事故时工艺条件、操作情况和设计资料。
(10)有关事故的通报、简报及文件。
(11)注明参加调查组的人员名单、职务、单位。

2. 工程重大事故的分级、报告和调查

工程建设重大事故,是指在工程建设过程中由于责任过失造成工程倒塌或报废、机械设备毁坏和安全设施失当造成人身伤亡或者重大经济损失的事故,见表 14-20。

表 14-20　　　　工程建设重大事故的分级、报告和调查

序号	类别		内 容 及 说 明
1	重大事故的分级	一级	具备下列条件之一者为一级重大事故: (1)死亡 30 人以上。 (2)直接经济损失 300 万元以上
		二级	具备下列条件之一者为二级重大事故: (1)死亡 10 人以上,29 人以下。 (2)直接经济损失 100 万元以上,不满 300 万元
		三级	具备下列条件之一者为三级重大事故: (1)死亡 3 人以上,9 人以下。 (2)重伤 20 人以上。 (3)直接经济损失 30 万元以上,不满 100 万元
		四级	具备下列条件之一者为四级重大事故: (1)死亡 2 人以下。 (2)重伤 3 人以上,19 人以下。 (3)直接经济损失 10 万元以上,不满 30 万元
2	重大事故的报告	事故报告程序	(1)重大事故发生后,事故发生单位必须以最快方式,将事故的简要情况向上级主管部门和事故发生地的市、县级建设行政主管部门及检察、劳动(如有人身伤亡)部门报告;事故发生单位属于国务院部委的,应同时向国务院有关主管部门报告。 (2)事故发生地的市、县级建设行政主管部门接到报告后,应当立即向人民政府和省、自治区、直辖市建设行政主管部门报告;省、自治区、直辖市建设行政主管部门接到报告后,应当立即向人民政府和建设部报告
		书面报告内容	重大事故发生后,事故发生单位应当在 24h 内写出书面报告,书面报告应当包括以下内容: (1)事故发生的时间、地点、工程项目、企业名称。 (2)事故发生的简要经过、伤亡人数和直接经济损失的初步估计。 (3)事故发生原因的初步判断。 (4)事故发生后采取的措施及事故控制情况。 (5)事故报告单位

续表

序号	类别		内容及说明
3	重大事故的调查	事故调查要求	(1)重大事故的调查由事故发生地的市、县级以上建设行政主管部门或国务院有关主管部门组织成立调查组负责进行。 (2)一、二级重大事故由省、自治区、直辖市建设行政主管部门提出调查组组成意见,报请人民政府批准;三、四级重大事故由事故发生地的市、县级建设行政主管部门提出调查组组成意见,报请人民政府批准。 事故发生单位属于国务院部委的,由国务院有关主管部门或其授权部门会同当地建设行政主管部门提出调查组组成意见
		调查组人员组成与工作要求	(1)调查组由建设行政主管部门、事故发生单位的主管部门和劳动等有关部门的人员组成,并应邀请人民检察机关和工会派员参加。必要时,调查组可以聘请有关方面的专家协助进行技术鉴定、事故分析和财产损失的评估工作。 (2)重大事故调查组的职责: 1)组织技术鉴定; 2)查明事故发生的原因、过程、人员伤亡及财产损失情况; 3)查明事故的性质、责任单位和主要责任者; 4)提出事故处理意见及防止类似事故再次发生所应采取措施的建议; 5)提出对事故责任者的处理建议; 6)写出事故调查报告。 (3)调查组有权向事故发生单位、各有关单位和个人了解事故的有关情况,索取有关资料,任何单位和个人不得拒绝和隐瞒。 (4)任何单位和个人不得以任何方式阻碍、干扰调查组的正常工作。 (5)调查组在调查工作结束后 10d 内,应当将调查报告报送批准组成调查组的人民政府和建设行政主管部门以及调查组其他成员部门。经组织调查的部门同意,调查工作即告结束。 (6)事故处理完毕后,事故发生单位应当尽快写出详细的事故处理报告,按程序逐级上报

参 考 文 献

[1] 国家标准. GB 50300—2001 建筑工程施工质量验收统一标准[S]. 北京：中国建筑工业出版社，2001.
[2] 国家标准. GB 50202—2002 建筑地基基础工程施工质量验收规范[S]. 北京：中国计划出版社，2002.
[3] 国家标准. GB 50203—2011 砌体工程施工质量验收规范[S]. 北京：中国建筑工业出版社，2011.
[4] 国家标准. GB 50205—2001 钢结构工程施工质量验收规范[S]. 北京：中国计划出版社，2002.
[5] 国家标准. GB 50204—2002 混凝土结构工程施工质量验收规范[S]. 北京：中国建筑工业出版社，2002.
[6] 国家标准. GB 50206—2002 木结构工程施工质量验收规范[S]. 北京：中国建筑工业出版社，2002.
[7] 国家标准. GB 50207—2002 屋面工程质量验收规范[S]. 北京：中国建筑工业出版社，2002.
[8] 国家标准. GB 50208—2011 地下防水工程质量验收规范[S]. 北京：中国建筑工业出版社，2011.
[9] 国家标准. GB 50209—2010 建筑地面工程施工质量验收规范[S]. 北京：中国计划出版社，2010.
[10] 国家标准. GB 50210—2001 建筑装饰装修工程质量验收规范[S]. 北京：中国建筑工业出版社，2002.
[11] 北京建工集团总公司. 建筑分项工程施工工艺标准[M]. 北京：中国建筑工业出版社，1997.
[12] 中国建筑工程总公司. 建筑装饰装修工程施工工艺标准[M]. 北京：中国建筑工业出版社，2003.
[13] 杜训，陆惠民. 建筑企业施工现场管理[M]. 北京：中国建筑工业出版社，1997.
[14] 潘全祥. 施工员必读[M]. 2版. 北京：中国建筑工业出版社，2005.
[15] 苏振民，周韬. 施工员管理手册[M]. 北京：中国建筑工业出版社，1998.
[16] 叶刚. 施工员必读[M]. 北京：中国电力出版社，2004.
[17] 建设部人事教育司，城市建设司. 施工员专业与实务[M]. 北京：中国建筑工业出版社，2006.